全国交通中等职业技术学校通用教材

Qiche Fadongji Gouzao Yu Weixiu

汽车发动机构造与维修

（汽车驾驶、汽车维修、汽车维修与驾驶专业用）

张弟宁　主编
卢荣林　主审

人民交通出版社

内容提要

本书共分为10个单元，其主要内容分别为：汽车维修工量具和常用维修设备，曲柄连杆机构，配气机构，燃料供给系统的结构和维修，发动机润滑系、冷却系的结构与检修，发动机的装合与试验，以及发动机维护等。

本书为交通技工学校汽车驾驶、汽车维修、汽车维修与驾驶三个专业的教材，也可供从事汽车驾驶与维修相关工作的技术人员参考使用。

图书在版编目（CIP）数据

汽车发动机构造与维修 / 张弟宁主编．—北京：人民交通出版社，2004.9（重印 2007.12）

ISBN 978-7-114-05244-6

Ⅰ．汽…　Ⅱ．张…　Ⅲ．①汽车－发动机－构造 ②汽车－发动机－车辆修理　Ⅳ．U472.43

中国版本图书馆 CIP 数据核字（2004）第 090468 号

全国交通中等职业技术学校通用教材
书　　名：汽车发动机构造与维修（汽车驾驶、汽车维修、汽车维修与架驶专业用）
著 作 者：张弟宁
责任编辑：钱悦良
出版发行：人民交通出版社
地　　址：（100011）北京市朝阳区安定门外外馆斜街 3 号
网　　址：http：//www. ccpress. com. cn
销售电话：（010）59757973
总 经 销：人民交通出版社发行部
经　　销：各地新华书店
印　　刷：北京市密东印刷有限公司
开　　本：787 × 1092　1/16
印　　张：29
插　　页：1
字　　数：733 千
版　　次：2004 年 10 月　第 1 版
印　　次：2014 年 7 月　第 11 次印刷
书　　号：ISBN 978-7-114- 05244- 6
印　　数：55001 – 58000 册
定　　价：45. 00 元
（有印刷、装订质量问题的图书由本社负责调换）

交通技工学校汽车专业教材编审委员会

主 任 委 员： 卢荣林

副主任委员： 宣东升　郭庆德　李福来　费建利

委　　　员： 金伟强　王作发　林为群　李桂花　魏自荣

程兴新　唐诗升　戴　威　张弟宁　束龙友

邢同学　朱小茹　张吉国　邵登明　程　轮

胡大伟　王运泉　戴育红(兼秘书)

前　言

交通部于1987年成立了“交通技工学校汽车专业教材编审委员会”(以下简称编委会),编委会先后组织编写了汽车驾驶、汽车维修、汽车维修与驾驶三个专业的第一轮、第二轮、第三轮交通技工学校通用教材,基本上达到每五年更新一轮教材。编委会编写的教材体现了汽车工业发展中的新技术、新工艺等知识,为全国交通技工学校、交通职业学校提供了适合汽车专业技能型人才培养的好教材。在前几年技工学校招生、分配极度困难的时期,学校选用了体现“理实一体化”教学模式的第三轮技工教材教学后,学校的实践教学课堂化、课题化、一体化,毕业的汽车专业学生就业率非常高,甚至有的学校第二年的学生都已被用人单位提前预定,这充分说明了第三轮技工教材的改革是成功的。同时第三轮技工教材被劳动保障部培训就业司组织评审为“全国技校教材”;《汽车构造》、《汽车维修》、《汽车电气设备》三种教材还被交通部评为“交通部‘九五’优秀教材”。

为了适应社会经济发展和汽车专业技能型人才培养的需求,交通技工学校汽车专业教材编审委员会编写了汽车驾驶、汽车维修、汽车维修与驾驶三个专业的第四轮教材,这轮教材在第三轮“理实一体化”教材模式的基础上做了进一步改革。其特点是:

1.改革课程设置:将原有的13门课程压缩调整为10门课程,如将原来的《汽车构造》、《汽车维修》、《现代汽车技术》3门课程合并为《汽车发动机构造与维修》、《汽车底盘构造与维修》2门课程,方便了模块教学的需要。

2.改革教材模式:可独立的部件和总成的教学内容均可一次完成,教材模式已达到和国际接轨水平。

3.教材的通用性强:除技工学校本身很适用外,对汽车类的职业高中、中专、职工中专等都很适用。

4.图文并茂,通俗易懂:教材内容以图代文,学生能看懂所有图文,通过识图教学,学生能自学看懂。

5.兼顾技术等级考核:教材的深度、广度与相应的技术等级考核相吻合。

本书包括绪论,汽车维修工量具和常用维修设备,曲柄连杆机构,配气机构,燃料供给系统的结构和维修,发动机润滑系、冷却系的结构与检修,发动机的装合与试验,发动机维护等内容。

本书由南京市维修行业管理处张弟宁担任主编(编写绪论、单元九),由交通技工学校汽车专业教材编审委员会主任卢荣林担任主审。参加编写工作的还有江苏扬州汽车技工学校张则雷(编写单元一、单元六);沈阳交通技工学校洪兴丽(编写单元二);广东省交通技工学校罗晓平(编写单元三);浙江交通技师学院吕秋霞(编写单元四、单元七、单元八);南京市交通高级技工学校王宏璟(编写单元五)。

本教材在编写时,得到很多交通中等职业学校、科研部门、工厂企业的支持和帮助,并提出不少宝贵意见,在此特致诚挚的谢意。由于时间仓促,加之编者水平有限,定有缺点和错误,诚望读者批评指正。

交通技工学校汽车专业教材编审委员会

2004年6月

目　　录

绪　论

汽车发明于19世纪末，到20世纪60年代汽车已成为最重要的交通工具之一，并在世界各地得到不同程度的普及。汽车的机械部分随着技术的发展与应用，已达到相当的水平。20世纪60年代以后，随着电子技术突飞猛进的发展，计算机的微型化使汽车又进入了一个崭新的时代。今天的汽车具有智能化，乘坐更舒适、更安全。全世界平均每10人就拥有一辆汽车。

近年我国汽车保有量迅速增加，电子控制技术在我国生产的汽车上也得到广泛应用，对汽车维修业在规模、装备、维修方式和维修人员能力等方面提出了全新的要求。汽车维修技术教育作为汽车维修业人才的支柱，要在同样的时间周期内，能够传授更多的知识、更高的技能，培养出与汽车维修业相适应的维修人员。

《汽车发动机构造与维修》将电控发动机与非电控发动机的构造、维修、技能训练和机型实例一并编入其中，在系统介绍发动机构造与维修的知识与技能的同时，又以桑塔纳AJR发动机和康明斯6BTA5.9发动机为基本机型进行了从结构到维修的介绍。学生通过系统的学习和技能训练，既可以掌握关于发动机构造与维修的基本知识和基本技能，又可以通过两种发动机实例的训练，具有两种机型的实际维修能力，使学生以此为基础在生产实践中具有适应需要、自我发展、不断提高的能力。

《汽车发动机构造与维修》由绪论和10个单元组成。本绪论着重介绍汽车发展概况；汽车新旧分类标准；国产汽车型号编排规则；汽车总体构造；汽车结构特征和技术参数；我国现行汽车维修制度、技术标准及送修标志；汽车修理的工业组织和劳动组织；汽车发动机的一般构造和工作原理及发动机附件的拆装。

一、中外汽车工业发展概况

汽车工业发展100多年，为人类社会带来了巨大而深刻的变革。我国汽车工业近年也以惊人的速度向前发展，拉近了汽车与人们的距离，汽车已经成为现代社会方便、快捷、高效的交通工具。

(一)世界汽车工业发展概况

早在1860年，法国发明家勒努瓦成功地研制了一台世界上最早的内燃机，这种内燃机属于一种使用煤气作燃料的单缸二行程内燃机。1876年德国人奥托将法国人罗歇1861年提出的吸气、压缩、膨胀、排气的基本概念具体化，研制成世界第一台往复式四行程内燃机。这种内燃机利用活塞往复运动的四个行程，将吸入的煤气与空气混合压缩后，再点火燃烧，从而大大地提高了内燃机的热效率。

1885年，德国机械工程师卡尔·本茨在曼海姆设计制造出了世界上第一辆装有0.85马力(625W)单缸汽油机的三轮汽车，如图0-1所示，并于1886年1月29日申请专利。因此，1886年1月29日这一天被公认为世界上第一辆汽车诞生日。同年，德国的另一位工程师戴姆勒也制成了一辆装有 1.10 马力(809W)的汽油机的四轮汽车,如图 0-2 所示。所以本茨和戴姆勒被公认为是内燃机为动力的现代汽车的发明者。

图 0-1　三轮汽车

图 0-2　四轮汽车

在汽车发展的初期阶段,法国人在汽车技术上的创造与发明方面做出了突出的贡献。1889 年,法国人别儒研制了齿轮变速器和差速器,并在 1891 年首先推出了前置发动机后轮驱动的布置形式;1891 年法国人又研制成了摩擦片式离合器;1895 年开始采用充气轮胎等。由于法国人的不断改进,使早期汽车的性能得到了较大的提高。

1908 年美国的底特律(后来成为美国的汽车城)树起了世界汽车史上的第二个里程碑。美国人亨利·福特推出了以自己的名字"福特"命名的 T 型车,如图 0-3 所示,装一台四缸汽油机 20 马力(14.7kW),并首次开始以大批量流水线方式生产汽车,先后共生产 1500 多万辆。从此,奠定了美国一跃成为汽车生产大国的地位。从 20 世纪初到 20 世纪 70 年代,美国汽车工业一直遥遥领先,60 年代中期年产量就突破了 1000 万辆大关。日本则是后起之秀,1950 年才开始起步,1970 年产量就已达到 529 万辆,在 1980 年曾超过美国年产量达到 1140 万辆,居世界第一位。

图 0-3　T 型汽车

美国、日本、欧洲等资本主义国家发展汽车工业的特点是资本集中垄断,利用高科技优势,采取大批量生产方式。例如美国的通用、福特、克莱斯勒三大汽车公司垄断了美国 90% 以上的汽车生产,西方八大汽车集团的轿车产量,占世界轿车产量将近 70%。资本主义世界的经济衰退、能源危机、市场竞争等因素对汽车工业影响很大。近 10 余年来,许多发达国家的汽车保有量和需求量已渐趋饱和,汽车工业在 50、60、70 年代迅速发展的势头已减缓,企业间竞争激化,贸易保护主义迅速蔓延。美国的汽车产量连年上、下波动,西欧汽车产量停滞不前,企业不景气和严重亏损导致股权转让以及兼并改组。世界各大汽车公司为了在激烈的竞争中求生存,采取将产品输出变为资本输出的对策,寻求多样化的国际合作方式,实现跨国经营。多边合作、联合生产、合资入股、渗透兼并等方式使跨国公司日益扩大,汽车的生产经营渐趋国际化。

与此同时,一些新兴工业国家和发展中国家的汽车工业正在崛起。其中不少国家都用优惠政策吸引外资,采取引进先进技术和装备、进口全拆散零件装车,逐步提高国产零件的装车比率,进而使主要部件自给,然后扩大零部件及整车出口的模式发展自己的汽车工业。西班牙、巴西、韩国等国就是采取这种模式使汽车工业迅速发展的典型例子。在这些国家中,由于经济发展和国民收入逐年增长,对汽车的需求量不断增加,促使汽车工业迅速发展。其他发展中国家也有采取合资经营或进口半散件装车等方式发展自己的汽车工业。可是,发展中国家要振兴汽车工业,都不同程度地面临工业基础薄弱、技术落后、资金匮乏、原料短缺、人才不足、销路不畅等种种困难。

2003年,世界汽车年产量突破6000万辆,年产量前四位的国家分别是:美国、日本、德国、中国。全世界汽车保有量超过5亿辆。

(二)我国汽车工业发展概况

我国的汽车工业创建于20世纪50年代,1956年10月长春第一汽车制造厂(简称为一汽)正式开始生产解放CA10型(CA1090)4t载货汽车。从此,结束了中国不能制造汽车的历史。长春一汽,1958年开始生产CA30型载重2.5t的军用越野车,1959年正式定型生产红旗CA72型轿车,1963年8月建起了轿车分厂,1965年开始生产红旗CA770型高级轿车。经过50多年的不断发展,长春一汽已经成为我国汽车工业的主要生产基地之一。

50年代后期和60年代,在一汽逐步扩大生产的同时,我国各地一批汽车修配企业相继改建成汽车制造厂。此外,城建和交通部门等也设立了一批公共交通车辆厂,使我国汽车的品种进一步增加,产量进一步提高。这批工厂及其产品主要有:南京汽车制造厂生产的装载2.5t的跃进NJ130轻型货车,济南汽车制造厂生产的装载8t的黄河JN150重型货车,北京汽车制造厂生产的BJ212轻型越野车,北京第二汽车制造厂生产的装载2t的BJ130轻型货车,上海汽车制造厂生产的SH760中级轿车,上海客车厂生产的SK640中型客车和SK660铰接式客车以及北京市客车总厂生产的BK640和BK651客车等。1968年在湖北省十堰市开始动工兴建我国规模最大的、具有我国自主知识产权的第二汽车制造厂(简称为二汽),以后又建成生产重型汽车的四川、陕西等较大的汽车制造厂。第二汽车制造厂于1975年生产第一个车型——装载2.5t的EQ240型越野汽车,1978年7月主导产品——装载5t的东风EQ140型货车正式批量投产,进一步促进了我国汽车工业的发展,并带动了一大批地方企业的发展。1980年我国汽车年产量已达到22万辆。

20世纪80年代,在“改革、开放”的正确方针指引下,我国汽车工业得到进一步发展。1982年5月在北京成立了中国汽车工业公司(简称为中汽公司)。在中汽公司的统一领导和管理下,汽车行业以各个大型骨干厂为主,联合一批相关的中、小企业组建了解放、东风、南京、重型、上海、京津冀等6个汽车工业联营公司和一个汽车零部件工业联营公司,促进了企业之间的合作和专业化分工生产,有利于技术引进和技术改造。“六·五”计划期间,我国汽车工业加快了主导产品更新换代和新产品开发的步伐,产品质量提高,品种增多,汽车产量翻了一番,1985年产量超过44万辆。

1985年,中央“七·五”计划建议中提出了要把汽车制造业作为支柱产业的方针,1987年国务院又确定了发展轿车工业来振兴我国汽车工业的发展战略。这两项决定确立了我国汽车工业在国民经济中的重要地位以及汽车工业发展的重点。在中央的正确方针指引下,我国汽车工业坚持走联合、高起点、专业化、大批量的道路,进入了大发展时期。中汽公司及其下属机构经过调整改组,充实了解放、东风、重型三大汽车企业集团并在国家计划中单列户头。以天津、上海、沈阳等城市为中心的汽车生产企业也组成了一些地方性企业集团。此外,其他部、委所属企业以及一批军工企业也从事汽车产品的生产。

“七·五”计划期间,一汽完成换型改造后已形成年产8万辆装载5t的CA141(CA1091)货车的生产能力。二汽也已形成年产10万辆货车的生产能力。各汽车企业定型投产的基本车型有30多种,改装车、专用汽车新产品200多种。10年来我国汽车工业有重点有选择地引进国外先进技术100多项,其中整车项目有:与德国、法国、美国合资生产的轿车和吉普车;引进奥地利斯太尔和德国本茨重型汽车,美国和英国矿用自卸车,意大利依维柯和日本五十铃轻型货车，以及铃木微型汽车。为了发展轿车生产，我国已确定了以一汽、二汽、上海为三大基地。

一汽与德国大众公司合资经营，1990年奥迪100轿车的生产线正式开工投产，同年双方又签订了年产15万辆高尔夫和捷达轿车的协议书并开始兴建生产基地。二汽与法国雪铁龙公司合作生产轿车的协议书亦于1990年底签订并实施。上海与德国大众公司合资生产的桑塔纳轿车，1985年底投产以来第一阶段规划已基本完成，在"八·五"计划末期预计年产量可超过10万辆。除了三大轿车生产基地外，还确定了天津、北京、广州三个轿车生产基地：天津引进日本大发公司技术生产夏利微型轿车，北京与美国汽车公司合资生产切诺基吉普车，以及广州与法国标致汽车公司合资生产的标致505轿车。由于这些企业起步较早，基本建设及零部件国产化工作已取得显著成绩。

经过改革开放20年的发展，我国汽车工业已经初具规模，进入21世纪，各大汽车公司纷纷与世界上大汽车制造厂合作，提高产量，汽车制造能力发展突飞猛进，2002年年产量达到320万辆，2003年年产量跃升到444万辆。

我国汽车工业经过近50年的发展，特别是近两三年的高速发展，汽车制造水平无论是产量还是车型都已达到相当的水平。我国汽车2004年的产量预计将超过500万辆，跃居世界第三，仅次于美国、日本。目前，我国汽车保有量已超过2400万辆。

二、汽车类型

以前，我国的车型分类较模糊，如"轿车"，原意是一个轿子装上四个轮子，形象化但不准确，且国际上没有这个叫法。国标GB/T 3730.1-2001对汽车分类术语概念进行了定义。从2004年起，新旧两种标准并轨试行一年，到2005年将全面实行按照新标准的统计分类，最终达到与国际接轨。

(一)旧标准主要分类

1. 轿车

是指乘座员2~8人，采用二厢或三厢结构的小型载客汽车。按发动机排量分为：微型轿车(排量1.0L以下)、普通级轿车(排量1.0~1.6L)、中级轿车(排量1.6~2.5L)、中高级轿车(排量2.5~4.0 L)、高级轿车(排量4.0 L以上)。

2. 客车

是指9座以上的客车，主要用于公共服务。按车身长度可分为：微型客车(车身长度在3.5m以下)、小型客车(车身长度在3.5~7m)、中型客车(车身长度7~10m)、大型客车(车身长度10~12m)、特大型客车(车身长度12m以上)。

3. 载货汽车

简称货车，主要指用于运输各种货物的汽车。按其设计允许的总质量可分为：微型载货车(最大设计总质量不超过1800kg的载货汽车)、轻型载货车(最大设计总质量为1800~6000kg的载货汽车)、中型载货车(最大设计总质量为6000~14000kg的载货汽车)、重型载货车(最大设计总质量大于14000kg的载货汽车)，还有牵引汽车、自卸汽车、越野汽车、专用汽车(特种汽车)、农用车、改装车等。

(二)新标准主要分类

1. 乘用车

在设计和技术特性上主要用于载运乘客及其随身行李和(或)临时物品的汽车，包括驾驶员座位在内最多不超过9个座位。它也可以牵引一辆挂车。它可分为：

(1)小型乘用车

封闭式车身,通常后部空间较小。固定式硬车顶,有的顶盖一部分可以开启。有至少一排,2 个或 2 个以上的座位。有 2 个侧门,也可有 1 个后开启门。有 2 个或 2 个以上侧窗。

(2)普通乘用车

封闭式车身,侧窗中柱有或无。固定式硬车顶,有的顶盖一部分可以开启。有至少两排,4 个或 4 个以上座位。2 个或 4 个侧门,或有一个后开启门。

(3)高级乘用车

封闭式车身,前后座之间可以设有隔板。固定式硬车顶,有的顶部一部分可以开启。有至少两排,4 个或 4 个以上座位。后排座椅前可安装折叠式座椅。有 4 个或 6 个侧门,也可有一个后开启门。有 6 个或 6 个以上的车窗。

(4)多用途乘用车

只有单一车室载运乘客及其行李或物品的乘用车。

乘用车中,还有越野乘用车、专用乘用车、旅居车、防弹车等。

2. 商用车辆

在设计和技术特性上用于运送人员和货物的汽车,并且可以牵引挂车。乘用车不包括在内。商用车分为:

(1)客车

在设计和技术特性上用于载运乘客及其随身行李的商用车辆,包括驾驶员座位在内座位数超过 9 座。有单层的或双层的,也可牵引一辆挂车。可分为:

①小型客车

用于载运乘客,除驾驶员座位外,座位数不超过 16 座的客车。

②城市客车

一种为城市内运输而设计和装备的客车,这种车辆设有座椅及站立乘客的位置,并有足够的空间供频繁停站时乘客上下车走动用。

③长途客车

一种为城间运输而设计和装备的客车。这种车辆没有专供乘客站立的位置,但在其通道内可载运短途站立的乘客。

④旅游客车

一种为旅游而设计和装备的客车。这种车辆的布置要确保乘客的舒适性,不载运站立的乘客。

客车中,还有铰接客车、无轨电车、越野客车等。

(2)货车

一种主要为载运货物而设计和装备的商用车辆,它能否牵引挂车均可。

①普通货车

一种在敞开(平板式)或封闭(厢式)载货空间内载运货物的货车。

②多用途货车

在其设计和结构上主要用于载运货物,但在驾驶员座椅后带有固定或折叠式座椅,可运载 3 个以上的乘客的货车。

③专用货车

在其设计和技术特性上用于运输特殊物品的货车,例如:罐式车、集装箱运输车等。

④专用作业车

在其实际和技术特性上用于特殊工作的货车，例如：消防车、救险车、垃圾车、应急车、街道清洗车、扫雪车、清洁车等。

货车中，还有全挂牵引车、越野货车、专用货车等。

(3)其他车辆

除上述车型外，还有：挂车、汽车列车等。

三、国产汽车型号编排规则

1988 年颁布的国家标准 GB 9417—88《汽车产品型号编排规则》规定：自 1989 年 1 月 1 日以后设计的汽车与半挂车的型号一律按此标准来确定型号。汽车产品型号由生产企业名称或企业所在地区代号、车辆类别、主参数代号、产品序号组成，必要时还可附加企业自定代号，并按以下序列编排，如图 0-4 所示。

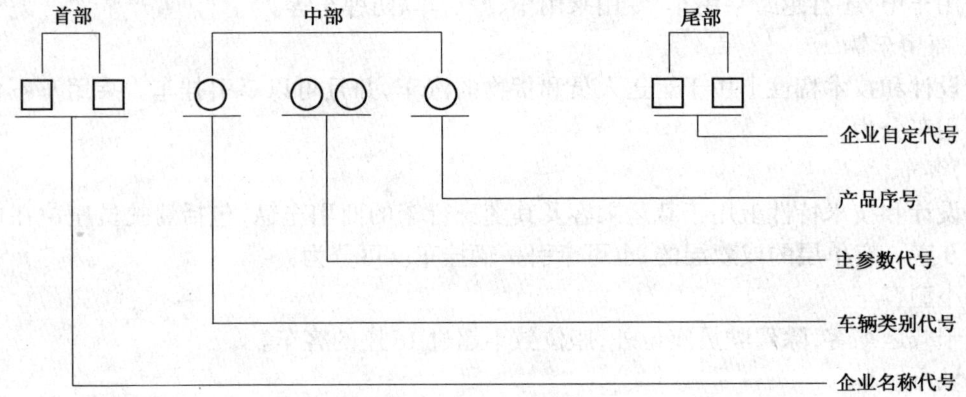

图 0-4　国产汽车型号编排规则

专用汽车产品型号的构成，如图 0-5 所示。

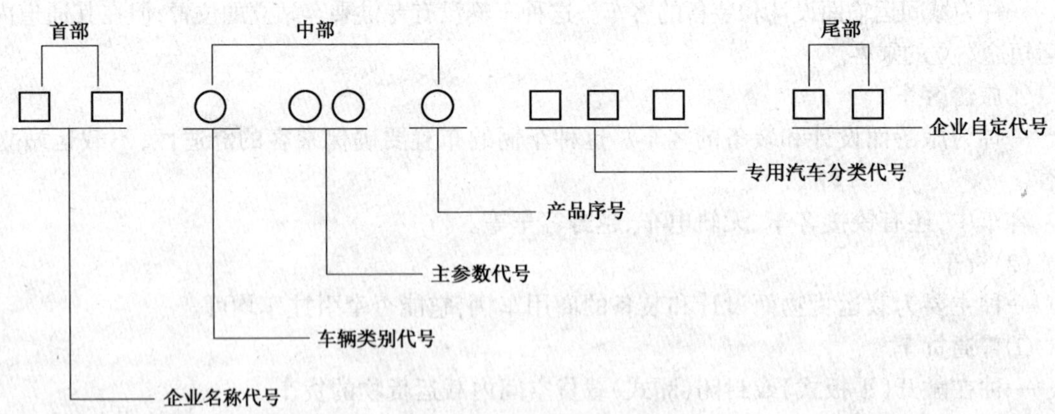

图 0-5　专用汽车产品型号的构成

1. 企业名称代号

企业名称代号位于产品型号的首位，用代表企业名称或企业所在地地名的两个(或三个)汉语拼音字母表示。如北京、南京、济南、上海等地汽车厂分别用地名汉语拼音的第一个字母的大写表示,第二汽车制造厂用EQ表示,长春第一汽车制造厂用CA表示(20世纪50年代选定延用至今,不符合国标规定,作为特例使用)。

2. 车辆类别代号

车辆类别代号位于产品型号第二部分,用一个阿拉伯数字表示,规定见表0-1。

车 辆 类 别 代 号　　表0-1

类别代号	车辆种类	类别代号	车辆种类	类别代号	车辆种类
1	载货汽车	4	牵引汽车	7	轿车
2	越野汽车	5	专用汽车	8	
3	自卸汽车	6	客车	9	半挂车及专用半挂车

3. 主参数代号

主参数代号位于产品型号的第三部分,用两个阿拉伯数字表示。(1)载货汽车、越野汽车、自卸汽车、专用汽车与半挂的参数代号用车辆的总质量(t)表示。总质量在100t以上时允许用三位数字表示。(2)客车的主要参数代号用车辆长度表示,当车辆长度小于10m时,以1/10m为单位来表示。(3)轿车的主参数代号用发动机排量值,并以1/10L为单位来表示。按上述规定选取的主参数不足规定位数时,在参数前以"0"占位。

4. 产品序号

产品序号位于产品型号的第四部分,可依次选取阿拉伯数字0、1、2……来表示。

5. 专用汽车分类代号

专用汽车还应在"产品序号"之后增加专用汽车分类代号。专用汽车分类代号用以反映汽车结构和用途特征的三个汉语拼音字母表示,其中,结构特征代号为:X表示厢式汽车、G表示罐式汽车、Z表示专用自卸汽车、T表示特种结构汽车、J表示起重举升汽车、C表示仓栅式汽车。用途特征代号按中国汽车联合协会行业管理标准规定执行。

6. 企业自定代号

企业自定代号位于产品型号的最后部分,可用汉语拼音字母或数字来表示,位数由企业自定。基本型汽车的编号一般没有尾部企业自定代号,其变型车(例如改用不同发动机、加长轴距、双排座驾驶室等)为了与基本型区别,常在尾部增加企业自定代号,表示同一种汽车但结构略有变化而需要区别时使用。

举例说明:第一汽车制造厂生产的第二代载货汽车CA1091;上海汽车制造厂生产的第二代轿车,发动机排量为2.232L,其型号为SH7221。

四、汽车的总体构造

汽车是由上万个零件组成的结构复杂的机动交通工具,而且种类很多。以内燃机为动力装置的汽车的基本构造是由发动机、底盘、车身和电气设备四大部分组成。图0-6、图0-7分别表示货车和轿车的总体构造。

(一)发动机

发动机是汽车的动力装置,其作用是将供入其中的燃料燃烧所产生的热能转变为机械能输出。大多数汽车发动机都采用往复活塞式内燃机,所用的燃料以汽油和柴油为主。汽油发动机一般是由机体组、曲柄连杆机构、配气机构、燃料供给系、润滑系、冷却系、点火系、起动系、电控系统等部分组成。以柴油为燃料的发动机,采用压燃式,无点火系。

(二)底盘

底盘是汽车装配与行驶的主体,其作用是支承、安装发动机、车身等其他总成与部件,形成汽车的整体造型,并接受发动机输出的动力,使汽车产生运动且保证汽车正常行使。底盘由传动系、行驶系、转向系和制动系四大部分组成。

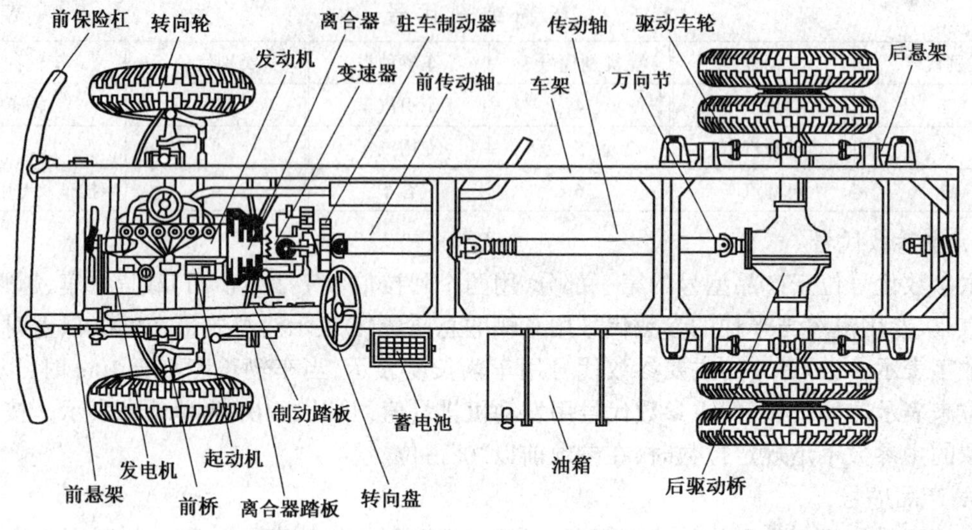

图 0-6 货车的总体构造

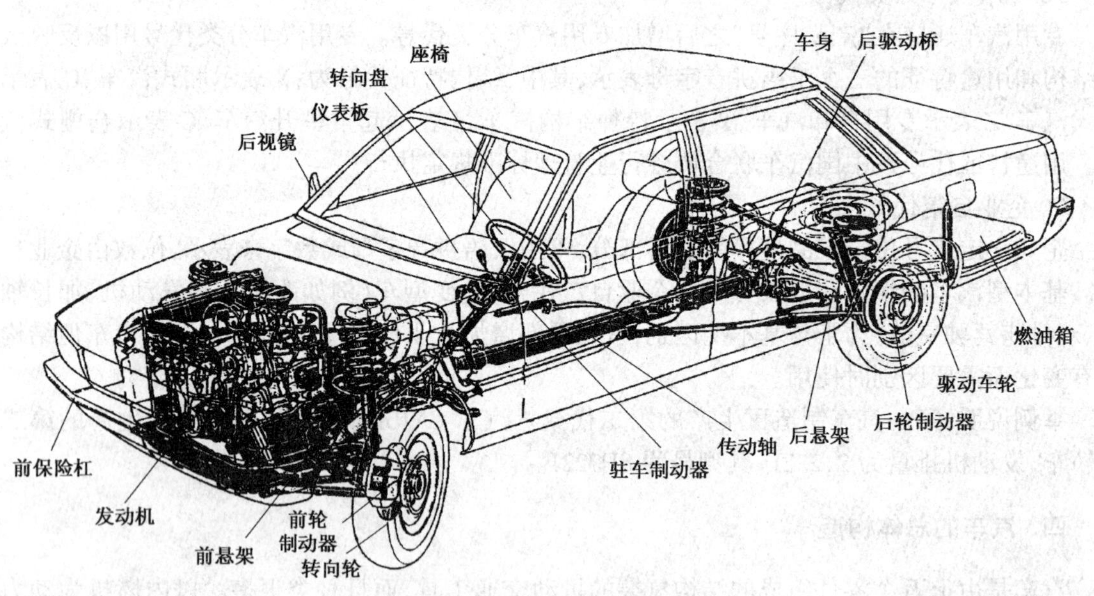

图 0-7 轿车的总体构造

1. 传动系

传动系的作用是通过各种传动装置把发动机的动力传给各驱动车轮。传动系包括离合器、变速器、传动轴和驱动桥等总成件。

2. 行驶系

行驶系的作用是将汽车各总成件及部件连成一个整体,并对全车起支承作用,以保证汽车正常行驶。行驶系包括车架、前轴、驱动桥的壳体、车轮(转向车轮和驱动车轮)、悬架(前悬架和后悬架)等部件。

3. 转向系

转向系的作用是保证汽车能按照驾驶员选择的方向行驶,由带转向盘的转向器及转向传动装置组成。

4. 制动系

制动系的作用是控制汽车,使汽车减速或停车,并保证驾驶员离去后汽车能可靠停住。每辆汽车的制动装备都包括若干个相互独立的制动系统,每个制动系统都由供能装置、控制装置、传动装置和制动器组成。

(三)车身

车身是驾驶员工作的场所,也是装载乘客和货物的场所。车身为驾驶员提供方便的操作条件,以及为乘客提供舒适安全的环境或保证货物完好无损。轿车、客车的车身一般是整体结构,货车车身一般是由驾驶室和货箱两部分组成。

(四)电气设备

电气设备由电源组、发动机起动系和点火系、汽车照明和信号装置等组成。此外,在现代汽车上越来越多地装用各种电子设备:微处理机、中央计算机系统及各种人工智能装置(ABS防抱死系统、安全气囊、定速巡航、GPS定位系统)等,显著地提高了汽车的性能。

为满足不同使用要求,汽车的总体构造和布置形式可以是不同的。按发动机和各个总成相对位置的不同,现代汽车的布置型式通常有如下几种:

发动机前置后轮驱动(FR)——是传统的布置形式。国内外的大多数货车、部分轿车和部分客车都采用这种形式。

发动机前置前轮驱动(FF)——是在轿车上逐渐盛行的布置形式,具有结构紧凑、减小轿车的质量、降低地板高度、改善高速时的操纵稳定性等优点。

发动机后置后轮驱动(RR)——是目前大、中型客车盛行的布置形式,具有降低室内噪声、有利于车身内部布置等优点。少数微型或普及型轿车也采用这种形式。

发动机中置后轮驱动(MR)——是目前大多数运动型轿车和方程式赛车所采用的布置形式。由于这些车型都采用功率很大的发动机,将发动机布置在驾驶员座椅之后和后桥之前有利于获得最佳轴荷分配和提高汽车的性能。此外,某些大、中型客车也采用这种布置形式,把配备的卧式发动机装在地板下面。

全轮驱动(nWD)——是越野汽车特有的形式,通常发动机前置,在变速器后装有分动器以便将动力分别输送到全部车轮上。

五、汽车的结构特征和技术参数

我国对汽车结构特征和技术参数尚没有一个统一严格的规定。为了便于使用、维护和管理车辆,通常用以下主要结构特征和技术参数来反映汽车的结构与使用性能。

1. 质量参数(单位:kg)

(1)整车装备质量

车辆装备齐全,加足燃油、润滑油和冷却液,并带齐随车工具、备胎及其他规定应带的备品,符合正常行驶要求的质量。

(2)最大装载质量

设计允许的最大装载货物质量。

(3)最大总质量

汽车满载时的总质量。最大质量=整车装备质量+最大装载质量。

(4)最大轴载质量

汽车满载时各轴所承载的质量。

2. 主要结构参数(单位:mm)

(1)总长

车体纵向的最大尺寸(前后最外端间的距离)。

(2)总宽

车体横向的最大尺寸。

(3)总高

车辆最高点到地面间的距离。

(4)轴距

相邻两轴中心线之间的距离。

(5)轮距

同一车桥左右轮胎面中心线(沿地面)间的距离。双胎结构则为双胎中心线间的距离。

(6)前悬

汽车最前端至前轴中心线间的距离。

(7)后悬

汽车最后端至后轴中心线间的距离。

(8)最小离地间隙

满载状态下,底盘下部(车轮除外)最低点到地面间的距离。

(9)接近角

车体前部突出点向前轮引的切线与地面的夹角。

(10)离去角

车体后部突出点向后轮引的切线与地面的夹角。

上述主要结构参数如图0-8所示。

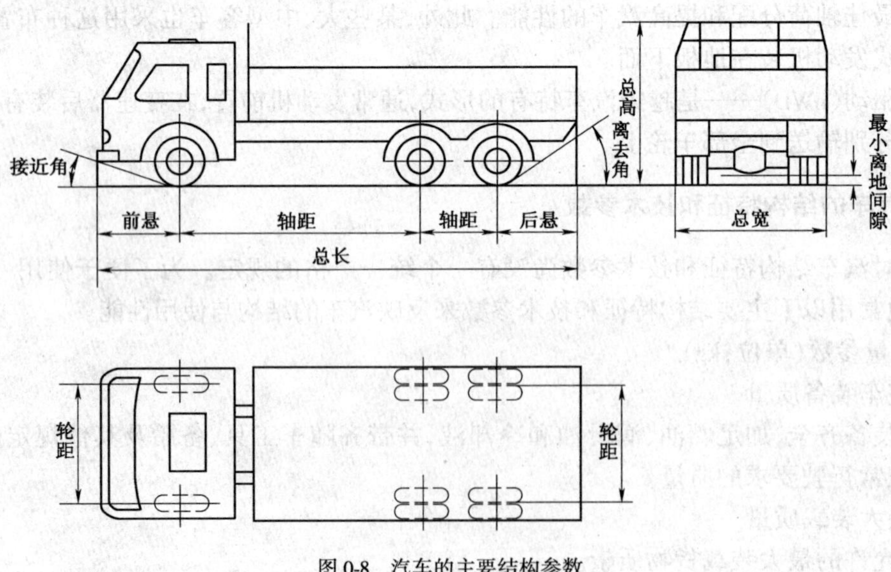

图0-8 汽车的主要结构参数

3．性能参数

(1)最高车速

汽车在平直良好的道路上行驶，所能达到的最大车速(km/h)。

(2)最大爬坡度

车辆满载时的最大爬坡能力(%)。

(3)最小转弯半径

转向盘转至极限位置时，外侧转向轮中心平面上移动的轨迹圆的半径(m)。

(4)百公里等速油耗

汽车在公路上行驶时每百公里消耗的燃油量。

(5)驱动方式

用车轮总数×驱动轮数或车轴总数×驱动轴数来表示。

表 0-2 列出了常见车型的结构特征与技术参数。

几种常见车型的结构特征与技术参数 表 0-2

车 名		时代超人	帕萨特	东风 1092F
制造商		上海大众汽车有限公司		东风汽车有限公司
发动机	布置形式	前置发动机，前轮驱动	前置发动机，前轮驱动	前置发动机，后轮驱动
	型号	AJR	AWL	EQ6100-1
	型式	水冷、直列 4 缸 4 冲程、前纵置电子控制多点喷射	水冷、直列 4 缸 4 冲程、前纵置 5 气门横流电子控制多点喷射、废气涡流增压	水冷、直列 6 缸 4 冲程
	排量(L)	1.781	1.781	5.42
	最大功率(kW/r/min)	74/5200	110/5700	99/3000
	最大转矩(N·m/r/min)	155/3800	210/1750-4600	353/1200
	缸径×冲程(mm)	81×86.4	81×86.4	100×115
	压缩比	9.5:1	9.3:1	6.75:1
	配气机构	顶置单凸轮轴	每缸 5 气门、顶置双凸轮轴	下置凸轮轴
尺寸	长×宽×高(mm)	4680×1700×1423	4780×1740×1470	6910×2470×2475
	轴距(mm)	2656	2803	3950
	轮距(mm)	1414/1422	1498/1500	1810/1800
装备质量(kg)		1140	1420	4100
乘员数或乘员/载质量		5	5	3/5000
总质量(kg)		1560	1795	9100
油箱容积(L)		60	62	160

续上表

车　名		时代超人	帕萨特	东风 1092F
性能	最高车速(km/h)	175	208	90
	等速油耗(L/100km)	6.8(车速 90 km/ h)	7.3(车速 90 km/ h)	25.5
离合器		单片、干式、膜片弹簧、机械传动	单片、干式、膜片弹簧、机械传动	单片、干式、螺旋弹簧
变速器		5 档手动	5 档手动	5 档手动
悬架	前	可摆动的滑柱式独立悬架(带横向稳定杆)	前桥四连杆独立悬架	钢板弹簧
	后	纵向摆臂式非驱动桥(桥架主梁兼起稳定杆作用)	复合扭转梁式半独立悬架	钢板弹簧
转向系		齿轮—齿条液压助力	齿轮—齿条液压助力	蜗杆指销式
制动系(前/后)		盘式/鼓式 ABS	盘式/盘式 ABS	鼓式/鼓式
轮胎		195/60 R14 85H	195/65 R15 91V	9.00-20

六、我国现行汽车维修制度

我国现行的汽车维护和修理制度在交通部 1990 年颁布的《汽车运输业车辆技术管理规定》中有明确的要求。对车辆技术管理应坚持预防为主和技术与经济相结合的原则;对运输车辆实行择优选配、正确使用、定期检测、强制维护、视情修理、合理改造、适时更新和报废的全过程综合性管理。

(一)我国现行的汽车维护制度

1. 基本原则

我国现行的汽车维护制度贯彻以“预防为主,强制维护”的原则。“预防为主”的设备管理原则世界通行,只有做好事前的预防性工作,才能使设备经常保持良好的技术状况,减少故障发生频率,降低消耗,延长使用寿命。现行的汽车维护制度,将过去的计划预防维护制度的“定期维护”改为“强制维护”,这是为了进一步强调维护的重要性和必要性,使运输单位和个人更加重视车辆的维护,防止因追求眼前利益而不及时维护,从而导致车况严重下降,影响安全生产。

2. 维护分类

维护分定期维护和非定期维护。定期维护分日常维护、一级维护和二级维护;非定期维护分为季节性维护和走合维护。季节性维护可结合定期维护进行。

3. 维护作业规范

维护作业包括:清洗、检查、补给、润滑、紧固和调整等内容。一般除主要总成发生故障必须解体外,不得对车辆总成进行解体,这就明确了维护和修理的界限。车辆进行维护时,不能对其主要总成大拆大卸,只有在发生故障需要解体时方允许进行解体。很明显,与过去的维护制度比较,现行的维护制度有以下特点:

(1)取消了整车解体式的三级维护。经生产实践证明,对主要总成大拆大卸的工艺方法是不科学的，也是不符合技术经济原则的。同时，"三级维护"作业内容既有维护作业又有修理的作业，不便于维护与修理的区分。

(2)没有对各级维护周期作统一规定，由各省、市、自治区按车型，结合本地区具体情况提出统一的维护周期，但制定了车辆技术状况规范以保证车辆正常维护质量。

(3)对季节性维护作了规范：当车辆进入冬、夏两季运行时，一般结合二级维护对车辆进行季节性维护。

4. 各类维修作业内容

(1)日常维护

汽车日常维护是驾驶员每日出车前、行车中和收车后负责执行的车辆维护作业。其作业中心内容是清洁、补给和安全检视。

(2)一级维护

一级维护是由维修企业负责执行的车辆维护作业。其作业中心内容除日常维护作业外，以清洁、润滑、紧固为主，并检查有关制动、操纵等安全部件。坚持"三检"，即出车前、行车中、收车后检视车辆的安全机构及各部机件连接的紧固情况，保持"四清"，即保持润滑油、空气、燃油滤清器和蓄电池的清洁，防止"四漏"，即防止漏水、漏油、漏气、漏电等。

(3)二级维护

二级维护是由维修企业负责执行的车辆维护作业。其作业中心内容除一级维护作业外，以检查、调整转向节、转向摇臂、制动蹄片、悬架等经过一定时间的使用容易磨损或变形的安全部件为主，并拆检轮胎，进行轮胎换位。二级维护必须按期执行。

(4)季节性维护

由于冬、夏季的温差大，为使车辆在冬、夏季的合理使用，在换季之前应结合定期维护，并附加一些相应的项目，使汽车适应气候变化了的运行条件，此种附加性的维护称为季节性维护。

(5)走合维护

汽车运行初期，改善零件摩擦表面几何形状和表面层物理机械性能的过程。

5. 汽车维护周期

(1)日常维护

每日出车前、行车中和收车后。

(2)一、二级维护周期

汽车一、二级维护周期的确定，应以汽车行驶里程为基本依据。汽车一、二级维护行驶里程依据车辆使用说明书的有关规定确定，同时依据汽车使用条件的不同，由省级交通行政主管部门规定。对于不便用行驶里程统计、考核的汽车，可用行驶时间间隔确定汽车一、二级维护周期。其时间间隔可依据汽车使用强度和条件的不同，参照汽车一、二级维护行使里程周期确定。

(二)我国现行的汽车维修制度

1. 基本原则

我国现行的汽车修理制度贯彻"视情修理"的原则，即根据车辆检测诊断和技术鉴定的结果，视情按不同作业范围和深度进行。这个原则是随着汽车检测诊断技术的发展和维修市场的变化提出的，过去的"计划修理"往往是按计划进行，车辆修理以实际技术状况为基础来确定修理方式，即可以防止拖延修理造成车况恶化，又可以防止提前修理造成浪费，完全符合技术与经济相结合的原则。

2. 修理分类

车辆修理按作业范围可分为汽车大修、总成大修、汽车小修和零件修理四类。

(1)汽车大修

车辆在行驶一定里程(或时间)后,经过检测诊断和技术鉴定,用修理或更换车辆零部件的方法,恢复或接近恢复车辆的完好技术状况的恢复性修理,其目的是恢复车辆的动力性、经济性、可靠性和原有装备,使车辆的技术状况和使用性能达到规定的技术条件,以提高车辆完好率和利用率。

(2)总成大修

车辆的总成经过一定使用里程(或时间)后,用修理或更换总成零部件(包括基础件)的方法,恢复其完好技术状况的恢复性修理。

(3)车辆小修

用修理或更换个别零件的方法,保证或恢复车辆工作能力的运行性修理,主要是消除车辆在运行过程中发生的临时性故障。

(4)零件修理

是对因磨损、变形、损伤等而不能继续使用的零件进行修理。零件修理要考虑经济上合理和技术上可靠的原则,必要的修旧利废是节约原材料、降低维修费用的重要措施。

(三)我国现行的汽车维修技术标准和车辆的送修标志

1. 现行的汽车维修技术标准

车辆维护和修理必须根据国家和交通部发布的车辆维修技术标准进行作业,根据相关规定和标准进行验收,以确保维修的质量。

(1)现行的汽车维护技术标准

①各生产厂生产的不同车型的车辆,在使用说明书中对车辆维护有一些具体要求,这些要求也是根据车型的特点和国家标准确定的,属于汽车维修的基本原则和依据。

②交通部组织制定,2001 年由国家质量技术监督局发布的 GB/T 18344—2001《汽车维护、检测、诊断技术规范》是现行的汽车维护的国家标准,所有车型的维护规范均应参照此《技术规范》严格执行。这对延长车辆的使用寿命、保证车辆安全性、降低排放污染、提高经济效益起到重要作用。

(2)现行的汽车修理技术标准

车辆修理必须根据国家和交通部发布的有关规定的修理技术标准进行修理,确保修理质量。

我国现行的车辆修理有关的技术标准、条件主要有:

①国家标准

GB 3798—1983　《汽车大修竣工出厂技术条件》
GB 3799—1983　《汽车发动机大修竣工出厂技术条件》
GB 3800—1983　《汽车车架修理技术条件》
GB 3801—1983　《汽车发动机气缸与气缸盖修理技术条件》
GB 3802—1983　《汽车发动机曲轴修理技术条件》
GB 3803—1983　《汽车发动机凸轮轴修理技术条件》
GB 5372—1985　《汽车变速器修理技术条件》
GB 5336—1985　《大客车车身修理技术条件》
GB 8823—1988　《汽车前桥及转向系修理技术条件》
GB 8824—1988　《汽车传动轴修理技术条件》

GB 8825—1988　《汽车驱动桥修理技术条件》

GB/T 18274—2000　《汽车鼓式制动器修理技术条件》

GB/T 18275.1—2000　《汽车制动传动装置修理技术条件——气压制动》

GB/T 18275.2—2000　《汽车制动传动装置修理技术条件——液压制动》

GB/T 18343—2001　《汽车盘式制动器修理技术条件》

②相关的汽车维修标准

GB 1497.1—1993　《轻型汽车排气污染物排放标准》

GB 1476.2—1993　《车用汽油机排放污染物排放标准》

GB 1476.3—1993　《汽油机燃油蒸发污染物排放标准》

GB 1476.4—1993　《汽车曲轴箱污染物排放标准》

GB 1476.5—1993　《汽油机怠速污染物排放标准》

GB 1476.6—1993　《柴油机自由加速烟度排放标准》

GB 7258—1997　《机动车运行安全技术条件》

GB 7454—1987　《机动车前照灯使用和光束调正技术规定》

GB 3845—1993　《汽油机怠速污染物的测量怠速法》

GB 3846—1993　《柴油机自由加速烟度的测量滤纸烟度法》

GB/T 15746.1—1995　《汽车质量检查评定标准——整车大修》

GB/T 15746.2—1995　《汽车质量检查评定标准——发动机大修》

GB/T 15746.3—1995　《汽车质量检查评定标准——车身大修》

GB 3847—1999　《压燃式发动机和装用压燃式发动机的车辆排气可见物限值及测试方法》

GB 14761—2001　《汽车排放污染物限值及测试方法》

③部颁标准

JT 3101—1981　《汽车修理技术标准》

JT/T 303—1996　《汽车轮胎使用与维修要求》

JT/T 216—1995　《客车空调系统技术条件》

JT/T 225—1996　《汽车发动机冷却液使用技术条件》

JT/T 328—1997　《货运半挂车通用技术条件》

④相关的其他标准

GB/T 11380—1989　《客车车身涂层技术条件》

GB/T 3181—1995　《漆膜颜色标准》

GB 9656—1996　《汽车车用安全玻璃》

2. 车辆送修标志

要确定车辆及总成是否需要大修,必须掌握车辆和总成大修送修标志。

(1)汽车大修送修标志

客车以车厢为主,结合发动机总成;货车以发动机总成为主,结合车架总成或其他两个总成符合大修条件。

(2)挂车大修送修标志

挂车车架(包括转盘)和货箱符合大修条件。

定车牵引的半挂车和铰接式大客车,按照汽车大修的标志与牵引车同时进厂大修。

(3)总成大修送修标志

①发动机总成

气缸磨损,圆柱度达到0.175~0.250mm或圆度已达到0.050~0.063mm(以其中磨损量最大的一个气缸为准);最大功率或气缸压力较标准降低25%以上;燃料和润滑油消耗量显著增加。

②车架总成

车架断裂、锈蚀、弯曲扭曲变形逾限,大部分铆钉松动或铆钉孔磨损,必须拆卸其他总成后才能进行校正、修理或重铆,方能修复。

③变速器(分动器)总成

壳体变形、破裂,轴承承孔磨损逾限,变速齿轮及轴恶性磨损、损坏需要彻底修复。

④后桥(驱动桥、中桥)总成

桥壳破裂变形,半轴套管磨损逾限,减速器齿轮恶性磨损需要校正或彻底修复。

⑤前桥总成

前轴裂纹、变形,主销承孔磨损逾限,需要校正或彻底修复。

⑥客车车身总成

车厢骨架断裂、锈蚀、变形严重,蒙皮破损面积较大,需要彻底修复。

⑦货车车身总成

驾驶室锈蚀、变形严重、破裂,货厢纵、横梁腐朽,底板、栏板破损面积较大,需要彻底修复。

3. 车辆和总成的送修规定

(1)车辆和总成送修时,承修单位与送修单位应签订合同,商定送修要求、修理车日、承修费用和质量保证等。合同签订后必须严格执行。

(2)车辆送修时,应具备行驶功能,装备齐全,不得拆换。

(3)总成送修时,应在装合状态,附件、零件均不得拆换和短缺。

(4)肇事车辆或因特殊原因不能行驶和短缺零部件的车辆在签订合同时,应作出相应的规定和说明。

(5)车辆和总成送修时,应将车辆和总成的有关技术档案一并送承修单位。

(四)汽车维修的工艺组织

1. 汽车技术维护的工艺组织

(1)汽车技术维护作业内容

汽车技术维护作业是汽车在技术维护过程中必须完成的技术措施。按其维护操作特点和执行条件,可分为以下几个基本单元:

①清洁养护作业

清除汽车外部污泥,打扫、清洗和擦拭车厢、驾驶室及各类附件,使车辆外表保持整洁、美观。

②检查与紧固作业

检查和紧固车辆各总成及零部件的外部连接螺栓,更换配置失落或损坏的螺钉、螺栓、销子和油嘴等零件。

③检查和调整作业

检查车辆各机构、总成和仪表的技术状况,必要时按使用要求进行调整。

④电气作业

对汽车所有电气仪表及设备进行清洁检验,调整和润滑等作业。更换或配置已损坏的零部件及导线,检验与维护蓄电池。

⑤润滑作业

清洗发动机润滑系统和机油滤清器,更换或加添润滑油,更换滤清器滤网。加注底盘润滑油或润滑脂,更换或加添制动液和减振液等。

⑥轮胎作业

检查轮胎气压及充气,检查外胎及清除嵌入物,更换内外胎和换位等作业。

⑦补给加添作业

检查油箱存油量,加添燃料、水和液体等。

上述的划分,有利于工人迅速熟练掌握操作技术,有利于设备、工具的配备和使用;有利于减轻工人的劳动强度,提高工作质量和工作效率。

(2)汽车技术维护工艺

汽车技术维护工艺是指汽车维护的各种作业按一定方式组合、协调、有序地进行的过程。其目的是通过一定顺序进行维护工作,实现高效、优质、低耗。

汽车技术维护工艺的划分具有灵活性。可以按作业的内容单一划分;可以将几个内容结合进行;也可以按汽车组成部分划分。总之,不管采用何种方式的工艺,首先应符合车辆运行的工作制度,做到充分利用人力、物力,有机的组织和协调生产,以获取最高效益,取得最佳效果。

根据生产实践,汽车各级维护工艺顺序大致为:①进行外表清洁作业;②进行检查紧固作业,与此同时或在其后进行试验调整作业、电气作业、轮胎作业和添加作业等;③进行润滑作业和外表整修作业。

(3)汽车技术维护工艺的组织

汽车技术维护工艺的组织通常指在车间、工段或工位上的工艺组织。当汽车进场后,生产管理部门需要从全局出发,进行劳动组织工作。按照技术维护的生产过程,正确合理的组织汽车技术维护作业,以获得最短的停场维护时间和合格的维护质量。

汽车技术维护作业组织形式的确定,与维护场地布置及企业车辆保有量有关,并与汽车维护作业方式相对应。一般维护工艺的组织形式为两种:

①综合作业法

综合作业是把人数不多的工人组织成立一个维护小组,担任一辆汽车的某一级维护作业。所有应进行的维护作业项目及维护过程中发现的小修作业,都由该维护小组完成。这种劳动组织形式适用于定位作业法,由于维护工人少、速度慢、工作效率低,因而在车辆少、车型复杂、维修设备简单的企业采用。

②专业分工法

专业分工是在维护小组内配置专业工人,每个专业工人都按固定的分工项目进行作业,这种组织方式既适用于定位作业法,也适用于流水作业法。采用定位作业法时,专业工人在车辆的不同部位平行交叉地在分工范围内进行作业。采用流水作业法时,把规定的维护作业项目按作业性质或作业部位划分,设置若干个专业工位,每个工位都配备必要的机具设备和专业工人。各工位按照维护作业顺序排列成流水作业线,车辆按顺序间歇地通过整个作业线,即可完成全部维护作业。

这种劳动组织适合于企业具有同类型的汽车数量较多;维护工作有经常固定的内容和较固定的维护量,并要求维护所需时间短,则采用流水作业法较为合适。

(4)汽车技术维护检测诊断与维护作业的组织

随着社会科学技术进步和新的维修制度的贯彻,车辆检测诊断设备得到了广泛的应用,检测诊断技术已在车辆维修技术措施中获得了重要地位。

采用检测诊断技术后,汽车维护生产作业的流程有一定的改变,见图 0-9。它与一般的技术维护生产作业流程方案的不同之处,就在于增设了技术检测工序。

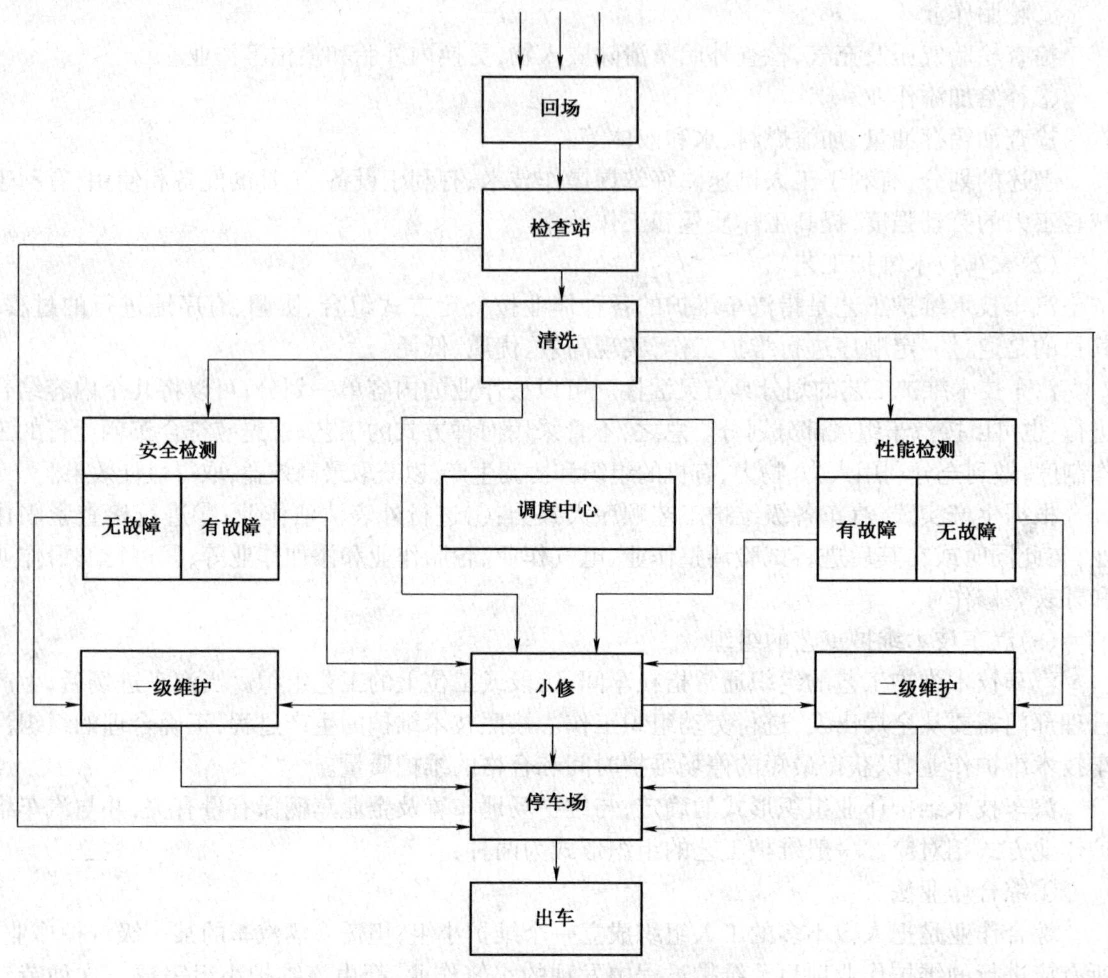

图 0-9 维修场内技术检测与维修作业流程组织方案

从图中可以看出,汽车每天运行回场,作为一般性日常维护需要,需经检查和清洗,然后分 4 种情况进行安排:

①对已列入一级维护计划需进行一级维护的车辆,先进行安全检测。按项目对车辆进行检测、诊断后,送入一级维护或小修车间。

②对需进行二级维护的车辆,先进入综合性能检测,待全面的技术检测诊断后,进入二级维护和小修车间。

③对运行中发生的故障,需要小修的车辆因修理任务已经明确,故不经过技术检测而直接进入小修车间。

④运行返场后,不需要进行任何作业的车辆在做过日常维护后,就直接驶入停车场,等候待用。

在维修作业生产流程中的安全检测工序,主要配备有:侧滑试验台、制动试验台、车速表试验台、前照灯试验仪、废气分析仪、烟度计及噪声计等检测仪器和设备。担负对汽车转向、制动、灯光等安全技术的检测,以及环境保护需要的废气和噪声的测量等。

上述安全检测是按顺序逐项进行的。

综合性能检测工序设置了检测汽车动力性能和燃料经济性能的设备和仪器。如底盘测功机、发动机综合检测仪、油耗仪、柴油发动机检查仪等。检查汽车燃料经济性时,可同时配合检测废气排放状况以及对大气污染程度等。

2. 汽车修理的工艺组织

汽车修理作业的组织形式,包括修理的基本方法、作业方法和劳动组织形式 3 个方面。汽车修理企业的组织形式的确定根据企业生产规模、设备条件、人员素质、经济效率及外部环境等因素来合理组织生产。其中修理的基本方法是基础,什么样的修理方法决定什么样的作业方式和劳动组织形式。

(1)汽车修理的基本方法

汽车修理的基本方法可分为就车修理法和总成修理法两种。

①就车修理法,如图 0-10 所示。

指在修理过程中,从汽车上拆下的零件、组合件、总成件(除报废件更换外),凡可修复的,

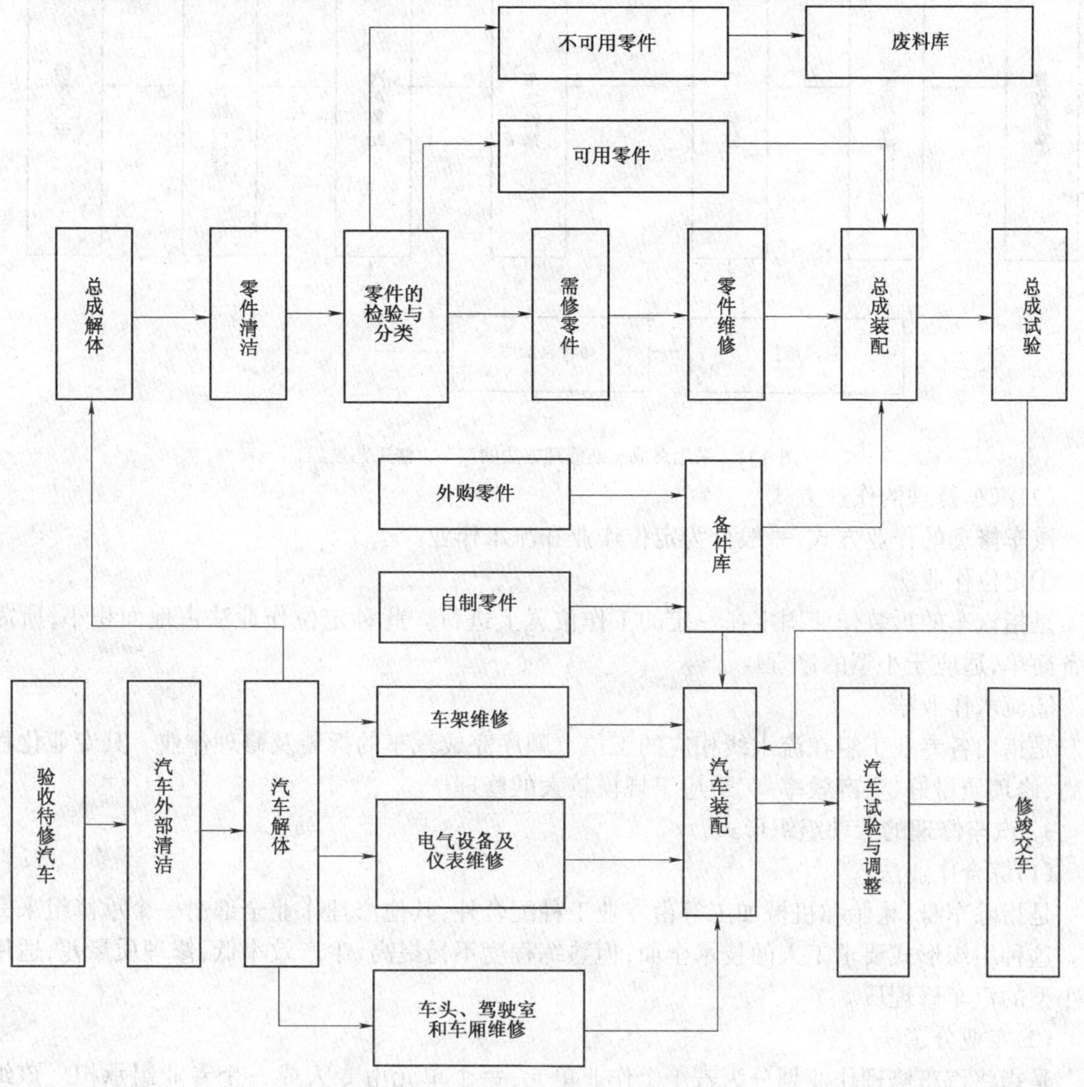

图 0-10　采用就车修理法时汽车大修的工艺过程

经修理仍装回原车。这种维修方法,停车维修时间长,适用于承修车型复杂,送修单位不一的修理厂。

②总成互换修理法

指在修理过程中,除车架和车身外,其他零件、组合件及总成都互装储备件。这种维修方法停车维修时间短,但需要有一定的备用周转总成。适用于生产量大、维修车型和送修单位单一的大中型汽车修理厂,如图 0-11 所示。

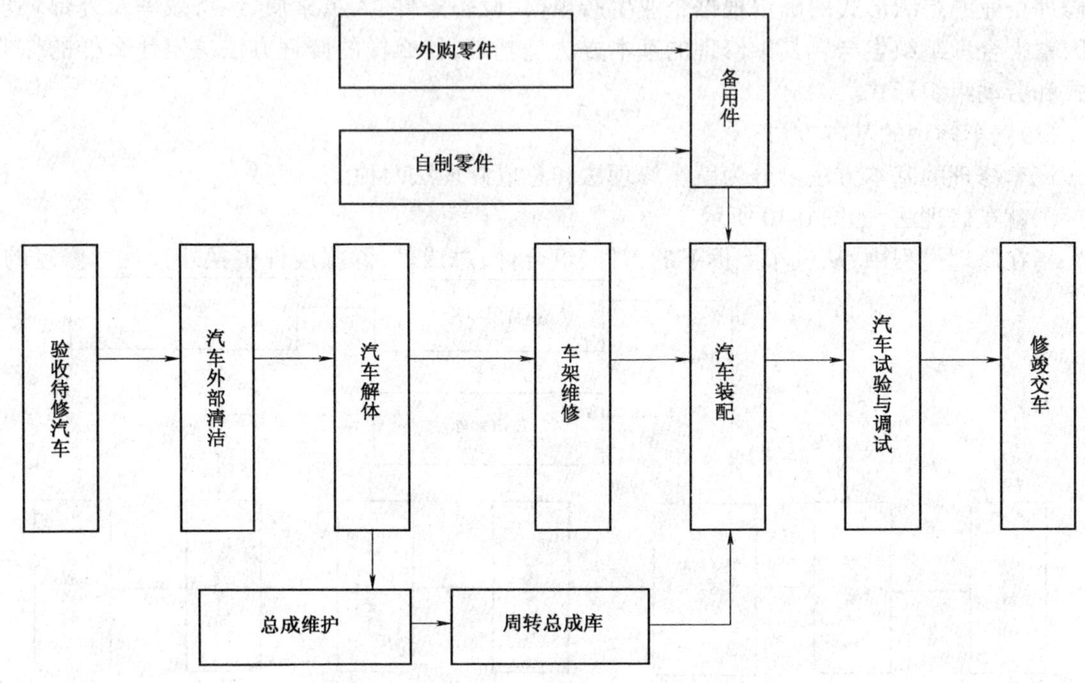

图 0-11　采用总成互换修理方法的汽车大修工艺过程

(2)汽车修理的作业方式

汽车修理的作业方式,一般分为定位作业和流水作业。

①定位作业法

是指汽车的拆装作业固定在一定的工作位置上进行。此种定位作业法占地面积小,所需设备简单,适应于小型的修理厂。

②流水作业法

是指由各专业工组在流水线相应的工位上顺序完成汽车的拆装及修理作业。其专业化程度高、修理质量好、生产效率高,适应于规模较大的修理厂。

3. 汽车修理的劳动组织形式

(1)综合作业法

是指除车身、轮胎和机械加工等由专业工种配合外,其他修理作业全部由一个承修组来完成。这种组织形式要求工人的技术全面,但熟练程度不易提高,生产效率低,修理质量差,适用于小型的汽车修理厂。

(2)专业分工法

是指将汽车修理作业划分为若干个作业单元,每个单元由专人或一个专业组承担。该组织形式工人的技术熟练程度容易提高,修理质量好、效率高,适用于大型的修理厂。

七、汽车发动机一般构造和工作原理

发动机是汽车的动力源,是把某一种形式的能量转变成机械能的机器。现代汽车使用的发动机多为内燃机。内燃机把燃烧的化学能转变成热能,然后又把热能转变成机械能,并且这种能量转换过程是在发动机气缸内部进行的。汽车上使用的内燃机主要是汽油机和柴油机。

(一)发动机分类、一般结构和常用术语

现代汽车发动机以往复活塞式内燃发动机(简称内燃机)为最多,这种发动机经过一个多世纪的不断革新,技术已相当完善和成熟,被汽车工业界广泛使用。除此之外,还有一种旋转活塞式内燃机,这种发动机出现较晚,尚未广泛使用。

内燃机是热力发动机中的一类,其特点是液体或气体燃料与空气混合后在发动机内燃烧而产生热能,然后再将热能转变成机械能,燃烧产生热能的过程在机内完成,所以叫内燃机。内燃机具有热效率高、结构紧凑、体积小、便于装车,且起动性能好等特点。往复活塞式内燃机更是以技术先进、可靠性高而被广泛使用。

1. 发动机分类与一般构造

作为汽车发动机的内燃机,按照不同分类方法可分成不同的类型。

(1)按所用燃料分类

可分为汽油机、柴油机,以及使用代用燃料甲醇、乙醇、液化石油气的发动机。以汽油为燃料的发动机称为汽油机,以柴油为燃料的发动机称为柴油机,以液化气为燃料的发动机称为液化气发动机。汽油和柴油都是石油精炼后的液体产品,化学成分相似,但不完全相同。

汽油沸点低,容易气化和点燃。因此,汽油机采用高压电火花点火,使空气和汽油混合形成的可燃混合气燃烧作功。汽油机的基本结构如图 0-12 所示。

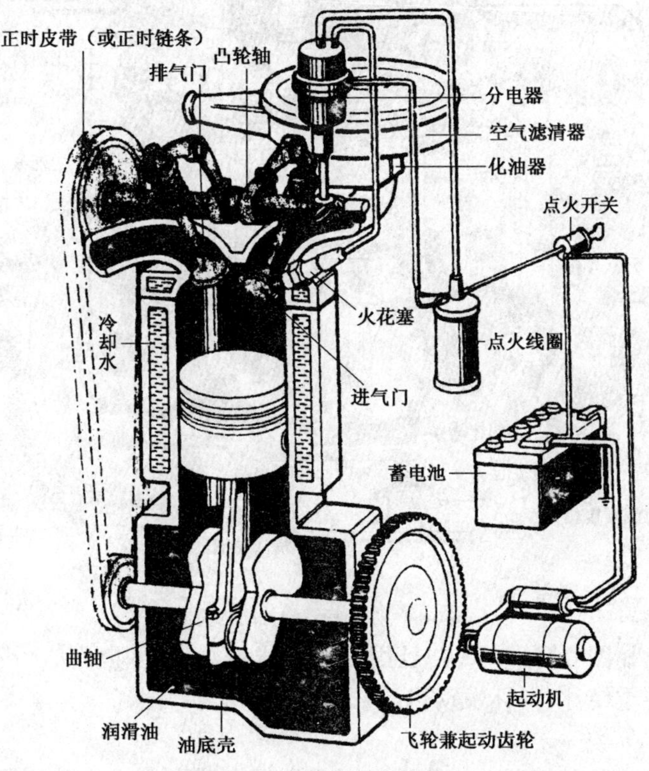

图 0-12　汽油机结构简图

柴油与汽油相比馏分较重，不易气化和点燃，但是柴油的自燃温度较低，因此，柴油机采用压缩空气的办法提高压力和温度，使压缩空气温度超过柴油的自燃温度，这时再喷入柴油，经短暂的油气混合过程后自行发火燃烧。这一构想是德国人狄塞尔发明的，所以柴油机又叫狄塞尔发动机。柴油机的基本结构原理如图0-13所示。

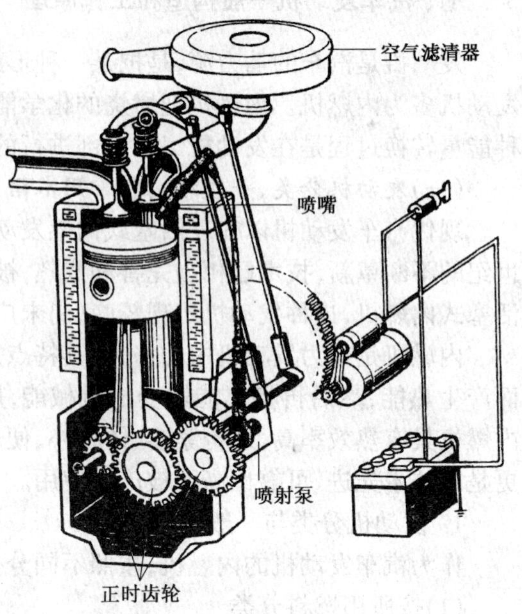

图0-13　柴油机结构简图

(2)按实现循环的行程数分类

按发动机完成一个工作行程循环所需活塞的行程数，一般分为四冲程发动机和二冲程发动机。

①四冲程发动机

活塞移动四个行程即曲轴转两圈气缸内完成一个工作循环，如图0-14所示。

②二冲程发动机

活塞移动两个行程即曲轴转一圈气缸内完成一个工作循环，如图0-15所示。

(3)按冷却方式分类

发动机按冷却方式的不同，又可分为水冷式发动机和风冷式发动机。现代汽车发动机绝大多数采用水冷却方式，如图0-16所示，并且用冷却液代替水作冷却介质。冷却液既可防止发动机过热，又可防止冬季结冰，损坏发动机。

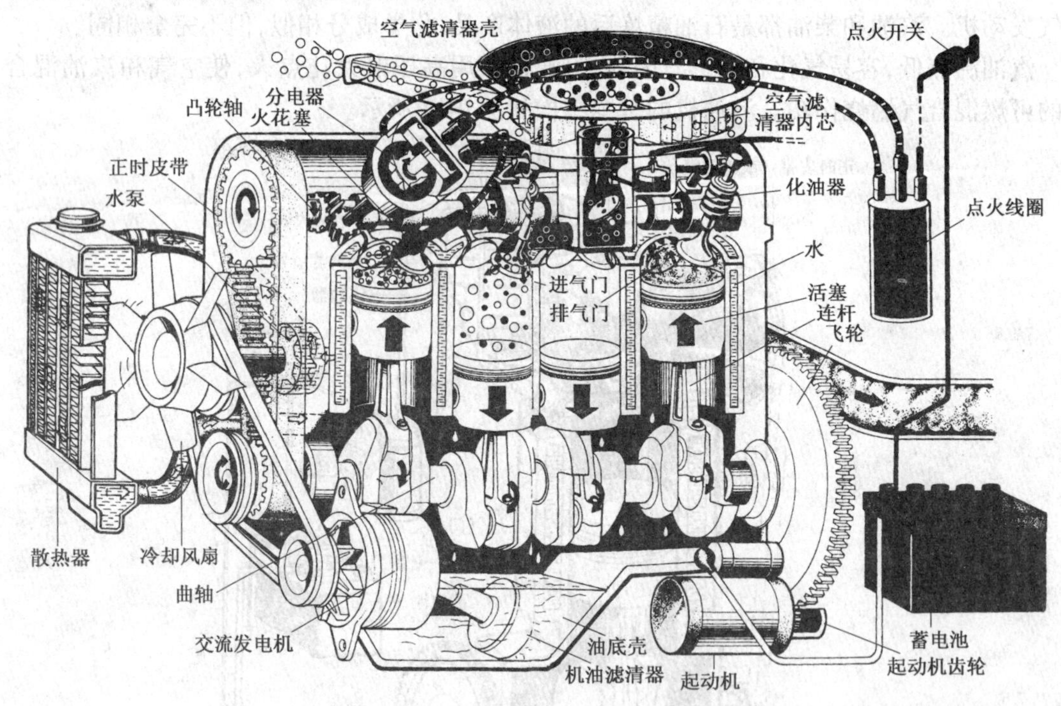

图0-14　四冲程汽油机结构简图

(4)按点火方式分类

按照点火方式的不同，把发动机分为点燃式和压燃式两类。汽油机与柴油机点火方式的

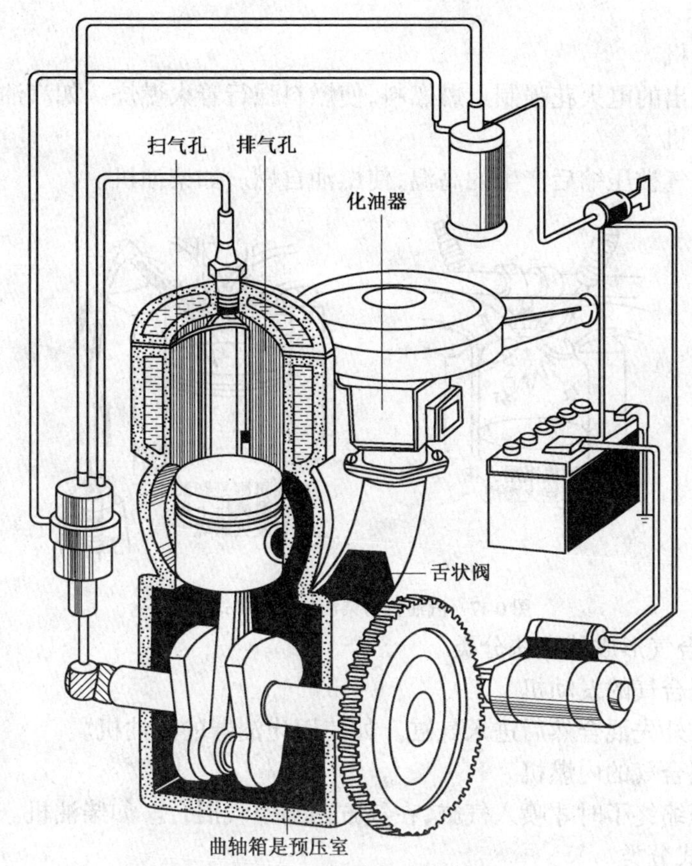

图 0-15　二冲程发动机结构简图

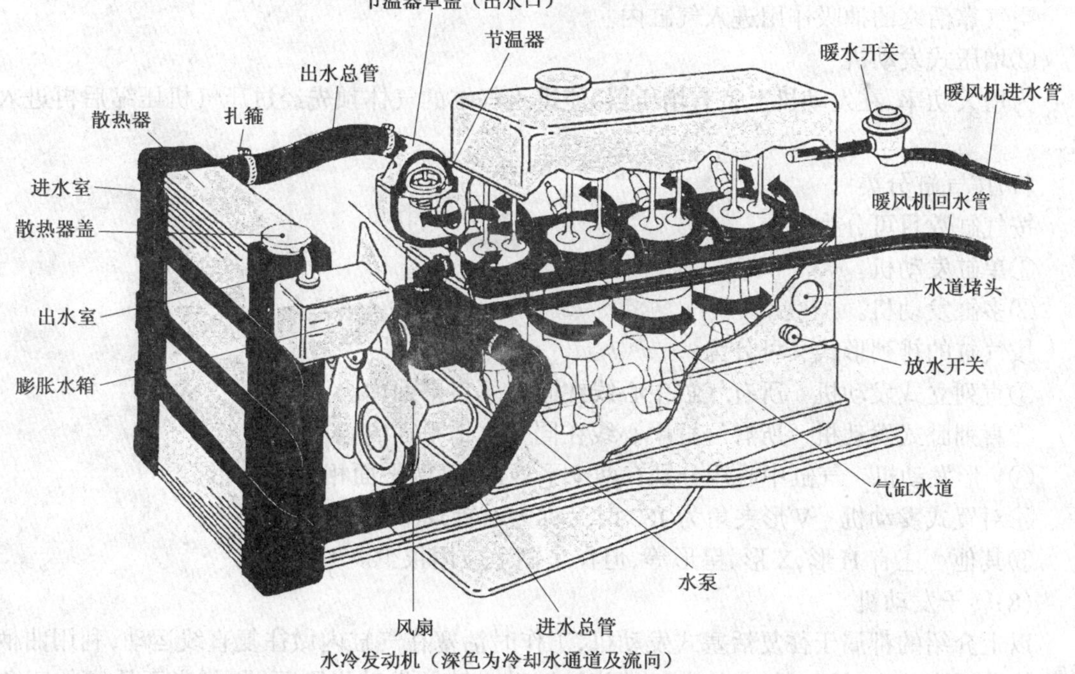

图 0-16　水冷式发动机

比较如图 0-17 所示。

①点燃式发动机

利用火花塞发出的电火花强制点燃燃料，使燃料强行着火燃烧。如汽油机、煤气机。

②压燃式发动机

利用气缸内空气被压缩后产生的高温，使燃油自燃。如柴油机。

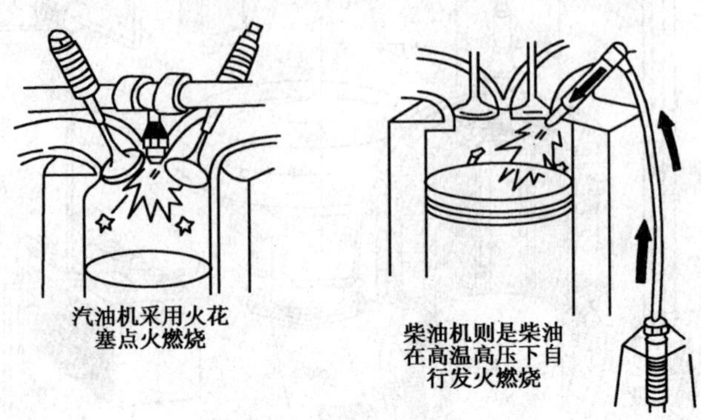

图 0-17　汽油机与柴油机点火方式比较

(5)按可燃混合气形成的方法分类

①外部形成混合气的发动机

燃料和空气在外先混合然后进入气缸。如使用化油器的汽油机。

②内部形成混合气的内燃机

燃料在临近压缩终了时才喷入气缸，在气缸内与空气混合。如柴油机。

(6)按进气方式分类

①自然吸气式发动机

空气靠活塞的抽吸作用进入气缸内。

②增压式发动机

为增大功率，在发动机上装有增压器，使进入气缸的气体预先经过压气机压缩后再进入气缸。

(7)按气缸分类

按气缸数目可分为：

①单缸发动机。

②多缸发动机。

按气缸的排列形式又可分为：

①直列立式发动机　所有气缸中心线在同一垂直平面内。

②直列卧式发动机　所有气缸中心线在同一水平平面内。

③V 形发动机　气缸中心线分别在两个平面内，且两平面相交呈 V 形。

④对置式发动机　V 形夹角为 180°时又称为对置式。

⑤其他　还有 H 形，X 形、星形等，但在车辆上应用很少。

(8)转子发动机

以上介绍的都属于往复活塞式发动机，工作时活塞在气缸内做往复直线运动，利用曲柄连杆机构将活塞的直线运动转化为曲轴的旋转运动。转子发动机则不同，相当于活塞的三角形转子在蚕茧形壳体内做偏心回转运动，直接将可燃混合气的燃烧膨胀转化为发动机的输出转矩。因而,可以认为转子发动机就是活塞做回转运动的发动机。转子发动机的工作原理如图0-18所示。

和往复活塞式发动机相比,转子发动机具有结构紧凑、质量小、回转平稳、噪声小等许多优点。日本马自达汽车公司是目前世界上唯一一家批量生产汽车用转子发动机的公司。这是因为转子发动机在技术上仍有一些问题尚待解决。

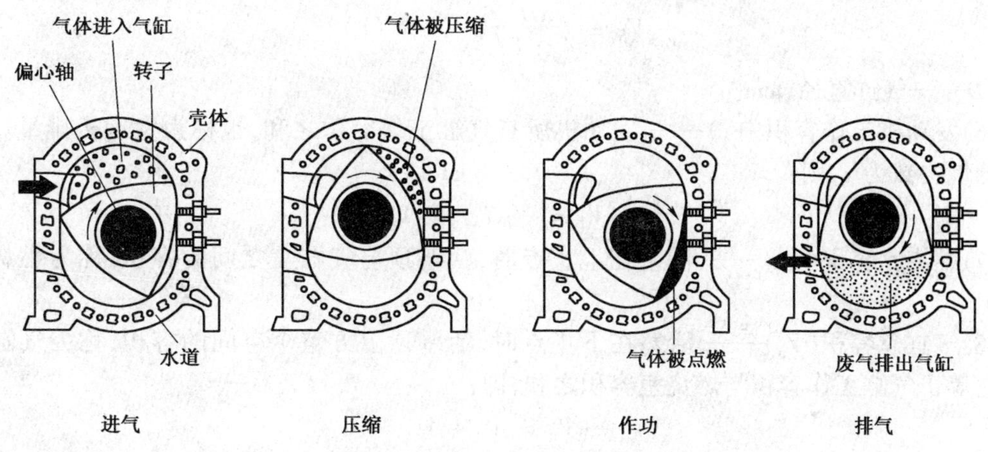

图 0-18 转子发动机的工作原理

2. 发动机术语(如图 0-19 所示)

(1)上止点——指活塞上行到达最高点处的位置,称为活塞上止点。此时,活塞顶部距离曲轴回转中心最远。

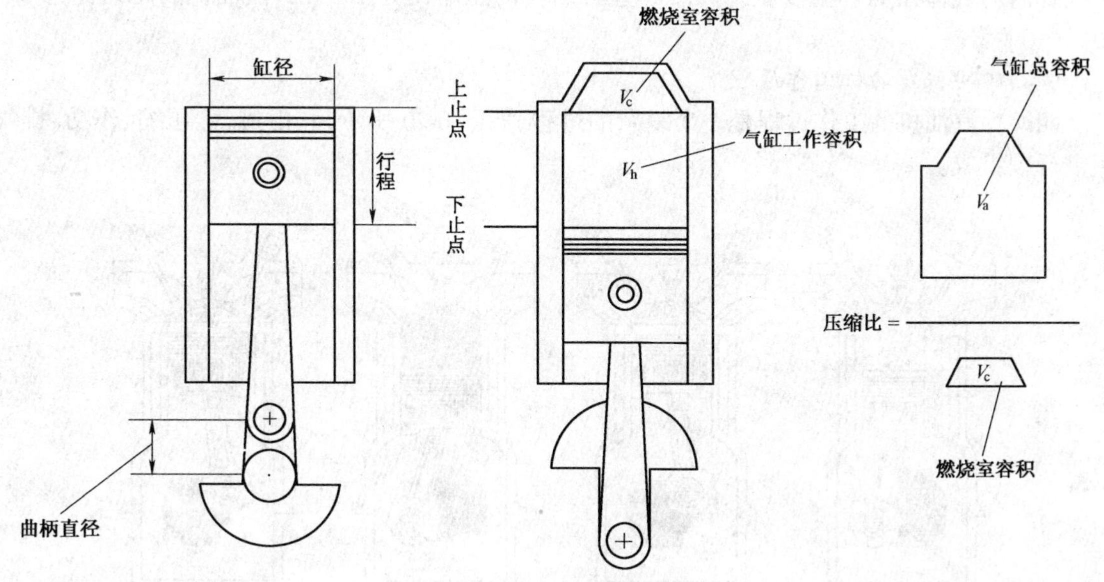

图 0-19 发动机常用基本术语

(2)下止点——指活塞下行到达最低点处的位置,称为活塞下止点。此时,活塞顶部距离曲轴回转中心最近。

(3)活塞行程(S)——活塞在上、下止点间的运行距离,称为活塞行程。

(4)曲柄半径(R)——曲轴上连杆轴颈的轴线到曲轴主轴颈轴线(曲轴回转中心)间的距

离，称为曲柄半径。曲柄半径也叫曲柄销回转半径。

活塞行程与曲柄半径之间的关系：曲柄半径决定活塞行程，活塞行程 S 等于曲柄半径 R 的 2 倍，即：$S = 2R$。活塞行程也随曲柄半径的增大而加长，随曲柄半径的减小而缩短。

(5)气缸工作容积（V_h）——指活塞从上止点到下止点所扫过的容积，也称为气缸排量，如图 0-19 所示。

$$V_h = \frac{\pi D^2}{4 \times 10^6} S \qquad (L)$$

式中：D——气缸直径，mm。

(6)发动机工作容积（V_1）—— 发动机所有气缸工作容积之和，也称为发动机排量。设发动机的气缸数为 i，则：

$$V_1 = V_h \, i \qquad (L)$$

(7)燃烧室容积（V_c）—— 活塞在上止点时，活塞顶与气缸盖之间的容积，称为燃烧室容积。

(8)气缸总容积（V_a）—— 活塞在下止点时，活塞顶上方整个空间的容积，称为气缸总容积。它等于气缸工作容积与燃烧室容积之和，即：

$$V_a = V_h + V_c$$

(9)压缩比（ε）——指气缸总容积与燃烧室容积的比值，如图 0-19 所示，即：

$$\varepsilon = \frac{V_a}{V_c} = \frac{V_h + V_c}{V_c} = 1 + \frac{V_h}{V_c}$$

它表示活塞由下止点运行到上止点时，气缸内气体被压缩的程度。压缩比越大，压缩终了时气缸内的气体压力和温度就越高。一般柴油机的压缩比为 15 ~ 22，汽油机的压缩比为 6 ~ 10。

(二)四冲程发动机工作原理

四冲程汽油机的工作过程是一个复杂的过程，如图 0-20 所示，它由进气、压缩、作功、排气四个行程组成。

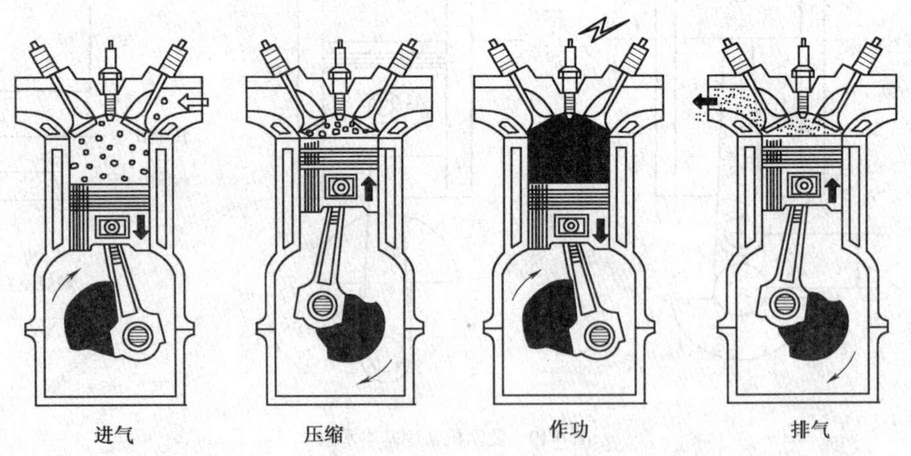

图 0-20　四冲程汽油机工作原理

第一行程——进气行程

曲轴带动活塞由上止点向下止点移动，同时，进气门开启，排气门关闭。进气过程开始时，活塞位于上止点,当活塞由上止点向下止点移动时,活塞上方的容积增大,气缸内的气体压力下降,形成一定的真空度。由于进气门开启,气缸与进气管相通,混合气被吸入气缸,直至活塞向下运行到下止点。当活塞移动到下止点时,气缸内充满了新鲜混合气和上一个工作循环未排出的废气。在进气过程中,受空气滤清器、化油器、进气管道、进气门的影响,在进气终了时,气缸内气体压力低于大气压。

第二行程——压缩行程

活塞由下止点向上止点移动,进排气门关闭。曲轴在飞轮等惯性力的作用下带动旋转,通过连杆推动活塞向上移动,气缸内容积逐渐减小,气体被压缩,气缸内的混合气压力与温度随之升高。

第三行程——作功行程

进排气门关闭,火花塞点火,混合气剧烈燃烧,气缸内的温度、压力急剧上升,高温、高压气体推动活塞由上止点向下移动,通过连杆带动曲轴旋转。在发动机工作的四个行程中,只有这个行程才实现热能转化为机械能,所以,这个行程又称为作功行程。

第四行程——排气行程

活塞到达下止点，排气门打开，活塞从下止点移动到上止点，废气随着活塞的上行，被排出气缸。由于排气系统有阻力，且燃烧室也占有一定的容积，所以在排气终了时，不可能将废气排净，这部分留下来的废气称为残余废气。残余废气不仅影响充气，对燃烧也有不良影响。

排气行程结束时,活塞又回到了上止点,完成了一个工作循环。随后,曲轴依靠飞轮转动的惯性作用仍继续旋转,开始下一个循环。如此周而复始,发动机就不断地运转起来。

(三)二冲程发动机工作原理

活塞在气缸内往复运动两个行程即曲轴旋转一周完成一个工作循环的发动机,称为二冲程发动机,如图 0-21 所示。

第一行程——活塞由下止点往上止点运动,完成进气和压缩工作过程。

第二行程——活塞由上止点向下止点运动,完成燃烧膨胀(作功)和排气的工作过程。

当活塞由下止点向上止点运动而全部关闭换气口和排气口时,则排气和换气过程终止,气缸内的新鲜可燃混合气将开始初压缩。同时由于活塞向上移动,活塞下面的曲轴箱容积逐渐增大,使曲轴箱内压力下降而形成真空度,当曲轴箱的真空度达到一定程度时,簧片阀自动开启,经化油器雾化的可燃混合气被吸入曲轴箱内。当活塞继续向上运动,在将要接近上止点时,由火花塞发出电火花,将已被压缩的可燃混合气点燃。此时燃烧着的气体迅速膨胀,使燃烧室的温度和压力急剧升高,活塞跃过上止点向下运动,活塞即通过连杆、曲轴作功。活塞由上止点向下止点运动时,曲轴箱内的压力将随容积的减小而增大,簧片阀就会逐渐自动关闭,此时进入曲轴箱内的可燃混合气开始被预压缩。当活塞下行至排气口开启时,废气就通过排气口、排气管、消声器排入大气中。当活塞再继续下行至换气口开启时,曲轴箱内被预先压缩的新鲜可燃混合气便通过换气口进入气缸,并驱使气缸内的废气进一步排出,这个过程称为扫气过程。这样发动机便完成了一个工作循环。

二冲程发动机与四冲程发动机相比,两者有各自的优点和缺点。

二冲程发动机优点:

(1)每旋转一周爆发 1 次,因此旋转平稳;

(2)不需要气门,零部件少,所以维护方便、成本低;

(3)往复运动产生的惯性力小，振动小、噪声低；

(4)与四冲程发动机相比，在相同的容积下，转速相同时功率较大，假如平均有效压力相同，则理论上功率为2倍(实际功率也能达到1.7倍)。

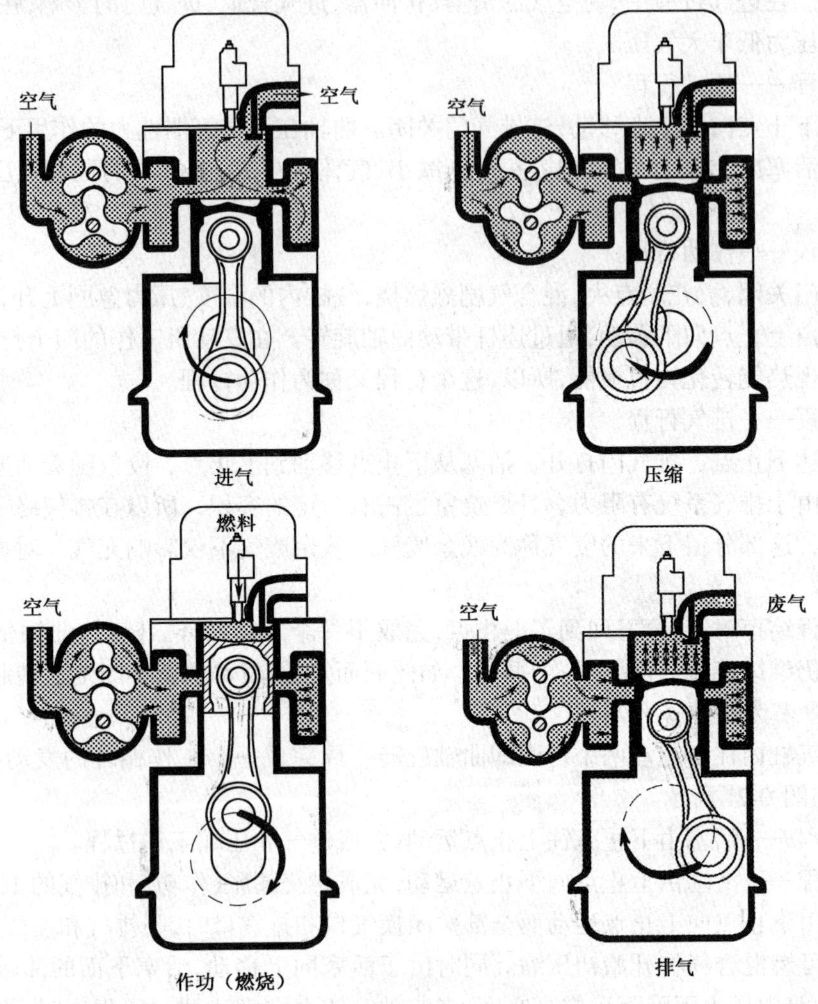

图0-21 二冲程柴油机工作原理

二冲程发动机缺点：

(1)进气、排气过程的时间短，换气不彻底，所以燃油损耗大；

(2)在气缸壁的一侧有气口，活塞环接触到这里易磨损；

(3)由于排气口在气缸上，所以易过热；

(4)低速不稳定；

(5)润滑油消耗多。

四冲程发动机优点：

(1)进气、压缩、作功(爆发)、排气各过程分别进行，因此工作可靠、效率高，稳定性好。低速至高速的转速范围大(500～1500r/min)；

(2)不存在二冲程发动机那样的窜气回流损失，燃油消耗率低；

(3)低速运转平稳，依靠润滑系统润滑，不易过热；

(4)进气过程、压缩过程时间长,容积效率、平均有效压力高;

(5)热负荷比二冲程发动机小。不易出现变形、烧蚀问题。排量大,可设计成大功率发动机。

四冲程发动机缺点:

(1)配气机构复杂,零部件多,维护困难;

(2)机械噪声大;

(3)由于曲轴旋转 2 周作功 1 次,所以气缸数较少时旋转不平衡。

(四)发动机总体构造及型号编制规则

1. 发动机的总体构造

发动机是一部由许多机构和系统组成的复杂机器。现代汽车发动机的结构形式很多,汽油机与柴油机的构造又有所不同。

(1)汽油机的总体构造

汽油发动机由两大机构和六大系统组成,即由曲柄连杆机构、配气机构、供给系统、润滑系统、冷却系统、起动系统、点火系统和电控系统组成。

①机体组

发动机的机体组一般包括气缸盖、气缸体及油底壳,是发动机的主体部分。气缸体的上部是气缸,下部是曲轴箱。气缸体是发动机各工作机构和附件的装配基体,且本身又是曲柄连杆机构、配气机构以及润滑系统和冷却系统的组成部分。气缸盖装在气缸体的上部,气缸盖、气缸与活塞到达上止点时的顶部空间构成燃烧室,燃料在其中燃烧产生热能。在发动机构造中常把机体组列入曲柄连杆机构。

②曲柄连杆机构

曲柄连杆机构包括活塞、连杆、曲轴、飞轮等。曲柄连杆机构的作用是将活塞的直线往复运动转变为曲轴的旋转运动并输出动力的机构。

③配气机构

配气机构主要包括进气门、排气门、弹簧、摇臂、推杆、挺柱、凸轮轴以及凸轮轴正时齿轮(由曲轴正时齿轮驱动)。其作用是使可燃混合气及时充入气缸并及时将废气排出气缸。

④供给系统

供给系统主要包括油箱、油泵、燃油滤清器、化油器(或电喷装置)、空气滤清器、进气管、排气管,消声器等。其作用是把燃油与空气混合形成一定比例的可燃混合气,并送入气缸以供燃烧,然后将燃烧生成的废气排出发动机。

⑤润滑系统

润滑系统一般由机油泵、集滤器、限压阀、油道、机油滤清器和机油冷却器等组成。其作用是将润滑油供给作相对运动的零件以减少它们之间的摩擦阻力,减轻机件的磨损,同时起到冷却零件,清洗零件的作用。

⑥冷却系统

冷却系统主要包括水泵、风扇、分水管、气缸体放水阀、散热器以及气缸体和气缸盖里铸出的空腔——水套等。发动机在运转过程中因为受热,需要冷却。冷却系统的功用是把受热机件的热量散到大气中去,以保证发动机正常工作。

⑦起动系统

起动系统的作用就是使静止的发动机起动并转入自行运转,它包括起动机及其附属装置。

⑧点火系统

点火系统主要包括蓄电池、发电机、断电器、分电器、点火线圈、火花塞等。其作用是保证按规定时刻及时点燃气缸中被压缩的可燃混合气。

(2)柴油机的总体构造

四冲程水冷式柴油机的总体构造包含二大机构和四大系统。柴油机的点火方式为压燃式,与汽油机相比,柴油机不需要点火系,其机体与曲柄连杆机构、配气机构、润滑系统、冷却系统、起动系统与前面介绍的汽油机基本相同。但柴油机的燃料供给系统与汽油机不相同。

车用四冲程柴油机供给系统主要由柴油箱、输油泵、柴油滤清器、高压油泵、调速器、喷油器、空气滤清器、进排气装置等组成。增压柴油机进气系统还装有废气涡轮增压器,利用排放废气驱动涡轮旋转,涡轮与进气系统中的空气压缩机连为一体,带动压缩机工作,通过增加进气量来提高发动机的功率。目前广泛采用的废气涡轮增压器可以使发动机的功率提高 20% ~30%。

2. 国产内燃机型号编制规则

为了便于内燃机的生产管理与使用,我国于 1982 年对内燃机名称和型号编制方法重新审定颁布了国家标准(GB/T 725—1982)。该标准的主要内容如下:

(1)发动机产品名称均按所采用的燃料命名,例如柴油机、汽油机、双(多种)燃料发动机、煤气机等。

(2)发动机型号由阿拉伯数码和汉语拼音字母组成。

(3)发动机型号由下列 4 部分组成:

①首部

为产品系列符号和(或)换代标志符号,由制造厂根据需要自选相应的字母表示,但需主管部委或由主管部委标准化机构核准。

②中部

由缸数符号、冲程符号、气缸排列形式符号和缸径符号组成。

③后部

结构特征和用途特征符号,以字母表示。

④尾部

区分符号。同一系列产品因改进等原因需要区分时,由制造厂选用适当符号表示。

发动机型号排列顺序及符号所代表的含义规定如图 0-22 所示。

型号编制示例:

柴油机:

(1)6135ZG——表示六缸、直列、四冲程、缸径 135mm、水冷、增压、工程机械用。

(2)YC6105——表示玉柴厂生产、六缸、直列、四冲程、缸径、105mm、水冷、通用型。

(3)12V135ZG——表示十二缸、V 形、四冲程,缸径 135mm,水冷、增压、工程机械用。

汽油机:

(1)CA6102Q ——表示第一汽车制造厂生产、六缸、直列、四冲程、缸径 102mm、水冷、车用。

(2)EQ6100Q—1——表示第二汽车制造厂生产、六缸、直列、四冲程、缸径 100mm、水冷、车用、第一次改型。

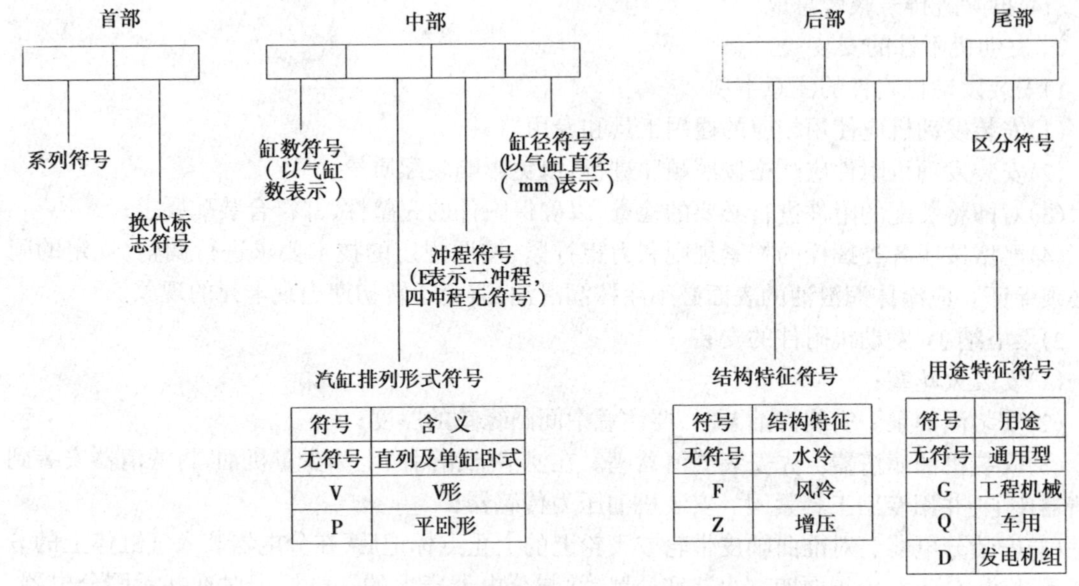

符号	含义
无符号	直列及单缸卧式
V	V形
P	平卧形

符号	结构特征
无符号	水冷
F	风冷
Z	增压

符号	用途
无符号	通用型
G	工程机械
Q	车用
D	发电机组

图 0-22　发动机型号排列顺序及符号所代表的含义规定

(五)发动机附件的拆卸与安装

1. 发动机附件的拆卸

1)发动机解体的注意事项

(1)解体发动机应使用相应的通用工具和专用器具,以免损坏连接螺栓和零部件;

(2)解体发动机应由熟练的技术工人严格按程序进行,以免由于不合理的拆卸,引起相互干涉,损坏零件;

(3)解体发动机的过程应十分谨慎,当磨损后出现的台肩或堆积的污垢影响拆卸时,应仔细、合理地予以解决,不可以强行敲打,以免造成零部件的损坏;

(4)解体发动机后各零部件应分类摆放,重要零件更应妥善保管,等待清洁后检修。

2)EQ6100-1 型发动机附件的拆卸

(1)拆除发动机前悬置支架;

(2)拆除冷却水小循环水管,水泵风扇;

(3)拆除发电机。拧松传动皮带张紧螺栓和空压机固定螺栓,取下传动皮带,拆除发电机;

(4)拆除空压机,拆除空压机润滑油进、回油管,拧松传动皮带张紧螺栓和空压机固定螺栓取下传动皮带,拆除空压机;

(5)拆除发电机位置调节臂和水泵;

(6)拆除空气滤清器、化油器操纵机构、真空管,化油器进油管和化油器;

(7)拆除起动机;

(8)拆除曲轴箱通风装置;

(9)拆除润滑油粗滤清器、压力报警器、压力传感器、油量标尺、加油管,细滤清器;

(10)拆除汽油泵。拆除前应使凸轮轴上的驱动凸轮离开汽油泵驱动臂;

(11)拆除分电器,取出传动机构;

(12)拆除气缸体放水阀、暖风进水开关、水温传感器、节温器罩、节温器、气缸盖出水管;

(13)拆除气门室罩盖上的曲轴箱通风空气滤清器和罩盖;

(14)拆除进排气歧管总成。

2．发动机附件的安装

1)安装发动机附件的注意事项

(1)安装发动机应使用相应的通用工具和专用器具;

(2)安装发动机附件应严格按照顺序进行,以免影响装配质量;

(3)对即将装配的附件进行必要的检查,以确保附件的完整性,并符合装配要求;

(4)严格按照各类螺栓的拧紧规则和力矩拧紧,按照规定的技术要求进行调整,规定的间隙必须保证。应涂抹润滑油的表面必须涂抹润滑油,避免运转初期出现卡死的现象。

2)桑塔纳 JV 发动机附件的安装

(1)安装火花塞;

(2)安装汽油泵。安装汽油泵时,要注意中间凸缘垫的厚度;

(3)安装机油滤清器。先安装滤清器座。在滤清器密封圈上涂少量机油,将滤清器安装到滤清器座上,并用专用工具紧固。安装机油压力传感器;

(4)安装分电器。对准曲轴皮带轮或飞轮上的上止点标记后,在分电器装入气缸体上的分电器承孔时,分火头应指向四缸火花塞位置,并与分电器壳上的一缸标记对准并紧固分电器。此时:分火头所指的分电器盖插线孔即为一缸高压线孔。按点火顺序将高压分火线插到相应的火花塞上(分火头与分电器壳上的一缸标记对准时,分火头应无逆时针转动间隙);

(5)安装水泵及皮带轮;

(6)安装发电机调整臂及发电机;

(7)安装化油器并连接管路及操纵件;

(8)安装起动机;

(9)安装空调压缩机支架及空调压缩机;

(10)安装气缸盖冷却液出口,连接冷却液进、出管路;

(11)水泵皮带的安装与张紧力的检查、调整。先旋松发电机支架上的调整螺栓,外移发电机,使皮带张紧,再拧紧固定螺栓。在曲轴皮带轮和发电机皮带轮中间部位,用拇指压下三角皮带,所允许的最大挠度为 10～15mm,否则,应重新调整;

(12)空调压缩机皮带张紧度的检查、调整。空调压缩机皮带张紧度的检查、调整方法与发电机皮带类似。皮带张紧度的标准是用拇指全力压下皮带中点,所允许的最大挠度为 10～15mm;

(13)检查装配的完整性。

单元一　汽车维修工量具和常用维修设备

单元要点

汽车维修时需使用各种工、量具和维修设备。本单元将对汽车维修过程中常用专用工、量具和主要维修设备的用途及使用方法逐一进行介绍，以便在维修中能正确合理地使用工、量具和维修设备。

一、汽车维修专用工具及使用方法

1. 扳手

汽车维修过程中，除了常用的活动扳手、开口扳手、梅花扳手、套筒扳手外，还经常使用专用扳手和扭力扳手。

1)专用扳手

专用扳手是一种用途较为单一的特殊扳手的通称，通常以其用途或结构特点来命名。每一种专用扳手，又可以按照不同规格和尺寸进行分类。在使用专用扳手时，必须选用与零件相适应的扳手，以免扳手滑脱伤手或损坏零件。常用的专用扳手和用途见表 1-1。

常用专用扳手　　表 1-1

扳手名称	主要用途	图例
内六角扳手	扭转内六角头部的螺栓，如东风 EQ1092 汽车转向器轴向调整螺栓	
圆螺母扳手	扭转槽型圆螺母，如东风 EQ1092 汽车转向器轴向调整螺栓固定螺母	
叉型凸缘及转向螺母套筒扳手	扭转轮毂轴承调整、锁紧螺母，如东风 EQ1092 汽车前轮毂轴承螺母	
方扳手	扭转四棱柱头部的螺栓，如油底壳，变速器等的放油螺栓	

续上表

扳手名称	主 要 用 途	图 例
叉型扳手	扭紧圆柱孔定位的螺母，如减振器顶盖等	
火花塞套筒扳手	拆装火花塞	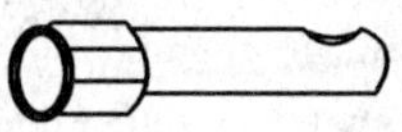
气门芯扳手	拆装轮胎气门芯	
钩型扳手	扭转槽型圆螺母等	
专用套筒扳手	扭转特殊螺栓或螺母的扳手，如轮毂轴承螺栓、螺母、轮胎螺母	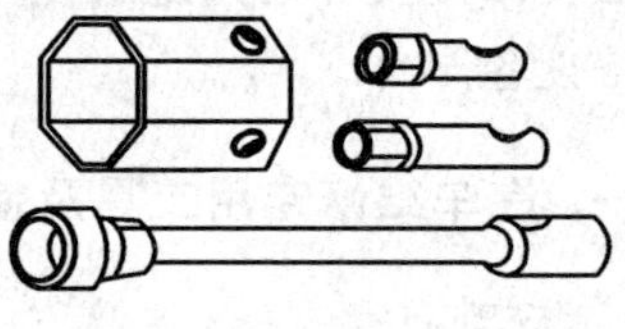
机油滤清器扳手	拆装机油滤清器总成	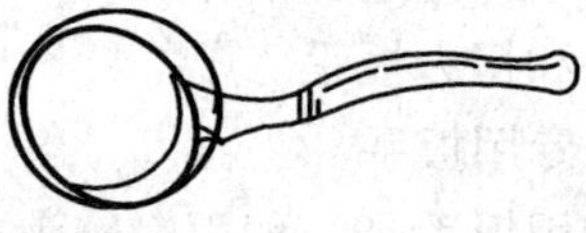

2)扭力扳手

(1)用途

扭力扳手是一种与套筒配合使用，能显示转矩大小的专用工具。转矩的国际单位是N·m，汽车维修中常用扭力扳手的规格是0~300N·m，如图1-1所示。

(2)使用方法

使用时一手按住套筒一端，另一手平稳地拉动扭力扳手的手柄，并观察扭力扳手指针指示的转矩数值。切忌在过载的情况下使用扭力扳手，以免造成读数失准或扳手损坏，用后应将扭力扳手平稳放置，避免重物撞、压造成扳杆或扳手指针变形而影响其测量精度，甚至损坏扳手。

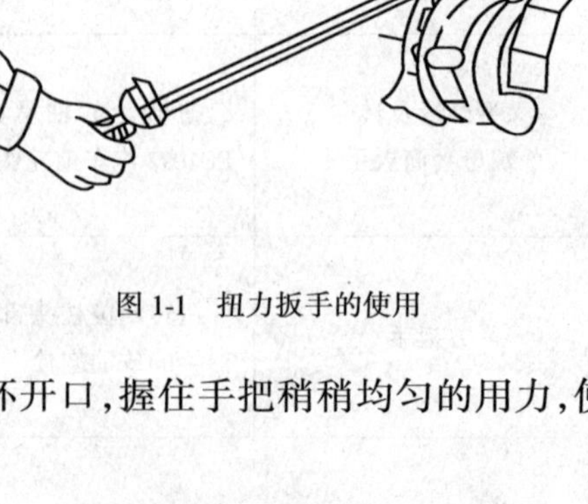

图1-1 扭力扳手的使用

2. 活塞环拆装钳

(1)用途

活塞环拆装钳是一种专门用于拆装活塞环的工具，如图1-2所示。维修发动机时，必须使用活塞环拆装钳拆装活塞环。

(2)使用方法

使用活塞环拆装钳时，将拆装钳上的环卡卡住活塞环开口，握住手把稍稍均匀的用力，使得拆装钳手把慢慢的收缩，环卡将活塞环徐徐的张开，使活塞环能从活塞环槽中取出或装入。使用活塞环拆装钳拆装活塞环时用力必须均匀，避免用力过猛而导致活塞环折断，同时也能避免伤手事故。

3. 气门弹簧拆装钳

(1)用途

气门弹簧拆装钳是一种专门拆装顶置气门弹簧的工具，如图 1-3 所示。

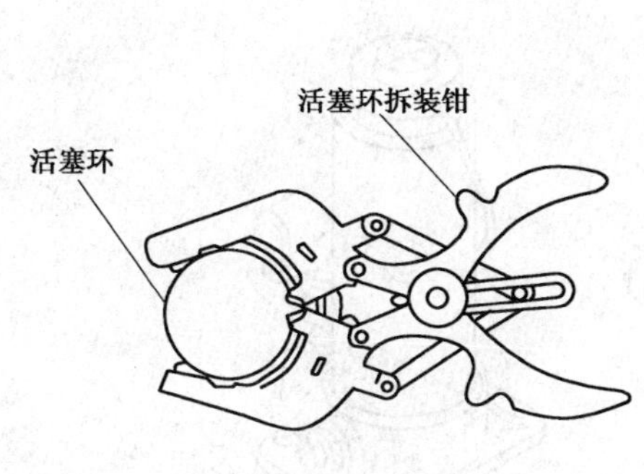

图 1-2　活塞环拆装钳

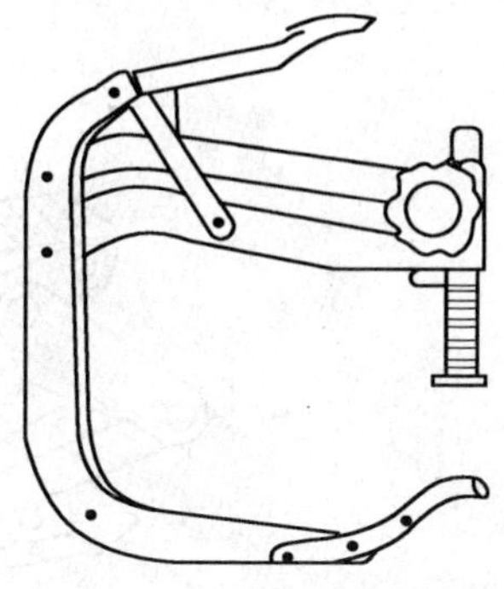

图 1-3　气门弹簧拆装钳

(2)使用方法

使用时，将拆装架托架抵住气门，压环对正气门弹簧座，然后压下手柄，使得气门弹簧被压缩，这时可取下气门弹簧锁销或锁片，慢慢地松抬手柄，即可取出气门弹簧座、气门弹簧和气门等零件。

4. 滑脂枪

1)用途

滑脂枪又称黄油枪，是一种专门用来加注润滑脂的工具，如图 1-4 所示。

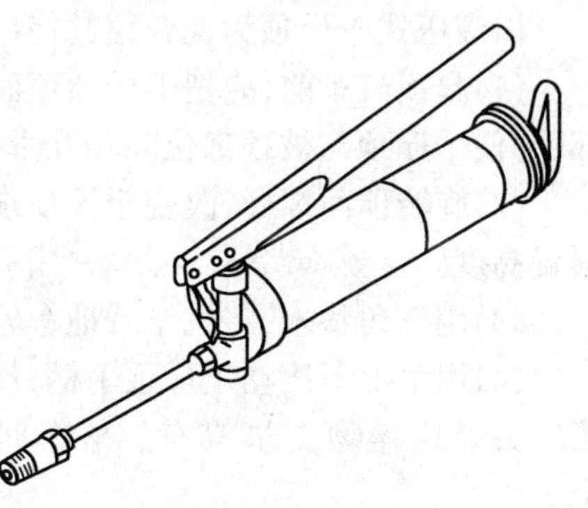

图 1-4　滑脂枪

2)使用方法

(1)填装润滑脂(黄油)

①拉出拉杆使柱塞后移，拧下滑脂枪压力缸筒前盖；

②把干净的润滑脂分成团状，徐徐装入缸筒内，且使润滑脂团尽量相互贴紧，便于缸筒内空气排出；

③装回前盖，推回拉杆，柱塞在弹簧作用下前移，使润滑脂处于压缩状态。

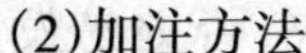

(2)加注方法

①把滑脂枪接头对正被润滑的滑脂嘴(黄油嘴)，不能偏斜，以免影响润滑脂加注和避免润滑脂的浪费；

②加注时，如注不进油，应立即停止，并查明原因，排除后再进行注油；

3)加注润滑脂时不进油的原因

(1)滑脂枪缸筒内无润滑脂或缸筒内的润滑脂间有空气。

(2)滑脂枪压油阀堵塞或注油接头堵塞。

(3)滑脂枪弹簧疲劳过软而造成弹力不足或弹簧折断而失效。

(4)柱塞磨损过甚而导致漏油。

(5)滑脂嘴被污物堵塞而不能注入润滑脂。

5．千斤顶

1)用途和种类

千斤顶是一种简单常用的起重工具，按照其工作原理可以分为机械丝杆式和液压式，如图1-5所示。按照所能起顶质量可以分为3000kg、5000kg、9000kg等多种不同规格，目前广泛使用的是液压式千斤顶。

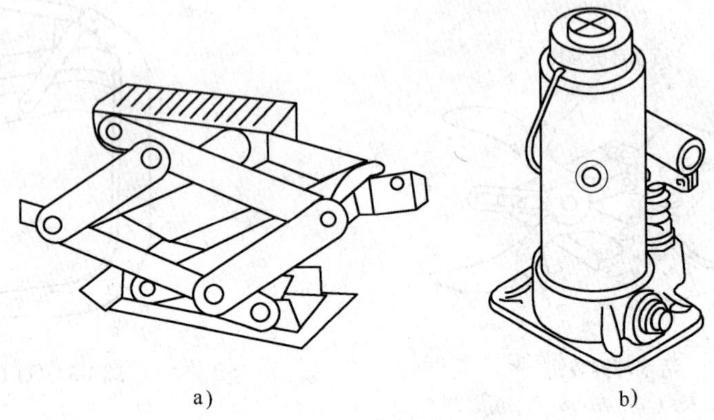

图1-5　千斤顶

a)机械丝杆式；b)液压式

2)使用方法

以液压式千斤顶为例介绍其使用方法：

(1)起顶汽车前，应把千斤顶顶面擦拭干净，拧紧液压开关，把千斤顶放置在被顶部位的下部，并使千斤顶与被顶部位间相互垂直，以防千斤顶滑出而造成事故。

(2)旋转顶面螺杆，改变千斤顶顶面与被顶部位的原始距离，使起顶高度符合汽车需要的顶置高度。

(3)用三角垫木，将汽车着地车轮前后塞住，防止汽车在起顶过程中发生滑溜事故。

(4)用手上下压动千斤顶手柄，被顶汽车逐渐升到一定高度后，在车架下放入搁车凳，禁止用砖头等易碎物支垫汽车。落车时，应先检查车下是否有障碍物，并确保操作人员的安全。

(5)徐徐拧松液压开关，使汽车缓慢平稳的下降，架稳在搁车凳上。

3)使用注意事项

(1)汽车在起顶或下降过程中，禁止在汽车下面进行作业。

(2)应徐徐拧松液压开关，使汽车缓慢下降，汽车下降速度不能过快，否则易发生事故。

(3)在松软路面上使用千斤顶起顶汽车时，应在千斤顶底座下加垫一块有较大面积且能承受压力的材料(如木板等)，防止千斤顶由于汽车重压下沉。

(4)千斤顶把汽车顶起后，当液压开关处于拧紧状态时，若发生自动下降故障，则应立即查找原因，及时排除故障后方可继续使用。

(5)如发现千斤顶缺油，应及时补充规定油液，不能用其他油液或水代替。

(6)千斤顶不能用火烘热，以防皮碗、皮圈损坏。

(7)千斤顶必须垂直放置,以免因油液渗漏而失效。

6. 工作灯

1)用途

工作灯是一种随车的照明工具,主要用于维护作业中的局部照明。

2)使用方法

工作灯使用的电源是汽车电源,使用时将工作灯插头插入汽车工作灯插座内即可。这时可将工作灯悬于需照明的作业部位或用手持工作灯并直接照射需照明的作业部位。

二、汽车维修专用量具及使用方法

1. 厚薄规

1)用途与特点

厚薄规又称塞尺或间隙片,是一种有多片不同厚度的标准钢片所组成的测量工具,钢片上标有其厚度值。主要用于测量两个接合面之间的间隙值。使用时,可以用一片进行测量,也可以由多片组合在一起进行测量。

2)使用方法

(1)将厚薄规擦拭干净,不能在厚薄规片沾有油污的情况下进行测量,否则会直接影响测量结果的准确性。

(2)将厚薄规片插入被测间隙中,来回拉动厚薄规片,感到稍有阻力时,表明该间隙值接近厚薄规上所标出的数值。如果拉动时阻力过大或过小,则该间隙值小于或大于厚薄规上所标出的数值,如图 1-6 所示。

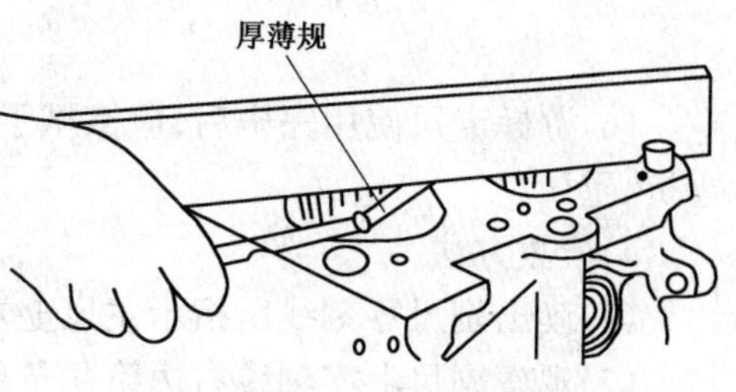

图 1-6　用厚薄规测量间隙

3)使用注意事项

(1)不允许在测量过程中,剧烈弯折厚薄规片,或用较大的力硬将厚薄规片插入被检测间隙中,否则,将损坏厚薄规片。

(2)测量后,应将厚薄规片擦拭干净,并涂上一薄层机油或工业凡士林,然后将厚薄规片收回夹框内,以防锈蚀、弯曲或变形。

2. 游标卡尺

1)用途

游标卡尺是一种能直接测量工件直径、宽度、长度或深度的量具,如图 1-7 所示。

2)种类

游标卡尺按照测量功能可分为普通游标卡尺和深度游标卡尺,按照测量精度可分为0.20mm、0.10mm、0.05mm、0.02mm 等。目前常用的游标卡尺,其测量精度为 0.02mm。

3)使用方法

(1)使用前,先将工件被测表面和卡钳接触表面擦干净。

(2)测量工件外径时,将活动卡钳向外移动,使两卡钳间距大于工件外径,然后再慢慢的移动副尺,使两卡钳与工件接触,如图 1-7 所示。使用中,切忌硬卡硬拉,以免影响测量精度。

(3)测量工件内径时,将活动卡钳向内移动,使两卡钳间距小于工件内径,然后再缓慢的向外移动副尺，使两卡钳与工件接触，如图 1-8 所示。

(4)测量工件的内径和外径时，应使游标卡尺与工件垂直。测量外径时，记下最小尺寸；测量内径时，记下最大尺寸。

(5)用深度游标卡尺测量工件的深度时，如图 1-9 所示，将固定卡钳与工件被测表面平整接触，然后缓慢的移动副尺，使卡钳与工件接触。测量时用力不宜过大，以免硬压游标而影响测量精度。

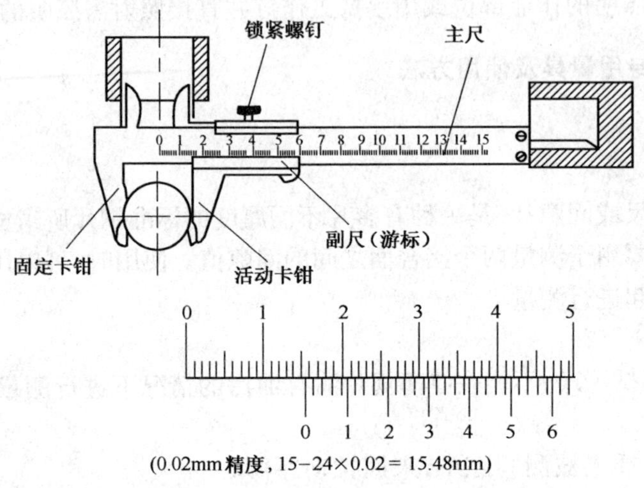

(0.02mm 精度，15−24×0.02 = 15.48mm)

图 1-7　游标卡尺

(6)游标卡尺使用完毕后，应擦拭干净，并涂一薄层工业凡士林，放入卡尺盒内存放，切忌弯折、重压。

4)读数方法

(1)读出副尺零刻线所指示主尺上左边刻线的毫米整数。

(2)观察副尺上零刻线右边第几条刻线与主尺某一刻线对准，将游标精度乘以副尺上的格数，即为毫米小数值。

(3)将主尺上整数和副尺上的小数值相加即得被测工件的尺寸，如图 1-9 所示。

工件尺寸 = 主尺整数 + 游标卡尺精度 × 副尺格数

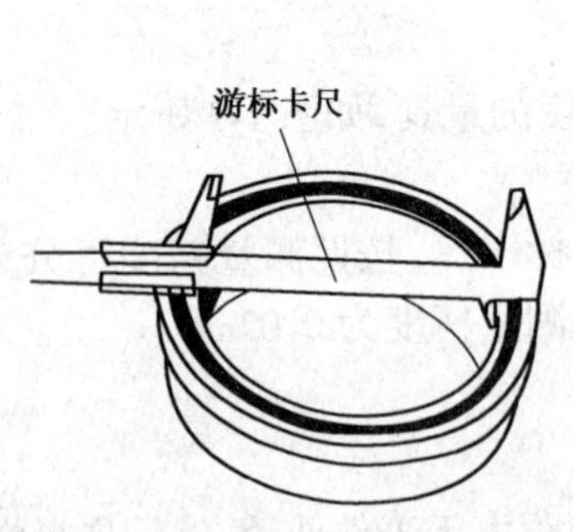

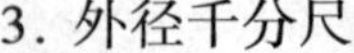

图 1-8　用游标卡尺测量工件内径

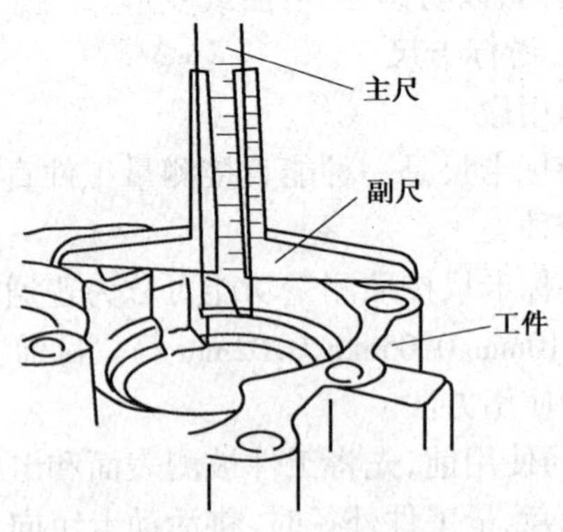

图 1-9　用深度游标卡尺测量工件深度

3. 外径千分尺

1)用途

千分尺又称螺旋测微器，是一种用于测量加工精度要求较高的精密量具，其测量精度可达到0.01mm。

2)种类

按照测量范围可分为0～25mm、25～50mm、50～75mm、75～100mm和100～125mm等多种不同规格，但每种千分尺的测量范围为25mm，其结构如图1-10所示。

3)千分尺误差检查：

(1)把千分尺砧端表面擦拭干净。

(2)旋转轮盘，使两个砧端夹住标准量规，直到轮盘发出2～3响"咔咔"声响，这时检视指示值。

(3)活动套筒前端应与固定套筒的"零"线对齐。

(4)活动套筒的"零"线与固定套筒的基线应对齐。

(5)若两者中有一个"零"不能对齐，则该千分尺有误差，应检查调整后才能用于测量。

4)使用方法

(1)将工件被测表面擦拭干净，并置于千分尺两砧端之间，使千分尺螺杆轴线与工件中心线垂直或平行。若歪斜着测量，则直接影响测量的准确性。

(2)旋转旋钮，使砧端与工件测量表面接近，这时改用旋转棘轮盘，直到棘轮发出"咔咔"声响时为止，这时的指示数值就是所测量到的工件尺寸。

(3)用后，应将千分尺擦拭干净，保持清洁，并涂抹一薄层工业凡士林，然后放入盒内保存。禁止重压、弯曲千分尺，且两砧端不得接触，以免影响千分尺精度。

5)读数方法

(1)从固定套筒上露出的刻线读出工件的毫米整数和半毫米整数。

(2)从活动套筒上由固定套筒纵向线所对准的刻线读出工件的小数部分(百分之几毫米)。不足一格数(千分之几毫米)，可用估算读法确定。

(3)将两次读数相加就是工件的测量尺寸，如图1-10所示。

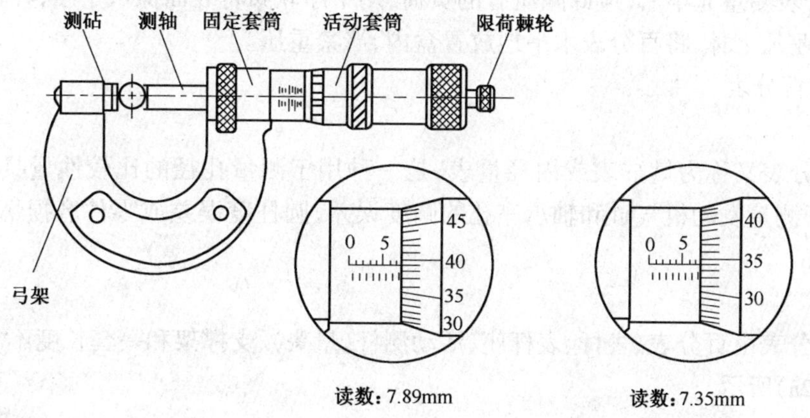

图1-10　外径千分尺

4．百分表

1)用途与特点

百分表是一种比较性测量仪器，主要用于测量工件的尺寸误差和形位误差以及配合间隙等，如图 1-11a)所示，其测量精度为 0.01mm。

2)读数方法

百分表的表盘刻度一般分为 100 格，当量头每移动 0.01mm 时，大指针就偏转 1 格(表示 0.01mm)；当大指针旋转 1 圈时，小指针偏转 1 格(表示 1mm)。指针的偏转量就是被测零件(工件)的实际偏差或间隙值。

3)使用方法

(1)先将百分表固定在表架(支架)上，以测杆端量头抵住被测工件表面，如图 1-11b)所示。并使量头产生一定的位移(即指针存在一个预偏转值)。

(2)移动被测工件或百分表支架座，观察百分表表盘上指针的偏转量，该偏转量即是被测物体的偏差尺寸或间隙值。

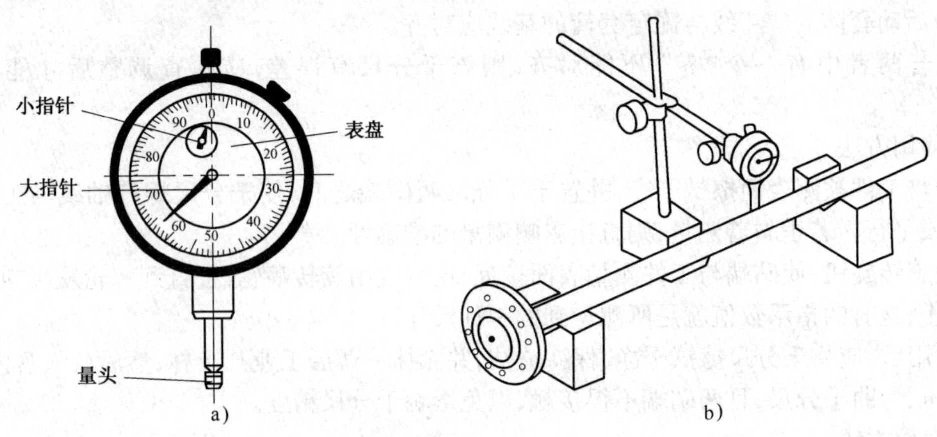

图 1-11　百分表及其应用

a)百分表；b)百分表测量实例

3)使用注意事项

(1)测杆轴线应与被测工件表面垂直，否则，会影响测量精度。

(2)百分表测量完毕后，应卸除所有的负荷，用干净软布将表面擦拭干净，并在金属表面涂抹一薄层工业凡士林，将百分表水平地放置盒内，严禁重压。

5. 内径百分表

1)用途

内径百分表又称为量缸表或内径量表，是一种用于测量孔径的比较性量具，在汽车维修中，主要用于测量发动机气缸和轴承座孔的圆度误差、圆柱度误差或零件磨损情况，其测量精度为 0.01mm。

2)构造

内径百分表由百分表、表杆、表杆座、活动测杆(量头)、支撑架和一套长度不等的接杆等组成，如图 1-12a)所示。

3)使用方法

(1)一只手拿住绝热套，如图 1-12b)所示，另一只手尽量托住表杆下部，轻轻摆动表杆，使内径百分表测杆与气缸轴线垂直(可通过观察百分表指针摆动情况来判断，当表针指示到最小数值时，即表示测杆已垂直于气缸轴线)。

(2)内径百分表读数方法与百分表相同，读出百分表头指示数值。

(3)确定工件尺寸：

①如果百分表头的大指针正好指在“0”处，说明被测工件的孔径(缸径)与其校表尺寸相等，若以标准尺寸进行校表，则表示工件尺寸与标准尺寸相同。

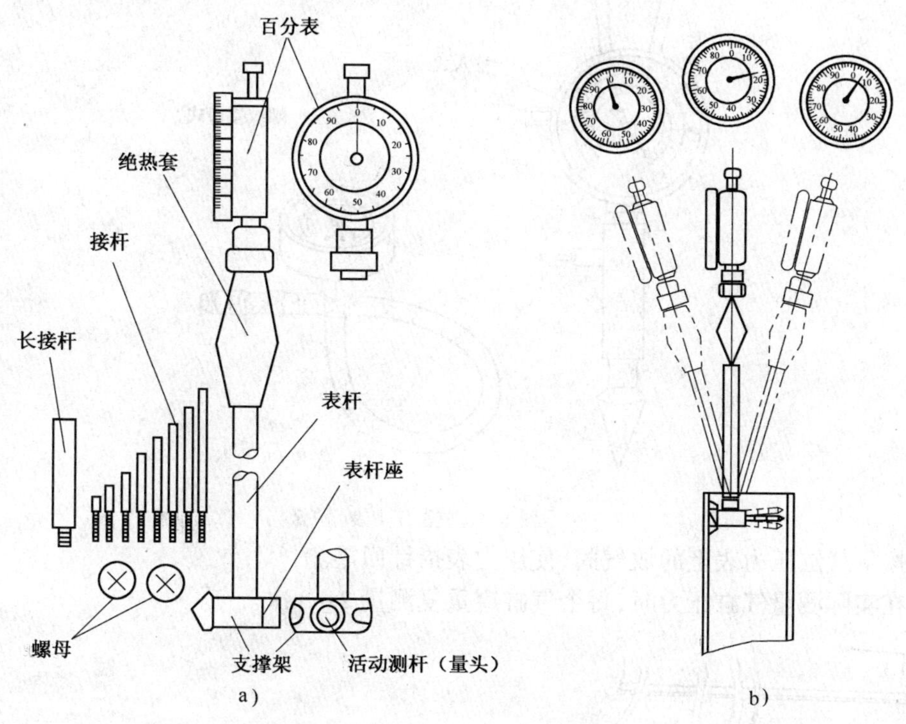

图 1-12　内径百分表及其应用

a)内径百分表；b)内径百分表应用实例

②如果百分表头大指针顺时针方向转离“0”位，则表示工件尺寸小于标准尺寸；反之则表示大于标准尺寸。

③通过对不同测量点的测量结果计算出圆度误差、圆柱度误差或工件的磨损情况。

6. 气缸压力表

1)用途

气缸压力表是一种专门用于检查气缸内气体压力大小的量具。

2)种类

根据气缸压力表的测量范围不同，可分为 0～1.4MPa(汽油机)和 0～4.9MPa(柴油机)两种。按其连接形式不同，可分为推入式和螺纹接口式两种，如图 1-13 所示。

3)使用方法

(1)起动发动机并运转到正常工作温度，然后熄火，旋下汽油机火花塞或柴油机喷油器。

(2)汽油发动机必须将节气门和阻风门完全打开，把气缸压力表的锥形橡胶圈压紧在火花塞座孔上，如图 1-14 所示。

(3)柴油发动机引气缸压缩压力较大必须采用螺纹接口式气缸压力表，将气缸压力表螺纹接口旋入喷油器座孔内，如图 1-15 所示。

(4)用起动机带动曲轴旋转 3~5s,使发动机转速保持在 150~180r/min(汽油机)或 500r/min(柴油机),这时气缸压力表所指示的压力值就是该气缸的气缸压力。

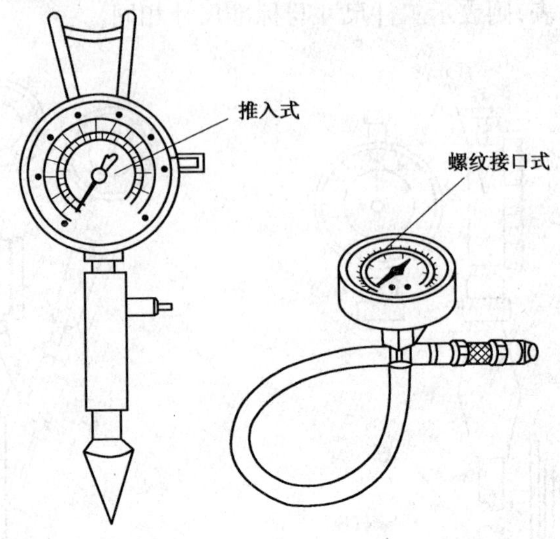

图 1-13　气缸压力表

(5)按下气缸压力表上的放气阀,使压力表指针回零。

(6)在实际测量气缸压力时,每个气缸应重复测量 2~3 次。

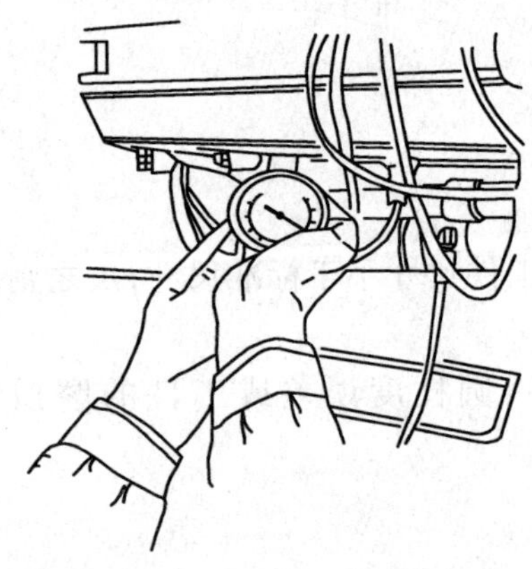

图 1-14　测量汽油发动机气缸压力

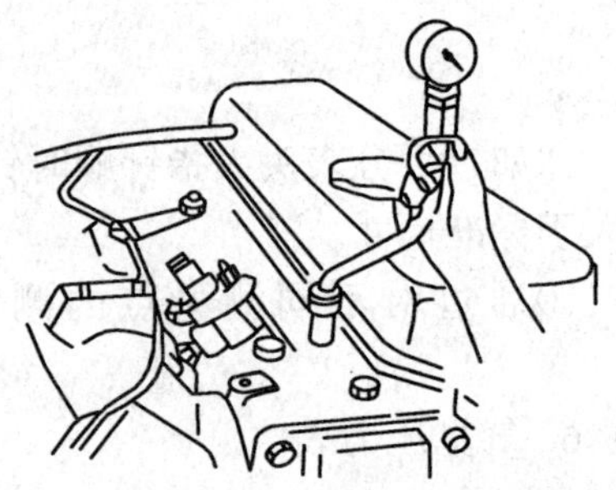

图 1-15　测量柴油机气缸压力

7. 轮胎气压表

1)用途和种类

轮胎气压表是专门用于测定轮胎气压的量具,常用的形式有标杆式和指针式两种,如图 1-16所示。

2)使用方法

(1)将轮胎气压表测量端槽口与轮胎气门嘴对正压紧,如图 1-16 所示。

(2)这时轮胎气压表指针发生偏转,其指示值即为该轮胎的充气压力;或者轮胎气压表标杆在气压作用下被推出,这时标杆上所显示的数值即为该轮胎的充气压力。

(3)测量完毕,应仔细检查轮胎气门芯是否有漏气,若有漏气,应予以排除。

8. 进气歧管真空表

1)用途

进气歧管真空表是一种用于测量发动机进气歧管内真空度的工具。

2)测量范围

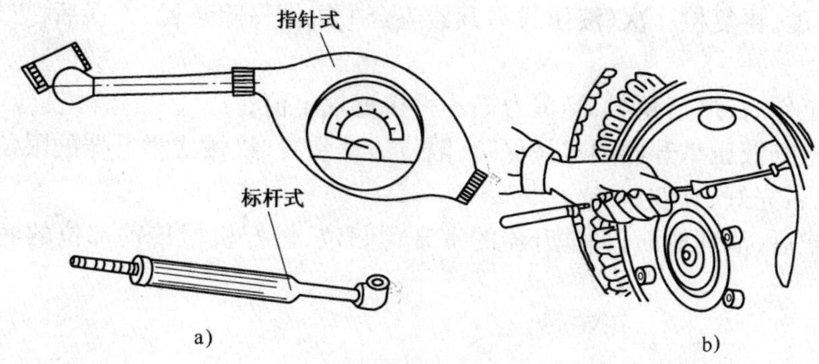

图 1-16 轮胎气压表及测量

a)轮胎气压表;b)测量轮胎气压

真空表刻度盘一般分为 100 格,测量范围为 0 ~ 100kPa,如图 1-17 所示。

3)使用方法

(1)将发动机运转到正常工作温度,使发动机保持稳定怠速转速运转。

(2)将真空表用一根胶管连接到进气歧管或化油器下体(节气门体以下部位)的真空连接管上。

(3)观察真空表指针的指示值,并改变发动机的转速,观察真空度的变化情况,根据真空度的数值变化、分析和判断发动机不同工况下的技术状况。

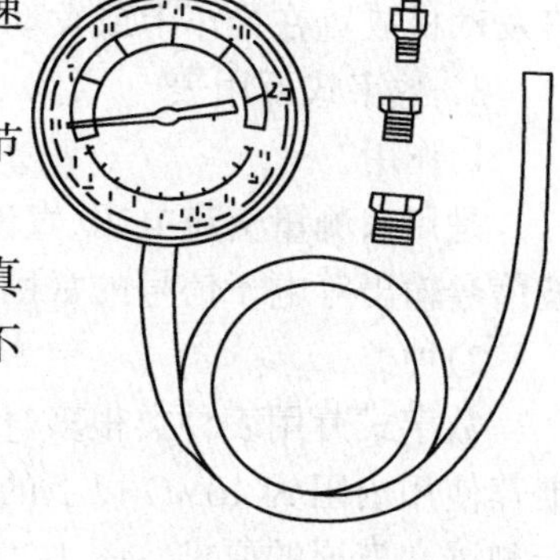

图 1-17 真空表表盘图

三、汽车维修常用设备仪器使用方法

1．举升器

1)作用

用于举升汽车到需要高度,便于维修人员对汽车各部进行检查、拆卸、维护和修理作业。

图 1-18 双柱举升器

2)类型

主要有双柱式、四柱式、龙门式等类型,其中四柱式举升器有的还带有二次举升机构。一般采用电动液压操纵系统驱动,设有双保险自锁保护装置,具有升降平稳、安全可靠、使用方便等特点。图 1-18 为双柱举升器。

3)使用方法

(1)汽车进出举升器时,车前方须无人、物等障碍;

(2)汽车的停车位置应尽量使其重心与举升器的中心相接近,严防偏重;

(3)转动并调整举升臂到汽车底架下,选择合适重心位置,然后转动托盘,使之紧密贴合,锁紧举升限位装置；

(4)操作时应缓慢将汽车上升到250~300mm，检查支撑及整车稳定情况，如无异常，可继续上升到所需高度，再复检一次(液压式举升器应合上机械保险装置)无误后，方可进行修理作业；

(5)举升器工作时，严禁超载，倾覆力矩不得接近规定值；

(6)应经常检查液压举升器的机械保险、限位传动装置、机械式举升器的限位装置、传动螺母托盘软垫等是否完好、有效、可靠；

(7)工作完毕后，清理地面，将举升器的举升臂归位，做好机械传动部位的润滑工作，切断该机电源开关。

2．发动机吊架

(1)作用

用于发动机的吊装。发动机吊架如图1-19所示。

(2)使用注意事项

发动机吊架应放置在汽车前面或侧面适当位置，并将外伸支撑杆伸开并固定可靠；悬臂伸入到发动机上方，起吊悬索应垂直于发动机起吊部位；缓慢起吊到一定高度后，通过移动吊架，将发动机放置在推车上或发动机翻转架上等待拆装。

3．数字式万用表

1)作用

是用来测量交流电压、直流电压、毫伏电压、电阻、二极管、频率、电容、温度、毫安电流、方波信号输出等电子信号的常用检测仪表。

2)种类

数字式万用表种类很多，价格也不一样。一般可按其内阻的大小来区分，汽车维修中一般推荐使用内阻为10MΩ以上的数字式万用表，以适应对汽车电子系统中的传感器或执行器进行测试和模拟的要求。图1-20为数字式万用表。

3)使用方法：

(1)使用前，应先检查仪表的塑胶外壳是否完好、表笔应无断线，绝缘层应完好无损。

(2)液晶显示器出现电池的符号，表示电池电量不足，应及时更换电池，以确保测量精度，避免由于测量不准确而误判。

(3)通过测量已知电压的方式确认仪表工作是否正常，若不正常，不要使用，应送出维修。严禁使用没有后盖或后盖没有盖好的仪表。

(4)测量时，必须正确使用仪表的端子，正确选择功能档和量程档。

(5)不允许表笔插在电流端子的情况下去测量电压，更不允许测试点火次级电压。

(6)切勿在端子之间，任何端子与大地之间施加超过仪表所标示的额定电压。

(7)测量42V(AC)或60V(DC)以上的电压，工作时要小心，这类电压会有电击的危险。测量时，必须把手指放在表笔护指装置后面。

(8)测量在线电阻、电容、二极管或通断检测之前，必须先切断电源，并将所有的高压电容器，特别是大容量电容器放电。

(9)不要在高温、高湿、易爆和强磁场的环境中存放、使用仪表。

(10)不允许将表放到水箱、点火线圈、高压线、排气管上面。

4．汽车故障检测仪

1)作用

汽车故障检测仪的作用可分为基本测试功能和特殊测试功能。基本测试功能包括:从发动机电脑的存储器中读取所存储的故障码、重阅已测故障码、查阅故障码和发动机检修后,根据操作者的指令清除发动机电脑中存储的故障码。特殊功能包括:测试系统状态、动态数据测试及控制电脑功能设置等功能。

2)类型

一般分为便携式汽车故障检测仪和台式汽车故障检测仪。如OTC监视器、克莱斯勒公司的DRBII测试仪、福特公司的STARII测试仪、Scanner(红盒子)检测仪、福禄克FLUKE、元征431ME电眼睛、修车王等。图1-21为一种形式的汽车故障检测仪。

图1-19 发动机吊架

图1-20 数字式万用表

图1-21 汽车故障检测仪

3)使用方法

检测仪一般均有诊断接口,将诊断接口与发动机舱内或仪表板下方的故障诊断插座相连,然后操纵检测仪控制板上的按键指令,即可对发动机微机控制系统的传感器、执行器及其电路进行检测。

其操作要领一般为:

(1)正确选择测试头及测试卡(不同车型其诊断座形式不同,同一车系也存在不同的诊断座形式);

(2)将接口电缆与主机相连,并与诊断座接好,将电源线与汽车点烟器相连或通过双钳线夹与蓄电池相接(有的车型在诊断座上自带电源除外),使检测仪接通电源;

(3)在接通电源之前,汽车需热车到85℃,然后熄火,关闭点火开关和所有电器设备,随即将软件卡插入主机底部的接口,并确认到位;再把汽车接口电缆与主机接口线连接好,并把其另一端的插头插入汽车诊断座;

(4)仔细阅读检测仪显示屏上的文字及符号,按其提示的操作步骤进行所选定项目的测试;

(5)测试中如需打印,则打印出所需信息(有的诊断仪上带有打印机);测试完毕后,退出程序,关闭主机,拔下电源插头和诊断插头。

5. 汽车故障综合分析仪

1)作用

汽车故障综合分析仪可以测试发动机电控系统、燃油系统、进气系统元件电路;读出故障码并进行诊断、分析,测试点火系电路并进行分析;进行各个传感器的波形分析;测试主电器系统;测试相对功率和进行废气分析等。

综合分析仪既具有示波功能,又能对发动机点火系进行分析,既有数字输出又有波形输出。并且具有多个通道的计算数据输出,并可将数据输入打印机输出。

2)种类

汽车故障综合分析仪有很多类型,图 1-22 为手持汽车故障分析仪,图 1-23 为台式汽车故障综合分析仪。

图 1-22 手持汽车故障分析仪

图 1-23 台式汽车故障综合分析仪

6. 尾气分析仪

1)作用

测量汽车发动机排放物(HC、CO、CO_2、O_2、NO)的浓度,用于发动机排放物超标故障的分析,如图 1-24 所示。

2)类型

汽车尾气分析仪有二气式、四气式和五气式不分光红外线气体浓度分析仪。

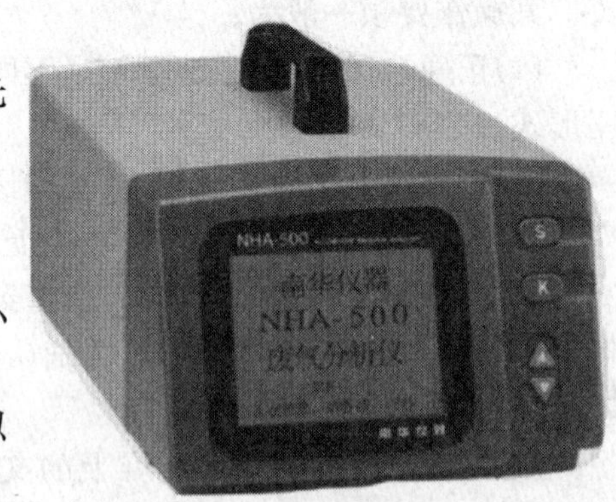

图 1-24 尾气分析仪

3)使用方法

(1)接通电源,预热 30min 并进行仪器校正;

(2)设定工况、将取样管插入到排气管内,深度不小于 400mm;

(3)发动机由怠速加速到中等转速,维持 5min 以上,再降至怠速时开始测量,保证取样的准确性;

(4)测量时,取样管、输气管不得弯曲或漏气,若为多排气管发动机,取各管实测读数的算术平均值;

(5)测量结束后，取出取样管，抽气泵抽取外界新鲜空气，清洗仪器内部气道，待仪器显示回零位、抽气泵停止工作后，关闭测试开关和电源开关，并放出油水分离器中的污物，查看各滤芯、滤纸，必要时更换。

7. 燃油喷油器清洗仪

1)作用

用于清洗电控发动机喷油器并检测喷油器的喷射质量。图 1-25 为燃油喷油器清洗仪。

2)主要功能

(1)测量在相同的喷射脉冲和恒定的喷射压力下，电控发动机各缸喷油器的喷油量，并查看喷雾形状，以检验喷油器的喷射质量。

(2)测量在恒定的油压下，喷油器的滴漏情况，以检验喷油器针阀的密封性能。

(3)使用喷油器专用清洗液清洗喷油器内部的积炭和胶质，恢复其性能。有些仪器还可使用超声波来增强清洗效果。

图 1-25　燃油喷油器清洗仪

8. 柴油机喷油泵试验台

1)作用

根据厂家的具体参数对柴油机喷油泵及调速器性能进行试验和调整。

2)类型

柴油机喷油泵试验台的类型很多，但其性能基本相同。图 1-26 为喷油泵试验台。

3)使用方法

(1)操作者要熟悉试验台的结构、工作原理和操作方法；

(2)试验台要放在空气干燥、远离易燃易爆等危险品和不易遭风沙尘埃的房间，并要注意防火；

(3)试验台正式运转前，要认真检查油管有无裂损，油封、接头是否松动、漏油。但对主电机和工作台不得随意拆卸，同时检查零线，一定要接在“0”端子上；

(4)试验前，机器进行试运转，待机器运转正常后，把高压油泵夹紧，方能进行试验；

(5)试验时若发现异常现象，应立即停机检查，待故障排除后，方能重新开机；非操作人员严禁靠近工作台；

(6)停机前，一定要将转速调低后再停机；

(7)试验完毕后，应切断电源并对试验台进行清洁、润滑；

(8)试验用油必须为清洁的、适合当地气候条件的柴油。

9. 冷媒回收加注机

1)作用

将汽车空调制冷剂通过管道输入冷媒回收加注机的储液罐或将储液罐制冷剂定量充入汽车空调系统，图 1-27 为冷媒回收加注机。

2)使用方法

(1)抽真空

对汽车空调系统可以抽真空。加注机带有真空泵,通过管道连接到空调系统,将空调中空气抽出,达到规定真空度。

(2)加注

加注机带有磅称,可以定量的将储液罐中的制冷剂通过管道加注到空调系统中。加注机配有高、低压表,高低压开关,以及加注制冷剂的软管及阀体液晶控制屏,可对加注量、抽出量进行自动控制。

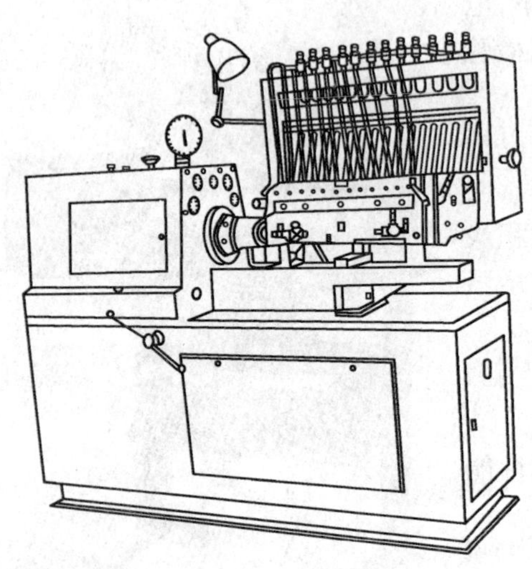

图 1-26　喷油泵试验台

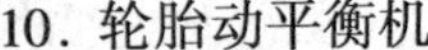

图 1-27　冷媒回收加注机

10. 轮胎动平衡机

1)作用

用于检测轮胎不平衡量,并可在平衡机上进行调整。图 1-28 为轮胎动平衡机。

2)使用方法

(1)安装车轮时,首先将与被平衡车轮钢圈内孔相对应的定位锥体装到匹配器上,装上车轮,装好后盖,然后用螺母锁紧;

(2)用仪器上的测量尺测量钢圈到机箱的距离,用卡规测量车轮钢圈直径和宽度,并将测量值输入到仪器;

(3)打开电源开关,启动机器,此时平衡采样开始,传动部分带动车轮旋转,自动测量后,车轮左右两侧不平衡量显示在显示板上。

(4)不平衡位置用两排发光二极管显示,用手缓慢转动车轮,发光二极管灯会"∧"或"∨"闪烁,待不平衡量的一侧发光二极管全部点亮时,停止转动车轮,这时车轮不平衡量的一侧垂直于轴线上方的钢圈位置,就是加装平衡块的位置,所需平衡块的质量已显示在显示板上。注意:先对不平衡量大的一侧进行平衡,加装

图 1-28　轮胎动平衡机

平衡块后需再次测量，并对本次测量不平衡量大的一侧再次进行平衡。

(5)当不平衡量小于5g时，即达到较为满意的平衡效果。

11. 四轮定位仪

1)作用

用于检测主销后倾角、主销内倾角、车轮外倾角和轮胎前束值等车轮定位参数，四轮定位仪还可以检测车辆悬架误差。图1-29为四轮定位仪。

图1-29 四轮定位仪

2)使用方法

(1)将轮胎气压符合规定的待检车辆放置在检测台上，使四轮朝向正前方，将档位置于空档或"P"档位，拉紧驻车制动器。

(2)按使用说明书要求装置并调试检测仪具，使其达到电脑显示屏中的位置要求；

(3)运用电脑软件中标准数据进行校对，使四轮定位数据达到标准值；

(4)在顶起前两轮或后两轮时，应用三角垫木卡死车轮，防止滑动，调整拉杆等零件时，须选用合适扳手，并注意车身底部会不会有其他物件落下，以防物件伤人；

(5)测试完毕，将仪器和测试工具擦净，放回原位。

12. 车身校正架

(1)作用

用于事故车车身修复的钣金校正作业。图1-30为车身校正架。

(2)主要功能

车身校正架立柱可在车架外围环平台全方位旋转，立柱上有链条拉具，用于拉出车身、大梁的凹陷部位；车身校正架的横向千斤顶，用于顶出车身、大梁的凹陷部位，校正车辆变形区域；车身校正架还配有各类专用拉具，用于校正特殊部位的变形，如门立柱。车身校正架的脚踏液压千斤顶用于举起车辆便于夹具固定。

四、汽车维修作业的安全操作规程

(1)认真执行国家有关安全生产各项法律、法规、规章和企业的各项安全制度；

(2)认真学习安全生产知识，严格遵守各项安全操作规程和劳动保护等有关规定，不违章作业，熟悉并掌握本岗位安全生产知识和安全操作技能，切实做到不伤害别人、不伤害自己、不被别人伤害；

图 1-30　车身校正架

(3)加强设备的维护,保持作业场地的整洁、安全消防通道的畅通,搞好文明生产,正确使用和妥善保管好各种仪器设备;

(4)上班前,认真穿戴好规定的防护用品,加强自我保护意识;工作中,必须集中精力,严禁酒后作业;

(5)认真执行汽车维修工艺规范及有关技术要求;

(6)在修理过程中要严格执行“三检”制度,对安全零部件必须严格把关;

(7)经常检查和正确使用仪器设备,按时维护,不得违章蛮干;

(8)使用汽油、煤油清洗零件时,必须保证与明火的安全距离,工作时严禁吸烟;

(9)要保持工作场地的清洁卫生,做到文明生产,下班或较长时间离开工作点时应切断班组或车间电源;

(10)使用举升器、四轮定位仪等设备时必须严格按照设备操作规程进行操作;

(11)自觉关心企业的安全生产,发现事故隐患及时上报,立即整改;

(12)生产工人有权拒绝违章作业命令;

(13)发生事故立即报警,及时抢救,参加事故分析会,实事求是地分析事故原因,查明责任,吸取教训并提出防范措施。

小结

本章主要介绍了汽车维修作业中常用的专用工、量具及汽车维修设备的名称、用途、使用方法和注意事项。在使用工、量具和汽车维修设备中应注意以下问题:

(1)在使用工、量具和维修设备前,应了解其性能,掌握使用方法及注意事项。确保正确使用工、量具和维修设备,使用中注意对工、量具和维修设备做好维护工作,同时特别注意操作的安全。

(2)在使用精度较高的量具(如游标卡尺、千分尺、百分表、量缸表、万用表等)时,应能熟练掌握其操作要领,正确操作,并确保测量数值的准确性。

(3)在拆装过程中,为避免损坏机件,应尽可能使用专用维修工具和维修设备。

单元二　曲柄连杆机构

单元要点

曲柄连杆机构是往复活塞式发动机的基本机构。汽车发动机一般采用多缸直列式或V型发动机,多缸发动机曲柄连杆机构的结构形式取决于气缸数量与气缸的布置形式。不同缸数及结构的发动机,其曲柄连杆机构的结构有所不同。曲柄连杆机构由机体组、活塞连杆组和曲轴飞轮组三部分组成。机体组常见的损伤有气缸体、气缸盖的变形、裂纹、水道腐蚀和配合表面磨损等。活塞连杆组的常见损伤有活塞顶烧蚀、裂纹、活塞裙部的磨损、活塞环槽的磨损、活塞环的磨损、折断、连杆小头衬套磨损、连杆的弯曲和扭曲等。曲轴飞轮组的主要损伤是曲轴轴颈的磨损、曲轴裂纹、断裂、飞轮齿圈的磨损、飞轮工作面烧蚀、磨损等。通过对曲柄连杆机构的检修以恢复发动机的主要性能。

本单元主要介绍了曲柄连杆机构中的机体组、活塞连杆组、曲轴飞轮组零部件的作用、结构及检修与调整。

课题一　曲柄连杆机构的组成与拆卸

一、曲柄连杆机构的作用及组成

(一)曲柄连杆机构的作用

曲柄连杆机构是发动机实现热功转换的主要机构。其作用是将气缸内燃料燃烧后作用在活塞顶部的力转变为曲轴的旋转力矩,从而向外输出动力。

(二)曲柄连杆机构的组成

曲柄连杆机构主要由机体组、活塞连杆组和曲轴飞轮组三部分组成,如图2-1a)所示,其中活塞连杆组和曲轴飞轮组如图2-1b)所示。但发动机因气缸布置形式、冷却方式、燃烧室结构等不同,其曲柄连杆机构在结构上也有所不同。有些发动机为减轻曲柄连杆机构振动,还装有平衡装置。

二、气缸的布置形式

多缸发动机气缸的布置形式一般有直列、V形和水平对置三种类型,其布置特点如下:

(一)直列发动机

直列发动机气缸排成一列,多采用一个气缸盖,气缸体和曲轴等主要部件结构简单,制造成本低,因而使用十分广泛。

通常1L到2L级别的前置发动机、前轮驱动的轿车大多采用直列四缸发动机，如上海桑塔纳1.80L系列发动机，一汽—大众捷达1.60L系列发动机，图2-2所示为AJR发动机气缸体。发动机前置、后轮驱动的5t以上载货汽车采用直列六缸发动机的较为普遍。图2-3所示为康明斯6BTA5.9发动机及气缸体。

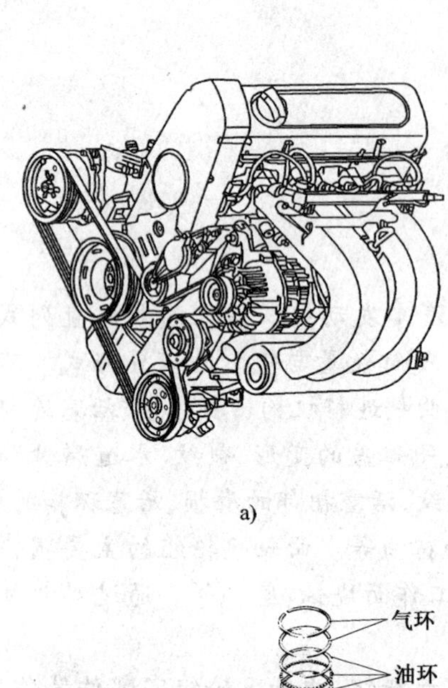

a)

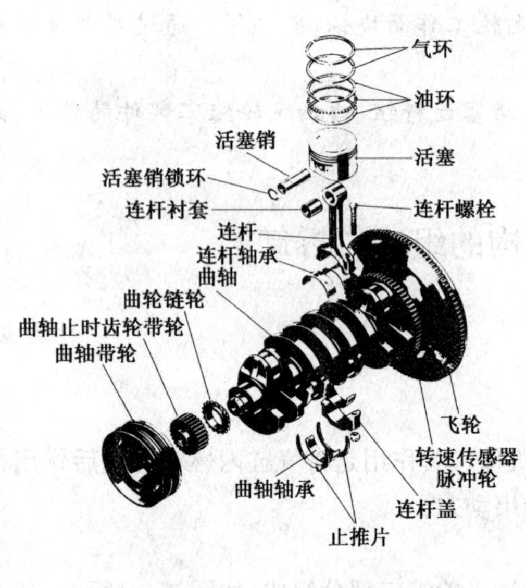

b)

图2-1 桑塔纳2000GSiAJR发动机及曲柄连杆机构

a)桑塔纳2000GSiAJR发动机总成；b)AJR发动机曲柄连柄机构

图2-2 直列四缸发动机中的AJR发动机气缸体

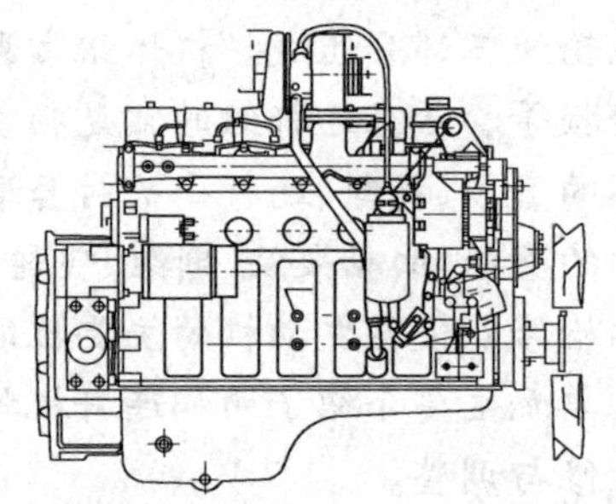

a)

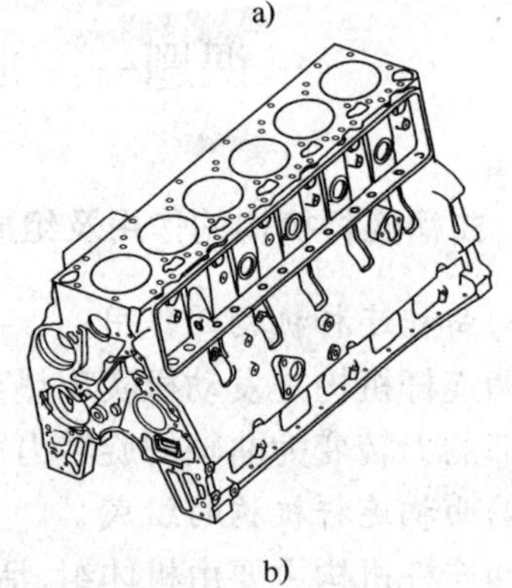

b)

图2-3 康明斯6BTA5.9发动机及气缸体

a)康明斯6BTA5.9发动机总成；b)6BTA5.9发动机气缸体

(二)V形发动机

V形发动机气缸排成两列，且两列气缸中心线夹角 γ 一般为60°、90°或120°，如图2-4所示。V形发动机与直列发动机相比纵向长度缩短，高度降低，质量减轻，结构紧凑，运行平稳，工作噪声小。但V形发动机结构较为复杂，至少要使用两个气缸盖，加工难度大，制造成本高。

(三)水平对置发动机

发动机气缸中心线夹角为 180 °时,称为水平对置发动机。水平对置发动机活塞反向布置,运动件的惯性力相互平衡,运转平稳,特别适合两缸四冲程发动机。两缸以上的发动机较少采用这种布置形式。

三、发动机固定与支撑

发动机通常通过发动机支架和飞轮壳或变速器壳体支撑在车架上,支撑方式分为三点支撑和四点支撑两类。三点支撑可布置成前一后二或前二后一两种形式,AJR 发动机为前二后一的三点支撑。四点支撑为前后各两个支撑点,康明斯 6BTA5.9 发动机为四点支撑。有些发动机为使支撑更稳定,采用液压支撑,如桑塔纳 2000GSI-AT(俊杰)型轿车。

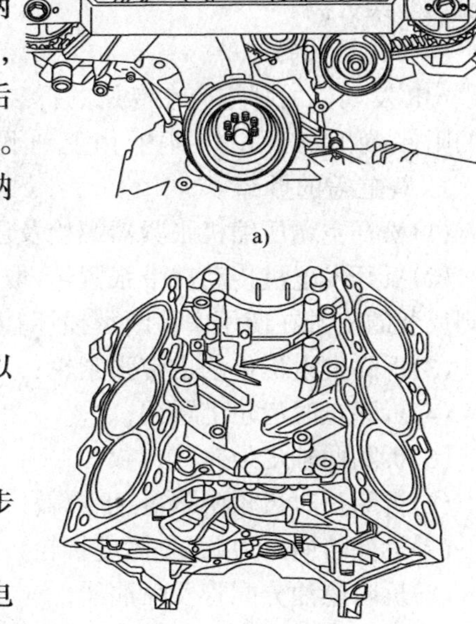

图 2-4 V6 发动机及气缸体

a)V 形 6 缸发动机总成;b)V 形 6 缸发动机气缸体

四、曲柄连杆机构的拆卸

发动机因结构不同,其拆卸步骤亦有所不同。现以桑塔纳 AJR 发动机为例介绍曲柄连杆机构拆卸步骤。

(一)从车上拆下发动机总成

解体 AJR 发动机前,先把发动机从车上拆下,其步骤为:

(1)关闭点火开关,拆下蓄电池罩盖,切断蓄电池电源线;

(2)拆卸发动机上罩盖;

(3)拆下排气歧管隔热板;

(4)取下蓄电池护罩,松开蓄电池固定夹板,旋松转向助力泵储油罐固定夹箍,取出蓄电池,拆除蓄电池支架;

(5)旋开冷却液储液罐盖,松开散热器下水管夹箍,拔下散热器下水管,放出冷却液,注意应使用容器收集冷却液;

(6)拔下散热器热敏开关插头和电子散热风扇插头,松开散热器上水管夹箍,拆下散热器上水管;

(7)旋出电子风扇集风罩上的 4 个固定螺栓(左右各 2 个),取下电子风扇及集风罩;

(8)拧松水箱固定螺钉,取下水箱;

(9)拔下霍尔传感器、爆震传感器、水温传感器、发动机转速传感器、节气门位置传感器、进气温度传感器、喷油器、点火线圈插头;

(10)拆除制动助力气室真空管、节气门拉索;

(11)拆除燃油分配管进、出油管,拆除节气门体与活性炭罐连接软管;

(12)拆除膨胀水箱与发动机连接回水管、空气滤清器到节气门体进气软管、膨胀水箱到发动机的出水软管、暖风进出水管;

(13)拆除发电机连接线、搭铁线、起动机连接线;

(14)空调压缩机与发动机分离,转向助力器与发动机分离;

(15)拆除水箱下水管支架;

(16)用吊具吊住发动机(不起吊,预紧);旋松前支架和前扭力杆螺栓;

(17)拆除发动机飞轮壳与气缸体连接螺栓(发动机与变速器分离);

(18)拆下发动机前扭力杆,取出支架螺栓,适当前移发动机(不能撞坏冷凝器);

(19)从上部将发动机吊出;

(20)旋下加油口盖和油底壳放油螺钉,放尽机油,注意应使用容器收集废油。

目前,修理厂在实际维修中经常采用将发动机连同副梁一起从汽车下部取出的办法,将发动机与车架分离。

(二)发动机的分解

AJR发动机的解体应在专用的拆装架上进行。解体时应使用专用工具,先拆除发动机外围的附件,然后按照由外到内、由上到下的顺序进行分解,具体步骤如下:

1. 气缸盖的拆卸

(1)松开空调压缩机张紧器螺栓及压缩机固定螺栓,取下传动皮带,拆除压缩机;

(2)扳开发电机传动皮带张紧轮,取出传动皮带,在拆卸传动皮带前,要先做好方向记号,否则反装的皮带在使用中易断裂损坏;

(3)拆除发电机传动皮带张紧轮;

(4)拆除正时齿轮上罩盖;

(5)拆除曲轴皮带轮;

(6)拆除正时齿轮中罩盖、下罩盖;

(7)拆除转向助力泵(先拆皮带轮);

(8)拆除燃油分配管及喷油器;

(9)拆除正时齿轮室后罩盖;

(10)拆除气门室上罩盖,取下机油挡油罩(机油反射罩),取下气门室罩盖垫;

(11)松掉正时齿带张紧轮,取出正时齿带,并做好方向标记,拆除张紧轮;

(12)拆除凸轮轴正时齿带轮固定螺栓,取出凸轮轴正时齿带轮;

(13)拆除凸轮轴正时齿轮位置传感器罩盖及传感器;

(14)拆除排气歧管隔热板;

(15)拆除发电机及发电机传动皮带轮;

(16)拆除发动机出水管、节气门座进出水管及节气门座总成;

(17)拔出高压线插头,抽出机油标尺及套管;

(18)拆除进气歧管;

(19)拆除发动机右支架、皮带轮支架、转向助力器支架;

(20)拆除机油滤清器及机油滤清器支架;

(21)拆除爆震传感器;

(22)拆除曲轴位置传感器;

(23)拆除发动机小循环水管、发动机进水管座,取出节温器;

(24)拆除发动机出水口三通管、发动机到膨胀壶蒸汽管;

(25)拆除发动机排气歧管、发动机左支架、空调压缩机支架;

(26)拆除起动机;

(27)拆除水泵;

(28)拆除曲轴正时齿轮；

(29)按图 2-5 的顺序拆下气缸盖紧固螺栓，取下气缸盖及气缸垫，拆卸后的气缸盖及相关零件如图 2-6 所示。

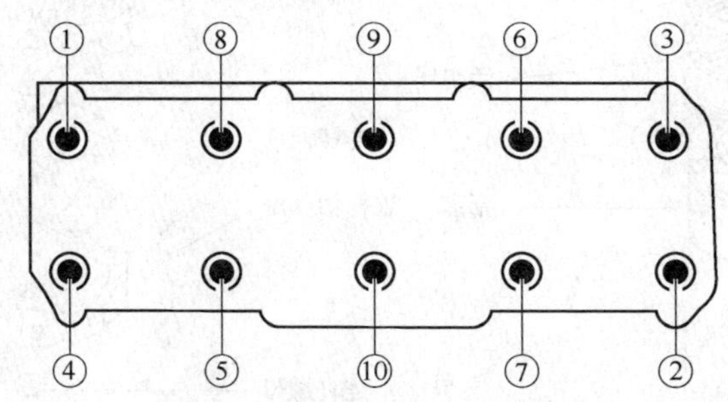

图 2-5　发动机气缸盖螺栓拆卸顺序

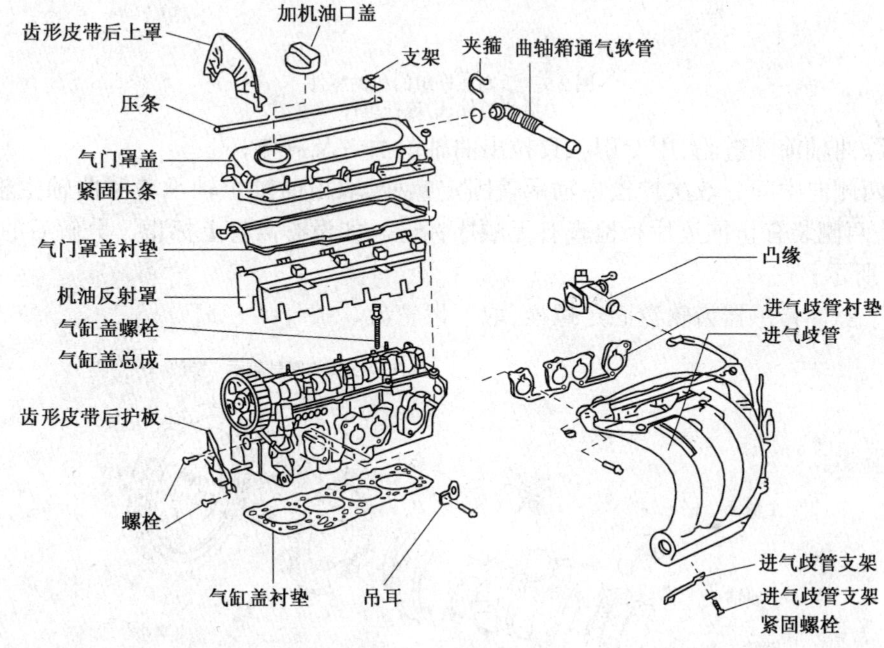

图 2-6　AJR 发动机气缸盖及相关零件

2．活塞连杆组的拆卸

(1)侧置发动机，拆下离合器罩。然后拧下油底壳上的所有螺栓，拆下油底壳(必要时用橡胶锤轻轻敲击)；

(2)拆除机油挡油板、曲轴前油封支架、机油泵传动链条张紧器、机油泵及传动链条；

(3)将曲轴某缸转至下止点，拆除连杆轴承盖，从曲轴箱一侧顶出活塞连杆组；

(4)使用活塞环钳拆卸活塞环；

(5)使用专用工具拆卸活塞销，如果拆卸困难，可将活塞用水加热到 60℃左右，分解后的活塞连杆组如图 2-7 所示。

3．曲轴飞轮组的拆卸

(1)倒置发动机；

(2)拆卸曲轴后端机件，拆下飞轮，拆除曲轴后油封架；

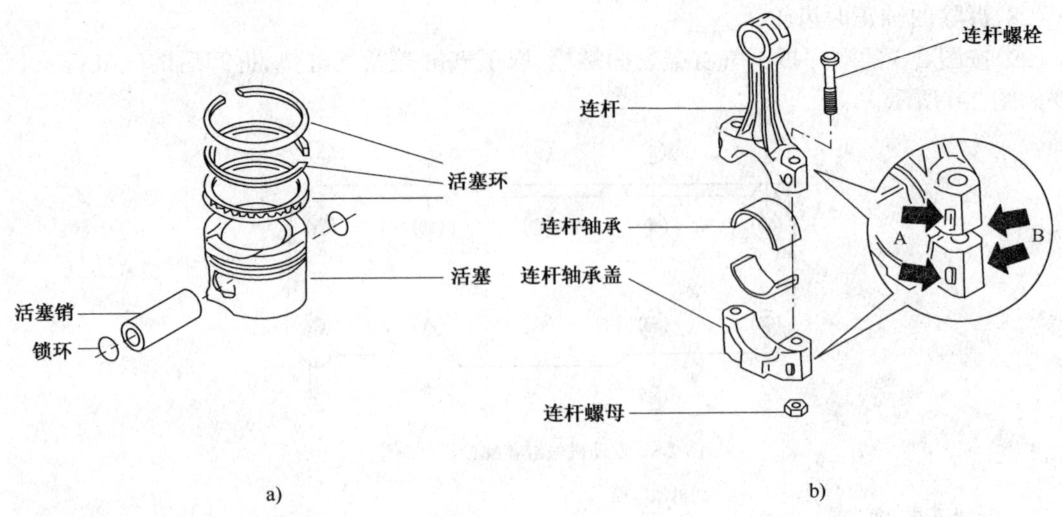

图 2-7　活塞连杆组的相关零件
a)活塞组件;b)连杆组件

(3)拆除曲轴前端链轮,用专用工具拉出曲轴前油封及衬垫;

(4)从两侧向中间分数次拧松主轴承盖固定螺栓,取出曲轴主轴承盖和曲轴主轴承(第三道主轴承盖两侧装有止推垫片),检查有无顺序标记。如没有需打上标记。分解后的曲轴飞轮组如图 2-8 所示;

(5)卸下脉冲传感器齿轮盘固定螺栓,取下齿轮盘。

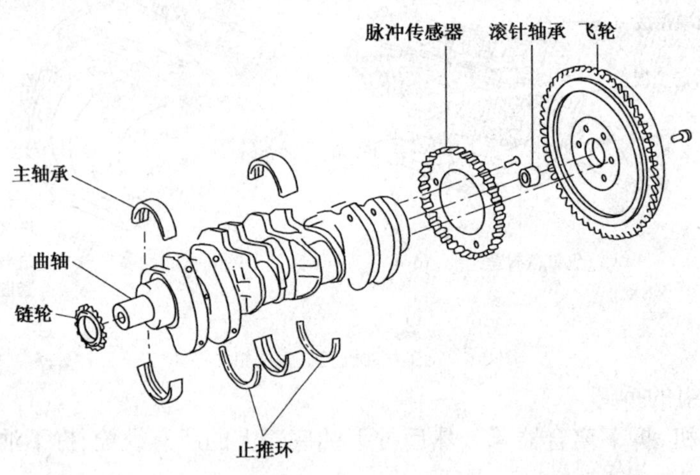

图 2-8　曲轴飞轮组的相关零件

课题二　机　体　组

机体组主要由气缸体、气缸盖、曲轴箱、飞轮壳和油底壳等组成。

一、气缸体

(一)气缸体作用及性能要求

1. 气缸体作用

气缸体是发动机的各个机构和系统的装配基体,是发动机中最重要的基础部件。一般采用铸铁材料铸造而成,也有采用铝合金材料的。

2. 气缸体性能要求

气缸体的工作条件十分苛刻,既要承受燃烧过程中高温高压的作用和活塞在气缸内做高速运动产生的惯性力和侧压力的作用,还需要具有良好的稳定性。因此,对气缸体有如下要求:

(1)有足够的刚度,承受各种外力不变形。

(2)有良好的导热性能,高速大负荷下工作时发动机不过热。

(3)有良好的热稳定性,受热变形小。

(4)有良好的耐磨性。

(5)在保证刚度的条件下尽可能降低缸体的质量。

(二)气缸体结构

气缸为圆柱形空腔,活塞在其内部做往复直线运动。多个气缸组成一体即为气缸体,如图 2-9 所示。根据冷却方式的不同,可分为水冷式和风冷式两种。

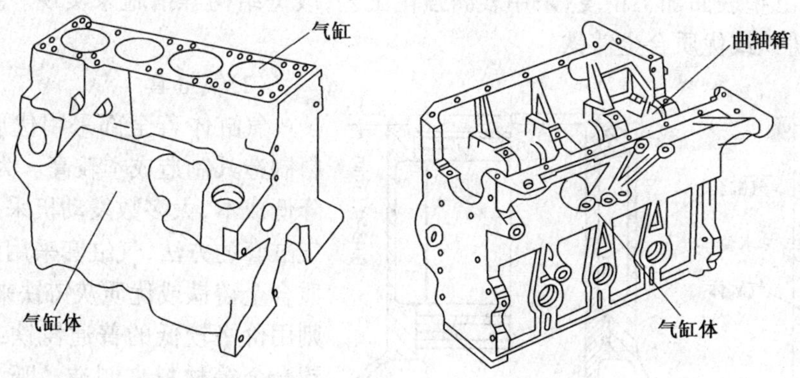

图 2-9 气缸体

1. 水冷式气缸体的结构

水冷式发动机的气缸体一般与上曲轴箱铸为一体,称为气缸体—上曲轴箱,简称为气缸体。气缸体上半部分排列着气缸,下半部是用来支撑曲轴的上曲轴箱。在气缸体和气缸盖内设有水流通道,称之为水套。

根据气缸的排列形式,气缸体有直列式、V 形和水平对置三种结构形式,如图 2-10 所示。

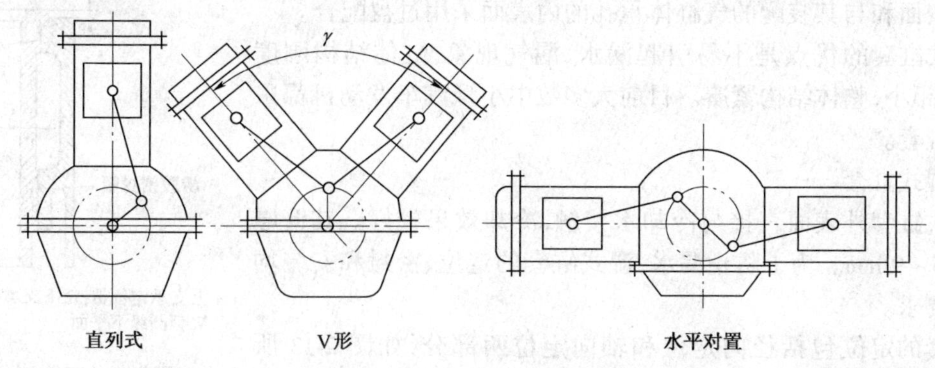

图 2-10 气缸体的结构形式

直列式气缸体的各个气缸排成一列。V形气缸体的气缸排成两列,两列之间的夹角 γ 一般为60°、90°或120°。水平对置气缸体的气缸也排成两列,但两列气缸之间的夹角 $\gamma = 180°$。

2. 风冷式气缸体的结构

风冷式发动机气缸体与曲轴箱一般采用分体式结构,在气缸体和气缸盖外面有散热片,以增加散热面积,提高散热能力,保证充分散热,如图2-11所示。

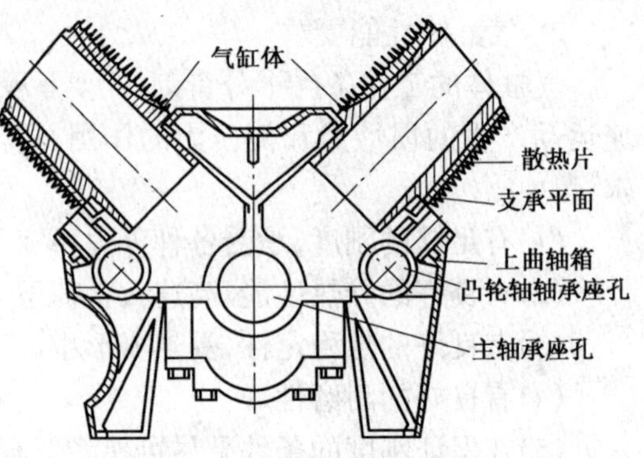

图 2-11 风冷式发动机气缸体

3. 气缸壁与气缸套

(1)气缸壁

由于气缸工作表面直接与高温、高压燃气接触,而且活塞在气缸内做高速往复运动时,缸壁工作表面既要承受很大的侧压力和摩擦力,又要承受着交变载荷的周期作用,因此要求气缸壁表面必须耐磨、耐高温、耐腐蚀及较高的耐疲劳强度。为了满足上述要求,一般采用优质材料制造气缸体,提高缸壁表面加工精度,采用表面强化工艺,改进结构等措施来实现。缸体材料一般采用优质灰铸铁或优质合金铸铁。

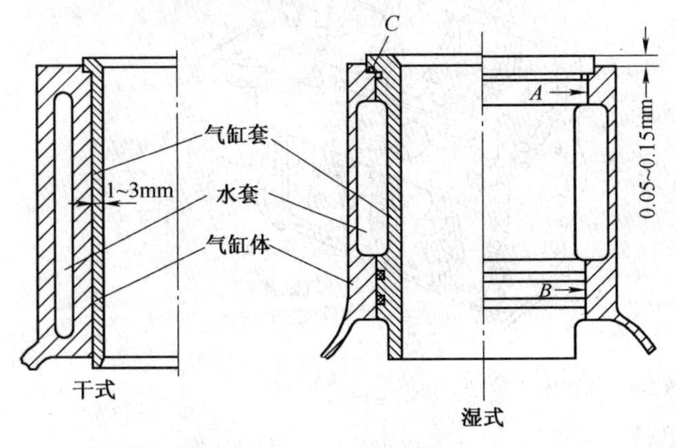

图 2-12 气缸套

(2)气缸套

气缸体若全部采用优质耐磨耐热材料制造其制造成本较高。为了节约材料、降低成本,大多数发动机采用缸体内镶入气缸套的方法,气缸套采用耐磨性好的优质合金铸铁或优质灰铸铁来制造,而缸体则用价格较低的普通铸铁或比重较小的铝合金等材料来制造。既满足了气缸的工作要求,又节约了材料,降低了成本。

气缸套有干式和湿式两种,如图 2-12 所示。

①干式缸套

干式气缸套外表面不直接与冷却水接触,加工和安装都比较方便,其壁厚一般为 1 ~ 3mm。为了增加缸体和缸套的实际接触面积,保证缸套的散热和定位,缸套的外表面和与其装配的气缸体承孔的内表面采用过盈配合。

干式缸套的优点是不易引起漏水、漏气现象,缸体结构刚度大、缸心距小,整体结构紧凑。目前大多数中小型汽车发动机都采用干式缸套。

②湿式缸套

湿式缸套外表面直接与冷却水接触,冷却效果较好。其壁厚一般为 5 ~ 9 mm。为了防止漏水,湿式缸套的定位、密封和安装均有相应要求。

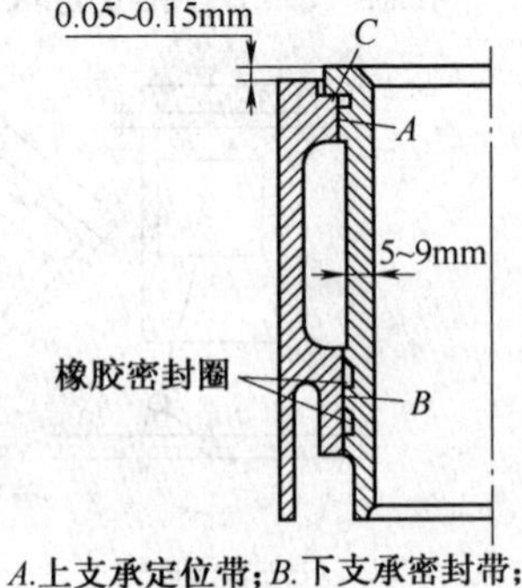

A.上支承定位带;*B*.下支承密封带;*C*.缸套凸缘下平面

图 2-13 缸套的定位

缸套的定位包括径向定位和轴向定位两部分,如图 2-13 所示,依靠缸套外表面上的圆环带 *A* 和 *B* 来实现径向定位,*A* 称为上支承定位带，B 称为下支承密封带。利用缸套上部凸缘的下平面 C 实现轴向定位。为了防止漏气、漏水，有的缸套凸缘平面处还加装有紫铜垫片。

为了便于装配，缸套上支承定位带直径略大，与承孔配合较紧；而下支承密封带直径略小，与座孔配合较松，必须加装 1～3 道橡胶密封圈来密封。

湿式缸套装入座孔后，其顶面略高出气缸体上平面 0.05～0.15mm，以便气缸盖将气缸垫压的更紧，保证气缸的密封，防止漏水漏气现象的发生，如图 2-13 所示。

湿式缸套的优点是简化了缸体水套结构，散热效果好，维修中便于更换。缺点是降低了缸体的刚度，易出现漏气、漏水现象，目前常用于大中型柴油发动机。

4．分水套及曲轴主轴承座

(1)分水套

为了解决进水口一端的气缸冷却效果好，而远离进水口一端的气缸冷却效果差，致使各缸冷却强度不均的问题，有些发动机采用给气缸内增设分水套的办法，为每个气缸提供一个冷却水旁通通路，以保证各缸均匀冷却。

(2)曲轴主轴承座

曲轴主轴承座在气缸体下部曲轴箱中加工而成，目前汽车发动机曲轴普遍采用全支承的方式。对于直列发动机来讲，每个气缸两侧各有一个主轴承，所以 4 缸发动机有 5 个主轴承座，如图 2-9 所示。6 缸发动机有 7 个主轴承座。对于 V 形发动机来说，每一对气缸两侧各有一个主轴承座，所以 V6 发动机有 4 个主轴承座，V8 发动机有 5 个主轴承座。

(三)气缸体的检修

发动机各零、部件正确地安装在技术状况完好的气缸体上，可以使气缸体及零、部件免于产生翘曲、裂纹及其他问题。气缸体及各零、部件之间符合标准的配合间隙是发动机达到性能指标和提高耐用性的保证。为了使气缸体在修理过程中避免漏检、漏修，必须对气缸体进行彻底清洗，露出原色。其中油道、水道、螺纹孔和承孔的清洁尤为重要。

1．气缸体裂纹的检修

(1)气缸体裂纹产生的原因

①车辆在严寒季节停车后没有及时放净发动机水道和散热器内的冷却水而冻裂；

②在发动机过热时，突然添加冷水，使气缸体所受热应力突变而产生裂纹；

③气缸体铸造时残余应力的影响以及气缸体在生产中缸壁厚薄不均，强度不足；

④气缸体承受动载荷的冲击，超负荷工作形成的交变应力过载；

⑤气缸体主油道堵头一般是用锥形螺纹，装配不当使缸体形成裂纹。存在裂纹的气缸体在工作中将出现漏水、漏油以及水道、油道和气缸相通等故障，影响发动机的正常工作。

(2)气缸体裂纹的检测

气缸体产生明显裂纹可直接观察检查。细微裂纹和内部裂纹用水压试验的方法进行检查，如图 2-14 所示。通常要求水压力为 350～450kPa 并保持 5min，如发现气缸体、气缸盖有水渗出时，即表明该处有裂纹。

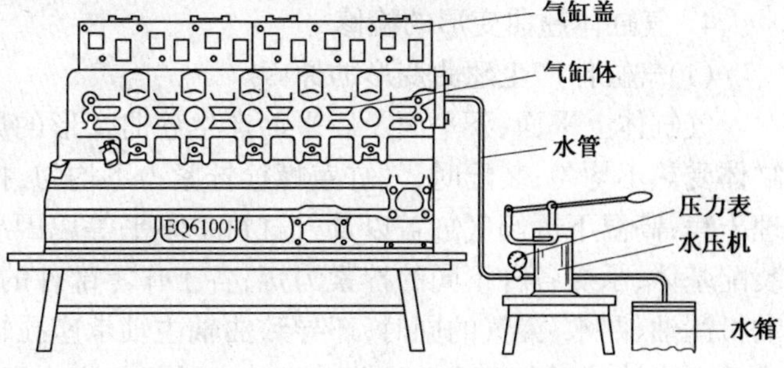

图 2-14　用水压法检测气缸体裂纹

(3)气缸体裂纹的修复

气缸体的裂纹凡出现漏水、漏油、漏

气时，一般应予更换。对尚未影响到燃烧室、水道、油道等关键部位的裂纹，可以在裂纹末端钻一小孔，将集中在裂纹末端的应力分散，避免裂纹向纵深发展；采用堵漏剂加注在水道里用来堵住水道细小裂纹的方法也是可行的。

2．气缸体腐蚀的修复

(1)气缸体腐蚀的原因

气缸体腐蚀的主要原因是使用了不符合要求的冷却液。被腐蚀的部位一般是从冷却液孔向四周呈辐射状延伸，最终导致发动机漏水、相邻气缸发生窜气、压力较高的机油进入水道、冷却水进入曲轴箱等故障发生，使发动机无法正常工作。

(2)气缸体腐蚀的修复

修理时，一般看腐蚀的深浅及部位，对于气缸、水道等关键部位，应换用新件。对于腐蚀较浅、非关键部位或无配件时，可选择钻孔铆填金属等方法修复，在缸体尺寸变化的许可范围内，也可采取铣、磨等修复方法修复。

3．气缸体螺纹孔损坏的检修

(1)气缸体螺纹孔损坏的原因

①装配时螺栓没有拧正；

②使用了螺纹已损坏的螺栓；

③螺栓的拧紧力矩过大；

④非贯通螺孔内有污物，致使螺栓拧入时顶坏螺纹。

(2)气缸体螺纹孔损坏对发动机工作影响

①气缸体上平面螺纹孔的损坏，会导致发动机出现漏水、漏气、漏油，高温、高压气体经常冲坏、烧蚀气缸垫等故障；

②气缸体后平面螺纹孔的损坏，会导致飞轮壳在安装时产生变形，使用中断裂，影响传动系统的正常工作，甚至发生事故；

③油道螺纹孔的损坏将使发动机的润滑没有保证，无法持续工作；

④主轴承盖螺纹孔的损坏，将导致气缸体的报废。

(3)气缸体螺纹孔损坏的检查

气缸体螺纹孔损伤一般用直观法检查。当螺纹孔螺纹损坏多于 2 牙时，需修复。

(4)气缸体螺纹孔的修复

螺纹孔的修复一般是在有可能加深螺孔时，加大螺纹的深度，保证螺纹长度。另一种方法是镶螺套法，即：使用内径同气缸盖上原螺纹的尺寸，外径同被加大了的气缸体螺孔尺寸的螺套，将螺孔套旋入气缸体上加大的螺孔中，拧紧并铆固再将平面修平。

4．气缸体翘曲变形的检修

(1)气缸体产生翘曲变形的原因

气缸体上平面、下平面及后平面产生翘曲变形的原因，多是由于发动机经常出现过热，气缸体受热不均匀；装配时，气缸盖螺栓拧紧力不均匀，拧紧顺序不符合规定；螺纹孔中污物未清理干净；高温下拆卸气缸盖以及气缸衬垫不平等原因导致的。由于气缸体是发动机各零件的装配基体，承受各种不同的拧紧力矩，各工作零部件的冲击载荷等。气缸体平面翘曲在引起发动机漏油、漏水、漏气的同时，还导致曲轴主轴承座孔轴线偏移，气缸轴线与曲轴主轴承座孔轴线垂直度被破坏。后平面的翘曲还使发动机与离合器、变速器等传动装置连接的技术状况被破坏，导致飞轮壳经常损坏，变速器出现异响等故障。

(2)气缸体翘曲变形的检测

气缸体翘曲变形一般采用直尺和厚薄规进行测量,如图 2-15 所示。塞入厚薄规的最大厚度值就是变形量,即平面度误差。

检测前,待检平面应彻底清除水垢、积炭,消除毛刺并刮平或铲平螺孔周围的凸起部分。

气缸体上平面的平面度应符合表 2-1 的规定范围。

6BTA5.9 发动机纵向 0.076 mm,横向 0.051 mm。

(3)气缸体翘曲变形的修理

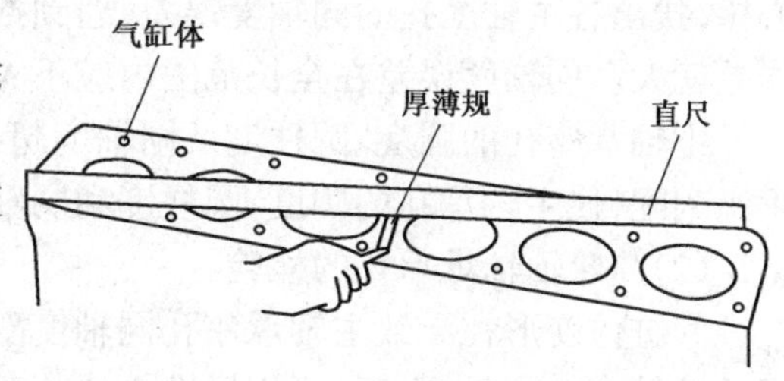

图 2-15　气缸体上平面翘曲的检测

气缸上平面出现翘曲变形后,当翘曲变形量较小时,可用铲削方法进行修平,即用铲刀修刮凸出部分,边铲刮边检查,直到平面度达到要求为止。当翘曲变形量超过使用极限,可采用磨削或铣削修复。加工时可选择气缸体主轴承座孔和气缸孔中心线为加工定位基准。气缸体上平面的加工量不宜过大,最大加工量不得超过 0.50 mm,气缸体其他平面的修磨量应不大于 1.0 mm(制造厂另有标准的,按制造厂标准执行),否则将使气缸的压缩比变化过大。如 6BTA5.9 发动机曲轴主轴承座孔中心线与气缸体上平面的距离为 322.90 ~ 323.13mm,缸体上平面最多允许修理 2 次,每次修理量应小于 0.25 mm,修磨总量不能超过 0.50 mm,否则应换用新件。

气缸体上平面与气缸盖下平面的平面度(mm)　　表 2-1

测量范围	气缸长度	顶置气门			铝合金		
		气缸体上平面	气缸盖下平面		气缸体上平面	气缸盖下平面	
		—	侧置气门	顶置气门	—	侧置气门	顶置气门
任意 50×50	—	0.05	0.05	0.025	0.05	0.05	0.05
整个平面	≤600	0.15	0.25	0.10	0.15	0.35	0.15
	>600	0.25	0.35	—	0.35	0.50	—

5. 气缸体其他损伤的检修

(1)曲轴主轴承座孔的检修

主轴承座孔一般磨损量较小,如果圆度及圆柱度超差,会引起主轴承的圆度及圆柱度超差,影响主轴承与曲轴轴颈的配合,从而影响发动机的使用寿命。通常采用内径百分表检验座孔的圆度及圆柱度。将主轴承盖装上,并按规定力矩拧紧,用内径千分尺沿同一断面测量 3 ~ 5 个点的直径,并沿轴线方向测量 3 个断面。其圆度误差为同一断面上不同方向最大与最小直径差值之半。圆柱度误差为前后两个断面上测得的最大直径与最小直径之差的一半。主轴承座孔的圆度误差和圆柱度误差对于铸铁气缸体应不大于 0.01mm,对于铝合金气缸体应不大于 0.015 mm。

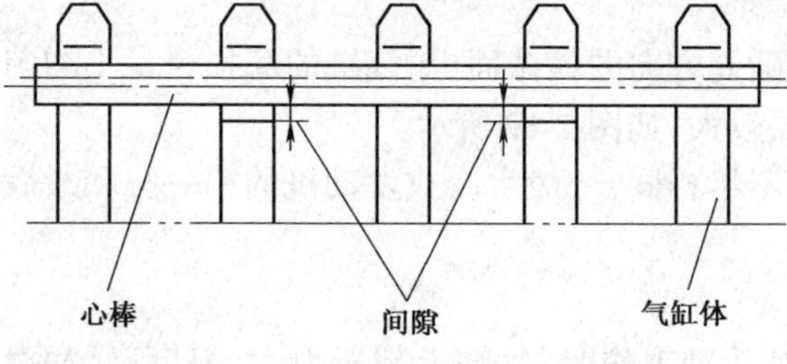

图 2-16　主轴承座孔同轴度的检查

主轴承座孔同轴度误差超过许用标准会加剧曲轴的磨损,甚至导致轴承和曲轴损坏,可用标准心棒和厚薄规进行检验,如图 2-16 所示。检验时,将所有的轴承取出,作好标记并摆放整齐，清洗主轴承座孔后，将心棒放入(心棒的直径比主轴承孔径的最小尺寸略小)，然后从中间开始逐个将主轴承盖装上，按规定力矩拧紧主轴承盖螺栓，一边拧紧螺栓，一边转动心棒，找出各主轴承孔的同轴度误差，遇到拧紧主轴承螺栓后心棒不能转动，则此孔的同轴度误差就大。同轴度误差在全长范围内应不大于 0.15 mm。

主轴承座孔的圆度、圆柱度及同轴度超过许用值后，可选用加厚减磨层的轴承进行镗削或手工刮配，使主轴承孔的圆度、圆柱度和同轴度符合要求。

(2)凸轮轴轴承承孔的检验

气缸体变形在导致主轴承座孔同轴度变化的同时，也改变了凸轮轴轴承承孔同轴度，加剧了凸轮轴和轴承的损坏。可用标准心棒检验凸轮轴轴承承孔的同轴度。一般情况下不用镗削凸轮轴轴承孔，选配即可。对于同轴度误差较大的可用加厚减磨层的轴承，通过镗削或刮配凸轮轴轴承来实现同轴度的要求。

(3)气缸体后端面对曲轴主轴承座孔公共轴线垂直度的检验

气缸体变形后，常会破坏其后端面对曲轴主轴承座孔公共轴线的垂直度，影响飞轮壳和变速器与气缸体的位置关系，从而引起离合器、变速器工作状况恶化，传动发响、磨损加重。一般要求气缸体后端面对曲轴主轴承座孔公共轴线的端面全跳动量不大于 0.20 mm。

气缸体后端面对曲轴两端主轴承座孔公共轴线的垂直度可采用通用量具进行检测，如图 2-17 所示。利用平板、直角尺、固定和可调支撑、带百分表的测量架和心棒进行测量。作为基准的曲轴主轴承座孔轴线用心棒进行测量，作为基准的曲轴主轴承座孔轴线用心棒模拟，用固定和可调支撑将气缸体后端向下支撑在平板上(气缸后平面与平板之间保持适当距离)，用直角尺检验心棒与平板的垂直度，若不垂直时可调整可调支撑，然后移动百分表测量整个后端面，其最大读数差即为后端面对曲轴主轴承座孔轴线的垂直度误差。

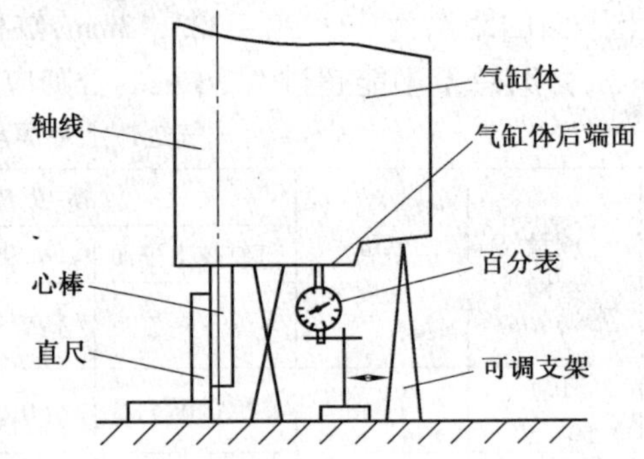

图 2-17　气缸体后端面与曲轴主轴承座孔公共轴线垂直度的检查

(四)气缸磨损的检修

1. 气缸磨损的规律和原因

(1)气缸轴向磨损的规律

①气缸轴向截面的磨损规律：沿气缸轴向截面的磨损，在活塞环有效行程范围内，呈上大、下小的锥形，在第一道活塞环上止点处磨损最大；活塞环接触不到的气缸口部位几乎没有磨损，形成明显的台肩，称为“缸肩”；活塞下止点油环以下的部位，气缸的磨损也很小，如图 2-18 所示。

②气缸径向截面的磨损规律：在平行于气缸圆周方向的横截面上，气缸的磨损也是不均匀的，磨损呈不规则的椭圆形，一般是前后方向磨损较大，如图 2-19 所示。

③在同一台发动机上，不同气缸的磨损情况不尽相同，一般水冷式发动机的第一缸和最后一缸的磨损较为严重。

(2)气缸磨损的原因

①气缸表面轴向磨损成锥形的原因主要是发动机工作时，气缸上部压力大，温度高，润滑油膜易被破坏，磨损较气缸下部大。另外，气缸表面还存在着腐蚀磨损和磨料磨损，腐蚀磨损

主要是由于燃烧过程中产生的二氧化硫等物质引起的;磨料磨损主要是由于空气中的灰尘、机油中的机械杂质和发动机自身的磨屑等硬质颗粒造成的。

②气缸表面径向磨损成不规则的椭圆形,与发动机的工作条件、结构、冷却系技术状况、修理装配质量等因素有关。

③发动机长期在较低的温度下工作,磨损尤为剧烈。

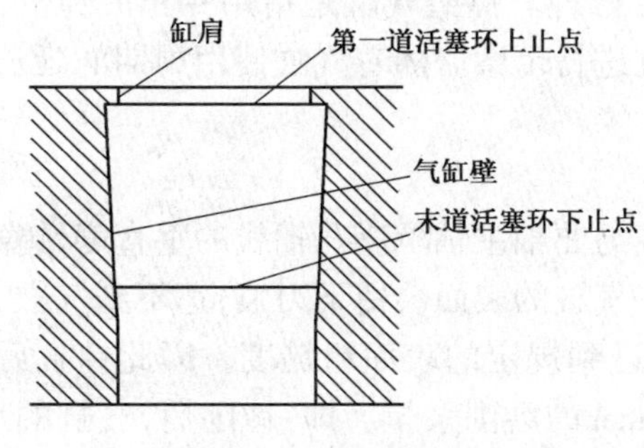

图 2-18 气缸的轴向磨损

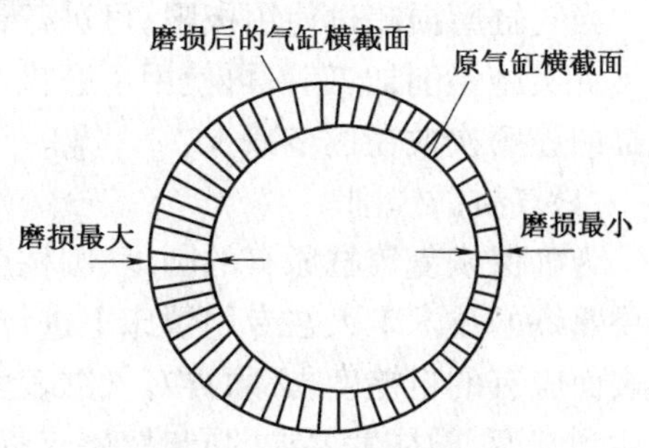

图 2-19 气缸的径向磨损

2. 气缸磨损的检测

测量气缸磨损程度的目的是确定发动机是否需要进行大修,以及确定修理尺寸的级别。气缸的磨损程度是确定发动机是否需要大修的主要依据。

(1)气缸的测量

通常用量缸表对气缸的磨损进行测量,测量方法如下:

①清洁气缸壁上的油污和积炭后,根据气缸直径选择合适的测量接杆固定在量缸表的下端,使整个测杆长度与被测气缸的尺寸相适应。

②校正量缸表的尺寸:将千分尺调到气缸的标准尺寸,再将量缸表通过千分尺校正到气缸的标准尺寸(使测杆有 2mm 左右压缩量),旋转表盘使表针对准零位。

③测量气缸上、中、下三个位置的纵向和横向上的气缸直径。测量时应摆动量缸表,指针指示的最小值即为被测值,如图 2-20 所示,并将测得的值逐一记录下来。

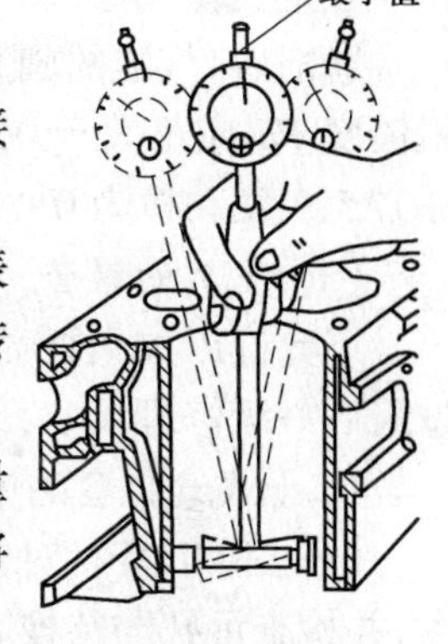

图 2-20 测量气缸磨损

④根据测量结果计算出气缸的圆度误差和圆柱度误差。圆度误差和圆柱度误差的计算方法与曲轴主轴承座孔相同,接近或超过表 2-2 中的范围时应进行镗缸修理。

圆度误差、圆柱度误差许用值(mm) 表 2-2

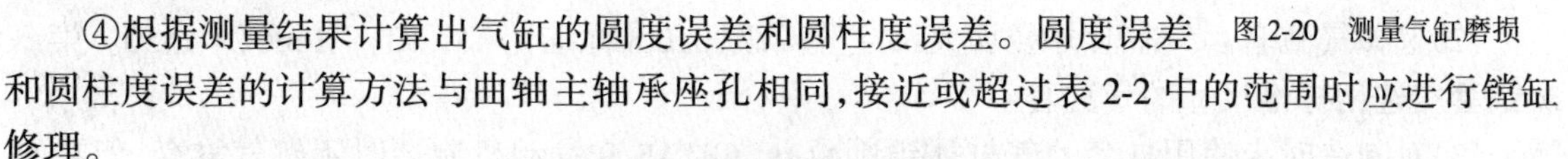

	圆度误差	圆柱度误差		圆度误差	圆柱度误差
汽油机	≤0.05	≤0.20	柴油机	≤0.0625	≤0.25

6BTA5.9 发动机规定的使用极限为:

圆度误差≤0.038mm;

圆柱度误差≤0.076mm。

对于桑塔纳 2000GSi 用 AJR 发动机,当实际尺寸超过标准尺寸 0.08mm 时(标准尺寸为直径 ϕ81.01mm),必须进行镗削。

气缸直径除标准尺寸外,通常还有 6 级修理尺寸,每加大 0.25mm 为一级,递增至加大1.50 mm。AJR 发动机的标准缸径为 ϕ81.01mm,修理尺寸为 ϕ81.51mm。6BTA5.9 发动机只有 2 级修理尺寸,102.540 mm和103.040 mm(标准缸径为102.040 mm)。

气缸修理尺寸的确定:磨损最大气缸的最大直径+加工余量,其数值再与修理尺寸对照,如计算出的修理尺寸与某一级数相近,可按该级修理。在保证加工精度和表面粗糙度的前提下,加工余量尽可能小些,直径方向的加工余量一般取0.10~0.20mm。

3. 气缸磨损的修复

当气缸磨损超过使用极限,可进行镗磨修理或镶套修理。镗磨气缸是指用专用的镗缸机对气缸实施镗削加工后,再使用珩磨机对镗削后的气缸进行珩磨。随着气缸使用周期的延长,气缸的镗磨次数在逐步减少。

(1)气缸的镗削

为确保恢复气缸原有的圆度、圆柱度以及气缸轴线与曲轴主轴承座孔轴线的垂直度,镗缸需要熟练的技术工人在专用镗床上进行。镗削加工后,气缸的表面会留下刀痕,达不到气缸工作表面应有的粗糙度,必须再对气缸表面进行珩磨,以达到规定的表面粗糙度。因此镗缸后,在达到圆度、圆柱度要求的同时,还应留有0.03~0.05mm的磨削余量。即:镗削后,气缸的尺寸应小于已确定的气缸修理尺寸0.03~0.05mm。

(2)气缸的磨削

气缸磨削的目的是去除镗削刀痕,降低表面粗糙度,提高气缸表面的加工质量,达到气缸加工的最终尺寸要求,延长发动机使用寿命。磨缸同样也需要专用设备和熟练的技术工人,现在一般是在专业修理厂中进行。

磨削后,气缸的圆度误差应符合表2-2所列的许用值,各缸直径差不大于0.005 mm,表面粗糙度 Ra 应不大于0.8μm,活塞与气缸配合应符合规定(AJR发动机为0.035~0.045 mm,6BTA5.9发动机为0.113~0.167 mm)。

(五)气缸的镶套

不允许以加大缸径进行修复的气缸或气缸虽有修理尺寸,但其磨损后的尺寸已接近或超过最后一级修理尺寸,或气缸壁上有特殊损伤时,可用镶气缸套的方法进行修理。

1. 干式气缸套的镶配

(1)去除旧套。对镶有干式气缸套的气缸体,用专用工具压出旧气缸套,或将旧气缸套搪去,并检查承孔与待换缸套过盈量是否符合要求。

(2)选择气缸套。气缸套外径加大尺寸分四级;0.00(标准)、+0.50、+1.00、+1.50。第一次镶套应选用标准尺寸的气缸套。

(3)对制造时未使用缸套的气缸体镗削承孔(6BTA5.9发动机制造时不镶气缸套,但在缸体设计时为镶套预留了尺寸)。根据所选的气缸套外径尺寸,对承孔进行镗削,镗削后气缸体承孔表面粗糙度 Ra 应不大于2.5μm,并留有适当的过盈量,一般带有凸缘的气缸套为0.05~0.07 mm,无凸缘的为0.07~0.10 mm。

(4)压入新气缸套。将承孔和气缸套外壁涂以机油,放正气缸套,在气缸套上放上垫块,用压床徐徐压入。压装气缸套的压力应不大于98kN,气缸套应抵住气缸体的止口台肩,保证与顶面齐平,高出部分不得超过0.05 mm。

(5)压入气缸套时,应采用隔缸压入法。镶套完工后,应进行一次水压试验。

2. 湿式气缸套的镶配

(1)拆去旧气缸套,并清除气缸体承孔结合面上的铁锈、污物,用砂布擦至露出金属光泽为止,特别是与密封圈接触的部位必须光滑平整,以防止漏水。

(2)试装新气缸套(一般为制造厂已镗磨加工完毕的缸套)　将未装密封圈的气缸套装入气缸内，压紧后检查气缸套端面高出气缸体平面的距离，一般为0.03～0.10 mm。如不符合尺寸要求，可在气缸套台肩下选装适当厚度的铜质垫片调整，相邻气缸凸出量误差不得大于0.04 mm。

(3)装入气缸套　将镗磨好的气缸套装上水密封圈，并涂上密封胶，检查各道水封圈与气缸体的接触是否平整，然后稍加压力即可装入气缸体承孔内。

(4)水压试验　气缸套装入后，应进行水压试验，检查水密封圈的密封性。

二、气缸盖

(一)作用

气缸盖的作用是封闭气缸体上部，并与活塞顶、气缸壁构成一个密闭的可变空间，它的最小容积即为燃烧室。

(二)气缸盖结构

气缸盖结构复杂，一般采用铸铁或铝合金材料铸造而成，小型汽油机多采用铝合金气缸盖。对具体发动机而言，气缸盖结构各异，图2-21所示为AJR发动机的气缸盖。图2-22所示为6BTA5.9发动机的气缸盖。气缸盖的结构主要取决于发动机配气机构的布置形式、冷却方式以及燃烧室的形状等。

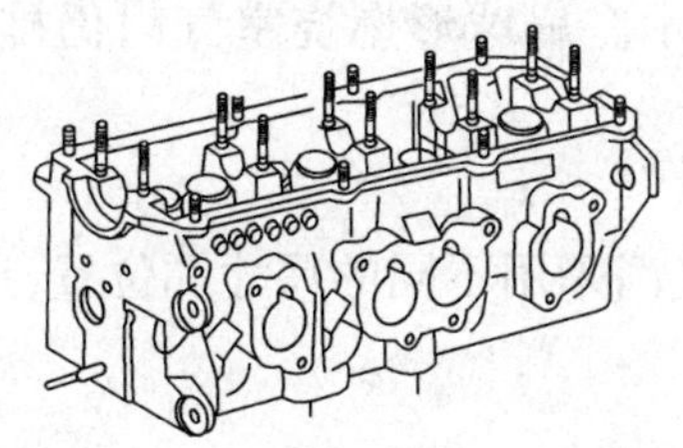

图2-21　AJR发动机的气缸盖

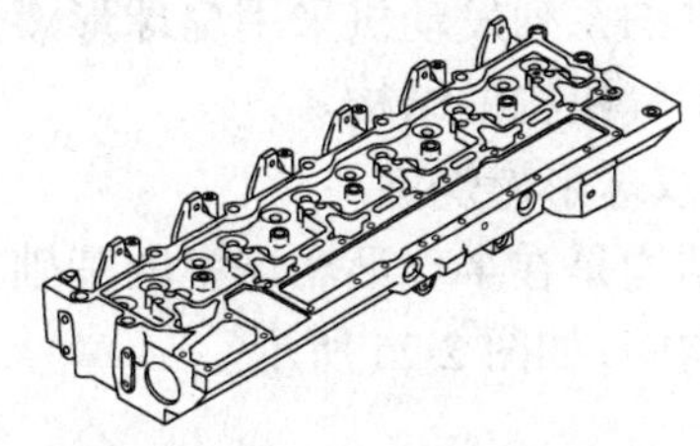

图2-22　6BTA5.9发动机的气缸盖

一般水冷式发动机的气缸盖内铸有冷却水套，气缸盖端面上的水套与气缸体上所对应的水套是相通的，利用水的循环对燃烧室等高温机件进行冷却。风冷式发动机气缸盖上铸有许多散热片以增大散热面积，降低气缸盖的温度。

汽油机气缸盖上加工有火花塞安装座孔，柴油机气缸盖上则加工有喷油器安装座孔。

在缸径较大、气缸数量较多的发动机上，为了便于制造、避免产生翘曲变形积累以及方便维修，多采用分段式气缸盖。而缸径较小、气缸数量较少的发动机则采用整体式气缸盖。

1. 汽油机燃烧室

汽油机燃烧室由活塞顶部(指上止点时)与气缸盖上相应的凹坑所组成。燃烧室的形状对发动机的工作性能影响很大。因此，要求燃烧室结构紧凑、表面积小，以利于减小热量损失，缩短火焰行程，控制爆燃发生；应能够促使进气产生涡流和挤气，提高换气效率，以及利用压缩行程终了时的涡流运动来加快混合气的燃烧速度，充分燃烧；应能够将火花塞布置在燃烧室的中间，以利于火焰向四周传播，快速、充分燃烧。

汽油机燃烧室形状主要有以下几种(图2-23)。

(1)盆形燃烧室

盆形燃烧室结构比较紧凑，能产生挤气涡流，缺点是盆的形状狭窄，气门尺寸受到限制，气道弧线较差，影响换气效果。因此，动力性与经济性均不如楔形燃烧室。

(2)楔形燃烧室

楔形燃烧室结构紧凑，气门斜置，气道导流效果较好，充气效率高；易形成挤气涡流，动力性和经济性较好。CA6102 型发动机采用这种燃烧室。

(3)半球形燃烧室

半球形燃烧室气门成横向 V 形排列，有利于增大气门头部直径，换气效率高；火花塞位于燃烧室中部，火焰行程短，燃烧速度快，不易产生爆燃；结构紧凑，散热面积小，因而动力性和经济性都很好。但此结构气门排成双列，配气机构较复杂。半球形燃烧室多用于高速发动机。

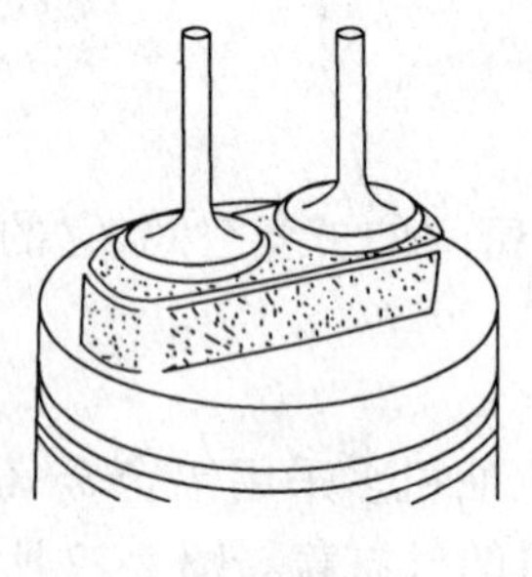

盆形燃烧室

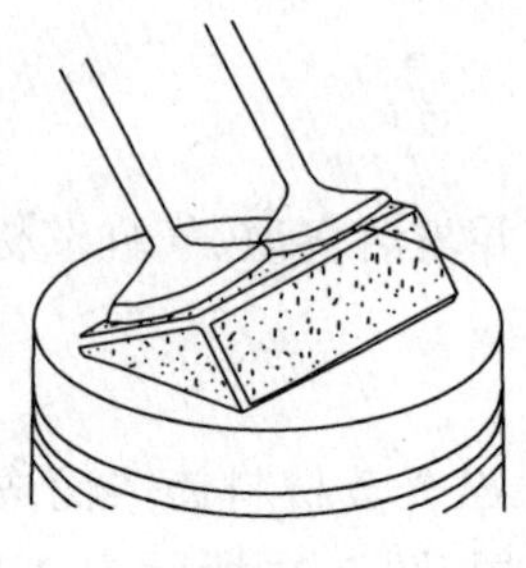

楔形燃烧室

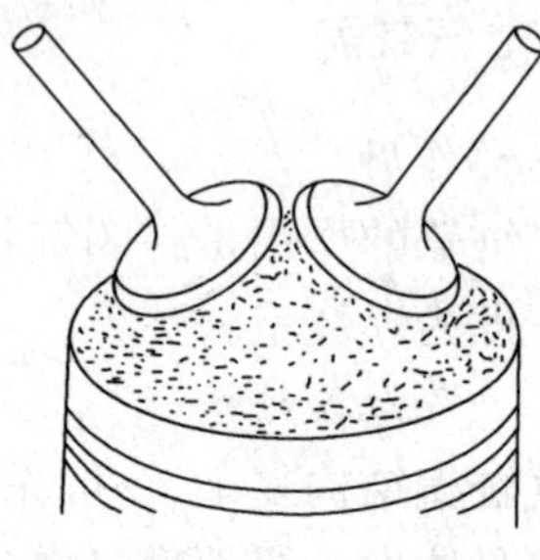

半球形燃烧室

图 2-23 汽油机燃烧室形状

桑塔纳系列发动机采用扁球形燃烧室，如图 2-24 所示。扁球形燃烧室气门仍排成一列，不影响配气机构的结构。

(4)双球形燃烧室

此结构是在半球形燃烧室的基础上演变而成，进排气门采用不同的尺寸和位置，形成了两个球形空间，如图 2-25 所示。

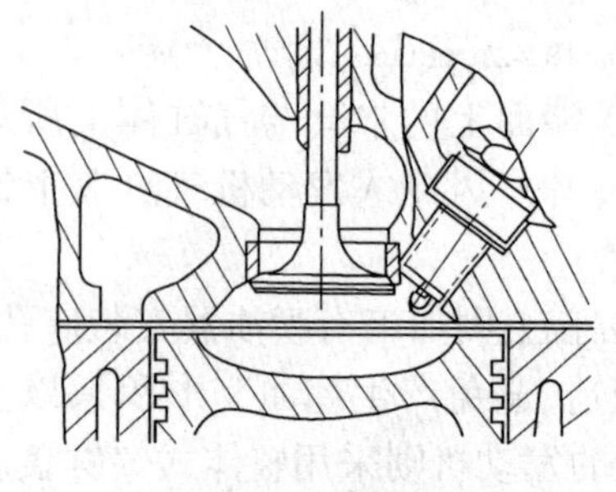

图 2-24 扁球形燃烧室

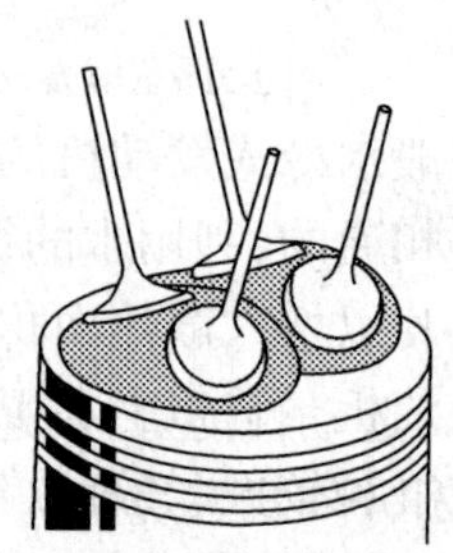

图 2-25 四气门双球形燃烧室

2. 柴油机燃烧室

由于柴油机混合气的形成和燃烧均在燃烧室中进行，所以燃烧室的结构将直接影响混合气的形成与燃烧。对燃烧室的要求：一是配合喷油形成良好均匀的混合气，改善燃烧；二是结构紧凑，以减少散热损失，提高热效率。柴油机燃烧室的种类很多，通常分为统一式燃烧室和分隔式燃烧室。

(1)统一式燃烧室

统一式燃烧室由凹形活塞顶与气缸盖内壁所包围的单一内腔构成，几乎全部容积都在活塞顶面上。这种燃烧室，一般配有多孔喷油器，将燃料直接喷射到燃烧室中，借助喷出油柱的形状和燃烧室形状的配合，以及燃烧室内的空气涡流运动，迅速形成可燃混合气，故此种燃烧室又称为直接喷射式燃烧室。

根据活塞顶凹坑的形状不同,燃烧室形状可分为 ω 形、球形和 U 形燃烧室,如图 2-26 所示。

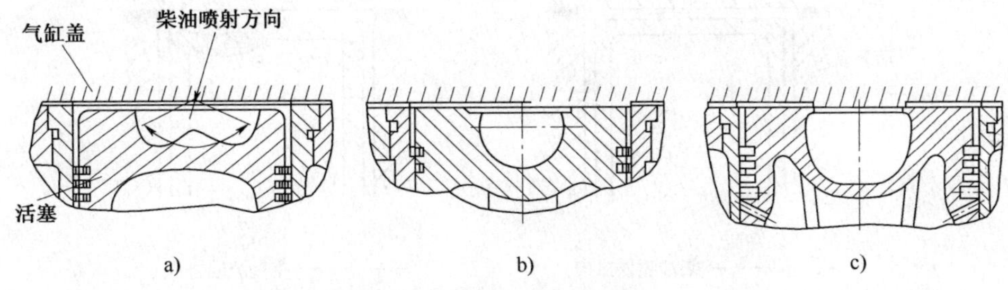

图 2-26 统一式燃烧室

a)ω 形燃烧室;b)球形燃烧室;c)U 形燃烧室

①ω 形燃烧室

目前车用柴油机大多采用 ω 形燃烧室及其各种改进型(四角 ω 形、微涡流形、花瓣形等),康明斯 6BTA5.9 发动机即为 ω 形燃烧室,它的主要特点是:

(a)燃烧室要求喷油系统喷油压力高,故其喷油设备加工精度要求较高,成本较高。并采用小孔径多孔喷油器。

(b)燃烧室结构简单且紧凑,热效率高,冷车易起动。

②球形燃烧室

(a)采用两个孔喷油器、螺旋进气道和切向进气道。

(b)发动机工作较柔和。

(c)具有较高的动力性和经济性。

③U 形燃烧室

这种燃烧室是球形燃烧室的一种变形。

(a)使用单孔轴针式喷油器,喷油压力较低,既降低对喷油设备的要求,又减少喷孔堵塞可能。

(b)起动性能好,高速时,发动机工作柔和,因此适应性较好。

(2)分隔式燃烧室

燃烧室被分隔成两部分,一部分是主燃烧室,位于气缸盖底面与活塞顶之间。另一部分是副燃烧室,位于气缸盖内。主、副燃烧室之间,由一个或几个孔道相通。常见的分隔式燃烧室有涡流室式和预燃室式两种,如图 2-27 所示。

(三)气缸盖的检修

1. 气缸盖平面度的检修

气缸盖平面度误差主要指气缸盖平面的翘曲变形。

(1)气缸盖翘曲变形的主要原因

引起气缸盖翘曲变形的主要原因是:气缸盖工作时受热不均匀;装配时气缸盖螺栓拧紧力不均匀,螺纹孔有堵塞现象,螺栓不贯穿螺纹孔,出现虚假拧紧;拧紧顺序不符合规定;高温下拆卸气缸盖以及气缸衬垫不平等。气缸盖翘曲变形使得气缸盖和气缸体、气缸盖和进排气歧管的接合面不能平顺接合。气缸盖下平面的翘曲将会导致气缸密封不严,漏水、漏气、漏油甚至冲坏气缸垫,使发动机无法正常工作。侧平面的翘曲则会导致气缸与进排气歧管之间不能

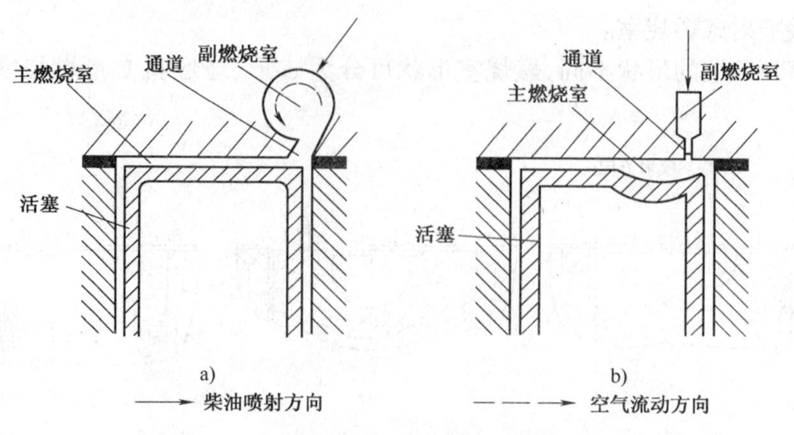

图 2-27　分隔式燃烧室

a)涡流室式;b)预燃室式

形成良好的密封,从而引起漏气,影响发动机的正常工作。顶置凸轮轴的发动机气缸盖翘曲,还会严重影响凸轮轴轴承承孔的同轴度,加剧了凸轮轴及其承孔的磨损。

(2)气缸盖翘曲变形的检测

气缸盖翘曲变形的检测方法与气缸体翘曲变形的检测方法相同,仍采用直尺和厚薄规进行测量,如图 2-28 所示。

气缸盖下平面的平面度,若超过表 2-1 范围时,应予以修复。

(3)气缸盖翘曲变形的修理

气缸盖平面度误差超过规定值时应予以修理或更换,桑塔纳 AJR 发动机缸盖平面度最大不得超过 0.1mm,康明斯 6BTA5.9 发动机平面度最大不得超过 0.3 mm。

气缸盖下平面平面度误差超过规定值时,可采用铣削或磨削加工予以修整。加工时,应先校准定位基准。采用铣削或磨削加工气缸盖平面,铣削或磨削量,一般不允许超过 0.5mm,否则将对发动机压缩比有较大影响。桑塔纳 AJR 发动机修理后的气缸盖高度不得低于 133mm,如图 2-29 所示。康明斯发动机修理后的气缸盖高度不得低于 93.75 mm,如图 2-30 所示。铣削

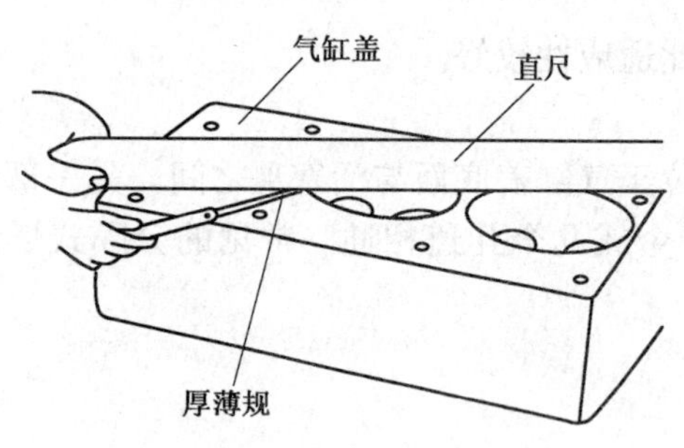

图 2-28　气缸盖翘曲变形的检测

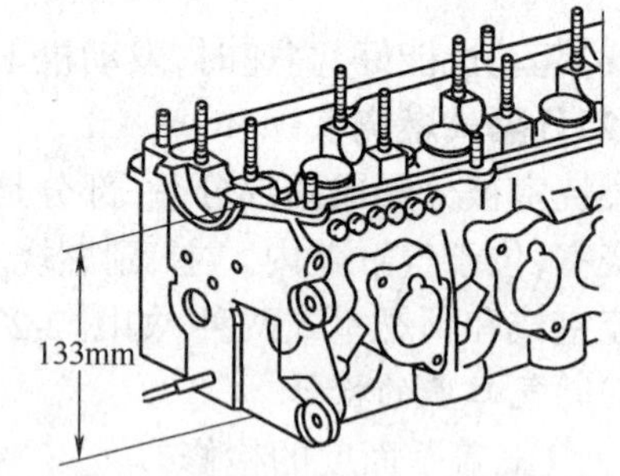

图 2-29　AJR 发动机气缸盖最小高度尺寸

或磨削加工后,各燃烧室的容积误差应控制在允许范围内。对于汽油机,一般要求容积的减少不得少于标准容积的 5%,同一台发动机各缸燃烧室容积相差不应大于平均值的 4%。

2. 气缸盖裂纹的修理

(1)气缸盖出现裂纹的主要原因

气缸盖出现裂纹的原因与气缸体出现裂纹的前三点原因相同。气缸盖裂纹将导致漏气、

漏水、漏油以及油水贯通、气水贯通等故障。

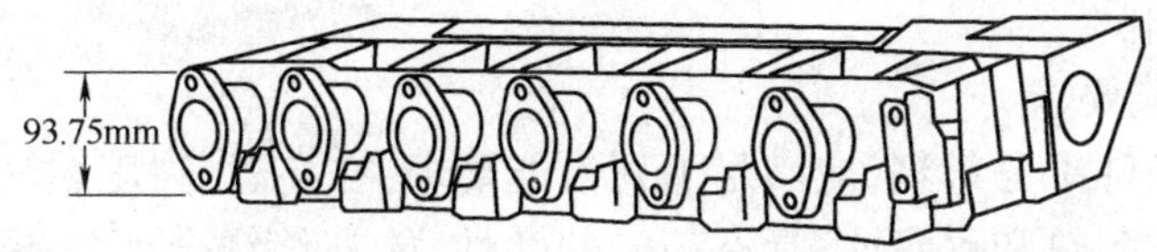

图 2-30　6BTA5.9 发动机气缸盖最小高度尺寸

(2)气缸盖裂纹的检测

气缸盖与气缸体应同时用水压法检测裂纹,如图 2-15 所示。通常要求水压力为 350～450kPa,保持 5min。如发现气缸体、气缸盖有水渗出并逐渐增多时,即表明该处有裂纹。

(3)气缸盖裂纹的修复

气缸盖裂纹的修复方法与气缸体裂纹的修复方法相同。

3. 气缸盖腐蚀与击伤的检修

(1)气缸盖腐蚀的修复

气缸盖腐蚀的主要原因是使用了不符合要求的冷却液,被腐蚀的部位一般是从冷却液孔向四周呈辐射状延伸,最终导致发动机漏水,相邻气缸发生窜气,使发动机无法正常工作。遇到此种情况,一般要根据腐蚀的部位及腐蚀的深浅,气缸附近等关键部位应更换。腐蚀不严重的非关键部位或无配件更换时,也可采用钻孔铆填金属等方法修复。

(2)气缸盖击伤的修理

造成气缸盖击伤的主要原因是异物落入气缸,当发动机工作时,坚硬的异物在燃烧室中高速撞击,造成活塞上平面及气缸盖损伤,严重时可以使气缸盖出现裂纹,活塞破碎,致使发动机严重受损,此时应更换气缸盖。

4. 气缸盖螺纹孔损坏的检修

(1)气缸盖螺纹孔损坏的主要原因

气缸盖螺纹孔损坏的主要原因与气缸体螺纹孔损坏的原因相同。顶置气门气缸盖是进排气歧管、气缸盖罩、冷却水管、配气机构零件的装配基体,它还与气缸、活塞和活塞环形成密闭的空间,承受高温、高压燃气的压力。气缸盖螺纹的损坏将影响有关零件的装配,使各零件承受的拧紧力矩不均,出现漏油、漏水、漏气等现象,影响发动机的正常工作。

(2)气缸盖螺纹孔损坏的检查

气缸盖螺纹孔的检查方法与气缸体螺纹孔损伤的检查方法相同,螺孔损伤最常见的是滑扣。火花塞孔螺纹的损坏不能多于 1 牙。

(3)气缸盖螺纹孔损坏的修复

气缸盖螺纹孔的修复方法与气缸体螺纹孔的修复方法相同。但是,火花塞螺纹孔不宜采用加套,因此,在使用和修理中要注意避免损坏火花塞螺纹孔。

三、气缸垫

(一)气缸垫的作用及性能要求

1. 气缸垫的作用

气缸垫目前应用较多的是多层金属片气缸垫和金属——石棉气缸垫。其结构见图 2-31,a 型由三层钢片组成,上下两层薄钢片冲压成波纹状表面,使气缸垫具有一定的弹性;b 型由三个元件组成,中间层是开有许多小孔的钢片,上下两层为石棉,在燃烧孔或其他连接孔的四周包覆铜皮。气缸垫安装在气缸盖与气缸体之间，其作用是保证气缸体与气缸盖结合面的密封，防止漏气、漏水、漏油。

2. 气缸垫的性能要求

气缸垫的工作条件十分苛刻，应满足下列性能要求：在高温、高压燃气、冷却水作用下有足够的强度，不易损坏；耐热和耐腐蚀；具有一定的弹性，能补偿结合面的不平度，以保证可靠密封；拆装方便，能重复使用，寿命长。

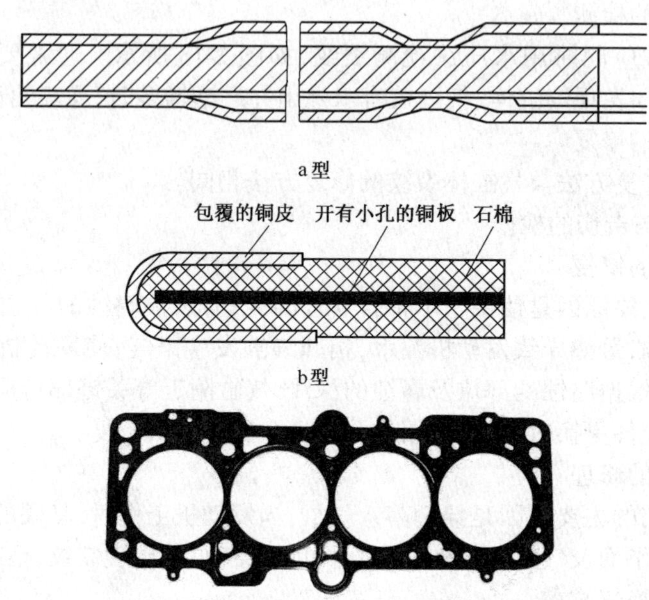

图 2-31 气缸垫

(二)气缸垫的损伤与更换

气缸垫的常见故障是烧蚀击穿，烧蚀击穿部位一般在水孔、油孔与燃烧室孔之间，会导致气、油、水之间相互渗透，致使发动机不能正常工作。损坏的缸垫只能更换，不能修复。近年来，国外一些发动机开始采用专用密封胶，取代了传统的气缸垫。

四、油底壳

(一)油底壳的作用及性能要求

1. 油底壳的作用

油底壳的主要作用是储存润滑油并封闭曲轴箱。

2. 油底壳的性能要求

油底壳受力较小，一般采用簿钢板冲压而成，有的用铝合金或铸铁铸成，有些油底壳为了增加刚度、强度，四周冲压出垂直的筋槽(如桑塔纳发动机的油底壳)。尤其是与气缸体底面的接合部分，必须冲压成有足够刚度的结构。图 2-32 所示为 6BTA5.9 发动机油底壳总成，图2-33 所示为 AJR 发动机的油底壳。

(二)油底壳的结构

油底壳的形状取决于发动机总体布置和机油的容量，油底壳通过螺栓紧固在气缸体的下平面上。为了保证发动机在纵向倾斜情况下，机油泵仍能吸到机油，油底壳在机油集滤器附近的部位一般较深，且在壳内设有稳油挡板，在汽车颠簸震荡时稳定油面。油底壳最底部有放油螺塞，有的放油螺塞有磁性，能吸附机油中的金属屑，避免金属屑进入摩擦表面损坏零件。

为便于了解油底壳存油量，在油底壳上开有小孔用以安装油尺套管，可插入油尺检测机油的存量和质量。

油底壳与曲轴箱之间装有衬垫，以防止漏油。有的发动机气缸体下平面和油底壳平面精度较高，稳定性能较好，也有用密封胶取代衬垫的。

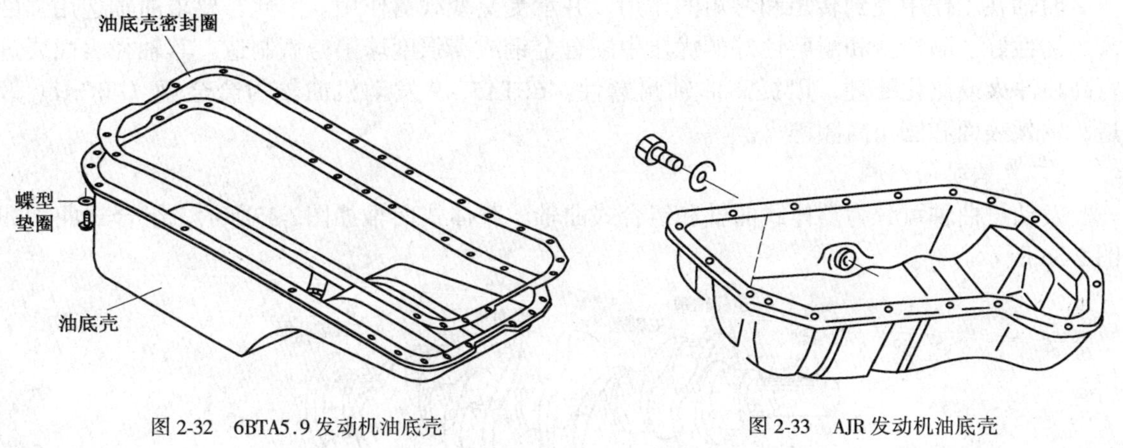

图 2-32　6BTA5.9 发动机油底壳　　　　图 2-33　AJR 发动机油底壳

课题三　曲轴飞轮组

曲轴飞轮组由曲轴和飞轮以及相关零件组成。曲轴飞轮组的具体组成与发动机的结构和性能要求有关。曲轴是发动机的主要零件之一，形状复杂，精度高。在工作中，曲轴承受着活塞连杆组传递的周期变化的冲击载荷和旋转运动产生的离心力。在这些力的作用下，曲轴出现轴颈磨损、弯曲、扭曲变形，有时还产生裂纹，甚至断裂。因此，修理前必须查清曲轴损伤的部位和程度，对其进行正确的修理。图 2-34 是 6BTA5.9 发动机曲轴飞轮组的相关零件。

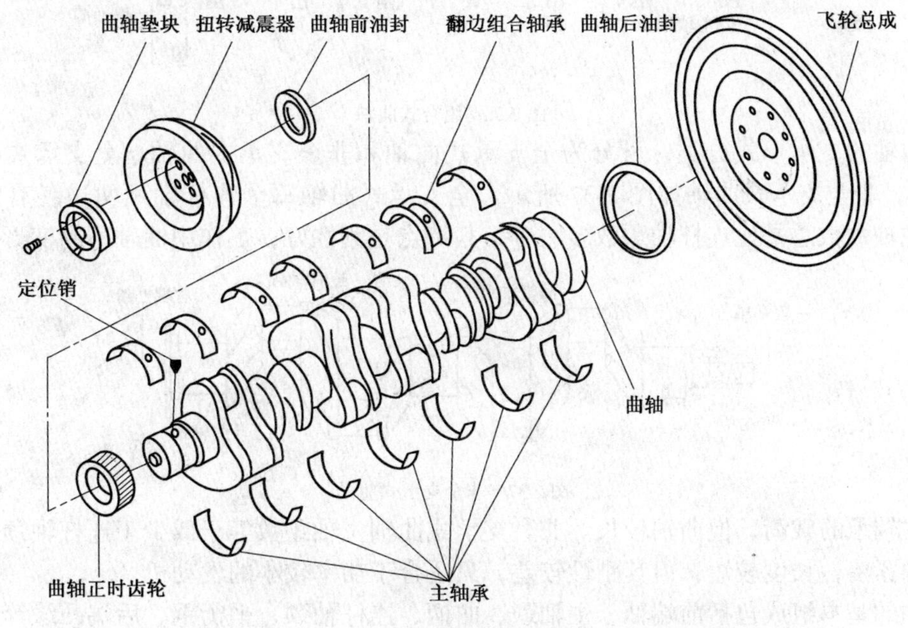

图 2-34　6BTA5.9 发动机曲轴飞轮组

一、曲轴

（一）曲轴的作用

曲轴是发动机主要机件之一，其作用是将活塞连杆组传来的力转变成旋转力矩，通过传动装置驱动汽车以及并驱动发动机的配气机构及其他辅助装置（如发电机、水泵、风扇等）。

曲轴在工作中受到转矩和弯矩的作用，并承受交变载荷作用。因此，要求曲轴选用强度高、韧性好、耐冲击和耐磨性好的优质中碳合金钢或高强度球墨铸铁制造。其轴径表面要进行高频淬火或氮化处理，以提高曲轴耐磨性。6BTA5．9 发动机曲轴由合金钢（40CrH）锻造，轴颈表面和圆角高频淬火。

（二）曲轴的结构

发动机曲轴可分为整体式曲轴和组合式曲轴。整体式曲轴如图2-35所示，组合式曲轴如图 2-36 所示。

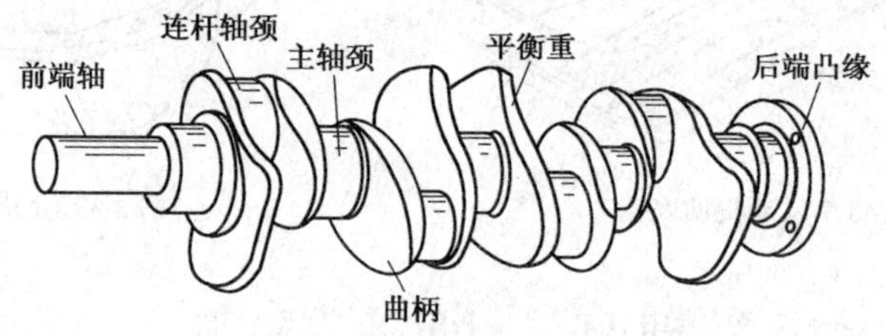

图 2-35　整体式曲轴

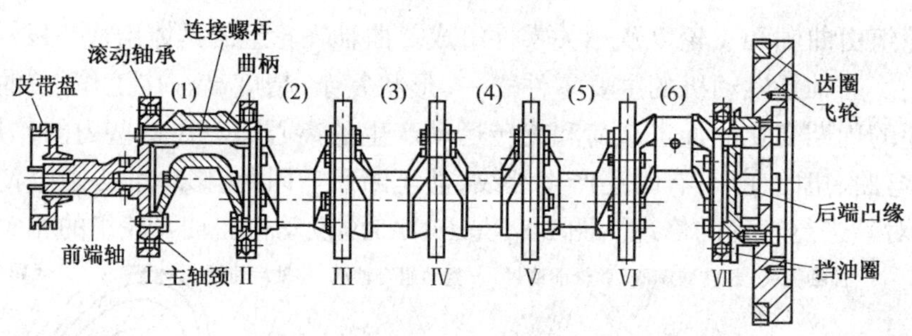

图 2-36　组合式曲轴

按曲轴的支承形式分类，可分为全支承式曲轴和非全支承式曲轴。全支承式曲轴如图 2-35所示，非全支承式曲轴如图 2-37 所示。全支承式曲轴每个连杆轴颈两边各有一个主轴颈，故主轴颈数总是比连杆轴颈数多一个，其特点是刚性好，工作中曲轴不易变形，且有利

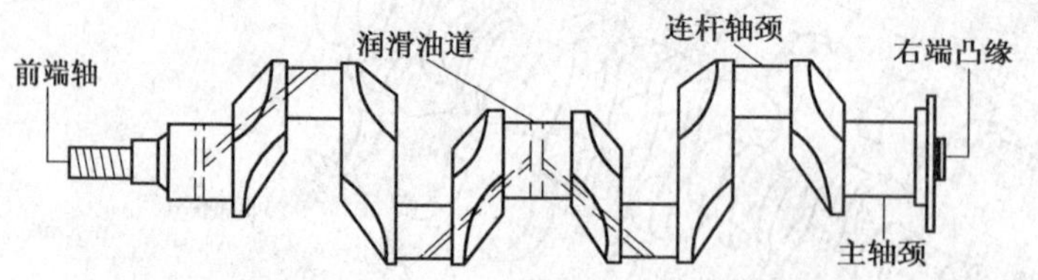

图 2-37　非全支承式曲轴

于减轻主轴承的载荷，但曲轴较长。非全支承式曲轴主轴颈数等于或少于连杆轴颈数，其特点是结构紧凑，长度较短，但其刚性较差，只适合于功率较小的发动机。

曲轴的基本组成包括前端轴、主轴颈、曲柄、连杆轴颈、平衡重、后端凸缘等。

1. 曲拐

每个连杆轴颈与其两端的曲柄及主轴颈构成一个曲拐，如图 2-35 所示。曲轴的曲拐数取决于发动机的气缸数目、排列方式和曲轴的支承形式。直列发动机全支承式曲轴的曲拐数与气缸数相等。V 形发动机曲轴的曲拐数目是气缸数的一半。

(1)连杆轴颈　又称曲柄销,用于安装连杆。通常一个连杆轴颈对应一个气缸,在 V 形发动机上,每一个连杆轴颈对着两侧各一个气缸,可以同时装两个连杆。

(2)主轴颈　用于支承曲轴,主轴颈的轴线都在同一直线上。

(3)曲柄　用于连接连杆轴颈和主轴颈。主轴颈、连杆轴颈和曲柄上都加工有相互贯通的润滑油道,如图 2-37 所示。

(4)平衡重　平衡重的作用是平衡连杆大头、连杆轴颈和曲柄等部件在旋转时产生的离心力及力矩,以及活塞连杆组的往复惯性力及力矩,以使发动机运转平稳。

平衡重有两种形式,一种是与曲轴制成一体的整体式平衡重;另一种是制成单独的平衡重块,再用螺钉固定在曲轴上,称为装配式平衡重。

曲轴是否加平衡重,要视具体情况而定。曲轴在装配前必须经过动平衡试验。对于不平衡的曲轴,要在其偏重的一侧平衡重或曲柄上钻去一部分质量,以达到平衡的要求。6BTA5.9 发动机曲轴采用全支承,有 7 道主轴颈,8 块平衡重,与曲轴制成一体。

2. 曲拐的布置与发动机工作循环表

发动机的曲拐布置因气缸数、气缸排列形式和各缸的工作顺序(点火顺序)而异。多缸发动机曲拐的布置,应尽可能使连续作功的两个气缸距离远些,以减轻主轴承的载荷,也可避免相邻两气缸进气门同时开启而出现进气重叠造成抢气的现象;同时各缸的作功间隔角力求均匀,以使发动机运转平稳。四行程直列发动机作功间隔角为 720°/i(i 为气缸数),如四缸发动机间隔角为 720°/4 = 180°,六缸发动机间隔角为 720°/6 = 120°。

常见的几种多缸发动机曲拐布置与工作循环表如下:

(1)直列四缸发动机

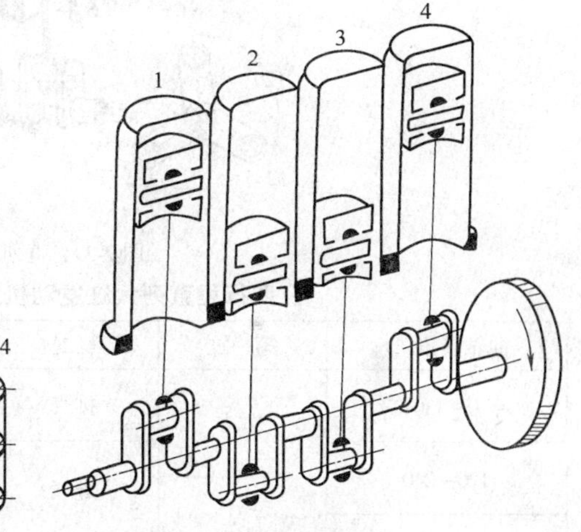

图 2-38　直列四缸发动机曲轴曲拐布置

直列四缸发动机曲轴曲拐布置如图 2-38 所示。其作功间隔角为 180°,即曲轴每转过 180°就有一次作功行程,通常四行程四缸发动机的作功顺序有 1-2-4-3 和 1-3-4-2 两种,四个曲拐布置在同一平面内。它们的工作循环表见表 2-3 和表2-4。

四行程直列四缸发动机工作循环表(作功顺序 1-3-4-2)　　表 2-3

曲轴转角(°)	第一缸	第二缸	第三缸	第四缸
0 ~ 180	作功	排气	压缩	进气
180 ~ 360	排气	进气	作功	压缩
360 ~ 540	进气	压缩	排气	作功
540 ~ 720	压缩	作功	进气	排气

四行程直列四缸发动机工作循环表(作功顺序 1-2-4-3)　　表 2-4

曲轴转角(°)	第一缸	第二缸	第三缸	第四缸
0 ~ 180	作功	压缩	排气	进气
180 ~ 360	排气	作功	进气	压缩
360 ~ 540	进气	排气	压缩	作功
540 ~ 720	压缩	进气	作功	排气

(2)直列六缸发动机

直列六缸发动机曲轴曲拐布置如图 2-39 所示。其作功间隔角为 720°/6 = 120°,即曲轴每转 120°就有一个缸作功,其作功顺序多为 1-5-3-6-2-4,曲拐均匀地分布在互成 120°夹角的三个平面内,相邻工作两缸的曲拐夹角为 120°,其工作循环见表 2-5。

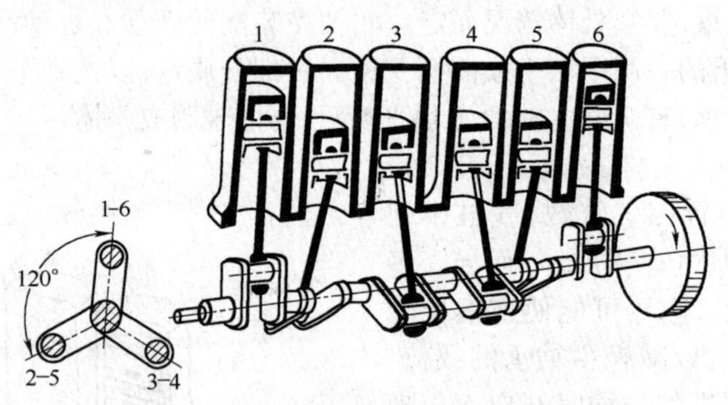

图 2-39　直列六缸发动机曲轴曲拐布置

四行程直列六缸发动机工作循环表(作功顺序 1-5-3-6-2-4)　　表 2-5

<table>
<tr><th>曲轴转角(°)</th><th>第一缸</th><th>第二缸</th><th>第三缸</th><th>第四缸</th><th>第五缸</th><th>第六缸</th></tr>
<tr><td rowspan="2">0 ~ 120</td><td rowspan="3">作功</td><td rowspan="2">排气</td><td>进气</td><td>作功</td><td rowspan="2">压缩</td><td rowspan="3">进气</td></tr>
<tr><td rowspan="3">压缩</td><td rowspan="3">排气</td></tr>
<tr><td rowspan="2">120 ~ 240</td><td rowspan="3">进气</td><td rowspan="3">作功</td></tr>
<tr><td rowspan="3">排气</td><td rowspan="3">压缩</td></tr>
<tr><td rowspan="2">240 ~ 360</td><td rowspan="3">作功</td><td rowspan="3">进气</td></tr>
<tr><td rowspan="3">压缩</td><td rowspan="3">排气</td></tr>
<tr><td rowspan="2">360 ~ 480</td><td rowspan="3">进气</td><td rowspan="3">作功</td></tr>
<tr><td rowspan="3">排气</td><td rowspan="3">压缩</td></tr>
<tr><td rowspan="2">480 ~ 600</td><td rowspan="3">作功</td><td rowspan="3">进气</td></tr>
<tr><td rowspan="3">压缩</td><td rowspan="3">排气</td></tr>
<tr><td rowspan="2">600 ~ 720</td><td rowspan="2">进气</td><td rowspan="2">作功</td></tr>
<tr><td>排气</td><td>压缩</td></tr>
</table>

(3)V 形八缸发动机

V 形八缸发动机曲轴曲拐布置如图 2-40 所示。其作功间隔角为 720°/8 = 90°,即曲轴每转 90°就有一个缸作功。其作功顺序多为 1-8-4-3-6-5-7-2。通常 V 形发动机四个曲拐的布置有两种形式:一种是四个曲拐布置在同一平面内,与直列四缸发动机曲拐布置形式完全一样;另一种是四个曲拐分别在互为 90°夹角的两个平面内。这样的布置有利于发动机的平衡。其工作循环见表 2-6。

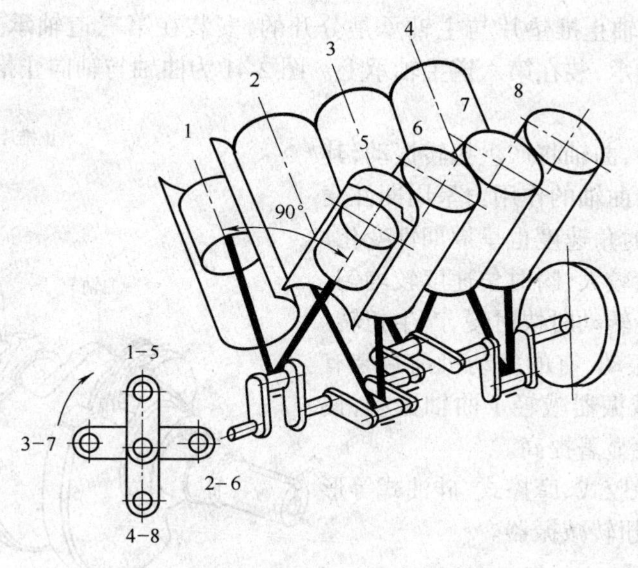

图 2-40　V 形八缸发动机曲拐布置

V 形八缸发动机作功循环表(作功顺序 1-8-4-3-6-5-7-2)　　表 2-6

<table>
<tr><th>曲轴转角(°)</th><th>一缸</th><th>二缸</th><th>三缸</th><th>四缸</th><th>五缸</th><th>六缸</th><th>七缸</th><th>八缸</th></tr>
<tr><td>0 ~ 90</td><td rowspan="2">作功</td><td>作功</td><td>进气</td><td rowspan="2">压缩</td><td>排气</td><td rowspan="2">进气</td><td rowspan="2">排气</td><td>压缩</td></tr>
<tr><td>90 ~ 180</td><td rowspan="2">排气</td><td rowspan="2">压缩</td><td rowspan="2">进气</td><td rowspan="2">作功</td></tr>
<tr><td>180 ~ 270</td><td rowspan="2">排气</td><td rowspan="2">作功</td><td rowspan="2">压缩</td><td rowspan="2">进气</td></tr>
<tr><td>270 ~ 360</td><td rowspan="2">进气</td><td rowspan="2">作功</td><td rowspan="2">压缩</td><td rowspan="2">排气</td></tr>
<tr><td>360 ~ 450</td><td rowspan="2">进气</td><td rowspan="2">排气</td><td rowspan="2">作功</td><td rowspan="2">压缩</td></tr>
<tr><td>450 ~ 540</td><td rowspan="2">压缩</td><td rowspan="2">排气</td><td rowspan="2">作功</td><td rowspan="2">进气</td></tr>
<tr><td>540 ~ 630</td><td rowspan="2">压缩</td><td rowspan="2">进气</td><td rowspan="2">排气</td><td rowspan="2">作功</td></tr>
<tr><td>630 ~ 720</td><td>作功</td><td>进气</td><td>排气</td><td>压缩</td></tr>
</table>

3．前端轴与曲轴后端凸缘

(1)前端轴 用于安装正时齿轮、皮带轮、起动爪和扭转减振器等部件。

(2)曲轴后端凸缘 用来安装飞轮,中心孔内装有滚针轴承,用来支承变速器的第一轴。

(3)前、后端的密封 曲轴的前后端均伸出了曲轴箱,为防止机油外漏,在曲轴的前后端均设有防漏密封装置,一般发动机均采用两种以上密封装置以保证可靠密封。AJR 发动机曲轴前端的密封采用前油封凸缘及密封胶。

4．曲轴的轴向定位

在汽车使用中,离合器通过飞轮对曲轴产生的轴向推力能使曲轴产生轴向移动;汽车上下坡、发动机工作时作用在曲轴上的水平分力等也会使曲轴轴向移动。曲轴的轴向移动将破坏曲柄连杆机构各零件间正常的相互位置,故设有轴向定位装置。

曲轴的轴向定位一般采用止推片或止推片与曲轴主轴承做为一体的翻边组合轴承,如图 2-41 所示。安装位置可在前端第一道主轴承处或中部某轴承处。安装在曲轴前端第一道主轴颈处的止推垫片一般为整体式,安装在中部某轴颈处的止推垫片为分开式,有的分开式止推垫片与主轴承制成一体而成为翻边组合轴承(组合式轴承)。

AJR 发动机的曲轴止推垫片与主轴承是分开的，安装在第三道轴承盖的两侧。6BTA5.9 发动机是翻边组合轴承，装在第六道主轴承上。图 2-41 为曲轴与轴向止推垫片。

5. 扭转减振器

发动机在工作中，曲轴将产生扭转振动，其原因主要是连杆传给曲轴的作用力呈周期性变化，故曲转旋转的瞬时角速度也呈周期性变化，而飞轮由于转动惯量较大，瞬时角速度较均匀，造成曲轴相对于飞轮转动时快时慢，产生扭转。为消减曲轴的扭转振动，有的发动机前端装有扭转减振器。扭转减振器减轻了曲轴振动，使发动机运转的平顺性显著提高。

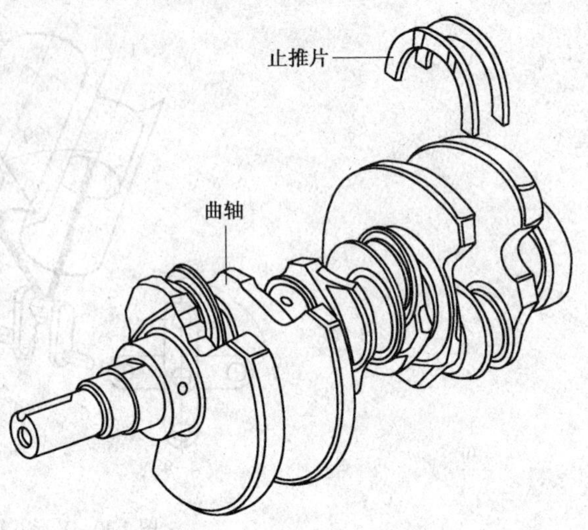

图 2-41 曲轴与轴向止推垫片

扭转减振器有橡胶式、摩擦式、硅油式等形式，常用的是橡胶式扭转减振器。

6. 曲轴主轴承

在气缸体曲轴箱曲轴承孔内装有两半的薄壁滑动轴承，称作曲轴主轴承（俗称大瓦），其结构如图 2-42 所示，是在 1 ~ 3 mm 厚的钢背内圆柱面上浇铸 0.3 ~ 0.8 mm 厚的减磨合金制成，按照材料的不同有二层结构和三层结构。

轴承在自由状态下的曲率半径略大于孔座的半径，以保证轴承装入座孔后，靠自身产生的张紧力紧贴座孔。为防止工作中轴承在座孔中发生转动或轴向移动，分别在轴承和座孔上分别制有定位凸榫和定位槽。曲轴主轴承的作用是减小摩擦和减轻曲轴等零件的磨损，避免曲轴直接在气缸体曲轴箱曲轴承孔上直接运动致使价格高昂的缸体损坏。主轴承一般开有周向油槽和与油道相通的油孔。有的发动机为了不降低负荷较重的下轴承的强度，只在上轴承上开油槽，因而在装配时应注意上下轴承不能装错。

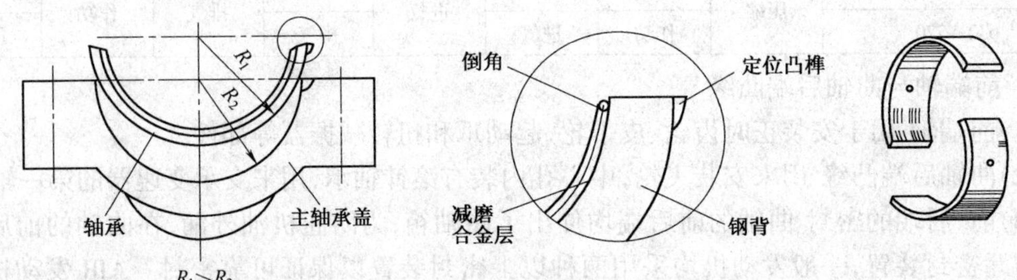

图 2-42 主轴承的结构

（三）曲轴的检修

曲轴的常见故障是磨损、弯曲、扭曲变形，有时还产生裂纹，甚至断裂。

1. 曲轴裂纹的检修

(1)曲轴裂纹形成的原因

曲轴的裂纹一般是由冲击载荷所引起，裂纹多发生在曲柄臂与轴颈之间的过渡圆角处或油孔处。裂纹严重时，可能导致曲轴的折断。

(2)曲轴裂纹的检测

曲轴取出经清洗后，首先检查主轴颈和连杆轴颈表面有无毛糙、疤痕和凹槽，然后检查有无裂纹。

曲轴裂纹可用渗油敲击法检查。具体做法是:将清洗干净的曲轴放在煤油中浸泡,再把曲轴取出擦净表面,并在表面撒上白粉,然后用手锤沿轴向敲击曲轴非工作面,白粉中如有明显裂纹状油迹出现,则该处有裂纹。曲轴裂纹检查的最好办法是磁力探伤法。

(3)曲轴裂纹的修复

曲轴裂纹发生在非受力部位或裂纹不会延伸时,可予以焊修。曲轴裂纹发生在曲柄臂与轴颈等受力部位时,应更换新件。

2. 曲轴变形的检修

曲轴变形主要是指曲轴的弯曲和扭曲。

(1)引起曲轴变形的原因

曲轴产生变形，多数是由于使用或修理不当造成的，严重的变形一般是由于机械事故引起的。曲轴弯曲变形后，会加剧活塞连杆组和气缸的磨损，以及曲轴和轴承的磨损，甚至引起曲轴的折断。曲轴扭曲变形，将影响发动机的配气正时和点火正时，还会加速活塞连杆组和气缸的磨损。导致曲轴产生变形的主要因素是：主轴承间隙过大、曲轴过分振动；少数气缸不工作或工作不均衡；各道主轴承盖的松紧度不一致，导致曲轴受力不均；气缸体主轴承座孔同轴度偏差；操作不当，拖带挂车时起步过猛；利用行车惯性起动发动机；曲轴长时间横放无支撑等。

(2)曲轴变形的检测

①曲轴弯曲的检测

将曲轴放在检验平板的 V 形块上,将百分表触头垂直地触及中间一道主轴颈,如图 2-43 所示,转动曲轴,此时百分表指针所示的最大摆差(径向圆跳动误差)即为曲轴主轴颈的同轴度偏差。一般要求中型货车应不大于 0.15 mm 、轿车不大于 0.06 mm,否则应予以校正。低于此限,一般可结合磨削轴颈予以修正,无法修磨校正时应予以报废。

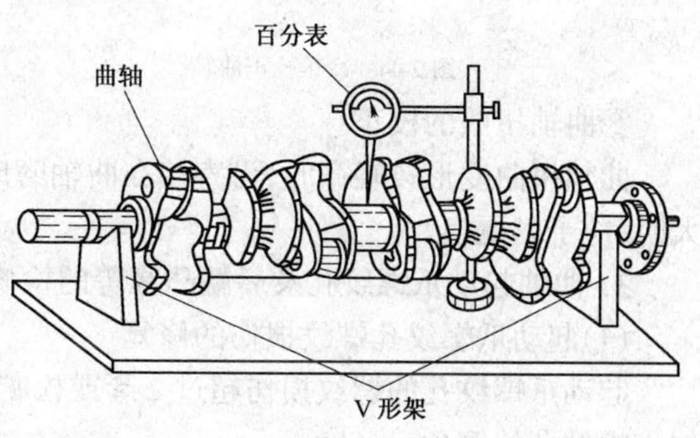

图 2-43　曲轴弯曲的检验

②曲轴扭曲的检测

检测曲轴扭曲变形时,仍采用上述设备,将曲轴置于检验平板的 V 形块上,将第一、第六缸连杆轴颈转到水平位置上,用百分表测量两轴颈至平板的距离,求得同一方位上两高度差 ΔA,即可求得曲轴扭转变形的扭转角 θ。

$$\theta = 360\Delta A/2\pi R = 57\Delta A/R$$

式中:R——曲柄半径。

(3)曲轴变形的修复

①曲轴弯曲的校正

曲轴弯曲超过允许极限时,应进行校正,校正通常采用冷压校正法和表面敲击法。

(a)冷压校正曲轴　如图 2-44 所示,冷压校正可在压床上进行。其操作步骤如下:将曲轴两端主轴颈上垫以 V 形块(与轴颈接触处垫以铜皮),放在压床台面上;转动曲轴,使曲轴向上弯,并将压头对准中间主轴颈;使曲轴下面两个百分表指针抵触到轴颈上,调整表盘使表针指零;在曲轴弯曲最大的凸面加压,压力应缓缓增加,压弯量视曲轴材料而定,一般压弯量为曲轴弯曲量的10～15倍(对于球墨铸铁的曲轴,此值不大于10倍),并保持压力2～3min。为消除冷压时产生的内应力,可进行时效热处理(加热到300～500℃,保温0.5～1h)。

曲轴弯曲变形较大时,必须反复多次校正,防止一次压校变形量过大而造成曲轴的折断。

(b)表面敲击法 此法适用于弯曲量不大于0.30～0.50 mm的曲轴。通过用球形手锤或风动锤敲击曲柄臂表面的非加工面,使曲轴变形,从而达到校正弯曲的目的。

敲击的部位、程度和方向要根据弯曲量的大小、方向确定。敲击的方法和可敲击的部位如图2-45所示。

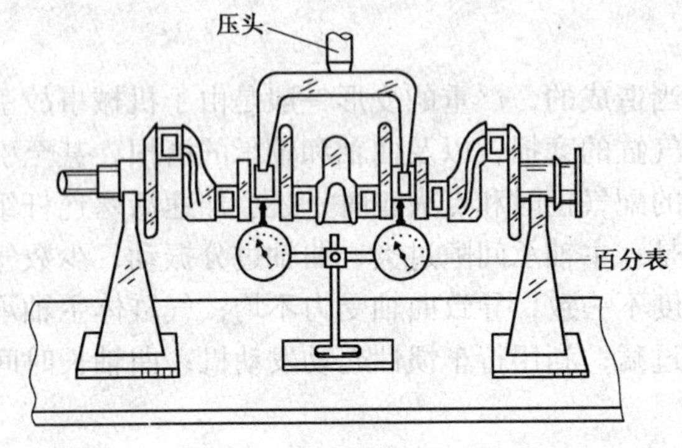

图2-44 冷压校正曲轴

图2-45 表面敲击校正曲轴

②曲轴扭曲的校正

曲轴扭曲变形较轻微时,可直接在曲轴磨床上结合连杆轴颈磨削予以修正,曲轴扭转角过大时,应予以更换。

3. 曲轴起动爪螺纹孔及后端凸缘等的检修

(1)起动爪螺纹孔螺纹损伤的修复

起动爪螺纹孔的螺纹损伤超过2牙或松旷时,可用加大螺纹孔的方法修复,但应注意切勿损伤螺纹孔的倒角。

(2)曲轴后端凸缘的检修

①曲轴后端凸缘圆跳动超差的检修

曲轴后端凸缘是用来安装飞轮的,为了保证离合器、变速器的正常工作,曲轴修复后,其飞轮凸缘的径向圆跳动、外端面端面圆跳动应符合技术要求,如图2-46所示。检测时一般以曲轴前端的正时齿轮轴颈和后端的油封颈的公共轴线为基准,将曲轴支撑在平板的V形架上,

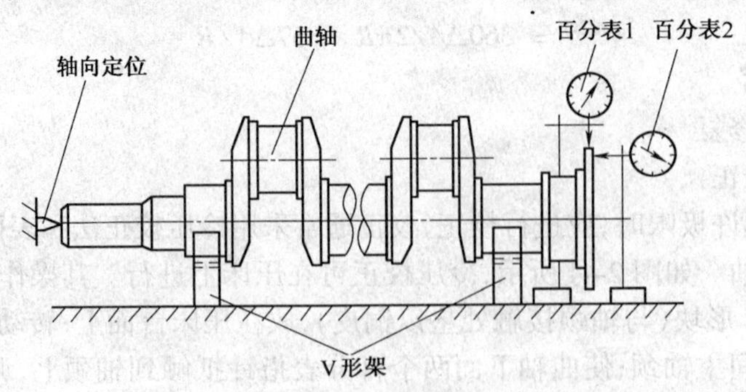

图2-46 曲轴飞轮凸缘的径向和端面圆跳动检测

并使曲轴轴向定位，使百分表触头分别垂直地触在凸缘的外圆及外端面上。在曲轴回转一周过程中，百分表1的最大读数差值即为飞轮凸缘的径向圆跳动值；百分表2的最大读数差值即为飞轮凸缘外端面圆跳动值。在检测端面圆跳动时，若未指定测量半径，可将百分表的触头触在所测端面最大回转半径处测量。

曲轴后端凸缘端面对主轴颈轴线的圆跳动，应不大于0.06 mm；外圆的径向圆跳动应不大于0.04 mm，超过技术规范时，可以在磨削曲轴时以正时齿轮轴颈和后油封颈为基准，在磨削曲轴时予以消除。无法修复时，应予以更换。

②曲轴后端凸缘螺栓孔的检修

曲轴后端凸缘上的螺栓孔，若磨损后的圆度误差超过0.035 mm，可扩孔修理，改用加大尺寸的固定螺栓来固定飞轮。

曲轴后端凸缘上安装变速器第一轴前轴承的承孔，对主轴颈轴线的径向跳动大于0.06 mm时，可采用镶套法修理。

此外，正时齿轮键槽若有磨损、缺损时，应予以焊补，再将键槽铣销至原尺寸。

4. 曲轴轴颈磨损的检修

(1)曲轴轴颈磨损的原因

曲轴轴颈的磨损往往是不均匀的，常磨损成椭圆形或锥形。

轴颈表面还可能出现擦伤和烧伤。擦伤是由于机油不清洁或发动机内残存有金属屑等坚硬杂物造成的；轴颈表面的烧伤是由于机油压力不足，轴颈与轴承发生剧烈摩擦，温度急剧上升，使轴颈表面烧伤，严重时导致轴承金属熔化，粘附在轴颈上，使曲轴卡死甚至断裂。

(2)曲轴轴颈磨损的检测

曲轴轴颈的磨损通常都用外径千分尺来测量。每个轴颈测量两个截面，每个截面测量3~4个点的直径，如图2-47所示。将每次测量的直径记录下来，最后计算出曲轴各轴颈的圆度误差和圆柱度误差，计算方法与测量气缸的相同。

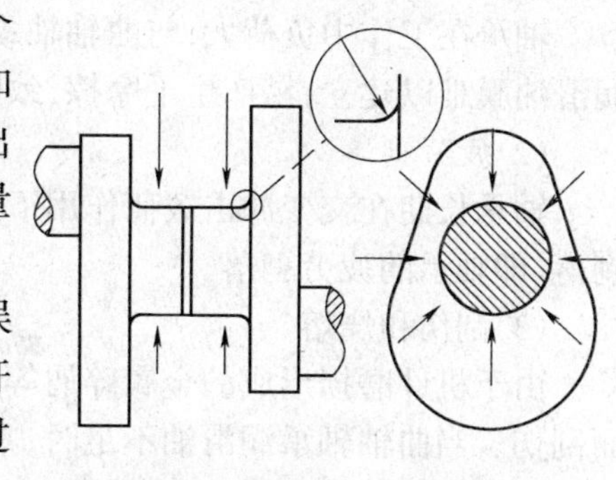
图2-47 测量曲轴轴颈的直径

AJR发动机曲轴主轴颈和连杆轴颈的圆度、圆柱度误差不超过0.005 mm，6BTA5.9发动机曲轴主轴颈和连杆轴颈的圆度误差不超过0.005 mm，圆柱度误差不超过0.005 mm。

(3)曲轴轴颈磨损的修复

曲轴轴颈的磨损超过规定值后，可采用缩小直径的方法来恢复轴颈的几何形状。如果曲轴轴颈存在擦伤或烧伤等损伤，也可采用上述方法予以修复。目前，国内外均采用磨削曲轴轴颈的方法来恢复它的几何形状。磨削加工可以保证曲轴轴颈的粗糙度符合要求。曲轴的磨削应在其他各种损伤修复后进行。

磨削曲轴前应先确定修理尺寸，轴颈修理尺寸是根据磨损后的直径来确定的。一般发动机曲轴的主轴颈和连杆轴颈均有标准尺寸和以0.25 mm级差递减的2~4级修理尺寸，并配有相应尺寸的轴承。在保证磨削质量的前提下，应尽可能选择最接近的修理尺寸级别，以延长曲轴使用寿命。AJR发动机有三级修理尺寸，6BTA5.9发动机有四级修理尺寸，见表2-7。

曲轴磨削需要专用设备和熟练的技术工人，一般此项工作是在具备条件的专业修理厂中进行。曲轴磨削后,应满足下列技术要求。

部分发动机曲轴轴颈修理尺寸 表 2-7

车型	尺寸轴颈名称	轴 颈 尺 寸 (mm)				
		标准尺寸	第一级	第二级	第三级	第四级
AJR	主轴颈	54.00	53.75	53.50	53.25	
	连杆轴颈	47.80	47.55	47.30	47.05	
6BTA5.9	主轴颈	82.987~83.013	82.737~82.763	82.487~82.513	82.237~82.263	81.987~82.013
	连杆轴颈	68.987~69.013	68.737~68.763	68.487~68.513	68.237~68.263	67.987~68.013

①同名轴颈必须为同级修理尺寸,且与轴承的配合间隙(直径方向)符合要求;

②轴颈的圆度、圆柱度误差不大于 0.005 mm,表面粗糙度 Ra 不大于 0.32μm,轴颈与曲柄的过渡圆半径为 3.0~3.5 mm;

③主轴颈的同轴度偏差,一般为 0.03~0.05 mm。同位连杆轴颈同轴度偏差应不大于0.10 mm,各曲柄在圆周上的夹角偏差应不大于 1°;

④连杆轴颈轴心线与主轴颈轴心线的平行度偏差不大于 0.01 mm,两轴心线距离符合原设计要求。

(四)曲轴轴承的检修

汽车发动机的曲轴轴承多为薄壁滑动轴承,6BTA5.9 发动机主轴承采用 20%锡铝基合金;连杆轴承为铜铅合金;AJR 发动机的曲轴轴承采用三层合金,表层为巴氏合金。

1. 曲轴轴承损伤的原因

(1)磨损

轴承在工作中负荷大,与曲轴轴颈产生高速摩擦,特别在发动机低温运转或起动时,由于润滑油膜难以建立,易产生干摩擦,致使轴承产生磨损,使其配合间隙增大。

(2)疲劳剥落

轴承长期在交变冲击载荷作用下工作,轴承合金有时会产生疲劳裂纹,严重时会造成合金剥落,即轴承的疲劳剥落。

(3)刮伤和烧熔

由于机件磨损形成的金属碎屑等杂质混在润滑油中,这些杂质进入轴承间隙中,使合金表面刮伤。当曲轴轴承润滑油不足时,常会导致轴承合金熔化,引起抱轴事故。

2. 曲轴主轴承损伤的检验

检验前,将曲轴主轴承及主轴承座和主轴承盖清洗干净。主轴承若存在明显的环状沟槽或麻点时,应予以报废。当合金表面有少量很浅的环状沟痕,或少量麻点剥落,对轴承承载能力影响不大时,可用内径百分表进一步检查轴承的尺寸及几何形状。将轴承装入轴承座和轴承盖,并按规定力矩拧紧轴承盖螺栓,分别测量出轴承内孔的最大最小直径值,如图 2-48 所示,测量点应避开轴承分合面和油槽,然后计算出轴承内孔的圆度、圆柱度及其与轴颈的配合间隙。曲轴主轴承内孔的圆度误差应不大于 0.025 mm,圆柱度误差应不大于 0.025 mm,曲轴主轴承与主轴颈的配合间隙应不大于 0.15 mm。6BTA5.9 发动机曲轴主轴承与主轴颈的配合间隙不大于 0.119 mm,轴承内孔的圆度误差不大于 0.050 mm,圆柱度误差不大于 0.013 mm。配合间隙接近或超过极限值时,应予以更换。

3. 曲轴轴承的选配

轴承间隙超过允许极限以及修磨或更换曲轴后,必须更换曲轴轴承,为保证轴承与轴颈和座孔的良好配合,更换轴承时,必须进行选配。

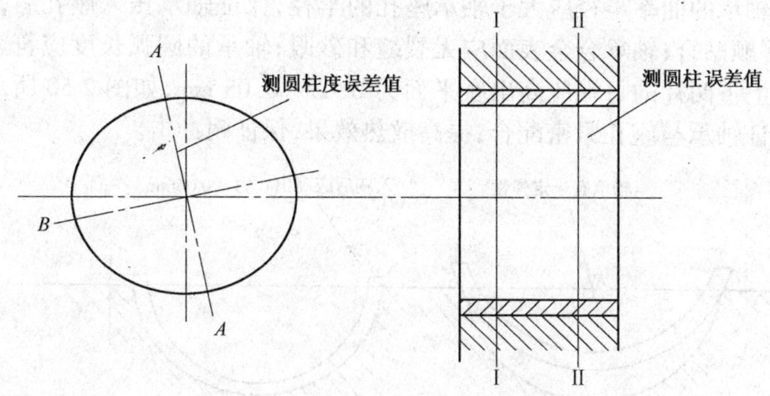

图 2-48　曲轴轴承的测量位置

(1)检查主轴承座孔

由于轴承本身刚度小,其内孔形状和尺寸完全取决于轴承座孔,因此在选配前,首先应检查座孔是否符合技术要求,轴承座孔的圆度和圆柱度误差都不能超过 0.025 mm。其检查方法如下:

①擦净轴承座和轴承盖,装上轴承盖,按规定力矩拧紧螺栓;

②用内径千分尺测量座孔的圆度与圆柱度(千分尺上最大读数与最小读数值差的一半即为座孔的圆度、圆柱度误差);

③当圆度、圆柱度误差超过规定时,可以用加厚减磨层的轴承进行镗削,以消除误差。

(2)选配轴承

①根据轴颈选配轴承

轴承的修理尺寸与轴颈一样,具有相应的修理级别。因此,在选配轴承时,应根据曲轴轴颈的修理尺寸,按修理级别选用相应缩小尺寸的新轴承。不允许用下一级修理尺寸的轴承采用多镗削合金的方法,将内孔扩大,以代替上一级别的轴承使用,这是因为轴承合金的厚度与其疲劳强度有关,过多的镗削掉轴承合金,会降低合金层的疲劳强度。

②对曲轴轴承的一些具体要求

轴承背面应光滑无斑点,定位凸榫好。定位凸榫是防止轴承转动起定位作用的,如图 2-49

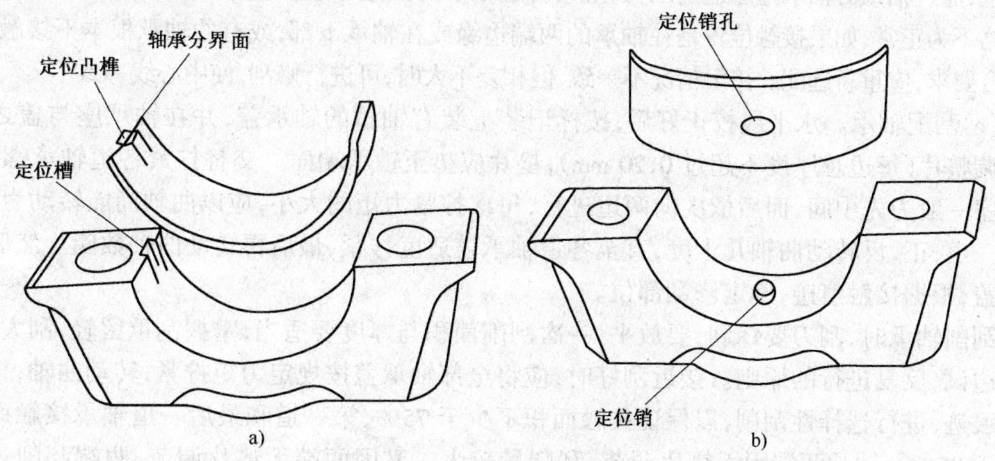

图 2-49　曲轴轴承的定位形式
a)定位凸榫定位;b)定位销定位

所示，如凸榫损坏，应重新选配轴承。

弹性合适，新轴承的曲率半径应大于轴承座孔的半径，保证轴承压入座孔后，借轴承自身的弹力能与座孔平顺贴合；轴承合金表面应无裂缝和砂眼；轴承的圆弧长度应符合要求；新的轴承装入座孔内，上下两片的每端应高出座平面为 0.03 ~ 0.05 mm，如图 2-50 所示，在轴承盖的压紧力下，以保证轴承与座孔紧密配合，提高散热效果，保证耐冲击。

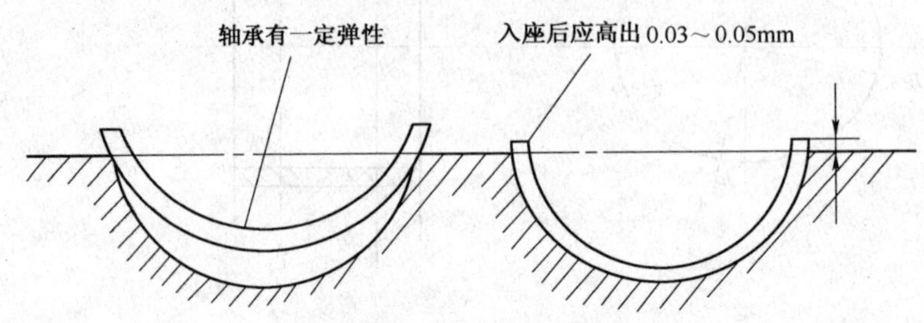

图 2-50　轴承装入座孔的要求

(3)轴承的镗削

留有镗削余量的曲轴轴承，更换时可将轴承按规定位置装入轴承座孔，并按规定拧紧轴承盖，然后根据曲轴的修理尺寸在专用镗削机上镗削轴承，也可采用手工刮削的方法进行选配。对于 AJR 发动机来说，严禁对曲轴轴承进行镗削或用手工刮配，否则，轴承装配后会影响其使用寿命。

目前，曲轴轴承镗削工作是将曲轴轴承送到具有镗瓦机的专业修理厂中进行镗削加工。

(4)轴承的手工刮削

手工刮削是用刮刀刮削轴承减磨层，边刮边进行装配试验，直到轴承间隙符合标准。这种方法只适于可以刮削的轴承或应急修理（目前，由于制造工艺的进步，大部分汽车轴承都不需刮削修配）。

①曲轴主轴承的刮削

刮削曲轴主轴承的方法如下：

(a)清洁主轴承座孔，并检查座孔的磨损情况。

(b)校正水平线。将各道主轴承装入主轴承座内，在每道主轴颈上，涂些红丹油，把曲轴抬到主轴承上，通过轴颈对轴承施加适当压力，观察各道轴承的接触印痕位置，如果接触位置在轴承两端边缘略下为正常，如果接触位置是在轴承的两端边缘或在轴承下部，或有的轴承根本不接触，均属不符合要求，应重新选配。接触情况不一致，但相差不大时，可进行修刮，使中心线一致。

(c)刮配轴承。水平线校正好后，按标记装上装有轴承的轴承盖，并在轴承座与盖之间加适当调整片（每边总厚度不超过 0.20 mm），垫片应垫至轴承端面。交替拧紧各道轴承螺栓，拧紧顺序一般为先中间，而后依次向两边进行，每次拧紧力矩的大小，应以曲轴尚能转动为限，每拧紧一道，正、反转动曲轴几十度，直至各道轴承盖适度拧紧，最后再转动曲轴数圈。然后拆下轴承盖，根据接触痕迹，确定修刮部位。

刮削轴承时，刮刀要锋利，要放平，一次刮削面积与厚度要适当，掌握刮重留轻，刮大留小，边刮边试，反复进行的原则。接近刮好时，应将全部轴承盖按规定力矩拧紧，转动曲轴，再检查接触痕迹，进行选择性刮削，以保证接触面积不少于 75%，第一道和最后一道轴承接触面积应不少于 85%。轴承两端因无垫片调节，刮削量较大。又因两端无垫片调节，两端刮削量超过规定的间隙后将无法修复。因此，对轴承两端的刮削应十分谨慎。

(d)检查曲轴轴承配合间隙。刮削完毕后,曲轴主轴颈轴向间隙和径向间隙应符合要求。

②连杆轴承的刮削

(a)清洁连杆轴承座孔,并检查座孔的磨损情况。

(b)检查接触痕迹。将曲轴放在支架上,在轴颈表面涂上一层红丹油,将装配好轴承的连杆套在相应的轴颈上,均匀地拧紧螺栓,边拧紧边转动连杆,直至感觉转动有阻力为止。按工作方向转动连杆,使轴承与轴颈摩擦,拆下连杆观察印痕,确定刮削部位。

(c)刮削轴承。刮削前,应在端盖结合面处垫入厚度为 0.05 mm 的垫片 2 ~ 3 片,这样可以提高刮削速度,减少合金的修刮量。开始修刮时,接触部位都是在轴承的两端,且压痕较重,此时每次可多刮一些。

修刮的方法和原则同修刮主轴承时一样,刮配后的轴承要求松紧度合适,接触面积不少于 75%。

(d)检查轴承刮削后的松紧度。轴承松紧度的检查方法,通常是在轴承上涂一层薄机油,将连杆装在相应的轴颈上,按规定力矩拧紧轴承盖螺栓,然后用手甩动连杆,连杆应能转动数圈,沿曲轴轴线扳动连杆,应无间隙感。

(e)连杆大头的轴向间隙和径向间隙应符合要求。

(五)曲轴轴向和径向间隙的检查与调整

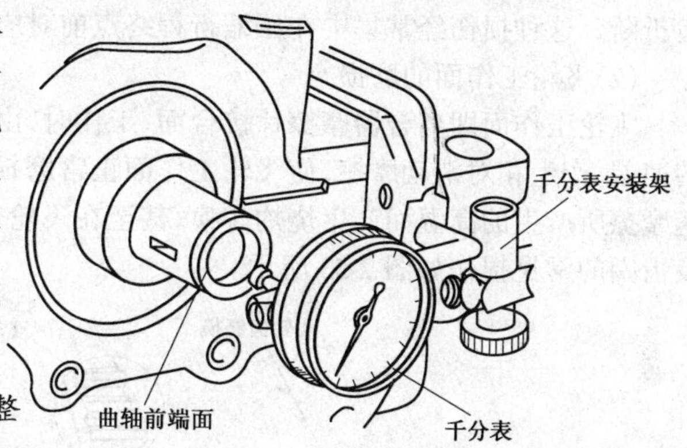

图 2-51 检查曲轴轴向间隙

检查曲轴轴向间隙时,可将百分表触杆顶在飞轮或曲轴的其他端面上,如图2-51所示,用橇棒前后橇动曲轴,百分表指针的最大摆差即为曲轴轴向间隙。也可用塞尺插入止推垫片与曲轴的承推面之间,测量曲轴的轴向间隙,AJR 发动机曲轴轴向间隙正常为 0.07 ~ 0.21 mm,磨损极限值 0.30 mm。

曲轴径向间隙的检查方法与连杆径向间隙的检查方法相同。AJR 发动机曲轴的径向间隙为 0.01 ~ 0.04 mm,磨损极限值 0.15 mm。

二、飞轮

(一)飞轮的作用

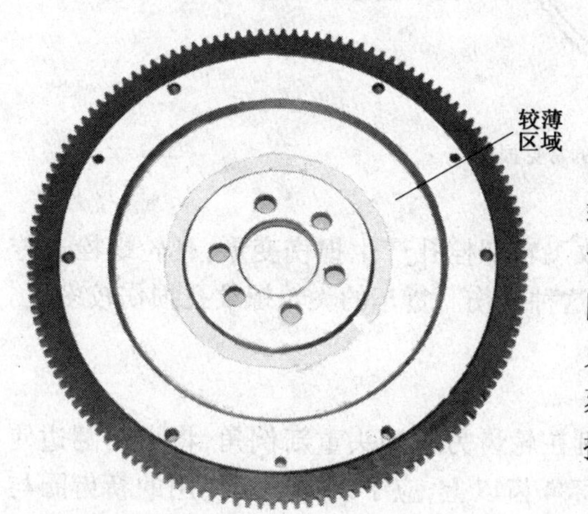

图 2-52 AJR 发动机飞轮的质量分布

飞轮的主要作用是将在作功行程中曲轴输入的能量储存一部分,为非作功行程提供动力;使曲轴的旋转角速度和输出转矩尽可能均匀;使发动机能够克服短时间的超负荷;起动机通过飞轮上的齿圈起动发动机;有的发动机在飞轮上刻有第一缸点火正时记号,以便校准发动机的点火时刻或喷油时刻。此外,在结构上飞轮又被用作汽车传动系中摩擦式离合器的驱动件。

飞轮多采用灰铸铁铸造,为了确保在一定转动惯量下尽可能减小飞轮的质量,应尽量使较多的质量沿轮外缘分布,采用外厚内薄的结构,如图 2-52

所示。飞轮外缘上压有一个齿圈，在发动机起动时，起动机的齿轮与齿圈啮合，供起动发动机时使用。

飞轮和曲轴装配后应进行动平衡试验，为避免在拆卸过程中装错，破坏曲轴和飞轮的装配关系，一般采用螺孔不对称布置，两种不同直径螺栓和定位销等措施来保证两者确定的装配位置，如 AJR 发动机飞轮通过 6 个非对称布置在曲轴后端凸缘上的螺孔用飞轮螺栓进行固定，防止因装配错误，破坏原有平衡状态。

(二)飞轮的检修

1. 飞轮齿常见损伤及原因

(1)飞轮齿圈的磨损和轮齿折断

在起动发动机时，起动机与飞轮齿圈产生碰撞或两齿轮啮合不良，易造成轮齿的磨损和轮齿折断。这种损伤经常集中在压缩行程终点前对应的一段齿圈上。

(2)飞轮工作面的磨损

飞轮工作面即离合器摩擦片接合面，工作时，由于离合器在分离和接合时与飞轮平面存在转速差，产生相对滑动摩擦，使飞轮工作面正常磨损。由于操作不当，有时飞轮平面还会因高速摩擦所产生的高温而产生烧灼印痕，甚至在飞轮表面形成裂纹使动力传递能力下降。飞轮及齿圈的常见损伤如图 2-53 所示。

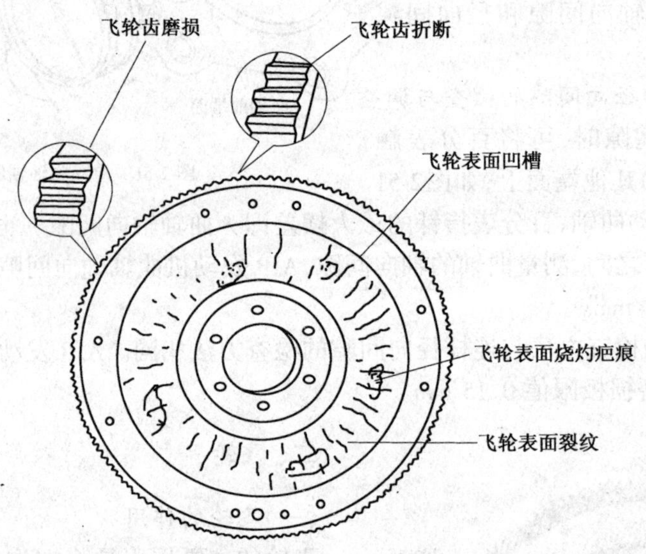

图 2-53 飞轮及齿圈的常见损伤

(3)飞轮螺栓孔的损伤

由于飞轮承受转矩较大，并伴随冲击载荷，导致飞轮螺栓孔产生损伤变形，飞轮螺栓未拧紧到规定力矩或飞轮与曲轴凸缘配合松旷，将加剧这种损伤。货车的飞轮螺纹孔损伤较多。

2. 飞轮的检修

(1)飞轮齿圈的检修

飞轮齿圈如只有个别齿损坏，齿圈单面磨损，可在轮齿另一端头重新倒角，将齿圈翻边使用。若齿面严重磨损超过齿长的 30% 或齿连续损坏 4 齿以上，应予以更换。换用的新齿圈与飞轮外圆的配合过盈量一般为 0.30 ~ 0.60 mm。安装时，应将齿圈加热到 350 ~ 400℃，趁热压至止口。冷却后即具有一定紧度。6BTA5.9 发动机齿圈磨损超过齿长的 25% 时应更换。齿圈与飞轮的配合应有 0.43 ~ 0.72 mm 的过盈。

(2)飞轮工作面的检修

飞轮工作面磨损形成波浪形槽,应用油石磨平,深度超过 0.5 mm 时或平面度误差大于 0.15 mm 时,应车削或磨削加工。飞轮加工后,其总厚度一般不得减少 1.2 mm。6BTA5.9 发动机的飞轮工作面的总厚度不得小于标准厚度 1.00 mm ,工作面允许有 1 ~ 2 道环形沟痕。

(3)飞轮螺栓孔的检修

飞轮螺栓孔磨损,若圆度误差大于 0.035 mm,可采用扩孔修理,然后换用相应加大尺寸的螺栓以固定飞轮。

3. 飞轮修复后的检验

飞轮修复后,工作表面应平整、无裂纹,其平面度误差应小于 0.10 mm。飞轮的厚度一般不得小于标准尺寸 1.2 mm。飞轮与曲轴装合后,飞轮平面对曲轴轴线的端面全跳动应小于 0.20 mm,其检验方法如图 2-54 所示。飞轮与曲轴装合后,同时应在平衡机上进行平衡试验,所允许的动不平衡量应符合原厂规定。6BTA5.9 发动机飞轮不平衡量一般不应大于 30g·cm。

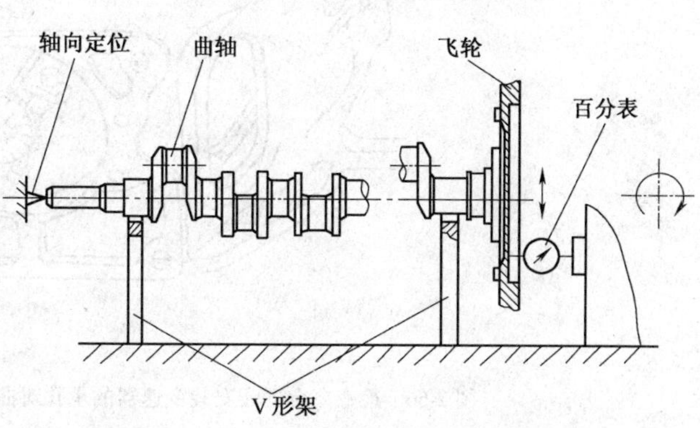

图 2-54　飞轮平面对曲轴轴线端面全跳动的测量

(三)离合器壳的检修

1. 离合器壳的常见损伤与检验

(1)离合器壳的常见损伤

离合器壳的主要损伤是变形和裂纹。离合器壳的变形将导致其后平面与曲轴主轴承孔轴线的不垂直,影响变速器、离合器、曲轴三者之间的装配关系,引起传动机件异响、飞轮壳出现裂纹。

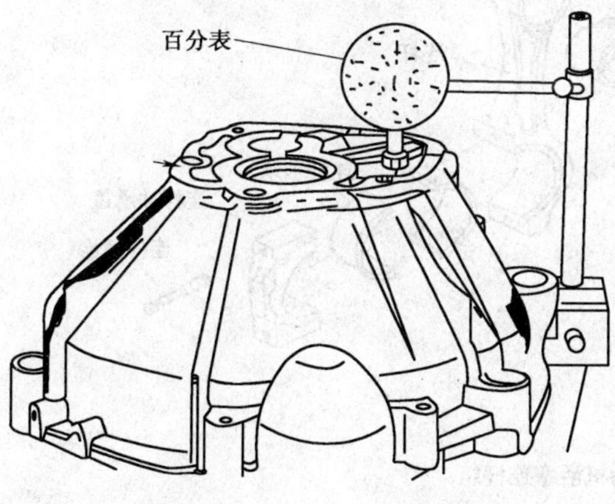

图 2-55　离合器壳变形的检测

(2)离合器壳损伤的检测

①离合器壳平面翘曲变形的检测,如图 2-55 所示。6BTA5.9 发动机离合器壳平面跳动量不得大于 0.2 mm;

②离合器壳上安装变速器的承孔对曲轴主轴承孔轴线径向圆跳动量不得大于 0. 30 mm,6BTA5.9 发动机不得大于 0.24 mm。其检测方式如图 2-56 所示;

③离合器壳裂纹可用敲击法进行检测;

④离合器壳定位销的定位销孔的磨损量不应超过 0.3 mm 。

2. 离合器壳常见损伤的修理

(1)离合器壳翘曲变形的修理

离合器壳平面翘曲量超过规定值,可以通过磨削加工予以修复。

离合器壳安装变速器的承孔对曲轴主轴承孔轴线径向圆跳动量大于 0.3mm 时,可以镗削承孔,镶套修复。

(2)离合器壳裂纹等其他损伤的修理

离合器壳出现裂纹,应予以报废。离合器壳定位销和定位销孔磨损量超过 0.3 mm 时,可以采用加大定位销与定位销承孔的方法进行修理。

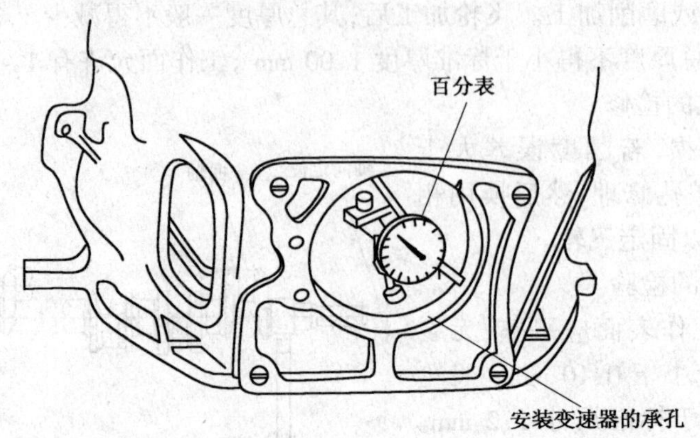

图 2-56　检查离合器壳安装变速器的承孔对曲轴主轴承孔轴线的径向圆跳动量

课题四　活塞连杆组

活塞连杆组由活塞、活塞环、活塞销、连杆及连杆轴承等主要机件组成。活塞连杆组的作用是将作用在活塞顶上的燃气压力通过连杆传递给曲轴的连杆轴颈。图 2-57 为 6BTA5.9 发动机活塞连杆组。AJR 发动机活塞连杆组见图 2-7。

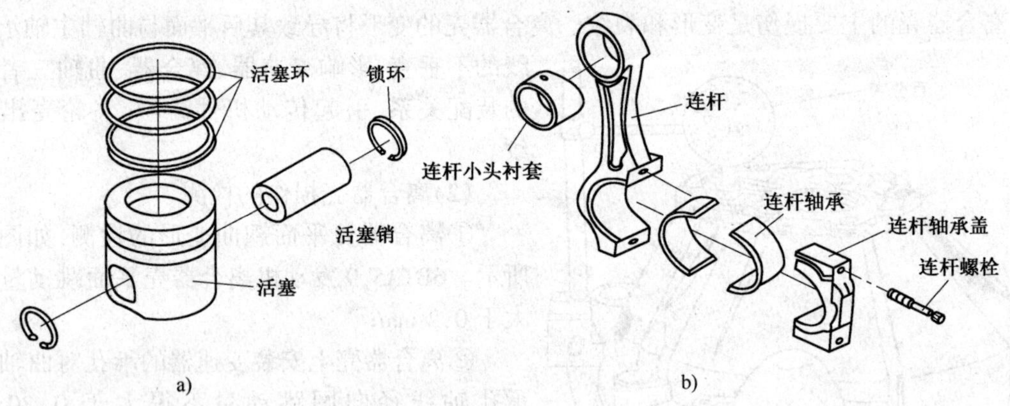

图 2-57　6BTA5.9 发动机活塞连杆组
a)活塞组件;b)连杆组件

一、活塞

(一)活塞的作用及性能要求

1. 活塞的作用

活塞的作用是与气缸盖和气缸壁等共同组成一个密闭的可变空间,它的最小容积既为燃烧室,并承受气缸中气体压力,并将此压力通过活塞销传给连杆,以驱动曲轴旋转。

2. 活塞的性能要求

活塞在工作过程中,活塞顶部直接与高温、高压燃气接触,而且发动机工作时的燃烧膨胀过程是在瞬间完成,作用在活塞顶部的燃气膨胀压力是一种瞬时冲击载荷,活塞顶部长期受这种交变冲击载荷的作用极易产生变形和疲劳损伤。此外,由于活塞在气缸内作高速往复运动,必将产生很大的惯性力,因此对活塞的性能要求是:

(1)要有足够的强度、刚度和耐冲击载荷能力。

(2)质量要轻,以减小惯性力。

(3)热膨胀系数小,有良好的导热性能和耐热性能。

为了满足上述要求,活塞一般采用铝合金材料铸造或锻造后经加工而成,活塞与气缸壁间的摩擦系数要小,耐磨损。

(二)活塞的结构

活塞的构造如图 2-58 所示,基本结构可分为顶部、头部和裙部。

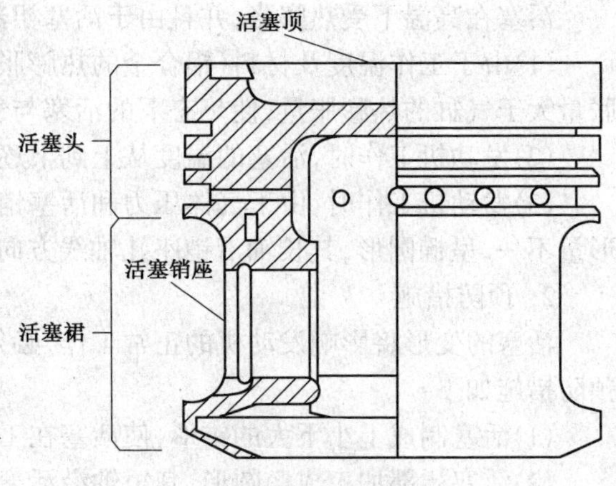

图 2-58 活塞结构

1. 活塞顶部

活塞顶部是燃烧室的组成部分,因而其形状取决于燃烧室的形式。常见的活塞顶部形状有平顶、凹顶、凸顶等结构形式,如图 2-59 所示。活塞顶部应有箭头标记,安装时应将箭头指向前。有的活塞顶部还刻有缸号,加大尺寸等。

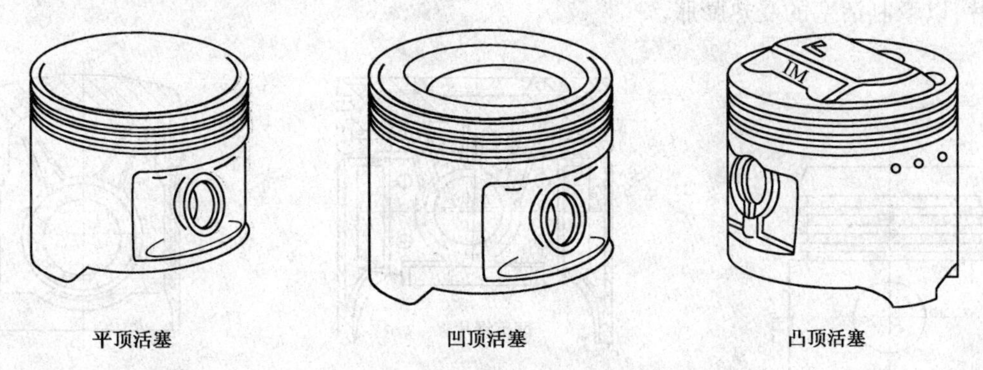

图 2-59 活塞顶部形状

AJR 型发动机的活塞为凹顶活塞,顶部为盆形顶双边凸台。6BTA5.9 发动机的活塞为凹顶 ω 形活塞。

2. 活塞头部

活塞头部是指活塞环槽及以上的部分,活塞环槽是用来安装活塞环的。汽油机一般有 3 至 4 道环槽,上面 1 至 3 道用来安装气环,实现气缸的密封;最下面的一道用来安装油环。油环的作用是刮除气缸壁上多余的机油,并在气缸壁表面形成一层均匀的油膜。

3. 活塞裙部

活塞环槽以下的部分称活塞裙部。活塞在气缸内上下往复运动过程中靠活塞裙部起导向作用。为控制活塞头部的摆动,并承受侧压力,裙部要有一定的长度;为防止活塞对气缸壁单位面积压力过大,破坏润滑油膜,加大磨损,要求裙部要有一定的面积。另一方面,从减轻活塞的惯性力要求来看,要减轻活塞的质量。

活塞的结构要满足上述要求。

(三)活塞变形特征及预防措施

1. 变形特征

活塞在高温下受热膨胀,并且由于活塞裙部周围壁厚的差异,变形特征如下:

(1)由于工作温度及材料(铝合金的热膨胀系数大于灰铸铁)膨胀系数的因素,活塞的热膨胀量大于气缸的热膨胀量,使热态下的活塞与气缸的配合间隙变小。

(2)发动机工作时,活塞的温度从上到下逐渐降低,造成活塞从上到下膨胀量由大变小。

(3)发动机工作时,由于气体压力和活塞销座处金属较多的因素,活塞裙部沿圆周方向变形量不一,呈椭圆形,其长轴沿销座孔轴线方向。

2. 预防措施

活塞的变形将影响发动机的正常工作,必须采取相应的措施加以预防。常见的结构上的预防措施如下:

(1)活塞制成上小下大的锥形,使活塞在工作时(热态)接近成为一个圆柱体。

(2)活塞裙部加工成椭圆形,其短轴沿活塞销座孔轴线,长轴垂直于活塞销座孔轴线。使活塞在工作时(热态)接近一个圆柱形,如图 2-60 所示。

(3)将活塞销座孔外端面向内制成凹陷状。

(4)为限制活塞裙部的受热膨胀,有些铝合金活塞在活塞销座孔处镶铸入线膨胀系数仅为铝合金 1/10 的"恒范钢片"或"筒形钢片"。如图 2-61 所示,AJR 型发动机的活塞即镶有这种防胀钢片,以牵制活塞的受热膨胀。

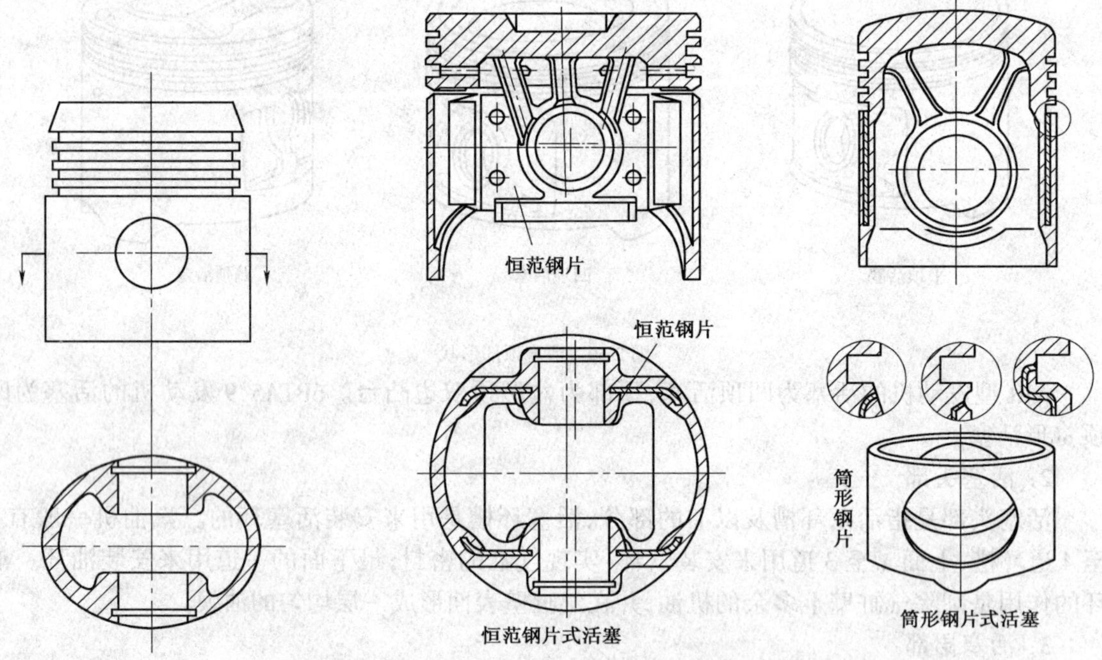

图 2-60 活塞的椭圆结构

图 2-61 铸有恒范钢片和筒形钢片的活塞

活塞裙部采取上述措施之后,可有效地防止活塞裙部的"冷敲热拉"现象。另外,AJR 发动机活塞与活塞销孔垂直方向的活塞裙部光洁度很高,便于活塞上下运动导向,防止拉缸。

(四)活塞的检修

1. 活塞的常见损伤

活塞的常见损伤有活塞环槽磨损、活塞裙部磨损和活塞销座孔磨损等。

(1)活塞环槽磨损

活塞环槽的磨损是活塞的最大磨损部位,其中第一道环槽的磨损最严重。活塞在高速往复运动中,由于气体压力的作用,使活塞环对环槽的冲击很大,加上高温的影响,使环槽的下平面磨损大,上平面磨损小,并呈内小外大的梯形状,如图 2-62 所示。

环槽磨损严重,会导致气缸漏气和机油串入气缸,因此,环槽磨损超过极限,应更换活塞。AJR 发动机活塞的环槽磨损极限:气环环槽应不大于 0.20mm,油环环槽应不大于 0.15mm。6BTA5.9 发动机活塞环槽磨损极限:气环环槽应不大于 0.15mm,油环环槽应不大于 0.13mm。

活塞环槽磨损的检查:将一新活塞环放入环槽,如图 2-63 所示,用塞尺测量环的侧隙,若侧隙过大,说明环槽磨损,应予以更换。

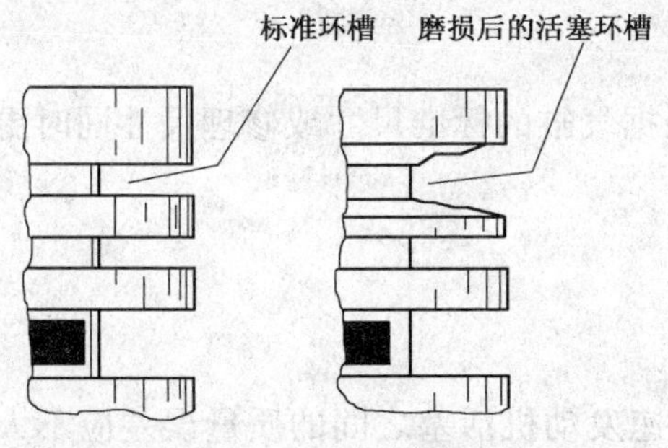

图 2-62　活塞环槽的磨损

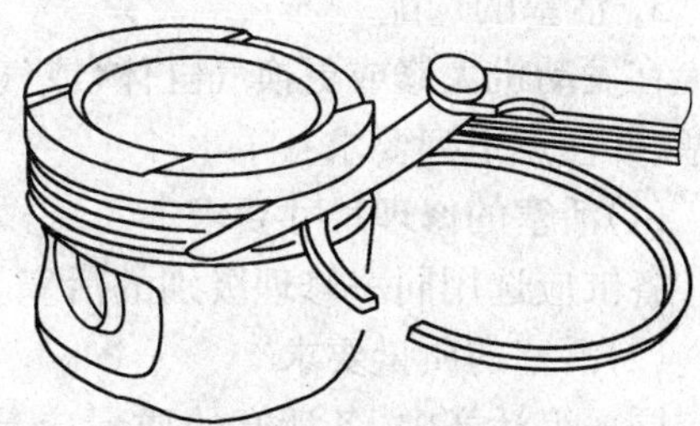

图 2-63　活塞环槽磨损的检查

(2)活塞裙部磨损

活塞裙部的磨损一般较小,当活塞裙部与缸壁间隙过大时,发动机易出现敲缸,并有严重的窜机油现象。

(3)活塞销座孔磨损

活塞在工作时,由于气体压力和交变惯性力的作用,使活塞销与销孔座之间发生磨损,其最大磨损发生在座孔的上下方向,垂直于活塞销座孔与活塞轴线平行的方向,导致销与座孔配合松旷,出现类似于敲缸的声音。

2. 活塞的非正常损坏

活塞的非正常损坏形式主要有图 2-64 所示的拉伤、图 2-65 所示的烧顶以及脱顶(活塞头部与裙部分离)、裂纹等。当活塞出现非正常损坏时,需及时修理,更换活塞。

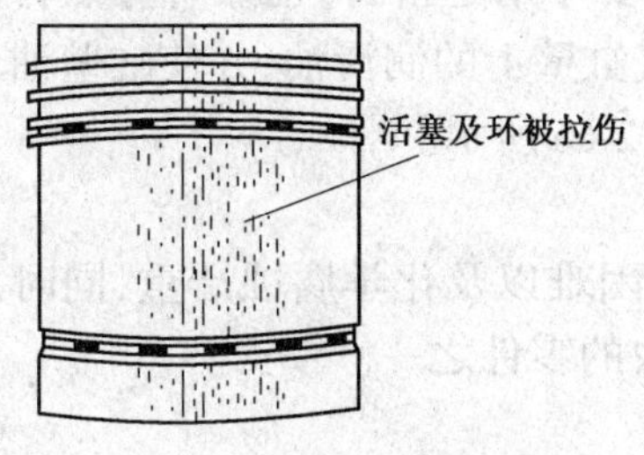

图 2-64　活塞拉伤

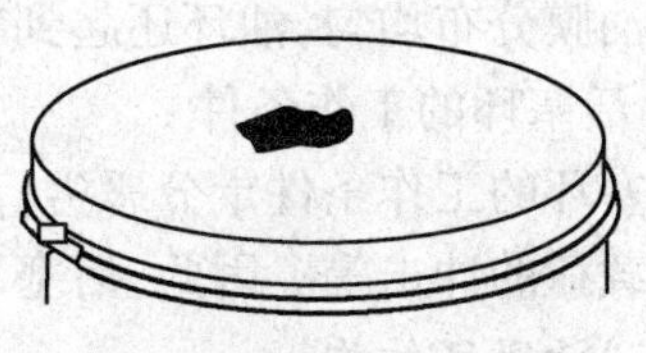

图 2-65　活塞烧顶

(1)活塞的拉伤

活塞拉伤一般都有明显的痕迹,主要原因是活塞裙部与缸壁间隙小,不能形成足够的油膜;机械杂质进入气缸表面;活塞销卡簧在活塞销轴向冲击力的作用下冲击环槽,使气缸和活塞损坏;有些机型的活塞容易出现拉缸,主要是活塞选用的材料、设计及制造工艺不当等原因引起的。活塞轻度拉伤,在不影响配合间隙的情况下,允许用细砂布打磨后继续使用,拉伤严重的活塞必须更换。

(2)活塞烧顶

活塞烧顶的主要原因是发动机在超负荷或爆燃条件下长时间工作,若某一机型容易出现烧顶时,一般它还与活塞的材料和设计有关。

(3)活塞脱顶

活塞脱顶的主要原因是活塞环间隙过小,高温下活塞环卡死,活塞与缸壁发生粘结,而裙部受连杆拖动,造成头部与裙部分离;发动机过热,活塞头部卡死在气缸中,而裙部受连杆拖动,造成头部与裙部分离;设计或制造中留下的缺陷。

3. 活塞的选配

在发动机大修或更换气缸体(或气缸套)时,应根据气缸的标准尺寸或修理尺寸同时更换活塞,并注意下列要求:

(1)活塞的修理尺寸要求

各缸应选用同一修理级别的活塞。

(2)活塞的质量要求

同一组活塞中,各活塞的质量应基本一致,中低速发动机活塞之间的质量误差应不大于8g,高速发动机应不大于5g。

(3)活塞的材质要求

同一台发动机上,应选用同一厂牌同一组的活塞,以便保证活塞材料、性能、质量、尺寸一致。同组活塞直径差应不大于0.02~0.025 mm。

(4)活塞裙部圆度和圆柱度要求

活塞裙部圆度和圆柱度应符合规定的要求。汽油机活塞裙部锥形的圆柱度因设计而异,一般为0.005~0.030 mm,活塞的圆度,即活塞径向截面形状,多为椭圆形,具体尺寸视其车型或结构而异。

二、活塞环

(一)活塞环的作用及工作条件

1. 活塞环的作用

活塞环按其作用不同可分为气环和油环。气环的主要作用是密封,也兼有导热作用。一般发动机每个活塞有2~3个气环。油环的作用是刮去气缸壁上的润滑油,并使缸壁油环以下部位的油膜分布均匀,油环还起到辅助密封的作用,如图2-66所示。

2. 活塞环的工作条件

活塞环的工作条件十分恶劣,高温、高压、高速、润滑困难以及化学腐蚀严重,同时还要承受交变载荷的冲击等。因此,活塞环是发动机中磨损最快的零件之一。

(二)活塞环结构

由于气环和油环的作用及工作要求各不相同,因而其结构形式、所用材料等也不相同。

1. 气环

气环的断面形状种类较多，如图 2-67 所示。通常习惯于按断面形状来命名活塞环，常见的有以下几种。

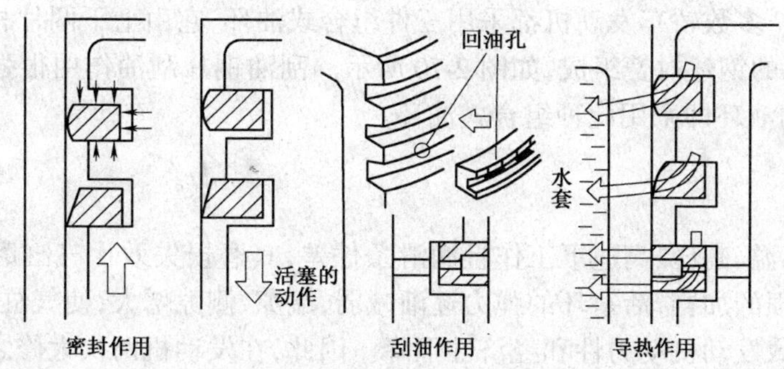

图 2-66 活塞环的作用

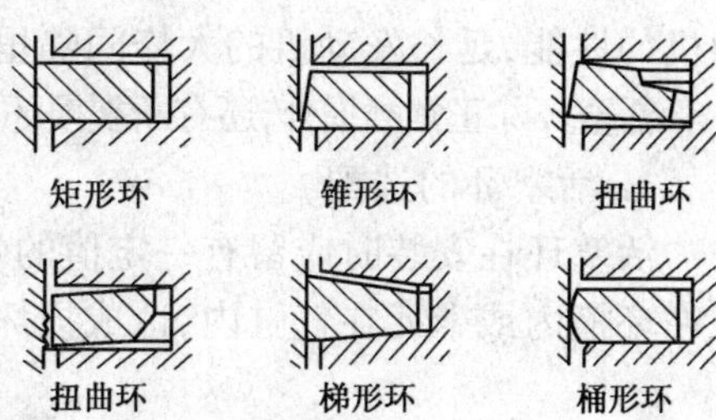

图 2-67 气环的断面形状

(1)矩形环 环的断面为矩形，其结构简单，制造方便，且与气缸壁接触面积大，导热效果好，有利于活塞头部的散热。如 AJR 发动机第一道气环即为矩形环。但矩形环有“泵油作用”，会使润滑油由下而上进入燃烧室，如图 2-68 所示，致使燃烧室内形成积炭，同时加大了润滑油消耗，故应用逐渐减少，或与其他形状气环配合使用。如 AJR 发动机第二道气环为锥形环，与第一道矩形环配合使用。

(2)锥形环 锥形环的磨合性较好，并有向下泵油作用。安装时，应将有记号的一面向上。但锥形环导热性较差，故多用于第二、三道气环。

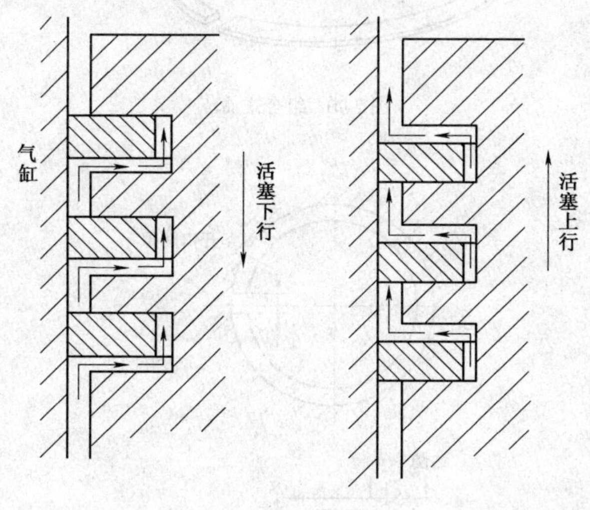

图 2-68 矩形环的泵油作用

(3)扭曲环 扭曲环是在矩形环的内圆上边缘或外圆下边缘切去一部分后形成的环。这种环的断面不对称，装入气缸后，在弹力作用下产生扭曲，故称为扭曲环。此种环的磨合性和密封性均较好，在发动机上得到了广泛应用。安装时，应使内圆切槽向上，外圆切槽向下，不能装反。6BTA5.9 发动机第二道环为此种活塞环。

(4)梯形环 环的横断面呈梯形，有良好的抗粘结性。

(5)桶面环 环的外圆面为凸圆弧线，密封性好，易磨合，能保证良好的润滑，桶形环普遍用作强化柴油机的第一环。如 6BTA5.9 型发动机第一环为梯形桶面环。

2. 油环

一般发动机每个活塞装 1~2 道油环，油环按结构分为整体式和组合式两种，如图 2-69 所示。

(1)整体式油环 整体式油环也称普通油环，它的结构如图 2-69 所示。在其外圆柱面的中部切有一道凹槽，凹槽底部开有若干个回油用的小孔或窄槽。有的在其背面加装弹性衬垫，既可保证对气缸壁的弹力,又可有较好的柔性,延长其使用寿命。如6BTA5.9型发动机油环为螺旋弹簧铸铁环,材料为低合金铸铁,外圆表面镀铬。整体式油环一般用耐磨合金铸铁制造。

(2)组合式油环　组合式油环由刮油钢片和衬簧组成。刮油钢片因结构的不同,可分别采用二片、三片或四片。多数轿车发动机都采用三件组合式油环,它由上下两片相互独立的刮油钢片和一个弹性良好的钢丝衬簧组成,如图2-70所示。刮油钢片刮油作用很强,刮油效果好。如AJR发动机活塞的油环即采用此种组合式油环。

(三)活塞环的选配

1. 活塞环损伤

活塞环长期在高温、高压、高速下工作且润滑条件差,其磨损失效比气缸磨损至极限的速度快,随着活塞环磨损的加剧,活塞环的弹力逐渐减弱,端隙、侧隙增大,使气缸密封性变差,造成窜机油和漏气,导致发动机动力性和经济性下降。因此,在发动机两次大修之间的二级维护时,如果气缸的最大圆柱度误差小于使用极限时,可采用更换同级尺寸活塞环的方法来改善发动机的性能,延长发动机的大修间隔里程。

活塞环除正常磨损外,还有断裂损坏。这主要是由于活塞环侧隙、端隙过小或安装不当所致。

2. 活塞环的选配

活塞环在安装时应留有一定值的端隙、侧隙和背隙,如图2-71所示,以防活塞环受热后胀死在环槽内或卡死在气缸内,造成损坏。

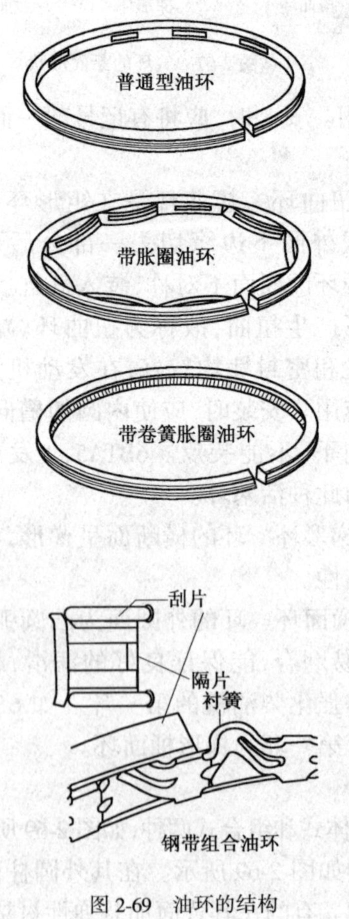

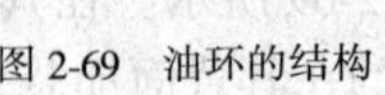

图2-69　油环的结构

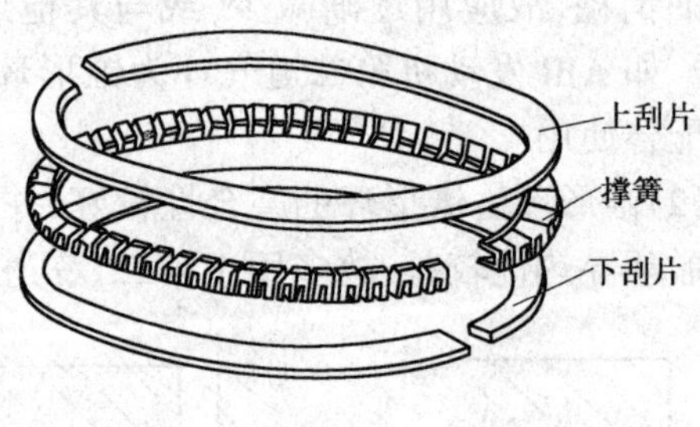

图2-70　组合式油环

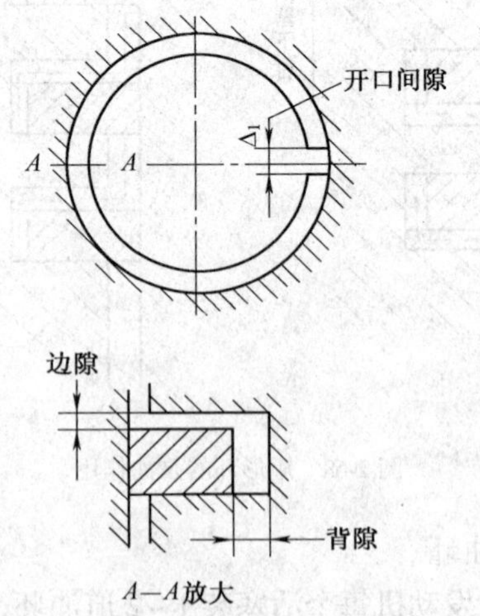

图2-71　活塞环间隙

端隙　又称开口间隙,是指活塞环置于气缸内时在开口处呈现的间隙。

侧隙　又称边隙,是指活塞环高度方向与环槽之间的间隙。

背隙　是指活塞环随活塞装入气缸后,环的背面(即内圆柱面)与环槽底部之间的间隙。

在发动机大修时应更换活塞环,更换时应按照气缸的修理级别选用与气缸、活塞同一修理级别的活塞环。在维护或小修中,如需更换活塞环时,选用的活塞环修理尺寸级别应与被更换的活塞环相同。不允许使用加大级别的活塞环通过锉销开口端面的方法,来代替较小级别的活塞环使用。

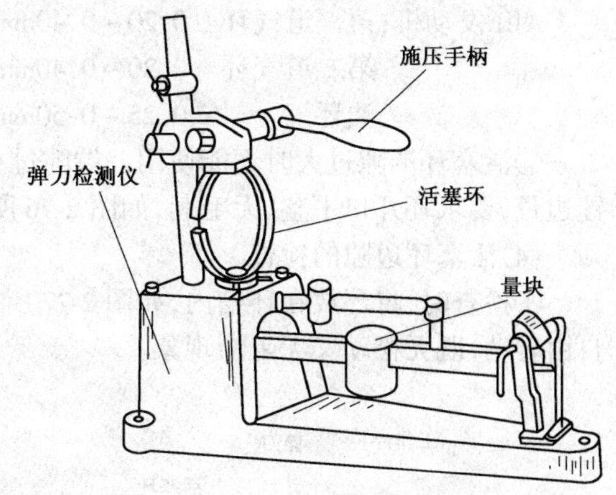

图 2-72　活塞环弹力的检验

为了保证活塞环与活塞环槽及气缸的良好配合,在选配活塞环时,还应进行下列检验,其中任何一项不符合要求时,均应重新选配。

(1)活塞环弹力的检验

活塞环的弹力是保证气缸密封性的主要条件之一。一般在弹力检验仪上进行检验,如图 2-72 所示。检验时把活塞环放在弹力检验仪上,使环的开口处于水平位置,移动检验仪上的量块,把活塞的开口间隙压缩到标准值,观察秤杆上的质量,应符合技术要求。

(2)活塞环漏光度的检验

①将活塞环平放在已镗磨好的气缸内,用活塞顶部推平活塞环,如图 2-73 所示;

②在活塞环上盖一个比缸径略小的硬纸板做成的遮光板,在气缸下部放置灯光照明,如图 2-74 所示;

③观察活塞环外圆与气缸壁之间是否漏光;

④用厚薄规和量角器测量其漏光度,应符合技术要求:开口处左右对应圆心角 30°范围内不允许漏光;同一活塞环上漏光不应多于两处,每处漏光弧长所对应的圆心角不得超过 25°;同一活塞环上漏光弧长所对应的圆心角总和不超过 45°,漏光缝隙不大于 0.03 mm。

(3)活塞环端隙的检验

①将活塞环放在气缸内,用活塞顶将活塞环推正。

②用厚薄规插入活塞环开口处进行测量。如图 2-75 所示。其间隙值应符合以下要求:

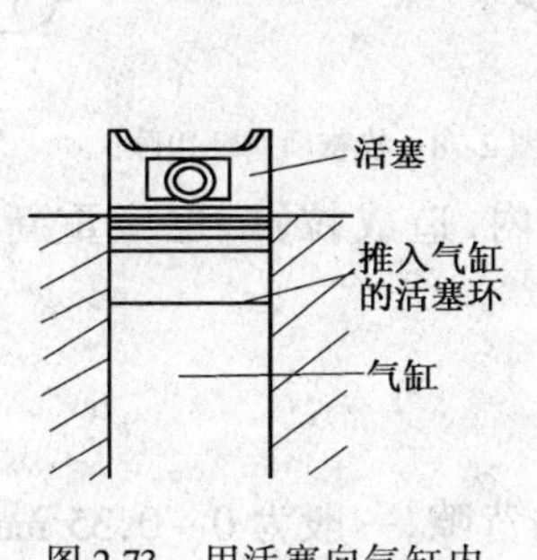

图 2-73　用活塞向气缸内推入活塞环

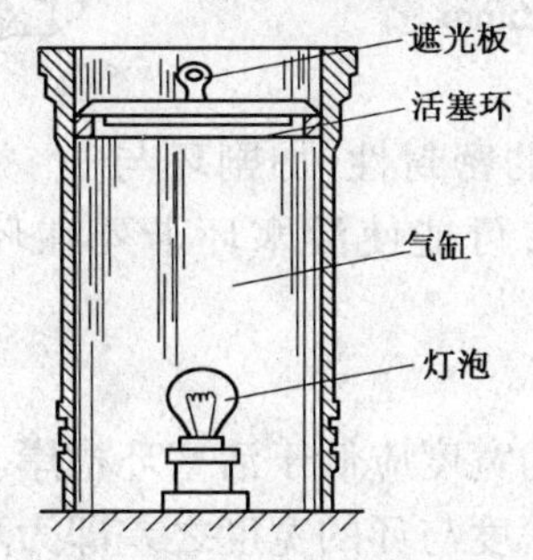

图 2-74　活塞环的漏光检查

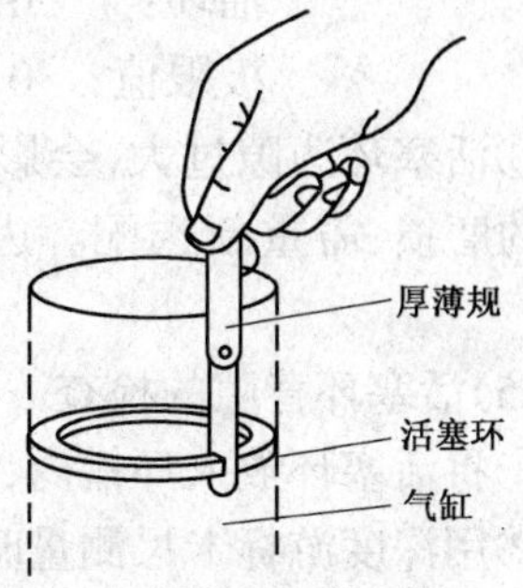

图 2-75　检查活塞环端隙

6BTA5.9 发动机:第一道气环　0.40~0.70mm
　　　　　　　　第二道气环　0.25~0.55mm
　　　　　　　　油环　　　　0.25~0.55mm
AJR 发动机:第一道气环　0.20~0.40mm
　　　　　　第二道气环　0.20~0.40mm
　　　　　　油环　　　　0.25~0.50mm

③活塞环端隙过大时不能使用。端隙过小时,可用细平锉在开口处的一个端面上锉削,边锉边量,要求环开口平整、无毛刺,如图 2-76 所示。

(4)活塞环边隙的检查

①检查时,将环放在环槽内,如图 2-77 所示。使活塞环围绕槽转动一圈,环在环槽内应能自由转动,既无松动又无阻滞现象。

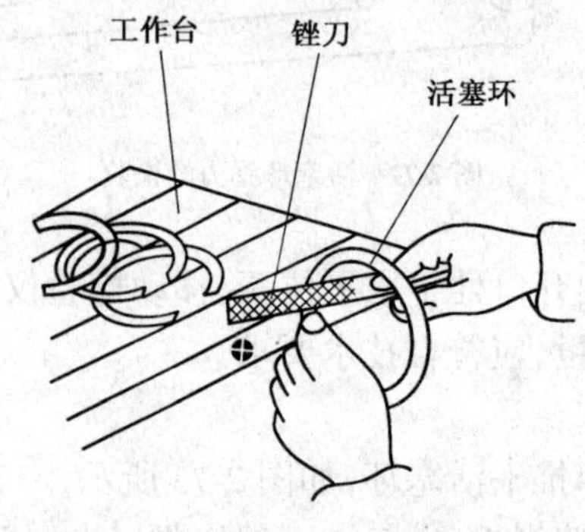

图 2-76　用锉刀锉削活塞环开口

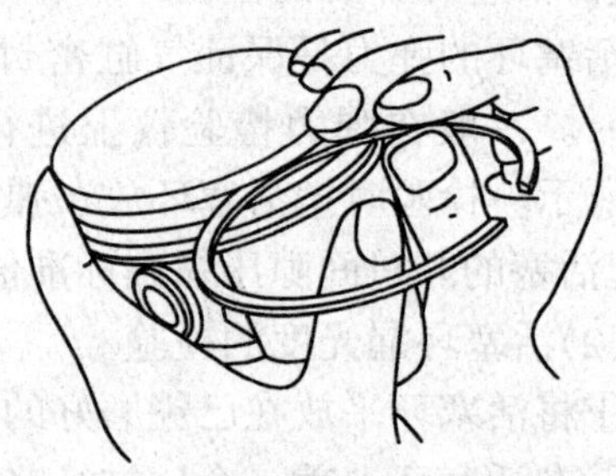
图 2-77　将活塞环放入环槽内滚动

②如图 2-78 所示,用厚薄规测量边隙,应符合以下要求:

6BTA5.9 发动机(最大边隙):
第一道环槽:0.115mm
第二道环槽:0.13 mm
油环环槽:0.085mm
AJR 发动机:气环:　0.06~0.09mm
　　　　　　极限值:　0.20mm
　　　　　　油环:　0.03~0.06mm
　　　　　　极限值:　0.15 mm

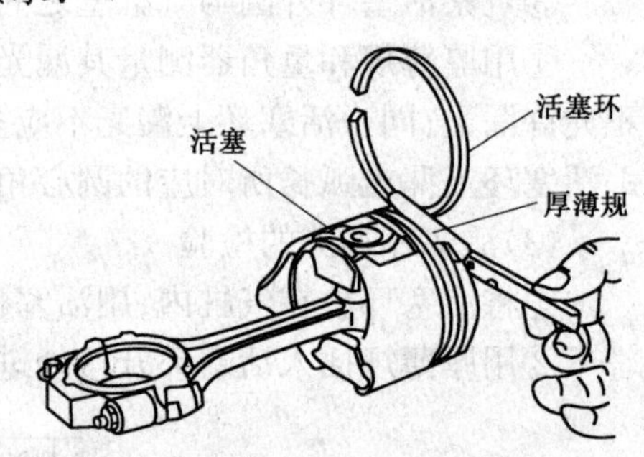

图 2-78　检查活塞环边隙

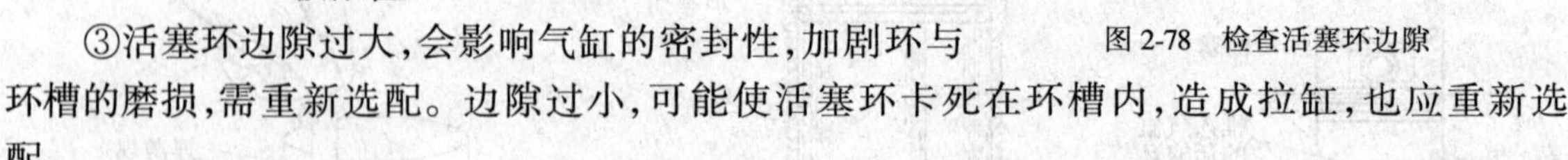

③活塞环边隙过大,会影响气缸的密封性,加剧环与环槽的磨损,需重新选配。边隙过小,可能使活塞环卡死在环槽内,造成拉缸,也应重新选配。

(5)活塞环背隙的检查

①将活塞环放入环槽内,活塞环的宽度应低于活塞环槽岸。

②用深度游标卡尺测量时,环槽深度与环的宽度之差即为环的背隙,一般为 0~0.35 mm。

③活塞环背隙过大或过小,都应重新选配。目前由于制造工艺比较先进,一般活塞环的边隙和背隙都符合要求,修理厂很少检查活塞环的边隙和背隙。

三、活塞销

(一)活塞销的作用

活塞销的作用是连接活塞与连杆,并将气体作用在活塞上的力传给连杆。

(二)活塞销的结构

活塞销在高温下承受很大的交变冲击载荷且润滑条件较差(一般靠飞溅润滑)。因此,要求有足够的刚度和强度,表面要耐磨、具有较小的粗糙度,质量要小。一般采用低碳钢或低碳合金钢制造活塞销,通常制成空心圆柱体,有时也按强度要求将内孔加工成变截面管状体结构,如图 2-79 所示。

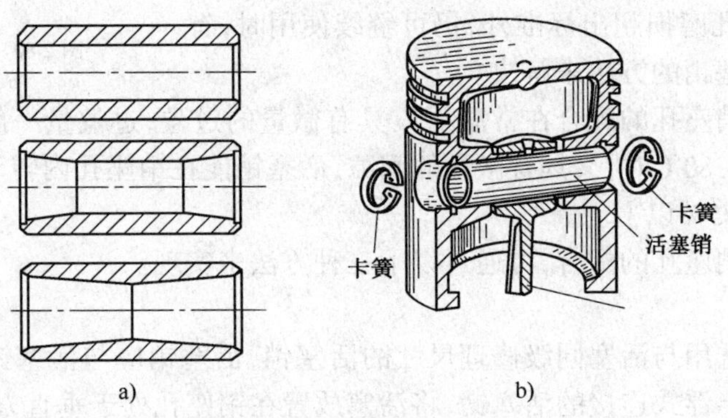

图 2-79　活塞销及其全浮式连接
a)活塞销结构形状;b)活塞销的连接

活塞销与活塞销座孔和连杆小头的连接方式有半浮式和全浮式两种。

1. 全浮式

全浮式连接是指发动机正常工作过程中,活塞销与活塞销座孔及连杆小头衬套之间有适量的配合间隙,活塞销可以在孔内自由转动。采用全浮式连接,活塞销的磨损比较均匀,使用寿命较长。如:6BTA5.9 发动机活塞销及 AJR 发动机活塞销均采用全浮式连接。但采用全浮式连接,必须在活塞销座孔两端装入卡簧,以防止活塞销窜动而刮伤气缸。

2. 半浮式

半浮式连接是活塞销与活塞销座孔及连杆小头之间一处固定或过盈配合,一处浮动(间隙配合)。通常销与连杆小头之间为过盈配合或装有锁止装置,工作中不发生相对转动;销与活塞销座孔之间为间隙配合。

半浮式连接,连杆小头有锁止装置的不必安装连杆衬套,减少了连杆衬套的维修作业,又因其不会发生轴向窜动,故活塞销座孔两端不需安装卡簧。这种连接方式结构简单,适用于轻型高速发动机。

(三)活塞销的选配

1. 活塞销的损伤

(1)全浮式活塞销的损伤

全浮式活塞销主要损伤部位是其与活塞和连杆的连接配合处径向磨损后失圆、轴向磨损成台阶形。活塞销磨损过大,会导致不正常的敲击声。全浮式活塞销的弯曲变形一般较小。

(2)半浮式活塞销的损伤

半浮式活塞销大多设计成与连杆小头无相对转动,不发生磨损。活塞销的磨损部位发生在与座孔配合的表面，且磨损不均匀，其平行于气缸轴线的上下方向是受力最大的部位，通常也是磨损最大的部位。这种连接形式的活塞销在磨损的同时，一般会伴随弯曲变形。活塞销与活塞销座的损伤还会导致活塞销座破裂。图2-80所示的就是一个销座破裂的活塞。

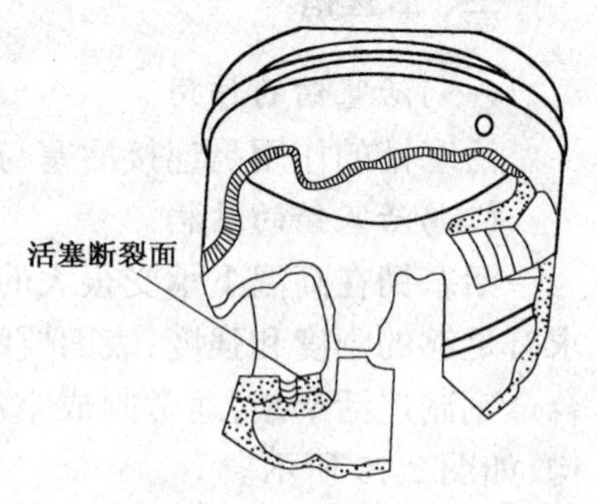

图2-80　销座破裂的活塞

2．活塞销的选配

活塞销常常会把活塞销座孔磨大，而活塞销本身磨损较小。活塞销座孔磨损后因修理成本较高，一般都更换活塞或活塞销。发动机大修时，活塞销必须随活塞的更换而更换。活塞除销座孔磨损超出标准外，仍可继续使用时，有时采取选配加大活塞销的方法来解决。

活塞销与活塞销座孔的配合在常温下应具有微量的过盈，过盈量一般为0.0025～0.0075 mm，当活塞处于70～80℃时，又具有微量的间隙，活塞销能在销座孔内转动，但无间隙感，要求它们的接触面积在75%以上。

活塞销与活塞销座孔的配合，可通过以下三种方法来实现。

(1)选配

更换活塞时应选用与活塞同级修理尺寸的活塞销，活塞销应与活塞销座孔进行选配。采用固定连杆小头的半浮式连接的活塞销，将活塞放置在销座孔处于垂直方向的位置上，在常温下活塞销应能靠自重缓缓通过座孔。采用全浮式连接的活塞销安装时先将活塞在温度为70～80℃的水中或机油中加热，然后再用手掌心将涂有润滑油的活塞销推入座孔。

(2)镗削

现在国内生产的活塞，其活塞销座孔是经过挤压处理的，其表面被挤压后形成一层耐磨层，一般来说，这类活塞的活塞销座孔不允许镗销或手工铰配，只有在缺少配件或应急修理中作为一种应急手段来采用。

镗削活塞销座孔多采用高速精镗，以达到较高的精度和较低的粗糙度。镗削后，加工精度可达到2至1级，加工孔径尺寸公差可保持在0.005～0.008 mm内，圆度和圆柱度误差不大于0.0015～0.0025 mm，表面粗糙度 Ra 不大于0.80μm。

(3)手工铰配

活塞销座孔的铰削是用手工操作进行的，其步骤如下：

①选择铰刀　根据活塞销的实际尺寸选择长刃铰刀，刀刃长度应能保证两活塞销座孔能同时进行铰削，以保证两孔的同轴度。

②调整铰刀　将铰刀垂直地夹持在台虎钳上，初步调整铰刀，第一刀一般调整到刀片刚刚与销座孔接触即可，以后各刀的调整量也不应过大，一般是旋转调整螺母30°～60°角为宜。

③铰削　铰削时两手握住活塞，施以轻轻的压力，用力要均匀，手掌握持要平稳，按顺时针方向旋转铰削，如图2-81所示。

为了使销座孔铰削正直，每调整一次铰刀，要从销座孔两个方向各铰一次，每次铰削到当刀片下端面接近活塞下方销座孔时，应压下活塞，使它从铰刀下方脱出，以免铰偏和起棱。

④试配　铰销过程中，应随时用活塞销进行试配，防止铰大。当铰削到用手掌力量能将活塞销推入一个销座孔深度的1/3时，如图2-82所示，应停止铰削。然后用铜铳垫在活塞销外端，用木锤或铜锤轻轻将活塞销打入销座孔内。在打压时，应防止活塞销倾斜损伤座孔表面，

然后用铳头将活塞销从反方向铳出，视其接触痕迹进行刮削修正。

⑤刮削　刮削修正的部位是活塞销座孔中接触痕迹较深的表面。刮削的要领是：从里向外，刮大留小，刮重留轻。以免造成座孔的圆柱度超差，并应边刮边试配。

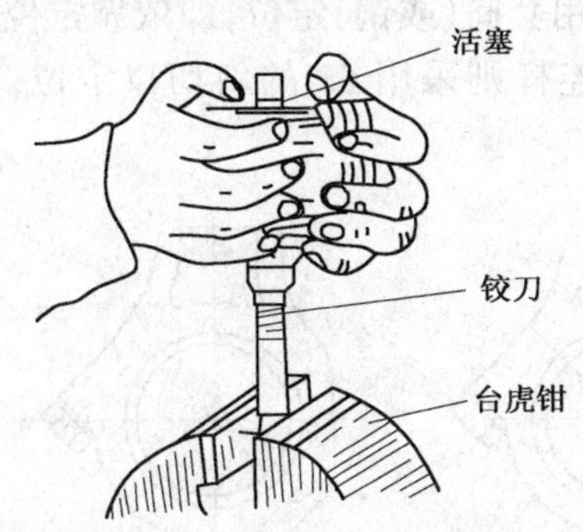

图 2-81　活塞销座孔的铰削

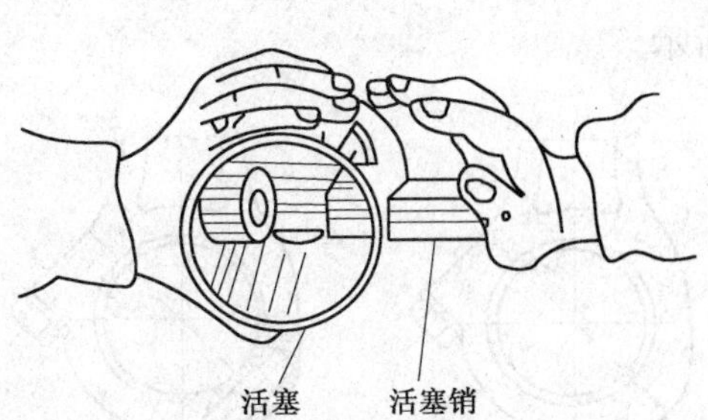

图 2-82　活塞销与座孔的试配

座孔经刮削后，活塞销应能用手掌力量从原来试配的一端推入座孔 1/2 ~ 2/3，且接触面积在 75%以上，分布均匀，轻重一致。

四、连杆

(一)连杆的作用

连杆的作用是将活塞承受的燃气压力传给曲轴，使活塞的往复直线运动转变为曲轴的旋转运动。

(二)连杆的结构

连杆由连杆小头、杆身和连杆大头(包括连杆轴承盖)等组成如图 2-57 所示。

1. 连杆体与连杆盖

(1)基本结构

连杆小头与活塞销相连，采用全浮式连接方式的连杆小头孔内装有减磨的连杆衬套(青铜衬套或铁基粉沫冶金衬套)。连杆衬套和活塞销之间的润滑方式有两种：一种是在连杆小头和衬套上加工有集油孔或集油槽，靠收集曲轴旋转时飞溅起来的机油来润滑；另一种是在连杆杆身内钻有纵向油道，通过连杆轴颈的油道得到有压力的润滑油进行润滑。

杆身通常做成“工”字形断面，以求在满足强度和刚度要求的前题下尽量减轻其质量，如 AJR 发动机、6BTA5.9 发动机连杆杆身均为“工”字形断面。

连杆大头与曲轴的连杆轴颈相连，一般是分开的，与杆身分开的部分称连杆轴承盖，连杆轴承盖与连杆用连杆螺栓连接。

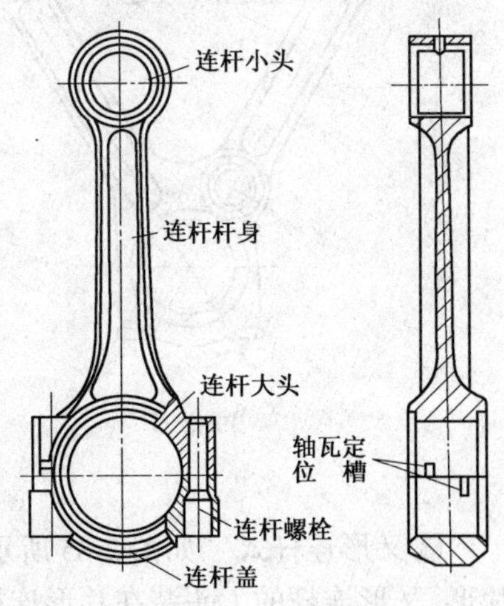

图 2-83　平切口连杆及其定位方式

连杆大头与连杆轴承盖按剖切面方向可分为平切口和斜切口两种。平切口的剖切面与杆身中心线垂直，如图 2-83所示，解放 CA6102 发动机和桑塔纳轿车发动机连杆均采用平切口，其定位方式为连杆螺栓定位，即依靠连杆螺栓上的精加工圆柱凸台或光圆柱部分与经过精加工的螺栓孔来定位。

大功率柴油发动机，为了增加连杆的强度，连杆大头直径比气缸直径大，为拆装时能使连杆通过气缸，多采用斜切口。斜切口的连杆轴承盖与连杆大头一般不是靠连杆螺栓定位，有的采用锯齿形定位，即依靠锯齿形接合面实现定位。有的采用套筒(或销)定位，即依靠定位套筒或定位销来定位。有的采用止口定位。6BTA5.9 柴油机连杆则采用 68°的斜切口定位，如图 2-84所示。

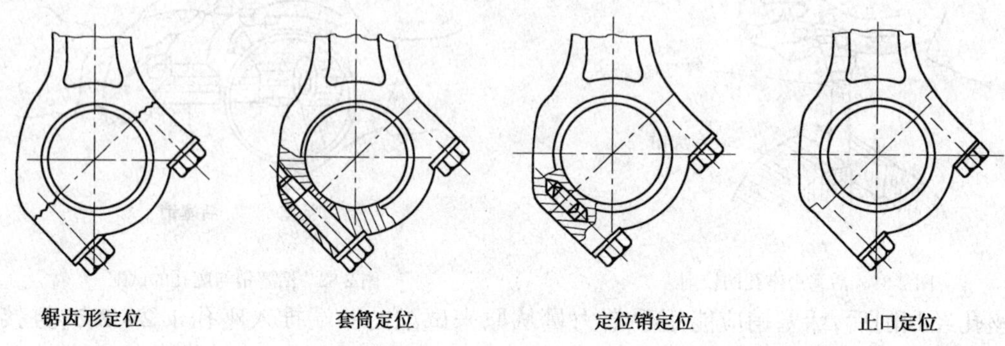

图 2-84　斜切口连杆及其定位方式

(2)V 形发动机连杆构造

连杆大头一般都是对称的，但 V 形发动机的气缸排成两列，两列中相应两缸的连杆装在同一个连杆轴径上，其结构有以下三种形式：

①并列连杆式　相对应两缸的连杆其结构与尺寸是完全一致的，且一前一后地装在同一个连杆轴颈上。这种形式的优点是连杆结构相同，互换性好。其缺点是曲轴较长，刚度较低，发动机纵向尺寸稍大。

②主副连杆式　如图 2-85 所示，一列气缸的连杆为主连杆，其大头直接安装在曲轴的连杆轴径上。另一列气缸的连杆为副连杆，其大头与对应的主连杆大头上的两个凸耳作铰链连接。这种形式结构紧凑，其不足之处是主副连杆结构不同，不能互换。

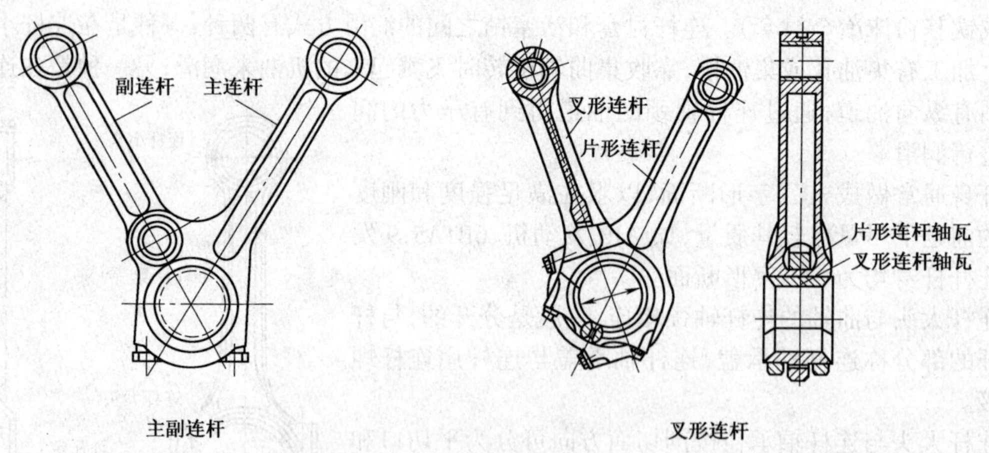

图 2-85　主副连杆与叉形连杆的结构

③叉形连杆式　如图 2-85 所示，左右两列对应的两个连杆，一个制成叉形，另一个制成薄片形，叉形连杆的大头装在片形连杆大头的两端。

连杆在工作中受交变载荷的作用,故对连杆的刚度和强度有比较高的要求。为了满足这些要求,一般选用优质中碳合金钢制作连杆,并采用表面喷丸处理等工艺来提高强度。

2. 连杆轴承

连杆大头与曲轴连接,大头内孔装有两半的薄壁滑动轴承,称作连杆轴瓦,其结构与曲轴主轴承相同。有些连杆轴承的内表面加工有油槽,与连杆轴颈的圆柱面形成油道;有些连杆轴承加工有径向润滑油孔,与连杆大头的油孔相通,从油孔中喷出的机油可使气缸壁得到更好的润滑。6BTA5.9 发动机的连杆轴承采用铜铅合金,表面镀有铅锡合金或铅锡铅合金。

(三)连杆的检修

1. 连杆裂纹的检验

连杆在工作中受到交变载荷作用,有时会出现裂纹,严重时会导致连杆断裂。连杆裂纹一般采用磁力探伤检查。磁力探伤的基本原理是在磁力线通过被检测的零件时,如果零件存在表面裂纹或内部裂纹时,磁力线在通过裂纹部位时,因磁阻大而中断、偏散而形成磁极,如图2-86所示。此时在零件表面撒上的铁粉就会被磁化,而吸附在裂纹处,从而显现出裂纹的位置及形状。零件经过磁力探伤后,必须进行退磁处理。连杆出现任何形式的裂纹,均应更换。

2. 连杆大头内孔磨损的检修

连杆大头内孔磨损将产生失圆和锥形,当其圆度误差和圆柱度误差超过 0.025mm,而内孔圆周尺寸未变时,可通过对连杆轴承进行镗削来保证与连杆轴颈的装配精度。轴承内孔与对应连杆轴颈的径向间隙一般应为 0.01 ~ 0.116 mm。AJR 发动机的连杆轴颈径向间隙为 0.01 ~ 0.05mm。6BTA5.9 发动机的连杆轴颈径向间隙为 0.038 ~ 0.116mm。

3. 连杆螺栓损伤的检验

连杆螺栓在工作中,由于受到很大的交变载荷作用,会发生拉长、裂纹和丝扣滑牙等损坏,严重时会导致断裂,造成敲坏气缸体的严重事故。修理中应认真检查,有条件时可进行磁力探伤,不符合要求时,应及时更换。

AJR 发动机使用的连杆螺栓是预应力螺栓,螺纹为 M8×1,如图 2-87 所示,此类螺栓在修理中不能重复使用,必须更换。

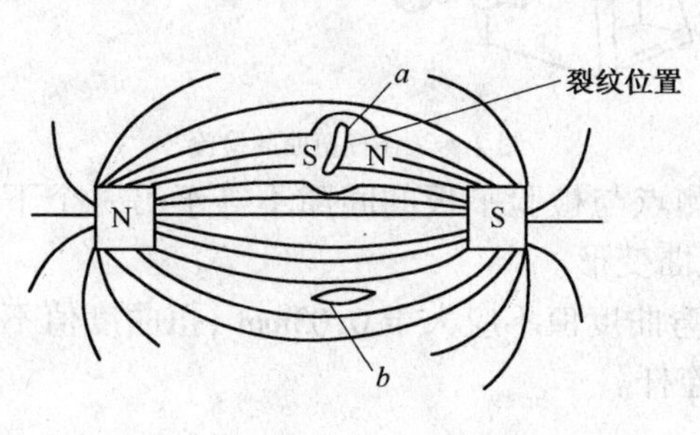

图 2-86 磁场在缺陷边缘的分布和磁极的形成

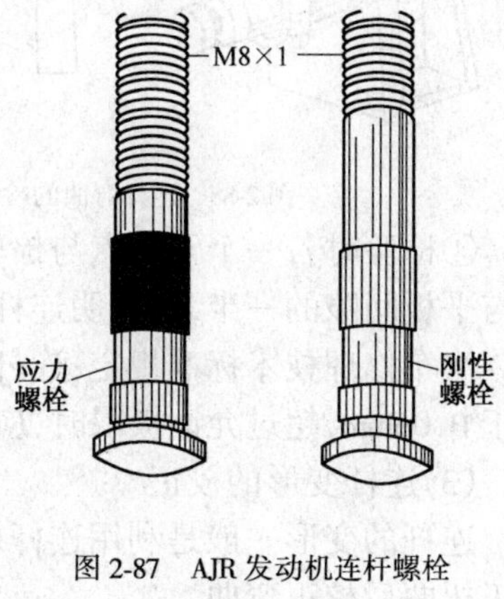

M8×1

应力螺栓

刚性螺栓

图 2-87 AJR 发动机连杆螺栓

4. 连杆变形的检修

(1)连杆变形的原因

连杆变形主要是弯曲变形和扭曲变形其原因是:连杆在工作中承受的气体压力、离心力和惯性力的作用,特别是发动机不正常工作时(如超负荷、爆燃、用汽车惯性起动发动机等),会引起弯曲、扭曲以及双重弯曲;另外镗缸定位不准,也会留下连杆变形的隐患。连杆变形的主要危害是导致发动机活塞偏缸、偏磨,引起气缸敲缸、拉缸等故障。

(2)连杆变形的检验

连杆有无弯曲、扭曲变形,一般是在连杆检验器上进行检验。如图 2-88 和 2-89 所示。检验时,应将连杆大端轴承取下,将承孔清洁干净(轴承被镗削后的连杆在校正时不可以拆下轴承),然后将轴承盖装在连杆体上,并按标准力矩拧紧连杆螺栓,连杆大端安装在连杆检验器可调横轴上,拧动调整柄使半圆键向外扩张,将连杆固定在检验器上。检验工具是带有 V 形槽的三点规。三点规上的三个测点在同一平面上,并与 V 形槽相垂直,下面两测点的距离为 100 mm,而上面的一个测点,处在下面两测点连线的垂直等分线上,与下面两测点连线的距离也是 100 mm 。检测时,将三点规放在连杆小端的心轴或活塞销上,使三点规的三个测点与检验器的平板相接触。根据三测点与平板的接触情况,便可判断连杆有无弯曲、扭曲变形。

①当三点规的三测点都与检验器的平板相接触,说明连杆无变形。

②若三点规仅上测点(或两下测点)与平板接触,且两下测点与平板间隙相等,说明连杆有弯曲变形。这时用塞尺测量测点与平板的间隙,便是连杆在 100 mm 长度的弯曲值。

③检验时若只有一个下测点与检验平板相接触,且上测点与检验平板的间隙等于另一个测点与平板间隙的一半,则表明连杆发生了扭曲,其下测点与平板的间隙便是连杆在 100 mm 长度的扭曲值。

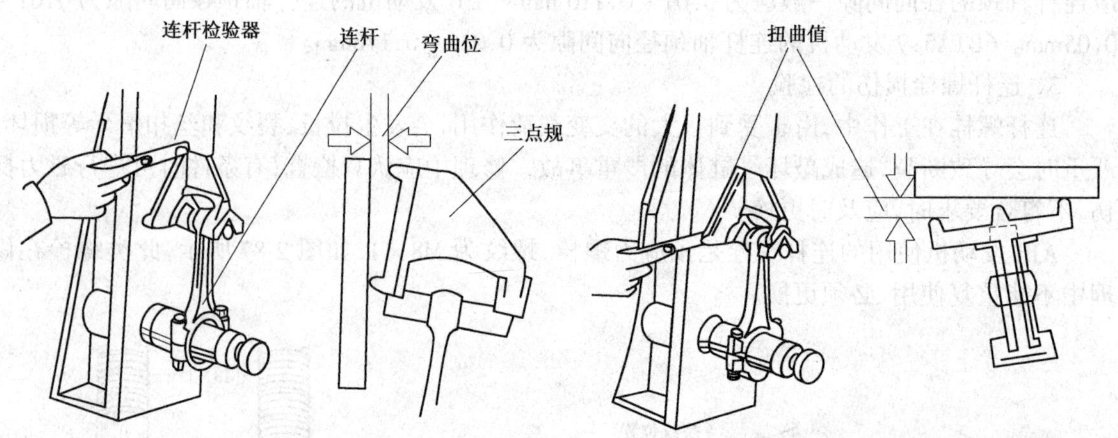

图 2-88　连杆弯曲的检验　　图 2-89　连杆扭曲的检验

④检验时若一个下测点与检验平板接触,但上测点与检验平板的间隙不等于另一个下测点与平板间隙的一半,则表明连杆同时存在弯曲、扭曲变形。

汽车修理技术标准规定:连杆在 100mm 长度上弯曲度值不应大于 0.03mm ,扭曲度值不应大于 0.06mm,超过允许极限时,应进行校正或更换连杆。

(3)连杆变形的校正

连杆的变形一般是利用连杆校正器的附设工具进行校正。当弯曲、扭曲并存时,通常是先校正扭曲后校正弯曲。

①连杆扭曲变形的校正　将连杆大端轴承盖装好,套在检验器的心轴上,然后用板钳进行校正,直到合格为止,如图 2-90 所示。

②连杆弯曲变形的校正　如图 2-91 所示,将弯曲的连杆置于压具上,使弯曲的部位朝上,施加压力,使连杆向已弯的反方向发生变形,并使连杆变形量达到已弯曲部位变形量的数倍以

上，停止一定时间，等金属组织稳定后，再去掉外载荷。重新复查校正情况，确定是否需要再校。

连杆的校正通常是在常温下进行冷压校正，卸除压力后，连杆有恢复原状的趋势。因此，在校正弯、扭变形较大的连杆后，最好进行时效处理：将连杆加热至300℃左右，并保温一段时间。校正弯、扭曲变形较小的连杆时，只需在校正负荷下保持一定时间即可。

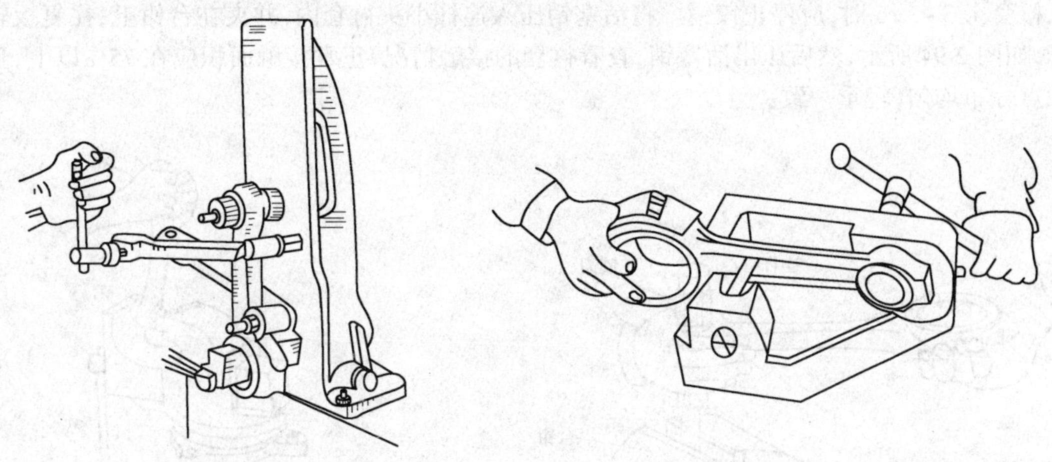

图 2-90　校正连杆扭曲　　　　图 2-91　校正连杆弯曲

连杆经弯、扭校正后两端座孔轴线的距离变化应不大于0.15mm，否则，会影响气缸的压缩比。可用普通量具对连杆进行测量，如图2-92所示。检验时用游标卡尺测量上、下两轴承孔内侧距离 l，用内径百分表测出上、下两轴承孔直径 D 和 d，两孔轴线中心距 L 便可用下式算出：$L=(D+d)/2+l$(mm)，如 AJR 发动机 L 为 144 mm，6BTA5.9 发动机 L 为 191.975～192.025mm。

5. 连杆衬套的修配

在修理过程中，如果活塞、活塞销已换成了新件，应同时更换连杆衬套。

(1)连杆衬套的选择

衬套与连杆小头承孔的配合，应有0.10～0.20mm的过盈，以保证衬套工作时不发生转动。

新衬套垫上垫块后可用台钳压入连杆小头，压入前，应进行以下几项检查：

①检查连杆小头承孔是否有损伤、毛刺；

②衬套倒角端应对着连杆小头有倒角的一侧，且要求对正；

③要对准油孔。露出小头端面的部分用锉刀修平。

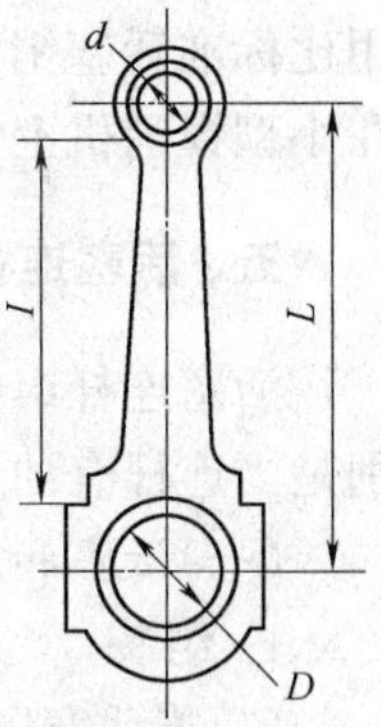

有的发动机的连杆衬套无加工余量，压装后不需修配，对有加工余量的衬套，压入连杆小头后需进行铰削或镗削恢复它与活塞销的正常配合。AJR 发动机和6BTA5.9发动机的连杆衬套均有加工余量，安装时需进行铰削或镗削。

$L=\frac{D+d}{2}+l$(mm)

图 2-92　连杆两轴承孔轴线距离的检查

(2)连杆衬套的铰削

①选择铰刀　根据活塞销实际尺寸，选择相应的可调铰刀。

②调整铰刀　连杆小头承孔套入铰刀，使其互相垂直，以刀刃露出衬套上端面3～5mm为

第一刀的铰削量来进行铰削。铰刀每次调整量以旋转螺母 60°~90°为宜，当接近配合尺寸时，铰刀每次宜调整 30°~60°或调整量更小一些。

③铰削　铰削时，一手托住连杆大头，一手把持住连杆小头。向下略施压力，并保持连杆杆身与铰刀轴线垂直，如图 2-93 所示。

④试配　在铰削过程中要不断用活塞销试配，以防止铰大，当铰削到用手掌力能将活塞销推入衬套 1/3~2/5 时，应停止铰销。将活塞销压入连杆小头衬套内，并夹在台钳上，往复扳转连杆，如图 2-94 所示，然后压出活塞销，查看衬套的接触情况，正常接触面积应在 75% 以上，且接触点分布均匀，轻重一致。

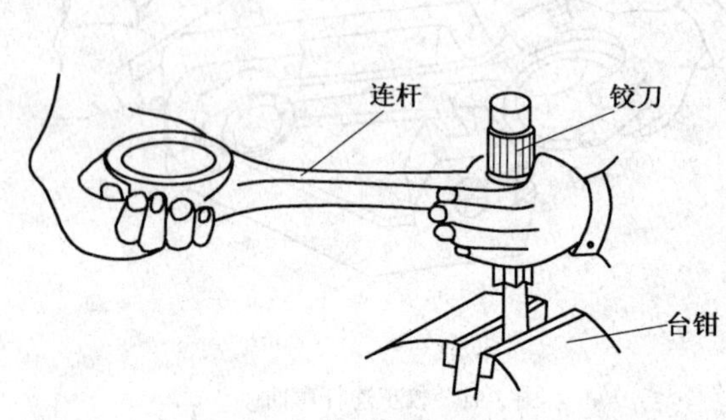

图 2-93　铰削连杆衬套

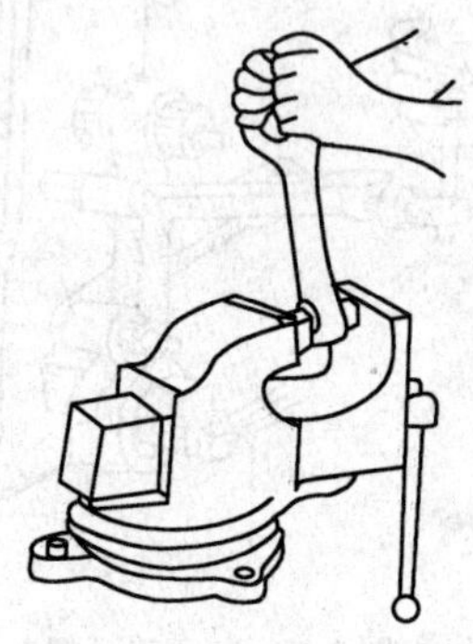
图 2-94　检验活塞销与连杆衬套的接触面积

⑤修刮　根据活塞销与衬套的接触面和松紧度情况，用刮刀修刮，直至能用手掌力量把活塞销推入连杆衬套为止。

(3)连杆衬套的镗削

镗削连杆衬套时，以衬套的内孔为定心基准，固定好连杆大头，支撑好连杆小头，最后一刀用比标准活塞销 -0.01 mm 的尺寸进行镗削。镗削后进行试配和必要的修刮，图 2-95 所示为在小型镗削机上镗削定位的情况。

五、活塞连杆组的装配

活塞连杆组各零件经修复、选配、检测合格后，应装成组合件。装配前应进行彻底清洗，特别是当连杆有油道时，要清洗干净连杆油道中的污垢。

(一)活塞和连杆组的组装

1. 组装

(1)将活塞置于水中加热至 70~80℃取出，擦拭干净。

(2)在座孔、连杆小头衬套孔和活塞销上涂上薄薄一层机油，用大拇指把活塞销推入座孔，如图 2-96 所示，并迅速通过连杆小头衬套孔，直至另一侧销座孔的锁环槽边。

(3)安装活塞销两边的锁环。有磨损台阶的锁环应予以更换。

2. 检验

(1)锁环嵌入环槽中的深度应不少于锁环直径的 2/3，锁环与活塞销两端有 0.10~0.25 mm 的间隙。

(2)活塞上的箭头标记和连杆上浇铸的方向标记必须朝着同一方向。6BTA5.9 发动机活塞的指前记号“FRONT”朝前时，连杆盖应在面向发动机的右边。

(3)检验连杆大头中心线和活塞中心线的垂直度。具体检查方法如下：

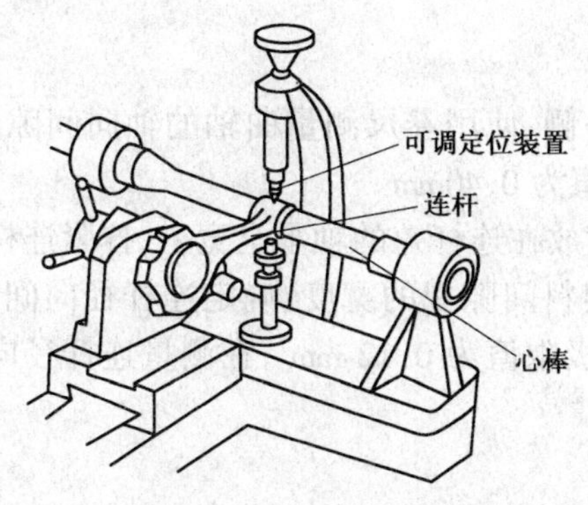

图 2-95　连杆衬套镗削的定位

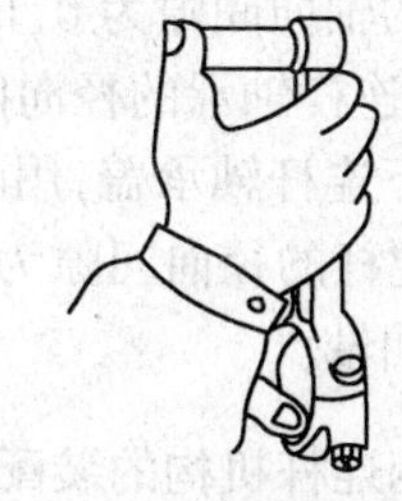

图 2-96　将活塞销装入座孔

①将连杆大头装到连杆检验器的心轴上，使活塞裙部紧贴检验器平板，用厚薄规测量活塞顶部边缘与平板间的间隙，如图 2-97 所示。

②翻转 180°，重新测量一次。

③两次测量值之差即为垂直度误差，垂直度误差不得大于 0.08mm，达不到要求时，应找出原因重新校正后再组装。

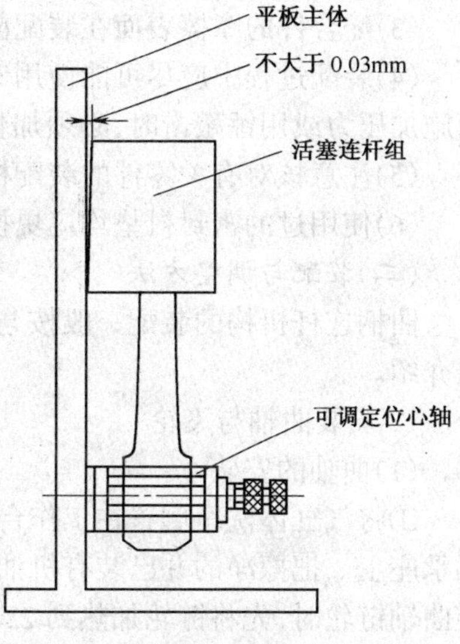

若没有连杆检验器，可采用如下方法检验：

把气缸体侧放，将未装活塞环的活塞连杆组装入相应气缸，按规定力矩拧紧各道连杆轴承盖固定螺栓，AJR 发动机为 30 N·m，6BTA5.9 发动机为 99N·m。然后转动曲轴，查看活塞在气缸内运动，再检查活塞在上、下止点和气缸中部三个位置时，间隙差应不超过 0.1mm。否则，应找出原因校正后再组装。

平板主体　不大于 0.03mm　活塞连杆组　可调定位心轴

图 2-97　活塞连杆组装后垂直度检验

(二)活塞环和活塞的组装

首先将事先选配好的活塞与活塞环再次清洗，活塞环安装时，应注意各道环的不同安装位置和安装方向。

用专用工具将活塞环安装到相应的各缸活塞环槽上，AJR 发动机活塞环上有"TOP"标记的一面应朝上，6BTA5.9 发动机活塞环顶面上有"TOP"或供应商标记"."的一面也应朝上。为避免可燃混合气从活塞环的开口间隙中漏出，装配时应将环的开口互相错开。对于三道活塞环的发动机，三道活塞环的开口相互错开 120°，组合式油环装配时，先装衬环，后装刮片环，上下刮片环开口应错开 180°。衬簧的开口端固定在离油环体开口端 180°的位置。

(三)安装活塞连杆组

1. 安装

在活塞环、活塞裙部、连杆小头两侧、活塞销及连杆轴承上涂上适量润滑油。根据活塞及连杆上的标记(将活塞顶面上的箭头指向发动机前端)，将活塞连杆组自缸体上方装入各气缸之中，用活塞环卡箍约束活塞环，用手锤木柄将活塞推入气缸内，使连杆大头落于曲轴连杆轴颈上。盖上轴承盖，用规定力矩拧紧连杆螺栓。6BTA5.9 发动机连杆螺栓分两次交替拧紧，先以 55N·m 的力矩拧紧,再将螺栓拧紧 60°。AJR 发动机连杆螺栓,先以 30N·m 的力矩拧紧,再将螺栓拧紧 90°。

2. 检验

(1)检查连杆的轴向间隙。用撬棒把曲轴撬向一侧,使用卷尺测量曲轴的轴向间隙。AJR 发动机连杆的轴向间隙为 0.10~0.35mm,磨损极限值为 0.40mm。

(2)检查连杆轴承的径向间隙。将塑料间隙规横放在连杆盖的轴承全宽上,拧紧连杆轴承盖螺栓。拆下连杆轴承盖,用间隙对照尺量压扁的塑料间隙规的宽度,确定连杆径向间隙值。AJR 发动机连杆的径向间隙为 0.01~0.05 mm,磨损极限值为 0.12 mm ,在测量连杆径向间隙时不得转动曲轴。

六、曲柄连杆机构的装配与调整

(一)装配注意事项

(1)装配前必须对零部件进行清洗、检验,使所有待装零部件均达到技术标准要求。

(2)紧固螺栓应按规定顺序和力矩分次拧紧,仅可使用一次的连杆螺栓和缸盖螺栓应更换新件。

(3)配合件的摩擦表面在装配前应涂抹润滑油,以防相互划伤。

(4)装配过程中应尽可能使用专用工具,过盈配合件应使用专用工具安装。需要对零件表面施加压力或用锤敲击时,必须加垫软金属垫或软铳头。

(5)注意核对有关零件的装配标记,不得装错方向和位置。

(6)使用过的密封衬垫均应更换新件。

(二)装配与调整方法

曲柄连杆机构的装配一般按与拆卸时的相反顺序进行。下面仍以 AJR 型发动机为例加以介绍。

1. 安装曲轴与飞轮

(1)曲轴的安装

①将气缸体洗净倒置在工作台上,将 5 道有油槽的主轴承涂上润滑油按顺序放在气缸体轴承座上。把擦净的并已装有机油泵传动链轮和转速传感器脉冲轮的曲轴平放在轴承上(安装曲轴链轮时,先将链轮加热到 220℃,然后用专用工具将链轮压到曲轴上),装上已装有轴承的各道主轴承盖,在轴承盖落座后,从中间向两侧分几次均匀拧紧主轴承盖螺栓,最后扭紧力矩达到 65N·m,再将螺栓拧紧 90°。注意 1、2、3、5 道轴承无油槽,第 4 道轴承有油槽,轴向止推垫片装在第 3 道轴承盖的两侧。轴承全部装好后,用手扳动曲轴臂,曲轴应转动自如。

②轴向撬动曲轴检查其轴向间隙 主轴承盖紧固完毕后检查曲轴径向间隙,检查方法如前所述,轴承过紧或间隙不符合要求应查明原因,予以排除。

③安装曲轴前、后端油封、油封垫、油封法兰(油封架)等。安装曲轴前油封,先在油封的密封唇上涂上少量润滑油,将导向套筒定位在曲轴轴颈上。将油封导入导向衬套内,用同步带轮中间螺栓将油封压入。

(2)飞轮的安装

①在曲轴后端装上飞轮,飞轮上有点火正时标记 -0- ,换用新飞轮要检查有无点火正时标记,若没有要打上,以便校正点火正时。飞轮与曲轴固定螺栓拧紧力矩为 60N·m,再将螺栓拧紧 90°。

②飞轮装好后要检查飞轮平面度误差，一般在飞轮半径处检查，其值不得大于 0.15 mm。

③在曲轴后端内孔安装滚针轴承，用芯棒将轴承压入。轴承必须将打印朝外的一面装在外面，滚针轴承安装深度应为轴承外端面低于曲轴后端凸缘外端面 1.5mm。

2. 安装活塞连杆组件

(1)如前所述，组装活塞连杆组件，注意活塞应装入相对应的气缸，活塞顶部的箭头必须朝向发动机前方。

(2)使用活塞环钳安装活塞环，活塞环开口应错开 120°，活塞环上“TOP”标记必须朝向活塞顶部。

(3)如前所述，将活塞连杆组装入气缸。

(4)检查连杆轴承的轴向、径向间隙。

3. 安装气缸盖

安装气缸盖之前应按规定将气门组件装入气缸盖中，这部分内容详见单元三配气机构。

气缸盖的安装应按照与拆卸相反的顺序进行，但注意以下几点事项：

(1)在安装气缸盖之前，要将曲轴转动到第一缸的上止点位置。

(2)安装气缸垫时，有标号(配件号)的一面必须向上。

(3)更换气缸盖紧固螺栓，不能重复使用已经按照拧紧力矩拧紧过的气缸盖紧固螺栓。

(4)按照从中间向两侧，均匀、多次的原则，以 40N·m 的力矩拧紧气缸盖螺栓，然后再拧紧 180°。

(5)更换损坏的衬垫

(6)拧紧气门罩盖固定螺母，拧紧力矩为 10N·m。

小　结

曲柄连杆机构由机体组、活塞连杆组和曲轴飞轮组组成。发动机因气缸数量、布置形式、冷却方式、燃烧室结构等的不同，曲柄连杆机构在结构上也有所不同。

按照解体步骤进行发动机总成解体时，要做好装配标记和平衡标记。

气缸体、气缸盖是否有贯穿水道的裂纹，可以用水压试验法检验。对裂纹可以用螺钉填补法或堵漏法修理；气缸体、气缸盖接合平面的翘曲变形可用直尺塞规法测量，若平面度误差超过规定，可采用铲削、铣削或磨削的方法予以修复；主轴承座孔的圆度、圆柱度和同轴度误差超过规定时，可结合镗销主轴承予以修复；凸轮轴座孔同轴度误差超过规定时，也可以采用镗销轴承的方法进行修复；气缸体螺孔损坏可采用镶螺套法修复，然后重新加工出螺纹。

气缸的磨损总是遵循着一定的规律，可使用量缸表测量气缸的圆度、圆柱度误差，当它们超过规定值时，可采用镗磨或换装新缸套的方法予以修复。

镗磨后的气缸应保证同一修理尺寸级别，同组活塞直径、质量误差要符合要求；活塞环的尺寸级别、端隙、边隙、背隙、弹力、漏光度应符合要求；在铰销连杆小头衬套，选配活塞销时要保证铰销均匀，圆度、圆柱度、松紧度符合要求；连杆应进行弯曲、扭曲变形的检验，如弯曲、扭曲变形超过许用值时，应在专用校正器上进行连杆校正或更换新件。

曲轴轴颈的表面粗糙度、圆度、圆柱度误差和磨损量应符合要求，用 V 形块和百分表测量曲轴的同轴度，其径向圆跳动不能超过技术规范。曲轴弯曲常采用冷压校正或热校正；曲轴的圆度、圆柱度误差和磨损可采用磨削修复,磨削后其表面粗糙度 Ra 必须小于 32μm。

曲轴主轴承和连杆轴承的表面粗糙度、圆度、圆柱度、松紧度应符合要求;瓦背光滑、定位凸榫完好,弹性合适。曲轴轴承可采用手工刮削、镗削、拉削加工以保证轴承的径向间隙。

曲轴飞轮修复后,其动平衡应符合原厂规定。

曲柄连杆机构是发动机技术状况的标志性机构,在大修时,接近磨损极限的零部件,也应予以修复或更换,以保证大修后发动机的使用周期。

单元三 配气机构

单元要点

配气机构是控制发动机进气和排气的装置，其作用是按照发动机的工作顺序和各缸工作循环的要求，定时开启和关闭进、排气门，以便在进气行程使尽可能多的可燃混合气(汽油机)或空气(柴油机)进入气缸，在排气行程尽可能多的将废气快速排出气缸。

配气机构的某些零件，常受到高温气流和载荷的冲击，且润滑条件差。在长期工作中，这些零件会产生磨损、烧蚀或变形，使其配合性质发生变化，从而影响发动机的动力性和经济性。因此，必须认真检查和修复。

本单元以东风康明斯6BTA5.9发动机和桑塔纳AJR发动机为例，分别介绍了下置凸轮轴式和顶置凸轮轴式配气机构的结构、组成、工作原理和检修方法。

课题一 配气机构的结构与配气相位

四冲程车用发动机采用气门式配气机构。其结构型式多种多样，一般按气门布置型式的不同，可分为：侧置气门式和顶置气门式；按照凸轮轴布置型式的不同，可分为：下置式、中置式和顶置式；按照各气缸气门数量的不同，可分为：二气门、三气门、四气门、五气门配气机构，每缸超过二气门的发动机称为多气门发动机。目前发动机多采用顶置气门式配气机构，侧置气门式配气机构因充气效率低已被淘汰。

一、顶置气门式配气机构的总体布置

1.下置凸轮轴式配气机构

凸轮轴下置式配气机构应用最广泛。其进、排气门都倒装在气缸盖上，凸轮轴装在曲轴箱中上部，如图3-1所示。

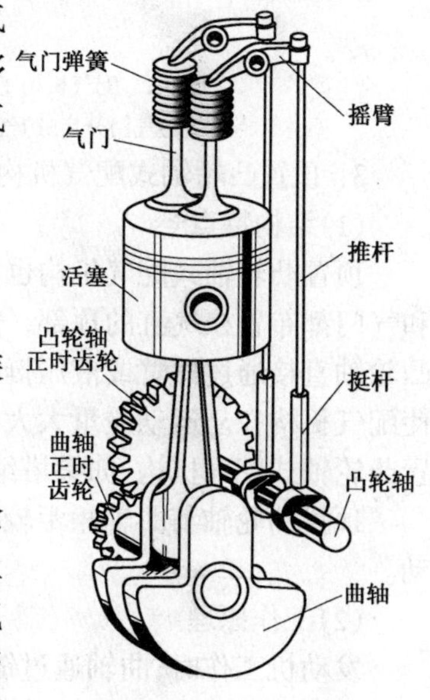

图3-1 下置凸轮轴式配气机构

(1)工作原理

发动机工作时曲轴通过正时齿轮驱动凸轮轴旋转，当凸轮的凸起部分顶起挺柱时，挺柱推动推杆一起上行，作用于摇臂上的推动力驱使摇臂绕轴转动，摇臂的另一端压缩气门弹簧使气门下行，打开气门，如图3-2a)所示。随着凸轮轴的继续转动，当凸轮的凸起部分离开挺柱时，气门便在气门弹簧弹力的作用下上行，关闭气门，如图3-2b)所示。

(2)结构特点

由于气门与凸轮轴相距较远，凸轮通过挺柱、推杆、摇臂才能启、闭气门，传动环节多、路线长，在高速运动时，整个系统会产生弹性变形，甚至出现震动，影响气门运动规律及其开启、关闭的准确性与工作的稳定性，所以它不能适应高速车用发动机的需要。但曲轴与凸轮轴距离较近，可以简化两者之间的传动装置，有利于整机的布置，绝大多数车用柴油机和部分中低速汽油机采用了这种型式的配气机构，如6BTA5.9发动机。

(3)传动比

四冲程发动机每完成一个工作循环，曲轴旋转两周，凸轮轴只旋转一周，每缸进、排气门各开启一次，曲轴与凸轮轴间的传动比为2:1。

2. 中置凸轮轴式配气机构

高转速发动机为了减小气门传动机构的往复运动质量，可将凸轮轴位置移到气缸体的上部，缩短推杆或适当加长挺柱后去掉推杆，由凸轮轴经过挺柱直接驱动摇臂，这种结构称为中置凸轮轴式配气机构，如图3-3所示。由于凸轮轴上移后，曲轴与凸轮轴之间距离增加，已不可能直接采用正时齿轮来传动，因而需要增加中间齿轮或采用链传动方式。

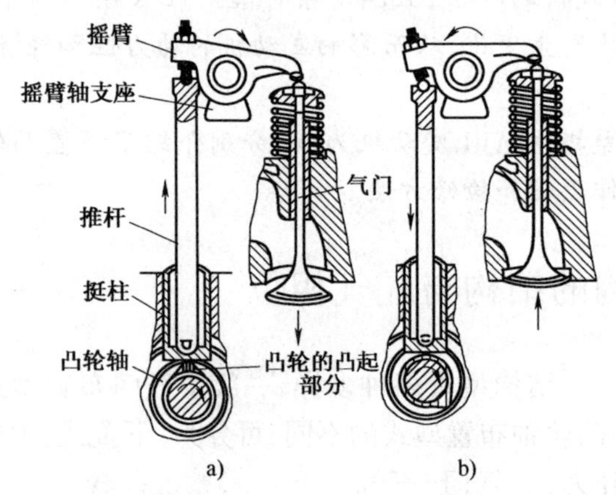

图3-2 配气机构工作原理图
a)气门开启；b)气门关闭

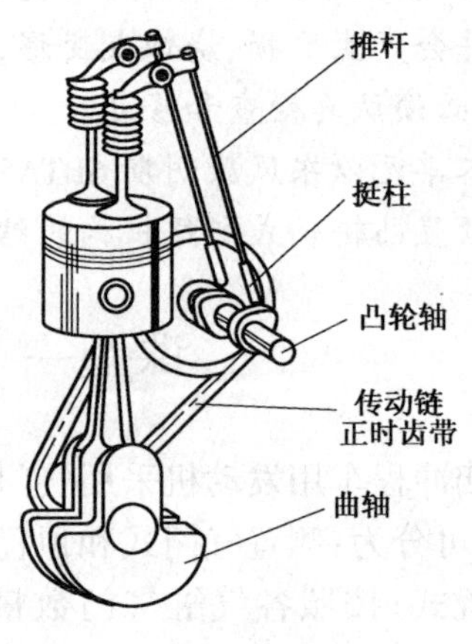

图3-3 中置凸轮轴式配气机构

3. 顶置凸轮轴式配气机构

(1)结构特点

顶置凸轮轴式配气机构也称上置凸轮轴式配气机构，其结构型式如图3-4所示。凸轮轴和气门都布置在气缸的顶部，气门装在气缸盖之中，凸轮轴则安装在气缸盖的凸轮轴支座上。凸轮轴直接通过摇臂或液压挺柱来驱动气门，凸轮轴与气门之间没有了推杆等中间传动机件，使配气机构往复运动质量大大减小，因此它适用于高速发动机。目前轿车发动机上多采用顶置凸轮轴式配气机构，如桑塔纳AJR发动机等。

顶置凸轮轴与曲轴相距较远，必须采用链传动或齿形皮带传动的方式来取代正时齿轮传动。

(2)工作原理

发动机工作时，曲轴通过链条或齿形皮带机构驱动凸轮轴旋转。当凸轮凸起部分开始推动摇臂绕轴转动，摇臂的另一端则克服气门弹簧的弹力推动气门离开气门座圈，使进气门打开；随着凸轮轴的继续旋转，当凸轮的凸起部分离开摇臂时，气门在气门弹簧弹力的作用下落座，进气门关闭。同样，在排气行程时，由凸轮轴上的排气凸轮驱动排气门打开，当凸轮轴转到排气凸轮的凸起部分离开摇臂时，排气门在气门弹簧的作用下落座，排气门关闭。四冲程发动机顶置凸轮轴式配气机构的工作过程见图 3-5。

顶置凸轮轴式配气机构有单凸轮轴式和双凸轮轴式之分，如图 3-4 所示，图 a)为单凸轮轴式，由单根凸轮轴同时驱动进气门和排气门的开闭。图 b)为双凸轮轴式，由两根凸轮轴分别驱动进气门和排气门。

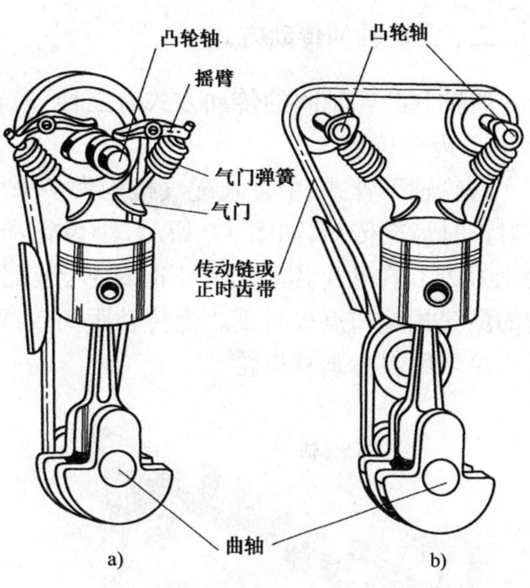

图 3-4　顶置凸轮轴式配气机构

顶置气门式配气机构的气门驱动形式通常有两种，一种是凸轮轴通过摇臂驱动气门的型式(图 3-4a)，另一种是凸轮轴直接驱动式。凸轮轴直接驱动式又可分为无挺柱驱动式(图 3-4b)和有挺柱驱动式(图 3-6)两种。桑塔纳 JV 发动机的配气机构如图 3-6 所示，由图可看出，该配气机构由凸轮轴直接通过液压挺柱驱动气门开闭。

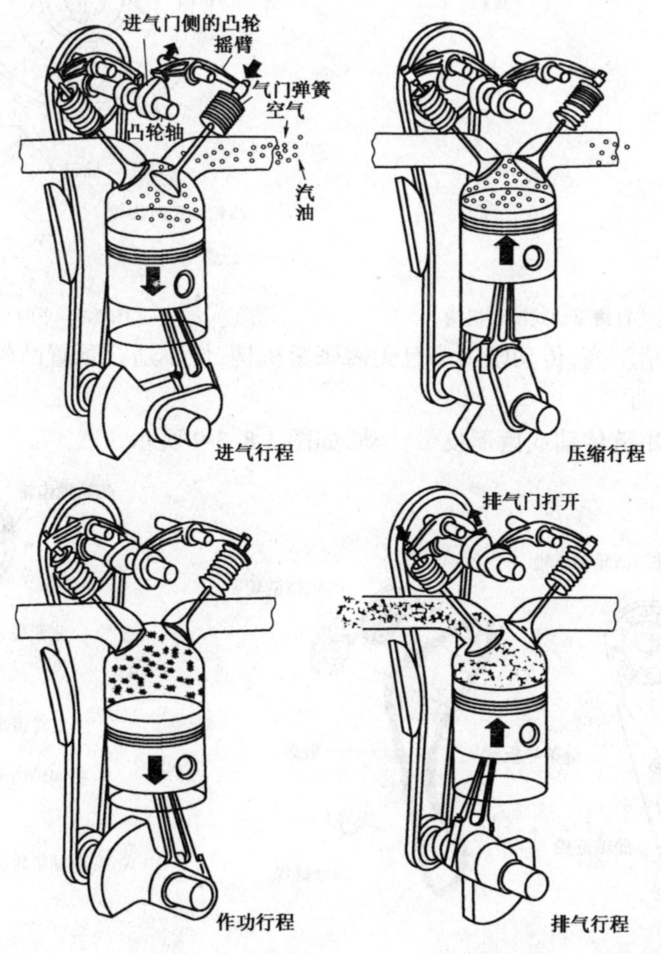

图 3-5　顶置凸轮轴式配气机构的工作原理

二、凸轮轴的传动方式

曲轴和凸轮轴间的传动方式有三种:齿轮传动、链传动和齿形皮带传动。

1. 齿轮传动

凸轮轴下置式、中置式配气机构大多采用圆柱形正时齿轮传动,一般从曲轴到凸轮轴只需一对正时齿轮传动,如图 3-7 所示,小齿轮和大齿轮分别用键装在曲轴和凸轮轴的前端,其传动比为 2:1,在两个齿轮上有正时记号,装配曲轴和凸轮轴时必须将正时记号对准,以保证正确的配气相位和点火时刻。当传动距离较远时也可加中间齿轮。为了啮合平稳,减小噪声,正时齿轮多用斜齿圆柱齿轮。

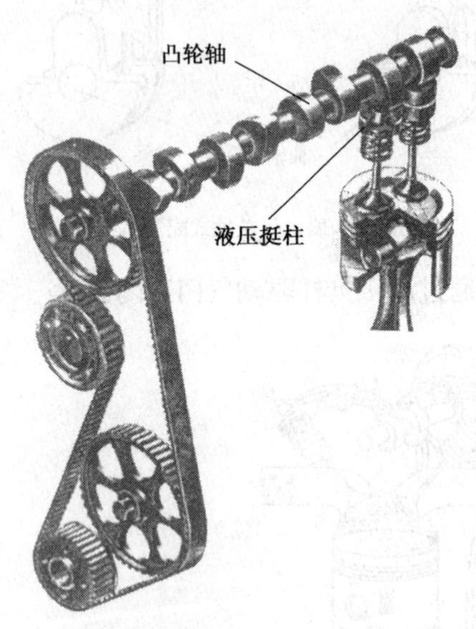

图 3-6　凸轮轴有挺柱直接驱动式配气机构

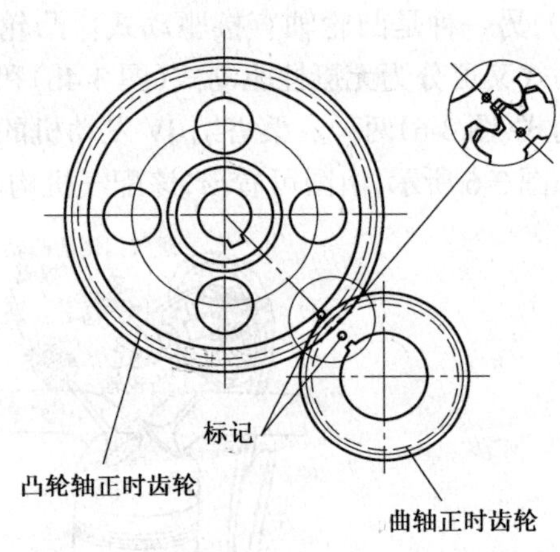

图 3-7　正时齿轮传动

齿轮传动正时精度高,传动阻力小且无需张紧机构,但不适合顶置凸轮轴式配气机构。

2. 齿形皮带传动

顶置凸轮轴采用链传动或齿形皮带传动,如图 3-8、3-9 所示。

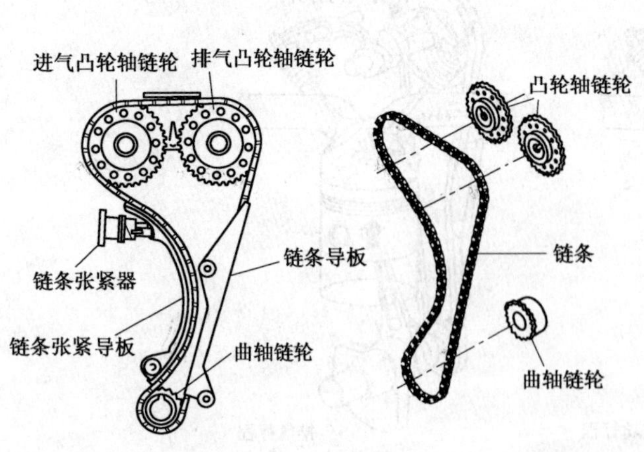

图 3-8　顶置双凸轮轴链传动

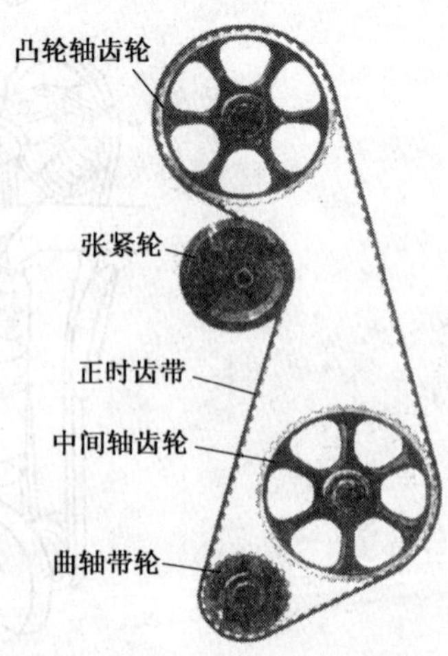

图 3-9　齿形皮带传动

链传动的可靠性和耐久性不如齿轮传动。其传动性能主要取决于链条的质量。齿形皮带传动与链传动相比,传动平稳,噪声小,不需要润滑,且制造成本低,广泛应用于中高速发动机上。齿形皮带一般用氯丁橡胶制成,中间夹有玻璃纤维和尼龙织物,以增加强度。随着材料性能和制造水平的提高,齿形皮带寿命已提高到 10 万 km 以上。

上海桑塔纳、一汽奥迪、神龙富康等车型的发动机配气机构均采用齿形皮带传动。

无论采用哪一种传动方式,曲轴与凸轮轴之间都必须保证 2:1 的传动比。

三、多气门发动机配气机构

一般发动机都采用每缸两个气门,一个进气门和一个排气门。为了进一步改善发动机气缸的换气,在可能的条件下,应尽量加大气门的直径。但是,由于燃烧室尺寸的限制,气门直径最大一般不能超过气缸直径的一半。当气缸直径较大,活塞速度较高时,每缸两气门的结构已不能保证良好的换气质量。因此,在很多新型汽车上采用多气门发动机。其中应用最广的是四气门结构,即两个进气门和两个排气门。

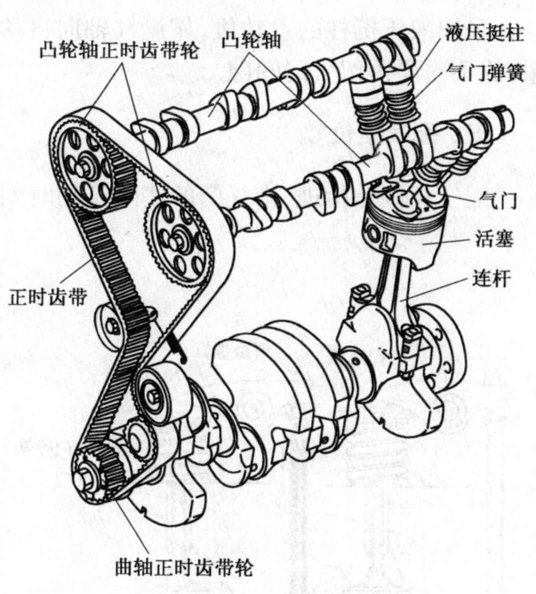

图 3-10 顶置双凸轮轴齿形皮带传动方式

四气门发动机配气机构一般采用顶置双凸轮轴式结构,其布置型式如图 3-10 所示,气门的驱动方式有直接驱动方式(图 3-10、3-11),也有摇臂驱动方式(图 3-12)。

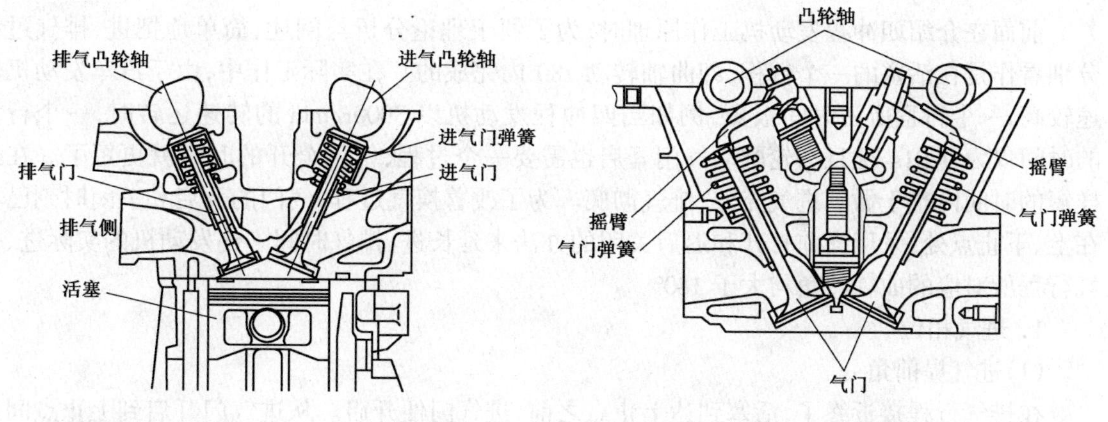

图 3-11 顶置凸轮轴无挺柱直接驱动式

图 3-12 顶置双凸轮轴摇臂驱动式

四、气门间隙

发动机工作中,气门及其传动件将因温度升高而膨胀。为了保证气门在工作的状态下能正常关闭,通常在发动机冷态装配时,在气门及其传动机构中留有适当的间隙,以补偿气门受热后的膨胀量。这一预留间隙称为气门间隙,如图 3-13a)所示。

气门间隙的大小一般由发动机制造厂家根据试验确定。一般冷态下,下置凸轮轴的进气门间隙为 0.25 ~ 0.30mm,排气门间隙为 0.30 ~ 0.35mm。间隙过小,发动机在热态下可能会发生漏气现象,导致功率下降,甚至烧坏气门,如图 3-13b)所示;间隙过大,传动零件之间以及气门与气门座之间将产生撞击,造成整个配气机构运转不平稳,噪声增大,且使气门开启持续时间减少,进气不充分和排气不彻底。

采用液压挺柱的发动机,靠挺柱轴向自动调整功能改变挺柱长度,随时补偿气门的热膨胀量,故不需要预留气门间隙。

五、配气相位

配气相位是指进、排气门的实际开闭时刻,通常用曲轴转角来表示,如图 3-14 所示。

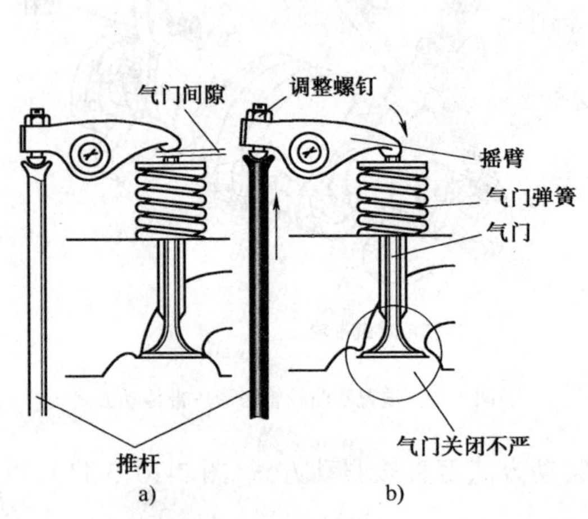

图 3-13　气门间隙

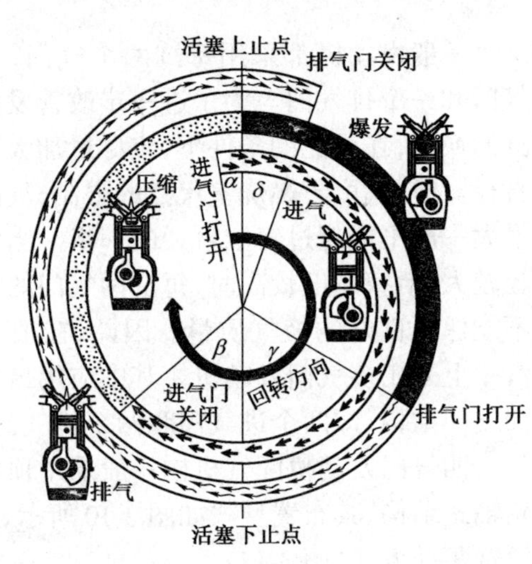

图 3-14　配气相位图

前面在介绍四冲程发动机工作原理时,为了便于理论分析与阐述,简单地把进、排气过程分别看作是在活塞的一个行程,即曲轴转动 180°内完成的。在实际工作中,由于汽车发动机转速较高,一个行程所占时间很短,例如当四冲程发动机以 3000r/min 的转速运转时,一个行程的时间仅为 0.01s,况且凸轮驱动气门开启也需要一个过程,气门全开的时间就更短了。在这样短的时间内难于做到进气充分,排气彻底。为了改善换气过程,气门的开启和关闭时刻已不在上、下止点处,采用提前打开和迟后关闭的办法来延长进、排气时间。使发动机的实际进、排气行程所对应的曲轴转角均大于 180°。

1. 进气相位

(1)进气提前角 α

在排气行程接近终了,活塞到达上止点之前,进气门便开启。从进气门开启到上止点间所对应的曲轴转角 α 叫进气提前角。进气门提前开启,保证了进气行程开始阶段气门已有较大的开度,有利于提高充气量。α 角一般为 10° ~ 30°。

(2)进气迟后角 β

活塞越过进气行程下止点上行(压缩行程开始)一段后,关闭进气门。从下止点位置至进气门关闭所对应的曲轴转角 β 称为进气迟后角。进气门滞后关闭,能够充分利用进气行程结束前缸内存在的压力差和较高的气流惯性继续进气。下止点过后,随着活塞的上行,气缸内的压力逐渐增大,进气气流速度也逐渐减小,理论上当气缸内外压力差消失,流速接近为零时,关闭进气门，此时对应的 β 角最佳。若 β 角过大，会引起进气倒流现象。β 角一般为 40° ~ 70°。

进气门持续开启时间可用曲轴转角来表示，即进气持续角应为 $\alpha + 180° + \beta$。如 JV 发动机的进气持续角为 227°。

2. 排气相位

(1)排气提前角 γ

在作功行程的后期，活塞到达下止点之前，排气门提前打开。从排气门打开至下止点间所对应的曲轴转角 γ 就称为排气提前角。排气门适当提前打开，利用较高的缸内压力将大部分燃烧废气迅速自由排出，待活塞上行时缸内压力已大大下降，可以使排气行程所消耗的功率大为减少。此外，高温废气提前排出也有利于防止发动机过热。γ 角一般为 40° ~ 80°。

(2)排气迟后角 δ

活塞越过排气上止点，延迟一定时刻后再关闭排气门。从上止点到排气门关闭所对应的曲轴转角 δ 称为排气迟后角。δ 角一般为 10° ~ 30°。由于活塞到达上止点时气缸内的压力仍高于大气压，且废气气流有一定的惯性，适当延迟排气门关闭时刻可以利用此压力和气流惯性使废气排得较干净。

排气门开启持续时间用排气持续角来表示，应为 $\gamma + 180° + \delta$。如 6BTA5.9 发动机排气持续角为 248°。

3. 气门的叠开

进气行程和排气行程是发动机工作循环中相互连接的两个行程，通过分析图 3-14 可知，由于进气门在上止点前即排气行程结束前开启，而排气门在上止点后即进气行程开始后关闭，这就出现了在上止点附近，同一段时间内，进、排气门同时开启，进气道、燃烧室、排气道三者沟通的现象，通常称为气门叠开。对应的曲轴转角($\alpha + \delta$)，为气门叠开角。叠开期间进、排气门的开度均比较小，且由于进气气流和排气气流的惯性较大，短时间内不会改变流向，因而只要气门叠开角选择适当，就不会出现废气倒流入进气管和新鲜气体随同废气排出的问题。若叠开角过大，发动机小负荷运转时则会出现上述问题，致使发动机换气质量下降。

合理的配气相位由制造厂家根据发动机结构和性能要求的不同，通过反复试验来确定。表 3-1 列出了常见车型的配气参数。

常见车型配气相位参数一览表　　表 3-1

车型	发动机型号	进 气		排 气	
		进气提前角(α)	进气迟后角(β)	排气提前角(γ)	排气迟后角(δ)
桑塔纳 GSi	AJR	上止点后 1.2°	37.45°	40.8°	上止点前 4.55°
EQ1141G7D	6BTA5.9	10°	30°	58°	10°
夏利 7100U	3760	19°	51°	51°	19°
桑塔纳 LX	JV	10°	37°	42°	2°
富康 ZX	TU3 - 2/K	75°	41°26′	51°28′	1°14′
奥迪 100	JW	3°	41°	33°	5°
CA1092	CA6102	15°	45°	45°	15°
EQ1092	EQ6100	20°	56°	38.5°	20.5°
依维柯	8140.27	8°	37°	48°	8°

六、AJR 发动机配气机构的总体构造

AJR 发动机的配气机构采用了同步齿形皮带驱动的单根顶置凸轮轴、单列顶置气门、液压筒形挺柱、直顶式配气机构。

1．配气机构的拆卸

AJR 发动机配气机构的解体应在专用的拆装架上进行，如图 3-15、3-16 所示。解体时，应使用专用工具先拆除发动机各附件，然后按照由外到内的顺序进行分解。具体步骤如下：

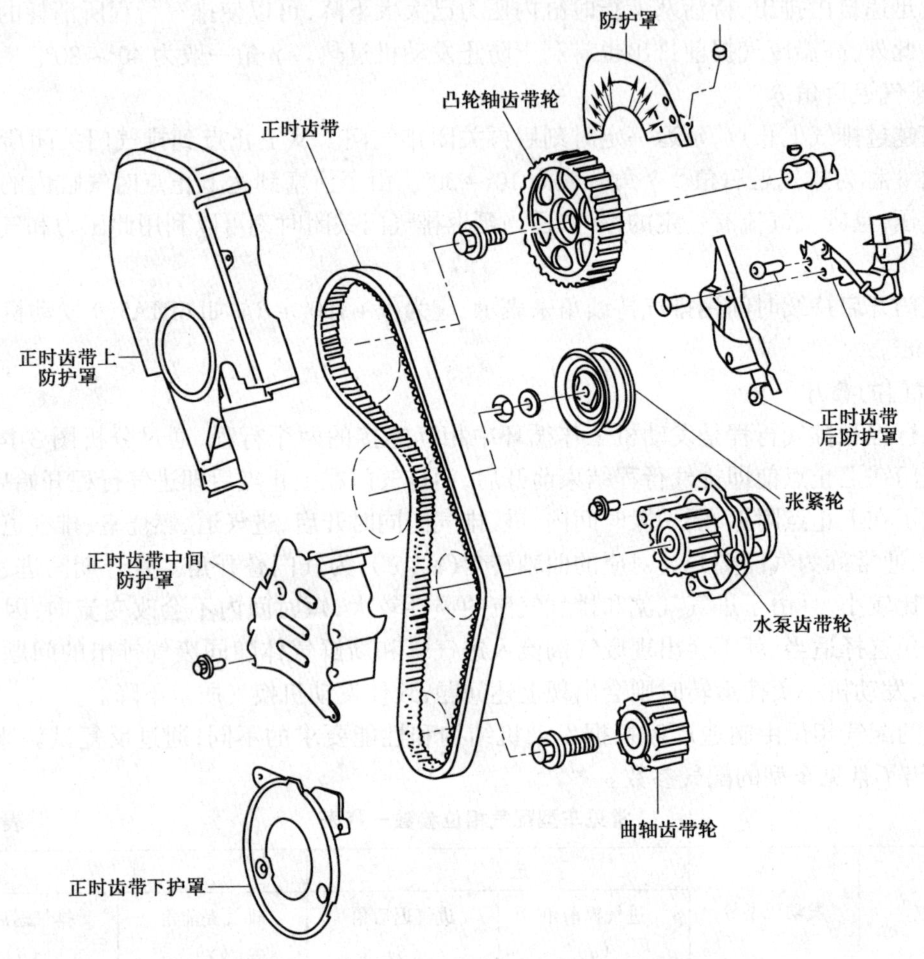

图 3-15　齿形皮带传动分解图

(1)拆下曲轴皮带轮；

(2)拆除齿形皮带护罩；

(3)松开齿形皮带张紧轮，取下齿形皮带，拆下张紧轮；

(4)拧下曲轴齿形皮带轮紧固螺栓，拆下曲轴齿形皮带轮；

(5)拧下气门罩盖的紧固螺母，取下加强条、气门罩盖、挡油罩及密封衬垫；

(6)拧下缸盖紧固螺栓，取下气缸盖，气缸盖螺栓拆卸顺序见图 2-5；

(7)从气缸盖上拆下凸轮轴各道轴承盖的紧固螺母(先松 1、3、5 道轴承盖螺母，再松 2、4 道轴承盖螺母)，取下轴承盖及凸轮轴，轴承盖按顺序排列或打上装配标记，不得错乱；

(8)取出液压挺柱，按顺序排列或在内壁上做出标记；

(9)用专用工具压下气门弹簧，取出气门锁片、气门弹簧座、气门弹簧、气门油封及气门，各组件按顺序摆放好，不得错乱。

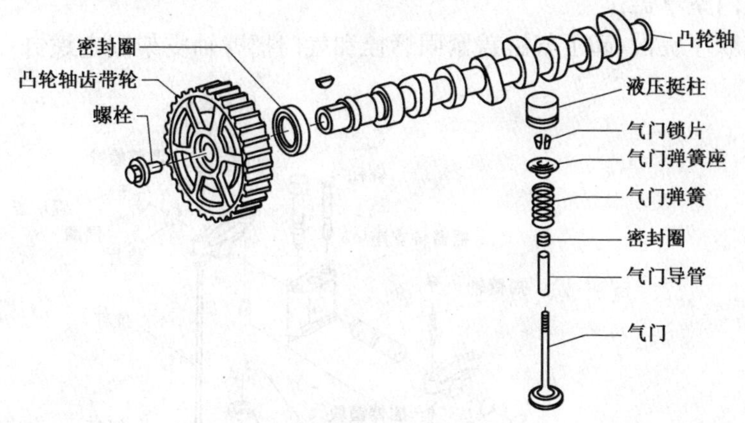

图 3-16　凸轮轴与气门的分解图

2. 配气机构组成及结构特点

AJR 发动机的配气机构与采用凸轮轴支架、摇臂和摇臂轴等零件的顶置气门式配气机构相比，凸轮轴直接安装在气缸盖上平面内和 5 个轴承盖组合而成的承孔中，凸轮通过液压挺柱直接驱动气门。其结构简单紧凑、噪声低、具有工作可靠性好的特点。

配气机构由气门组(进、排气门、气门座、气门导管、气门油封、气门弹簧、弹簧座圈、气门锁片)和气门传动组(液压挺柱、凸轮轴、凸轮轴正时齿形皮带轮及齿形皮带等)组成。其相互位置关系如图 3-16 所示，凸轮轴的正时传动关系如图 3-17 所示。

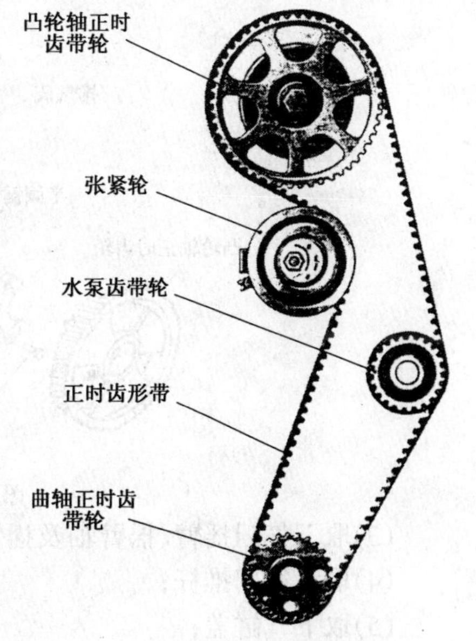

图 3-17　凸轮轴正时传动关系

3. 配气机构的装配

配气机构的装配按拆卸时的相反顺序操作，并应注意下列事项：

(1)装配前必须对零部件进行清洗、检验；

(2)气门组件、液压挺柱、凸轮轴轴承盖等部件必须按原位装入，不得装错；

(3)各紧固件必须按规定顺序和扭紧力矩拧紧；

(4)安装齿形皮带时，必须使凸轮轴齿形皮带轮上的标记与气门罩盖平面平齐。

七、康明斯 6BTA5.9 发动机配气机构的总体构造

1. 配气机构的组成

康明斯 6BTA5.9 发动机采用下置凸轮轴、顶置气门式配气机构，其组成见图 3-18。与桑塔纳配气机构相比，气门传动机构差异较大，由正时齿轮、凸轮轴、挺柱、推杆、摇臂、摇臂轴、气门间隙调整螺钉等零部件组成。

2. 配气机构的拆卸

首先,拆卸发动机机体外部的各种附件和装置,然后再按下列步骤拆除配气机构。

(1)拆除气门室罩盖;

(2)按规定顺序旋松、卸下气缸盖紧固螺栓和气门摇臂轴支架固定螺钉;

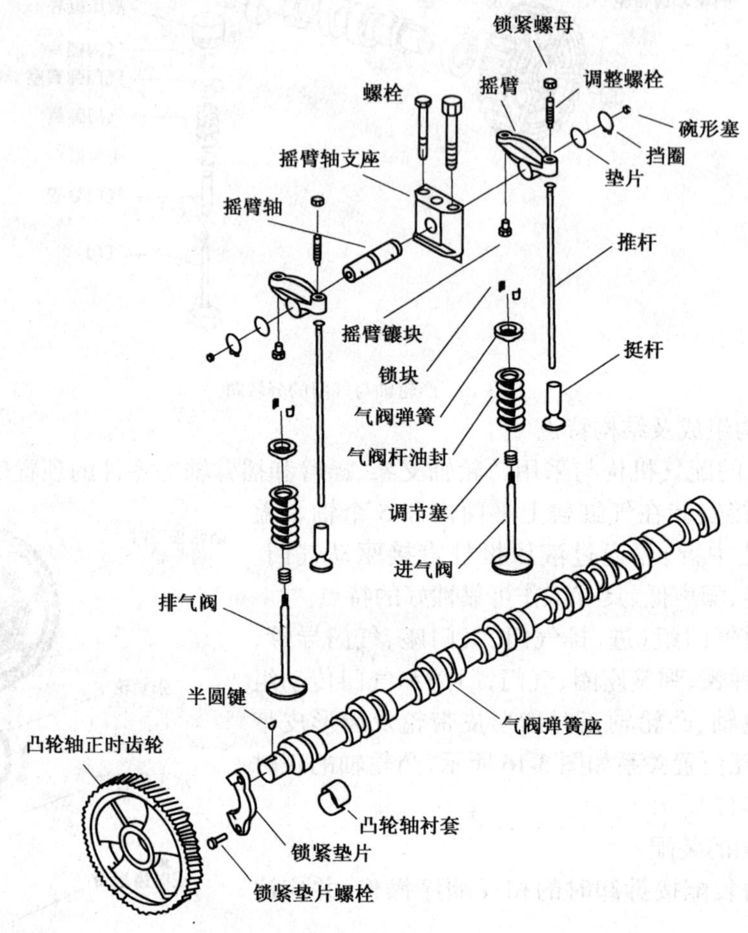

图 3-18　6BTA5.9 发动机配气机构

(3)取下气门摇臂、摇臂轴及摇臂轴支架;

(4)取下气门推杆;

(5)取下气缸盖;

(6)用气门弹簧钳压缩气门弹簧,取下气门锁片后,松开弹簧钳再取出弹簧座圈、气门弹簧、进排气门等零件,各缸气门应做出标记,以免错乱;

(7)解体气门摇臂机构;

(8)拆除凸轮轴轴向止推法兰,取出凸轮轴,拆除油底壳,取出挺柱;

(9)压出凸轮轴正时齿轮。

配气机构的装配按上述相反顺序进行,安装过程中应注意下列事项:

(1)安装凸轮轴时必须对准正时齿轮上的标记;

(2)气门等零部件必须按原位对号装入,不得装错;

(3)各紧固件必须按规定的顺序和扭紧力矩拧紧;

(4)气门间隙的调整：只有当气门完全关闭，挺柱落在凸轮的基圆上时，才可以调整气门间隙。

课题二　配气机构主要零部件的构造及检修

一、气门组主要零件

气门组包括气门、气门座、气门导管、气门油封、气门弹簧、气门弹簧座及锁片，如图 3-19 所示。

气门组件的作用是保证实现气缸的可靠密封，工作中要求：气门头部与气门座贴合紧密，不得漏气；气门导管对气门杆的往复运动导向良好；气门弹簧两端面与气门杆中心线相互垂直，以保证气门头在气门座上不偏斜；气门弹簧的弹力足以克服气门及其传动件的运动惯性力，使气门能迅速闭合，并能保证气门关闭时紧压在气门座上。

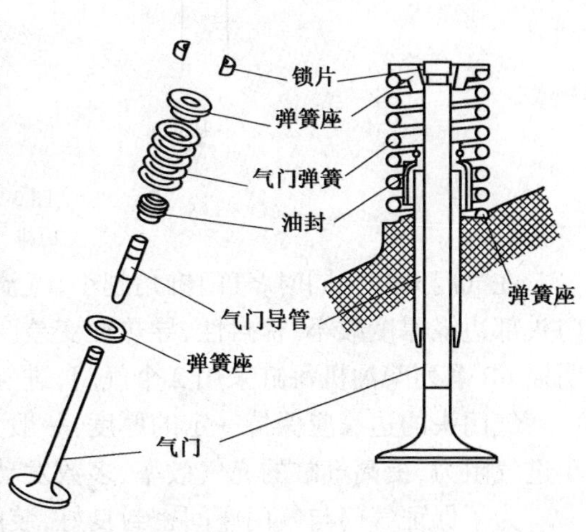

图 3-19　气门组件的组成

1. 气门

1)气门的构造

气门分进气门和排气门两种。进、排气门结构相似，都由头部和杆部两部分组成，如图 3-20 所示。

(1)气门头部

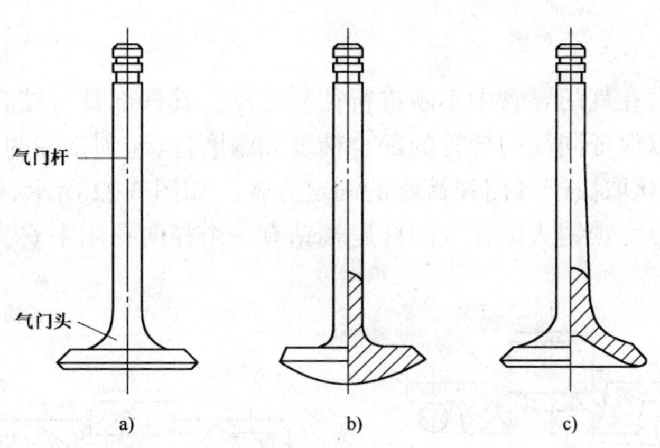

图 3-20　气门
a)平顶；b)凸顶；c)凹顶

气门头部的形状一般有以下三种形式：

平顶气门，结构简单，受热面积小，便于制造。进、排气门都可以采用，目前应用最广泛。

凸顶气门，呈球面形，中央加厚，强度增加，适用于排气门。与平顶气门相比，受热面积大，质量增加，较难加工。

凹顶气门，呈喇叭形，头部与杆部过渡曲线呈流线形，适用于进气门，凹顶受热面积最大，不宜用于排气门。

气门头部与气门座接触的工作面是与杆部同心的锥面。通常将这一锥面与气门顶平面的夹角称为气门锥角,如图 3-21 所示。常见的气门锥角为 30°和 45°,一般做成 45°,如 AJR 发动机每缸采用两个气门,进、排气门锥角都是 45°。

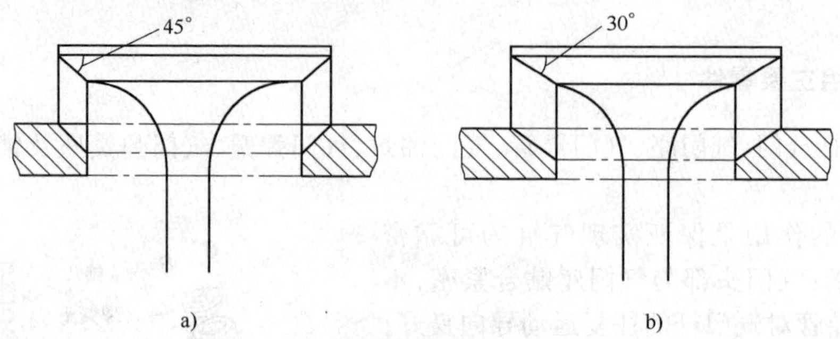

图 3-21　气门锥角
a)排气门;b)进气门

在气门升程相同时,气门锥角越小,气流通道截面越大、通过能力越强。但同时也会使气门头部边缘厚度减小,密封性、导热性变差。所以有些发动机进气门的锥角做成 30°。例如康明斯 6B 系列柴油机每缸采用 2 个气门,进气门锥角做成 30°,排气门锥角做成 45°。

气门头的边缘应保持一定的厚度,一般为 1 ~ 3mm,以防冲击损坏和被高温烧蚀。为了减小进气阻力,提高气缸的充气效率,多数发动机的进气门头部直径比排气门的大。

为了保证气门与气门座间密封良好,装配前应将二者的密封锥面互相研磨,形成连续、均匀、宽度符合要求的接触环带,研磨后的气门不能互换。当气门与气门座的锥面精度达到密封要求时也可以不研磨。

(2)气门杆部

气门杆呈圆柱形,在气门导管中不断进行往复运动。其杆部具有较高的加工精度,表面须经过热处理和磨光,以保证同气门导管的配合精度和耐磨性,起到良好的导向和散热作用。

气门杆尾端的形状取决于气门弹簧座的固定方式。如图 3-22 所示,锁片式在气门杆尾端开有环槽用来安装锁片;锁销式则在气门杆尾端钻有一个径向孔用来安装锁销。

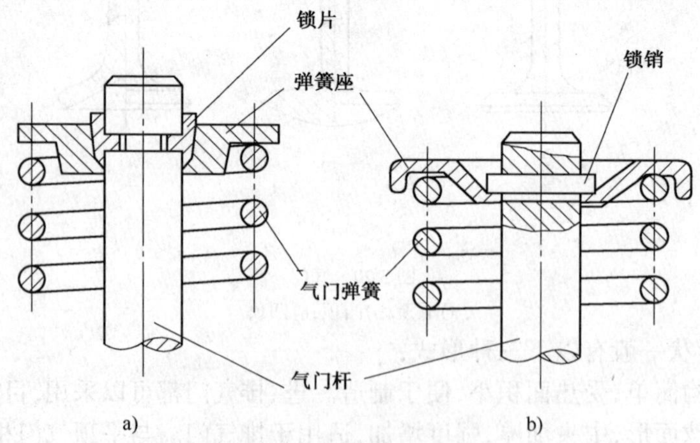

图 3-22　气门弹簧座固定方式
a)锁片式;b)锁销式

大多数发动机的气门杆尾端都采用锁片式(如 6BTA5.9,AJR),也有少数发动机采用锁销式,如 CA6102 汽油机就采用了锁销固定方式。

为了保证在高温条件下工作可靠,要求气门必须具有足够的强度、刚度、耐热和耐磨性。由于进、排气门的工作条件不同,进气门的材料采用合金钢(如铬钢或镍铬钢),排气门由于热负荷大,一般采用耐热合金钢(如硅铬钢等)。有的排气门为了降低成本,头部采用耐热合金钢,而杆部采用合金钢,然后将二者焊在一起。

2)气门的检修

气门的损伤有:气门工作面磨损、气门杆磨损、气门杆端面磨损、气门杆变形等。当气门出现这些损伤时,可酌情修复或更换。有些发动机(如 AJR)规定气门不能进行修复,应按规定更换。

(1)外观检验

如发现气门有裂纹、破损或熔蚀烧损时,应更换气门。

(2)气门工作面磨损的检修

气门工作面磨损将破坏气门与气门座的密封性,而导致漏气,并改变气门间隙,因此必须进行认真检查。

检查气门工作面的磨损,主要是观察气门工作面是否有斑点、烧蚀、刻痕和凹陷。损伤严重的应予更换。气门工作面的修理工作主要在气门光磨机上进行,如图 3-23 所示,其主要目的是磨去工作面上烧蚀的麻点和凹坑,增强与气门座之间的密封性。

气门经光磨修理后,其边缘逐渐变薄,工作时容易变形和烧蚀,气门头最小边缘厚度不得超过最小允许极限,如图 3-24 所示,否则应更换气门。6BTA5.9 发动机气门磨削后,允许头部边缘最小厚度为 0.79mm。

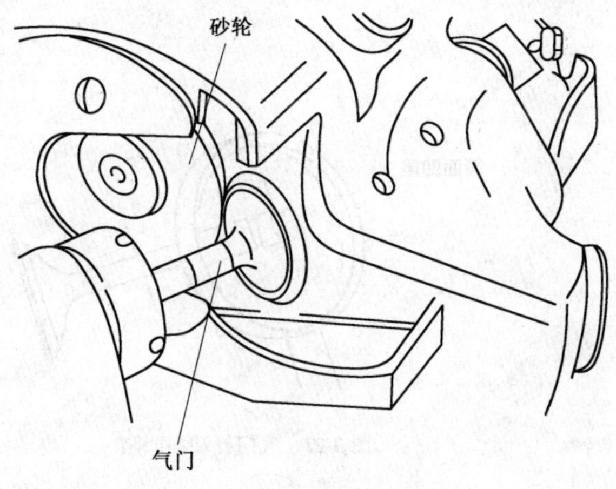

图 3-23 使用气门光磨机修磨气门工作面

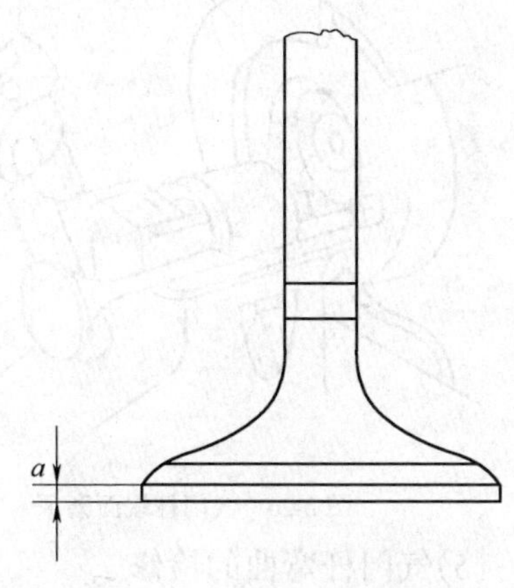

图 3-24 气门头边缘厚度

(3)气门杆磨损的检修

气门杆磨损,使气门杆与导管孔的间隙增大,易使气门歪斜,导致气门关闭不严而漏气。当高温废气通过导管孔间隙,使气门及导管过热,加速它们的磨损,并可能由于导管中润滑油烧结,使气门卡死而无法工作。

气门杆磨损用外径千分尺测量,如图 3-25 所示,测量部位在气门杆上、中、下三个箭头所示的部位。若测得的数值超过磨损极限应换新件。如 6BTA5.9 发动机,其气门杆的最小允许直径为 7.935～7.940mm，若实测直径小于该值，则应换新件。

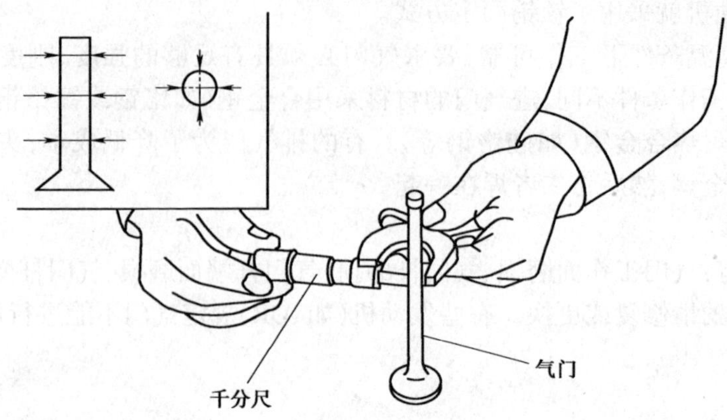

图 3-25　测量气门杆磨损程度

(4)气门杆端面磨损的检修

气门杆端面磨损，往往使端面不平。当气门顶起时，挺柱（或摇臂）的作用力将产生侧向力，使气门杆歪斜，气门关闭不严。

将气门放置在两 V 形块上，用百分表检查其端面，百分表指针摆差应不大于 0.03mm，否则可用气门光磨机修磨，将气门杆端磨平，如图 3-26 所示。

气门杆端面磨损也可通过检视法检查，检查气门杆端部，若出现图 3-27 所示情况，可用气门光磨机修磨。

气门杆端面磨损与气门工作面的损伤在维修中是同时在气门光磨机上修复的。

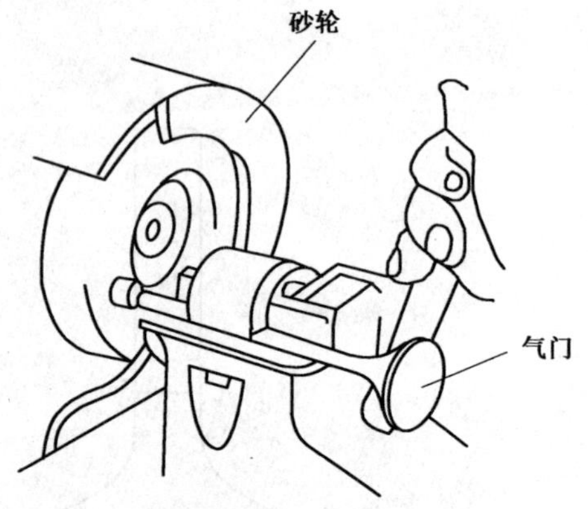

图 3-26　气门杆端面磨平

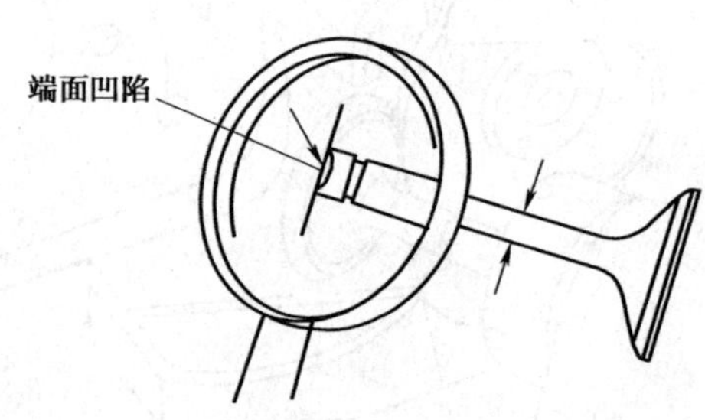

图 3-27　气门杆端面凹陷

(5)气门杆弯曲的检修

气门杆的弯曲可用百分表来测定，如图 3-28 所示，操作方法如下：

①将气门支承在两个相距 100mm 的 V 形架上；

②将百分表触头抵在气门杆中间，转动气门杆一圈，百分表所示的最大与最小读数之差，即为气门杆的弯曲度；

③将百分表触头抵住气门头平面，转动气门一圈，百分表最大与最小读数之差即为气门头部的倾斜度误差；

④若气门弯曲度超过 0.05mm，倾斜度误差超过 0.03mm，应更换气门。

2．气门导管

1)气门导管的构造

气门导管的作用是导向，以保证气门上下往复运动时不发生径向摆动，准确落座，与气门座正确贴合；同时气门导管起传热作用，将气门头部传来的热量经气门导管传给缸盖。

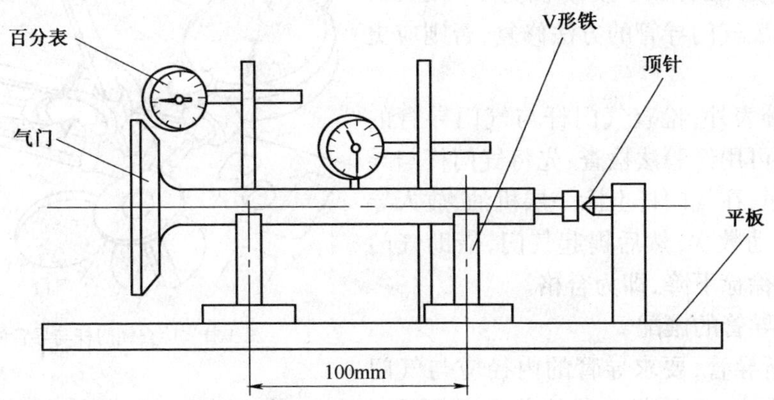

图 3-28　气门杆弯曲的检验

气门导管为圆筒形管，以过盈配合方式压入气缸盖中。为了防止气门导管在使用过程中脱落，有的发动机在气门导管上加装定位卡环，如图 3-29 所示。

气门导管的工作温度较高，为了不使机油通过导管被吸入气缸，在导管上还装有油封，气门杆在导管中运动时的润滑条件较差，为改善润滑性能，气门导管一般用含石墨较多的铸铁或粉末冶金制成，以提高自润滑性能。

也有的发动机没有单独的气门导管，其气门导孔与缸盖制成一体，气门直接在气缸盖的导孔中运动。如 6BTA5.9 发动机即采用这种型式，如图 3-30 所示。

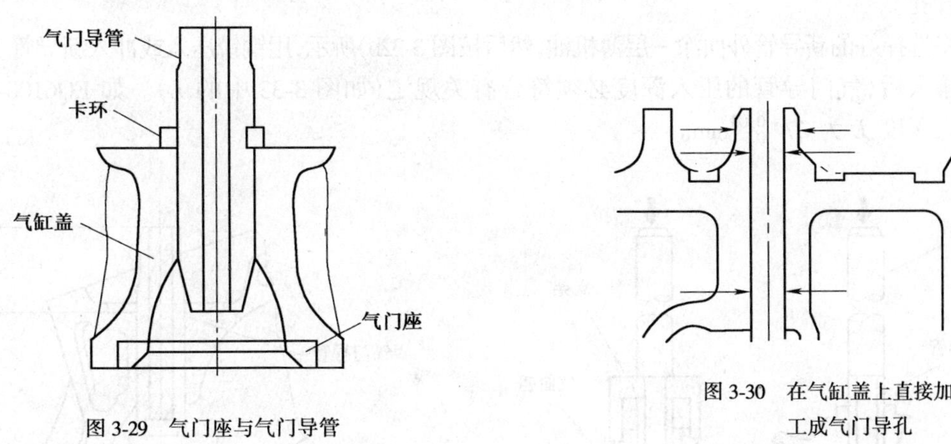

图 3-29　气门座与气门导管

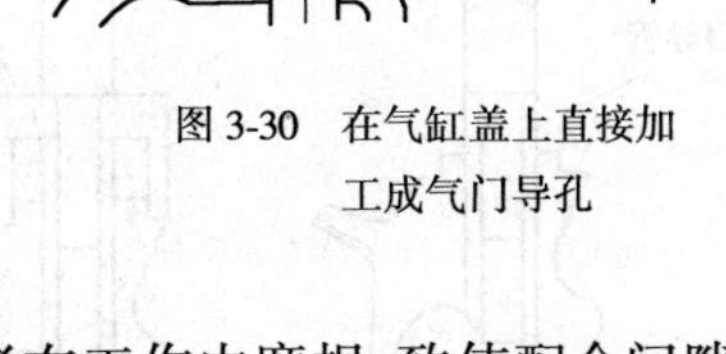

图 3-30　在气缸盖上直接加工成气门导孔

2)气门导管的检修

发动机工作中，气门杆在气门导管中滑动。由于二者在工作中磨损，致使配合间隙增大，造成气门与气门座密封不良或偏磨。

(1)气门杆与导管配合间隙的检查

①将气门提离气缸盖平面 15mm 左右，用百分表触头抵在气门头的边缘处，如图 3-31 所示。

②然后左右摆动气门，百分表指针摆动读数的一半即为被测气门杆与导管的配合间隙(表3-2)。如该值超过使用极限时，应更换气门导管。对于没有气门导管的发动机，一般留有镶气门导管的余量，当气门杆与气门导孔配合间隙超过极限(如6BTA5.9发动机为0.149mm)时，可通过镶配气门导管的方法修复，否则应更换气缸盖。

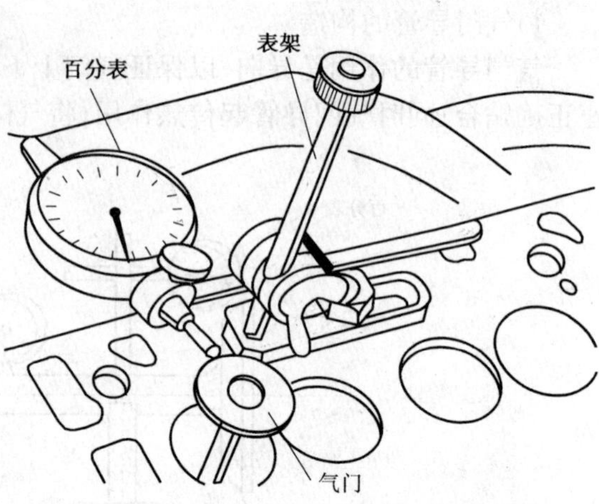

图3-31　检查气门杆与导管的配合间隙

除用百分表外，检查气门杆与气门导管的配合间隙，还可用经验法检查：先将气门杆与导管孔洗擦干净，在气门杆上涂一层机油，放入导管内，上下拉动数次，然后提起气门，借助气门杆自身重量，徐徐下降，即为合格。

(2)气门导管的镶配

①选择新导管，要求导管的内径应与气门杆的尺寸相适应，其外径与导管承孔的配合应有一定的过盈，通常取过盈量为导管外径的0.2%~0.3%；也可用比旧导管直径大0.01~0.02mm来选择新气门导管。

气门杆与气门导管(孔)的配合间隙(mm)　　表3-2

发动机类型	进气门			排气门		
	原厂规定	大修标准	使用极限	原厂规定	大修标准	使用极限
6BTA5.9	0.039~0.079	0.039~0.079	0.149	0.039~0.079	0.039~0.079	0.149
EQ6100-1	0.023~0.075	0.023~0.075	0.20	0.05~0.10	0.05~0.10	0.25
CA6102	0.025~0.062	0.025~0.062		0.04~0.077	0.04~0.077	

②按图3-32a)所示，用直径小于导管外径1.0~1.5mm的铜铳，压出或冲出旧气门导管，并清洁导管孔。

③将选择好的新导管外面涂一层薄机油，然后按图3-32b)所示，用铜铳压入或冲入新导管。

④镶入后，气门导管的压入深度必须符合有关规定(如图3-33中的L)。如EQ6100-1气门导管压入深度L为$27^{+0.08}_{0}$mm。

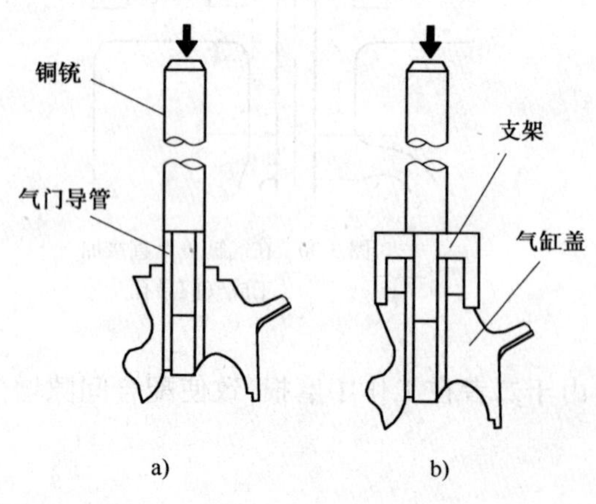

图3-32　气门导管的拆装

a)拆卸；b)镶装

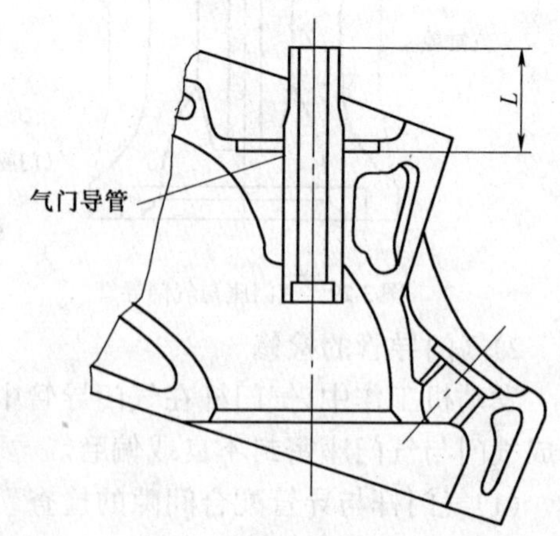

图3-33　气门导管的压入深度

(3)气门导管的铰削

气门导管镶好后,应检查气门杆与气门导管的配合间隙是否符合要求,如间隙小,可用气门导管铰刀进行铰削,以达到与气门杆的配合要求。铰刀如图 3-34 所示。铰削时,将铰刀放入导管孔内,铰刀要求正直,用板钳夹住手柄顺时针转动刀杆,双手用力要均匀,边铰边试配,直至达到规定的配合要求。

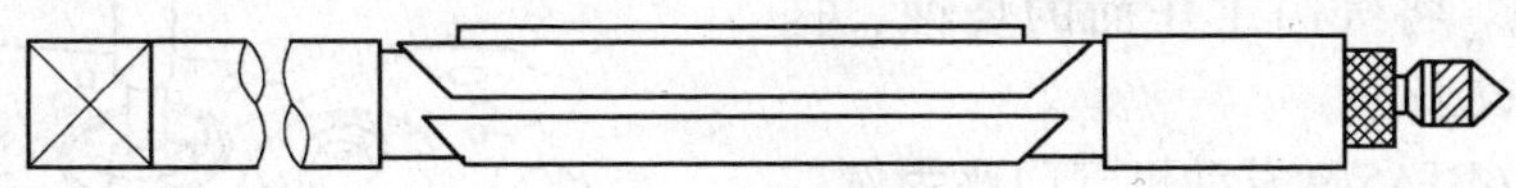

图 3-34　气门导管铰刀

3. 气门座

1)气门座的构造

气门座有两种:一种是在气缸盖上直接镗削加工而成,如 6BTA5.9 发动机;另一种是用合金铸铁或奥氏体钢单独制作成气门座圈,用冷缩法镶入气缸盖中,如图 3-35 所示,AJR 发动机即为这种型式。

为保证镶入式气门座的导热性,且高温下工作不脱落,镶入时要求有较大的过盈量和较高的加工精度。优质灰铸铁或合金铸铁气缸盖多采用直接加工法,铝合金气缸盖则必须采用镶入法镶入耐磨性好的材料单独制成的气门座圈。

2)气门座的检修

气门座损伤主要是由于冲击负荷的作用引起塑性变形,同时还受高温气体的烧蚀,长期连续不断的启闭,使气门座工作表面宽度增大,表面呈现凹陷、斑点、烧蚀,造成气门关闭不严而漏气。通常采用对气门座进行铰削和磨削的方式予以修复。

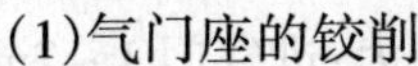

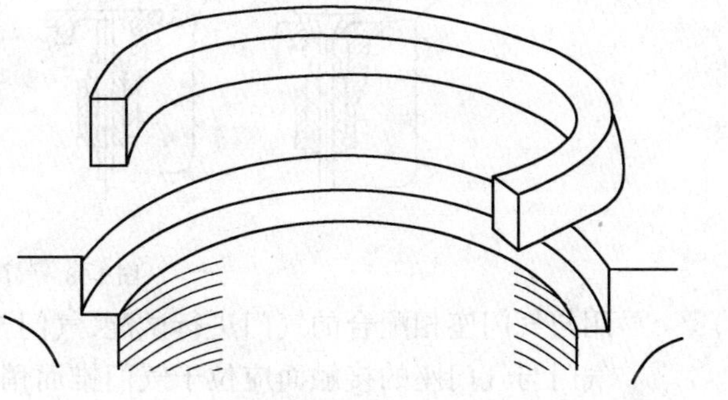

(1)气门座的铰削

气门座的铰削应在气门导管修配后进行:

图 3-35　气门座圈

①选择铰刀及铰刀刀杆

根据气门直径和气门导管内径来选择铰刀和铰刀导杆,气门座铰刀及导杆如图 3-36 所示。

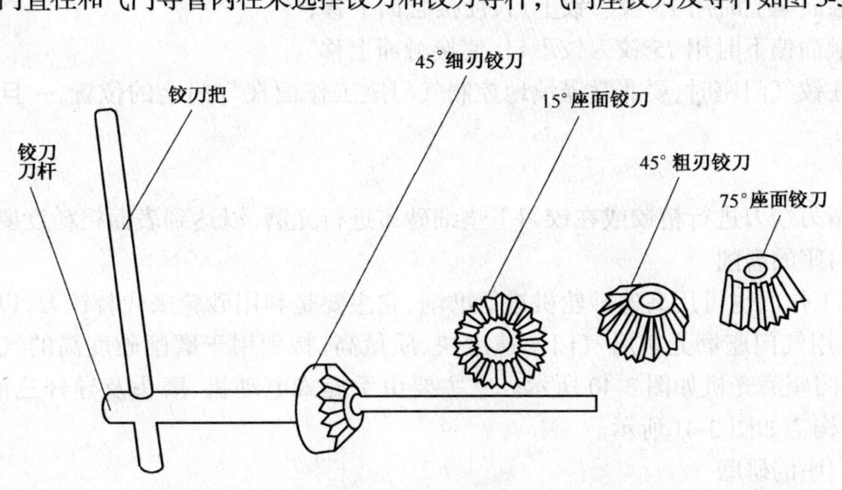

图 3-36　气门座铰刀

②砂磨硬化层

用1号砂布垫在铰刀下面砂磨硬化层。

③粗铰

(a)铰削气门座的方法如图3-37所示。

铰削时,导杆要保持正直,两手用力要均匀,转动要平稳。将气门工作面的烧蚀、斑点、凹陷等缺陷铰去。

(b)以铰削6BTA5.9发动机气门座为例,按图3-38所示的气门座铰削顺序进行粗铰。

先用45°粗刃铰刀铰削工作面,然后用15°铰刀铰削上斜面,最后用75°铰刀铰削下斜面。铰削时要使45°斜面有足够的宽度,为下一步调整与气门的接触面预留余地。

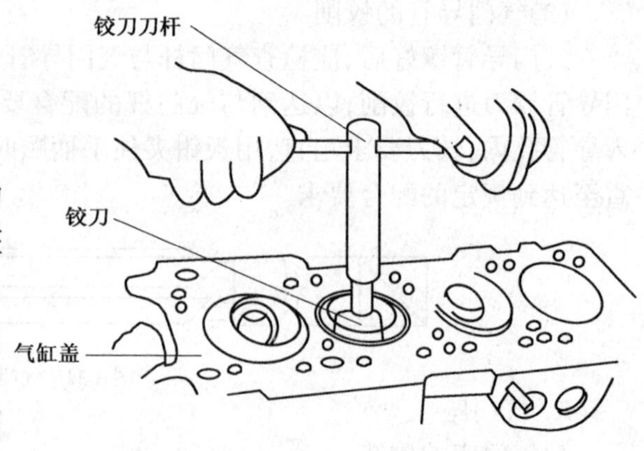

图3-37 铰削气门座

④试配和修整气门座工作面

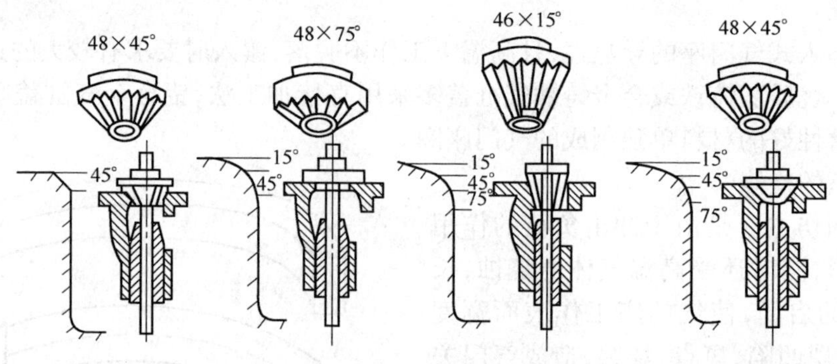

图3-38 气门座铰削顺序

用与气门座相配合的气门进行试配,气门与气门座工作面的正确位置如图3-39所示。

气门与气门座的接触面应位于气门锥面稍偏下处,接触面宽度一般为:进气门1~2mm,排气门1.5~2.5mm。如6BTA5.9进排气门锥面密封带宽度为1.86~2.22mm。如果接触面位置和尺寸不符合要求,可进行修铰,其方法如下:

(a)接触面偏上时用15°铰刀铰上口,使接触面下移;

(b)接触面偏下时用75°铰刀铰下口,使接触面上移。

注意:在铰气门座时,要非常谨慎地控制气门座工作面在气门上的位置,一旦失误将会使气门座报废。

⑤精铰

用45°精刃铰刀进行精铰或在铰刀下垫细砂布进行光磨,以达到表面粗糙度要求。

(2)气门座的磨削

气门座工作面也可用高速砂轮机进行磨削,它主要是利用砂轮来代替铰刀,以小型电动机作为动力。用气门座磨光机磨气门座速度快、质量高,特别用于磨削硬度高的气门座效果更好。国产气门座磨光机如图3-40所示。它主要由手提式电动机、磨头及导杆三部分组成,磨头及导杆的构造如图3-41所示。

(3)气门座的研磨

当气门、气门座及气门导管经上述修理能达到规定标准,则不需要研磨。若因修理条件差，不能达到规定标准，可采用研磨，气门、气门座及气门导管磨损不大，也可采用研磨，使气门与气门座的工作面获得良好的配合。气门的研磨方法可分为机动和手动两种。

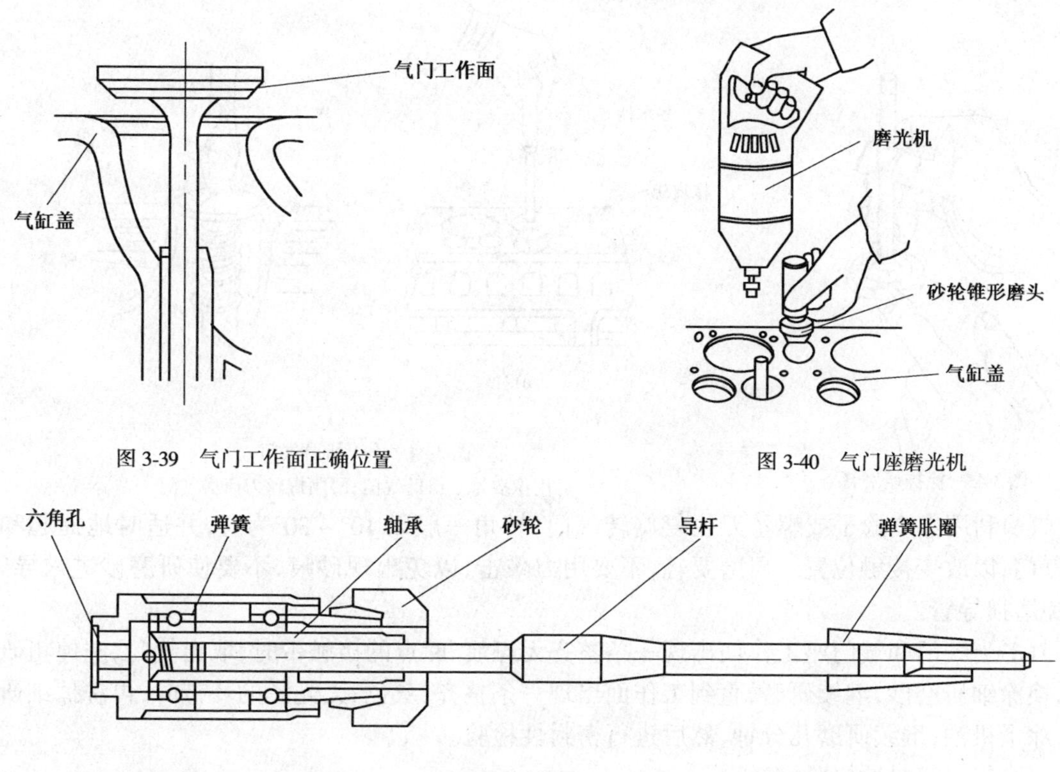

图 3-39　气门工作面正确位置

图 3-40　气门座磨光机

图 3-41　磨头和导杆

①机动研磨法

机动研磨气门在气门研磨机上进行，如图 3-42 所示。

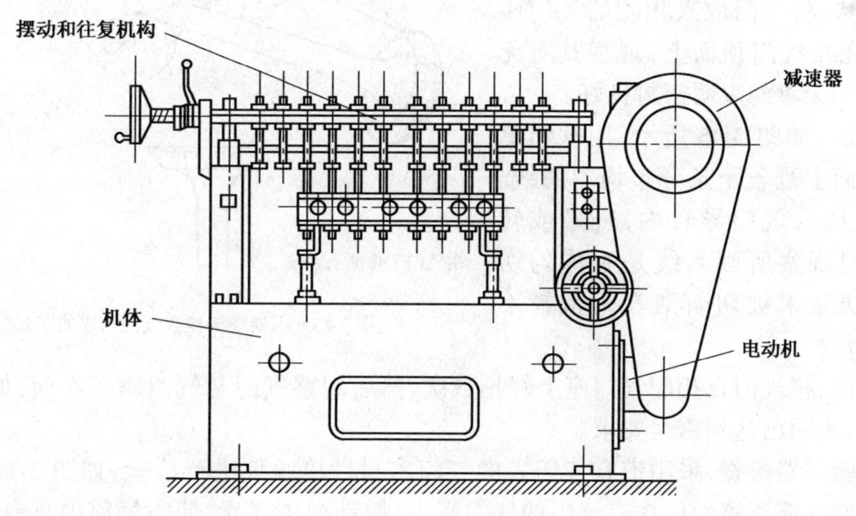

图 3-42　气门研磨机

②手工研磨法

(a)研磨前，将气门、气门座及气门导管清洗干净，按顺序将气门作标记；

(b)在气门工作面上涂上一层薄薄的研磨膏如图 3-43 所示,气门杆上涂上少许机油,套上一只细软螺旋弹簧,将气门杆插入导管内,如图 3-44 所示。

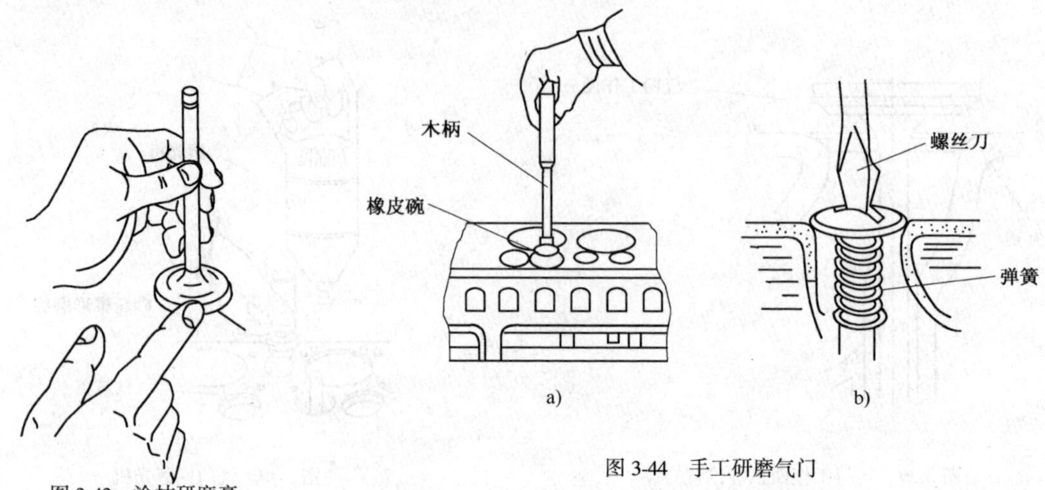

图 3-43　涂抹研磨膏

图 3-44　手工研磨气门

a)用橡皮捻子研磨气门;b)用螺丝刀研磨气门

(c)利用橡皮捻子或螺丝刀往复旋转气门,转角一般以 10° ~ 30°为宜,并适时地提起和转动气门,以改变接触位置。研磨要轻,不要用力敲击,以免出现砂痕,不要使研磨砂进入导管,以免磨损导管。

(d)当气门和气门座工作面出现一条整齐无斑痕、麻点的接触带时,取出气门,洗掉粗研磨砂,换涂细研磨砂,继续研磨,直到工作面出现一条整齐、灰色、无光泽的环带时,再洗掉细研磨砂,涂上机油,继续研磨几分钟,然后进行密封性检验。

(4)气门密封性检验

气门与气门座光磨或研磨后,需进行密封性检验,常用方法如下:

①渗油法,将气门放入相配的气门座中,用煤油浇在气门顶面上,观察其有无渗漏现象。如无渗漏表明密封良好。

②划线法,如图 3-45 所示,用软铅笔在气门工作面上画若干条分布均匀的线。然后将气门插入气门导管内,轻敲或转动,取出气门观察所画素线是否均匀切断,如果有线条未被切断则表明密封不严,需重新研磨。

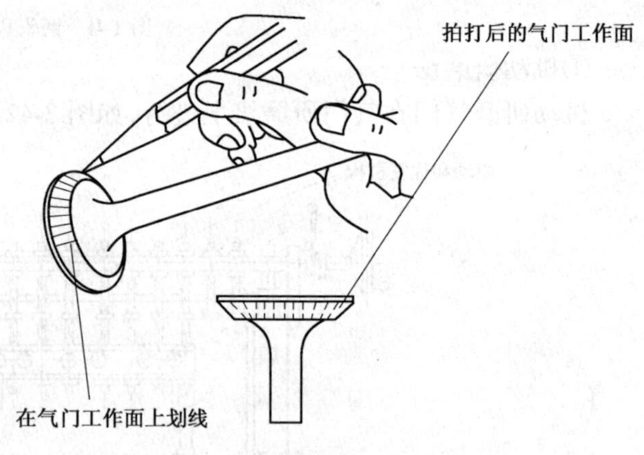

图 3-45　用划线法检查气门与座的密封性

③拍打法,将气门在相配气门座上轻拍数次,然后观察气门与气门座工作面,如有明亮又完整的光环,表明已达到密封要求。

④用检验仪器检查,采用带有气压表的气门密封性检验仪进行检验,如图 3-46 所示。先将检验仪的空气筒紧紧地压在有气门的气门座上,捏动橡皮气囊,使空气筒内具有 60 ~ 70kPa 的压力时,停留 30s,如气压表指示压力不下降,即密封性合格。

(5)气门座圈的镶配

由于气门座经过多次铰削或磨削,气门与气门工作面下陷,影响发动机的充气效率。当气门工作面下陷量超过规定值时,或原气门座圈有裂纹、严重烧蚀或松动时,应镶配新的气门座圈。如 6BTA5.9 发动机进排气门下陷量正常范围为 0.99 ~ 1.52mm,如大于此范围,则应镶配新的气门座圈。

一般采用深度游标尺检查气门工作面的下陷量,如图 3-47 所示。即以气缸盖平面为基准,用深度游标尺来测量气缸盖平面至气门顶平面的距离(深度)。

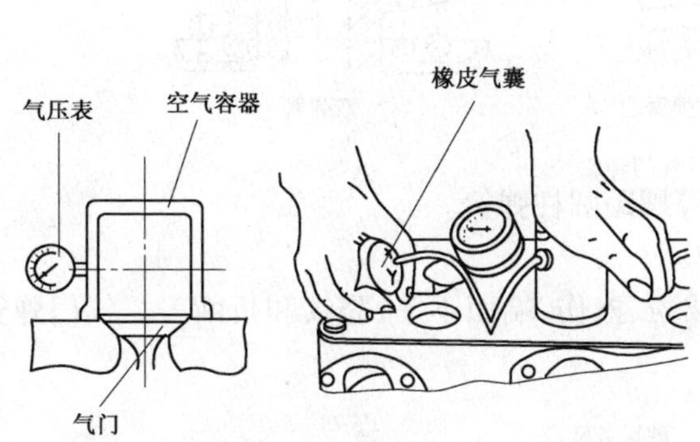

图 3-46 用检验仪检验气门座的密封性

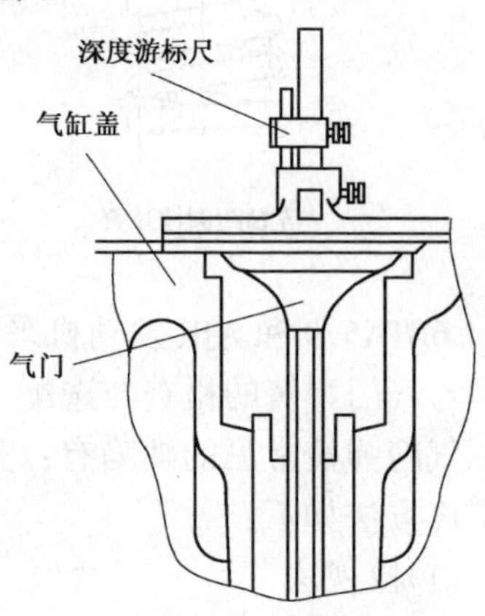

图 3-47 气门下陷量的检查

镶配气门座圈的步骤如下:

①取出原气门座圈,原来未镶过气门座圈的,用镗削或钻削的方法加工出气门座圈承孔;已镶过气门座圈的,用撬棒或拉器取出原气门座圈。如图 3-48 所示。

②检查气门座承孔,其圆度误差超过 0.02mm,圆柱度误差超过 0.05mm,表面粗糙度 *Ra* 大于 1.25μm,须用镗削和铰削的方法加大原气门座承孔,镶配以合适的新气门座圈。

③气门座圈配制材料的热膨胀系数应与基体材料相近。

④气门座圈与座圈孔为过盈配合,通常用冷缩法或加热法将气门座圈镶入座孔中。冷缩法的过盈量为 0.05 ~ 0.15mm,它是将气门座圈在液氮中冷冻至 -195℃后,压入气门座承孔。热胀法的过盈量为 0.20 ~ 0.25 mm,它是将气门座圈承孔加温到 100℃左右,然后将座圈涂润滑油,垫以软金属迅速将气门座圈压入承孔。座圈镶入后,上端面与基体平面平齐,高出平面部分应予修平。

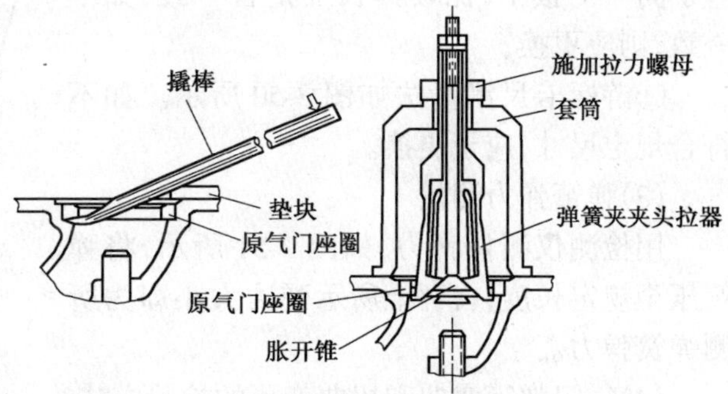

图 3-48 原气门座圈的取出方法

4. 气门弹簧

1)气门弹簧的作用和构造

气门弹簧的作用是关闭气门,靠弹簧弹力使气门压在气门座上,克服气门和气门传动组件所产生的惯性力,防止各传动件彼此分离而不能正常工作。

气门弹簧一般采用圆柱形螺旋弹簧,如图 3-49 所示。为了防止弹簧发生共振,有些发动机采用了变螺距圆柱弹簧。现代高速发动机多采用同心安装的内外两根气门弹簧,这样既提高了气门弹簧工作的可靠性,又能有效地防止共振的发生。安装时,内外弹簧的螺旋方向应相反,以防止折断的弹簧圈卡入另一个弹簧圈内。

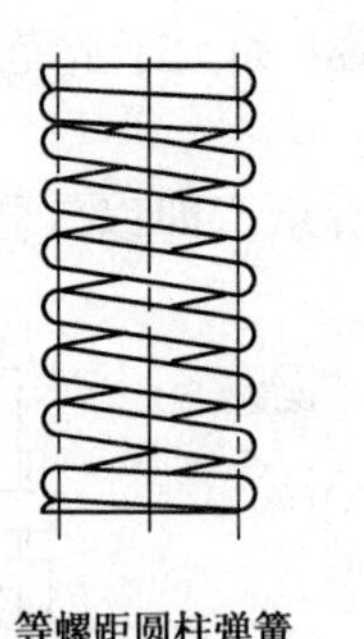

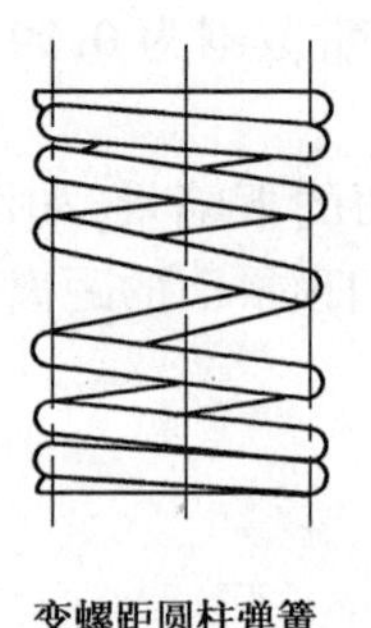

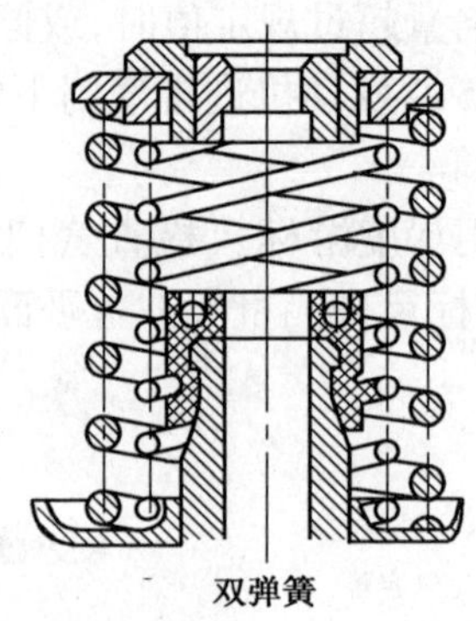

图 3-49 气门弹簧

6BTA5.9 和 AJR 发动机采用的都是单个等螺距圆柱弹簧。

2)气门弹簧的检查与选配

气门弹簧常见的缺陷有:弯曲变形、弹力减弱、擦伤、端面不平、裂纹和折断等。气门弹簧的检修方法如下:

(1)检视法

观察洗净后的气门弹簧外表有无变形、裂纹等缺陷,如有则应更换。

(2)气门弹簧自由长度检查

①新旧对比法,将一标准弹簧与被测弹簧置于同一平板上,比较其长度是否一致,如不一致,则应更换;

②游标卡尺测量法如图 3-50 所示。如不符合规定尺寸,应予更换。

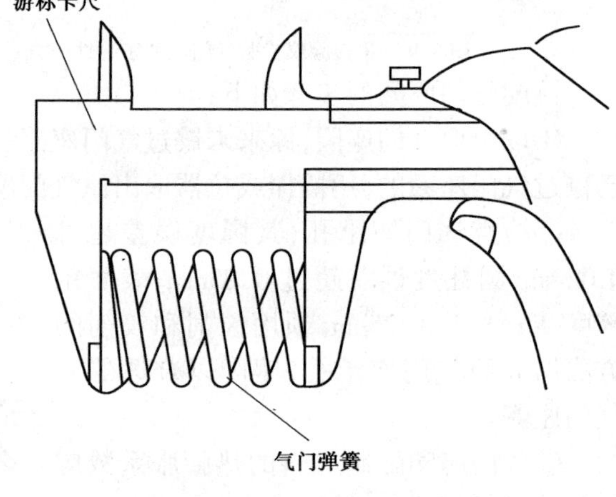

图 3-50 测量弹簧自由长度

(3)弹簧弹力测量

用检测仪测量弹力,如图 3-51 所示,将弹簧压至规定长度,台秤上所示弹力大小即为所测弹簧弹力。

(4)气门弹簧弯曲和扭曲变形的检验方法

如图 3-52 所示,将气门弹簧放至平板上,用直角尺检查其弯曲和扭曲变形。当 $\delta \leqslant 1.5$mm,弹簧轴线偏移小于 2°时为合格,否则应更换。

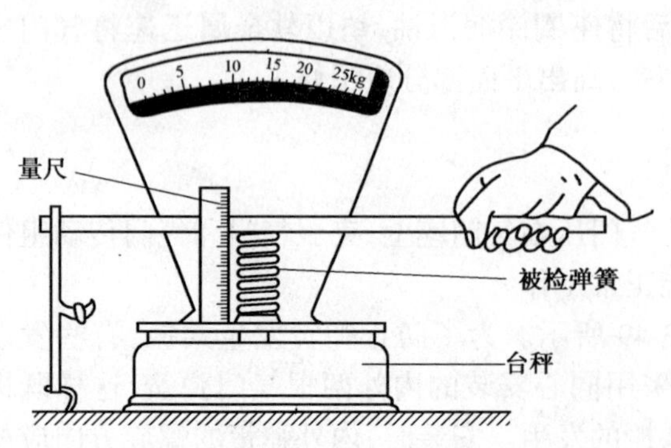

图 3-51 在台秤上检查弹簧弹力

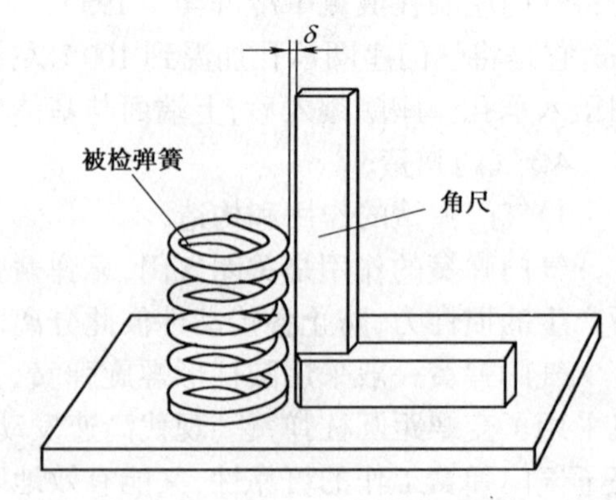

图 3-52 在平板上检验弹簧变形

二、气门传动组主要零部件

气门传动组的作用是将凸轮轴的运动,通过传动组件传给气门,控制气门的开启和关闭,并保证气门有足够的开度与持续时间。

6BTA5.9 发动机采用的是下置凸轮轴式配气机构,其气门传动组由凸轮轴、挺柱、推杆、摇臂、摇臂轴、摇臂支座、正时齿轮等零件组成。

AJR 发动机采用的是顶置凸轮轴式配气机构,其气门传动组由凸轮轴、液压挺柱、正时齿形皮带轮和齿形皮带等组成。

1. 凸轮轴

1)凸轮轴的构造

凸轮轴的作用是控制气门的开闭及其升程的变化规律。有些下置凸轮轴发动机,还依靠凸轮轴来驱动燃油泵、机油泵和分电器等装置。

凸轮轴是气门传动组的主要部件,主要由凸轮和凸轮轴颈两部分组成。

单根凸轮轴一般将进气凸轮和排气凸轮布置在同一根凸轮轴上,图 3-53 所示为 AJR 发动机顶置单凸轮轴;图 3-54 所示为 6BTA5.9 发动机下置凸轮轴的结构。顶置双凸轮轴配气机构的两根凸轮轴,一根是进气凸轮轴,上面布置有各缸的进气凸轮;另一根是排气凸轮轴,上面布置有各缸的排气凸轮,图 3-55 所示为帕萨特 1.8T 汽车发动机顶置双凸轮轴的结构,该发动机采用 5 气门技术,3 个进气门,2 个排气门,相应的在进气凸轮轴上每缸有 3 个进气凸轮,在排

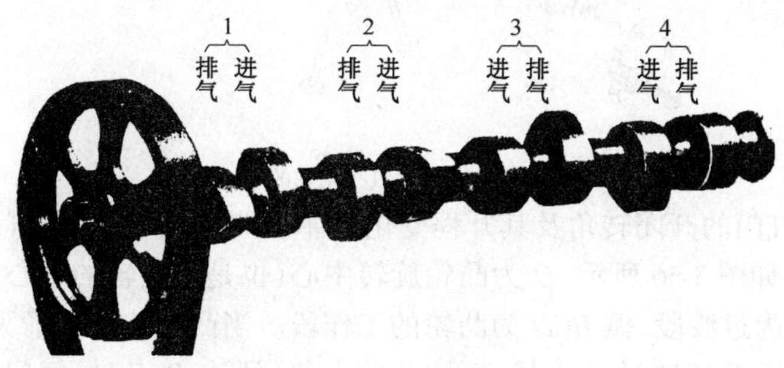

图 3-53 AJR 发动机顶置单凸轮轴的结构

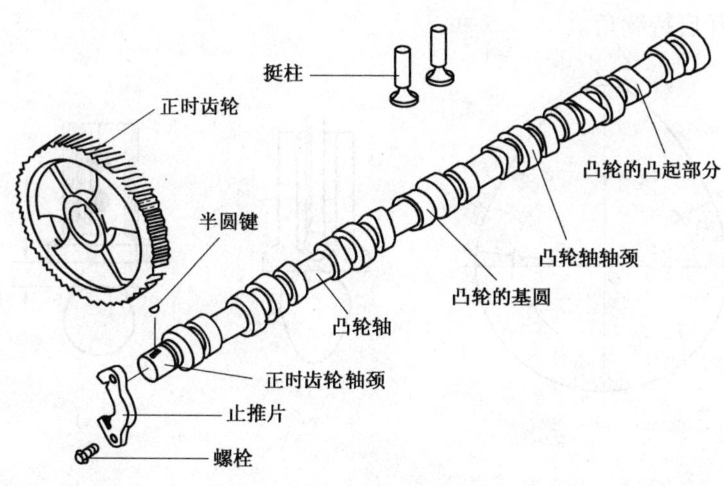

图 3-54 6BTA5.9 发动机下置凸轮轴的结构

气凸轮轴上每缸有2个排气凸轮。

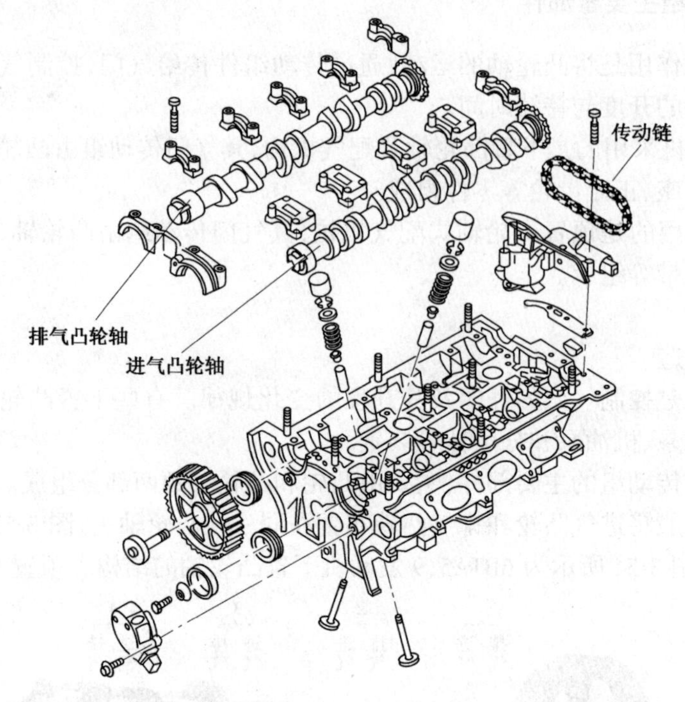

图3-55 顶置双凸轮轴的结构

凸轮的形状,气门的开闭转角及其升程变化规律主要取决于控制气门的凸轮外部轮廓曲线。凸轮轮廓曲线如图3-56所示,O为凸轮旋转中心(也是凸轮轴的轴心),弧EA为凸轮的基圆,弧AB和弧DE为过渡段,弧BCD为凸轮的工作段。当凸轮按图中箭头方向转过弧EA时,挺柱不动,气门关闭;凸轮转过A点后,挺柱开始上移,到达B点时,气门间隙消除,气门开始开启;凸轮转到C点时,气门升程(开度)最大;到D点时气门关闭。弧BCD工作段所对应的夹角ϕ,称做气门开启持续角。

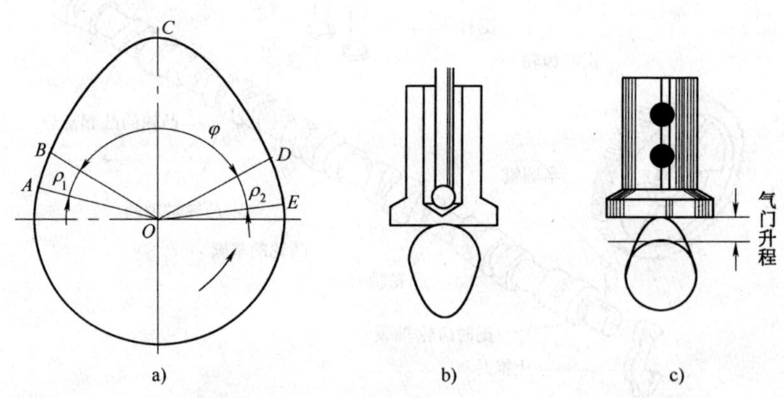

图3-56 凸轮轮廓形状

a)凸轮轮廓曲线;b)气门处于关闭状态;c)气门处于最大开度状态

凸轮轮廓弧BCD段的形状,直接决定了气门的升程及其升降过程的运动规律。

同名凸轮的相对角位置,凸轮轴上各缸同名凸轮相对角位置的排列与凸轮轴的转动方向、各缸的工作顺序和作功间隔角有关。同名凸轮沿圆周方向的排列顺序与作功顺序一致。上海桑塔纳 AJR 发动机,凸轮轴顺时针转动(从前往后看)工作顺序为 1-3-4-2,作功间隔角为:720°/4 = 180°(曲轴转角),由于曲轴与凸轮轴间的传动比为 2:1,所以,表现在凸轮轴上同名凸轮间的夹角则为 180°/2 = 90°,如图 3-57 所示。东风康明斯 6BTA5.9 发动机,凸轮轴逆时针转动,工作顺序为 1-5-3-6-2-4,作功间隔角为 720°/6 = 120°,则同名凸轮间的夹角为 120°/2 = 60°,同名凸轮位置排列如图 3-58 所示。

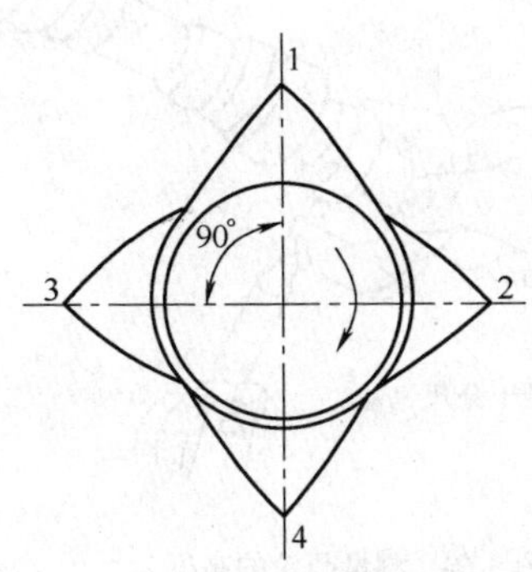

图 3-57 AJR 发动机同名凸轮排列

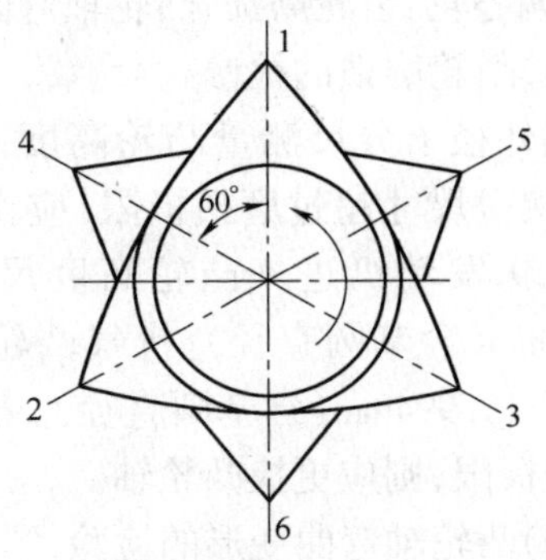

图 3-58 6BTA5.9 发动机同名凸轮排列

异名凸轮的相对角位置,同一气缸进、排气(异名)凸轮间的相对角位置排列取决于凸轮轴的转动方向和发动机的配气相位。按照四冲程发动机工作原理来分析,排气和进气只相隔 90°。但由于气门早开晚闭,且进、排气门早开角与晚闭角不等,造成了凸轮间的夹角不再是 90°,而是大于 90°。

凸轮轴轴颈,凸轮轴轴颈用于安装支承凸轮轴,轴颈数量取决于凸轮轴的支承方式。

(1)全支承方式,对应每个气缸间设有一道轴颈,支承点多,能有效防止凸轮轴变形对配气相位的影响;

(2)非全支承方式,每隔两个(或多个)气缸设置一个轴颈,结构简单,成本降低,但支承刚度较差。由于装配方式的不同,轴颈的直径有的相等,有的则从前向后逐级缩小,以便于安装。

凸轮轴一般用优质钢模锻而成,并对凸轮和轴颈工作表面进行高频淬火(中碳钢)或渗碳淬火(低碳钢)处理。近年来,改用合金铸铁或球墨铸铁铸造凸轮轴的越来越多。

凸轮轴的轴向定位,为了防止凸轮轴轴向窜动,一般设有轴向定位装置。下置凸轮轴式发动机普遍采用止推凸缘来实现轴向定位,如图 3-59 所示为解放 CA6102 发动机凸轮轴轴向定

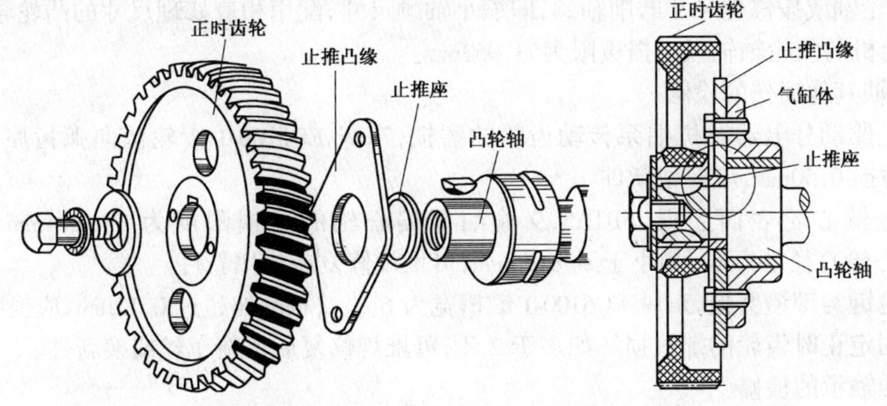

图 3-59 CA6102 发动机凸轮轴的轴向定位

位方式，康明斯 6BTA5.9 发动机的凸轮轴也采用类似的方式定位。顶置凸轮轴一般通过凸轮轴轴承盖的端面来进行轴向定位，如 AJR 发动机就是利用凸轮轴第五轴承盖的两端面实现轴向定位的。

2)凸轮轴的检修

凸轮轴的主要损伤有：凸轮工作表面磨损，轴颈、偏心轮、齿轮磨损、凸轮轴弯曲变形等。

(1)凸轮磨损的检修

用外径千分尺测量凸轮高度，如图 3-60 所示，如测得尺寸超过磨损极限，应换用新件。如 6BTA5.9 发动机进气凸轮高度尺寸应不小于 47.265mm(含基圆直径)，排气凸轮高度尺寸应不小于 46.994mm(含基圆直径)，若实测数值小于磨损极限，则应更换凸轮轴。

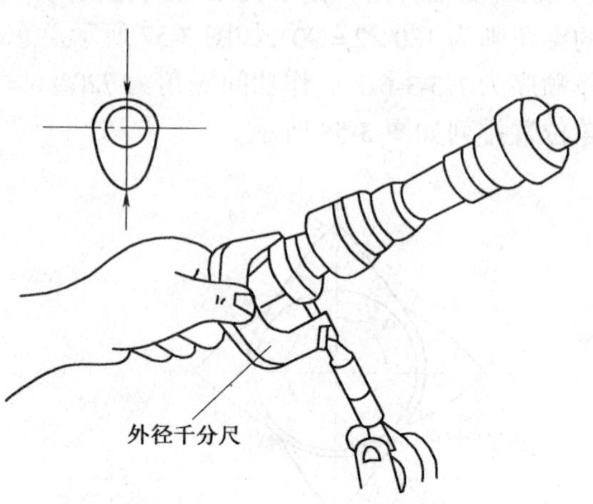

图 3-60　测量凸轮的高度

(2)凸轮轴弯曲变形的检验

将凸轮轴放在车床两顶尖间，或放在平台的 V 形铁上，以两端轴颈为支点，如图 3-61 所示。将百分表触头抵在中间的轴颈上，并缓慢地转动凸轮轴一周，如百分表摆差超过 0.10mm，可采用冷压法校正，校正后的弯曲度应不大于0.03 mm。

(3)凸轮轴轴颈的检修

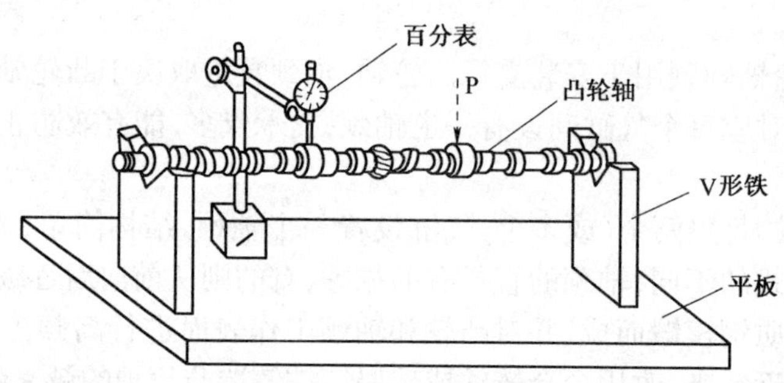

图 3-61　凸轮轴弯曲的检查

凸轮轴轴颈磨损的检验，如图 3-62 所示。用外径千分尺测量轴颈的尺寸，如超过磨损极限，应更换凸轮轴或按修理尺寸磨削轴颈，即缩小轴颈尺寸，配用相应修理尺寸的凸轮轴轴承。6BTA5.9 发动机的凸轮轴轴颈磨损极限为53.962mm。

(4)凸轮轴其他损伤的检修

凸轮轴上驱动分电器及机油泵传动齿轮的磨损，东风 EQ6100-1 齿轮法向弧齿厚为3.14 mm，如齿厚磨损 0.50mm，应换用新件。

凸轮轴上偏心轮表面磨损，6BTA5.9 输油泵偏心轮的磨损限度为 35.814mm。东风 EQ6100-1 偏心轮直径 ϕ40mm，如小于 ϕ38.66mm，可堆焊修复或换用新件。

正时齿轮键与键槽磨损，东风 EQ6100-1 键槽宽为 $6_{-0.010}^{\ 0}$ mm，如超过 0.12mm，应换新键。

凸轮轴固定正时齿轮的螺纹损坏如多于 2 牙，可堆焊修复后重新车丝或换新件。

3)凸轮轴轴承的检修

凸轮轴轴颈与轴承的配合间隙一般在 0.03～0.07mm 之间，使用极限一般不超过 0.15mm，

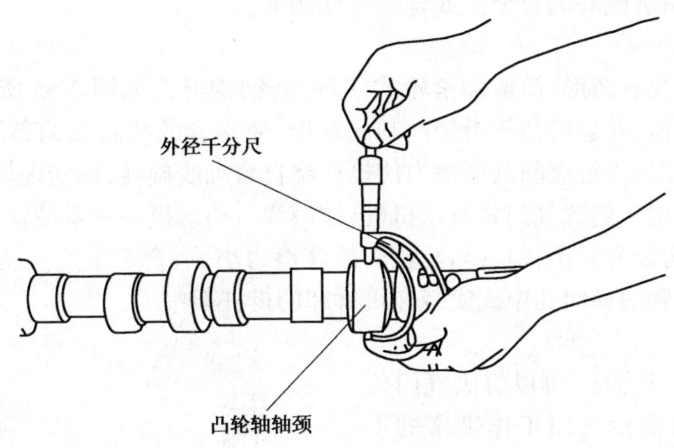

图 3-62　测量凸轮轴轴颈磨损程度

如超过，则应换用新轴承。压入新轴承时需注意对正油孔，新轴承一般不需加工。将凸轮轴装入轴承内转动数圈后，用手扳动正时齿轮，应转动灵活无卡阻现象，扳动正时齿轮应无明显的间隙感觉。

6BTA5.9 发动机凸轮轴除第一道轴颈处安装有衬套外，其余轴颈由凸轮轴承孔直接支承，检修时应做好凸轮轴承孔磨损情况的检测，检测方法如图 3-63 所示。6BTA5.9 第一凸轮轴孔不带衬套时尺寸为 57.222 ~ 57.258mm，带衬套时尺寸为 54.107 ~ 54.146mm，其余凸轮轴孔尺寸为：54.089 ~ 54.164mm，当凸轮轴孔的磨损超过磨损极限时，应更换气缸体。

4）凸轮轴轴向间隙的检查与调整

凸轮轴轴向间隙由凸轮轴前端的止推片厚度和正时齿轮后端面到凸轮轴第一道轴颈前端面的距离决定，两者之差即为凸轮轴轴向间隙。止推片用两个螺栓固定在缸体上，当凸轮轴前端顶到止推片时，止推片与正时齿轮后端面的距离，就是凸轮轴的轴向间隙，如图 3-64 所示，6BTA5.9 凸轮轴轴向间隙为 0.13 ~ 0.34mm，否则应更换止推片。

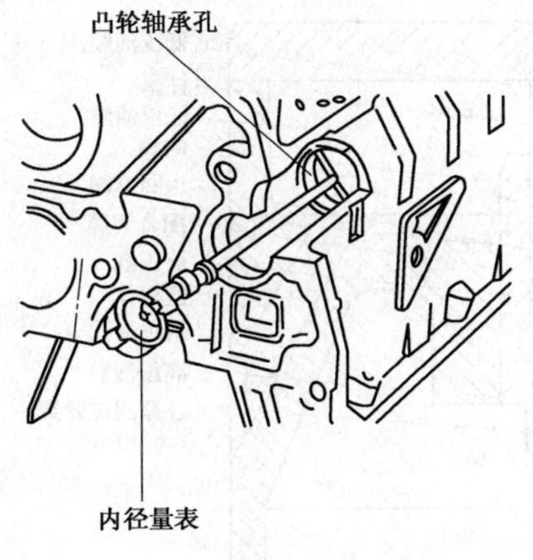

图 3-63　凸轮轴承孔的测量

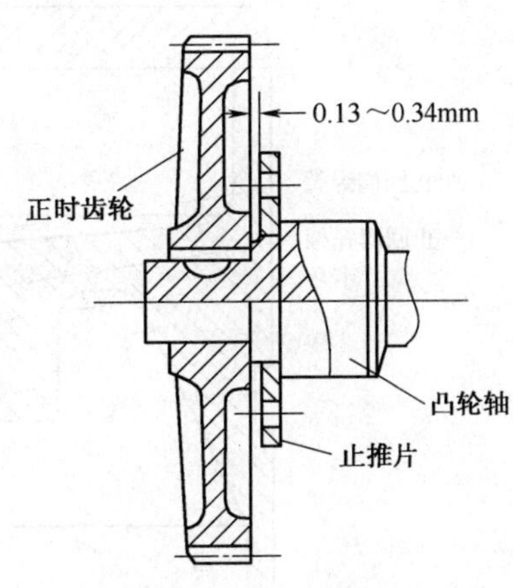

图 3-64　凸轮轴的轴向间隙

2. 挺柱

1）挺柱的构造

挺柱的作用是将凸轮轴旋转时产生的推动力传给推杆（下、中置凸轮轴）或气门（顶置凸轮轴)。挺柱一般用耐磨性好的合金钢或合金铸铁制造。

(1)普通挺柱

常见的挺柱主要有菌形、筒形和滚轮式三种,其结构形式如图 3-65 所示。通常把挺柱底部工作面设计为球面,并且将凸轮沿轴向制成锥形,使两者的接触点偏离挺柱轴线。工作中,当挺柱被凸轮顶起时,接触点间的摩擦力使挺柱绕自身轴线旋转,以实现均匀磨损。

菌形挺柱主要用于侧置气门式发动机(已被淘汰);筒形挺柱质量较轻,一般和推杆配合使用;滚轮式挺柱结构较为复杂,但其与凸轮间的摩擦力小,适合于中速大功率柴油机。挺柱可直接装在气缸体一侧的导向孔中或安装在可拆卸的挺柱架中。

(2)液压挺柱

预留气门间隙的方法,可以解决气门传动组件受热膨胀可能给气门工作带来的不利影响。但气门间隙的存在,会使配气机构在工作过程中出现撞击而产生噪声。为了消除这一弊端,采用了液压挺柱。

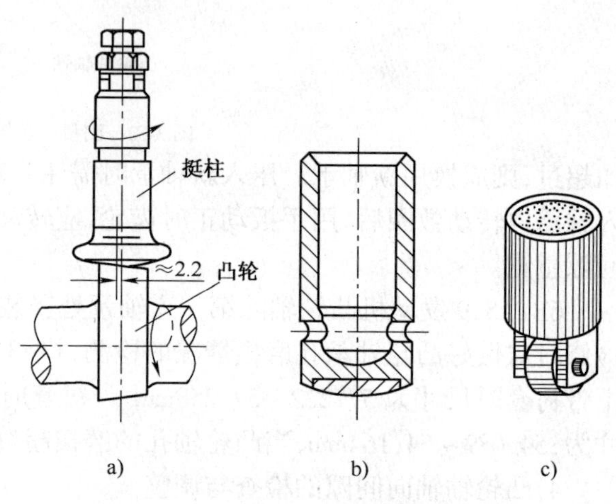

图 3-65 普通挺柱的结构形式

a)菌式;b)筒式;c)滚轮式

①液压挺柱的作用

自动补偿气门间隙,并具有以下优点:

(a)取消了调整气门间隙的零件,使结构大为简化;

(b)不用调整气门间隙,极大地简化了装配与调整过程;

(c)消除了由气门间隙引起的冲击和噪声,减轻了气门传动组件之间的摩擦。

②液压挺柱的构造

如图 3-66 所示为桑塔纳 AJR 发动机液压挺柱的结构,由挺柱体、液压缸、柱塞、止回球阀、

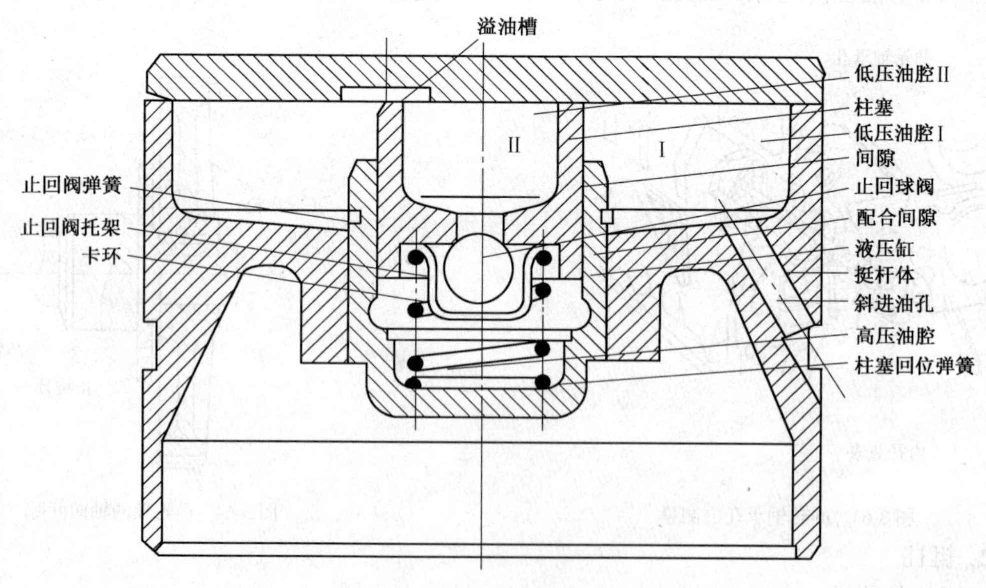

图 3-66 液压挺柱的结构

止回阀弹簧(图中未画出)、止回阀弹簧托架和柱塞回位弹簧等部件组成。

挺柱体是液压挺柱的基础件,外圆柱面上加工有环形油槽,顶部内侧加工有溢油槽,中部内圆柱面用来安装液压缸。

液压缸和柱塞,液压缸、柱塞、止回阀和止回阀弹簧装配到一起,便构成了气门间隙补偿偶件。为了防止液压偶件从杯状挺柱体中落下,液压缸上装有卡环。

杯状液压挺柱装在气缸盖上挺柱孔中,挺柱顶面与凸轮轴上的凸轮接触,顶部内侧与液压气门补偿偶件的顶部(柱塞上端面)接触,液压气门补偿偶件底部与气门杆接触。

在液压挺柱内部由挺柱体、液压缸、柱塞、止回阀之间形成了三个腔室,低压油腔Ⅰ、低压油腔Ⅱ和高压油腔,其中低压油腔Ⅰ通过斜油孔与液压挺柱孔油道相通,低压油腔Ⅰ与低压油腔Ⅱ通过溢油槽相通,低压油腔Ⅱ与高压油腔可通过止回阀相通。

③液压挺柱的工作原理

在凸轮轴的作用下,液压挺柱作上下往复运动,挺柱每往复运动一次,挺柱体上与斜油孔相通的环形油槽二次与气缸盖上的斜油孔相通,此时,来自气缸盖主油道的压力机油通过斜油孔进入气缸盖挺柱孔,再由挺柱体上的斜进油孔进入低压油腔Ⅰ,然后经过溢油槽进入低压油腔Ⅱ。

在旋转中的凸轮升程段与液压挺柱顶面的接触过程中,即气门从开始开启到刚好关闭这一段时间内,液压挺柱受凸轮压力、摩擦力、气门弹簧力和气门组质量惯性力的作用,高压油腔内的机油被压缩,止回阀在压力差和止回阀弹簧的作用下关闭,高、低压油腔被分隔开。由于液体的不可压缩性,液压缸和柱塞就成为一刚性整体推动气门,使气门保持在打开的状态。

当凸轮的凸起部分转到离开液压挺柱顶面时,此时气门已关闭,挺柱不再受到凸轮作用力和气门弹簧力的作用,高压油腔内的压力油及柱塞回位弹簧一起推动柱塞向上运动,高压油腔内的压力下降。当高压腔内的油压低于低压腔Ⅱ的油压某一量值时,止回阀打开,压力油从低压腔Ⅱ进入高压腔,直到高压腔内的机油压力与止回阀弹簧力、低压腔Ⅱ内机油压力达到新的平衡为止。此时,液压挺柱的顶面因有柱塞回位弹簧的作用,仍与凸轮基圆接触,从而实现了自动补偿气门间隙的功能。

2)挺柱的检修

(1)普通挺柱及导孔的检修

①挺柱底部工作面的检修

挺柱体主要是检查其菌部磨损是否正常,如图3-67所示,图a)为正常磨损,图b)、c)为非正常磨损。此外,还要检查挺柱体是否有剥落。轻微剥落可继续使用;但当单点剥落直径大于2mm或多点剥落连成一片,或边缘剥落时,则不能继续使用,应换用新件。

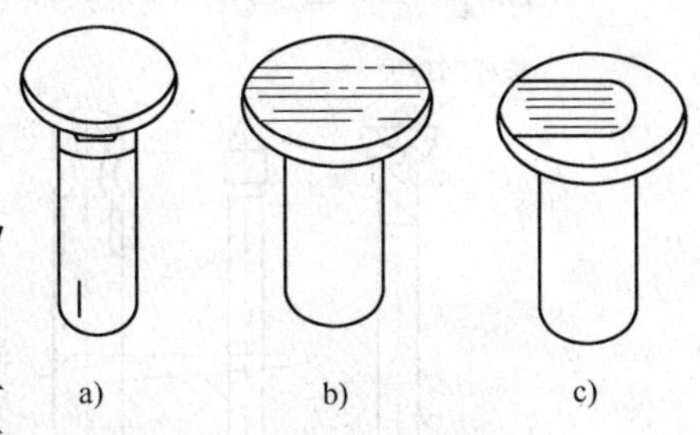

图3-67 挺柱体的磨损

a)正常磨损;b)非正常磨损;c)非正常磨损

②挺柱直径磨损量的检查

用外径千分尺测量气门挺柱如图3-68所示。其直径的圆度和圆柱度误差应不大于0.03mm,气门挺柱直径的磨损应不超过0.05mm,否则应换用新件。

③挺柱与导孔配合间隙的检查

在不涂机油的情况下,用拇指将挺柱推入导孔时应稍有阻力,如涂上机油,挺柱上、下运动和转动应自如,晃动时没有间隙感觉。6BTA5.9气门挺柱与导孔的配合间隙为0.02~0.065mm,使用极限为0.119mm。

(2)液压挺柱的检修

①检查挺柱顶平面磨损情况,若磨损严重或出现沟槽,需进行更换。

②检查液压挺柱的密封性,液压挺柱中的液压缸和柱塞是一对精密偶件,其配合间隙不超过0.005mm,间隙过大时,挺柱在工作中从间隙渗漏出油,影响挺柱正常工作。其密封性检查方法如下:

先将液压挺柱浸泡在油中,推拉柱塞若干次,排除内腔中的空气。

将排净空气的挺柱放在试验台上,在柱塞上施加196N·m(20kgf)的压力,柱塞下滑2mm左右后,测量其1mm滑降时间,如图3-69所示。在20℃时,其标准值应大于65s/mm,如低于规定值,应更换液压挺柱。

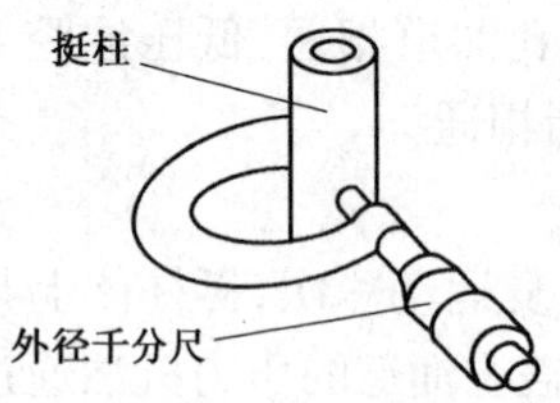

图3-68 测量气门挺柱

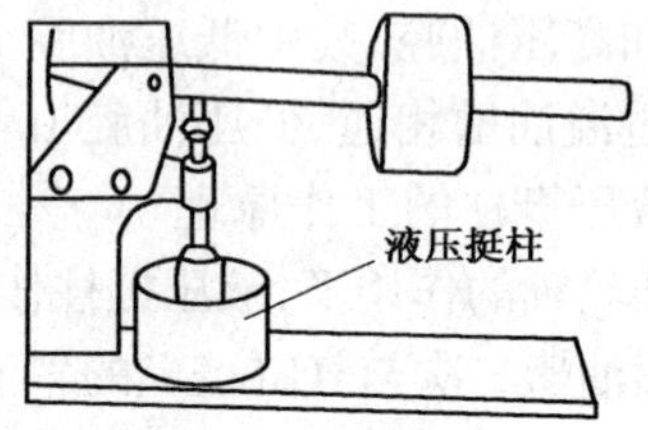

图3-69 液压挺柱密封性检查

3. 推杆

(1)推杆的构造

下置凸轮轴配气机构中有细而长的推杆,推杆的作用是将挺柱传来的凸轮推力传给摇臂机构。常用的推杆是一根细长的空心杆,上、下两端压入或焊接在经淬火和精加工的凹凸球头中,以提高其耐磨性。推杆的结构如图3-70所示。

(2)推杆的检修

推杆常见故障是两端凹、凸球头工作面磨损、开裂和杆身弯曲。检测方法主要是凭经验目测,检查推杆上端与调整螺钉接触的球座及推杆下端球头应光滑,无裂纹、变形、磨损起槽,杆身表面应光滑、平直,不得有锈蚀及裂纹现象。否则应修复或更换推杆。

气门推杆弯曲也可用图3-71所示的测量方法来进行检查, 测量其直线度误差应不大于

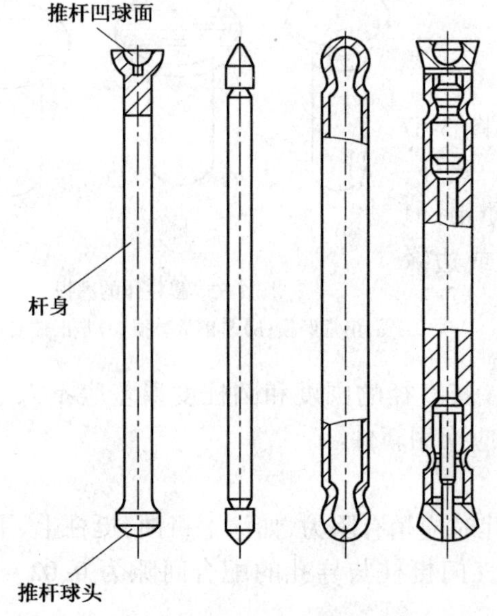

图3-70 推杆

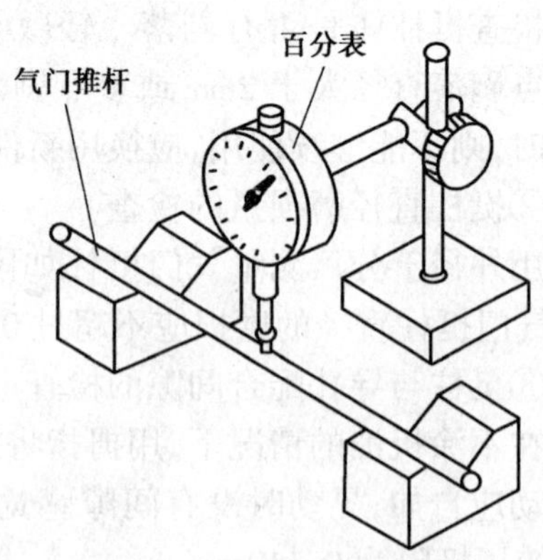

图3-71 气门推杆弯曲的测量

0.30mm，如超过规定值，可以进行冷压校直或更换。

4．摇臂和摇臂轴

1）摇臂和摇臂轴的构造

摇臂的作用是将推杆或凸轮传来的力改变方向后传给气门，使其开启。

摇臂组件主要有摇臂、摇臂轴、摇臂支座、气门间隙调整螺杆等，如图3-72所示为6BTA5.9发动机的摇臂组件。

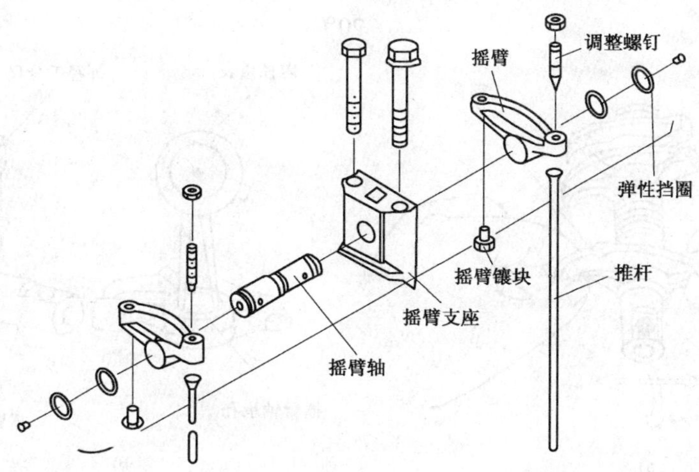

图3-72　6BTA5.9发动机摇臂及摇臂轴组件

摇臂是一个以摇臂轴为支承的双臂杠杆，短臂一侧有气门间隙调整螺杆，长臂一端（有的镶有钢块）与气门杆端接触。

摇臂支座用于安装摇臂轴，其上有油道连接缸盖润滑油道和摇臂轴油道。有的发动机摇臂支座通过两个大小不一样的螺栓固定在气缸盖上，其中较大的螺栓是缸盖螺栓，拧紧到气缸体上；较小的是摇臂支座固定螺钉，拧紧到气缸盖上。有的两个螺栓都拧在气缸盖上，如EQ6100发动机等。

摇臂轴内钻有直径为6.25±0.5mm的油道，装摇臂的位置上有出油孔，润滑油从主油道流经气缸体、气缸盖上的油道经摇臂支座而进入摇臂轴。从摇臂轴的出油孔进入摇臂与摇臂轴的配合面上进行润滑。同时，摇臂上开有从轴孔到摇臂上方的出油孔，一部分润滑油可以从摇臂出油孔中流出，润滑摇臂和气门尾部，以及调整螺栓和推杆头部球座等摩擦件。为了防止摇臂的窜动，在摇臂轴上两端都装有弹性挡圈。

2）摇臂及摇臂轴的检修

（1）外观检查

检查摇臂和摇臂轴工作面有无缺口、凹陷、沟槽、麻点、划损等缺陷，若有须修磨或更换。

（2）检查摇臂及摇臂轴之间的磨损

图3-73a）所示的是用手感检查摇臂与摇臂轴的配合情况，按图中箭头方向推拉和摇摆摇臂，如有间隙感说明摇臂与摇臂轴之间出现了磨损。图3-73b）所示的是用外径千分尺和内径量表检查摇臂和摇臂轴之间的间隙。如果测得的间隙超过0.15mm，必须更换。

（3）检查、疏通摇臂润滑油孔

（4）检查调整螺钉螺纹是否完好。若损坏须更换。

5．气门间隙的调整

除装有液压挺柱的发动机外，在没有气门间隙补偿功能的发动机气门传动机构中都留有一定的气门间隙，以防机件因热胀冷缩影响发动机的正常工作。如果气门间隙过大，不但影响发动机动力性而且出现噪声；如果气门间隙过小，会使气门关闭不严，使发动机不能正常工作，还有可能造成配气机构的机件工作面烧蚀损坏。因此，气门间隙必须按规定标准调整。

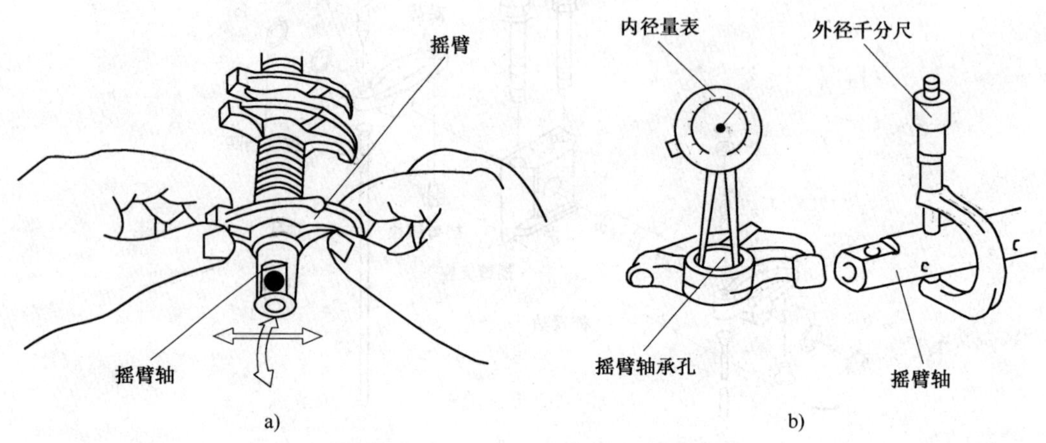

图 3-73　测量摇臂与摇臂轴间隙

a)检查摇臂与摇臂轴的配合；b)测量摇臂轴间隙

在调整气门间隙前，应先查阅维修手册，查出所调整发动机的气门间隙，同时应注意所给出的间隙值是冷车还是热车状态值，以保证调整正确。

气门间隙的检查和调整应在气门完全关闭，而且气门挺柱落在凸轮轴凸轮的基圆位置时进行，由于气门开始开启和关闭时，挺柱（或摇臂）是在凸轮的缓冲段内某点上，配气相位往往产生一定的偏差，所以不仅气门开启过程不能调，而且将要开启和刚关闭不久的也不能调。

6BTA5.9 发动机在冷车情况下，进气门间隙为 0.25mm，排气门间隙为 0.51mm。调整方法如下：

1)逐缸调整法

打开气门室罩，摇转曲轴至一缸压缩行程终了，调整一缸的进、排气门。调整时，先拧松锁紧螺母，用符合规定的厚薄规片插入气门杆尾端与摇臂之间，旋转调整螺钉，来回拉动厚薄规片，感到有轻微阻力为合适。调好后，将锁紧螺母锁紧，锁紧后需再复查一次。然后摇转曲轴，按点火顺序使下一缸达到压缩行程终了，再调整这一缸的进、排气门。依此类推，逐缸调整完毕。

2)两次调整法

(1)转动曲轴，使 1 缸位于压缩行程上止点，即飞轮与飞轮壳上的正时标记对正，点火顺序为 1-5-3-6-2-4 时，可调整 1 缸进、排气门，2、4 缸进气门，3、5 缸排气门，见表 3-3。

(2)转动曲轴，使 6 缸位于压缩行程上止点，即飞轮与飞轮壳上的正时标记对正，且 1 缸进、排气门推杆均不能转动时，调整 6 缸进、排气门，2、4 缸排气门，3、5 缸进气门，见表 3-3。

可调气门的判断　　表 3-3

发动机缸数	1 缸压缩行程上止点时的可调气门	6(4)缸压缩行程上止点时的可调气门
四缸	排 3 排 1　　4× 进 2 进	3　进 排 ×1　　4 进 2 排
六缸	排 5　3 排 1　　6× 进 4　2 进	进 5　3 排 ×1　　6 进 4　2 排

三、桑塔纳 AJR 发动机配气机构的构造及检修

桑塔纳 2000GSi 时代超人轿车采用的 AJR 发动机,其配气机构采用顶置凸轮轴、顶置气门、液压挺柱式配气机构,凸轮轴由同步齿形皮带传动。配气机构立体关系如图 3-16 所示。

气门组的结构和检修前面已作介绍,在此介绍气门传动组的结构及检修。

气门传动组由曲轴齿形皮带轮、齿形皮带、凸轮轴齿形皮带轮、凸轮轴和液压挺柱等组成。

1. 凸轮轴

1)凸轮轴的构造

凸轮轴(图 3-74)通过 5 个剖分式轴承直接装在气缸盖上平面上,利用第 5 轴承盖的两个侧面进行轴向定位。凸轮轴用铸铁铸造,凸轮升程段用电弧重熔冷激处理。凸轮表面硬度为 755HRC,淬硬层深度为 0.8～1.0mm。凸轮轴基圆直径为 34mm;凸轮宽度为 15mm;凸轮升程为 10.6mm;凸轮轴轴颈直径为 26mm。

凸轮轴轴承孔内有斜油道通气缸盖主油道,进行强制润滑。

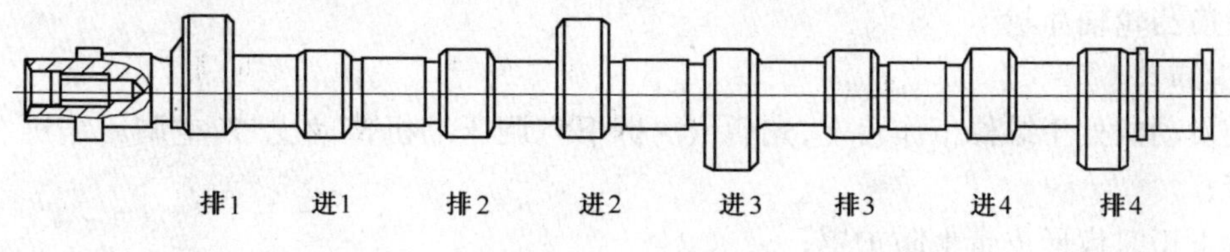

图 3-74　AJR 发动机凸轮轴

2)凸轮轴的拆装

(1)拆卸

①使发动机处于维修工作台上,先后依次拆下空调压缩机传动皮带、空调压缩机、发电机传动皮带;

②拆下正时齿形皮带上防护罩;

③转动曲轴使皮带轮上的标记对准第一缸上止点的标记,此时凸轮轴正时齿形皮带轮上的标记也必须对准正时齿形皮带防护罩上的箭头。

④拆下曲轴皮带轮及正时齿形皮带中间防护罩；

⑤松开半自动张紧轮，从凸轮轴正时齿形皮带轮上拆下正时齿形皮带；

⑥拆下气门罩盖，再拆下凸轮轴正时齿形皮带轮，从凸轮轴上取下半圆键；

⑦先拆下第1、3、5号轴承盖，然后对角交替松开第2、4号轴承盖。

(2)安装

安装凸轮轴前应更换凸轮轴油封。安装凸轮轴时，第一缸的凸轮必须朝上。当安装轴承盖时，要保证孔的上下部分对准。

①润滑凸轮轴轴承表面；

②交替对角拧紧第2、4道轴承盖，拧紧力矩为20N·m；

③安装5、1、3号轴承盖，拧紧力矩为20N·m；

④将半圆键安装到凸轮轴上，安装凸轮轴正时齿形皮带轮，并拧紧到100 N·m；

⑤安装正时齿形皮带(调整配气相位)，安装气门罩盖。

安装好凸轮轴后，发动机在约30min之内不得起动，以便液压挺柱的补偿元件进入状态，否则气门将敲击活塞。

在对配气机构进行过维修后，应小心地转动曲轴至少两周，以防止发动机起动时敲击气门。

3)凸轮轴的检修

(1)将凸轮轴擦净，检查有无裂纹、凸轮轴颈有无明显擦伤，键槽有无磨损，如有，应换用新件。

(2)用百分表在车床上检查凸轮轴的同轴度，许用极限为0.01mm；再用百分表在平台上检查凸轮轴的弯曲度，如超过0.3mm，应进行冷压校正。

(3)凸轮轴与气缸盖支承孔的配合间隙为0.06~0.08mm，支承孔磨损严重，应更换气缸盖。

(4)用外径千分尺测量凸轮轴轴颈和凸轮高度的磨损情况，凸轮轴轴颈磨损超过规定可采用涂镀法修复，凸轮最小高度低于允许值应更换凸轮轴。

(5)检查凸轮轴的轴向间隙，测量时，应按规定拆去液压挺柱，装好1、5道轴承盖，装上百分表，如图3-75所示。凸轮轴轴向间隙的允许极限为0.15mm。如超过极限应更换轴承盖。

4)更换凸轮轴油封

(1)拆卸

①使发动机处于维修工作台上，先后依次拆下空调压缩机传动皮带、空调压缩机、发电机传动皮带；

②拆下正时齿形皮带上防护罩；

③转动曲轴使皮带轮上的标记对准第一缸上止点标记，如图3-76所示，此时凸轮轴正时齿形皮带轮上的标记也必须对准正时齿形皮带防护罩上的箭头；

④拆下曲轴皮带轮和正时齿形皮带中间防护罩；

⑤松开半自动张紧轮，从凸轮轴正时齿形皮带轮上拆下正时齿形皮带；

⑥拆下气门罩盖，再拆下凸轮轴正时齿形皮带轮，从凸轮轴上取下半圆键；

⑦将凸轮轴正时齿形皮带轮固定螺栓尽可能深地拧入凸轮轴；

⑧将油封取出器的内件旋出，直到与外件平齐后，拧紧滚花螺钉将其固定，如图3-76所示；

⑨将油封取出器的螺纹头涂上机油后，尽可能深地旋入到油封中；

⑩旋松滚花螺钉,将内件对着凸轮轴直到将油封拉出为止;

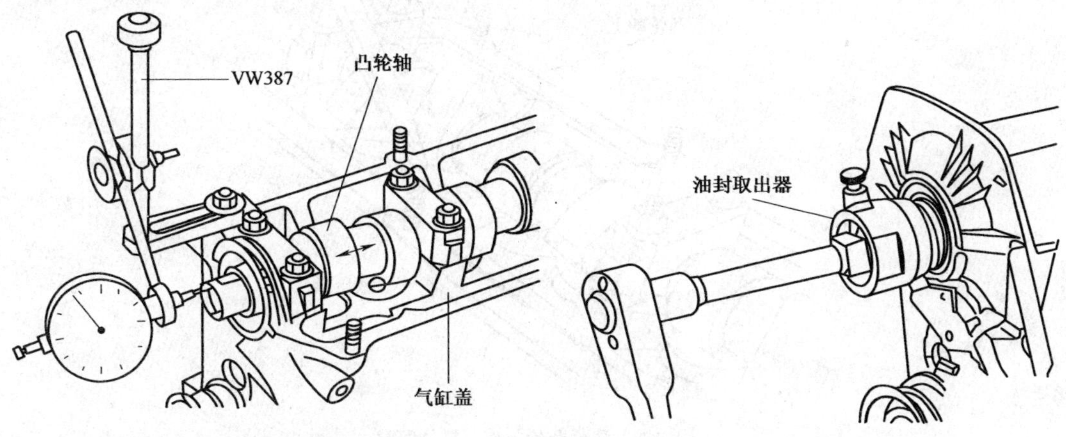

图 3-75　检查凸轮轴轴向间隙　　　图 3-76　油封取出器的使用

⑪用台虎钳夹住油封取出器的平面后,用钳子取下油封。

(2)安装

①在油封的唇边上涂少量润滑油;

②用专用工具导向套筒将油封定位,然后用专用工具将油封压入直到平齐,如图 3-77 所示;

③装上半圆键,安装凸轮轴正时齿形皮带轮,并将螺栓拧紧到 100N·m;

④安装正时齿形皮带(调整配气相位)。

2. 液压挺柱

液压挺柱的结构如图 3-67 所示,安装时液压挺柱的中心线偏离凸轮对称中心线 1.5mm,凸轮在母线长度方向倾斜 0.002 ~ 0.02mm,工作时液压挺柱绕其轴线缓慢转动,可减少磨损。液压挺柱可自动补偿气门间隙。液压挺柱的顶面进行了氰化处理。

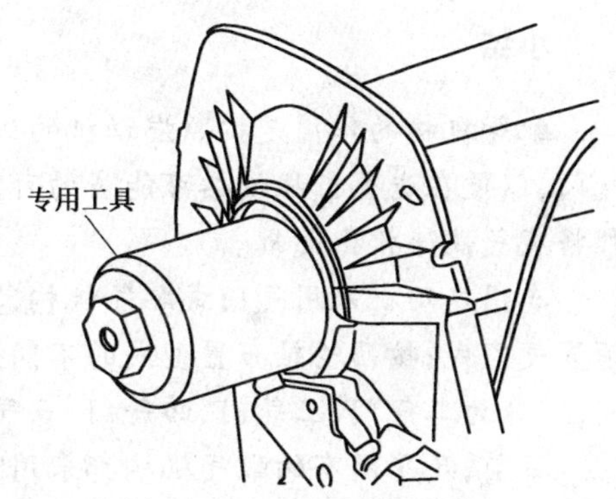

图 3-77　用专用工具压入油封

液压挺柱必须整套更换,不能进行调整或修理。起动时,液压挺柱的异常噪声是正常的。起动发动机使其运转直到冷却液温度达到 80℃,将发动机转速提高到 2500r/min 并运转 2min,进行必要的测试。如果液压挺柱产生的噪声还是很大,按照如下步骤进行检查:

(1)拆卸气门罩盖;

(2)按照顺时针方向转动曲轴,直到待检查的液压挺柱的凸轮朝上为止;

(3)测量凸轮和液压挺柱之间的间隙,如图 3-78 所示。如果间隙大于 0.2mm,则更换液压挺柱。

3. 传动轮系

AJR 发动机凸轮轴传动轮系如图 3-74 所示。与 JV、AFE 发动机相比,AJR 发动机取消了中间轴和中间轴齿形皮带轮,在中间轴齿形皮带轮的位置上增加了齿数为 23 齿的水泵齿形皮带轮,因此正时齿轮带的总长比原来缩短 48mm。

4. 正时齿形皮带

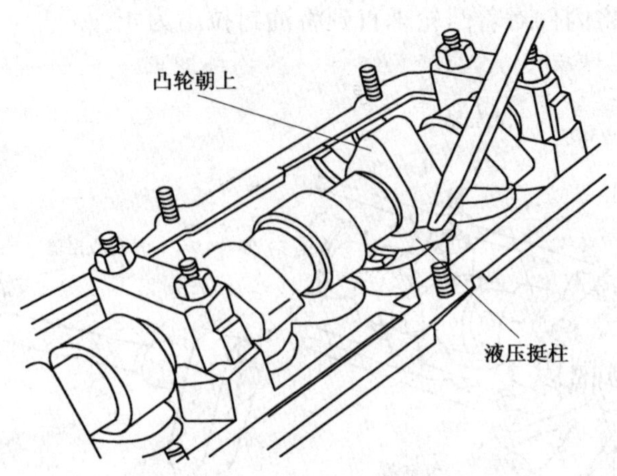

图 3-78 测量凸轮与液压挺柱间隙

AJR 发动机的齿形皮带齿宽为 23mm,齿厚为 5.3mm,齿形为圆弧或抛物线型,齿形皮带材料采用氢化丁腈橡胶(HNBR)。

检修齿形皮带时，应注意检查齿形皮带有无硬化、龟裂、剥离、脱落、磨损和纤维松散现象，如有应更换齿形皮带。另外还要注意检查齿形皮带的张紧度，如果齿形皮带张紧度适中，在规定皮带张紧度检查位置处用食指和拇指可将齿形皮带翻转大约 90°，否则应进行调整。

小结

配气机构的作用是按照发动机的工作次序和各缸工作循环的要求,定时开启和关闭进、排气门,以便在进气行程使尽可能多的可燃混合气(汽油机)或空气(柴油机)进入气缸,在排气行程将废气快速排出气缸。

车用发动机采用气门式配气机构,其结构型式按气门布置形式不同,可分为侧置气门式和顶置气门式;按凸轮轴布置型式的不同分为:下置式,中置式和顶置式;按照每缸气门数量的不同,可分为二气门、三气门、四气门、五气门配气机构。

目前,几乎所有的配气机构都采用顶置气门式,侧置式配气机构已被淘汰。顶置凸轮轴式配气机构适用于高速发动机,轿车发动机上多采用这种型式,而绝大多数车用柴油机和部分汽油机则采用了下置凸轮轴的配气机构,中置凸轮轴的车用发动机较少见。

下置凸轮轴式和中置凸轮轴式配气机构凸轮轴的驱动一般采用齿轮传动,顶置凸轮轴式配气机构凸轮轴多数采用齿形皮带传动,也有少数采用链传动。四冲程发动机曲轴和凸轮轴的传动比总是 2:1。

配气机构由气门组和气门驱动组组成,气门组主要由气门、气门座、气门导管、气门弹簧、气门弹簧座、气门锁片等组成。下置凸轮轴式配气机构(如 6BTA5.9)的气门驱动组由凸轮轴,凸轮轴正时齿轮,挺柱,推杆,摇臂,摇臂轴等组成,顶置凸轮轴式配气机构(如 AJR)的气门驱动组零件由凸轮轴,凸轮轴正时齿形皮带轮,正时齿形皮带,液压挺柱等组成。

配气机构零件的主要损伤是磨损、烧蚀和变形。这些损伤引起气门关闭不严,噪声大,充气系数下降,排气不畅,配气相位偏移。重新光磨后的气门、气门座经研磨,一定要做密封性试验,以保证气门与气门座关闭严密。更换气门座圈时,要准确测量座圈承孔的尺寸,与座圈承孔的配合要留有适当的过盈量,用热镶法或冷镶法将新座圈镶入承孔内。新气门导管的压入深度和气门杆的间隙必须符合规定。

凸轮轴凸轮磨损超过规定值,应换用新件。凸轮轴弯曲变形要进行校正。凸轮轴轴颈磨损,可按修理尺寸磨削轴颈或换用新件。更换凸轮轴油封时,要按拆卸程序进行,并用专用油封取出器将油封取出。

发动机装配时,应按规定调整气门间隙,并检查和调整配气相位。采用液压挺柱的配气机构,可自动补偿气门间隙,无须进行调整,液压挺柱磨损至极限不再修复。在安装新液压挺柱时,要将挺柱浸在机油盘机油中排除空气后才能安装,安装好后,发动机30min内不得运转。

配气机构修复后,应保证发动机配气相位正确,关闭严密,充气效率达到规定值,运行平稳,噪声低,工作可靠。

单元四　化油器式汽油机燃料供给系的结构和维修

单元要点

化油器式汽油机是将汽油与空气在化油器中形成一定比例、一定数量的混合气供入气缸，燃烧产生热能并转变成机械能而对外作功的发动机。其燃料供给系是它的重要组成部分，在工作过程中容易出现故障。现阶段我国1t以上的汽油机载货车大多采用化油器式燃料供给系，因此掌握这部分内容的作用、结构、工作原理及熟悉其检修方法是十分必要的。

化油器式汽油机燃料供给系的最主要机件是汽油泵与化油器。汽油泵工作性能不好将会引起燃料系供油不正常，出现油路不来油、混合气过浓、混合气过稀等故障；化油器是燃料系中的重要部件，它对发动机动力性、经济性及废气中的CO及HC排放量均有重要影响。

随着工作时间的增长，燃料系各零部件、小总成的工作性能都会下降，为了保证化油器式汽油机燃料系的工作正常以确保发动机的动力性及经济性，必须视情对零件进行检修与调整，以恢复其技术状况，保证发动机的正常工作。

化油器式汽油机燃料供给系的主要损伤是：油、气路堵塞，机件磨损，各接合面处密封性变差等。

本单元主要介绍化油器式汽油机燃料系中化油器、汽油泵等总成和部件的结构、作用及它们的检修与调整。

一、化油器式汽油机燃料供给系的功用与组成

1．化油器式汽油机燃料供给系的功用

汽油机燃料供给系的功用是：完成汽油的储存、输送、滤清，空气的滤清、输送等任务，并根据发动机各种不同工况要求配制出一定数量、浓度的混合气供入气缸燃烧，最后将废气排入大气。

2．化油器式汽油机燃料供给系的组成

化油器式汽油机燃料供给系由图4-1所示装置组成。

(1)汽油供给装置。包括汽油箱、汽油滤清器、汽油泵和油管等。用以完成汽油的贮存、滤清、输送等任务。

(2)空气供给装置，即空气滤清器。在轿车上有时还装有进气消声器，以减小进气噪声。

(3)可燃混合气形成装置。汽油在进入气缸前，必须经过雾化、蒸发并与适量的空气混合，形成可燃混合气。这个任务主要由化油器来完成，它是汽油机燃料供给系的关键部件。

(4)可燃混合气供给和废气的排出装置包括进排气歧管、排气管和排气消声器等。

图4-2所示为CA488-3发动机燃油供给系统的组成。

3．化油器式汽油机燃料供给系的工作情况

汽油泵把汽油从油箱内吸出，经油管进入汽油滤清器，滤除其中的杂质和水分后，进入汽油泵，再压送到化油器。同时，空气受气缸吸力作用，经空气滤清器滤去灰尘后，也进入化油器，化油器将汽油雾化使之与空气混合，初步形成可燃混合气分配到各气缸。混合气燃烧生成的废气经排气管和排气消声器排入大气。

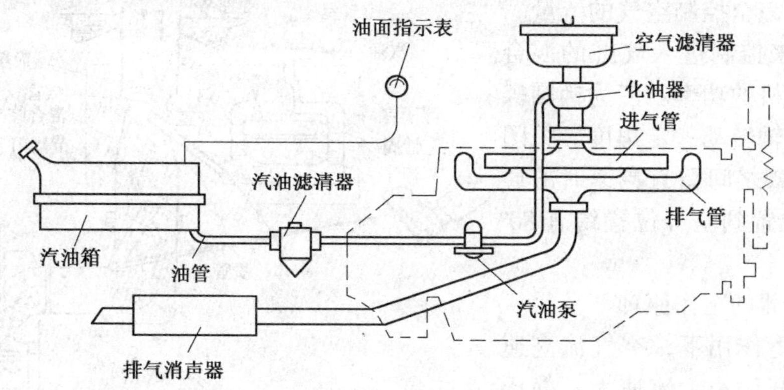

图 4-1　汽油机燃料供给系示意图

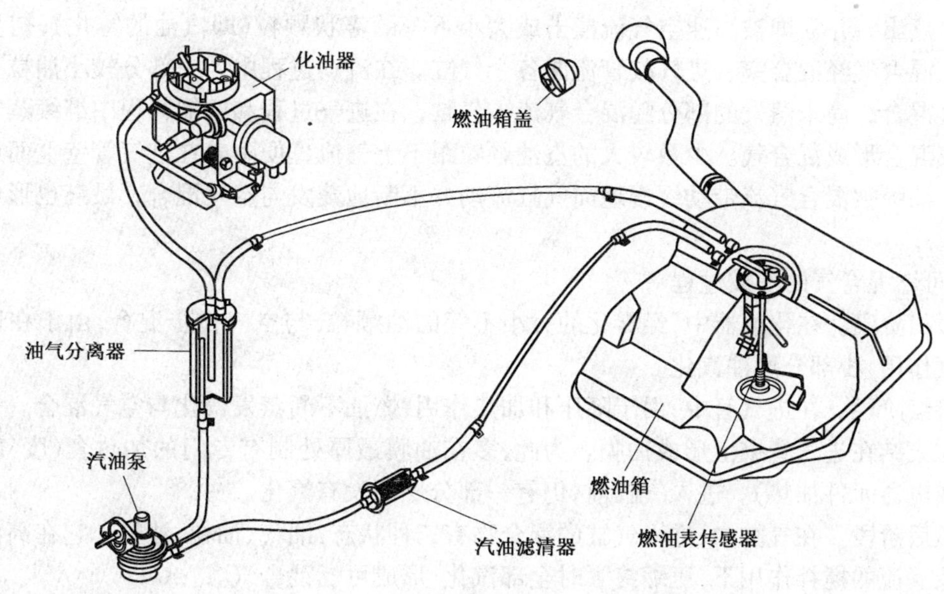

图 4-2　CA488-3 发动机燃油系统的组成

4．可燃混合气的形成过程

可燃混合气在 0.01～0.04s 的时间内形成，它始于化油器，持续到进气管和气缸中，直到压缩冲程结束才算完成。图 4-3 所示为化油器的基本结构示意图，用以说明可燃混合气的形成过程。

(1)化油器的基本结构。

化油器由浮子机构、量孔、喷管、喉管、节气门、空气室和混合室等组成。

①浮子机构由浮子、针阀和浮子室组成。浮子室通过油管与汽油泵相连，用来贮存汽油。浮子、针阀与汽油泵配合保持浮子室油面在规定高度。

②喷管用来连通浮子室和喉管。喷口高出浮子室液面2～5mm,防止自动溢油。量孔用来控制出油量。量孔流量的多少,取决于量孔直径和其前后的压力差。

③喉管用来增大气流速度,使喷管口处产生更大的真空度,将油吸出、吹散雾化,并在全负荷时完全控制空气的流量。

④节气门用来控制进入气缸的混合气流量,调节发动机的功率。多为椭圆蝶形阀门,可绕其短轴转动一定角度。关闭时呈10°倾斜,与壁之间留有怠速时的通气间隙,从关闭位置到全开位置约有80°的转角。

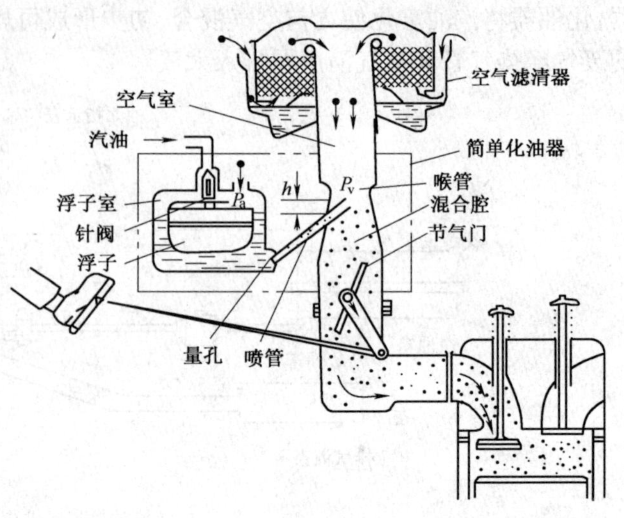

图4-3 化油器的基本结构及混合气的形成

(2)简单化油器的工作原理

在气缸的吸力作用下，空气流高速通过喉管。喉部截面小，流速大，静压力低，喉管处与浮子室液面形成压力差，在压力差的作用下汽油自浮子室经量孔从喷管口喷出，并立即被高速空气流撞击成大小不等的雾状颗粒(即汽油的雾化),初步形成混合气。混合气经混合室、进气歧管流向各个气缸。在流动过程中，一部分较小油粒立即蒸发与空气混合，尚未蒸发的部分随混合气流入气缸，在进气过程和压缩行程中继续蒸发汽化并与空气混合形成混合气。少数较大的汽油颗粒跟不上气流，便附着在进气管壁上而形成油膜，这些油膜被混合气流带动缓慢地向气缸流动并不断地蒸发与空气混合，最终也形成可燃混合气。

(3)可燃混合气的形成过程

①最初阶段。在化油器中,经雾化的大小不等的油颗粒,与空气初步混合,由于在通道中的真空度作用,小部分燃油汽化。

②持续阶段。在进气管中,由于降压和加热作用,燃油不断蒸发汽化与空气混合。一部分大的油粒集结在进气管壁上形成油膜。为此,多在油膜最厚处制有专门的加热套(废气加热、水加热或电器元件加热)。进入气缸前,仍有一部分燃油没有汽化。

③最后阶段。在气缸中,进入气缸的混合物有三种状态:油气、油粒、油膜。它在高温机件的加热及涡流的搅拌作用下,压缩终了时全部汽化,形成可燃混合气。

5. 可燃混合气浓度对发动机工作的影响

可燃混合气中燃油含量的多少称为可燃混合气的浓度。

(1)可燃混合气浓度的表示方法

①可燃混合气浓度多用空燃比表示。空燃比 R 是混合气中空气质量(kg)与燃油质量(kg)的比值。即:

$$\text{空燃比 } R=\frac{\text{空气质量}}{\text{燃油质量}}$$

理论上,1kg汽油完全燃烧约需14.7kg的空气,即混合气的空燃比约为14.7:1时,称为标准混合气($R=14.7$);$R>14.7$,称稀混合气;$R<14.7$,称浓混合气。

②可燃混合气浓度也有用过量空气系数表示的。过量空气系数 α 是指燃烧过程中1kg燃

料实际供给的空气质量(kg)与 1kg 燃料理论上完全燃烧所需要的空气质量之比。$\alpha=1$ 时的混合气称为标准混合气;$\alpha>1$ 称为稀混合气;$\alpha<1$ 称为浓混合气。

(2)可燃混合气浓度对汽油机工作的影响如表 4-1 所示。

可燃混合气浓度对汽油机工作的影响 表 4-1

混合气	空燃比 R	发动机功率 P_e	耗油率 g_e	原　因	发动机工作情况
过浓	6.5 ~ 13	减小	显著增大	燃烧不完全	排气管冒黑烟、放炮、燃烧室积炭、排气污染严重
稍浓	13.2	最大	增大约 18%	燃烧快、热损失小	—
标准	14.7	减小约 2%	增大 4%	汽油与空气不能充分混合、残余废气对燃烧的影响	—
稍稀	16.7	减小约 8%	最小	燃烧速度慢、热损失大	加速性变坏、经济性好
过稀	17 ~ 20	显著减小	显著增大	燃烧速度过慢	过热、加速性变坏、化油器回火、排气管中有突突声

注:稍浓成分的混合气称为功率混合气;稍稀成分的混合气称为经济混合气。

(3)发动机各工况对可燃混合气浓度的要求

发动机工况是发动机工作情况的简称,包括转速的高低和负荷的大小。发动机负荷,是指汽车施加给发动机的阻力矩,发动机须发出等量的扭矩与之平衡。发动机的扭矩是随节气门的开度变化的,节气门开度的大小代表负荷的大小,多用百分数表示。节气门开度 0 ~ 25% 为小负荷;节气门开度 25% ~ 85% 为中等负荷;节气门开度 85% ~ 100% 为大负荷和全负荷。发动机各工况对混合气成分的要求如表 4-2 所示。

不同工况对混合气浓度的要求 表 4-2

工　况	空燃比 R	性　质	原　因
起动	3 ~ 9	极浓	起动转速低、机件温度低、雾化及汽化条件不好,大部分混合物在进气管内形成油膜
怠速	9 ~ 12	过浓	吸入量少、残余废气相对增多
中等负荷	13 ~ 16	经济	工作范围大、质稀而量多
大负荷、全负荷	13 ~ 14	浓	爬坡、坏路、加速
加速	8	过浓	由于汽油与空气的密度不同、流量的差异、为防止混合气瞬时变稀

二、汽油箱

1. 功用

汽油箱用于贮存汽油,见图 4-4,其容量一般能使汽车行驶 300 ~ 600km。一般汽车只有一个汽油箱,有的车装有主、副两个汽油箱。汽油箱安装位置和外形服从于全车的合理布置,其位置多在车架的一侧或车身的后部。

2. 结构

多数汽车的油箱用薄钢板冲压焊制而成,上部焊有加油管,内设有可拉出的延伸管,延伸管底部有滤网,用以滤去加油时油中的杂质,加油管口由油箱盖盖住。油箱上部装有与汽油表相连接的油面高度传感器,以及出油开关。油箱内设有隔板,以减轻汽车行驶时汽油的振荡。油箱底部装有放油螺塞,用以排出汽油中的水分和杂质。

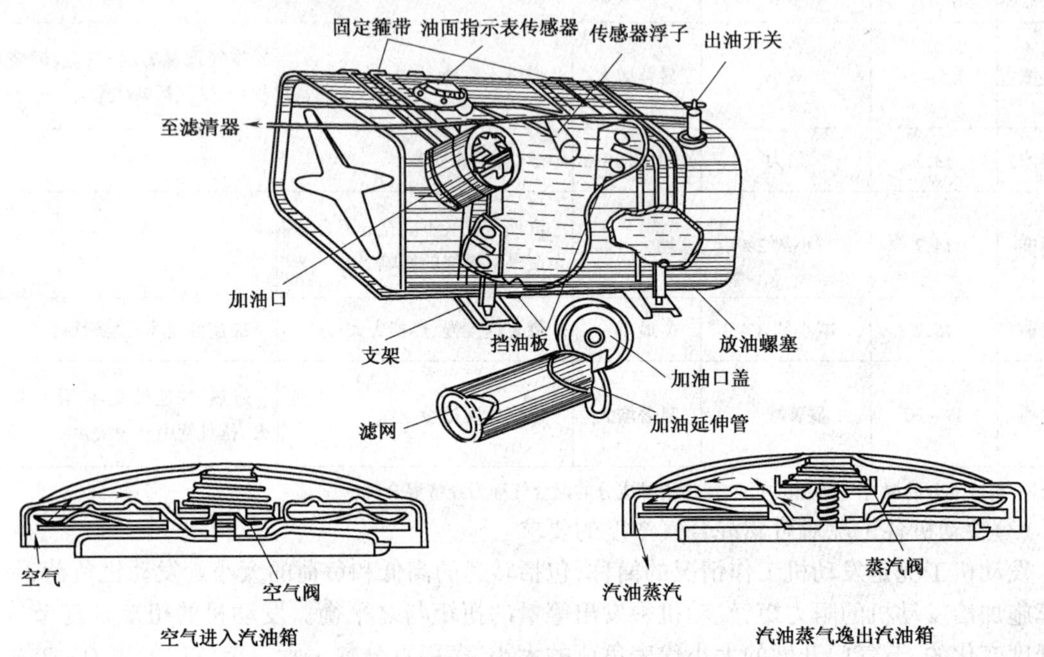

图 4-4 汽油箱及加油口盖

油箱盖采用双阀式结构,设有空气阀和蒸气阀。当油箱内汽油减少,压力降低到预定值(约 98kPa)时,油箱外面的大气便推开空气阀进入油箱内;当油箱内蒸气压力增大到约 120kPa 时,蒸气阀便被油蒸汽推开,将之泄入大气,从而保持油箱内的正常压力。

桑塔纳轿车油箱是用聚乙烯吹塑成型,它具有防锈和重量轻的特点。它的油箱盖可用主钥匙或副钥匙开启。如图 4-5 所示为桑塔纳轿车油箱及其附件的分解图。油箱上的回油管与储油罐(油气分离器)相连,吸油管与汽油滤清器相连,小通气管和大通气管的另一端均接在加油管上。集滤器浸在油箱内的汽油中,对汽油进行初步滤清。

3. 汽油箱的维修

(1)定期清洗油箱。如桑塔纳轿车每行驶 45000km 就应清洗一次。和任何容器一样,油箱用久了也会变脏。如油质不好,使用中有沉淀物或加油时进入了杂质;或由于湿气、雨天加油不慎等原因油箱中积水。清洗油箱就是将油箱中的油污、沉积物和水清除掉。清洗时,用清水或蒸气洗涤,晃动油箱彻底清除沉积物,倒净内部的水,用压缩空气吹干。

(2)对用薄钢板制造的油箱,如有裂纹造成漏汽油时,可用焊修法修理。焊修前一定要将油箱中的余油放净,用水冲洗并彻底浸泡,以防发生火灾。

(3)油箱在使用和维修中要避免与尖器刮碰,防止火烤,以延长其使用寿命。

油箱的拆卸(以 JV 发动机为例说明):先拆去蓄电池搭铁线、排空油箱、拆下油箱盖并抽出吸油管、回油管和通气管,拆下传感器至燃油表的导线,松开连接管的夹箍,松开夹紧带螺母,使油箱下沉,将加油管处的大通气管拔下,取下油箱。

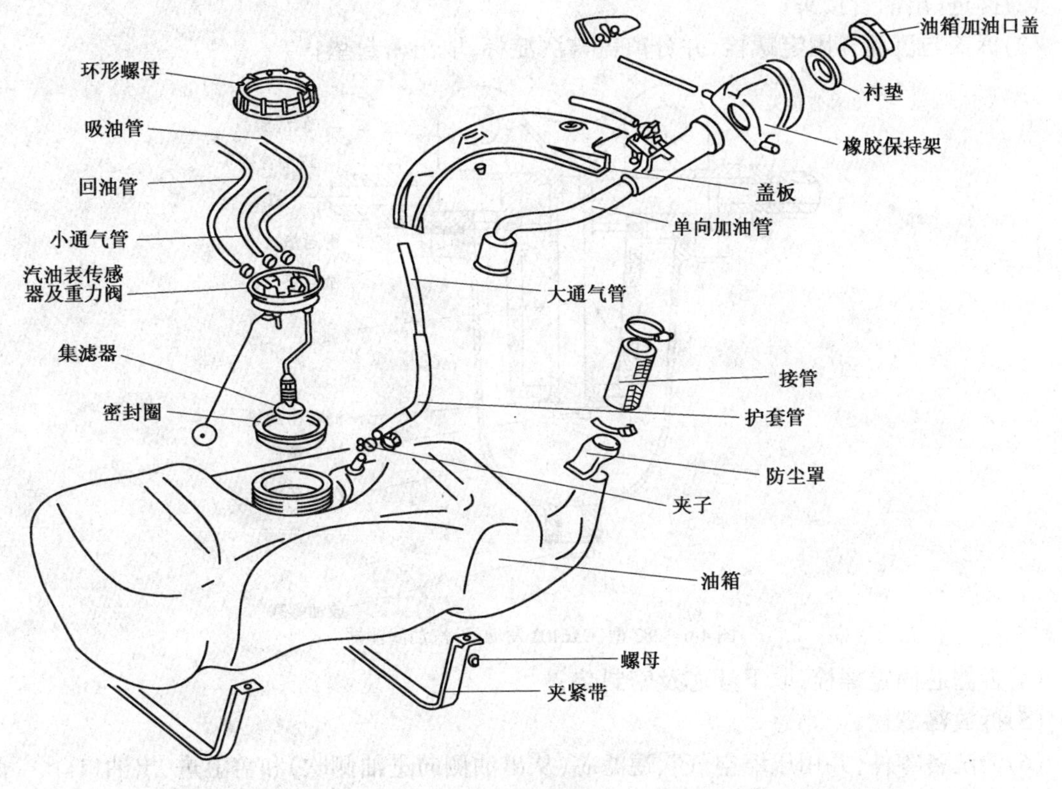

图 4-5　桑塔纳 JV 发动机配用的燃油箱

三、汽油滤清器

1. 作用

汽油滤清器多串联在汽油箱和汽油泵之间。有的在汽油泵和化油器之间也串联有滤清器。用来除去汽油中的水分、杂质和胶质，保证汽油泵和化油器正常工作。其工作原理如图4-6及 4-7 所示。

2. 构造和工作情况

现使用的滤清器滤芯有纸质和陶瓷质两种。轿车和轻型载货车上多使用不可拆式一次性滤清器，外壳采用密封式金属或透明塑料制成，滤芯用化纤或微孔滤纸制成。JV 发动机的汽油滤清器采用纸质滤芯，外壳为尼龙筒体。燃油在汽油泵的作用下，经进油管接头进入，由于容积变大，流速变小，比油重的水分、杂质、胶质沉淀于外壳底部，燃油再经滤芯过滤后从出油管接头流出。有的滤清器上有孔径较小的回油量孔和回油管，称为三管式汽油滤清器。当化油器浮子室油面没达到规定高度时，回油量孔起“节流”作用，满足浮子室供油，当浮子室油充满时，回油量孔起“泄漏”作用，使多余的燃油泄回汽油箱，保证浮子室油面稳定。燃油的回流带走燃油的热量和气泡，减少蒸发，防止“气阻”产生。回油量孔一旦堵塞，将使浮子室油面升高，化油器主喷管溢油，造成转速失控，污染加重，严重时会因呛油而熄火。三管式汽油滤清器如图 4-8 所示。

3. 汽油滤清器的拆卸

汽油滤清器的拆卸见图 4-9。

(1)清洗汽油滤清器外部；

(2)拆进、出油管接头；

(3)拆盖与沉淀杯固定螺栓，并分离盖与沉淀杯，取出密封垫；

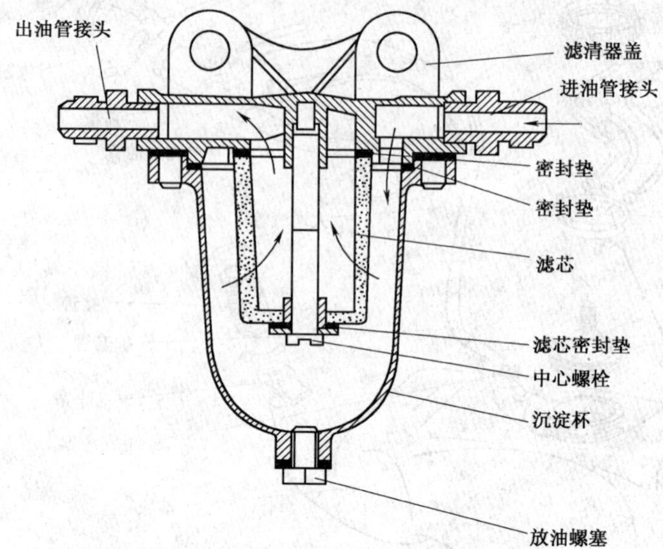

图 4-6　282 型(CA6102 发动机)汽油滤清器

(4)拆滤芯固定螺栓，取下滤芯及密封垫；

(5)拆放污螺栓；

(6)清洗各零件，并用压缩空气吹通滤芯(从出油侧向进油侧吹)和盖上进、出油口。

4．汽油滤清器的装配与维修

装配按拆卸时的相反顺序进行，装配时应注意：检查各密封垫是否破裂、老化，否则应予以更换；分 2 ~ 3 次对称地拧紧紧固螺栓。另外：

(1)对不可拆式汽油滤清器，应定期更换。如桑塔纳轿车每行驶 1.5 万 km 就应更换汽油滤清器，其两端的夹箍同时更换，以免漏气或渗油而发生事故。

(2)对可拆式汽油滤清器，如滤芯为陶瓷或尼龙布做的，滤芯变脏后经清洗可重复使用；纸质滤芯则是一次性使用的。维修时，要仔细检查密封衬垫是否老化、变形或损坏，如有应更换衬垫，安装时要确保密封衬垫密封可靠。

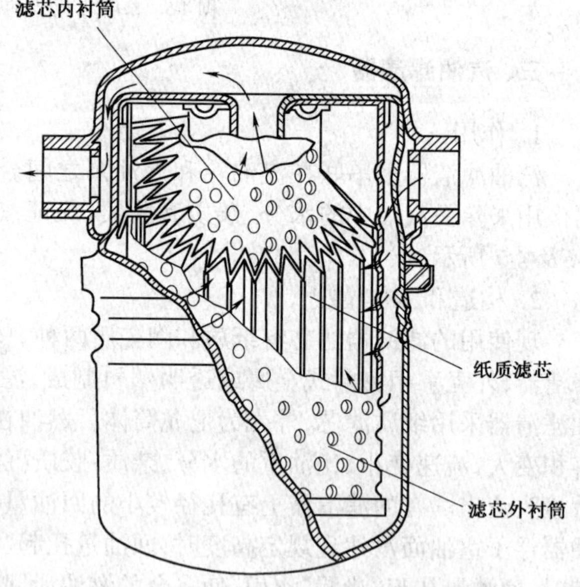

图 4-7　不可拆式纸滤芯汽油滤清器

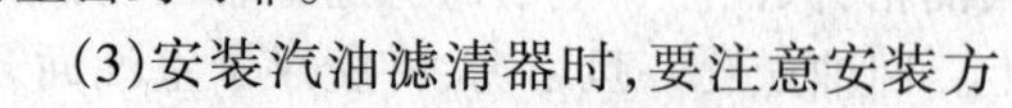

(3)安装汽油滤清器时，要注意安装方向，确保油流方向正确。滤清器进(IN)、出(OUT)、回油(R)端接头处多有方向标记或文字标记，防止管路接反，产生人为的故障。

四、油气分离器

现代轿车发动机的燃料供给系统中常设有油气分离器(储油罐)，它装在汽油泵与化油器之间。

1. 功用

消除"汽阻"　油路的汽泡可被阻挡在滤网外面并可与过量汽油一起通过回油管溢出；

稳压作用　可以吸收汽油泵供油时产生的脉动压力；

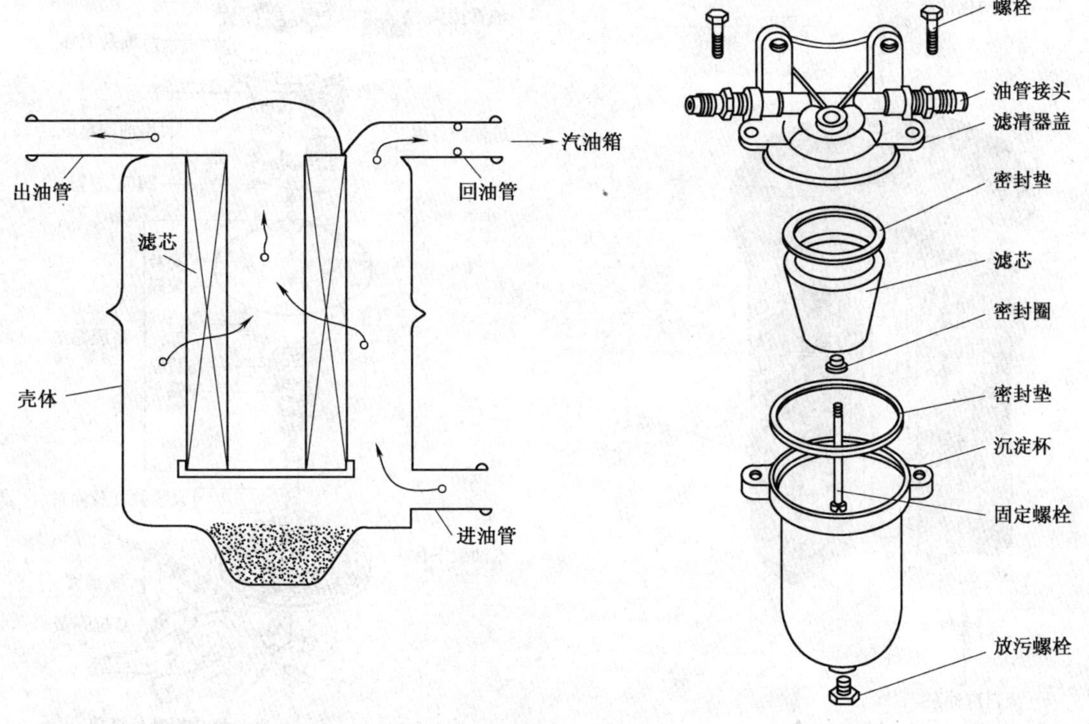

图 4-8　三管式汽油滤清器　　　　图 4-9　汽油滤清器拆卸图

改善发动机的起动性　由于储油作用，使化油器在汽油泵输出的汽油尚未到达的情况下而提前得到汽油，从而缩短了冬季汽车冷车起动的时间；

精滤作用　由于滤网的作用，能使汽油在进入化油器前得到进一步的过滤。

2. 结构

油气分离器的结构与汽油滤清器类似，即由滤芯和壳体组成。出油端除设有与化油器相连的油管接头外，还设有与油箱回油管相连的接头。发动机工作时，汽油在汽油泵的驱动下，经过汽油滤清器滤清后进入油气分离器，水分和杂质沉积在壳体内或粘附在滤芯的表面上，用不完的汽油从另一出口送回油箱。其结构原理如图 4-10 所示。油气分离器在安装时一定要注意记号，切勿装反。

五、汽油泵

1. 作用

汽油泵将汽油从油箱中吸出，产生一定的压力(0.03MPa)，以克服管道的阻力、滤清器阻力和高度差形成的压差，将油送入化油器浮子室中。

2. 构造

机械膜片式汽油泵由上体、下体、泵膜总成三部分组成(图 4-11)，上下体多用锌合金压铸而成，用螺钉连接。泵膜多用高强度尼龙布制成。

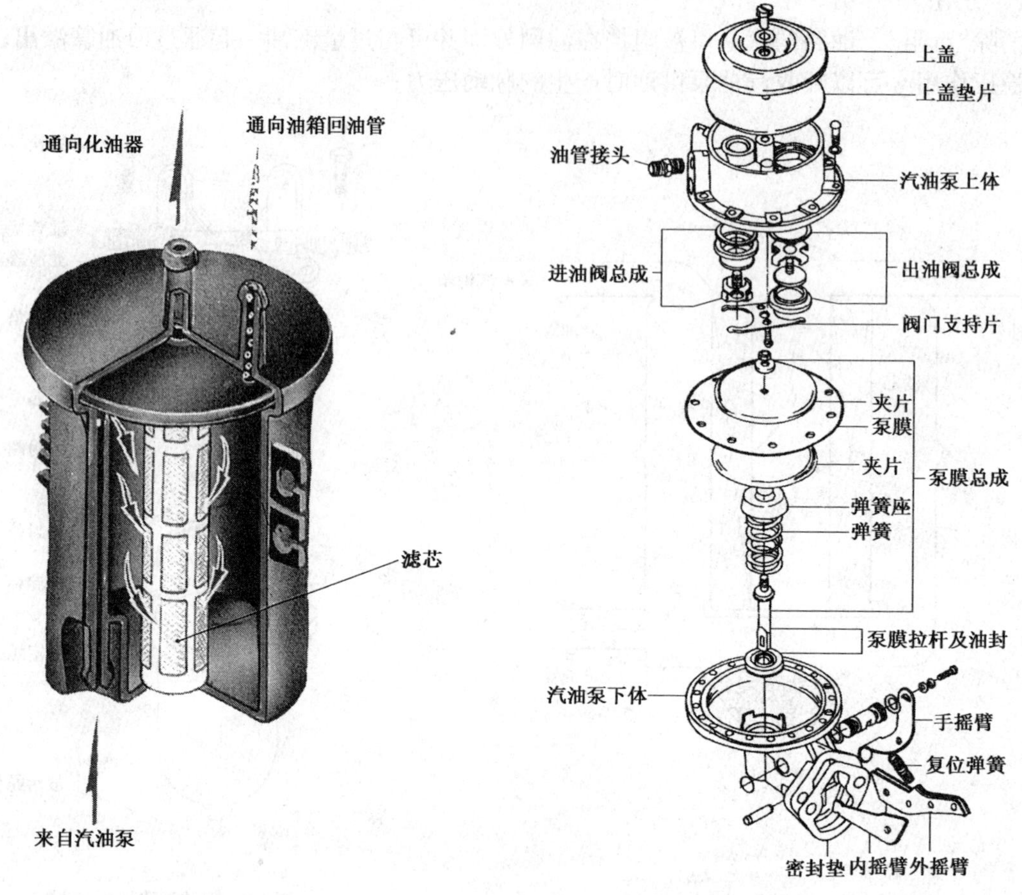

图 4-10　油气分离器

图 4-11　EQ6100-1 发动机汽油泵结构图

上体　除了上壳体外，装有进油阀、出油阀、进油管、出油管。

下体　除了下壳体外，装有泵膜弹簧、复位弹簧、摇臂、手摇臂等。摇臂分整体式和分段式两种，都具有自动调节供油量的功能。分体式摇臂有内、外摇臂之分。凸缘盘与曲轴箱座孔连接，泵膜弹簧座处设有油封，以防膜片破裂时燃油流入曲轴箱。下体上开有泄油小孔，不仅能防止膜片破裂时燃油流入曲轴箱，还是判断膜片是否破裂的检视孔。

泵膜总成　由膜片、拉杆、固定螺钉、上下护盘(夹片)等组成。

有些汽油泵的壳体，其上部用薄金属板压制成，不可拆式，一次性使用。这种油泵泵膜和进、出油阀的尺寸较大，最大供油量为最大耗油量的 6 ~8 倍，发动机曲轴稍有转动，汽油即可充满化油器浮子室。这样，减小了燃油的蒸发量和“汽阻”产生的可能性，因而手泵油机构就不设了。如桑塔纳轿车汽油泵就不设手摇臂。

3. 汽油泵的拆卸

关闭汽油箱，拆下汽油泵进、出油管接头；拆下汽油泵固定螺栓，从发动机上取下汽油泵及衬垫；用汽油清洗汽油泵外部。汽油泵的分解顺序如下：

(1)拆泵盖固定螺钉，取下泵盖及垫片；

(2)分离上、下体(做好装合记号)；

(3)上体零件的拆卸：拆阀门支承片，取出进出油阀，拆进、出油接头；

(4)泵膜组件的拆卸:拆泵膜拉杆固定螺母,按顺序取下泵膜上护盘、泵膜、泵膜下护盘、泵膜弹簧座、泵膜弹簧、泵膜拉杆油封、泵膜拉杆;

(5)下体零件的拆卸:拆摇臂回位弹簧、铳出内、外摇臂销,取出内、外摇臂,拆手摇臂固定螺钉,取下手摇臂,取出钢丝挡圈,取出手摇臂密封圈,手摇臂轴;

(6)清洗各零件。

4. 工作情况

汽油泵的工作情况见图 4-12。

(1)进油

凸轮轴上偏心轮转动时,通过摇臂使泵膜拉杆向下,泵膜上方的泵室容积增大,产生一定的真空度;进油阀被吸开,出油阀被吸闭,燃油便从进油管进入泵室。与此同时,回位弹簧被压缩。

(2)压油

偏心轮偏心部分转离摇臂后,摇臂在其回位弹簧的作用下回位,泵膜在膜片弹簧的作用下上拱,泵室容积减小,油压增大,进油阀关闭,出油阀打开,燃油从出油管进入化油器浮子室。

泵膜弹簧的张力越大,油泵的泵油压力也越大。供油量的多少取决于膜片上拱的行程,行程越大油泵的泵油量也越多。

(3)供油量的自动调节

汽油泵的供油量随发动机的耗油量多少可以进行自动调节。自动调节供油量是通过改变泵膜行程实现的。当浮子室需油量减少时,泵室内的油压就增大,泵膜上行的高度就减小;反之,当浮子室需油量增加时,泵室内的油压就减小,泵膜上行的高度增大。就这样,泵膜能自动调节上行压油的终点位置。从而达到油量的自动调节的。

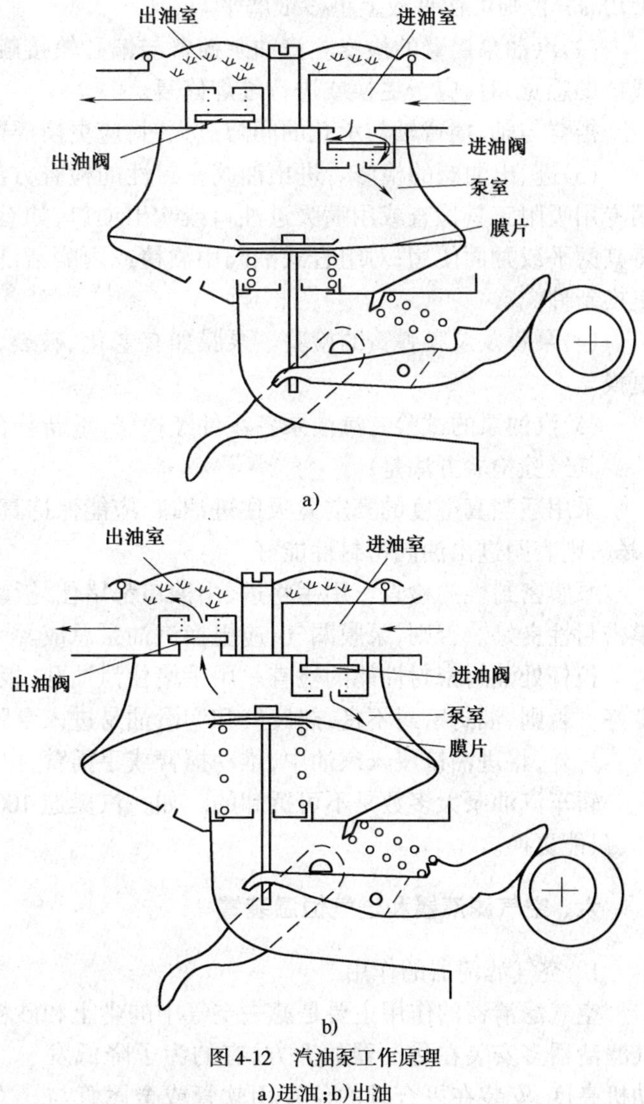

图 4-12 汽油泵工作原理

a)进油;b)出油

(4)手动泵油

在发动机起动前,如发现化油器内没油或存油太少,可扳动手摇臂泵油,利用其半圆轴转动迫使内摇臂摆动而泵油。

若偏心轮的凸起部分顶着外摇臂,泵膜处于最低位置,手摇臂是不起作用的,此时应转动曲轴,使偏心轮的凸起部分转离摇臂后,再用手摇臂泵油。

5. 汽油泵的装配与维修

装配顺序与拆卸顺序相反,装配时应注意:上、下护盘不得装反;进、出油阀安装方向不得装反,阀的密封垫应完好,阀门支承片方向不得装反;上、下体装合记号应对齐,并分2~3次对称拧紧固定螺钉;汽油泵下体凸缘与气缸体之间的衬垫厚度要合适,否则会影响汽油泵的供油量;下体泄油孔应畅通。

(1)汽油泵壳体的检修。在平板上检查壳体接合面,壳体与缸体接合面,其平面度误差≯0.10mm,否则可在平板上垫砂纸磨平。

(2)汽油泵摇臂的检修。汽油泵摇臂与偏心轮接触部位磨损超过0.20mm(用手摸有沟槽或棱的感觉)时,应予更换或进行堆焊修复。

摇臂与轴、摇臂轴与承孔的间隙过大时,应更换摇臂或摇臂轴。

(3)进、出油阀的检修。进出油阀密封性的检查方法是:将阀装在油泵上,阀用汽油湿润,用专用吸附工具检查或用嘴吸进油口或吹出油口,如有漏气现象应予修复。对单片式油阀可将其磨平或翻面使用;对组合式油阀用酒精或丙酮清洗,除去胶质。经修磨或清洗无效时,应更换新件。

(4)泵膜及泵膜弹簧的检验。泵膜如有老化、破裂,应换用新件。泵膜弹簧弹力不足也应更换。

(5)汽油泵的试验。汽油泵各零件经检修,重新装合后应进行性能检验。

其经验检验方法是:

采用适当真空度的真空囊吸住进油口,应能保持真空度;再用真空囊在出油口挤捏应该不漏气,则表明进出油阀密封性能好。

泵膜密封性的检查。用手将进、出油口都堵住,扳动摇臂很沉,泵膜即被锁定不动,说明泵膜密封性良好。否则,泵膜漏气,应更换汽油泵总成。

拉杆处油封密封性能的检查。用手堵住泄油孔,扳动摇臂,泵膜被锁定时,说明油封密封良好。否则,油封密封不良,热废气和润滑油易进入泵膜下室,降低泵膜的使用寿命。

另外,将进油口浸入汽油中,推动摇臂或手摇臂,出油急促而有力,说明汽油泵性能良好。

轿车汽油泵大多数是不可拆卸的。如一汽奥迪100、上海桑塔纳等汽车的汽油泵,一旦损坏,只能更换。

六、空气滤清器和进气恒温装置

1. 空气滤清器的作用

空气滤清器的作用主要是滤去空气中的尘土和砂粒,减少气缸、活塞和活塞环的磨损。空气滤清器多安装在化油器的上方,有的为了降低发动机高度,安装在更合理的位置用软管或金属管与化油器相通。有些空滤器上还装有进气恒温装置和滤芯堵塞报警装置。

2. 构造

按照清除空气中杂质的手段不同,可分为惯性式、过滤式、综合式三种。惯性油浴式空滤器如图4-13所示。空气中的尘土通过金属网滤芯的过滤作用及空气流动过程中尘土颗粒的惯性和滤清器壳底部机油的粘附作用达到滤清的效果。

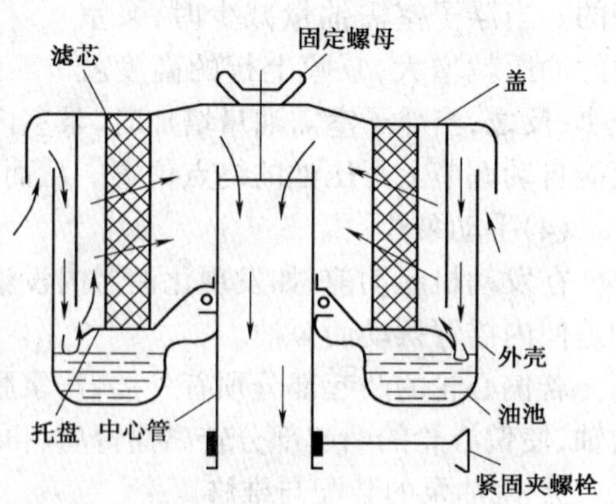

图4-13　惯性油浴式空气滤清器示意图

纸质滤芯的空滤器是综合式的,它由外壳和

盖、滤芯等组成，如图 4-14 所示。盖和外壳多用薄钢板冲压而成，有的采用塑料外壳；滤芯多用树脂处理的微孔纸制成，波折状滤芯有较大的过滤面积，上下两端有密封圈。纸质滤芯最怕油、水浸润，维护时只能用压缩空气吹净（由滤芯内侧向外吹——逆进气方向）污物。

3. 进气恒温装置（TAC）

为获得较好的汽化条件和燃烧条件，保证较高的动力性和燃料经济性，最少的排放污染以及较好地防止化油器内结冰，现代汽车空气滤清器多装有自动调节进气温度的装置。如图 4-15 所示为桑塔纳车空气滤清器，其工作原理如图 4-16 所示。

(1)构造

在空气滤清器入口处设置一个自动调节冷热空气量的进气控制阀，该阀由真空控制膜盒控制，真空源来自进气管，并用双金属片式真空阀感温调节真空度的大小。冷空气管朝前吸取机罩外密度较大的冷空气，热空气管吸取排气管表面辐射加热的热空气。

(2)工作情况

①冷起动后，汽车发动机罩下的环境温度低时，进气歧管的负压作用到真空控制膜盒，在真空作用下，膜片拉杆使进气控制阀打开热空气通路，使热空气进入空气滤清器（图 4-16a）。

②环境温度高于 70℃时，温度传感器的双金属片因温度升高切断了进气歧管至真空控制膜盒的通道，从而关闭了热空气通道，于是冷空气从进气软管进入空气滤清器（图 4-16b）。

③环境温度在 60 ~ 70℃左右波动时，真空阀处于适当开度，真空控制膜盒的膜片保持在某一平衡位置，冷热空气混合进入（图 4-16c）。

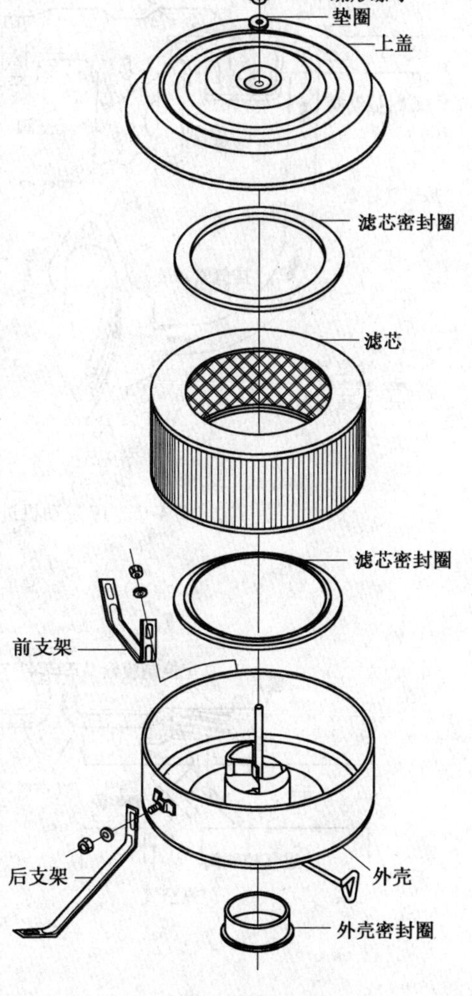

图 4-14 纸质干式空气滤清器

4. 空气滤清器的维修

(1)外壳要经常清洁，保持干净。壳体、盖应无裂纹、无变形，否则应更换或修理。

(2)安装牢靠并密封良好。滤芯两端密封垫圈应完好无损，确保滤芯密封。否则空气未经滤清就进入化油器。

(3)纸质滤芯应定期清洁或更换。如桑塔纳轿车每行驶 15000km 就应更换滤芯。每行驶 5000km 保养一下滤清器的滤芯。滤芯应避免与油类和水等接触。清洁时，先轻拍滤芯，然后用压缩空气从滤芯内部向外吹。

CA1092 型汽车的空滤器上装有堵塞指示器，当滤芯阻力超过 49 ~ 59kPa 时堵塞指示器会自动显示。此时，只需将上盖打开取出纸质滤芯，用手或木棒轻轻敲击将灰尘除掉。纸质滤芯可继续使用。

每行驶 15000km（JV 发动机）应检查恒温进气装置的工作情况：

①发动机熄火后，拆下空滤器软管，应看到热空气阀门处于放下状态；从温度传感器上拔

下通向真空源的软管，用手动真空泵产生 40Pa 的真空，且真空在 2min 内不得下降，此时阀门应被提起，如阀门提不起，经检查又不是阀门变形或发卡阻碍其动作，则表明膜片式真空室有故障应更换。

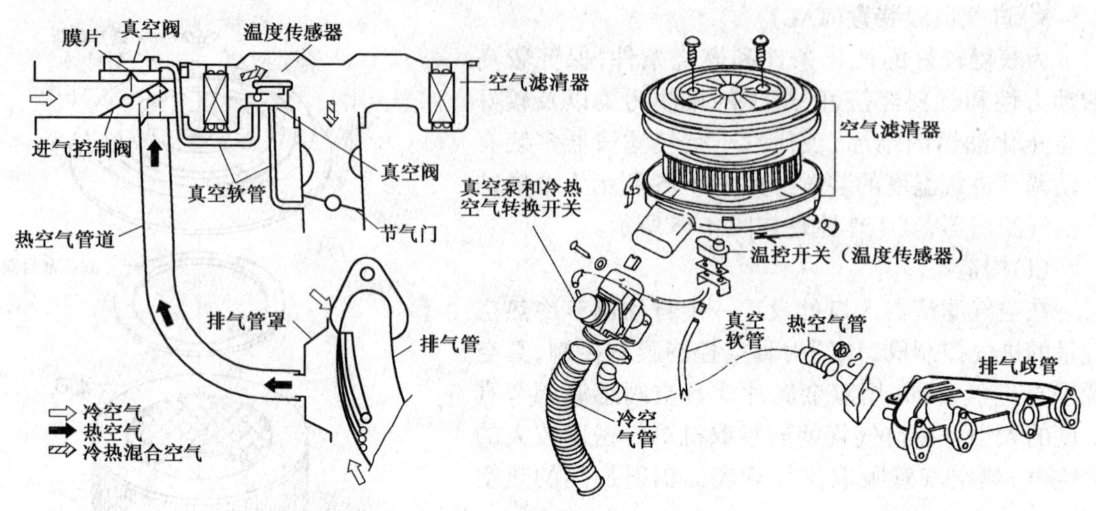

图 4-15　JV 发动机进气预热装置及恒温式空气滤清器示意图

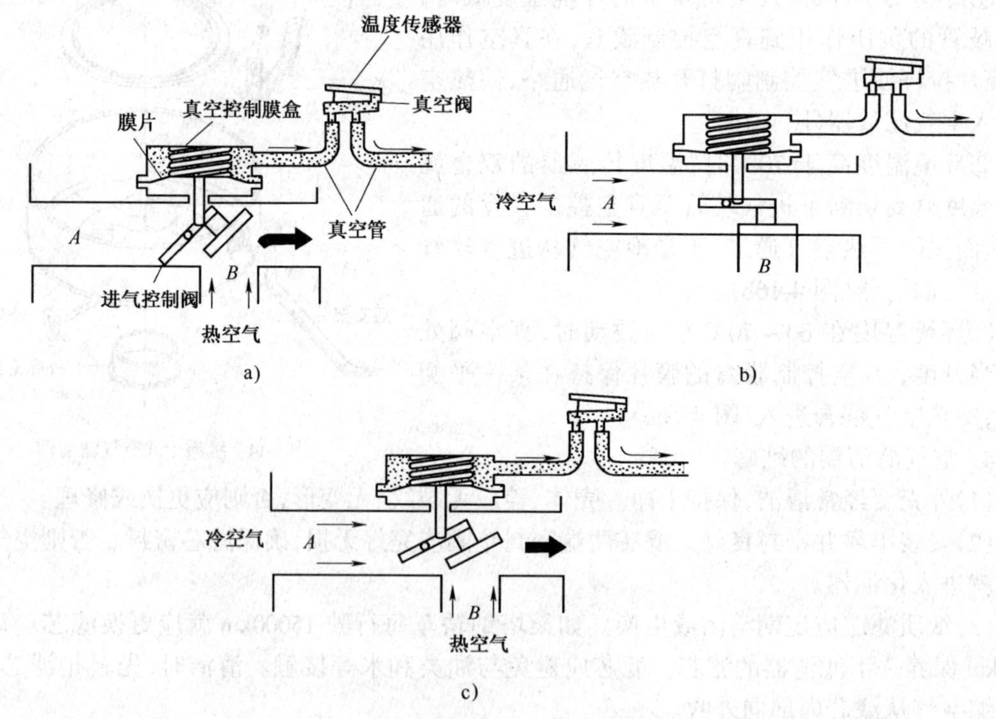

图 4-16　恒温式空气滤清器工作过程

②发动机温度 40℃以下起动发动机，怠速运转。此时拔下温度传感器与进气管的真空软管，温度传感器应在至少 20s 后打开。如不符合要求，应更换温度传感器。

③进气管预热器热敏开关，用欧姆表检查时要求：温度低于 60℃时为 0Ω；温度高于 70℃时为∞。

七、化油器

由于汽油的密度约为空气的600倍，而空气的密度又随压强的减小而减小。由简单化油器工作原理得知：当节气门逐渐开大时，汽油流量的增长率明显高于空气流量的增长率，混合气明显地由稀变浓。这样，简单化油器的供油特性，就满足不了发动机各工况对空燃比的要求。因此，必须在简单化油器的基础上加装一系列能根据发动机工况自动调配混合气成分的装置。如主供油装置、怠速装置、加浓装置、加速装置、起动装置等。

(一)化油器五大装置的结构与工作原理

1．主供油装置

(1)作用

发动机在中、小负荷工作时，供给随节气门开度加大而逐渐变稀的混合气，空燃比 R 保持在13～16范围内。

(2)工作范围

除怠速工况外，其他工况都供油。故称它为主供油装置。

(3)构造

目前广泛采用降低主量孔外面真空度的主供油装置。如图4-17所示。

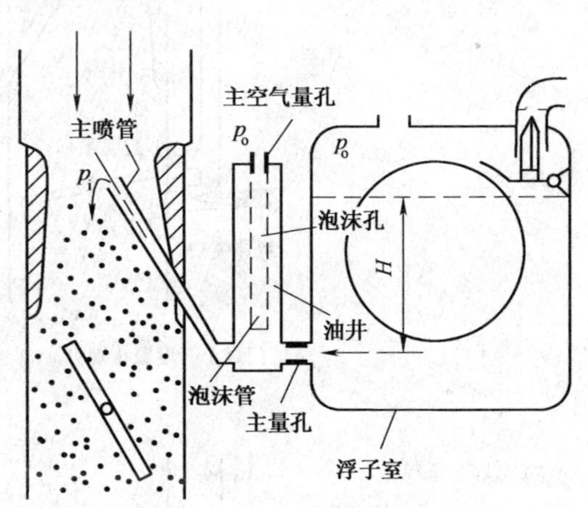

图4-17　主供油系统

在简单化油器的基础上，加装空气室(又称油井)和直立内吹式泡沫管，管的上端有空气量孔，中部有2～4排渗气孔，空气室分别和大气、浮子室、喉管相通。

(4)工作情况

①当发动机不工作时，主喷管、空气室、浮子室中的油面是等高的。

②当发动机进入中小负荷时，喉管处产生吸力而喷油，由于喷管喷口尺寸大于主量孔直径，空气室内出现“供不应求”的现象，油面迅速下降，空气自空气量孔和渗气孔进入空气室。此时，喷口喷出的不再是液体，而是被吹成泡沫状的油气混合物；同时，空气室内的吸油真空度降低，主量孔的出油量减少，使混合气变稀。随节气门开度的逐渐增大，油面逐渐下降，从空气量孔进入空气室的空气量逐渐增加，混合气浓度也逐渐变稀。

主量孔的冲刷磨损或堵塞，空气量孔的变大或堵塞，都会使供油特性变坏。

2．怠速装置

(1)作用

保证发动机在怠速和极小负荷时供给浓而少的混合气(空燃比 R 为9～12)。多在发动机冷起动后的暖机过程、短暂停车、更换变速器档位时短时间工作。

(2)构造

怠速时，节气门接近全关，主喷管处真空度很低，节气门后面的真空度却很高。为此，在简单化油器的基础上，另设怠速油道和喷孔。如图4-18所示。它由怠速喷口、怠速调整螺钉、过渡喷口、怠速油量孔、怠速空气量孔、怠速油道和节气门限位螺钉等组成。

(3)工作情况

①低怠速时,节气门开度最小,处在怠速喷口和过渡喷口之间。此时,主供油装置因喉管处真空度太小不能出油,而怠速喷口位于节气门的下方,具有很大的真空度。汽油从浮子室被吸出经主量孔、怠速油量孔、怠速油道、流经怠速空气量孔时与空气量孔进入的空气混合,形成泡沫状油液,从怠速喷口喷出。喷出的泡沫状油液受节气门边缘高速气流的冲击,进一步得到雾化。由于怠速喷口处真空度较大,汽油流出相对较多,而经空气量孔和节气门边缘流入的空气则很少,从而保证了怠速工况时需要少而浓的混合气的需要。

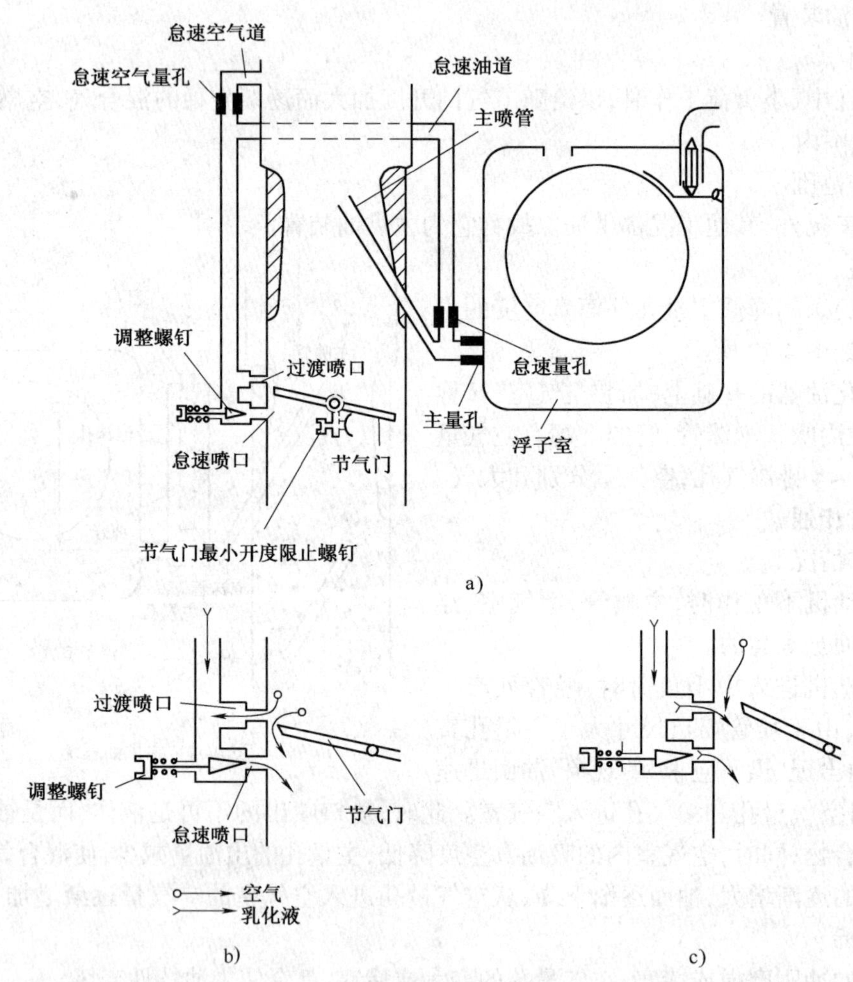

图 4-18　怠速系统示意图

②过渡工况时,节气门稍开大,处在过渡喷口之上,进入高怠速状态,此时空气量增多,节气门下方的两个喷孔同时喷油,混合气不至于瞬时变稀,保证了过渡圆滑。节气门开度再加大时,即进入小负荷状态,主供油装置即开始少量供油,怠速喷口、怠速过渡喷口也还在喷油,瞬时出现"三孔喷油"的局面,使过渡性能更为理想。节气门再开大,由于节气门下方真空度减小,怠速喷口停止供油,由主供油装置单独供油,进入了中小负荷工况。

怠速空气量孔的作用,除了可渗入空气形成泡沫状油液以利于汽油的雾化和汽化外,还可以防止虹吸作用,即防止在发动机熄火后,因虹吸作用使汽油继续从浮子室经怠速喷口流出。

有的化油器上还装有怠速截止阀,在发动机熄火后,电磁阀中的锥形截止阀将怠速油道堵死,从而有效地防止了虹吸现象。如图 4-19 所示。

(4)怠速调整

①怠速调整螺钉用来调整流出喷孔的泡沫量,改变混合气的浓度(即质的调整)。该螺钉拧入时,出油量少,拧出时,出油量多。偏稀时易熄火、怠速不稳,偏浓时排放污染严重。

②节气门开度调整螺钉调节气门最小开度和空气量,改变转速的高低。拧入时,开度加大,转速升高,拧出时,开度减小,转速降低。

3. 加浓装置

在结构上可分为机械加浓装置和真空加浓装置两种。化油器加装加浓装置后,可使主供油装置在广大的节气门开度范围内以经济混合气成分工作,从而达到省油的目的,所以加浓装置也称为"省油装置"。

1)机械加浓装置

(1)构造

在浮子室加装有加浓量孔和加浓阀。加浓量孔与主量孔并联出油。加浓阀上方有长度可调的推杆。拉杆通过摇臂与节气门相连。如图 4-20 所示。

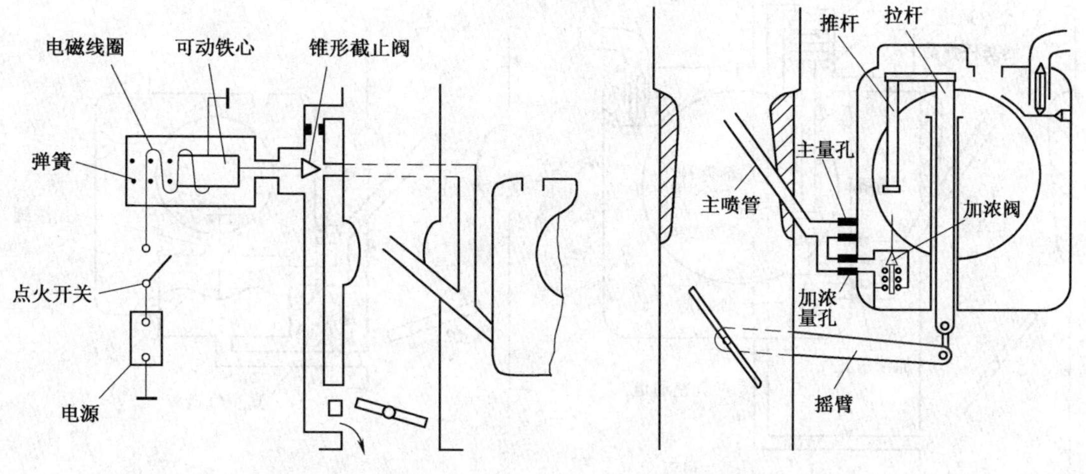

图 4-19　怠速截止电磁阀示意图　　图 4-20　机械式加浓系统示意图

(2)工作情况

①发动机在中小负荷时推杆压不到加浓阀,该阀处于关闭状态。

②发动机进入大负荷时,推杆开始压开加浓阀,汽油经加浓阀和加浓量孔流入主喷管,与从主量孔来的汽油汇合一起喷出。

推杆的长短和加浓阀的高低,决定了加浓作用点的早晚,它只与节气门开度有关,与发动机转速无关。

2)真空加浓装置

(1)活塞式

①构造

真空活塞位于空气缸中,在推杆上装有预先压缩的弹簧。空气缸的下方借空气道与空气管连通,其上方有真空通道与节气门后方相通。推杆下端制有 2～3 道卡槽,以改变弹簧的张力。铜制活塞上制有环槽,具有存污防卡、减少摩擦、增加密封性的作用。如图 4-21 所示。

②工作情况

(a)未进入大负荷时节气门后面的真空度较大,克服了活塞的重量和弹簧的张力,将真空活塞吸到最高位置。此时,加浓阀关闭,无加浓作用。

(b)进入大负荷时节气门后面的真空度减小,以至于不能克服弹簧的张力和活塞的自重时,活塞即落下压开加浓阀,额外的燃油便经加浓量孔流入主喷管与主量孔来的油一起喷出,补偿主量孔出油的不足,使混合气变浓。

真空加浓起作用的时刻取决于节气门下方的真空度和弹簧张力的大小。节气门下方真空度大小受节气门开度和发动机转速的高低两个因素的制约。当节气门开度一定时,节气门下方真空度随转速的升高而增加,反之则降低。当转速一定时,节气门下方真空度随开度的加大而降低,反之则升高。

(2)膜片式

真空膜片式加浓装置结构及工作原理与活塞式加浓装置基本相同。如图 4-22 所示。当膜片上下拱曲变形时,带动加浓阀开或关。

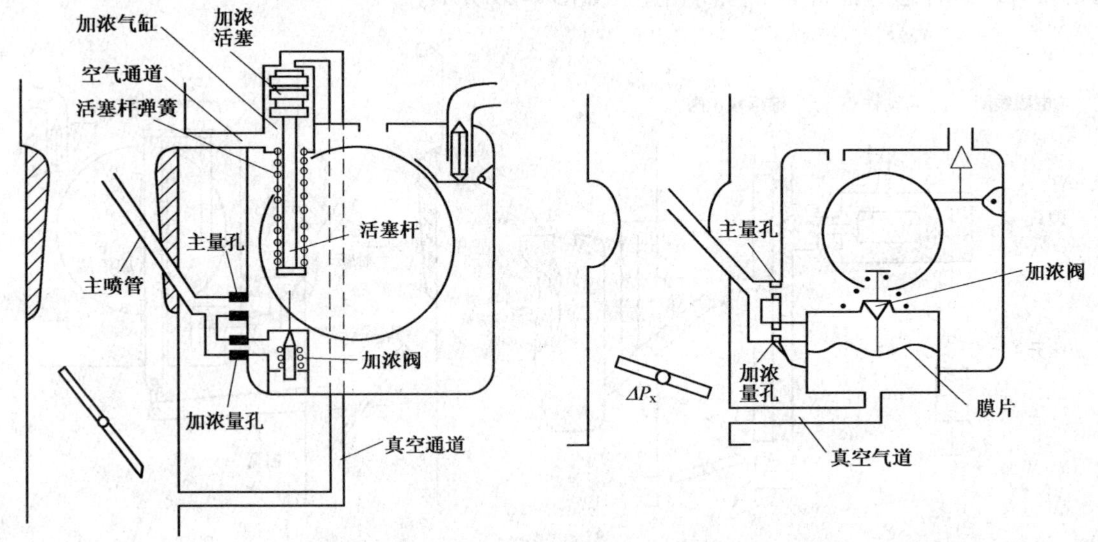

图 4-21 活塞式真空加浓装置示意图　　图 4-22 膜片式真空加浓装置示意图

3)加浓装置的调整

加浓时间的早晚,直接影响发动机的动力性和经济性,应根据气候条件和道路条件的变化定期进行调整。即:冬季、坏路早加浓;夏季、好路晚加浓。机械式改变推杆的长度;真空式改变弹簧弹力的大小。

4. 加速装置

1)作用

节气门突然大开时,能短期额外供油,使发动机转速和功率迅速提高。避免由于汽油量的增加迟于空气量的增加造成混合气的严重过稀现象。

2)结构

加速装置可分为活塞式加速装置和膜片式加速装置。

(1)活塞式加速装置

①构造

它由加速泵活塞、杆、加速泵弹簧、进油阀、出油阀、加速喷嘴、加速量孔等组成。如图 4-23 所示。

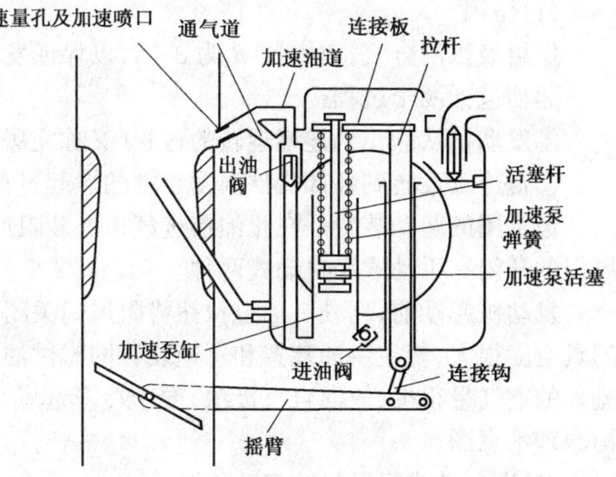

图 4-23 活塞式加速泵示意图

活塞多用牛皮碗或耐油橡胶圈制成,进油阀多用重量轻的球阀或片阀制成,提高了开闭的灵敏度。出油阀多用重量较大的三角针阀或球阀加重块制成,有的在球阀上加压一个小弹簧,增大阀的密封性,防止在不加速时或缓慢开大节气门时额外出油。出油阀的上方或喷嘴的上方,多制有通气孔,用来防止喷嘴受高速气流的影响产生真空抽油作用。

连接板与推杆是活动连接的,拉杆通过摇臂与节气门轴相连。它是弹性驱动、弹性供油,使供油时间延续 1~3s,改善加速性能。

喷油量的多少,与活塞行程的大小有关,出油时间的早晚和持续时间的长短与弹簧的张力有关。

②工作情况

(a)当节气门关小时,活塞在泵筒内向上运动,泵筒内产生吸油真空度,出油阀关,进油阀开,燃油自浮子室吸入泵筒。

(b)节气门缓慢开大时,活塞缓慢下移,因泵筒内油压小,不能将进油阀关闭,燃油从进油阀又压回浮子室。

(c)当节气门迅速大开时,连接板通过弹簧将活塞急速压下,泵筒内油压剧增,进油阀关闭,出油阀打开而喷油。持续喷油 1~3s。

(2)膜片式加速装置

膜片式加速装置的膜片用尼龙胶布或耐油橡胶片制成,安装在化油器浮子室的体外下方或侧面,可使化油器高度降低。结构原理如图 4-24 所示。

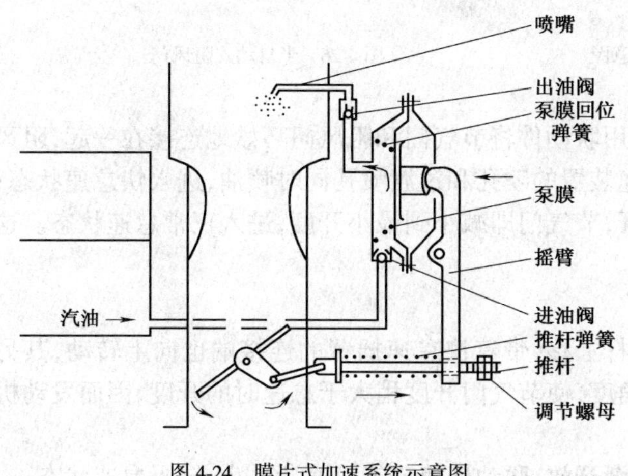

图 4-24 膜片式加速系统示意图

(3)加速装置的调整

①为保持较好的加速性能、较高的经济性和较小的排放污染,加速装置应根据气候条件和道路条件的变化及时调整。热季或路好,汽化条件好,供油量可减少;寒季或坏路时,供油量可适当增多。

②改变节气门摇臂上连接孔的位置,连接孔离轴心愈远,活塞行程愈大,出油量多。

③供油时间的早晚,决定于弹簧张力的大小(弹力增加供油提前,弹力下降

供油延迟),可通过改变泵簧连接孔的位置或增加垫片,加大弹簧的预紧力。

5. 起动装置

(1)作用

供给极浓混合气,空燃比 R 为 3~9,以保证发动机能顺利冷起动和快速热起动。

起动包括两个过程:

①发动机从静止到连续运转的过程(又称完爆过程);

②自连续运转到各部机件温度正常的热起过程。

最常用的起动装置是在化油器进气道上装阻风门,阻风门上通常有带小活门的通气孔,阻风门的开闭有手动式和自动式两种。

发动机起动前,驾驶员通过拉钮将阻风门关闭。当起动机带动曲轴旋转时,在阻风门下方的真空度很大,使主供油装置和怠速装置同时供油。由于供油量很大,而通过阻风门边缘空隙流入的空气量很少,故混合气极浓,便于冷车起动。如图 4-25 所示为阻风门式起动装置的结构原理示意图。

(2)半自动式阻风门的起动装置

偏置的半自动式阻风门关闭后能使化油器的主供油装置和怠速装置同时喷油。当阻风门下的真空度增大到一定值时,产生开启的偏转力矩,克服拉簧力矩而打开,从而使进入的空气量得到合理的调节。如图 4-26 所示。

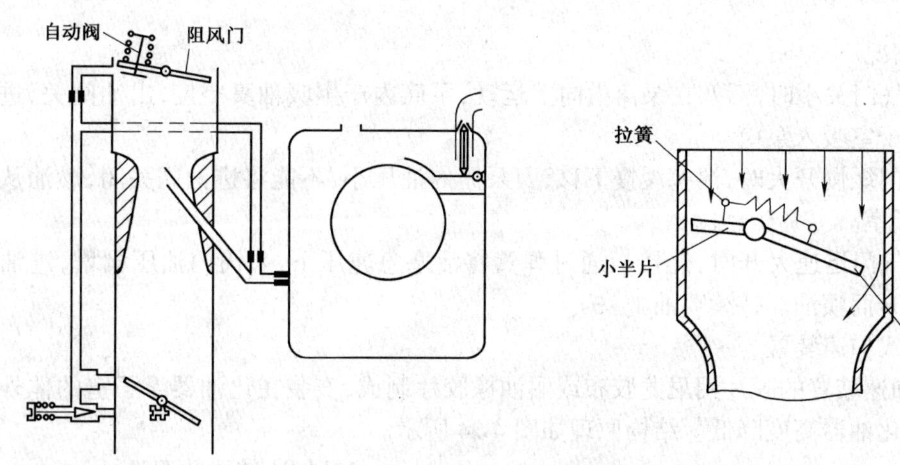

图 4-25 阻风门式起动装置结构原理示意图

图 4-26 半自动式阻风门

(3)快怠速机构

为了简化操作和使发动机迅速热起,用联动件将节气门和阻风门巧妙地连接在一起,阻风门全关时,节气门能微开一定角度,使怠速装置的喷孔和过渡喷孔同时喷油,进入快怠速状态;当转入怠速工况时又能随着阻风门的全开,节气门即减小到最小开度,进入正常怠速状态。这就是快怠速机构。如图 4-27 所示。

工作情况如下:

起动时 阻风门关闭,联动板使联动杆上移,带着快怠速摇臂的连接端也向上转动,其另一端的凸爪即将节气门操纵臂压转一个角度,使节气门开度稍大于怠速时的开度,因而发动机的转速略高于怠速时的转速。

热起中 根据热起情况,使阻风门逐渐开放,联动杆使节气门逐渐关小,转入怠速状态。

热起后　阻风门全开,快怠速摇臂向下转动,其凸爪不再压节气门操纵臂,节气门即在拉簧的作用下回到怠速位置。

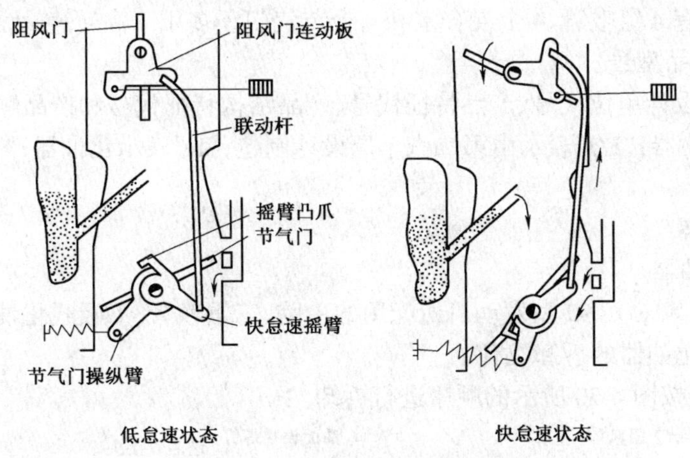

图 4-27　联动式起动装置(空套凸爪式)

(二)化油器的型式及产品型号

1. 化油器的结构型式

按喉管处空气流向不同可分为上吸式、下吸式、平吸式等。如图 4-28 所示。下吸式由于进气弯道少,进气阻力小,维护方便被采用的比较多;平吸式进气阻力小,多用于斜置的微型车上。

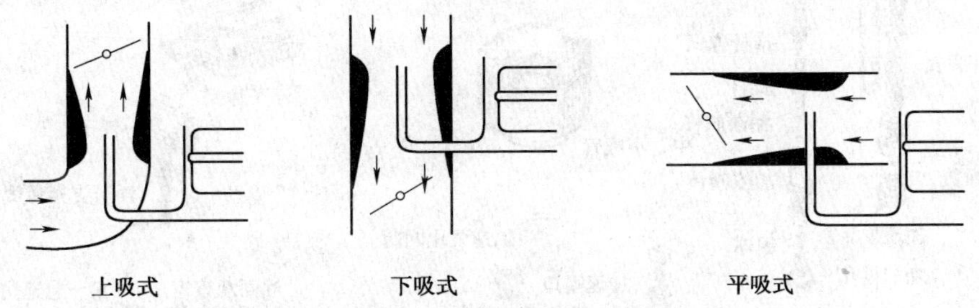

图 4-28　化油器按气流方向分类

按喉管数目不同可分为单喉管式、双重喉管式和三重喉管式等。如图 4-29 所示。多重喉管化油器解决了充气量与汽油雾化的矛盾。

按混合室数目分可分为单腔式、双腔式和四腔式化油器。

单腔式化油器只有 1 个进气通道、1 组喉管、1 个混合室和 1 个节气门。多用于四缸或六缸发动机上。

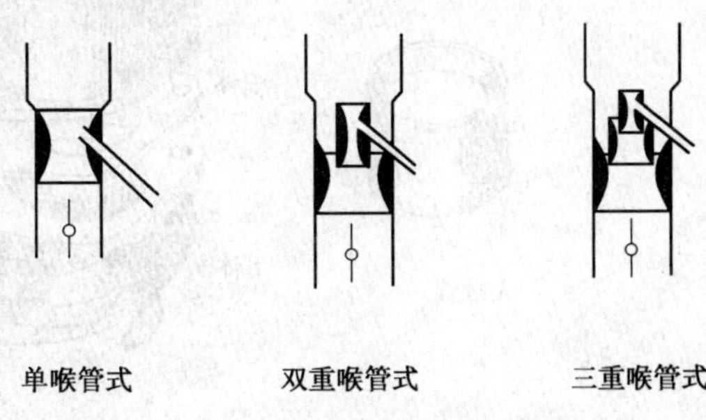

图 4-29　化油器按喉管数目分类

双腔式化油器有 2 个分隔开的进气通道并各有 1 套喉管、混合室和节气门。它又可分为并动和分动两种，并动式是两个单腔化油器并联，有利于提高发动机的充气效率和各气缸混合气的均匀分配，分动式化油器分主腔与副腔，主腔处于经常工作状态而副腔只有在发动机转速达到一定程度时才参与工作。分动式解决了大功率高转速时发动机动力性和经济性之间的矛盾。

四腔式化油器有 4 组喉管、4 个混合室和 4 个节气门。多用于高转速、大排量发动机上。

2. 化油器的产品型号

化油器型号由设计单位代号、产品特征代号、产品结构特征代号和产品顺序号组成。

如 EQH102 化油器："EQ"表示由第二汽车厂设计制造；"H"表示化油器；"1"表示单腔；"02"表示产品顺序号。

(三)典型化油器

1. EQH102 化油器

EQH102 型是东风 EQ1092 型发动机所配用的单腔、三重喉管、下吸式化油器。

(1)EQH102 型化油器的拆卸、清洗

EQH102 化油器按图 4-30 所示的顺序进行拆卸。

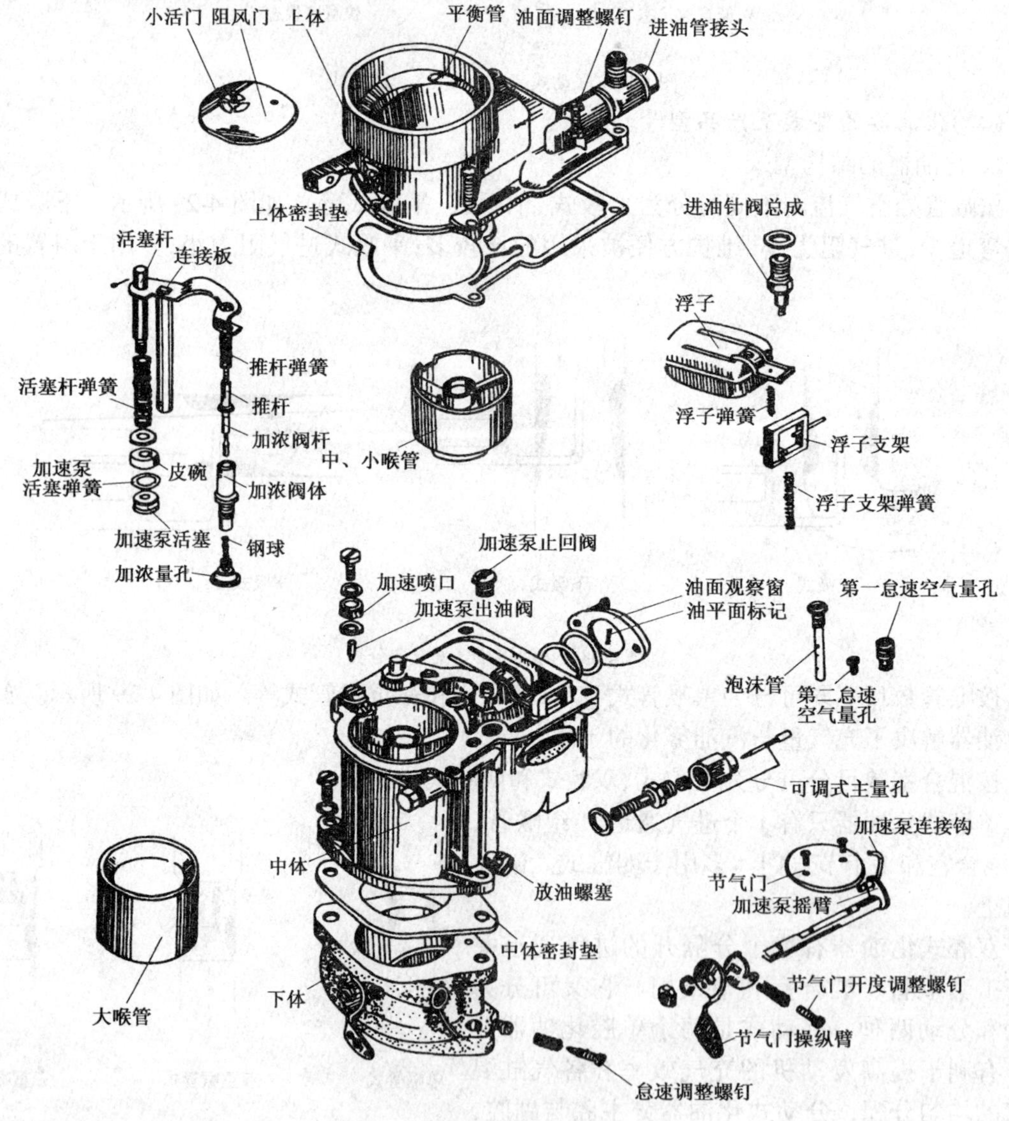

图 4-30 EQH102 型化油器的分解

①拆化油器进油螺栓,取下进油接头、滤网、密封圈;

②拆下油平面调整螺钉;

③对称拆下化油器上、中体固定螺钉,分离上、中体,取出上体衬垫;

④拆上体零件:进油针阀(阻风门及轴一般不予拆卸)总成;

⑤拆中体零件:加速泵连接钩、加速泵总成、浮子总成及浮子弹簧、浮子支架弹簧、怠速1、2空气量孔螺钉、机械加浓锥阀杆、机械加浓阀、主量孔螺钉等;

⑥拆中、下体固定螺钉,取出衬垫、大喉管;

⑦拆下体零件:怠速调整螺钉(节气门及轴等一般不予拆卸);

⑧清洗各零件,并用压缩空气吹干、吹通各油道、气道。

分解完毕后,用化油器清洗剂清洁所有零件。或将零件浸泡于汽油或酒精中2~3h,用毛刷清除零件表面的污垢,并用压缩空气吹通各油道及量孔。清洗过程中,量孔内存在污物时,可用专用通针疏通,严禁用金属丝进行疏通,以免划伤或扩大量孔,影响其计量的准确性。

(2)EQH102型化油器的结构与工作过程

东风EQH102型化油器分上、中、下三部分。上体与中体用锌、锡合金压铸而成,下体为铸铁。上体构成浮子室,并设有浮子平衡管、阻风门、进油接头滤网总成、进油针阀及油平面调整螺钉,上体通过卡箍直接与空气滤清器连接。中体上带有小喉管和浮子室本体,浮子室内装有浮子,中体内还设有化油器各个装置的油量孔和空气量孔以及加速泵等。可拆式大喉管位于中、下体之间。下体的凸缘用螺栓紧固在进气管上。下体装有节气门操纵机构,设有怠速油道、怠速喷口、过渡喷口等,此处还有一个为点火系中分电器真空点火提前装置提供真空度的气孔。上、中体之间装有纸质密封衬垫,防止漏油、漏气。中、下体之间亦装有密封衬垫。上、中、下体分别用螺钉连接。

中体一侧有浮子室油平面检视窗,可观察油平面的高低。正常油平面一般在检视窗中线偏下为宜。

浮子室通过一平衡管与大气相通,保证了浮子室内气压与大气一致,防止浮子室内气压变化而影响混合气的浓度,这种结构的浮子室称为平衡式浮子室。

东风EQH102型化油器各个供油装置的组成和工作情况如下:

①起动装置

起动装置由阻风门、半自动阻风门及拉簧、阻风门轴、阻风门操纵机构等组成。如图4-31所示。冷车起动时,可将阻风门拉到适当位置,使下方形成较大的真空度,将汽油从主喷管、怠速喷口和过渡喷口吸出,供给极浓的混合气以利于发动机起动。起动后,阻风门下方真空度增加,半自动阻风门克服弹簧的拉力而打开,供给一定量的空气,防止了因混合气过浓而导致的发动机熄火。

②怠速装置

怠速装置由怠速调整螺钉、节气门调整螺钉、第一怠速空气量孔、第二怠速空气量孔、怠速喷口、怠速量孔等组成。如图4-32所示。EQH102型化油器怠速装置供油情况与前述怠速装置相同。但该化油器怠速装置采用了两级式空气量孔结构,该结构较一个怠速空气量孔要多一次泡沫化,可使怠速工况的出油获得更好的雾化。怠速电磁截止阀的采用更有效的防止了怠速油道中的虹吸现象。

③主供油装置

主供油装置采用降低主量孔处真空度的方案。它由双级小喉管、大喉管、主量孔、主量孔螺钉、空气量孔、泡沫管等组成如图 4-33 所示。主供油装置工作时，汽油经主量孔、空气经主空气量孔进入主油井内泡沫化后，经主喷管从小喉管内的主喷口喷出。

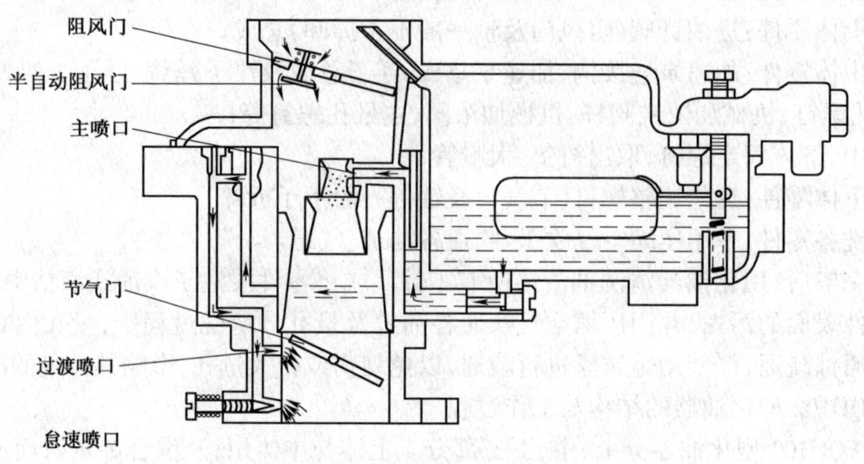

图 4-31　EQH102 型化油器起动装置

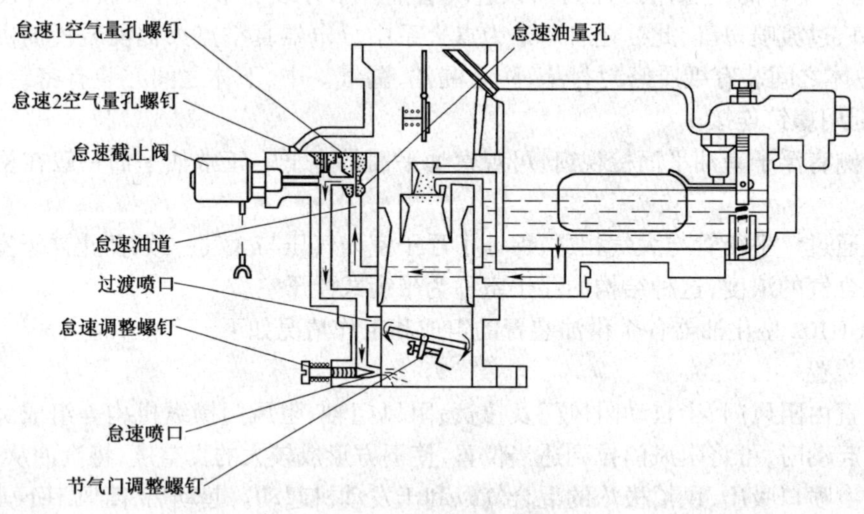

图 4-32　EQH102 型化油器怠速装置

④加浓装置

EQH102 型化油器只设机械加浓装置。由机械省油器本体、锥阀杆、机械加浓推杆等组成，如图 4-34 所示。驾驶员脚踩加速踏板，当发动机达到一定转速时，加浓推杆与锥阀杆接触，并推动锥阀杆向下运动，在锥阀杆的推动下，省油器打开，汽油经省油器和油道向主油道供油，加浓混合气。

⑤加速装置

加速装置由加速泵拉杆、加速泵弹簧、活塞、进出油阀、加速油道、加速喷口等组成，如图 4-35 所示。其工作过程与前述加速装置相同。

(3)EQH102 化油器的检修

①在平板上检查化油器上、中壳体平面不平度，其缝隙不超过 0.20mm，否则，应垫上细砂布进行研磨。

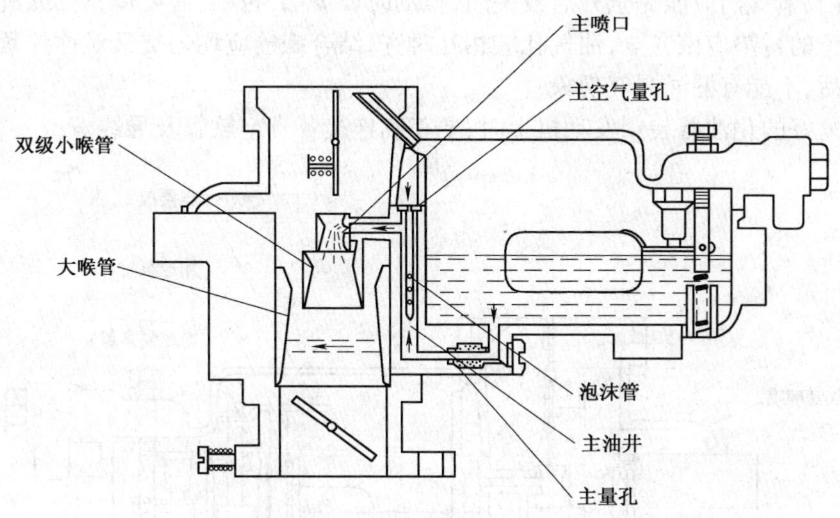

图 4-33 EQH102 型化油器主供油装置

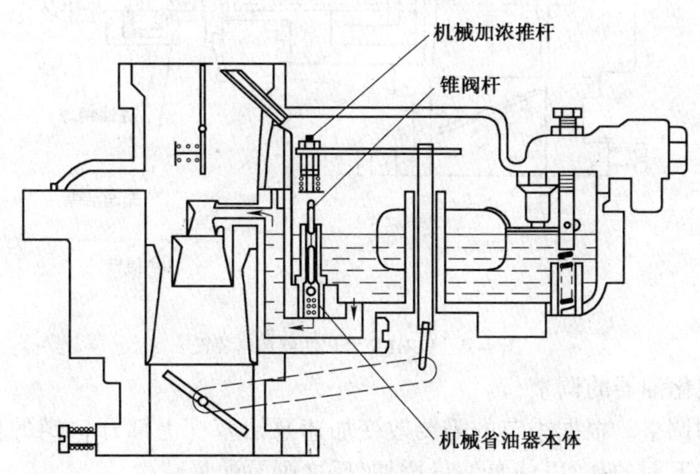

图 4-34 EQH102 型化油器加浓装置

②节气门轴与轴孔的配合不能过于松旷，间隙不能大于 0.10mm，否则，应挂锡或加铜套修复。

当节气门完全关闭时，其边缘和内壁应严密（关闭不严，将使怠速转速提高，油耗增加），其边缘缝隙如果超过 0.10mm，可用小锤敲击节气门边缘，扩大直径，再用锉刀修整，使之密合。

③将浮子放在 80～90℃热水中，若有气泡冒出，即为浮子破损，应予以更换；金属浮子如有凹陷，可在凹陷部位焊一金属丝将其拉平，然后再去掉金属丝。

④浮子室针阀密封性的检验应在专门仪器上，若进油针阀关闭不严可进行研磨或换用新件。

⑤各量孔、喷口、主喷管应无损坏或堵塞现象，否则应更换或疏通。

⑥加速泵皮碗应无硬化、收缩和破损现象，否则予以更换；进出油阀门应灵活不卡塞。

⑦各部衬垫应完好无损，否则应更换或补齐。

(4)EQH102 化油器的装复

①装配时,应在节气门轴及阻风门轴处滴入少许机油润滑;

②阻风门、节气门应能完全开启或关闭,拉动时要灵活,否则,需要调整操纵机构;

③各部位的衬垫应该齐全,油气孔应相互对齐,结合螺栓应均匀交叉对称拧紧,松紧合适;

④装复后,不能有漏油漏气现象;

⑤将装复好的化油器装到发动机上时,要正确连接各真空软管及导线。

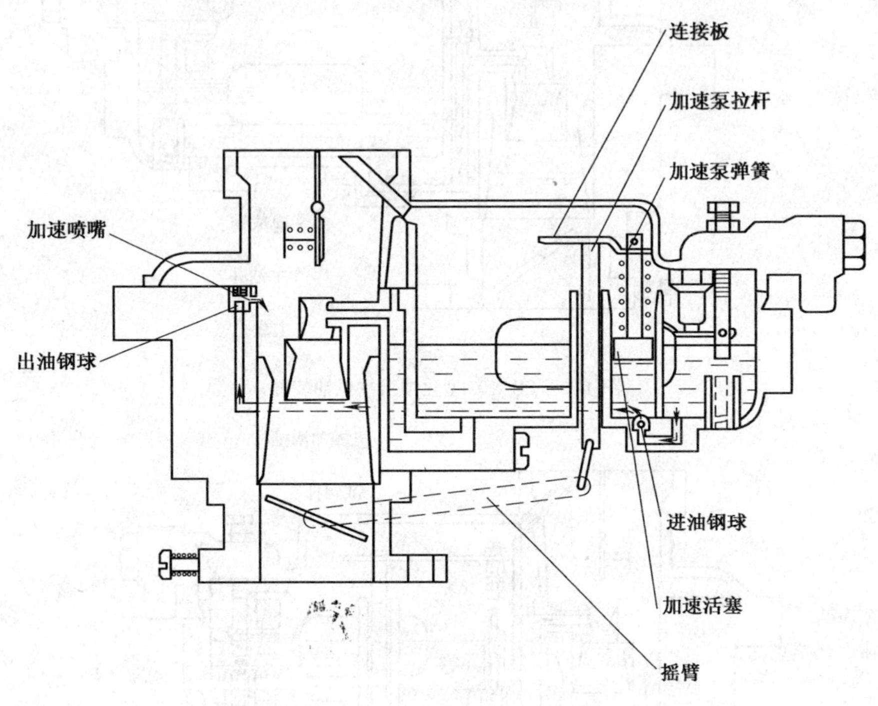

图 4-35　EQH102 型化油器加速装置

(5)EQH102 型化油器的调整

①加速装置的调整。根据季节的需要改变加速泵活塞杆上部开口销的位置,一般来说冬季应将开口销插入下面的孔,以使泵油量增加,反之则泵油量减少。

②省油装置的调整。主要是通过改变省油器锥阀杆与加浓推杆间的距离来改变供油时刻与供油量。距离减小,供油时刻提前,供油量增加;反之供油时刻推迟,供油量减少。但在出厂时该装置经过严格检查和调整,并用锡焊焊住,一般不应起封、调整。

③油平面的调整。车停在平路上,在发动机怠速工况下进行,油平面过高或过低,可通过化油器盖上油平面调整螺钉进行调整:顺时针拧动调整螺钉,可使油平面升高;反之油平面降低。调整好后,进行急加速,再恢复至怠速工况工作 5min,油平面高度仍正常为宜。油面高度调好后,拧紧锁紧螺母。

④怠速调整。怠速运转的稳定性能、过渡性能、排放污染程度,取决于怠速调整的好坏,即空燃比配制的质量。调整时,发动机水温不低于 60℃,大气温度在 5℃以上,点火系工作正常,各缸压力正常,气门间隙正常。

方法:先旋出节气门开度调整螺钉,将节气门开度调到最小位置,使发动机转速降到最低而稳定转速;调整怠速调整螺钉,使发动机处于上述节气门开度下的最高转速;再反复分别调整节气门开度调整螺钉、怠速调整螺钉直到发动机转速达到最低而稳定的转速(450r/min)即可。

⑤节气门操纵机构的调整。当加速踏板踩到底时,节气门应处于全开位置;当放松加速踏板时,节气门应处于最小开度状态,使发动机能以怠速运转。

2. KEIHIN 型化油器

KEIHIN("开新")化油器为双腔、真空分动、双喉管、下吸式化油器。它设有半自动阻风门、快怠速联动机构、怠速截止电磁阀、负荷自调装置等,装在桑塔纳轿车 JV 型发动机上。它由上体和本体组成,没有下体。图 4-36、图 4-37 和图 4-38 为 KEIHIN 型化油器外形和结构图。图 4-39 所示为 KEIHIN 型化油器结构展开示意图。

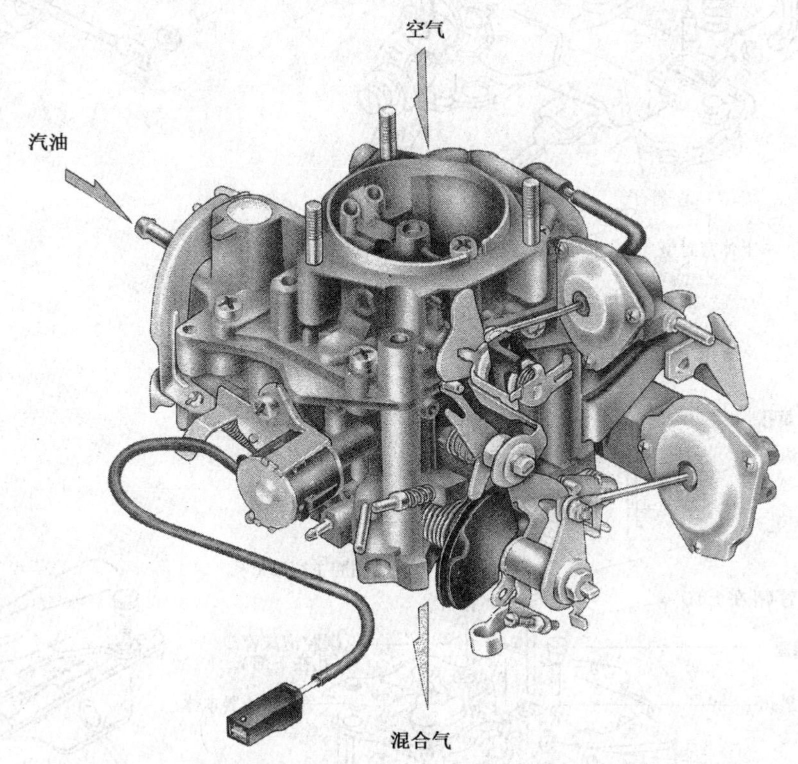

图 4-36 KEIHIN 型化油器外形图

1)KEIHIN 型化油器的结构特点

(1)主、副腔

①主腔有主供油装置、怠速装置、真空加浓装置、加速装置和起动装置,它在发动机的所有工况都起作用。副腔只有主供油装置和主、副腔过渡装置,它只在发动机处于高速、大负荷时才起作用;主、副腔过渡装置只在副腔节气门开启初期起加浓作用,使主、副腔工作过渡圆滑。

②主、副腔采用真空控制器。真空控制器工作原理示意图如图 4-40 所示。当主腔喉管内真空度增大到一定程度时,副腔真空控制器在真空作用下将副腔节气门打开,于是副腔主供油装置也供油,使发动机的功率和转速迅速提高。

③主腔节气门操纵臂右端凸轮(限制机构)弧面是为防止在主腔节气门开度不大、发动机转速很高(高速小负荷)时副腔开启,见图 4-41。限制机构还可使主腔节气门从全开位置回位时,通过节气门操作臂的作用,强制关闭副腔节气门,使发动机转速迅速降低。

螺栓
油面调整螺钉
（出厂时已
调好不要调）
加速泵操纵臂
（用于调整加速
泵喷油量）
化油器上体
阻风门真空开启器
卡夹
针阀
（装配前挂
到浮子上）
浮子
上体密封垫

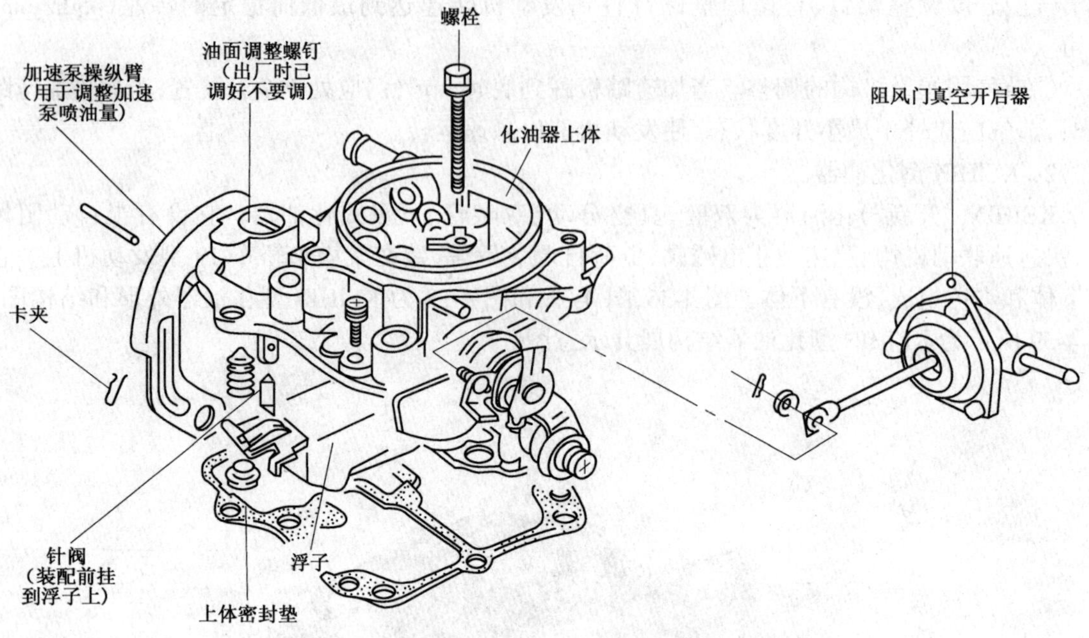

图 4-37　KEIHIN 型化油器的上体结构

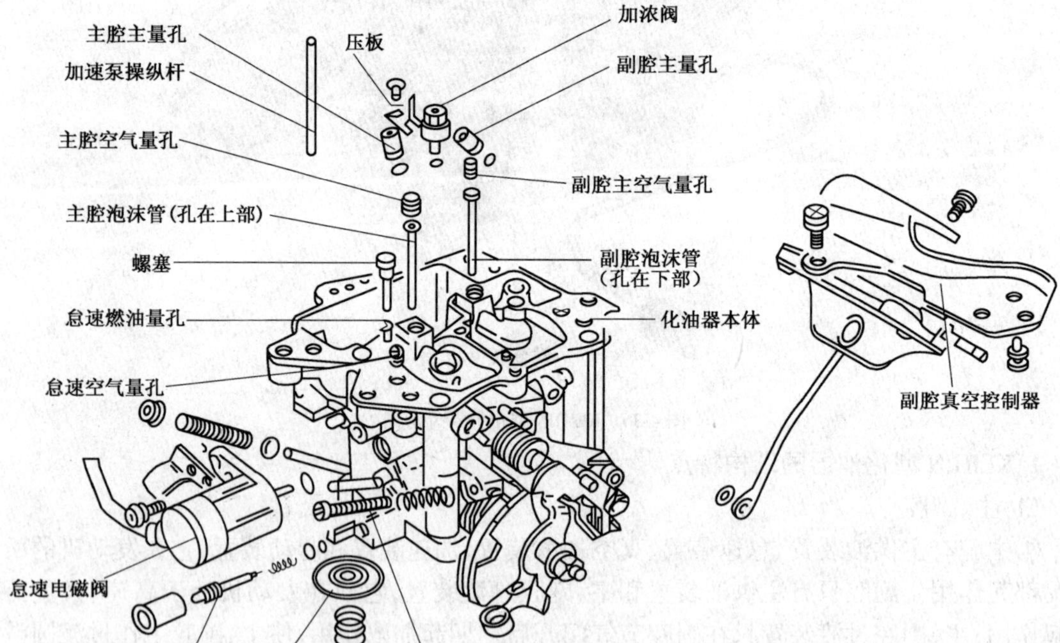

主腔主量孔
压板
加浓阀
加速泵操纵杆
副腔主量孔
主腔空气量孔
副腔主空气量孔
主腔泡沫管(孔在上部)
螺塞
副腔泡沫管
（孔在下部）
怠速燃油量孔
化油器本体
怠速空气量孔
副腔真空控制器
怠速电磁阀
怠速喷油孔调整螺钉
（调CO浓度）
怠速调整螺钉
（调整主腔节气门开度）
加速泵膜片

图 4-38　KEIHIN 型化油器的本体结构

④在主、副腔大喉管处设有真空取气口，并经同一条取气管与真空泵的真空室相通。当副腔节气门不开启时，少量空气经副腔真空取气口流入，从而确保副腔节气门的关闭状态。当副腔节气门打开后，副腔大喉管处也产生真空，两腔真空度共同作用于膜片，从而使副腔节气门迅速打开。

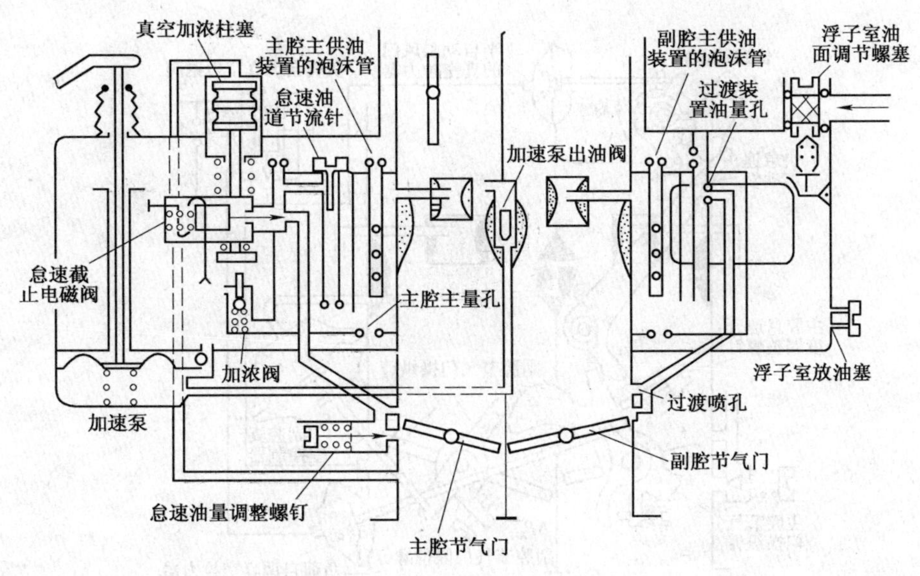

图 4-39　KEIHIN 型化油器结构展开示意图

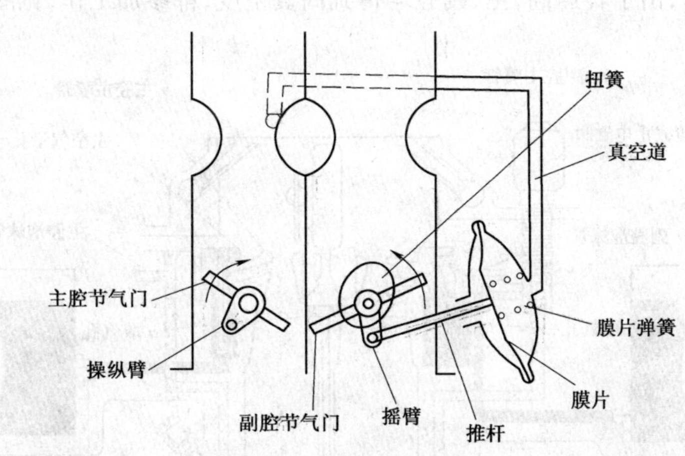

图 4-40　副腔真空控制器结构示意图

⑤KEIHIN 型化油器的分动角为 50° ± 3°。在主腔节气门开度小于分动角时，即使发动机转速很高，副腔节气门也不能开启。

⑥主腔混合气室比副腔小。当发动机在中小负荷范围内工作时，以主腔工作为主。主腔喉管小，空气流速快，有利于燃油雾化，能较好地发挥发动机的低速动力性。当主腔节气门开度达到分动角时，主、副腔共同工作。副腔喉管较大，增大了进气量，满足发动机提高功率的需要。主供油装置为不可调式的，以确保化油器出厂精度。

(2)加浓装置

仅主腔设有活塞式真空加浓装置,当节气门开度达到85%以上或节气门下方真空度小于一定值时,加浓装置起加浓作用。当主腔节气门开大到85%以后通过机械联动机构使副腔节气门打开一个角度,副腔过渡供油装置的两个喷孔均位于副腔节气门的下方,此处真空度较大,从过渡油量孔来的油被吸出并与从节气门边缘来的少量空气混合而形成混合气,进入气缸。

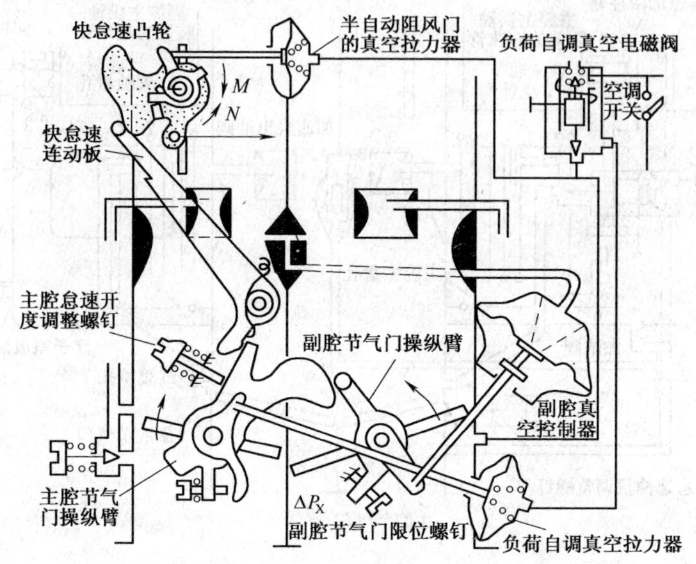

图 4-41　KEIHIN 型化油器的起动装置和分动机构

当进入全负荷时,由于转速高,主、副腔均得到高真空度,都参加工作,见图 4-42。

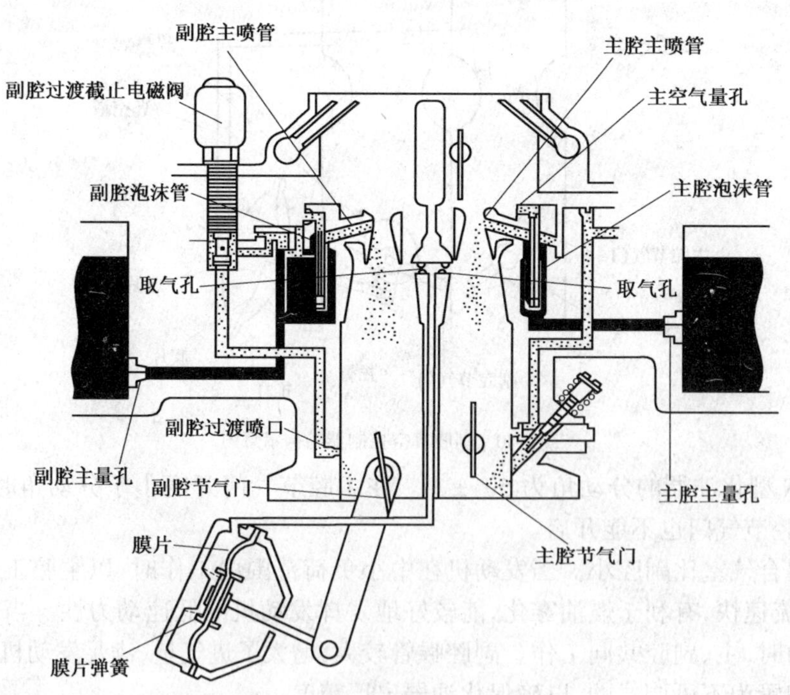

图 4-42　全负荷时工作情况

(3)加速装置

采用膜片式加速装置，其结构示意图如图 4-43 所示。

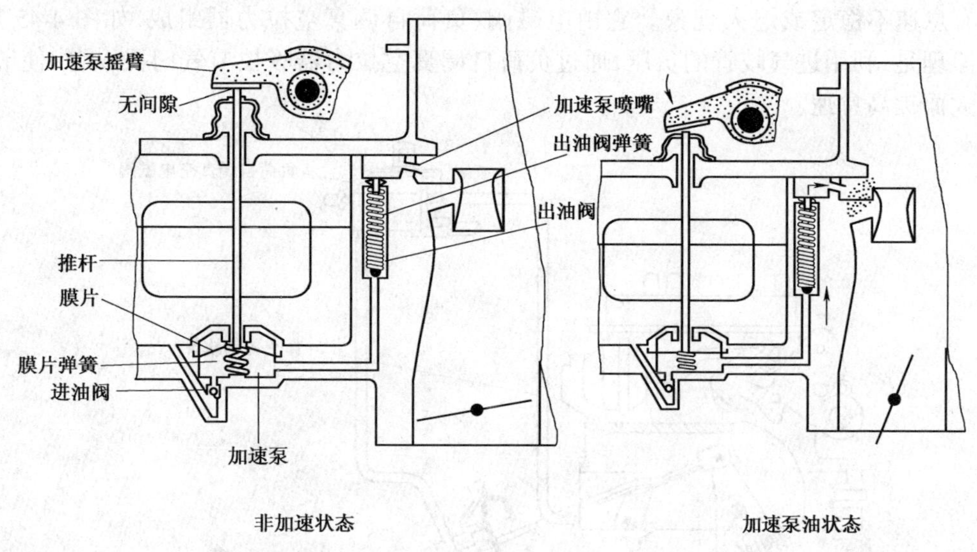

图 4-43　膜片式加速泵

当节气门突然开大时，推杆使膜片下移，油压升高，关闭进油阀，冲开出油阀，使汽油从出油阀喷出；当节气门关小时，膜片在弹簧作用下上移，出油阀关闭，进油阀打开，汽油进入泵室，以备下次加速时使用。

(4)怠速装置

设有怠速截止电磁阀，在点火开关断电后失去电磁力堵住怠速油道，使怠速喷口不向缸中供油而迫使发动机熄火。如图 4-44 所示。

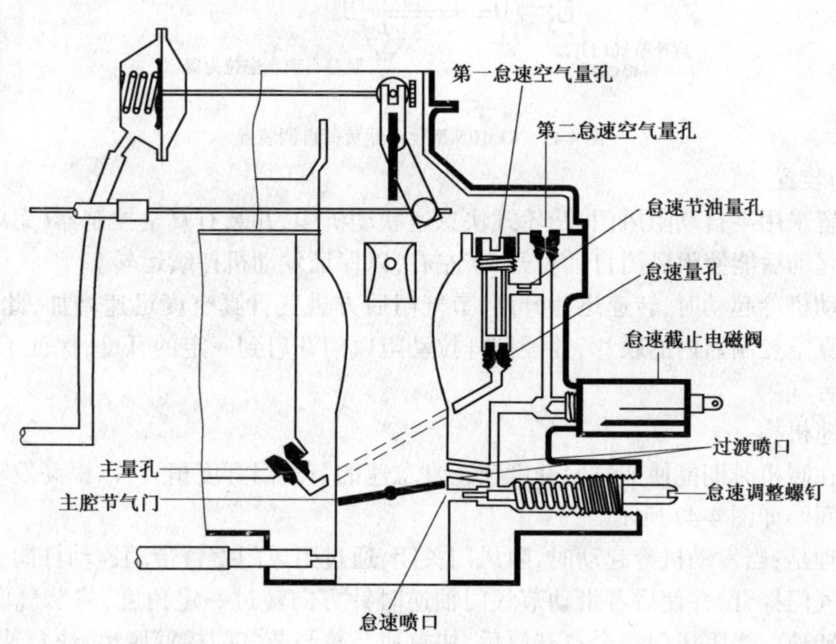

图 4-44　KEIHIN 型化油器怠速系统

怠速系统中还安装有负荷自调装置(也称怠速提速装置)。在怠速时使用空调时发动机负荷增大,应使节气门开度增大,提高怠速(由800r/min上升到1100r/min),这样,怠速时使用空调不再有怠速不稳定或熄火现象。它由电磁阀、负荷自调真空拉力器组成,如图4-45所示。其工作原理是:利用进气歧管的负压,通过负荷自调真空拉力器吸拉节气门操纵臂,使节气门开度增大而提高怠速。

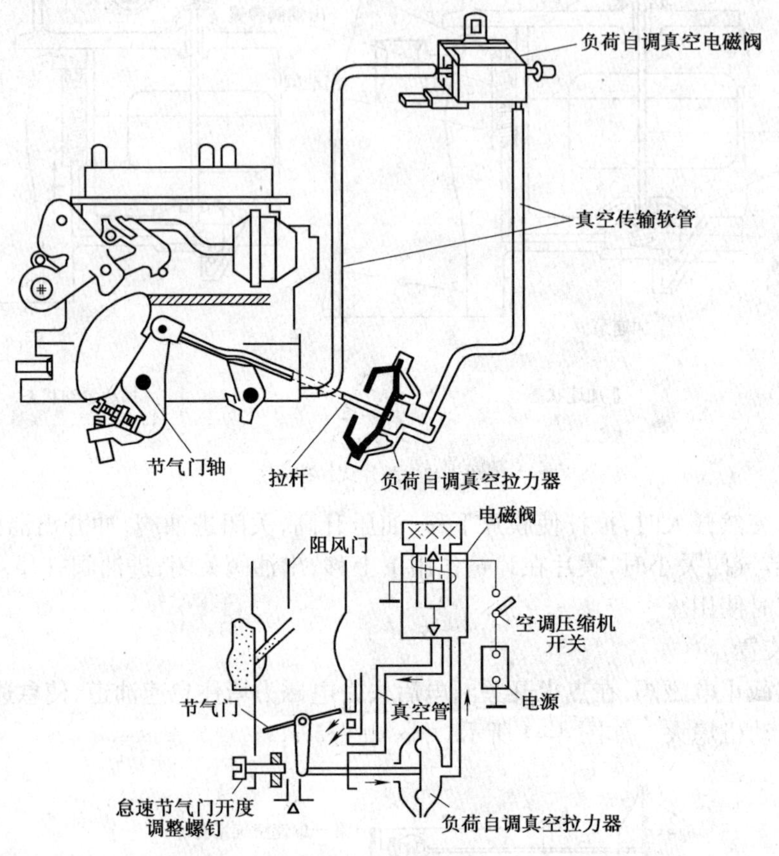

图4-45　KEIHIN型化油器负荷自调装置

(5)起动装置

起动装置采用半自动阻风门、凸轮式快怠速联动机构,并装有真空控制器(完爆器)。如图4-46所示。起动后能使阻风门自动打开20°左右,以保证发动机持续运转。

①在发动机冷起动时,转速迅速升高,节气门后方进气管真空度迅速增加,此真空度经真空通道吸动真空控制器内的膜片,并经拉杆拉动阻风门开启到一定的开度,保证了供给暖机过程所需的混合气。

②快怠速机构

发动机在暖机时期能使节气门开度比正常怠速的节气门开度稍大,以提高发动机的转速,缩短暖机时间。如图4-47所示。

工作原理是:当发动机冷起动时,阻风门关闭,通过阻风门摆臂带动连动杆向上,使快怠速凸轮触及节气门摇臂,并使后者带动节气门轴逆时针方向转过一定角度,将节气门稍微打开,以提高怠速转速。当阻风门完全打开以后,快怠速凸轮与节气门摇臂脱离,快怠速机构便不起作用了。

当发动机冷起动后，需要汽车立即行驶并进入加速工况时，若节气门开度较大，节气门摇臂拨动快怠速凸轮顺时针方向转动，并带动连动杆和阻风门摆臂使阻风门打开，从而避免由于混合气过浓而熄火。如图 4-48 所示。

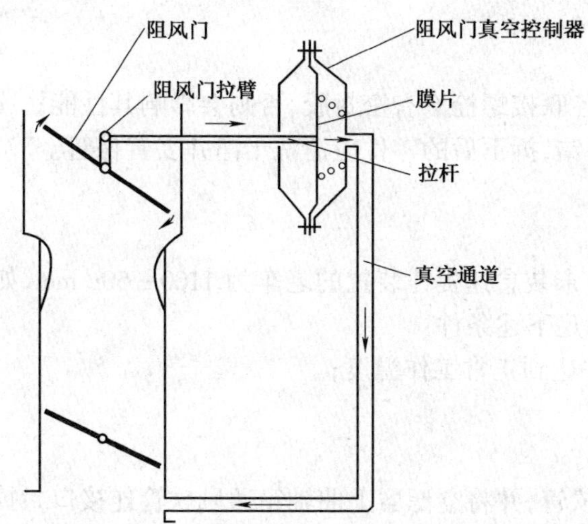

图 4-46　阻风门真空控制器示意图

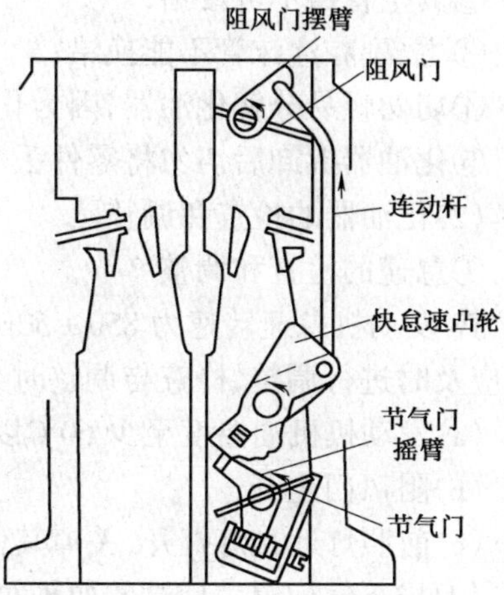

图 4-47　快怠速机构示意图

2）KEIHIN 化油器的分解

分解化油器主、副腔零件时，为避免相互装错或丢失，应将各部零件放置有序。

①拆下加速泵与节气门联动机构之间的连接杆。

②拆下阻风门真空开启装置。

③拆下化油器上体和本体结合紧固螺钉，取下上体及与本体之间的密封垫片，将浮子室内的汽油倒入盛油器皿，注意：勿失落浮子稳定弹簧。

④拆下浮子轴，取出浮子零件。

⑤由上体拆下真空加浓活塞组件。

⑥由化油器本体上拆下主、副腔的主量孔、泡沫管、加浓阀和空气量孔。

⑦拆下怠速调整螺钉及怠速电磁截止阀。

⑧拆下加速泵拉钩及加速装置各机件。

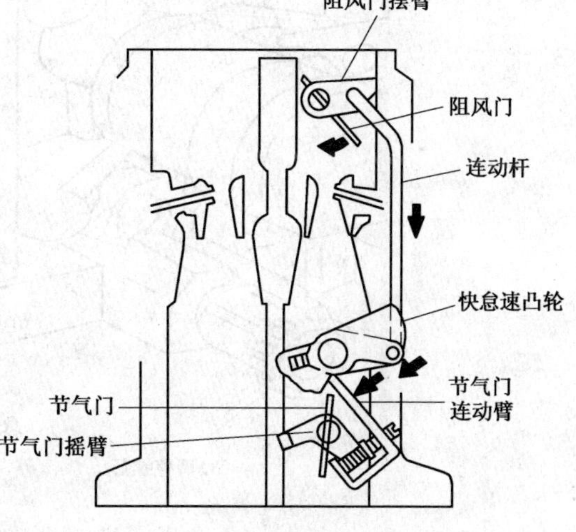

图 4-48　阻风门连动机构

分解后，用干净的汽油清洗所有零件，清洗时将化油器的燃油量孔、空气量孔、针阀和其他零件分开，用化油器清洗剂清洁或用清洁的汽油、酒精浸泡 2 ~ 3h，然后用软毛刷涮洗，节气门轴和阻风门轴及其阀片上的胶质应清除。

在清洗过程中，应避免零部件之间互相碰撞或损坏；清洗后的量孔、油气道等零件，应用压缩空气吹干。严禁用金属丝疏通量孔，主、副腔各零件不得互换。

3）KEIHIN 化油器的检修与调整

KEIHIN 化油器在出厂时已经过可靠的调整，且油路滤清可靠，一般不需调整或分解以免造成人为故障。但随着汽车行驶里程的增加,再好的化油器也会出现故障,因此,桑塔纳化油器也需调整和检修。

(1)化油器检修应注意:

①每次修理均需要更换衬垫和锁止板;

②真空管路不可接错;

③主、副腔泡沫管不能换错;

④切勿轻易分解化油器,因为化油器各联接螺栓涂有密封胶,否则会影响其性能;

⑤化油器拆卸后切勿将零件丢失和装错,拆下后的零件应清洗干净并妥善保管。

(2)化油器的检查和调整

①怠速的检查和调整

JV 发动机怠速转速为 850±50r/min。未装怠速提速装置的老车为 1100±50r/min,如不正确,应及时进行调整,检查与调整时必须满足下述条件:

(a)发动机机油温度至少 60℃以上,并达到正常工作温度;

(b)阻风门全开;

(c)前照灯远光灯打开,关掉其他电器;

(d)拔下气门罩盖后端的曲轴箱通风软管,并将空滤器上曲轴箱通风软管连接口封掉;

(e)关掉空调;

(f)点火正时调节正常。

用起子旋转怠速调整螺钉,如图 4-49 所示,直至达到规定转速。

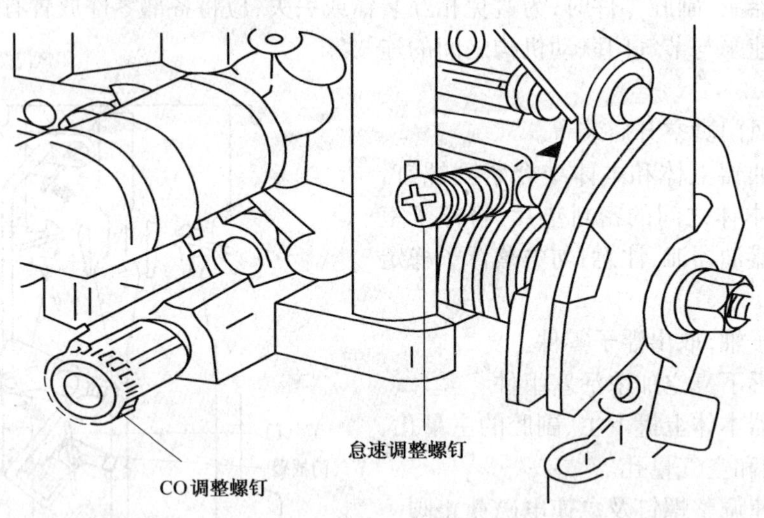

图 4-49 怠速调整螺钉

②CO 含量的检查和调整

怠速调好后,通常还应对 CO 含量进行检查和调整,其调整部位如图 4-49 所示,调整时先拆下封存帽,然后再用旋转螺钉进行调整以达到标准值(怠速转速时,CO 含量为 1.0±5%)。调整后,将曲轴箱通风软管重新接上,如 CO 含量仍在上升,不是调整不当,而是由于频繁地进行起动,燃油进入曲轴箱导致机油变稀所致。在经过长时间高速行驶后,机油中的燃油成分会减少,CO 含量亦恢复正常,更换机油亦可暂时达到标准值。注:怠速调整螺钉在出厂时已按排气污染和怠速需要调好,一般不需再调,如有必要调整 CO 含量和怠速时,需借助于 CO 含量测试仪和转速表进行。

③快怠速(冷车怠速)的检查和调整

(a)怠速转速及点火正时调整正常。

(b)发动机机油温度60℃以上。

(c)接上转速仪,拆下空气滤清器。

(d)拉紧阻风门拉索,关闭阻风门,使杆1下端位于止动块上(图4-50)。

(e)起动发动机,用杆2将阻风门全开,检查转速,应为4200±200r/min。

(f)转速不符合要求时,可通过弯曲止动杆来调整。转速过高,应将止动杆调节叉口开口调小;转速太低,应将止动杆调节叉口开口调大。

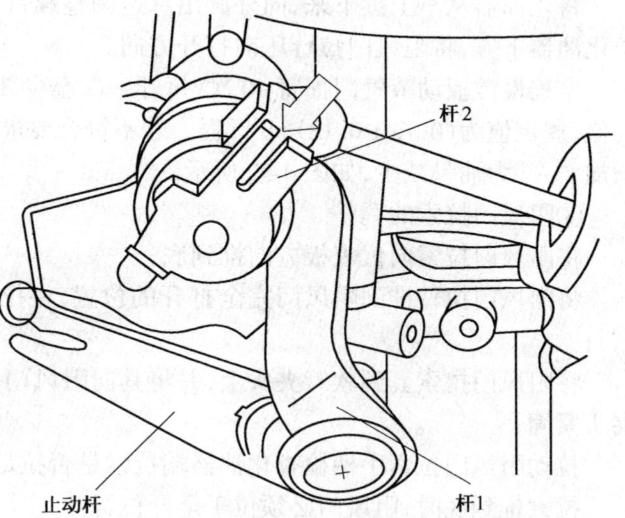

图4-50 调整快怠速

④检查和调整阻风门间隙

(a)拉紧阻风门拉钮,阻风门操纵臂须在止动块上(阻风门关闭)。

(b)将真空开启装置的控制连杆朝开启方向(真空膜片室方向)按,直到压到止动杆上。

(c)用麻花钻柄或其他量具检查此时阻风门的开度,标准值为4.6±0.15mm。

(d)间隙不合要求时,可通过弯曲止动杆来调整阻风门间隙。间隙太小,将止动杆拉开;间隙太大,将止动杆压紧。

⑤副腔节气门的开启时刻的调整

副腔节气门开启时刻出厂时已调好,一般不要调整。必须调整时,可拆下化油器,将阻风门全开,并将主腔节气门置于怠速位置。旋出限位螺钉(图4-51),直至螺钉与止动块之间出现间隙。

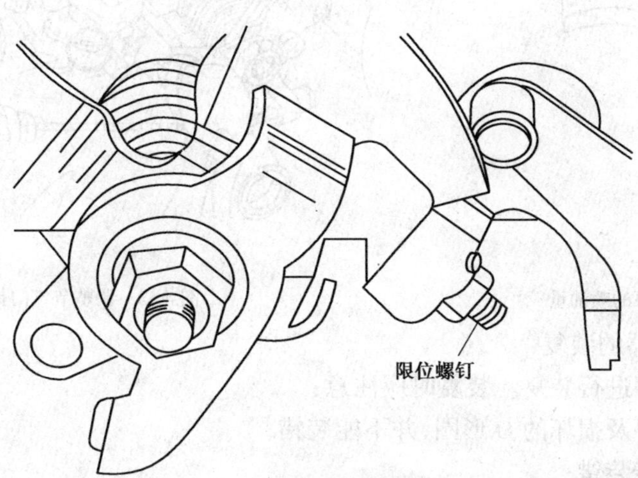

图4-51 调整副腔节气门开启时刻

在限位螺钉与止动块间放一张薄纸,边向里拧紧螺钉边移动纸片,直到抽动纸片有阻力感为止。抽出纸片,再将限位螺钉拧3/4圈,使螺钉刚好与止动块接触。在限位螺钉上涂防护漆，然后调整怠速转速及 CO 的含量。

⑥加速泵喷油量的调整

将化油器从车上拆下来，向外旋出怠速调整螺钉，使主腔节气门关闭，将漏斗及量杯放置于化油器下方，将阻风门拉臂压向打开方向。

全程慢慢扳动节气门摇臂 10 次（每开一次至少 3s），观察量杯中收集的燃油量，计算其平均值，规定值为（0.78±0.12）ml/行程。若不符合要求时，可弯曲止动块进行调整，“+”为油量增加，“-”为油量减少，如图 4-52 所示。

⑦阻风门拉索的调整

将阻风门拉索向仪表板方向推到底；

将阻风门拉臂推到阻风门完全打开的位置，将拉索夹紧在夹头上（使其长出夹头 5mm 左右）；

将阻风门拉索套到软管夹头上，并将其向阻风门打开方向推压，直至有阻力感时，将软管夹头紧固；

拉动阻风门拉索手柄检查化油器端拉索是否拉足（是否与拉索套管相碰）；

拉索推到底时，阻风门必须位于全开位置。

⑧油门拉索的调整

当将油门踏板踩到底时，化油器节气门应能完全打开；放松油门踏板时，化油器节气门应能处在怠速位置。如不合适，可通过调整拉索支承套挡圈螺母来调整。如图 4-53 中的箭头所示。

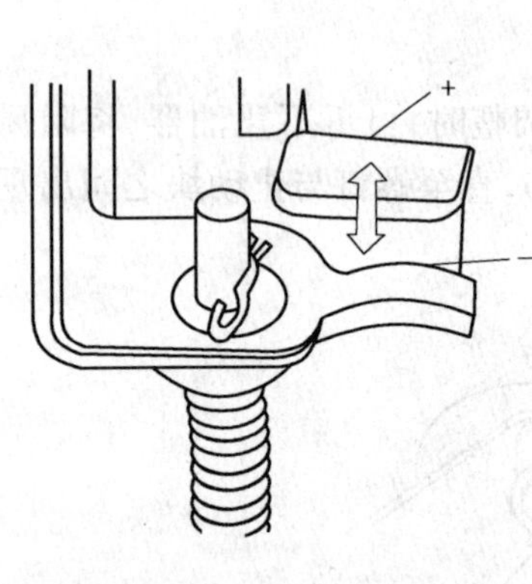

图 4-52　调整加速泵的喷油量

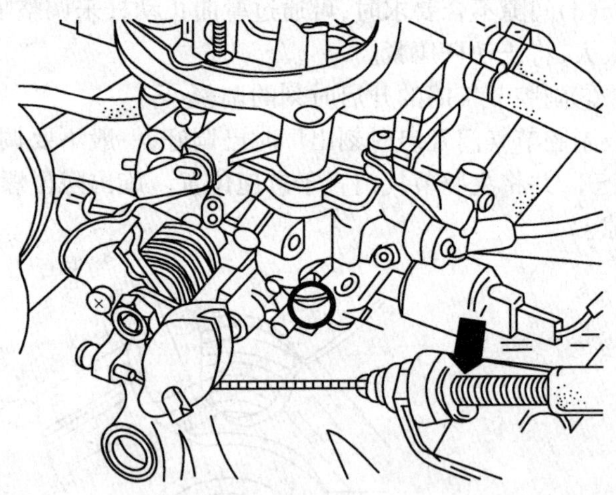

图 4-53　调整节气门拉索

4）KEIHIN 化油器的装复

按解体相反顺序进行装复。装复时应注意：

①更换全部衬垫及损坏的 O 形圈，并不能装错；

②各个量孔不能装错；

③化油器所有转轴处均应用二硫化钼（MoS_2）或机油润滑；

④浮子室油面高度出厂时已调好，维修时不得随意改变；

⑤将装复好的化油器装到发动机上时，要正确连接各个真空软管和导线。

八、化油器的操纵机构

化油器式汽油发动机的混合气数量是由驾驶员通过节气门进行控制的。在汽车上,化油器节气门并用两套单向传动机构,即通过踏板带动的脚操纵机构和通过拉钮带动的手操纵机构。脚操纵机构不能带动手操纵机构,而手操纵机构却能带动脚操纵机构。化油器阻风门只有一套通过拉钮带动的手操纵机构。节气门和阻风门的拉钮都装在驾驶室的前壁上,通常两个拉钮上标有不同的记号。

常见的单腔化油器的操纵机构一般组成和布置,如图 4-54 所示。

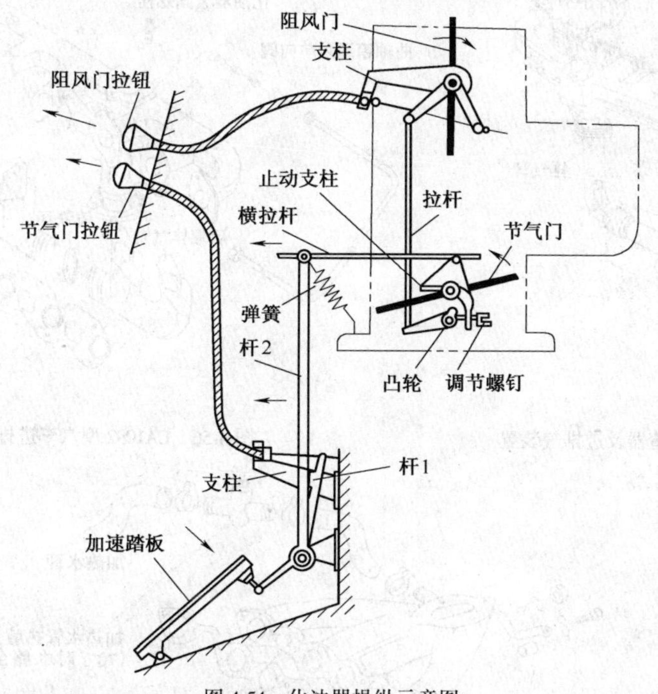

图 4-54　化油器操纵示意图

节气门手操纵的拉钮只是在手摇起动时,或冷车起动后需较长时间暖机时,或要求发动机负荷不变时,才拉出一定位置,并利用软钢丝与护套的摩擦定位。行车中一般不采用节气门手操纵机构。

踩下加速踏板,传动杆带动节气门相应地转到一定的位置。踏板最大行程靠止动支柱来限制。松开加速踏板,节气门在弹簧力的作用下回复到原位。

节气门拉扭拉出时,杆 1 压在杆 2 上,此时加速踏板随之落下,节气门开启。杆 1 是自由安装在轴心上的,故再踩加速踏板时拉扭便停止不动,而杆 2 自由地离开杆 1,使节气门继续开大。

阻风门拉钮也是用软钢丝与阻风门拉杆相连接,软钢丝护套固定在拉丝支架上,拉出拉钮可使阻风门关闭。

九、可燃混合气供给及废气排出装置

1. 进、排气歧管

进气歧管能较均匀的将可燃混合气(汽油机)或空气(柴油机)分配到各气缸中。对汽油机来说,进气歧管的另一作用是继续使可燃混合气和油膜得到汽化。排气歧管的作用是汇集各气缸的废气,通过排气消声器排出。进、排气歧管一般用铸铁制成。少数进、排气歧管也有用铝合金铸造的。二者可铸成一体,也可分别铸出,都用螺栓固定在气缸体或气缸盖的一侧,其接合面装有衬垫,以防漏气。进气管以凸缘与化油器连通,排气歧管连通消声器,而进、排气各歧管分别与进排气道相连通。图 4-55 所示为典型的化油器式汽油机进、排气歧管安装情况图。如图4-56所示,是CA1092发动机进、排气歧管;图4-57是JV发动机进、排气歧管及预热装置。为了改善发动机冷起动性能和暖机工况下排放性能,它在进气歧管上设有电加热器,如

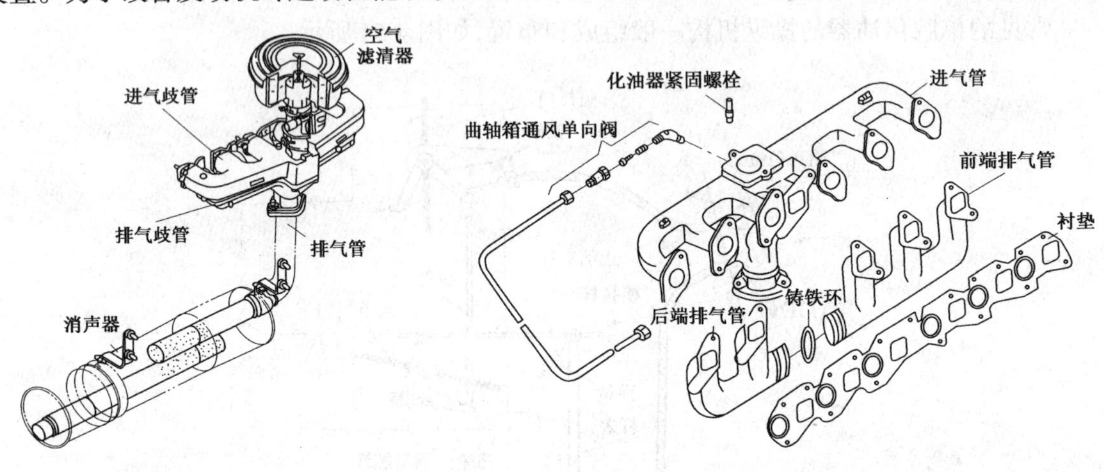

图 4-55　空气滤清器及进排气装置

图 4-56　CA1092 型汽车进排气歧管

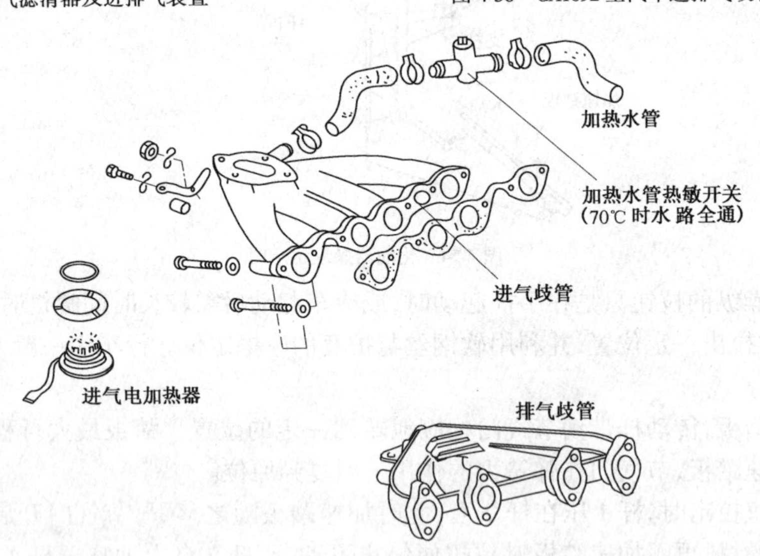

图 4-57　桑塔纳 JV 发动机进排气歧管及预热装置

图 4-58 所示。图 4-59 所示为 JV 发动机排气管和消声器的连接情况。为了防止排气歧管开裂,常采用分段式结构。

柴油发动机进排气歧管常常分别安装于发动机两侧,以免排气管因温度过高而影响发动机的充气效率。

2. 排气消声器

消声器是降低从排气管排出废气的温度和压力,以消除火星和噪声。

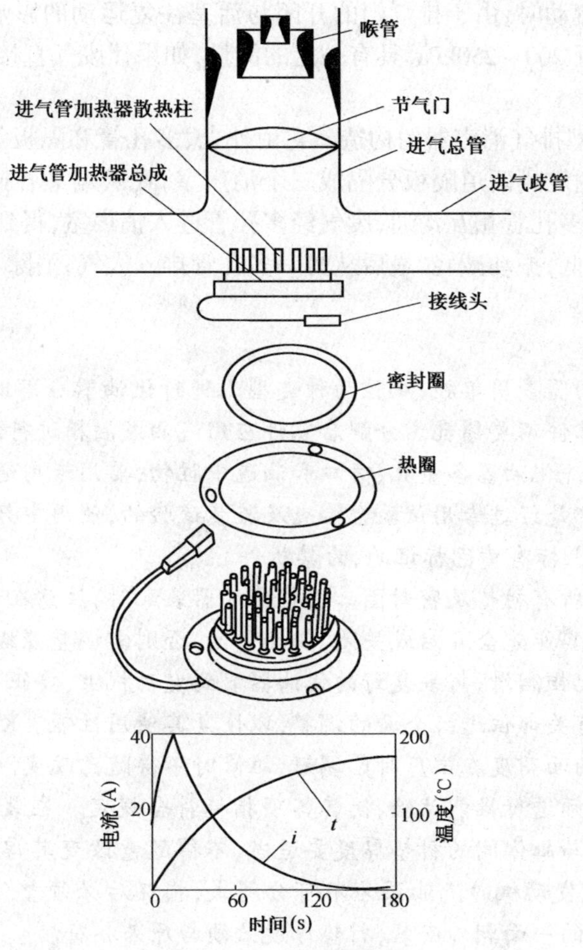

图 4-58　桑塔纳 JV 发动机进气电加热器及工作原理

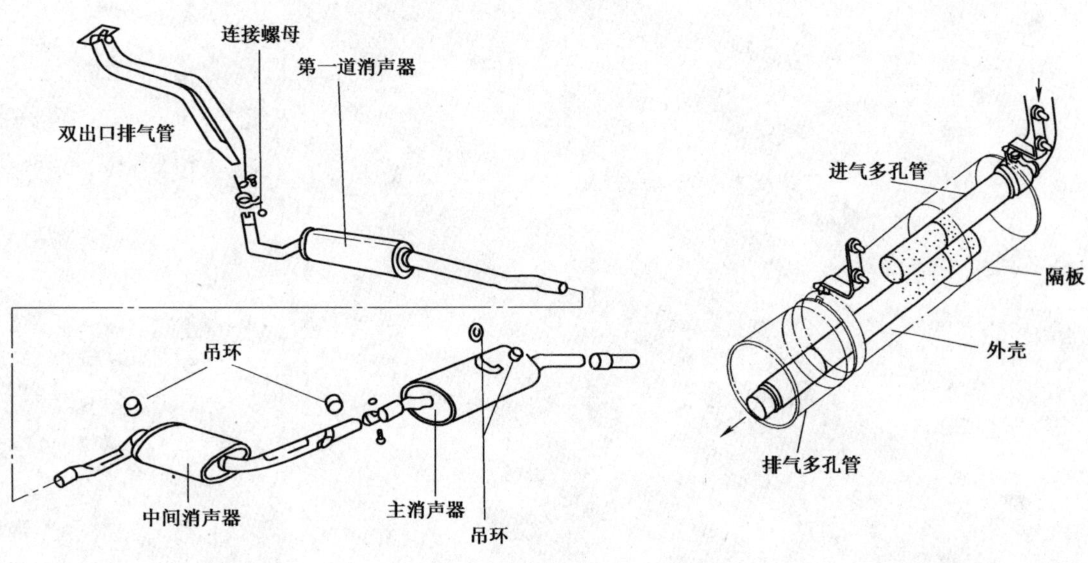

图 4-59　桑塔纳 JV 发动机排气管及消声器

图 4-60　排气消声器构造

废气在排气管中流动时，由于排气门的开闭与活塞往复运动的影响，气流呈脉动形式，当排气门刚打开时压力近200～250kPa，具有一定的能量，如果让废气直接排大气，就会产生强烈的排气噪声。

图4-60所示为典型排气消声器的构造。它由外壳、多孔管和隔板等组成。外壳用薄钢板制成筒形，两端封闭，内腔用两道隔板分隔成三个消声室，在两端又各插入多孔的进入管和排出管，三个消声室通过多孔管相互沟通，废气经多孔管进入消声室，得到膨胀和冷却，并与管壁碰撞消耗能量，压力降低，振动减轻，最后从另一多孔管排入大气，消除了火星，减轻了噪声。

小结

用于汽油机的化油器多用单腔、双腔两种类型。进行化油器分解时，各零件不要丢失；双腔化油器，其主、副腔零件不要错乱。分解后零件应用汽油或酒精进行清洗，清洗时，避免各部零件之间相互碰撞，清洗化油器各量孔、喷口和油道中脏物，要用专用通针。在化油器生产中，其关键零件和各量孔都是经过专用试验台检查及流量试验的，使用中只要工作正常，无需进行拆卸。KEIHIN化油器上标有黄色标记的，为禁拆件。

检修中，必须更换所有衬垫及密封圈。进行化油器装配时，注意在节气门轴及阻风门轴处滴入少许机油润滑，使其能完全开启或关闭，拉动灵活，否则需调整操纵机构。KEIHIN化油器所有关节处要用二硫化钼润滑，将装复好的化油器装到发动机上，要正确连接各类管道。最后对化油器的各装置和有关部位进行全面的调整，以恢复其使用性能。KEIHIN化油器副腔节气门开启时刻和浮子室油面高度在出厂时已调好，维修时不得随意改变。

汽油泵维修后，必须进行性能试验，使其各项指标符合规定。在装配汽油泵时，注意进出油阀不能装反方向，泵与缸体间的衬垫厚度要适当，不得随意改变其厚度，否则会影响有效行程，影响泵油压力。JV发动机的汽油泵为不可分解式，损坏后必须整体更换；安装衬垫时，要注意正确位置，有凸点的一面朝外安装，衬垫厚度必须与原来相符。

单元五　汽油机燃油喷射系统

单元要点

电子控制燃油喷射发动机主要是利用电子计算机和相应的传感器、执行器控制发动机的供油、点火、排放等，从而提高发动机的性能并减少对大气的污染。

20世纪80年代的电控汽油发动机多使用节气门体喷射系统，燃油是在节气门上方连续喷射的。随着自动控制技术的发展，发动机电控系统逐渐演变为进气道燃油喷射系统，燃油是在进气道内间断喷射的，根据喷射顺序又分为同时喷射、分组喷射和顺序喷射三大类。近年来，为了进一步降低发动机的排放污染并提高燃油经济性，越来越多的发动机已开始装备电子控制汽油直接喷射发动机。

电控系统利用各种传感器测量发动机的实时工作参数，转化为电信号后输送给电子控制单元，经过一定处理的信号进入微型计算机进行分析、判断、比较和计算后，计算机发出执行指令并由相应的执行器控制发动机的工作，使发动机的动力性、经济性和排放始终处于最优化状态下工作。

电控系统一旦出现故障就会导致控制失常，影响发动机的稳定运行。现代汽车维修技术要求维修人员必须具有机电一体化的知识和技能，从故障本身的内因入手，使用检测仪器、设备，分析发动机性能变化的原因，熟练运用机械维修和电器维修技能排除故障。

本单元主要以上海大众桑塔纳2000Gsi轿车AJR发动机装备的德国Bosch公司M3.8.2型电控系统为例，介绍发动机电控系统的基本结构、控制原理、工作过程、故障诊断和检修方法，并有针对性地介绍了其他发动机电控系统的相关零部件。

课题一　燃油喷射系统的组成与基本原理

一、汽油机燃油喷射系统的发展与应用

汽油喷射技术的发展历史可以追溯到20世纪初期，德国Wright兄弟首先在飞机发动机上采用了向进气管连续喷射汽油的混合气配制方法。第二次世界大战以后，汽油喷射技术才逐渐应用于汽车发动机上。

60年代以前，车用汽油喷射装置大多采用机械式柱塞喷射泵，其控制功能借助于机械装置来实现，结构复杂、价格昂贵，因此发展缓慢，技术上无重大突破，应用范围也仅限于赛车和为数不多的追求高速和大功率的豪华型轿车上，在车用汽油发动机领域内化油器仍占有绝对的优势。

60年代，在一些发达国家中随着汽车数量与日俱增，汽车排气对大气的污染日趋严重，欧、美、日各国相继制订了严格汽车排放法规，限制排气中CO、HC和NO_x等有害物质的排放。70年代初，由于受能源危机影响各国又制定了汽车燃油经济性法规。两种法规的要求逐年提

高，愈来愈严格，已达到传统的机械式化油器和分电器式点火系统难以胜任的地步，迫使世界汽车工业寻求各种技术途径来解决汽车节油和减少排放污染的问题。

1967年，德国Bosch公司研制成功K-Jetronic机械式汽油喷射系统，后来经改进发展为机电结合式KE-Jetronic汽油喷射系统。由于该系统的主要功能仍由机械装置完成，控制精度偏低，至90年代初已趋于淘汰。

同样是1967年，德国Bosch公司开发出用进气歧管真空度控制空燃比的D-Jetronic模拟电子控制汽油喷射系统，后经改进发展为采用翼板式空气流量计直接测量进气空气体积流量来控制空燃比的L-Jetronic电子控制汽油喷射系统，开创了汽油电控喷射新时代。

70年代后期，全球电子技术有了长足的进步，特别是集成电路、大规模集成电路和超大规模集成电路的发展，迅速推动了计算机控制技术在汽车技术上的应用并快速发展。发动机电子控制技术从单一的控制点火时刻和单一的控制燃油喷射空燃比开始，逐步扩展到控制发动机怠速控制、排气再循环(EGR)控制、燃油蒸发控制(EVAP)、可变进气控制、涡轮增压控制等等多项内容的发动机综合控制系统，称为发动机集中控制系统。

90年代中后期，伴随着计算机网络技术的发展，发动机电子控制系统已成为车载局域网络的重要组成部分。1997年以后，内燃式汽油机已开始采用汽油直喷技术进行稀薄燃烧，进一步降低了油耗和排放。

国产汽车电子控制技术的开发和应用相对较晚，90年代初期只有少数汽车厂家，如一汽奥迪、北汽切诺基汽车上开始装备电控燃油喷射发动机，并且基本上是对国外生产的部件进行组装，与国外先进的汽车制造技术相比差距较大。随着形势的发展，如城市汽车数量的增多、汽车尾气污染日趋严重等；随着国家有关新的安全、油耗、排放法规的公布和国产汽车的排放、安全法规将同国际标准接轨；随着我国加入WTO以后汽车工业将面临国际汽车行业的激烈竞争，我国汽车工业，特别是轿车工业大大加快了电控化、信息化的步伐，国家要求2000年1月1日以后生产的轿车应满足欧Ⅰ排放法规，目前国内生产的轿车均引进了电控燃油喷射发动机和三元催化转换器来达到这一要求，多数轿车目前已达到欧Ⅱ排放法规的标准。

二、汽油机燃油喷射系统的组成及基本工作过程

(一)汽油机燃油喷射系统的组成

发动机电控燃油喷射系统主要由传感器、电控单元(ECU)和执行器组成，如图5-1所示。

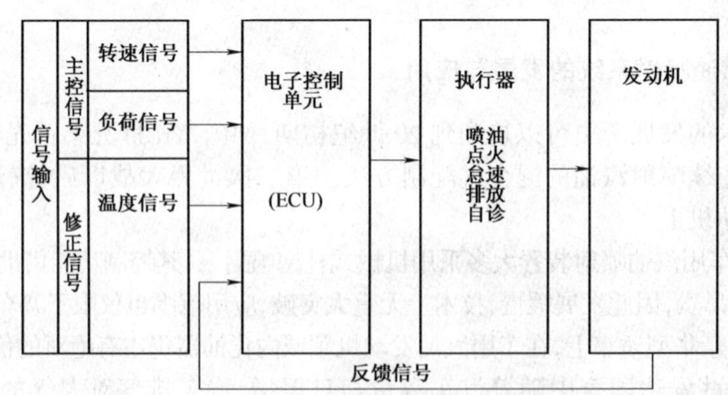

图5-1　电控燃油喷射系统的基本组成

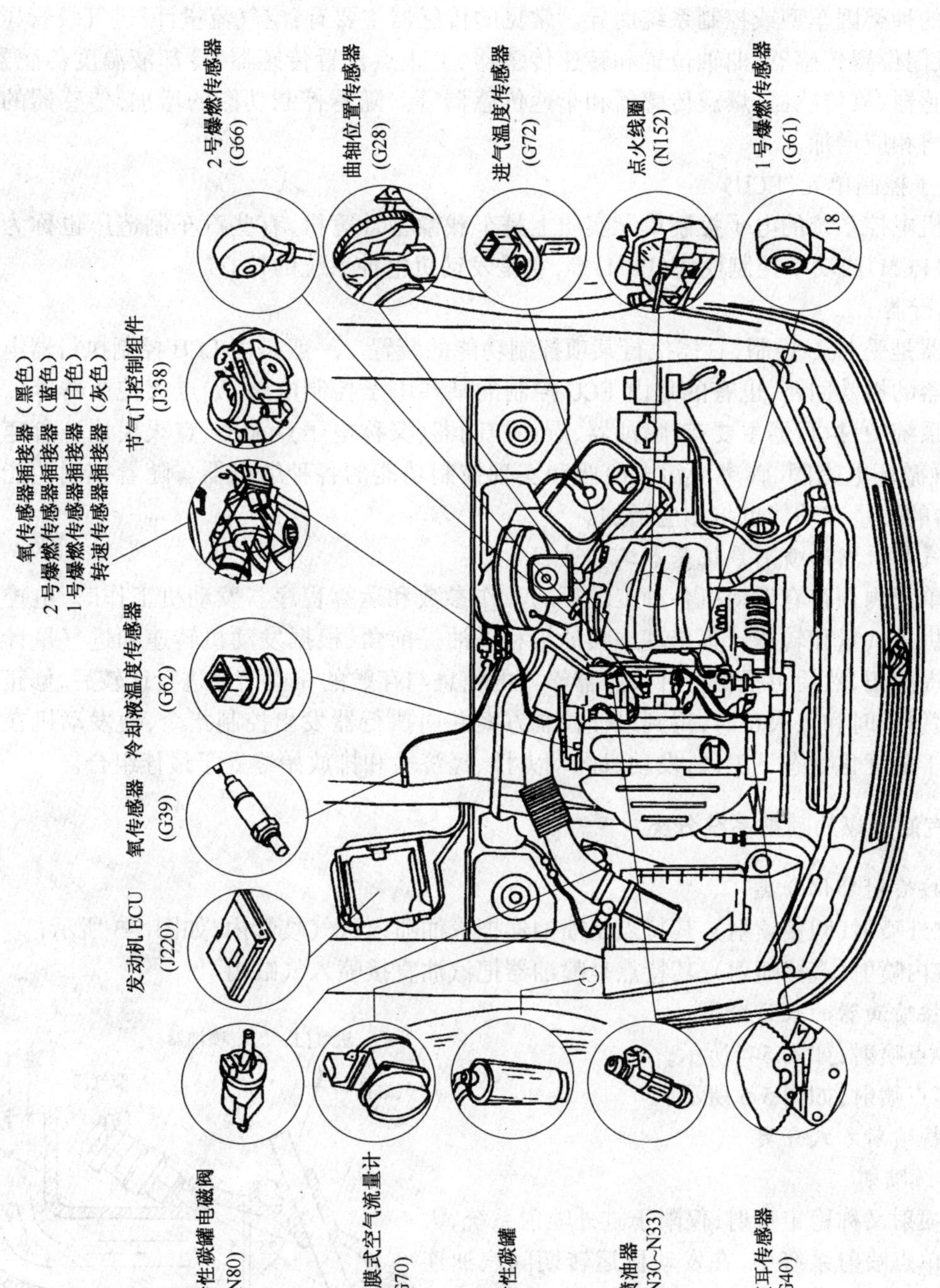

图 5-2　AJR 发动机电控元件安装位置

桑塔纳 2000GSi 轿车的 AJR 发动机装备了德国 Bosch 公司的 Motronic3.8.2 型电控系统,电控元件的安装位置如图 5-2 所示。

1. 传感器及输入信号

电控燃油喷射系统的信号输入主要是通过传感器和其他输入信号输入 ECU 的,传感器及输入信号的种类因车型或控制系统而异。常见的传感器主要有:空气流量计/进气歧管压力传感器、节气门位置传感器、曲轴位置和转速传感器、上止点位置传感器、冷却液温度传感器、进气温度传感器、氧传感器、爆震传感器和车速传感器等。随着控制功能的增加,传感器的数量和功能也将相应增加。

2. 电子控制单元(ECU)

发动机电控系统的电子控制单元实质上是车载微型计算机,有些汽车制造厂也称为电子控制模块(ECM)或功率控制模块(PCM)等,它是发动机电控系统的核心。

3. 执行器

执行器是受 ECU 控制,具体执行某项控制功能的装置。一般是由 ECU 控制执行器电磁线圈或继电器的搭铁回路,也有的是由 ECU 控制的某些电子控制电路,如点火控制器等。在发动机电控系统中,执行器主要有:喷油器、点火控制器(又称电子点火器、点火模块)、怠速控制阀、废气再循环电磁阀、碳罐清污电磁阀和实现控制功能的各种继电器。随着控制功能的增加,执行器的数量和功能也将相应增加。

(二)汽油机燃油喷射系统基本工作过程

电控单元内预存有发动机各种工况下的工作参数和运算程序。发动机工作时,电控单元根据发动机进气量和转速计算出基本喷油量和喷油提前角、根据发动机转速和进气量计算出基本点火提前角,然后再根据各种传感器输入的信息与存贮的相应信息进行比较后,修正基本喷油量、喷射正时和点火正时,得到最佳控制方案并向执行器发出控制指令,使发动机在各种工况都处于最优化状态下工作,发动机的动力性、经济性和排放始终处于最佳组合。

三、汽油机燃油喷射系统分类

(一)按喷射部位分类

(1)缸外喷射(间接喷射),其特点是喷油器把汽油喷入进气歧管内,如图 5-3 所示;

(2)缸内喷射(直接喷射),其特点是喷油器把汽油直接喷入气缸内。

(二)按喷油器的数目分类

(1)单点喷射,如图 5-4 所示;

(2)多点喷射,如图 5-5 所示。

(三)按喷射方式分类

1. 连续喷射

连续喷射又称稳定喷射,仅限于缸外喷射系统,大多应用于单点喷射系统中,在发动机运转期间汽油连续不断地喷射。

2. 间歇喷射

间歇喷射又称脉冲喷射,每一次喷射都有一个受 ECU 控制的喷射时间,这一时间的长短决定了喷油量的大小。根据喷射时序分为同时喷射、分组喷射和顺

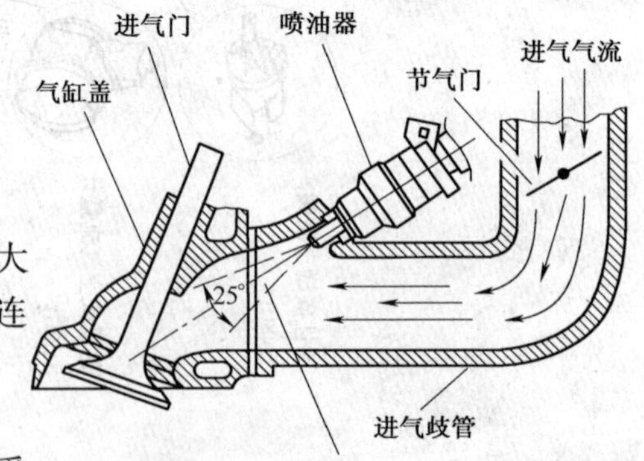

图 5-3 缸外喷射(间接喷射)

序喷射，如图 5-6 所示。

(1)同时喷射

同时喷射是指发动机运转期间，ECU 用一个喷油指令控制全部喷油器，各缸喷油器同时开启并同时关闭，把一个工作循环所需要的汽油一次喷入进气歧管；

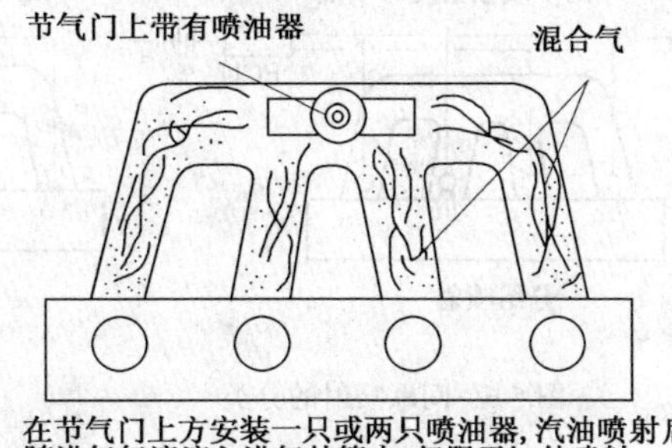

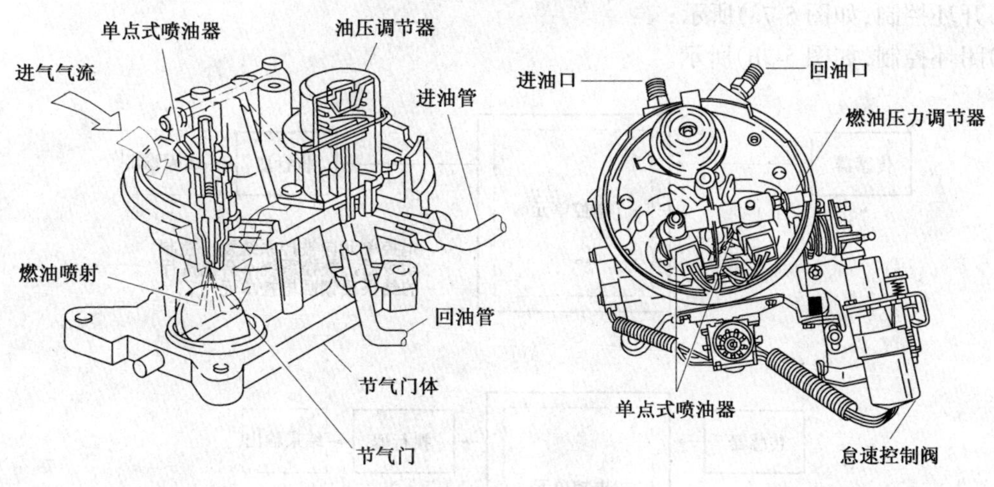

图 5-4　单点喷射

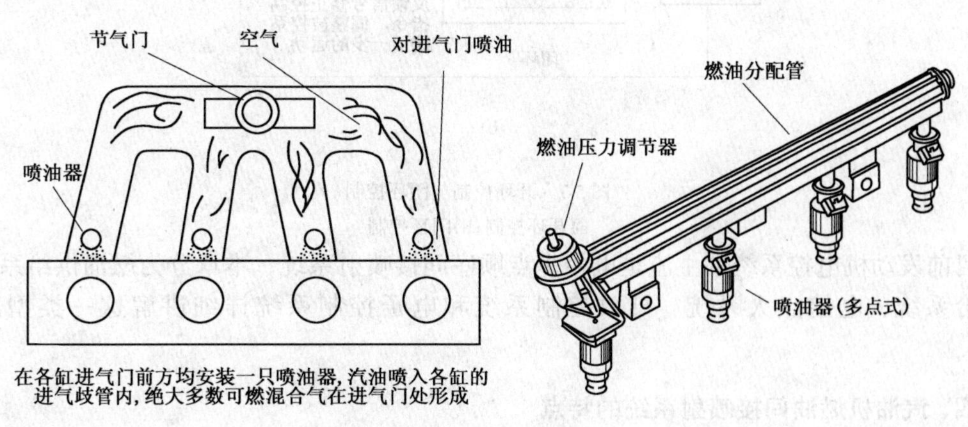

图 5-5　多点喷射

(2)分组喷射

分组喷射是指喷油器两个一组分组交替喷射，ECU 向各组发出喷油指令，一个工作循环所需要的汽油分两次喷入进气歧管；

(3) 顺序喷射

顺序喷射是指喷油器按发动机点火顺序依次喷射，ECU 向每个喷油器单独发出喷油指令,各缸都具有精确的喷射正时。

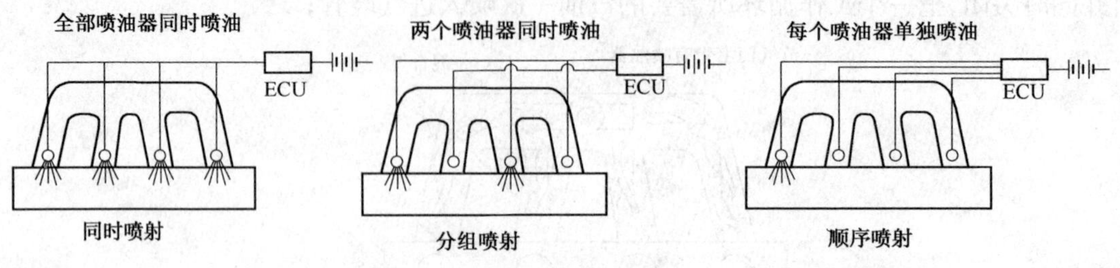

图 5-6 间歇喷射的分类

(四)按控制方式分类

(1)开环控制,如图 5-7a)所示;

(2)闭环控制,如图 5-7b)所示。

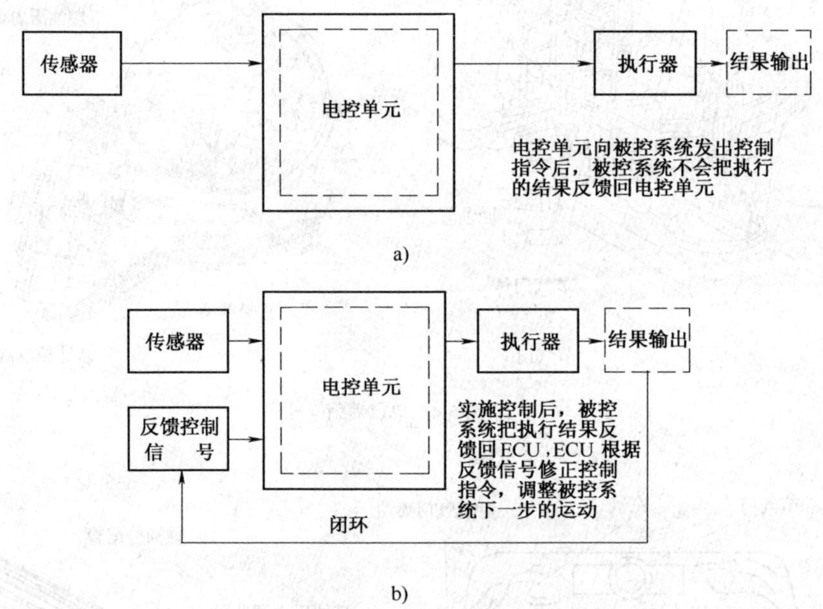

图 5-7 开环控制与闭环控制

a)开环控制;b)闭环控制

目前发动机电控系统的主流是电控多点顺序间接喷射系统，本章分为燃油供给系统、空气供给系统、电控点火系统、排放控制系统和电子控制系统详细讲解这一类型的喷射系统。

四、汽油机燃油间接喷射系统的特点

长久以来,化油器始终无法解决两个技术问题:一个是如何使相同空燃比的混合气,在经过不同长度及宽度的进气歧管后,仍能均匀地进入每一气缸;另一个问题是如何满足各种工况,特别是过渡工况对混合气浓度的要求。采用电控多点顺序喷射系统后,解决了上述难题:一方面喷油器把等量汽油喷入相应气缸的进气门前方,保证了各缸内的混合气空燃比一致;另一方面是通过电控单元内部的高速运算，实时地修正控制参数，配制不同工况所需要的空燃比，来满足发动机的需求，目前普通的电控单元每秒钟可以处理700万条指令。另外随着发动机电控系统不断完善，点火正时控制、怠速控制、排放控制、进气控制、增压控制、自诊断、失效保护、局域网络等控制功能不断引入使得电控发动机能够很好地胜任当今社会对汽车的使用要求（减少排放、降低油耗、提高功率及改善驾驶性能等）。因此电控发动机已成为现代发动机的主流。

五、汽油机燃油直接喷射系统简介

为了进一步降低发动机的油耗和 CO_2 的排放，国外开始采用汽油直喷技术（GDI）。1989年德国大众公司率先将 GDI 技术应用在 Futura 概念车上，此后一些世界著名的汽车公司纷纷投入巨资开发和研制 GDI 发动机。德国大众公司于 1997 年制造的 Lupo 轿车由于采用 GDI 技术，在经济模式下可使油耗降至 3L/100km 以下。目前汽油直喷式发动机已大量装备在满足欧Ⅲ、欧Ⅳ排放法规的轿车上。

GDI 技术依靠低速工况范围内无节气运行（采用电子节气门技术）和超稀薄燃烧，可以比间接喷射技术节油 20%并降低 CO_2 排放量 20%以上；同时在高速工况范围内提高了体积效率，使发动机的最大转矩提高 10%左右；另外因为缸内汽油蒸发吸热，降低了气缸温度，一方面减小了爆震倾向，另一方面减少了燃烧室传热损失，提高了燃烧热效率，目前汽油直喷发动机燃烧效率已达到涡轮增压共轨喷射柴油机的水平。

GDI 发动机的构造更为精巧、制造更为困难、电子控制的复杂程度更高、对燃油品质的要求更高。目前由于我国制造技术以及燃油品质难以满足其使用要求等缘故，加上国内对 CO_2 和 NO_x 的排放要求还没有达到如此严格的程度，所以近年内不太可能推广汽油直喷技术，但是我们必须看到，随着我国加入 WTO，经济、技术和政策都会更加趋于和国际接轨，汽油直接喷射发动机必将在我国“清洁汽车”中占有一席之地。

课题二　燃油供给系统

一、燃油供给系统的作用和工作原理

（一）燃油供给系统的作用

燃油供给系统的作用是向气缸内供给燃烧所需的汽油。

（二）燃油供给系统工作原理

燃油供给系统示意图如图 5-8 所示：电动燃油泵把汽油从油箱泵出并加压，经汽油滤清器过滤后送至燃油分配管，在汽油压力调节器的作用下使油压与进气歧管内气压差始终保持恒定，ECU 控制喷油器适时开启，将定量定压的汽油喷入进气歧管，多余的汽油经回油管回到油箱。

二、燃油供给系统的组成

（一）燃油供给系统的组成

电控发动机燃油供给系统的基本组成、工作原理和零部件安装位置基本一致，一般由汽油箱、电动燃油泵、汽油滤清器、燃油分配管、燃油压力调节器、喷油器和连接油管组成。早期的

电控发动机还具有冷起动喷油器和汽油压力缓冲器。图 5-9 为丰田 1UZ-FE 发动机燃油供给系统示意图。

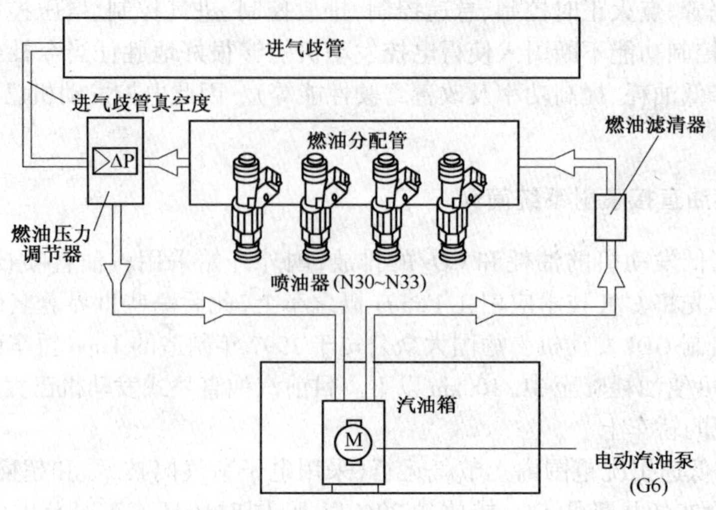

图 5-8 燃油供给系统示意图

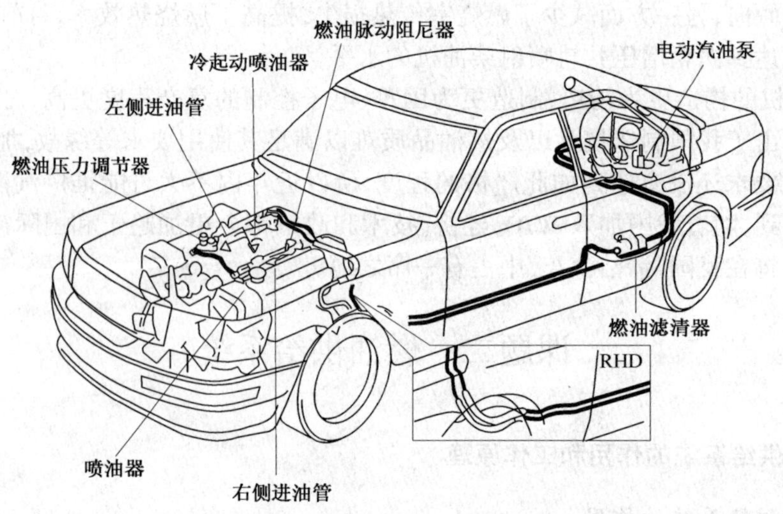

图 5-9 丰田 1UZ-FE 发动机燃油供给系统

(二)燃油供给系统主要部件结构与检修

1. 电动燃油泵

1)作用

电动燃油泵的作用是向燃油供给系统提供具有规定压力并经过初级过滤的汽油。

2)结构与工作原理

电动燃油泵是一种由小型永磁直流电动机驱动的油泵,电动机绕组电阻约 0.3~3Ω,电动机和油泵同轴安装,密封在泵壳内。有些车型的电动燃油泵安装在油箱外;但大部分车型的电动燃油泵安装在油箱内;少数车型在油箱内外各安装一个电动燃油泵,两者串联在油路中。图 5-10 所示的是一种典型的内装式电动燃油泵,与外装泵相比,内装泵不易产生气阻和燃油泄漏且工作噪声较小。

电动燃油泵工作时,电动机带动油泵高速旋转,经过油泵滤网过滤的汽油从进油口吸入并从出油口压出。油泵出油口处有一单向阀,在油泵停止工作后可阻止高压燃油倒流回油箱,保持发动机停机后的燃油压力以便于再次起动,这个单向阀又称止回阀。油泵内还有一个限压阀,避免由于燃油管堵塞时系统压力过高而造成油管破裂或燃油泵损坏。

泵体是电动燃油泵泵油的主体,根据结构不同可分为滚柱泵、转子泵、涡轮泵和侧槽泵等形式,如图 5-11 所示。

AJR 型发动机使用滚柱式电动燃油泵,泵油压力为 200 ~ 470kPa。

电动燃油泵中的油泵和电动机都浸在汽油中,在泵油过程中,汽油不断穿过油泵和电动机,油泵本身和电动机中的线圈、电刷、轴承等部件要靠汽油进行冷却和润滑,因此电动燃油泵严禁在无油的情况下运转,以免烧损。电动燃油泵的转速和泵油量由外加电压决定,通常情况下为恒定值。

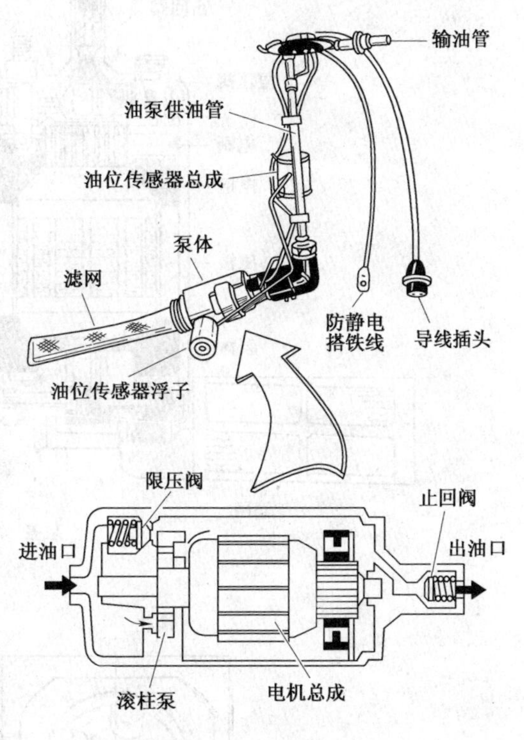

图 5-10 内装式电动燃油泵

3)电动燃油泵的控制

从理论上讲,电动燃油泵是否工作只与它的电源有关而与发动机运转无关,即只要加给电动燃油泵工作电压,它就会把燃油泵出。但是实际工作中为了减少油泵的磨损和耗电量,电动燃油泵应控制为:发动机运转油泵工作、发动机停止油泵不工作。有些车型要求打开点火开关时电动燃油泵应工作 2 ~ 6s 后停止,建立始初油压以利于起动;有些车型要求在发动机低速、中小负荷下工作时油泵低速转动,而在发动机高速、大负荷下工作时油泵高速转动,以增大供油量;有些车型要求在汽车受到强烈冲击(例如撞车)时油泵应立即停止工作,减少车辆失火的机率;有些车型要求油泵控制系统出现故障后具有失效保护功能,以维持发动机的运转。电动燃油泵的控制始终要以维修手册中的电路图为依据。

4)电动燃油泵的检测

可以从打开的油箱加油口处听到电动燃油泵运转的声音,但一个运转的油泵并不意味着其性能完好。

检修电动燃油泵时应判断是控制电路故障还是油泵本身的故障:先关闭点火开关,拆下后备箱底板处的油泵检测盖板,拔下电动燃油泵导线插头;再打开点火开关(初始油压型)或用起动机带动曲轴旋转(无初始油压型),检测电动燃油泵导线插头中电源端子和搭铁端子之间的电压,如为 12V 说明油泵控制电路完好,故障点在油泵;如不为 12V 说明故障点在油泵控制电路。AJR 发动机电动燃油泵如图 5-12 所示,图 5-13 为 AJR 发动机的电子控制系统电路图,电路图读识方法参见图 5-143。

(1)电动燃油泵控制电路的检测

电动燃油泵控制电路损坏后,多数情况会导致电动燃油泵不能运转;当电路中存在较大的电压降或搭铁不良时,也会导致电动汽油转速下降、供油量不足。电动燃油泵控制电路的故障多为熔断丝熔断、继电器损坏、各种控制开关失效、导线开路或短路等，有时也可能是 ECU 或油泵 ECU 损坏，但这种情况较为少见。

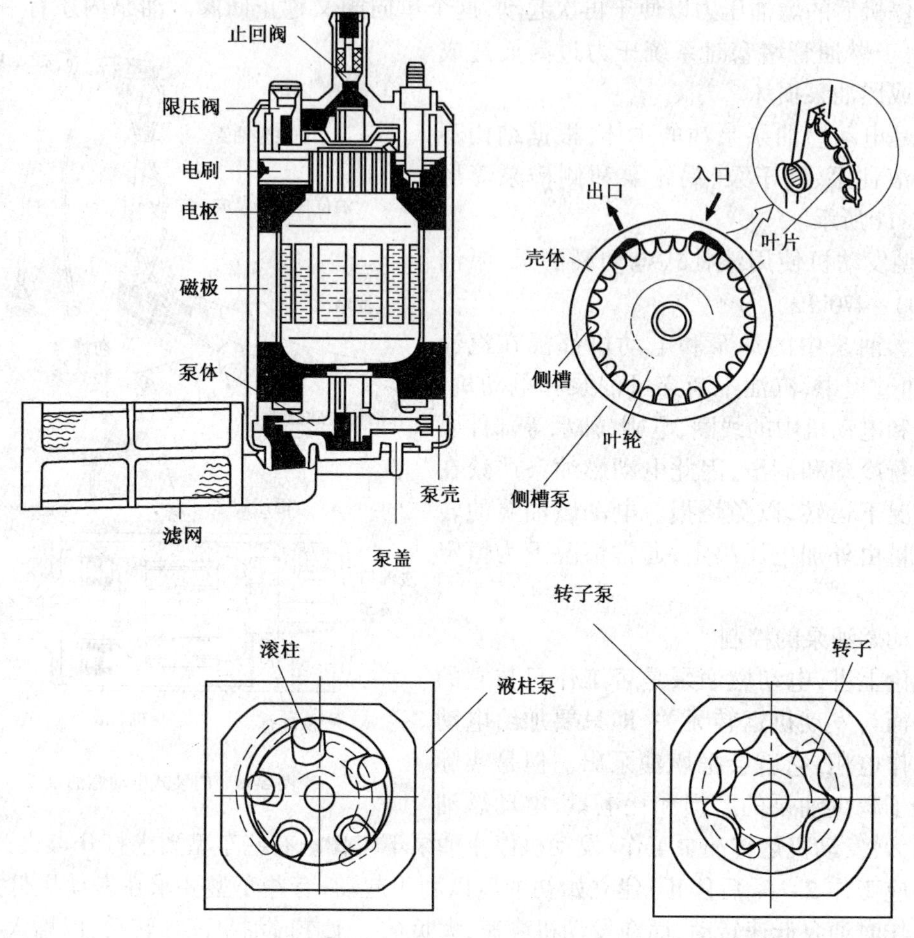

图 5-11　电动燃油泵的内部结构

①检测熔断丝

熔断丝为电路提供过载保护，用允许通过的最大电流值额定。绝不可在电路中使用大于原设计规格的熔断丝或用其他材料代替，否则有可能会损坏或毁坏电路。AJR 发动机油泵熔断丝额定为 15A。

将熔断丝从熔断器盒中取出，检测其电阻值应为 0Ω，如果测量值为∞说明熔断丝熔断。熔断的熔断丝说明电路中存在过载，应排除电路出现过载的原因后再更换相同规格的熔断丝；如果直接更换熔断丝会导致新的熔断丝继续熔断。

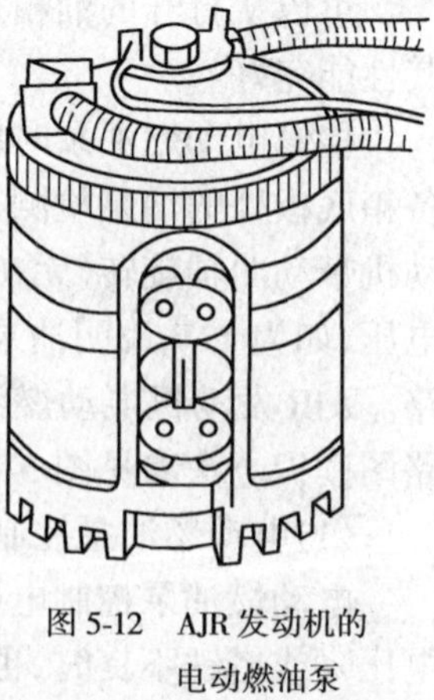

②检测继电器

继电器是一种用小电流控制大电流的电器元件，有常开式和常闭式两种基本形式，油泵继电器为常开式继电器。继电器出现故障后首先应判断是外部电路故障还是继电器本身损坏，继电器常见故障有线圈烧损、触点烧蚀或触点粘连。

图 5-12　AJR 发动机的电动燃油泵

a)车上检测

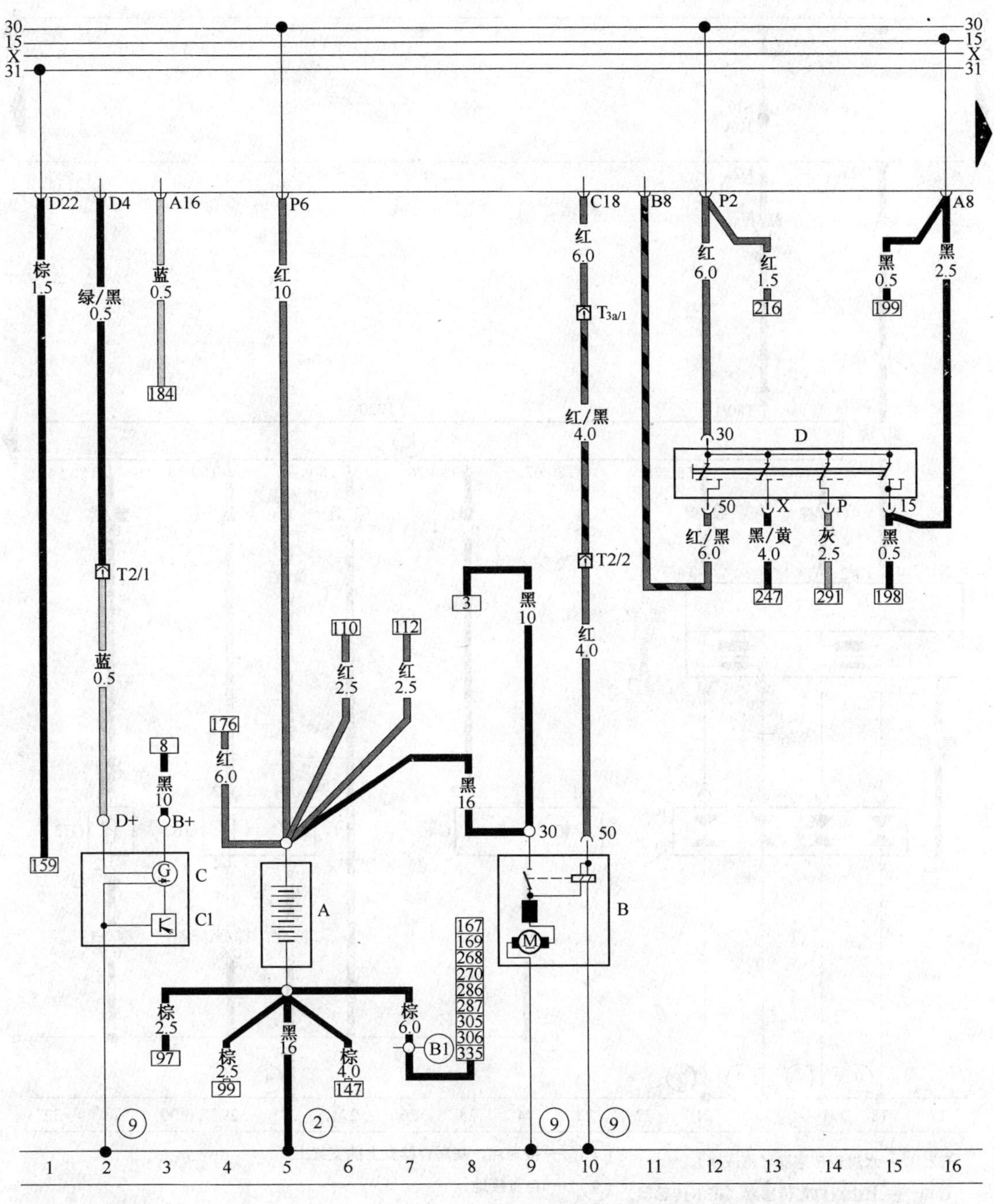

A — 蓄电池

B — 起动机

C — 交流发电机

C1 — 发电机调节器

D — 点火开关

T2 — 发动机线束与发电机线束插头连接，2针，在发动机舱中间支架上

T3a — 发动机线束与前大灯线束插头连接，3针，在中央电器后面

(2) — 接地点，在蓄电池支架上

(9) — 自身接地

(B1) — 接地连接线，在前大灯线束内

图 5-13 AJR 发动机电子控制系统电路图（一）

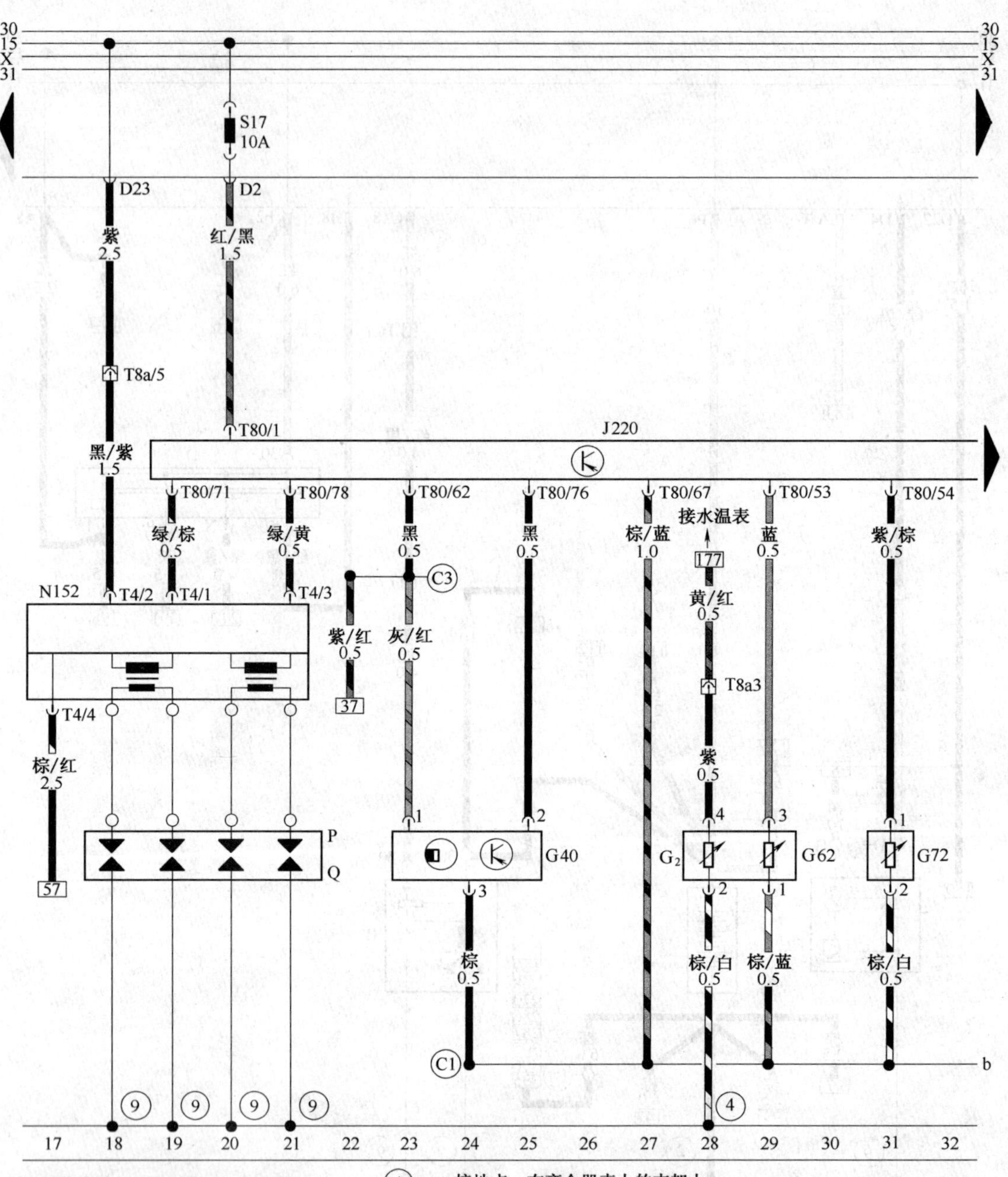

G2 — 水温表传感器（感应塞）

G40 — 上止点位置传感器（霍尔传感器）

G62 — 冷却液温度传感器

G72 — 进气温度传感器

J220 — Motronic 发动机控制单元

N152 — 点火线圈

P — 火花塞插头

Q — 火花塞

(4) — 接地点，在离合器壳上的支架上

(9) — 自身接地

(C1) — 连接线，在发动机右线束内

(C3) — +5V 连接线，在发动机右线束内

S17 — 发动机控制单元保险丝，10A

T4 — 前大灯线束与散热风扇控制器插头连接，4 针，在散热风扇控制器上

T8a — 发动机线束与发动机右线束插头连接，8 针，在发动机舱中间支架上

T80 — 发动机线束、发动机右线束与发动机控制单元插头连接，80 针，在发动机控制单元上

图5-13 AJR 发动机电子控制系统电路图（二）

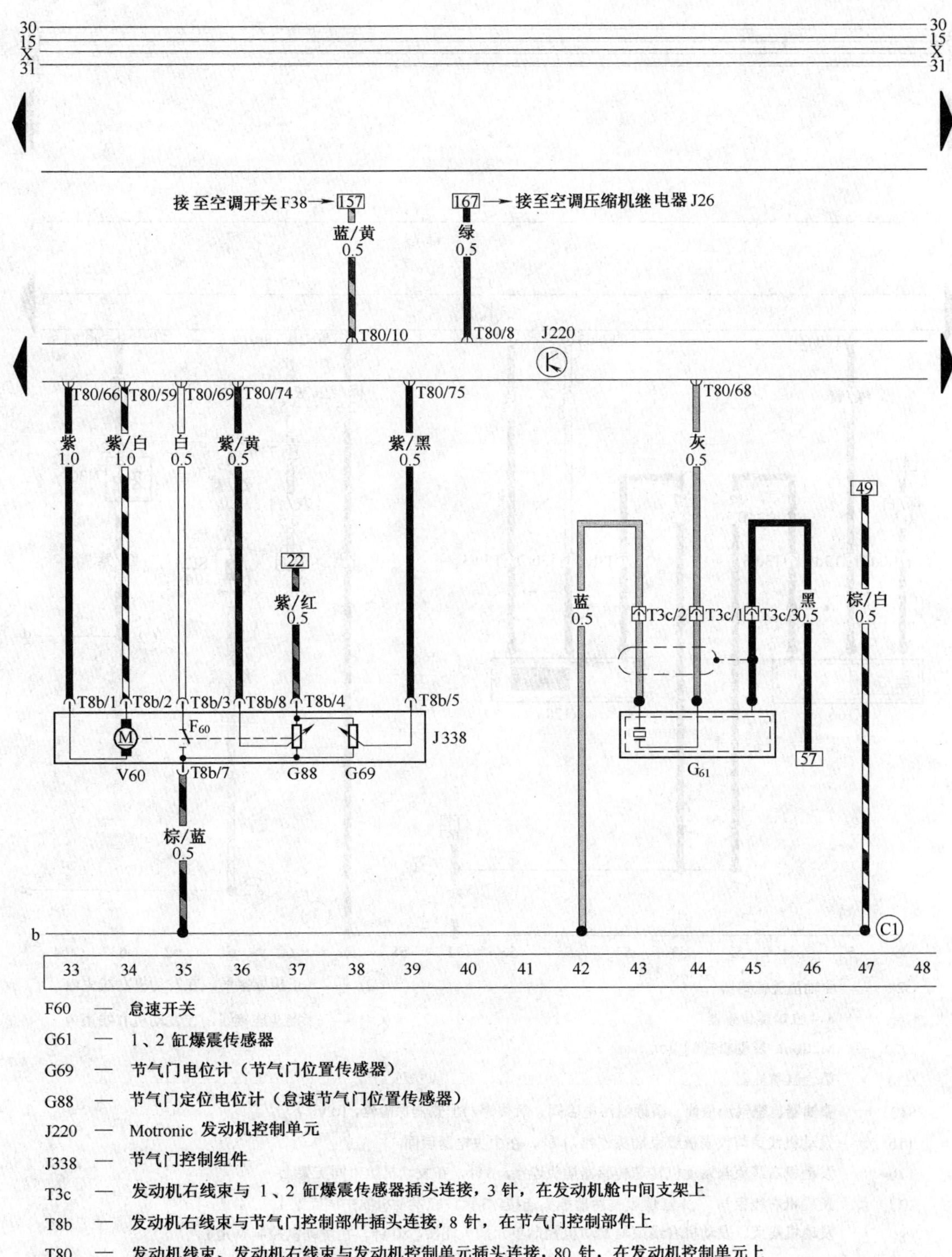

F60 — 怠速开关

G61 — 1、2 缸爆震传感器

G69 — 节气门电位计（节气门位置传感器）

G88 — 节气门定位电位计（怠速节气门位置传感器）

J220 — Motronic 发动机控制单元

J338 — 节气门控制组件

T3c — 发动机右线束与 1、2 缸爆震传感器插头连接，3 针，在发动机舱中间支架上

T8b — 发动机右线束与节气门控制部件插头连接，8 针，在节气门控制部件上

T80 — 发动机线束、发动机右线束与发动机控制单元插头连接，80 针，在发动机控制单元上

V60 — 节气门定位器（怠速电动机）

(C1) — 连接线，在发动机右线束内

图5-13 AJR发动机电子控制系统电路图（三）

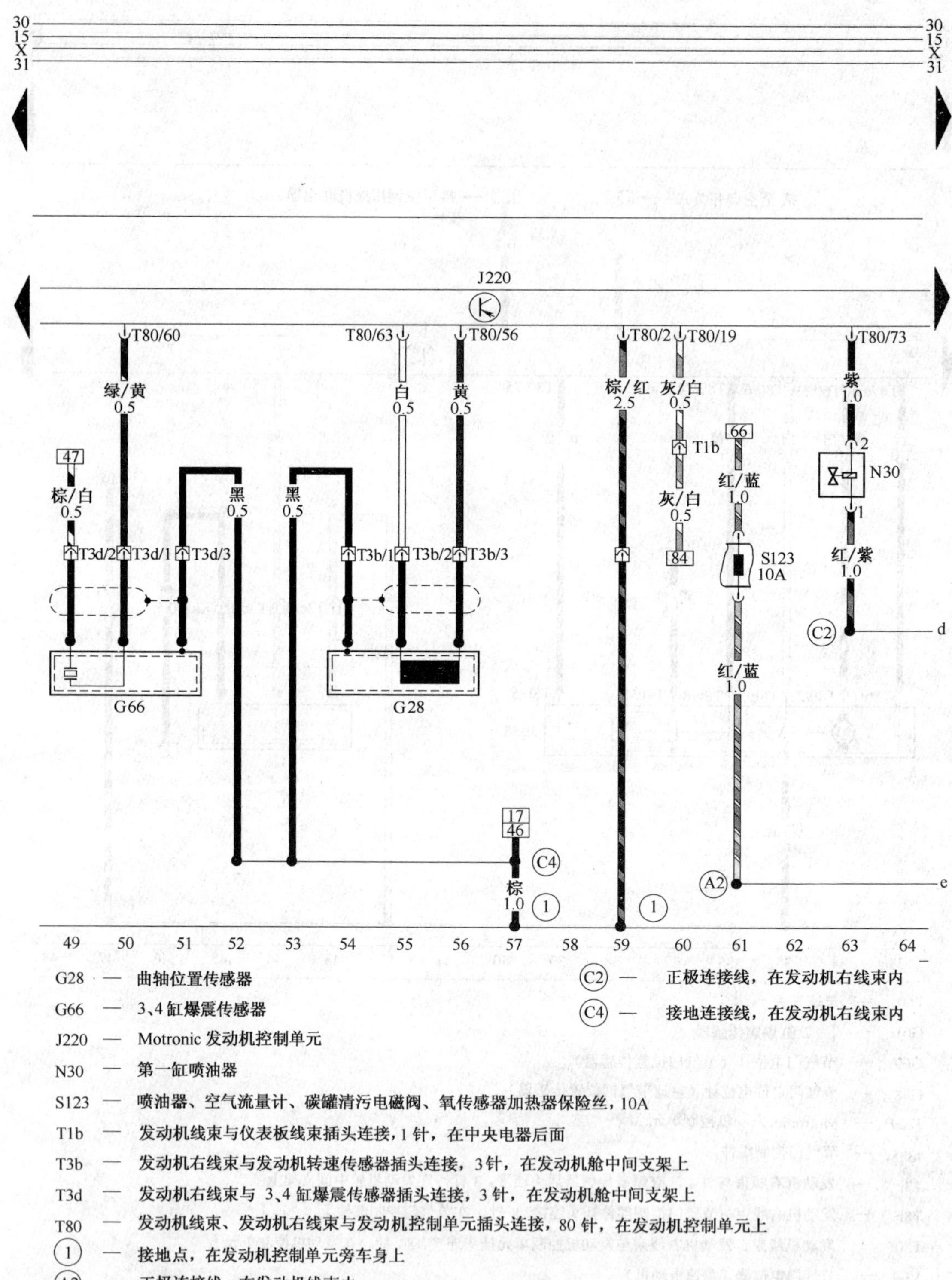

G28 — 曲轴位置传感器

G66 — 3、4 缸爆震传感器

J220 — Motronic 发动机控制单元

N30 — 第一缸喷油器

S123 — 喷油器、空气流量计、碳罐清污电磁阀、氧传感器加热器保险丝，10A

T1b — 发动机线束与仪表板线束插头连接，1 针，在中央电器后面

T3b — 发动机右线束与发动机转速传感器插头连接，3 针，在发动机舱中间支架上

T3d — 发动机右线束与 3、4 缸爆震传感器插头连接，3 针，在发动机舱中间支架上

T80 — 发动机线束、发动机右线束与发动机控制单元插头连接，80 针，在发动机控制单元上

(1) — 接地点，在发动机控制单元旁车身上

(A2) — 正极连接线，在发动机线束内

(C2) — 正极连接线，在发动机右线束内

(C4) — 接地连接线，在发动机右线束内

图5-13 AJR发动机电子控制系统电路图（四）

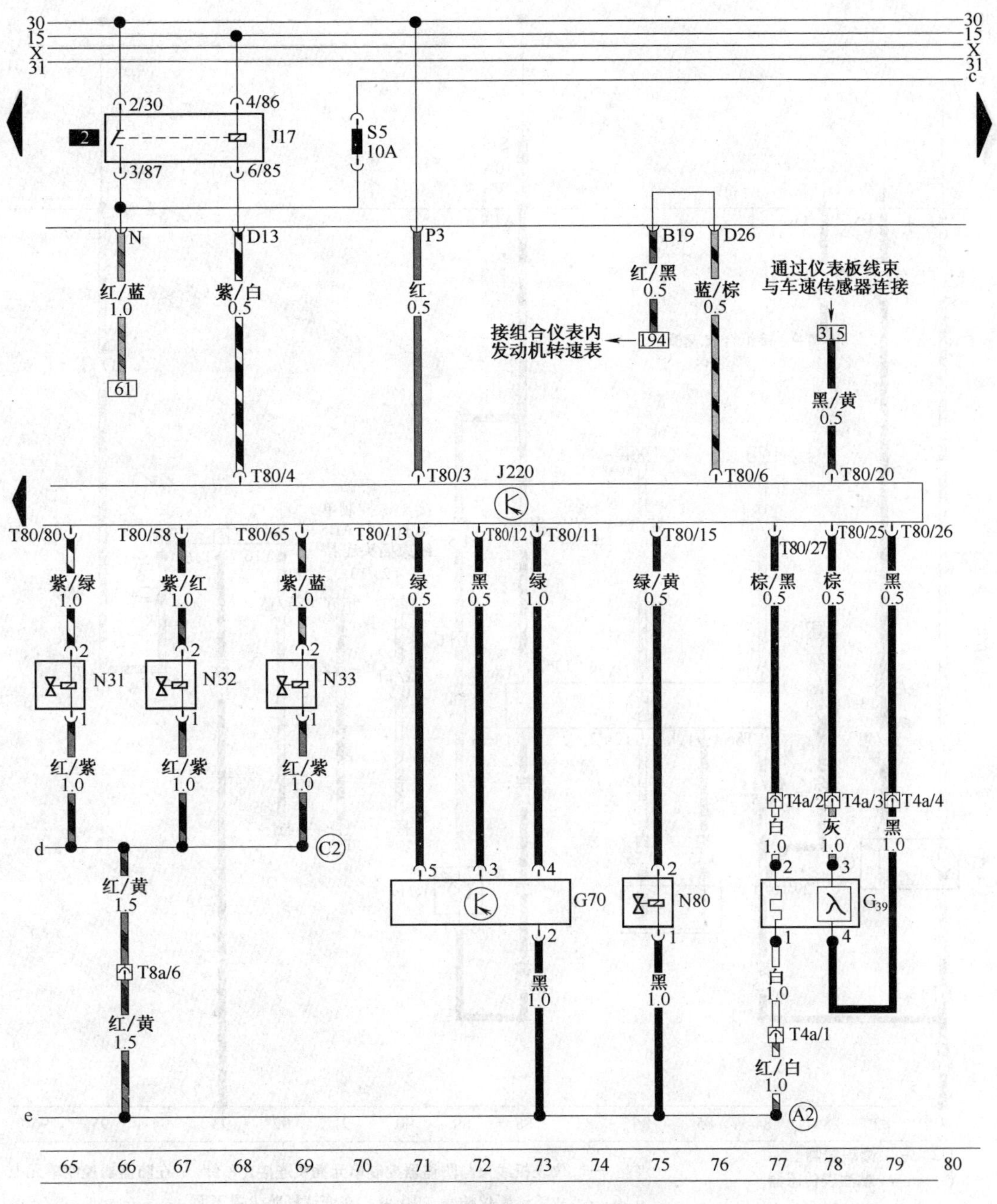

G39 — 氧传感器

G70 — 空气流量计

J17 — 燃油泵继电器

J220 — Motronic 发动机控制单元

N31 — 第2缸喷油器

N32 — 第3缸喷油器

N33 — 第4缸喷油器

(A2) — 正极连接线，在发动机线束内

(C2) — 正极连接线，在发动机右线束内

N80 — 碳罐清污电磁阀

S5 — 燃油泵保险丝，10A

T4a — 发动机线束与氧传感器插头连接，4 针，在发动机舱中间支架上

T8a — 发动机线束与发动机右线束插头连接，8 针，在发动机舱中间支架上

T80 — 发动机线束、发动机右线束与发动机控制单元插头连接，80 针，在发动机控制单元上

图5-13　AJR发动机电子控制系统电路图(五)

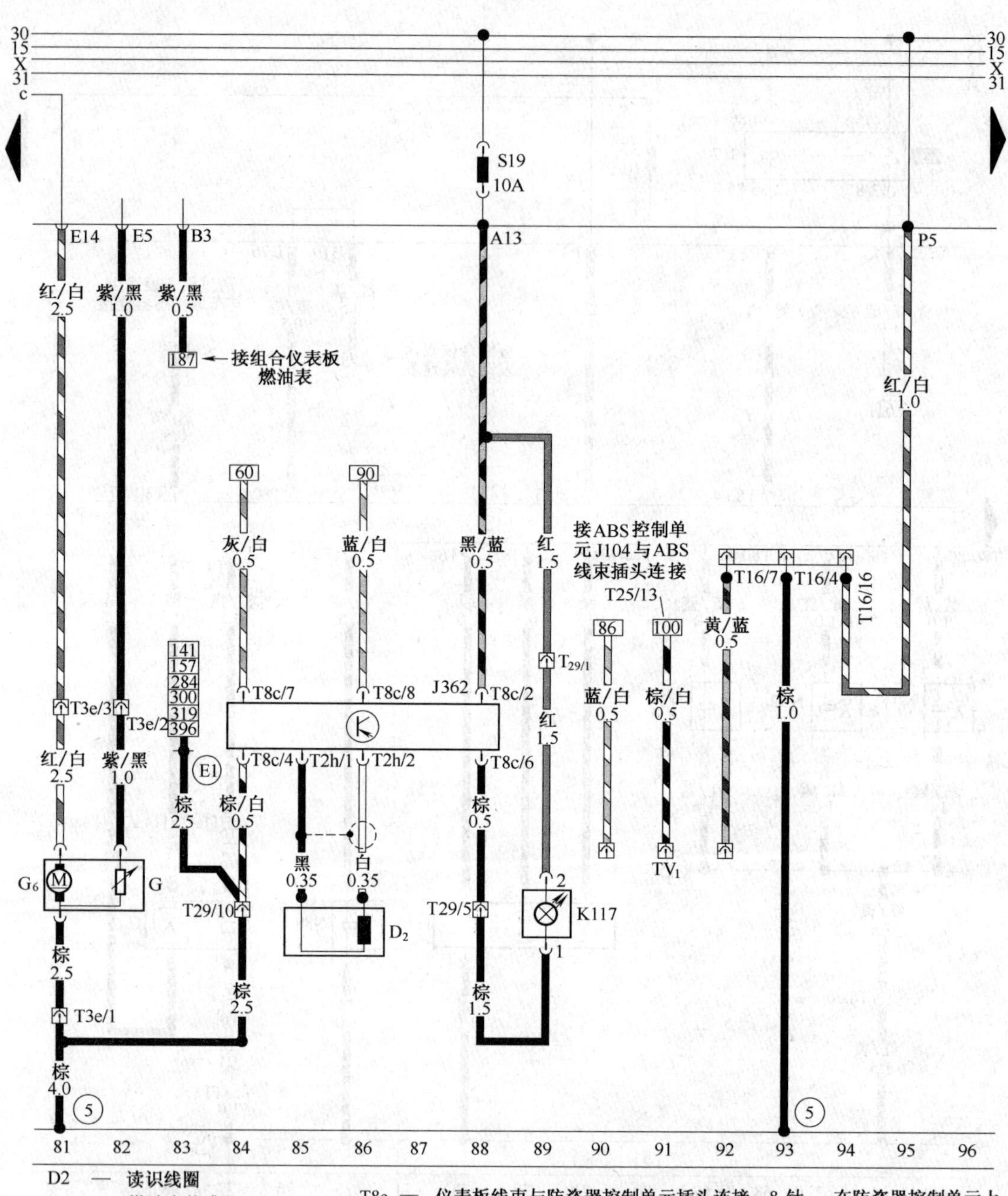

D2 — 读识线圈

G — 燃油表传感器

G6 — 燃油泵

J362 — 防盗器控制单元

K117 — 防盗器警告灯

T2h — 识读线圈与防盗器控制单元插头连接，2针，在防盗器控制单元上

T3e — 尾部线束与燃油箱插头连接，3针，在燃油箱盖上

T8c — 仪表板线束与防盗器控制单元插头连接，8针，在防盗器控制单元上

T16 — 故障诊断仪插座，16针，在变速杆防尘罩下面

T29 — 仪表板线束与仪表板开关线束插应连接，29针，在组合仪表下方

TV1 — 诊断线插座，附加插在中央电器13号位上

(5) — 接地点，在中央电器左侧星形接地爪上

(E1) — 接地连接线，在仪表板开关线束内

图5-13 AJR发动机电子控制系统电路图（六）

(a)如图 5-14 所示,万用表设置在 20V 直流电压档,把万用表负表笔可靠搭铁。

(b)把万用表正表笔连接到输出端(B 端),打开点火开关时万用表读数应不小于 10.5V;关闭点火开关时万用表读数应为 0V,此时说明继电器及其外部电路良好。

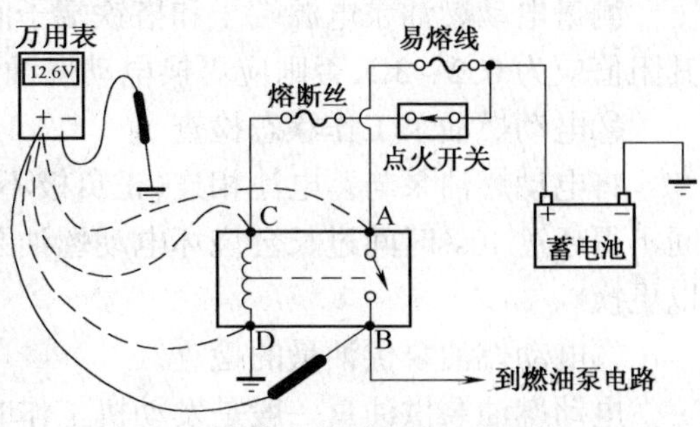

图 5-14　车上检测继电器性能

(c)在进行(b)项检测时,如果打开点火开关时万用表读数正常,而关闭点火开关后万用表仍能读到任何电压值,则该继电器触点粘连,需更换。

(d)在进行(b)项检测时,如果打开点火开关时 B 端子上没有测到电压,则把万用表正表笔连接到供电输入端(A 端),电压应不小于 10.5V。如果低于该值则说明蓄电池到继电器的电路有故障,如果电压值正常,则继续检测。

(e)把万用表正表笔连接到控制电路端(C 端),电压应不小于 10.5V,否则应检查蓄电池到继电器之间的电路;如果电压正常,则继续检测。

(f)万用表设置在 2V 直流电压档,万用表正表笔接到继电器搭铁端(D 端),如果电压值高于 1V,则说明搭铁不良。如果电压值小于 1V 而 B 端子仍无电压,说明继电器损坏,需更换。

b)车下检测

有些继电器安装位置较隐蔽,其端子不容易触及到,可从车上取下继电器进行外围电路检测、继电器静态检测和继电器动态检测。

(a)外围电路检测:打开点火开关,测量继电器座孔中的供电输入端和控制电路端电压应不小于 10.5V;关闭点火开关,测量继电器搭铁端与良好搭铁点之间的电阻值应小于 0.5Ω,否则说明继电器外部电路存在故障,应根据电路图检修相关电路。

(b)继电器静态检测:从车上取下继电器,如图 5-15 所示,检测继电器线圈的电阻值应符合规定,否则说明继电器线圈烧损,需更换;同时测量继电器触点间的电阻应为∞,否则说明继电器触点粘连,需更换。

(c)继电器动态检测:继电器静态检测完成之后还应进行动态检测,如图5-16所示,用两根跨接线激励继电器线圈,测量继电器触点之间的电阻值应小于 0.5Ω,否则说明继电器触点烧蚀,需更换(应注意,继电器工作时的“吸合声”只能说明继电器触点动作了,而不能说明继电器性能良好)。

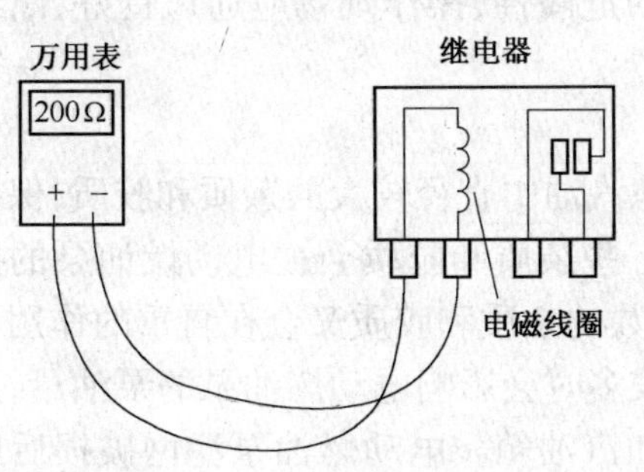

图 5-15　静态检测继电器

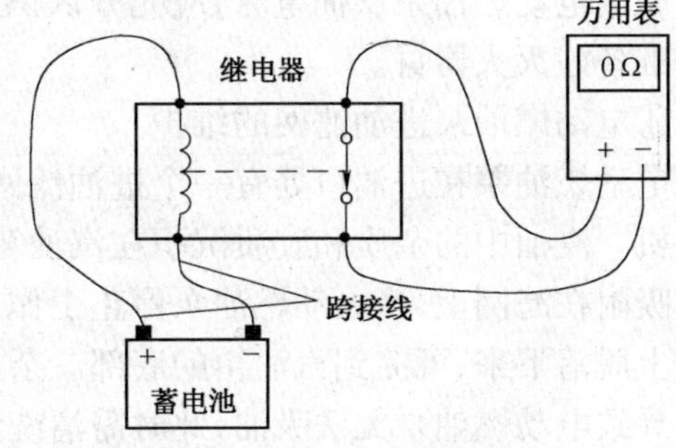

图 5-16　动态检测继电器

(2)电动燃油泵的检测

①电动燃油泵的检测

测量电动燃油泵电源端子和搭铁端子间的电阻，即为电动燃油泵直流电动机线圈的电阻，其阻值应为0.2～3Ω，否则应更换电动燃油泵。

②电动燃油泵工作状态检查

将电动燃油泵与蓄电池相连(正负极不得反接)，并使燃油泵尽量远离蓄电池，每次通电时间不得超过10s(时间过长会烧坏电动燃油泵电动机的线圈)。如果电动燃油泵不转动，则应予以更换。

③电动燃油泵供油量的检查

电动燃油泵供油量一般是发动机工作时所需汽油量的6～7倍，多余的汽油经回油管流回至油箱。这是因为汽油在流经发动机时吸收了热量，快速流动的汽油可以把这些热量带入汽油箱中，由汽油箱壁散发到外界大气中(车辆高速行驶时的气流有明显的冷却作用)。电动燃油泵供油量达不到技术要求时，故障原因可能是进油管变形或阻塞、汽油滤清器阻塞、电动燃油泵滤网脏污，以及电动燃油泵内部故障等；当电动燃油泵老化后，由于油泵电机线圈老化引起的故障(例如匝间短路)导致油泵转速下降、或是由于油泵内部磨损过度后导致“内漏”、或是由于电动燃油泵限压阀限压弹簧变软后导致限压阀“提早开启”泄压等原因，会导致油泵供油量不足，使得燃油供给系统汽油流量减少、流速下降，降低了汽油的冷却作用，造成燃油供给系统在气温较高时易出现“高温气阻”。因此在二级维护时应检测电动燃油泵的供油量，检测方法如下：

(a)关闭点火开关，拆除油泵熔断丝、油泵继电器或电动燃油泵导线插头(这要依据车型而定)，断开电动燃油泵的电源；

(b)起动发动机直至自行熄火后，再次起动发动机5～6次，利用起动喷射卸除燃油管路中的高压；

(c)拆除燃油分配管上的进油管，注意应在操作点处垫上抹布吸收溢出的汽油；

(d)把拆开的进油管放入一个大号量杯中；

(e)用跨接线将电动燃油泵与蓄电池相连，此时电动燃油泵工作，泵送出高压汽油；

(f)记录电动燃油泵工作时间和供油体积，供油量应符合车型技术要求。一般经汽油滤清器过滤后的供油量为0.6～1L/30s；AJR发动机电动燃油泵供油量应不小于0.58L/30s。

检测电动燃油泵供油量时，应充分认识此项操作的危险性，操作现场应通风良好、断绝火源并准备好灭火器材。

④电动燃油泵进油滤网的维护

电动燃油泵在进油口处有一个进油滤网，用来过滤汽油中直径较大的杂质和胶质，保护油泵电机。汽油中的杂质和胶质沉积在汽油箱的底部，有些杂质和胶质会被电动燃油泵的抽吸作用吸附在滤网上，当电动燃油泵停止工作后，绝大多数的杂质和胶质又会在自重的作用下从滤网上脱落下来，沉淀到汽油箱的底部。杂质和胶质较多时会影响电动燃油泵的泵油量，严重时会导致电动燃油泵无法吸油，此时需清洗油泵滤网和汽油箱。电动燃油泵滤网破损后应更换电动燃油泵总成。

2. 汽油滤清器

(1)作用

汽油滤清器的作用是滤去汽油中的固体杂质，防止污物堵塞喷油器针阀等精密机件，减少机械磨损，确保发动机稳定运行。

(2)结构与工作原理

汽油滤清器安装在电动燃油泵供油管和发动机上的燃油分配管之间,许多汽车的汽油滤清器都布置在汽车底盘下方。

汽油滤清器由外壳和滤芯组成,如图5-17所示,滤清器的滤芯可以滤去直径大于0.01mm的杂质。

汽油滤清器外壳上一般标有指示汽油流向的箭头,如图5-18所示。安装时箭头应朝向燃油分配管一侧,有些汽车的汽油滤清器上的两个管口分别标有“IN”和“OUT”,安装时“IN”管口应与电动燃油泵一侧连接,“OUT”管口应与燃油分配管一侧相连。错误安装后会导致系统油压低并损坏汽油滤清器和喷油器。

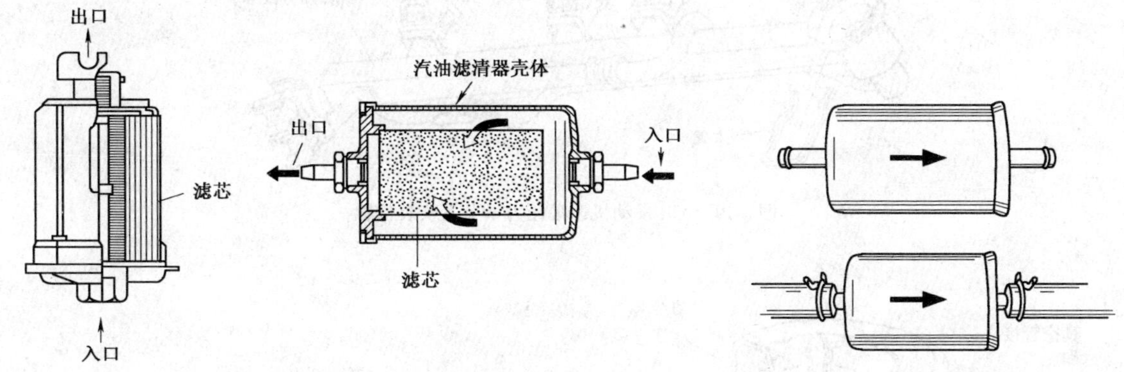

图5-17　汽油滤清器的结构　　图5-18　汽油滤清器的安装方向

(3)汽油滤清器的维护

汽油滤清器为一次性使用零件,汽油滤清器阻塞会导致供油压力和供油量不足,影响发动机的动力性。一般每行驶3~4万km,每两个二级维护作业周期更换一次汽油滤清器及其连接油管卡箍。若使用的燃油杂质成分较多时应缩短更换周期。

3. 燃油压力调节器

1)作用

燃油压力调节器的作用是使燃油分配管内的燃油压力与进气歧管内进气压力之差保持恒定,一般为300kPa。

2)结构和工作原理

燃油压力调节器位于燃油分配管和回油管之间,多数固定在燃油分配管上,图5-19为AJR发动机燃油压力调节器安装位置。

燃油压力调节器内部结构如图5-20所示，它由金属壳体构成，其内部被橡胶膜片分为真空室和汽油室两部分，汽油由入口进入并充满汽油室，当燃油压力超过预定的数值后克服膜片上方的压力时把膜片及阀推开，由出口经回油管返回油箱。燃油压力调节器的真空室与发动机的进气管相通，可以把燃油压力调节至相对于进气管真空度保持恒定的设定压力，如图5-21所示。稳定的喷射压力使得发动机工作所需的燃料可以由ECU控制喷油器的通电时间长短来精确控制。AJR发动机规定怠速油压为250±20kPa，节气门全开时油压力为300±20kPa。

3)燃油压力调节器的常见故障

(1)真空管漏气

燃油压力调节器真空管漏气会导致油压偏高,在相同时间内喷入发动机内的汽油量额外增多了，使得混合气过浓，发动机油耗高、尾气黑烟。

(2)膜片预紧弹簧疲劳

膜片预紧弹簧疲劳变软导致油压偏低，使得混合气偏稀，发动机动力不足、加速无力。

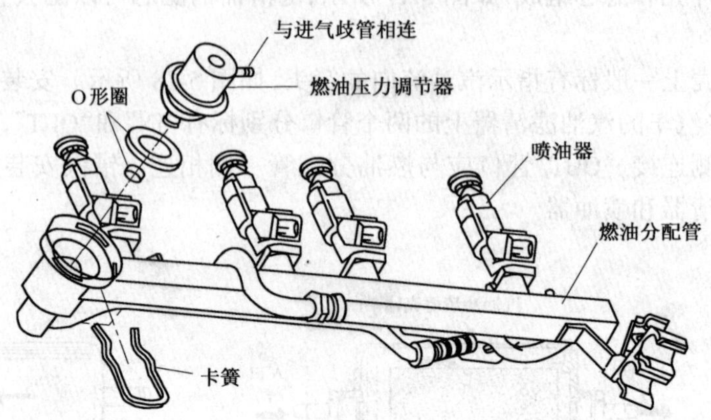

图 5-19　AJR 发动机燃油压力调节器安装位置

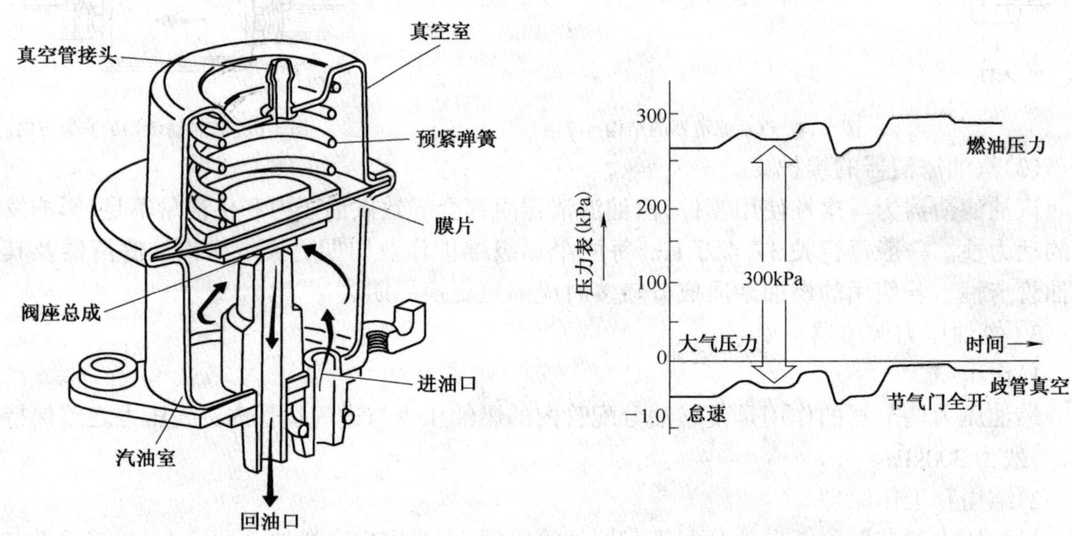

图 5-20　燃油压力调节器的结构　　　　图 5-21　油压与进气歧管真空度的关系

(3)膜片破裂

燃油压力调节器内部膜片老化破裂后，汽油会从裂纹处通过真空管进入歧管，导致混合气极浓而熄火，甚至淹缸。

4. 喷油器

(1)作用

喷油器的作用是依据 ECU 的喷油脉冲信号，把燃油以雾状喷入发动机进气管，喷油量取决于脉冲宽度。

(2)结构和工作原理

多点喷射的喷油器安装在各缸进气歧管或进气道附近的缸盖上，并用燃油分配管固定，如图 5-22 所示。喷油器的结构如图 5-23 所示。

喷油器实际上是一个电磁阀，阀针与铁芯制成一体随铁芯一起移动。当电磁线圈通电后铁芯被吸起(针阀升程约为 0.1mm)，汽油便从喷孔喷射出去；当电磁线圈断电后磁力消失，阀针被弹簧压紧在阀座上，汽油被密封在油腔内。

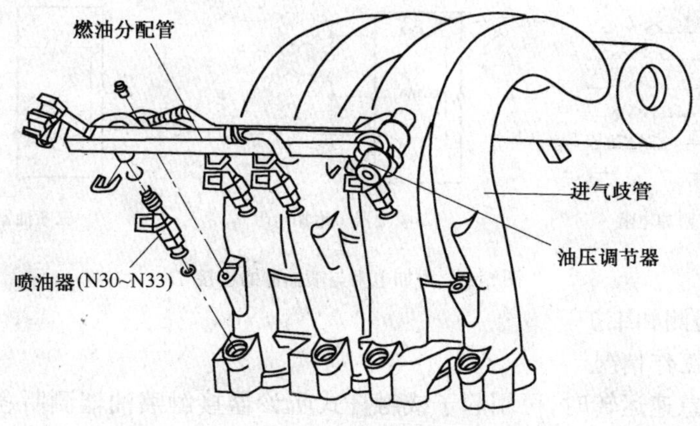

图 5-22　AJR 发动机喷油器安装位置

喷油器根据电磁线圈电阻值可分为低阻式和高阻式两种：低阻式喷油器 20℃电阻值一般为 2～3Ω，高阻式喷油器 20℃电阻值一般为 13～16Ω；根据驱动方式可分为电压驱动式喷油器和电流驱动式喷油器，如图 5-24 所示。电流驱动只适用于低阻喷油器，电压驱动既可用于低阻喷油器又可用于高阻喷油器。在电压驱动回路中使用低阻喷油器时，为保护喷油器电磁线圈必须在电路中加入附加电阻，如图 5-25 所示。

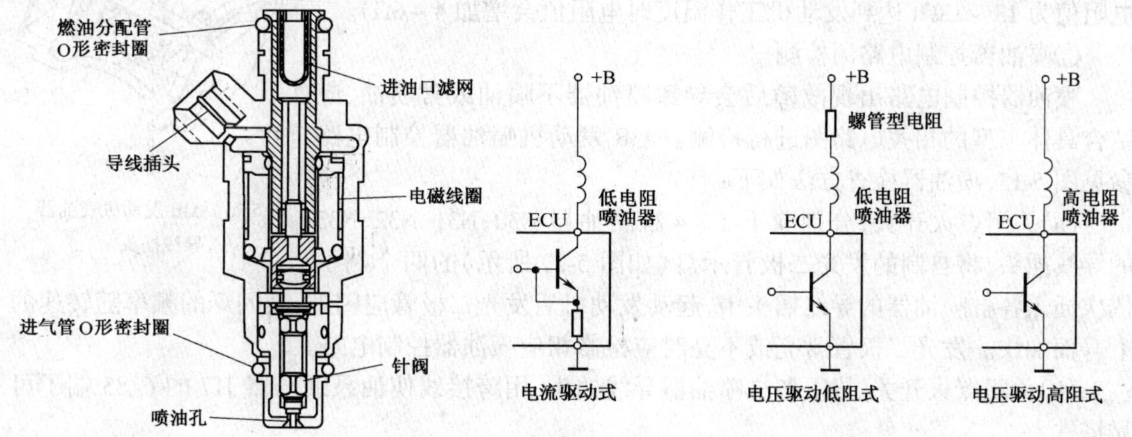

图 5-23　喷油器的内部结构　　图 5-24　喷油器驱动回路

喷油器电磁线圈的电源由点火开关提供，ECU 通过其内部的三极管控制喷油器电磁线圈的搭铁端。根据 ECU 内部控制三极管数量，多缸发动机汽油喷射分为同时喷射、分组喷射和顺序喷射。三极管导通时电流流过喷油器电磁线圈，喷油器开始喷油；三极管截止时喷油器电磁线圈内的电流被切断，喷油器停止喷油。三极管快速地导通和截止，形成了喷油脉冲，三极管一次导通时间一般为 2～10ms，一次导通时间越长喷油量越多。

ECU 的控制程序使喷油器在进气门实际打开前很早就开始喷油了，这样进气门打开时进气道中已充满了可燃混合气，喷油开始时刻至活塞运行到进气冲程上止点时所对应的曲轴角度称为“喷油提前角”，又称“喷射正时”。发动机各工况所需的不同浓度的混合气均需 ECU 通过输出正确的喷射脉冲，使喷油器定时、定量喷油来实现。

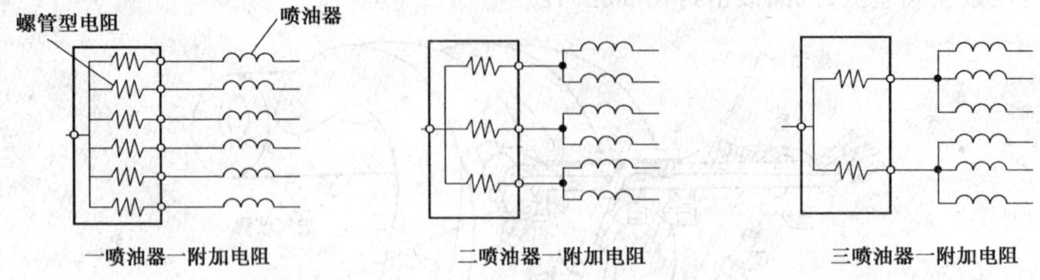

图 5-25　附加电阻与喷油器的连接

(3)喷油器的检测和维护

①检查喷油器工作情况

发动机热机后怠速运转时，可用起子或触杆式听诊器接触喷油器测听各缸喷油器工作的声音，发动机运转时应能听到有节奏的“嗒嗒”声，发动机加速时节奏加快——这是针阀开闭时的工作声。若各缸喷油器工作声音清脆均匀则说明各喷油器工作正常；若某缸喷油器工作声音很小则可能是针阀卡滞，应做进一步的检查；若听不见某缸喷油器的工作声音则说明该缸喷油器不工作，应检查喷油器及其控制线路。

②喷油器电磁线圈电阻的测量

关闭点火开关，拔下喷油器的导线插头，如图 5-26 所示，测量喷油器两个接线端子间(电磁线圈)的电阻值。AJR 发动机喷油器 20℃电阻值为 13 ~ 18Ω(达到发动机工作温度时电阻值会增加 4 ~ 6Ω)。

③喷油器控制电路的检测

喷油器控制电路出现故障后会导致喷油器不喷油或常喷油，应结合具体车型的相关电路图进行检测。AJR 发动机喷油器控制电路参见图 5-13，喷油器检查方法如下：

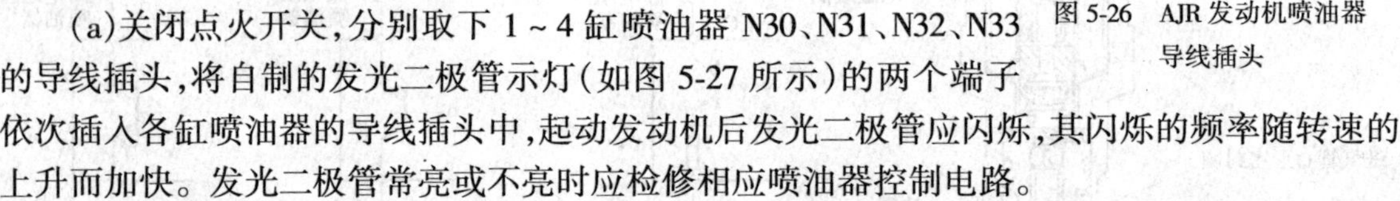

图 5-26　AJR 发动机喷油器导线插头

(a)关闭点火开关，分别取下 1 ~ 4 缸喷油器 N30、N31、N32、N33 的导线插头，将自制的发光二极管示灯(如图 5-27 所示)的两个端子依次插入各缸喷油器的导线插头中，起动发动机后发光二极管应闪烁，其闪烁的频率随转速的上升而加快。发光二极管常亮或不亮时应检修相应喷油器控制电路。

(b)关闭点火开关，拔下各缸喷油器导线插头，用跨接线使油泵继电器 J17 的 6/85 端子可靠搭铁。

(c)打开点火开关(不起动发动机)，测量各喷油器导线插头上电源线的(端子 N30/1、N31/1、N32/1、N33/1)的电压应为 12V。若无电压则应检查点火开关、油泵继电器、S123 熔断丝、外部线路以及中央线路板内部线路。

(d)关闭点火开关，拆除跨接线，断开蓄电池负极，取下 ECU 线束连接器(见图 5-28)，分别测量 S123 熔断丝至端子 T80/73、T80/80、T80/58、T80/65 的电阻值应为 13 ~ 18Ω(20℃)；分别测量 T80/73、T80/80、T80/58、T80/65 与搭铁点之间的电阻应为∞，否则应检修 N30/2 与T80/73、N31/2 与 T80/80、N32/2 与 T80/58、N33/2 与 T80/65 之间的相关线路。测量 ECU 搭铁线 T80/2 与搭铁点之间的接触电阻应小于 0.5Ω，否则说明搭铁不良，应检修相关线路以及搭铁点接触情况。

④喷油器喷油质量的检查和恢复

喷油器喷油口被积炭堵塞后，由于喷油量减少、喷射形状变差、雾化质量变差等原因导致混合气变稀；当积炭或胶质造成喷油器针阀关闭不严时由于喷油口滴漏而导致混合气变浓，这都会导致发动机怠速运转不稳定、加速性能下降、起动性能下降、功率不足、排放性能变差等故障，因此必须定期对其进行检查和清洗，恢复喷油器的喷油质量。

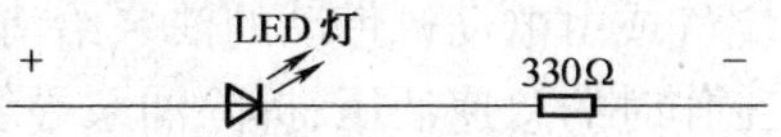

LED灯 + 330Ω −

图 5-27　自制的带 330Ω 电阻的发光二极管示灯

喷油器喷油质量的检查主要包括喷油量、雾化质量和针阀密封性检查：喷油器在正常工作压力下 15s 常开喷油量一般为 45 ~ 75ml，各缸喷油量误差不得超过平均喷油量的 5%；喷油器关闭后在正常工作压力下 1min 内喷油器不得滴漏 2 滴以上油滴。AJR 发动机规定 30s 常开喷油量 70 ~ 85ml，每分钟滴漏不超过 2 滴。二孔以上喷油器喷雾形状为角度较大的白色锥体，而单孔喷油器的锥角则较小，若喷雾形状是一根或几根白色油线，说明喷油器脏堵，需清洗或更换。

喷油器的维护主要是清洗喷油器，对于堵塞严重的喷油器可采用拆卸清洗法，对于堵塞不严重的喷油器可采用就车清洗法。

(a)拆卸清洗法

条件许可时可将喷油器从车上拆下，使用喷油器清洗试验台（图 5-29）检测喷雾质量。必要时把喷油器放入该试验台的清洗箱中，使用喷油器专用清洗剂进行超声波清洗除炭，清洗后须再次检查喷雾质量，喷雾质量仍不合格时应更换喷油器。超声波清洗前如先用化油器清洗剂浸泡、冲洗一下喷油器外表污物，可以延长专用清洗液的使用寿命。

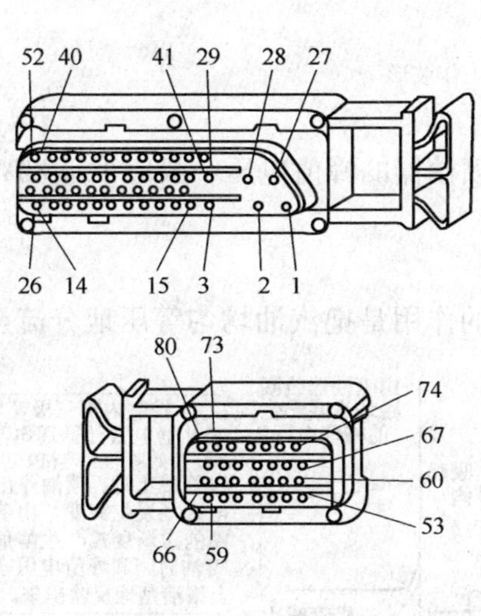

图 5-28　AJR 发动机 ECU 导线插头

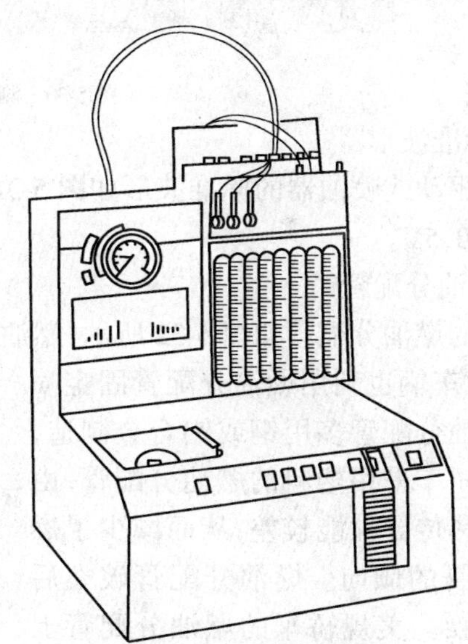

图 5-29　喷油器清洗试验台

条件不许可时可对喷油器进行简易拆卸清洗，具体方法是先将喷油器从发动机上拆下来，用化油器清洗剂浸泡、冲洗喷油器外表污物；将喷油器装回发动机，插好各缸喷油器的导线插头；拆下燃油分配管的进油管，向燃油分配管内喷注化油器清洗剂，尽可能多喷注一些，装复进油管并检查无泄漏后，起动发动机 3 ~ 5min，如此反复 2 ~ 4 次直至发动机工作正常为止。

(b)就车清洗法

有些车辆的喷油器安装位置较隐蔽，拆卸喷油器时需拆除的零件较多，可就车清洗喷油器。一般采用通用型的就车清洗喷油器设备进行喷油器的就车清洗,这些设备的工作原理基本一致:即在燃油供给系统中接入清洗罐,常用的连接部位有:汽油滤清器出油口、燃油分配管进油口或专用测压口、冷起动喷油器进油口等;在清洗罐中注满喷油器专用清洗液,利用压缩空气或由电动机带动的油泵给清洗液加压,并通过调压装置将清洗液的压力调至发动机正常工作时的怠速油压;拆除油泵导线插头、油泵熔断丝或油泵继电器以使得油泵停止工作;夹住回油管或将回油口堵死,切断回油;起动发动机,此时清洗液代替汽油燃烧作功,直至清洗液用尽,发动机自行熄火后清洗完毕,此项操作可以较彻底地去除喷油器和进气门处的积炭。喷油器就车清洗设备提供了多种车型的油管接头,使用前应仔细阅读使用手册,正确确定清洗罐接入位置和使油泵停止工作的方法,任何错误的连接和操作均有可能引起火灾事故,导致人身伤害和财产损失。

⑤喷油器工作波形分析

(a)波形测试方法

喷油器工作波形的测试方法如图5-30所示,示波器的使用方法参考仪器使用说明书。

图5-30 测试喷油器工作波形

(b)标准波形

电压驱动式喷油器的标准波形如图5-31所示,喷油器的峰值电压一般应小于80V,接地电压应小于0.5V。

5. 燃油分配管

常见的燃油分配管如图5-32所示,燃油分配管的作用是把汽油均匀等压地分流至各缸喷油器,多数车辆也利用燃油分配管固定喷油器。燃油分配管多用钢或铝合金制造,近期有些轿车采用塑料的燃油分配管,由于塑料的热传导性能较差,从而减少了燃油高温沸腾的倾向。燃油分配管破裂后应予以更换。美规轿车的燃油分配管上有一个带有单向阀的测压口,为快速卸压和测压提供了标准接口。

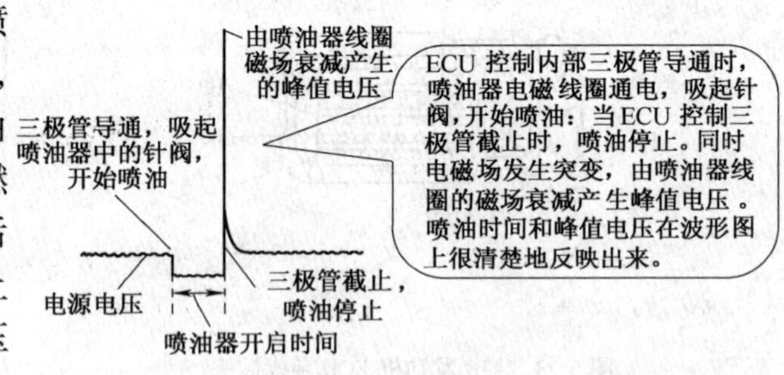

图5-31 电压驱动式喷油器工作波形

三、燃油供给系统的检修

(一)燃油供给系统检修注意事项

(1)燃油供给系统中存有高压汽油,因此任何涉及油路拆卸之前都应卸压并准备好消防设施,作业区应通风良好、断绝火源,作业时也要格外仔细,避免泄漏的汽油引发火灾。

(2)油管多用钢、橡胶或尼龙制造,不得渗漏、裂纹、扭结、变形、刮伤、软化或老化,否则应立即予以更换。

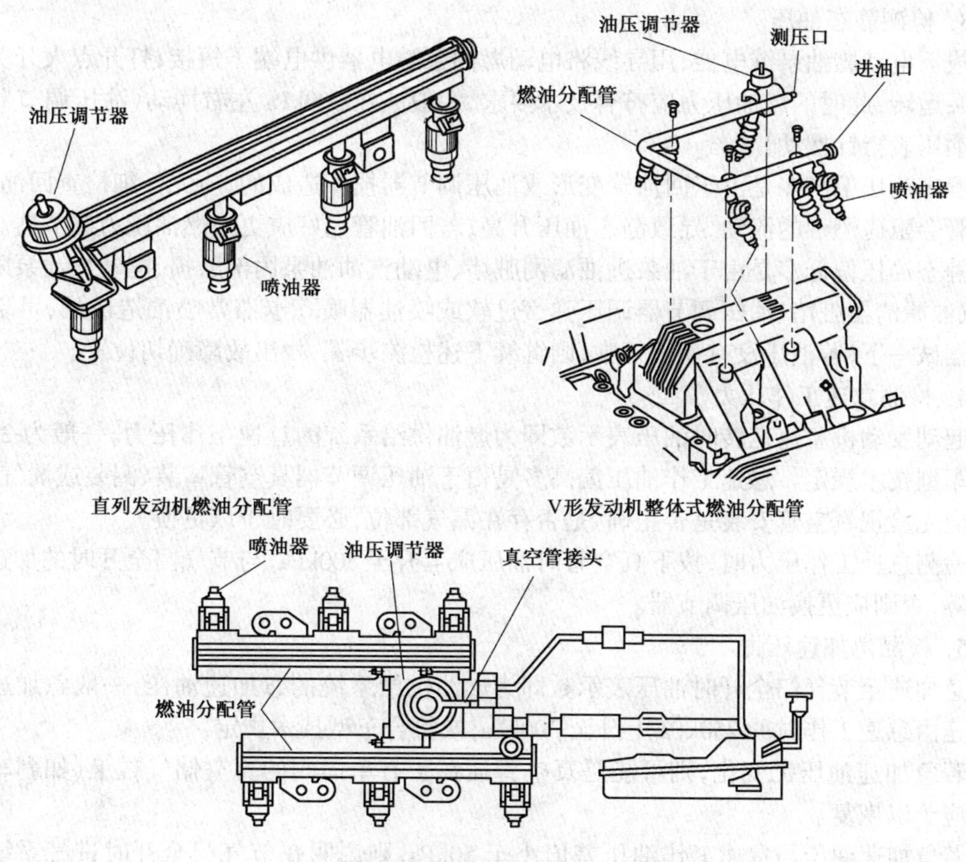

图 5-32 典型的燃油分配管

(3)所有密封元件、油管卡箍为均一次性零件,维修时应予以更换。

(4)油管接头不得松动,否则应立即予以紧固;钢制油管端部的喇叭口应密封良好无渗漏,否则应重新制作。有些轿车采用特制的油管快速接头,拆装时应使用专用工具。

(5)安装喷油器时可在其密封元件上滴上数滴机油,以利于顺利安装。喷油器安装后应可在其位置上转动,否则说明密封圈扭曲,应重新装配。

(二)供油压力的检测

燃油供给系统的燃油压力不受 ECU 的控制,然而燃油压力就像人体的血压一样,如果出现了偏差就会导致故障。因此在车辆二级维护时应检测燃油压力并根据检测结果确定车辆二级维护附加作业项目:

1. 卸压

起动发动机,在发动机运转时拔下电动燃油泵继电器或电动燃油泵导线插头,直至发动机的自行熄火后,再次起动发动机 3~5 次,利用起动喷射卸除油管中残余压力。

2. 安装燃油压力表

拆下蓄电池负极搭铁线,安装燃油压力表(量程为 1MPa),燃油压力表一般安装于汽油滤清器的出油口或燃油分配管的进油口处,带测压口的车辆可将燃油压力表连接至测压口处,在拆卸油管时要用一块棉布包住油管接头以防汽油喷溅。最后擦干溅出的汽油，重新装复蓄电池负极搭铁线、电动燃油泵继电器和电动燃油泵导线插头。

3. 检测静态油压

拔下电动燃油泵继电器，用导线将电动燃油泵继电器供电端子短接；打开点火开关使电动燃油泵运转，此时的燃油压力应符合技术要求，一般应在300kPa左右摆动（油压调节器的工作使得油压表指针摆动）。

静态油压偏高多是由于回油管变形或油压调节器损坏造成的，应先仔细检查回油管，变形的油管会阻碍燃油的流动，导致静态油压升高；若回油管完好应更换燃油压力调节器。

静态油压偏低多是由于油泵进油滤网脏堵、电动汽油油泵内部磨损、电动燃油泵限压阀损坏、汽油滤清器脏堵、油压调节器调压弹簧过软或喷油器喷孔卡滞常喷油造成的，可更换汽油滤清器试一下，若油压没有恢复正常，则继续下述检测步骤，找出故障确切位置。

4. 检测怠速工作压力

起动发动机怠速运转时油压表示数即为燃油供给系统的怠速工作压力，一般为250kPa或符合车型技术规定。怠速工作油压偏高多是由于油压调节器真空管错装、漏装或漏气造成的，此时应先检视真空管安装是否正确、是否存在漏气部位，必要时予以更换。

检测怠速工作压力时，拔下真空管时油压应上升至300kPa，与节气门全开时的加速油压基本相等，否则应更换油压调节器。

5. 检测急加速压力

急加速至节气门全开时油压表示数即为燃油供给系统的急加速油压，一般急加速时油压应迅速由怠速工作时的250kPa上升至300kPa，或符合车型技术规定。

若急加速油压无变化，则可能是真空管插在了有单向阀的真空储气罐上（如刹车真空系统），应予以恢复。

若急加速油压与怠速工作油压差值小于50kPa，则说明在节气门全开时进气系统仍存在真空节流（例如节气门无法开至最大角度），应予以检修。

6. 检测油泵最大供油压力

用包有软布的钳子夹住燃油压力表至燃油分配管之间的进油软管，此时油压表表示读即为油泵最大供油压力，其值应符合车型技术要求，一般为工作油压的2~3倍，即500~750kPa。

油泵最大供油压力偏高是由于油泵限压阀卡滞造成的，应更换电动燃油泵。

油泵最大供油压力偏低是由于燃油滤清器堵塞、油泵进油滤网脏堵、电动燃油泵内部磨损、油泵限压阀关闭不严或调压弹簧过软造成的。应先更换燃油滤清器后重新检测，若油压仍然偏低则从油箱中拆出电动燃油泵检视：若油泵进油滤网脏污则清洗汽油箱和油泵进油滤网；若油泵进油滤网良好应更换电动燃油泵总成。

7. 检测燃油供给系统保持压力

松开油管夹钳，恢复静态油压，取下油泵继电器跨接线使油泵停止运转，此时油压表示数即为燃油供给系统保持压力，一般在30min内油压应不下降或在规定时间内油压下降值符合车型技术规定，AJR发动机规定系统保持压力在10min以后应大于150kPa。

保持压力过低是由于电动燃油泵止回阀关闭不严、油压调节器回油口关闭不严或喷油器滴漏造成的。应首先恢复静态油压，再用包有软布的钳子夹住回油软管，若压力停止下降，则应更换油压调节器；若保持压力继续下降，则用包有软布的钳子夹住燃油压力表三通接头至燃油分配管之间的进油软管,如果压力停止下降说明喷油器漏油,则应结合喷油器试验,找出滴漏的喷油器并予以清洗,清洗后复检,必要时予以更换;若保持压力继续下降说明电动燃油泵止回阀密封不严,应更换电动燃油泵总成。

保持压力检测完毕后再次复查静态压力,如果静态压力仍然偏低应更换油压调节器。

(三)喷油器喷油质量的检查与恢复

1. 个别喷油器堵塞的检测

喷油器堵塞是极不易得出结论的,一只堵塞的喷油器会造成发动机的一个气缸的空燃比失去控制而引起单缸功率下降,维修人员可采用下列方法予以诊断,但应注意较差的气缸密封性及不良的点火系统也会引起单缸功率和排放性能下降。

(1)喷油器均衡性试验

起动发动机至正常工作温度,加速至1200r/min,依气缸次序顺序拔下待测气缸喷油器的导线插头观察发动机的运转情况。单缸断油后发动机转速和功率下降较小的气缸对应的喷油器可能有故障。

(2)喷油量平衡试验

在发动机上接入燃油压力表并建立静态油压,提供一个模拟的定时喷射脉冲给待测喷油器使之喷油,记录待测喷油器喷射停止后的燃油压力表压力读数,这样就能判断出有故障的喷油器,如图5-33所示。进行该项试验时要求每个喷油器具有相同的触发前的燃油压力、触发时间和喷射脉冲,目前有许多汽车专用的多功能数字式万用表、汽车专用式波仪和解码器均可提供这个模拟的脉冲信号,也可以购买专用的模拟器或喷油器平衡测试仪来完成此项试验。

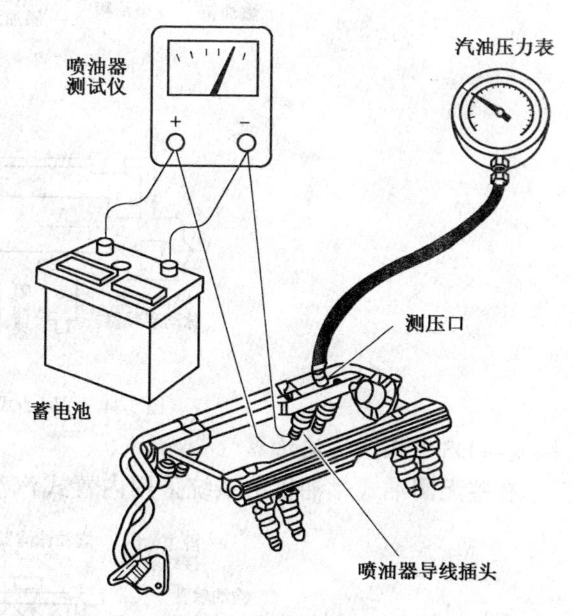

图5-33 喷油量平衡试验

2. 全部喷油器都有故障的检测

若全部喷油器都产生堵塞故障(堵塞程度可能不一样),那么对发动机性能的影响是唯一的,即混合气明显变稀。若在发动机运转时,人为增加混合气浓度后发动机性能好转即可诊断出此故障,但同时也应注意:喷油器堵塞只是引起混合气稀的原因之一。常用以下方法人为增加混合气的浓度:突然用硬纸板遮住多半个进气道、拆除燃油压力调节器的真空管、夹住燃油供给系统的回油软管或向进气道内喷入少量化油器清洗剂。

四、新型燃油供给系统简介

(一)内置燃油压力调节器式

2000年后,无回油式燃油供给系统(图5-34)已开始逐步取代有回油式燃油供给系统,改进后的燃油供给系统主要具有下列特点:

(1)燃油压力调节器为内置式(安装在燃油箱中),不受进气歧管真空度的控制。

(2)通过设置稳压箱或燃油压力缓冲器稳定供油管中的燃油压力,并且使用反馈性能较好的二氧化钛型氧传感器精确控制混合气的空燃比。

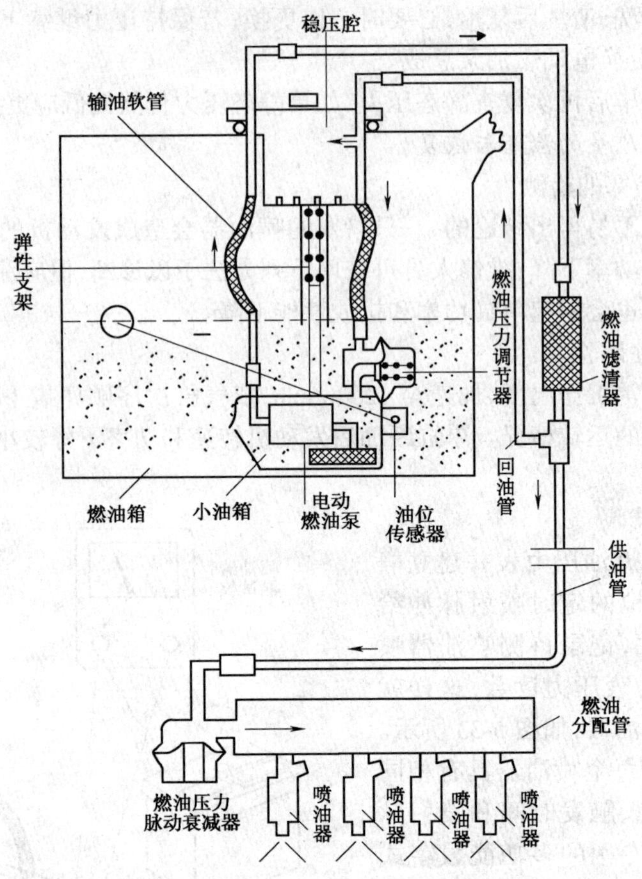

图 5-34 无回油式燃油供给系统

(二)内置式汽油滤清器

有些无回油式燃油供给系统采用内置式汽油滤清器,如图 5-35 所示,利用燃油滤清器来

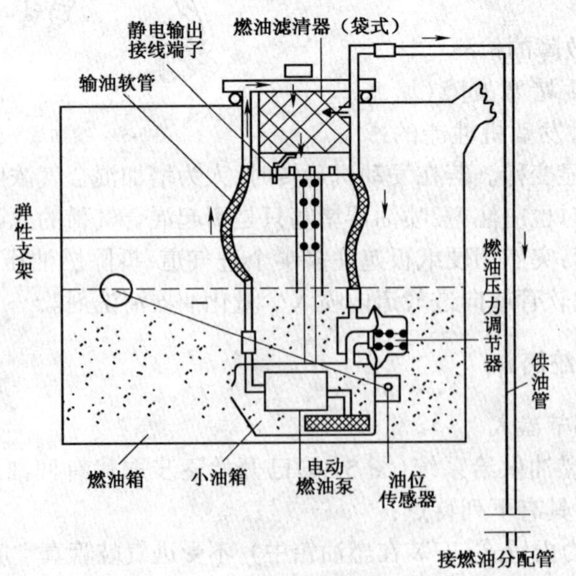

图 5-35 内置式汽油滤清器

稳定供油管路中的燃油压力。由于采用内置式汽油滤清器和内置式燃油压力调节器,取消了发动机室中回油管路并减少了油管接头数量,使可能的燃油泄漏部位减少,提高了燃油供给系统的安全性。

课题三　空气供给系统

一、空气供给系统的作用和工作原理

(一)空气供给系统的作用

空气供给系统的作用是测量和控制汽油在发动机内燃烧时所需要的进气量。

(二)空气供给系统的工作原理

1. 质量流量方式空气供给系统工作原理

质量流量方式空气供给系统如图5-36所示。在气缸内进气行程真空吸力的作用下,经空气滤清器过滤的空气,流经空气流量计、节气门体与怠速控制阀、进气总管、进气歧管,然后与喷油器喷出的汽油混合,吸入到气缸内燃烧。空气流量计测量进气量,ECU根据进气质量流量和发动机工况所需的空燃比计算汽油的基本喷射量。

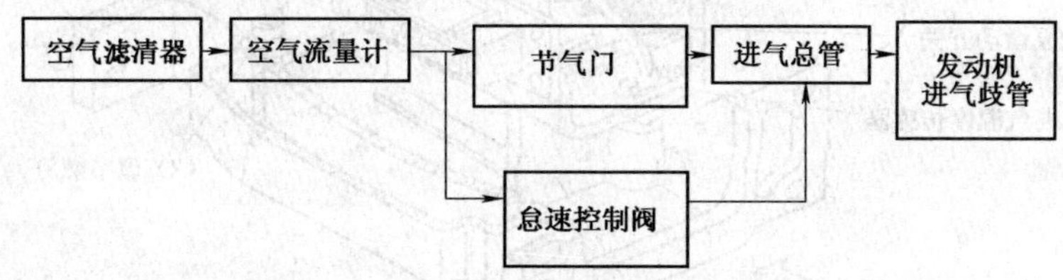

图5-36　L型EFI系统空气供给系统示意图

2. 速度密度方式空气供给系统工作原理

速度密度方式空气供给系统如图5-37所示。进气歧管压力传感器测量进气歧管内的气压压力,然后ECU根据该压力和发动机转速计算出发动机每一工作循环吸入的空气质量,并根据进气质量和发动机工况所需的空燃比计算出汽油的基本喷射量。

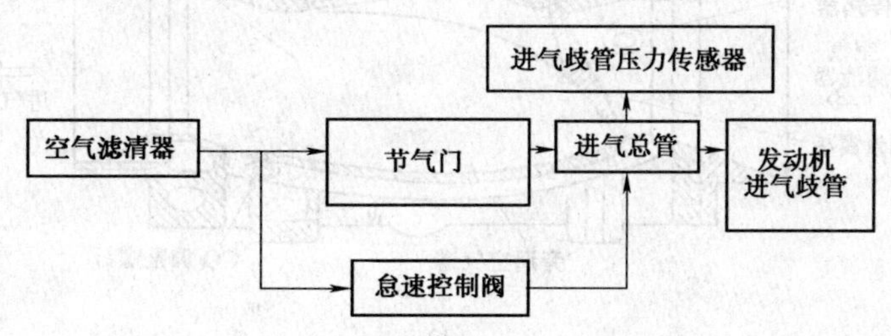

图5-37　D型EFI系统空气供给系统示意图

二、空气供给系统的组成

(一)空气供给系统的组成

空气供给系统由空气滤清器、空气流量计/进气歧管压力传感器、节气门位置传感器、怠速控制装置和增压控制装置等组成。

（二）主要部件结构与检修

1．空气流量计（MAF）

1）作用

空气流量计安装在空气滤清器后方的进气管上，用来测量发动机工作时吸入的空气量并转换为电信号输入ECU，作为燃油喷射和点火控制的主控信号。

2）结构和工作原理

用于电喷发动机的空气流量计有多种形式，目前应用较多的有翼板式、卡门涡流式、热丝式和热膜式。

（1）翼板式空气流量计（体积流量）

翼板式空气流量计的结构如图5-38所示。在发动机起动后，吸入的空气把测量翼板从全闭位置推开使其绕轴偏转，当气流推力与测量翼板复位弹簧张力平衡时，测量翼板便停留在某一位置上，进气量越大测量翼板开启的角度也越大；在测量翼板旋转的同时，安装在测量翼板

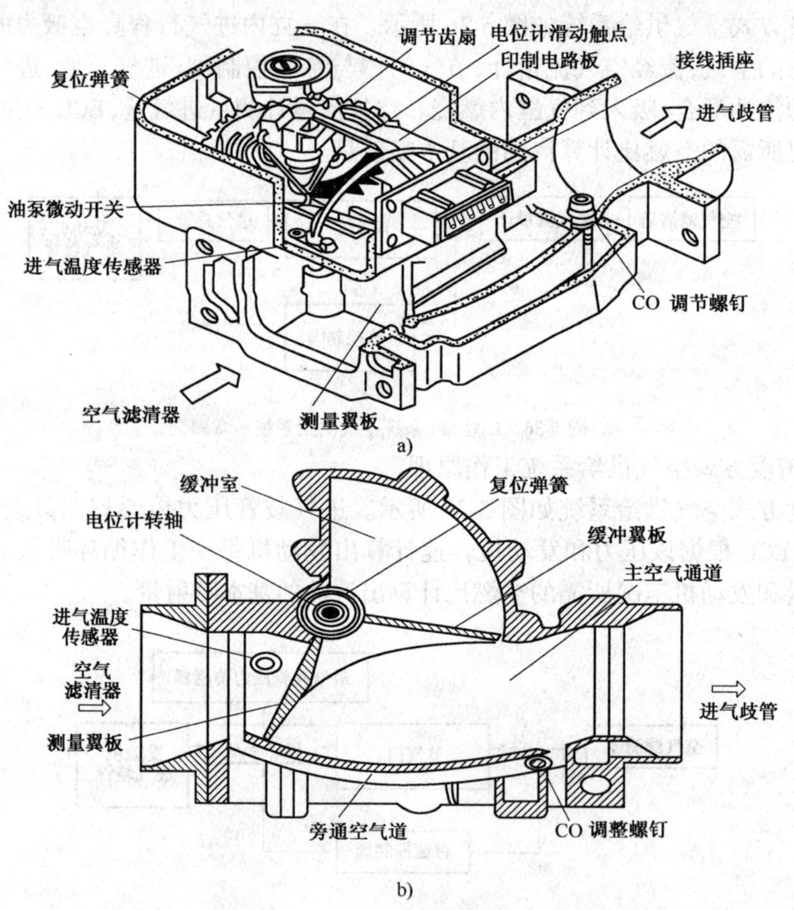

图5-38 翼板式空气流量计的结构

a）翼板式空气流量计电位部分的结构；b）翼板式空气流量计翼板部分的结构

转轴上的电位计滑臂也绕轴转动，使电位计的输出电压随之变化，如图5-39所示，这一信号输送到ECU，即为进气气流的体积流量信号；ECU根据进气温度传感器和大气压力传感器信号进行修正，即可得出进气气流的质量流量。

缓冲翼板与测量翼板制为一体，两者同步转动。由于在缓冲室内转动的缓冲翼板与缓冲

室壳体之间的缝隙较小,缓冲室内的空气给缓冲翼板的运动造成一定的阻力。当发动机吸入的空气量急剧变化时缓冲翼板和缓冲室衰减了测量翼片的振动,使电位计可以实时的检测进气流量,向 ECU 提供一个稳定电压信号,以减轻发动机的振抖。

翼板式空气流量计旁通道上的 CO 调节螺钉用于调节怠速混合气的浓度。该调节螺钉在新车出厂前已进行了基本设定,一般严禁进行任何调整。多数翼板式空气流量计内含有进气温度传感器,位于主气道进气口上,向 ECU 提供进气温度信号,为进气量进行温度修正。

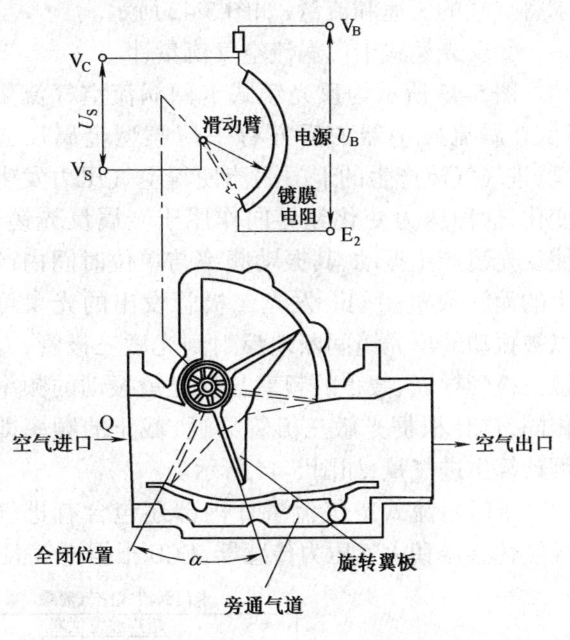

图 5-39　翼板式空气流量计的工作原理

电位计室位于翼板上方,内部结构如图 5-40 所示。固定在翼板转轴上端的平衡块和滑臂与翼板同步转动,印制电路板采用陶瓷基镀膜工艺制造,滑臂与镀膜电阻接触并在其上滑动。

在翼板式空气流量计内部通常还包含一个电动燃油泵开关。当发动机运转时测量片偏转,开关触点闭合使燃油泵通电运转;当发动机熄火后,测量片在回转至关闭位置的同时使开关触点断开,此时即使点火开关处于开启位置,电动燃油泵也无法工作。

(2)卡门涡流式空气流量计(体积流量)

卡门涡流是一种物理现象:在液体、气体等流体中放置一个柱状物体(称为涡流发生器),在下游流体中会形成两列平形状涡旋并且左右交替出现,涡旋的频率与流体的流速成正比,当流体的流通面积一定时涡旋的频率与流体流量成正比。卡门涡流式空气流量计根据流体的这一特性在进气道内设置一个涡流发生器,通过测量单位时间内涡流的数量计算进气流量。常见有超声波式卡门涡流空气流量计和反光镜式卡门涡流空气流量计。

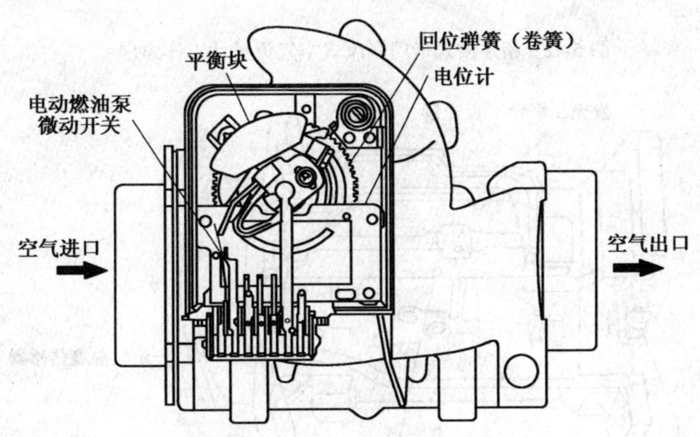

图 5-40　与测量片同轴的电位计

①超声波卡门涡流空气流量计

图 5-41 所示为超声波式卡门涡流空气流量计,在涡流发生器的后方有一个超声波发生器

和一个超声波接收器。在发动机运转时超声波发生器不断地向超声波接收器发射一定频率(40kHz)的超声波，由于卡门涡流引起的空气密度变化，均匀的超声波通过进气气流达到接收器时相位发生变化，ECU 根据接收器测出的相应变化频率计算单位时间内产生的涡流数量，从而求得空气的流速和流量，如图 5-42 所示。

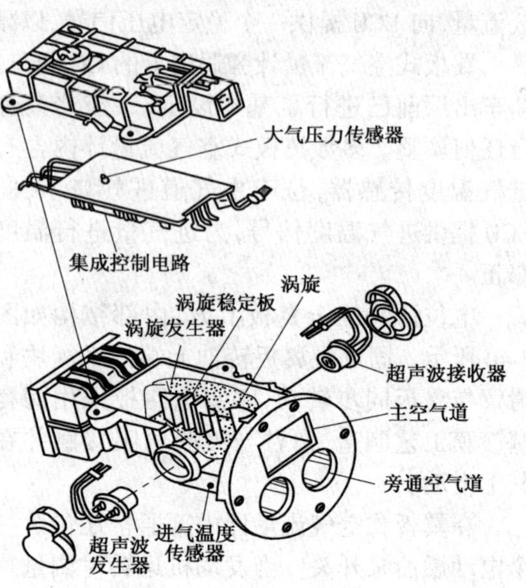

图 5-41 超声波式卡门涡流式空气流量计

②反光镜式卡门涡流空气流量计

图 5-43 所示为反光镜式卡门涡流空气流量计，在涡流发生器的后方有一薄膜型金属反光镜，进气气流产生的卡门涡流使得空气压力发生变化，这种压力变化经导向作用于金属反光镜，使反光镜产生振动，其振动频率与单位时间内产生的涡旋数量相同。发光二极管发出的光束可以被振动的反光镜间断地反射到光敏三极管，光敏三极管导通、截止的频率与反光镜振动的频率相同，ECU 根据光敏三极管导通、截止的频率即可计算出进气量，如图 5-44 所示。

卡门涡流式空气流量计内部还包含有进气温度传感器和大气压力传感器，ECU 根据进气温

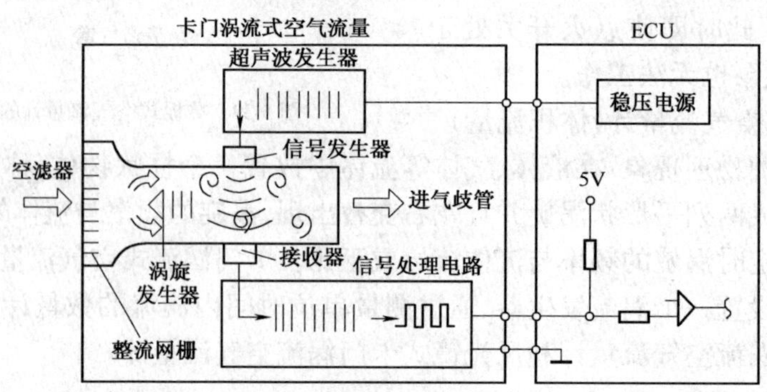

图 5-42 超声波式卡门涡流式空气流量计工作原理

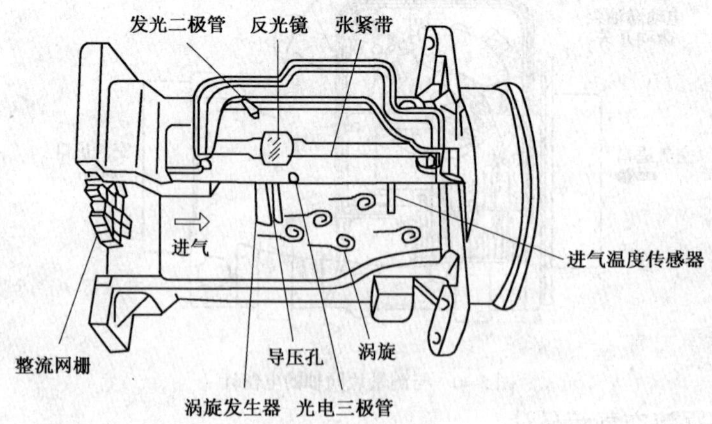

图 5-43 反光镜式卡门涡流式空气流量计

度和大气压力信号修正进气量，把体积流量换算为质量流量。

(3)热丝式空气流量计(质量流量)

如图5-45所示，热丝式空气流量计进气道内布置有冷丝(前)和热丝(后)。冷丝是一个温度电阻，用于检测进气温度；热丝用铂制成，直径约70μm。冷丝和热丝为惠斯通电桥的两个臂。在传感器工作时，热丝被控制电路提供的电流加热到高于冷丝温度100℃，此时惠斯通电桥处于平衡状态；进气时气流带走了热丝上的热量使热丝变冷，破坏了电桥的平衡；控制电路加大通过热丝的电流使热丝升温以保持始终比冷丝温度高100℃，维持电桥的平衡，进气量越大时热丝被带走的热量也就越多，控制电路的补偿电流也就越大，即空气流量与控制电路的补偿电流成正比，控制电路把这一根据空气质量流量变化的电流在输出端转换成电压信号并输入ECU。根据热丝的安装部位有主流测量式和旁通测量式两种结构形式。

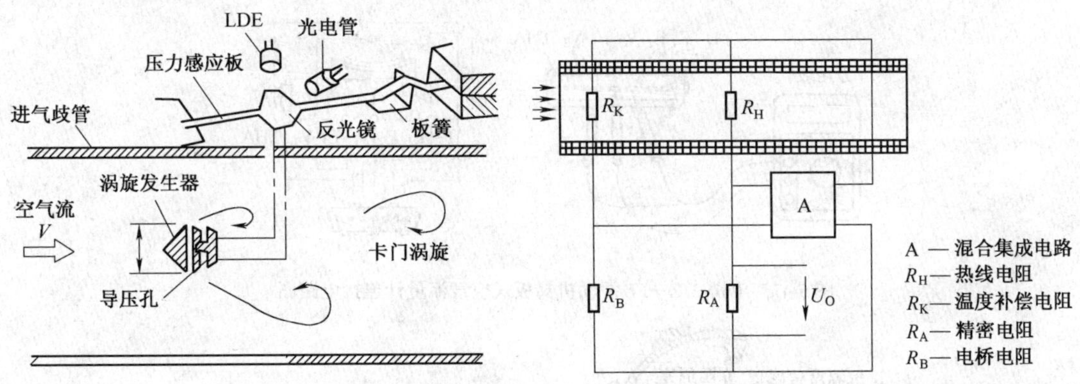

图5-44　反光镜式卡门涡流式空气流量计工作原理　　图5-45　热丝式空气流量计工作原理

热丝长时间暴露在进气中，会因空气中灰尘附着在热丝上而影响测量精度，需增加自洁净功能：关闭点火开关时ECU向空气流量计发出一个信号，控制电路立即给热丝提供较大电流，使热丝瞬时升温至1000℃左右，把附着在热丝上的杂质烧掉。自洁净功能持续时间约1～2s。

热丝式空气流量计空气入口和出口处都设有防止传感器受到机械损伤的防护网，入口防护网兼具将进气紊流变为层流以提高测量精度的功能，出口防护网兼具防止回火火焰损伤热丝的功能。

(4)热膜式空气流量计(质量流量型)

热膜式空气流量计的结构和工作原理与热丝式空气流量计基本相同，只是将发热体由热丝改为热膜。热膜是将发热金属铂丝固定在树脂薄膜或陶瓷基体上构成的，这种结构可使发热体不直接承受空气流动所产生的作用力，增加了发热体的强度，提高了空气流量计的可靠性。AJR发动机采用热膜式空气流量计，其结构如图5-46所示，外部控制电路见图5-13。

3)空气流量计的检测

(1)翼板式空气流量计的检测

图5-47为丰田2TZ—FE发动机翼板式空气流量计电路图，检测方法如下所述：

①检查外观(图5-48)

②检查电动燃油泵开关性能(图5-49)

③检查电位计电阻(图5-50)

④检测电位计输出信号电压(图5-51)

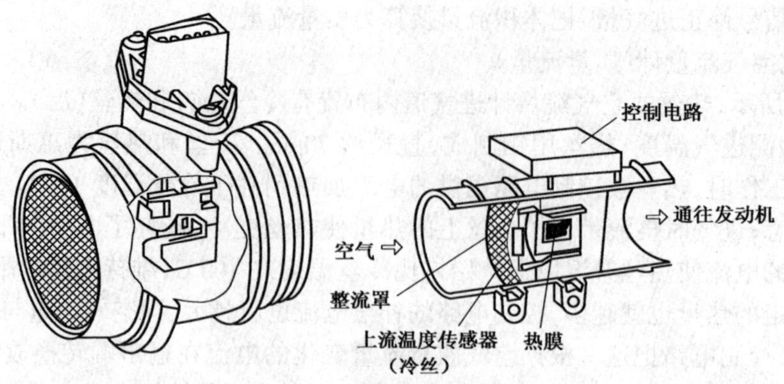

图 5-46　AJR 发动机热膜式空气流量计

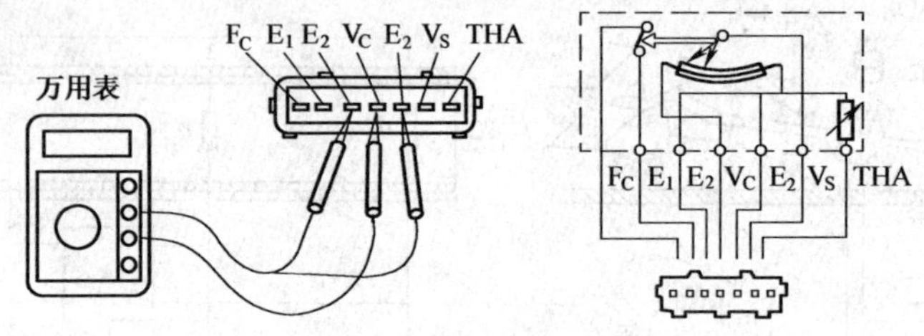

图 5-47　丰田 2TZ—FE 发动机翼板式空气流量计连接电路图

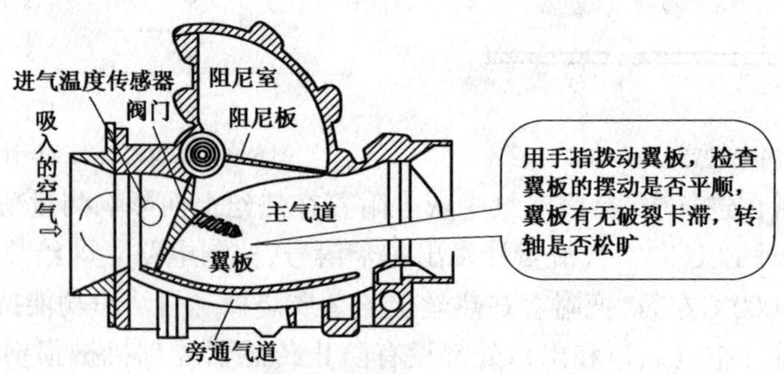

图 5-48　检查翼板式空气流量计外观

图 5-49　检查电动燃油泵微动开关

⑤波形测试

(a)标准波形(图 5-52)

(b)波形特点(图 5-53)

(c)波形测试方法(图 5-54)

(d)故障波形(图 5-55)

(2)卡门涡流式空气流量计的检测

图 5-56 为丰田 1UZ—FE 发动机反光镜式卡门涡流空气流量计电路图,检测方法如下所述:

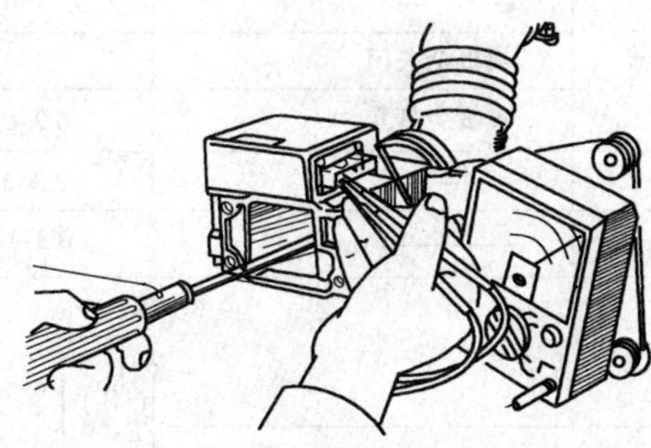

端　子	标准电阻(Ω)	翼板位置
E_0 ~ E_1	∞	翼板全关闭
	0	翼板开启
V_s ~ E_2	20 ~ 600	全关闭
	200 ~ 1 200	从全关到全开

图 5-50　检测翼板式空气流量计电位计电阻

①电压检测(图 5-57)

②波形测试

(a)标准波形(图 5-58)

(b)波形特点(图 5-59)

(c)波形测试方法(图 5-60)

(d)故障波形(图 5-61)

(3)热丝式空气流量计的检测

图 5-62 为日产 VG30E 发动机热丝式空气流量计电路图,检测方法如下所述:

①电压检测(图 5-63)

②检查自洁净功能(图 5-64)

③波形测试

(a)标准波形(图 5-65)

(b)波形特点(图 5-66)

(c)波形测试方法(图 5-67)

(4)热膜式空气流量计

热膜式空气流量计检测内容和方法与热丝式空气流量计基本相同,此处不再赘述。

2. 进气歧管压力传感器(MAP)

1)作用

进气歧管压力传感器用于测量发动机进气歧管内绝对压力，ECU 根据此信号和发动机转速信号来确定基本喷油量。进气歧管压力传感器位于节气门体后方，通过真空管与进气总管连接；也有些车型将进气歧管压力传感器直接安装在进气总管上，通过真空孔与进气道连通。

2)结构和工作原理

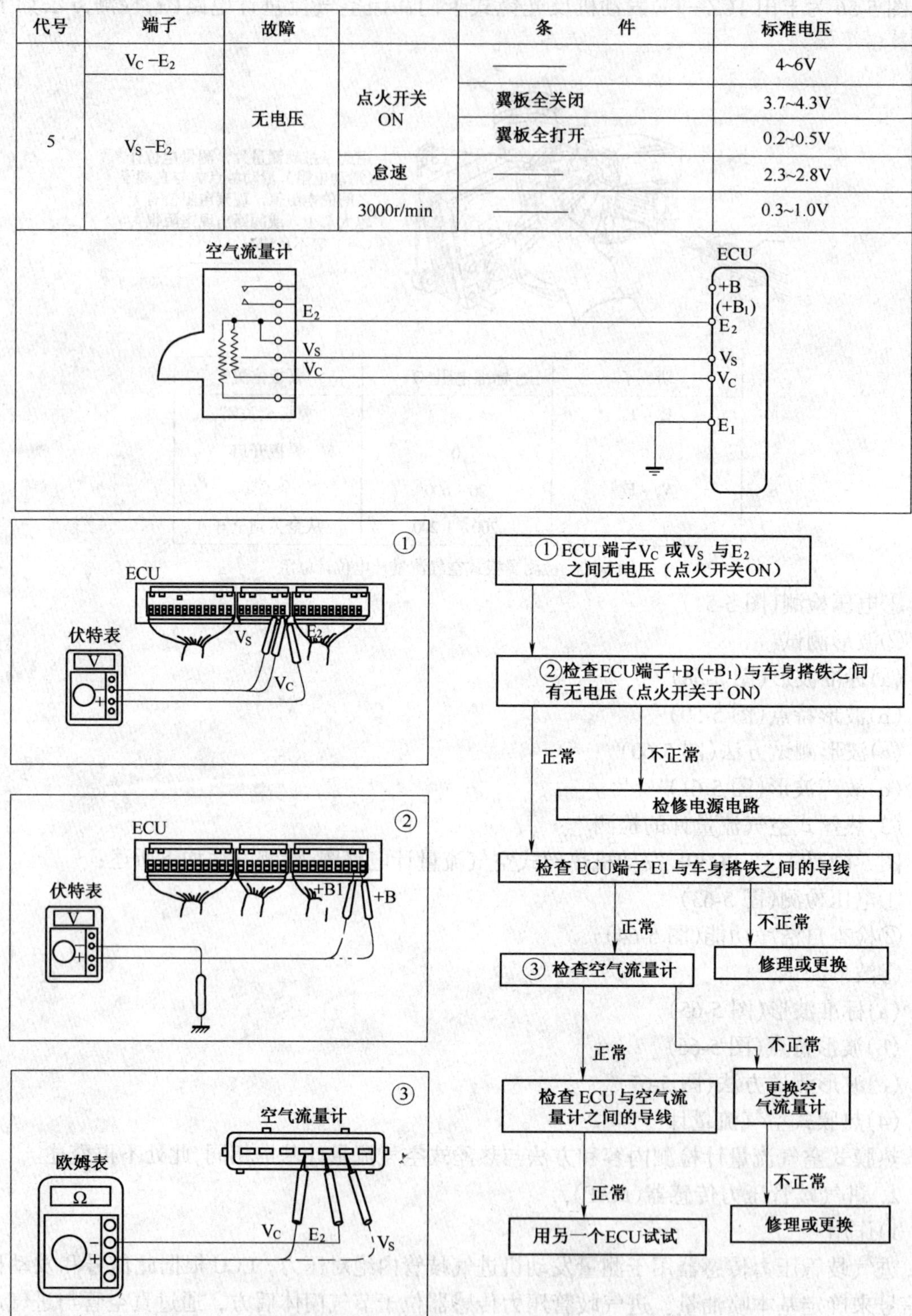

代号	端子	故障	条　　件		标准电压
5	V_C-E_2	无电压	点火开关ON	——	4~6V
	V_S-E_2			翼板全关闭	3.7~4.3V
				翼板全打开	0.2~0.5V
			怠速	——	2.3~2.8V
			3000r/min	——	0.3~1.0V

图 5-51　检测翼板式空气流量计电位计输出信号电压

进气歧管压力传感器种类较多,根据信号产生原理可分为半导体压敏电阻式、电容式、膜盒传动可变电感式和表面弹性波式,其中半导体压敏电阻式进气压力歧管传感器应用较为广泛,其结构如图 5-68 所示。

半导体压敏电阻式进气压力歧管传感器压力转换元件是利用半导体的压阻效应制成的硅膜片,硅膜片的一面是真空室,另一面导入进气管压力。进气歧管内绝对压力越高硅膜片的变形越大,其变形量与压力成正比,附在硅膜片上的应变电阻阻值产生与变形量成正比的变化,利用这种原理把进气歧管内的压力变化转换成为电信号。

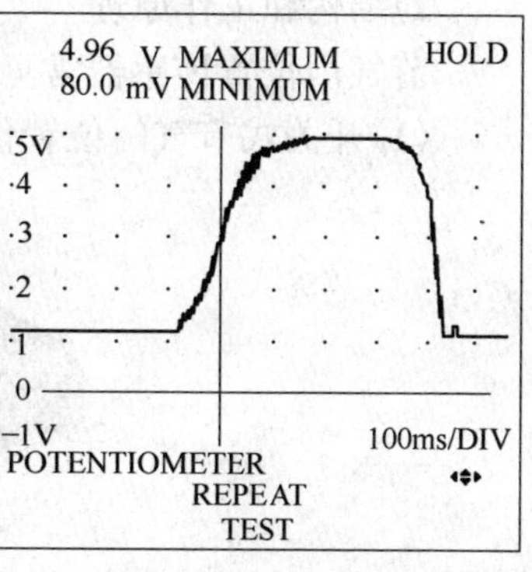

图 5-52　翼板式空气流量计标准波形

3)进气歧管压力传感器的检测

图 5-69 所示为丰田 2JZ—GE 发动机进气歧管压力传感器控制电路,检测方法如下所述:

(1)检测电源电压(图 5-70)

(2)检测信号电压(图 5-71)

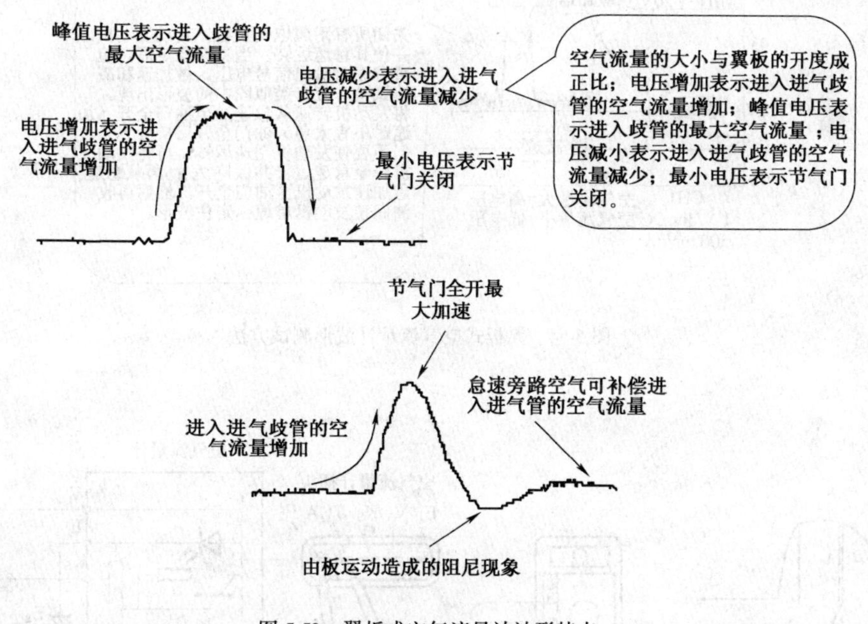

图 5-53　翼板式空气流量计波形特点

(3)波形分析

①标准波形(图 5-72)

②波形特点(图 5-73)

③波形测试方法(图 5-74)

3. 节气门位置传感器(TPS)

1)作用

节气门由驾驶员通过加速踏板操纵,通过改变发动机的进气量来控制发动机的运转,不同的节气门开度标志着发动机不同的运转工况。为了使喷油量满足不同工况的要求,电控发动机在节气门上装有节气门位置传感器,它可以把节气门开度转换成电压信号并输送给 ECU,作为判定发动机运转工况的依据。节气门位置传感器安装在节气门轴的一端。

2)结构和工作原理

节气门位置传感器常见有开关式、滑动电阻式和综合式等几种结构形式。

(1)开关式节气门位置传感器

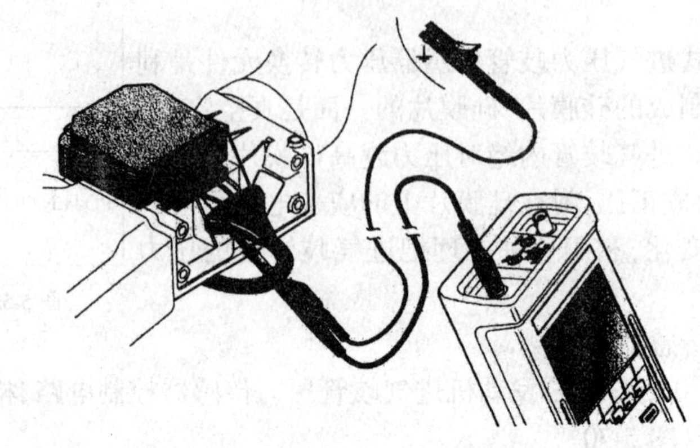

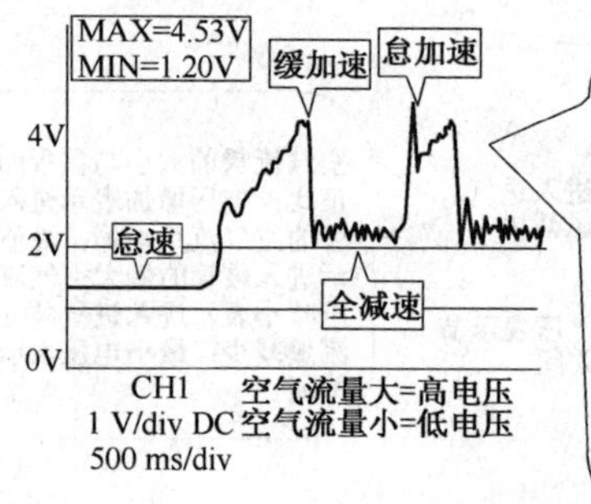

图 5-54　翼板式空气流量计波形测试方法

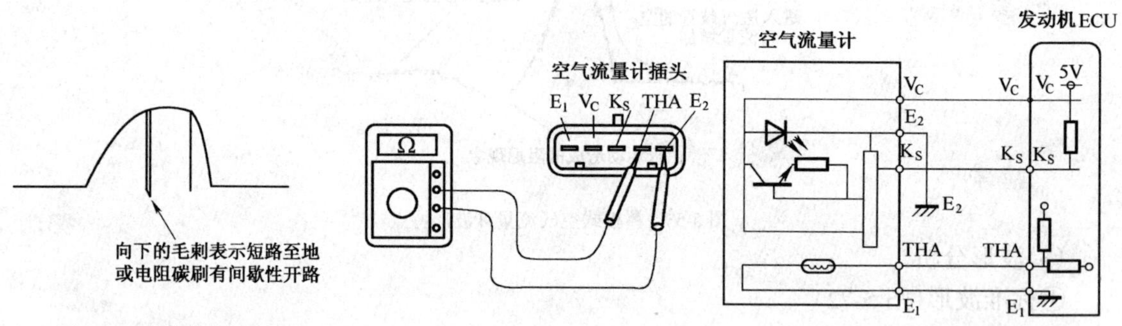

图 5-55　翼板式空气流量计故障波形

图 5-56　丰田 1UZ—FE 发动机卡门涡流式空气流量计连接电路图

开关式节气门位置传感器如图 5-75 所示，其内部有两副触点——怠速开关触点 IDL 和全负荷开关触点 PSW，一个和节气门轴联动的凸轮控制触点的开启和闭合。当节气门处于全关闭位置时怠速触点闭合，ECU 判定发动机处于怠速工况，从而按怠速工况的要求控制喷油和点火；当节气门打开至一定角度时(丰田 1G—EU 发动机为 55°)全负荷触点闭合，ECU 进行全负荷加浓控制。

(2)滑动电阻式节气门位置传感器

滑动电阻式节气门位置传感器的设计避免了开关式节气门传感器只能检测发动机怠速工况和全负荷工况的弊端，这种传感器采用滑动电阻，可以获得节气门开关从全闭到全开连续变化的信号，从而更精确地判断发动机的运行工况，控制电路如图 5-76 所示。

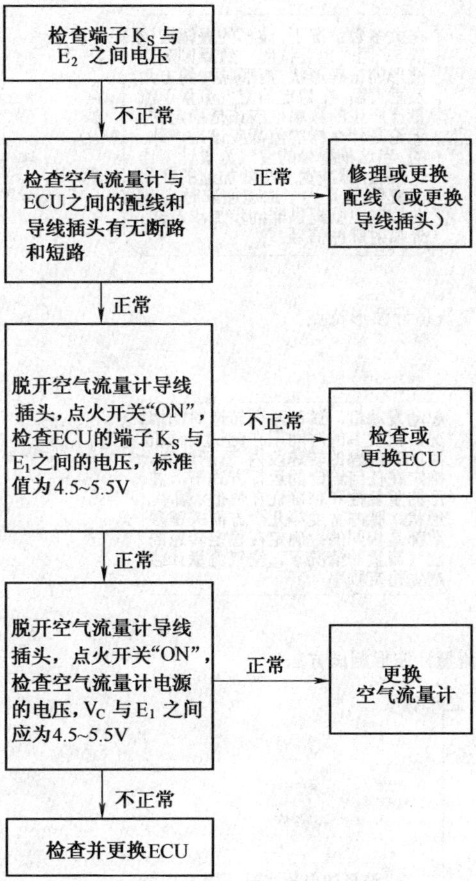

检查端子 K_S 与 E_2 之间电压

↓ 不正常

检查空气流量计与ECU之间的配线和导线插头有无断路和短路 → 正常 → 修理或更换配线（或更换导线插头）

↓ 正常

脱开空气流量计导线插头，点火开关“ON”，检查ECU的端子 K_S 与 E_1 之间的电压，标准值为4.5~5.5V → 不正常 → 检查或更换ECU

↓ 正常

脱开空气流量计导线插头，点火开关“ON”，检查空气流量计电源的电压，V_C 与 E_1 之间应为4.5~5.5V → 正常 → 更换空气流量计

↓ 不正常

检查并更换ECU

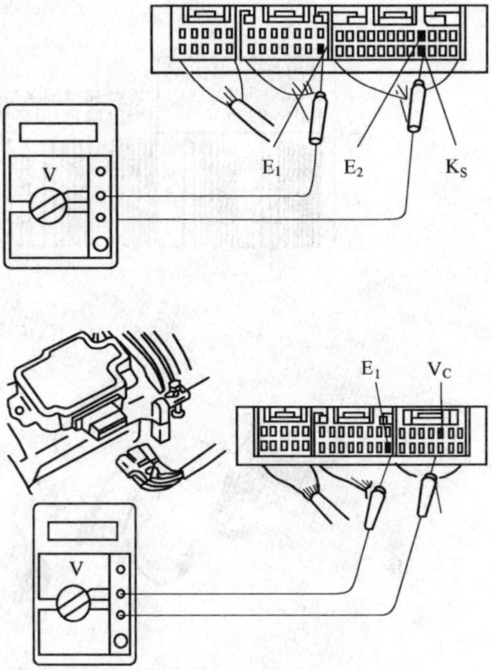

E_1　E_2　K_S　V

E_1　V_C　V

ECU　$THA-E_2$、V_C-E_1、K_S-E_1端子电压

端子	电压(V)	条件
$THA-E_2$	0.5~3.4	怠速、进气温度20°C
	4.5~5.5	点火开关ON
K_S-E_1	2.0~4.0（脉冲发生）	怠速
V_C-E_1	4.5~5.5	点火开关ON

图 5-57　检测卡门涡流式空气流量计输出电压

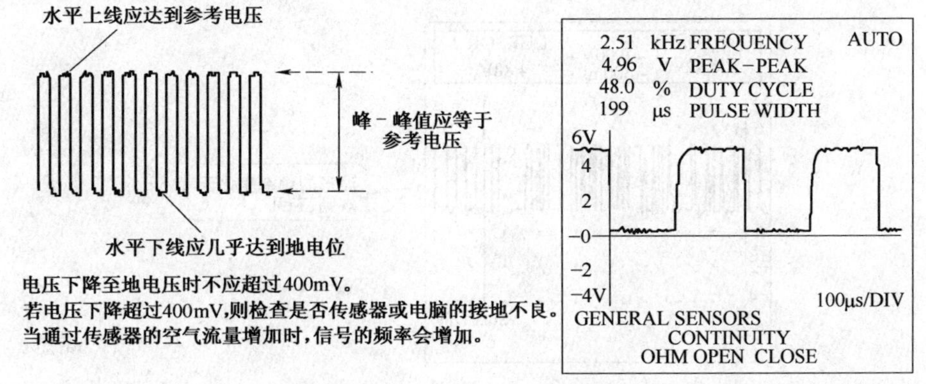

图 5-58　卡门涡流式空气流量计标准波形

(3)综合式节气门位置传感器

综合式节气门位置传感器是在滑动式节气门传感器的基础上加装了一个怠速开关。怠速时怠速触点闭合，输出怠速工况信号，其他工况时节气门位置传感器信号电压随节气门开度的增大也随之升高，控制电路如图 5-77 所示。

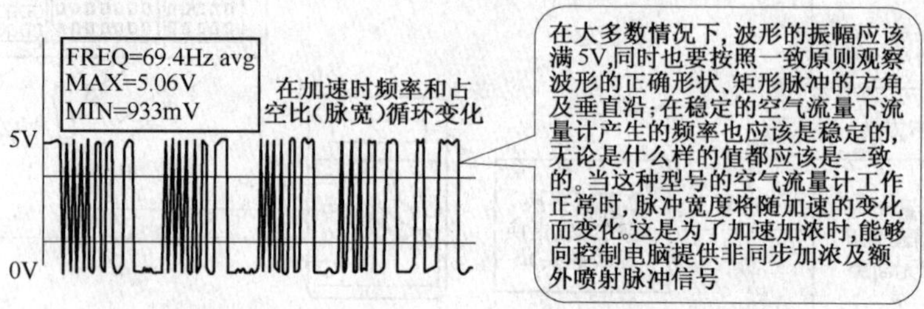

图 5-59　卡门涡流式空气流量计波形特点

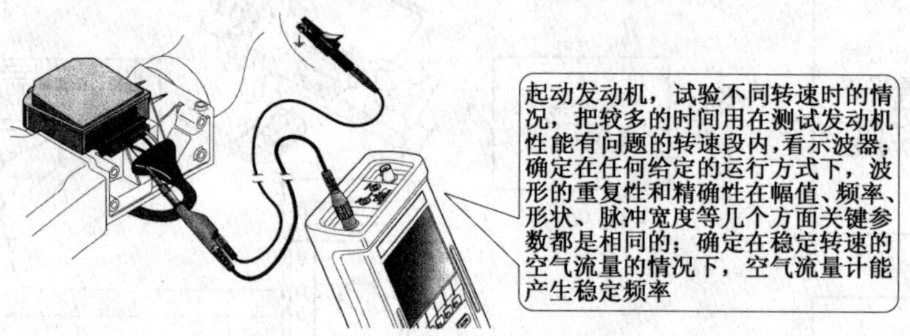

图 5-60　卡门涡流式空气流量计波形测试方法

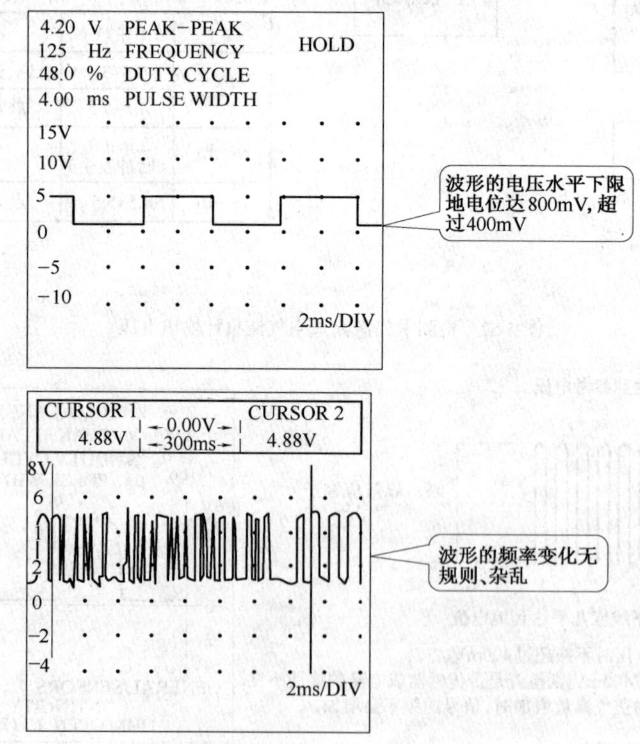

图 5-61　卡门涡流式空气流量计故障波形

4. 怠速控制系统

1)功用

怠速控制是指对发动机怠速运转的转速进行控制,控制的实质是对发动机怠速时的进气量进行控制。发动机怠速工作的质量直接影响其工作的稳定性、经济性及排放性能。

电控发动机可在各种怠速使用条件下由 ECU 控制怠速控制装置,控制怠速时的进气量,同时 ECU 还修正喷油量和点火正时,保证发动机在最佳怠速转速下稳定运转。在怠速状态下,ECU 依据发动机转速信号,通过怠速控制装置对发动机实施怠速转速反馈控制,使怠速保持在目标转速上稳定运转。

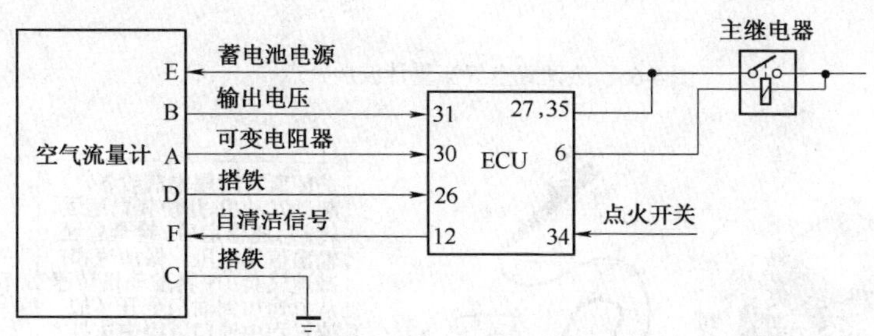

图 5-62　日产 VG30E 发动机热丝式空气流量计连接电路

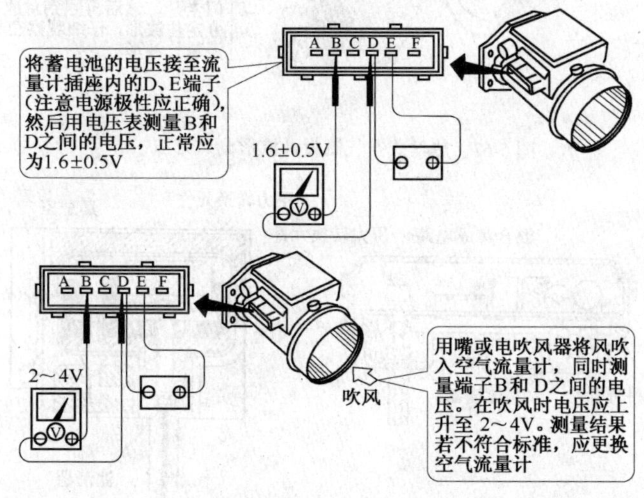

图 5-63　检测热丝式空气流量计输出电压

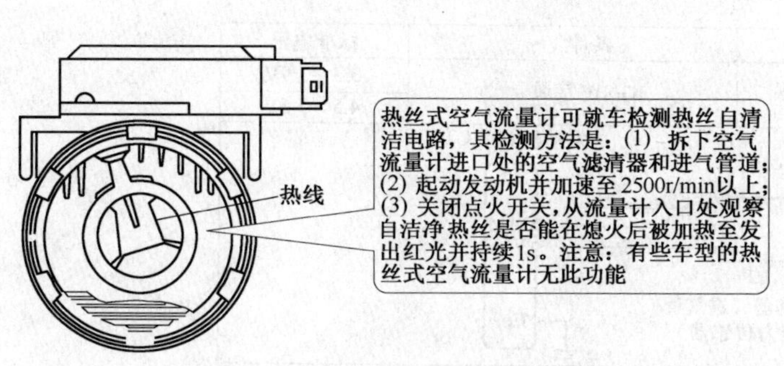

图 5-64　检查热丝式空气流量计自洁净功能

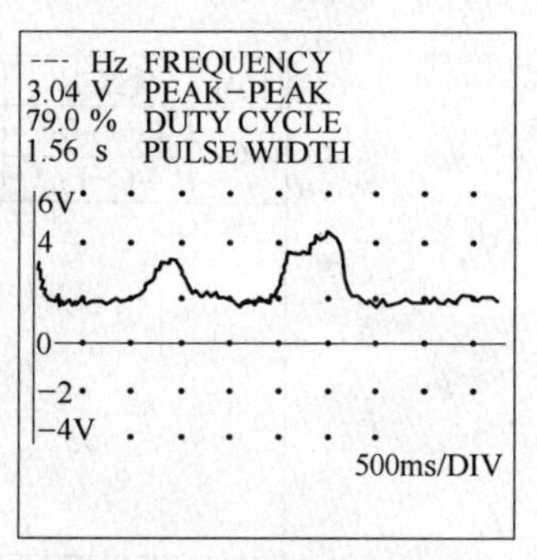

图 5-65　热丝式空气流量计标准波形

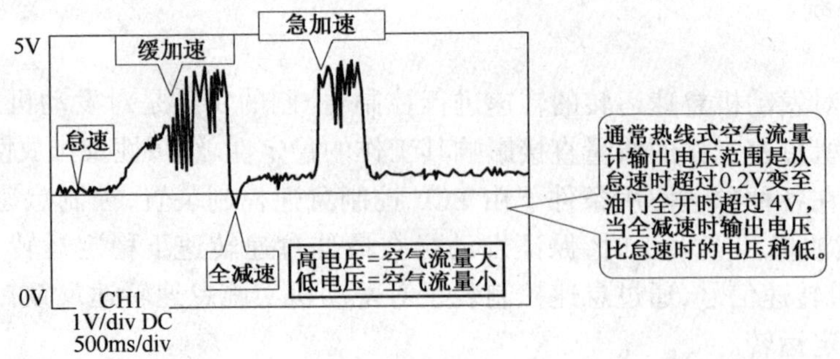

图 5-66　热丝式空气流量计波形特点

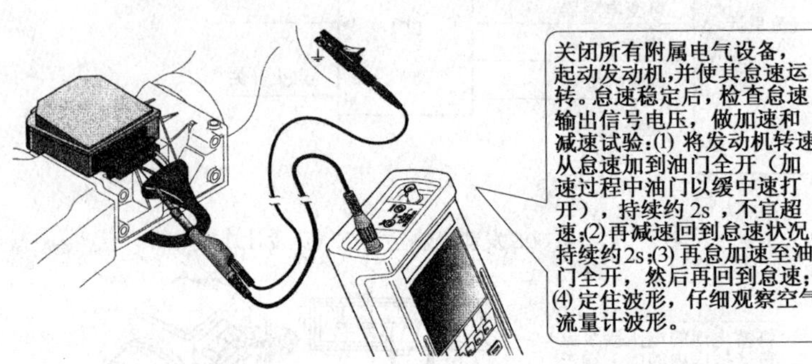

图 5-67　热丝式空气流量计波形测试方法

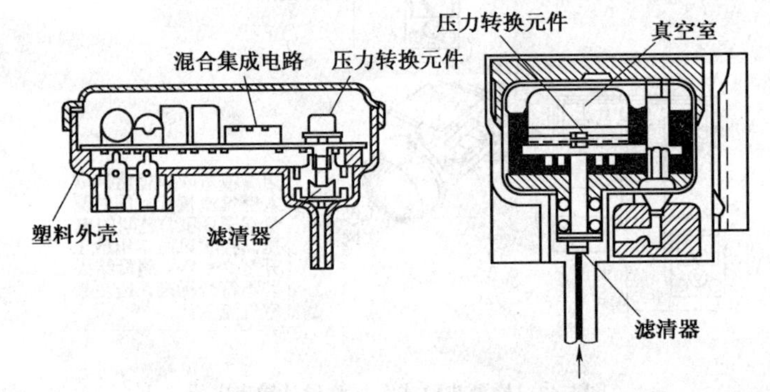

图 5-68　半导体压敏电阻式进气压力传感器

代号	接线头	故障	条件	标准电压
6	PIM－E_2	无电压	IG SW 接通	3.3～3.9V
	VC－E_2			4.5～5.5V

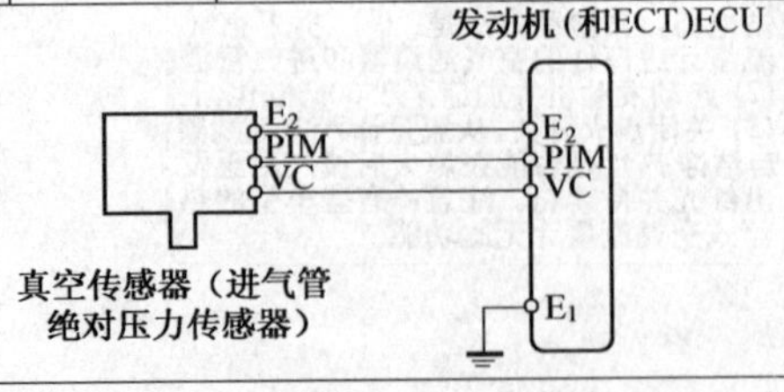

发动机（和ECT）ECU

E_2　PIM　VC　　E_2　PIM　VC　E_1

真空传感器（进气管绝对压力传感器）

图 5-69　丰田 2JZ—GE 发动机进气歧管压力传感器连接电路

怠速控制装置安装在节气门体上，按进气量调节方式分为旁通空气式和节气门直动式两种结构形式，如图 5-78 所示。

2)怠速控制装置的结构和工作原理

(1)旁通空气式怠速控制装置

旁通空气式怠速控制装置又称“怠速控制阀”(IAC)，常见有双金属片式、石蜡式怠速空气阀和步进电机式、脉冲电磁阀式、旋转滑阀式怠速电控阀，目前应用较多的是步进电机式和旋转滑阀式两种怠速电控阀：

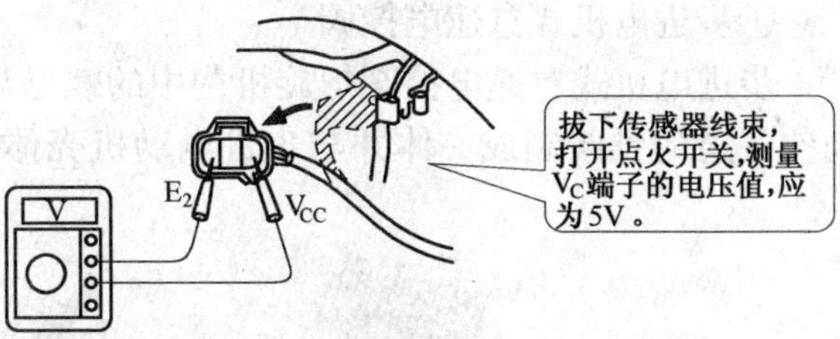

图 5-70 检测进气歧管压力传感器电源电压

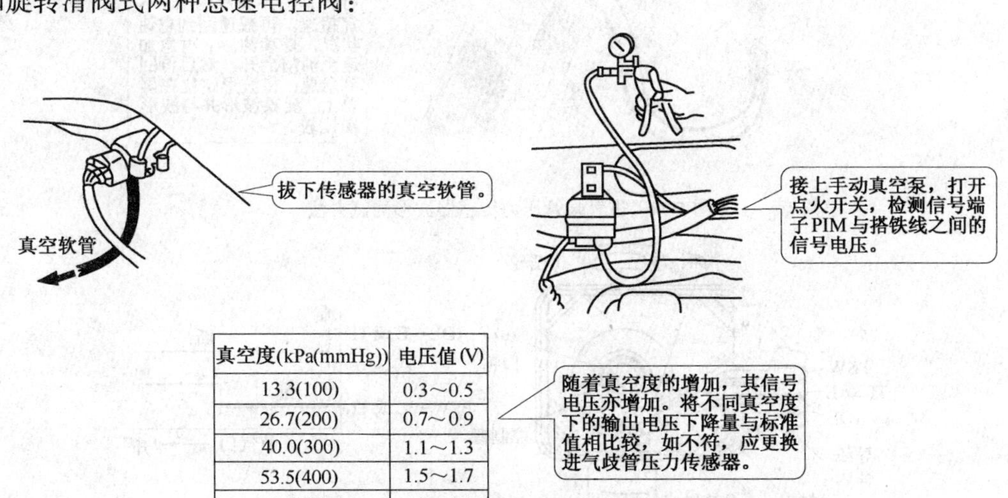

真空度(kPa(mmHg))	电压值(V)
13.3(100)	0.3～0.5
26.7(200)	0.7～0.9
40.0(300)	1.1～1.3
53.5(400)	1.5～1.7
66.7(500)	1.9～2.1

图 5-71 检测进气歧管压力传感器信号电压

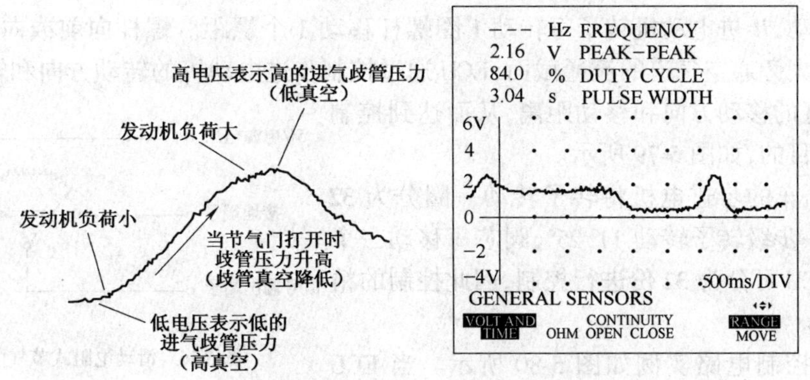

图 5-72 进气歧管压力传感器标准波形

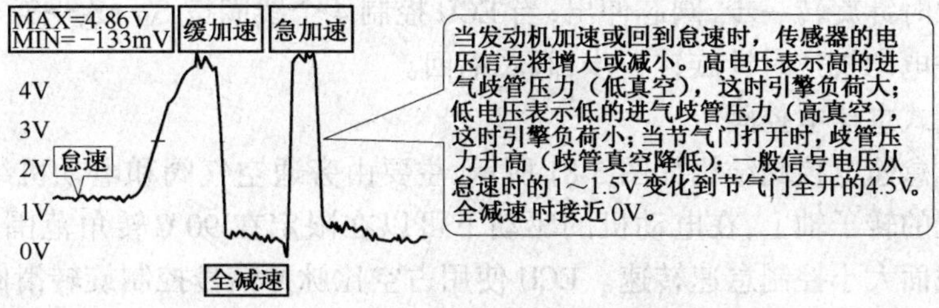

图 5-73 进气歧管压力传感器波形特点

①步进电机式怠速电控阀

步进电机式怠速电控阀螺旋机构中的螺母与步进电动机的转子制成一体，螺杆与控制旁通空气道的锥阀制成一体并与步进电动机壳体之间花键连接。步进电动机转动时，螺母驱动

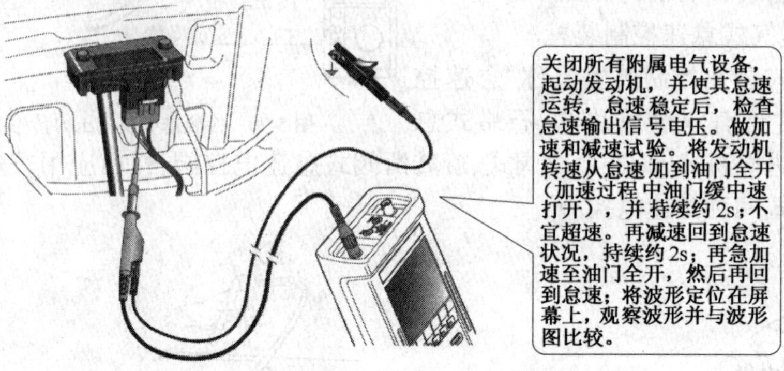

图 5-74　进气歧管压力传感器波形测试方法

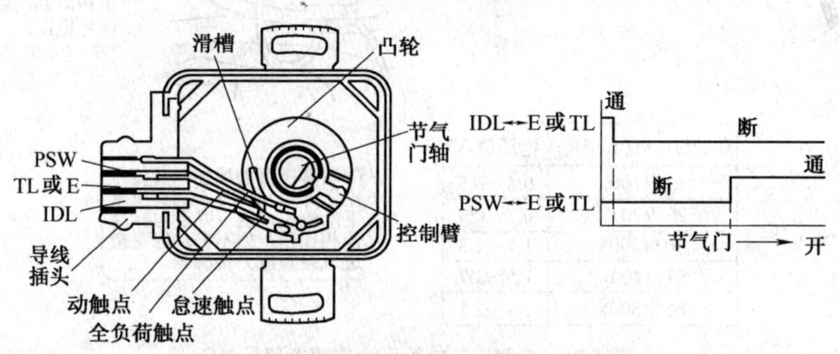

图 5-75　开关式节气门位置传感器

轴杆作轴线移动，步进电动机转子每转动1圈螺杆移动1个螺距。螺杆向前或向后移动带动锥阀关小或开大旁通空气道的流通截面，ECU通过控制步进电动机的转动方向和转动角度（步级）来控制螺杆的移动方向和移动距离，从而达到控制怠速进气量的目的，如图5-79所示。

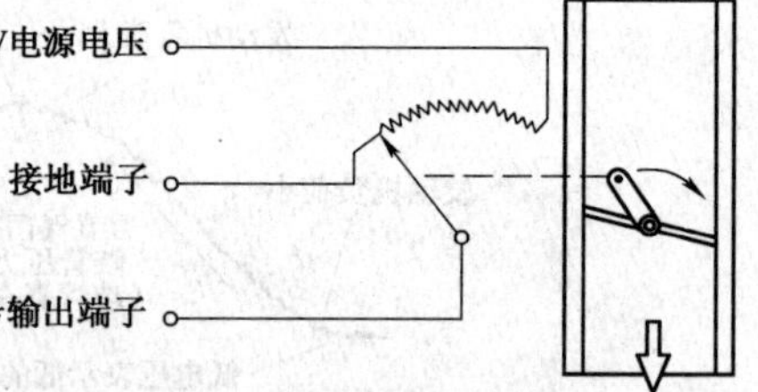

图 5-76　滑动电阻式节气门位置传感器控制电路

Audi A6轿车的步进电机将转子转动一圈分为32个步级，即每一步级转子转动11.25°，阀芯每移动一个螺距的距离ECU可分为32份进行控制，因此控制的精度是非常高的。

步进电机控制电路实例如图5-80所示。当ECU控制4个线圈按$S_1 \rightarrow S_2 \rightarrow S_3 \rightarrow S_4$的顺序依次通电励磁时步进电动机顺时针旋转一步，阀芯伸出；当ECU控制4个线圈按$S_4 \rightarrow S_3 \rightarrow S_2 \rightarrow S_1$的顺序依次通电励磁时步进电动机逆时针旋转一步，阀芯缩回。

②旋转滑阀式怠速电控阀

旋转滑阀式怠速电控阀结构如图5-81所示，主要由旁通空气阀和电动机组成。旁通空气阀固定在电动机的转子轴上，在电动机的驱动下可以在限定在90℃转角范围内转动，通过改变旁通空气道截面大小控制怠速转速。ECU使用占空比脉冲信号控制旋转滑阀。占空比是指一个电脉冲内高电位时间与脉冲周期的比值，如图5-82所示。

旋转滑阀式内部有两个三极管,在三极管 V_1 基极与占空比信号之间接有反向器,反向器使同一占空比信号输入时三极管 V_1 和 V_2 集电极的输出正好反向。举例来说:当线圈 L_2(顺转线圈)占空比为 75%时,线圈 L_1(逆转线圈)占空比为 25%;当线圈 L_2 占空比为 30%时,线圈 L_1 占空比为 70%。当线圈 L_2 占空比为 50%时两个线圈的平均通电时间相等,产生的磁场强度相同,阀轴静止不转动;当线圈 L_2 占空比超过 50%时线圈 L_2 的磁场强度大于线圈 L_1 的磁场强度,阀轴顺时针转过一定角度,旁通空气道截面变小,怠速转速下降,线圈 L_2 的占空比越大阀轴顺时针转角角度越大;当线圈 L_2 的占空比小于 50%时线圈 L_2 的磁场强度小于线圈 L_1 的磁场强度,阀轴逆时针转过一定角度,旁通空气道截面变大,怠速转速升高,线圈 L_2 的占空比越小阀轴逆时针转角角度越大。

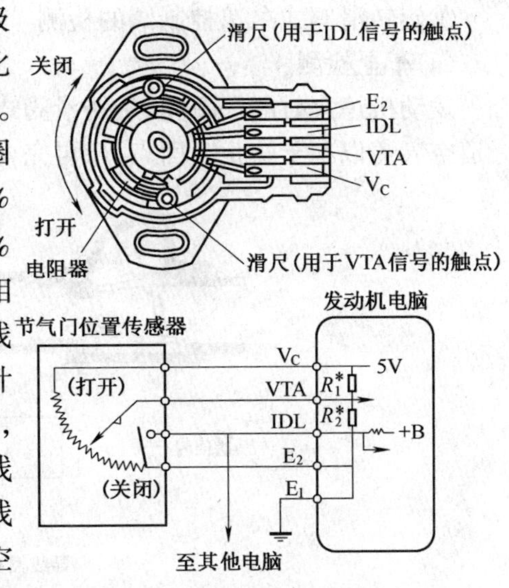

图 5-77　综合式节气门位置传感器控制电路

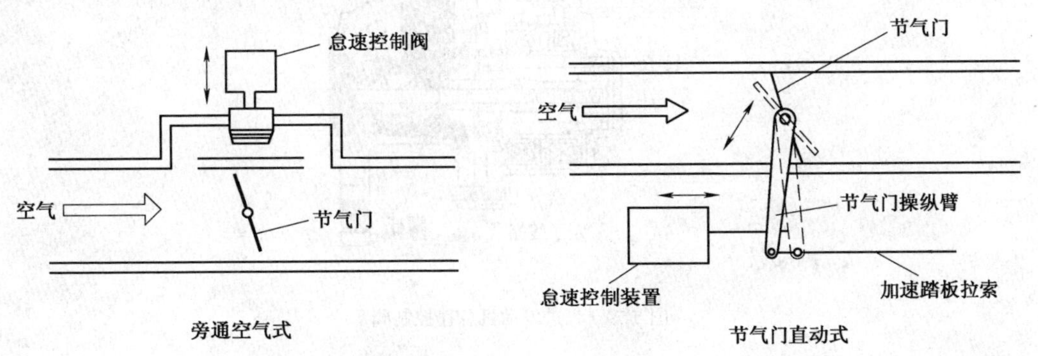

图 5-78　怠速控制装置的进气控制方式

(2)节气门直动式怠速控制装置

节气门直动式怠速控制装置在发动机怠速运转时利用直流电动机和减速机构来直接驱动节气门的开闭来控制怠速转速在目标转速范围内。

图 5-83 所示为 AJR 发动机的节气门控制组件(J338),它由四个部分组成:节气门电位计(G69),即节气门位置传感器;节气门定位电位计(G88),即怠速节气门位置传感器;节气门定位器(V60),即怠速电机;怠速开关(F60),即怠速触点,如图 5-84 所示。节气门组件(J338)的工作原理如图 5-85 所示,控制电路见图 5-13。

3)怠速控制系统的检测

(1)检测发动机怠速运转状况

在冷车状态下起动发动机后,暖机过程开始时发动机的怠速转速应能达到规定的快怠速(通常为 1500r/min);达到正常工作温度后怠速转速应能恢复正常(通常为 750r/min),此时打开空调开关,发动机怠速转速应能上升到 900r/min 左右,发动机怠速运转时拔下怠速控制阀导线插头,发动机的转速应发生变化。

(2)检测怠速控制阀

①旋转滑阀式怠速控制阀的检测

(a)车上检测

发动机熄火时的一瞬间,旋转滑阀式怠速电控阀应具有明显振动感(此时控制阀应先关闭旁道空气道以利于防止表面点火;再完全开启旁通空气道以利于发动机再次起动)。为了检查

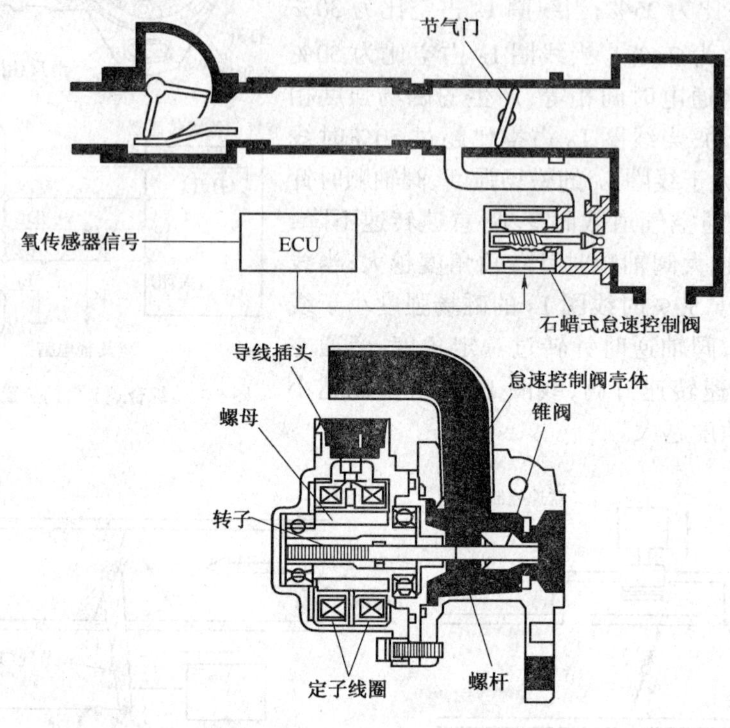

图 5-79 步进发动机怠速控制阀

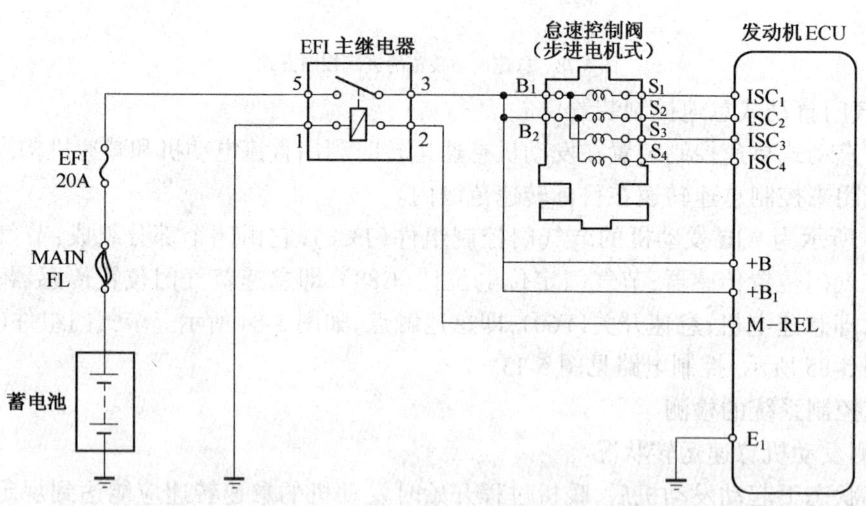

图 5-80 步进电机控制电路(丰田公司)

怠速控制阀的工作状况,也可以在发动机起动前拔下怠速控制阀导线插头,待发动机起动后再插上,观察发动机转速是否有变化。如果此时发动机转速发生变化则说明怠速控制阀工作正常,否则说明怠速控制阀或控制电路有故障。

发动机工作时若怠速转速忽高忽低说明电刷与换向器接触不良，怠速转速偏低说明控制阀内部顺转线圈 L_2 断路或与其连接的换向片与电刷接触不良；怠速转速偏高说明控制阀内部逆转线圈 L_1 断路或与其连接的换向片与电刷接触不良。

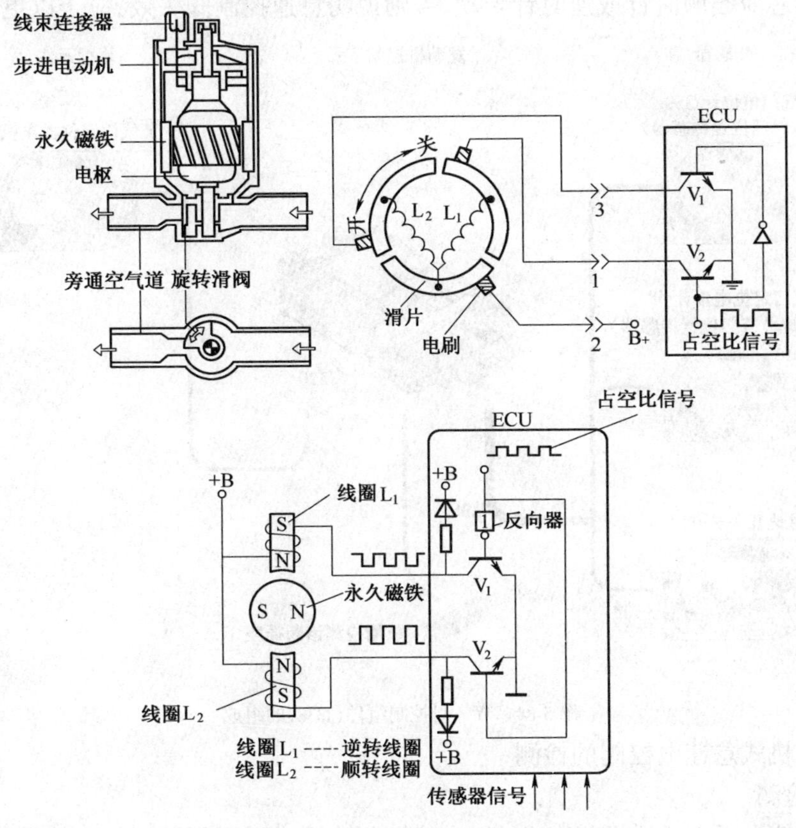

图 5-81　旋转滑阀式怠速电控阀

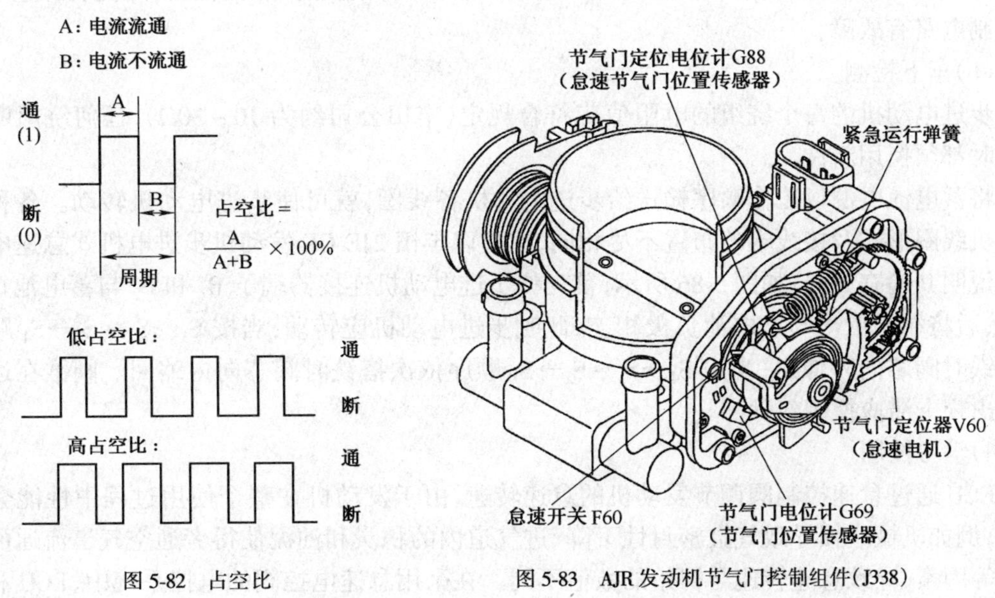

图 5-82　占空比

图 5-83　AJR 发动机节气门控制组件(J338)

(b)车下检测

拆下旋转滑阀式怠速控制阀，测量线圈的电阻值，一般每个线圈的阻值应为 10～15Ω，否则应予以更换。用导线将端子 2 连接蓄电池正极，然后依次将端子 1、3 与蓄电池负极连接(参考图 5-81)，阀芯应当顺时针或逆时针转动，否则说明怠速控制阀失效，应予以更换。

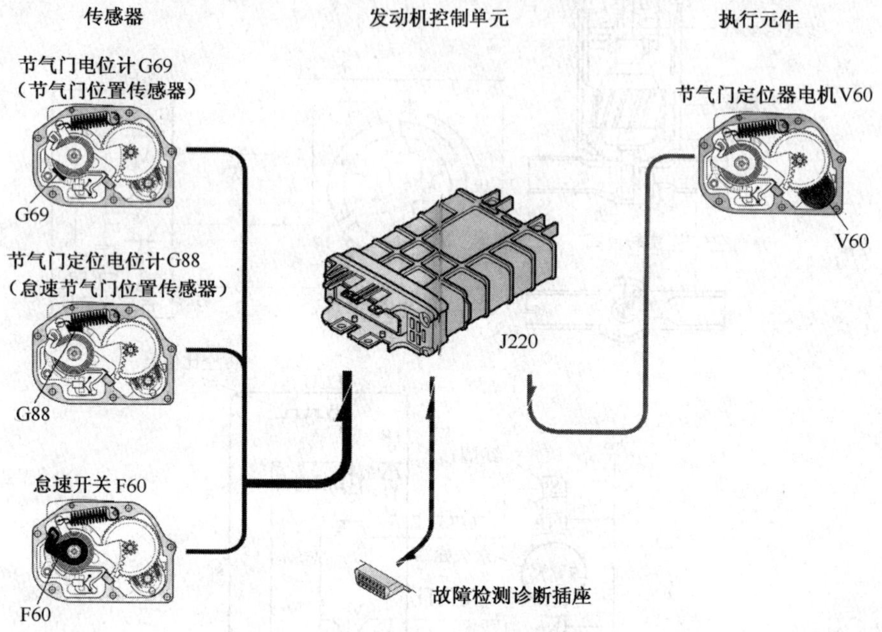

图 5-84　节气门控制组件(J338)的组成

②步进电机式怠速电控阀的检测

(a)车上检测

从节气门体上拆下步进电机式怠速电控阀(导线插头不予拆除)，打开点火开关时阀锥应缩回至最低位置，关闭点火开关时阀锥应先伸长至最高位置后再缩回至中间位置。装复后取下导线插头，起动发动机后再插上导线插头时发动机的转速应发生变化，否则说明怠速电控阀或控制电路有故障。

(b)车下检测

步进电动机的每个绕组的电阻值应符合规定(丰田公司约为 10～30Ω)，任何绕阻断路或短路时都须换用新件。

将蓄电池电源以工作顺序输送给步进电动机各线圈，就可使步进电动机转动。各种步进电动机线圈形式及接线端的布置不尽相同，这里以丰田 2JE-GE 发动机步进电机式怠速电控阀为例说明其检查方法：如图 5-86 所示，首先将步进电动机连接器端子 B_1 和 B_2 与蓄电池正极相连，然后将端子依次与蓄电池负极相连，此时步进电动机应转动：当按 $S_1 \to S_2 \to S_3 \to S_4$ 顺序依次搭铁时阀芯向外伸出；当按 $S_4 \to S_3 \to S_2 \to S_1$ 顺序依次搭铁时阀芯向内缩回。阀锥在运动全程中出现卡滞应换用新件。

4)学习控制

ECU 通过怠速控制阀调节发动机的怠速转速，由于发动机在整个使用过程中性能会发生变化，例如机械磨损导致气缸密封性下降、进气道内的积炭和油泥使得旁通空气道流通面积减小等等因素，导致怠速转速与初始的数值不同。在采用怠速电控阀的电控系统中，ECU 利用转速反馈控制使发动机转速仍可达到目标转速，并将此时的修正量（脉冲的占空比或步进电动机的运行步数）存在一个存储器中，在以后的怠速控制中作为这一工况下控制的基准值。学习控制不仅限于怠速控制，通常情况下还包括目标空燃比学习等其他内容。这个存储器是一个随机存贮器（RAM），蓄电池通过常电源线向 RAM 提供电源，保证在关闭点火开关后内部存贮的信息不会丢失。但是当维修人员更换或拆卸车辆的电瓶、ECU 控制线束、怠速电控阀或是清洗了进气管、旁通气道、锥阀后都应重新设定学习控制值，否则汽车无法稳定运行。

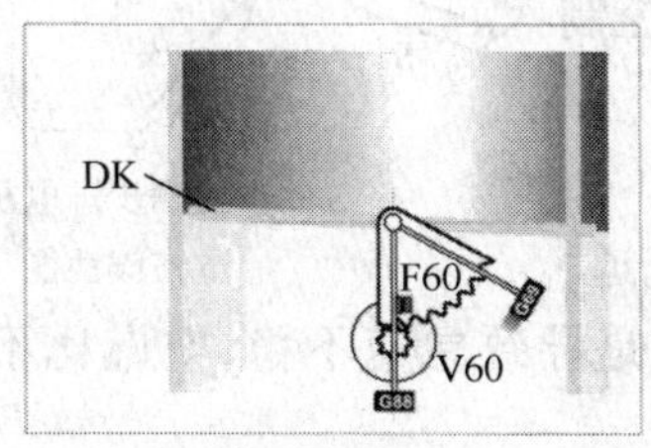

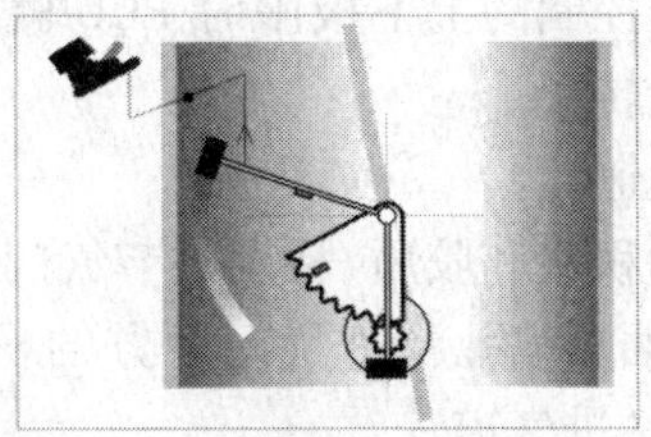

怠速控制的最大调整

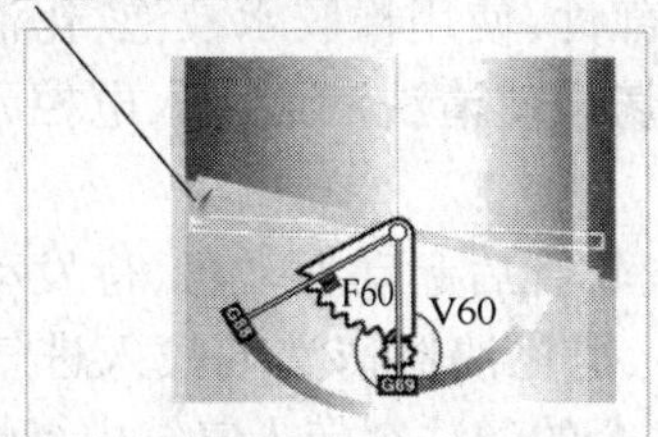

怠速开关 F60 关闭。
节气门定位器 V60 把节气门移动到控制范围的最小开度。节气门电位计 G69 把节气门的位置信号传递给控制单元。
节气门定位器电位计 G88 将节气门定位器 V60 的位置信号传递给控制单元。
结果是控制单元获知节气门和节气门定位器的精确位置。
发动机以最低怠速运转。

"最高怠速"位置

怠速开关关闭。
节气门定位器 V60 把节气门移动到控制范围内的最大开度。电位计把节气门和节气门定位器的位置信号传递给控制单元。
发动机以高的怠速动转。
高的怠速有助于三元催化装置的预热。

负数模式

驾驶员踏下加速踏板，使得节气门运动到最大怠速控制范围之外。
怠速开关打开。
节气门定位器电位计和节气门定位器在怠速控制范围的末端停止，并且在加速踏板突然松开时产生阻尼作用。
节气门电位计连续不断地把节气门的当前信号传递给发动机控制单元。

机械怠速后备功能

如果供电中断或者节气门定位器发生故障，节气门由后备弹簧以机械方式定位到预先设定的开启位置。
然后怠速上升到约 1200 分 / 转。
如果仍然有怠速开关的信号被传递到控制单元，则系统通过调整点火正时点将高怠速下降到约 900分 / 转。
如果发生这种情况，只能用自诊断方式才会发现该故障。

节气门位置传感器——即节气门电位计（G69），它是一个滑动电阻，在非怠速时向 ECU 提供节气门位置信号。

怠速开关——即怠速触点（F60）在怠速时该触点闭合，向 ECU 提供怠速信号。

怠速电机——即节气门定位器（V60），在怠速时驱动节气门在一定范围内开闭，达到调节怠速转速的目的。

怠速节气门位置传感器——即节气门定位电位计（F88），它是一个滑动电阻，在怠速时向 ECU 提供怠速时节气门位置信号，ECU 根据此信号对发动机怠速转速进行反馈控制，使发动机怠速转速精确稳定在目标怠速转速范围内。

图 5-85　节气门控制组件 J338 工作原理

对于大多数汽车来说，ECU 在发动机初始工作的几个小时内会自动逐渐完善转速、功率和油耗的最佳匹配，完成学习控制。这一过程也可被人为缩短，即在维修结束后利用试车过程使发动机在不同转速和不同负荷下运行一段时间，具体作法是先在怠速情况下不断变换发动机的负荷，例如开闭空调数次、将自动变速器由 P 档（N 档）挂入退出 D 档和 R 档数次、开闭大功率用电设备（前照灯，后窗加热除霜器等）数次、带有动力转向的车辆怠速原地将方向盘分别转至左右极限位置数次，再在路试车辆时在不同车速下不断变化发动机行车时的负荷等，使车辆快速完成自学习控制过程。

有些汽车可以利用一些专用解码器中的某些特定功能进行发动机的学习控制，但这需要具备昂贵的检测诊断设备。部分车型只能使用汽车制造厂提供的专用解码器完成学习控制过程。应指出学习控制具有上下极限，当故障导致超出学习控制的上下极限时 ECU 就无法继续控制发动机的稳定运转了。

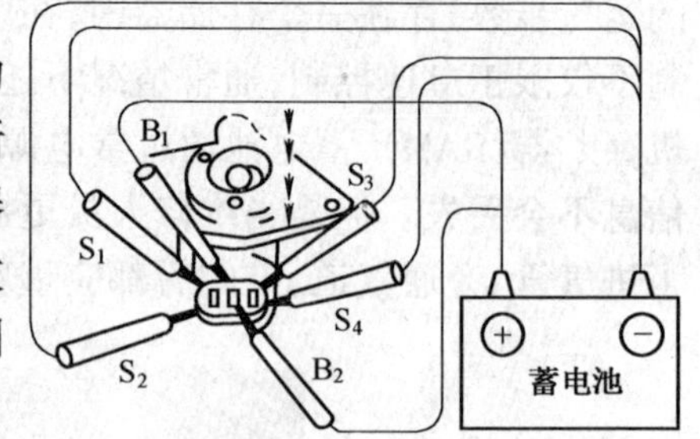

图 5-86 检测步进电机式怠速电控阀性能

5)清洗进气道

进气道内的积炭和胶质，特别是节气门、旁通空气道、怠速控制阀、喷油器喷孔及进气门后方的积炭和胶质是导致怠速不稳、空燃比不良的主要因素，必要时应清洗进气道。

清洗进气道时可以拆下节气门体、怠速控制阀等部件，使用橡胶水浸泡、化油器清洗剂喷洗这些部件上的积炭和胶质，但在操作时应特别注意切误使清洗溶剂浸入电控元件。这种清洗方法的清洗效果较好但工作量较大。

一种简易的清洗方法是拆去节气门体前方的进气软管后起动发动机，待发动机达到正常工作温度后，打开节气门至发动机转速约 2000r/min。把化油器清洗剂喷入进气道内进行清洗，进气气流会把清洗下来的积炭、胶质等杂质以及多余的清洗剂带入气缸内燃烧。

三、空气供给系统的检修

(一)检测进气流量

由于不同发动机的气缸大小不一，因此在单位时间内的进气量有较大的区别。但是对于特定型号的发动机来说，在基本怠速情况下(关闭空调等附属设备)进气流量应是相对恒定的。有些发动机可以使用解码器的数据流测试功能检测发动机的进气流量，AJR 发动机怠速时进气流量正常值为 2.0～4.0g/s，若小于 2.0g/s 则说明进气系统存在真空泄露，若大于 4.0g/s 则说明发动机负荷过大。

(二)进气道的真空泄漏

进气管壁的裂纹、损坏的密封垫、漏装或破裂的真空管会导致进气系统真空泄漏，这一故障对 D 型和 L 型电控发动机怠速运转影响是不一样的。

D 型喷射系统节气门后方出现真空泄漏时，泄漏进入进气管的空气经过了 MAP 的检测，ECU 按空燃比为其配油，油多气多后导致发动机怠速转速上升，漏气量越大转速升高量也越大。大多数车型从保护发动机的角度出发在程序内设定了怠速极限转速上限值，例如丰田公司为 1800r/min，即当怠速触点闭合时若发动机转速达到 1800r/min 时 ECU 会切断喷油器的喷油，直至转速下降至基本怠速转速时再恢复喷油。但是漏气的部位并没有被修复，发动机转速又会上升至 1800r/min，ECU 再次切断喷油，导致怠速转速忽高忽低，俗称怠速游车。真空泄漏也会引起汽油喷射压力升高，导致混合气偏浓，但这一影响是有限的，多数情况下不会导致发动机淹缸熄火。

L 型喷射系统节气门后方出现真空泄漏时，泄漏进入进气管的空气没有经过 MAF 的检测，因此 ECU 不会为其配油。虽然漏气引起喷射压力升高，但综合来看混合气偏稀，导致怠速转速下降、发动机抖动，漏气严重时甚至导致发动机熄火。

(三)检测怠速转速

汽车仪表板内的发动机转速表可以指示发动机的怠速转速,有些万用表、示波器也带有转速测量功能,但这些都只能检测到运行怠速转速。当某些不严重的故障出现后,ECU的怠速控制和学习控制功能会把怠速转速稳定在目标转速范围内,此时车辆已处于“带病工作”状态。因此必要时须检测发动机的基本怠速转速。检测时需要向ECU提供一个触发指令停止怠速控制和学习控制,这一操作因车型而异,具体操作请参阅相关维修手册。

(四)AJR发动机空气供给系统的检修

1. 空气流量计(G70)的检测(控制电路见图5-13)

AJR发动机的空气流量计损坏后ECU会利用节气门位置传感器信号和发动机转速传感器信号计算出一个精度较差的进气量信号来维持发动机的运转,即转入失效保护状态。但并不是所有的空气流量计故障都会使发动机转入失效保护,错误的空气流量信号会导致发动机起动困难、怠速不稳,甚至熄火、发动机喘振、加速不良、CO偏高或偏低等故障。

1)检测空气流量计(G70)工作情况

(1)对于运转不良的发动机可以取下空气流量计导线插头后起动发动机,如果此时发动机的运转情况改善了,则可以判定空气流量计存在故障。

(2)发动机怠速运转时使用解码器数据流测试功能检测发动机的空气流量,一般应为2.0~4.0g/s,同时读取发动机故障代码。如果显示数值不在标准范围内或存在空气流量计的故障代码,则应进一步检测空气流量计及其相关控制电路。

2)检测空气流量计控制电路

图5-87所示为AJR发动机空气流量计导线插头。

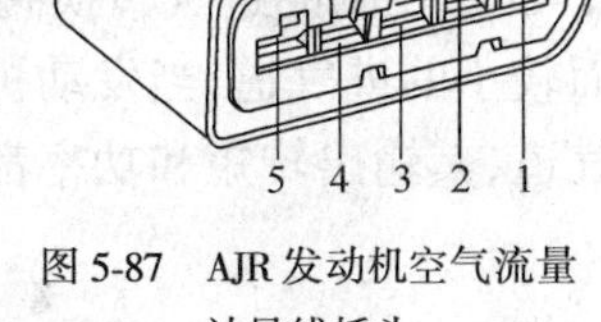

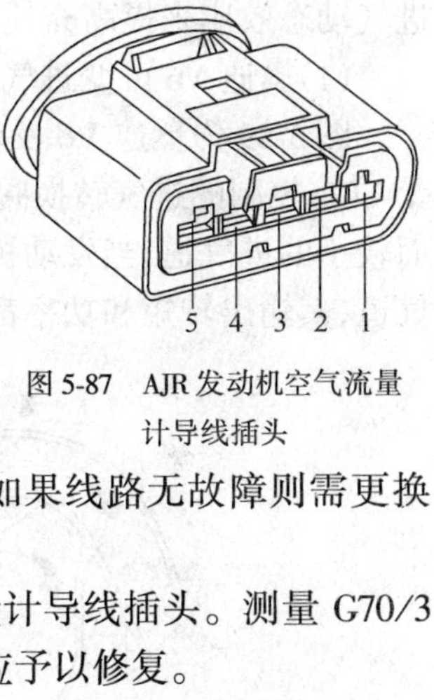

图5-87 AJR发动机空气流量计导线插头

(1)打开点火开关,测量G70/2与发动机搭铁之间电压应为12V,否则应检查燃油泵继电器(J17)、ECU对燃油泵继电器的控制、S123熔断丝、S123熔断丝至G70/2的线路是否存在断路或短路,以及中央线路板是否存在故障。

(2)打开点火开关,测量G70/4与发动机搭铁点之间电压应为5V,否则应检查G70/4与T80/11之间是否存在断路和短路故障,如果线路无故障则需更换ECU。

(3)关闭点火开关,取下蓄电池负极,拆下ECU插头和空气流量计导线插头。测量G70/3与T80/12、G70/5与T80/11之间线路是否断路或短路,若存在故障应予以修复。

3)检测空气流量计

如果空气流量计控制线路无故障则拆下空气流量计检测其性能:先目视检查护网有无破损或堵塞、热膜是否脏污,如有异常应予以清洁或更换新件;再将G70/2接入12V电压、G70/4接入5V电压,用电吹风向空气流量计中吹风并时改变电吹风与空气流量计之间的距离,测量G70/3与G70/5之间电压应平稳变化:电吹风靠近时电压升高,电吹风远离时电压下降,否则应予以更换。

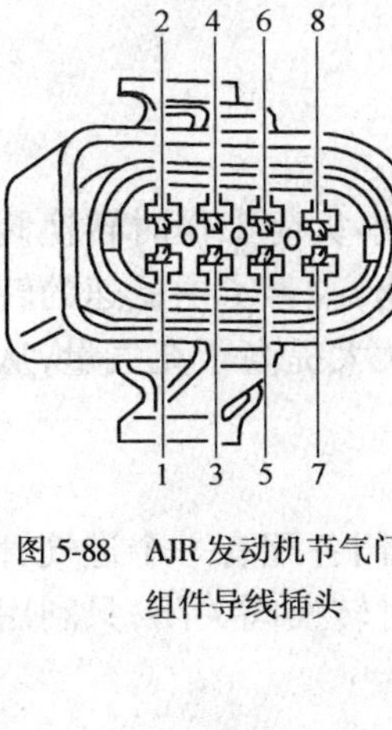

2 4 6 8

1 3 5 7

图5-88 AJR发动机节气门组件导线插头

2. 检测节气门组件(J338)

(1)关闭点火开关,取下节气门组件导线插头(图5-88)后再打开点火开关,测量J338/4与J338/7之间的电压应为5V、J338/3与J338/7之间的电压应为12V。

(2)关闭点火开关,取下蓄电池负极,拆下 ECU 插头。测量 T80/75 与 T80/67 之间的电阻:缓慢打开节气门时电阻应平稳变小,缓慢关闭节气门时电阻应平稳变大;测量 T80/69 与 T80/67 之间的电阻:节气门关闭时电阻不应大于 1.5Ω,打开节气门时电阻应变为∞;测量 T80/66 与 T80/59 之间的电阻值应为 3~200Ω。否则应拆下节气门组件导线插头,进一步检查 J338/1 与 T80/66、J338/2 与 T80/59、J338/3 与 T80/69、J338/4 与 T80/62、J338/5 与 T80/75、J338/7 与 T80/67、J338/8 与 T80/74 之间线路是否存在断路或短路故障,若线路存在故障应予以修复,若线路良好则需更换节气门组件。

(3)必要时可拆下节气门组件,首先检查节气门能否顺畅转动、节气门轴是否松旷,否则会引起油门拉索操纵不顺畅等故障;再检查节气门内部是否存在油泥或积炭,过多的油泥或积炭会造成节气门开启不顺畅、关闭不到位等故障。拆卸节气门组件或更换过 ECU 后,必须对其重新进行基本设定,具体操作方法请参阅本单元课题六中的"AJR 发动机电子控制系统及检修流程"相关内容。

四、新型空气供给装置简介

1. 可变进气系统

一般在发动机低转速工作时较长的进气道充气效果较好;而在发动机高转速工作时短而粗的进气道充气效果较好。可变进气系统按照气体压力波传播的特点设计进气道,有效利用进气动态效应来提高充气效率,常见有以下几种形式:

(1)奥迪 V6 可变进气系统

图 5-89 为奥迪 V6 发动机可变进气系统进气歧管几何形状,在发动机进气歧管内设置有受 ECU 控制的进气转换阀。当发动机转速低于 4100r/min 时转换阀关闭,形成路径较长而截面较小的进气道;当发动机转速高于 4100r/min 时转换阀开启,形成路径较短而截面较大的进气道,其输出转矩和功率都有提高。

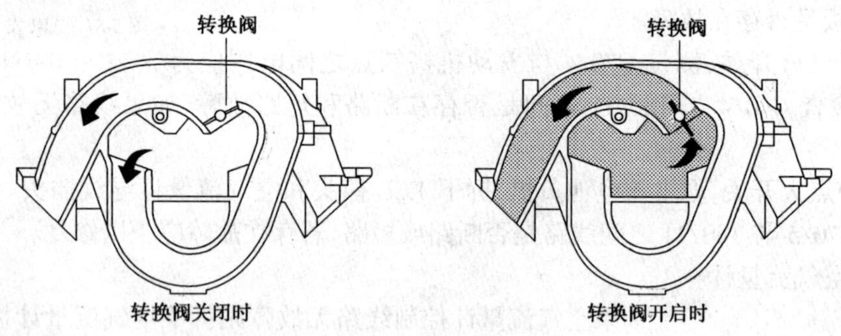

图 5-89 奥迪 V6 发动机可变进气系统

(2)日产双进气管式可变进气系统

图 5-90 为日产公司双进气管式可变进气系统:当发动机在低速中、小负荷工作时转换阀关闭,进气仅通过细长的进气管流入并产生强烈的旋流,提高了进气流速,改善了中低速的转矩特性;当发动机在高转速大负荷工作时转换阀开启,短而粗的进气管大大提高了充气量,从而获得较大的功率。

(3)丰田双进气管式可变进气系统

图 5-91 所示为丰田公司双进气管式可变进气系统原理图,两个进气门各配有一个进气管道,其中一个进气道中装有进气转换阀。在发动机低速、中小负荷工作时转换阀关闭,只利用

一条进气道进气，此时进气流速提高，进气惯性大，可提高发动机的转矩；在发动机高速、大负荷工作时转换阀开启，利用两条进气道进气，此时进气截面大增加，进气阻力减少，充气量增加，同时最佳动态转速也移向高速区，使高转速大负荷时的动力性能得到很大提高。

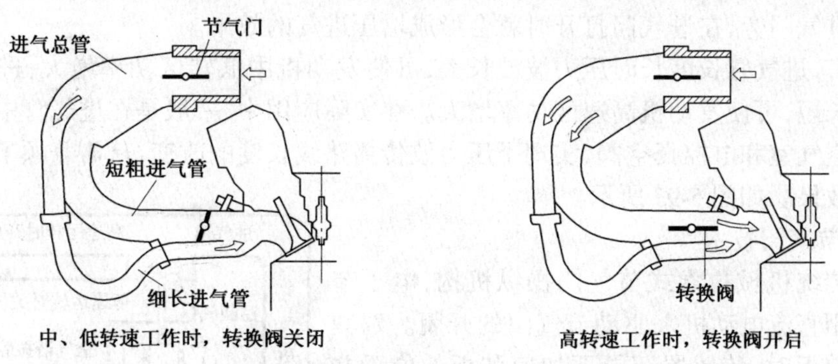

图 5-90 日产公司双进气管式可变进气系统

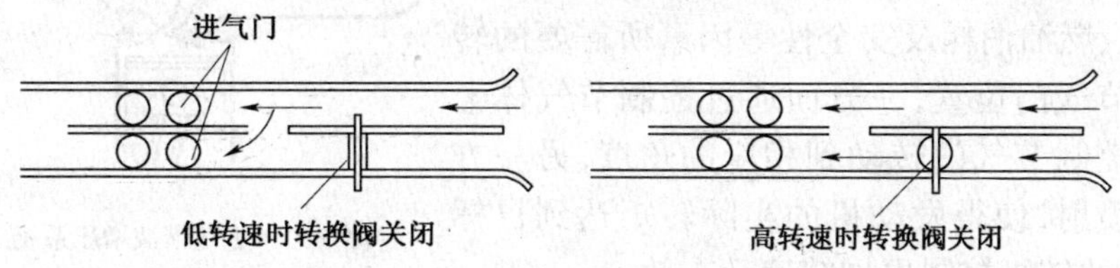

图 5-91 丰田公司双进气管式可变进气系统

2．可变废气涡轮增压技术

涡轮增压的目的是将空气压缩后进入气缸，提高发动机的充气效率，早期被广泛应用在大功率柴油机上。目前有一些电控发动机采用 ECU 控制的可变废气涡轮增压技术来改善发动机不同工况下的充气效率，如图 5-92 所示。

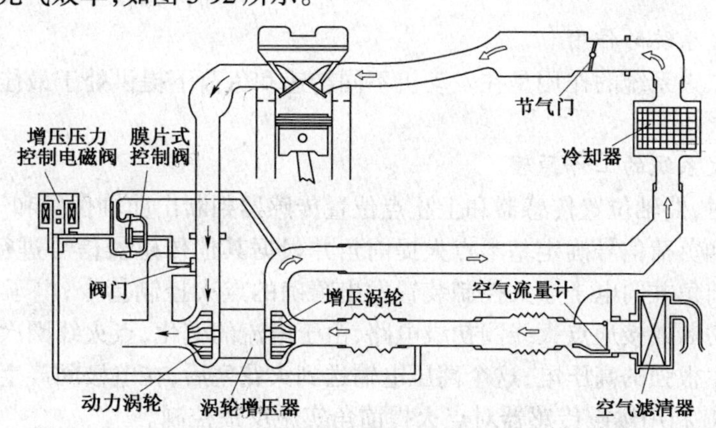

图 5-92 可变废气涡轮增压系统原理图

在 ECU 内存储着发动机不同工况时所需进气压力的理论数据，发动机工作时 ECU 根据压力传感器的信号可以确定发动机实际进气量的大小，若实际进气压力小于理论进气压力时 ECU 驱动切换阀逐渐关闭旁通道，排气经涡轮室排出并推动涡轮转动，进行增压，加大了发动机的进气量。随旁通排气道逐渐关闭，流过动力涡轮的废气量逐渐增加，增压量也随之加大。

3．进气谐波增压技术

当气体高速流向进气门时，随着进气门突然关闭，进气门附近气体流动突然停止，但是由于惯性，进气管仍在进气，于是将近气门附近的气体压缩，压力上升。当气体惯性过后，被压缩的气体开始膨胀，向进气气流反方向流动，压力下降，膨胀气体的波传导至进气管口时又被反射回来，形成压力波。如果使上述进气压力脉动波与进气门开闭配合好，将反射的压力波集中到要打开的进气门旁，在进气门打开时就会形成增压进气的效果。

一般而言，进气管长度长时压力波波长大，可使发动机中低转区功率增大；进气管长度短时压力波波长短，可使发动机高速区功率增大。在实际应用中，一般是在进气管中部加设了一个大容量的空气室和电控真空阀，实现了压力波传播路线长度的改变，从而兼顾了低速和高速的进气增压效果。如图 5-93 所示。

4. 电子节气门技术

有别于传统机械拉索式节气门操纵机构，电子节气门技术采用直流电动机来驱动节气门的开闭。驾驶员操纵加速踏板时，传感器记录下加速踏板的位置并将该信息传递给发动机电控单元，ECU 根据驾驶员的输入、废气排放、燃油消耗及安全性等因素所需要的转矩及其相应的节气门位置，一方面通过控制节气体上的执行电机来控制节气门转动到相应的角度，另一方面控制点火和喷射，使得发动机的实际转矩达到目标转矩，对发动机的转矩控制更加精确和有效。

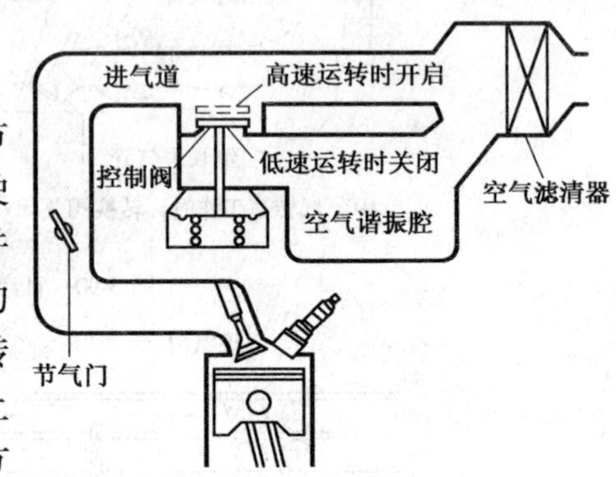

图 5-93　进气谐波增压系统工作原理图

课题四　电控点火系统

一、电控点火系统的作用和工作原理

(一)电控点火系统的作用

发动机电控点火系统的作用是在发动机不同转速和负荷下提供处于最佳点火提前角位置且能量足够的电火花。

(二)电控点火系统的工作原理

发动机运转时，曲轴位置传感器和上止点位置传感器判断出曲轴位置和气缸冲程，ECU 根据发动机的转速和负荷信号确定基本点火提前角并根据其他传感器信号进行实时修正，最后确定最佳点火提前角并向电子点火控制装置发出精确的点火控制指令；电子点火控制装置依据点火控制指令切断或接通点火线圈初级电路，由于电流的变化，点火线圈次级电路在互感电动势的作用下产生很强的高压电；这个高压电输送到火花塞后，在电极间产生电火花点燃可燃混合气。同时 ECU 利用爆震传感器对点火提前角实施反馈控制。

另外电控点火系统还具有闭合角控制和恒流控制功能，以保证发动机在各种转速下都能产生足够的点火高压、改善点火特性及防止点火线圈过热。

二、点火提前角的确定

(一)曲轴位置传感器和上止点位置传感器

1. 作用

曲轴位置传感器和上止点位置传感器一般安装在曲轴或凸轮轴前后端、飞轮上或分电器内。曲轴位置传感器用于检测曲轴转角及曲轴转速;上止点位置传感器用于检测活塞上止点位置,有些车型又称为凸轮轴位置传感器或一缸位置传感器。曲轴位置传感器和上止点位置传感器相配合,ECU 就可以建立必要的参考点,确定正确的点火正时和喷射正时。

2. 结构和工作原理

曲轴位置传感器和上止点位置传感器均属于转速传感器,常见的转速传感器有磁电式、霍尔式和光电式三大类:

(1)磁电式转速传感器

图 5-94 所示是一种安装在分电器内的磁电式曲轴位置传感器。分电器轴由凸轮轴驱动,曲轴每转两圈分电器轴转一圈;定子由永久磁铁和缠绕在永久磁铁上的感应线圈构成,固定在分电器底板上;一个铁制的信号转子与分电器同轴转动。当信号转子转动到凸齿对准定子磁极位置时定子磁极和信号转子之间的气隙最小,磁通量最大;当信号转子的凸齿离开定子磁极时气隙增大,磁通量减少。绕在定子上的感应线圈因磁通量的变化而产生变化的感应电压:当凸齿接近定子磁极时磁通量增加,感应电压为正脉冲;当凸齿离开定子磁极时磁通量减少,感应电压为负脉冲;在凸轮正对定子磁极的瞬间磁通量变化率为零,即对应于感应电压曲线由正脉冲变为负脉冲的零点。

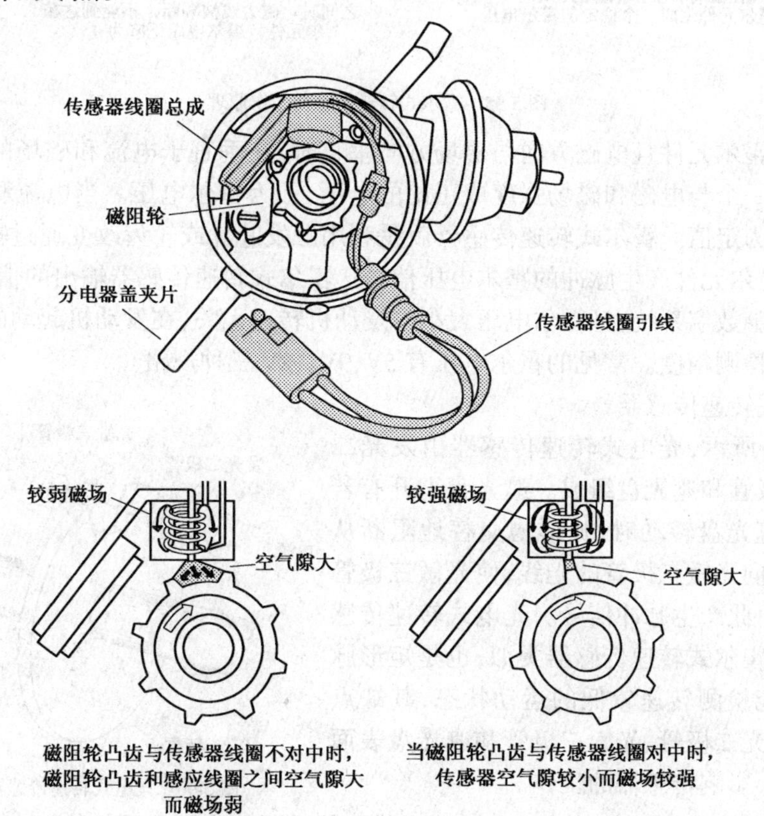

图 5-94 磁电式转速传感器

以图 5-94 所示的磁电式转速传感器为例,无论高速或低速,当感应线圈产生 8 个脉冲时,凸轮轴转动了 360°(曲轴转动了 720°),即每一个脉冲对应曲轴转角 720°/8 = 90°。对于传统型电子点火系统来说,信号转子的齿数与气缸数目相同,脉冲按点火顺序对应相应气缸的活塞到达上止点的基准信号,即点火信号。对于电控点火系统来说,信号转子的齿数较多,AJR 发动机磁电式曲轴位置传感器信号转子由 60 个齿构成，由曲轴驱动，每个脉冲对应曲轴转角为 720°/60 = 6°，更精细的转角检测是利用 6°转角的时间，由 ECU 计算产生曲轴转角 1°信号；ECU 还依据脉冲的频率计算出发动机的转速。

磁电式转速传感器简单实用，应用较广，缺点是输出信号电压的峰值随转速的大小而变化，在发动机起动时的低速状态下感应电压很低，影响了控制精度。

(2)霍尔式转速传感器

霍尔式转速传感器是利用霍尔效应的原理制成的，工作原理如图 5-95 所示。当电流流过

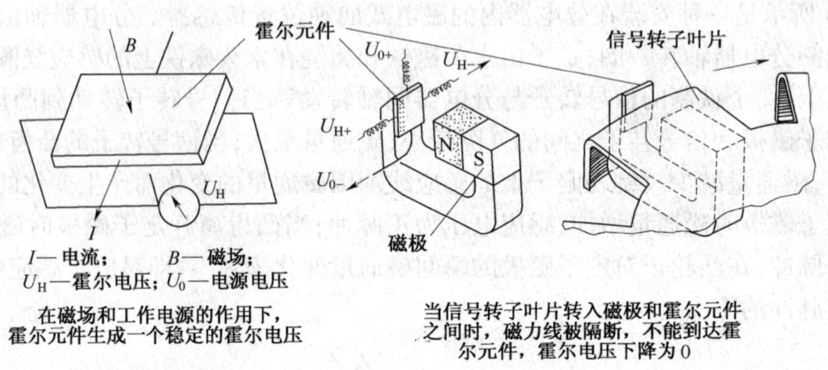

图 5-95　霍尔式转速传感器工作原理

放在磁场中的霍尔元件且电磁方向与磁场方向垂直时，在垂直于电流和磁场的霍尔元件的横向侧面上产生一个与电磁和磁场强度成正比的电压，称为霍尔电压。当电流和磁场强度为定值时霍尔电压为定值。霍尔式转速传感器就是利用触发叶片或轮齿改变通过霍尔元件的磁场强度，从而使霍尔元件产生脉冲的霍尔电压信号。霍尔式转速传感器输出的信号是矩形脉冲，很适合用于电脑数字系统；且霍尔电压大小与发动机转速无关，在发动机起动的低速状态下仍可获得很高的检测精度。常见的霍尔电压有 5V、9V、12V 三种规格。

(3)光电式转速传感器

如图 5-96 所示，光电式转速传感器由发光二极管、光敏三极管和遮光盘组成。遮光盘上开有若干个弧形槽，遮光盘转动时，弧形槽交替地阻断从发光二极管射向光敏三极管的光线，使光敏三极管导通或截止，由此产生脉冲信号。光电式转速传感器输出信号与霍尔式转速传感器类似，也是矩形脉冲信号，它也能检测转速较低的运动状态，其缺点是必须保持发光二极管、光敏三极管和遮光盘表面的清洁，否则会影响传感器的工作。

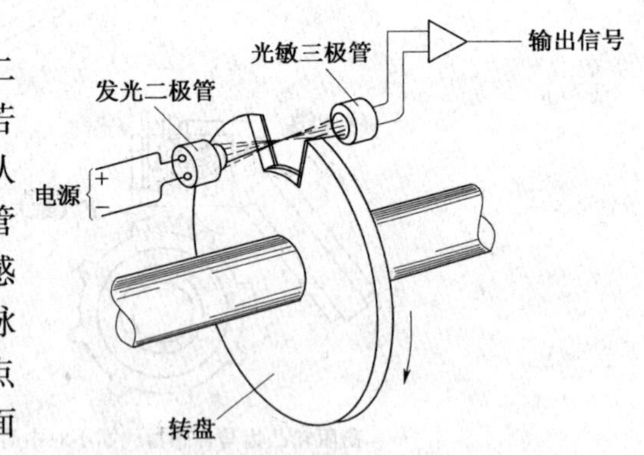

图 5-96　光电式转速传感器工作原理

3．AJR 发动机曲轴位置传感器和上止点位置传感器工作原理及检修

1)安装位置和工作原理

AJR 发动机的磁电式曲轴位置传感器(G28)安装在发动机气缸体左侧靠近飞轮处，传感器的脉冲环安装在曲轴和飞轮之间并与曲轴一起转动，脉冲环上有 60 − 2 个齿，即脉冲环共有 60 个齿，脉冲环缺 2 个齿(实际只有 58 个齿)，所缺的 2 个齿用于产生点火正时的参考信号，如图 5-97 所示。

如图 5-98 所示，AJR 发动机的霍尔式上止点位置传感器(G40)安装在凸轮轴齿带轮后方，霍尔传感器的转子上有一个 180°的缺口，因此曲轴每转两圈 G40 产生一个对应曲轴转角 360°的高电位信号(12V)，如图 5-99 所示，一缸压缩上止点的位置在 G28 信号 2 齿点火正时参考信号结束后第 16 个脉冲起始点且 G40 信号为高电位处。发动机 ECU 根据这个信号确定喷射正时和点火正时。

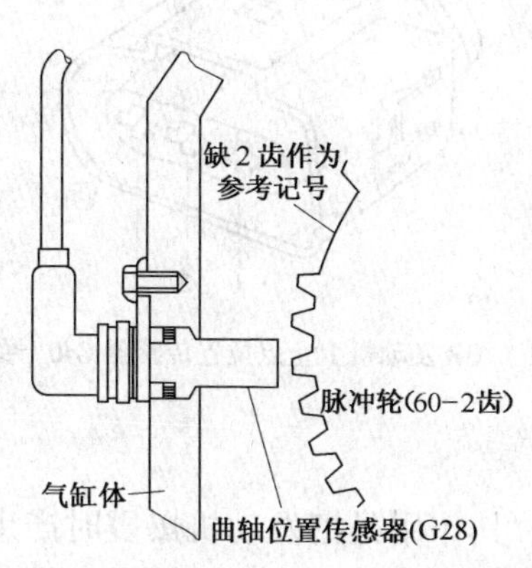

图 5-97 AJR 发动机磁电式曲轴位置传感器(G28)

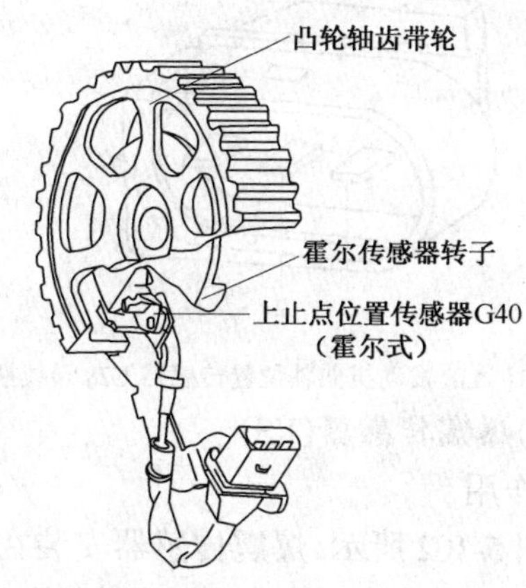

图 5-98 AJR 发动机霍尔式上止点位置传感器(G40)

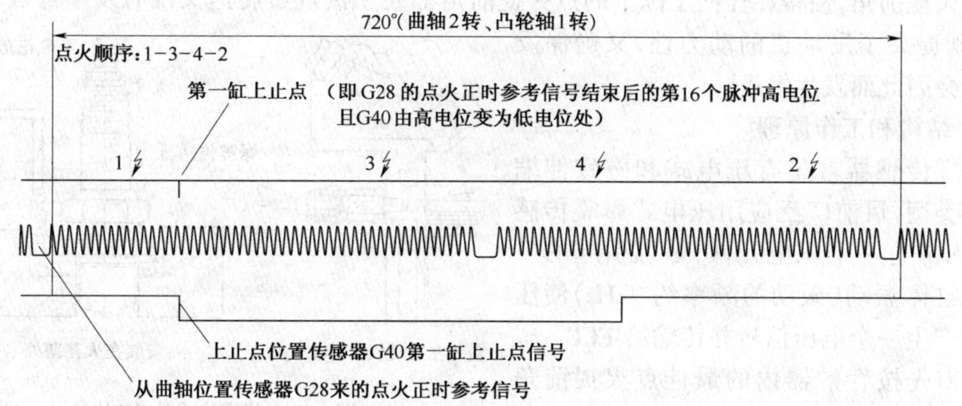

图 5-99 AJR 发动机上止点位置定位图

当曲轴位置传感器(G28)损坏后 ECU 无法确定喷射和点火的时刻，发动机立即熄火且无法起动；当上止点位置传感器(G40)损坏后发动机 ECU 因无法区分一缸和四缸而将顺序喷射转为分组喷射，发动机进入“失效保护”控制状态。

2)检测方法

(1)检测曲轴位置传感器 G28

关闭点火开关，拔下 G28 的导线插头(图 5-100)，测量 G28/2 与 G28/3 之间的电阻值应为 480～1000Ω，否则应更换 G28；测量 G28/2 与 T80/63、G28/3 与 T80/56、G28/1 与搭铁点之间的电阻应小于 1Ω，否则应检修 G28 控制电路是否存在断路或短路故障；必要时检视脉冲环，若存在缺齿、变形或松旷等故障时应予以更换。

(2)检测上止点位置传感器 G40

不拔下传感器导线插头(见图 5-101)，用发光二极管从传感器插头背面连接 G40/1 和 G40/2。起动发动机时发光二极管应闪烁。如果发光二极管不闪烁，则拔下 G40 插头，打开点火开关，测量 G40/1 与 G40/3 之间电压应为 5V，G40/2 与 G40/3 之间电压应为 12V；若所测电压符合标准值应更换 G40；若所测电压不符合标准值可拔下发动机 ECU 插头，测量 G40/1 与 T80/62、G40/2 与 T80/76 之间导线电阻应小于 0.5Ω、G40/3 与 T80/67 之间电阻应小于 1Ω，否则应检修 G40 控制电路是否存在断路或短路故障。

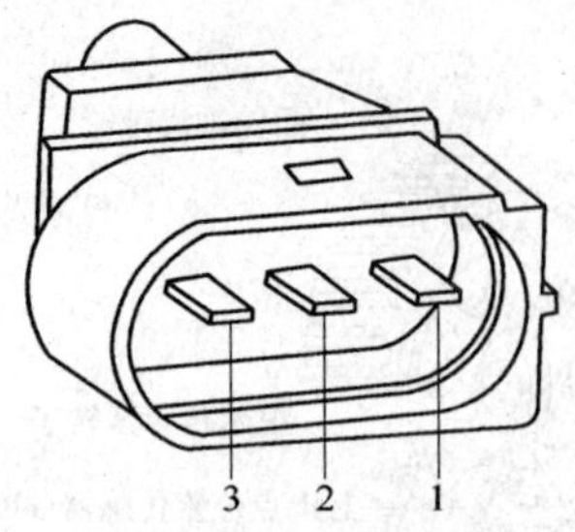

图 5-100　AJR 发动机曲轴位置传感器 G28 导线插头

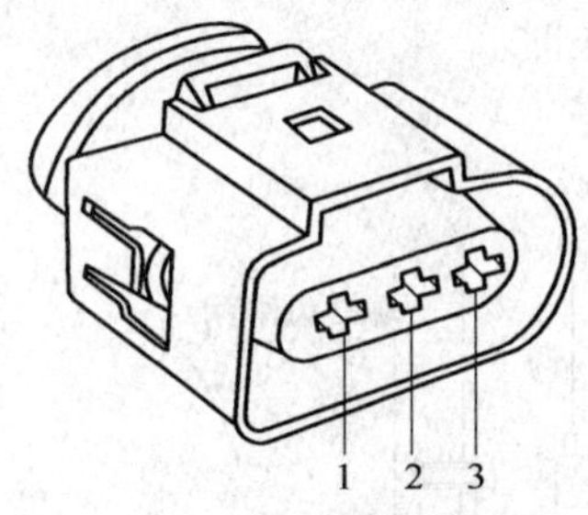

图 5-101　AJR 发动机上止点位置传感器 G40 导线插头

（二）爆震传感器（KS）

1．作用

如图 5-102 所示，爆震传感器安装在缸体或缸盖上，其作用是把发动机爆震时产生的压力波转变成电信号输送给 ECU，ECU 内的点火提前角反馈控制电路根据爆震传感器传来的信号调整点火提前角，使得在任何工况下的点火提前角都处于接近爆震但又没有发生爆震的最佳角度，既提高了发动机的动力性，又确保发动机不会因此而发生爆震。

2．结构和工作原理

爆震传感器常见有压电式和磁致伸缩式两种类型，目前广泛应用压电式爆震传感器，其内部有一个压电元件，爆燃引起的发动机气缸体振动（振动的频率约 7kHz）使压电元件产生一个电压信号并传输给 ECU。

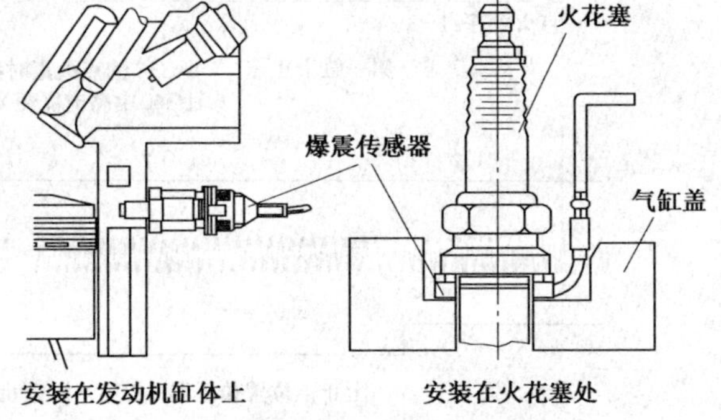

图 5-102　爆震传感器安装位置

ECU 先按存贮器内的最佳点火提前角的数值进行基本调整，然后逐步增大点火提前角，直至爆震传感器侦测到一定程度的爆震；当 ECU 接收到最初的爆震信号后，就按预定的控制程序稍稍减小点火提前角；随着爆震消失，控制系统又逐渐地增大点火提前角，这样不断地循环往复，将点火提前角始终控制在接近爆震的最理想的范围内。

压电式爆震传感器分为共振型和非共振型两种形式。对于共振型而言，当发动机产生爆震时传感器输出信号电压最大；而对于非共振型而言，发动机产生爆震时传感器输出电压无明显增加，爆震是否发生是靠 ECU 内部的滤波器检测传感器输出信号中有无爆震频率段来判别的。共振型和非共振型输出波形的比较如图 5-103 所示。

目前大多数发动机都使用两个爆震传感器，每个爆震传感器只负责监控相邻几个气缸的工作情况，例如 AJR 发动机的 1# 爆震传感器监控 1 缸和 2 缸、2# 爆震传感器监控 3 缸和 4 缸，如图 5-104 所示。

3．检测爆震传感器

1）用解码器检测爆震传感器，其检测方法如下所述：

（1）关闭点火开关，将解码器与汽车故障诊断插座连接；

(2)起动发动机,并使解码器进入数据流分析功能;

(3)在发动机运转过程中,用木槌敲击爆震传感器附近的缸体,同时观察数据流中发动机

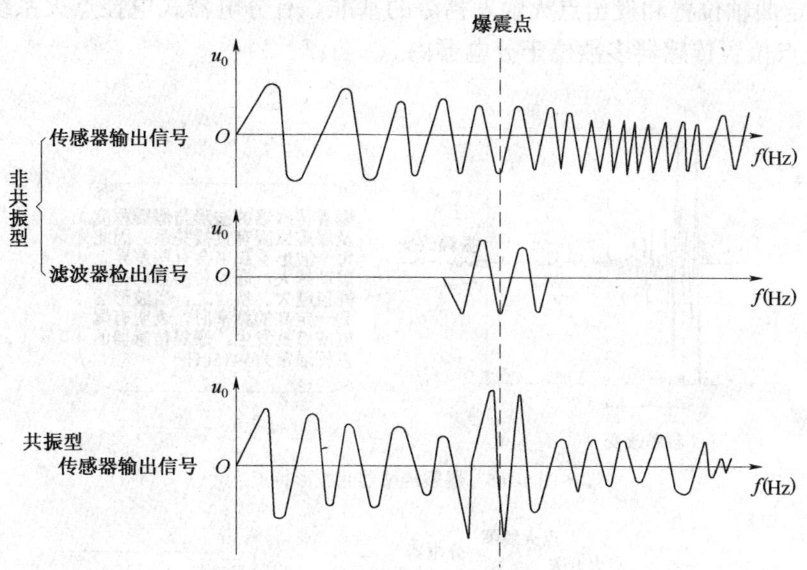

图 5-103 共振型和非共振型爆震传感器输出波形的比较

点火提前角的数值。若该数值在敲击时有所下降,表明爆震传感器工作正常,否则说明爆震传感器有故障。

2)用示波器检测爆震传感器,波形特点如图 5-105 所示。

三、电控点火系统

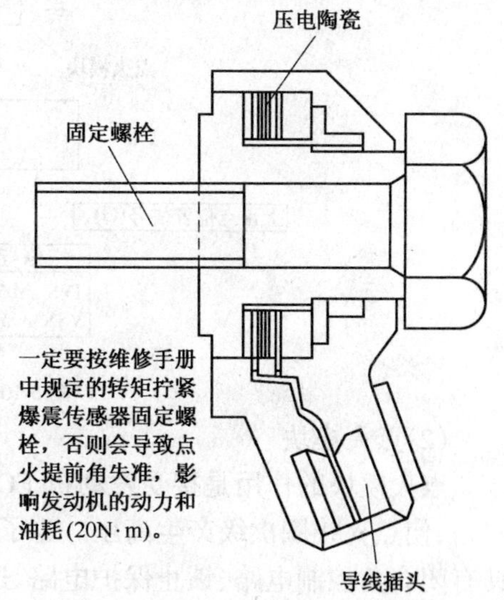

图 5-104 AJR 发动机的爆震传感器

电控发动机的点火系统是发动机电控系统的一个组成部分,是在发动机 ECU 的控制下工作的,又称电控点火系统或微机控制点火系统,其特点是点火提前角由发动机 ECU 根据发动机转速、曲轴位置、发动机负荷等信号进行自动控制并利用爆震传感器实施闭环反馈控制,在各种工况下为发动机提供最佳点火时刻。

有些电控点火系统仍采用分电器为气缸"配电",但机械式分电器中的驱动齿轮、轴和衬套易磨损,磨损的分电器零件会造成点火正时不稳定,从而降低了发动机的经济性、动力性和排放性能,因此越来越多的电控点火系统已开始采用无分电器的直接点火系统。

(一)有分电器式电控点火系统

1. 基本组成及工作原理

1)基本组成

如图 5-106 所示,有分电器式电控点火系统由蓄电池、点火开关、点火线圈、点火模块、分电器、发动机 ECU 和相关传感器组成。

(1)传感器

在发动机电控系统中,曲轴位置传感器和上止点位置传感器对于点火系统来说是至关重要,是 ECU 确定曲轴位置和发出点火触发指令的基准。有分电器式电控点火系统的曲轴位置传感器和上止点位置传感器多数位于分电器内。

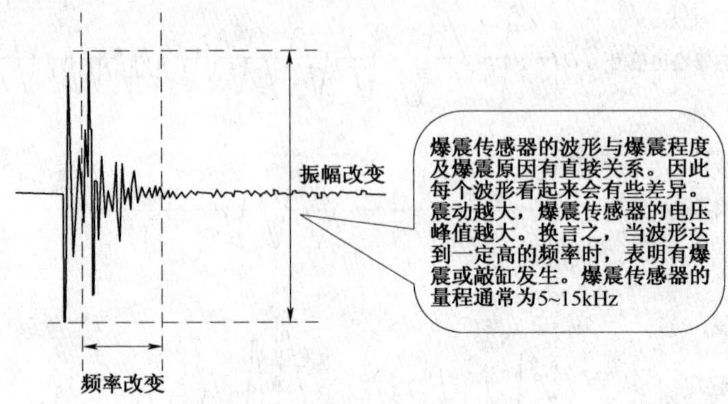

图 5-105　爆震传感器的波形特点

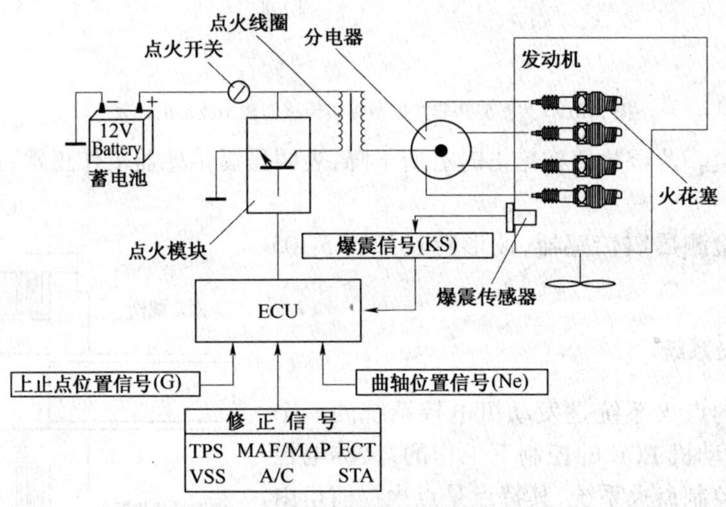

图 5-106　有分电器式电控点火系统

(2)点火模块

点火模块的作用是接受发动机 ECU 发出的点火触发指令及时接通和切断点火线圈初级回路,使点火线圈次级产生高压。为了产生稳定的次级电压和保证系统的可靠性,点火模块还具有闭合角控制电路、锁止保护电路、过电压保护电路和点火确认信号发生电路。

2)有分电器式电控点火系统基本工作原理

图 5-107 为丰田 2JE—GE 发动机点火系统电路图,其他有分电器式电控点火系统与此基本相似,基本工作原理见图 5-108。

(1)传感器检测出发动机转速、负荷、曲轴转角位置和上止点位置信号并传送给 ECU。

(2)ECU 取出 ROM 中固存的该工况下点火时刻以及 PROM 中的修正量,送到中央处理器 CPU 进行分析比较后,发出点火触发指令 IGt(矩形方波)。

(3)点火模块接收到 IGt 信号,经滤波整形后控制大功率三极管导通截止。当大功率三极管由导通变为截止时点火线圈次级互感产生点火高压(可达 30 ~ 40kV),送至火花塞处击穿火花塞间隙形成火花。

(4)点火线圈次级互感产生点火高压时,点火线圈初级内部也产生自感电动势,被 IGf 信号判别电路识别,经滤波整形后形成 IGf 点火确认信号送回至 ECU,以确认点火成功。

(5)ECU 收到 IGf 信号后,发出下一工作循环喷油指令。

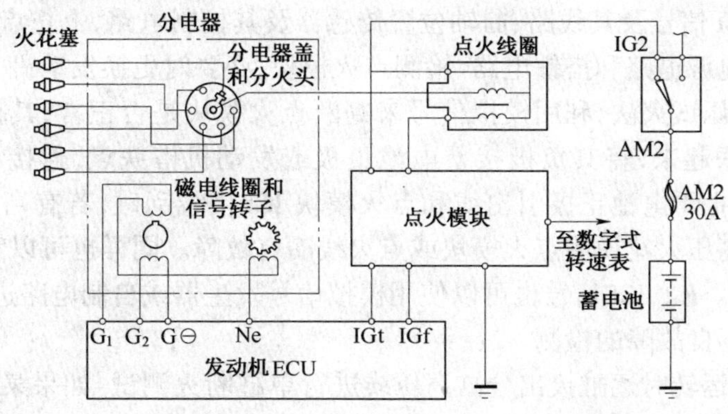

图 5-107 丰田 2JZ—GE 发动机电控点火系统电路图

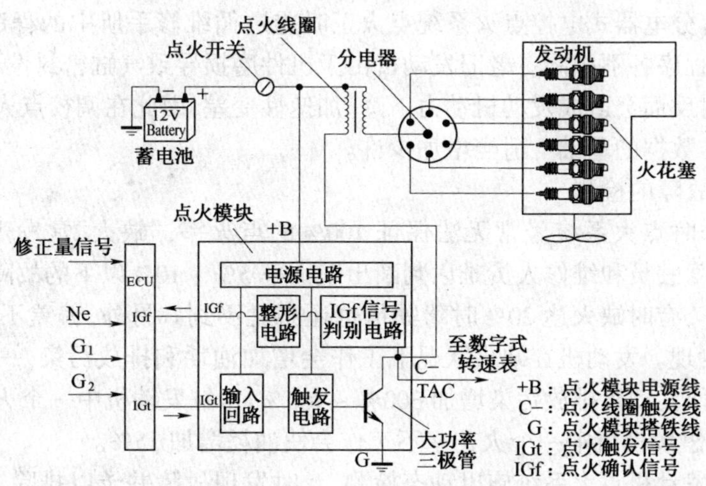

图 5-108 点火模块工作原理图

(6)若 ECU 连续 6 次未收到 IGf 信号会控制喷油器停止喷油,使发动机熄火,防止发动机只喷油不点火而造成淹缸,导致启动困难、气缸磨损加剧及三元催化器过热等故障,所以 IGf 信号又称"喷油触发信号"或"点火安全信号"。

2. 有分电器式电控点火系统的检修

点火系统故障是造成发动机不能工作或工作不良的主要原因之一,对于电控点火系统来说,控制系统以外的线路故障以及器件性能不良故障的故障率一般高于电控系统故障,且检修操作也相对较为容易,先行检查这些项目往往可以快速排除故障。

(1)"火花弱"故障的检测

"高压试火"是检查有无火花和火花质量的一种简单实用的方法。火花弱大多是由于高压线路漏电或接触不良造成,高压线路中的"放电电弧"消耗了点火高压和点火能量,破损的点火线圈、有裂纹的分电器盖或分火头、烧蚀的分火头、火花塞裂纹、锈蚀的接线柱、表皮破损或插接松动的点火高压线以及内部断路的点火高压线均会造成"高压泄漏",维修时应仔细检查这些部件。

(2)无法起动或起动困难故障的检测

对于电控点火系统控制电路来说,如果发动机起动困难应着重检查上止点位置传感器及其控制电路;如果发动机起动时只有短暂的"初爆"应重点检查 IGf 信号及其线路;如果发动机无法起动应检查 IGt 信号及其线路、曲轴位置传感器及其控制电路、上止点位置传感器及其控制电路、点火模块电源电路和搭铁电路、检测点火模块,必要时更换发动机 ECU。

一般可结合高压试火法,利用模拟信号来判断点火模块是否正常,其操作方法如下:把 3 节 1.5V 干电池串联起来,将其负极接蓄电池负极或发动机搭铁点,连接好点火系统全部线路,打开点火开关,把干电池正极引出线和点火模块 IGt 接线刮碰,若有高压火花说明点火模块是正常的,若无高压火花说明点火模块或点火线圈有故障。同样也可以利用此方法模拟 IGf 信号来判断故障点。IGt、IGf 信号也可以使用模拟信号发生器或自制电路进行模拟。

(3)单缸工作不良故障的检测

在发动机怠速运转时逐缸拔出分缸高压线进行单缸断火测试:如果某缸断火后发动机转速明显下降说明该缸基本正常;如果断火后发动机转速无变化或变化较小说明该缸不工作。

(4)检查和调整点火正时

检查和调整有分电器式电控点火系统点火正时应遵循维修手册中的程序,发动机型号不同,检查和调整的程序各不相同。老旧发动机由于机件磨损导致气缸密封性下降,如果仍按标准值调校点火正时反而会造成发动机动力下降、加速性变差,因此在调校点火提前角时可结合具体情况在原标准数据的基础上适当增加少许。

(5)高速缺火故障的检测

发动机在工作时点火系统经常无法保证 100% 的点火率,"缺火"常发生在高转速区域。一般情况下,汽车驾驶员和维修人员难以判断出缺火率 5% ~ 10% 以下的故障,特别是对于 V8 缸自动变速器轿车,有时缺火达 20% 时驾驶员也还察觉不到。另外,偏差不大的点火正时误差同样也难以被发现。发动机在缺火状况下工作会增加油耗和排放污染,一项数据表明:4% ~ 6% 的缺火率会使发动机排放污染增加 300% ~ 400%,六缸发动机中一个火花塞不工作会使油耗增加 25%,八缸发动机中一个火花塞不工作会使油耗增加 15%。

由此看来,对发动机点火系统施以动态检测,及时发现故障并予以排除,使发动机保持良好的工作状态是很有必要的。示波器可以显示点火电压波形,使用示波器对点火系统工作状态进行实时动态检测,特别是利用随车便携式示波器在车辆运行过程中观测点火波形,可以快速捕捉到一些在车辆静止时无法发现的故障,例如高速缺火。

(二)无分电器式电控点火系统

近年来为了提高点火能量和减少点火系统产生的电磁干扰,无分电器式电控点火系统正在逐步取代有分电器式电控点火系统。无分电器式电控点火系统完全取消了传统的分电器,没有分电器盖和分火头,由点火线圈产生的高压电直接送到火花塞,因此又称为"直接点火系统"。这种点火方式的点火提前角完全由发动机 ECU 决定,无法进行人工调整。

目前,无分电器式电控点火系统常采用以下两种方式:两个气缸合用一个点火线圈的同时点火方式和一个气缸使用一个点火线圈的单独点火方式。

1. 基本组成及工作原理

1)无分电器同时点火方法

同时点火方式中的两个气缸合用一个点火线圈,如图 5-109 所示。点火线圈每产生一次高压都使配对的两缸火花塞同时跳火，其中一缸是有效点火，另一缸是无效点火，如图 5-110 所示，工作原理见表 5-1。

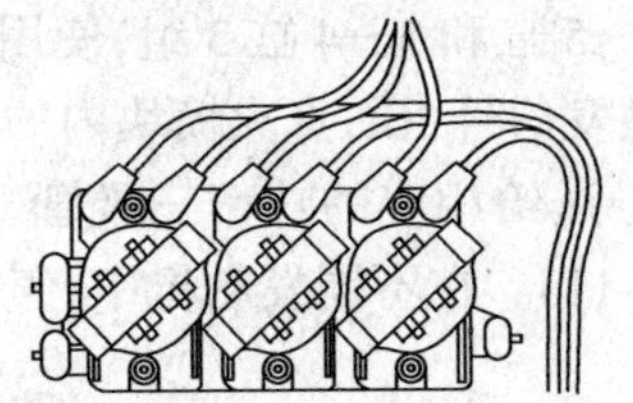
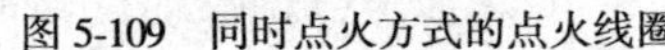

图 5-109　同时点火方式的点火线圈

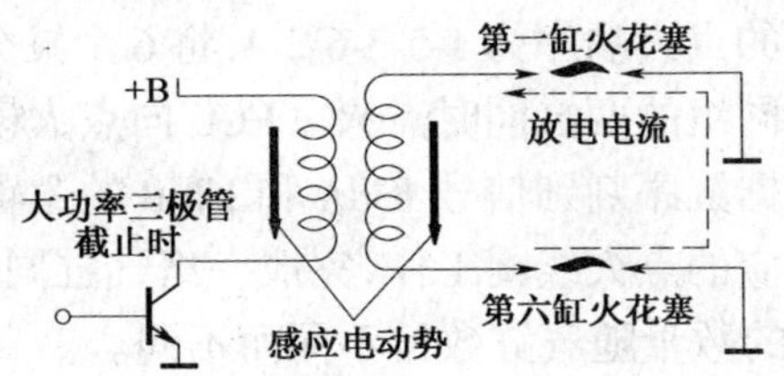

图 5-110　双缸点火时的放电电路

同时点火方式工作原理　　表 5-1

	无效点火缸	有效点火缸
工作行程	排气行程末期	压缩行程末期
气缸压力	较低	较高
所需击穿电压	较低	较高
跳火顺序	先跳火	后跳火
功用	为有效点火构成放电电流的回路	发火作功
消耗点火能量	约 10%	约 50%

同时点火方式点火高压的分配又分为两种：二极管分配方式和点火线圈分配方式：

(1)二极管分配方式

图 5-111 所示为某四缸发动机采用高压二极管（$VD_1 \sim VD_4$）配电的电路原理图，该发动机的点火顺序为 1-3-4-2，1、4 缸分成一组同时点火，2、3 缸分成一组同时点火。点火线圈采用一个次级电路、二个初级电路的结构，次级电路的两端通过四个高压二极管与火花塞构成回路。点火模块中的两个功率三极管各控制一个初级电路，由 ECU 按点火顺序输出的点火正时控制信号交替控制导通或截止，工作原理见表 5-2。高压二极管有外装式和内装式两种。

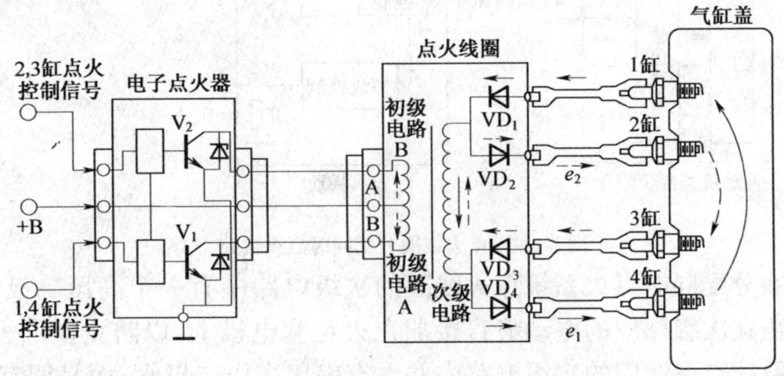

图 5-111　二极管分配同时点火电路

高压二极管分配同时点火方式工作原理　　表 5-2

	控制信号	点火高压生成	VD_1	VD_2	VD_3	VD_4	点火气缸
三极管 V_1 由导通变为截止时	1、4 缸点火控制信号	初级电路 A 断电，生成点火高压(e_1)	导通	截止	截止	导通	1、4 缸
三极管 V_2 由导通变为截止时	2、3 缸点火控制信号	初级电路 B 断电，生成点火高压(e_2)	截止	导通	导通	截止	2、3 缸

(2)点火线圈分配方式

图 5-112 所示为 2JE—GE 发动机采用点火线圈分配同时点火方式的电路工作原理图，该发动机的点火顺序为 1-5-3-6-2-4，将 6 个缸分成 1—6 缸、2—5 缸和 3—4 缸 3 组，使用 3 个点火线圈对同组的两缸同时点火。ECU 向点火模块输出点火触发信号 IGt，点火模块内的气缸判别电路根据缸序判别信号 IGdA 和 IGdB 的逻辑值，将 IGt 信号送给相应的功率三极管，由三极管控制对应的点火线圈工作，完成一组气缸同时点火，见图 5-113。在不同发动机中，气缸判别信号 IGd 的数量随气缸数目不同而不同。

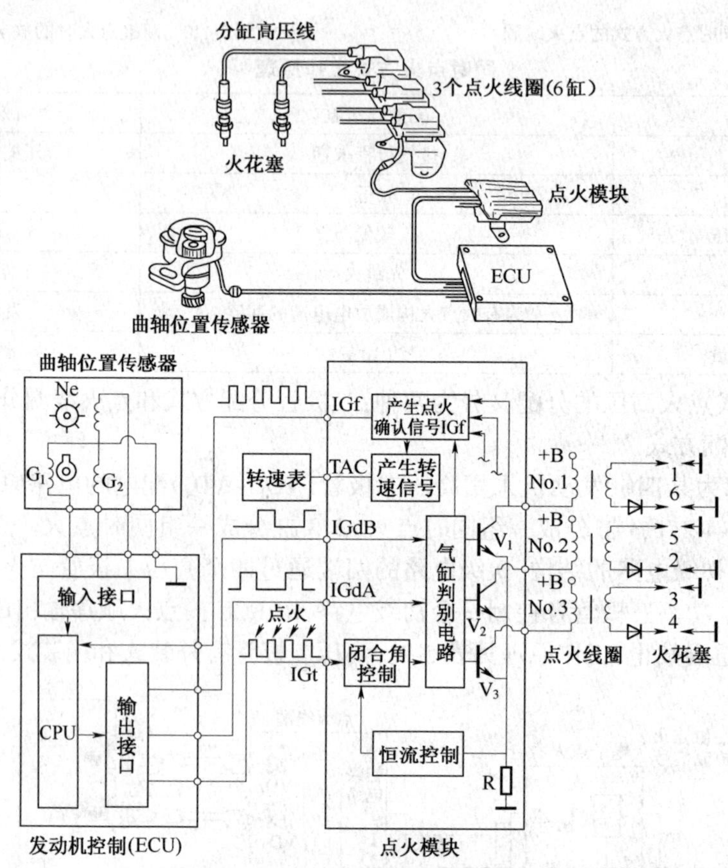

图 5-112　点火线圈分配同时点火电路

有些点火线圈分配同时点火系统点火线圈的次级电路中有一个高压二极管，作用是在初级电路接通时阻止在次级感应的电动势直接加在火花塞电极上，以防止误点火。有些点火线圈分配同时点火系统点火线圈的次级电路中并没有串接高压二极管，而是留有 3～4mm 间隙，其作用与次级中串接高压二极管的作用相同。

AJR 发动机采用点火线圈分配同时点火方式，点火模块和两个点火线圈制成一体，如图 5-114 所示。它将点火触发信号和气缸判别信号合为一体，即 T80/71 端子控制 1-4 缸点火、T80/78 端子控制 2～3 缸点火；另外它取消了点火确认信号。

2)无分电器单独点火方式

单独点火方式又称独立点火方式，采用这种方式的直接点火系统取消了公共的点火线圈，每一气缸火花塞各配有一个独立的点火线圈来提供点火高压，因此需要判别点火顺序的气缸数目和功率三极管的数目比同时点火方式多了一倍，除此之外其组成和工作原理与同时点火方式基本相同。

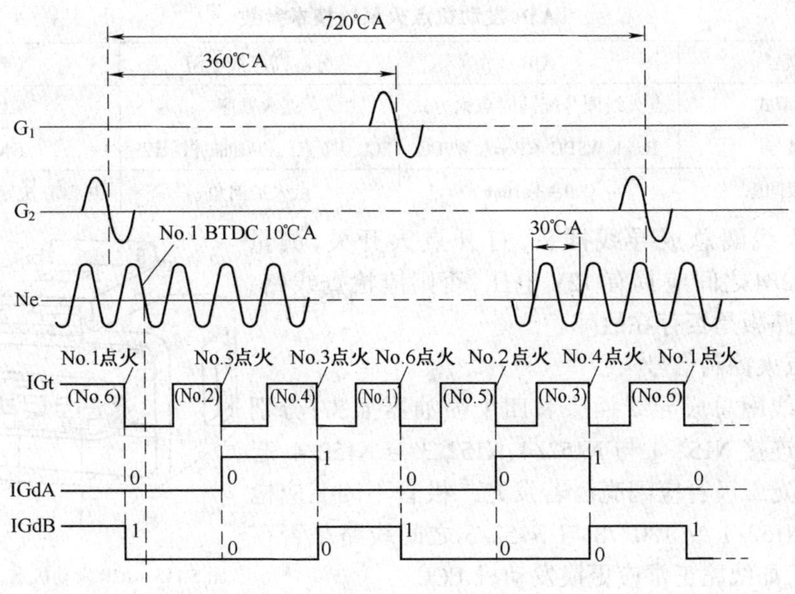

IGdA信号状态	IGdB信号状态	点火线圈	点火气缸
0	1	1	1,6缸
0	0	2	5,2缸
1	0	3	3,4缸

图 5-113　点火时间和点火顺序的确定

有些单独点火方式取消了点火高压线，在火花塞上直接压装点火线圈。单独点火方式的控制电路大致相同，但因具体车型不同，结构上也存在一些差异，这主要表现在点火模块的数量上。

由于单独点火方式取消了分电器和高压导线，点火能量传导损失少、漏电损失小、电磁干扰较小，故障率较低，另外由于一个点火线圈只负责一个气缸点火，点火线圈充电时间较长，因此可以提供足够的点火能量和点火高压，有利于防止发动机高速缺火。

2．无分电器式电控点火系统的检修

无分电器式电控点火系统的检修与有分电器式电控点火系统类似，下面以 AJR 发动机为例，讲解其基本检修方法，其他车型可结合自身结构特点灵活应用。

(1)AJR 发动机点火系统检修技术数据(表 5-3)

AJR 发动机点火线圈总成导线插头如图 5-115 所示，各端子功用见表 5-4。

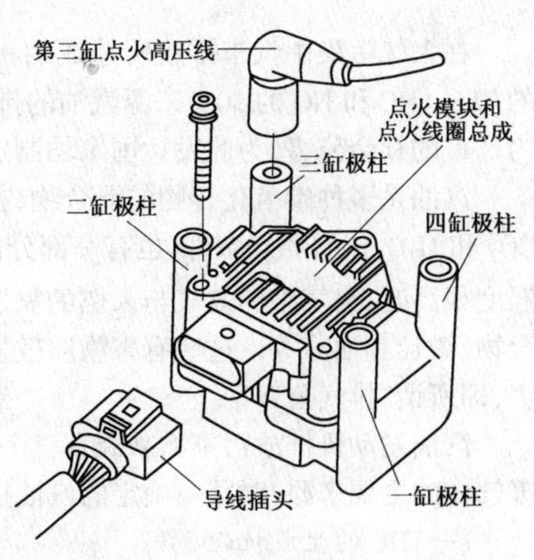

图 5-114　AJR 发动机点火线圈总成

(2)检测工作电压

AJR 发动机点火系统技术参数 表 5-3

发动机型号	AJR	分缸高压线电阻	约 5kΩ
点火系统型式	点火线圈分配同时点火方式	点火顺序	1-3-4-2
火花塞型号	Bosch W8DC / Bosch W9DC	ECU 切断点火和喷油的极限转速	6400r/min
火花塞电极间隙	0.9～1.1mm	点火提前角	由 ECU 决定,人工无法调整

拔下点火线圈总成导线插头,打开点火开关,测量 N152/2 与 N152/4 之间应具有 12V 电压,否则应检查线路、搭铁点或中央路板是否存在故障。

(3)检测点火控制信号

拔下点火线圈总成导线插头和四个喷油器插头;分别用发光二极管连接 N152/1 与 N152/4、N152/3 与 N152/4,起动发动机时发光二极管应闪亮。若发光二极管不闪亮应检查 T80/71 与 N152/1 或 T80/78 与 N152/3 之间线路是否存在短路或断路,如线路正常应更换发动机 ECU。

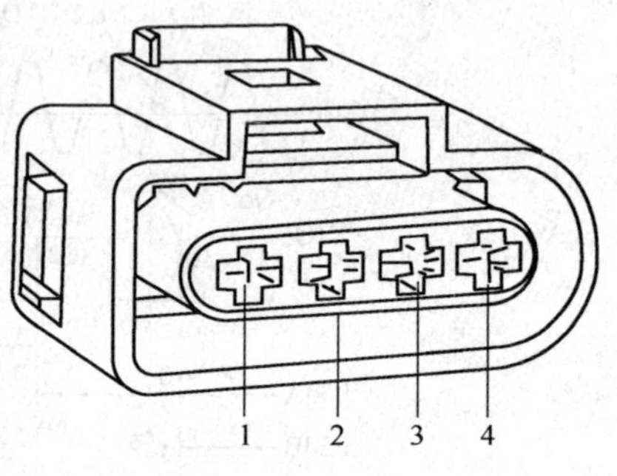

图 5-115 AJR 发动机点火线圈总成插头

(4)检查点火线圈总成

插上点火线圈总成插头和喷油器插头,起动发动机应运行平稳,如果无法起动应更换点火线圈总成;如果怠速抖动可结合“高压试火法”,检查分缸高压线和火花塞,必要时更换点火线圈总成。

AJR 发动机点火线圈总成插头端子功用 表 5-4

N152/1	1-4 缸点火控制线	与 T80/71 连接,控制 1、4 缸点火	N152/3	2-3 缸点火控制线	与 T80/78 连接,控制 2、3 缸点火
N152/2	电源线	提供 12V 工作电源	N152/4	搭铁线	为点火线圈总成提供搭铁回路

课题五 排放控制系统

一、汽油发动机的有害排放物

在大气污染中汽车排放所造成的污染占有相当比重。据有关资料介绍,大气中所含 CO 的 75%、HC 和 NO 的 50% 来源汽油的排放。特别是汽车密度较大的国家,其排放污染早已成为严重的社会公害,为此发达国家均制定了严格的排放法规加以限制。

汽油是多种碳氢化合物的混合物,在发动机气缸内,汽油和空气混合并燃烧,大部分生成 CO_2 和 H_2O,依据燃烧条件,也有一部分由于不完全燃烧而生成 CO 和 HC 化合物,此外当燃烧温度很高时,空气中的氮气与未燃的氧发生反应生成 NO_x。除此之外燃烧还生成的 SO_2、铅化合物、微粒和油雾等。这些有害物质散发到大气中达到一定浓度后对人体和生物造成极大危害,即所谓“排气公害”。

汽油发动机排放污染物来源有三个:排气、蒸发和曲轴箱窜气,排气管排气是汽车排放有害气体的主要来源,对某一确定的汽油机而言,排气中各种有害气体比例与燃烧情况有关。

(一)HC 的生成机理

碳氢化合物(也称烃)包括未燃和未完全燃烧的燃油、润滑油及其裂解产物和部分氧化物,如苯、醛、多环芳香族碳氧化合物等200多种复杂成分。HC的生成机理主要有:燃烧室内的缝隙效应、缸壁的淬冷效应、缸壁润滑油膜和积垢对HC的吸收和解析、燃烧不完全、曲轴箱窜气、未燃的HC氧化。

(二)CO的生成机理

CO是无色无臭的气体,它是一种窒息性的有毒气体。CO的生成机理主要有:燃料不完全燃烧、混合气混合不均匀、CO_2和H_2O在高温时发生离解反应。

(三)NO_x的生成机理

NO_x是燃烧过程中形成的多种氮氧化物,总称NO_x。在内燃机中NO_x主要是NO,约占95%;其次是NO_2,约占5%。

NO_x的生成主要取决于燃烧温度以及氧的浓度,当温度超过2000℃时氧分子会分解成氧原子,并与氮气分子化合生成NO_x。NO_x的生成量与油耗之间存在矛盾:从燃油经济性观点看,要求燃烧速率快并使燃烧放热集中在上止点附近,才能得到较高的燃烧效率,而这样燃烧温度必然很高,NO_x生成量也就愈多。

NO_x和HC在强烈的阳光照射下会发生光化学反应,多发生在夏秋季节,生成臭氧(O_3)和过氧酰基硝酸盐(PAN),即浅蓝色的光化学烟雾。这是一种有害气体的二次污染,光化学烟雾中的O_3是强氧化剂,对人体健康影响极大,浓度高时甚至可导致人体死亡。

(四)运用尾气分析判断汽车故障,治理汽车排放

汽车排放污染物超标是汽车故障的一种现象或是其性能指标恶化的一种表征,必须通过对发动机进行定期检测和清洁、润滑、调整、紧固及检查等维护作业,才能消除导致排放超标的内在原因,使其恢复和保证正常的排放状况,同时也可有效地提高燃油利用率,节约能源。目前我国在用的汽车排放法规是GB 18285—2000《在用汽车排气污染物限值及测试方法》。

在汽车维修作业中正确使用尾气分析仪(具体使用方法请参阅仪器使用手册和GB/T 3845—93《汽油车排气污染物的测量怠速法》)检测发动机排气成分,可以帮助维修人员分析故障,快速判断故障部位。维修电控发动机时常使用数字式四气体式(HC、CO、CO_2、O_2)或五气体式(HC、CO、CO_2、O_2、NO)不分光红外线尾气分析仪测试怠速工况下尾气排放值,正常浓度范围见表5-5,排气污染物量的变化趋势与发动机故障的关系见表5-6。若尾气测试值不正常,可进行数据流测试或进行波形分析,进一步判断故障部位。

怠速工况下车辆尾气排放的正常浓度范围 表5-5

CO(%)	HC(10^{-6})	CO_2(%)	O_2(%)
0~3	0~250	13~15	1~2

电控发动机排气污染物量的变化趋势与发动机故障的关系 表5-6

CO	HC	CO_2	O_2	故障原因
低	很高	低	低	点火系统故障气缸压力低
很高	很高/高	低	低	混合气浓
很低	很高	低	很高/高	混合气稀
高	低	正常	正常	点火太迟
低	高	正常	正常	点火太早
变化	变化	低	正常	EGR阀泄漏
低	低	低	高	排气管漏气

电控发动机排放超标的原因主要有：

(1)发动机控制系统喷油量控制失常，使混合气过浓或过稀；

(2)点火系统不正常，如点火不正时、火花塞脏污或间隙不正确、个别气缸不点火、低压点火线路或高点火线路的能量损失、电容器技术状况不良等；

(3)电控发动机用于降低排放污染的装置工作失常。目前常用的排放控制装置有曲轴箱强制通风装置、三元催化转换器、燃油蒸发控制系统、废气再循环系统等；

(4)常见的机械故障见表 5-7。

导致发动机排放超标的常见机械故障 表 5-7

故障原因	常见故障部位	故障原因	常见故障部位
配气相位失准	1. 连杆轴颈与主轴颈平行度公差超标 2. 凸轮轴、正时齿轮等零部件制造精度不足 3. 配气机构部件磨损变形或咬死 4. 配气机构调整不当(含气门间隙) 5. 老化的正时齿带在运行中出现“跳齿” 6. 气门弹簧弹力不足	气缸压力偏低	1. 气缸磨损后圆度和圆柱度超标 2. 活塞环弹力下降或断裂 3. 气门密封不严 4. 活塞环槽磨损过度 5. 气缸壁拉伤 6. 气缸垫漏气(气缸与气缸、气缸与水道、气缸与油道) 7. 气缸裂纹(火花塞处、进排气门座圈处、水道处、油道处)
气缸压力偏高	1. 气缸垫质量差 2. 活塞不合格 3. 燃烧室积炭过多 4. 气缸盖加工后变薄	发动机过热	1. 冷却系工作不良 2. 润滑系工作不良
		排气阻力大	1. 三元催化转换器堵塞 2. 消音器堵塞 3. 排气歧管密封垫安装不正确

二、燃油蒸发控制系统

(一)作用

燃油蒸发控制系统(EVAP)的作用是阻止燃油箱内的汽油蒸气泄漏到大气中污染环境；同时收集汽油蒸气并适时送入进气管，与空气混合后进入发动机燃烧，提高燃油经济性。

(二)结构与基本原理

燃油蒸发控制系统随汽车制造厂和生产年代的不同而有所差。早期的燃油蒸发系统多是利用真空进行控制，近年来基本都采用 ECU 进行控制。目前常见的燃油蒸发系统主要由油气分离阀、活性碳罐、清污电磁阀等组成，见图 5-116。

燃油箱内的汽油蒸气压力大于外界环境大气压力时，汽油蒸气经油箱顶部的蒸气管进入活性碳罐。活性碳罐内充满了颗粒状的活性碳粒，汽油蒸气中的汽油分子被吸附地活性碳表面，剩下的空气经活性碳罐的下出气口排入大气中。

活性碳罐上出气口经真空软管与发动机进气歧管相连，软管中部设有一个清污电磁阀(常闭阀)控制管路的通断。当发动机运转时，如果 ECU 控制清污电磁阀开启，则在进气管真空吸力的作用下，外界空气从活性碳罐底部进入，经过活性碳至上出气口，再经真空软管进入发动机进气管。流动的空气使吸附在活性碳表面的汽油分子又重新蒸发，随新鲜空气一起被吸入发动机气缸燃烧，一方面使汽油得到充分利用，另一方面也恢复了活性碳的吸附能力。

为了防止破坏发动机正常的空燃比，回收进入进气管的燃油蒸气量必须加以控制，这一控制过程由 ECU 控制清污电磁阀的开闭来实现。一般来说，ECU 使清污电磁阀通电开启是有一定条件的，通常考虑以下情况：冷却液温度高于规定值、发动机转速高于规定值、车速高于规定值、发动机起动超过规定时间及怠速触点开关处于断开状态。

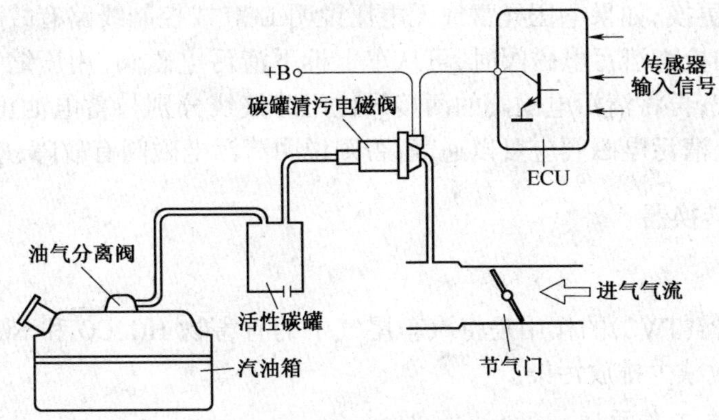

图 5-116 燃油蒸发控制系统

当发动机运行工况满足清污电磁阀开启条件时，ECU 控制清污电磁阀通电开启，贮存在活性碳罐内的汽油蒸气经真空软管吸入发动机燃烧，此时由于发动机进气量较大，少量的汽油蒸气进入发动机不会影响混合气的浓度。较先进的燃油蒸发控制系统可根据发动机负荷等情况，适时控制清污电磁阀通电时的占空比，以达到控制电磁阀门开启程度、调节吸入的燃油蒸气流量的目的。

(三)燃油蒸发控制系统常见故障及检修

1．燃油蒸发控制系统常见故障

(1)工作失效

即清污电磁阀无法开启，无法回收油箱中的汽油蒸气。这种故障对发动机的运转没有影响，但个别车型会造成夏季行车时驾驶室内有汽油味。

(2)工作失常

清污电磁阀常开不闭、真空软管破裂或 ECU 根据错误的传感器信号而控制清污电磁阀提早开启等故障，会改变发动机空燃比，从而影响怠速的稳定。

(3)油箱变形甚至破裂漏油

有些车型在设计时汽油箱加油口盖无真空阀，如果活性碳罐与外界大气相通的出气口被车轮甩溅的污泥封死时(特别是活性碳罐安装位置较低的车辆)，油箱内会由于清污电磁阀开启及汽油消耗而产生真空，导致汽油箱被外界大气压力压瘪变形，严重时甚至破裂漏油。

2．检修燃油蒸发控制系统

(1)检视燃油蒸发控制系统的各连接软管连接处应齐全有效、发动机舱内无汽油味。

(2)将发动机热车至正常温度后怠速运转，从进气歧管上取下燃油蒸发控制系统真空管并用手指堵住进气歧管上真空孔，此时发动机运转应无变化，否则应检视真空管是否破裂或断开，必要时应予以更换。

(3)插上进气歧管的燃油蒸发控制系统真空管，取下活性碳罐上的真空软管，检查管内有无真空吸力。此时若软管内存在真空吸力，可把万用表正负表笔插入清污电磁阀控制线束插头内测量电源电压正常与否：若无电压说明清污电磁阀常开不闭，需更换；若有 12V 电压说明电磁阀与 ECU 之间的控制线路存在搭铁短路故障或 ECU 损坏。

(4)将发动机加速至 2000r/min 以上，再次检查上述真空软管内有无真空吸力：若有吸力说明系统正常；若无吸力，测量清污电磁阀电阻应符合规定（AJR 发动机清污电磁阀 N80 电阻为 25±20Ω），否则应予以更换，同时测量清污电磁阀线束插头内电源电压：如果电压正常说明清污电磁阀有故障需更换；如果电压异常或无电压说明 ECU 或控制线路有故障。

（5）若需要单独检查清污电磁阀时，可从车上拆下清污电磁阀，用压缩空气向电磁阀内吹气，电磁阀应不通气；再将清污电磁阀的两接线柱用跨接线分别与蓄电池正负极连接，同时向清污电磁阀内吹气，清污电磁阀应可以通气，否则说明清污电磁阀有故障，应更换。

三、三元催化转换器

（一）作用

三元催化转换器（TWC）的作用是将汽车尾气中的有害物 HC、CO 和 NO_x 转换成为无害物 H_2O、CO_2 和 N_2，有效减少排放污染。

（二）结构和基本工作原理

如图 5-117 所示，三元催化转换器安装在排气道中，位于消音器与排气歧管之间，内部结构如图 5-118 所示，由壳体、减振层和涂有催化剂的载体组成。

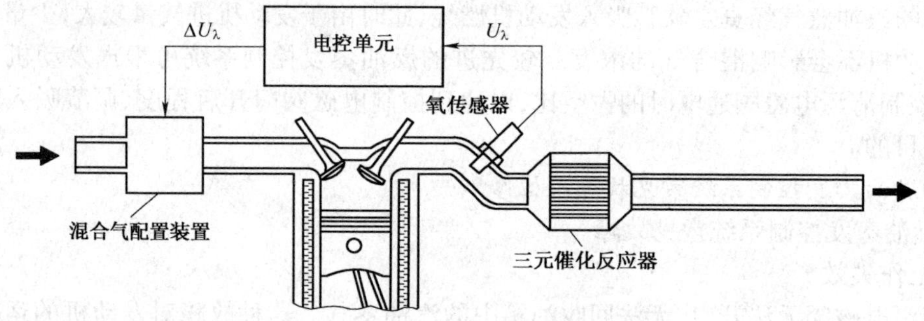

图 5-117　三元催化转换器安装位置示意图

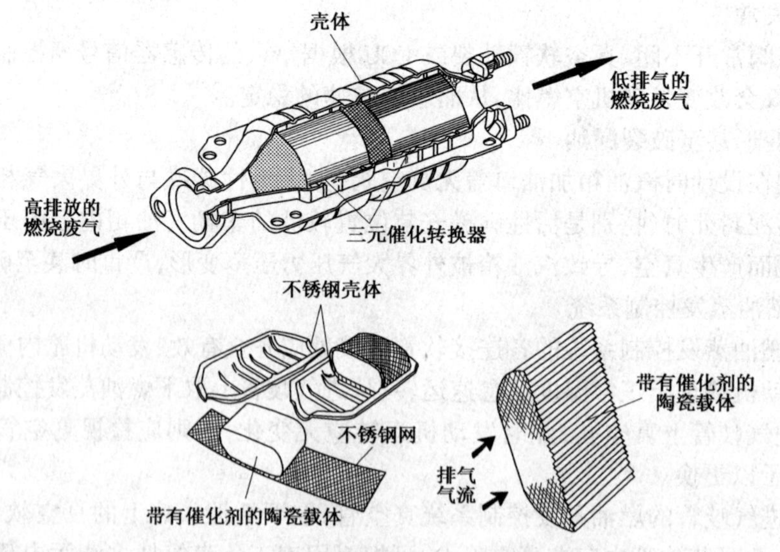

图 5-118　三元催化转换器内部结构

目前车用催化器载体绝大多数采用蜂窝状陶瓷载体，如图 5-119 所示。陶瓷载体每平方英寸有 400～1200 个孔，这些孔贯通于整个载体。在每个孔的内表面涂有一层非常疏松的

γ-Al_2O_3涂层，其粗糙多孔的表面可使壁面实际催化反应表面积扩大7000倍左右。在涂层表面散布着贵金属催化剂(铂、铑和钯等)。尾气中的HC、CO、NO_x以及燃烧剩余的O_2在催化剂的作用下，在一定温度条件下(一般为300～500℃以上)发生氧化—还原反应，生成H_2O和N_2。当空燃比为标准的理论空燃比($A/F=14.7:1$)时，三元催化转换器转换效率可达90%以上，见图5-120，因此装备三元催化转换器的发动机必须采用氧传感器对空燃比进行反馈控制，将空燃比精确地控制在14.7:1附近。

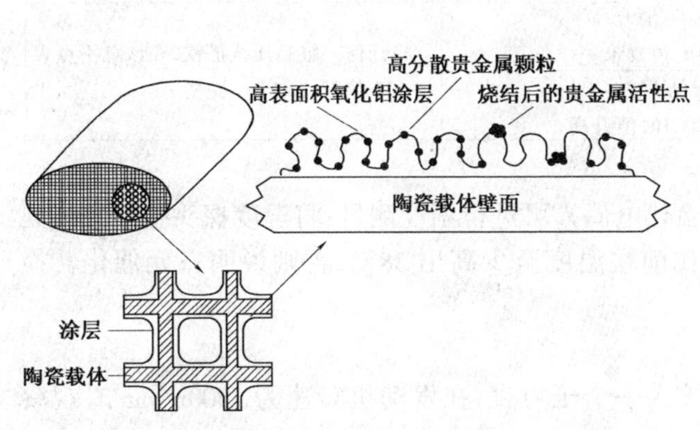

图5-119　蜂窝状陶瓷载体

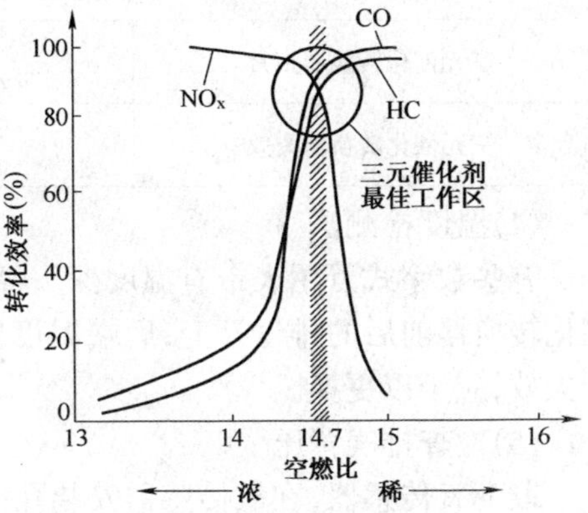

图5-120　三元催化转换器转换效率与空燃比的关系

(三)三元催化转换器常见故障及检修

1．三元催化转换器常见故障

(1)催化剂化学中毒

车用催化剂中毒的来源主要是燃料和机油中的铅、硫、磷，这些化学元素燃烧后的氧化物覆盖在催化剂表面，使尾气中的有害成分无法与催化剂接触，无法进行氧化—还原反应。

(2)积炭堵塞

燃烧产生的积炭或机油经排气导管进入排气管内氧化生成的积炭堵塞了三元催化转换器陶瓷载体，造成排气不畅、恶化燃烧，导致发动机动力不足、怠速抖动、起动困难等故障，同时也使得三元催化转换器温度升高过多，造成高温烧结。

(3)高温烧结

三元催化转换器正常工作温度为500～800℃，出口处温度比进口处温度高约30～100℃。但是当工作温度超过800℃以上时涂层中的γ-Al_2O_3烧结，表面积大大减少，导致三元催化转换器失效。常见故障原因有：未燃混合气在载体的高温环境中发生剧烈氧化放热反应、汽车持续高速大负荷运行、排气堵塞。

(4)陶瓷载体破损

三元催化转换器过热、外部碰撞和挤压都有可能使陶瓷载体断裂和破碎，导致排气不畅。

2．检测三元催化催化转换器

(1)检测前的准备

检测三元催化转换器之前必须确认点火系统正常、发动机无漏气、燃料供给系统正常、曲轴箱通风装置和废气再循环装置齐全有效、排气管无泄漏。

(2)检视三元催化转换器

检视三元催化转换器外壳无大面积凹陷，否则应予以更换；检视三元催化转换器与车身之间应固定牢固、与排气管的连接应完好无漏气、连接螺栓应紧固无松动，否则应予以修理；用橡胶槌敲击三元催化转换器，其内部不得有异响，否则应予以更换。

(3)尾气测试法

发动机热机后，取下氧传感器和怠速马达导线插头，起动发动机怠速运转约30s，使用四气体尾气分析仪检测CO、HC、O_2数值并做好记录，将任何一缸高压线搭铁，使该缸不工作(时间不得超过5min)，观察尾气成分变化，见表5-8。

使用尾气测试法判断三元催化转换器性能 表5-8

三元催化转换器正常	O_2值升高 CO、HC值基本无变化	将任何一缸高压线搭铁，在该缸不点火状态下测试
三元催化转换器失效	O_2值升高 CO、HC值升高	

(4)温度检测法

有些数字式万用表带有温度探头(高温热电偶)，可进行温度测量：将温度探头接触在三元催化转换器前后的排气管上，后端温度应比前端温度至少高出38℃，否则说明三元催化转换器失效，应予以更换。

(5)检查排气背压

取下氧传感器，在氧传感器安装孔处接入一个压力表，在发动机转速为2500r/min时观察压力表的读数应小于18kPa。如果排气背压大于21kPa则表明排气系统堵塞，若观察三元催化转换器、消音器和排气管又无外部损伤，则可脱开三元催化转换器排气口，此时若压力表读数仍然较高，则为三元催化转换器内部堵塞，需更换；若压力表读数陡然下降说明堵塞发生在三元催化转换器后面的部件。

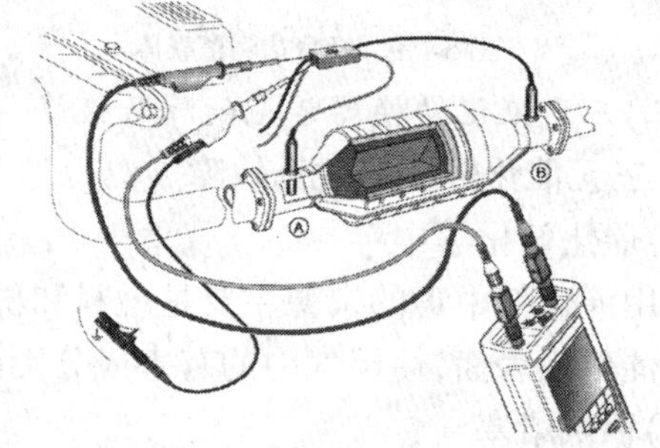

(6)双氧传感器波形测试

部分发动机电控系统为了监测三元催化转换器转换效率，在三元催化转换器前后各装有一个氧传感器，前端的氧传感器称为主氧传感器，后端的氧传感器称为副氧传感器。由于三元催化传感器的转换作用，两个氧传感器检测的氧浓度有较大差别，若副氧传感器信号电压幅值达到或超过50%的主氧传感器信号电压幅值时说明三元催化转换器已经失效，见图5-121。

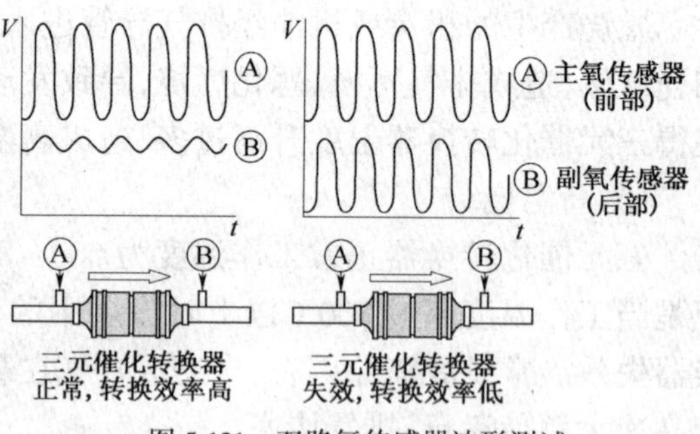

图5-121 双路氧传感器波形测试

四、废气再循环系统

(一)作用

废气再循环系统(EGR)用于降低发动机NO_x的排放量。

(二)结构与基本工作原理

NO_x是在高温和富氧条件下N_2和O_2发生化学反应的生成物，燃烧温度越高NO_x生成越多。电控发动机热机状态下中高转速时气缸内的燃烧状况非常良好，此时燃烧温度较高(超过2000℃)，大大加剧了NO_x的生成量。为了有效降低NO_x的排放量，部分发动机采用废气再循环技术，如图 5-122 所示。

废气再循环技术是在发动机中高速运转时，用导管从排气管中引入一部分废气通过 EGR 阀进入进气道，引入的废气“稀释”了可燃混合气并同时“占用”了部分燃烧室容积，降低了燃烧速度，燃烧温度也随之下降，从而有效地控制 NO_x 的生成。

应当指出，废气再循环技术在降低 NO_x 生成量的同时，也导致燃烧变得不稳定、发动机失火率增加。一般来说，在发动机冷机、怠速小负荷时为了稳定燃烧不能进行废气循环；另外在发动机高速大负荷时为了保证良好的动力性，一般也不进行废气循环或减少废气循环量。因此 ECU 根据各传感器信号，通过控制 EGR 控制阀来控制 EGR 阀的工作。

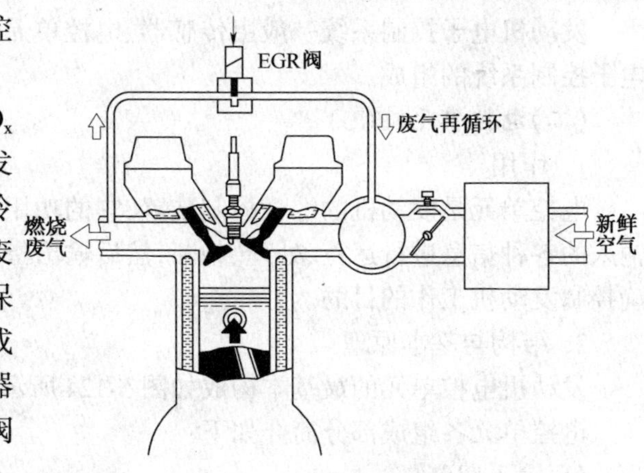

图 5-122 废气再循环系统工作原理示意图

EGR 控制阀常见有真空控制式、线性电磁阀控制式、脉冲电磁阀占空比控制式和数字式组合控制式等几种。可以根据 ECU 的控制指令控制废气再循环系统参与和退出工作的时机(一般在发动机转速 2000～4000r/min 期间参与工作)，另外有些废气再循环控制系统也可以依据工况及工作条件的变化适时调整参与再循环的废气量，一般来说再循环的废气量占进气量的 5%～13%，随工况变化而改变。

(三)废气在循环系统常见故障及检修

由于燃烧废气通过 EGR 阀，因此 EGR 阀经常出现严重积炭，造成 EGR 阀无法正确开启或无法正确关闭。如果 EGR 阀无法正确开启，例如积炭粘连导致“常闭不开”，会造成发动机温度过高、NO_x 排量增加和发动机易产生爆震等故障，热机大负荷时故障现象尤为明显；如果 EGR 阀无法正确关闭，例如积炭卡滞导致“常开不闭”，会造成发动机动力不足、怠速抖动甚至熄火等故障，冷机怠速时故障现象尤为明显。检修时应拆下 EGR 清洗并视情更换，必要时应结合维修资料检修 EGR 控制阀、控制电路或相应真空控制管路。

课题六 电子控制系统

一、电子控制系统的作用和工作原理

(一)电子控制系统的作用

发动机电子控制系统的作用是根据发动机的运行工况和车辆运行状况确定并执行发动机的最佳控制方案，保证发动机动力性、经济性和排放性能始终处于最佳组合。

(二)电子控制系统的工作原理

发动机电子控制系统是将发动机的运行工况(如进气量、节气门位置、曲轴位置及转速、冷却液温度、进气温度、排气成分信息等)和车辆运行状况(如车速等)信息，通过传感器转换成为相应的电信号并输送给电控单元，电控单元对这些电信号进行分析、判断、比较、计算等实时处理后，得出最佳控制方案并向各有关执行元件发出控制指令，控制最佳的空燃比和点火时刻，使得发动机在各种工况下都处于最佳工作状态。电控单元还具有故障自诊断功能。

二、电子控制系统的组成

(一)电子控制系统的组成

发动机电子控制系统一般由传感器、电控单元和执行器组成,图 5-123 所示为 AJR 发动机电子控制系统的组成。

(二)电控单元(ECU)

1. 作用

电控单元是发动机的综合控制装置,它的功用是根据自身存贮的程序对发动机各传感器输入的各种信息进行运算、处理、判断,然后输出指令控制有关执行器动作,达到自动、快速、准确控制发动机工作的目的。

2. 结构与基本原理

发动机电控单元的最基本构成如图 5-124 所示,其中主要部件是微型电子计算机。

电控单元各组成部分简介如下:

(1)输入回路

从传感器来的信号首先进入输入回路进行预处理,如图 5-125 所示。

(2)A/D 转换器(模拟/数字转换器)

从传感器送来的信号有模拟信号和数字信号两种,如图 5-126 所示,而微机只能处理数字信号,模拟信号须经过 A/D 转换器转换为数字信号后才能输入微机。

(3)微型计算机

微型计算机把各种传感器送来的信号用内存程序和数据进行运算处理,并把处理结果(如喷油器喷射信号、点火正时信号)送往输出回路。微型计算机主要由中央处理器(CPU)、存贮器、输入输出接口和总线组成。

微型计算机内部的存贮器一般分为两种,能读出也能写入的存贮器叫随机存贮器,简称 RAM,主要用来存贮计算机操作时的可变数据,如计算机输入、输出数据,计算过程中产生的中间数据、故障代码、自学习修正数据等,当切断电源后 RAM 内部的存贮信息将丢失。为了防止点火开关关闭后因电源被切断而造成数据丢失,RAM 通过微机后备电源电路与蓄电池相连,使 RAM 不受点火开关的控制,AJR 发动机控制电路中的 T80/3 端子与 30 号常火线之间的电路就起到了这个作用。当后备电源电路断开或拆除蓄电池后,存入 RAM 的数据会自然丢失,因此在车辆维修时如需拆除蓄电池必须先读取并记录故障代码。

微机内部只能读出的存贮器叫只读存贮器,简称 ROM,用来存贮固定的数据,如电控系统中的一系列控制程序软件、喷油特性脉谱、点火控制特性脉谱以及其他特性数据等。这些信息资料一般都是在制造时由厂家一次性输入,使用中无法改变其内容,断电后数据信息不会丢失。

有些汽车制造厂在微机内还装有一块可编程只读存贮器,简称 PROM,用来存贮车辆的校正信息。PROM制成专用芯片,可从微机上取下,如图5-127所示,当车辆改装后,汽车制造厂可根据不同发动机、传动系、底盘、车身型式或选用附件的差异更换不同型号的 PROM 来修正喷射正时、喷油量和点火正时,保证改装后的车辆性能不变。

(4)输出回路

微机输出的是数字信号且输出的电流很小,一般不能驱动执行器工作,因此需要输出回路将其转换成可以驱动执行器工作的控制信号。输出回路一般起着控制信号生成和放大作用。

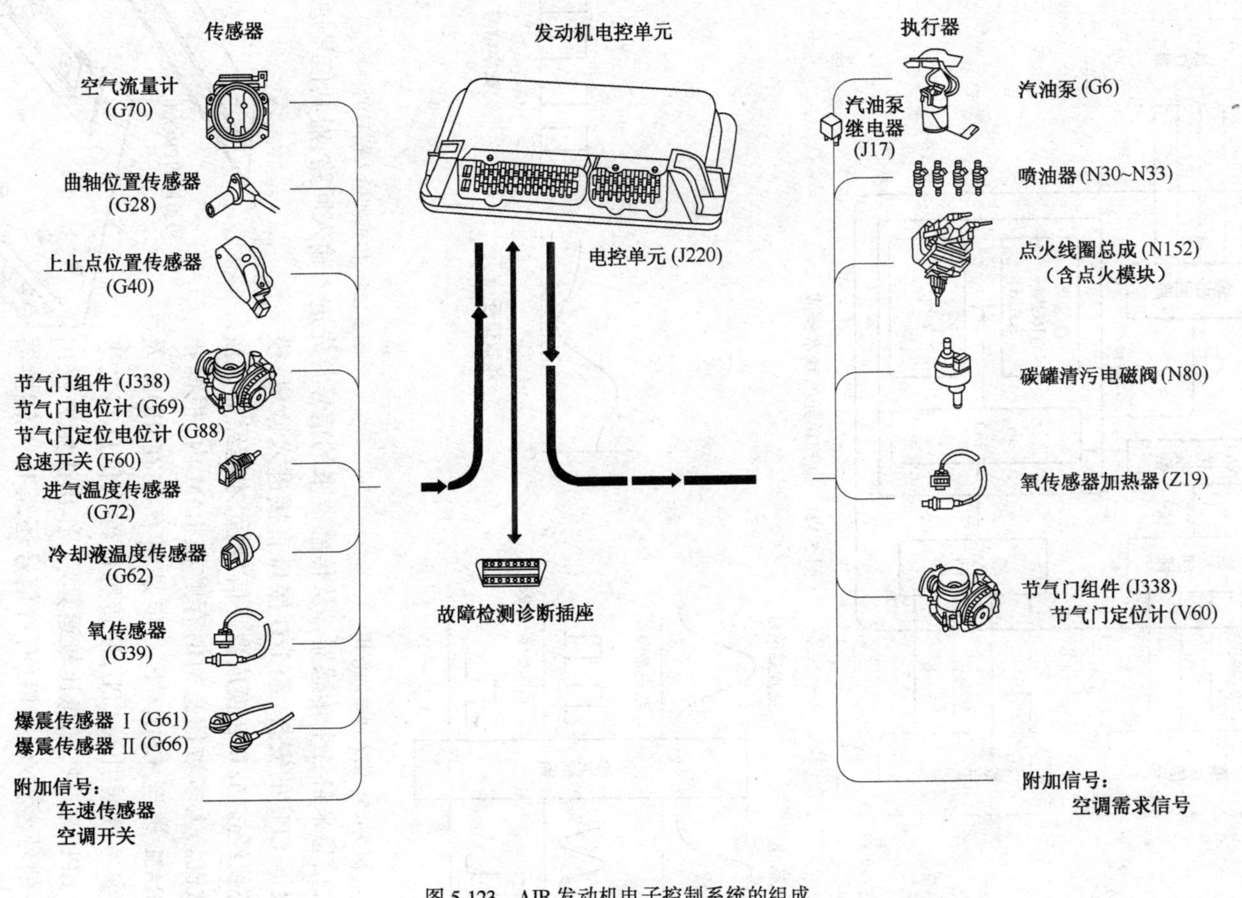

图 5-123　AJR 发动机电子控制系统的组成

3．电子控制系统简要工作过程

发动机起动时，某些程序从 ROM 中取出并进入 CPU，这些程序可以是控制点火时刻、控制燃油喷射、控制怠速等，通过CPU的处理，一个个指令逐个地进行运算。执行程序过程中所需

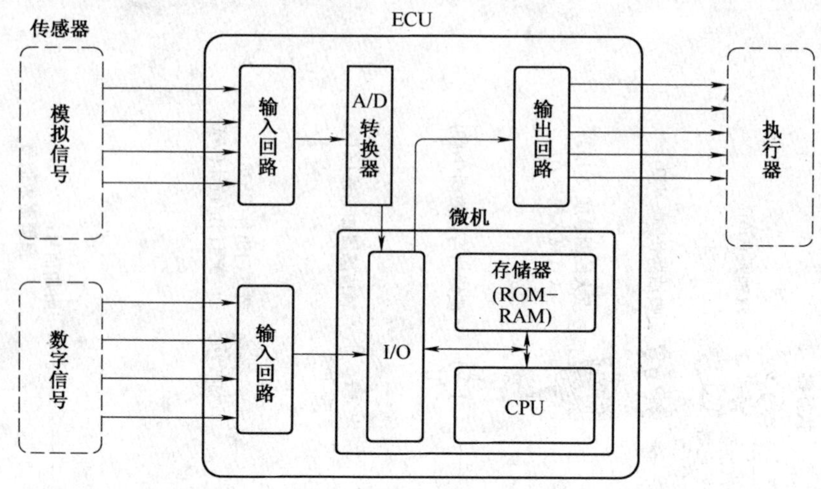

图 5-124 电控单元的基本构成

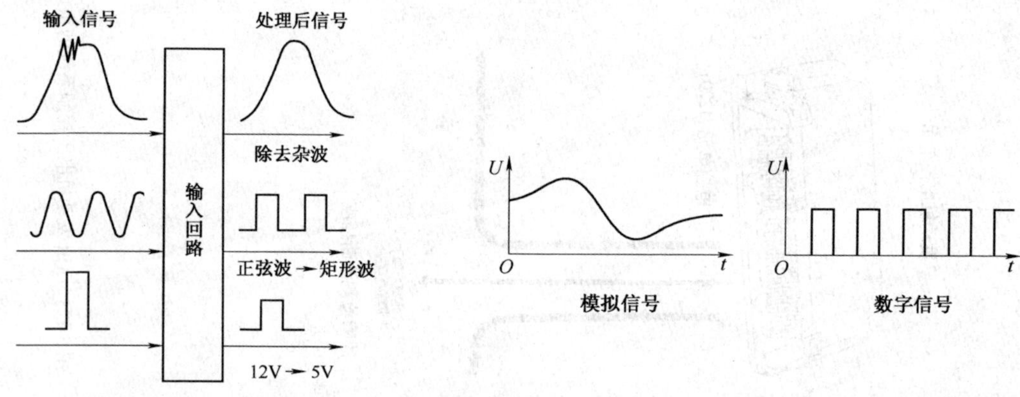

图 5-125 输入回路的作用

图 5-126 传感器输入信号的种类

的发动机信息来自各个传感器。从传感器来的信号首先进入输入回路，对其信号进行处理：数字信号根据 CPU 的安排，经 I/O 接口直接进入微机；模拟信号还要经过 A/D 转换成数字信号后，才能经 I/O 接口进入微机。大多数信息暂时存贮在 RAM 内，根据指令再从 RAM 送至 CPU。下一步是将存贮在 ROM 及 PROM 中参考数据引入 CPU，使传感器输入信息与之进行比较。CPU 对这些信息比较运算后，作出决定并发出输出指令信号，经 I/O 接口(有些信号还经 D/A 转换器转为模拟信号)，最后经输出回路控制执行器的动作。

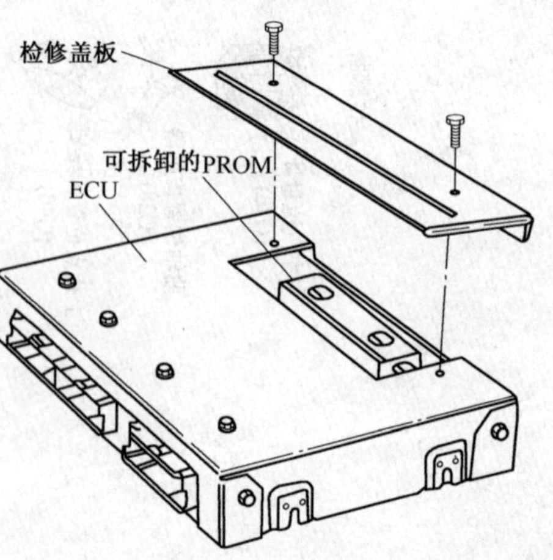

图 5-127 PROM

(三)传感器

1．冷却液温度传感器(ECT)

1)作用

冷却液温度传感器用于测量发动机冷却液温度并

转换成电信号输入 ECU,ECU 根据此信号来修正燃油喷射和点火正时。冷却液温度传感器常安装在缸体或缸盖的水道上。

2)结构和工作原理

冷却液温度传感器结构如图 5-128 所示,其内部有一个负温度特性电阻:冷却液温度愈低电阻愈大;冷却液温度愈高电阻愈小。冷却液温度传感器的控制电路如图 5-129 所示。

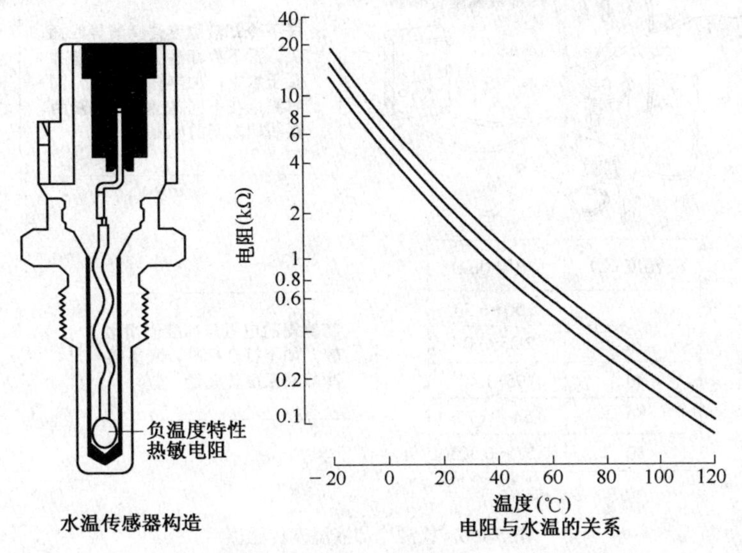

图 5-128　冷却液温度传感器结构

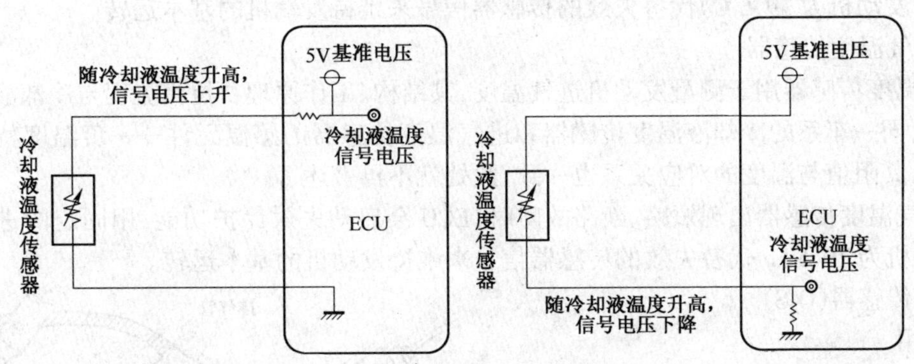

图 5-129　冷却液温度传感器控制电路

3)冷却液温度传感器的检测

冷却液温度传感器常见的故障是短路、断路或阻值漂移。冷却液温度传感器出现故障后 ECU 会按照错误的温度信号修正喷油量,导致实际空燃比与目标空燃比不吻合:当冷却液温度信号低于发动机实际温度时导致混合气过浓,出现无法起动、起动困难、排气管冒黑烟、热车怠速不稳等故障;当冷却液温度信号高于发动机实际温度时导致混合气过稀,出现冷车起动困难、冷车怠速不稳等故障。因此当混合气过浓或过稀时应检测冷却液温度传感器及其控制电路。下面以 AJR 发动机为例,简述其检测步骤:

(1)检测工作电压

拆下冷却液温度传感器导线插头,打开点火开关后测量 G62/1 与 G62/3 之间应具有 5V 工作电压,否则应检修 ECU 的电源电路、搭铁电路、T80/53 与 G62/3 之间导线、T80/67 与 G62/1

之间的导线。

(2)检测冷却液温度传感器的电阻值

如图 5-130 所示,检测冷却液温度传感器的电阻值应符合规定。

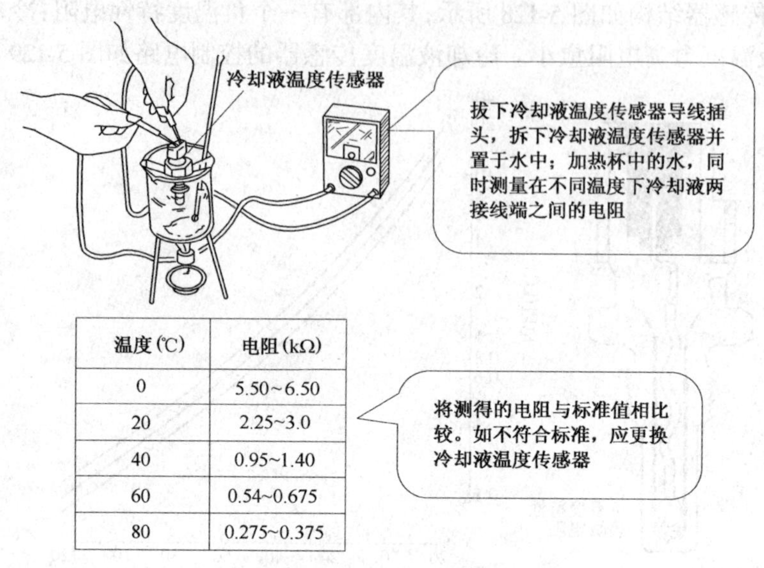

温度(℃)	电阻(kΩ)
0	5.50~6.50
20	2.25~3.0
40	0.95~1.40
60	0.54~0.675
80	0.275~0.375

图 5-130　检测冷却液温度传感器

当冷却液温度传感器出现短路或断路故障时,ECU 会启动失效保护功能,用固定的冷却液温度(AJR 发动机为 79.5℃)代替失效的传感器信号来维持发动机的基本运转。

2. 进气温度传感器

进气温度传感器用于测量发动机进气温度,其结构、工作原理及检修流程与冷却液温度传感器类似,同一车系的冷却液温度传感器和进气温度传感器的感温元件——负温度特性电阻材质相同,其阻值与温度的对应关系也一致,此处就不再赘述了。

当进气温度传感器出现短路、断路故障时,ECU 会启动失效保护功能,用固定的进气温度(AJR 发动机为 19.5℃)代替失效的传感器信号来维持发动机的基本运转。

3. 氧传感器(O_2S)

1)作用

氧传感器安装在排气管上(图 5-131),其作用是检测排气中的氧分子的浓度并转换为电信号输送给 ECU。排气中氧气分子的浓度取决于混合气的空燃比:$A/F < 14.7:1$ 时混合气偏浓,在燃烧过程中氧分子几乎被全部耗尽,排气中氧分子浓度较低;当 $A/F > 14.7:1$ 时混合气偏稀,在燃烧过程中氧分子未能全部耗尽,排气中氧分子浓度较高。因此氧传感器信号间接反映了混合气空燃比的高低,ECU 根据氧传感器的信号反馈修正喷油量,使混合气的空燃比维持在理论空燃比($A/F = 14.7:1$)附近。

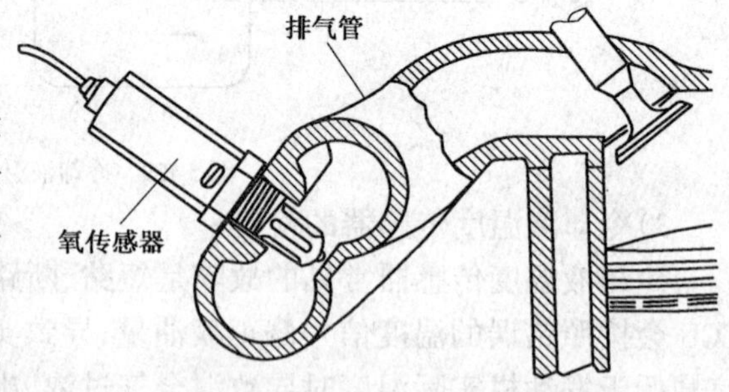

图 5-131　氧传感器的安装位置

2)结构和工作原理

目前氧传感器多为二氧化锆式或二氧化钛式,其中应用较多的是二氧化锆式氧传感器。

(1)二氧化锆式氧传感器

二氧化锆式氧传感器结构和工作原理如图 5-132 所示。

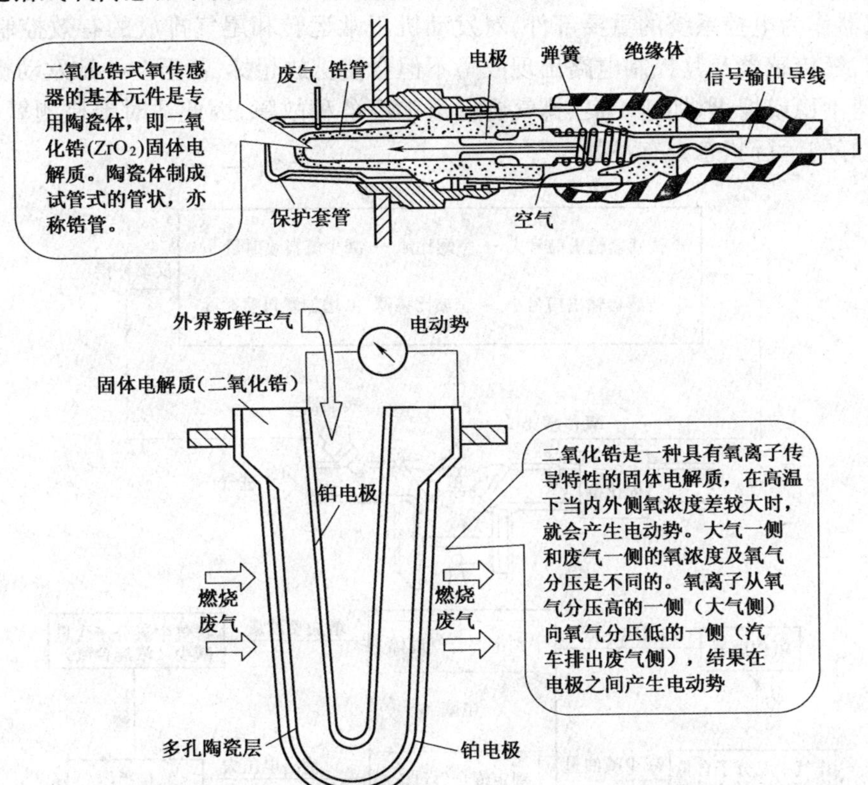

图 5-132　二氧化锆式氧传感器结构和工作原理

当 $A/F<14.7:1$ 时氧传感器二氧化锆内外氧浓度差较大，氧传感器产生的 0.9V 左右电压；当 $A/F>14.7:1$ 时氧传感器二氧化锆内外氧浓度差较小，氧传感器产生约 0.1V 左右电压。ECU 根据氧传感器输出电压信号对发动机喷油量进行闭环反馈控制，如图 5-133 所示。因此正常情况下氧传感器输出电压应在 0.1～0.9V 之间变化，通常每 10s 内变化 8 次。一般来说，当输出电压为 0.5～0.9V 时说明混合气浓，当输出电压为 0.1～0.5V 时说明混合气稀。

由于二氧化锆元件只有在 300℃以上温度时才开始正常工作，为了减少发动机冷机和怠速时的排放量，有些氧传感器还加装了加热器对二氧化锆元件进行加热。此加热器受 ECU 控制，称为加热型氧传感器。

(2)二氧化钛式氧传感器

二氧化钛式氧传感器的外形和二氧化锆式氧传感器相似，但它的体积较小，在传感器前端的护罩内有一个二氧化钛厚膜元件。纯二氧化钛在常温下是一种高电阻的半导体，表面一旦缺氧电阻值随之减少。因此二氧化钛式传感器和二氧化锆式氧传感器的主要区别在于：二氧化锆式氧传感器是将废气中氧分子含量的变化转换成传感器电压的变化，而二氧化钛式氧传感器是将废气中氧分子含量的变化转换成传感器电阻的变化。

由于二氧化钛的电阻值随温度变化而变化，因此在二氧化钛氧传感器内部也带有一个电加热器，以使二氧化钛式氧传感器在工作过程中保持恒温。实际上在反馈控制过程中，二氧化钛式氧传感器信号电压也是在 0.1～0.9V 之间不断变化：电压高表示混合气偏浓、电压低表示混合气偏稀。

3)氧传感器的检测

氧传感器作为电控系统的重要部件,对发动机正常运转和尾气排放的有效控制起着至关重要的作用,氧传感器及其控制电路出现故障不但会使排放超标,甚至会导致发动机空燃比失常,引发怠速不稳或熄火、加速不良、排气管冒黑烟等各种故障,因此适时地检测氧传感器,对保证汽车良好的运行状态大有益处。

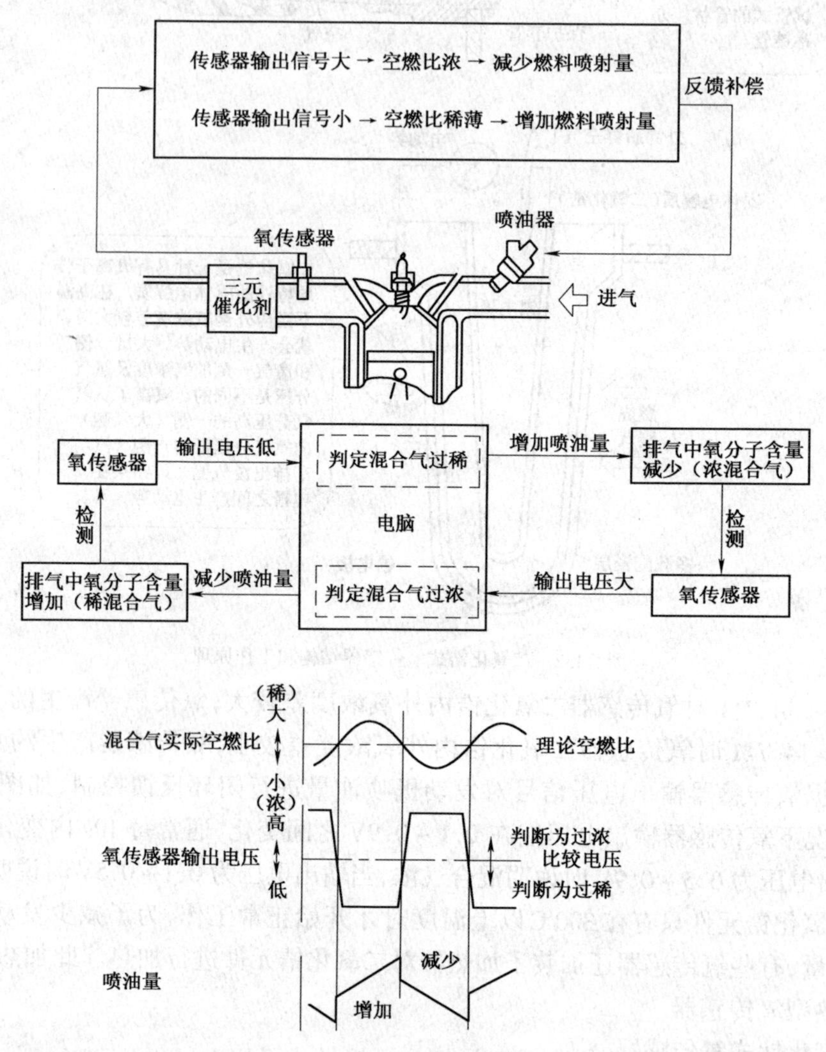

图 5-133 氧传感器反馈控制过程

氧传感器最常见的故障是失效,主要由以下几个原因:

铅中毒、硫中毒或磷中毒,主要是燃烧废气中的铅化物、硫化物或磷化物在氧传感器二氧化锆元件或二氧化钛元件表面沉积,形成致密的氧化层,阻碍了氧传感器与废气的接触。因此车辆每行驶 8~10 万 km 应结合二级维护更换氧传感器;装备氧传感器或三元催化转换器的车辆必须使用无铅汽油,另外为了减少硫、磷的含量,一般装有氧传感器的车辆应使用 SG 级以上机油。

积炭中毒,主要是燃烧废气中的积炭附着在氧传感器表面,阻堵了二氧化锆或二氧化钛与废气的接触。

尘土堵塞,主要是氧传感器外部的大气通孔被外界的尘土和泄露的润滑油堵塞。

内部断裂,氧传感器内部的二氧化锆或二氧化钛元件脆性较大易折断,一般其外部都设计有金属套管保护这些元件,因此严禁敲击、摔打氧传感器,氧传感器表面也不得有明显的凹陷变形。

被"尘土堵塞"的氧传感器信号电压偏低,ECU会控制喷油器多喷油,导致混合气过浓;"中毒"的氧传感器信号电压偏高,ECU会控制喷油器少喷油,导致混合气过稀。氧传感器的失效是一个渐进过程,随着使用,氧传感器信号电压变化范围缩小、变化频率降低,当信号电压变化范围位于0.4~0.6V之间或电压变化频率每10s少于8次时,需更换。

当氧传感器信号电压不随混合气浓度变化而变化或电压变化过缓(每10s小于8次),ECU无法对发动机实施闭环反馈控制,转而按开环控制方式进行喷油控制,同时自诊断系统会监测到故障并生成故障代码。必须指出导致氧传感器产生故障代码的原因并不仅仅是氧传感器及其控制电路的故障,我们应该通过检测,判断是氧传感器损坏还是由于机械系统故障或电控系统故障而导致混合气失控。

氧传感器的检测方法如下所述:

(1)测量氧传感器加热器电阻

对于加热型氧传感器首先应检测加热器的电阻值,具体方法如图5-134所示。AJR发动机氧传感器加热器电阻值应为1~5Ω。

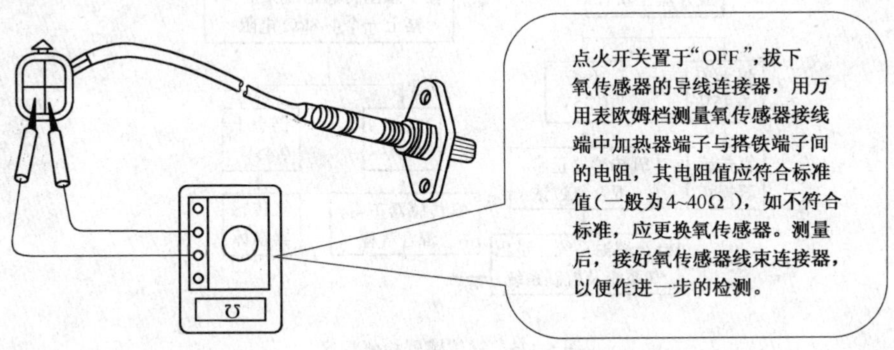

图5-134　检测氧传感器加热器电阻

(2)测量氧传感器反馈电压

测量氧传感器反馈电压时,应先拔下氧传感器线束插头,对照被测车型的电路图,从氧传感器反馈电压输出端引出一条细导线,插好导线插头后起动发动机,从引出线端测量氧传感器反馈电压。在测量氧传感器反馈电压时最好使用指针式万用表,以便直观地反映出反馈电压的变化情况。也可以利用解码器的数据流分析功能观察氧传感器反馈电压值,氧传感器检测程序如图5-135所示。

(3)氧传感器波形分析

①波形特点(图5-136)

②波形测试方法(图5-137)

4. 车速传感器(VSS)

(1)作用

车速传感器用来测量汽车的行驶速度,主要用于发动机怠速和汽车加速期间的空燃比控制,常见有笛簧开关式、磁电式、霍尔式和可变磁阻式等四大类,其中笛簧开关式和磁电式应用较多。

(2)笛簧开关式车速传感器结构和工作原理(图 5-138)

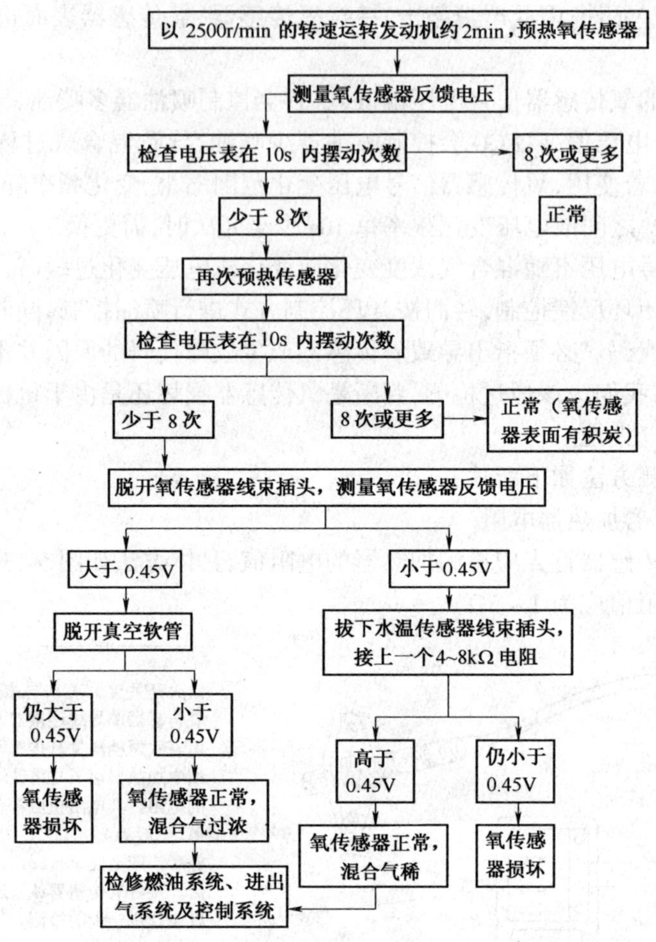

图 5-135　氧传感器检测程序

(3)检测笛簧开关式车速传感器(图5-139)

(四)执行器

把 ECU 的控制信号转换为机械运动，实现控制的装置称为执行器。在汽车电子控制装置中使用的执行器很多,归纳起来分为继电器、电磁阀和电动机三大类。

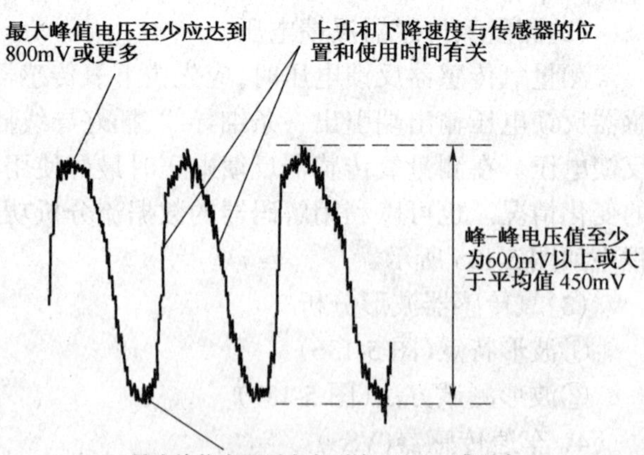

图 5-136　氧传感器波形特点

三、电子控制系统的检修

(一)电子控制系统故障常用诊断方法

1. 发动机电控系统检测诊断程序

对于发动机电控系统故障可先按图 5-140所示的一般程序进行诊断和检修。

2. 发动机电控系统的人工检测诊断方法

1)客户调查

为了迅速地查找到故障源,维修技术人员必须首先了解故障出现时的情形、条件、如何发

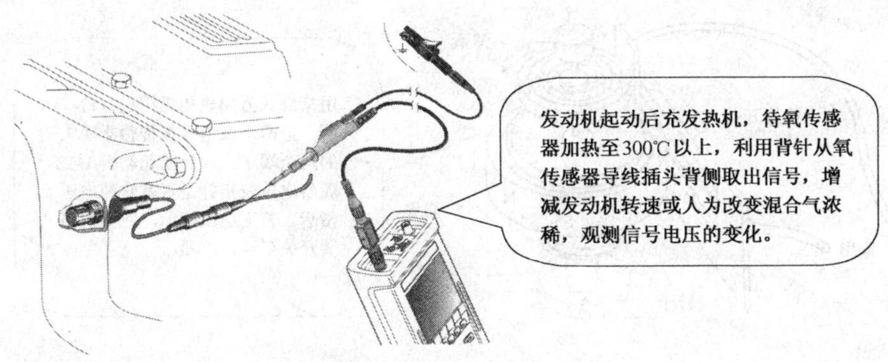

图 5-137　氧传感器波形测试方法

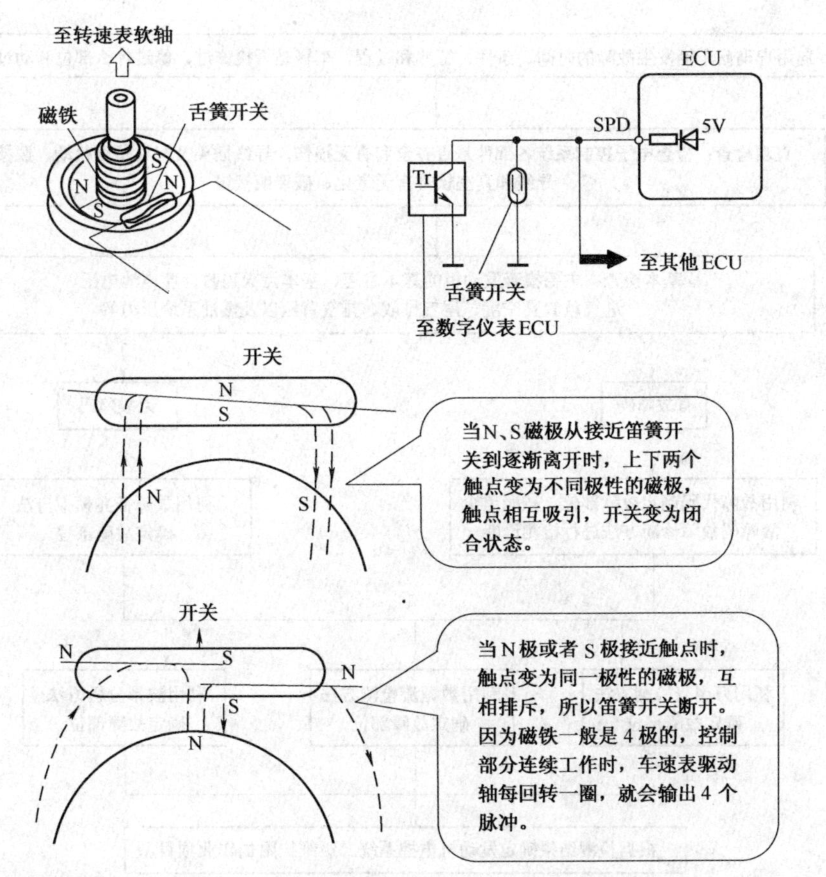

图 5-138　笛簧开关式车速传感器结构和工作原理

生及是否已检修过等与故障有关的信息。为此必须认真倾听客户对故障现象的描述,尽管客户的描述可能被曲解或不全面,甚至自相矛盾,但它时常有可能把握住问题的关键。最好的做法是:在倾听客户的初步意见之后思考一下,进行一次初步诊断,随后询问一些有关的问题来帮助确定初步诊断的结论,同时认真填写“客户意见调查表”(表 5-9),此表所含项目是发动机电控系统故障现象的写真记录,与诊断测试结果一起构成查找故障源的依据。

指针
弹簧
簧片开关
N
N
S
磁铁
输出
转子
用指针式万用表电压档进行检测，把两个表笔接在传感器插头的两个端子上，转动起动机 1~2s，观察电压表指针是否有脉冲电压指示。若无电压指示，应更换笛簧开关车速传感器。

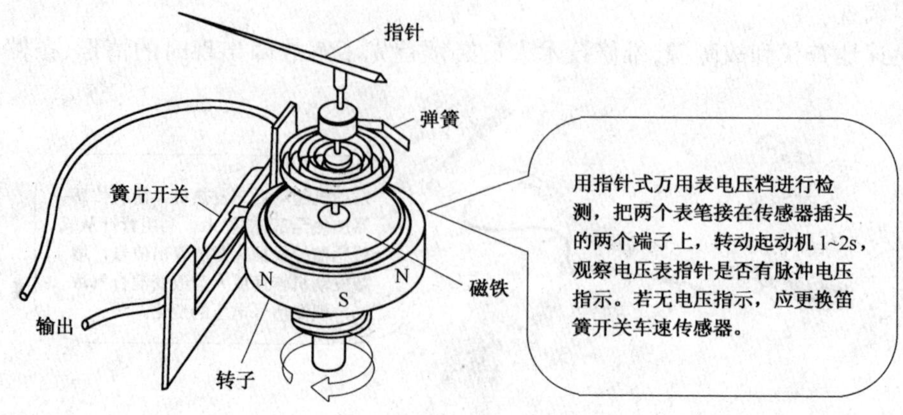

图 5-139　检测笛簧开关式车速传感器

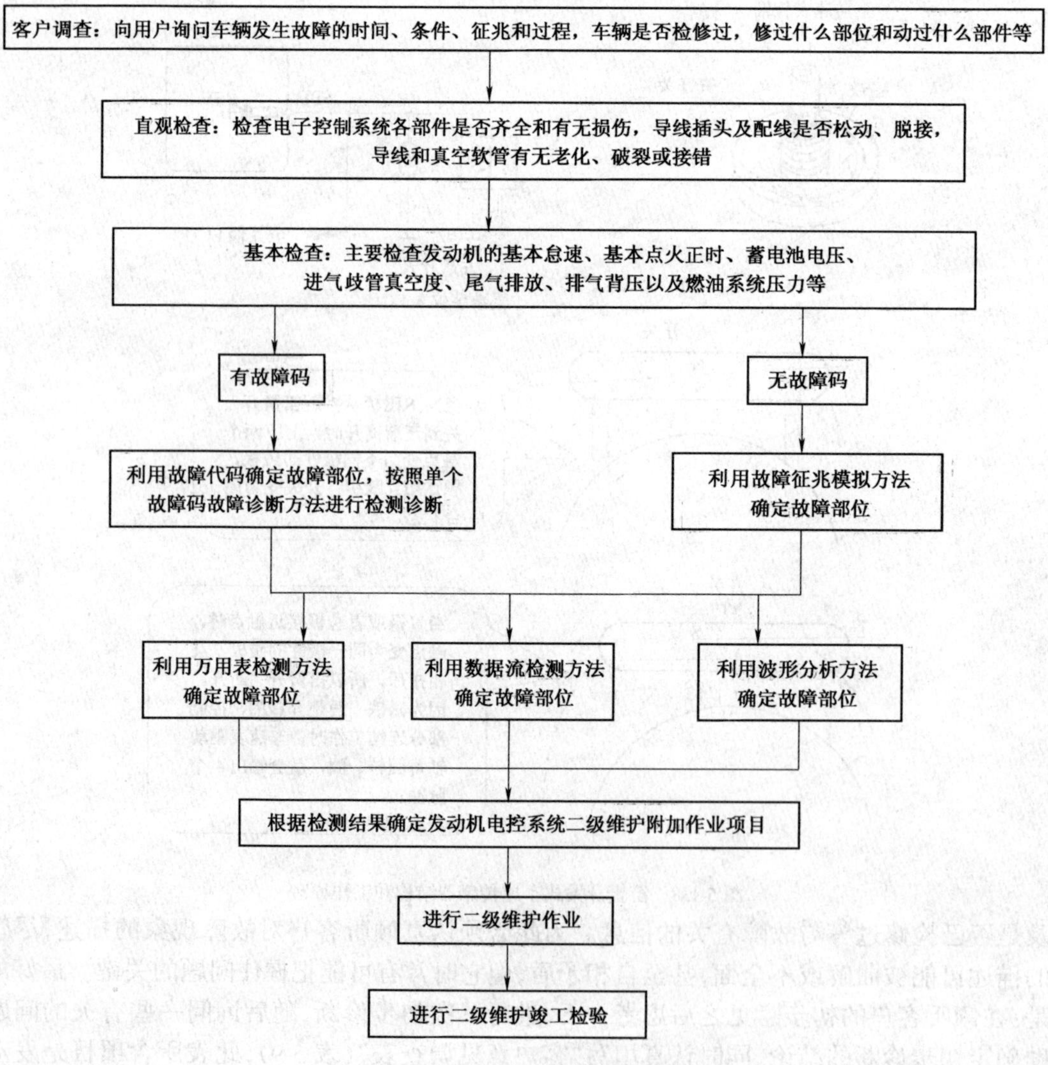

客户调查：向用户询问车辆发生故障的时间、条件、征兆和过程，车辆是否检修过，修过什么部位和动过什么部件等
直观检查：检查电子控制系统各部件是否齐全和有无损伤，导线插头及配线是否松动、脱接，导线和真空软管有无老化、破裂或接错
基本检查：主要检查发动机的基本怠速、基本点火正时、蓄电池电压、进气歧管真空度、尾气排放、排气背压以及燃油系统压力等
有故障码
无故障码
利用故障代码确定故障部位，按照单个故障码故障诊断方法进行检测诊断
利用故障征兆模拟方法确定故障部位
利用万用表检测方法确定故障部位
利用数据流检测方法确定故障部位
利用波形分析方法确定故障部位
根据检测结果确定发动机电控系统二级维护附加作业项目
进行二级维护作业
进行二级维护竣工检验

图 5-140　发动机电控系统的检测诊断程序

客户意见调查表 表 5-9

<table>
<tr><td colspan="2" rowspan="3">客户姓名</td><td rowspan="3"></td><td>登记号</td><td></td></tr>
<tr><td>登记日期</td><td>年 月 日</td></tr>
<tr><td>车身代号</td><td></td></tr>
<tr><td colspan="2">接车日期</td><td>年 月 日</td><td>里程表读数</td><td>km</td></tr>
<tr><td colspan="5">接 车 记 录</td></tr>
<tr><td colspan="2">故障发生日期</td><td colspan="3"></td></tr>
<tr><td colspan="2">故障发生频次</td><td colspan="3">□ 经常 □ 有时 □ 仅一次 □ 其他</td></tr>
<tr><td rowspan="11">故障发生条件</td><td>天气</td><td colspan="3">□ 晴天 □ 阴天 □ 雨天 □ 雪天 □ 其他</td></tr>
<tr><td>气温</td><td colspan="3">□ 炎热天 □ 热天 □ 冷天 □ 其他 (大约 ℃)</td></tr>
<tr><td>地点</td><td colspan="3">□ 高速公路 □ 一般公路 □ 市内 □ 上坡 □ 下坡
□ 粗糙路面 □ 其他</td></tr>
<tr><td>发动机温度</td><td colspan="3">□ 冷机 □ 暖机时 □ 暖机后 □ 任何温度 □ 其他</td></tr>
<tr><td>发动机工况</td><td colspan="3">□ 启动 □ 启动后 □ 怠速 □ 负荷
□ 行驶(□ 匀速 □ 加速 □减速) □ 其他</td></tr>
<tr><td>□ 发动机不能起动</td><td colspan="3">□ 不能运转 □ 无起动征兆 □ 有起动征兆</td></tr>
<tr><td>□ 起动困难</td><td colspan="3">□ 起动时运转转速低 □ 其他</td></tr>
<tr><td>□ 怠速不良</td><td colspan="3">□ 怠速不稳 □ 怠速高 □ 怠速低 □ 怠速粗暴 □ 其他</td></tr>
<tr><td>□ 动力不足</td><td colspan="3">□ 加速迟缓 □ 回火 □ 放炮 □ 喘振
□ 敲缸 □ 其他</td></tr>
<tr><td>□ 发动机熄火</td><td colspan="3">□ 起动后立即熄火 □ 踩加速踏板后熄火 □ 松加速踏板后熄火
□ 空调工作时熄火 □ 挂档时熄火 □ 其他</td></tr>
<tr><td>□ 其他</td><td colspan="3"></td></tr>
<tr><td colspan="2">故障指示灯状态</td><td colspan="3">□ 常亮 □ 有时亮 □ 不亮</td></tr>
</table>

2)直观检查

直观检查又叫目测检查,目的是为了在进行更为细致的检测和诊断前能够消除一些一般性的故障因素。直观检查的内容包括如下项目:

(1)检查空气滤清器滤芯及其周围是否有脏物、杂质,必要时清洁或予以更换。

(2)检查真空软管是否有破裂或老化现象,否则应予以更换;检查真空软管经过的途径和接头是否恰当,如有不妥之处应重新布置。

(3)检查发动机电控系统的线束连接状况:

①检查各传感器、执行器的导线插头是否良好。

②检查线束间的连接器是否有松动或断开现象,否则应更换或修理。

③检查导线是否有断裂、断开现象,是否有与其他元器件不相适宜的相碰擦现象,否则应

更换或纠正。

④检查线束连接器是否有插接不到位(虚接)现象,如有应该重新插接到位。

⑤检查导线是否有磨破或线间短路现象,如有应修理或更换导线。

⑥检查连接器的插头和插座有无腐蚀现象,如有应更换连接器。

⑦检查连接器的锁紧装置是否齐全有效。

(4)检视每个传感器和执行器是否有明显的损伤,如有则应检查其性能并视情更换。

(5)运转发动机(如果可以的话)并检查进、排气管路及氧传感器处是否有泄漏,三元催化转换器是否有明显的凹陷,否则应修理或更换相应部件。

3)基本检查

基本检查主要包括基本怠速和基本点火正时的检查与调整。在进行基本检查时必须使发动机温度达到正常工作温度,同时关闭车上所有附加电器装置,并且在冷却风扇未动作时执行检查和调整。微机控制的直接点火系统的基本点火提前角大多是固定式的,无法也无须再做调整,故只做点火正时的检查。不同车种其进行基本检查的步骤不尽相同,具体操作可参考相应的维修手册。

4)故障征兆模拟检测诊断方法

发动机电控系统故障可分为常见故障和疑难故障两种。在发动机电控系统有明显的异常症状时,经仪器检测、车载自诊断或依靠维修经验能顺利确定原因的故障称为常见故障,其诊断较为容易;发动机电控系统疑难故障是指在利用仪器检测未能发现,使用车载自诊断仍不能确定,以及依靠维修经验还无法诊断的故障。疑难故障具有多重性,是发动机电控系统故障诊断中的技术难点,随着汽车高新技术的不断发展,发动机电控系统疑难故障也呈逐渐增加的趋势。

故障征兆模拟实际上就是让待检修车辆以相同或相似的条件再现故障,以便找出故障所在,主要有以下几种方法:

(1)环境模拟方法

①振动试验法

如果振动可能是导致产生故障的主要原因时,可利用振动法进行检验:轻轻摆动连接器、线束、导线插头;用手轻轻拍打传感器、执行器、继电器和开关等控制部件。

②加热试验法

如果汽车故障是在热机时出现或是某些传感器与零件受热所致,可用电吹风等加热工具对可能引起故障的零部件或传感器进行适当加热,以检查其是否存在故障(注意:加热温度不能超过 60℃且不得直接加热 ECU 中的电子元件)。

③加湿试验法

如果故障是在雨天或湿度较大时才发生,可通过喷淋加湿试验检查诊断故障。试验时应把水喷洒在散热器前面和汽车顶部,间接改变环境湿度来检查是否发生故障(注意不能将水直接喷洒在电器与电控系统零部件上,以免造成短路或腐蚀;严禁将水喷洒在 ECU 上)。

(2)增减负荷模拟法

①增加载荷法

当怀疑故障可能是由于油路载荷过大引起但故障现象又不明显时,可采用增加载荷法来进行模拟验证:即不断增加油路的载荷,使故障部位和征兆充分显示出来,便于进行检测诊断。

对于电路中由于用电负荷过大而引起的故障可以接通车辆大负荷用电设备,如后窗除霜加热器、座椅加热器、空调和前照灯等,在增加负荷的情况下检查是否发生故障,以便进行检测诊断。

②减少载荷法

在检测由于局部电路短路引起负荷过大导致熔断丝熔断的故障时,可逐步断开局部电路并测量总电流的变化,诊断出故障的大致范围。如果断开某一电路后总电流立即降为正常值说明故障就在这一电路中。

(3)输入模拟方法

在维修车辆时经常会遇到电路被改动的车辆,给检修工作带来困难,例如不能进行车载自诊断检测、不能直接使用原车电路图、无法辨别被改动过的电路等。在这种情况下通常采用输入模拟法帮助检修工作:即怀疑电控电路中某些元器件有故障时,可利用电子元件模拟出正确的电信号(电阻、电压、电流、脉冲等),代替被怀疑的元器件工作以验证判断是否正确。这些模拟信号发生器可以自制,也可以在市场上购买到模拟信号发生器。

(二)自诊断系统概述

1. 自诊断系统概述

现代汽车的电子控制系统越来越复杂,当发生故障时维修人员想要快速判断故障部位变得越来越困难,自诊断系统就是为适应这一状况设计的。该系统集成在 ECU 内部,对电控系统中各部件进行监视、诊断。电控系统工作时正常的输入、输出信号都是在规定范围内变化,当某一电路出现异常或 ECU 内部发生故障时,自诊断系统就判定为故障并将故障信息以代码的形式存入存贮器(RAM)内,以便维修时按特定的方式、方法从 ECU 内读取,作为检修依据。

发动机检修完毕后必须清除 ECU 内 RAM 中存贮的旧故障代码,否则当发动机再次发生故障时旧码与新码混杂在一起会干扰正常的维修工作。一般而言,断开通往 RAM 的电源线或熔断丝即可清除故障代码,把汽车蓄电池负极或 EFI 熔断丝拔掉约 30s 即可。但应注意使用拆除蓄电池负极的方法清码时会导致时钟、音响和其他电控系统的内存一起被清除,因此清除故障码最好按维修手册中指示的方法进行,不可随意拆除蓄电池负极。清除故障码应进行复检,如果发动机故障指示灯仍然闪亮,说明系统仍存在故障,需要进一步诊断。

大多数发动机电控系统都在仪表板上设置一个发动机故障指示灯(又称发动机故障警告灯或发动机检查灯),其控制电路如图 5-141 所示。在自诊断系统检测到发动机电控系统故障时,会输出信号点亮发动机故障指示灯。

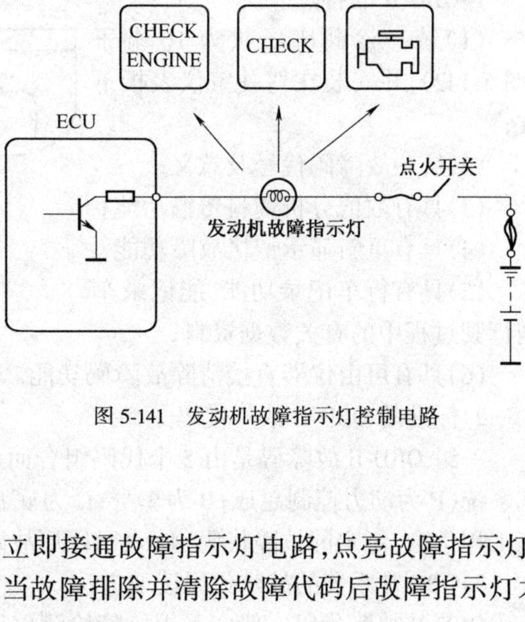

图 5-141　发动机故障指示灯控制电路

发动机故障指示灯一般具有以下几项功能:

1)故障报警

发动机运行中若自诊断系统检测到故障,会立即接通故障指示灯电路,点亮故障指示灯,警告驾驶员发动机出现故障,需尽快维修。只有当故障排除并清除故障代码后故障指示灯才会熄灭。

2)显示故障代码

有相当多的汽车可以通过一定的操作程序,把 ECU 存贮器内存贮的故障代码调出,由故障指示灯不同的闪烁频率显示出来,然后查阅维修手册中的故障代码表确定故障代码内容。

3)自检功能

在打开点火开关时 ECU 会进行自检,此时故障指示灯点亮,当 ECU 自检过程结束后(有些车型须起动后)故障指示灯熄灭。若打开点火开关时故障指示灯未亮,说明 ECU 电源电路、搭铁电路、故障指示灯及其控制电路或 ECU 内自诊断系统存在故障,应予以检修。

4)发动机定期维护提示

有些汽车的发动机故障指示灯还具有发动机定期维护提示功能:在汽车行驶到规定里程后,ECU 控制该灯点亮,提示汽车已达到规定的维护里程,需尽快维护车辆。

2. 第一代自诊断系统故障代码

早期的车载自诊断系统都因各汽车制造厂采用自行设计的故障检测插座和自定义的故障代码,相互之间各不相同,称为第一代自诊断系统。在维修中必须采用不同的方法读取故障代码。

现代汽车发动机电控系统的控制电路上都设置有一个专用的故障检测插座,通过线路与 ECU 连接。故障检测插座一般位于发动机舱内或仪表台下方(具体位置因车型而异,可参考维修手册),利用故障检测插座可以进入发动机的自诊断系统,一般有以下几种方法:

(1)人工跨接法,即人工跨接故障检测插座中特定的插孔。

(2)专用仪器法,即使用汽车制造厂提供的该车型专用的故障检测仪(解码器)。

(3)通用仪器法,即使用汽保设备供应商提供的通用型故障检测仪(解码器)。

3. 第二代自诊断系统故障代码及读取方法

自 1994 年以来,美、日、欧主要汽车制造厂家生产的电控汽车已逐步采用第二代自诊断测试系统(OBD-II)取代第一代自诊断测试系统。OBD-II 标准要求各汽车制造厂提供统一的诊断模式,通过统一的诊断插座即可对各车种进行诊断检测。

1)OBD-II 的特点

(1)统一诊断座形状为 16 端子(图 5-142),并安装在驾驶室仪表板下方;

(2)统一故障码代号及意义;

(3)具有数值分析资料传输功能;

(4)具有重新显示记忆故障功能;

(5)具有行车记录功能,能记录车辆行驶过程中的有关数据资料;

(6)具有可由仪器直接清除故障码功能。

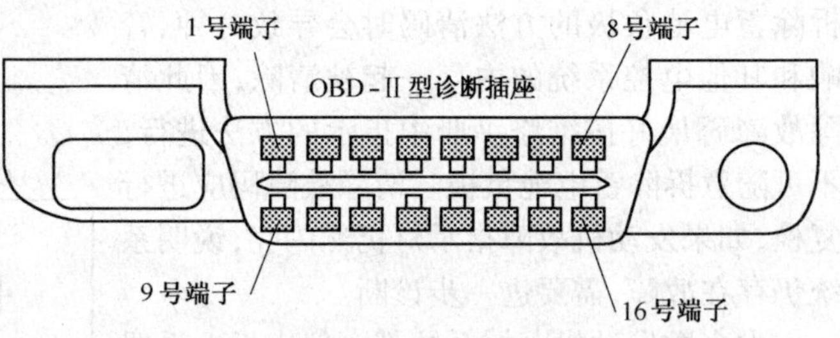

图 5-142 OBD-II 诊断插座

2)标准的 OBD-II 故障代码

一组 OBD-II 故障码是由 5 个代码组合而成,各代码有不同的含义:例如:P0341。P 表示测试系统(P 为动力控制总成;B 为车身;C 为底盘);0 表示汽车制造厂商码;3 表示 SAE(美国汽车工程学会)制定的故障代码;41 表示原厂故障码。

3)OBD-II 系统的故障代码读取方法

OBD-II 故障代码一般应采用故障检测仪读取,对于采用标准 OBD-II 系统的汽车,在检测电控发动机故障代码时将故障检测仪调整为检测 OBD-II 系统的模式,直接将故障检测仪和车上的 OBD-II 诊断插座连接,就可以读取故障代码并通过仪器查阅故障代码内容。

1996年以前生产的部分车型的OBD-II系统未使用SAE的所有标准，这些车型的OBD-II故障代码仍可以采用人工的方法读出，具体方法可参考维修手册或其他相关资料。

(三)电子控制系统检修注意事项：

1．检修安全注意事项

(1)为防止ECU内存贮的故障代码及有关资料信息被清除，必须先通过自诊断系统或解码器调出故障信息资料，方可将蓄电池从电路中断开。

(2)安装蓄电池时正负极不可接反；拆装蓄电池时应注意“最先拆负极，最后装负极”。

(3)严禁在发动机运转时将蓄电池从电路中断开，以防产生瞬变过电压损坏电子元件。

(4)带有安全气囊的车辆在检修前必须严格按维修手册规定的操作程序断开气囊组件与电路的连接，防止检修过程中的误操作导致气囊工作。

(5)不明白的地方切勿乱拆乱试，否则可能会造成不必要的损失或引入新的故障。

(6)遇到烧损、击穿等故障时应先查明原因并修复后再换用新件。

(7)不要用试灯测试与电控系统相连的任何电器装置，严禁用试火法或刮火法检修电控系统电路。

(8)无论发动机是否运转，只要点火开关接通时决不可断开任何电器工作装置，以防瞬时电压(有可能超过7kV)损坏电控系统部件。

(9)跨接起动时须先关闭点火开关，才能拆装跨接电缆。

(10)除在测试程序中特殊指明外，不得使用指针式万用表测试电控系统而应使用高阻抗的数字式万用表(阻抗 > 10MΩ)。

(11)在检修及测试ECU时维修人员应注意自身搭铁，防止人体静电损坏ECU，一种做法是在维修人员的手腕上缠上搭铁金属带，金属带的另一端夹到车身搭铁点处。

(12)清洗发动机时不可用水直接冲洗发动机，避免电控系统因受潮而损坏；另外电控系统部件的密封装置必须齐全有效，不得随意拆修电控系统部件。

(13)音响的扬声器不能装在靠近ECU的地方，扬声器的磁铁有可能损坏ECU内部电子元件。

(14)在车身上使用电弧焊时应断开ECU电源；在靠近电控系统部件的地方进行车身修理作业时应特别小心。

(15)ECU不得处于85℃以上环境内，因此在整车烤漆前须拆除车上所有ECU。

(16)电控汽车上不宜安装功率较大的无线电台，若必须安装时电台无线应尽量远离ECU，以免对其工作产生不良影响。

2．检修注意事项

1)使用解码器或示波器检测车辆时，应严格遵守仪器的操作规程并注意仪器的适用性。

2)检修时应依据故障现象，结合故障代码、检测仪器、维修资料、系统电路图、控制原理等，熟练运用发动机理论进行逻辑分析，确定故障的类别和根源并通过检测确定故障部位，应注意区分是机械系统故障还是电控系统故障，并根据实际情况进行检修。

3)检修流程要根据发动机舱内的布置形式和故障原因，遵循先分析后检修、先简后繁、先外后内的原则灵活安排。要明白：能不拆的就不要拆，不该拆的零件拆了只有坏处。

4)应注意电控发动机要能起动着车至少应保证：

(1)要有油、油压要合适、喷射要正常、油气要进入气缸。

(2)要有气、空燃比要正常、配气相位要合适、气缸密封要良好、排气要通畅。

(3)要有电、点火正时要恰当、火花塞要能跳火、点火能量要充足。

(4)发动机压缩比要恰当、温度要合适、润滑要良好。

5)检修时若遇到较为复杂的故障现象，例如有不止一种故障现象存在时，一定要抓住主要矛盾逐一排除故障，这样可理清故障分析的思路。

6)当电控系统出现故障代码后先不要盲目下结论，应注意区分是相关故障码还是无关故障码，是当前故障码还是历史故障码。

(1)相关故障码是指故障码与故障现象有直接联系，例如冷却液温度传感器断路故障产生的故障码与冷车起动不良故障现象是有联系的，说明这是与故障现象相关的故障码，故障是冷却液温度传感器传输给 ECU 的信号不良。

(2)无关故障码是指故障码与故障现象无直接联系，例如冷却液温度传感器断路故障产生的氧传感器故障码与冷车起动不良的故障现象无直接关系，所以这是与故障现象无关的故障码。

(3)当前故障码是指由正在发生的故障所产生的故障码，又称“硬故障码”。有两种情况，一种是故障正在发生着且故障码也存在；另一种是故障刚发生过又消失了但故障码已存在。第一种属于持续性故障产生的当前故障码，它不会自动清除，人工清除后还会再次产生；第二种属于间歇性故障产生的当前故障码，有可能自动清除，也可能不会自动清除，人工清除后也可能在一段时间内不再产生，但故障再次出现后还会产生故障码，只有彻底排除故障才可以完全清除故障码。

(4)历史故障码是指由过去发生过，但当前没有发生的故障所产生的还未被清除的故障码，又称“软故障码”。有两种情况：一种是故障已排除只是未清除故障码；另一种是故障并未排除只是当前没有发生。对于持续性故障产生的历史故障码属于第一种，它可以自动清除也可以人工清除，一旦清除后就不会再次产生；间歇性故障产生的历史故障码属于第一种和第二种组合，第一种前面已经阐述了，第二种它有可能自动清除也可能无法自动清除，人工清除后也可能在一段时间内不会再次产生，但只要再次出现故障就会再次产生故障码。

持续性故障和间歇性故障产生的当前故障码和历史故障码之间的关系见表 5-10。

持续性和间歇性故障产生的历史和当前故障码之间的关系 表 5-10

<table>
<tr><td rowspan="2"></td><td colspan="3">持续性故障</td><td colspan="3">间歇性故障</td></tr>
<tr><td>故障</td><td>故障现象</td><td>故障码</td><td>故障</td><td>故障现象</td><td>故障码</td></tr>
<tr><td rowspan="2">历史故障码</td><td rowspan="2">不存在</td><td rowspan="2">不发生</td><td rowspan="2">有</td><td>存 在</td><td>未发生</td><td rowspan="2">有</td></tr>
<tr><td>不存在</td><td>不发生</td></tr>
<tr><td rowspan="2">当前故障码</td><td rowspan="2">存 在</td><td rowspan="2">正在发生</td><td rowspan="2">有</td><td rowspan="2">存 在</td><td>正发生</td><td>有</td></tr>
<tr><td>未发生</td><td>没有</td></tr>
</table>

7)故障诊断应立足于逻辑思维，常用下列方法来判定故障：

(1)互换比较法

当车辆上装备相同的两个以上电控部件时，可相互互换来观察故障现象是否随之转移。如双排气管各安装一个氧传感器时，当产生左氧传感器损坏故障码时可以把左、右氧传感器互换，以判定氧传感器本身的性能。

(2)分离判断法

若同一车的几个传感器对某一控制有着共同作用时可将怀疑部件依次断开（取下插头），

察看传感器对发动机工况的影响。如 AJR 发动机尾气冒黑烟时，若怀疑是热膜式空气流量计损坏时，可将传感器的插头拔下后再起动发动机，此时如果尾气正常就可以判定故障部位了。

(3)最终结果法

即切断执行元件查看故障现象有无明显变化。

(4)模拟判断法

即用模拟信号代替被怀疑的传感器信号工作，判断其工作是否异常。

(5)模糊分析法

即用好零件替换旧零件工作“换件法”，若代用后故障消失即可判定原零件损坏。

8)检修时如遇到疑难杂症，可参考维修手册或其他相关技术资料，通过借鉴他人的维修经验来寻找维修的“灵感”。有些技术资料中会提供“故障诊断表”，灵活运用故障诊断表对于缩小故障范围、迅速找出故障部位有时是十分实用和有效的。

9)应注意任何参考资料都不是万能的，只有精通构造、具备分析能力和再学习能力的头脑才是“万能”的。当今汽车技术的发展日新月异，新部件、新结构、新的控制方法不断出现，任何“最新”的资料都有时效性，优秀的维修人员应当具备从实践中学习、从技术资料中学习、从他人的维修经验和失败教训中学习的再学习能力；应当按认知规律不断在实践中总结经验，探索发动机电控系统故障产生的规律性和检修方法，以求一举反三、触类旁通，达到知识内涵的飞跃和维修技术的提高。

(四)电子控制系统电路图读识方法

电路图是维修人员查找电路故障的重要工具，快速、准确地查阅电路图将会减少查找车上导线花费的时间。维修手册中的电路图不使用各电器部件的实际图形而代之以电器符号，熟悉这些电器和导线符号对于正确分析电路是非常有用的；为了便于追踪导线，应留意导线的颜色、线径和电路编号；大多数维修手册中给出电路中各插接器型状图和插接器端子编号；有些维修手册还给出了电器元件的“部件位置图”，利用“部件位置图”可以快速找出隐藏在前围板、仪表板、防火墙后面和座椅下面的电器部件。

车辆的电路因车型、生产年代、配置及适用地域不同而存在差异，必要时可使用制造厂提供的方法或 VIN 汽车识别码确定电路图的正确性。

大部分维修手册中把复杂的电路分解成若干个分电路以便于查找。如果没有分电路图，我们也可以从整车电路图中查出电路，用尺规或彩笔沿着电路查寻或自己绘制简单的分电路图。大众公司电路图读识方法如图 5-143 所示。

(五)AJR 发动机电控系统的检修

AJR 发动机采用 Bosch 公司 M3.8.2 电控燃油喷射系统，基本组成和布置如图 5-2 所示，控制系统主要部件如图 5-123 所示，电控系统电路图见图 5-13。

1. 检修 AJR 发动机电控系统

可按图 5-144 所示的检修流程进行，应接合具体情况灵活应用。

2. 读取 AJR 发动机电控系统故障码及确定二级维护附加作业项目的方法

使用 V.A.G.1552 型故障检测诊断仪读取和清除上海大众桑塔纳 2000 GSi 轿车 AJR 发动机电控系统故障码的具体操作方法如下所述：

(1)检查蓄电池电压应大于 11.5V；各熔丝正常；发动机接地线正常；

(2)取下换档操纵手柄护套；

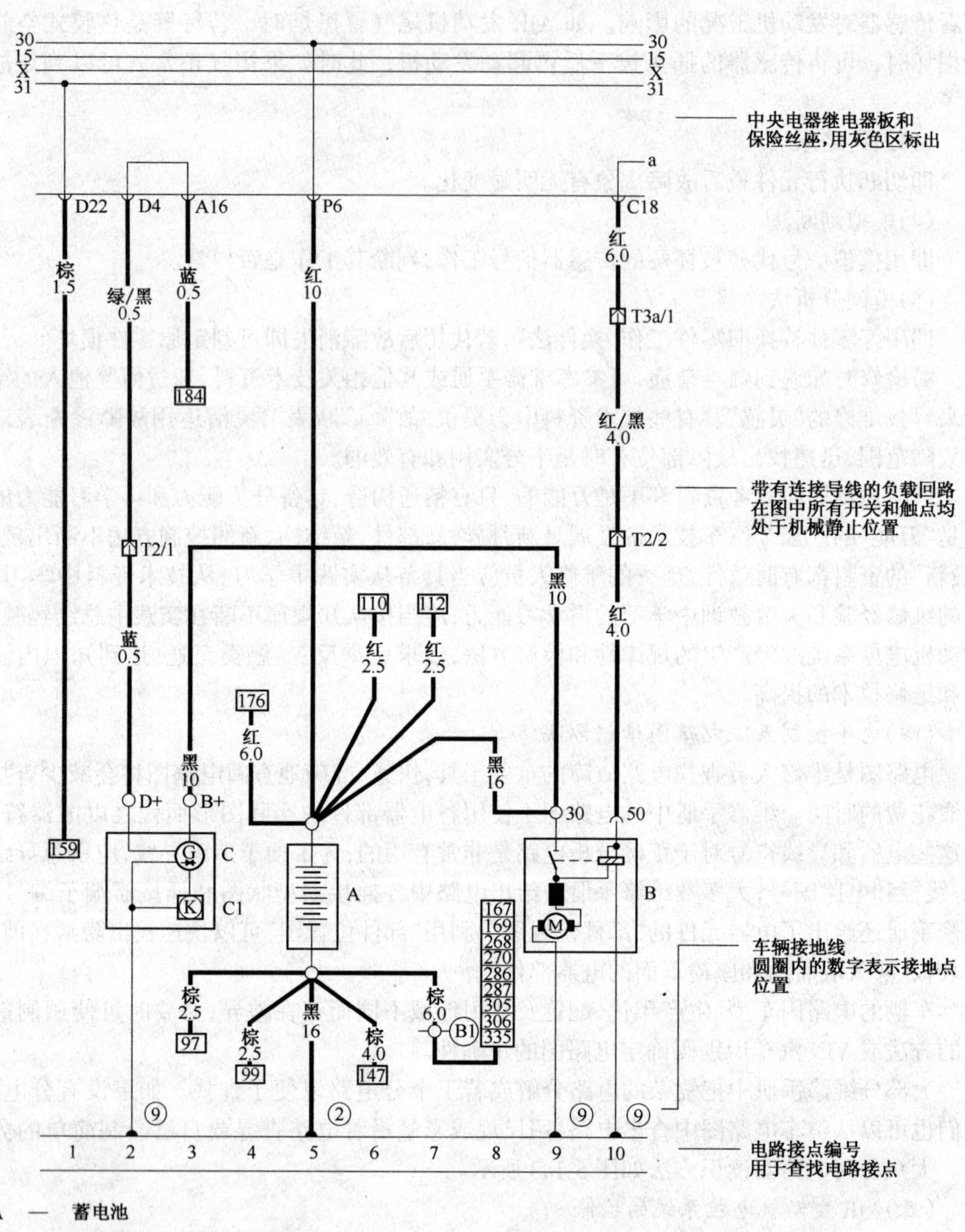

A — 蓄电池

B — 起动机

C — 交流发电机

C1 — 调压器

D — 点火开关

T2 — 发动机线束与发电机线束插头连接，2针，在发动机舱中间支架上

T3a — 发动机线束与前大灯线束插头连接，3针，在中央电器后面

② — 接地点，在蓄电池支架上

⑨ — 自身接地

(B1) — 接地连接线，在前大灯线束内

图 5-143 大众公司电路图读识方法(一)

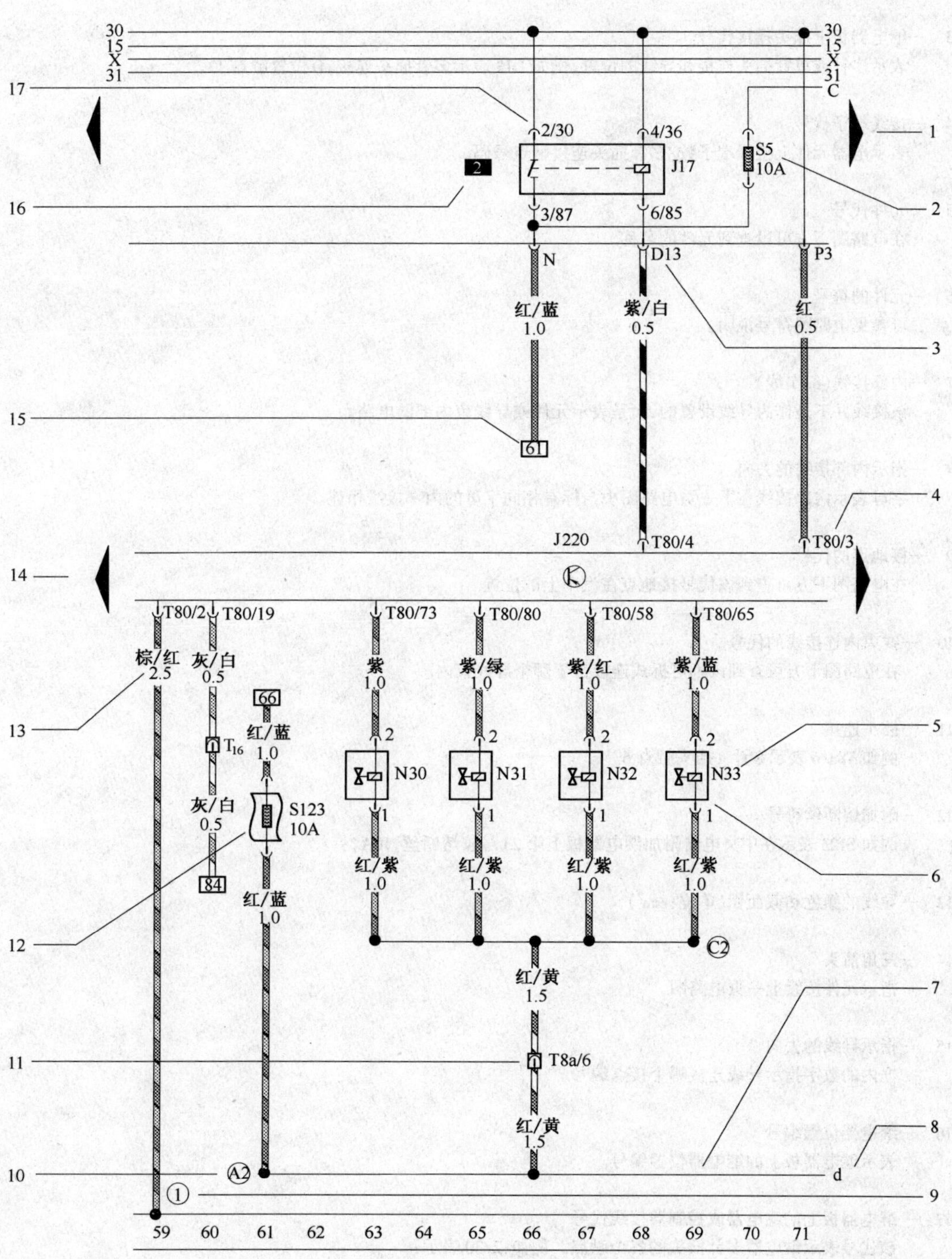

图 5-143　大众公司电路图读识方法(二)

1 —三角箭头

表示下接下一页电图图。

2 —熔断丝代号

图中 S5 表示该熔断丝位于熔断丝座第 5 号位,10 安培。

3 —继电器板上插头连接代号

表示多针或单针插头连接和导线的位置,例如 D13 表示多针插头连接,D 位置触点 13。

4 —接线端子代号

表示电器元件上接线端子数/多针插头连接触点号码。

5 —元件代号

在电路图下方可以查到元件的名称。

6 —元件的符号

可参见电路图符号说明。

7 —内部接线(细实线)

该接线并不是作为导线设置的,而是表示元件或导线束内部的电路。

8 —指示内部接线的去向

字母表示内部接线在下一页电路图中与标有相同字母的内部接线相连。

9 —接地点的代号

在电路图下方可查到该代号接地点在汽车上的位置

10 —线束内连接线的代号

在电路图下方可查到该不可拆式连接位于哪个导线束内。

11 —插头连接

例如 T8a/6 表示 8 针 a 插头触点 6。

12 —附加熔断丝符号

例如 S123 表示在中央电器附加继电器板上第 23 号位熔断丝,10A。

13 —导线的颜色和截面积(单位:mm^2)

14 —三角箭头

指示元件接续上一页电路图。

15 —指示导线的去向

框内的数字指示导线连接哪个接点编号。

16 —继电器位置编号

表示继电器板上的继电器位置编号。

17 —继电器板上的继电器或控制器接线代号

该代号表示继电器多针插头的各个触点。例如:2/30 表示:

2 = 继电器板上 2 号位插口的触点;30 = 继电器/控制器上的触点 30

图 5-143 大众公司电路图读识方法(三)

(3)将 V.A.G.1552 故障检测诊断仪连接到位于换档操纵手柄前方的故障检测插座(OBD-Ⅱ型)上,如图 5-145 所示。故障检测诊断仪屏幕显示:

Test of Vehicle Systems	HELP
Insert Address Word XX	
车辆系统测试	帮助
输入地址码　　XX	

①打开点火开关,输入“发动机电子系统”的地址码“01”,按“Q”键确认,屏幕显示:

330 907 404 1.8L R4/2V MOTR HS DO1	→
Coding 08001	WSC XXXXX

其中,330 907 404 为发动机控制单元零件号;

1.8L 为发动机排量;

R4/2V 为直列式 2 气门 4 缸发动机;

MOTR 为 Motronic 型电控系统;

HS 为手动变速器;

DO1 为控制单元软件版本;

Coding 08001 为控制单元编码;

WSC XXXXX 为维修站代码。

②按“→”键退出,屏幕显示:

Test of Vehicle Systems	HELP
Select Function　XX	
车辆系统测试	帮助
选择功能　　XX	

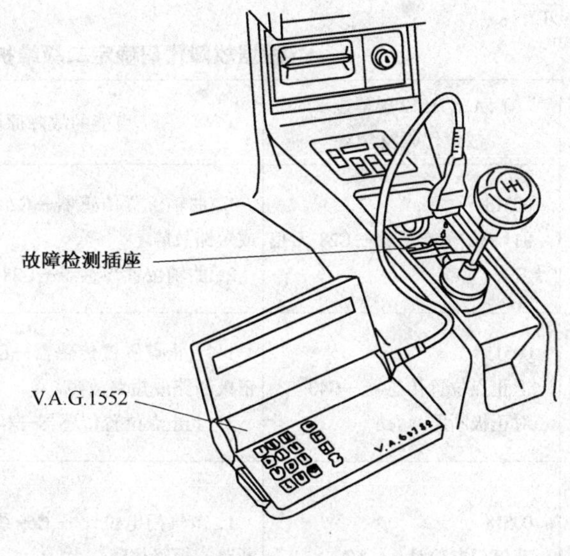

图 5-145　上海桑塔纳 2000 GSi 轿车故障检测插座位置

③输入“查询故障存储”代码“02”,按“Q”键确认,在屏幕上首先显示出故障的数量或者“No Fault Recognized”(没有故障):

X　Faults Recognized !	→
X　个故障出现!	→

④如果没有故障,按“→”键退出;如果有 1 个或几个故障,按“→”键逐一显示各个故障代码和其文字说明。最后按“→”键退出。屏幕显示:

Test of Vehicle Systems	HELP
Select Function　XX	
车辆系统测试	帮助
选择功能　　XX	

⑤输入“清除故障存储”代码“05”,按“Q”键确认,屏幕显示:

Test of Vehicle Systems	→
Fault Memory is Erased !	
车辆系统测试	→
故障存储已被清除!	

⑥按"→"键退出,屏幕显示:

Test of Vehicle Systems	HELP
Select Function XX	
车辆系统测试	帮助
选择功能 XX	

⑦若要进行其他功能测试,此时输入相应功能的代码即可进行。如果要结束检测,则输入"结束输出"代码"06",再按"Q"键即可。

⑧根据 AJR 发动机电子控制系统故障代码确定二级维护附加作业项目的方法如表 5-11 所示。

根据故障代码确定二级维护附加作业项目的具体内容 表 5-11

V.A.G.1552 屏幕显示故障代码及含义	可能的故障原因	二级维护附加作业项目
00513 曲轴位置传感器—G28 无信号	1. 曲轴位置传感器—G28 线路中有断路或短路故障 2. 曲轴位置传感器—G28 损坏	1. 检修曲轴位置传感器—G28 线路 2. 检测或更换曲轴位置传感器—G28 3. 检测或更换控制单元 J220
00515 上止点位置传感器—G40 对正极断路/短路	1. 上止点位置传感器—G40 线路中有对正极断路或短路故障 2. 上止点位置传感器—G40 损坏	1. 检修上止点位置传感器— G40 线路 2. 检测或更换上止点位置传感器— G40 3. 检测或更换控制单元 J220
00518 节气门电位计— G69 对正极断路/短路	1. 节气门电位计— G69 线路中有对正极断路或短路故障 2. 节气门电位计— G69 损坏	1. 检修节气门电位计— G69 线路 2. 检测节气门电位计— G69 或更换节气门组件 J338 3. 检测或更换控制单元 J220
00522 冷却液温度传感器— G62 对地短路 对正极断路/短路	1. 冷却液温度传感器— G62 线路中有对地短路,对正极断路或短路故障 2. 冷却液温度传感器— G62 损坏	1. 检修冷却液温度传感器— G62 线路 2. 检测或更换冷却液温度传感器— G62 3. 检测或更换控制单元 J220
00524 爆震传感器 1— G61 对地断路/短路	1. 爆震传感器 1— G61 线路中有对地断路/短路故障 2. 爆震传感器 1— G61 损坏	1. 检修爆震传感器 1— G61 线路 2. 检测或更换爆震传感器 1— G61 3. 检测或更换控制单元 J220
00527 进气温度传感器— G72 对地短路 对正极断路/短路	1. 进气温度传感器— G72 线路中有对地短路故障 2. 进气温度传感器— G72 线路中有对正极断路或短路故障 3. 进气温度传感器— G72 损坏	1. 检修进气温度传感器— G72 线路 2. 检测或更换进气温度传感器— G72 3. 检测或更换控制单元 J220

续上表

V.A.G.1552 屏幕显示 故障代码及含义	可能的故障原因	二级维护附加作业项目
00530 怠速节气门电位计— G88 对正极断路/短路	1. 怠速节气门电位计— G88 线路中有对正极断路或短路故障 2. 怠速节气门电位计— G88 损坏	1. 检修怠速节气门电位计— G88 线路 2. 检测怠速节气门电位计— G88 或更换节气门组件 J338 3. 测或更换控制单元 J220
00540 爆震传感器 2— G66 对地断路/短路	1. 爆震传感器 2— G66 线路中有对地断路/短路故障 2. 爆震传感器 2— G66 损坏	1. 检修爆震传感器 2— G66 线路 2. 检测或更换爆震传感器 2— G66 3. 检测或更换控制单元 J220
00553 空气流量计— G70 对地断路/短路	1. 空气流量计— G70 线路中有对地断路或短路故障 2. 空气流量计— G70 损坏	1. 检修空气流量计— G70 线路 2. 检测或更换空气流量计— G70 3. 检测或更换控制单元 J220
00668 30 号端子电压 信号太小	蓄电池电压小于 10.0V	蓄电池充电或更换蓄电池
001165 节气门组件 J338 基本设定错误	1. 节气门组件 J338 与发动机控制 2. 单元 J220 不匹配	重新进行匹配程序和基本设定(自学习设定)
01247 活性碳罐排污电磁阀— N80 对地断路/短路	1. 活性碳罐清污电磁阀— N80 线路中有对地断路故障短路 2. 活性碳罐清污电磁阀— N80 损坏	1. 检修活性碳罐清污电磁阀— N80 线路 2. 检测或更换活性碳罐清污电磁阀—N80 3. 检测或更换控制单元 J220
01249 第 1 缸喷油器— N30 对正极断路/短路	1. 第 1 缸喷油器— N30 线路中有对正极断路/短路故障 2. 第 1 缸喷油器— N30 损坏	1. 检修第 1 缸喷油器 N30 线路 2. 检测或更换第 1 缸喷油器—N30 3. 检测或更换控制单元 J220
01250 第 2 缸喷油器— N31 对正极断路/短路	1. 第 2 缸喷油器— N31 线路中有对正极断路/短路故障 2. 第 2 缸喷油器— N31 损坏	1. 检修第 2 缸喷油器— N31 线路 2. 检测或更换第 2 缸喷油器— N31 3. 检测或更换控制单元 J220
001251 第 3 缸喷油器— N32 对正极断路/短路	1. 第 3 缸喷油器— N32 线路中有对正极断路/短路故障 2. 第 3 缸喷油器— N32 损坏	1. 检修第 3 缸喷油器— N32 线路 2. 检测或更换第 3 缸喷油器— N32 3. 检测或更换控制单元 J220
001252 第 4 缸喷油器— N33 对正极断路/短路	1. 第 4 缸喷油器— N33 线路中有对正极断路/短路故障 2. 第 4 缸喷油器— N33 损坏	1. 检修第 4 缸喷油器— N33 线路 2. 检测或更换第 4 缸喷油器— N33 3. 检测或更换控制单元 J220

3. AJR 发动机节气门控制组件(J338)的基本设定

1)基本设定的条件

(1)冷却液温度不低于 80℃;

(2)测试过程中不允许散热器风扇旋转;

(3)关闭空调等其他用电设备;

(4)故障存贮器中无故障信息存贮。

2)基本设定的操作方法

(1)连接 V.A.G.1552 故障检测诊断仪,打开点火开关。选择地址码“01”,进入“发动机电子系统”,选择功能代码“04”,进入“基本设定”,按“Q”键确认,屏幕显示:

Introduction of basic setting		HELP
Enter display group number	XX	
输入基本设定		帮助
输入组别号	XX	

(2)选择组别号“098”,按“Q”键确认,屏幕显示:

System in basic setting		98	→
4.20V	3.820V	leeranf	ADP.i.o
(第1位)	(第2位)	(第3位)	(第4位)
系统基本设定		98	→
4.20V	3.820V	leeranf	ADP.i.o
(第1位)	(第2位)	(第3位)	(第4位)

(3)此时 ECU 自动进行节气门控制组件的基本设定,待屏幕第四位显示“ADP.i.o(匹配完成)”,表明基本设定已经完成。按“→”键退出,输入 06“结束输出”,按“Q”键确认。

四、公共数据线控制技术简介

随着人们对汽车的安全性、舒适性、尾气排放和燃油经济性的要求越来越严格,使得汽车上各电控系统电控单元之间的信息交换越来越密集,传感器、执行器和导线的数量迅速增加,无形中加大了制造成本和检修难度。为此必须采用一种设计优良的方案简化车载电控系统,公共数据线控制技术(又称 CAN-BUS 多路信息传输技术)应运而生,利用 CAN-BUS 数据总线将各个控制单元连接形成车载网络系统,是计算机网络技术在汽车技术上的应用。

CAN-BUS 数据总线是一种控制单元间的数据传输形式,信息沿两条线路传输,与控制单元数量及传输信息量的大小无关。这样就解决了随着新增信息量的加大,每种信息都需要不同线路传输的问题,一般来说,使用 CAN-BUS 数据总线可使全车导线节约 20%左右。

CAN-BUS 数据总线由一个控制器、一个收发器、两个数据传输终端和两条数据传输线组成。除数据传输线外其他元件都置于控制单元内部,如图 5-146 所示。

为了防止外界电磁波干扰和向外辐射电磁波,CAN-BUS 数据传输线采用两条线缠绕在一起的“双线式”传输数据。两条线分别被称为 CAN-BUS 高线和 CAN-BUS 低线,如图 5-147 所示。这两条线的电位相反,如果一条线上信号电压是 5V,另一条线上信号电压就是 0V,即高线传输信息为“10110100”时,低线传输信息为“01001011”。通过这种方法 CAN-BUS 数据总线可免受外界电磁场干扰,且自身无电磁波辐射。

CAN-BUS 数据总线的数据传输原理在很大程度上类似电话会议的方式。一个用户(ECU)向网络中“说出”数据,而其他用户“收听”到这些数据。一些控制单元认为这些数据它有用,它就接收并使用这些数据,而其他控制单元也许不会理会这些数据。

目前 CAN-BUS 数据总线安全传输速率可达 1000 千比特/秒,大众和奥迪汽车上最高传输速率规定为 500 千比特/秒。由于信号重复率和大量数据量的要求，CAN-BUS 数据总线系统常被划分为三个子系统：驱动系统 CAN-BUS 数据总线、舒适系统 CAN-BUS 数据总线和文娱系统 CAN-BUS 数据总线。

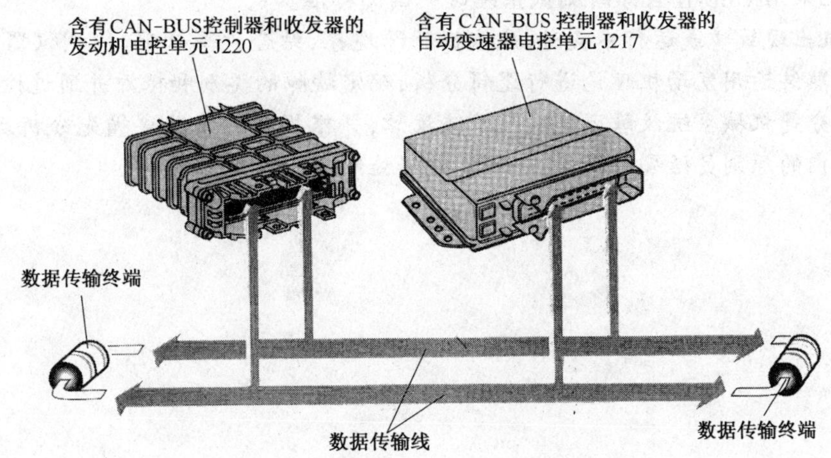

图 5-146　CAN-BUS 数据总线的组成

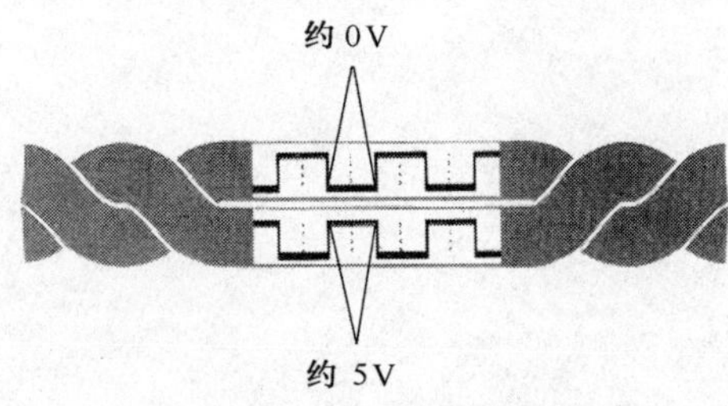

图 5-147　CAN-BUS 数据传输线

小结

电控发动机正常工作的前提是合适的空燃比和恰当的点火正时。

合适的空燃比由恒压下的喷射时间和正确的喷射正时来控制。燃油压力调节器控制喷射压力差始终保持恒定。ECU 利用传感器实时测量发动机的工况参数，根据发动机进气量、转速信号以及 ROM 中设定的目标空燃比计算出基本喷油量，并根据其他有关输入信号加以修正，最后确定实际喷油量。ECU 利用内部的三极管控制喷油器的实际喷油量，并利用氧传感器信号反馈修正实际喷油量，将空燃比精确控制在目标空燃比的范围内。

ECU 利用曲轴位置和凸轮轴位置信号计算出基本点火提前角，并根据其他有关输入信号加以修正，最后在实际点火提前角位置发出点火指令，由点火系统实施点火。同时，ECU 根据爆震传感器反馈控制实际点火提前角始终在爆震点附近，以提高发动机的动力性。

电控系统根据动力需求控制发动机怠速转速，目前常使用怠速电控阀调节怠速时发动机的进气量来实现这一控制。

为了有效降低发动机的排放污染物，在电控发动机上常装备燃油蒸发控制系统、三元催化转换器和废气再循环系统来减少 CO、HC 及 NO_x 的排放量。

发动机电控系统具有一定的失效保护功能和故障自诊断功能，自诊断发现的故障会以故障代码的形式存贮在RAM中，检修时可以通过一定的方法和程序读出故障代码，为检修工作导向。但是故障代码不是万能的，过分依赖故障代码常常使维修工作误入歧途。目前大多数电控发动机已采用OBD-II自诊断测试系统这一国际标准。

当发动机出现故障或运行不良时，应依据故障现象，结合故障代码、检测仪器、维修资料、控制原理等，熟练运用发动机理论进行逻辑分析，确定故障的类别和根源并通过检测确定故障部位，注意区分是机械系统故障还是电控系统故障，并根据实际情况遵循先分析后检修、先简后繁、先外后内的原则灵活安排检修流程，有效实施修理。

单元六　柴油机燃料供给系

单元要点

柴油机是以柴油为燃料，以压燃形式自行着火作功的发动机。它配有不同于汽油机的燃料供给系统。柴油机燃料供给系统主要由燃油箱、输油泵、滤清器、喷油泵、喷油器、燃油管等组成。柴油机燃料供给系将柴油存放于柴油箱中，经过滤清器滤清的柴油经喷油泵形成高压之后，通过喷油器以雾状定时、定量喷射到压缩行程接近上止点时的气缸中，与高温、高压气体混合后自行着火燃烧。

柴油机燃料供给系在长期使用中经常会发生由于磨损和渗漏而出现的故障，使供油量、供油时间、供油压力、喷射形状等发生变化，导致柴油机的动力性、经济性、可靠性变差，无法满足使用要求。

对柴油机燃料供给系的故障要及时排除，通过检修使其恢复性能。

本单元系统地介绍了A型喷油泵、调速器、喷油器、增压器、中冷器、输油泵等装置的作用、结构、工作原理及检修、维护与调整；对VE泵、PT燃油系统也作了相应的介绍。

课题一　柴油机燃料供给系的结构、工作原理

一、柴油机燃料供给系的作用和组成

1. 柴油机燃料供给系的作用

(1)贮存、滤清、输送柴油；

(2)按柴油机不同工况的要求，以规定的工作顺序，定时、定量、定压并保证以较高的喷油质量喷油；

(3)与空气迅速混合、燃烧；

(4)将燃烧后的废气排入大气。

2. 柴油机燃料供给系的组成

柴油机燃料供给系由燃油供给装置、空气供给装置、混合气形成装置及废气排出装置组成。

(1)燃油供给装置　由柴油箱、输油泵、低压油管、柴油滤清器、喷油泵、调速器、高压油管、喷油器、回油管等组成。A型柱塞泵的燃油供给装置见图6-1，VE型分配泵的燃油供给装置见图6-2。

(2)空气供给装置　由空气滤清器、进气歧管、增压器、中冷器和气缸盖内的进气道等组成。图6-3为康明斯6BTA5.9柴油机的空气供给装置(未含空气滤清器)。

(3)混合气形成装置　由一定形状的燃烧室构成。

(4)废气排出装置　由气缸盖内的排气道、排气歧管、排气管、消音器和烟度限制器等组成。图6-4为6BTA5.9柴油机的废气排出装置(未含排气管、消音器)。

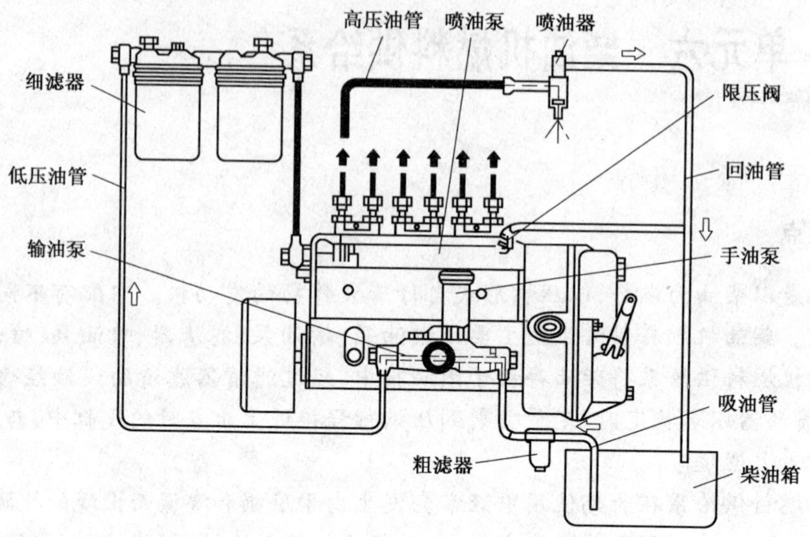

图6-1　汽车柴油机配装A型分配泵的燃油供给装置

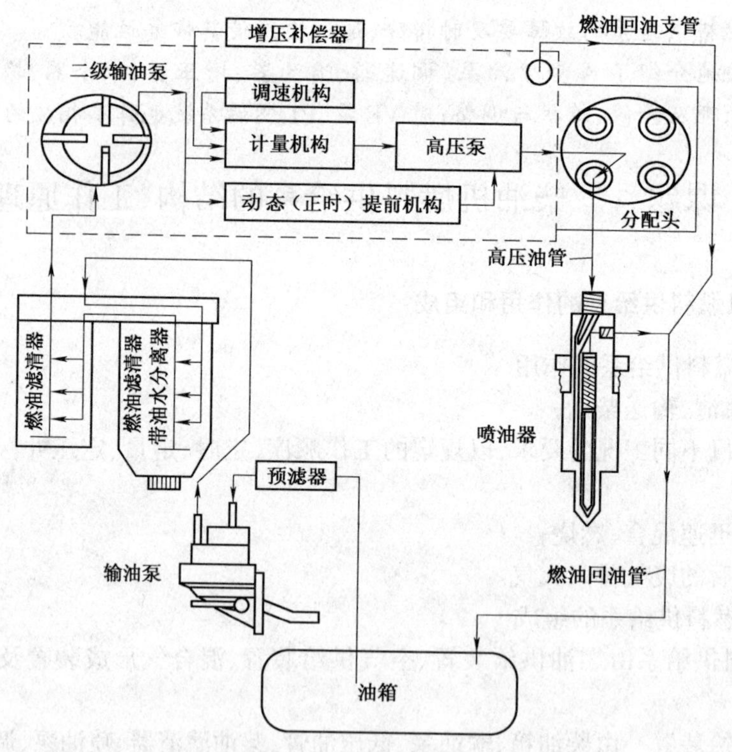

图6-2　汽车柴油机配装VE型分配泵的燃油供给装置

二、柴油机燃料供给系的工作过程

柴油机工作时,输油泵将柴油从油箱中吸出,经柴油粗滤器过滤后压送到油水分离器、燃油细滤清器,滤清后的柴油被输送到喷油泵总成。喷油泵将柴油压力提高到10MPa(VE泵则达50MPa)以上,并定时定量地将高压柴油经高压油管压送到喷油器。喷油器将柴油以雾状喷入气缸,与预先经滤清、增压和中冷后,由压缩行程压缩后形成的高温、高压、高密度的空气迅速混合,并自行着火燃烧作功。喷油器中多余的柴油经回油管流回到油箱。燃烧以后的废气经排气道、增压器排气通道、排气管、排气消音器排入大气。

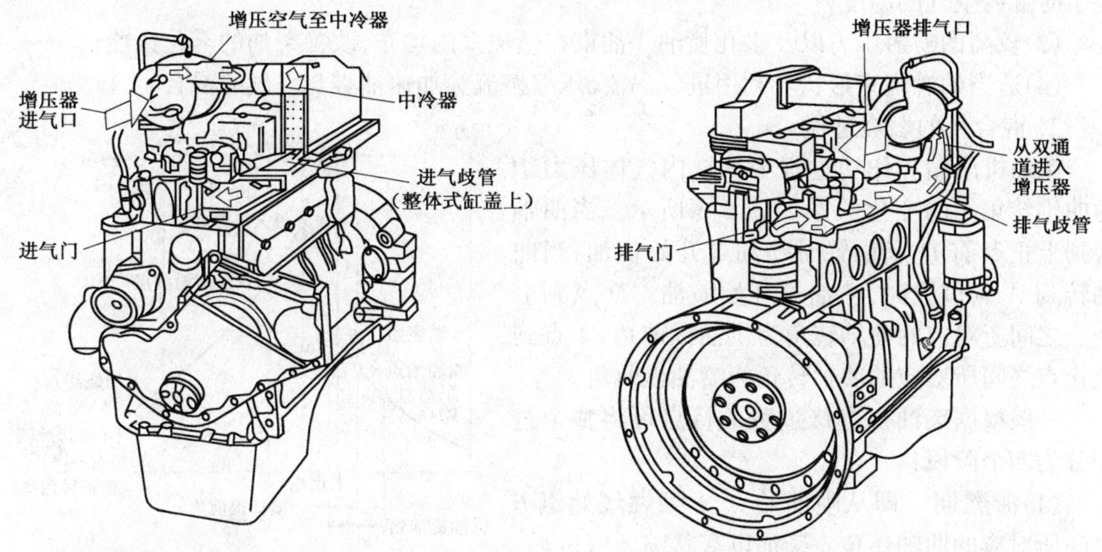

图 6-3　康明斯 6BTA5.9 柴油机的空气供给装置　　图 6-4　6BTA5.9 柴油机的废气排出装置

输油泵的供油能力远远超过喷油泵的泵油量,过量的柴油从喷油泵的回油口经回油管路流回燃油箱(有的柴油机回油流入输油泵入口处),同时将渗入油路的空气随柴油带出,防止气阻现象的发生。

由柴油箱到喷油泵入口处的油路由于油压较低,称为低压油路,其管路多使用大直径的薄壁铜管、橡胶软管甚至塑料管。喷油泵至喷油器的油路要承受高压,这一段油路称为高压油路,其管路则使用小直径的厚壁无缝钢管制成。

输油泵的上部装有手动油泵,起动前,通过手动泵油,可以排除油路中渗入的空气,以利于柴油机的顺利起动。

为了满足在柴油机负荷和转速变化时,对喷油泵的供油量实现自动调节,柴油机上均装有调速器。通过自动调节喷油泵的供油量,以控制柴油机的转速,防止转速过高造成柴油机"飞车"或因转速过低而熄火。调速器装于喷油泵的一端,与喷油泵连成一体。

三、可燃混合气的形成与燃烧过程

1. 可燃混合气的形成

柴油的粘度较大且不易蒸发,因此须借助喷油设备将柴油在压缩行程结束的稍前时刻以雾状喷入气缸,分散成数百万个细小油滴,直径在$(1\sim50)\times10^{-3}$mm之间。这些细小的油滴在气缸内与进气过程中进入缸内并被压缩成高温、高压的空气迅速混合自行着火燃烧。混合与燃烧是重叠进行的,几乎是边喷油、边混合、边燃烧。

为了保证柴油机良好的性能,燃烧必须在上止点附近完成,为此要求喷油持续时间极为短促。一般全负荷时的供油时间只有15°~35°曲轴转角,而全部燃烧过程也只不过在0.009s以

内,如不采取适当的措施迅速形成混合气,则无法保证良好的燃烧。车用柴油机实际燃烧过程中常采取以下措施来保证:

(1)过量供给空气　柴油机的过量空气系数 α 值通常在 1.3~1.5;增压和中冷技术可大大增强气体密度,保证供给足量的纯空气。

(2)较高的压缩比　柴油机的压缩比一般为 15~22(6BTA5.9 柴油机为 17.5),以提高压缩终了时缸内空气的温度;

(3)较高的喷射压力以及多孔喷油　油束在燃烧室内均布,改善柴油的雾化性能;

(4)适当的燃烧室形状　利用进气涡流、压缩挤流等加速油雾与空气的混合。

2. 混合气的燃烧过程

柴油机压缩和作功过程中气缸内气体压力 P 随曲轴转角 θ 的变化关系如图 6-5 所示。当曲轴转到上止点前 O 点位置时喷油泵开始供油;当曲轴转到 A 点位置时,喷油器开始喷油。O 点到上止点之间所对应的曲轴转角为供油提前角,A 点到上止点之间所对应的曲轴转角为喷油提前角。

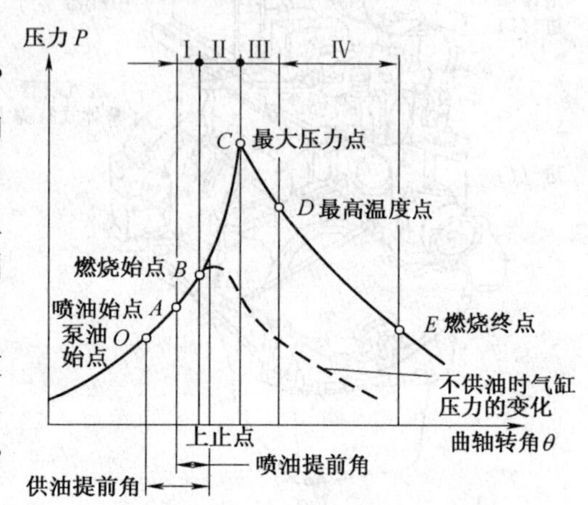

图 6-5　气体压力与曲轴转角的关系

一般根据柴油机燃烧过程的特点可将整个过程分为四个阶段:

(1)滞燃期　即从喷油始点 A 到燃烧始点 B 之间所对应的曲轴转角。柴油以雾状喷入气缸后,在极短的时间内,进行吸热、蒸发、分解、氧化等一系列物理化学准备过程,形成了大量的活化中心,当温度达到自燃温度时,即产生多个发火中心,随之产生热焰,使气缸内压力和温度明显上升,这就是柴油机靠压缩自燃的机理。

滞燃期通常约 0.001~0.003s。滞燃期越长,气缸内积累的燃油越多,易造成柴油机工作粗暴,缩短了使用寿命。滞燃期的长短是影响柴油机工作粗暴程度的重要因素。

(2)速燃期　即燃烧始点 B 到气缸内产生最大压力点 C 之间所对应的曲轴转角。从 B 点开始形成火焰并迅速向各处传播,缸内温度和压力迅速上升,至 C 点时压力达到最高值。现代高速柴油机的压力增长率甚至达 0.8~1.0MPa/1°的曲轴转角,这是柴油机工作粗暴、噪声大的主要原因。

(3)缓燃期　即从最高压力点 C 到最高温度点 D 为止所对应的曲轴转角。这一阶段的燃烧是在气缸容积不断增加和高温缺氧的条件下进行的,所以燃烧不完全,易生成碳烟。缓燃期结束时燃气温度可达到 1800~2000℃。通常在缓燃期内喷油结束。

(4)后燃期　即从最高温度点 D 到燃烧终点 E 为止所对应的曲轴转角。在后燃期内随着气缸容积的增大,气缸内压力迅速下降,后燃所释放出来的热量不能有效地转化为有用功,柴油机经济性下降;同时由于排气温度增高,活塞组的热负荷增大,因此应尽量缩短后燃期。

四、柴油机燃料供给系的拆装

(一)柴油机燃料供给系的拆卸(以 6BTA5.9 柴油机为例)

1)拆卸前须对发动机外表全面清洗,清洗时注意防止清洗液进入燃料系统。

2)关闭柴油箱出油阀开关并放尽燃料系管路中的余油以及喷油泵内的润滑油。

3)拆除油门操纵机构,拆下高压油管、进回油管、润滑油管和喷油泵托架。

4)拆除油水分离器、柴油滤清器。

5)拆卸输油泵进、出油管接头和输油泵的固定螺栓,取下输油泵总成。

6)拆卸喷油泵:

(1)A 型喷油泵的拆卸:打开齿轮室盖上的接近孔盖,拧下喷油泵凸轮轴上的传动齿轮(正时齿轮)紧固螺母,用专用工具从喷油泵凸轮轴上拔下传动齿轮,用专用工具拆下喷油泵前端法兰上的四个固定螺母,将 A 型喷油泵取下。

从车上拆下喷油泵总成时应注意装配记号:拆卸前,在将喷油泵操纵臂向断油方向推到底的同时,按曲轴旋转方向转动曲轴至喷油泵传动凸缘上的标记与喷油泵外壳上的记号对正后,再拆卸喷油泵。在拆卸喷油泵期间不得转动曲轴,否则在装复时,应重新对准一缸喷油时的活塞位置和喷油正时记号后,再装复喷油泵。

(2)VE 分配泵的拆卸:按住柴油机上的正时销(正时齿轮室靠近分配泵处),缓慢转动曲轴,以确定第一缸压缩冲程上止点的位置:当正时销插入凸轮轴齿轮上的孔时第一缸处于压缩冲程的上止点;拆卸分配泵驱动轴盖并将分配泵传动轴齿轮螺母拧松数圈,用齿轮拉出器拉出齿轮直到端面与螺母相靠,然后卸下拉出器和螺母。拆下分配泵进油接头和回油接头并用塑料保护罩罩住;拆下排气制动和速度控制杆拉索以及电磁式停油阀导线;拆下分配泵法兰盘上紧固螺母,从柴油机上取下分配泵。

7)拆卸喷油器压紧螺帽和进油口接头,取出喷油器总成。

8)拆卸增压器进油软管、回油管及增压器与中冷器的连接管道,分别拆卸增压器和中冷器的固定螺栓,取下增压器和中冷器总成。

对拆卸的总成或部件进行外部清洗后,应检查其工作性能,必要时按要求进行拆检、维修和调试。

(二)柴油机燃料供给系的安装

装配前应彻底清洗燃料供给系的部件、总成并确认其性能良好、工作可靠,然后按一定的程序进行装配。

1. 6BTA5.9 柴油机配装 A 型喷油泵燃料系统的装配步骤

(1)确认并固定发动机处于 1 缸压缩上止点位置,发动机正时齿轮室侧面的尼龙正时销正好插入正时齿轮上的小孔内。

(2)确认喷油泵的正时锁止位置,此时正时器盖帽不能松动,否则应重新调整喷油泵正时,并用 4 ~ 7N·m 的拧紧力矩紧固正时器盖帽。

(3)检查喷油泵前端轴承盖上的 O 形圈应完好无损且安装正确。

(4)在安装喷油泵前,泵的凸轮轴前端锥面和正时齿轮的锥孔必须清洗干燥,防止传动过程中打滑,这是保证喷油泵正常工作的重要措施。如果喷油泵带键,还应检查键在泵轴上的松紧度。

如系新泵,还必须做好以下准备工作:

①擦净外表面的防锈油脂;

②放净调速器内腔、喷油泵内腔的防锈油,换上规定牌号的润滑油;

③燃油通路里防锈油也应以规定牌号的清洁柴油换入。更换方法可将柴油接入喷油泵管路,用手不断转动喷油泵或将喷油泵装上试验台运转,直至出油阀接头喷出柴油为止。

(5)将泵的凸轮轴插入正时齿轮中,并将齿轮室后端的四个安装螺柱插于泵前端法兰的四个长孔中。装上并拧紧固定泵的四个 M15 的固定螺母，拧紧力矩为 43N·m。

(6)装上固定传动齿轮的螺母和弹簧垫圈，先拧紧螺母至力矩 12 N·m(注意这不是传动齿轮固定螺母的最终拧紧力矩，过大的力矩将损坏 A 型泵的正时销)。

(7)松开泵的正时器的盖帽，拔出正时销，将正时销掉头，大头朝外装回座内，拧紧正时器盖帽，拧紧力矩为 25 N·m。注意正时销孔内有一个密封铜垫不得脱落，密封铜垫应在正时销之前装入座孔内。

(8)退出一缸上止点正时定位销，拧紧泵的传动齿轮的固定螺母至力矩 92 N·m。

(9)供油提前角自动调节装置与喷油泵的连接：转动喷油泵凸轮轴，对准供油提前角自动调节装置壳体上的刻线与喷油泵泵体上的箭头，安装联轴节。若此时联轴节的装配角度不正，可松开前接盘与连接盘之间的固定螺栓，适当转过一定角度，调好后锁紧。

(10)检查发动机的静态供油提前角应为 18°~22°。

(11)装上进、回油管接头(拧紧力矩为 15N·m)、高压油管(拧紧力矩为 24 N·m)、润滑油管(拧紧力矩为 15N·m)和燃油泵托架。

(12)装复柴油滤清器、油水分离器、油门操纵系统等其他部件。

2. 6BTA5.9 柴油机配装 VE 型燃油泵的燃料系统装配步骤

(1)安装 VE 型燃油泵总成

转动曲轴使一缸活塞处于压缩冲程上止点，用正时销插入正时孔中进行正时定位；将油泵半圆键装入轴的键槽内；将油泵传动齿轮放入齿轮室中，使油泵传动齿轮的记号(字母 C)对准凸轮轴齿轮的记号“O”后，装入油泵座孔；拧上固定螺母(不拧紧)，转动泵体对齐泵体上出厂时打印的刻线与齿轮室上的打印刻线，然后拧紧固定螺母(拧紧力矩为 24N·m)和齿轮锁紧螺母；松开泵轴的正时锁紧螺栓，拔下正时销，然后用 13N·m 的力矩拧紧锁紧螺栓；逆时针方向按供油次序 1-5-3-6-2-4 接上供油管。分配泵第一缸出油口在油泵端面上相当于 7 点钟位置，符号为 D。按逆时针方向 D、E、F、A、B、C 分别为第一、五、三、六、二、四缸出油口。

(2)安装输油泵总成

装配前检视输油泵与喷油泵接合面是否平整，有无密封铜垫圈；装配时适当涂抹少许密封胶，拧紧输油泵的固定螺帽。

(3)安装喷油器总成

喷油器应装有一个铜垫圈，且只能装一个。安装时，将喷油器的定位钢球对准座孔相应的孔中，拧紧螺母，力矩为 60N·m。

(4)安装增压器

增压器安装前应在进油口注入 50~60ml 干净机油，同时旋转叶轮轴，然后拧紧固定螺栓及进油软管和回油管。

(5)安装高压油管

高压油管应无裂缝、凹瘪等现象，拧紧高压油管两端的接头。高压供油时应无渗漏，否则应更换。

(6)安装柴油滤清器

检视柴油滤清器总成进出油口两端应平整无凹痕，紧固柴油滤清器总成固定螺栓。柴油滤清器总成进出油管接头空心螺塞应无堵塞、裂纹现象，内外铜垫圈应齐全、完好。拧紧连接柴油滤清器、输油泵的进出油口接头确保无渗油现象。

(三)柴油机燃料供给系安装后的检查与调试

柴油机燃料系所有零、部件装配齐全后,必须进行检查和调试。

1. 排放燃油管路中的空气

(1)低压油路排气:首先注入足量的柴油并打开出油阀开关;转子泵应松开柴油滤清器放气螺塞,柱塞泵应松开喷油泵放气螺钉或回油管接头;用输油泵的泵油手柄泵油,同时观察放气螺钉处的出油情况;直到从放气螺钉处流出的柴油不含气泡,在溢油状态下旋紧放气螺钉。

(2)高压油路排气:拧松喷油器端的高压油管接头后用起动机带动发动机旋转,直到油管接头处不再有气泡产生,在溢油状态下,旋紧油管接头。依次排除各缸高压油路中的空气。排气后,发动机应运转稳定。

2. 供油提前角的就机调整

(1)将柴油机第一缸调整至压缩行程上止点位置(TDC);

(2)将调整手柄处于最大供油位置;

(3)松开喷油泵紧固螺钉,使喷油泵处于可摆动状态;

(4)根据喷油泵与柴油机的连接方式进行供油提前角的调整,调整范围应符合柴油机的要求。松开喷油泵固定螺母(或螺栓),向喷油泵凸轮轴旋转的相反方向转动泵体,供油提前角增加;反之,则供油提前角减小。调整时严禁通过改变正时螺钉的高低位置或增减调整垫片来满足提前角的要求,防止各缸凸轮工作段不一致,而偏离凸轮轴最佳工作区域,从而影响发动机工作。

(5)调整完毕后紧固喷油泵总成固定螺栓。

3. 调速器的就机调试

(1)怠速调整

松开调速手柄上怠速调整螺钉的锁紧螺母,将怠速调整螺钉向里旋则怠速升高;反之则怠速降低。调整完毕后拧紧锁紧螺母。

(2)最高速度的调整

喷油泵上装有高速限位器以限制柴油机的最高转速,保证柴油机正常运转不至于造成飞车事故。调整方法为:起动柴油机,怠速运转几分钟后逐渐加大油门,注意观察柴油机的转速(观察发动机转速表或用转速表进行测试),柴油机转速达到额定转速时锁死高速限位器。向齿条方向旋转高速限位器,发动机转速降低,反之则升高。

课题二　柴油机燃料供给系的主要零部件

一、喷油器

(一)喷油器的作用和类型

1. 喷油器的作用

喷油器的作用是将喷油泵供给的高压柴油以一定的压力、速度、方向和形状喷入燃烧室,使柴油雾化并适当分布在燃烧室中,以利于混合气的形成和燃烧。

2. 对喷油器的要求

根据混合气的形成与燃烧的要求,喷油器应具有一定的喷射压力、射程和合理的喷雾锥角并在规定的停止喷油时刻迅速切断柴油的供给,且无滴油现象。

3. 喷油器的类型

喷油器分为开式和闭式两种，开式喷油器的高压油腔通过喷孔直接与燃烧室相通，而闭式喷油器则在其之间加装针阀隔断。除康明斯柴油机P-T燃油喷射系统的PT型喷油器采用组合型开式喷油器以外，车用柴油机大多采用闭式喷油器，其常见的形式有两种：孔式喷油器和轴针式喷油器。6BTA5.9柴油机采用长形多孔式喷油器。

(二)喷油器的构造与工作原理

1. 孔式喷油器

(1)孔式喷油器的构造

孔式喷油器主要用于直喷式燃烧室的柴油机。一般喷油孔的数目为1~8个，喷孔直径为0.2~0.8mm。孔越多、孔径越小，则雾化越好，但小孔径喷孔需要较高的喷油压力且易被积炭堵塞。

孔式喷油器的结构如图6-6所示，由喷油嘴、调压装置和喷油器体三部分组成。

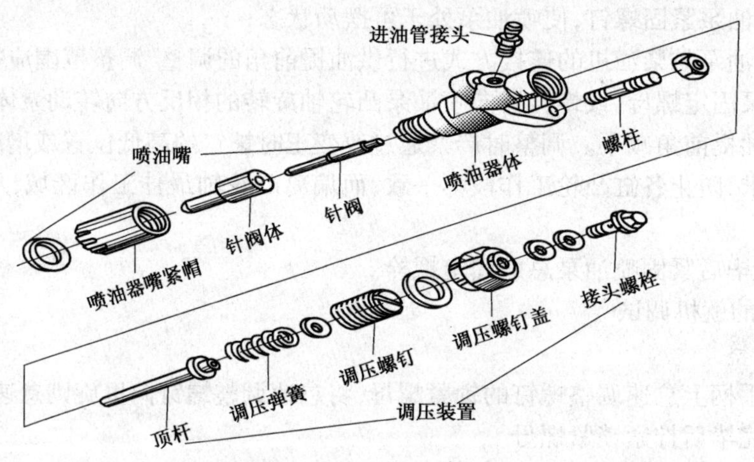

图6-6 孔式喷油器的结构

6BT型柴油机喷油器为4孔闭式喷油器，喷油压力为24.5MPa。其结构特点是：高压油管接头设在喷油器顶端，回油管设在喷油器上体侧边。喷油器用钢球定位，由螺套压紧固定如图6-7所示。

①喷油嘴

喷油嘴如图6-8所示，喷油嘴是喷油器的主要部件，其中最主要的是针阀和针阀体这一对精密偶件，即针阀偶件。针阀下端的圆锥面与针阀体下端的环形锥面共同起密封作用，用于打开或切断高压柴油与燃烧室的通路。针阀底部还有一环形锥面位于针阀体的环形油槽中，该锥面承受燃油压力推动针阀向上运动。针阀上部通过顶杆承受调压弹簧的预紧力，使针阀处于关闭状态。该预紧力决定针阀的开启压力，即喷油压力。

针阀偶件的配合面通常在制造过程中经过精磨后再相互研磨以保证其配合精度，选配和研磨好的一对针阀偶件是不能互换的，修理时必须特别注意。

②调压装置

如图6-9所示，调压装置由调压弹簧、调压螺钉、顶杆及回油管接头螺栓等零件组成。调压弹簧的弹力通过顶杆作用在针阀上，喷油压力可通过调压螺钉改变调压弹簧的预紧力进行调整(有的采用调整垫片)，拧入时压力增大，拧出时压力减小，最后用调压螺钉紧帽将其锁紧固定。

③喷油器体

如图 6-10 所示，喷油器体用于安装调压装置和进油管路。为防止细小杂质堵塞喷孔，在进油管接头中装有缝隙式滤芯（如图 6-11 所示）。高压柴油从滤芯的两个油道 *A* 进入，必须通过棱边 *B* 才能通向两个出油道 *C* 进入喷油器。在通过棱边 *B* 时，杂质颗粒便留在缝隙中，而且滤芯具有磁性，可以吸附金属磨屑。

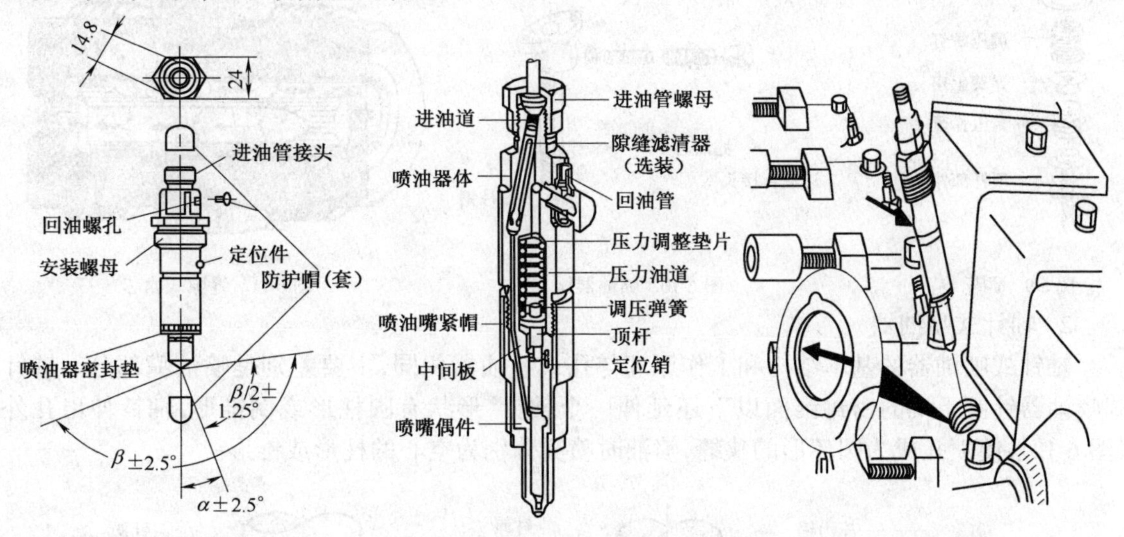

图 6-7　6BT 型柴油机喷油器及安装定位

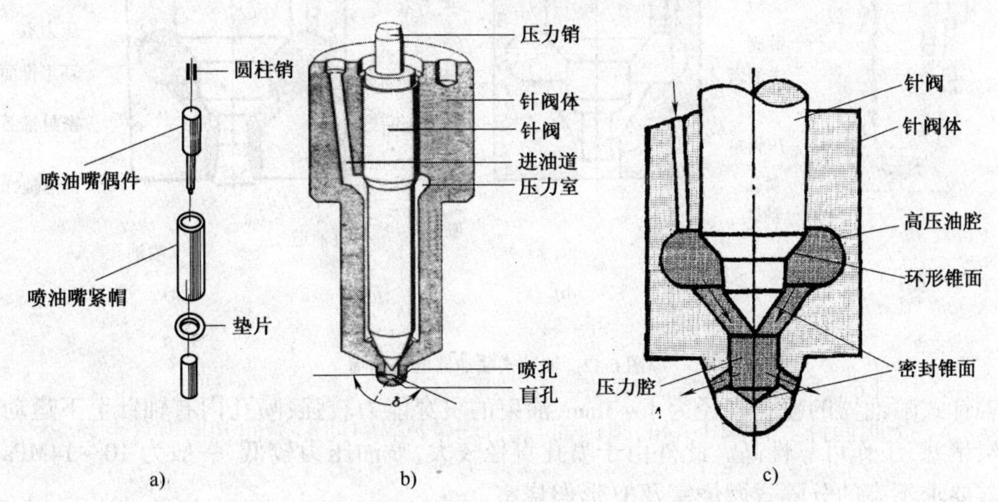

图 6-8　孔式喷油器的喷油嘴

(2)孔式喷油器的工作原理

喷油泵输出的高压柴油从进油管接头经过缝隙式滤芯、喷油器体与针阀体中钻出的油道，进入针阀中部的环状高压油腔。油压作用在针阀的承压锥面上，产生一向上的轴向推力，当此推力克服调压弹簧的预紧力和针阀体间的摩擦力后，针阀上移打开喷孔，高压柴油便从针阀体下端的喷孔喷出。当喷油泵停止供油时，由于油压迅速下降，针阀在调压弹簧的作用下迅速回位，关闭喷油孔，喷油器停止喷油。在喷油器工作期间，会有少量柴油从针阀与针阀体的配合面之间的间隙漏出，这部分柴油对针阀起润滑作用。漏出的柴油沿顶杆周围的空隙上升，通过回油管螺栓上的孔进入回油管，流回到喷油泵或柴油滤清器。

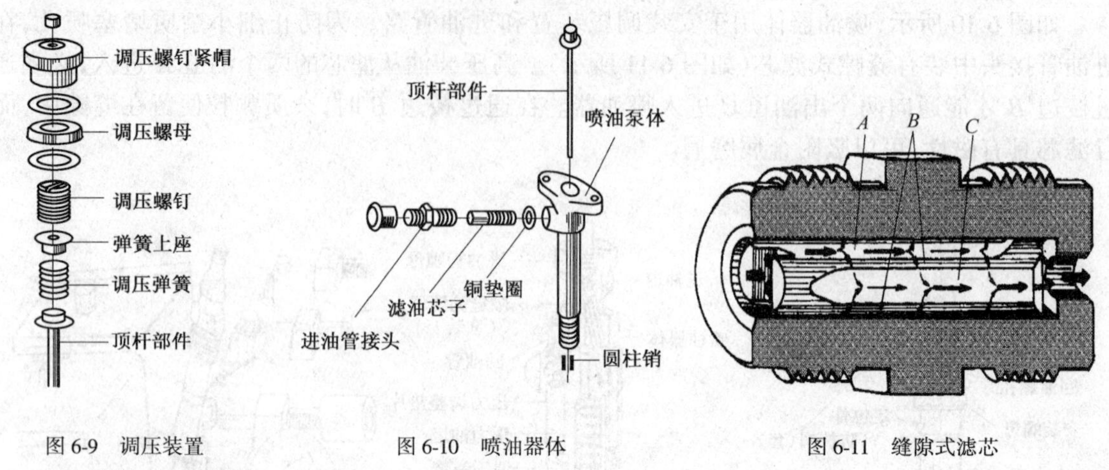

图 6-9 调压装置　　图 6-10 喷油器体　　图 6-11 缝隙式滤芯

2．轴针式喷油器

轴针式喷油器的基本结构和工作原理与孔式喷油器相同，主要差别是喷油嘴部分。轴针式喷油器针阀下端的密封锥面以下还延伸一个轴针，形状有圆柱形或倒锥形，轴针伸出孔外（图 6-12），使喷孔成为圆环形的狭缝，喷油时喷雾分别为空心的柱形或锥形。

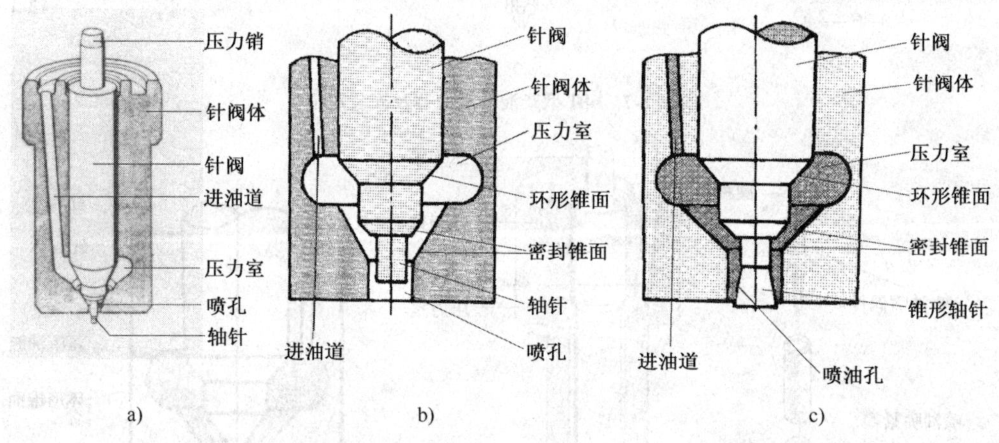

图 6-12 轴针式喷油器的喷油嘴

轴针式喷油器的喷孔直径为 1～3mm，油束的贯穿能力较强；喷孔内有轴针上下运动，不易被积炭堵塞，工作可靠性高。此外由于喷孔直径较大，喷油压力较低，一般为 10～14MPa，适用于喷雾要求不高的分隔式燃烧室及 U 形燃烧室。

（三）喷油器的检修

喷油器的针阀偶件在工作中受到高压燃油的冲刷和机械杂质的研磨、调压弹簧的落座冲击，其导向圆柱面、密封锥面及阀体上与针阀的配合表面易出现磨损。导向圆柱体的磨损将导致回油量增加，喷油量减少；而密封面的磨损则会使喷油器密封不严，引起喷油前的泄漏和喷油停止后的滴漏，造成雾化不良、不完全燃烧、炭烟剧烈增加，积炭严重等一些故障，因此必须对喷油器进行检修。

1．从柴油机上拆下喷油器

喷油器的固定方式有压板固定、空心螺套固定和利用自身的法兰盘固定3种，6BTA5.9柴油机闭式喷油器用空心螺套固定。拆卸喷油器时，应首先拆卸高压油管并旋松喷油器空心螺套。为避免因喷油器转动而损坏缸盖上的喷油器定位孔，应用一扳手扳住喷油器体，另一扳手拆卸喷油器固定螺母；用木锤振松喷油器，再用专用拉器拉出喷油器。

2. 喷油器修理前的试验

清洗喷油器外部，在喷油器试验器（图6-13）上对各喷油器逐一进行试验，检查其密封性、喷油压力和喷油质量，如不符合要求，则须解体检修。

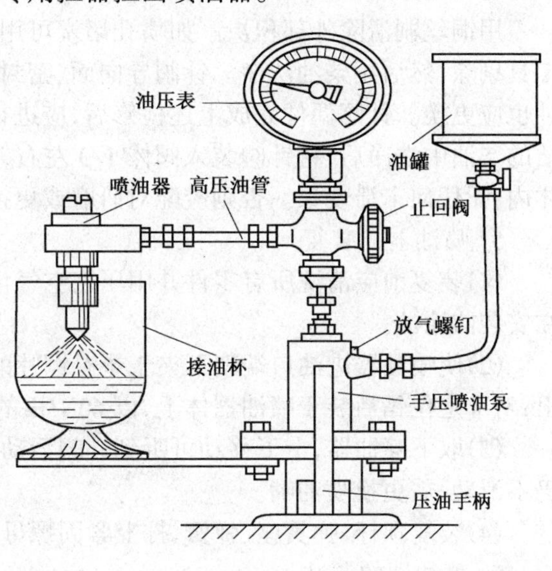

图6-13　喷油器试验器

(1)密封性试验

旋入喷油器的调压螺钉，均匀缓慢地用手柄压油。当喷油压力上升至20.4MPa时停止压油，喷油器不应有滴漏现象，如图6-14所示。观察油压从20.4MPa下降到18.37MPa的时间若在10~20s之间，说明喷油器密封性较好；若时间少于10s，可能是油管接头处漏油、针阀体与喷油器体平面配合不严和密封锥面封闭不严或导向部分磨损。

(2)喷油压力试验

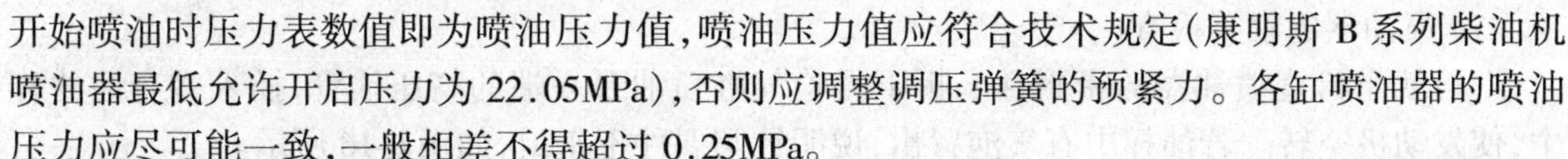

用手柄以每秒一次的频率压油，喷油器开始喷油时压力表数值即为喷油压力值，喷油压力值应符合技术规定（康明斯B系列柴油机喷油器最低允许开启压力为22.05MPa），否则应调整调压弹簧的预紧力。各缸喷油器的喷油压力应尽可能一致，一般相差不得超过0.25MPa。

(3)喷雾质量试验

调好喷油压力后，以每秒一次的频率使喷油器喷油，喷出的柴油应成雾状，不允许滴油和飞溅。喷油开始和终了应明显，每次喷油时，应有明显、清脆的爆裂声，雾束方向锥角约15°~20°。试验时应注意防止油雾进入人体引起血液中毒的危险。

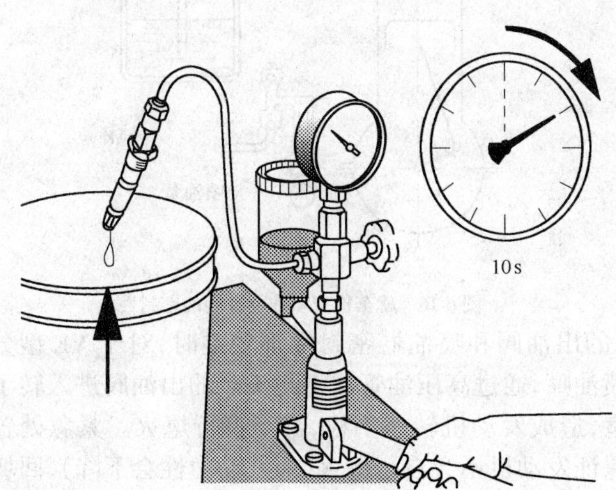

图6-14　密封性试验

通过试验，若喷油器的密封性、喷油压力或喷雾质量不符合规定要求，则必须对喷油器进行分解、检查和维修。下面就以6BTA5.9柴油机闭式喷油器为例介绍其分解、检查和维修。

3. 喷油器的分解

(1)将外部清洗干净的喷油器夹在垫有铜片的虎钳上，并使喷油嘴朝下，拧下锁紧螺母和调压螺钉，取出弹簧、弹簧座和顶杆，收存垫片。

(2)将喷油嘴朝上在虎钳上夹好，拆下喷油嘴紧固螺套，取出针阀体。如针阀体被积炭卡于螺套内,应在清洁柴油中浸泡后取出,不允许硬敲。

(3)从针阀体内拔出针阀,如拔不动时可用手钳垫布夹住拧出;分解的各零件摆放应整齐,针阀与阀体应成对放置。

4. 喷油器零件的检修

用铜丝刷清除外部积炭。如喷孔堵塞可用专用通针疏通,针阀体内的污物可用专用清除工具剔除,然后用柴油洗净。针阀导向面、密封锥面有伤痕或发暗时应更换,针阀体有严重腐蚀也应更换。针阀偶件完成上述检修后,应进行滑动性试验:如图 6-15 所示,将针阀偶件在清洁的柴油中洗净后,将针阀装入阀体 1/3 左右,松手后针阀应能在自身质量作用下缓缓滑入阀体内,无任何卡滞现象。否则应配对研磨或更换。

5. 喷油器的装复

(1)装复前应清洗所有零件并用压缩空气清理喷油器体内的油道,清洗喷油器配合表面,在安装前涂油。

(2)使喷油器进油口端朝下夹于垫有铜片的虎钳上,将在清洁的柴油中浸泡过的喷油嘴取出,对准定位销后装于喷油器体上,以 60N·m 的力矩拧紧固定螺套。

(3)取下喷油器,上下移动可听到针阀活动的响声,否则应重新清洗喷油嘴后装复,若针阀仍不滑动,需更换喷油嘴。

(4)装复顶杆、弹簧座、弹簧,拧上紧固螺母。

6. 喷油器的调试

喷油器装复后,应在试验器上进行密封性、喷油压力和喷雾质量的试验(方法同前)。喷油压力不符合要求时可拧动调压螺钉进行调整,调整后应再次检查密封性及喷雾质量。

7. 喷油器的就车检查

(1)就车检查喷油器的密封性　拆下需检气缸喷油泵一端的高压油管,插入盛有油的杯中,使发动机空转。若油杯中有气泡冒出,说明针阀偶件不密封,如图 6-16 所示。

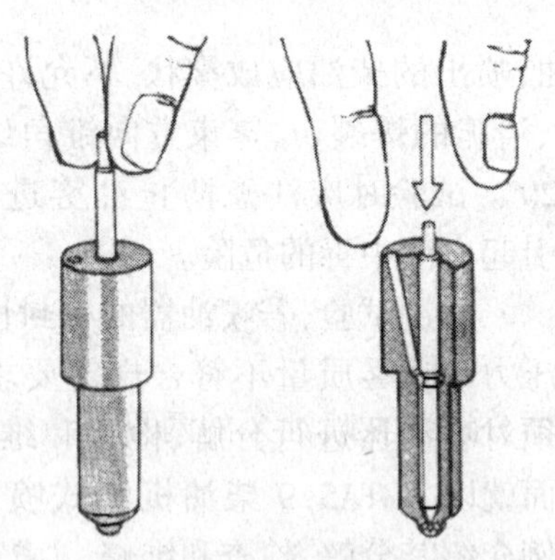

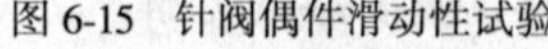

图 6-15　针阀偶件滑动性试验

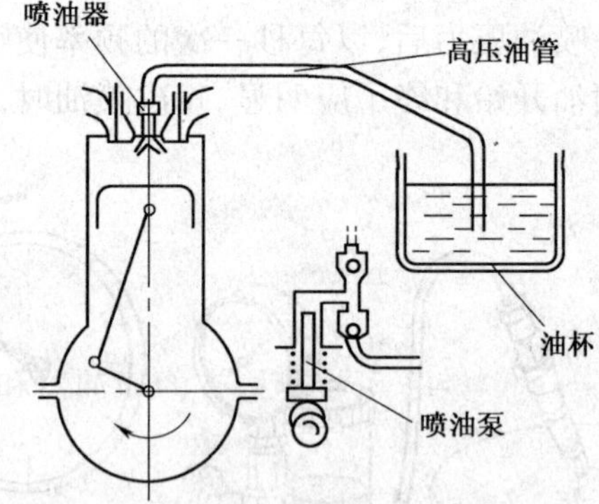

图 6-16　就车检查喷油器针阀的密封性

当同一缸(在同一高压油管上)喷油泵的出油阀和喷油器密封性都较差时,对于 VE 型分配泵,气缸内的压缩空气会经过不密封的喷油嘴,通过高压油管从密封不严的出油阀进入转子分配泵,渗至转子前腔或分配泵的低压油室,造成发动机转速不稳,甚至自行熄火。紧急处置的方法是,先更换此缸不密封的喷油器以保证发动机不会自行熄火(但其动力性会下降),回场后应尽快将喷油泵和喷油器送到修理厂修理。

(2)就车检查喷油器的喷油压力和喷油质量　在车上检查喷油器时需要一个标准喷油器

和一个自制的T形三通接头。操作时,先将被检喷油器和高压油管拆下,将三通接头装在喷油泵此缸的出油阀座上,再将标准喷油器和被检喷油器分别装在三通接头的另两端。起动柴油机并在怠速下运转,同时观察两喷油器的喷油情况(图6-17)。

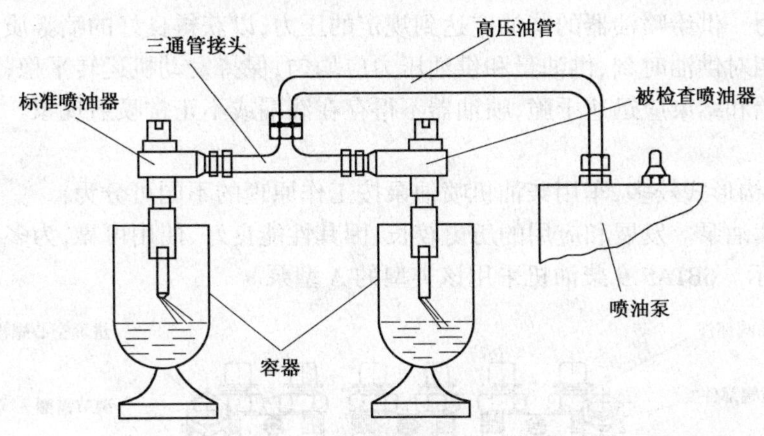

图6-17 就车检查喷油器针阀的喷油状况

若两只喷油器同时喷油,说明被检喷油器的压力正常;若标准喷油器先喷油而被检喷油器滞后喷油或不喷油,表明被检喷油器喷油压力过高或内部零件卡滞;若被检喷油器先喷油,说明被检喷油器喷油压力过低。若喷油压力不正常,可以通过调整使两个喷油器同时喷油即可。同时还要观察喷雾情况,若被检喷油器较标准喷油器差,应拆检喷油器。最后,将柴油机熄火,用手触摸两只喷油嘴,手指上油渍多的为有渗漏现象,说明针阀与针阀体的锥面密封不良,应进行研磨或更换。对于拆洗、清洁后的喷油器,经调试仍不能恢复性能时应更换喷油嘴,然后组装并调试喷油器。

另外还要观察开始喷射和关闭喷射的时间是否一致、喷射的角度是否一样、喷射的孔数是否一样、雾化的情况是否相当、燃油射程是否一致、喷射是否迅速、喷射后关闭喷油嘴是否干脆并且无滴油现象、回油孔回油量是否相当等内容。

一般来说,长期使用且缺乏维护的喷油器,喷射压力多数明显下降,这是由于喷油嘴针阀与阀体之间的密封性因磨损而下降及调压弹簧的弹性下降导致的。这样的喷油器会比标准喷油器先喷油(即喷油压力低)且喷出的燃油颗粒较粗,甚至会出现条状细流。不良喷油器使断油时间明显推迟,并且断油后可能存在滴漏现象,这都会导致燃烧不良、积炭增加以及排气异常。

若无三通接头,可将待检查的喷油器和标准喷油器分别装在喷油泵的两只出油阀座上,然后用起动机带动柴油机运转并做喷射比较。但由于不同气缸的供油时间有先有后,无法比较喷射时间,只能比较喷射雾化的质量。

二、喷油泵与PT燃油系统

(一)喷油泵的作用和类型

1. 喷油泵的作用

喷油泵又称高压油泵,一般和调速器连为一体。其作用是:接收输油泵送来的柴油,提高压力并根据柴油机不同工况的要求,定时、定量地将高压柴油送至喷油器,通过喷油器将柴油以雾状喷入燃烧室中。对多缸柴油机喷油泵有以下几点要求:

(1)各缸的供油顺序应符合发动机的工作顺序；

(2)保证定时　严格按照规定供油时刻开始供油,并保证一定的供油持续时间；

(3)保证定量　根据柴油机负荷的大小供给相应的油量；

(4)保证压力　供给喷油器的柴油应达到规定的压力,以获得良好的喷雾质量；

(5)各缸的相对供油时刻、供油量和供油压力应均匀,保持发动机运转平稳；

(6)供油开始和结束应迅速干脆,喷油器不得存在滴漏或不正常喷射现象。

2. 类型

喷油泵的结构形式较多,车用柴油机喷油泵按工作原理的不同可分为：

(1)柱塞式喷油泵　发展和应用的历史较长,因其性能良好、使用可靠,为多数柴油机所采用,如图 6-18 所示。6BTA5.9 柴油机采用该类型的 A 型泵。

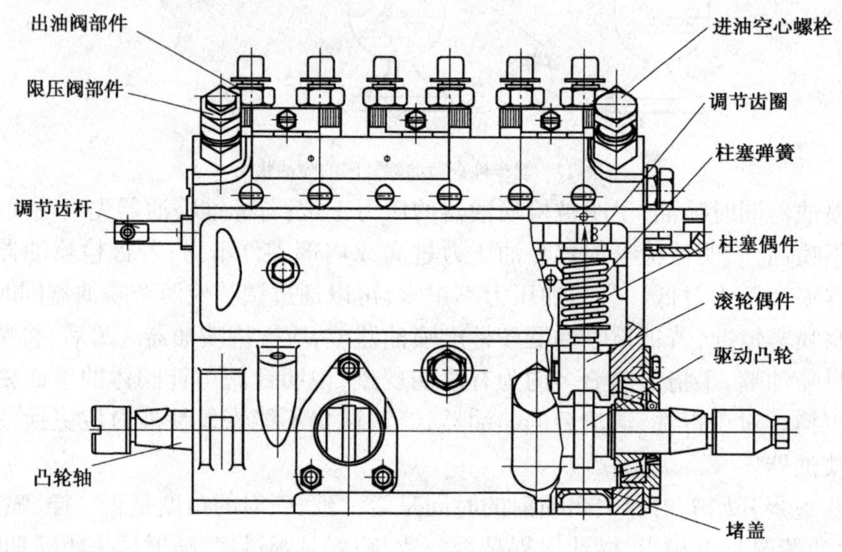

图 6-18　柱塞式喷油泵

(2)转子分配式喷油泵　是 20 世纪 50 年代后期出现的一种新型的喷油泵,它只用一对柱塞偶件产生高压,依靠转子或柱塞的旋转实现燃油的分配,如图 6-19 所示。美国康明斯公司

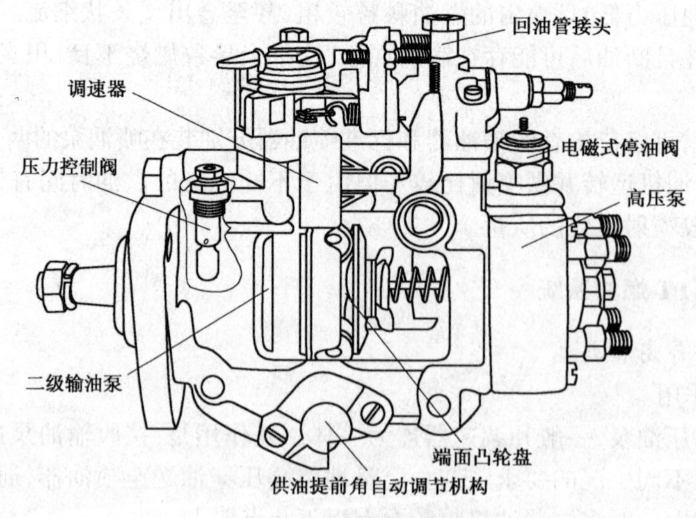

图 6-19　分配式 VE 型泵

生产的6BT柴油机上的VE泵即属于该种类型。

(3)喷油泵—喷油器　其特点是将喷油泵和喷油器合为一体并取消了高压油管。它直接安装在气缸盖上,以消除高压油管带来的不良影响,如图6-20所示。PT燃料供给系统的喷油器即属于此种类型。

(二)几种典型喷油泵的结构和工作原理

为了有利于柴油机的生产、制造、维修和实际应用,柱塞式喷油泵根据不同柴油机单缸功率对循环供油量的要求,以几种不同的柱塞行程为基础,分成几个系列。

VE型分配式喷油泵是由德国Bosch生产的一种高压油泵,也称轴向压缩式分配泵,广泛应用在康明期B系列柴油机上。

6BTA5.9柴油机目前使用国产A型柱塞喷油泵和Bosch VE型分配式喷油泵,下面我们重点介绍这两种形式的喷油泵,对其他的喷油泵或喷油系统仅作一般介绍。

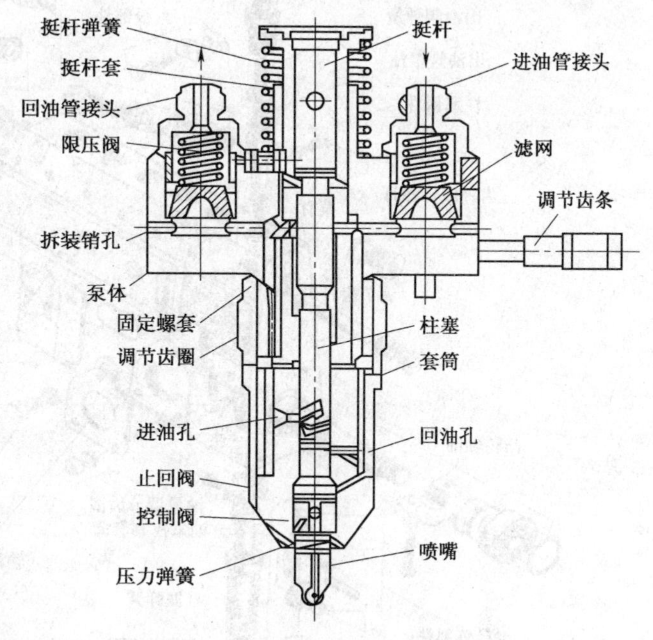

图6-20　喷油泵—喷油器

1. A型喷油泵

A型喷油泵是国际上通用的一种系列产品,也是国内中、小型柴油机应用最为广泛的柱塞式喷油泵。东风EQ1141G汽车6BTA5.9柴油机上直列柱塞式喷油泵即为A型喷油泵。

1)A型喷油泵的结构

如图6-21所示,A型喷油泵和其他柱塞式喷油泵一样,由分泵、油量调节机构、传动机构和泵体组成。整体式泵体由铝合金铸成,侧面开有供调节检视的窗口。各分泵及齿圈—齿杆式油量调节机构均以泵体为基体分别装配在泵体上。它具有调试方便、工作可靠、传动平稳、整体刚度好等优点。

(1)分泵　分泵是带有一对柱塞偶件的泵油机构,每一对柱塞和柱塞套只向一个气缸供油。单缸柴油机,由一套柱塞偶件组成单体泵,如图6-22所示;多缸柴油机由多套泵油机构组装成多缸泵分别向各缸供油。多缸泵中具有数目与发动机缸数相等、结构和尺寸完全相同的若干个分泵。

分泵的主要零件有柱塞偶件(柱塞和柱塞套)、柱塞弹簧、弹簧上、下座、出油阀偶件(出油阀和出油阀座)、出油阀弹簧、减容器、出油阀紧帽等。

柱塞上部的圆柱表面铣有与轴线成45°夹角的直线斜槽,斜槽底部与柱塞顶面有孔道相通。柱塞套装入喷油泵体的座孔中,柱塞套上的进油孔与泵体内的低压油腔相通。柱塞套通过销钉固定在泵体上,以防止柱塞套的转动。柱塞弹簧上端通过弹簧上座支承于泵体上,其下端通过弹簧下座支承在柱塞上。柱塞弹簧装配时有一定的预紧力,依靠其弹力使柱塞压紧在滚轮传动部件的上端面上。出油阀偶件位于柱塞套的上面,二者接触平面要求密封。拧入紧帽,通过高压密封垫圈将出油阀座与柱塞压紧,同时使出油阀弹簧将出油阀压紧在阀座上。

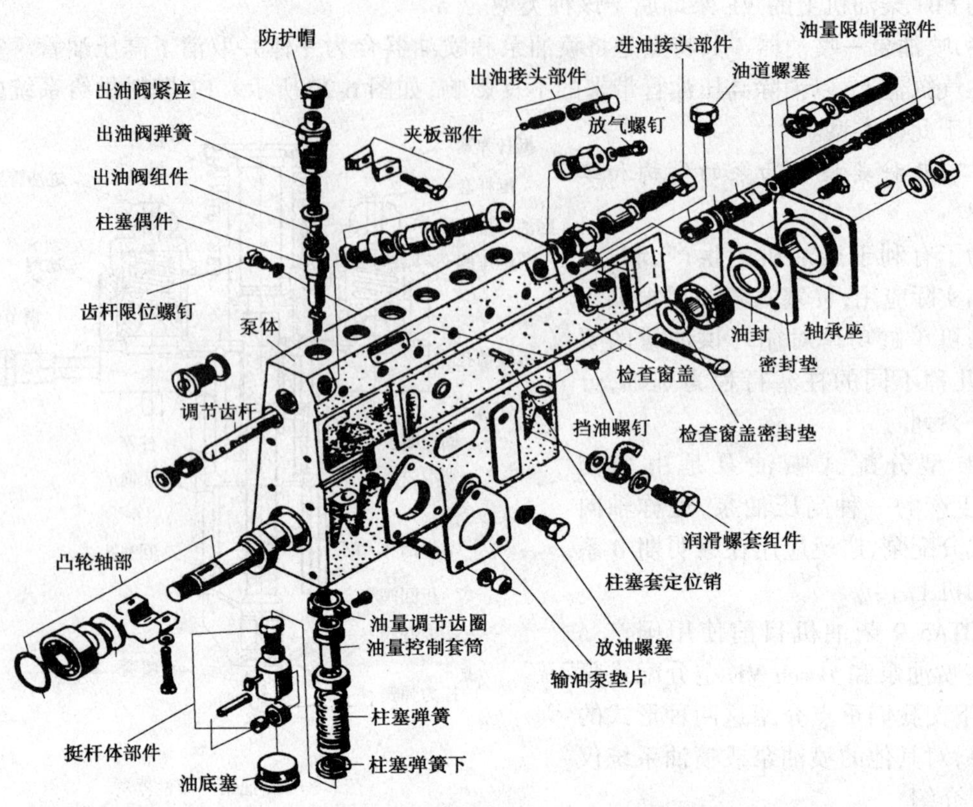

图 6-21 A 型泵零部件分解图

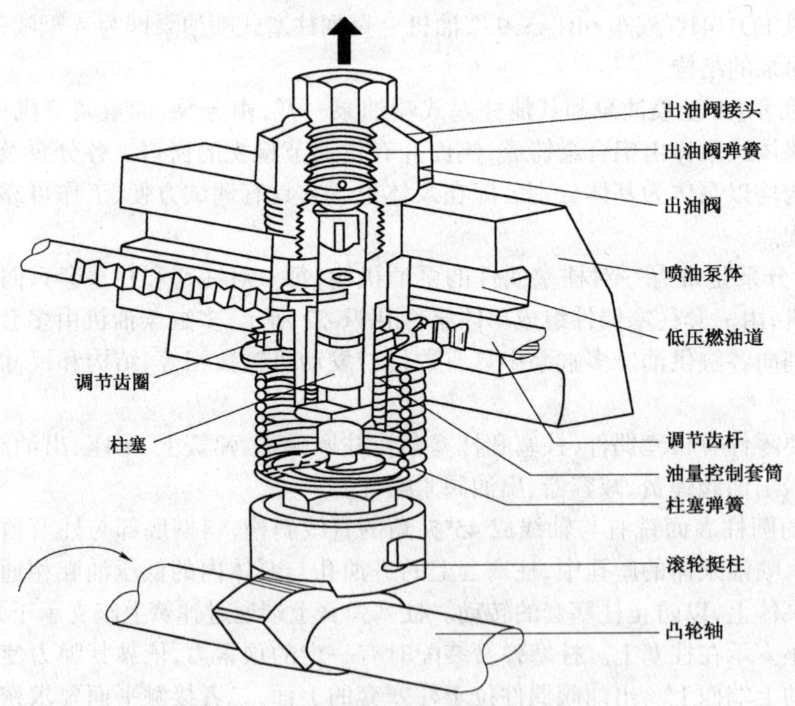

图 6-22 柱塞式喷油泵分泵

柱塞偶件是喷油泵中的精密偶件，采用优质合金钢精密加工制造和选配，严格控制其配合间隙（为0.001～0.003mm），以保证燃油的增压和柱塞偶件的润滑。间隙过大易漏油，导致油压下降；间隙过小则柱塞偶件的润滑困难。为保证供油压力不低于规定值，出油阀弹簧在装合后应有一定的预紧力。

出油阀的结构如图6-23所示：出油阀的圆锥面是密封表面，阀的尾部在阀座孔内滑动，起导向作用。为了留出油流通路，阀尾具有切槽而形成十字形断面。出油阀中部的圆柱面为减压环带，用于在喷油泵供油停止后迅速降低高压油管中的燃油压力，使喷油器立即停止喷油。

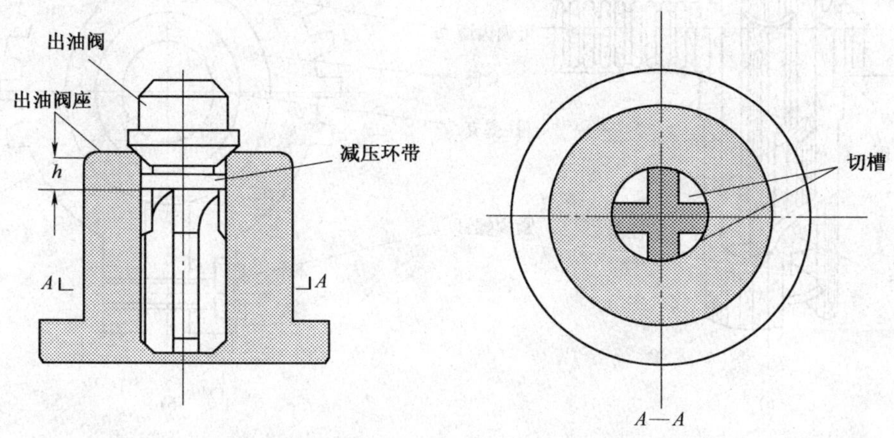

图6-23　A型喷油泵的出油阀

出油阀作用原理是：当柱塞上升到封闭进油孔时泵腔油压升高，压力油克服出油阀弹簧的预紧力后推动出油阀上升，使阀的密封面离开阀座。待减压环带完全离开阀座的导向孔时，即出油阀要上升一段距离后，燃油进入高压油管，使油路油压升高；同样，在出油阀落下时，减压环带一经进入导向孔，泵腔出油口便被切断，燃油停止进入高压油管；出油阀继续下降至密封锥面贴合时，由于出油阀本身所让出的容积，使高压管路的压力迅速降低，喷油器立即停止喷油。如果没有减压环带，则在出油阀与阀座的锥面贴合后，高压油管中瞬时内仍存在着很高的残余压力，使喷油器发生滴漏。

出油阀压紧座中设置一个减容器以减少高压油腔的容积，有利于改善喷油过程，同时限制了出油阀最大升程。出油阀封油有两个装置：出油阀座与出油阀压紧座之间装有铜垫圈防止高压油腔漏油；出油阀压紧座与泵体之间装有密封圈防止低压腔漏油。

(2)油量调节机构

油量调节机构的功用是根据发动机不同工况的要求，执行驾驶员或调速器指令，控制柱塞与柱塞套筒的相对位置，以改变柱塞的有效行程，从而调节喷油泵的供油量。

A型喷油泵采用齿杆式油量调节机构如图6-24所示。柱塞下端的条状凸块伸入油量控制套筒的缺口内，油量控制套筒则松套在柱塞套的外面。油量控制套筒的上部用紧固螺钉锁紧一个与齿杆相啮合的可调齿圈，即油量调节齿圈，移动齿杆则通过油量控制套筒使柱塞旋转而改变供油量；当需要个别调整某个缸的供油量时，先松开油量调节齿圈的紧固螺钉，然后转动油量控制套筒并带动柱塞相对齿圈转动一个角度，再将齿圈固定。齿杆式油量调节装置的特点是传动平稳，但制造成本较高。

(3)传动机构

传动机构的功用是驱动柱塞在柱塞套内往复运动，使喷油泵完成供油过程。它由凸轮轴和滚轮传动部件组成。滚轮传动部件如图 6-25 所示，带有衬套的滚轮松套在滚轮轴上，轴支承在滚轮体的座孔中，滚轮左侧圆柱面上镶有导向块，泵体上开有轴向长槽，导向块插入该槽中，使滚轮架只能上下移动而不能转动。

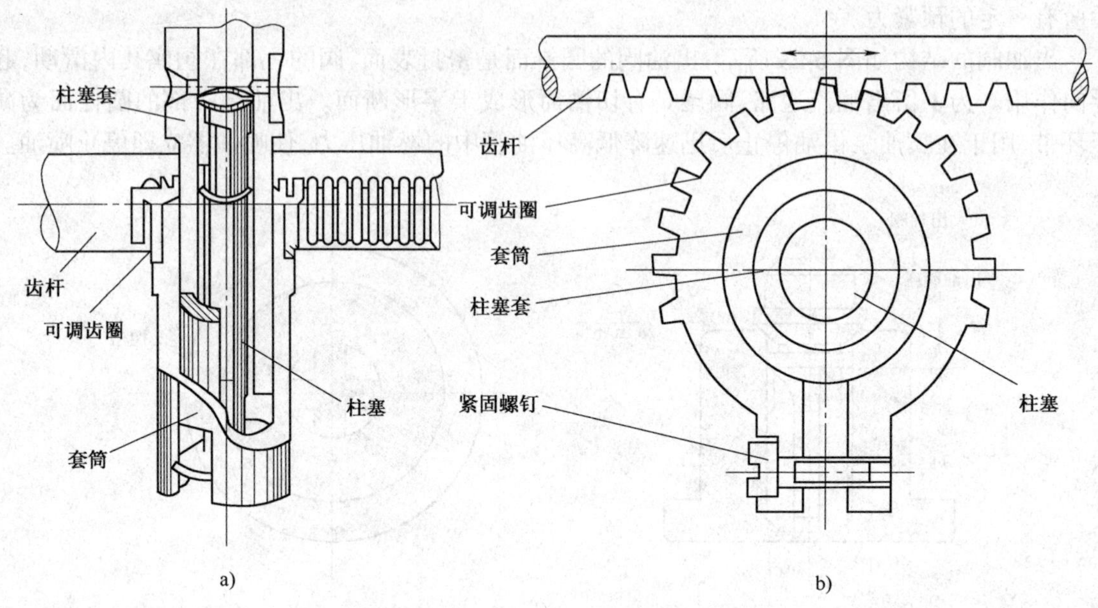

图 6-24　齿杆式油量调节机构

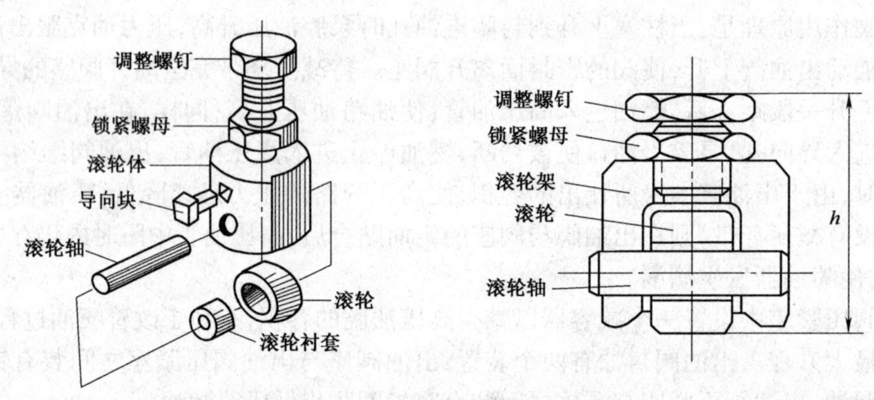

图 6-25　滚轮传动部件

喷油泵的凸轮轴由柴油机的曲轴通过齿轮驱动，当凸轮轴上的凸轮凸起的部分与滚轮接触时，便克服柱塞弹簧的弹力推动柱塞向上运动(图 6-22)；当凸轮的凸起部分转过后，柱塞便在弹簧的作用下回位。为保证在一个工作循环内，各缸都只能喷油一次，四冲程柴油机的喷油泵凸轮轴的转速应等于曲轴转速的 1/2。当然，凸轮轴上的凸轮沿圆周方向的排列顺序还必须与发动机工作顺序相一致。

喷油泵供油的迟早决定了喷油器喷油的迟早，它对柴油机工作性能有很大影响。为保证形成良好的混合气并改善燃烧过程，必须有一定的喷油提前角，多缸柴油机还应保证各缸喷油提前角一致。最佳喷油提前角是由试验确定的，其数值因柴油性质和发动机工况而异。在实际工作中，由于凸轮及滚轮等传动部件的磨损，喷油提前角也有所改变。为此，喷油提前角必须是可以调整的，喷油提前角的调整是通过对喷油泵的供油提前角的调整而实现的。

喷油泵供油提前角的调整方法有两种：一是改变喷油泵凸轮轴与柴油机曲轴的相对位置，通过调整联轴节或调整供油提前角自动调节器来实现；二是改变滚轮传动部件的高度，通过转动调整螺钉来实现的。当松开锁紧螺母拧出调整螺钉时，滚轮传动部件高度 h 增大，供油提前角增大；反之，供油提前角减小。改变滚轮传动部件的高度可逐个调整单个分泵的供油提前角，从而保证多缸发动机的供油提前角一致。

(4)泵体

A 型泵泵体采用整体式结构如图 6-21 所示，一般由铝合金铸成。分泵、油量调节机构及传动机构都装在泵体上。

泵体上有纵向油道即低压油腔。输油泵输出的燃油经滤清后进入低压油道，再从柱塞套上的进油孔进入各分泵的泵腔。输油泵供油量通常远大于喷油泵的喷油量，当低压腔油压大于 0.05MPa 时，油道另一端的限压阀开启，多余的燃油经回油管流回进油口。

限压阀还兼有放气作用，为保证柴油机的正常工作，当低压油路中渗入空气时则需要放气（喷油泵拆装后或发动机长期停放后也应该放气）。放气时，在发动机起动前可将限压阀上端的螺钉旋出少许，再反复按动手动输油泵，通过泵入喷油泵的燃油排出渗入喷油泵内的空气。在泵体下部的内腔中加有润滑油，依靠飞溅的润滑油润滑传动机构，泵体下腔内的润滑油与调速器壳体内的润滑油是相通的，喷油泵凸轮轴的前端轴承外面装有油封。

2)柱塞式喷油泵的泵油原理

柱塞式喷油泵利用柱塞在柱塞套内的往复运动实现吸油和压油，柱塞由凸轮驱动，在柱塞套内作往复直线运动，此外它还通过调节机构可以绕本身的轴线在一定角度范围内转动。喷油泵凸轮轴由柴油机曲轴通过传动机构驱动。柱塞式喷油泵的泵油原理如图 6-26 所示。

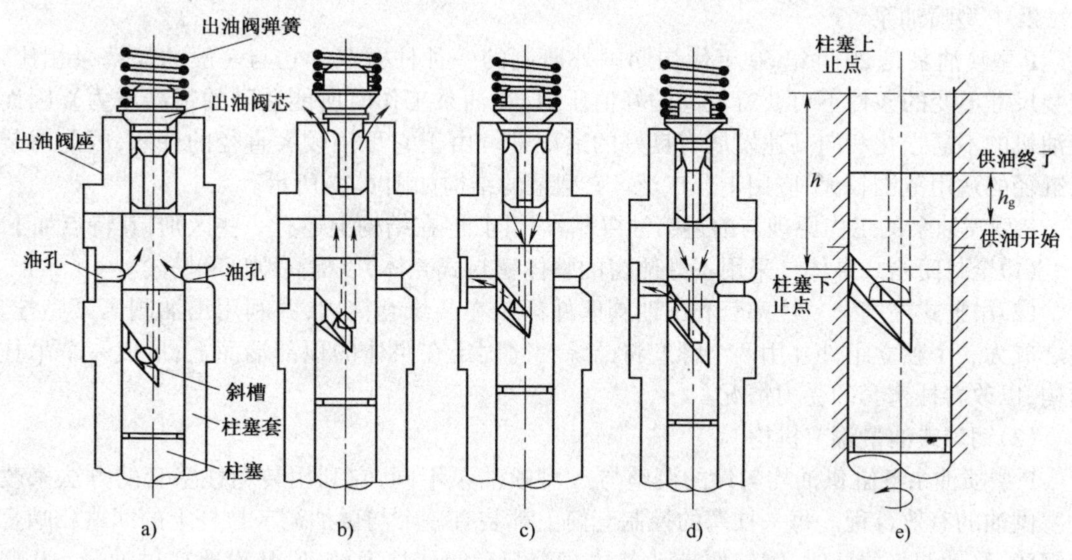

图 6-26 柱塞式喷油泵泵油原理示意图

a)吸油过程；b)压油过程；c)回油过程；d)空行程；e)有效行程

(1)吸油过程 如图 6-26a)所示，柱塞在柱塞弹簧的作用下下行，从柱塞顶面位于进油孔上边缘始至柱塞运动到下止点，由于泵腔容积增大，吸力增强，燃油则自低压油腔经进油孔被吸入并充满泵腔。

(2)压油过程 如图 6-26b)所示，在凸轮的驱动下柱塞自下止点上移，起初有一部分燃油从进油口被挤回低压油腔;待柱塞上部的圆柱面将柱塞套上的两个进油孔完全封闭时,柱塞上部的燃油压力迅速增高,此即为压油过程。当油压升高到足以克服出油阀弹簧的作用力时,出油阀便开始上升,出油阀圆柱环形带离开出油阀座时高压燃油便从泵腔通过高压油管流向喷油器,当燃油压力高出喷油器调定的喷油压力时喷油器则开始喷油。

(3)回油过程　如图 6-26c)所示,柱塞继续上升至柱塞上的斜槽与柱塞套上的进油孔开始相通时,由于泵腔通过柱塞中心孔与斜槽和进油孔相通,泵腔内高压油随即自进油孔进入低压油腔,泵腔内油压迅速降低,出油阀则在弹簧的作用下立即回位,喷油泵停止供油。此后柱塞仍继续上升,但不能建立足够的油压,直到凸轮达到最高位置为止,此过程不再泵油。

(4)停止供油状态　如图 6-26d)所示,随着凸轮轴的转动,凸轮升程逐渐降低,柱塞在柱塞弹簧的作用下向下移动,此过程延续到柱塞顶面到达进油孔上边缘为止。喷油泵始终处于不泵油状态。

随着柱塞下行,喷油泵又重复上述四个过程,周而复始。

从上述泵油过程可知,由于驱动凸轮的升程一定,因而其柱塞的行程 h 也是一定的(图 6-26e)。在柱塞整个行程中,只有在柱塞完全封闭柱塞套上的两个进油孔,到柱塞斜槽尚未接通油孔的这一段柱塞行程 h_g 内,喷油泵才对外泵油。行程 h_g 称为柱塞有效行程。

显然,喷油泵每次的泵油量取决于柱塞有效行程的长短,因此只需改变柱塞的有效行程,即可使喷油泵随着柴油机工况不同而改变供油量。一般通过油量调节机构改变柱塞斜槽与柱塞套油孔的相对位置来实现,按图 6-26e)所示方向转动柱塞,则有效行程和供油量即增加,反之则减少。

B 型泵与 A 型泵在工作原理和结构上基本相同,只是结构参数有所不同。

2. P 型喷油泵

P 型喷油泵是 20 世纪 60 年代初期国外研制的一种柱塞泵。它与一般的柱塞泵相比,在安装尺寸不变的条件下可获得较高的峰值压力(喷油泵工作时所能达到的最高压力),因而对柴油机的不断强化和向高速发展有良好的适应性。由于它可用较大直径的柱塞,因此对柴油机缸径的适用范围较大,应用十分广泛。P 型泵的结构如图 6-27 所示。

P 型喷油泵的工作原理与前述喷油泵基本相同,但在结构上还有一些区别,其特点如下:

(1)全封闭箱式泵体　采用不开侧窗的整体密封式壳体,以提高刚度和防尘。

(2)吊挂式柱塞套　柱塞套和出油阀偶件都装在凸缘套筒内,并利用出油阀压紧座拧紧,使之成为一个独立组件并用两个螺塞将凸缘套筒固定在泵体的顶部端面上,形成一个吊挂式结构,以改善柱塞套的受力情况。

(3)钢球式油量调节机构

P 型喷油泵各缸供油均匀性的调整与 A 型喷油泵不同,它利用转动柱塞套的方法来改变柱塞供油的有效行程。每一柱塞的控制套筒上都装有一个与供油调节拉杆上的凹槽相啮合的小钢球,移动调节拉杆时,钢球便带动各柱塞控制套筒使柱塞转动,从而改变供油量。P 型喷油泵的供油时刻可通过增减凸缘套筒下面的垫片来实现。

(4)压力润滑系统

P 型喷油泵采用压力润滑系统,来自柴油机润滑系主油道的压力机油,通过节流孔的油管经泵体上的机油孔进入滚轮传动部件与泵体孔间的间隙,而后流入泵底盖和调速器壳体中。

P 型喷油泵的缺点是拆装不方便,柱塞不能和柱塞套一起从泵体上方取出,而必须先抽出凸轮轴,拆下底盖,然后才能从泵体下方取出。

3．VE 型分配式喷油泵(VE 泵)

分配式喷油泵(以下简称分配泵),是国外 20 世纪 50 年代后期开始推广使用的新型喷油泵。它的特征是用一组供油元件,通过分配机构定时定量地将燃油分别供给各气缸。分配泵

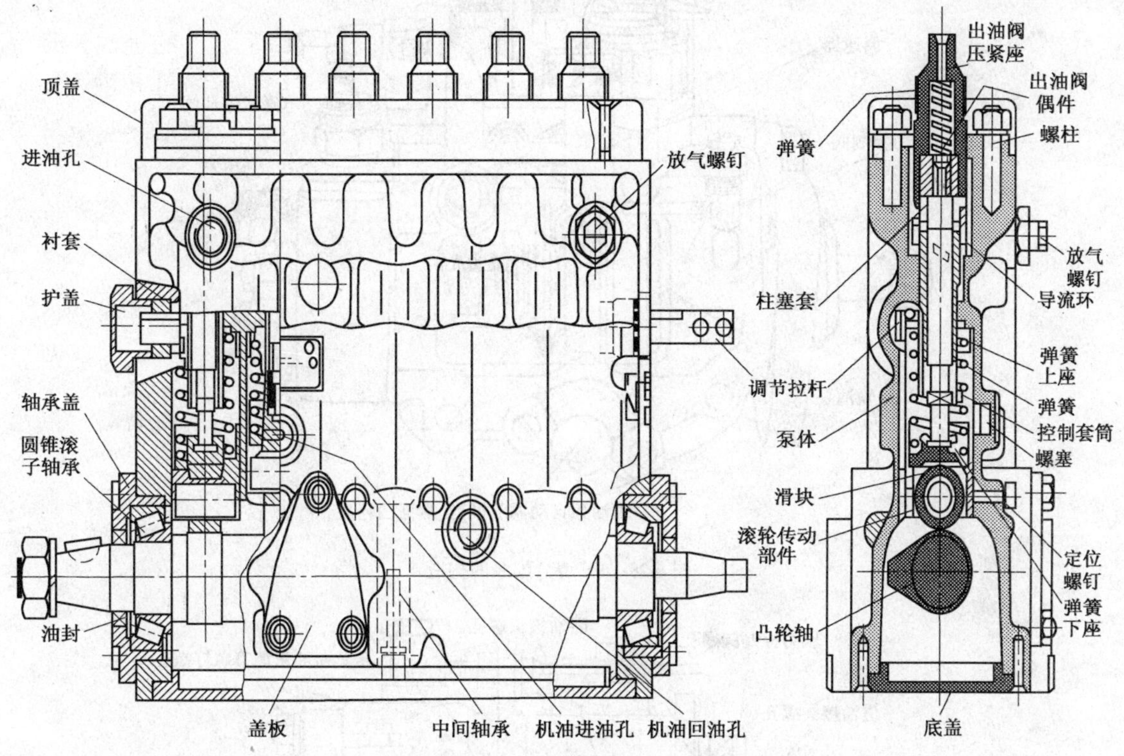

图 6-27　P 型喷油泵

的零件数目少,结构比较简单,体积小,重量轻,制造成本低,维修方便。其结构和工作特点保证了各缸供油的均匀性而不需要调整,因此在使用上比较方便。分配泵主要有两大类:对置柱塞转子式分配泵和单柱塞分配泵,VE 型分配泵就是一个单柱塞分配泵,它有一个同柱塞泵相似的供油柱塞,不同的是柱塞不仅往复泵油,同时又连续旋转配油。它在往复运动时如同柱塞式喷油泵的柱塞,起泵油作用;旋转运动则如同分配转子,起进油和将油依次分配到各个气缸的作用。该泵同时配有适当的调速器对供油时间、油量和供油过程进行控制,美国康明斯柴油机大多采用这种 VE 型喷油泵。

1)构造

图 6-28 为 6BTA5.9 柴油机 VE 泵的构造图。分配泵由壳体、壳体盖、传动机构、滑片式二级输油泵、高压泵、电磁式停油阀、供油正时自动调节机构和调速器等组成。

分配泵的左端有传动轴及滑片式输油泵(二级输油泵);中间由传动齿轮、滚轮及滚轮座、平面凸轮等组成,右端由控制套筒、柱塞、电磁阀等组成。泵的上部有调速器和 LDA 装置(增压补偿器),下部为供油提前角调节器。

(1)壳体和壳体盖

壳体和壳体盖是分配泵的基础零件,分配泵的所有零件均安装在它们的内部和外部,其结构如图 6-29 所示。

壳体左端的圆形台肩与柴油机接头的圆孔相配合,加工精度较高。法兰盘上的长圆形孔

用于安装紧固螺栓，拧松紧固螺栓可以使壳体相对于柴油机机体略有转动，以便调整分配泵的供油提前角。

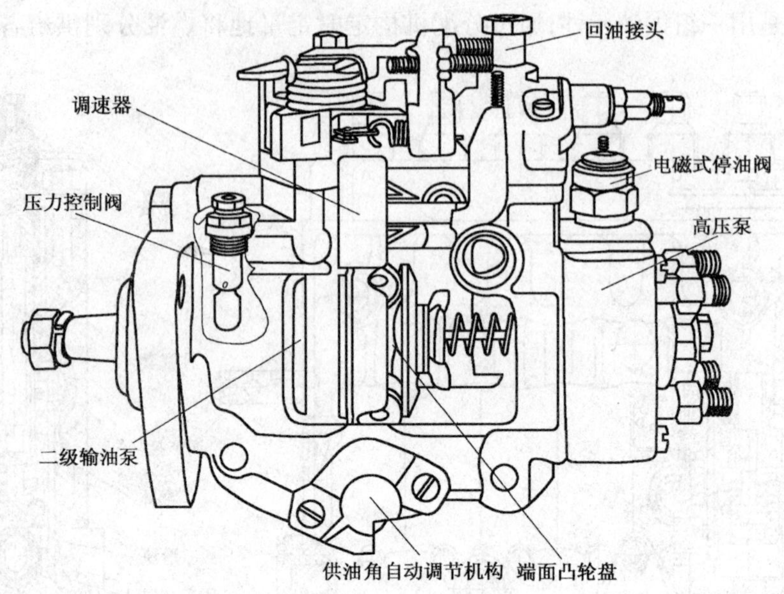

图 6-28　VE 型分配泵的构造

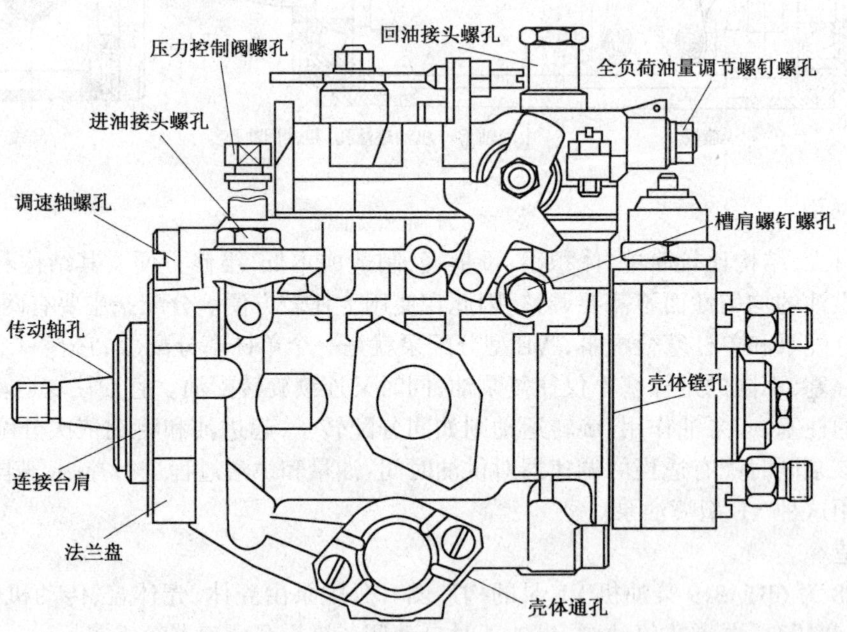

图 6-29　VE 型分配泵壳体和壳体盖

壳体内部有一个精加工的镗孔，内装二级输油泵、传动齿轮、联轴器、滚轮及滚轮圈、端面凸轮盘、高压泵头、分配套筒、柱塞、控制套筒、调速器杠杆机构等零件。镗孔的最底部有一个与垂直通孔相通的长圆形孔，用来安装供油正时自动调节机构的调整销，调整销和滑轮将滚轮圈与正时活塞连接起来。当柴油机转速发生变化时，分配泵油腔内的柴油压力相应地发生变化，通过供油正时自动调节机构，利用调整销拨动滚轮圈转动，便可自动调节供油提前角。壳体内部还装有限制器轴，以限制调速器杠杆机构的张紧杆向左摆动的位置。

壳体与壳体盖用螺栓连接,其间有密封垫圈,以防止分配泵漏油。壳体盖上部安装有速度控制杆、怠速限制螺钉、高速限制螺钉、全负荷油量调节螺钉和机械停油手柄等零件,并制有溢流孔,用来安装回油接头(或电磁式回油阀)和回油管,使分配泵油腔内多余的柴油流回油箱。

(2)传动机构

分配泵的传动机构将高压泵、调速器、二级输油泵连接起来,并传递柴油机传来的驱动转矩。图 6-30 为 VE 型分配泵的传动机构。

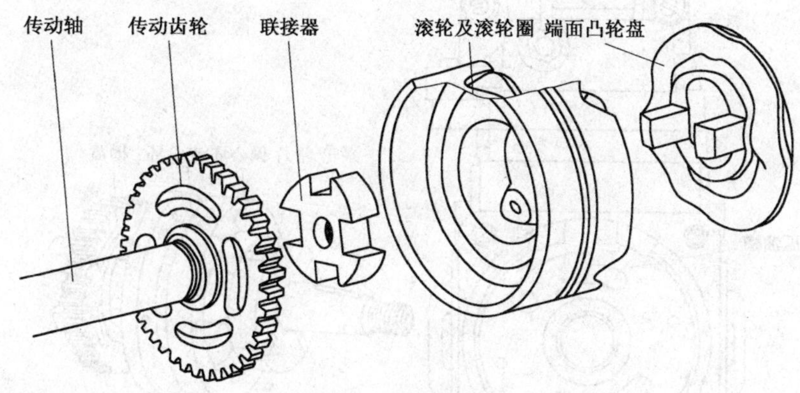

图 6-30 VE 型分配泵的传动机构

分配泵的传动轴由柴油机曲轴通过中间传动装置驱动;传动轴直接带动二级输油泵的泵轮转动,其末端通过连接器带动端面凸轮盘转动,端面凸轮盘上装有传动销钉带动柱塞旋转;柱塞利用柱塞弹簧和弹簧座压向端面凸轮盘,端面凸轮座落在滚轮及滚轮圈上,在端面凸轮和柱塞弹簧的共同配合作用下,柱塞既作往复运动完成泵油动作,同时又作旋转运动完成进油和配油动作;此外,传动轴末端的传动齿轮带动调速器飞锤总成一起旋转,调速器飞锤旋转产生的离心力和调速弹簧张力的相互作用,使滑套左右移动,通过调速器杠杆机构使控制套筒移动,从而增减分配泵的供油量,以适应柴油机各种工作状况的要求。

(3)二级输油泵和压力控制阀

①二级输油泵

在分配泵壳体内设计了一个二级输油泵,又称滑片式输油泵,它能使燃油以一定的输油压力(大约 689.5kPa 或 $7kgf/cm^2$)进入旋转的柱塞。此外分配泵内不再设置另外润滑油槽,全部零件都依靠这些压力燃油进行润滑和冷却。图 6-31 为二级输油泵的结构。

二级输油泵由分配泵壳体内壁上的进油槽、压油槽、偏心环、泵轮、滑片、支承环及槽盘等零件组成。

②压力控制阀安装在二级输油泵压油区的油道上,用来控制最大输油压力。压力控制阀的结构如图 6-32 所示,由阀体、阀柱、弹簧、张套、调压活塞等零件组成。

二级输油泵的输油压力随着转速的增加而升高,转速愈高燃油压力也愈大,阀体回油孔露出的面积也愈大,重新流回二级输油泵的回油量也愈多,从而限制了燃油压力继续升高,直到相当于弹簧所限定的燃油压力为止。

(4)高压泵

高压泵是产生高压燃油的主要部件,起供油、泵油和配油的作用,结构如图 6-33 所示。它由高压泵头、分配套筒、柱塞、柱塞弹簧、柱塞弹簧座、控制套筒、端面凸轮盘、滚轮及滚轮圈等零件组成。

①高压泵头

高压泵头插入分配泵壳体的镗孔内，用四个紧固螺栓固定。高压泵头与壳体之间用一个O形密封圈加以密封，以防止分配泵漏油。如图6-34所示，高压泵头上部有一个通孔，其上端的螺孔用来安装电磁式停油阀，而下端则是一个进油口，与分配套筒上的进油口相通。

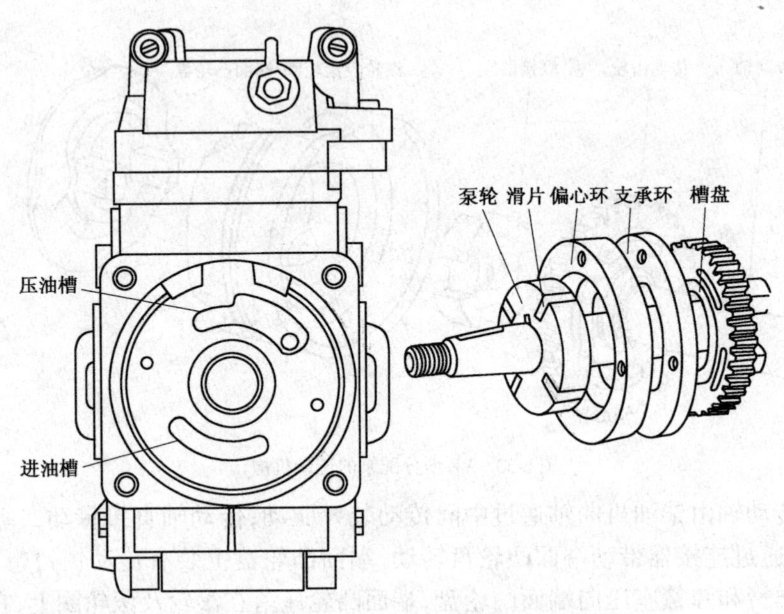

图6-31　二级输油泵

高压泵头中心孔内加工有与柴油机气缸的数目相等的分配通路，分配通路的一端与分配套筒的分配口相通，另一端则通过出油阀、出油阀接头、高压油管与喷油器相通。高压泵头的螺塞上紧固一个放气螺钉和紫铜垫圈，拧松放气螺钉可排除分配泵高压油路中的空气。

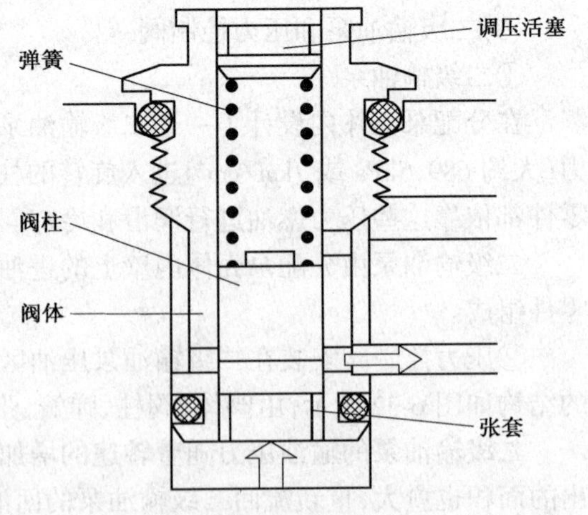

图6-32　压力控制阀

②分配套筒与柱塞

分配套筒与柱塞的结构如图6-33所示。分配套筒与柱塞是一对精密偶件，采用优质合金材料精密加工制造并选配、研磨而成，配对后不得互换。

分配套筒压配在高压泵头的中心孔内。分配套筒的进油口、配油口与高压泵头的进油口、配油口数目相等并且相通。

柱塞套装在分配套筒的中心孔内。柱塞上部制有与柴油机的气缸数目相等的进油槽，全部的油槽被一条环形的沟槽连通，中部制有一个分配口，下部制有径向油道和溢油口。当柱塞上的某一个进油槽与分配套筒的进油口相通时，高压泵便会吸进具有一定压力的燃油；当柱塞上的分配口与分配套筒的某一个分配口相通时，高压泵便会排出高压燃油；当控制套筒打开柱塞溢油口时，高压燃油便会从溢油口流到分配泵油腔内。柱塞分配口的下方还制有均压槽,可使各个分配通路内的燃油压力在喷射前趋于一致,从而可使各缸供油量均匀。柱塞末端的缺口与端面凸轮盘上的传动销钉相连接,带动柱塞作旋转运动。

③控制套筒(泄油环)

控制套筒用来调节分配泵的供油量结构,如图6-33、6-34所示。

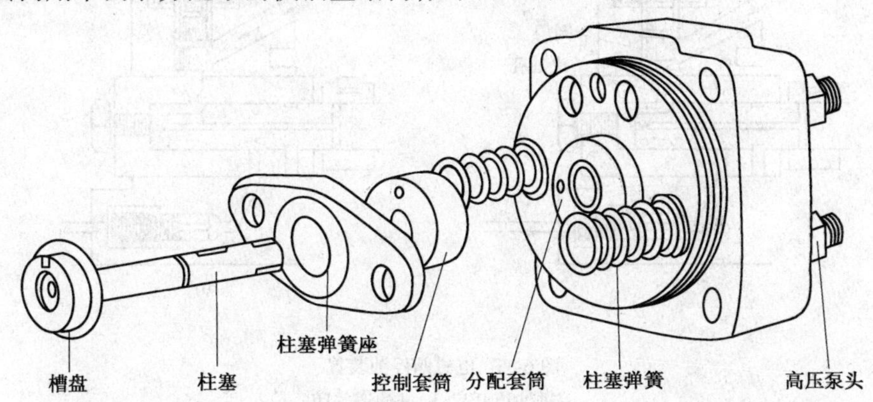

图6-33　高压泵

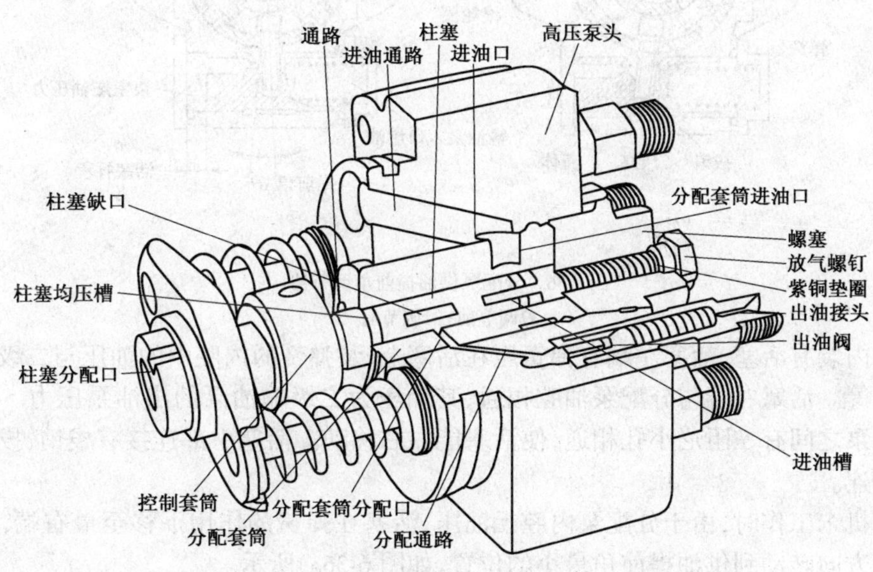

图6-34　高压泵头及其油路

④端面凸轮盘

如图6-30所示,在端面凸轮盘上制有若干个分布均匀、间隔相等的端面凸轮。

2)电磁式停油装置

VE型泵采用电磁阀控制停油。电磁阀装在柱塞套筒进油孔的上方,如图6-35所示。

柴油机起动时,电磁阀的线路接通,从蓄电池来的电流经过电磁线圈,可以上下活动的阀门被磁力线圈吸起并压缩弹簧,使进油道开启。

柴油机停机时只需切断电源,电磁线圈内磁力消失,阀门在弹簧弹力的作用下下落,将进油道关闭,进油停止,柴油机即停止工作。

3)分配泵供油提前角自动调节装置

VE 型分配泵的供油提前角自动调节装置为液压式调节器,与常见的机械离心式调节器不同,它直接装在分配泵的下部,如图 6-36 所示。

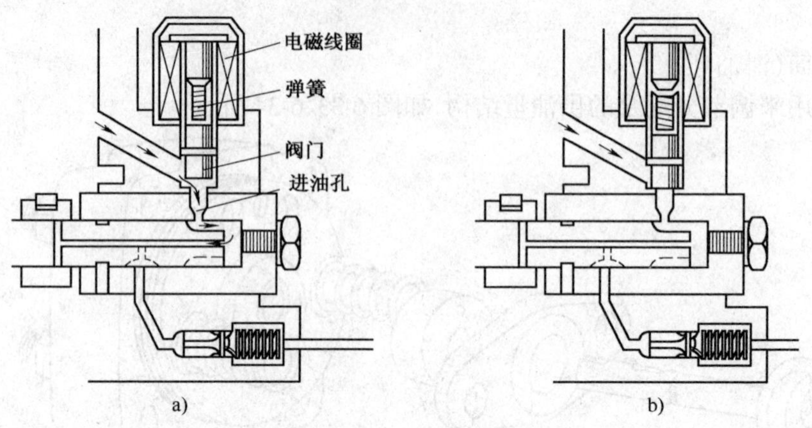

图 6-35 电磁阀停油装置

a)进油道开启;b)进油道关闭

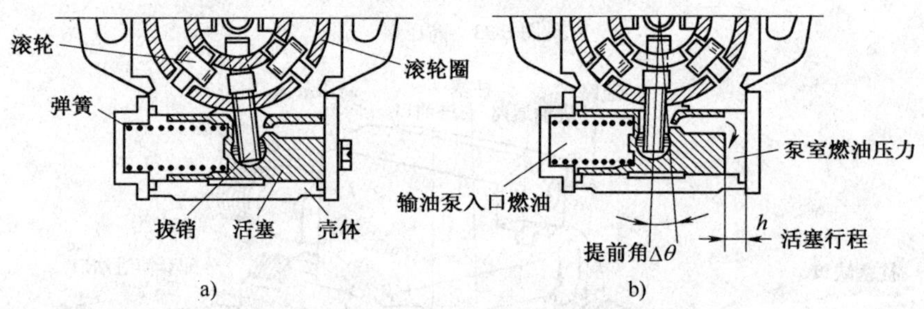

图 6-36 分配泵供油提前角调节器

a)调节前;b)调节后

调节器内装有活塞,活塞左端有弹簧压在活塞上,装弹簧的内腔中的油压与二级输油泵的进油压力相等。活塞右端与分配泵油腔相通,其油压为二级输油泵的出油泵压力。装弹簧的内腔与分配泵之间有一阻尼小孔相通,使活塞能左右移动。活塞中部连接有拔销,拔销另一端与滚轮座相连。

在柴油机未工作时,由于分配泵内腔无油压,活塞在弹簧的作用下移至最右端,拔销将滚轮座反时针方向转动到供油提前角最小的位置,如图 6-36a)所示。

柴油机工作后,二级输油泵的出油压力随转速增加而上升,活塞右端压力上升使作用于活塞右端的力超过左端弹簧的弹力,活塞向左边移动,拔销使滚轮座顺时针转动,供油提前角加大。转速愈高油压愈大,提前角也愈大,如图 6-36b)所示。

这种供油提前角调节器的调整特性,可以通过改变弹簧预压力和弹簧刚度来调整。

4)工作原理及工作过程

(1)工作原理

柴油经一级输油泵和滤清器后进入第二级输油泵内,压力控制阀将输油泵的出油压力控制在一定的范围内,如油压超过规定值,则柴油从压力控制阀的入口一侧分流,重新流回输油泵的入口,因此分配泵内始终充满具有一定压力的柴油。VE 分配泵的结构如图 6-37 所示。

由曲轴驱动的传动轴带动滑片式输油泵旋转,同时通过联轴节带动平面凸轮转动,平面凸轮通过传动销钉带动柱塞一起旋转，柱塞弹簧通过压板将柱塞压向平面凸轮的端面，平面凸轮的侧面则与滚轮紧密接触，当平面凸轮转到凸起部分与滚轮相接触时，凸轮即被顶起向右移动，同时推动柱塞压油；柱塞的轴向和径向油道起进油和配油作用。

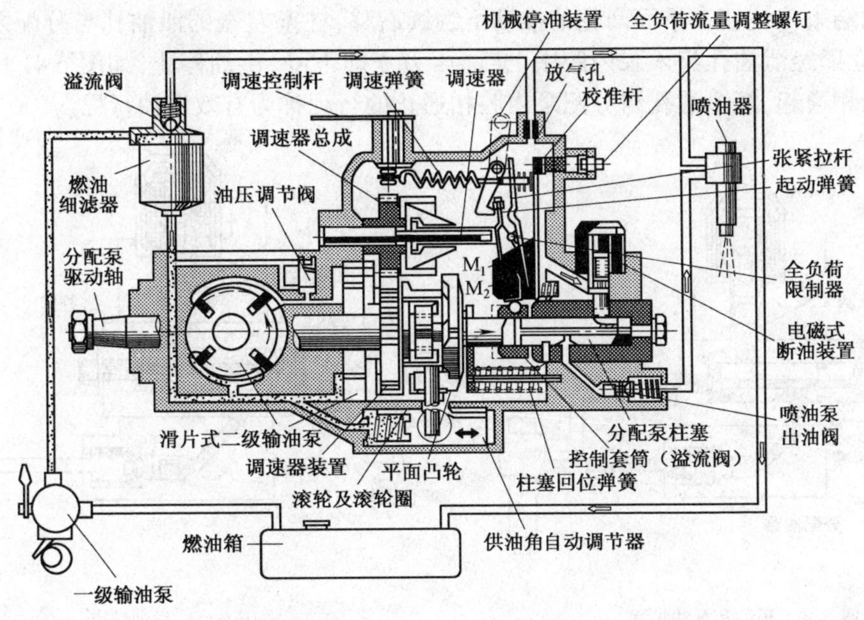

图 6-37　VE 型分配泵结构示意图

(2)工作过程

VE 型泵使用一个泵油元件向多个气缸供油，柱塞的外形与油路如图 6-38 所示：柱塞的右端为压油部分，柴油通过进油道和柱塞上的进油槽进入压油腔内，柱塞的中心有轴向油道，柱塞中部的配油槽有径向油孔与中心油道相通。中心油道的末端与泄油孔相连。其工作过程如下：

①进油过程　滚轮由平面凸轮的凸起部分移到最低位置时，柱塞弹簧由右向左推移，在柱塞接近终点位置时柱塞上部的进油槽与柱塞套筒上的进油孔相通，柴油经电磁阀下部的油道流入柱塞右端的压油腔内，如图 6-39 所示。

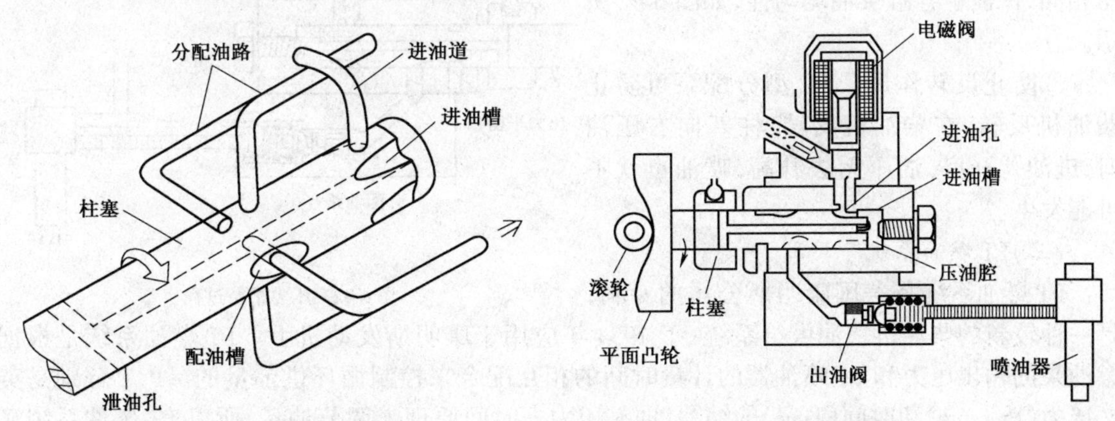

图 6-38　柱塞的外形与油路

图 6-39　进油过程示意图

②压油与配油过程　随着滚轮由平面凸轮最低处向凸起的部分移动，柱塞在旋转的同时也自左向右运动，当进油孔关闭后，柱塞即开始挤压压油腔内的燃油，使之压力升高，当柱塞上

的配油孔与柱塞套上的某个进油孔相通时,高压油即经出油孔和出油阀流向喷油器,如图 6-40 所示。由于平面凸轮上有四个凸面(与气缸数相等),柱塞套上有四个分配油路,因此平面凸轮每转一圈,配油槽与各缸分配油路接通,轮流向各缸供油一次。

③供油结束　柱塞在平面凸轮的推动下继续右移,柱塞左端的泄油孔与分配泵内腔相通时,高压油立即经泄油孔流入泵内腔中,柴油压力立即下降,供油停止,如图 6-41 所示。从配油槽与油孔相通起,至泄油孔与分配泵内腔相通止的行程称为有效供油行程。

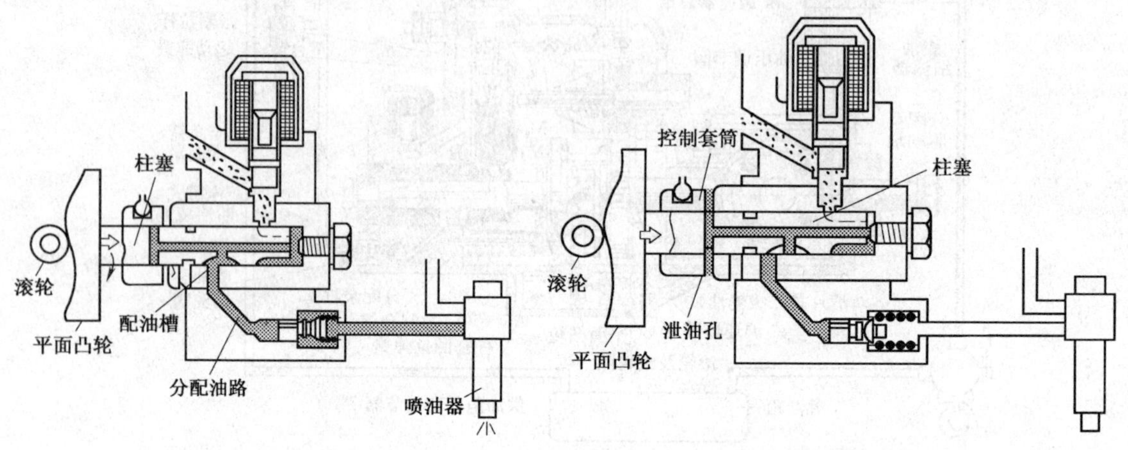

图 6-40　压油和配油过程　　　　图 6-41　供油结束

④供油量的调节原理　有效供油行程越长,供油量则越大。当通过调速器杠杆机构的支承杆使控制套筒移动时,即可改变供油量。控制套筒向左移动,供油行程缩短结束供油时刻提早,供油量减少;控制套筒向右移动则相反。可见,这种分配供油量的调节是靠调速器调节控制套筒的位置,从而控制断油时刻,即控制供油的有效行程来实现的,因此,这种调节方法称为断油计量。

⑤压力平衡过程　供油结束后,柱塞继续旋转,当柱塞上的压力平衡槽与分配油路相通时,分配油路中的柴油与分配泵内腔油压相同,保证了各缸供油均匀性,如图 6-42 所示。

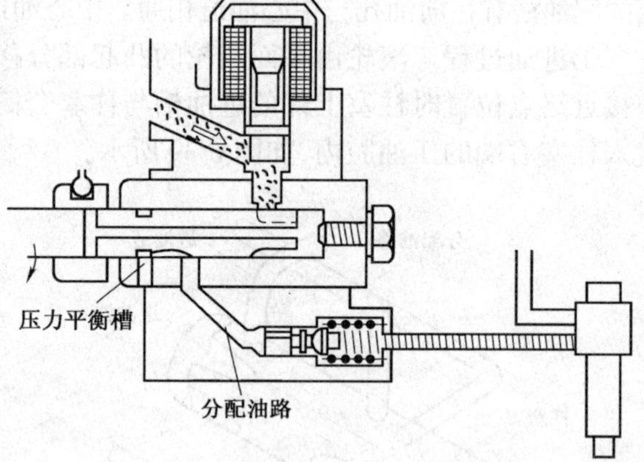

图 6-42　压力平衡过程

⑥防止反转作用　VE 型分配泵可防止柴油机反转,在柴油机反转、柱塞向右压油时,进油孔开启,油压无法升高,喷油也就不可能发生。

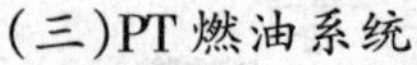

(三)PT 燃油系统

PT 燃油系统是美国康明斯公司的专利,是一种较新的柴油机燃油供给系统,于 1954 年应用于康明斯发动机上。PT 燃油系统是根据燃油泵的输出压力和 PT 喷油器的计量时间的相互配合来控制循环供油量的。P、T 分别是英文压力(Pressure)和时间(Time)的缩写,即靠压力—时间原理来调节油量,所以 PT 燃油系统又可称为压力—时间系统。

1. PT 燃油系统的组成

康明斯柴油机 PT 供油系统的组成如图 6-43 所示,主要由燃油箱、滤清器、PT 燃油泵、喷油器、低压输油管和回油管等组成。6BTA5.9柴油机采用增压和中冷技术，因此还装有冒烟限制器或空燃比控制装置(AFC)。

(1)燃油箱　该系统设主油箱和浮子油箱各一个。为了防止停车时燃油自回油管反向经喷油器流入气缸和曲轴箱而稀释机油，在低于喷油器的位置设有一个浮子油箱。

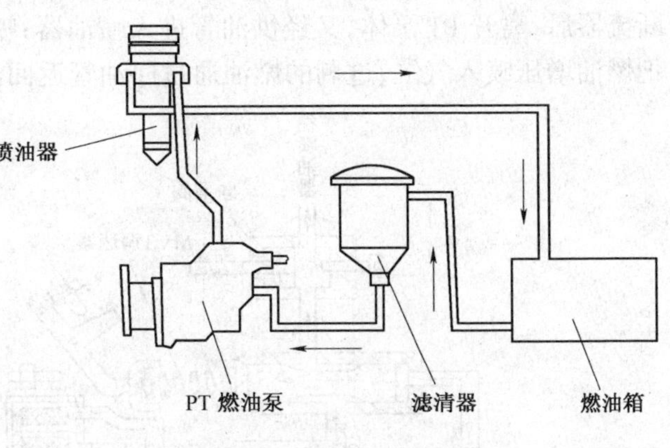

图6-43　PT燃油系统的组成

(2)柴油滤清器　柴油滤清器装在主油箱或浮子油箱与PT燃油泵之间，用于过滤燃油中的杂质。

(3)PT燃油泵　是低压燃油泵，具有输油、调整压力和调速的作用。它将从燃油箱经滤清器吸来的燃油以适当的压力输送到PT喷油器。燃油泵连接在空气压缩机上(或在由发动机齿轮系驱动的燃油泵传动轴上)结构如图6-44所示，连接油路如图6-45所示。

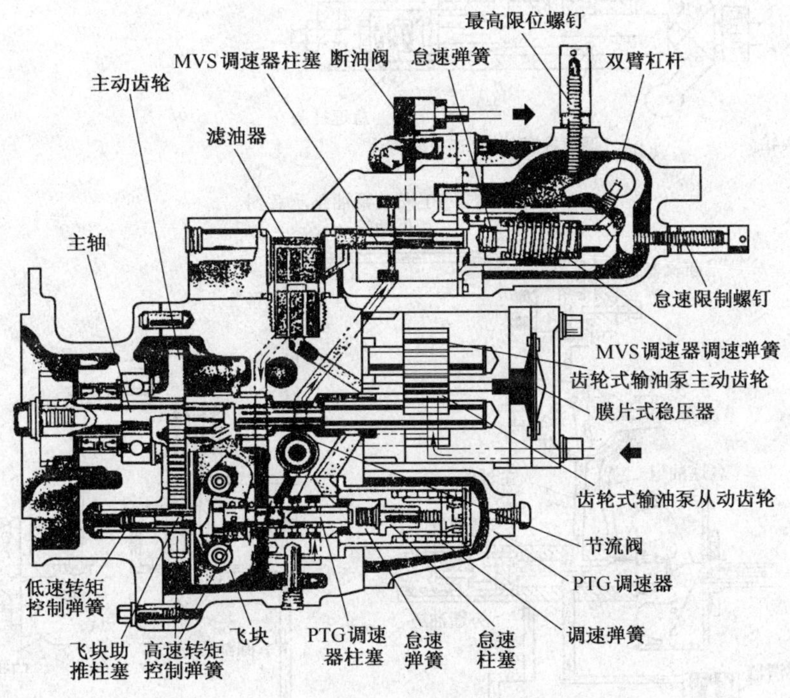

图6-44　PT燃油泵

(4)PT喷油器　PT喷油器是对来自PT燃油泵的燃油进行计量、加压后将其喷入气缸的燃烧室的装置，它具有计量、定时、喷射的作用。

(5)油管　燃油分配歧管(低压油管)和回油管分别将燃油自PT燃油泵送往喷油器和将喷油器的燃油送回燃油箱。在近期的PT燃油系统中，其输油管和回油管已不采用明管，而是在气缸盖和气缸体直接钻出的油道。

2. PT供油系统的基本工作原理和主要特点

1)PT供油系统的工作原理

PT 供油系统的工作情况如图 6-46 所示。当燃油泵旋转时，燃油即从燃油箱经柴油滤清器和油管被燃油泵吸入，泵出压力约为 980kPa；燃油经稳压器、细滤清器、调速器、节流阀(油门)、断流器后，离开 PT 泵体，又经供油管进入喷油器；喷油器由凸轮机械控制，按喷油次序定时地把燃油增压喷入气缸，过剩的燃油通过回油管返回油箱。

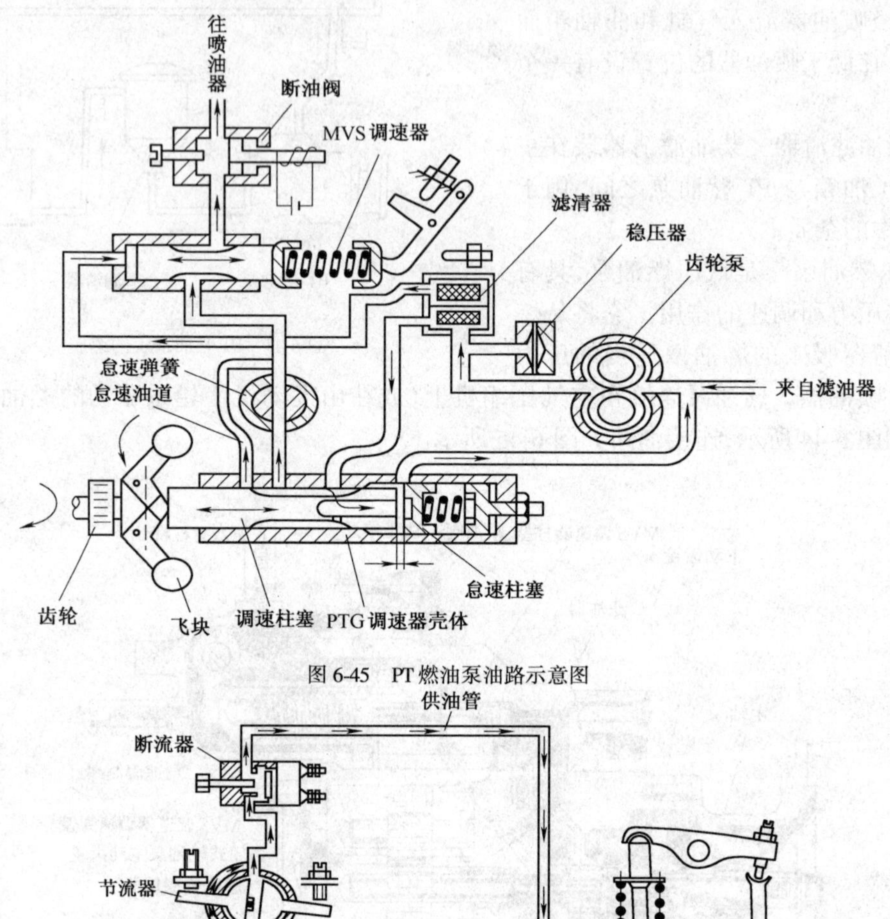

图 6-45　PT 燃油泵油路示意图

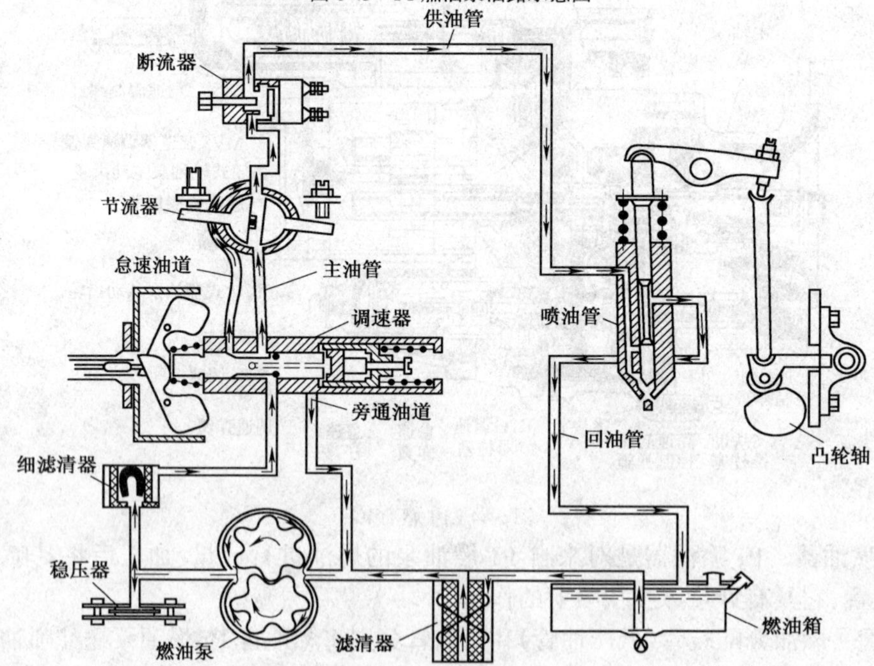

图 6-46　PT 燃油系统工作原理

2)PT 燃油系统的特点

(1)燃油高压的建立和定时喷射在喷油器中进行，取消了高压油管，可采用较高的喷油压力,因此雾化良好,有利于燃烧;同时也避免了油压脉冲现象对喷油特性的影响,使各缸喷油量均匀稳定。

(2)进入喷油器的燃油只有 20%左右经喷油器喷入气缸燃烧,其余 80%左右的燃油对喷油器进行冷却和润滑后流回燃油箱,提高了喷油器的工作可靠性,延长了使用寿命。

(3)发动机停转时利用断油阀关闭油路,一般则是使喷油泵处于停油位置。

(4)发动机不易飞车。

(5)喷油正时由喷油器凸轮控制柱塞的下行时间而定。

(6)与其他供油系相比,PT 燃油系统更易于采用电子控制。

(7)具有结构简单、使用可靠、维修方便、体积小和质量轻等优点。

以上介绍了典型喷油泵的作用、类型及各自结构和工作原理,下面将以 6BTA5.9 柴油机配用的无锡产 A 型喷油泵为例,重点掌握其分解、检修、装配和调试的方法。对 Bosch 公司生产的 VE 泵的检修和调试仅作一般介绍。

(四)柱塞式 A 型喷油泵的分解、检修、装配

1. 柱塞式 A 型喷油泵分解的注意事项

(1)解体前应对喷油泵进行清洁和外观检查,必要时在试验台上进行试验。

(2)正确使用工具,尽量使用专用工具(图 6-47),严禁乱拆乱撬。

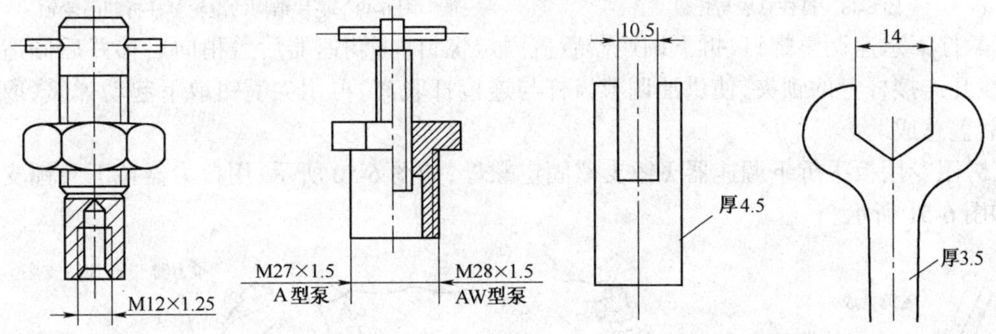

图 6-47 喷油泵拆卸调整专用工具

(3)在拆卸前应充分掌握所拆泵的特点,根据喷油泵的不同结构,采用不同的拆卸方法和分解顺序。

(4)喷油泵总成包括分泵、输油泵、调速器、供油提前角自动调节器等部件,在解体时,应先分解成部件,然后再分解成零件。

(5)对有装配位置要求的零件,如齿杆、拉杆、调节臂、调整螺钉等零件,应作标记标明原来装配位置,防止错误装配。

(6)对拆下的零件应按部件顺序放置,尤其是柱塞偶件和出油阀偶件等零件,在解体和清洗时应避免磕碰,且绝对不允许互换,只能成对更换。

2. 柱塞式 A 型喷油泵分解顺序

喷油泵的分解顺序随结构的不同而异,A 型喷油泵如图 6-21 所示。

(1)将喷油泵清洗干净,放尽机油,装在拆装架上。

(2)拆下检视窗盖板及输油泵等附件,拆除泵体底部的放油螺塞。

(3)转动凸轮轴使一缸的滚轮挺柱总成上升到最高位置,将滚轮挺柱体托板插在滚轮挺柱总成的正时调整螺钉与正时锁紧螺母之间,使滚轮挺柱总成与凸轮脱离接触,如图 6-48 所示,

按上述方法支起各缸的滚轮挺柱总成。垫片结构的滚轮挺柱采用销钉支承,使滚轮与凸轮脱开,如图 6-49 所示。

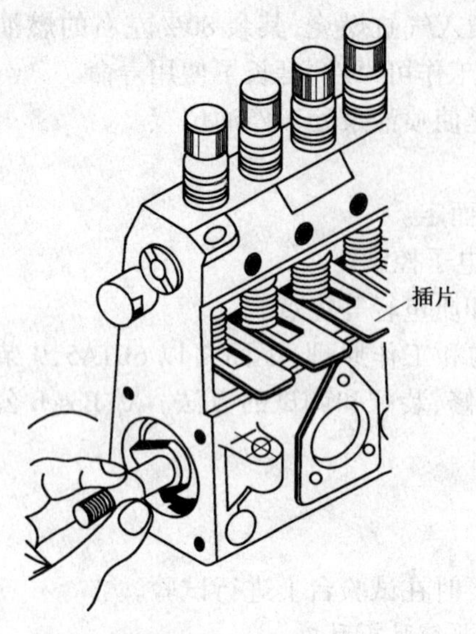

图 6-48 挺柱总成与托板

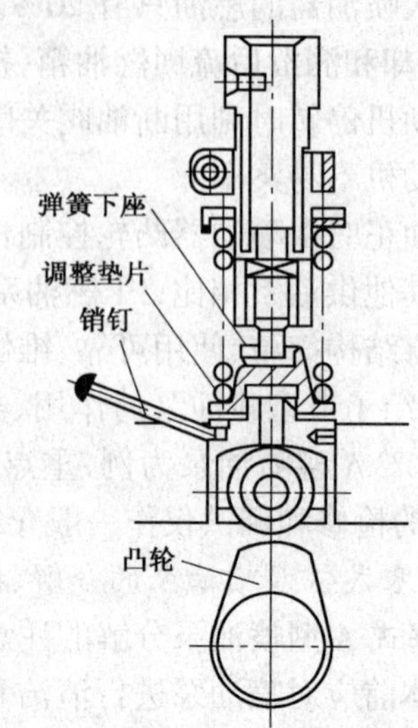

图 6-49 垫片结构的滚轮挺柱拆卸凸轮轴

(4)拧下怠速调整螺钉,拆下调速器后盖固定螺钉,将调速器后盖稍向后移并后倾适当角度后拨开连接杆上的锁夹,使供油调节齿杆与连接杆脱离,再用尖嘴钳取下起动弹簧,取下调速器后盖总成。

(5)用专用扳手拆下调速器飞锤支座固定螺母,如图 6-50 所示;用拉力器拉下飞锤支座总成,如图 6-51 所示。

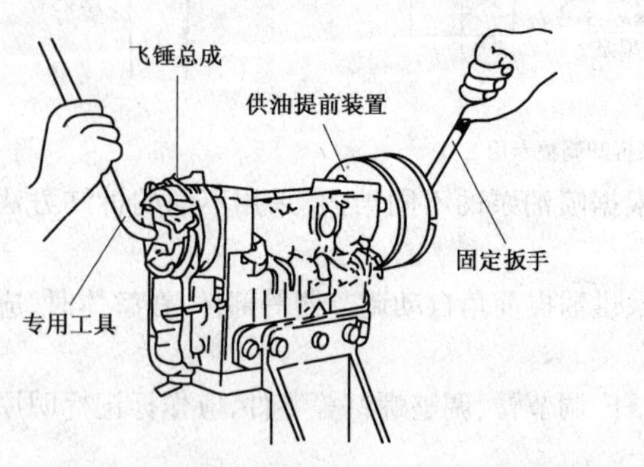

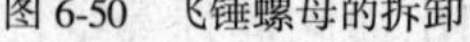

图 6-50 飞锤螺母的拆卸

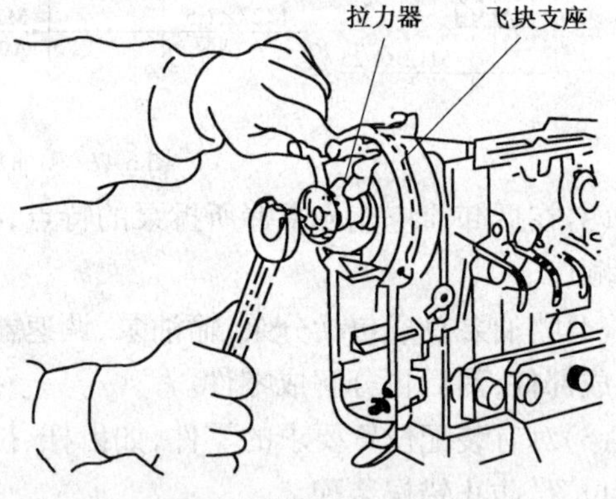

图 6-51 飞锤支座总成的拆卸

(6)拆供油提前角自动调节器固定螺母,用拉力器拉下供油提前角自动调节器总成。

(7)拆下凸轮轴前轴承盖的紧固螺栓,如图 6-52 所示用螺丝刀撬下前轴承盖。然后拆下凸轮轴的中间支承,用木棒或铜棒从装调速器的一端轻轻敲击凸轮轴,将其连同轴承从泵体前端取出。若轴承损坏需要更换,可采用图 6-53 所示方法分别从凸轮轴及轴承座内取下轴承内外圈。

(8)将泵体检视窗一侧朝上放置,将图 6-54 所示专用工具从泵体底部的螺塞孔插入泵体内,使其弹簧夹夹住滚轮,并用力推压滚轮挺柱总成以进一步压缩柱塞弹簧,然后抽出滚轮挺柱体托板或销钉,从凸轮轴室内取出挺柱总成(图 6-55)。

(9)用图 6-56 所示的专用工具从泵体底部的螺塞孔处伸入泵体内,使工具头部夹住柱塞尾部的凸起,用力拔出柱塞,如图 6-57 所示。柱塞拔出后应放置在专用支架上,各缸柱塞取出后按原有顺序摆齐。取下各缸柱塞弹簧及弹簧座并将各零件按顺序放好。

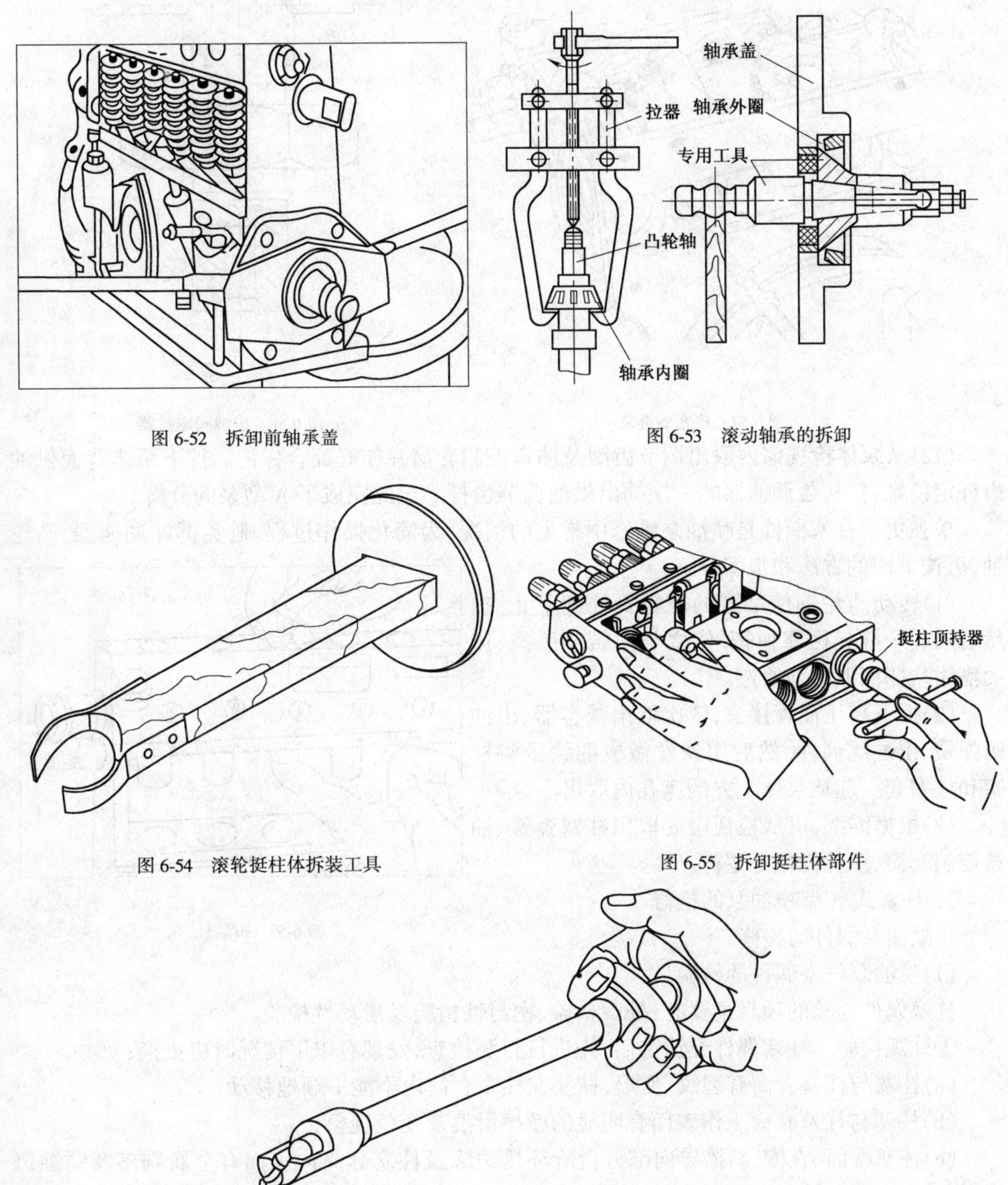

图 6-52　拆卸前轴承盖

图 6-53　滚动轴承的拆卸

图 6-54　滚轮挺柱体拆装工具

图 6-55　拆卸挺柱体部件

图 6-56　柱塞的拆装工具

(10)拆下出油阀压紧螺母,依次取出减容器、出油阀弹簧及出油阀,用图 6-58 所示专用出油阀座拉器拉出出油阀座。所有这些零件均按原顺序摆放。

(11)拧松柱塞套筒固定螺钉,用手指托起柱塞套筒,将其从泵体上端取出,如图 6-59 所示,取下的柱塞套与原柱塞配对放置在一起,不得错乱。

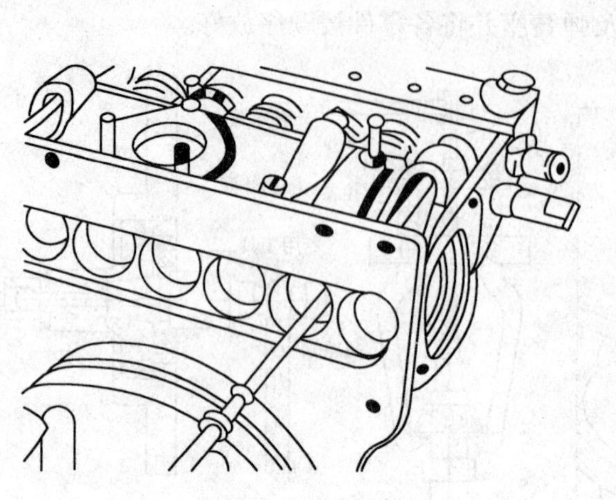

图 6-57　柱塞的拆装

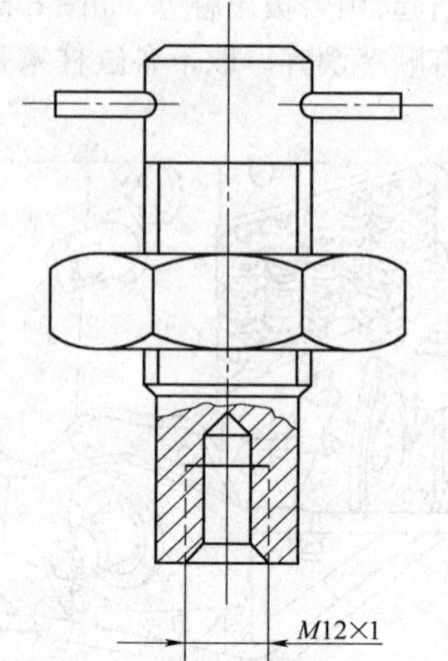

图 6-58　出油阀座拉器

(12)从泵体检视窗内取出调节齿圈及油量控制套筒并作好配合标记。拧下泵体背面供油齿杆定位螺钉,从装调速器的一端抽出供油调节齿杆。至此完成了 A 型泵的分解。

单独更换柱塞偶件是喷油泵维修中常见的情况,为简化操作过程,避免拆卸调速器、凸轮轴,可按下面的方法和步骤分解:

(1)转动凸轮轴使某缸的滚轮挺柱到下止点,然后用起子撬起柱塞弹簧,使之与弹簧座脱离,用尖嘴钳从侧面取下弹簧座。

(2)拆下高压油管接头,依次取出减容器、出油阀弹簧、出油阀偶件,然后用铁丝做成的钩子将柱塞和柱塞套一起从泵体上方的座孔内取出。

(3)根据需要,可从检视窗处取出柱塞弹簧、油量控制套筒、滚轮挺柱等零件。

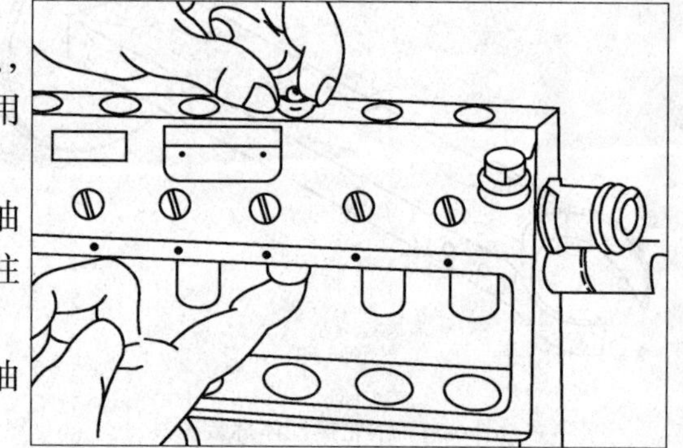

图 6-59　拆装柱塞套

3. 柱塞式 A 型喷油泵的检修

1)喷油泵偶件的检修

(1)喷油泵柱塞偶件的检验

柱塞偶件检验的项目主要有:外观检验、密封性检验及滑动性检验。

①外观检验　柱塞偶件经清洗后,先进行目测检查,发现有以下情况时应更换:

(a)柱塞与柱塞套筒有裂纹、变形,柱塞在柱塞套筒内不能平顺地移动;

(b)柱塞与柱塞套筒工作表面有明显的摩擦滑痕及变色现象;

(c)柱塞端面、直槽、斜槽导向部分台阶环槽边缘及柱塞套筒内表面有金属剥落及锈蚀斑痕现象。

②滑动性检验

如图 6-60 所示,用清洁的柴油清洗后,将柱塞插入柱塞套内,倾斜柱塞套左右;轻轻抽出柱塞约 1/3,放手后柱塞应在自重的作用下,缓慢下滑到底;然后转动柱塞,在其他任何位置重复上述试验,结果应相同。如下滑速度太快说明偶件间隙配合过大;如有卡滞现象则表明柱塞与柱塞套筒有毛刺或变形等损伤,应予以更换。

③密封性检验

可在喷油泵试验台或喷油器试验器上进行密封性检验:检验时将各分泵的出油阀取出,阀座及衬垫保留在孔内,拧紧出油阀压紧螺帽;将喷油器试验器的油管与分泵相连并排出油管和泵中的空气;移动喷油泵供油齿杆使之处于最大供油位置,转动凸轮轴使被试柱塞上升到供油行程的中间位置(进、回油孔被封闭);压动试验器泵油手柄使油压升到 20MPa 后停止供油,测定油压从 20MPa 下降到 10MPa 所需的时间应不少于 10s,同一喷油泵各柱塞偶件的密封性相差应不大于 15%。

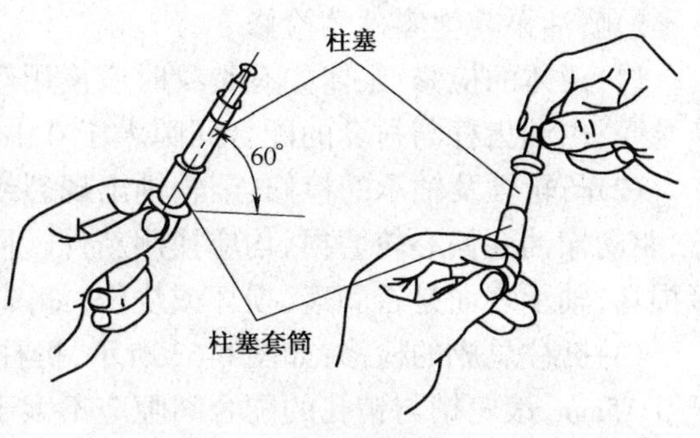

图 6-60　柱塞偶件的滑动性检验

也可用简便方法试验柱塞偶件的密封性:将柱塞偶件倒置并用手指分别将柱塞套筒顶及侧面的进、回油孔堵严,然后用另一只手将柱塞抽出 1/3,此时应感到有明显的吸力,松手后柱塞应被上方的真空吸力吸回到原来的位置。否则表明柱塞偶件的密封性不符合要求。由于偶件的配合精度要求极高,所以一旦出现损伤,应更换新的柱塞偶件。

(2)出油阀偶件的检验

出油阀偶件检验与柱塞偶件相同,也要进行外观检验、滑动性检验及密封性检验。

①外观检验:出油阀偶件有下列情形之一者均应报废。

(a)出油阀与阀座有裂纹、压痕或明显磨损;

(b)出油阀减压环带有明显的磨损痕迹;

(c)出油阀密封锥面有明显凹陷或密封锥面宽度大于 0.4~0.5mm;

(d)出油阀及阀座的密封锥面有金属剥落及锈蚀现象。

②滑动性试验:把经过柴油清洗的出油阀偶件垂直放置,将出油阀从阀座中抽出 1/3,放手后出油阀应能在自重的作用下缓缓落座,将出油阀转过几个角度重复上述试验,其结果应相同。

③密封性检验:出油阀偶件的密封性检验主要是试验密封锥面和减压环带的密封性。应使用专用工具进行检验,如图 6-61a)所示。检验时,将出油阀偶件装入专用工具中,上方与喷油器试验器的油管相连,旋出底部顶杆螺钉,使出油阀落在阀座上。

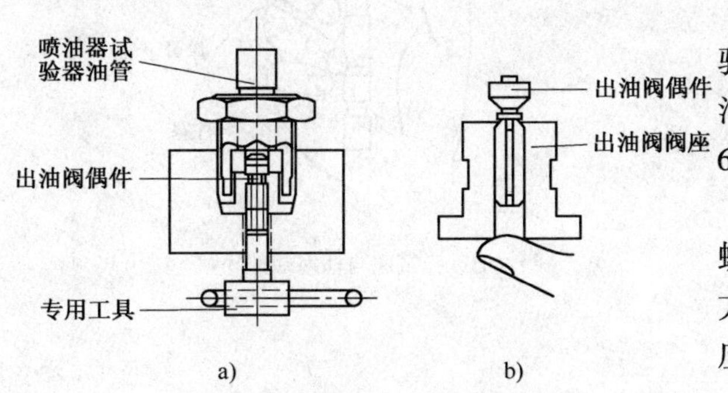

图 6-61　出油阀偶件密封性检验

a)专用工具检验;b)简易方法检验

(a)锥形密封面的检验:压动喷油器试验器的手柄,使油压上升到 25MPa 时,测量油压下降到 10MPa 所用的时间应不少于 60s。

(b)减压环带密封性的检验:拧进顶杆螺钉,顶起出油阀 0.30~0.50mm,用同样的方法使油压从 25MPa 下降到 10MPa 的时间应不少于 20s。

(c)无试验设备时,也可用简易方法进行检验,如图 6-61b)所示:用手指堵住阀座下端油孔，将出油阀轻轻放入阀座中。当减压环带刚进入阀座时，出油阀应自行停止下落；用手指将其压到底后立即松开，出油阀应能迅速弹回。否则表明出油阀偶件磨损，应换用新件。

2)喷油泵其他零件的检修

(1)泵体的检修：泵体如有裂纹时应换用新件；凸轮轴轴承座孔磨损导致轴承松旷时，应更换泵壳；供油齿杆与衬套的配合间隙大于0.1mm时，应更换衬套。

(2)凸轮轴及轴承的检修：凸轮轴出现裂纹，凸轮表面磨损、剥落、支承轴颈磨损与轴承松旷，驱动输油泵偏心轮磨损，均应换用新件。同时还应检查凸轮轴两端螺纹是否损伤，键槽是否损坏，轴承表面是否剥落、损坏或烧伤，如图6-62所示。

(3)挺柱总成的检修：如图6-63所示，挺柱总成在泵体承孔内应运动自如且配合间隙不大于0.15mm，滚轮销与销孔的配合间隙应不大于0.05mm；滚轮与衬套及衬套与滚轮销之间的总间隙也应不大于0.20mm，否则应换用新总成。

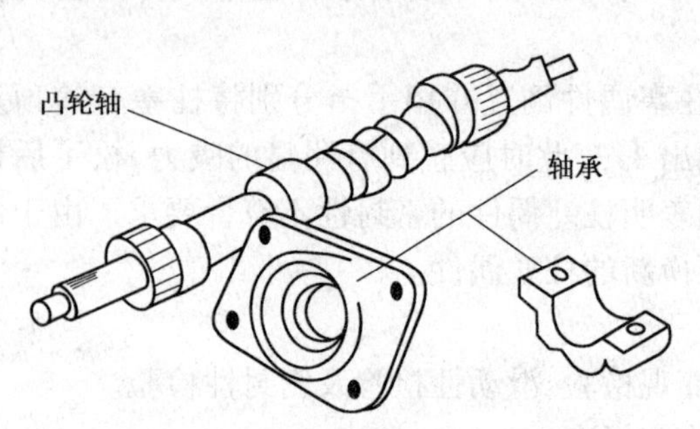

图6-62　凸轮轴及轴承的检修

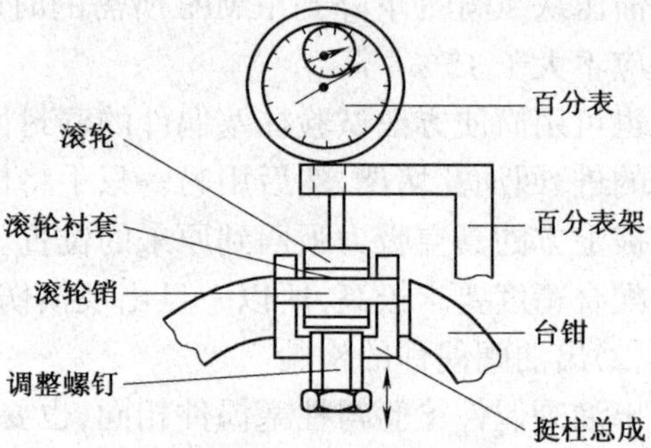

图6-63　挺柱总成的检修

(4)供油齿杆及调节齿圈的检修：如图6-64所示，将供油齿杆放在平板上，用厚薄规检验其直线度误差应不大于0.05mm，否则应冷压校正；齿杆与调节齿圈的啮合间隙不应大于0.20mm，否则应更换齿杆或齿圈。

(5)柱塞和出油阀弹簧弹力下降、密封圈损坏、调节齿圈磨损等，应换用新件。

(6)如图6-65所示，柱塞弹簧下座与柱塞端部的间隙为0.15~0.30mm，否则应更换弹簧下座；柱塞凸缘块与控制套筒凹槽的配合间隙应不大于0.12mm，否则应堆焊修复或更换控制套筒。

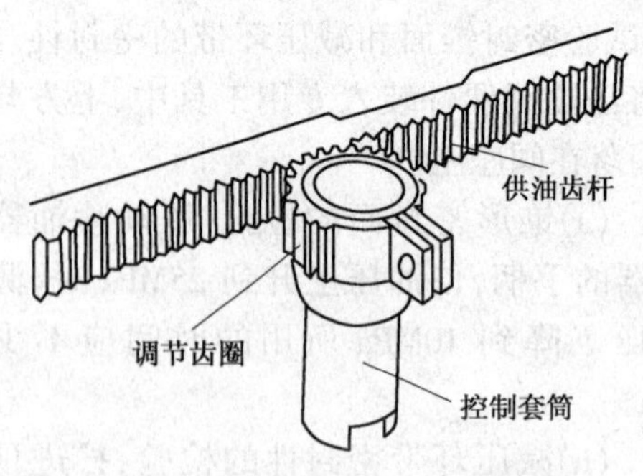

图6-64　供油齿杆与调节齿圈

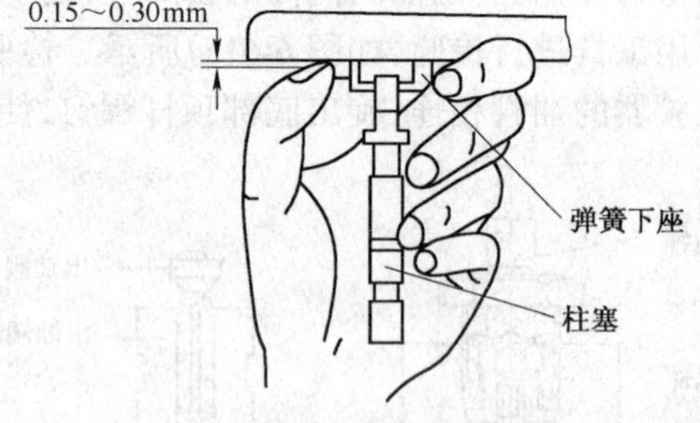

图6-65　弹簧座与柱塞端部间隙

4．柱塞式A型喷油泵的装配

1)喷油泵装配注意事项

(1)将各零件清洗干净并用压缩空气吹干，装配时在零件表面涂上清洁的机油。

(2)安装凸轮轴前应确认发动机的工作顺序和喷油泵凸轮轴的旋转方向；凸轮轴装配后应

转动灵活；凸轮轴轴向间隙不符合技术条件规定时通过增减两端的垫片进行调整。

(3)滚轮传动部件装合后，转动凸轮轴时，滚轮架应能灵活上下运动；滚轮上的调整螺钉不得外露过多，以免挤伤柱塞等零件。

(4)柱塞套装入泵体后，将柱塞套上的定位螺钉孔对正，然后拧紧螺钉；注意不要使用过长的螺钉将套筒顶死；安装时应防止柱塞歪斜甚至将回油孔堵死。

(5)供油拉杆或齿杆装入泵体时要注意安装位置，如齿杆上有刻线，应使刻线对正泵体的端面；对于齿条上没有记号的零件应按照拆开时所作的标记装配。

(6)拆卸过程中损坏的垫片、铜垫等零件应换用新件。

2)喷油泵的装配顺序

(1)零件清洗干净并用压缩空气吹干，装配时在零件配合表面涂上清洁的机油。

(2)安装供油调节齿杆，使调节齿杆上的定位槽对准泵体侧面的螺孔；装复定位螺钉并检查调节齿杆的运动阻力，要求泵体倾斜45°时调节齿杆应能靠自重自行滑动。

(3)将柱塞套筒装入泵体座孔，定位槽卡在定位销上，确保柱塞套安装完全到位。

(4)安装出油阀偶件，将出油阀偶件、垫圈、出油阀弹簧、减容器、密封圈及出油阀接头等到依次装入泵体，然后用35～45N·m的力矩拧紧出油阀接头。各缸装配后，检查喷油泵的密封性。装配中注意保持出油阀座与柱塞套上端面之间清洁、保证出油阀接头上的密封圈完好、出油阀接头不能拧得过紧。

(5)装复调节齿圈和油量控制套筒：

①将调节齿圈固定在油量控制套筒上，使齿圈的固定凸耳处于控制套筒两油孔之间居中位置，拧紧调节齿圈固定螺钉；

②确定供油齿杆的正确位置，即将供油齿杆上的标记(刻线或点)与泵体端面对齐，齿杆无标记时，应使齿杆伸出泵体端面17.5mm；

③装复刊调节齿圈和油量调节套筒，使齿圈凸耳所在平面与油量调节齿杆的轴线垂直。左右拉动调节齿杆到极限位置时，齿圈上的凸耳摆动角度应大致相等，如图6-66、6-67所示。

(6)装入柱塞弹簧上弹簧座、柱塞弹簧，然后将柱塞卡装在图6-56所示的专用工具上，装复下弹簧座，按图6-57所示的方法将柱塞装入对应的柱塞套。注意柱塞十字凸缘块有记号“A”(或缺口)的一侧应朝向检视窗、弹簧座不得装反(上座平面朝上，下座有台阶的一面朝上)、柱塞与柱塞套必须是原配偶件。

(7)安装滚轮挺柱总成。调整滚轮挺柱的预装高度为32.5mm(无锡泵)，用图6-54所示工具卡住滚轮，将滚轮挺柱装入座孔，此时滚轮挺柱的导向销必须嵌入座孔的导向槽内，用力推压滚轮挺柱，滚轮挺柱托板支起滚轮挺柱。每装复一个滚轮挺柱都应拉动油量调节齿杆，检查其运动阻力。如果阻力过大应查明原因并予以排除。

(8)装复凸轮轴和中间支承，装上调速器壳和前轴承盖，安装前轴承盖的螺钉必须涂紧固胶。检查凸轮轴的轴向间隙应为0.05～0.1mm，若不符合要求，可通过前轴承盖与泵体之间的调整垫片进行调整，如图6-68所示。

(9)转动凸轮轴，取下各滚轮挺柱体托架板，拉动供油齿杆时阻力应小于1.5N，否则应查明原因予以排除。

(10)装复放油螺塞，安装供油提前角自动调节装置、输油泵及调速器总成等附件。

(五)VE型泵的检修与调整

1. VE型泵的检修

彻底清洗泵体和各零部件并用压缩空气吹通所有油路;检查各零、部件是否磨损过度或有裂纹,尤其应仔细检查所有零部件的工作面上是否有划痕、油孔处是否有麻点;确保各弹簧没有变形或断裂。凡损坏或有缺陷的零件均应更换。主要的检查项目如下:

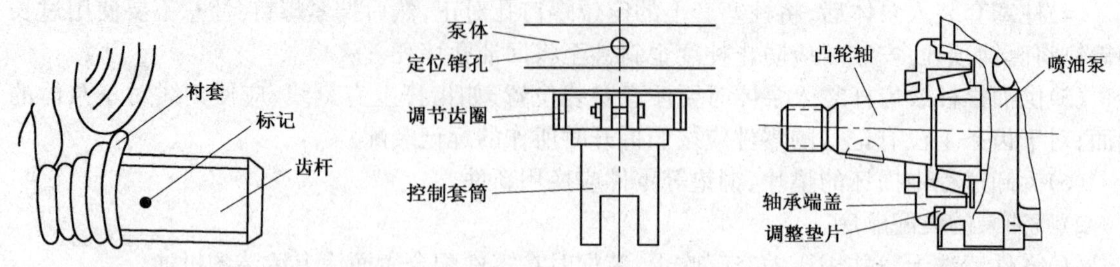

图 6-66 供油齿杆安装位置　图 6-67 调节齿圈安装位置　图 6-68 凸轮轴轴向间隙调整

(1)检查调速器轴与滑套的配合间隙,如感到有过大的间隙应更换。

(2)如图 6-69 所示,检查分配器柱塞与液压头、控制套的配合间隙,如感到有过大的间隙应更换。也可按图 6-70 所示的方法,将控制套倾斜 45°,从控制套中拉出柱塞后松开,柱塞能在自身重力作用下缓慢、均匀地下降为合适;再用同样方法检查液压头与柱塞的配合间隙。

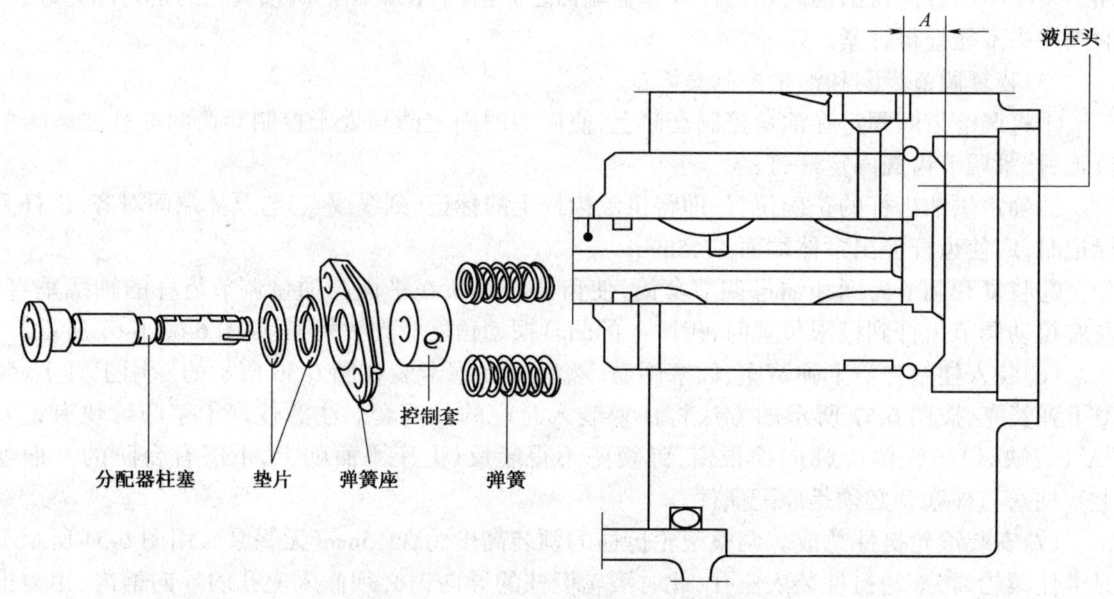

图 6-69 检查分配器柱塞与液压头、控制套的配合间隙

(3)检查自动喷油提前调节器柱塞与柱塞孔的配合,若感到间隙过大应更换柱塞。

(4)检查调压阀柱塞与阀体的配合间隙,若感到间隙过大应更换。

2. 断油电磁阀的检查

如图 6-71 所示,将断油电磁阀与蓄电池的两极连接后再断开,若电磁阀发出“咔嗒”声(阀门能随之伸缩)为正常,否则应更换。

3. VE 泵的安装和调整

(1)检查试验喷油器的开启压力应为 14.22 ~ 15.2MPa 范围,否则应更换;转速表的精度为 ±40r/min;在试验台上安装喷油泵,并在连接器的键槽部分做标记(图 6-72);安装喷油管,其规格为:外圆直径 6mm、内圆直径 2mm、长度 840mm、最小弯头半径 25mm;安装专用油管接头和溢流软管;拆卸正时器盖,安装正时器测量装置。

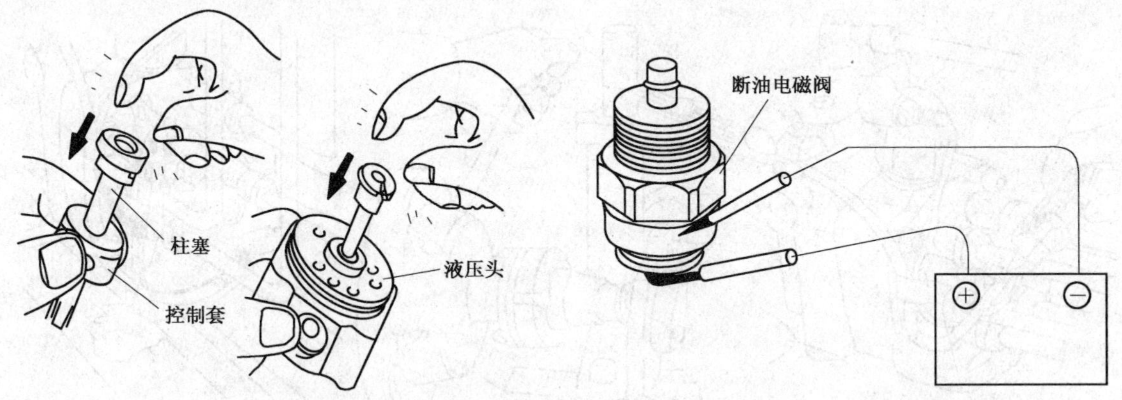

图 6-70 检查柱塞与控制套筒液压头的配合间隙

图 6-71 检查断油电磁阀

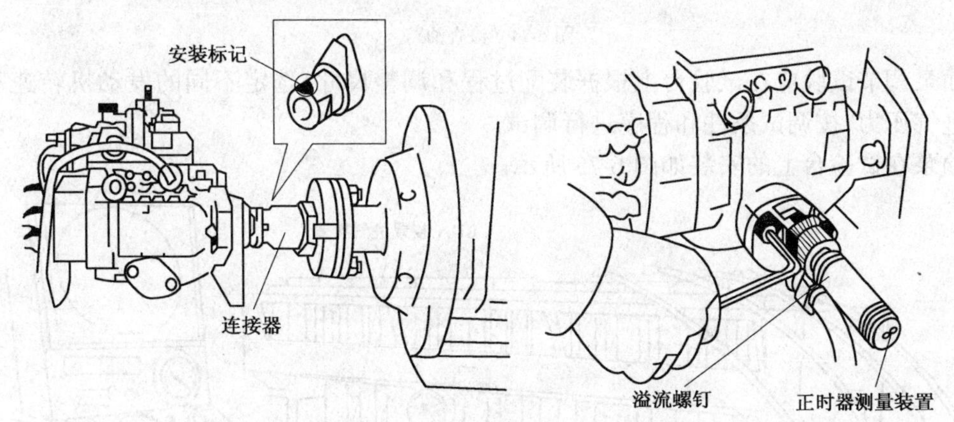

图 6-72 做标记和安装测量装置

(2)如图 6-73 所示,安装内部油压表,放出油路中空气,安装涡轮增压器压力表。

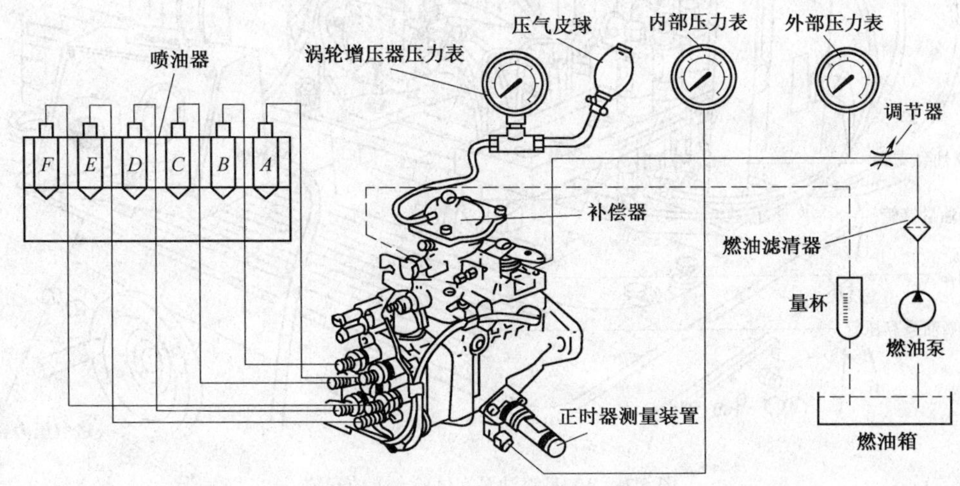

图 6-73 试验油路图

(3)如图 6-74 所示,在燃油电磁阀上连接 6V 的电源,将角度规安装到调节杆上;在分配头标记上拆卸油管;用铁棒插进盲孔内,转动试验台,从标记位置流出燃油为正常,否则为安装不当。检验后装复油管,放出油路空气并检查油路的密封性。

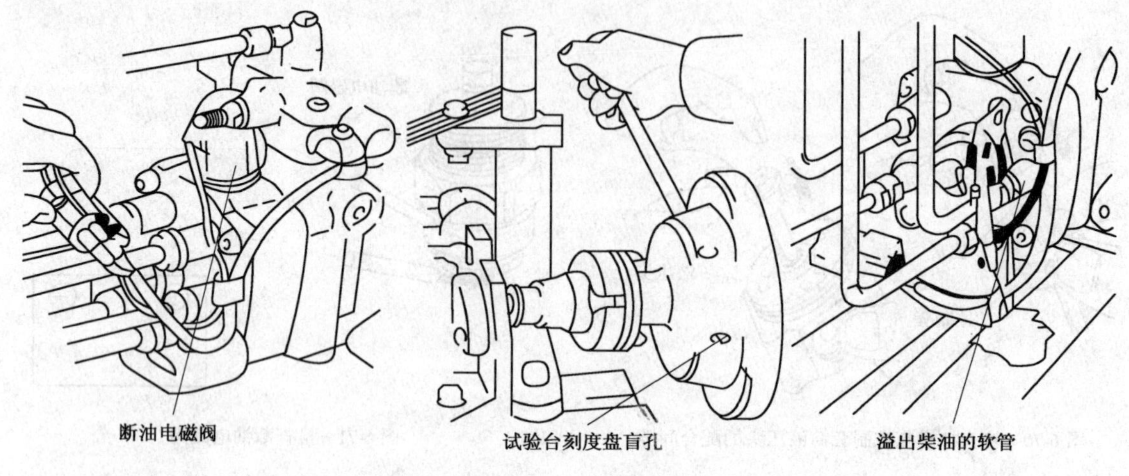

图 6-74　检查油路

喷油泵调节试验应在试验台上根据装配过程和调整尺寸,选定不同的发动机转速和 LDA 装置的进气压力,按调试条件和程序进行调试。

喷油泵在试验台上的安装如图 6-75 所示。

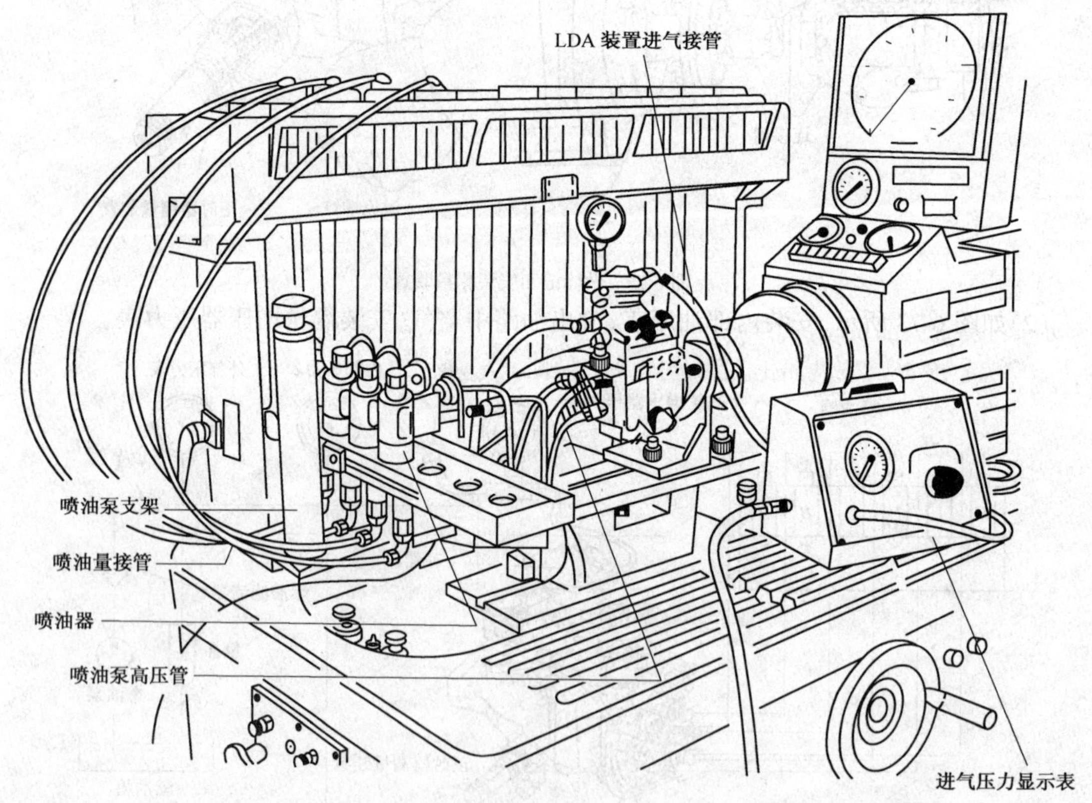

图 6-75　VE 型喷油泵在试验台上的安装

4. VE 型转子泵正时安装

VE 型泵的正时安装是指不分解 VE 型泵时发动机一般维修保养后的正时安装。

(1)拆下VE型泵正时锁定时的正时安装:按拆下的逆顺序安装,对准出厂打印在齿轮室壳体和VE型泵上的刻线,适时解除驱动轴的锁定,拔出正时销并固定各部螺母。

(2)拆下VE型泵未锁定时且又无专用VE型泵调整正时工具时,可采取如下方法,尽快进行VE型泵正时的精确调整:

①使用正时销找出一缸压缩上止点位置;

②转动泵轴至轴、壳体刻线对齐,取下锁紧垫片将泵轴锁紧;

③拆去泵轴前螺母,将泵装入齿轮室对准标记,再带上固定螺母不拧紧。拧紧驱动齿轮固定螺母,拧紧力矩为15N·m,此时不能让曲轴转动;

④松开泵轴锁紧螺母,将垫片装回(此时为未锁紧状态),此螺母的拧紧力矩为13N·m;

⑤将驱动齿轮固定螺母的拧紧力矩拧至65 N·m;转动泵体使泵体上刻线与齿轮室打印刻线对齐,拧紧VE泵3个固定螺栓,拧紧力矩为24N·m;最后拔出正时销。

5. 就车检查输油压力和分配泵供油

(1)就车检查输油压力　拧下喷油泵壳体上的放气螺塞,在该位置装上0~0.98 MPa压力表,起动柴油机测量其输油压力应为0.03~0.06MPa。

如果压力低于该值说明输油泵盖进油滤网部分阻塞,叶片、偏心环和盖等零件磨损,压力控制阀柱卡死或调压弹簧变软,应查明原因并排除。

就车检查输油压力时,有时会出现低速时压力偏低而高速时压力正常的现象,主要原因是控制阀阀柱卡死在泄油孔打开的位置,对高速时的油压力影响很小。如高速和低速均出现输油压力降低,则有可能是油泵叶片磨损。

(2)调整分配泵供油量　喷油泵使用一段时间后,由于精密偶件的磨损,造成高压燃油泄漏,使供油量减少,影响柴油机的功率和起动性能。如果柴油机工作正常而磨损又不太严重时,可以就车调整供油量,以补偿泄漏、恢复功率;喷油泵是该系统中的精密部件,一般在专门试验台上进行调试,但必要时也可在车上就车调试,其调整方法是:打开分配泵壳体上的检查孔盖,松开连接键套和分配转子的两个螺钉,使分配泵的大缸口槽朝向检视窗孔,用细长铳子伸入控制板的缸槽内,轻轻敲击并转动控制板,从驱动端看顺时针转动时供油量增加;反时针转动控制板时供油量减少。

6. 就车检查调整供油正时和分配泵密封性

(1)调整供油正时　当没有测试工具时,可以使用经验方法进行应急调整,当有条件时必须按规定调整。如果发现供油过早,可松开喷油泵固定螺母(或螺栓),顺着喷油泵驱动轴旋转方向转动喷油泵少许,然后拧紧螺母(或螺栓),启动柴油机试验,直到供油合适为止。如果供油过迟,可向喷油泵驱动旋转反方向转动喷油泵少许。

(2)检查密封性　起动发动机至发动机温度上升至正常后熄火,将经校验合格的喷油器装在高压油管接头上;起动发动机怠速运转,观察喷油器的喷油情况:如喷油器连续喷油表明分配泵技术状况良好,可继续使用;如断续喷油或不喷油表明分配泵磨损严重,应修复或更换偶件。

三、调速器

(一)调速器的作用和类型

1. 调速器的作用

调速器的作用是根据柴油机负荷及转速变化对喷油泵的供油量进行自动调节,以维持柴油机的稳定运转。

柴油机工作时外界负荷往往经常变化,使用时要求柴油机在负荷变化时能自动地维持较稳定的转速。但实际上喷油泵的速度特性(在油量调节拉杆位置不变时,供油量随转速变化的关系称为喷油泵的速度特性)无法满足这一要求。具体来说,车用柴油机在运行时由于路面等因素使运转负荷临时增大,此时转速必然降低一些,要想维持原来的转速,就必须增大喷油泵的供油量,但喷油泵在转速降低时,由于柱塞套回油孔的节流作用减小和柱塞副漏油量的增大,使得供油量也减小,由此必然使转速进一步降低,甚至熄火;反之,当外界负荷突然减小(例如满载汽车从上坡行驶刚过渡到下坡行驶时),则转速随之提高,此时应当减小喷油泵的供油量来保持原来的转速,但是喷油泵本身随转速上升而使柱塞套进油孔的节流作用增强以及柱塞副的回油量减少,使喷油泵供油量反而上升,转速随之继续升高,发动机转速和供油量如此相互作用的结果,将加速导致发动机超速的现象;若负荷突然减至零,甚至有飞车的危险。因此要维持柴油机稳定运转,就必须采用调速器这种专门的装置来保证在所要求的转速范围内,随着柴油机工作时负荷的变化而自动调节供油量。

2. 调速器的类型

调速器通常按其工作原理和起作用的转速范围进行分类。

1)按其工作原理分

(1)机械式调速器　结构简单、工作可靠,应用于小功率及部分中等功率柴油机上。

(2)液压式调速器　结构比较复杂,制造精度要求比较高,但具有良好的稳定性和高的静态调节精度,特别适用于电站和低速大功率柴油机。

(3)气动式调速器　适用于小功率柴油机,由于在进气管中装有节流阀,增加了进气阻力,且在使用中由于空气滤清器阻力的变化,使调速器起作用转速发生改变。

(4)电子调速器　近年来已用于汽车柴油机上,它能在柴油机转速明显变化之前调整油门位置,具有很高的静态和动态调节精度。

2)按其起作用的转速范围分:

(1)单程式调速器　用于恒定转速工况的柴油机,如发电机组。

(2)全程式调速器　用于负荷变化较大,在任意转速下能稳定工作而转速范围又较广的柴油机上,如拖拉机、工程机械、大型载重车、矿用车、船舶和机车等。

(3)两极式调速器　用于转速变化较频繁的柴油机,只稳定和限制柴油机的最低和最高转速,其中间转速工况由人工直接操纵,主要用于车用柴油机上。

(4)极限式调速器　用于限制柴油机最高转速,它实际上是一种超速保护装置,用于船舶主机和重要的中大功率柴油机等。

目前车用柴油机应用最广泛的是机械式调速器中的两极式和全程式调速器。

(二)两极式调速器的基本结构和工作原理

1. 基本结构

两极式调速器适用于一般条件下使用的汽车柴油机,一般具有两个基本部分:感应元件和执行机构。

感应元件用于感应外界负荷的变化。当柴油机负荷变化时,由于供油量与负荷不相适应而引起转速的变化,负荷增大则转速下降,负荷减小则转速上升,因而感应元件必须能灵敏地感受到转速的波动并将信号传递给执行机构。

执行机构用于根据感应元件的信号相应地调节供油量。当负荷增大而转速下降时,执行机构应使供油量增加，以使转速回升到原有水平；当负荷减小而转速上升时，则执行机构应减小供油量，使转速降回到原值。机械式调速器感应元件和执行机构是做成一体的。

2．两极式调速器的工作原理

两极式调速器的工作原理如图 6-76 所示，支承盘由喷油泵的凸轮轴带动旋转，其轴向位置是固定的；飞球铰接在支承盘上并随支承盘一起旋转，飞球在旋转时受离心力作用而张开，飞球臂给滑动盘一个向右的轴向力；滑动盘可沿轴向滑动，其轴与杠杆相连，轴的右端与一球面顶块接触；调速弹簧有两根，外弹簧又称高速弹簧，刚性较大，内弹簧又称低速弹簧，刚性小；不工作时，球面顶块与弹簧滑块之间有一定的间隙。供油齿杆不仅由操纵杆通过拉杆操纵，也受滑动盘的轴向位置控制，因此工作时齿杆的位置是由操纵杆和滑动盘共同决定的。

调速器的飞球为感应元件，滑动盘为执行机构。当柴油机负荷发生改变时转速发生变化，飞球的离心力即刻发生改变。飞球的离心力通过飞球臂作用到滑盘上，产生一轴向分力 F_a，迫使滑动盘向右移动，滑动盘右端又受到调速弹簧弹力 F_p 的作用，因此滑动盘的位置取决于上述两力是否平衡。

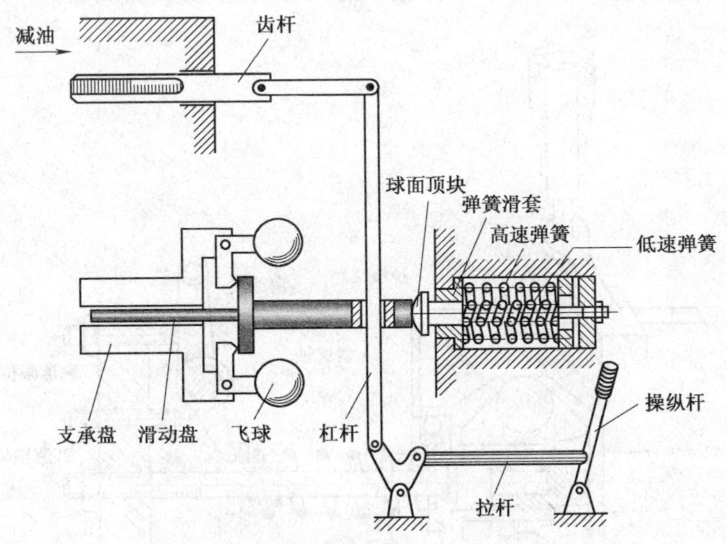

图 6-76　两极式调速器的工作原理

两极式调速器的工作过程如下：当柴油机不工作时，滑动盘受低压弹簧的作用靠向最左端，若操纵杆处于自由状态，齿杆就处在供油量最大的位置。柴油机起动后转速上升，飞球离心力的轴向分力 F_a 克服低速弹簧的弹力 F_p 使滑动盘右移，带动齿杆右移减油。当转速升到某一定转速 n_d 时，滑动盘推动球面顶块与弹簧滑套(实际上高速弹簧座)接触，由于高速弹簧刚性大、预压力也大，因此即使转速继续上升，飞球的离心力也不足以推动高速弹簧座右移。因此在转速大于 n_d 后的一段范围内滑动盘的位置将保持不变，这时油门齿杆就完全由人工操纵操纵杆来控制。如果此时外界负荷变化使转速下降(操纵杆仍呈自由状态)，飞球离心力下降，低速弹簧的弹力 F_p 就会推动滑动盘左移，带动齿杆向左移加油，以保证转速回升至 n_d 稳定运转。n_d 就是最低空转转速，又称怠速。值得注意的是，此时操纵杆处于自由位置，即不必由人工操纵，这对于驾驶员临时停车而不熄火是十分便利的。

当柴油机转速上升到标定转速 n_b 时，飞球离心力足够大，其轴向分力 F_a 与高、低速弹簧的弹力相平衡。此时如转速稍有上升，滑动盘即被推动右移，克服两弹簧的弹力带动齿杆减油;如负荷继续减小,转速继续上升,则滑动盘继续右移减油,直到外界负荷为零时,滑动盘使齿杆处于某一操纵杆位置的最小供油量位置,若操纵杆位于最大供油位置,此时柴油机就在最高空载转速下运行。

归纳上述过程:当柴油机转速在最低空载转速 n_d 下运行时,调速器起作用保证转速不再下降;当柴油机转速介于 n_d 和 n_b 之间时,调速器不起作用(滑动盘位置不变),供油量只由操纵杆控制;当转速升至 n_b 时,调速器又起作用,保证在柴油机负荷降低时适当减油,使柴油机不致"飞车",限制了最高空载转速。

(三)全程式调速器的典型结构和工作原理

全程式调速器不仅能稳定怠速和限制超速,而且能控制柴油机在允许转速范围内的任何转速下稳定地工作。

1. 全程式调速器的工作原理

图 6-77 是全程式调速器工作原理简图,它与两极式调速器不同,供油拉杆只由推力斜盘的轴向位置决定。调速叉作用在调速弹簧座上,改变调速弹簧的预压力可改变弹簧作用到推力斜盘上的弹力,使其增大或减小,从而使推力斜盘移动来改变供油量。

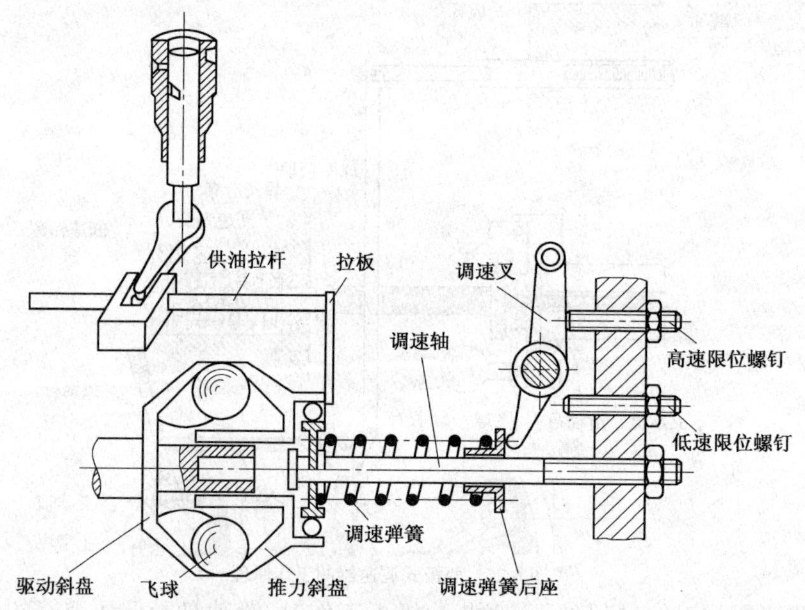

图 6-77 全程式调速器工作原理

柴油机不工作时,推力斜盘在调速弹簧的弹力作用下位于最左端,此时供油量最大。调速弹簧被调速叉和调速轴左端凸缘压紧,具有一定的预压力,其大小由调速叉决定。当柴油机工作转速升到某一值时,飞锤的离心力轴向分力可与调速弹簧的预压力相等,保持预压力不变(即调速叉不动),若负荷减小使发动机转速升高时,飞锤离心力增大,轴向分力超过预压力,推力斜盘就压缩调速弹簧右移减油;相反,若转速降低,轴向分力小于预压力,推力斜盘就被弹簧推动左移加油。改变调速叉的位置,则调速器起作用的转速也随之改变,因此对应调速叉各个位置,柴油机都有相应稳定工作转速。故这种调速器称为全程式调速器。

从图 6-77 中还可看到,调速叉的转动范围受两个螺钉限制。当调速叉顺时针转动时调速弹簧被压紧,预压力增大,因此调速器起作用转速增高;当调速叉与螺钉相碰时起作用的转速最大,因此称该螺钉为最高转速限位螺钉(通常该转速为标定转速)。如将螺钉向外退出,则调速器起作用转速升高，拧入则降低。

同样，将调速叉逆时针转动，调速弹簧被放松，调速器起作用，转速降低。当调速叉与螺钉相碰时，起作用转速最低(通常称此转速为怠速)，该螺钉称为怠速限位螺钉。该螺钉拧入或退出同样可提高或降低柴油机的怠速转速。

由以上介绍可知，装有全程式调速器的柴油机，驾驶员扳动操纵臂通过调速叉只是改变调速弹簧的预压力，也即改变了柴油机的工作转速，而柴油机的供油量则由调速器根据外界负荷的变化自动地进行调节，这就大大减轻了驾驶员在负荷变化频繁时的紧张劳动，同时也提高了工作效率。全程式调速器也可采用两根或多根调速弹簧，以适应不同转速范围调速器性能对弹簧刚性的不同要求。

2. 全程式调速器的典型结构和工作过程

RSV 调速器是德国 Bosch 公司 S 系列中的一种全程式调速器，可用于 M、A、AD、P 型等喷油泵，能与汽车、拖拉机、发电机、船舶、工程机械等主机配套，用途十分广泛。6BTA5.9 发动机配用无锡 A 型泵的调速器即为该种型号的调速器。

1)RSV 调速器结构

图 6-78 为 RSV 全程式调速器结构。它与两极调速器的结构大体相同。不同之处有三个：

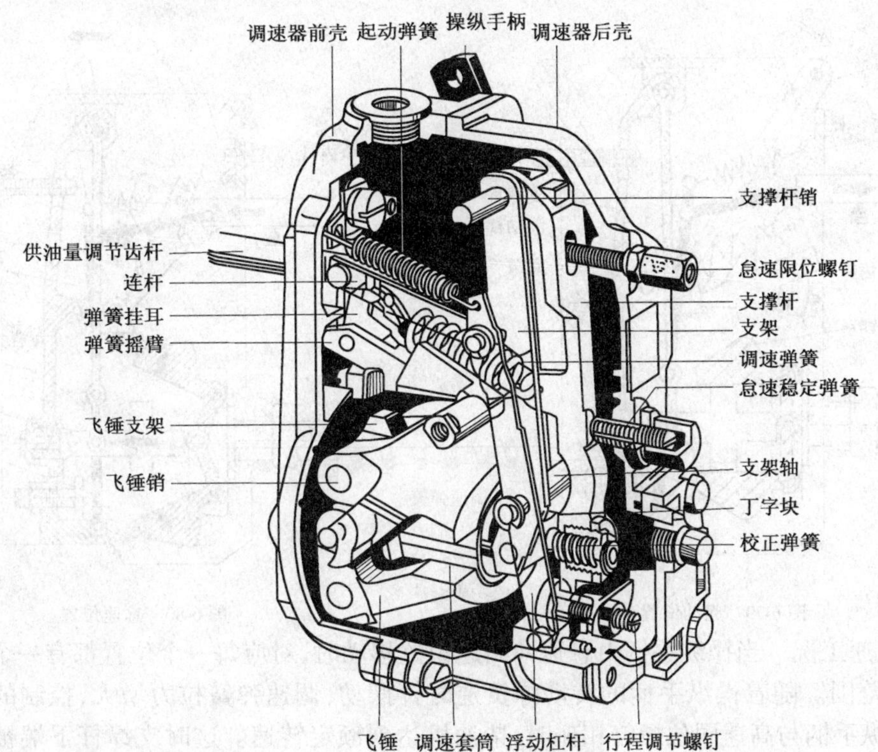

图 6-78 RSV 全程式调速器的结构

(1)取消了两极式调速器的支持杠杆和控制杠杆，浮动杠杆的下端不再与支持杠杆用销轴连接，而是与调速器壳直接铰接；

(2)在原两极式调速器的怠速弹簧处改设油量校正加浓装置，在支撑杆的中部右侧的调速器壳体上加设怠速稳定弹簧并顶在支撑杆上；

(3)将调速弹簧从固定在速度调定杠杆上改为可调的，并用调速手柄随时加以调整。

2)RSV 全程式调速器的工作过程

调速器转速的选定和负荷的改变是利用调速弹簧拉力的水平分力的变化和飞锤离心推力的不断平衡来获得,其工作过程如下:

(1)起动　如图 6-79 所示,将操纵手柄扳到左端与高速限位螺钉相碰的位置,此时调速弹簧的拉力最大,支撑杆的下端与齿杆行程调节螺钉相接触。起动弹簧将浮动杠杆上方拉向左方,推动供油拉杆越过全负荷位置达到起动供油位置,保证顺利起动。此时飞锤收拢在最里的位置。

(2)怠速　如图 6-80 所示，柴油机起动后应把操纵手柄扳到怠速位置，此时调速弹簧近于垂直位置，拉力的水平分力最小。飞锤的丁字块使支架向右主摆动，并带动浮动杠杆以下端为支点顺时针摆动，克服了较软的起动弹簧的拉力，使供油拉杆拉到怠速位置。与此同时，丁字块也通过校正弹簧使支撑杆向右摆动，其背部与怠速稳定弹簧相接触。怠速的稳定平衡作用由调速弹簧、怠速弹簧和起动弹簧三者共同来保持。此时如转速升高，怠速稳定弹簧受到更大的压缩，使浮动杠杆向减小供油量的方向摆动，以限制转速的上升；如转速降低，怠速稳定弹簧推动支撑杆向前摆动使供油量增加，防止转速下降。因此发动机能保持稳定怠速运转。

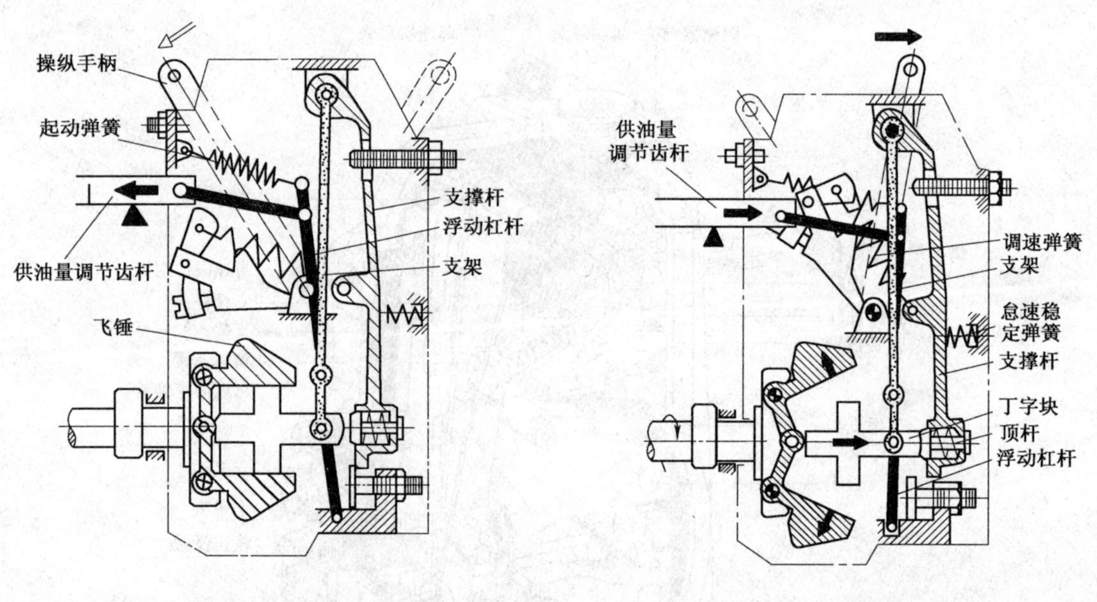

图 6-79　起动位置　　图 6-80　怠速位置

(3)高速工况　当操纵手柄由怠速向高速位置移动时,对应每一个位置都有一个调速器控制的转速范围。随着操纵手柄的转动弹簧逆时针摆动,调速弹簧拉力增大,控制的转速也增高。当操纵手柄与高速限位螺钉相碰时,柴油机达到额定转速。这时支撑杆下端被拉紧向左移动,平衡在与齿杆行程调节螺钉接触的位置上,浮动杠杆使供油拉杆移到全负荷供油位置。此时校正弹簧处于被压紧状态,如图 6-81 所示。

当负荷减小时转速升高,离心推力增大,推动支撑杆向右摆动,同时通过浮动杠杆的顺时针摆动,将供油量减小。当负荷减小到零时供油量减到最小,这时柴油机处于最高空转转速下工作,如图 6-82 所示。

(4)转矩校正工况(即超负荷工况)　柴油机在额定工况下工作时,如果负荷再增大(超负荷),转速便开始下降,飞锤的离心推力减小。当转速下降到一定值(较额定转速最多低 30

r/min)时,校正弹簧开始伸长,顶杆和丁字块左移,浮动杠杆和供油拉杆向增大供油量的方向移动,使柴油机克服暂时的超负荷。转速下降越多,校正顶杆伸出越长,供油量增加越多。当校正顶杆尾部与壳体接触时,校正弹簧开始起作用时的转速取决于校正弹簧的预紧力,它的大小可用垫片来调整。

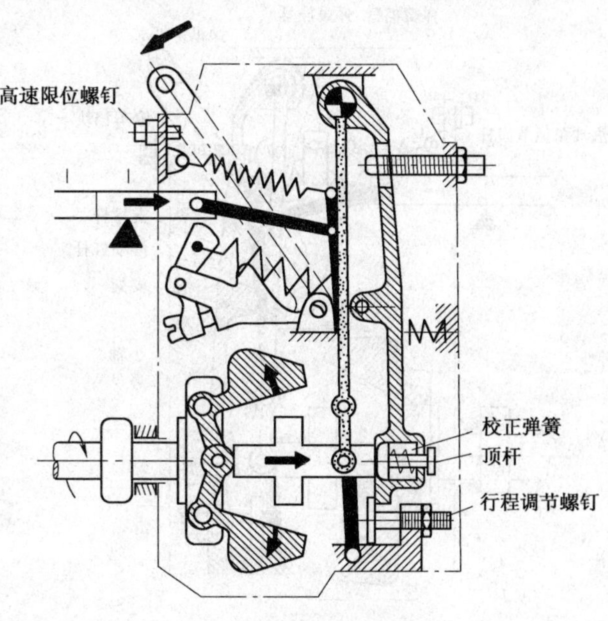

图 6-81 满负荷高速工况

应该说明,调速器的标准额定工况位置,有两个指标来保证:一是调速弹簧预紧力的大小;二是供油拉杆要处在规定的位置。为此,对两个调整螺钉要进行正确的调整:一个是调速手柄高速限位螺钉,用来调整调速弹簧预紧力(弹簧摇臂上的螺钉除外),以确定高速作用点的转速;另一个是齿杆行程调节螺钉,用来确定额定工况下供油拉杆的位置。

(5)熄火位置 RSV 调速器熄火方法有两种:一种是直接用操纵手柄熄火,在调速器上不设专门的熄火装置。当操纵手柄向右转到熄火位置时,弹簧摇臂上的挂耳即推压支架向右摆动,浮动杠杆随之作顺时针转动,将供油拉杆拉到熄火位置,并利用挡块限位,如图 6-83 所示。

另一种熄火方法是在调速器上装有专门的熄火手柄,如图 6-84 所示。转动熄火手柄,浮动杠杆以轴为支点顺时针转动,将供油拉杆拉到熄火位置。

6BT 柴油机用无锡 A 型泵采用 RSV 型全程调速器,它附有三套附加机构:燃油泵正时机构;起动加浓电磁阀;增压补偿器。衡阳 A 型泵采用 RS 型两极式调速器。它是 RSV 型全程调速器的一个变形,将 RSV 调速器的调速手柄固定在某一高度位置,保持调速弹簧的预紧力不变,使调速弹簧只在超速时才被拉伸,起到限制超速的作用。另外,把 RSV 调速器调节杆的固定下支点变为可变支点,再加设一套类似 RSV 调速器停油机构的负荷控制机构,使油量调节齿杆可以通过调节杆独立地受到这套机构的控制,能够在怠速和最高转速之间人为控制燃油泵的供油量。再将 RSV 型调速支撑杆下端的转矩校正装置内加装一根较软的怠速弹簧,便可在柴油机怠速运转时,使飞锤的离心力与怠速弹簧和稳定弹簧相平衡,保持其怠速稳定工况。因此该 RS 型调速器也具备全程调速器的功能。

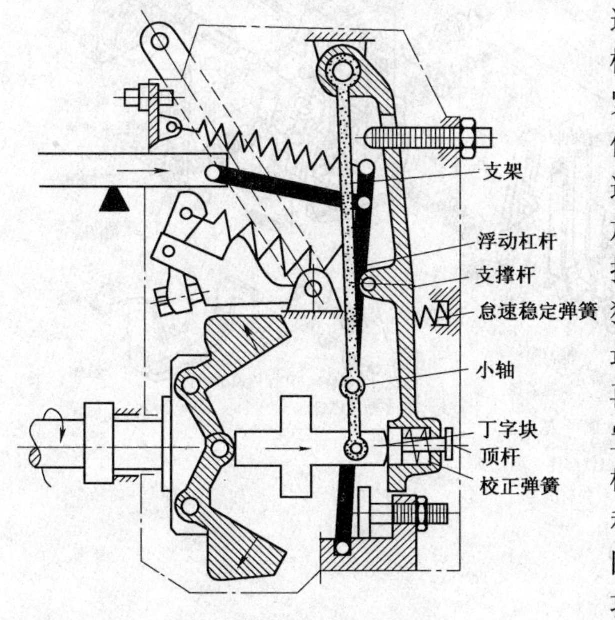

图 6-82 空负荷高速工况

下面将以无锡 A 型泵配用的 RSV 型全

程式调速器为例，介绍其拆卸、检修和装配过程。

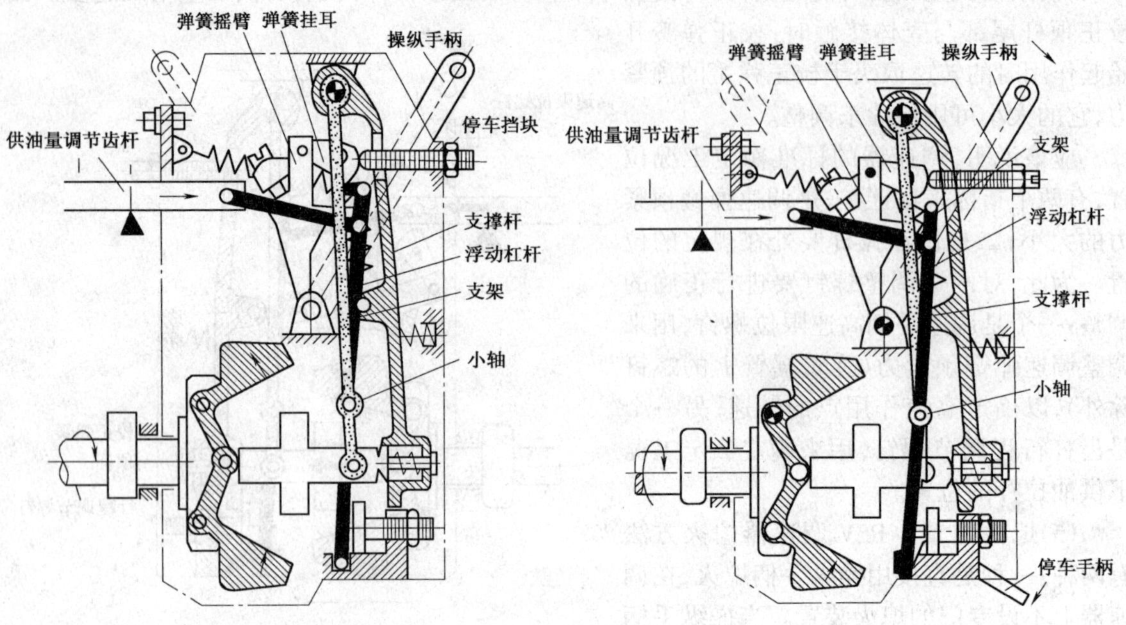

图 6-83　调速手柄熄火位置　　　图 6-84　熄火手柄熄火位置

（四）RSV 型全程式调速器的分解

1．无锡 A 型泵用 RSV 型全程调速器的分解

(1)拆下正时器盖帽(图 6-85)，取出正时锁；

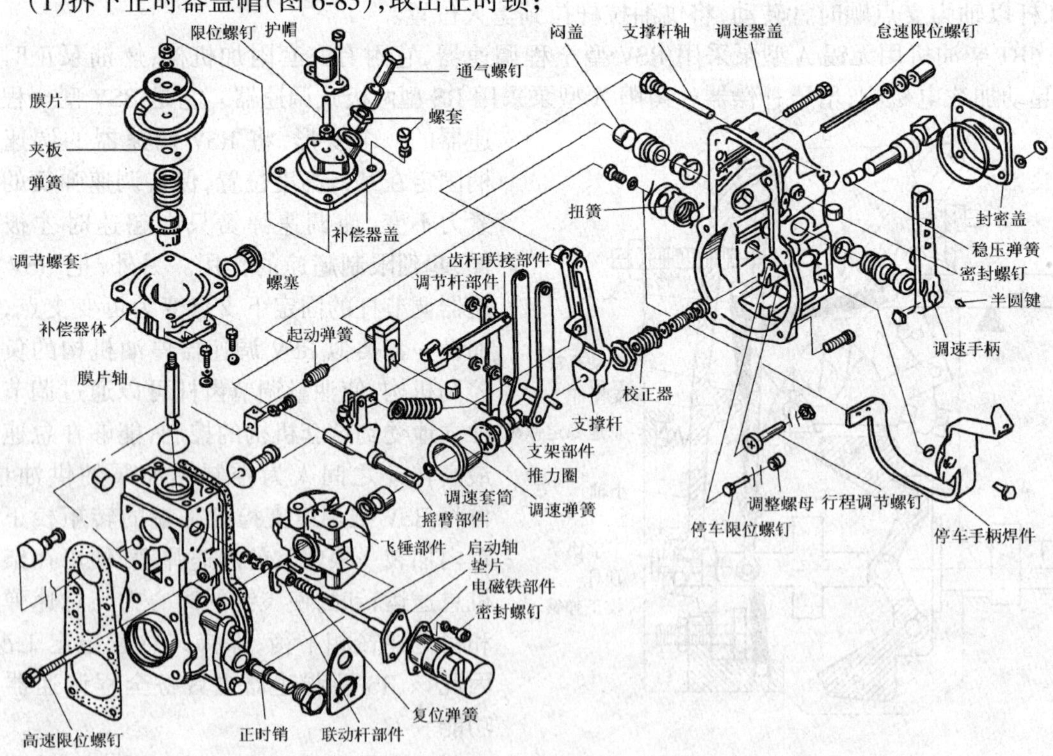

图 6-85　RSV 型调速器分解图

(2)拆下封闭盖上的四个螺栓,取下封闭盖与密封圈;

(3)用专用工具(图 6-86a)拧松校正器紧固用扁螺母,拧出校正器;

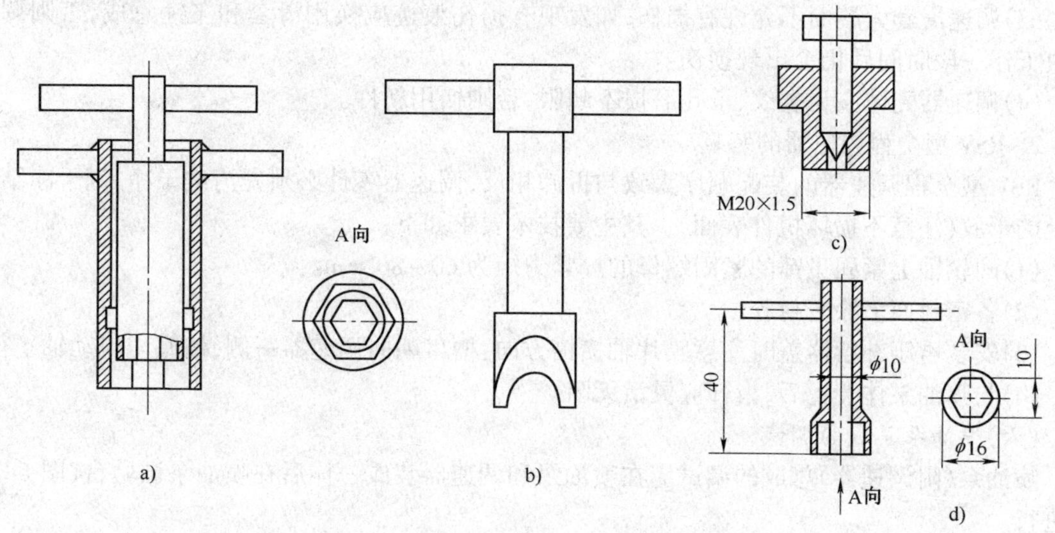

图 6-86 拆装调速器专用工具

(4)拆调速器盖上两只盖形螺母,拧松紧固螺母,拆下稳定器,退出怠速限位螺钉;

(5)拆下紧固调速器盖的 6 个螺钉,分开调速器体和调速器盖;当两者粘连较紧时可用木锤轻敲调速器盖,注意切勿损坏两者之间的石棉垫片。

(6)用螺丝刀将齿杆连接杆上的弹簧片移下,从齿杆孔脱出齿杆连接销,再用尖嘴钳取下起动弹簧(注意切勿过度拉扯弹簧),取下调速器盖部件;

(7)拆下调速器盖上部两侧的闷头螺钉,抽出支撑杆销子,抽出支架,并从支架上拆下调节部件和齿杆连接杆部件;

(8)抽出支撑杆,取下调速弹簧;

(9)拆下调速手柄和衬套,取出开口挡圈,取出摇臂轴承,取出弹簧摇臂部件;

(10)拧出六角螺栓和支承螺钉,拆下停车手柄扭簧,从里面抽出拨叉部件;

(11)拆下增压补偿器,拧出螺塞,拆下增压补偿器盖,抽出膜片轴和补偿弹簧;

(12)用专用工具(图 6-86b、6-86c)拆下圆螺母,吊出飞锤部件;

(13)拆下调速器体。

2. 衡阳 A 型泵调速器的分解

步骤和方法上述基本相同,只有一些细微的差别:

(1)无锡泵的怠速限位螺钉位置,衡阳泵是缓冲弹簧;

(2)无锡泵的调速手柄是活动的,而衡阳泵靠两端固定了其位置,限定燃油泵调速器的起作用点;

(3)无锡泵的停油手柄处为衡阳泵的供油机构位置,它们与停油机构是一套联动机构,其怠速调速螺钉与总油量调整螺钉在该位置。

(五)RSV 全程式调速器的检修与装复

1. 调速器零件的检修

(1)弹簧的弹力和自由长度应符合规定,如发现弹簧弹力减弱、变形、裂纹或折断时,应及时更换新件。

(2)各连接部位要灵活，间隙要适当，在油量操纵手柄不动的情况下，供油齿杆的移动量不能超过1mm，如局部间隙过大应换用新件。

(3)调速滑套大端面不允许有损伤，如发现有损伤痕迹应换用滑套和飞锤总成，否则调速滑块工作一段时间后仍会出现损伤。

(4)调速器壳体应无裂纹、承孔磨损不超限，否则换用新件。

2. RSV型全程调速器的装复

RSV型全程调速器的装配顺序大致与拆卸相反，调速器零件必须先清洗干净，刮干净结合面上的干胶（注意不损坏机件表面）。其主要技术要求如下：

(1)凸轮轴上紧固飞锤的紧固螺母的拧紧力矩为60～80N·m。

(2)各密封面上涂密封胶。

(3)安装增压补偿器盖时注意膜片轴横槽方向：槽口朝向调速器一侧，槽底与启动轴平行。

(4)与喷油泵体合拢后，齿杆应灵活无阻。

(六)喷油泵总成的调试

喷油泵（附调速器）总成的调试应在喷油泵和调速器装成一体后在喷油泵试验台（图6-87）上进行。

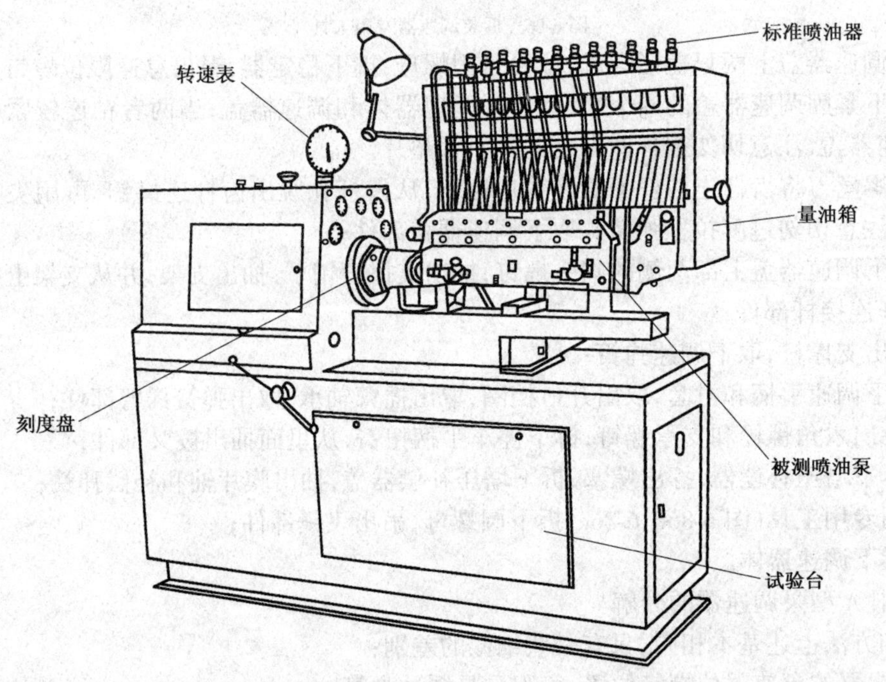

图6-87　喷油泵试验台

1. 6BTA5.9柴油机A型喷油泵总成（以无锡威孚泵为例）的调试

测试条件：在进口或国产的专用喷油泵试验台进行。

试验油：校泵油（中国GB 8029—87）

油温：$T = 40 \pm 2℃$

油压：$P = 10$ bar

标准高压油管：BOSCHP/N1 688 901 017（或性能相似的国产标准高压油管）$\phi 6 \times \phi 2 \times 620$

标准喷油器：BOSCHP/N1 680 750 017（或性能相似的国产标准高压油管）

开启压力:172~175bar

直流电流:DC24V

可调增压力源:0~20bar

喷油泵总成的调试:衡量喷油泵及调速器性能的标准主要四个方面:

(a)基准缸供油起始点及各缸供油间隔;

(b)调速器在各种转速下对应的供油齿杆的位置,即调速器的调速特性;

(c)规定的供油齿杆位置,规定转速下的供油量及各缸供油量的均匀性;

(d)增压补偿在不同增压压力,不同转速下的特性。

1)主要技术参数(表 6-1、6-2)

6A106 喷油泵总成主要技术参数 表 6-1

油泵型号	6A106-9.5 右 1300	供油次序	1-5-3-6-2-4
配套机型	康明斯 6BT	调速器型式	全程 RSV
安装方式	整体法兰+中间支承	凸轮升程	8mm
柱塞直径及旋向	ϕ9.5 右旋	缸心距	32mm
电磁阀电压	DC24V	正时器定位	第一缸供油点+10°
润滑方式	强制润滑	出油阀接头螺纹	M12×1.5
旋转方向	面向驱动端、顺时针	进、回油管螺纹	M14×1.5

6A106 喷油泵总成供油量参数 表 6-2

内容 / 工况	转速 (r/min)	压力 (kPa)	供油量参数 (cm³/400 次)
标定点	1300		35.6±1.2
最大转矩	750		37.2±1.0
低速	500	+100	23.2±1.0
	700	+100	33.6±1.4
怠速	375	0	4.8±1.2
起动	100	50	≥400
	1400	0	28.4±2.4
高速空载	1560		≤6

2)喷油泵总成的调整步骤

(1)在喷油泵和调速器内加注 50~100ml 清洁的润滑油(泵体在窗口盖板处缓慢加注,调速器在封闭盖处加注)。

(2)拧下正时器盖帽,拔出正时销,拧上盖帽。将油泵固定在试验台上,拆下窗口盖板,在第一缸装上预行程表按正转方向(从驱动端看,顺时针)慢慢转动试验台刻度盘,在第一缸挺柱从下止点开始上升处倒退刻度盘 10°,然后使预行程表对零。继续按正向转动刻度盘,至挺柱上升 2.5mm 处(预行程),将刻度盘上标尺对零。调整试验台压力到 25~27bar,打开第一缸喷油器上的挡油螺钉(图 6-88),调整正时螺钉(图 6-89),使弯管内的油滴为每秒 1 滴;若油滴太快时可将正时螺钉下调。

(3)按供油顺序 1-5-3-6-2-4 依次调整其余各缸的正时螺钉,使各缸与第一缸的供油始点夹角分别为 60°±0.5°,120°±0.5°,……

(4)检查各缸的安全空隙:从窗口用起子撬起正时螺钉,应有大于 0.2 的空隙。

(5)拆除调速器盖上的封闭盖、校正器、稳定器,拆除泵体前端的齿杆护帽,装上齿杆行程表。

(6)调整调速手柄起作用转速为800r/min,上升转速至飞锤全张时将齿杆向停油方向推到底,此时定为齿杆的零位。齿杆在该位置不能发卡,否则应查找原因并予以排除。

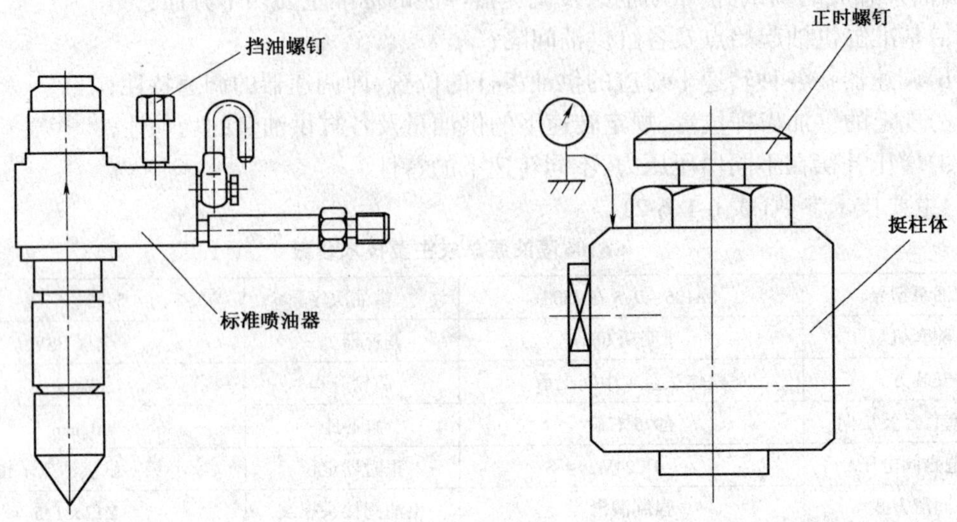

图 6-88　标准喷油器　　　　图 6-89　滚轮挺柱体

(7)调整停车限位螺钉(见图6-85,以后零件号同见该图)使齿杆位置为0.5,用专用扳手紧固螺母(专用扳手形状同图6-86b)。

(8)喷油泵转速升至1400r/min,调整调速手柄位置,使齿杆位置为11.6,紧固高速限位螺钉。

(9)喷油泵转速调为1300r/min,调整行程螺钉,使齿杆行程为13.0,调整第一缸油量控制部件的齿圈,使油量为35.6cm^3/400次。

(10)转速调为750r/min,装入校正器(校正弹簧须有足够预紧力,使拧入后降低转速时齿杆行程不再增加),使第一缸油量为37.2cm^3/400次,用专用工具(图6-86d)紧固校正器紧固螺母。逐渐放松调整螺塞使校正器在800r/min起作用。

(11)调整其余各缸齿圈,使各缸供油量与第一缸供油量一致。

(12)检查1300r/min时各缸供油量应与第一缸一致。

(13)装上增压补偿器,接通增压压力源装置,转速为500r/min,气压表读数为零,调整增压补偿器盖上面的限位螺钉,使油量为23.2cm^3/400次。

(14)转速为700r/min,压力调为50kPa,拧出增压补偿器体上的螺塞,从孔中用起子拨动调整螺套的齿圈,使其供油量为33.6cm^3/400次(调整螺套的齿圈向右转供油量减小;反之供油量增加)。

(15)转速750r/min,增压压力75kPa,检查油量为37.2cm^3/400次。

(16)转速降至375r/min,放松调速手柄,使之靠住怠速限位螺钉,调整怠速螺钉1560 r/min,供油量小于6m^3/400次,拧出稳定器至齿杆行程上升约0.5。

(17)调速手柄靠住高速限位螺钉,检查高速空转工况:增压压力为75kPa,转速1560r/min,供油量小于6m^3/400次,若不合格调整其调整螺钉,并从第8条开始重调。

(18)拆下齿杆行程表,装上齿杆护帽。接通电磁阀的24V电源,转速为100r/min,供油量应不小于 10cm³/100 次,否则应减少齿杆挡钉下的垫圈。

(19)调整正时器,从第一缸供油起始点,刻度盘顺时针旋转 10°,放松正时器座的两个固定螺钉,从正时器座向里看飞锤支架尖状突起在孔中央,将正时销的长端向里,槽口水平装入,轻轻转动正时销,拧上盖帽,然后紧固正时器螺钉。挂上标牌,拧紧力矩为 3~7N·m。然后松开盖帽,检查正时角度是否为 10±0.5°,若超差则需重新调整。

(20)拧紧各螺纹件,装完各未装零件,从试验台上拆下喷油泵。

2. VE 分配泵在试验台上的调试:

1)试验条件

(1)分配泵与喷油泵试验台的连接,如图 6-90 所示;

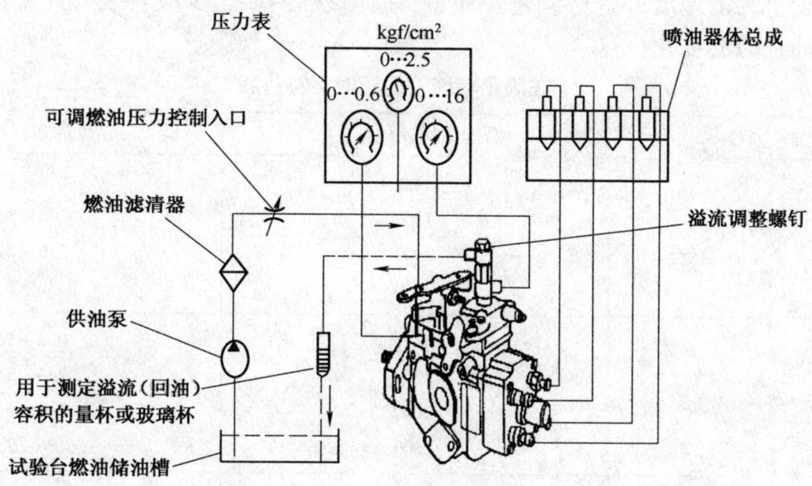

图 6-90　喷油泵的调试

(2)高压油管规格为内径 2mm,外径 6mm,长度为 840mm;

(3)试验台输油压力应为 19.2kPa 或 0.2kfg/cm²;

(4)试验燃油温度应保持在 40~50℃之间;

(5)标准喷油器的喷油压力应符合规定值;

(6)电磁式停油阀的电源为 8V 直流电。

2)调试方法

(1)分配泵的磨合

将速度控制杆推至全负荷位置,使分配泵在 2000r/min 情况下运转 5min。

(2)全负荷油量的预调

把转速调整螺钉全部退出,将速度控制杆放在全负荷位置,开动试验台使分配泵在规定转速下运转,测量单缸供油量应符合表 6-3 的规定值。若不符合规定时可利用全负荷油量调节螺钉来进行调整,使供油量达到标准值以内。注意:每旋转螺钉 1/2 圈,供油量增加到约 3ml。

全负荷供油量　　表 6-3

柴油机型号	分配泵转速(r/min)	供油次数(次)	供油量(ml)
L	1200	200	7.54~7.86
2L	1200	200	9.34~9.66
2L-T	1200	200	10.04~10.36

(3)二级输油泵输油压力的测定

将速度控制杆推至全负荷位置，当分配泵转速为 2200r/min 时泵体油腔内燃油压力为 657～715.8kPa。如果油压低于规定值，可在调压活塞上垫上 ϕ3～4mm 的圆棒，一边观察压力表，一边轻轻敲击圆棒，直到符合规定值为止。

(4)回油量观察

回油接头处应有一定的回油量，当分配泵转速为 2200r/min 时回油量应达到 22～24L/h。

(5)供油正时自动调节装置的调整

拆下供油正时自动调节装置的左盖板，装上正时测量器，并将读数值调整到零位，然后在规定的分配泵转速下，测量正时活塞的行程，应符合表 6-4 的规定值。若不符合规定时，可相应增加或减少垫片的厚度来进行调整。注意：在弹簧的两端至少应各装一片垫片，防止零件磨损而影响供油正时的变化。

在确定转速下的正时活塞行程 表 6-4

柴油机型号	分配泵转速(r/min)	正时活塞行程(mm)
L	800	0.8～1.6
	1200	2.4～3.2
	2000	5.6～6.4
	2300	6.36～7.16
2L	800	0.8～1.6
	1200	2.4～3.2
	2000	5.6～6.4
	2300	6.36～7.16
2L-T	800	1.9～2.7
	1200	3.3～4.1
	2000	6.1～6.9
	2300	6.76～7.58

(6)全负荷供油量的检查和调整

将速度控制杆放在全负荷供油位置，使分配泵在规定的转速下运转，调整转速调整螺钉，测量单缸供油量应符合表 6-5 的规定值。

全负荷供油量 表 6-5

柴油机型号	速度控制杆角度	分配泵转速(r/min)	供油次数(次)	供油量(ml)
L	+9.0°～19.0°	1200	200	7.54～7.86
2L	+23.5°～33.5°	1200	200	9.34～9.66
2L-T	+23.5°～33.5°	1200	200	10.04～10.36

(7)调速器开始起作用转速和停供转速的调整

当转速超过标定转速时，调速器使供油量开始减少的转速，叫做调速器开始起作用转速。转速增加，调速器切断分配泵供油时的转速，叫做调速器停供转速。

在全负荷供油量调整正确的情况下速度控制杆位置保持不变，逐渐增加分配泵的转速到相当于最高空转速时，测量单缸供油量应符合表 6-6 的规定值。如最高空转速时供油量较规定值大时，可将转速调整螺钉拧入一些，直到调整合适为止。

最高转速供油量 表 6-6

柴油机型号	速度控制杆角度	分配泵转速 (r/min)	供油次数 (次)	供油量 (ml)	备注
L	+9.0°~19.0°	2450 2250 2700	200 200 200	3.9~4.5 5.7~6.9 <1.3	调整 检查 检查
2L	+23.5°~33.5°	2450 2250 2700	200 200 200	3.8~5.4 6.8~8.0 <1.3	调整 检查 检查
2L-T	+23.5°~33.5°	2450 2250 2700	200 200 200	3.2~5.2 6.7~8.5 <1.3	调整 检查 检查

(8)在各种不同转速下供油量的检查和调整

将速度控制杆放在全负荷供油位置,测量在各种不同转速下单缸供油量应符合表 6-7 的规定值。

在各种不同转速下的单缸供油量 表 6-7

柴油机型号	速度控制杆角度	分配泵转速 (r/min)	供油次数 (次)	供油量 (ml)	偏差极限	备注
L	+9.0°~19.0°	1200 100 350 500 2100	200 200 200 200 200	7.54~7.86 8~12.0 7.0~9.6 6.3~7.3 6.5~7.4	<0.4 <0.8 <0.5 <0.5 <0.5	全负荷供油量 起动供油量 — — —
2L	+23.5°~33.5°	1200 100 500 2100	200 200 200 200	9.34~9.66 8.6~12.4 7.2~8.2 7.6~8.5	<0.4 <0.8 <0.5 <0.5	全负荷供油量 起动供油量 — —
2L-T	+23.5°~33.5°	1200 100 500 2100	200 200 200 200	10.04~10.36 10.2~13.6 7.3~8.1 10.0~11.2	<0.4 <0.8 <0.5 <0.5	全负荷供油量 起动供油量 — —

若在 100r/min 转速下起动供油量不符合规定值时,可采用更换调速器滑套的方法进行调整,若偏差极限超过了规定值,则应予更换出油阀;若在 350~2100r/min 转速下的供油量达不到规定值,则应予更换调速器杠杆总成。

(9)怠速的检查和调整

将分配泵转速调到怠速转速,速度控制杆放在怠速位置,测量单缸供油量应符合表 6-8 的规定值。如供油量低于规定值,应将怠速调整螺钉拧入一些;如供油量超过规定值,则应将怠速调整螺钉拧出一些，直到调整合适为止。

怠速供油量 表 6-8

柴油机型号	速度控制杆角度	分配泵转速(r/min)	供油次数(次)	供油量(ml)	偏差极限	备注
L	-14.0°~24.0°	350	200	1.1~2.1	—	调整
		525	200	<0.3	—	检查
2L	-12.5°~22.5°	350	200	1.3~2.3	0.34	调整
		525	200	<0.3		检查
2L-T	-13.5°~21.5°	400	200	A=1.4~2.4	0.31	调整
		375	200	A 加上 0.36	—	检查
		525	200	A 减 0.7~1.7	—	检查
		650	200	<0.4	—	检查

(10)停油试验、铅封

在转速 2000r/min 时切断电磁式停油阀的电源，分配泵应停止供油。分配泵调试好后，将全负荷供油量调节螺钉和高速调整螺钉同时加上铅封。

四、联轴器及供油提前角调节装置

(一)联轴器的作用、结构和原理

1. 联轴器的作用

联轴器不仅可用来连接两轴、传递动力、补偿因安装而造成的两轴间的同轴度偏差，而且还可利用两轴在安装时调整其少量的相对角位置来调节喷油泵的供油正时。

喷油泵的驱动如图 6-91 所示，由曲轴前端的正时齿轮经中间传动齿轮驱动喷油泵正时齿轮。这一组齿轮上刻有正时啮合标记，必须按标记装配才能保证喷油泵供油正时。

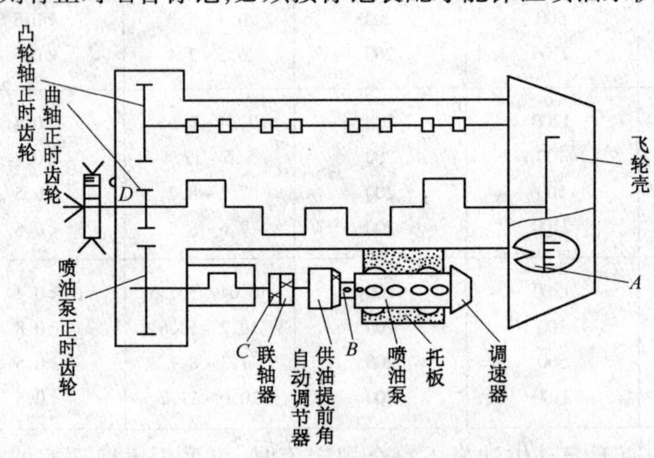

A-飞轮与飞轮壳标记；B-供油提前自动调节器与喷油泵体标记；
C-联轴器主、从动轴标记；D-曲轴风扇皮带轮与正时齿轮盖标记

图 6-91 喷油泵的驱动和供油正时

喷油泵正时齿轮输出轴与喷油泵凸轮轴之间用联轴器连接。有的喷油泵直接利用其壳体上弧形槽使泵体相对于喷油泵凸轮轴转动来调节供油正时，省略了联轴器。

2．联轴器的结构和原理

常见的联轴器有刚性十字胶木盘式和扰性钢片式两种。

玉柴 YC6105QC 柴油机喷油泵联轴器结构如图 6-92 所示。锁紧螺栓将主动盘固定在驱动轴上，两个螺钉穿过主动盘上的弧形孔 A 将主动盘和中间凸缘盘连接在一起，中间凸缘盘和从动盘上两个矩形凸块 B、C 分别插入十字胶木盘的矩形切口中，从动盘用键和喷油泵凸轮轴连接，从而将动力传到凸轮轴。若旋松螺钉，沿弧形孔 A 转动主动盘即可调节主动盘和中间凸缘盘之间的角度，从而调节供油正时。十字胶木盘切口径向长度大于中间凸缘盘和从动盘上两个矩形凸块的径向长度，传动时可以对主、从动盘的同轴度误差起补偿作用。

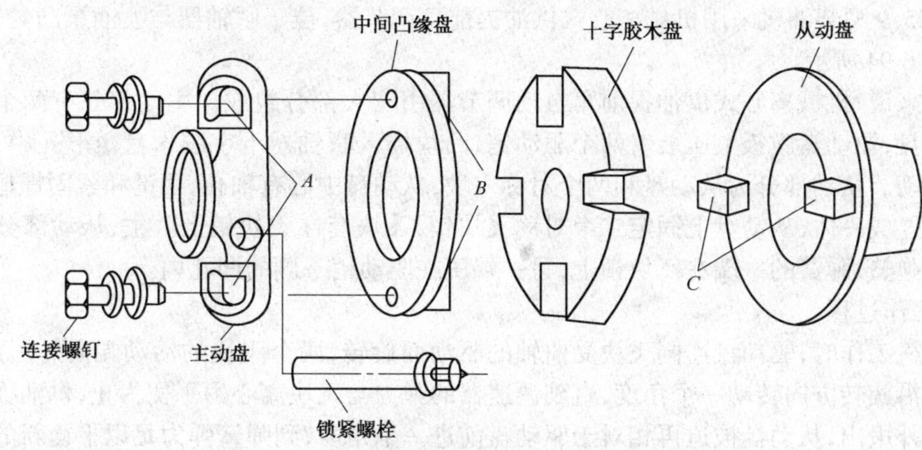

图 6-92　YC6105QC 型柴油机喷油泵联轴器

CA6110-2 型柴油机的联轴器采用挠性刚片式结构，如图 6-93 所示。其原理和上述基本相同，只是将凸圆盘改为两组传动刚片，即主动传动刚片组和从动传动刚片组，利用其圆形弹性钢片的挠性来补偿主、从动轴间少量的同轴度偏差。

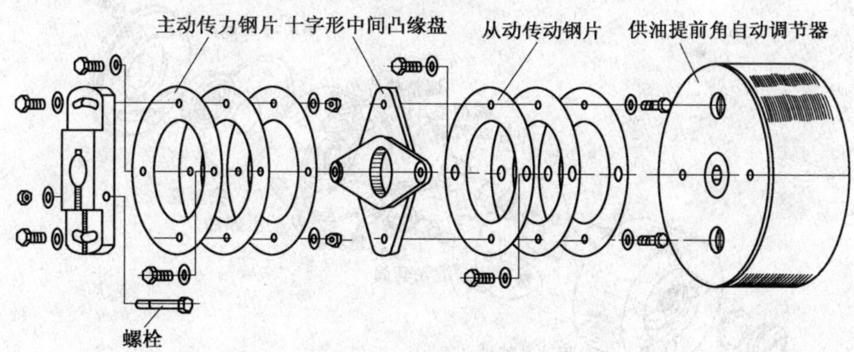

图 6-93　CA6110-2 型柴油机喷油泵联轴器

(二)供油提前角调节装置的作用、结构和工作过程

1．供油提前角调节装置的作用

柴油发动机为了获得良好的燃烧和保证正常工作，取得较为经济的燃料消耗及较好的排放指标，每一工况都应有一个最佳的喷油提前角。

喷油提前角是指柴油开始喷入气缸的时刻对应曲轴上止点前的曲轴转角。最佳喷油提前角是指转速和供油量在一定的条件能获得最大功率和最低油耗率的喷油提前角。由于喷油提前角不便于检查，因而在实际使用中都采用供油提前角——即喷油泵开始向气缸供油时的曲轴转角来代替,通过调整供油提前角来控制喷油提前角。最佳喷油提前角是在调试过程中由试验确定的,而且一般来说它随柴油机转速上升而相应增大。

供油提前角调节装置的作用是:在柴油机整个工作转速范围内使供油提前角(或喷油提前角)自动随柴油机转速改变而相应变化,使柴油机始终在最佳或接近最佳喷油提前角情况下工作。

2. 供油提前角调节装置的结构和工作过程

(1)结构

国内外喷油泵上配用的供油提前角自动调节器绝大部分为机械离心式,工作原理基本相同。6BTA5.9型柴油机采用机械离心式供油提前角调节器,位于联轴器与喷油泵凸轮轴之间,结构如图6-94所示。

一般来说,机械离心式供油提前角自动调节器由三大部分组成。主动部分有两个矩形凸块的驱动盘,驱动盘腹板上压装着两个驱动销,凸块插入联轴器十字胶木盘矩形孔中,随联轴器一起转动。从动部分为从动盘和两个对称飞块,从动盘中心有轴孔,用键和紧固螺母与喷油泵凸轮轴连成一体,从动盘上固定二个对称飞块销,飞块套在飞块销上。主、从动部分之间装有调节器弹簧,弹簧的一端在飞块销上,另一端压在驱动销一侧的凹孔内。

(2)工作过程

柴油机工作时,驱动盘连同飞块受曲轴的驱动而旋转,两个飞块的活动端向外甩出,迫使从动盘也沿旋转方向转动一个角度,直到调速器的弹力与飞块离心力平衡为止,供油提前角便进一步向外甩出,从动盘被迫再相对于驱动盘前进一个角度,到弹簧弹力足以平衡新的离心力为止,供油提前角便相应地增大。反之,当柴油机转速降低时供油提前角则相应减小。

(三)供油提前角调节器的拆装与调整

图6-94所示为供油提前角调节器零件分解图。

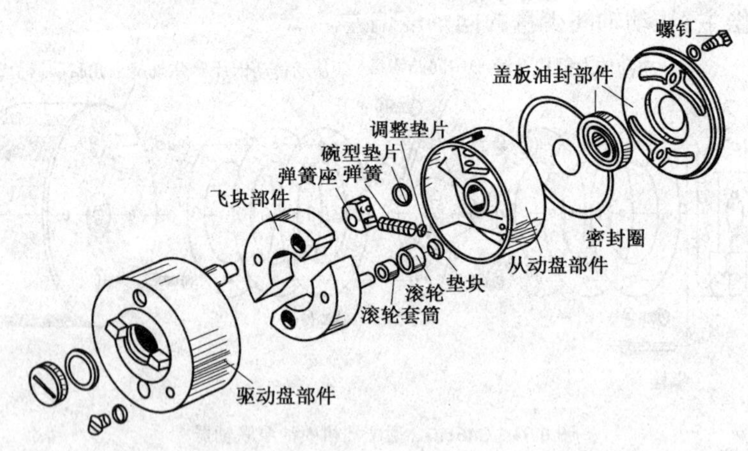

图6-94　6BTA5.9型柴油机供油提前角调节器零件分解图

1. 供油提前角自动调节器的拆装

(1)解体前旋下放油螺塞,放净调节器内机油;

(2)将供油调节器固定在夹具上,用带状扳手夹住壳体,拧下调节器壳,分解时必须注意辨清旋向;

(3)撬起驱动盘,用螺丝刀拔出弹簧,取下弹簧及调整垫片,依次取下飞块等零件;

(4)对零部件进行检验;

(5)按拆卸相反顺序装配，装备完毕后，向放油孔内加注 35 ~ 40ml 的柴油机机油。

2．供油提前角的调整

供油提前角的调整有两种：一为静态调整，即在静态时把供油提前角调到合适值；二为动态自动调整，即在柴油机运转时随转速变化自动修正提前角。

1)静态供油提前角的调整

柴油机出厂前及工作一段时间或拆装后，都需要进行供油提前角的检查与调整。供油提前角实际上就是喷油泵凸轮轴与柴油机曲轴间的相对角位置，因此供油提前角的调整就是改变两轴间的相对角位置关系。

(1)供油提前角的检查性调整

首先按柴油机工作旋向旋转曲轴使皮带轮上供油提前角位置刻线准确对准机体上的标记，注意此时应保证是在第一缸压缩上止点附近。对标记时，必须保证按柴油机工作旋向旋转曲轴，防止由于反向旋转时齿轮等传动间隙的影响。如果转动间隙超标，必须反向旋转一定角度后再重新正向旋转对正。

标记对正后，观察喷油泵的供油提前角自动调节器壳体上的刻线与喷油泵泵体上刻线是否对齐，没有对齐时则需进行调整。

(2)拆装后的调整

将在试验台上调试好的喷油泵总成安装到发动机上时，应按下列程序和方法校准喷油正时：

①检查发动机正时齿轮的啮合记号是否对正；

②按曲轴旋转方向摇动曲轴，使第一缸活塞处于压缩行程上止点前规定的喷油开始位置，即飞轮上或带轮上(或在其他处)的喷油正时记号应对正；

③转动喷油泵凸轮轴，使凸轮轴接盘上的记号与泵壳体上的记号对正，此时为第一缸供油开始；

④安装联轴节，由于主动盘上开有周向槽孔，可转动一定角度使联轴节上的记号对准(或校正后重新做出的刻线记号对齐)，这样可保证发动机的喷油提前角符合要求，紧固联结螺钉即可完成供油提前角的调整；

⑤最后进行发动机试车，如果喷油提前角未达到理想的数值时可在停机后对联轴节或喷油泵体进行调整，调整完毕后重新刻印记号以利于下次调整。

2)供油提前角的自动调节

当柴油机工作转速范围较宽(车用柴油机)或高压油管较长时，使用喷油自动提前器可以使喷油提前角自动随柴油机转速改变而变化，使柴油机在整个工作转速范围内可以在最佳提前角或接近最佳提前角的情况下工作，只要其结构和技术性能良好，一般无须进行调整。

五、柴油机燃料供给系辅助装置

(一)输油泵

1．输油泵的作用

输油泵的作用是使柴油产生一定压力，克服滤清器及管路的阻力，保证连续不断地向喷油泵输送足够的柴油。其输油量一般为发动机全负荷最大喷油量的 3 ~ 4 倍。

2．输油泵的结构和工作原理

(1)输油泵的结构

输油泵有活塞式、膜片式、齿轮式和叶片式等几种。活塞式输油泵由于工作可靠，目前应用广泛，YC6110Q 型、YC6105 型柴油机和 6BTA5.9 使用 A 型泵的柴油机都采用这种形式。其结构如图 6-95 所示。

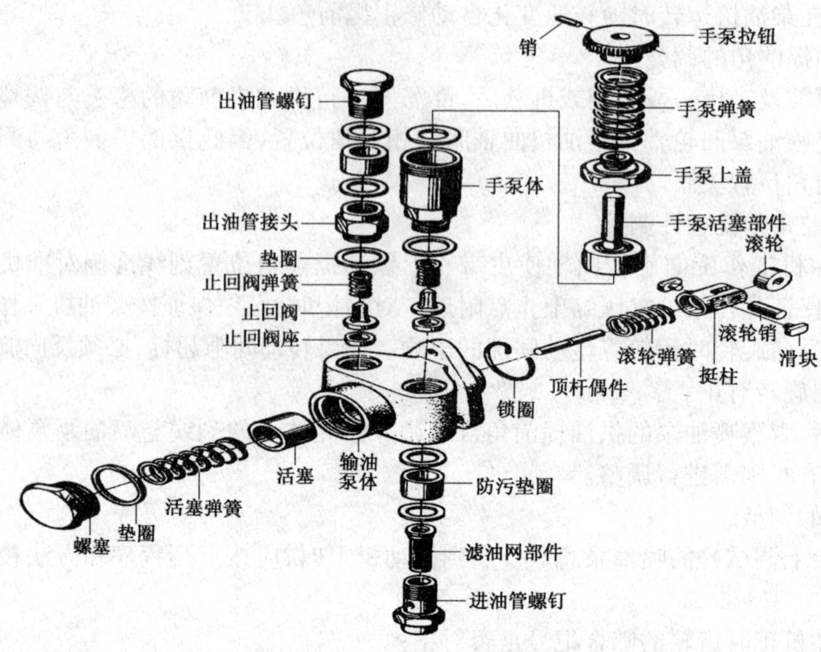

图 6-95 活塞式输油泵分解图

活塞式输油泵结构如图 6-96 所示，由泵体、机械油泵总成、手油泵总成、止回阀类和油道等组成。它安装在喷油泵的一侧，由喷油泵凸轮轴上的偏心轮驱动。

机械油泵总成由滚轮部件(滚轮、滚轮轴和滚轮架)、顶杆、活塞和弹簧等组成。手油泵总成由手油泵总成、活塞、手柄和弹簧等组成。止回阀由进油止回阀、出油止回阀和止回阀弹簧等组成。

(2)输油泵的工作原理

喷油泵凸轮轴转动时，轴上的偏心轮推动滚轮、滚轮架、顶架和活塞向下运动。当偏心轮的凸起部分转到上方时活塞被弹簧推动上移，如图 6-97a)所示，其下方容积增大，产生真空度，使进油止回阀开启，柴油经油道被吸入活塞的下泵腔。与此同时，活塞上方的泵腔容积减小，油压增高，出油止回阀关闭，上泵腔中的柴油从出油管接头上的孔道经空心螺栓被挤出，流往柴油滤清器 。

当活塞偏心轮和顶杆推动下移时，如图 6-97b)所示，下泵腔中的油压升高，进油止回阀关闭，出油止回阀开启。同时上泵腔中容积增大，产生真空度，于是柴油自下泵腔经出油止回阀流入上泵腔。如此重复，柴油便不断被送入柴油滤清器，最后被送入喷油泵。

当输油泵的供油量大于喷油泵的需要量，或柴油滤清器阻力过大时，油路和上泵腔油压升高。若此油压与弹簧弹力相平衡，则活塞便停在某一位置不能回到上止点，如图 6-97c)所示，活塞的行程减小，从而减小输油量并限制油压的进一步升高。这样就实现了输油量的供油压力的自动调节。

当柴油机长时间停机后欲再启动时，应先将柴油滤清器和喷油泵的放气螺钉拧开，再将手油泵的手柄旋开，往复抽按手油泵的活塞。活塞上行时，将柴油经进油止回阀吸入手油泵泵腔；活塞下行时，进油止回阀关闭，柴油从手油泵泵腔经机械油泵下腔和出油止回阀流入并充满柴油滤清器和喷油泵低压腔,并将其中的空气驱除干净。之后拧紧放气螺钉,旋紧手油泵手柄,再行起动发动机。

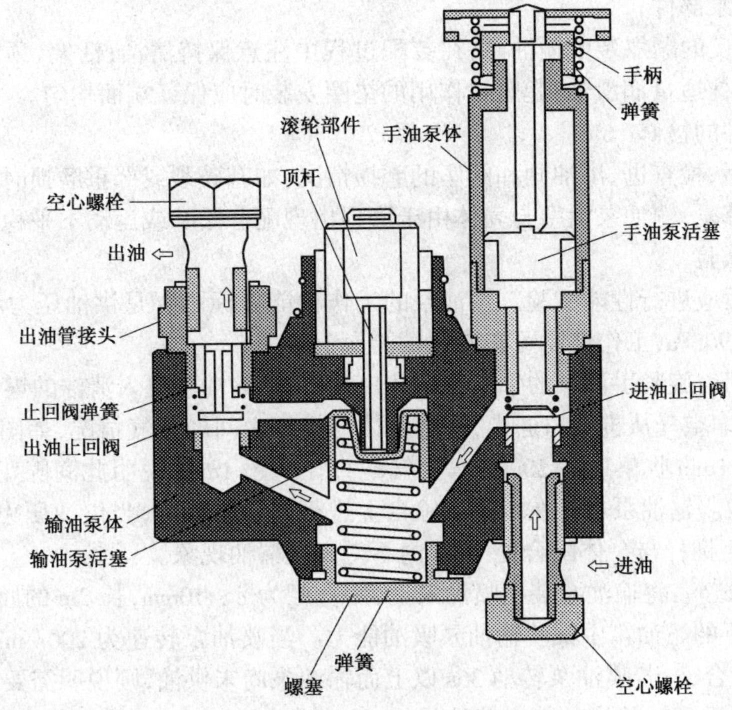

图 6-96　活塞式输油泵的结构简图

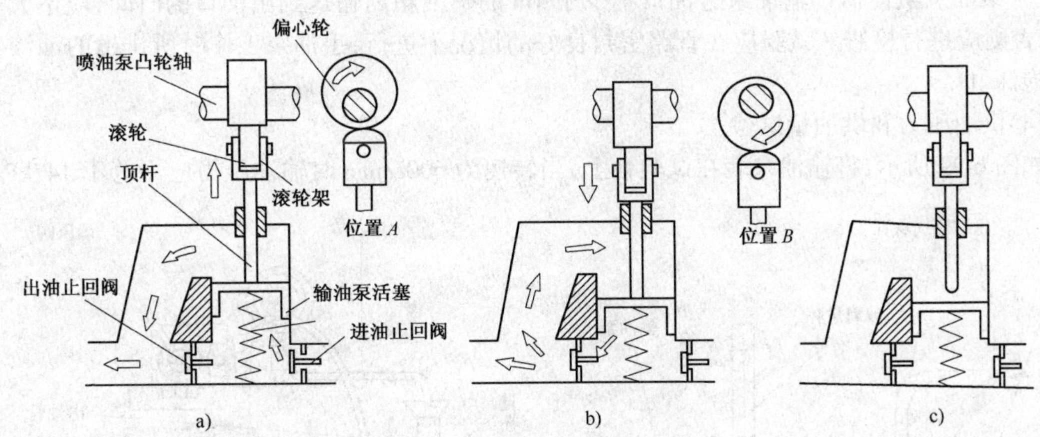

图 6-97　活塞式输油泵工作原理

a)进油状态;b)输油状态;c)调节状态

机械油泵的活塞与泵体、手油泵的活塞与泵体以及顶杆与配合孔等偶件都是经过选配和研磨而达到高精度配合的,故无互换性。

3. 输油泵的检修

1)输油泵的拆装

(1)拆卸前用手推压滚轮作往复运动,检查滚轮(及挺杆、顶杆偶件)和活塞的运动有无卡滞和行程过小现象,从活塞回弹能力强弱可判别活塞弹簧工作是否正常;

(2)拔出挺柱、顶杆;

(3)拆下手泵部件和出油管接头,取出进出油口回止阀弹簧及止回阀;

(4)旋下输油泵螺塞,取出活塞弹簧及活塞;

(5)拆卸手油泵部件;

(6)按拆卸相反的顺序装配输油泵,在装配过程中注意保持清洁;活塞、顶杆、滚轮体装配时,零件表面应涂抹适量润滑油;起密封作用的垫圈安装时应保证端面均匀。

2)输油泵零件的检修

输油泵解体后,检查进、出油阀和阀座的磨损情况:如有破裂或严重磨损时应予以更换;如磨损轻微可研磨修复;输油泵活塞与壳体由于磨损出现配合松旷或运动不平稳时应更换新泵。

3)输油泵的试验

输油泵装复后应进行性能试验。输油泵的工作性能指标主要是供油压力和供油量,供油压力一般为49~196kPa,工作性能可在专用试验台上测量。

(1)密封性试验:旋紧手油泵的手柄并堵住出油口,将输油泵浸入清洁的煤油或柴油中,将147~196kPa的压缩空气从进油口通入,检查泵体与推杆之间的漏气情况,如图6-98所示。用量筒收集气泡,若1min收集量在50ml内,且气泡直径不超1mm,说明此间隙正常、密封良好,否则应修理或更换。输油泵也可在专用试验台上进行密封性试验,当供油压力为98kPa,工作转速为50r/min时,推杆与泵体配合处1min内不得出现漏油现象。

(2)吸油能力试验:将输油泵装在喷油泵上,用直径为8~10mm,长2m的胶管接至输油泵进油口,从1m以下的燃油箱中试验输油泵吸油能力。当喷油泵转速为200r/min时,输油泵应在18s内吸出油为合格;若喷油泵转动36s以上而输油泵尚未供油,则说明需要修理。

(3)手油泵性能试验:将进油管内柴油放尽,然后以2~3次/min的速度往复抽动手油泵拉柄,记录柴油从液面低于输油泵进油口不少于1m的燃油箱内输送到出油口的时间,应不大于1min,否则应进行检修。试验应在管路密封良好的情况下进行,手油泵工作时所排出的油液不应有泡沫。

(4)供油压力和供油量试验

如图6-99所示,将输油泵装在试验台上,当转速为600r/min时输油压力应不低于147kPa,

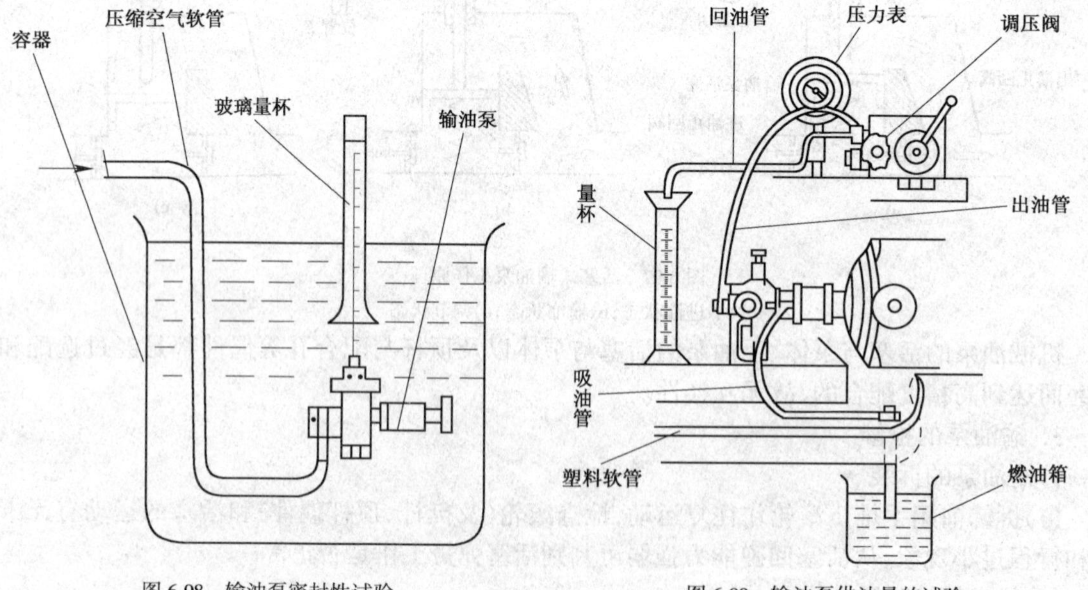

图6-98 输油泵密封性试验

图6-99 输油泵供油量的试验

当转速为750r/min输油压力应为206kPa输油泵连续供油时，油量不低于250ml/min。

(二)柴油滤清器

柴油在运输和贮存过程中，不可避免地会混入尘土和水分，若贮存较久后，还会增多胶质，每吨柴油中的机械杂质含量可能多达100~250g，所有这些杂质对供油系精密偶件危害最大，导致运动阻滞、磨损加剧，造成各缸供油不均，功率下降和油耗率增加。柴油中的水分将引起零件锈蚀，胶质可能导致精密偶件卡死。为保证喷油泵和喷油器可靠地工作，延长使用寿命，除使用前将柴油严格沉淀过滤外，在柴油机供油系统中还采用滤清器，过滤柴油中的机械杂质和水分。通常设有粗细两级滤清器，也有的柴油机只用单级滤清器。

目前车用柴油机多数采用的是两级柴油滤清器。图6-100是YC6105QC型柴油滤清器总成，两级均为纸质滤芯。由输油泵来的柴油先进入第一级滤清器的外腔，穿过滤芯后进入内腔，再经盖内油道流向第二级滤清器，从而保证更好的滤清效果。该双联式纸质滤清器额定流量为0.76L/min，总成原始阻力小于4.24MPa。

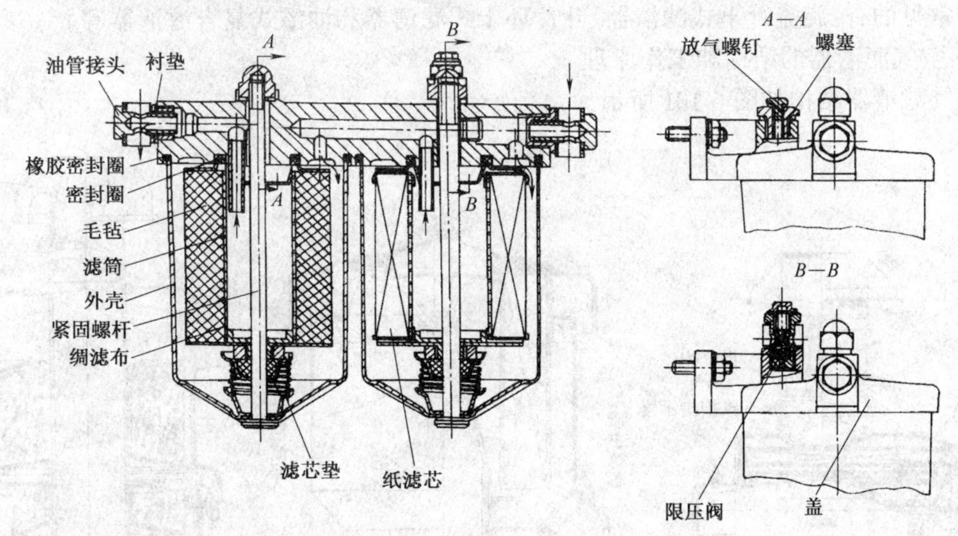

图6-100　两级柴油滤清器总成

柴油滤清器的滤芯材料有棉布、绸布、毛毡、金属网及纸质等。纸质滤芯具有流量大、阻力小、滤清效果好、成本低等优点，目前被广泛采用。

柴油中的机械杂质和尘土被滤去，水分沉淀在壳体内。每工作100h(约相当于汽车运行3000km)后，应清除沉积在壳体内的杂质和水分，必要时还应更换滤芯。

当滤清器内油压超过溢流阀的开启压力(0.1~0.15MPa)时，多余的柴油流回油箱，从而保证滤清器内油压在一定限度内。

(三)空气滤清器

1. 空气滤清器的作用和分类

1)空气滤清器的作用

是把进入发动机的空气中的灰尘和砂土等过滤掉，从而保证进入气缸的空气清洁，减少气缸、活塞、活塞环、气门和气门座等零件的磨损。

空气滤清器一般安装在进气管(汽油机为化油器)的上方。有些发动机为了降低发动机的高度，将空气滤清器安装在其他位置，用软管或金属管与进气管相连。

2)空气滤清器的要求

空气滤清器应具有长期稳定高效率的滤清能力，而且气流阻力小，维护周期长，维护修理操作方便。此外还要求尺寸小、质量轻、结构简单、制造成本低、适用于工程机械的恶劣工作环境。

3)分类

工程机械柴油机使用的空气滤清器，按其滤清原理可分为三种。

(1)惯性式　利用气流在急速改变流动方向时，因尘土具有较大的惯性而被清除，空气在通过滤芯之前先进行分离处理，可将绝大部分的粗颗粒尘土清除掉。

(2)油浴式　空气进入滤芯前，在气流转向处流过机油表面时使大颗粒的杂质因惯性甩向油面而被机油粘附。

(3)过滤式　引导气流流过滤芯，使尘土和杂质被隔离并粘附在滤芯上。经过油浴的空气再过滤称为湿过滤；不经过油浴的空气过滤称为干过滤。

现在使用的空气滤清器为采用上述几种滤清方法的多级滤清器。工程机械柴油机使用的空滤器常见的有：旋流管干式滤清器、叶片环干式滤清器和油浴式复合滤清器等。

2. 空气滤清器的结构和工作原理

空气滤清器结构如图 6-101 所示。

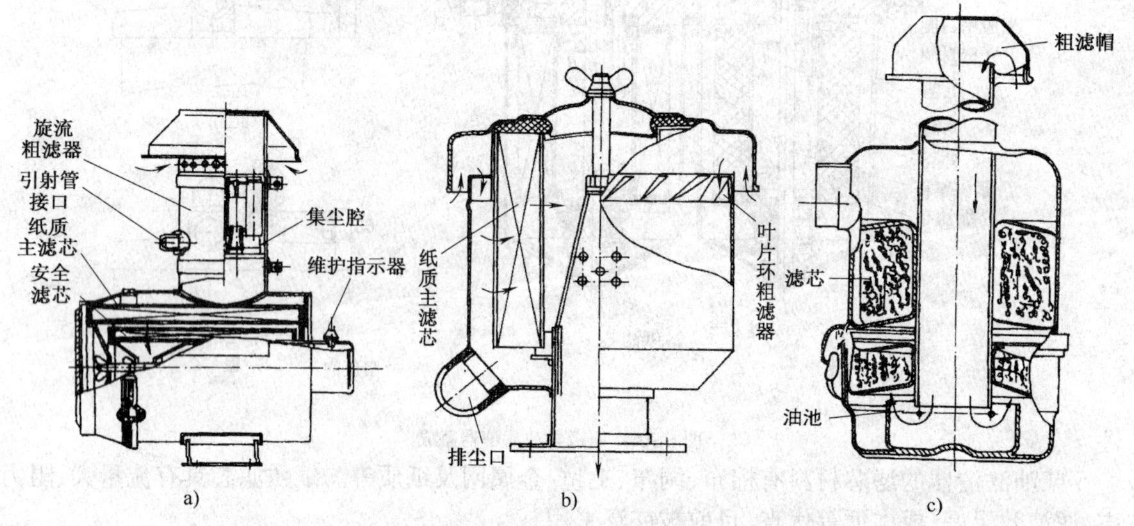

图 6-101　常见空气滤清器结构

a)旋流管干式滤清器；b)带叶片干式滤清器；c)油浴式复合滤清器

(1)带有旋流管干式滤清器

图 6-101a)为旋流管干式滤清器(附有安全滤芯)，其滤清效果最好，滤清效率可达 99.5%以上，使用也最广泛。它主要由旋流粗滤器(竖置旋流管)、纸质主芯(卧置纸滤芯)及安全滤芯等三部分组成。空气经竖置旋流管离心力的作用，使空气中约 99% 的砂尘落入旋流管下端集尘腔，经过粗滤后，较清洁的空气通过纸质滤芯滤清及安全滤芯后进入进气管。纸质滤芯是由树脂处理的微孔滤纸制成的，具有质量小、高度低、成本低廉及滤清效率高等优点；其缺点是使用寿命短，对油类污染敏感。

为了使集尘腔内的砂尘随时排出，还可在消声器排气尾管上接一段拉瓦尔形管，如图 6-102所示。在拉瓦尔形管缩径低压区的垂直方向，用引射管接通空气滤清器的集尘腔内。当柴油机工作时，利用拉瓦尔形管产生的真空度将砂尘随排气排出。

在空气滤清器出口端装有维护指示器，可根据进气阻力的变化发出警报信号，即当滤芯受阻，真空度达到一定数值时，提醒及时维护滤芯。

(2)带叶片环干式滤清器

图6-101b)为带叶片环干式滤清器。叶片环粗滤器外面有很多叶片，空气进入后通过叶片产生旋转运动，在离心力作用下将质量大的尘土甩向外壁，并经由排尘口排出，经过粗滤后的空气再经过纸质主滤芯过滤后，经进气管进入气缸。

(3)油浴式复合滤清器

图6-101c)为油浴式复合滤清器。发动机工作时，空气以很高的速度经粗滤帽后流入并下行，然后又上行。较大颗粒的尘土具有较大的惯性，冲向油池上被机油所粘附，较轻的尘土随空气转向滤芯流去，被滤芯粘附，已滤清的空气再进入气缸。

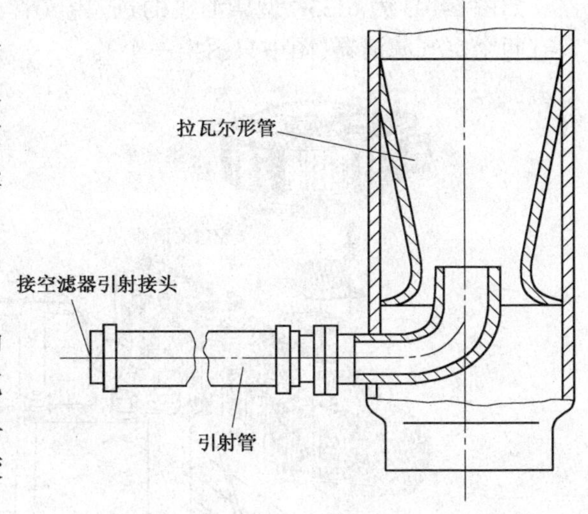

图6-102　排气引出拉瓦尔形管

对于少数作业环境条件较好的工程机械及运输机械，由于空气比较清洁，一般采用单级油浴式空气滤清器或干式空气滤清器。

3. 空气滤清器的维护

空气滤清器应定期进行维护。油浴式空气滤清器应仔细用汽油清洗滤芯和壳体，将油池中的机油和脏物倒出并清洗干净，最后加注规定容量的新机油。

对采用纸质的干式空气滤清器，维护时切忌让纸质滤芯接触油质，否则将增大过滤阻力。纸质滤芯清除尘土时，可放在平板上轻轻拍打或从滤芯的内侧向外吹气，也可用软毛刷将尘土去除。当达到规定的更换周期时应更换滤芯，滤芯若有破损也应更换。

(四)进、排气管

1. 进、排气管的作用

(1)进气管的作用　将空气均匀地分配到各个气缸。

(2)排气管的作用　汇集各气缸的废气，通过排气消声器排出。

柴油机的进、排气管大多数在柴油机的两侧，以免排气管高温对进气管的烘烤而影响冲气效率(而对汽油机，为了便于对进气管加热，通常安装在气缸的同一侧)。

2. 进、排气管的结构类型

进、排气管一般用铸铁制成，进气管也有用铝合金铸造的。进、排气管有整体式和组合式两种，一般四缸以下的发动机都将进、排气歧管做成一个整体；六缸以上的可以做成一个整体，也可做成两节再拼装而成。组合式进、排气管在安装时必须保证接头处不漏气，进气歧管可以用橡胶密封圈，而排气管要缠绕石棉绳。进、排气管一般用螺栓安装在气缸盖或气缸体上，其接合面处装有外包铜皮的石棉衬垫，以防漏气。

进、排气管与气缸之间有多个分支管，称为进(排)气歧管。歧管的排列有两种形式，即两个气缸共有一个歧管和一个气缸独用一个歧管。前者可使进、排气管结构简单，后者可保证各缸进气均匀。现在越来越多的发动机，其进气歧管数与气缸数相同，而排气歧管则两缸合用，使排气装置适当简化。

进、排气管一般一机只用一个，但有的多缸发动机为了提高各缸进气的均匀性采用几个缸各用一个进气管的方式，如 YC6105QC 柴油机的两个进气管就是三缸各用一个，各装一个滤清器。如图 6-103 为 6135G 型柴油机的进、排气管及空气滤清器。进、排气管均为整体式结构，装有两个空气滤清器(图中只示出一个)。

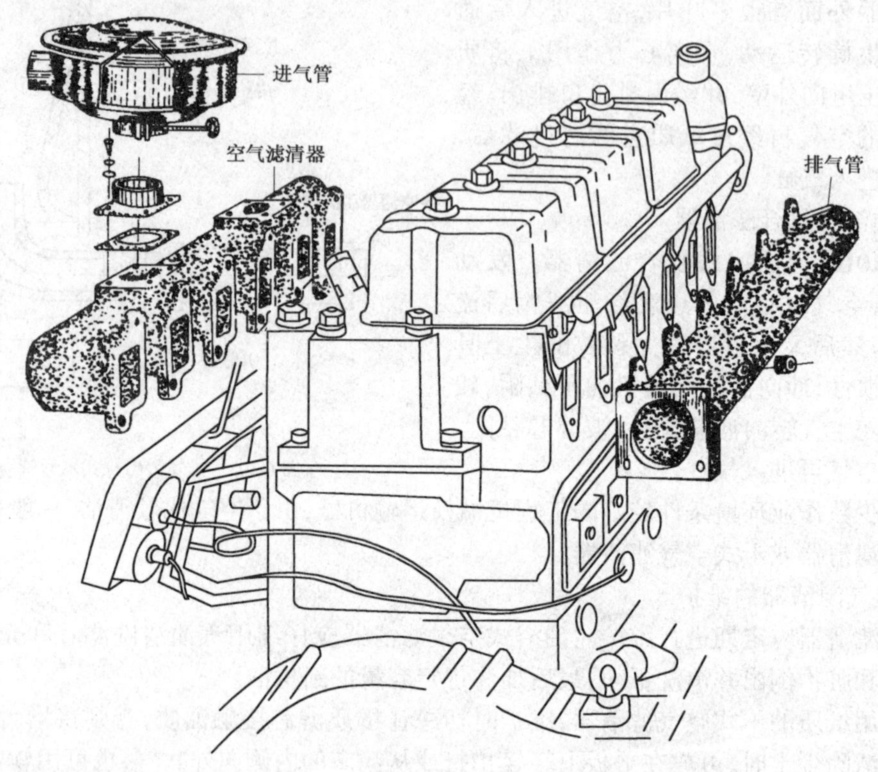

图 6-103　柴油机进、排气管及空气滤清器

3．排气消声器

废气在排气管中流动时，因排气门的开闭与活塞往复运动的影响，气流呈脉动形式。当排气门刚打开时气体压力为 0.4MPa，具有一定的能量，且废气的温度超过 1000℃。如果让废气直接排入大气，会产生强烈的排气噪声。为减小噪声和消除废气中的火焰及火星，在排气管出口处装有排气消声器。其作用是减少排气噪声和消除废气中的火焰及火星，使废气安全地排入大气。

对排气消声器要求是：消声性能好，一般应降低排气噪声 10～15dB 以上；排气阻力低，一般不大于 10～15kPa；装上消声器后，柴油机的功率损失一般不宜超过 3%～4%。

排气消声器的基本原理是消耗废气流的能量，并平衡气流的压力波动。一般可采用以下几个方法：

(1)多次改变气流方向；

(2)使气流重复通过收缩又扩张的断面；

(3)将气流分割为许多小支流并沿着不平滑的平面流动；

(4)将气流冷却。

典型排气消声器的构造如图 6-104 所示。消声器外壳用薄钢板制成，消声器两端各有一入口和出口，中间用隔板将其分割成几个不同的消声室，各消声室由带小孔的管连接。废气进入多孔和消声室膨胀冷却，受到反射后，又多次与消声器内壁碰撞消耗能量，结果压力降低，振动减轻，最后从孔管排到大气，使噪声显著减小。

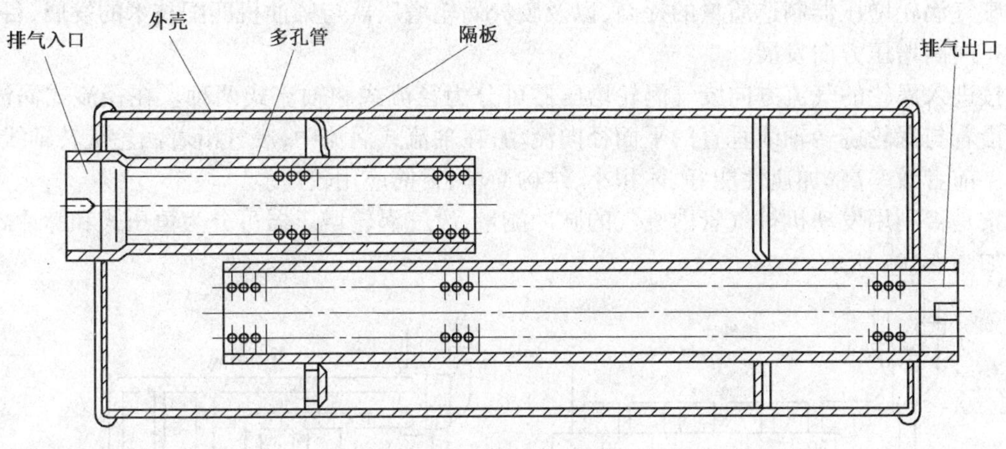

图 6-104　典型排气消声器的构造

六、涡轮增压系统

(一)涡轮增压系统的作用

涡轮增压系统是利用发动机工作时曲轴的动力或燃烧的废气驱动增压器工作，从而增加发动机的充气量，使过量空气系数提高，进气温度上升，降低排放污染，提高发动机的动力性、经济性。柴油机目前大多均采用废气涡轮增压系统。

在非增压柴油机中，废气所带走的能量相当于燃油所发出能量的 35%～40%，将这部分能量加以利用，将显著提高柴油机的动力性和经济性。

利用增压器提高进气压力以增加柴油机充气量的方法称为增压。根据驱动增压器所用能量来源的不同，增压方法可分为三类：一是机械增压，其增压器由柴油机曲轴驱动；二是废气涡轮增压，其增压器由柴油机排出的废气驱动；三是复合增压，由上述两种方法组合而成。由于废气涡轮增压结构紧凑、体积小、效率高、匹配后的柴油机特性好，因此在柴油机上获得了广泛的应用，目前中等功率以上柴油机大多数采用废气涡轮增压。

柴油机采用废气涡轮增压不仅可提高功率 30%～100%甚至更多，还可减小单位功率质量、缩小外形尺寸、节约原材料、降低燃料消耗。实践表明：在一般柴油机上，将进、排气管作适当变动并调整加大供油量，加装废气涡轮增压器后，可明显增加功率。例如 6135 柴油机采用 10ZJ-2 型径流式涡轮增压器后，功率由 118kW 提高到 153kW，增加了 30%，燃料消耗率降低了 5.7%。采用增压技术对于在高原地区使用的柴油机更有必要，因为高原地区气压低，空气稀薄，导致柴油机功率下降。一般认为海拔升高 1000m 功率下降 8%～10%、燃料消耗率增加 3.8%～5.5%。

增压技术由于在节约能源、减少排放污染和降低噪声等方面所发挥的重大作用，目前已广泛应用在柴油机上。

(二)废气涡轮增压器的构造和工作原理

1. 废气涡轮增压器的分类

废气涡轮增压器的一个主要性能指标是压力升高比，简称压比 π_k。它是指压气机的出口压力(增压压力)P_k 与压气机进口压力 P_0 之比值。废气涡轮增压器按压比可分为低、中、高三种类型,低增压器的压比 $\pi_K < 1.4$;中增压器的压比 $\pi_K = 1.4 \sim 2.0$;高增压器的压比 $\pi_K > 2$。随着废气涡轮增压器制造质量的提高,以及废气涡轮增压器与柴油机匹配技术的发展,目前柴油机正向高增压方向发展。

按进入涡轮的气流方向废气涡轮增压器可分为径流式和轴流式两种。在径流式涡流中,废气沿着与涡轮旋转轴线垂直的平面径向流动;在轴流式涡流中,废气沿着涡轮旋转轴线方向流动。前者效率高、加速性能好、体积小、结构简单,目前应用较广。

按是否利用发动机排气管内废气的脉冲能量,废气涡轮增压器可分为恒压式和脉冲式,其布置如图 6-105 所示。

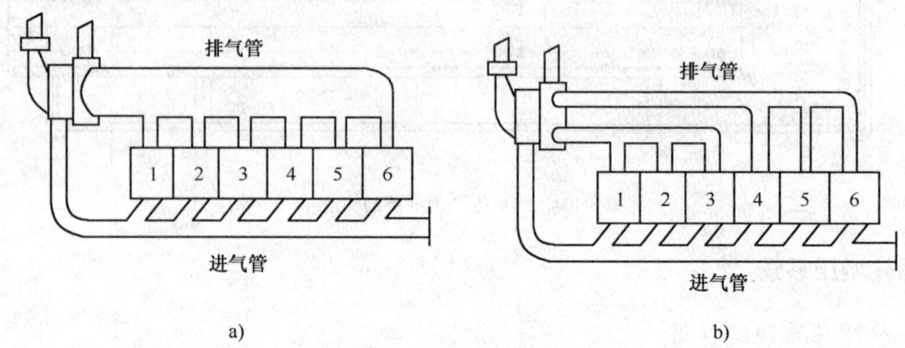

图 6-105　废气涡轮增压器的基本形式

恒压式是把柴油机全部气缸的排气歧管接到一根排气总管内,再与增压器涡轮壳相连接。由于排气总管容积较大,起稳压作用,因而管内的压力波动较小,废气以某一压力沿着单一的涡轮壳进气道通向整个喷嘴环。这种结构形式常用于大型高增压柴油机。对脉冲式,就六缸柴油机而言,如其发火顺序为 1-5-3-6-2-4,一般将 1、2、3 缸的排气道连接到一根排气歧管上,4、5、6 缸的另连一根排气歧管。同时,把涡轮的喷嘴环根据排气管的数目分组隔开使之互不干扰。这样可使排气管中的压力造成尽可能大的压力波动,充分利用废气的脉冲能量。

因脉冲式涡轮增压系统直接利用废气中的脉冲动能,故其效率比恒压式涡轮增压系统要高。一般在增压压力大于 300kPa 时,常采用恒压式增压系统,目前在工程机械所用的柴油机上,普遍采用低、中增压径流脉冲式涡轮增压器。

2. 废气涡轮增压器的构造

图 6-106 为径流式涡轮增压器的结构图,由压气机、涡轮机和中间壳体三部分组成,压气机部分由压气机叶轮、压气机壳和扩压器等组成单级离心式压气机;涡轮机部分由涡轮壳、涡轮叶轮、喷嘴环和涡轮端盖板等组成单级径流式涡轮机。压气机叶轮与涡轮机叶轮装在同一根轴上构成转子组,并支承在中间支承体两端的浮动轴承上。中间支承体左端装有压气机壳,右端装有涡轮壳。

密封装置部分由压气机端轴封、弹力密封环、压气机端气封、挡油板、涡轮端密封环、隔热板等组成。压气机端密封装置的作用是密封压气机内的高压空气,以防止中间壳体油腔内的润滑油进入压气机。涡轮端密封装置的作用是阻止涡轮内的高温废气进入润滑油腔,并起隔热作用,以保证润滑油的质量,维持增压器正常工作。

3. 废气涡轮增压器的工作原理

图 6-107 为废气涡轮增压器的工作原理示意图。将排气管接到增压器的涡轮壳上,柴油

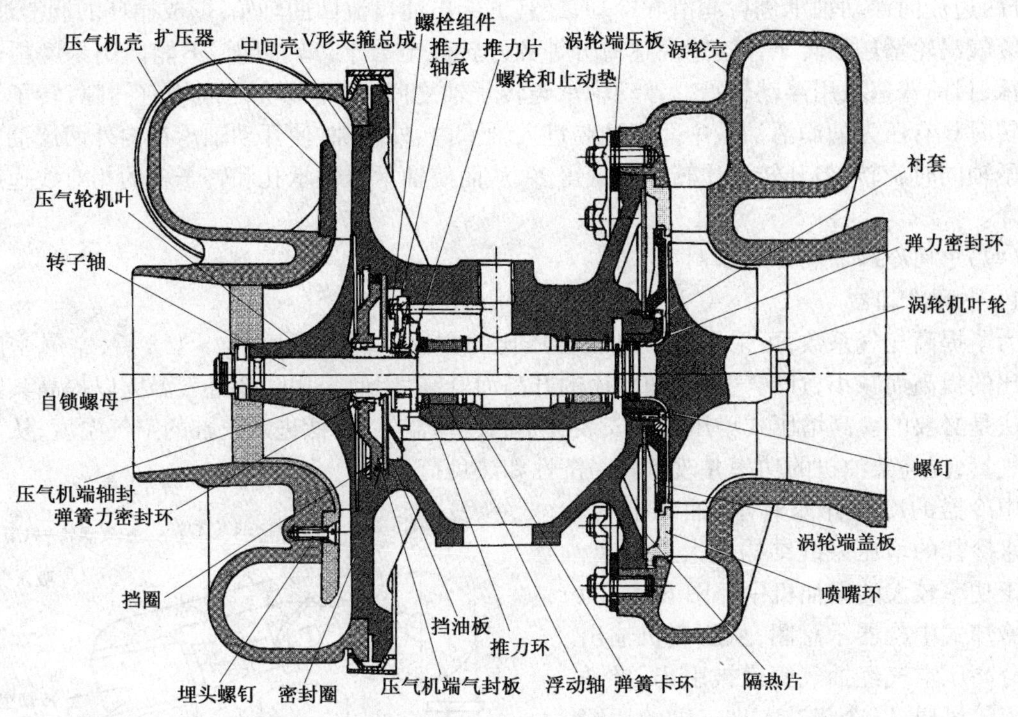

图 6-106　径流式涡轮增压器

机排出的高温高压废气经排气管进入涡轮壳内的喷嘴环。由于喷嘴环通过的面积是逐渐收缩的,因而废气的压力和温度下降,速度提高。这股高速的废气流,按一定的方向冲击涡轮,使涡轮高速运转,废气的压力温度和速度越高涡轮转得就越快,通过涡轮的废气最后排入大气。这时与涡轮固装在同一转子轴上的压气机叶轮也以相同的速度旋转,将经过空气滤清器的空气吸入压气机壳,高速旋转的压气机叶轮把空气甩向叶轮的外缘,使其速度和压力增加,并进入形状做成进口小出口大的扩压器。因此气流的流速下降压力升高,再通过断面由小到大的环形压气机壳使空气流的压力继续提高,这些压缩的空气经柴油机进气管进入气缸与更多的柴油混合燃烧,以保证发动机发出更大的功率。

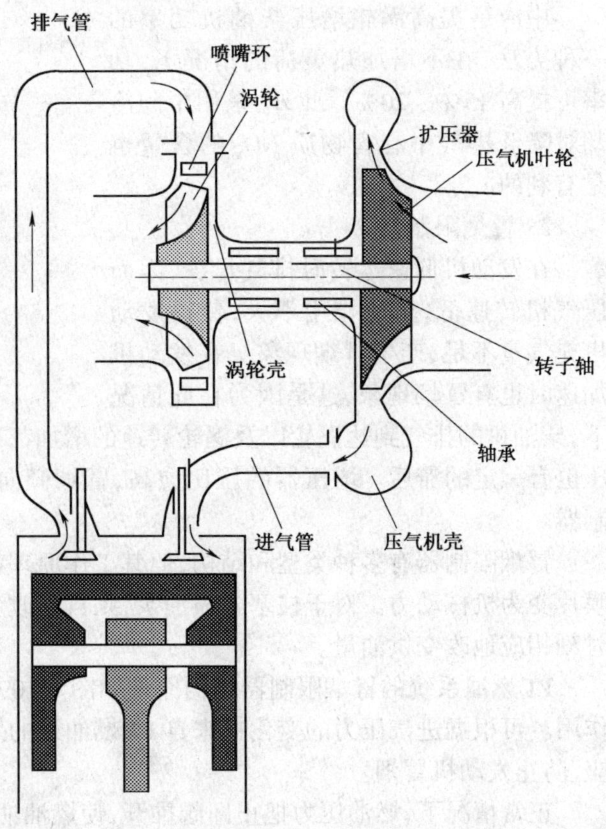

图 6-107　废气涡轮增压器的工作原理示意图

(三)废气涡轮增压器的润滑

该涡轮增压器采用压力润滑。润滑油来自柴油机的主油道,经过增压器机油滤清器再次滤清后,进入增压器的中间壳油腔，分两边流向浮动轴承进行润滑和冷却，经其下部出油口流回曲轴箱，形成循环的润滑油路。

废气涡轮增压器转子体转速高达每分钟数万转甚至数十万转以上，不能使用易磨损的普通轴承，目前普遍采用浮动轴承。浮动轴承与转子轴之间、与中间壳之间均有间隙，转子轴高速旋转时具有压力的润滑油从中间壳油腔进入轴承内、外间隙，使浮动轴承在内外两层油膜中随转子轴同时旋转，但其转速比转子轴低得多，从而使轴承对轴承孔和转子轴的相对线速度大大下降。

(四)中间冷却器和冒烟限制器

1. 中间冷却器

为了提高充气系数，可采用增大增压器压比的方法。但当压比 $\pi_K > 1.8$ 后，空气密度将随压比的提高而减小，且空气温度随压比的升高而升高，因此采用降低进气温度以提高其密度的方法是必要的。高增压式增压器常安装有中间冷却器，以降低进入气缸的空气温度，从而增加进气量，提高柴油机的功率并改善其经济性和热负荷。

中冷器的冷却介质有水、油和空气。采用水冷却的增压系统结构庞大而复杂，多用于功率较大的柴油机中。图 6-108 为空气冷却式中冷器示意图，从压气机输出的部分高压空气经抽气管道被引出，推动空气涡轮风扇，以冷却进入进气管的压缩空气。

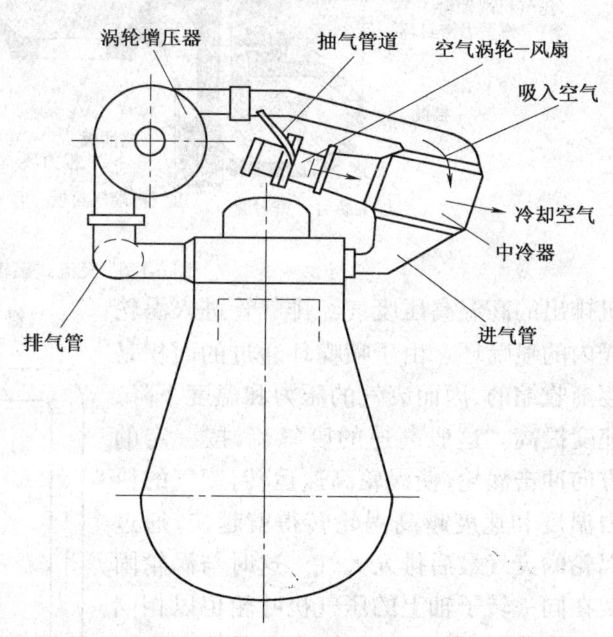

图 6-108 空气冷却式中冷器示意图

中冷是提高涡轮增压柴油机功率的一种方法，在不增加热负荷的情况下，功率可提高 15% ~ 20%。此外，采用中间冷却对降低排气中有害物质 NO_x 的含量也是有利的。

2. 冒烟限制器

在发动机低速运转时排气量少，因而压气机转速低，增压作用不大，使得发动机充气量不足，产生冒烟现象。在发动机加速时也有冒烟现象，这是因为在此情况下，柴油机的排气到达涡轮以及涡轮转速的增加都有一定的时间滞后，以致增压器对空气的增压也有一定的滞后。增压器的压比愈高，冒烟倾向愈严重。为此，增压柴油机需增设冒烟限制器。

冒烟限制器有多种类型和结构，但其工作原理都是利用进气管中增压后的压力变化，通过膜片变为机械动力。对于柱塞式喷油泵，则自动改变最大供油量的位置，使供油拉杆在一定的时刻相应地改变供油量。

PT 燃油系统的冒烟限制器结构原理如图 6-109 所示。在发动机冒烟的情况下，该装置起作用。可根据进气压力的变化把来自 PT 燃油泵的燃油适当地旁通一部分，使其与进气量相适应，防止发动机冒烟。

正常情况下，燃油压力把止回阀推开，使燃油油道和旋转控制阀与油道连通。旋转控制阀的另一端通过连杆和拉杆相连。空气入口与进气管相连，当进气管压力低于调定值时膜片上的气压降低，在弹簧的作用下拉杆上升并通过连杆使旋转控制阀转动，燃油经该旁通阀一部分返回齿轮泵，使供给 PT 喷油器的油量减少。旁通油量的多少可以用调整螺钉进行调整。

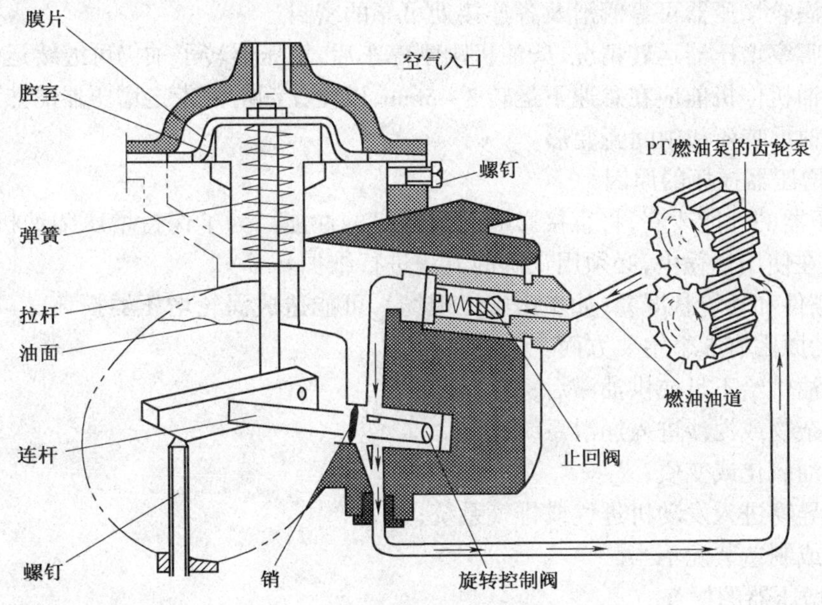

图 6-109　冒烟限制器结构原理

在发动机起动时，由于进气压力和燃油压力都很低，止回阀处于关闭状态，所以冒烟限制器在发动机起动时不起作用。

另外，为了防止增压后柴油机在高速高负荷时排气流量过大，造成增压器转速过大和增压过高，多加设排气旁通阀，如图 6-110 所示。当排气量大时旁通阀打开，放掉一部分废气，以降低增压器转速，控制压缩比。

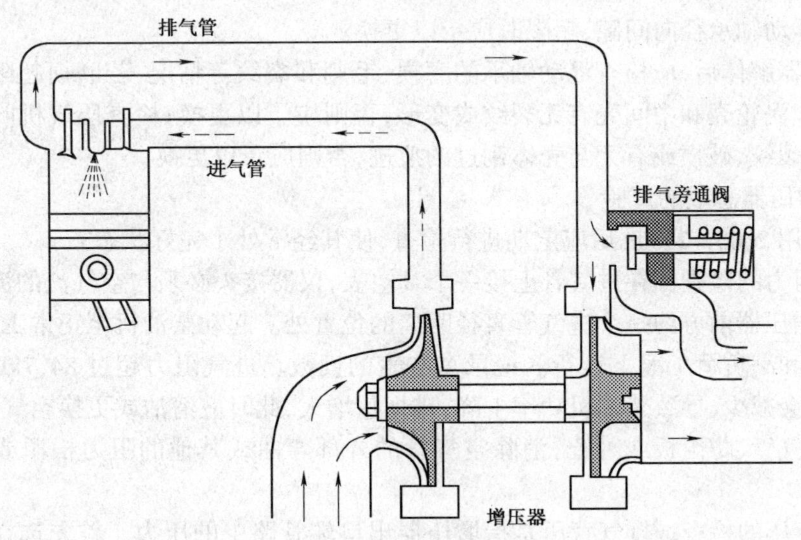

图 6-110　排气旁通阀示意图

(五)废气涡轮增压器的使用和检查

1. 使用注意事项

(1)维修好的增压器，使用前用手拨动转子轴，检查有无卡滞或异响。在工作中若有尖锐的响声应立即停机。如果增压器出现振动现象,可能是压气机叶轮、转子轴和涡轮叶轮损坏。

(2)加强空气滤清器的维护,避免异物进入涡轮增压器。

(3)保证涡轮增压器可靠润滑及各连接处可靠的密封。

(4)经常听察增压器运转情况,柴油机刚刚停车后,增压器转子轴仍可继续运转 1min。

(5)在柴油机停机前应在怠速下运转 3 ~ 5min,以便让润滑油带走增压器的热量,以免烧损 O 形密封环、轴承咬死和中间壳变形。

2. 涡轮增压器损坏的原因

如果增压器的性能改变,将直接影响到柴油机的性能。为了保持增压柴油机良好的综合性能,增压器在使用过程中,必须用正确的方法进行维护。

因工作条件和环境状况差(如矿山施工现场),可能造成涡轮增压器损坏。可能造成涡轮增压器损坏的原因有 5 个主要方面:

(1)润滑油供给不足或供油滞后;

(2)外部杂物或泥沙进入润滑系统;

(3)润滑油氧化或变质;

(4)外部异物进入发动机进气或排气系统;

(5)材料或制造装配不当。

3. 涡轮增压器的检查

(1)拆下增压器的空气进气管和废气排气管,从压气机壳空气进口和用工作灯照射涡轮壳废气出口检查两叶轮是否有外部异物进入而造成叶片损坏。

(2)从压气机壳和涡轮机壳上的观察孔检查两个叶轮周缘边叶片尖梢角,看有无摩擦现象。

(3)用手转动转子总成,检查旋转是否平滑,有无拖滞。从转子的一端沿轴向推动转子,并旋转检查有无摩擦。

(4)检查浮动轴承径向间隙,超限时应予以更换。

涡轮增压器解体后,应检查浮动轴承的磨损、毛刺和裂纹等情况,若磨损超限,则应更换;检查压气机壳、涡轮壳和中间壳有无裂纹或变形,否则应予以更换;检查压气机叶轮和涡轮机叶轮上是否有裂纹、破损或有无与壳体刮过的痕迹,否则应予以更换。

4. 涡轮增压器总成的试验

增压器使用 2000 ~ 2500h 后应定期进行检查,使其经常处于完好状态。

(1)进气阻力的检查　在进气管上接一个真空表,仪器接头必须与空气流的流动方向相垂直,并安装在增压器前方约一个进气管直径距离的位置处。起动柴油机至正常工作温度后,维持在额定转速和满负荷工况下运行。记录真空表的读数。进气阻力超过 84.7kPa 时,进入气缸中的空气将会减少,导致柴油机功率下降,排烟量增大,此时应清洁或更换空气滤清器滤芯;更换损坏的空气管、防雨板或外壳;消除空气管的外部弯曲或其他的阻力根源或检查排气背压。

(2)排气背压的检查　排气背压是指增压器出口端管路中的压力。首先选择测量点。测量点必须靠近增压器出口凸缘,测量区域必须在气流均匀的地方。在测量点上,将一内径 3.2mm的管接头焊到排气管上,用一个 3.2mm 的钻头钻通排气管,再将一个 90°的弯头装到接头上。在压力表上接一根内径为 3.2mm、长度为 90mm 的铜管(抗热用),再加接一根内径为 4.8mm、长为 3000mm 的橡胶软管。

如果此排气背压过高而超过 10kPa 时，不仅会使增压器性能不良，而且易导致增压器早期损坏。造成排气背压过高的原因可能是：外来杂质堵塞管路；排气管过度弯曲而增加了排气阻力；使用小于增压器出口直径的排气管而增加了排气阻力。

七、电控柴油机喷射系统简介

20 世纪 70 年代以来，随着全球环境状态的日愈恶化，对柴油机的排污和燃料经济性提出了更高的要求，改进柴油机燃油喷射系统是最关键的环节。除了进一步提高喷射压力，合理选择喷油定时，以及优化喷油规律等有效手段外，将传统机液控制的喷油系统改造为电控喷射系统，并进一步实现以控制喷油系统为主的整机的电脑综合调控与管理，是一个极为重要的发展方向。计算机、信息传输以及喷油系统本身技术的飞跃发展，都为实现这一改造提供了坚实的基础。

目前，西方国家的大部分柴油轿车与轻型客车大多使用了直列泵或转子分配泵型的电控喷油系统，并正向更新型的电控高压共轨系统转化，美国生产的重型载货柴油车也广泛使用了泵喷油嘴型的电控装置，各种各样新型电控系统的开发方兴未艾。人们把电子控制喷射技术看作是柴油机问世以来继机械喷射技术、增压技术之后的第三个里程碑。

(一)电控柴油机喷射系统优点

从本质上说，电控技术并未改变柴油机的工作过程及燃烧、排放的机制与规律、但是它却从下述三方面极大地影响了柴油机的性能、使用和发展。

(1)电控技术能使各种参数的调节和对各种过程的控制更精确和"柔性"，比之原有的机、液或气、液控制更易实现性能优化和合理折中。仅此一点在很多场合就能使使用油耗和有害排放量大幅度下降。

(2)由于机、液控制在结构、工艺上的复杂性和局限性，很多已被证明是有效的改善性能的措施无法实现，如预喷射精确控制、喷油率与喷油压力控制等。但引入电控技术后，这些理想都可变为现实，从而使整机性能达到一个新的高度。

即便是机、液控制能实现的项目，如正、负矫正，增压补偿，供油提前等，也因每一项都得到增加附属机械装置而成本上升、可靠性降低，远不如电控软件增改那么简便和精确。

(3)电控技术引入后，控制对象和目标大为扩展，除常规稳态性能调控外，更扩展到各种过渡过程的优化控制，故障自动监测与处理、操作过程自动化以及自适应控制等，最终发展成为整机的电脑管理系统，充分显示了机电一体化所带来的巨大优越性。

(二)电控柴油机喷射功能及组成

柴油机电控燃油喷射系统和其他的电控系统类似，都是由传感器、ECU(电子控制器)和执行器三部分组成。图 6-111 为位置控制式电控直列泵系统的组成简图，现以其为例说明各组成部分的功用与特点。

1. 传感器

传感器是感知和检测柴油机及车辆运行状态各种信息的元件或装置。其中最重要的是柴油机转速、齿杆位置、喷油定时和加速踏板位置四种传感器。

2. ECU

由微处理机及其接口硬件和一整套软件组成。软件的核心内容是发动机的各种性能调节曲线、图表和控制算法。ECU 的作用是接受和处理传感器的所有信息，按软件程序进行运算，然后发出各种控制脉冲指令给执行器或直接显示控制参数。其中，喷油量和喷油定时脉冲是

ECU 发出的最重要的控制指令。

如果整车的各种装置(如传感系、制动系等)均分别有各自的 ECU 的话,则电控喷油系统的 ECU 还具有相互数据传输、交换以及根据其他系统修正本系统执行指令等功能。进一步还可发展整机或整车的所有控制任务统由一个中央 ECU 来实现,这就成为整机或整车的统一管理系统。

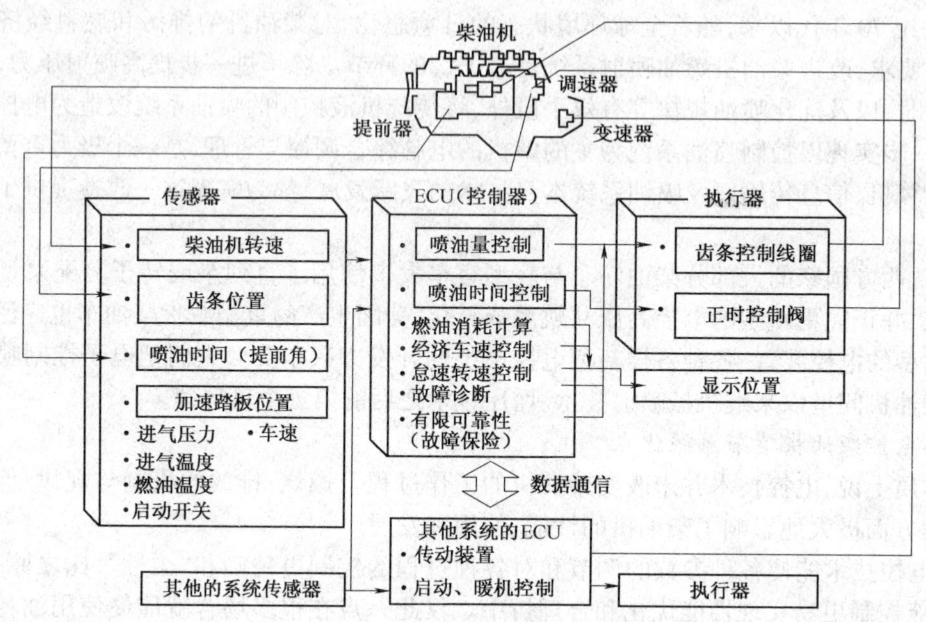

图 6-111　第一代位置控制式电控直列泵系统

3. 执行器

为接受 ECU 传来的指令,并完成所需调控任务的元器件,如使齿杆达到油量控制目标位置的电磁控制线圈,是喷油泵达到预定提前角的正时控制阀等。

(三)电控柴油机喷射系统的控制

一个较完善的电脑管理系统在燃油喷射控制方面可以完成下述各项控制任务。

1. 目标喷油量控制

可按要求灵活设计任何模式(全程、两极或其他)的油量调速曲线以及包括启动加浓、转矩校正在内的外特性曲线。必要时还可利用转速反馈达到稳态调速率为零的等速控制曲线。

2. 目标喷油定时控制

根据排放、油耗、功率和其他性能,如噪声、冷启动等多方面的综合要求来调节每一工况所需的最优化定时值。

以上两项是最基本的控制功能。每一种柴油机都可通过大量实验,作出以转速和加速踏板位置为自变量,以目标喷油量和目标定时数为变量的 MPA 三维曲面图,如图 6-112 所示。这种以软件存入 ECU 的 MPA 图就是最基本的目标控制量。

3. 油量及喷油定时的补偿控制

根据环境状态及某些运行参数的变化,如大气压力、大气温度、冷却水温、机油温度等的变化,对目标油量及定时进行补偿控制。此时不需附加任何装置,只将实验归纳出的经验公式或图表变成软件、输入电脑即可。因此控制灵活,不受结构限制。

4. 冷启动与怠速稳定性控制

由加速踏板及转速决定基本启动油量和定时，再由冷却水温决定油量补偿与定时改变，二者结合可快速实现冷启动—暖机—怠速的全过程。

怠速转速反常波动主要是各缸供油和燃烧不均所引起的。可通过单独检测各缸每次爆发后的转速，并与所有缸平均转速相比较，再对各缸进行油量补偿以稳定怠速。

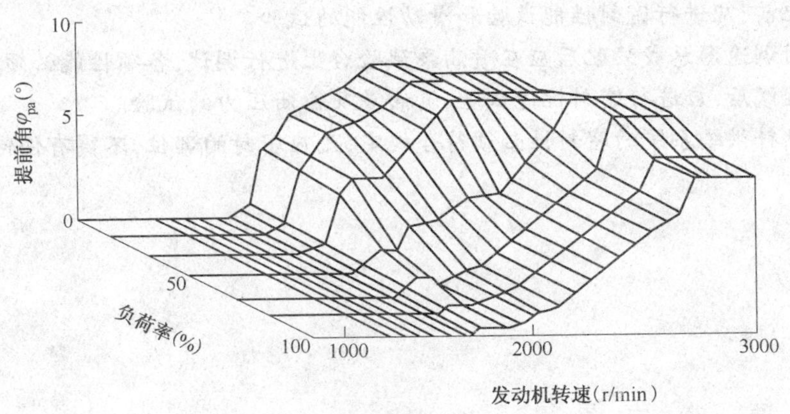

图 6-112　定时控制脉谱(MAP)图

5．过渡性能与烟度控制

通过过渡过程中对油量和喷油定时的综合补偿来满足最佳过渡性能和降低烟度的要求，如增加柴油机开始加速时加大供油提前角，可获得加大加速转矩和减小冒烟的双重效果。

6．喷油规律与喷油压力的控制

对于某些新型式的电控喷油系统，还可以通过对溢流电磁阀升程、蓄压腔(共轨腔)压力等有关参数的综合控制来控制预喷射油量、喷油率和喷油压力，以全面改善柴油机性能。

7．自动监控、安全保护与自适应控制

ECU 可以不断监视和发现电控系统的故障并向使用、维修人员及时显示。若传感器出现故障，可直接利用储存 ECU 中的不经修正的目标值或换用代用传感器继续工作。ECU 本身出现故障，可以切换到备用回路继续工作。如果故障无法妥善处理，仍可通过"跛行回家"功能，即切换到可维持一段时间的最基本运行的条件，以保证车辆能行驶到附近维修点进行检修。

管理系统还可以采用目标参数或相关性能指标直接反馈的方法，来辨识 ECU 发出的控制值与实际值的偏差。这些偏差往往是出厂时的制造误差和长期使用磨损后性能改变引起的。系统的自适应控制功能就利用检测到的这些偏差，对电脑内的原始数据不断进行修正，使电控系统具有更好的适应能力。

小结

柴油机燃料供给系分低压油路和高压油路两大部分：低压油路包括油箱、输油泵、柴油滤清器、低压油管等；高压油路包括喷油泵、喷油器、高压油管等。按柴油机的不同用途还加装了其他一些附件。为了保证柴油机可靠、稳定的运转，还设有与喷油泵一体的调速器，用以自动调节燃油的供给量。

检修柴油机燃料供给系时，应先将喷油泵总成及喷油器在试验台上进行试验，检查其性能变化情况，以确定维修的方法。

喷油泵经试验后，若喷油压力、喷雾质量和密封性能良好，可不进行解体。否则，应由专业厂家进行解体检修。

对喷油泵总成及喷油器折装时，应正确地使用工具，严禁乱折乱撬。对装配位置有要求的零件，如供油齿杆、控制手柄和调整螺钉等，在分解前应做好标记，以便于装配。拆卸柱塞偶件、出油阀偶件、针阀偶件时，特别注意不要碰伤其表面，并且各缸不得互换，以确保配合性能。以上偶件装配前，应进行密封性能试验和滑动性能的试验。

喷油泵附调速器总成装配后应在喷油泵试验台上进行调试，各项性能必须符合规定要求。

输油泵检修后，应进行密封性能试验、输油量及输油压力的试验。

柴油机燃料供给系统的密封性必须符合规定，凡应密封的部位，不得有任何泄漏。

单元七　发动机润滑系的结构与检修

单元要点

润滑系是发动机的重要辅助系统之一，具有润滑、清洁、冷却、密封、吸振等5大作用，它工作的可靠与否直接影响发动机的性能和使用寿命。

汽车在使用过程中，润滑系的技术状况会慢慢变坏，主要表现在机油品质变坏、机油压力偏离正常值、零部件的磨损，严重的润滑系故障还会出现烧坏轴瓦等现象，使发动机失去工作能力。

为了保证发动机正常工作，应对发动机润滑系统进行定期维护和检修。确保零件摩擦表面间有足够数量的清洁的机油，维持发动机正常运转，延长其使用寿命。

本单元主要介绍润滑系的作用、组成及各零部件、油泵等总成的结构以及系统故障的检查与损耗、损坏的修复。

一、发动机润滑系的作用与组成

1. 发动机润滑系的作用

(1)润滑作用

将润滑油(机油)输送到发动机中具有相对运动的零件表面上(如曲轴与轴承、凸轮轴与轴承、活塞与气缸壁等)，润滑零件的摩擦表面，减小零件的摩擦阻力，减少发动机的功率消耗和零件磨损。

(2)冷却作用

利用机油的流动性，带走发动机零件的部分热量，防止零件温度过高。

(3)清洁作用

机油可利用自身的流动性，将发动机在工作中磨下的金属微粒、从大气中吸入的尘土及燃料燃烧产生的一些固体物质带走，减少零件的磨损。

(4)密封作用

利用机油的粘性，附着于运动零件表面，提高零件的密封效果。

(5)吸振作用

吸收曲轴及其他零件的振动，从而减少发动机的噪声，延长发动机的使用寿命。

除此以外，还有防锈作用。

2. 发动机的润滑方式

发动机各运动副的工作条件不同，对润滑强度的要求也不同，它取决于零件工作环境的好坏、承受载荷的大小、摩擦表面的相对运动速度。常见的润滑方式有压力润滑和飞溅润滑。

(1)压力润滑

利用机油的压力将油输送到各摩擦表面进行强制性地润滑。负荷大、相对运动速度高的摩擦面，要求具有较高的润滑强度，常采用压力润滑。如曲轴轴承与轴颈、凸轮轴轴承与轴颈。另外，远离油底壳的零件，如气门摇臂轴与摇臂、气门与气门导管等也都采用压力润滑。发动机润滑系机油压力由机油泵建立，润滑强度受机油泵泵油能力的影响。

(2)飞溅润滑

利用曲轴的运转将油从轴承两侧甩出，在曲轴箱内形成许多油滴或油雾，飞溅到各摩擦表面进行润滑。表面裸露的零件或负荷较小的摩擦表面，多采用飞溅润滑。如凸轮与挺杆、偏心轮与汽油泵摇臂等采用飞溅润滑，机油由主轴承和连杆轴承喷到或甩到摩擦表面。飞溅润滑的润滑强度受发动机转速高低的影响较大。某些摩擦副，如活塞与气缸壁，虽然相对运动速度高，载荷也较大，工作条件很差，但为防止过量的机油进入燃烧室，造成发动机工作状况恶化，也采用飞溅润滑方式。

对一些分散的且负荷较小的辅助装置的摩擦副不需设置复杂的润滑系对其进行润滑，如水泵、发电机、起动机等，只需定期加注润滑脂即可。

现代汽车发动机一般采用压力、飞溅复合式润滑系统。

3. 发动机润滑系的组成

发动机润滑系一般由集滤器、机油泵、限压阀、油道和油管、机油滤清器、旁通阀、止回阀、机油散热器、机油压力传感器、机油压力表(指示灯)、机油标尺等组成。不同的发动机，由于组成和结构型式不同，润滑系的布置形式和装置略有不同。东风 EQ6100－1 发动机润滑系是典型的复合式润滑系，其组成如图 7-1 所示。

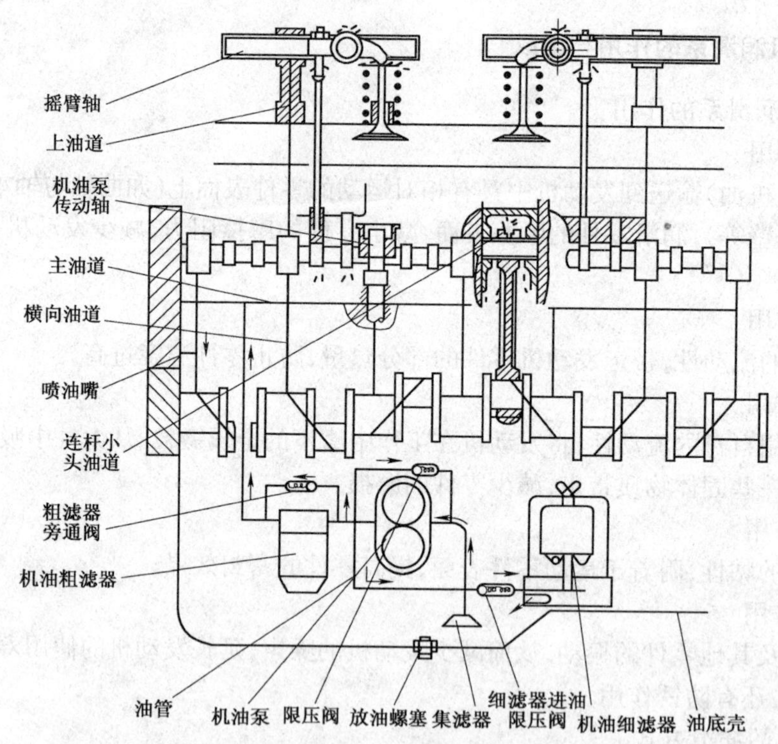

图 7-1 东风 EQ6100－1 发动机润滑系示意图

二、润滑系的润滑油路

(一)桑塔纳 2000Gsi 轿车 AJR 型发动机润滑油路

桑塔纳轿车 AJR 型发动机润滑油路，如图 7-2、7-3 所示。

它由集滤器、机油泵、溢流阀、油压开关(高、低压)、机油滤清器、限压阀、旁通安全阀、单向阀(止回阀)、油道及油管等组成。图 7-4 所示为 AJR 发动机润滑油路示意图。

机油泵通过集滤器从油底壳中吸取机油,经机油滤清器通过机油道,输送到发动机各润滑部位。机油压力是由安装在机油滤清器支架上的两个油压开关监控的。在润滑油路中,装有两个减压阀(开启压力为 0.35~0.45MPa),其中一个装在机油泵(即溢流阀)上,另一个装在机油滤清器支架(即限压阀)上,当冷起动发动机或者机油粘度较大时,可避免机油压力过高而造成系统的损坏和出现其他危险。

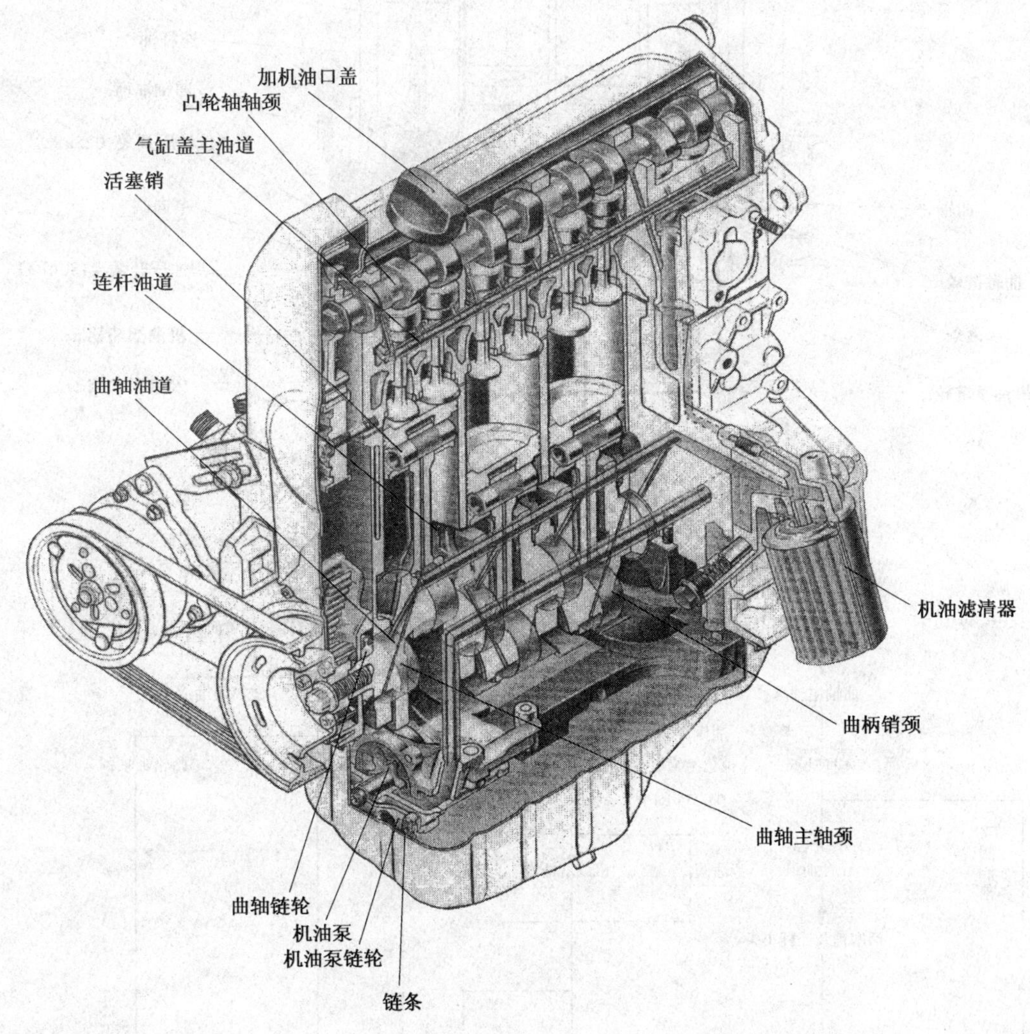

图 7-2 AJR 发动机润滑油路结构图

在机油滤清器内有一个旁通阀。当滤清器堵塞时,旁通阀打开,未被滤清的机油仍能输送到各润滑部位。

在机油滤清器支架上还安装有一个单向阀,当发动机停机时,能阻止气缸盖油道内的机油流回油底壳,当发动机再次起动时缸盖油道内有足够的机油,保证液压挺杆正常工作。

AJR 型发动机机油泵的安装位置在气缸体的下平面前端,通过滤清器后的机油在机油滤清器支架内分为三路:一路进入气缸体主油道,经主油道将机油分配到各曲轴主轴承,由曲轴

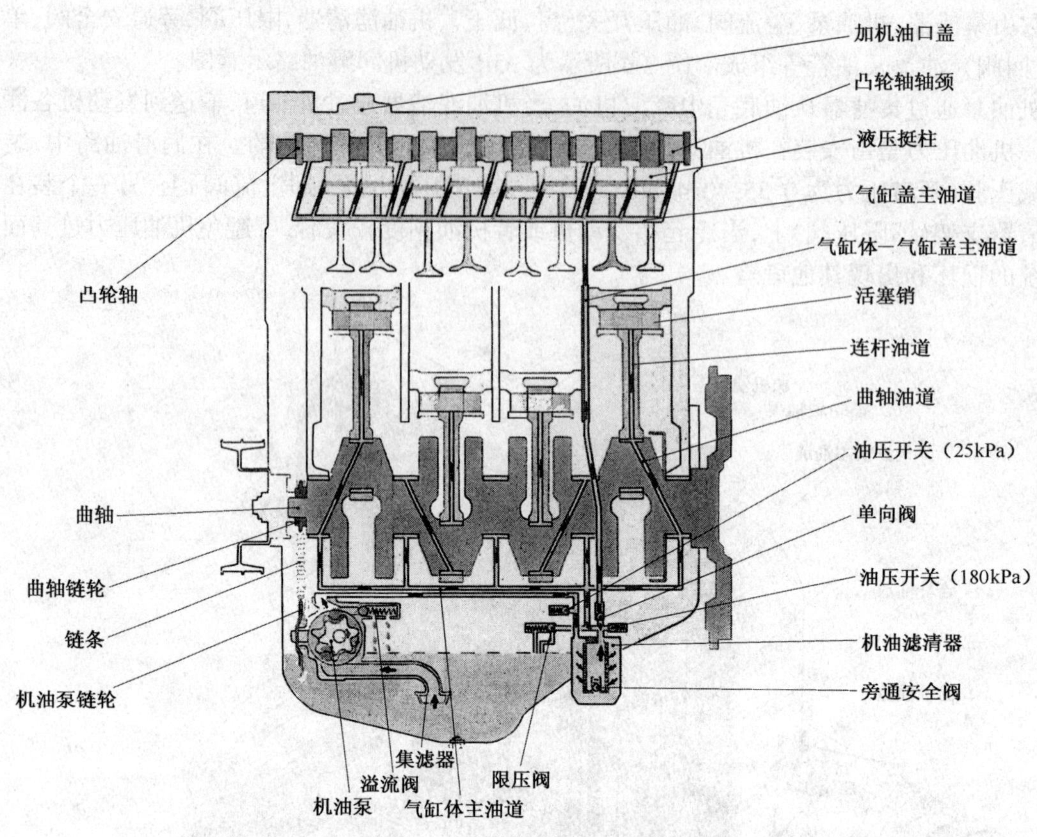

图 7-3　AJR 发动机润滑系统示意图

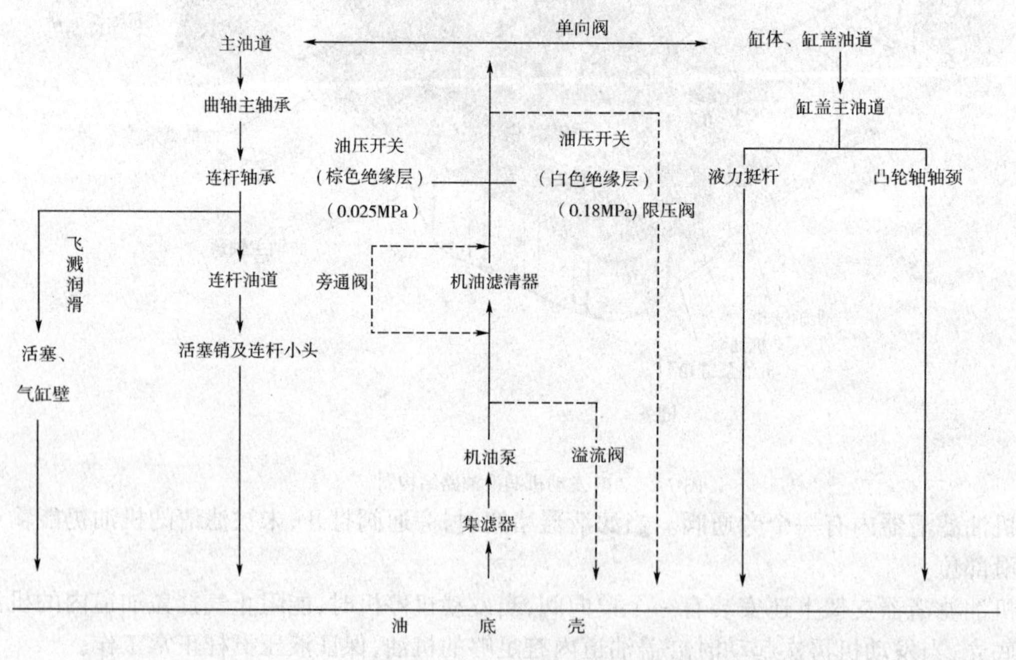

图 7-4　AJR 发动机润滑油路示意图

上的斜油孔通往各连杆轴承，再由连杆体上的油孔通往连杆小头衬套。第二路通过安装在机油滤清器上的单向阀进入气缸体上的一个通向气缸体上平面的油道，经气缸盖上的一侧第四个气缸盖螺栓孔进入气缸盖主油道，将机油分配到各凸轮轴轴颈和液力挺杆。第三路通往一个限压阀，油道内的压力过大时该阀打开，将部分机油旁通流回油底壳。

(二)6BTA5.9康明斯发动机的机油路

如图7-5所示。6BTA5.9柴油机润滑系统由机油泵、限压阀、机油冷却器、机油滤清器、旁通阀、油道等组成。6BTA5.9柴油机机油路如图7-6所示。

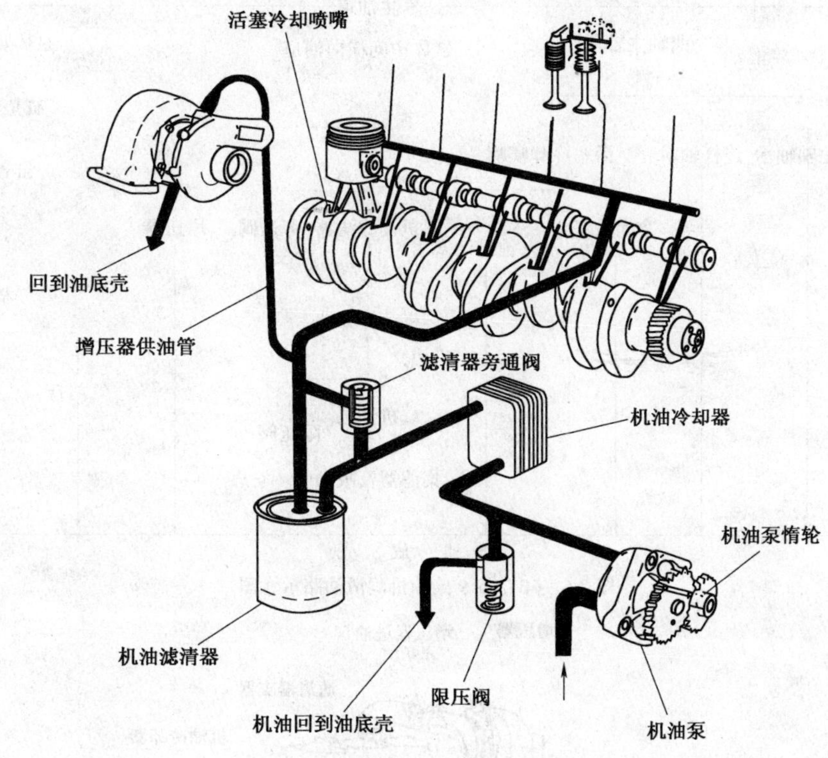

图7-5 6BTA5.9发动机的润滑系统流向图

发动机起动后，机油泵通过集滤器将机油从油底壳中吸出，输送至整个润滑系。此发动机的结构紧凑，机油泵采用转子式结构内藏在气缸体的前端面。曲轴齿轮通过惰轮驱动机油泵，机油泵与曲轴的转速比是9:7。

机油从机油泵中泵出后，经过缸体上的油道进入机油冷却器座。在机油冷却器座上，装有机油限压阀，如图7-7及7-8所示。其作用是当机油压力过高时，使部分机油直接流回油底壳，避免过高的机油压力造成机油泵、机油冷却器、机油滤清器等一系列零部件的损坏。限压阀的开启压力为0.46MPa。

机油冷却器采用现流行的板翘式结构，装置在缸体侧面的水腔中，结构紧凑。

机油滤清器座和机油冷却器座铸为一体。机油滤清器采用的是旋装式纸芯滤清器。机油从冷却器流出后，经过滤清器滤清，流到缸体上的油道中。再经过气缸体上的中间横向油道，进入缸体的另一侧(高压油泵侧)的主油道中。主油道中的油压在额定转速下不得低于0.207MPa(一般为0.379MPa)，怠速时不得低于0.069MPa(一般为0.207MPa)。在机油冷却器座中还设有一个机油滤清器旁通阀，如图7-9所示。在机油滤清器被污物堵塞时，允许未经滤清的机油直接流向缸体。未经滤清的机油将会对发动机带来不利影响，所以应定期更换滤清器，以保证发动机润滑系统处于良好状态。

进入主油道的机油，沿主油道上各个分支油道流向不同的润滑部位。从主油道通过各斜向油道，机油流向曲轴主轴颈。在主轴颈处通过不同油道又分别流向连杆轴颈、凸轮轴轴承以及活塞冷却喷嘴。从活塞冷却喷嘴喷出的机油也加强了飞溅效果，能更好地对活塞销及活塞裙部进行润滑。

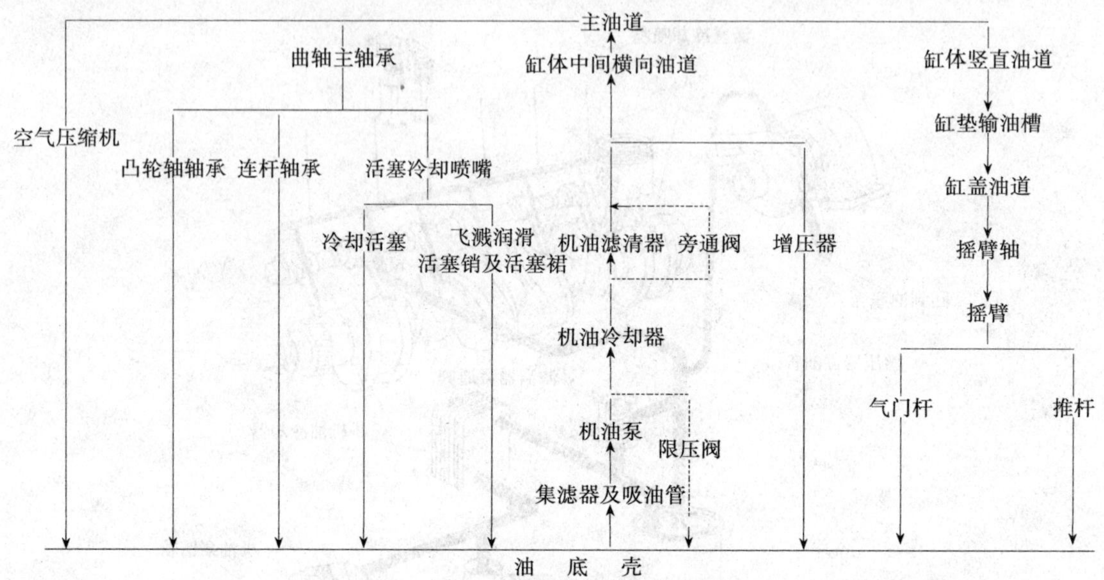

图 7-6 6BTA 5.9 柴油机润滑油路示意图

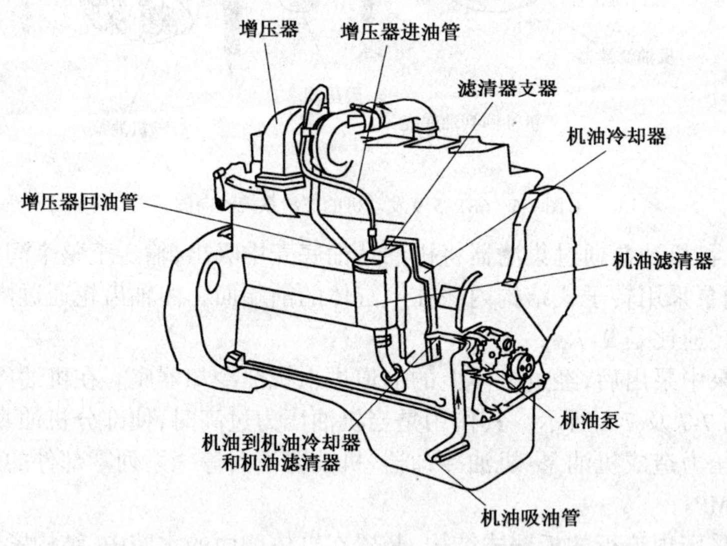

图 7-7 机油泵及油路

从主油道通过竖直油道机油流向气缸盖，进入气门摇臂机构对摇臂轴进行润滑，通过摇臂上部钻出的小孔溢出机油，润滑气门杆和推杆窝槽。通过主油道上设置的接头，接软管对发动机的各个附件如空气压缩机等机件提供润滑。

发动机的传动齿轮系中，机油泵惰轮轴是强制润滑的，其他所有的齿轮啮合面都是靠飞溅润滑方式进行润滑的。

增压器的机油来自机油滤清器座上的一个接头，通过软管输送至增压器中间体的进油口。增压器的回油，通过一根回油管，靠重力流回曲轴箱中。如图 7-10 所示。由于增压器轴承处的温度很高，需要有一定量的机油保证冷却，所以一般要求进油管的内径不小于 9.5mm，回油管保证畅通，回油管内径不小于 19mm 且尽量保持垂直。发动机从满负荷突然停机，由于增压器转子的惯性作用增压器转子不可能很快停止运转而机油停止了供给，这样会给增压器轴承带来不利的影响。发动机要在怠速状态下运转数分钟后再停机。

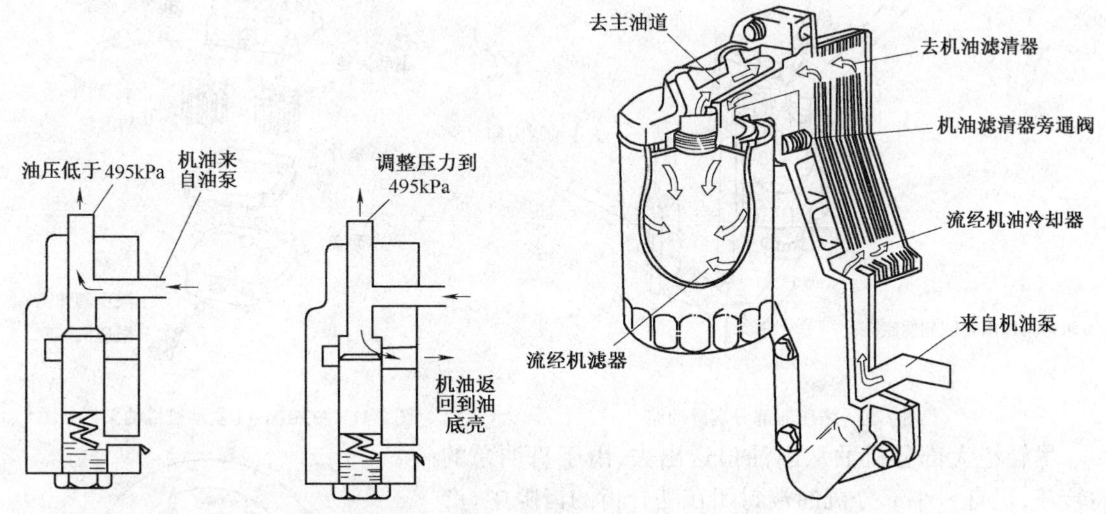

图 7-8 机油压力限压阀

图 7-9 机油滤清器及旁通阀

机油泵经过长期的工作将使其工作面磨损、各限压装置及旁通阀失准、机油滤清器及油道堵塞以及机油质量变差，这些都将造成润滑系统不能正常工作。为了保证润滑系的使用性能，必须熟练掌握其结构与维修知识。

三、机油泵

机油泵的作用是把一定量的机油压力升高，强制性地将机油压送到发动机各摩擦表面上去。现代汽车发动机多采用齿轮式机油泵(内啮合与外啮合式两种)和转子式机油泵。

(一)齿轮式机油泵

1. 齿轮式机油泵的结构与原理

(1)齿轮式机油泵的结构

如图 7-11 所示。齿轮式机油泵由泵体、主动齿轮、从动齿轮、齿轮轴、泵盖、限压装置等组成。

(2)齿轮式机油泵的工作原理

如图 7-12 所示。当机油泵主、从动齿轮按图示方向旋转时，进油口处容积增大，产生真空度，将机油吸入并随着齿轮转动，被齿轮驱赶到出油口，由于出油口处容积的减小，油压升高，机油被压出。送油量及压力与齿轮转速成正比。

发动机高速时送油量和送油压力会超过规定(一般为 0.5～0.6MPa)值。为此，机油泵上设有限压阀，当油压达到规定值时，限压阀打开，过量的机油又流回油底壳或入口处，保持油道内油压稳定在规定的范围,有些发动机的机油限压阀装在主油道或机油滤清器上。

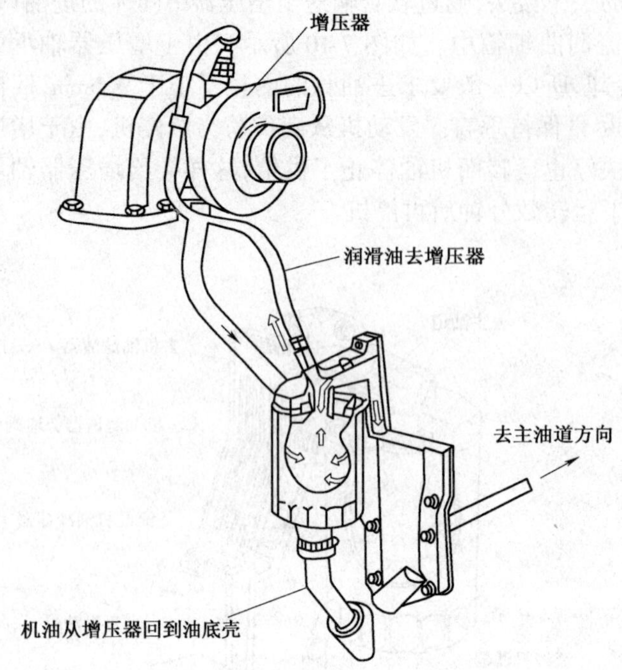

图 7-10 增压器部分润滑油路

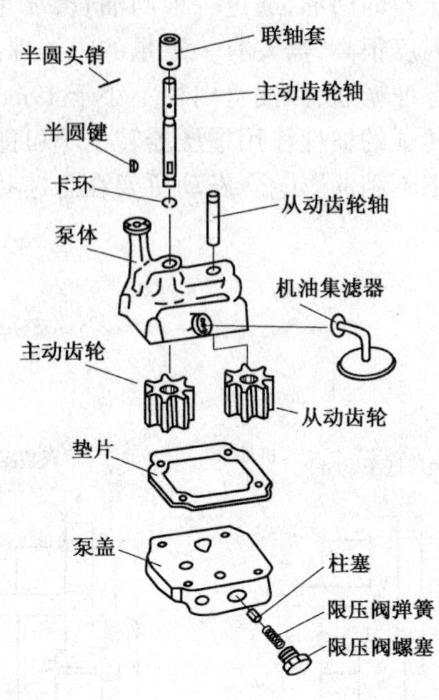

图 7-11 EQ6100－1 发动机机油泵拆卸图

尽管绝大部分机油从出油口送出去,由于机油泵的高转速,仍有一小部分机油被封闭在啮合齿的齿隙中,产生很高的压力作用在主、从动轴上。这不仅增大了发动机功率消耗,更主要的是加剧了齿轮轴、齿轮内孔的磨损。为此,在泵盖上对应啮合处铣出一条卸压槽与出油腔相连,以降低机油在啮合齿间的压力。

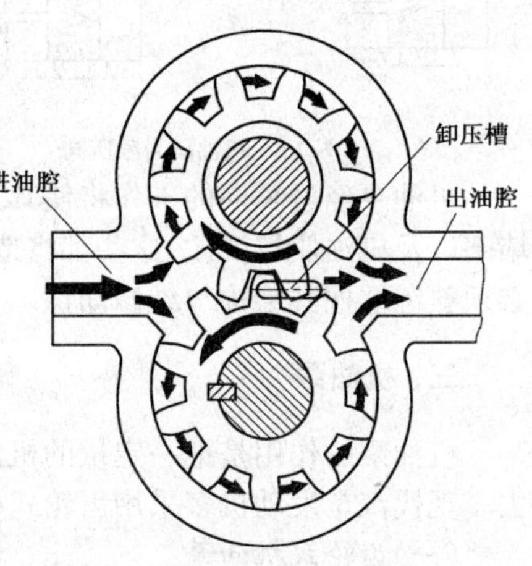

图 7-12 齿轮式机油泵工作原理

机油泵齿轮啮合间隙、齿顶与壳体之间的间隙(齿顶间隙)及齿轮端面与泵盖之间的间隙(齿端间隙)变大,机油泄漏过多,都会使机油泵的泵油量减小,泵油压力降低。

内啮合式齿轮泵与外啮合式齿轮泵工作原理基本相同。其结构如图 7-13 所示。外齿轮是主动齿轮,套在曲轴前端,通过花键与曲轴配合,并由曲轴直接驱动。内啮合齿轮是从动齿轮,装在机油泵内。泵体固定在机体前端。因为内啮合齿轮泵由曲轴直接驱动,无需中间传动机构,所以零件数量少,制造成本低,占用空间小。但是这种机油泵在内、外齿轮之间有一处无用的空间,使机油泵的泵油效率降低,另外,如果曲轴前端轴颈太粗,机油泵外形尺寸随之增大,发动机驱动机油泵的功率损失也相应有所增加。

2．齿轮式机油泵的检修

1)分解与清洗(以 EQ6100－1 发动机机油泵为例)

①拆下机油集滤器及油管;

②拆下泵盖固定螺钉,取下泵盖;

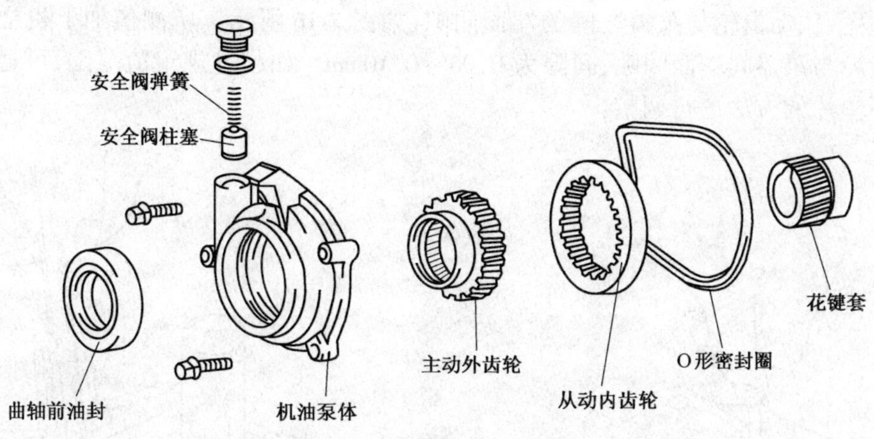

图 7-13　内啮合齿轮式机油泵

③取下从动轴上的从动齿轮；

④用锉刀锉去联轴节套上铆钉头，将铆钉冲出，取下联轴节套；

⑤轻敲主动轴外端，从泵腔侧取出主动轴、主动齿轮和钢丝挡圈，再从主动轴上取下主动齿轮；

⑥拧下泵盖上的限压阀螺塞，取出限压阀柱塞和弹簧；

⑦用汽油将上述零件清洗干净。

2)零件的检修

(1)泵体及泵盖的检修

①直观检验泵体与泵盖，若有裂纹应进行焊修或换用新件。

②用直尺和厚薄规检查泵体及泵盖接合面的平面度，如图 7-14 所示。若超过 0.10 mm，应进行磨削或研磨修复。

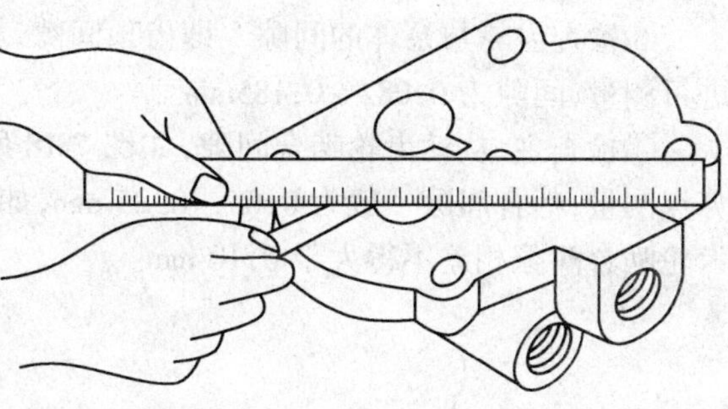
图 7-14　测量泵盖平面度

③检查机油泵主动轴与孔的配合间隙，一般为 0.03～0.08 mm，最大不得超过 0.15 mm，否则应对轴孔进行镶套修复。

④泵盖上装有限压阀时，检查弹簧弹力及限压阀的密封是否良好，否则应换用新件。如图 7-15 所示。

(2)机油泵轴的检修

用百分表检查机油泵轴的弯曲变形，其直线度在全长上超过 0.03 mm，应进行校正，从动轴如有单面磨损时，可将磨损面调转 180°，再压入孔内继续使用。

(3)主、从动齿轮的检修

机油泵主、从动齿轮若有破损，轮齿工作面剥落、磨成台阶状或轮齿磨损量超过 0.25mm 时，均应换用新齿轮。齿轮工作面如有轻微点蚀或毛刺，可用油石磨光后继续使用。

3)齿轮式机油泵的装配与试验

(1)装配

机油泵各零件维修以后，清洗干净，按拆卸相反顺序进行装配，装配时应注意检查以下几点：

①检查主、从动齿轮与泵盖之间的端面间隙，如图 7-16 所示。所测值加上机油泵盖垫片厚度即为齿轮与泵盖间端面间隙，间隙为 0.06 ~ 0.10mm。如超过规定值范围，可通过增加或减少泵盖下垫片的方法进行调整。

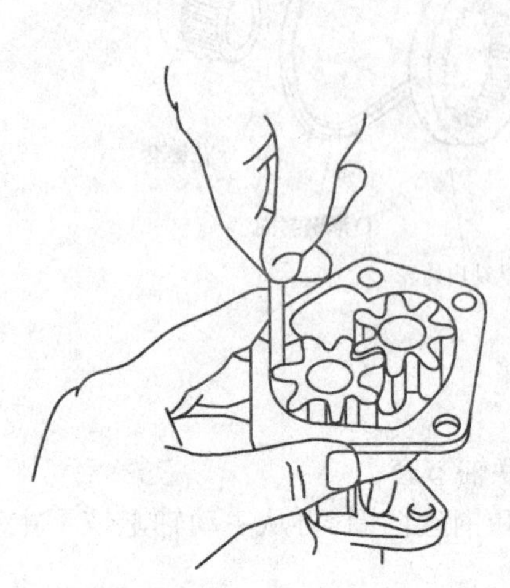

图 7-15　检查限压阀

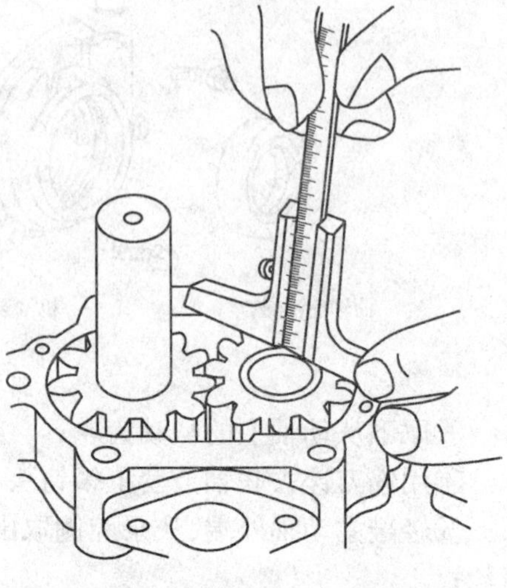

图 7-16　齿轮式机油泵齿轮端面间隙的检查

②检查主动轴轴向间隙　将主动轴齿轮靠紧齿轮室底部，用合适的厚薄规在联轴节调整垫片处测量，其轴向间隙为 0.03 ~ 0.08 mm。装配时注意此间隙应略小于齿轮端面与泵盖的间隙，以免造成刮伤。

③检查齿轮与泵体的间隙　即齿顶间隙，如图 7-17 所示。用厚薄规插在齿顶与泵体之间进行测量，间隙为 0.082 ~ 0.185mm。

④检查主、从动齿轮啮合间隙，如图 7-18 所示。用厚薄规在齿轮圆周上互成 120°分三等分点测量，啮合间隙一般为 0.05 ~ 0.25 mm，如间隙过大，应成对更换齿轮。测量时各测量点齿轮啮合间隙相差不得大于 0.10 mm。

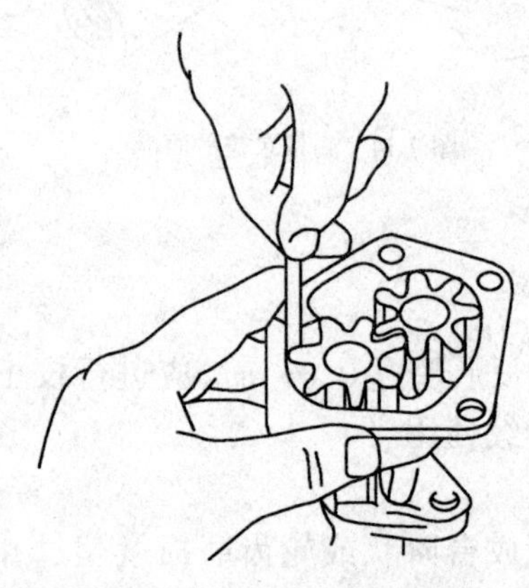

图 7-17　检查齿轮与泵体的间隙

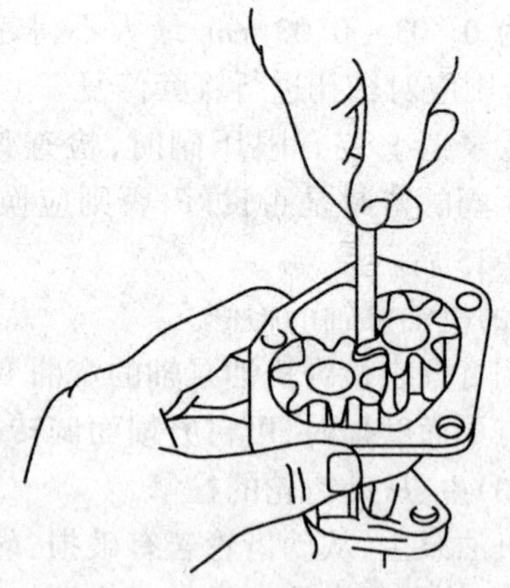

图 7-18　检查啮合间隙

(2)试验

机油泵装复后，经试验合格方可装车使用。试验方法一般有以下两种：

①经验试验法:用手转动主动轴,应转动灵活,无卡滞现象;将机油泵注满干净的机油,堵住出油口,用手转动主动轴,应有明显的压力感,并有机油压出。

②在试验台上试验:若不符合要求,应重新调整限压阀。调整方法是增减限压阀螺塞下面的调整垫片,减少垫片厚度,机油泵的泵油压力升高,反之,泵油压力下降。也可以在限压阀弹簧座处增减垫片进行调整。调整无效时,应检修限压阀或重新检查齿轮与泵盖等间隙。

(二)转子式机油泵

1. 转子式机油泵的结构与工作原理

(1)结构

转子式机油泵由泵体、主动轴、内转子、外转子、泵盖、限压阀等组成。如图 7-19 所示。6BTA5.9 发动机机油泵(图 7-20)及 AJR 发动机润滑系机油泵均采用转子泵,AJR 机油泵直接由曲轴前端的链轮通过链条驱动(图 7-3)。

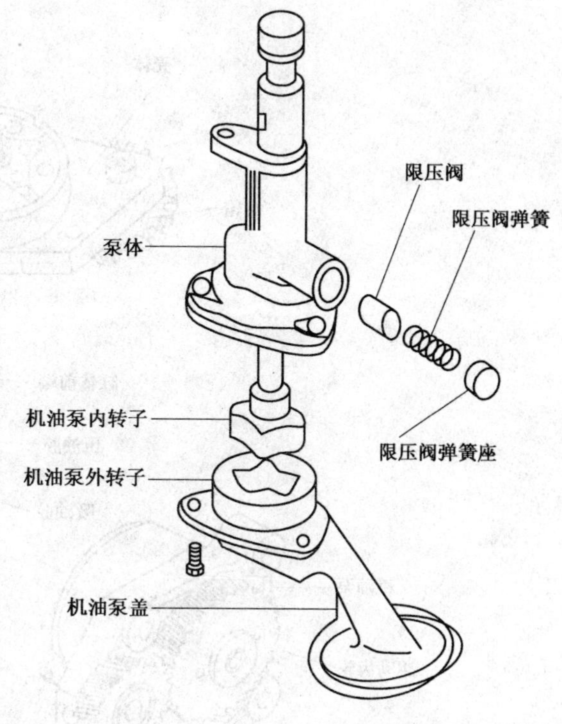

图 7-19 典型转子式机油泵

(2)工作原理

见图 7-21,发动机润滑系转子泵的内转子与泵壳偏心安装,由主动轴驱动。外转子在油泵壳体内可自由转动,外转子与内转子的轮齿啮合转动。由于齿数不同,内外转子转速不等。在结构设计上保证了内、外转子在任何位置各齿之间总有接触点,由于内、外转子的转速不同和内转子的偏心,使内、外转子之间工作腔的容积大小总在发生变化,便产生了吸油和送油作用。与齿轮式机油泵相似,在转子式机油泵上也装有限压阀,以保证稳定的送油压力。AJR 发动机转子机油泵内转子为 7 个齿,外转子 6 个齿,内外转子传动比为 7:6。

转子泵结构紧凑、体积小、重量轻、流量大,且供油均匀。使用日渐广泛。

2. 转子式机油泵的检修

1)6BTA5.9 发动机机油泵

(1)分解与清洗

①从发动机气缸体上拆下机油泵体;

②拆下中间隔板,取出外转子;

③用压具将内转子轴压出,取下驱动齿轮和转子;

④清洗机油泵各零件。

(2)零件的检修

①检查内、外转子的齿顶间隙　用厚薄规检查内、外转子的齿顶间隙。如图 7-22 所示。超过使用限度应更换转子副。使用限度一般为 0.177mm。

②检查端面间隙　用厚薄规和平尺检查转子与端盖之间的间隙。如图 7-23 所示。超过使用限度应更换转子副或泵体。使用限度一般为 0.127mm。

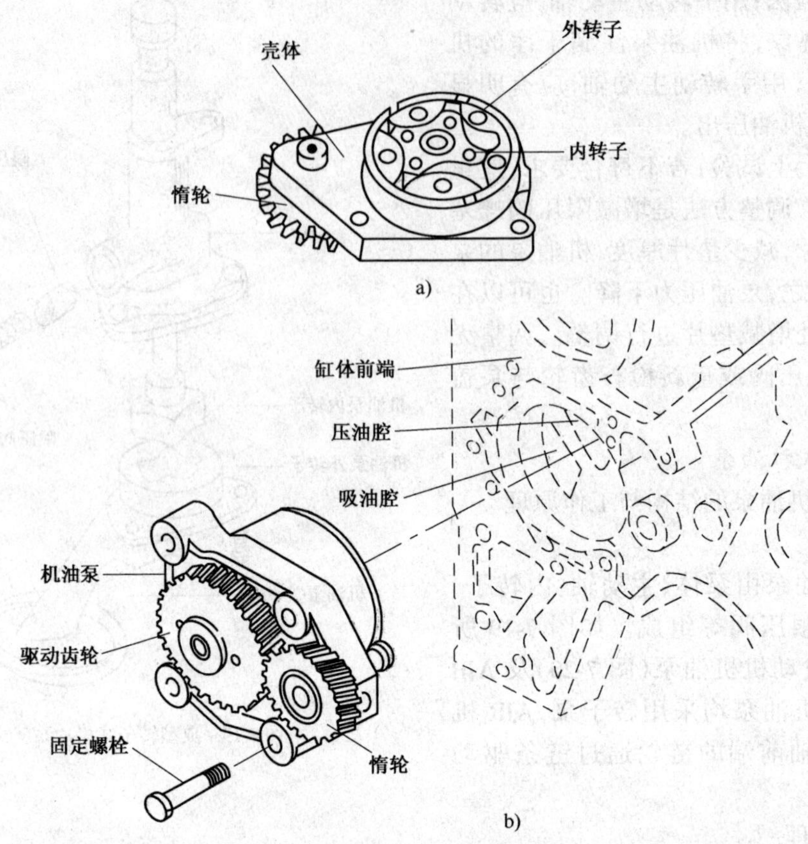

图 7-20　6BTA5.9 发动机转子式机油泵

a)6BTA5.9 发动机转子式机油泵内部结构;b)6BTA5.9 发动机转子式机油泵安装位置图

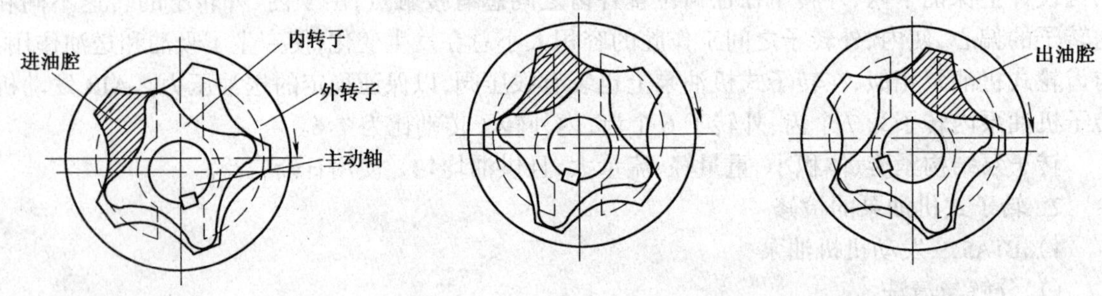

图 7-21　转子式机油泵工作原理

③检查外转子与泵体之间的间隙　用厚薄规检查外转子与泵体间的间隙。如图 7-24 所示。二者的间隙超过使用限度(最大间隙为 0.381mm)应更换内、外转子副或泵体。如果泵体磨损呈椭圆形,应更换泵体。

④主、被动齿轮齿侧隙许用极限为 0.076 ~ 0.330 mm,检查方法如图 7-25 所示。

(3)装配与试验

机油泵装复时应注意:

①机油泵组装后应先注满机油;

②机油泵安装在气缸体上时,壳体不能与气缸体接触;

③机油泵惰轮轴定位销应插入气缸体对应的定位孔中；

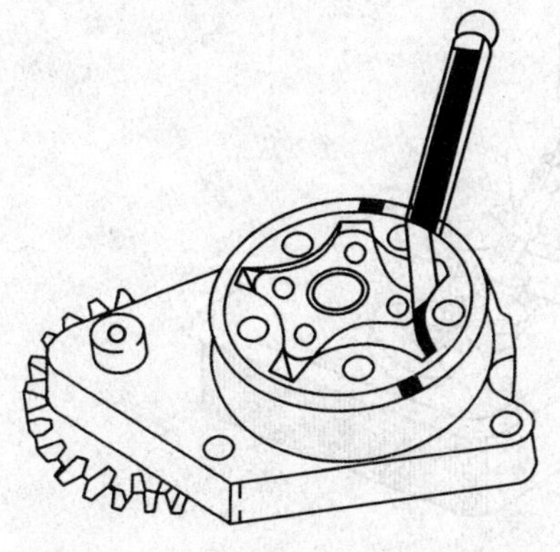

图 7-22　检查内外转子间隙

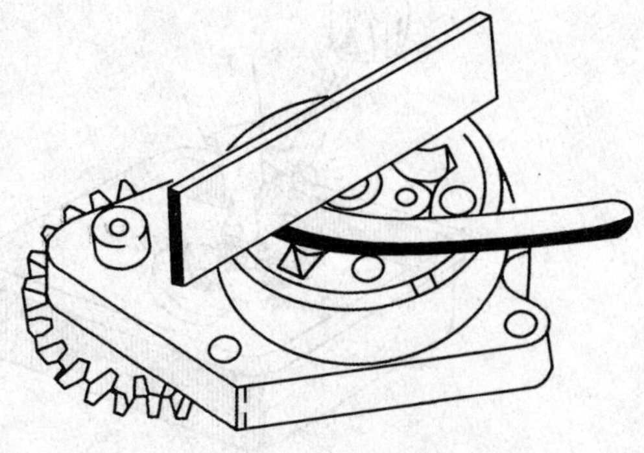

图 7-23　检查内外转子与壳体端隙

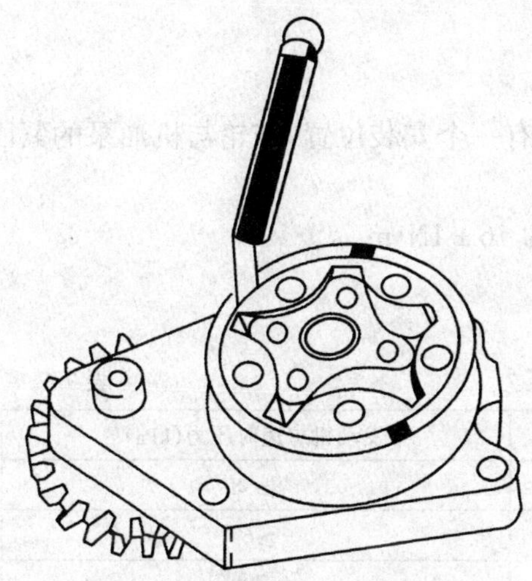

图 7-24　检查外转子与壳体侧隙

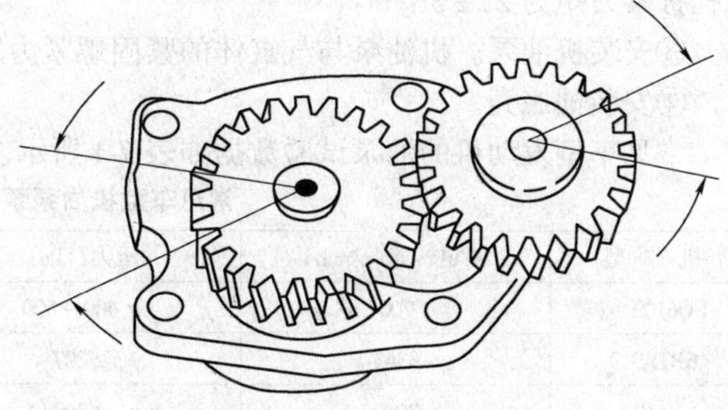

图 7-25　检查主被动齿轮齿侧隙

④四个固定螺栓应对角分数次拧紧，拧紧力矩为 24N·m；

⑤安装内外转子时，应把有标记的一面对着机油泵的壳体（朝上），如图 7-26 所示。

机油泵的检验如图 7-27 所示。

机油泵装复后，将机油泵浸入清洁的机油盆内，按顺时针方向转动泵轴，直到机油从油孔中流出为止。再用拇指堵住出油孔，继续转动泵轴，若泵轴转动阻力增大为正常。

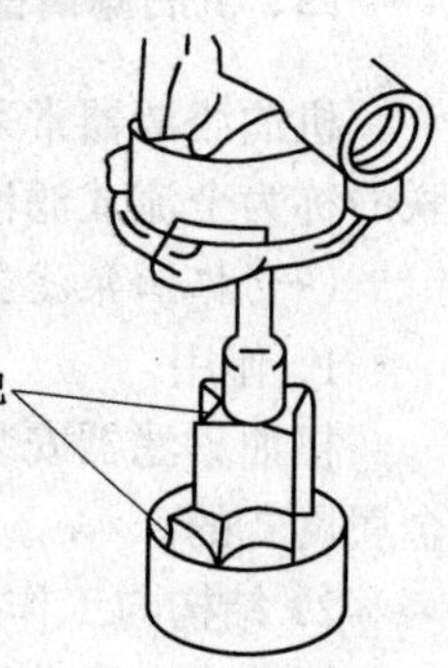

图 7-26　安装转子标记

2）AJR 发动机机油泵

（1）分解

①拆下油底壳；

②拧下图 7-28 中箭头所示的螺栓；

③将链轮和机油泵一起拆下来；

④分解机油泵并清洗。

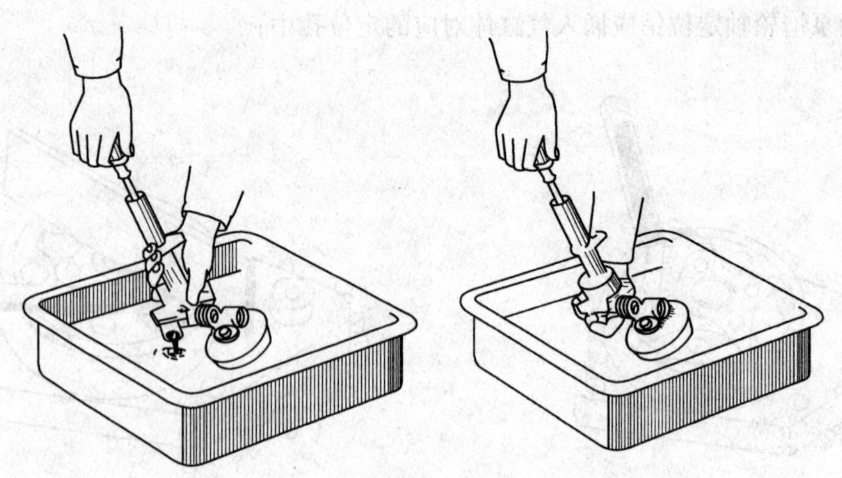

图 7-27　检验机油泵的工作情况

(2)安装

①装复机油泵。

②将销钉插入到机油泵上端,机油泵轴与链轮只能有一个安装位置,链轮与机油泵的紧固螺栓拧紧力矩为 22±3N·m。

③安装机油泵。机油泵与气缸体的紧固螺紧力矩为 16±1N·m。

④安装油底壳。

常见车型发动机的油泵试验数据如表 7-1 所示。

常见车型机油泵泵油压力　　表 7-1

机　型	额定转速(r/min)	压力(kPa)	发动机怠速时压力(kPa)
EQ6100－1	700	≮400～500	≥98
6BTA5.9	3343	≮207	≥69
AJR	2000	≮200	≥30

四、机油滤清器

机油滤清器常采用集滤器、粗滤器和细滤器,并分别并联或串联在主油道中,与主油道串联的称为全流式滤清器,与主油道并联的为分流式滤清器。

(一)机油集滤器

1. 作用

机油集滤器安装在机油泵进油口的前面,以防止较大的机械杂质进入机油泵。它一般是金属网式的。

2. 结构与工作原理

目前汽车发动机所用的集滤器分为浮式和固定式两种。浮式机油集滤器的构造如图 7-29 所示。

浮子是空心密封的,以便浮在油面。固定管固定在机油泵上,吸油管的一端与浮子焊接,另一端套在固定管中,使浮子能自由地随液面升降。浮子下面装有金属丝滤网,其中间有一圆孔,装配时在滤网的弹性作用下,圆孔紧压在罩上。罩与滤网通过罩上的凸爪扣装在浮子上,机油泵工作时，机油从罩的缺口与滤网间的狭缝吸入，通过滤网时滤去较大的杂质后被吸入机油泵。当滤网被油污淤塞时，机油泵所形成的真空度迫使滤网上升使中间圆孔离开罩，机油便直接从圆孔进入吸油管，保证机油供给不致中断。由于浮式集滤器能浮在油底壳油面上，可以适应汽车行驶中由于颠簸而上下浮动的机油油面，同时能吸取油面上层较清洁的机油。但也存在易将油面上的泡沫吸入机油泵，导致机油压力降低的缺点。因此，目前很多高速发动机采用了固定式机油集滤器。

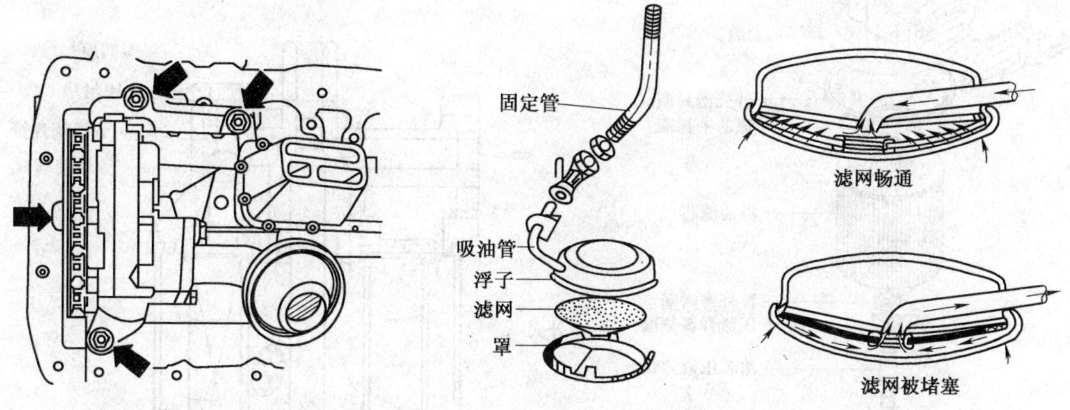

图 7-28　从 AJR 发动机上拆下机油泵　　　　图 7-29　浮式机油集滤器的结构

固定式机油集滤器固定在油面以下，吸入的机油清洁度较差，但可防止泡沫吸入，保证润滑系的可靠工作，且结构也较简单(图 7-3)。

3．检修

机油集滤器的主要损伤是滤网堵塞。滤网轻微堵塞，机油不经过过滤就通过中心孔进入油管，会加速机油泵和滤清器的损坏，滤网严重堵塞时会造成供油不足甚至不供油。维修时应注意检查集滤器的状况，如有堵塞应彻底清洗。中间没有圆孔的滤网，在使用中，要保证滤网有足够大的机油流通面积。

(二)机油粗滤器

1．作用

机油粗滤器用来滤去机油中粒度较大(直径在 0.05～0.1mm 以上)的杂质。它对机油流动的阻力较小，一般串联于机油泵与主油道之间，属于全流式滤清器。目前，国产汽车发动机一般采用纸质滤芯。下面以东风 EQ6100－1 型发动机机油粗滤器为例说明其结构。

2．拆卸

如图 7-30 所示。

(1)拆除螺母，分离上盖、外壳拉杆总成；

(2)取出外壳密封圈、滤芯密封圈、机油滤芯、拉杆密封圈、压紧弹簧垫圈、滤芯压紧弹簧；

(3)分解旁通阀　拆下阀座密封垫圈、旁通阀弹簧、钢球；

(4)清洗各零件，保证旁通油道的畅通。

3．结构及工作原理

机油粗滤器的壳体由上盖和外壳拉杆总成组成。滤芯的内层芯筒由薄铁皮制成，其上加工出许多圆孔。外层由经过酚醛树脂处理的微孔滤纸折叠而成。滤芯用塑料与上下盖板粘合在一起。滤芯为一次性使用，装合后其两端由环形密封圈密封。机油由上盖上的下孔流入，通过滤芯滤清后,经上盖上的上孔流入主油道(图 7-31)。当滤芯因过脏而堵塞,进出油口压力差达到 0.15~0.18MPa 时,旁通阀打开,机油直接进入主油道,保证主油道所需的机油量。

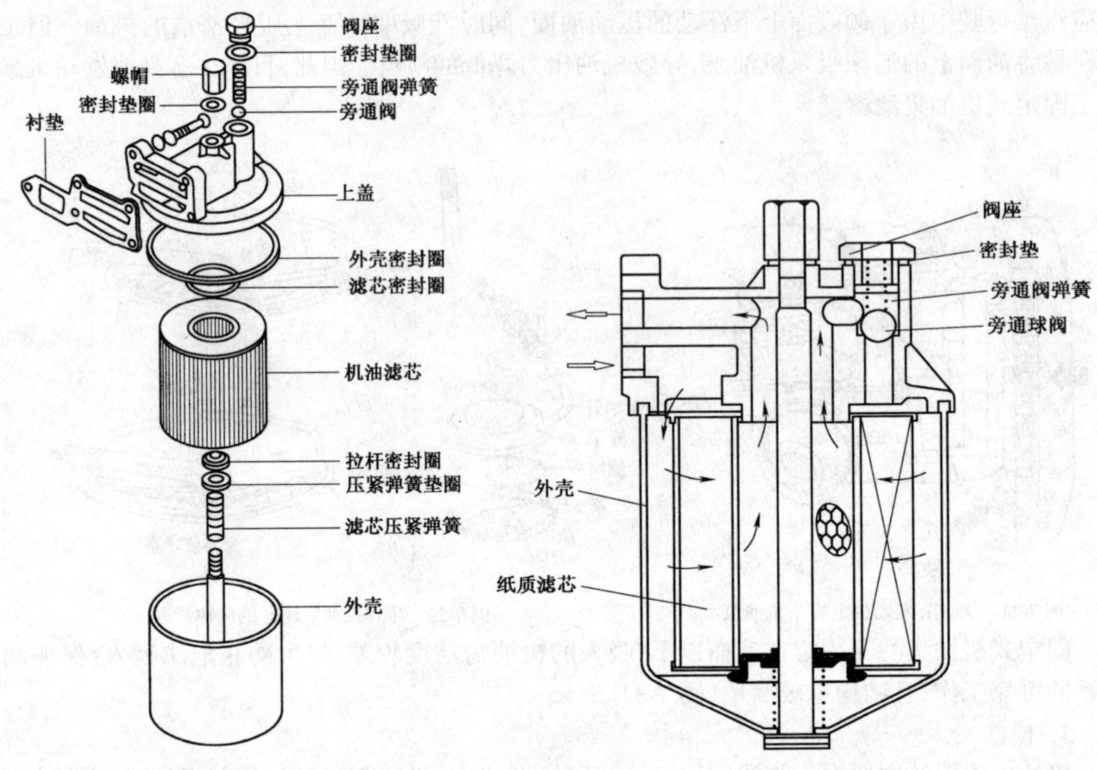

图 7-30 EQ6100-1 发动机机油粗滤器分解图　　图 7-31 纸质机油粗滤器工作示意图

4．装配

装配按拆卸时的相反顺序进行,装配时应注意:

(1)装配旁通阀前,应检查旁通阀弹簧张力是否符合要求,旁通阀运动是否灵活;

(2)密封圈应完好、无损、未老化;

(3)固定螺母拧紧力矩为 30~40N·m。

(三)机油细滤器

1．作用

机油细滤器用以清除机油中直径在 0.01~0.03mm 的细小杂质。机油细滤器有过滤式和离心式两种。

2．拆卸

以东风 EQ6100-1 型发动机机油细滤器(转子式)为例说明。见图 7-32。

(1)拧下盖形螺母,取下滤清器外罩、压紧弹簧和止推垫片;

(2)将转子喷嘴转到挡油缺口时,取下转子总成(注意转子体下面的推力轴承座圈不可丢失);

(3)拆下转子罩上的紧固螺母,取下转子罩,并倒出机油;

(4)拆下转子轴及轴承,解体底座;

(5)清洗转子罩,用竹片或木板刮去转子罩内壁的油污,清洗干净后晾干;

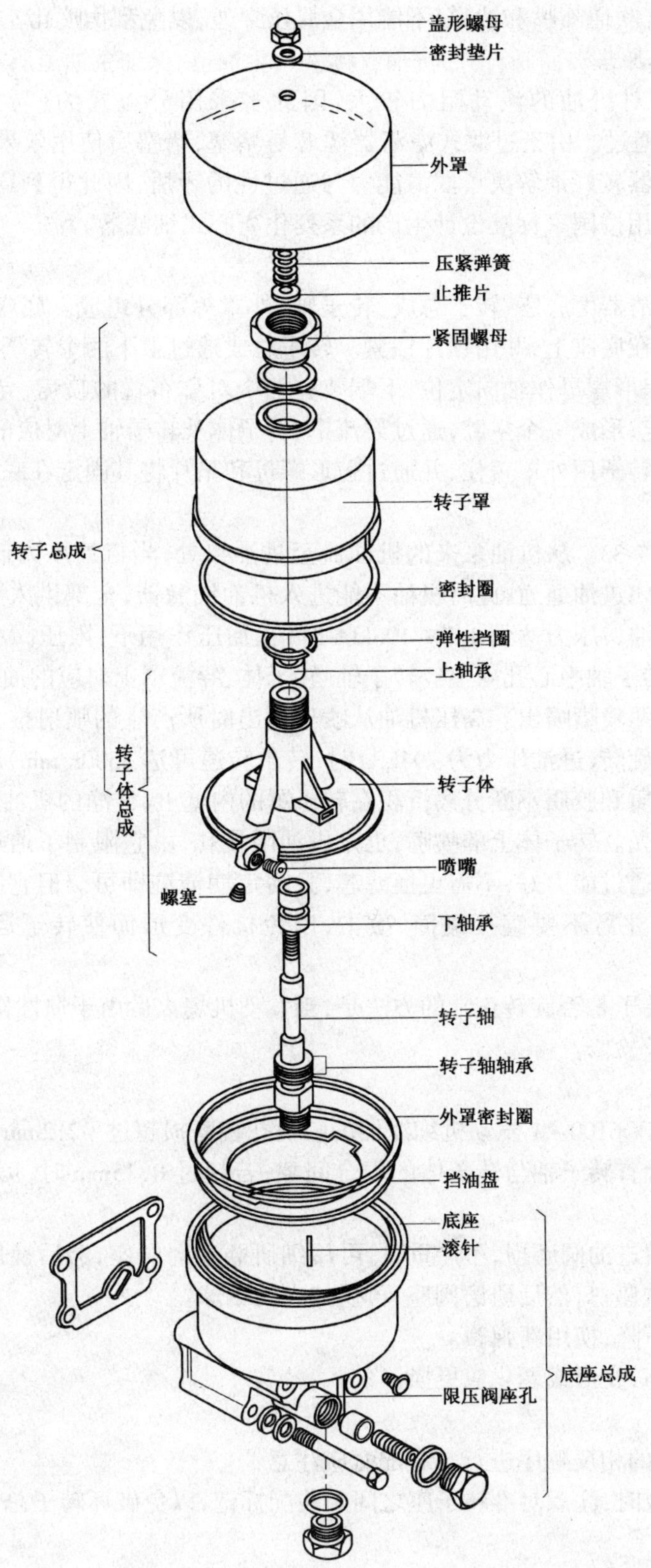

图 7-32　EQ6100－1 发动机离心式机油滤清器

(6)用压缩空气吹通喷嘴和油道,不能用金属丝穿通,以免刮伤喷孔。

3. 结构与工作原理

由于细滤清器对机油的流动阻力较大,因此多采用分流式的(与主油道并联),只有10%~15%的机油通过。由于过滤式滤清器滤芯易堵塞,堵塞后使用效果差,目前应用渐少,而离心式机油细滤器较好地解决了滤清能力与通过性的矛盾,因此得到广泛的应用。目前国产汽车发动机多选用按国家标准设计生产的系列化离心式细滤器。

(1)结构

离心式机油滤清器由底座、转子总成、转子轴、外罩等部分组成。底座上设有限压阀。带中心孔的转子轴装在底座上,并用锁片锁紧。转子总成通过上下两个转子衬套套在转子轴上,可以自由转动,由扁形螺母作轴向定位,下端装有两个对称布置的喷嘴,导流罩套装在转子体上,由紧固螺母固定,形成一个空腔,通过导流罩、转子体及转子轴上对应的径向油孔与转子轴中心孔相通。整个转子用外罩盖住,并通过盖形螺母和垫片将其固定在底座上。

(2)工作过程

工作过程见图7-33。从机油泵来的机油流至进油口处,当机油压力低于147kPa时,进油限压阀中柱塞阀关闭进油通道,此时机油不能进入机油细滤器,全部供入主油道,以保证发动机可靠润滑。当进油口压力达到147~196kPa时,在油压作用下,限压阀中柱塞左移,滤清器油道连通,机油由转子轴中心孔向上经转子轴、转子体、导流罩上对应的油孔流入转子罩内腔,又经导流罩导流从两喷嘴喷出。高压机油从喷嘴喷出时所产生的喷射推力,驱动转子总成连同体内机油作高速旋转(进油压力为294kPa时,转子转速可达5500r/min)形成强大的离心力,使机油中的机械杂质和胶质不断分离沉积在转子罩的内壁上,洁净的机油不断从喷嘴喷出,并经出油口流回油底壳。转子体上的喷嘴,也是机油限量孔,由它限制了通过细滤器的出油量。离心式机油细滤器通过能力好,不需更换滤芯,只需定期清洗即可。但它制造精度要求较高,所以使用维护时应注意不要直接碰撞、敲击,以免机件变形而使转子运转不灵,失去滤清能力。

使用中,判别转子是否旋转正常的方法是,当发动机熄火后由于惯性作用仍应有轻微的嗡嗡转动声,否则应予检修。

4. 零件的检修

(1)喷嘴磨损,EQ6100-1发动机细滤器的喷嘴孔径磨损超过 $\phi 2.2$mm应更换喷嘴。

(2)用百分表检查转子轴与转子体的配合间隙,若超过0.15mm时,可用镀铬法修复或换用新件。

(3)检查细滤器进油阀磨损,不严重时,可用细研磨砂磨阀座,磨后换用新钢球;磨损严重时,可在铣床上先铣座口,然后研磨阀座,再换加大的钢球。

(4)弹簧弹力下降,换用新弹簧。

(5)密封圈损坏,变形或老化应更换。

5. 装配

装配按分解时的相反顺序进行。装配时应注意:

(1)装转子总成时,注意对准转子座之间的装配标记,以免破坏转子总成的平衡,如图7-34所示;

(2)注意装好密封胶垫,如发生漏油,将使转子不能转动;

(3)转子上部锁紧螺母不能拧得过紧,超过规定力矩将破坏转子的正常工作;

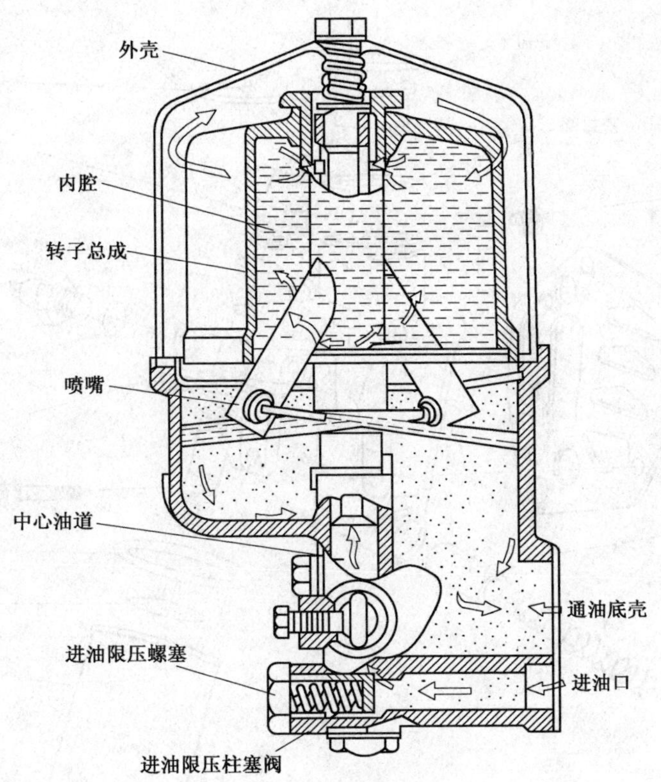

图 7-33　转子式机油细滤器工作示意图

(4)转子总成上端与压紧弹簧之间有一个止推片,装配时注意光面对着转子,不得漏装或反装,否则,转子将不能转动;

(5)机油细滤器修理装配之后,应在专门试验台上进行试验。

现代汽车发动机多采用整体全流式、纸质滤芯、在滤芯底部装有旁通阀的一次性机油滤清器,不可分解。维修时只能整体更换。AJR发动机机油滤清器采用这种结构,如图 7-35 所示。

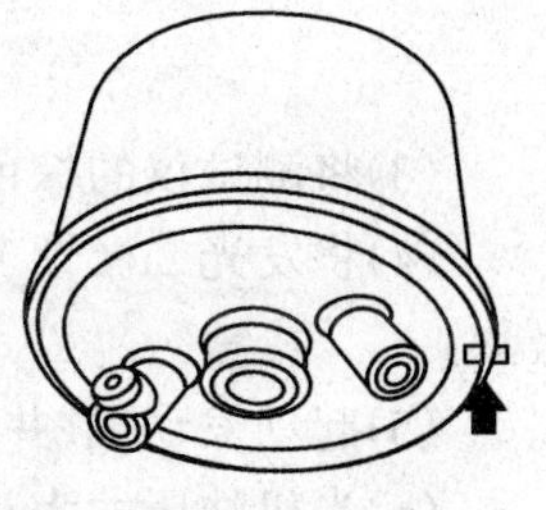

图 7-34　转子装配平衡标记

6BTA5.9 发动机机油滤清器也采用了旋装式纸质全流式滤清器,在滤清器的进、出油路之间设旁通阀,开启压力为 0.138MPa。机油滤清器的更换应根据厂家规定及时进行,防止堵塞。

检查方法是:待发动机运转一段时间后,用手触摸机油滤清器,如果发热说明正在通过机油;如果只是微热甚至不热,说明机油滤清器堵塞。

在安装新的滤清器时,应在橡胶密封垫上抹一层机油。如图 7-36 所示。

(四)机油压力开关的检查(以 AJR 发动机为例)

1. 检查条件

机油液面高度正常;当点火开关接通时,机油报警灯应该闪亮;机油温度约 80℃。

2. 检查过程

如图 7-37 所示。

(1)拔下低压开关(0.025MPa,棕色绝缘层),将其拧到 V.A.G1342 机油开关测试仪上;

(2)将测试仪拧到机油滤清器支架上的机油压力开关的位置上;

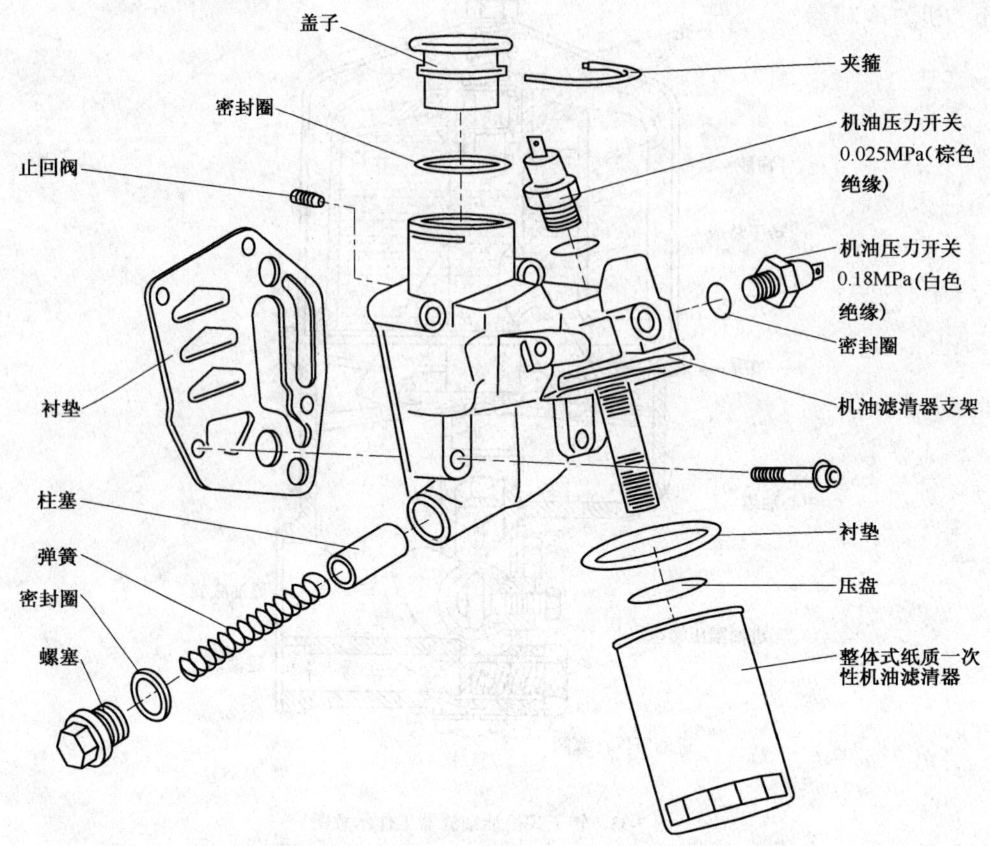

图 7-35　AJR 发动机机油滤清器的分解图

(3)将测试仪的棕色导线搭铁;

(4)将发光二极管 V.A.G1527 连接到机油压力开关和蓄电池正极上,发光二极管必须发亮;

(5)起动发动机,并缓慢提高发动机转速;

(6)当机油压力为 0.015~0.045MPa,发光二极管必须熄灭,否则更换机油压力开关;

(7)将发光二极管拧在高压开关上(0.18 MPa,白色绝缘层);

(8)当机油压力为 0.16~0.2MPa 时,发光二极管必须发亮,否则更换机油压力开关;

(9)继续提高发动机转速,在 2000r/min 转速和 80℃的机油温度下,机油压力应至少维持在 0.2MPa。

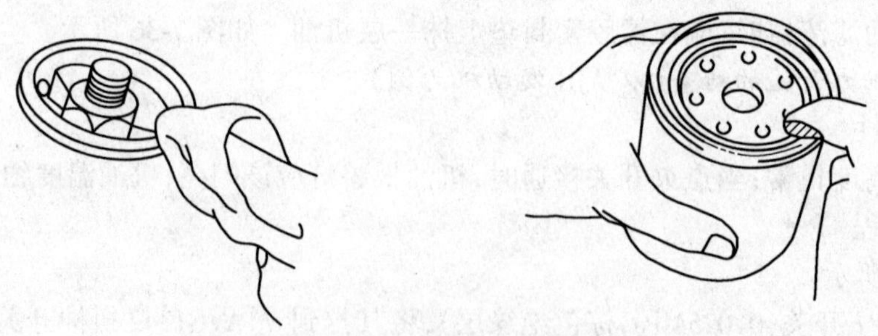

图 7-36　更换机油滤清器

五、机油冷却器

一些热负荷较大的发动机上，还装有机油冷却器，用来冷却机油(正常机油温度为70～90℃)，防止因机油温度过高致使机油粘度降低而失去润滑作用。机油冷却器有两种，分为水冷式和风冷式。

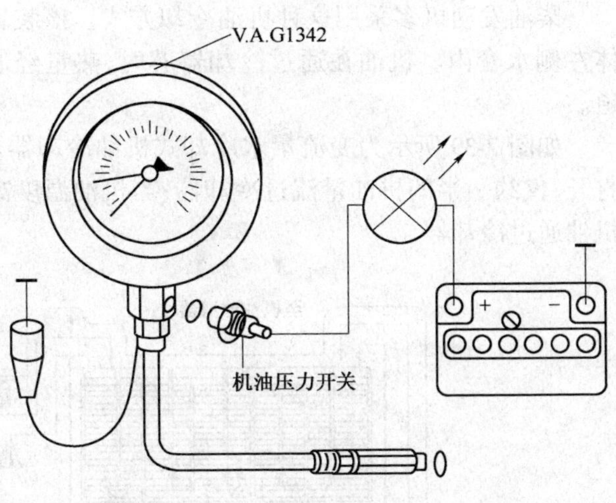

图7-37　AJR发动机机油压力开关的检查

1．水冷式机油冷却器

水冷式机油冷却器如图7-38所示。一般串联在机油粗滤器前，装在发动机冷却水路中，用冷却水的温度来控制机油的温度。当油温较高时靠冷却水降温，而在起动暖车时油温较低，则从冷却水吸热迅速提高机油温度，减小流动阻力，有利于润滑。但结构较复杂、对水冷却系及润滑系的密封要求高。水冷式机油冷却器上多设有放水开关，以便及时放水，防止冷天室外停车时发生冻裂事故。

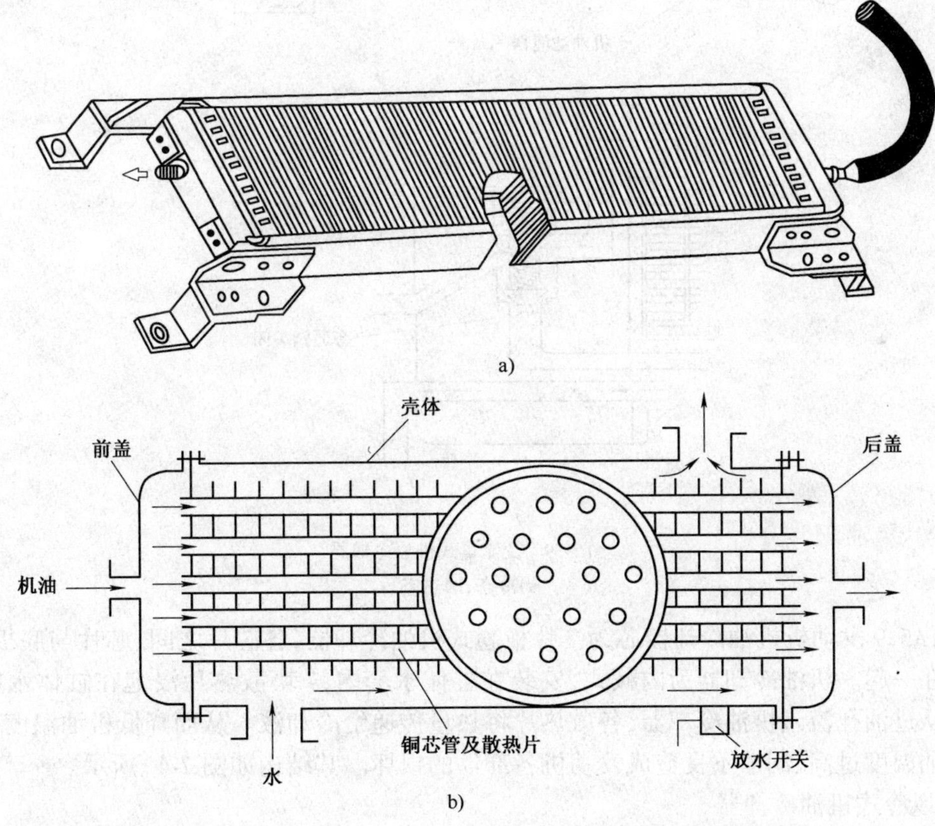

图7-38　水冷式机油冷却器

a)东风EQ6100－1水冷式发动机机油冷却器外形；b)水冷却的机油冷却器结构简图

柴油发动机多采用这种机油冷却方式。该装置的冷却器芯为管栅式结构，装在发动机缸体左侧水套内。机油在通过冷却器芯时，热量经芯壁与散热片传导给冷却水，然后流进主油道。

如图 7-39 所示为变流量水冷却式机油冷却器。当温度低于规定值时，机油冷却器旁通阀打开，仅约一半的机油量流过冷却器；当机油温度高于规定值时，机油冷却器旁通阀关闭，全部机油通过冷却器。

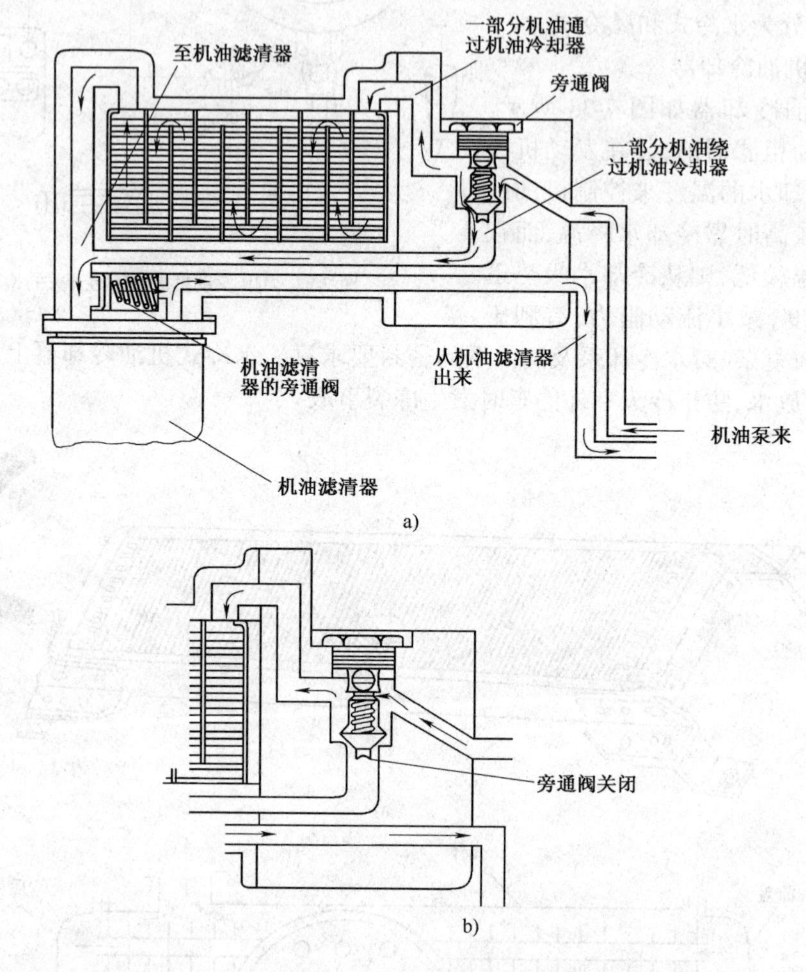

图 7-39　变流量式机油冷却器
a)冷态；b)热态

6BTA5.9 发动机机油冷却器芯为 7 片板翘式机油冷却器，各芯片之间、芯片与底板之间的垫片焊在一起。机油冷却器为内藏式，安装在缸体水套内，7 块散热片浸泡在缸体水腔中，高温机油从进油孔流入机油冷却器，各散热片将热量传递给冷却液。从而降低机油温度，以防止由于机油温度过高、润滑不良造成发动机各部件的损坏。其结构如图 7-40 所示。

2. 风冷式机油冷却器

风冷式机油冷却器一般安装在发动机冷却水散热器的前面，利用空气的流动使机油冷却。

3. 机油冷却器的检修

机油冷却器拆卸后，冷却器芯和冷却器体要用专用的溶剂浸泡和清洗；检查冷却器体、盖、

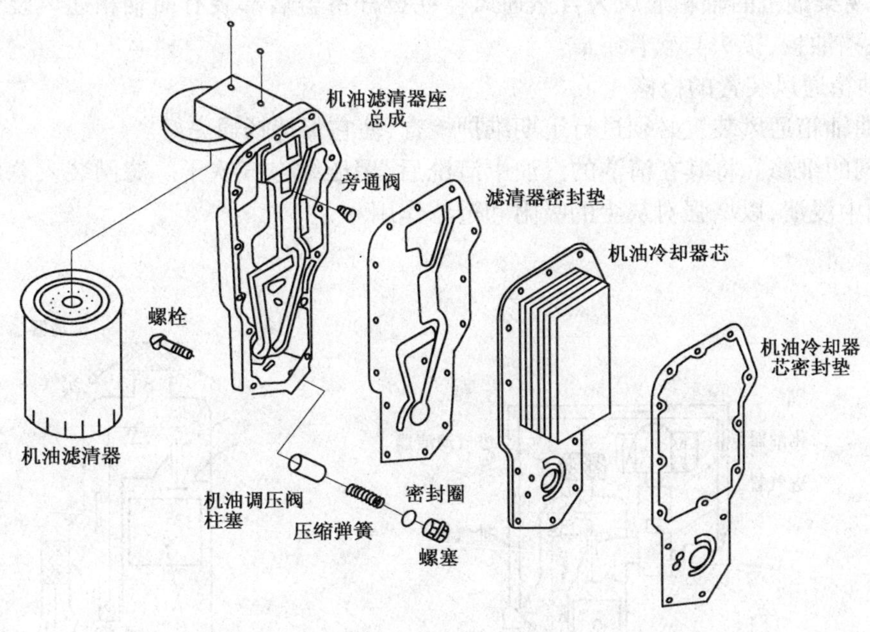

图 7-40　6BTA5.9 发动机机油冷却器

支架有无裂纹、损坏和腐蚀，如有应更换；检查冷却器芯有无损坏或渗漏，如管子变形或损坏不超过 5%可以进行修理，超过 5%则芯子应更换。6BTA5.9 发动机机油冷却器维修保养时可用肥皂水清洗干净，用压缩空气吹干燥。并将机油冷却器泡在水中，用空气试压 483kPa，如果没有渗漏，这个机油冷却器可继续使用。如发现有油水混合现象，应及时更换。

六、曲轴箱通风

1．作用

发动机在压缩和作功行程中，部分可燃混合气和废气会窜入曲轴箱。废气的高温、高压和酸性物质及水蒸气将使机油变质，曲轴箱内压力、温度升高致使曲轴箱渗漏；因此，必须及时排出曲轴箱或将其吸入气缸中燃烧。否则会使机油变质，加速发动机各结合面的漏油。

2．曲轴箱通风的方式及结构

现代汽车发动机采用强制通风和自然通风两种方式。

(1)强制通风

如图 7-41 所示，即利用气缸中的真空度将曲轴箱中的气体强制地吸入气缸。在通风管中装有流量控制阀(PCV 阀)，作用是防止发动机怠速时过多的气体流入气缸，造成怠速不稳或熄火。PCV 阀的工作原理是：当怠速时，气缸中的真空度将单向阀吸压在阀座上，此时，曲轴箱中的气体仅能从阀上的中心孔吸入气缸，吸入的气体量较少。当节气门开度加大时，进气管内真空度减小，阀门在弹簧作用下开度随之增大，曲轴箱的通气量增加。

(2)自然通风

如图 7-42 所示，即利用汽车行驶时的气流及冷却风扇的气流作用，在通风管出口处形成一定的真空度，将曲轴箱内的气体抽出，新鲜空气则从进气管经空气滤清器和节流阀总成进入曲轴箱。

6BTA5.9 柴油机曲轴箱通风为自然通风。在挺杆室盖后部装有曲轴箱通风装置，主要由曲轴箱通风挡油板、接头与软管组成。

3. 曲轴箱通风装置的检修

(1)对曲轴箱通风装置必须进行定期维护检查，使它保持畅通完好。

(2)滤网的维修。将其在清洁的汽油中清洗后，用压缩空气吹干。滤网装入总成前，需在干净的机油中浸渍，以增强对灰尘的吸附和过滤作用。

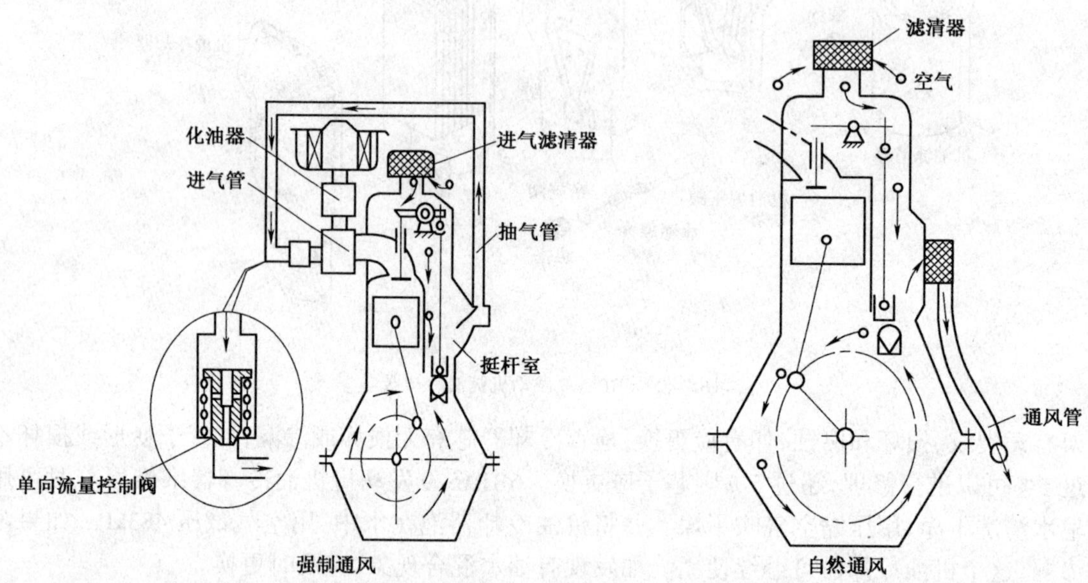

图 7-41　EQ6100－1 型汽车发动机曲轴箱通风装置　　图 7-42　自然通风装置示意图

(3)管路的维修。通风管路如有连接松动，堵塞或破裂漏气等，应及时修理或更换。

(4)单向阀的维修。拆下单向阀，检查是否灵活和密封。如有发卡、锈死或弹簧失去弹性时应及时更换。

良好的曲轴箱通风装置在发动机正常工作时，曲轴箱内应有一定的真空度(78kPa)，否则，应重新检修。

七、机油标尺

机油标尺用来检查油底壳中机油的存量。它是一根标尺，如图 7-43 所示。插在气缸体油平面检查孔内。标尺的一端刻有 2/4、4/4(或 min 与 max)的刻线，机油的液面应处于 2/4 与4/4之间，或处于 min 与 max 之间。油面太低，影响润滑效果，甚至引起烧瓦抱轴等机械事故，应及时补充；油面过高，将造成发动机运转阻力增加；机油激溅加剧，引起发动机烧机油、燃烧室积炭等严重后果。发动机机油液面应定期进行检查，检查时，汽车应停于水平路面上，发动机熄火后数分钟，让机油全部流回油底壳。然后拉出油尺，用干净的布揩净，重新插入，再拉出油尺，液面应在 2/4 与 4/4 之间或处于 min 与 max 之间。

AJR 发动机机油尺如图 7-44 所示。测量机油平面时发动机机油温度必须大于 60℃，机油平面不能超过机油尺上的 a 标记位置。

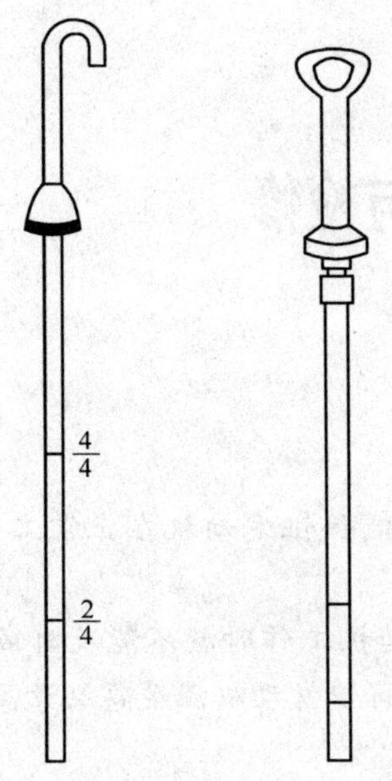

图 7-43　常见机油标尺

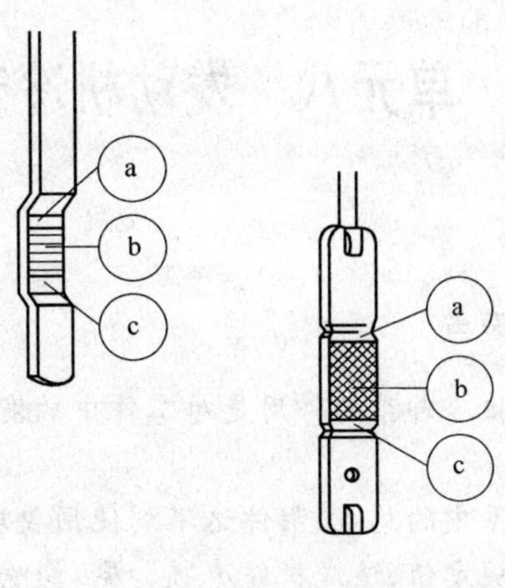

图 7-44　AJR 发动机机油尺

a-不必加油机油；b-可以加油机油；c-必须加油机油

小结

在发动机使用过程中应经常检查机油的质量，保证机油的数量，并且要定期更换机油。发动机装配前应彻底清洗和疏通全部油道，确保油道畅通。

机油泵是润滑系的重要组成部件，其工作性能应符合要求，无论是齿轮式还是转子式检修时都要注意检查轴向间隙、齿端间隙、齿顶间隙、啮合间隙，若超过规定值应及时修复或更换。机油滤清器应按规定进行保养，一次性机油滤清器要及时更换，转子式细滤器在安装时要注意平衡记号，不要漏装密封垫，清洗时不得用金属丝通喷孔。要注意曲轴箱通风阀（PCV 阀）的清洁，以免造成发动机工作不良；应按规定检查机油平面的高度以免造成不必要的损失。

在行车过程中应注意机油压力。如 6BTA5.9 发动机在怠速时机油压力不小于 0.069MPa（一般为 0.207MPa），额定转速时机油压力不小于 0.207 MPa（一般为 0.379MPa），否则，必须停车检查，排除故障。

单元八　发动机冷却系的结构与检修

单元要点

发动机冷却系的作用是对工作中的发动机进行适度冷却,保证发动机在正常工作温度下持续运行。

冷却系中的总成、附件达不到使用要求或出现故障,发动机工作时就不能及时散热,轻则机温高于规定值,造成机件磨损加剧,影响发动机寿命;重则将使发动机温度急剧升高,润滑条件恶化,致使发动机在短时间内卡死以致严重损坏。

冷却系随着运行时间的延长,零部件耗损增加,再加上由于零部件质量差异、不当的使用均会发生一些运行性的故障,需要及时的检查、补给、调整和修理,保证性能完好。

本单元的主要教学内容为:冷却系的组成、系统主要总成和部件的作用、结构,系统故障的诊断,零部件损耗的检查及修复工艺。

一、发动机冷却系的作用与组成

(一)发动机冷却系的作用与组成

发动机冷却系可分为水冷却系和风冷却系两大类。

水冷却系是通过冷却水将发动机高温零件的热量带走,从而保证发动机在正常温度范围内工作。采用水冷却系统的发动机冷却液工作温度一般为 80～105℃: EQ6100－1 发动机为 80～85℃;EQ6BTA5.9 发动机为 88℃;AJR 发动机为 93～105℃。

水冷却系主要由水泵、散热器、节温器、风扇、风扇控制机构、百叶窗、水套、补偿水桶(即膨胀水箱)、水温表及水温警报装置等组成。车型不同,发动机冷却系组成、冷却水循环路线也有所不同。如图 8-1 所示为典型的水冷却系统的组成,图 8-2 所示为冷却液在强制循环水冷却系统中的流动示意图。

(二)AJR 发动机冷却系

图 8-3 为 AJR 发动机冷却系冷却水路及大小循环水路示意。

水流过程如图 8-4 所示。实线标示部分为大循环水路,即缸盖出水口流出的冷却水全部经过散热器,冷却后再回到发动机水套的冷却水路;虚线部分为小循环水路,即缸盖出水口流出的冷却水不经过散热器散热而直接流回到发动机水套的冷却水路。

AJR 型发动机冷却系小循环是常开的,即水温达到 105℃时,节温器阀门全开,但仍然有小循环流动。采用两个轴流风扇,分别由两个独立的电动机驱动。风扇叶片数为 9 片(外缘有一个圆环将这 9 片叶片连在一起)。风扇电动机的工作时刻和转速由位于散热器上的热敏开关控制,只有当发动机温度达到一定数值后或空调压缩机工作时,风扇才以一定的档位速度工作;当发动机温度下降时,热敏开关自动断开,冷却风扇停转。空调压缩机工作时,风扇常转。

(三)6BTA5.9 柴油机冷却系

6BTA5.9 柴油机冷却系是由水泵、散热器、风扇、节温器、中冷器(空气中间冷却器)、膨胀水箱、冷却管及气缸体、气缸盖的水套等组成。见图 8-5 及 8-6。

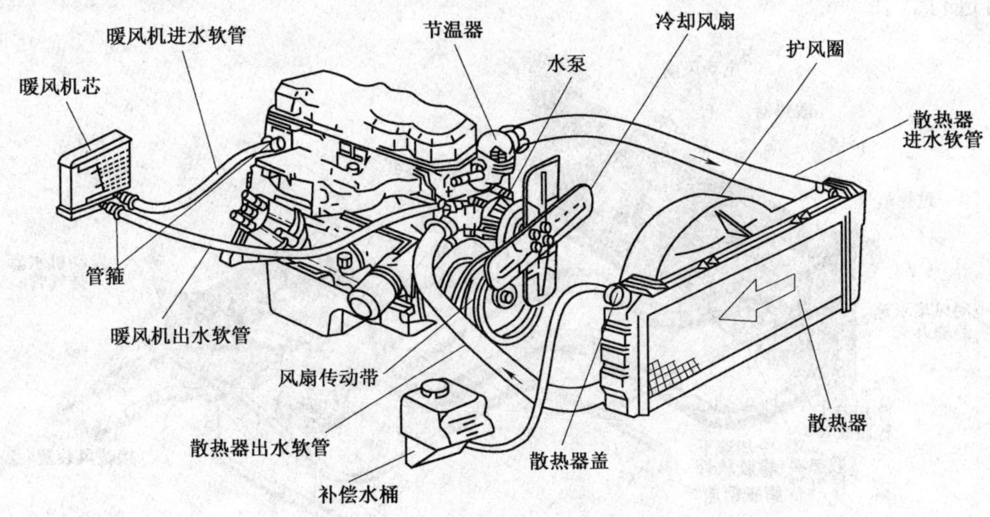

图 8-1　汽车发动机水冷系统的组成

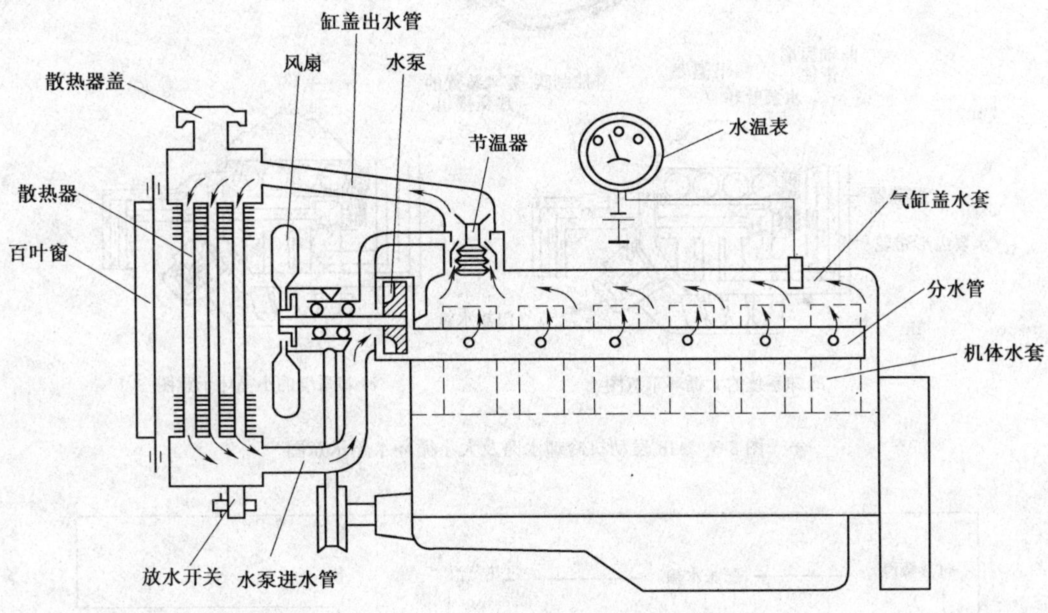

图 8-2　冷却液在强制循环水冷系统中的流动

当发动机运行,冷却液温度低于 83℃时,节温器主阀门关闭,来自发动机气缸盖出水口的循环热水只能从节温器副阀门的小通道经水泵流回缸体(小循环)。由于冷却液不经散热器冷却,加速了温度的上升,大大缩短了暖机的时间。随着冷却液温度的逐渐升高,当温度达到节温器主阀门开启温度 83℃时,主阀门慢慢开启;当温度升高到 95℃时,主阀门全开,达到最大升程,此时节温器副阀门也正好关闭了小循环通道。这时全部冷却液将沿出水管进入散热器进行冷却(大循环),水箱的散热能力将得到最大限度的发挥。

冷却系大、小循环的液流示意如图 8-7 所示。

空气压缩机的冷却水由缸盖水套出来经空压机冷却后再回到缸盖水套。

当发动机水温介于 83 ~ 95℃之间，节温器主、副阀门均处于半开状态，冷却液的大、小循环同时进行。

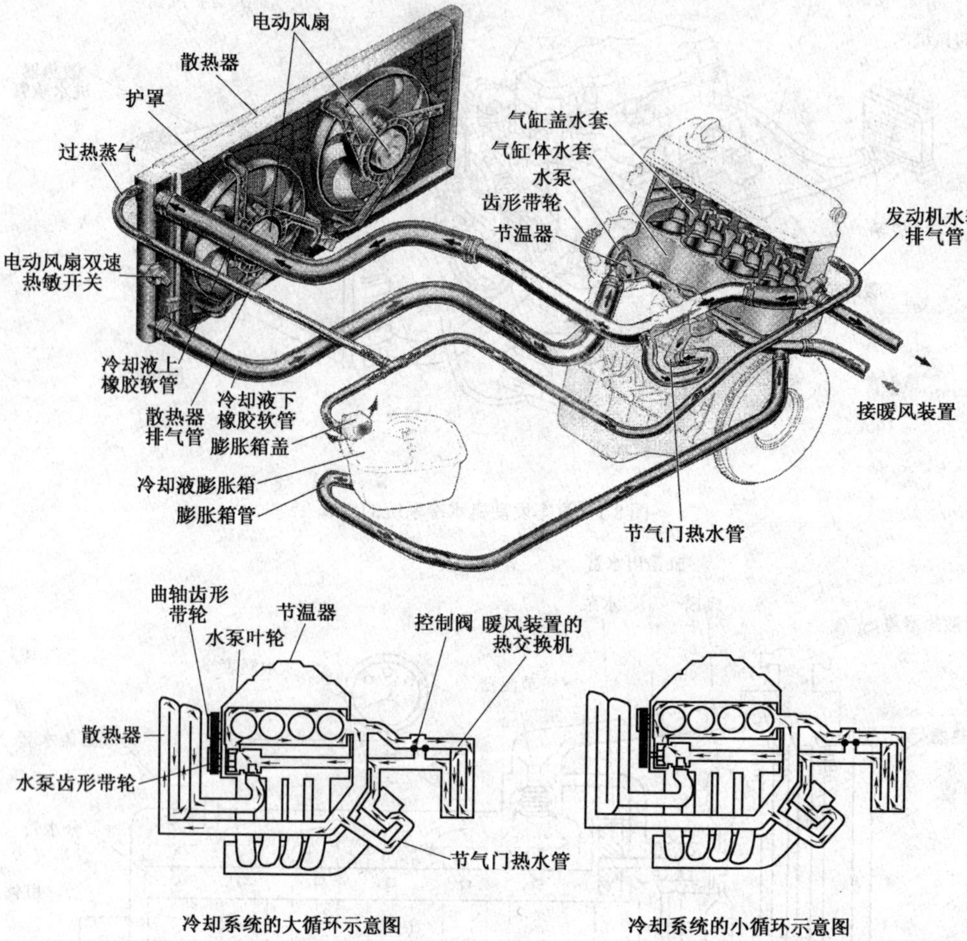

电动风扇
散热器
护罩
过热蒸气
电动风扇双速
热敏开关
冷却液上
橡胶软管
散热器
排气管
冷却液下
橡胶软管
膨胀箱盖
冷却液膨胀箱
膨胀箱管
气缸盖水套
气缸体水套
水泵
齿形带轮
节温器
发动机水套
排气管
接暖风装置
节气门热水管
曲轴齿形
带轮
水泵叶轮
节温器
控制阀
暖风装置的
热交换机
散热器
水泵齿形带轮
节气门热水管
冷却系统的大循环示意图
冷却系统的小循环示意图

图 8-3　AJR 发动机冷却水路及大小循环水路示意图

过热蒸汽
膨胀水箱
过热蒸汽
散热器
节温器阀门
水泵
缸体水套
缸盖水套
节气门热水管
控制阀
暖风装置

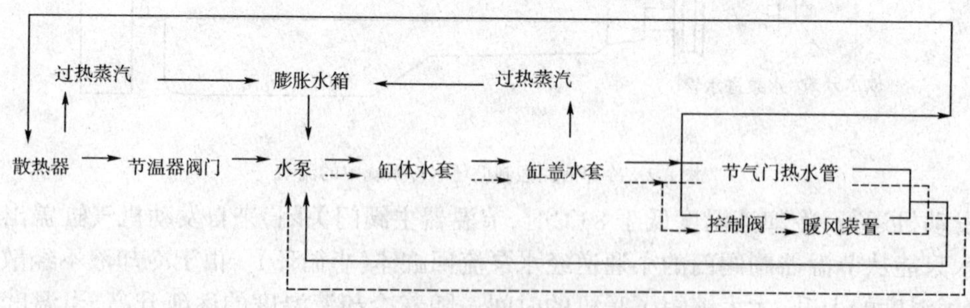

图 8-4　水流过程

装有此发动机的汽车不能使用普通水作为冷却液，必须使用防冻液，因为水加热生成的水垢导热率比铸铁差 40 倍，沉积在水套壁上的水垢会使发动机冷却系统的导热性能降低。特别是水垢会使发动机冷却系统的性能变坏。水垢堵塞气缸垫上的节流孔以后,会破坏合理的水流,从而带来各种故障。另外,为了提高进入发动机气缸内的空气密度,本机装置了中冷器。

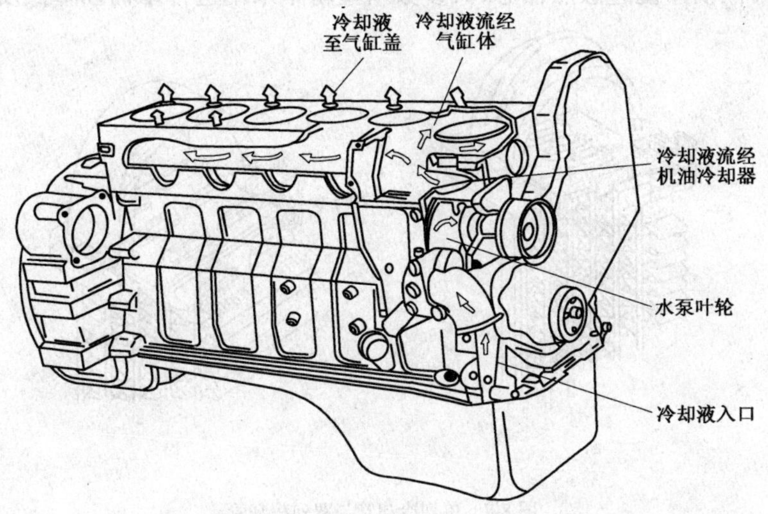

图 8-5　6BTA5.9 柴油机冷却系统——气缸体

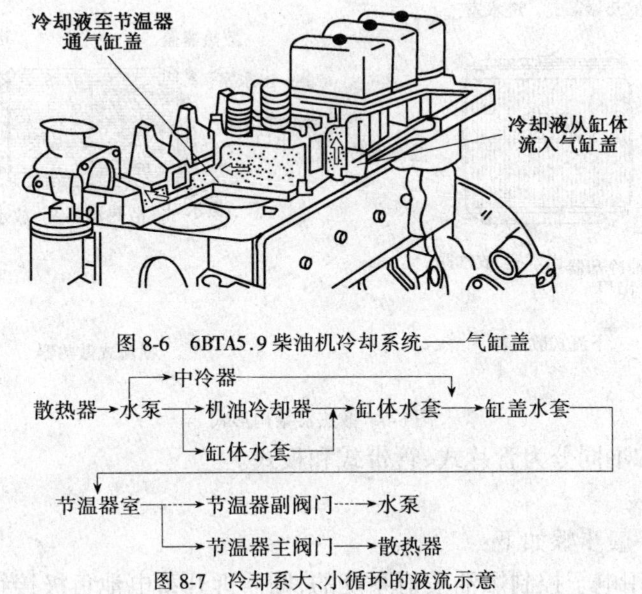

图 8-6　6BTA5.9 柴油机冷却系统——气缸盖

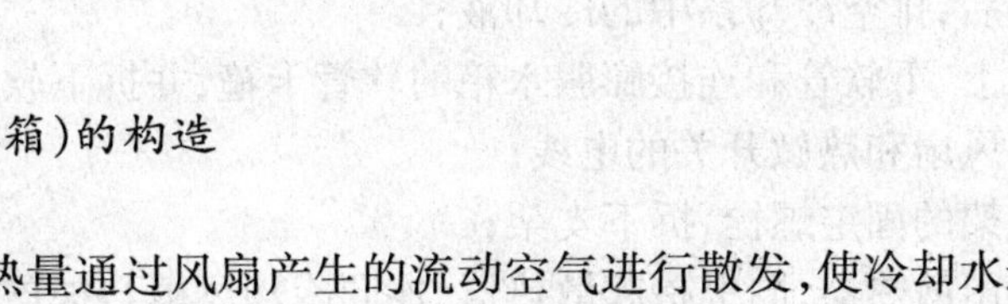

中冷器

散热器→水泵→机油冷却器→缸体水套→缸盖水套

缸体水套

节温器室→节温器副阀门→水泵

节温器主阀门→散热器

图 8-7　冷却系大、小循环的液流示意

二、散热器

(一)散热器(即水箱)的构造

1. 散热器的作用

将冷却水所含的热量通过风扇产生的流动空气进行散发,使冷却水迅速得到冷却,以保持发动机的水温正常。

2. 散热器的分类

按散热器冷却管的布置形式进行分类有单列冷却管、双列冷却管(图 8-8a、b)及三列冷却管。双列冷却管散热器结构相对简单,冷却效果好,所以在轿车上获得了广泛的应用。

按散热器的水流方向可将散热器分为下流式散热器和横流式散热器，见图 8-9。下流式散热器芯竖直布置，冷却液自上而下经过散热器芯；横流式散热器芯横向布置，左右两端分别为进、出水室，冷却液横向流过散热器芯，大多数新型轿车采用这种结构以降低发动机罩高度。

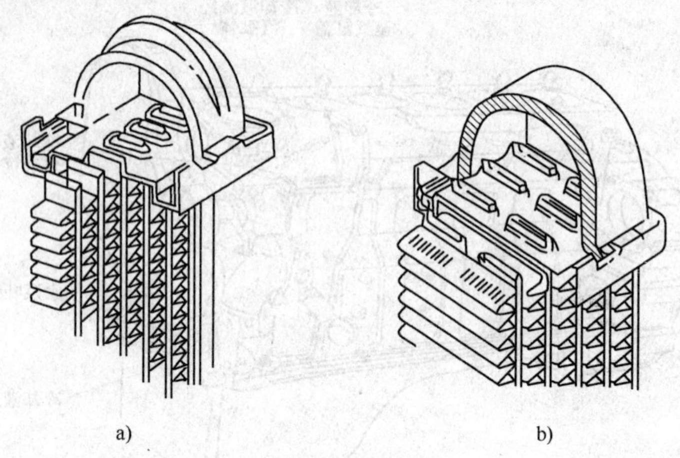

图 8-8　单列冷却管与双列冷却管

a)单列冷却管；b)双列冷却管

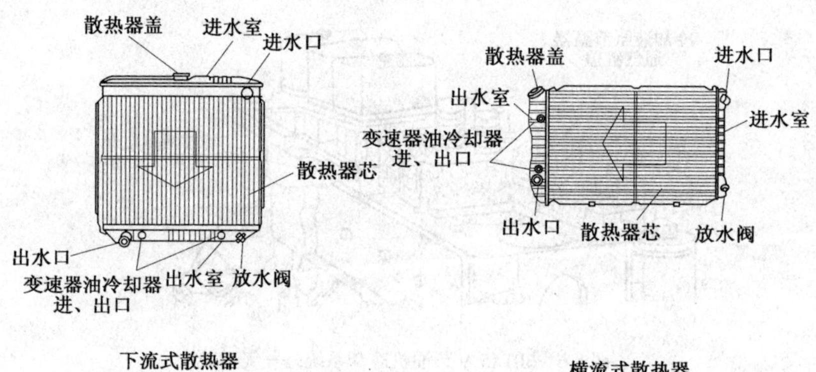

图 8-9　散热器结构形式

按散热器芯结构不同分为管片式、管带式和板式。

3．散热器的拆装

散热器的拆卸一般步骤如下：

(1)若发动机采用电子控制燃油喷射系统的，则需拆开蓄电池负极接线柱；

(2)等发动机冷却后，排空冷却系中的冷却液；

(3)松开散热器的上、下软管和连接膨胀水箱的软管卡箍，并拆下软管；

(4)拆开电动冷却风扇和热敏开关的电线；

(5)拧下下支点支架的固定螺栓，拆下支架；

(6)从上支座中卸出散热器，向上抬起散热器，连同冷却风扇与护罩，一起抬出发动机舱；

(7)必要时，把风扇与护罩从散热器上拆下，然后拧下螺母，把风扇和电机与护罩分开。

安装散热器与拆卸步骤相反。加入冷却液。若热敏开关已拆下，装回去时要装一个新的密封衬垫。

4. 散热器的结构

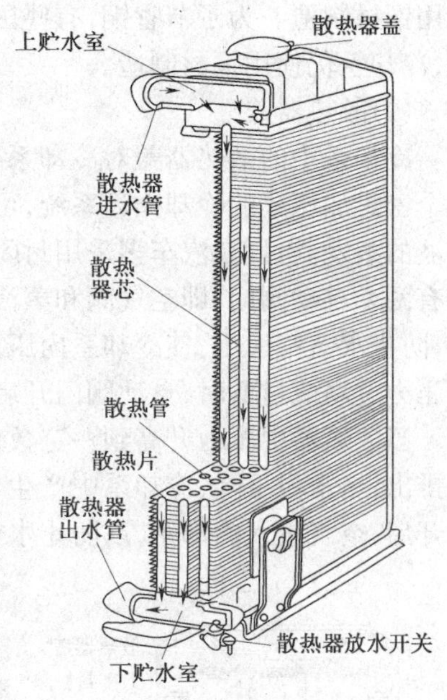

图 8-10　散热器的结构

散热器的结构如图 8-10 所示，其主要组成部分为上贮水室、下贮水室和散热器芯。上贮水室顶部有加水口，平时用散热器盖盖住，冷却水由此注入整个冷却系。在上下贮水室上分别装有进水软管和出水软管，它们分别与发动机缸盖上出水管和水泵的进水管相连接。气缸盖出水管流出的高温热水经过散热器进水软管进入上贮水室，经冷却管得到冷却后流入下贮水室，从散热器出水软管流出被吸入水泵。在下水室底部一般还装有放水阀。

(1)散热器芯的结构形式

散热器芯的结构形式有多种。如图 8-11a)、b)所示为管片式散热器，它由许多冷却管和散热片组成，优点是散热面积大，气流阻力小，结构刚度好。

图 8-11c)所示为管带式，6BTA5.9 发动机、AJR 发动机散热器芯均采用这种结构，波纹状的散热带与冷却管相间排列，芯管(冷却管)呈扁平形，以减小空气阻力，增加散热面积。在波形散热带上加工有鳍片，增强了散热能力。这种散热器芯与管片式相比，散热能力强，制造工艺简单，质量轻，成本低，在使用条件较好的轿车上得到了广泛采用。

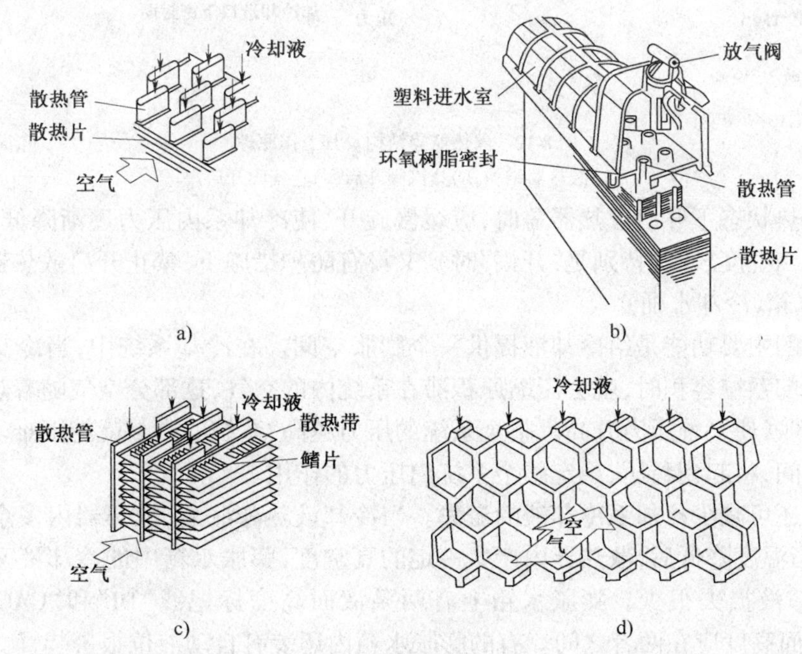

图 8-11　散热器芯结构形式

a)管片式(三列式扁管)；b)管片式(圆管)；c)管带式；d)板式

板式散热器如图中的 8-11d)所示。散热效果好，制造简单，但焊缝多，不坚固，容易沉积水垢且不易维修。

对散热器的要求，必须有足够的散热面积，而且所用材料导热性要好。为此，散热器芯一般用铜材制造。为了节省铜,有些国产汽车发动机,其散热器芯的散热片已改用铝覆锌带材制成,冷却管仍使用铜材制造。

(2)散热器盖

冷却系中的散热器盖对冷却系有着密封加压作用。严格地说,轿车发动机的冷却系统是一个密封加压式的冷却循环系统,可将冷却液的沸点温度提高到120℃左右,同时也防止了冷却液的蒸发。目前,汽车多采用封闭式水冷系的散热器盖,其结构及工作原理如图8-12所示。它有两个自动阀门,即空气阀和蒸汽阀。发动机热状态正常时,阀门关闭,将冷却水与大气隔开,防止水蒸气逸出,使冷却系内压力稍高于大气压力,从而可增高冷却水的沸点。在冷却系内压力过高或过低时,自动阀门开启使冷却系与大气相通。

当散热器中压力升高到一定数值(一般为0.02~0.37MPa),蒸汽阀便开启而使水蒸气顺管排出,当水温下降,冷却系中产生的真空度达一定数值(一般为0.01~0.02MPa),空气阀即行开启,空气进入冷却系,以防止水管及贮水室被大气压瘪。

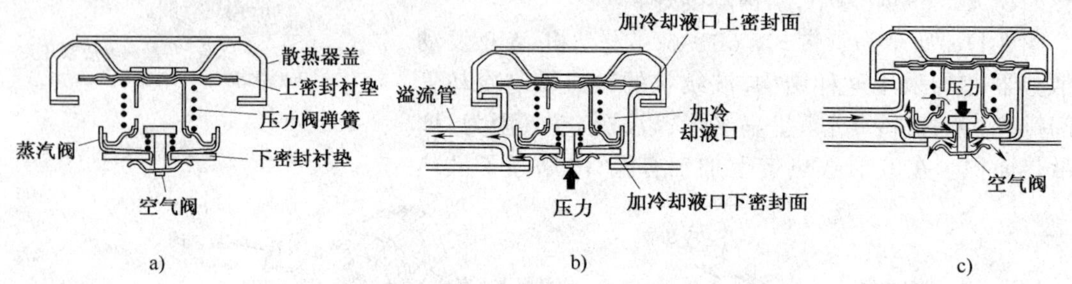

图8-12　散热器盖结构及其工作原理

a)散热器结构;b)蒸汽阀开启;c)空气阀开启

在发动机热状态下开启散热器盖时,应缓慢旋开,使冷却系内压力逐渐降低,以免被喷出的热水烫伤。当温度较高(特别是"开锅"时),又没有防护措施下,禁止开启散热器盖。

5. 膨胀水箱(冷却水桶)

膨胀水箱的主要功能是给冷却液提供一个膨胀空间。在冷却系统中,当冷却液热膨胀后的体积超过冷却系统容积时,就会压缩原积滞在系统内的空气,这部分空气随着热负荷的增加会进一步地膨胀,使系统压力升高。整个系统的压力越高,系统的密封就越困难。膨胀水箱内提供的膨胀空间,将起到释压、稳定整个系统内压力的作用。

膨胀水箱还可减少冷却系冷却液的溢失。当冷却液热膨胀后,散热器内多余的冷却液流入膨胀水箱;当温度降低后,散热器内产生一定的真空度,膨胀水箱中的冷却液又被吸回散热器内,因此冷却液损失很少。膨胀水箱上有两条液面高度标记线"DI"和"GAO"或"max"和"min"标记,液面高度应在两者之间。有的膨胀水箱内还装有自动液位报警装置。

(二)散热器的检修

散热器经常因受到振动及碰伤而破漏、铜皮受到腐蚀而损坏、内部沉积水垢、外表脏污,都会影响其散热性能。

1. 散热器的清洗

先用压缩空气和清水清洗外部,然后放在洗涤池内,用氢氧化钠或铬酸水溶液煮洗。如果内部积垢严重,应先拆去上下水室,用通条进行通插,清除水管内积垢,然后再用压缩空气或清水冲洗内部。

清洗液的成分及温度：

(1)氢氧化钠　750g

水温　$70 \sim 80$℃

水　10L

(2)铬酸酐　50g

水　0.9L

磷酸(H_3PO_4)　0.1L

温度　30℃

2．散热器渗漏的检验

散热器的渗漏可用气压表、橡皮管和橡皮气囊进行检验，其过程如下：

(1)将散热器注满水，盖上散热器盖，封闭进、出水口。

(2)将试验器水管接至放水开关上，旋开放水阀。

(3)捏动橡皮气囊加压，当泄水管放出空气时，压力表上读数应为 27～37kPa，如图 8-13 所示。

(4)关闭放水开关，将橡皮管接在泄气管上，加至 50kPa 水压，检查散热器有无渗漏现象。

(5)清除水垢后，散热器漏水的检验方法如下：

①将散热器进出水孔堵塞，放在清水池内。

②向散热器内注入压缩空气，如有气泡出现说明有漏水，做好标记，准备修复。

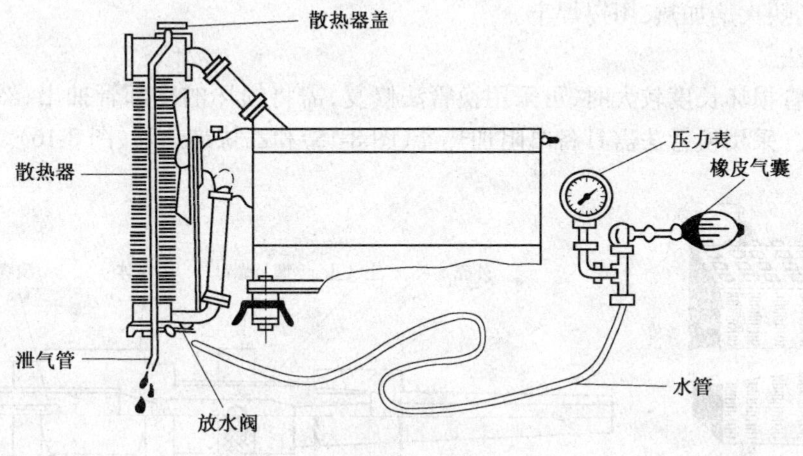

图 8-13　散热器盖蒸气阀的检验

3．散热器的修复

(1)上下水室的修复

①当上下水室腐蚀不严重时，一般可用镀锡法修复。其方法是用盐酸清除水垢，擦干净再用毛刷在内外表面涂以氯化锌溶液，用电铬铁焊接，焊接材料为锡铅料 1 号。

②当上下水室有孔洞或裂纹时，可用补板法修复。其方法是用 0.8mm 厚的铜片。比裂纹长度加大 10～20mm 的补板，盖在焊缝上，涂以氯化锌溶剂，然后在补板四周用焊锡焊牢。

③当散热器裂纹在 0.3mm 以内时，可用散热器堵漏剂进行修补，此方法操作简单，适合途中修理。其方法如下：

(a)清洗散热器,加入2%纯碱水后,发动机温度在80℃左右运转5min,趁热把碱水放掉,再加满冷却水,起动发动机,升温至80℃时,再运转数分钟,把水放掉。

(b)拆除节温器。

(c)在冷却系中加入堵漏剂与水。堵漏剂与水的比例为1∶20。

(d)起动发动机,将水温升到80~85℃,保持30min。

(e)待散热器完全冷却后,再起动发动机,保持10min,此后就可以行车。堵漏剂在冷却系中保留3~4天,保留时间愈长,效果愈好。

(2)散热器冷却管的修复

散热器冷却管的修复,可根据损坏情况分别采用不同的方法修复。

图8-14　校正冷却管

①接管法

当散热器外层少数冷却管有部分损坏,且长度不大时,采用接管法修复,其方法如下:

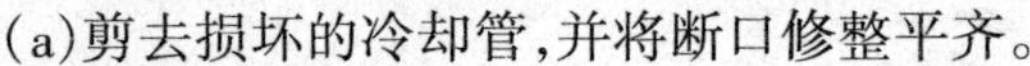

(a)剪去损坏的冷却管,并将断口修整平齐。

(b)再取一段旧管,其长度为镶接部分加长10mm,然后将端口扩大,套装在损坏管的断口处。

(c)将通条插入冷却管,用尖嘴钳修理平整端口,如图8-14所示。在接口处涂以氯化锌溶液。

(d)用乙炔火焰加热,用锡焊牢。

②换管法

当冷却管损坏长度较大时,可采用换管法修复,需将损坏的冷却管抽出,然后再装入新冷却管并焊合。采用换管法需具备电阻加热器(图8-15)和乙炔加热器(图8-16)。

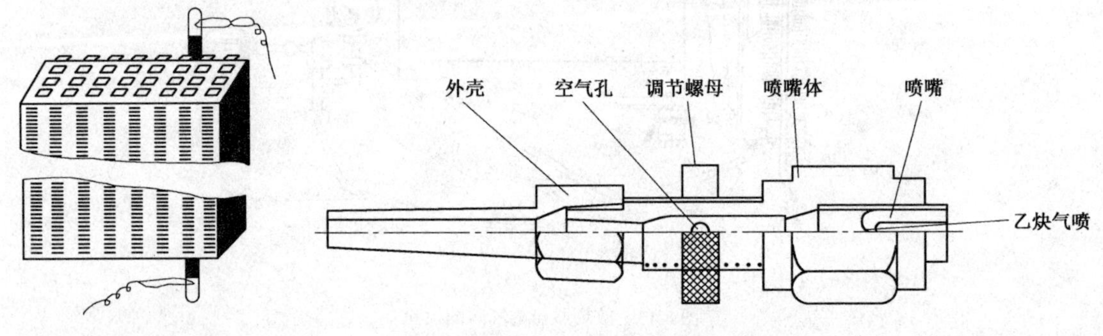

图8-15　用电阻加热器更换冷却管

图8-16　乙炔加热器

更换工艺如下:

(a)将散热器固定好,用一根与冷却管内孔尺寸相接近的扁铜条,插入需更换的冷却管内,抽拉几次,以清除水垢。

(b)再将电阻加热器插入准备更换的冷却管内,两端接通24V电源,约1min左右,冷却管外面的焊锡熔化。

(c)然后用乙炔加热器将冷却管与上下底板连接处焊锡熔化,使之脱离。

(d)切断电源,用手钳将冷却管及电阻加热器一起抽出,待冷却后,取出电阻加热器。

(e)在缠有棉纱的扁铜条上浸沾盐酸溶液,插入安装冷却管的孔中抽拉几次,清除污垢。

(f)将表面挂有焊锡的新冷却管插入孔内,再插入电阻加热器,并通电加热,待冷却管表面焊锡熔化后,切断电源,焊牢后,抽出电阻加热器。

(g)最后用乙炔加热器烧热电铬铁,粘焊锡,将冷却管与底板接合处焊牢。

4. 散热器盖的检查

将散热器盖装在散热器盖检验器上,并对散热器盖加压,检查密封性能及阀门的开闭压力,若不符合应更换盖。如图 8-17 所示为 AJR 发动机冷却系密封性的检查。将压力测试仪 V.A.G1274 及 V.A.G1274/8 安装到膨胀箱上,使用手动真空泵产生约 2.0bar 的气压(表压),如果压力迅速下降,则找出泄漏的位置并排除故障。

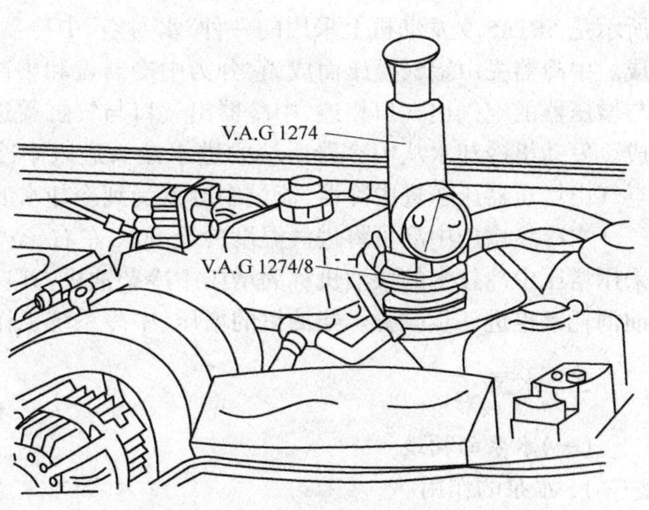

图 8-17 检查冷却系的密封性

常见发动机散热器盖阀开闭情况如表 8-1 所示。

常见发动机散热器盖阀开闭情况　　表 8-1

发动机型号	蒸汽阀打开时压力(kPa)	空气阀打开时真空度(kPa)
EQ6100-1 发动机	24.5~37.3	0.98~11.8
6BTA5.9 发动机	104℃时 103 99℃时 48	
AJR 发动机	120~150	10

(三)空气中间冷却器

1. 空气中间冷却器的作用

6BTA5.9 发动机空气中间冷却器是对增压后的空气在进入气缸前进行冷却的装置,简称中冷器。增压柴油机采用中冷后,使进入气缸的空气温度降低,空气密度进一步提高,增加了进入气缸的气体量,从而提高柴油机的功率。

中冷器的冷却介质有水、机油和空气。与此相对应的有“水对空”中冷系统、“油对空”中冷系统和“空对空”中冷系统三种类型。6BTA5.9 采用“水对空”中冷系统。6BTA5.9 发动机经压缩后的空气温度达 116℃,经过中冷器冷却以后降到 92℃,这样增加了进入气缸的空气量,进一步改善了发动机的充气性能。装用中冷器以后的增压中冷发动机比原发动机有效功率提高了 18.7%。

2. 空气中间冷却器的结构、原理

中冷器的结构原理与散热器基本相同。中冷器的型号不同,结构也有所不同,如图 8-18

所示是6BTA5.9发动机上采用的一种“水对空”中冷器的构造,它由中冷器壳及中冷器芯等组成。中冷器壳由铝板模压而成,它分为中冷器盖和中冷器体两部分。中冷器盖通过进气接管与增压器的空气出气口相连,中冷器出气口与气缸盖进气口相连。中冷器芯由铜合金管子组成。发动机冷却水从中冷器后端的进水接头进入中冷器芯中,然后由前端出口流向节温器。空气由增压器压送进中冷器,流过中冷器受到冷却水的冷却,降温后进入气缸。

水冷型增压中冷可将进气温度冷至90℃左右,空气冷却型可将进气温度冷至50℃左右。采用增压中冷技术的柴油机称为增压中冷柴油机,其功率比增压型柴油机得到进一步提高,燃油消耗率也进一步改善。柴油机的增压、中冷系统工作原理如图8-19所示。

三、水泵

(一)水泵的构造

1. 水泵的作用

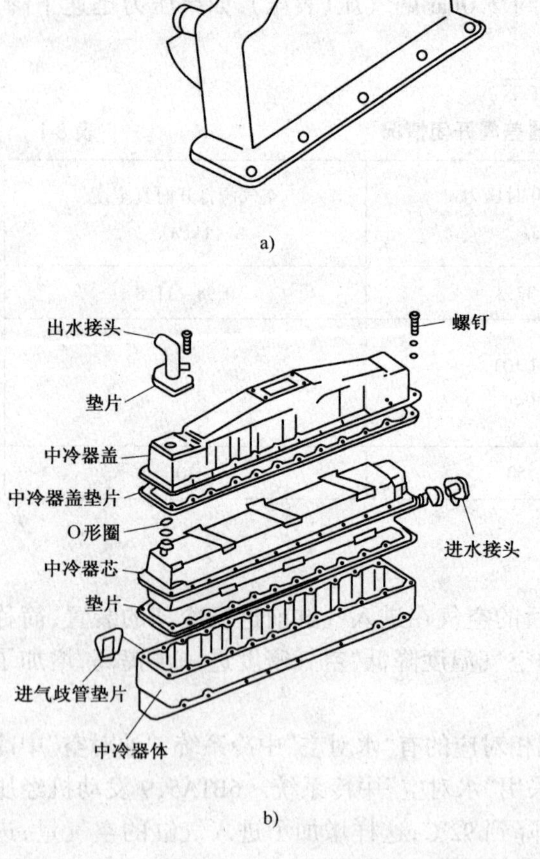

图8-18 中冷器分解图

a)中冷器外形图;b)中冷器分解图

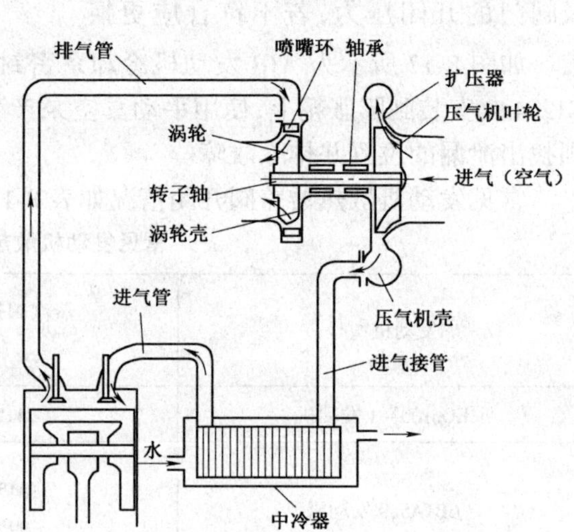

图8-19 柴油机的增压、中冷系统工作原理示意图

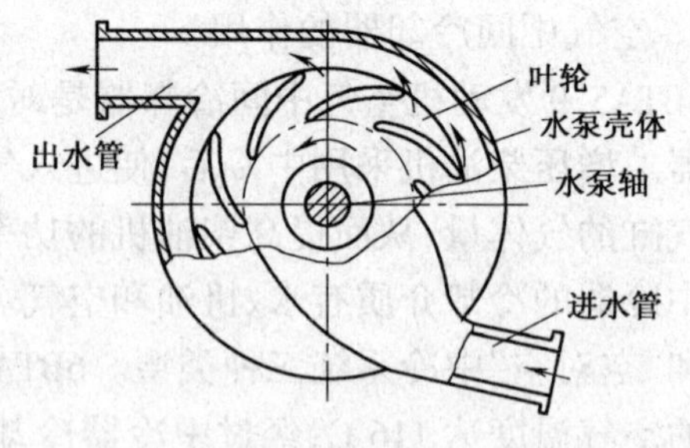

图8-20 离心式水泵示意图

水泵的作用是对冷却水加压,使水在冷却系中强制循环流动。目前绝大多数汽车发动机使用离心式水泵。

2．水泵的工作原理

离心式水泵工作原理如图 8-20 所示。当水泵工作时,水泵中的水被叶轮带动一起旋转,水在自身的离心力作用下,从叶轮的边缘被甩出,然后经外壳上与叶轮成切线方向的出水管被压送到发动机水套内。与此同时,叶轮中心处压力降低,散热器的水便经进水管被吸进叶轮中心处。

离心式水泵被广泛采用,是因为其结构简单、尺寸小而排量大,并且当水泵由于故障而停止工作时,并不妨碍水在冷却系内的自然循环(水泵两侧的进、出水道仍相通)。

3．水泵的结构

(1)EQ6100－1 发动机水泵的分解

①松开水泵固定螺栓,取下泵盖及衬垫;

②松开水泵叶轮固定螺栓,取出水泵叶轮;

③取出水封密封垫圈及水封总成;

④拆下水泵轴前端开口销,拧松固定螺母;拆下风扇总成固定螺栓,取下风扇皮带轮;

⑤旋下泵轴前端固定螺母,取出皮带轮轮毂;

⑥退出开槽锥端螺钉,压出水泵轴及轴承总成;

⑦用专用拉器或冲头,将轴承从泵轴上压出或冲出;

⑧清洗分解后的全部零件。

分解后的 EQ6100－1 发动机水泵如图 8-21 所示。

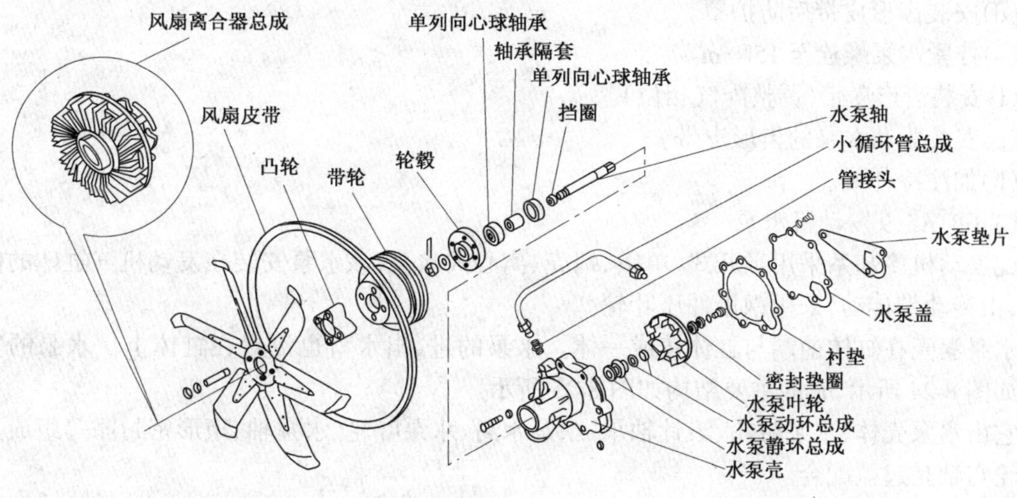

图 8-21　EQ6100－1 发动机水泵的分解

装复时按上述相反顺序进行。为了安装顺利,有时需要将水泵壳体加热到 85℃左右,用专用工具安装轴承、叶轮、密封组件、皮带轮。组装完成后,确认水泵叶轮转动灵活、无松旷、卡滞现象,加注润滑脂。

(2)AJR 发动机水泵

①从发动机上拆下水泵

(a)使发动机位于维修工作台上。

(b)排放冷却液。

(c)拆卸驱动水泵的齿形皮带。

(d)拆下齿形皮带的上、中防护罩。

(e)将曲轴调整到第一缸上止点位置。

(f)拆下凸轮轴上的齿形皮带,但不必拆曲轴齿形带轮。保持齿形皮带在曲轴齿形皮带轮上的位置。

(g)旋下螺栓,拆下齿形皮带后防护罩。

(h)拆下水泵,小心地将其拉出。

②结构

如图 8-22 所示,在发动机前端,直接将水泵蜗壳铸在气缸体上。将水泵其他零件装成一个总成,然后将有 O 形密封圈的部位插入气缸体上的泵壳中,通过水泵轴承座上的三个螺栓孔将水泵固定在气缸体上。叶轮为塑料闭式叶轮。

它主要由水泵壳体(铸造在缸体上)、叶轮、轴承、轴、带轮、水封总成、密封圈等组成。结构特点是水泵装有密封式轴承,在正常工作下,不需维护。若确定是水泵故障,必须更换水泵总成,不进行分解检修。

③装配

如图 8-23 所示。

(a)清洁安装 O 形密封圈的表面。

(b)用冷却液浸湿新的 O 形密封圈。

(c)安装水泵,罩壳上的凸耳朝下。

(d)安装齿形皮带后防护罩。

(e)拧紧水泵螺栓至 15N·m。

(f)安装齿形皮带(调整配气相位)。

(g)安装驱动水泵的齿形皮带。

(h)加注冷却液。

(3)6BTA5.9 发动机水泵

此发动机冷却系采用半开式、单级、蜗壳、离心式水泵,该水泵安装在发动机气缸体的前端面上,由传动带传动,采用钢板冲压叶轮。

水泵涡壳在缸体前端与缸体铸成一体。水泵的进、出水口也设置在缸体上。水泵的安装位置如图 8-24 所示,它的主要结构如图 8-25 所示。

它由水泵壳体、水泵带轮、滚针轴承、水泵水封、水泵叶轮、水泵轴、矩形密封圈等组成。水泵叶轮与轴是过盈配合。

水泵叶轮和水泵壳体之间装有水泵水封。水泵水封是紧压在水泵壳体座圈上的烧结石墨静环和紧压在联轴滚针轴承轴上的陶瓷动环组成,静环和动环都经过仔细的研磨,具有良好的密封性能。水封的外径涂有密封胶,保证水泵静环与壳体相对静止不运动,并提高密封效果。烧结石墨静环工作性能稳定,使用寿命较长。

按安装位置,水泵壳体下部有一个 ϕ7mm 的泄水孔,由水封处渗漏的水可以从泄水孔流出。在使用中不能将此孔堵住,以免水积聚在水泵腔内浸泡轴承,破坏轴承的润滑。如果水泵运转时或发动机停机时从此孔中漏水不止,必须将水泵总成拆下仔细检查。若确定是水泵故障,必须更换水泵总成,水泵总成不能分解检修。

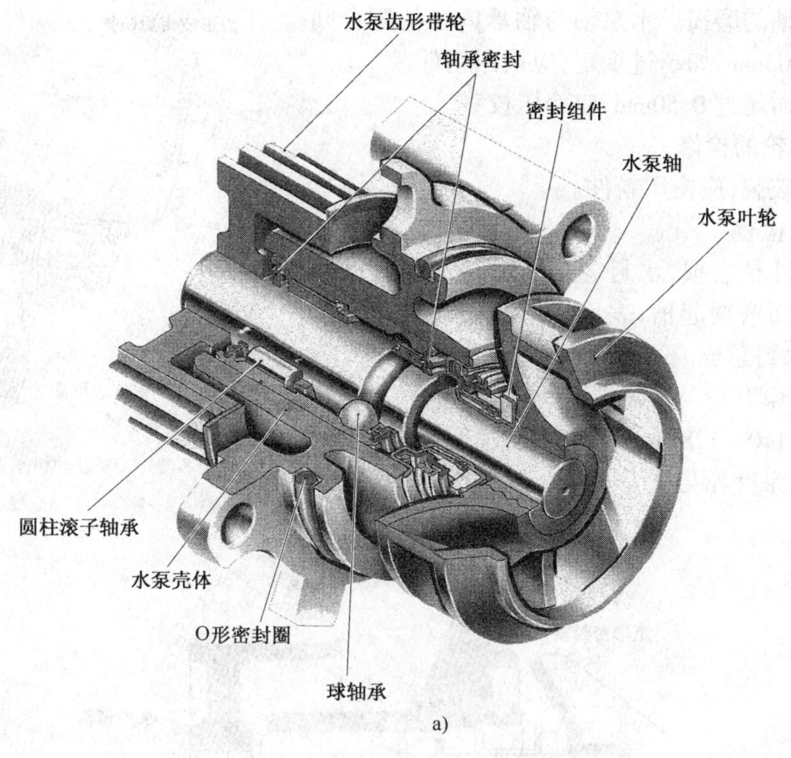

a)

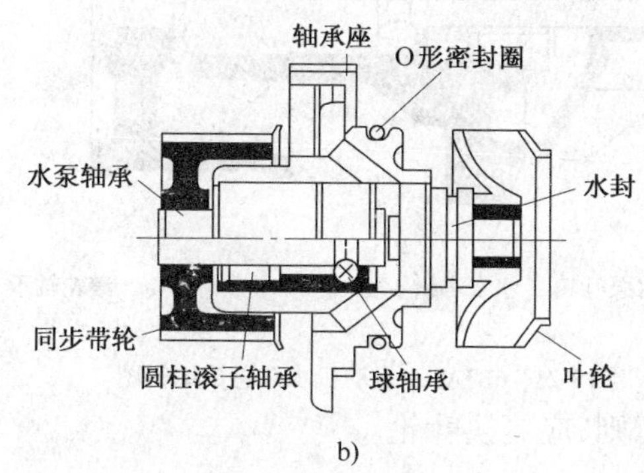

b)

图 8-22　AJR 发动机水泵

a)AJR 发动机水泵总成；b)AJR 发动机水泵总成结构示意图

(二)水泵的检修

水泵常见的损伤有水泵壳体渗漏、破裂、变形，水泵叶轮破裂，水封损坏，水泵轴与轴承磨损，轴承座孔磨损。

1．水泵壳的检修

水泵壳体砂眼可采用铸铁焊条电焊或用环氧树脂胶粘接。

水泵壳体平面发生翘曲变形，其接合面翘曲变形超过 0.15mm，应车平或磨平。但车削总厚度不应大于 0.50mm。在装配时，根据车削厚度加厚水泵盖衬垫。

水泵壳轴承孔磨损。轴承孔由于承受震动、不对称受力及轴承的压入压出，使轴承座孔发生磨损，可采用过盈配合的镶套法修复，然后镗出座孔。

2．水泵轴的检修

检查水泵轴的磨损。水泵轴与轴承内径的配合间隙应不大于0.03mm,如超过规定,应换用新件。

水泵轴弯曲超过0.50mm,应冷压校直。

3. 水泵叶轮的检修

水泵叶轮破裂,应换用新件。

4. 水封的检查

水封座圈外径磨损,水封老化、变形,水封转动环与静止环接触面磨损起槽,表面剥落或破裂导致漏水时,均应更换水封总成。

5. 检查水泵叶轮与泵盖端面间隙

间隙应为1.0~1.8mm,否则,用垫片调整。

6. 检查水泵叶轮与泵壳间隙

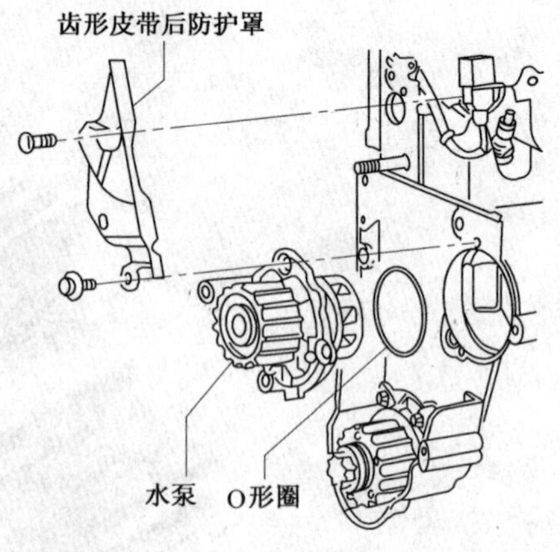

图 8-23　AJR 发动机水泵的安装

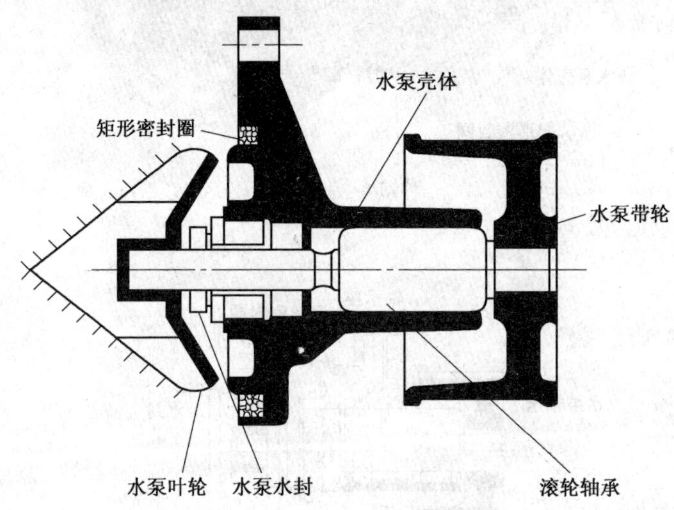

图 8-24　6BTA5.9 发动机水泵总成结构图

间隙应为0.8~2.2mm,否则,应更换叶轮。

(三)水泵装复后的试验

水泵装复后应进行性能试验,试验方法一般有两种:

1. 经验法试验

(1)用手转动皮带轮,泵轴转动应自如,叶轮与泵壳应无碰擦感觉。

(2)用手转动皮带轮,测试径向间隙,应无松旷感觉,前后拉动皮带轮,测试轴向间隙,允许稍有旷动为宜。

(3)堵住水泵进水孔,将水灌入水泵腔中,转动水泵轴,泄水孔无漏水现象。

2. 在试验台上试验水泵性能

具体试验数据见表8-2。

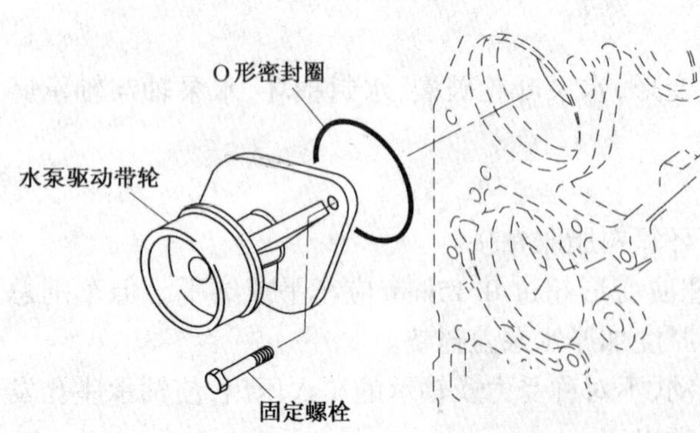

图 8-25　6BTA5.9 发动机水泵安装位置

几种常见发动机水泵试验数据 表 8-2

	流　　量	扬　　程
6BTA5.9	转速在 5150r/min 时，≮216L/min	≮19.5m
CA6102	转速在 2000r/min 时，≮140L/min	≮5m
	转速在 3300 r/min 时，≮240L/min	≮7m

四、风扇

(一)风扇的作用

风扇的作用是促进散热器的通风，提高散热器的热交换能力，如图 8-26 所示。风扇通常安装在散热器后面，其位置应尽可能布置得对准散热器芯的中心。风扇工作时空气沿着风扇旋转轴的轴线方向流动。

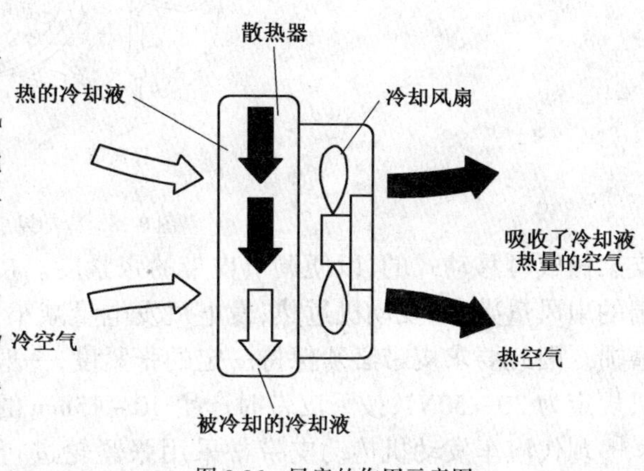

图 8-26　风扇的作用示意图

(二)风扇结构

风扇由叶片和连接板组成，如图 8-27 所示。风扇的扇风量主要与风扇的直径、转速、叶片形状、叶片扭转角及叶片数目有关。

水冷发动机大多数采用螺旋桨式风扇，其叶片多用薄钢板冲压制成，横断面多为弧形，也有用塑料或铝合金铸成翼型断面。风扇叶片的数量通常为 4～9 片，叶片之间的夹角一般不相等，以减少叶片旋转时的振动和噪声。

为了提高风扇的效率，可以在风扇外围装设一个导风罩，使通过散热器芯的气流分布得更均匀，减少空气回流现象。如图 8-28 所示。

(三)风扇皮带张紧装置

风扇常和发电机一起由曲轴皮带轮通过传动皮带驱动，如图 8-29 所示。通常将发电机的

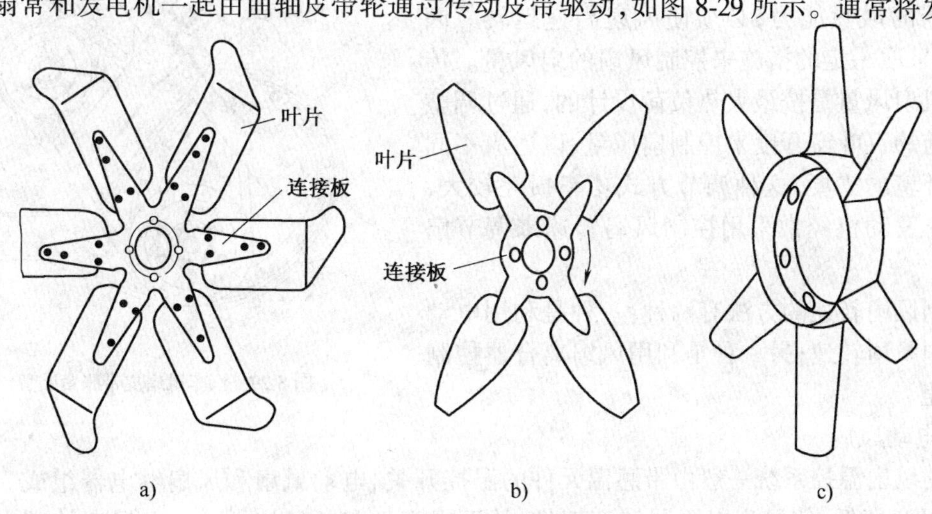

图 8-27　风扇结构及型式

a)叶尖前弯的风扇；b)尖窄根宽的风扇；c)尼龙压铸整体风扇

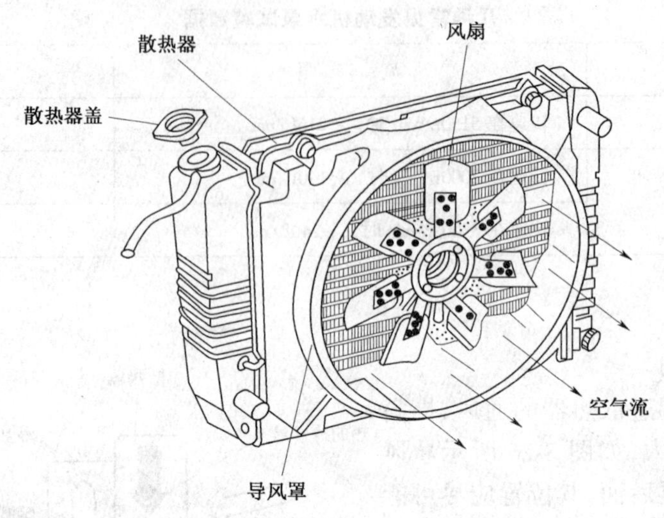

图 8-28 冷却风扇与导风罩

支架做成可移动式的，以便调节皮带的张紧度。皮带过松，将引起皮带相对皮带轮打滑，使风扇的扇风量减少、发动机过热，发电机发电量减小。皮带过紧，将增加水泵及发电机轴、轴承的磨损。因此要求皮带必须保持一定的张紧度，一般用大拇指以一定的力（如 EQ6100－1 型发动机规定为 30～50N），按下皮带时产生 10～15mm 的挠度为宜。

现代汽车发动机传动皮带常采用张紧轮进行张紧。如 6BTA5.9 发动机风扇皮带的松紧度采用弹性张紧轮自动调节的方式。传动带不能有裂纹，碎边等现象，使用中及时检查，发现问题立即更换。

（四）风扇转速的控制

发动机在工作过程中，根据冷却水温度的变化对风扇的工作状态有不同的要求。在天气十分寒冷时，甚至不需要风扇工作；当水温过高时，为了增强散热器的散热能力，必须使风扇高速运转。因此，必须采取一定的措施来控制风扇的扇风量。传统发动机扇风量是按最大热负荷设计的，通过调整散热器前的百叶窗开度来控制扇风量，以适应不同工况与环境的需要，这种调节方式功率损耗较大，现代汽车发动机经常采用控制风扇转速来调节扇风量。

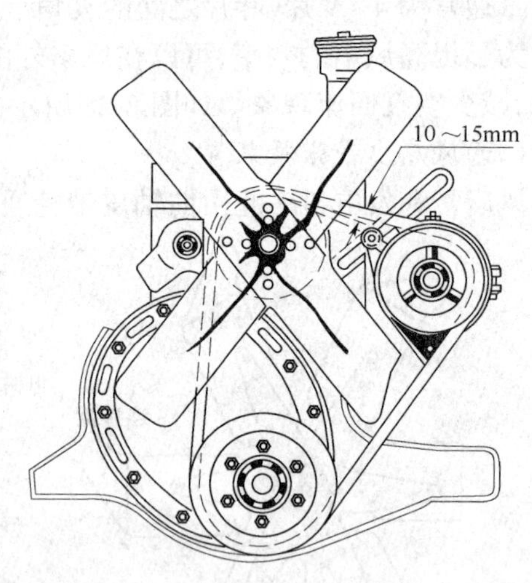

图 8-29 汽车风扇皮带张紧装置

控制风扇转速的方法有两种：一种是利用电动风扇控制风扇转速；另一种是利用风扇离合器控制风扇转速。

1. 电动风扇

电动风扇温控系统一般由带感温元件的温控开关、电动风扇和风扇继电器组成。根据冷却液的温度高低，使风扇以不同转速工作，从而提高整车的经济性。电动风扇的基本工作情况，如图 8-30 所示。AJR 发动机冷却系电动风扇是温控的双速直流永磁电动风扇。

各种常见发动机电动风扇运转情况如表 8-3 所示。

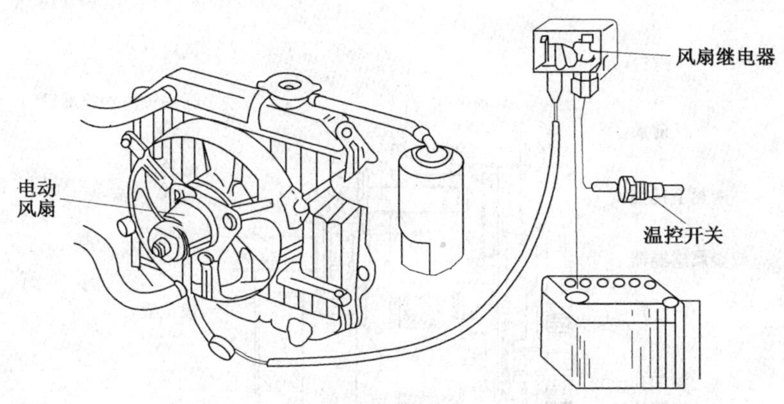

图 8-30　电动风扇的温控系统

电动风扇运转情况　　表 8-3

	关　闭	低　速　转	高　速　转
富康轿车	水温 < 92℃	水温在 92 ~ 97℃	水温达 97 ~ 101℃
桑塔纳轿车	水温 88 ~ 93℃	水温在 93 ~ 98℃	水温达 95 ~ 105℃

这种风扇省去了风扇皮带轮,风扇叶片尺寸和散热器等布置自由度大,具有能耗低、噪声小等优点。

电动风扇及温控开关的检修:

许多发动机电动风扇是用散热器上温控开关控制的。如 JV 发动机,当散热器温度升到 93 ~ 98℃时,风扇开始运转。否则,应检查熔断丝是否熔断。如熔断丝完好,再拔下温控开关插头,在供电正常、熔断丝完好的情况下,将两插片直接接通,此时若风扇仍不转,表明电动风扇损坏,应予更换;两插片接通后风扇转动,表明温控开关损坏,应更换温控开关。

温控开关是否损坏也可用万用表检查。将温控开关拆下放入水中,逐渐加热,并用万用表电阻档测量温控开关接线端与外壳间的电阻值,当水温达到 92 ± 2℃时,万用表指针应指示温控开关导通;当水温下降到 87 ± 2℃时,万用表指示温控开关断开(电阻为无穷大)。否则表明温控开关损坏,应换用新件。

2. 风扇离合器

(1)硅油风扇离合器

①硅油风扇离合器的结构及工作原理

这种风扇离合器最初多应用于轿车上,因其具有明显节省燃油的优点,目前也较普遍地用在风扇功率消耗大的发动机上。解放 CA1092 型和东风 EQ1092 型汽车均装用了硅油风扇离合器。其结构如图 8-31 所示。

主动板铆接在主动轴的端部,主动轴与水泵轴连接。从动板借螺钉固定于前盖和壳体之间,三者连成一体,靠轴承支承在主动轴上。风扇则安装在壳体上。从动板与壳体之间的空腔为工作腔,腔壁与主动板之间有一定的间隙。密封毛毡圈防止油液漏出。从动板与前盖之间的空间为贮油腔,其中装有硅油(油面低于轴心线,加入的总硅油量为 17ml)。从动板上有一进油孔,平时由阀片关闭。将阀片转动一定角度,进油孔即打开。阀片的转动靠离合器前端的螺旋状双金属感温器控制。感温器外端固定在前盖上,内端卡在阀片轴前端的槽内。从动板外缘有一回油孔。

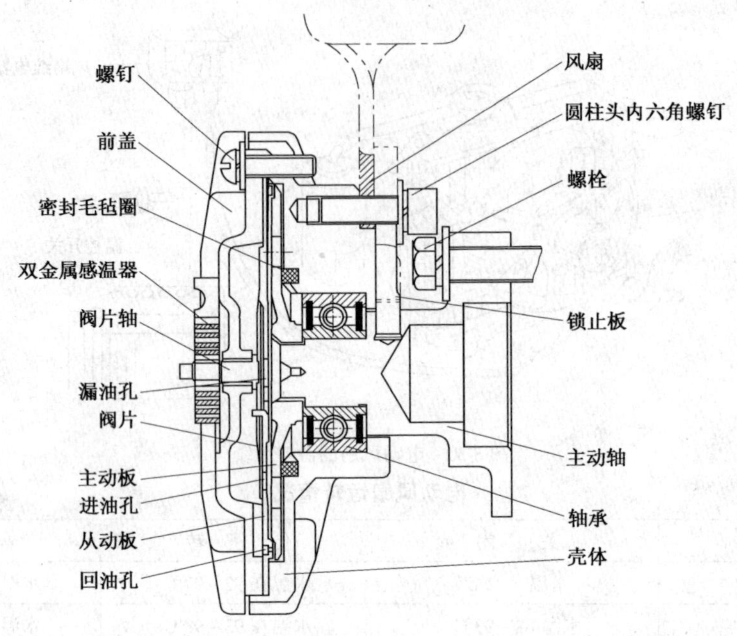

图 8-31 硅油风扇离合器

当发动机负荷下降,吹向感温器的气流温度低于 35℃时,阀片将进油孔关闭,工作腔内油液继续从回油孔甩入贮油腔,直至甩空为止,致使风扇离合器又回到分离状态。为加速回油,缩短风扇离合器脱开时间,在回油孔的边缘逆着旋转方向加工出一个刮油突起。

为了防止温度过低时双金属感温器使阀片反向转动而打开进油孔,在从动板上加工出一个凸台作为阀片的反向定位。从动板中心处还开有一个直径大于阀片轴孔的漏油孔,以防止停车后,风扇离合器处于静态时从阀片轴周围泄漏硅油。

当硅油风扇离合器失灵时,可旋松圆柱头内六角螺钉,将锁止板从假想线所示位置移至实线所示位置,使锁止板端部的指销插入主动轴的孔中,再拧紧圆柱头内六角螺钉,使风扇离合器的壳体、风扇与主动轴连成一个整体。

②硅油风扇离合器的检修

壳体及前盖有裂纹、变形时,应换用新件;主动板和从动板如挠曲变形,应校正。主动轴轴颈磨损、球阀磨损、轴承损坏,均应换用新件。检查双金属片感温器,在 65℃左右,应受热变形,当温度降至 45℃时,就不发生变形,否则,应换用新感温器。

(2)电磁式风扇离合器

电磁式风扇离合器由电磁摩擦离合器和温控开关等组成(图 8-32)。温控开关通过感温器接收冷却水的温度信号,在规定温度下将电路接通或断开,使风扇工作或不工作。

当冷却水温度低于 92℃(不同发动机通、断时温度不同)时,温控开关的电路不通,线圈中没有电流通过,电磁壳体对衔铁环不产生吸力,衔铁环在弹簧的张力作用下贴在风扇毂上,与摩擦片分离,此时离合器处于分离状态,风扇不转动。当冷却水温度超过 92℃时,温控开关的电路自动接通,线圈通电后电磁壳体产生吸力将衔铁环压紧在摩擦片上,此时离合器处于结合状态,风扇随风扇毂一起被电磁壳体带动旋转。

在电源断路或电磁线圈失控的情况下,其应急措施是在风扇毂上备有两个螺孔,在此两孔中旋入两个螺钉,使衔铁环压紧在摩擦片上,使其机械结合就可以了。

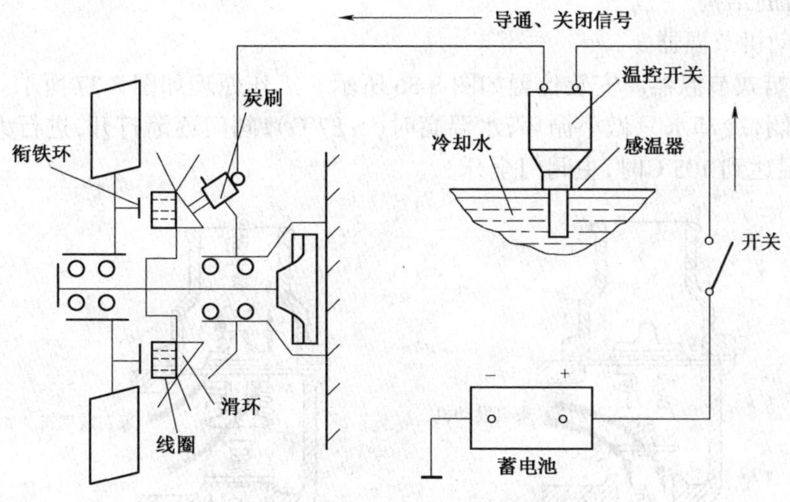

图 8-32　电磁式风扇离合器工作原理图

五、节温器

(一)节温器的构造

1. 节温器的作用

节温器的作用是随发动机冷却系水温变化自动地控制通过散热器的冷却水流量,使发动机工作在正常的温度范围内。目前汽车上广泛采用蜡式节温器(分单阀式和双阀式两种)。

2. 节温器的工作原理

它利用石蜡受热体积急剧膨胀的特点,在冷却液升温时,石蜡熔化,体积急剧膨胀,压缩胶管,迫使推杆运动。由于推杆固定在阀座上,反作用力推动感应体总成打开主阀门(同时使副阀门关闭),进行大循环的水流量增加。当冷却液温度降低,石蜡降温,体积收缩,在弹簧的推动下,感应体总成在弹簧弹力的作用下被逐渐拉回原位,主阀门逐渐关闭而副阀门则逐渐打开。如图 8-33 所示为 EQ1090 发动机所用的双阀蜡式节温器。图 8-34 所示为单阀蜡式节温器的外形图。图 8-35 所示为双阀蜡式节温器的工作原理示意图。

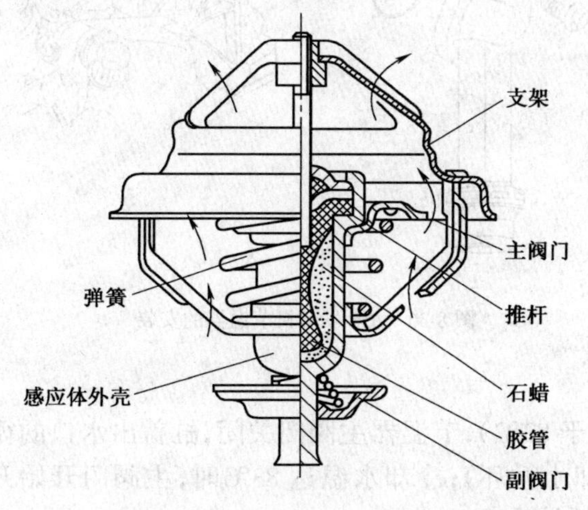

图 8-33　EQ1090 发动机双阀蜡式节温器

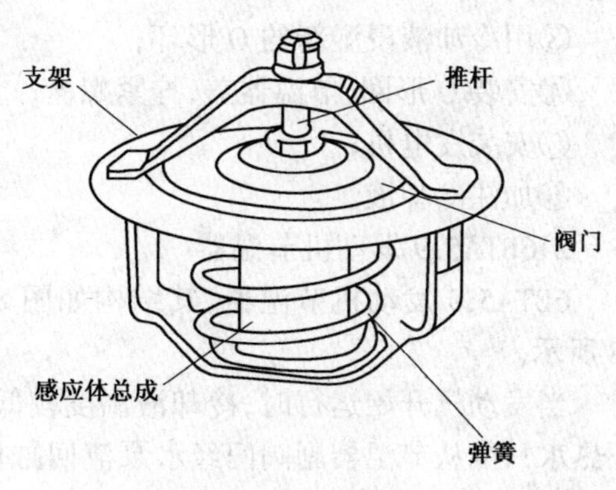

图 8-34　单阀蜡式节油器结构

3. 节温器的结构

1)AJR 发动机节温器

采用单阀蜡式节温器。安装位置如图 8-36 所示。工作原理如图 8-37 所示。水温低时(<87℃),阀门关闭,冷却水只做小循环;水温高时(>87℃),阀门逐渐打开,进行大循环,冷却水逐渐增大,水温达到 105℃时,主阀门全开。

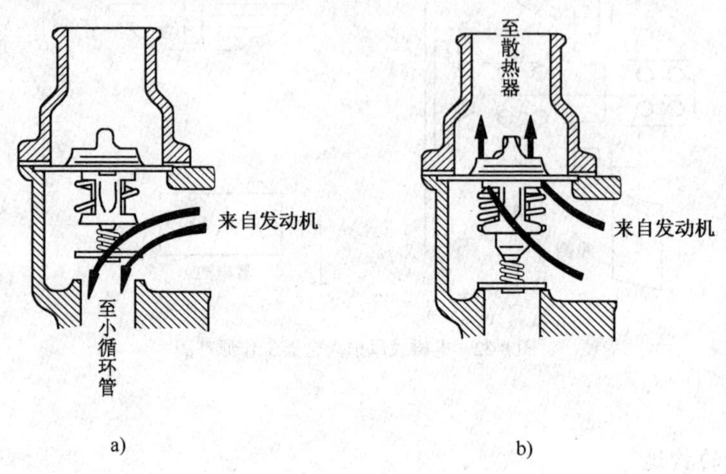

图 8-35 双阀蜡式节温器工作原理

(1)拆卸

①在点火开关切断的情况下拆下蓄电池接地线;

②排放冷却液;

③拆卸驱动皮带;

④拆下发电机;

⑤拆下冷却液管;

⑥松开螺栓取出节温器盖、O 形环和节温器。

(2)安装

①清洁 O 形环的密封表面;

②安装节温器(节温器的感温部分必须在缸体内);

③用冷却液浸湿新的 O 形环;

④安装 O 形圈、节温器盖,拧紧螺栓;

⑤安装发电机;

⑥加注冷却液。

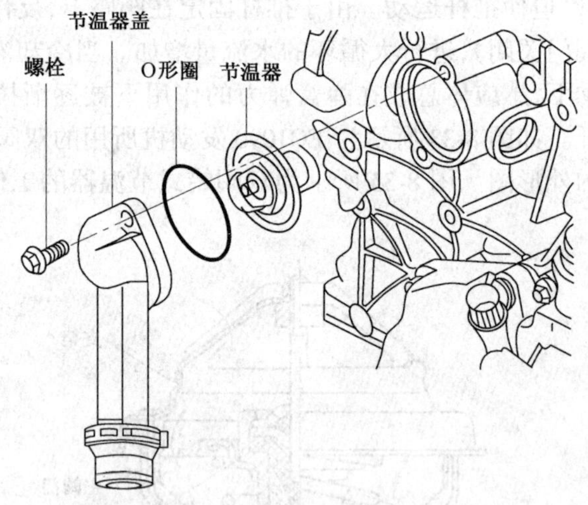

图 8-36 AJR 发动机节温器的安装

2)6BTA5.9 发动机节温器

6BTA5.9 发动机节温器,其结构如图 8-38 所示。

当发动机开始运行时,冷却液温度较低(低于 83℃),节温器主阀门关闭,缸盖出水口的循环热水只能从节温器副阀门经水泵流回缸体(即小循环);冷却水温达 83℃时,主阀门开始开启,至 95℃时主阀门全开,循环水经过散热器(即大循环)。

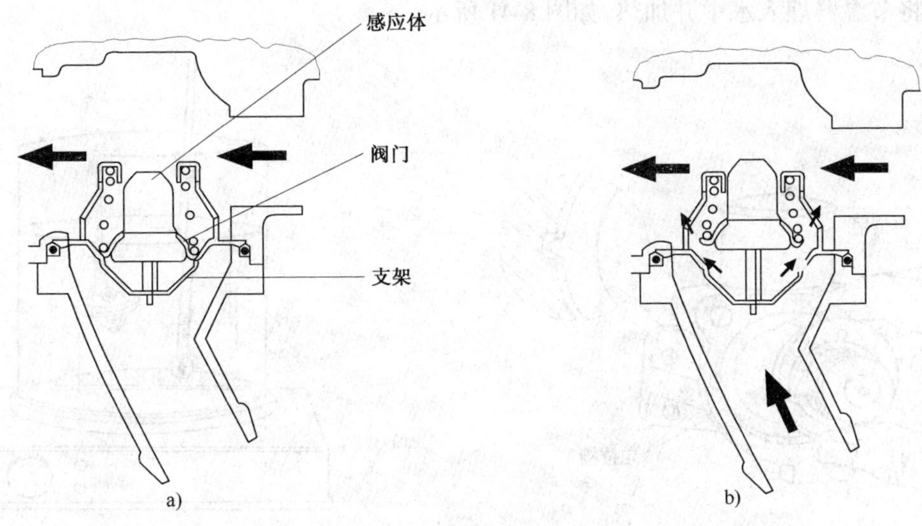

图 8-37　AJR 发动机节温器的工作原理示意图
a)水温低时;b)水温高时

节温器安装在缸盖出水口处的节温器座内。包括节温器座、节温器、节温器座密封圈、托架等零件,如图 8-39 所示。

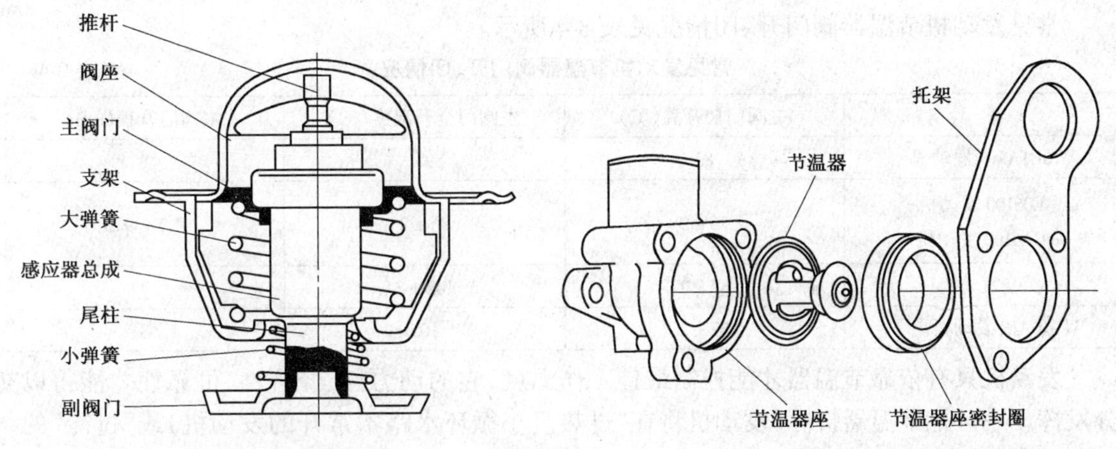

图 8-38　6BTA5.9 发动机节温器

图 8-39　6BTA5.9 发动机节温器的安装

①更换节温器时,注意节温器座密封圈必须完好无损。

②安装节温器时,要保证节温器上的定位销落在相应的槽内,并让节温器上的小舌头落在节温器室的定位槽内,如图 8-40 所示。

③装复时要注意密封圈的安装方向(止口朝节温器座)。

④节温器座螺栓拧紧力矩为 24N·m。

(二)节温器的维护与检查

蜡式节温器由于长期使用,性能逐渐衰退,其现象表现为主阀门开度减小,循环冷却液流量减少,发动机逐渐过热。因此在发动机大修和汽车行驶 50000km 发动机维护时,应检查节温器的工作情况,具体的检查方法是将节温器放在热水内进行检查。

观察步骤如下:

(1)将节温器埋入水中并加热,如图 8-41 所示。

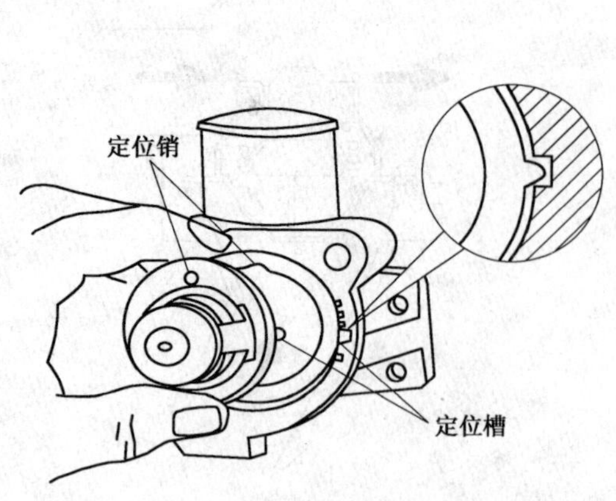

图 8-40　6BTA5.9 发动机节温器的定位槽

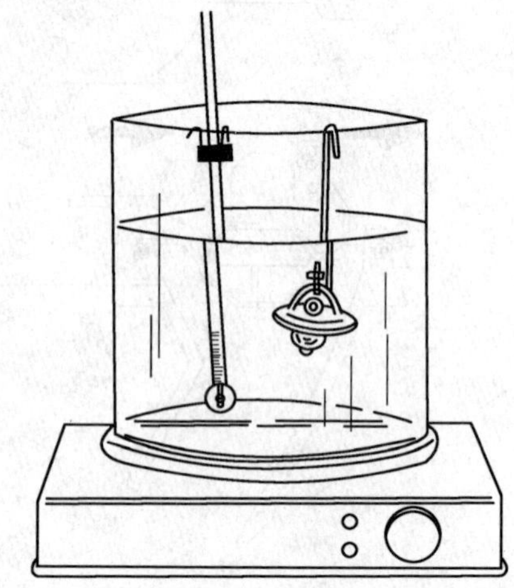

图 8-41　节温器的检查

(2)先在常温下观察节温器主阀门和副阀门的开、闭情况(主阀门关,副阀门开)。

(3)用温度计测量水温,观察节温器工作情况,注意在不同温度状态下主阀门与副阀门开度的变化。

如果阀门在应打开的温度范围不打开,应更换节温器。

常见发动机节温器阀门开、闭情况见表 8-4 所示。

常见发动机节温器阀门开、闭情况　　表 8-4

	主阀门初开温(℃)	主阀门全开温度(℃)	主阀门升程(mm)
6BTA5.9 发动机	83	95	8
E06100 发动机 CA6102 发动机	76 ± 2	86 ± 2	8.5 ~ 9.5
JV 发动机	87 ± 2	102 ± 3	7
AJR 发动机	87 ± 2	105	8

发动机只有依靠节温器才能控制最佳工作温度,它的动力性、经济性、可靠性才能得以充分发挥。一旦把节温器拆除,发动机将在“过热”(小循环水路不常开的发动机)或“过冷”的状态下工作。因此,发动机决不允许在拆除节温器的状态下工作。

六、百叶窗

有些汽车发动机在散热器前面安装百叶窗。百叶窗由许多活动叶片组成。改变百叶窗的开度,可以调节散热器的空气流量,以达到调节发动机工作温度的目的。当冷却水温度过低时,可将百叶窗部分或完全关闭,以减少吹过散热器的空气流量,使冷却水温度回升。

百叶窗一般由驾驶员通过装在驾驶室内的手柄来操纵。有的发动机则用感温器自动控制百叶窗的开度(图 8-42)。控制系统中的感温器安装在散热器进水管上,用来感受来自发动机的冷却液温度。在发动机冷起动及暖车期间百叶窗关闭。当发动机达到正常工作温度后,感温器打开空气阀(图 8-42b),使制动空气压缩机产生的压缩空气进入空气缸,并推动空气缸内的活塞连同调整杆一起下移,带动杠杆使百叶窗开启。

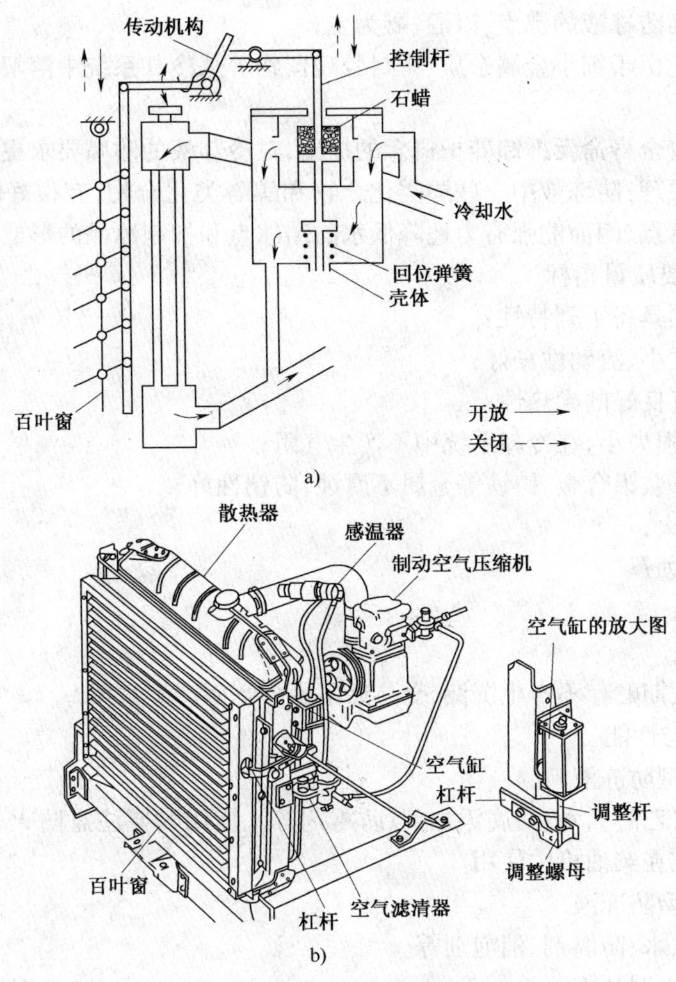

图 8-42　百叶窗自动控制系统

七、冷却液

目前汽车发动机上采用的冷却液大多为冷却水和防冻液。

(一)冷却水的选择与软化处理

冷却水最好选用软水,即含盐分少的水,如雨水、雪水、自来水等,否则在水套中易产生水垢,使气缸体、气缸盖传热效果变差,发动机容易过热。

如果只有硬水,则需要经过软化后,方可注入冷却系中使用。硬水软化的常用方法是:在1L水中加入0.5~1.5g碳酸钠或0.5~0.8g氢氧化钠。

(二)防冻液

冬季或寒冷地区气温会下降到0℃以下时,对于停止工作又无保温措施的汽、柴油机来说,机体内的水会凝结成冰,由于水结冰后体积膨胀,会发生缸体、缸盖、散热器等被撑裂的情况,因此必须采取防冻措施。防冻措施有:给车辆保温,如设置暖车库等;在停车时放掉发动机的冷却水;在冷却水中加防冻剂降低水的凝固点等。随着发动机强化程度的提高,发动机热负荷越来越大,冷却系的可靠性、有效性在汽车中显得越来越重要。

较为理想的方法是在冷却系统中使用含有各种添加剂的防冻液,常见的添加剂有:

抑沸剂——提高防冻液的沸点,以醇、醚为主;

阻垢剂——避免由于细小金属杂质、密封胶残留物等从冷却系统中溶解、裹带来其他物质产生积垢;

防腐剂——随着全寿命无拆卸养护概念的提出,对冷却液的防腐要求更加严格。

防冻液的防冻原理:防冻液中一些醇类化合物和醇醚类化合物,有很好的亲水性,加之它们本身又有很低的冰点,因而能强有力地降低水的结冰点和抑制冰晶的形成。

1. 防冻液的主要质量指标

作为防冻液必须具备下列特性:

(1)冰点低、粘度小、流动性良好;

(2)热容量大,有良好的导热性;

(3)沸点高蒸发损失小,在冷却系统中不产生气阻;

(4)对铜、黄铜、钢、铝合金、铸铁等金属不腐蚀,防锈性好;

(5)不易燃烧着火;

(6)对橡胶不侵蚀;

(7)不产生泡沫;

(8)无毒或低毒;

(9)安全性好,长期贮存不产生沉淀,受热后不易分解而产生水垢。

2. 防冻液类型与性能

(1)酒精——水型防冻液

基本组成:酒精(乙醇)、水、防腐添加剂、防霉剂等。使用时要注意防火,定期测定防冻液中的酒精含量。不宜在柴油机中使用。

(2)甘油——水型防冻液

基本组成:甘油、水、防腐剂、消泡剂等。

(3)乙二醇——水型防冻液

基本组成:乙二醇、水、防腐添加剂、消泡剂和染料

(4)二甲基亚砜——水型防冻液

无毒、对冷却系统金属无腐蚀作用,但成本高,应用于严寒地区。

3. 选择和使用防冻液的注意事项

应根据汽车行驶地区的环境温度和发动机工况选择防冻剂。乙二醇——水型防冻液高、低温度性能都比较好,建议优先选用,对于极寒地区,建议选用二甲基亚砜——水型防冻液。

(1)在使用过程中,水蒸气蒸发后,应及时补充软水,否则防冻液的冰点会升高。

(2)防冻液中有些物质和添加剂有毒,严禁吞食,若发生意外吞食应及时就医。

(3)不同类型的防冻液不宜混用,更不能加入食盐($NaCl$)、氯化钙($CaCl_2$),它们虽有降低防冻液的冰点的作用,但易引起结垢,导致冷却系统材料的腐蚀。经一些研究表明,防腐剂中草药的胺类和亚硝酸混用可能结合成有致癌危险物质。

(4)冷却系中必须常年加注一种冷却液,防止由于冷却液的化学特性不同,产生化学反应腐蚀金属零件。在改用不同牌号的冷却液时必须先清洗发动机。

(5)冷却液品牌、规格的选用应尽量参照该车型制造厂的规定。

(6)注意保护环境,必须将排出的冷却液用干净的容器进行收集以便处理或再次使用。

(7)避免长期或反复与皮肤接触。

(8)不要储存在有强烈阳光、潮湿严寒或超过60℃的地方。

(9)防冻液应具有显著而稳定的颜色,以使驾驶员区分水箱内是否添加了防冻液,并根据颜色深浅的变化判别防冻液的浓度是否发生了变化。

(10)每日保养和首次起动前要检查冷却液液面和泄漏情况。

当没有规定使用的防冻液时可用国内市场上常用的成品防冻液,如:嘉实多(Castrol)——不用稀释,一开即用;四季通用,低于零下36℃防冻保护;防腐、防锈、防沸、防侵蚀橡胶。也可用浓缩防冻液按规定配比调稀后使用。

4. 加注冷却液的方法

加注前,应先将原冷却水放干净,以免影响使用性能。由于防冻液具有随温度升高体积增大的特点,一般只加到冷却系容量的95%。

以AJR发动机冷却液的排放与加注为例说明。

(1)排放

①将仪表板上的暖风开关拨至右端,打开暖风控制阀。注意:在热态时不可立即取下冷却液储液罐的盖子,因为会有蒸气喷出。

②在储液罐的盖子上盖一块抹布,小心地旋开盖子。

③在发动机下放置一个干净的收集盘。

④松开夹箍,拔下散热器的下水管(图8-43),放出冷却液。

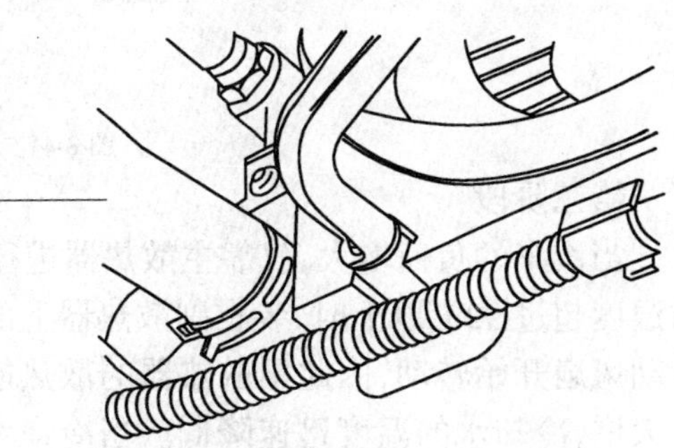

图8-43 拔下散热器的下水管

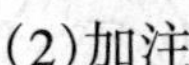

(2)加注

AJR发动机冷却液添加剂为NO52 744 CO;切勿混用不同牌号的冷却液;如果更换了散热器、热交换器、气缸盖或气缸盖衬垫则不要使用排出的冷却液;推荐的混合比为1:1(体积比),如果气温低于-35℃时,应为4:6(水:冷却液)或冷却液比例更高一些;冷却液加注量为3.5~4.0L。

①加注冷却液至冷却液储液罐最高点标志处。

②旋紧储液罐盖子。

③使发动机运转5~7min。

④检查冷却液液面高度,必要时加注冷却液到最高标记。

八、双散热器水冷却系统

为确保发动机的工作温度,以及冷发动机起动后冷却水能很快达到正常工作温度,而当发动机负荷大时,仍能使冷却水的温度不致过高。现代有些发动机采用双散热器的冷却系统。如图8-44所示。其工作情况分三个阶段(以日产蓝鸟发动机为例):

第一阶段:

冷却水在82℃以下时节温器不能打开,冷却水在发动机水套与副散热器之间循环,电动风扇不工作,冷却水温度很快上升。

第二阶段:

冷却水的温度达82℃以上时,节温器打开。冷却水同时经过副散热器及主散热器进行循环,冷却能力增大,使冷却水温度保持在82~92℃之间(发动机最佳工作温度)。

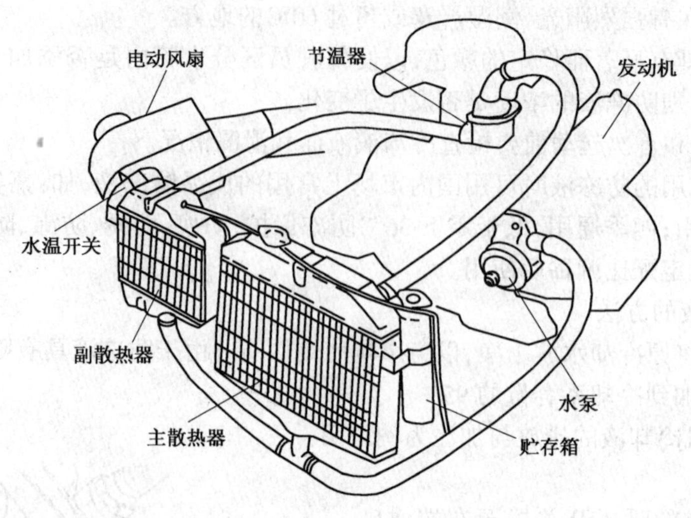

图 8-44 双散热器水冷却系统

第三阶段:

当汽车的负荷增大,仅靠主散热器进行冷却不足以维持发动机正常的工作温度,当冷却水的温度超过92℃以上时,装在副散热器上的电动风扇开始转动,因此副散热器的散热能力大增,冷却水的温度迅速降低。当冷却水温度低于88℃时,温度开关切断,电动风扇停止运转。风扇停转后水温上升大于92℃以上时,温度开关再闭合使风扇运转。这样可以维持冷却水温度在88~92℃之间。

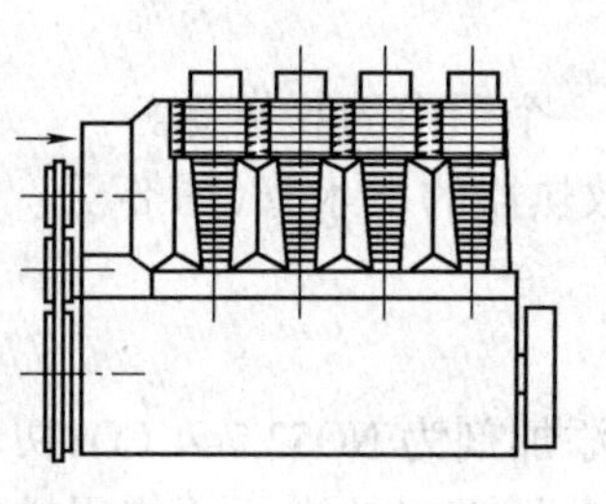

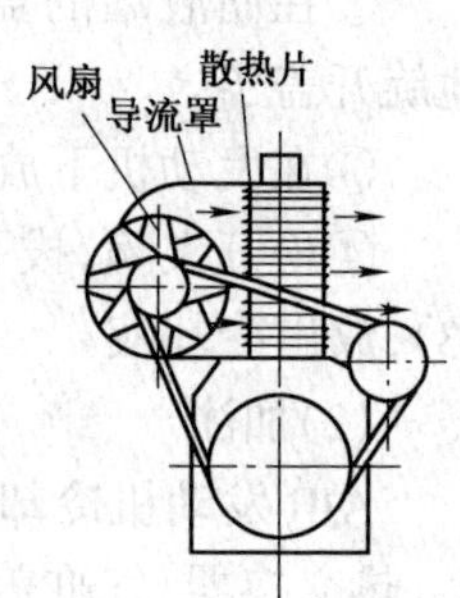

九、风冷却系简介

风冷却系是利用高速空气直接吹过气缸盖和气缸体的外表面,把从气缸内部传出的热量散发到大气中去,以保证发动机在最有利的温度范围内工作。图8-45所示是一台四缸发动机风冷却系示意图。

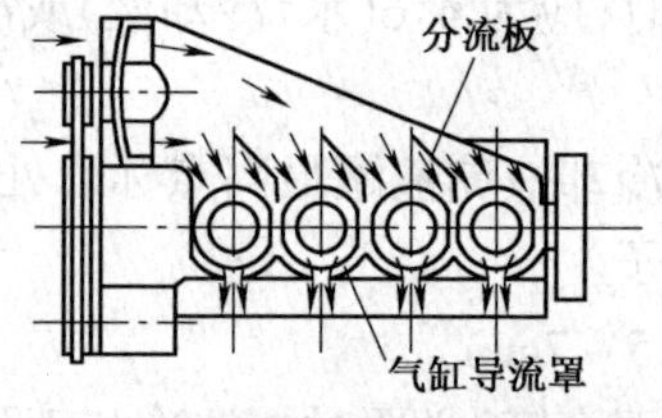

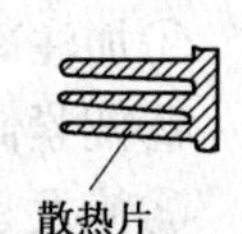

图 8-45 风冷却系示意图

为保证有足够的散热面积,气缸体、气缸盖上均布满了散热片。它与气缸体或气缸盖铸成一体。为了便于制造,风冷发动机的气缸体和气缸盖多为单个铸出,然后装到整体的曲轴箱上。

发动机最热的部分是气缸盖,为了加强冷却,现代风冷发动机气缸盖都用导热性能良好的铝合金铸造,而且发动机的气缸盖和气缸体上都有散热片。

为了更有效地利用空气流加强冷却,一般都装有导流罩,并设有分流板,以保证各缸冷却均匀。考虑到各气缸背风面冷却的需要,在有些发动机上还装有气缸体导流罩。

对于V形风冷发动机,有的仍采用一个风扇,装在发动机前方中间位置,靠导流罩将气流分别引向左右两列气缸外侧表面(图8-46);也有的采用两个风扇,分别装在左右两列气缸前端。

风冷系与水冷系比较，其结构简单，使用和维修方便；由于发动机与空气之间温差较大，故风冷系的散热能力对气温变化不敏感。但风冷系还存在着冷却不够可靠，消耗功率大和噪声大等缺点，目前在汽车上已较少采用。

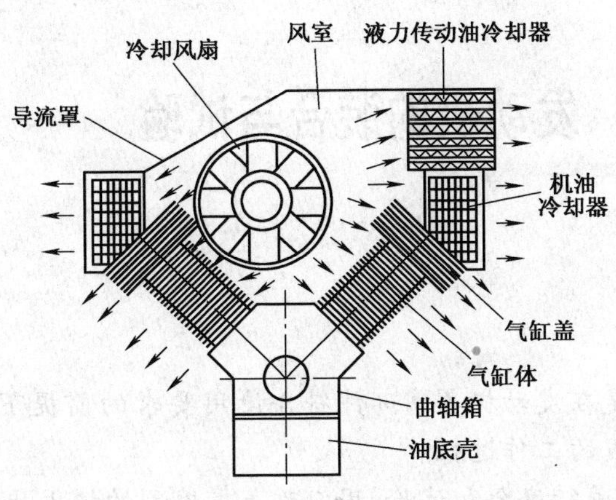

图 8-46　V 形风冷发动机冷却系统布置示意图

小结

冷却系工作正常时应保证冷却液不泄漏、温度正常，各部件工作完好、可靠，否则应加以检修。散热器是冷却系中比较“脆弱”的部件，平时应注意保护。修复后的水泵应进行试验，流量、扬程应符合规定。长期使用后的节温器一定要进行检查，发动机不可在拆去节温器情况下使用。不同牌号的冷却液不能混用，平时应视情及时添加冷却液。水冷却系使用中应注意避免烫伤。

单元九 发动机的装合与试验

单元要点

汽车发动机的装配是在发动机各零部件符合使用要求的前提下，按一定程序和技术要求装配成完整的发动机总成的工作过程。

发动机装合之后，需进行磨合和试验，用以改善摩擦副的技术状况，扩大实际接触面积，增强零件的承载能力。通过磨合试验还可以改善发动机各系统运行的协调性，及时发现和排除装配过程中的误差。

发动机的装配质量，对大修后的性能影响很大。因此，发动机的装合必须严格按照技术要求进行。发动机竣工验收是对发动机修理质量的综合评定，是对大修发动机质量的检验。因此，发动机竣工后，必须严格按标准要求进行验收。

本单元介绍了发动机装配的环境要求、注意事项、装配要点、相关技术标准和大修发动机装配后的磨合，并以康明斯 6BTA5.9 发动机和桑塔纳 AJR 发动机为例进行了装配。

课题一 发动机的装配

一、发动机装配的注意事项

1. 对发动机装配场所的要求

(1)发动机的装配过程应在专用装配间或清洁场地进行，装配过程中应防尘和保持较为稳定的室内温度。

(2)发动机在装配过程中，要做到工件不落地，工、量具不落地和油渍不落地，并保持工作台、工作盘的清洁，以保证整个装配过程的清洁。

2. 对工件清洁工作的要求

装配前应彻底清洗气缸体和曲轴，油道必须用清水冲洗干净，最后用压缩空气吹干，以保证润滑油道的畅通、清洁。清洗完毕后，应在气缸体和曲轴的机加工表面涂上一层润滑油，防止锈蚀。

对其他零件也应认真做好清洁、清点及检验工作，保证油道等各类通道的畅通，待装零部件应摆放整齐。

3. 装配中的注意事项

(1)装配中所用的工、量具应齐全、适用、合格。

(2)严格按照装配工艺进行装配，各部位配合间隙均应符合技术要求。严禁违章装配。

(3)注意装配标记和零件的不互换性。对于组合加工件、重要配合副、定时传动件和调整垫等,应按规定的位置和方向(标记)装配,不可错乱,以免破坏其相互位置关系、配合特性及平衡状态。如曲轴和连杆的轴承,各活塞连杆组的位置和方向,气门及挺柱的位置等。

(4)应当用润滑油润滑的运动件摩擦表面和重要的螺栓、螺母的螺纹上,在装配前应涂上一层干净的润滑油,以便在运转初期润滑摩擦表面。

(5)各部固定螺栓、螺母应按规定力矩和拧紧顺序拧紧。拧紧后,再复查一次。EQ6100－1型发动机和桑塔纳 JV 发动机的重要螺栓、螺母拧紧力矩见表 9-1。各螺栓螺母的锁止装置必须齐全有效。螺母拧紧后,螺栓螺纹露出螺母部分应不少于两牙。康明斯 6BTA5.9、桑塔纳2000GSi AJR 发动机的重要螺栓、螺母拧紧力矩编写在装配过程中。

(6)装配时,应检查活动零部件之间的运动是否协调。

(7)确保各密封部位的密封,防止漏水、漏油、漏气,重要密封部位应涂上密封胶。安装油封时,应在唇口和外圆涂抹润滑油后,再用压具压入。装配时,应防止油封歪斜、唇口损坏、弹簧出槽。安装油封座(盖)时,应注意与轴的同轴度。

(8)装配过程中不得直接用榔头锤击机体和零件表面,必要时应垫上铜棒、铜垫等。

部分发动机重要螺栓螺母拧紧力矩(N·m) 表 9-1

名　　称	EQ6100－1 型发动机	桑塔纳 JV 发动机 1.8L
气缸盖螺栓	170～190	75,再拧紧 90°
主轴承盖螺栓	170～190	65
连杆螺栓、螺母	100～120	30,再拧紧 180°
进、排气歧管螺栓	35～45	25
飞轮螺栓	120～140	75
水泵螺栓	20～27	20
风扇螺栓	20～27	－
摇臂轴支承螺栓	35～45	－
飞轮壳螺栓	80～100	－
凸轮轴轴承盖螺栓	－	20
凸轮轴齿带轮螺栓	－	80
中间轴齿带轮螺栓	－	80
曲轴齿带轮螺栓	－	80(M12×1.5L)螺纹用胶粘剂 D6 涂后紧固
齿带张紧轮固定螺栓	－	45

二、康明斯 6BTA5.9 发动机的装配

发动机的装配顺序与其结构有关。装配顺序一般为先内后外,即以气缸体为基础件,由内向外逐步装配。

1. 曲轴的装配

(1)将堵头正确压入气缸体,圆柱面上应涂密封胶。螺塞按规定力矩拧紧。

(2)将气缸体倒置在工作台上。

(3)将润滑、冷却气缸壁的 6 只畅通、完好的喷油嘴正确地安装在气缸体的 2、3、4、5、6、7

道主轴承座的孔内。

(4)根据曲轴主轴承盖上的标记,将主轴承盖依次摆放整齐,在主轴承座及盖中装入已选配好的主轴承,带止推垫片的组合翻边主轴承安装在第6道轴承座上。在主轴承表面涂上润滑油。注意检查主轴承定位凸榫是否正确入槽。曲轴与部分零件的装配关系如图9-1所示。

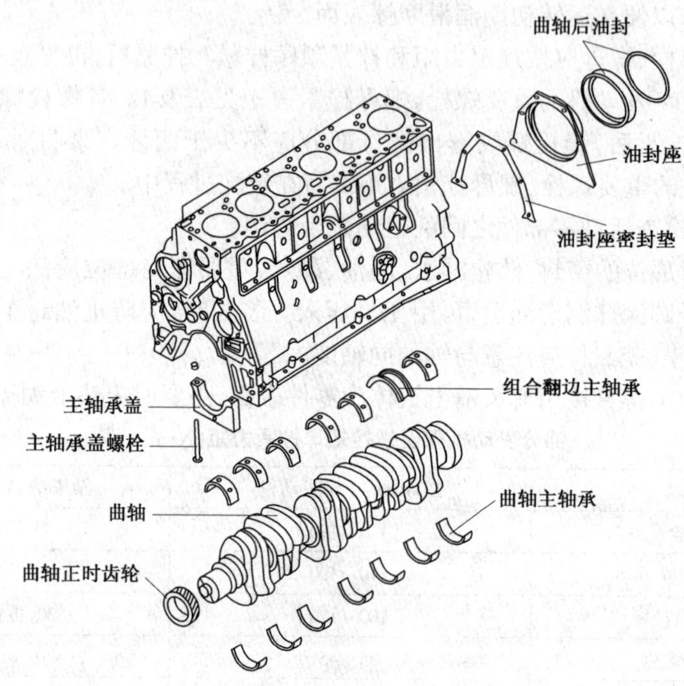

图9-1 曲轴与部分零件的装配关系

(5)将曲轴平稳地置于气缸体的主轴承上。

(6)按序号和方向标记,盖上已装主轴承的主轴承盖,如图9-2所示。装配时,在确保所有主轴承盖全部正确入座后,应前、后撬动曲轴,利用曲轴的止推面,使第6道组合翻边主轴承的止推面上下对齐成同一平面。从中间交叉向两边分3次依次拧紧主轴承盖螺栓。第1次所有螺栓按50N·m的力矩拧紧;第2次所有螺栓按80N·m的力矩拧紧;第3次所有螺栓再拧紧60°。所有螺栓拧紧后,曲轴应转动灵活,无卡滞、碰、刮现象。

(7)检查曲轴轴向间隙。检查时将曲轴撬向前端,用厚薄规片测量第6道主轴颈前端凸台止推面与组合翻边主轴承前端止推面的间隙,如图9-3所示。部分发动机曲轴的轴向间隙见表9-2。

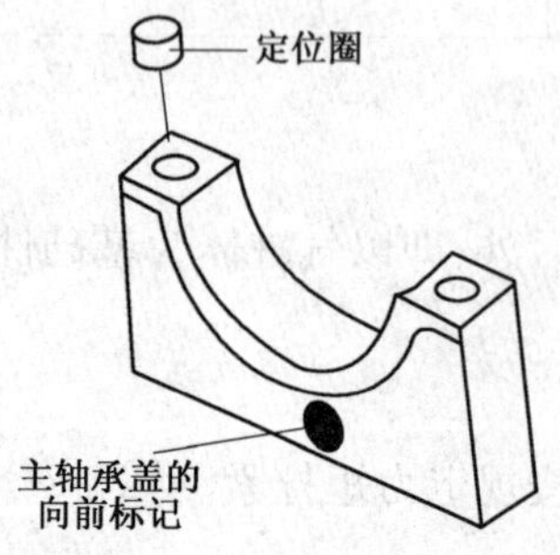

图9-2 曲轴主轴承盖的向前标记

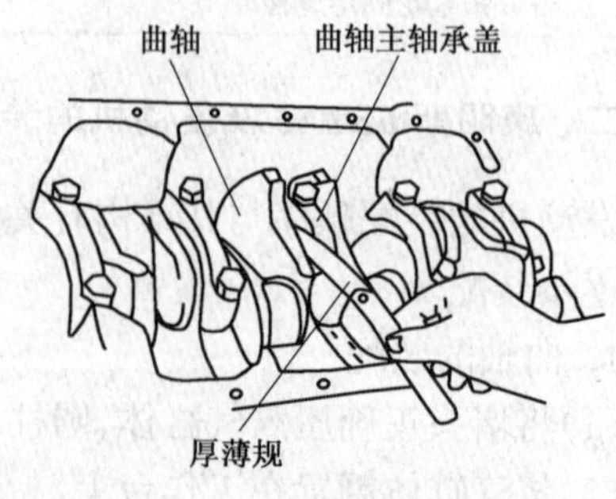

图9-3 检查曲轴轴向间隙

国产主要机型曲轴轴向间隙值(mm)　　表 9-2

机　　型	6BTA5.9	EQ6100－1	桑塔纳 AJR	桑塔纳 JV
轴向间隙值	0.13～0.30	0.14～0.35	0.07～0.21	0.07～0.17

(8)将完好的曲轴后油封压入平整的油封座内,将安装好油封的后曲轴油封座安装到气缸体后端,油封座垫应按要求涂抹密封胶(油封推入曲轴后油封颈时,不要损伤油封唇口。油封座下平面应与气缸体下平面保持在同一平面内)。

2. 活塞连杆组的装配

(1)活塞连杆组的装配关系,如图 9-4 所示。

(2)根据活塞连杆组上的标记,将它们按缸号依次分组摆放整齐,标记如图 9-5 所示。

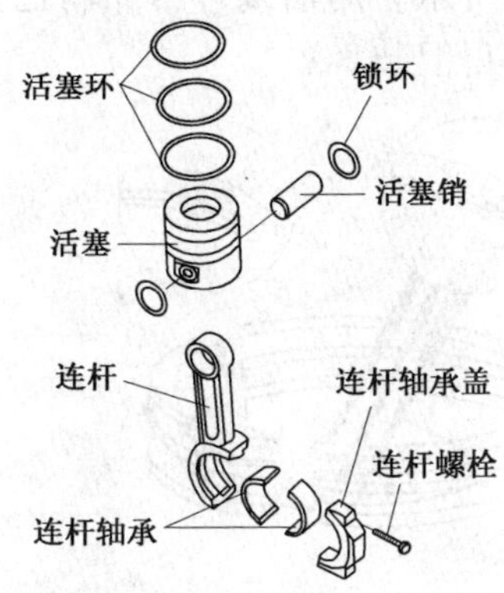

图 9-4　活塞连杆组的装配关系

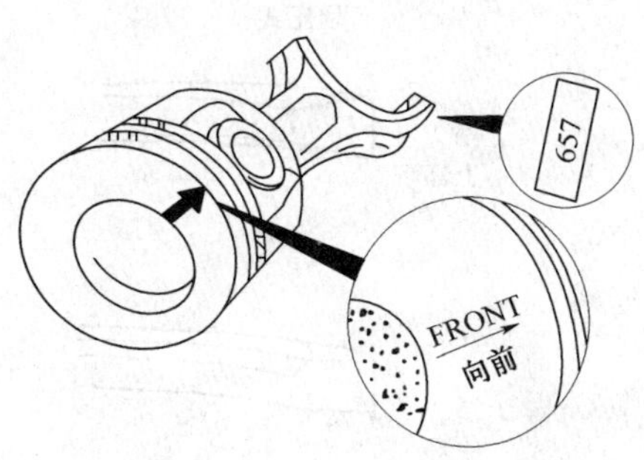

图 9-5　活塞连杆组的方向标记

(3)逐缸检查活塞与气缸的间隙。6BTA5.9 发动机活塞裙部与缸壁的配合间隙为 0.113～0.167mm。配合间隙可用带形厚薄规或外径千分尺、内径量表等量具测量。测量方法如图 9-6 所示(室温 15～25℃)。

(4)将气缸体侧置在工作台上。

(5)根据连杆轴承盖上的标记,将连杆轴承盖依次摆放整齐,在连杆轴承座和连杆轴承盖内装入选配好的连杆轴承并涂上润滑油。注意检查轴承定位凸榫是否正确入槽。

(6)摇转曲轴,使待装活塞连杆组的连杆轴颈位于下止点位置。将相应的连杆螺栓摆放整齐,不得混装。从气缸顶部放入未装活塞环的活塞连杆,同时用手导引连杆轴承座,使其对正连杆轴颈。装上已安装连杆轴承的连杆轴承盖,按规定力矩分 3 次拧紧连杆螺栓,先以 20N·m的力矩拧紧,再以 55N·m 的力矩拧紧,最终再将螺栓拧紧 60°。按同样方法按装其余各缸活塞连杆。

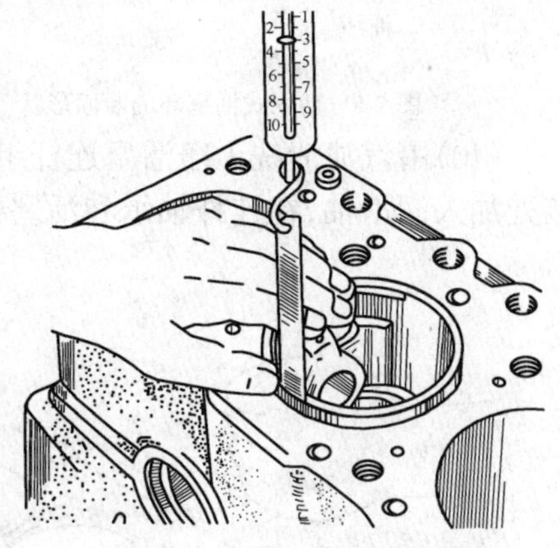

图 9-6　检查活塞与气缸的配合间隙

(7)检查连杆大头轴向间隙。将曲轴转动数圈后,检查连杆大头轴向间隙。用百分表或厚薄规检查连杆大头端面与曲柄臂定位凸台平面之间的间隙,此间隙为 0.10～0.30mm,检查方法如图 9-7 所示。

(8)检查活塞偏缸。顺时针摇转曲轴,从活塞顶部查看活塞在气缸中运动时有无前后偏斜的现象，若有偏斜现象，称为偏缸，应予以消除。连杆的弯曲、扭曲应在连杆校正器上校正。连杆大小头承孔的轴线应在同一平面内，其平行度误差(弯曲)应不大于 305:0.15，与此平面垂直的方向，轴心线的平行度误差(扭曲)应不大于 305:0.30。

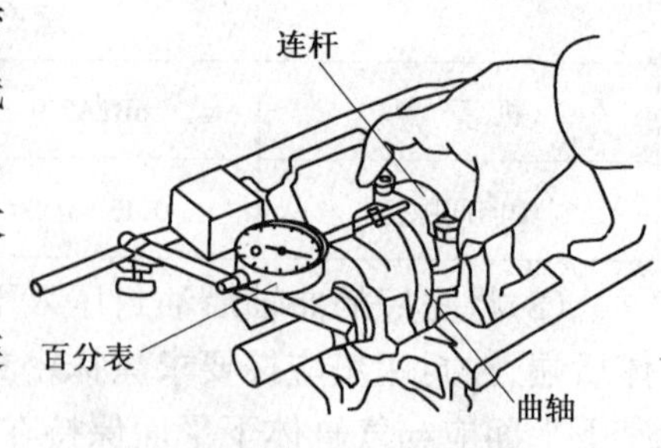

图 9-7 检查连杆大头轴向间隙

①活塞在上、中、下三个位置都偏向一方。多是由于连杆弯曲所致，可以通过校正连杆弯曲的方法予以消除。

②活塞在上、下止点改变偏斜方向。这是由于曲轴轴线与气缸轴线不垂直引起的，出现此种现象应予以消除。

(9)偏缸检查并校正完毕后，取出活塞连杆组，安装活塞环。6BTA5.9 发动机有两道气环，一道组合式油环，如图 9-8 所示。活塞环有向上标记，如图 9-9 所示。用活塞环卡钳将已选配好的活塞环装配到活塞的环槽中，如图 9-10 所示。注意各缸不得混装。

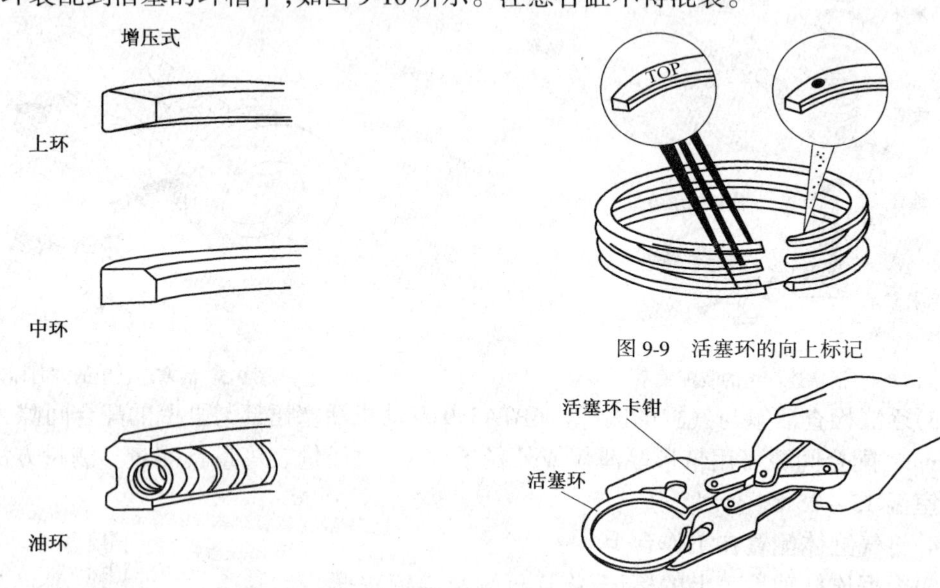

图 9-8 增压式活塞环的断面形状

图 9-9 活塞环的向上标记

图 9-10 安装活塞环

(10)用汽油清洗干净活塞连杆组，摆放活塞环开口位置。向活塞环开口处、连杆与活塞连接处加入润滑油，在连杆轴承和活塞裙部表面涂上润滑油，并将活塞环转动数周，然后摆放活塞环开口位置。摆放时：第一道环口在活塞裙部的非承压面一侧，三道环的开口相互错开 120°，衬簧的开口端在离油环体开口端的 180°处。

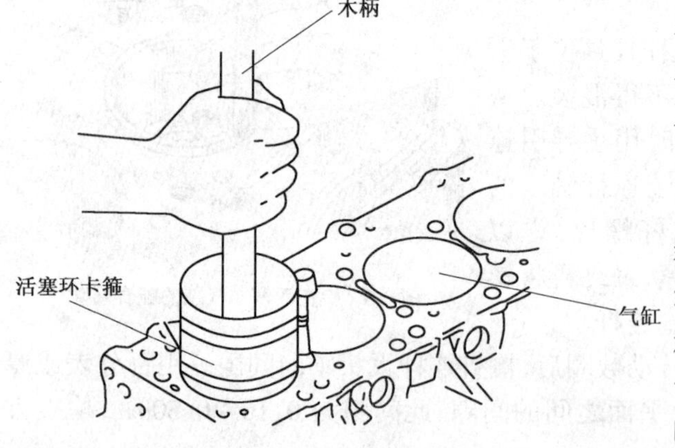

图 9-11 向气缸中装入活塞连杆组

(11)装配活塞连杆组。将活塞连杆组装入相应的气缸，用活塞环卡箍将活塞环约束倒环槽内，注意不得松脱，否则，应重新摆放活塞环开口位置。用木锤手柄敲击卡箍四周，确保各环均被约束到环槽以内时，再用木锤手柄将活塞顶入气缸(卡箍应紧贴缸体平面)，如图 9-11 所示。用手导引连杆大头套入连杆轴颈,装复连杆轴承盖。其余各缸装配方法与上述相同。

(12)转动曲轴数圈,应轻盈自如,无卡滞现象。连杆大头在轴颈上应轴向滑动自如。轴向间隙为 0.10 ~ 0.30mm。

(13)将气缸体倒置在工作台上。

3. 安装正时齿轮室

将正时齿轮室安装在发动机气缸体的前端。齿轮室垫应按要求涂抹密封胶,用螺栓紧固正时齿轮室。正时齿轮室及相关零件的装配关系如图 9-12 所示。

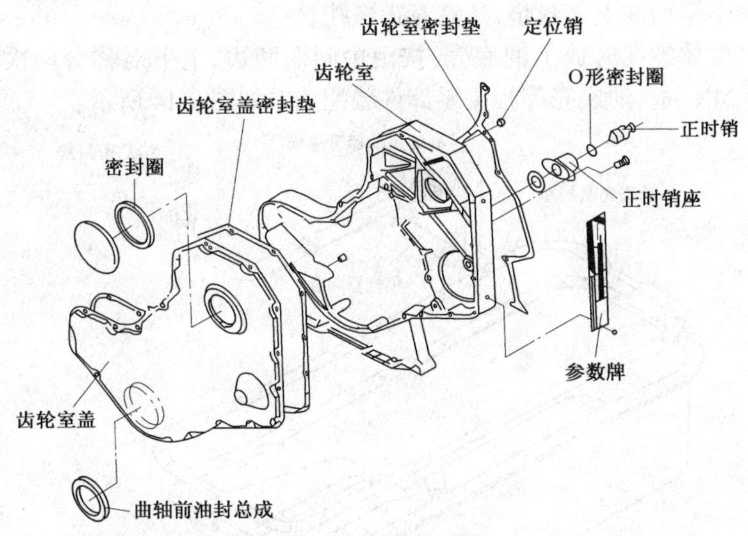

图 9-12　正时齿轮室及相关零件的装配关系

4. 安装凸轮轴及相关零件

(1)安装机油泵、传动惰轮。

(2)安装正时齿轮。凸轮轴前端凸台和轴向止推法兰的厚度差应符合轴向间隙的要求,间隙为 0.10 ~ 0.36mm。将半圆键装入键槽,将加温后的正时齿轮压入凸轮轴。注意:有正时标记的一面要向前,要压到位。

(3)检查轴向间隙。将轴向止推法兰插入正时齿轮与凸轮轴第一道轴颈的前端面之间,用厚薄规测量其间隙,如图 9-13 所示,应符合要求。

(4)安装气门挺柱。安装前,应在挺柱表面涂上润滑油。

(5)安装凸轮轴。在各凸轮轴轴颈、凸轮、正时齿轮和轴承表面涂上润滑油,把凸轮轴装入轴承孔内。注意将凸轮轴正时齿轮与曲轴正时齿轮的标记对准。紧固凸轮轴止推法兰,保证轴向间隙符合要求。

(6)安装正时销座。将正时销座安装在正时齿轮室上。维修时,如仍使用原正时齿轮室,且正时销座未动,不需重新定位正时销座,如果更换了齿轮室或正时销座已分解,应按如下顺序重新定位、安装正时销座:

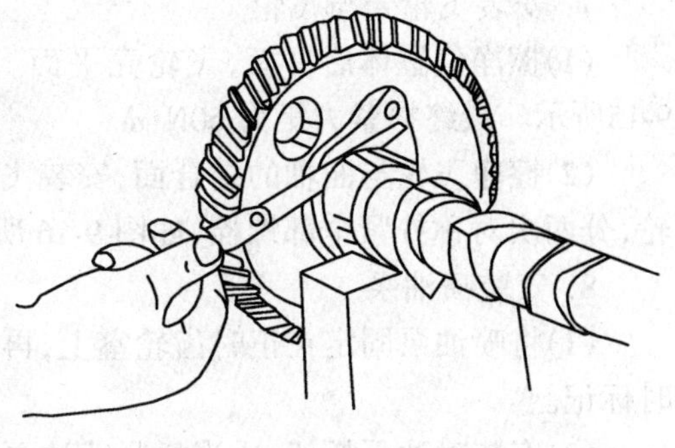

图 9-13　检查凸轮轴轴向间隙

使第 1 缸处于压缩上止点位置,从齿轮室后端正时销座孔处看清凸轮轴正时齿轮上的正时销定位孔,将正时销座组件的各零件按图 9-12 所示装好,将正时销插入正时销定位孔内,以 5N·m 的力矩拧紧两个固定螺栓,拔出正时销。

5．安装油底壳

(1)安装机油泵进油管及集滤器。

(2)安装油底壳前,应检查油底壳内有无异物。

(3)在气缸体下平面和油底壳平面涂上密封胶。

(4)在气缸体下平面放上密封垫,注意对正螺孔。

(5)在对准气缸体螺孔时放上油底壳,按由中间向两边,上下对称分两次拧紧固定螺栓。最终拧紧力矩为 24N·m。油底壳等相关零部件装配关系如图 9-14 所示。

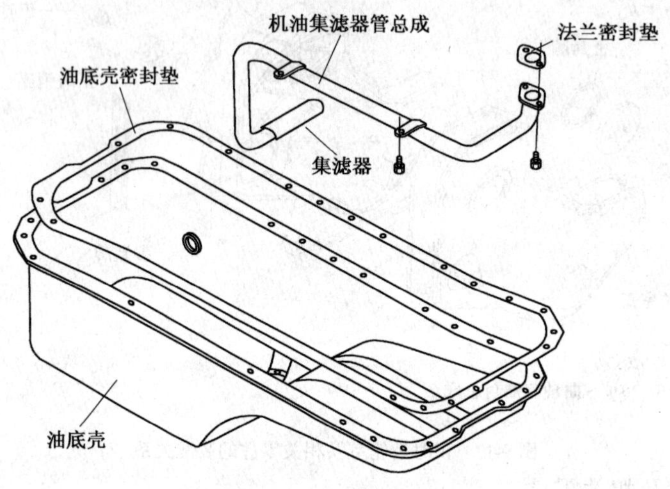

图 9-14　油底壳等相关零件的装配关系

6．安装摇臂推杆室盖

(1)将发动机正置在工作台上。

(2)将曲轴箱通风管、挡油板安装在摇臂推杆室盖上。

(3)安装摇臂推杆室盖。在盖与气缸体之间有密封胶垫,安装时涂上密封胶。适度拧紧固定螺栓。

7．安装飞轮壳与飞轮

(1)擦净气缸体后平面,飞轮壳平面。安装飞轮壳,以合理顺序拧紧全部固定螺栓,如图 9-15所示。最终拧紧力矩为 60N·m。

(2)擦净飞轮与曲轴的结合面,安装飞轮前应检查并保证变速器一轴前轴承完好。安装飞轮,分两次对称拧紧全部螺栓,如图 9-16 所示。最终拧紧力矩为 137N·m。

8．安装喷油泵

(1)将喷油泵固定在正时齿轮室上,再安装喷油泵驱动齿轮,注意要对准驱动齿轮上的正时标记。

(2)安装喷油泵托架,适当托紧喷油泵。

(3)安装喷油泵润滑油管,安装增压补偿气压采样管。

9．安装空气压缩机

将已安装驱动齿轮的空气压缩机安装在齿轮室上。

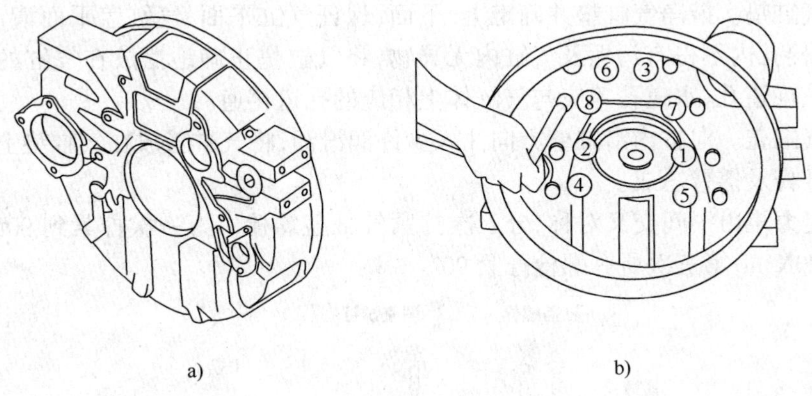

图 9-15 飞轮壳螺栓的拧紧顺序
a)飞轮壳;b)螺栓拧紧顺序

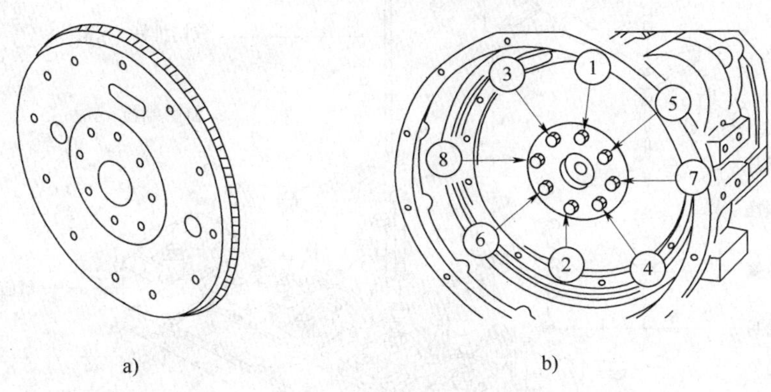

图 9-16 飞轮螺栓的拧紧顺序
a)飞轮;b)螺栓拧紧顺序

10. 安装正时齿轮室盖

(1)检视正时齿轮室内零件,应安装正确、无遗漏,再次确认正时标记已对准。

(2)安装正时齿轮室盖,在正时齿轮室盖与正时齿轮室之间装有齿轮室盖垫,安装时应涂上密封胶。

11. 安装水泵等附件

(1)安装空气压缩机润滑油进油管、出油管及接头座。安装空气压缩机冷却水进水管座(对气缸体而言也称为出水连接管阀)。

(2)安装水泵。

(3)安装曲轴皮带轮(扭转减震器)。

(4)安装曲轴传动皮带惰轮、惰轮皮带盘。

12. 安装气缸盖

(1)擦净气缸、气缸盖平面。

(2)装配气门组各零件。配气机构零件的装配关系如图 9-17 所示。把已研磨好的气门与气门座及气门导管清洗干净。安装气门油封,将气门按配对研磨的顺序涂上润滑油后插入各自导管中,严禁混装。安装气门弹簧、气门弹簧座。用气门弹簧钳压缩已装气门弹簧座的气门弹簧,装入气门锁片。

(3)摆放气缸垫。揩净气缸垫并确定上、下面,保证气缸平面、气缸盖平面清洁,确认气缸体上各缸盖螺栓孔内不得有污垢及气缸内无异物,将气缸垫正确地摆放在气缸的平面上。衬垫上的螺栓孔、油道孔、水道孔等应与气缸体上相应的孔道相通。

(4)安装气缸盖。向缸内沿缸壁方向注入少许润滑油,将气缸盖放在气缸垫上。

(5)摆放推杆及摇臂总成。

(6)按规定力矩由中间交叉对称,分三次拧紧气缸盖螺栓。第一次拧紧到 90N·m,第二次螺栓拧紧到 120N·m,第三次所有螺栓拧紧 90°。

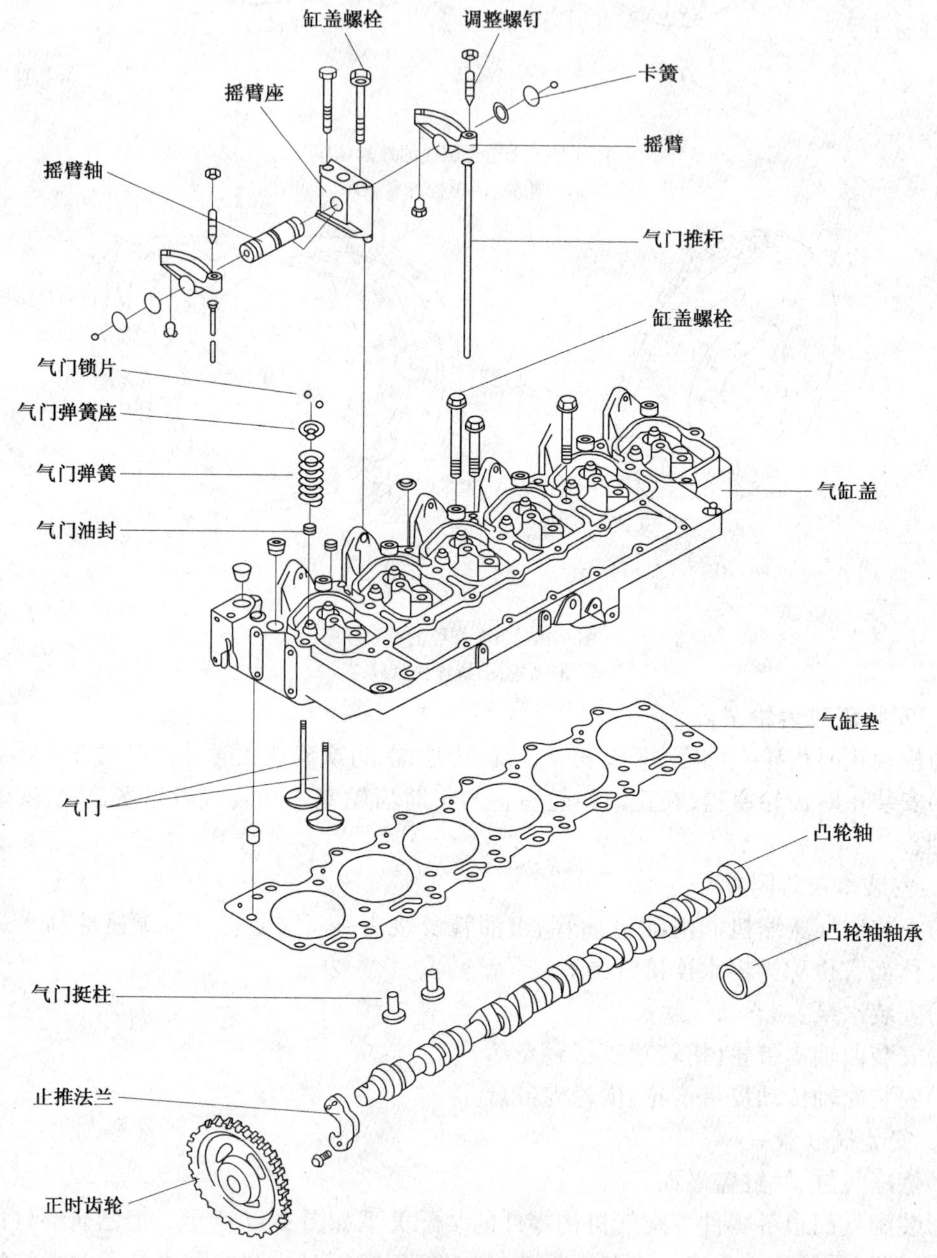

图 9-17 配气机构零件的装配关系

(7)调整气门间隙,调整方法如图 9-18 所示。凡凸轮轴凸轮不与气门接触的气门的间隙均可以调整。可以哪一缸压缩到上止点就调整哪一缸的气门间隙,也可以将全部气门分两次调整完,调整方法见第三单元。

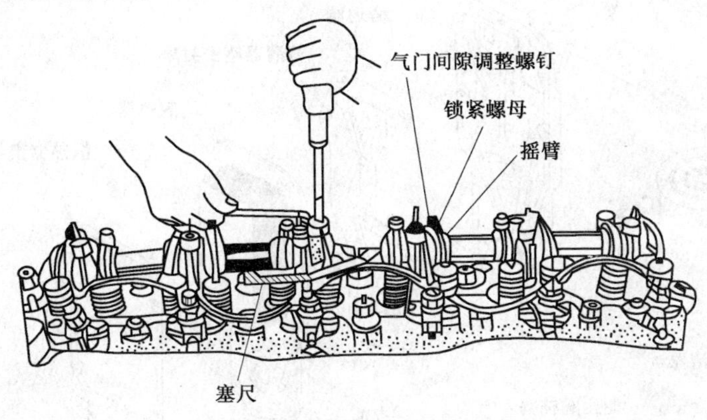

图 9-18　调整气门间隙

(8)安装喷油器,如图 9-19 所示。在喷油器与气缸体间装有垫片,按规定力矩紧固喷油器。最终拧紧力矩为 60N·m。

(9)安装喷油器回油管

13. 安装机油散热器与机油滤清器

(1)安装机油散热器及机油滤清器座。散热器芯与气缸体平面之间,滤清器座与散热器芯之间均有密封垫。安装时在密封垫两面涂上密封胶。按规定力矩从中间向两侧,左右对称拧紧固定螺栓。最终拧紧力矩为 24N·m。

(2)安装机油滤清器。在滤清器内注满机油,滤清器与滤清器座接触后再拧紧 270°。

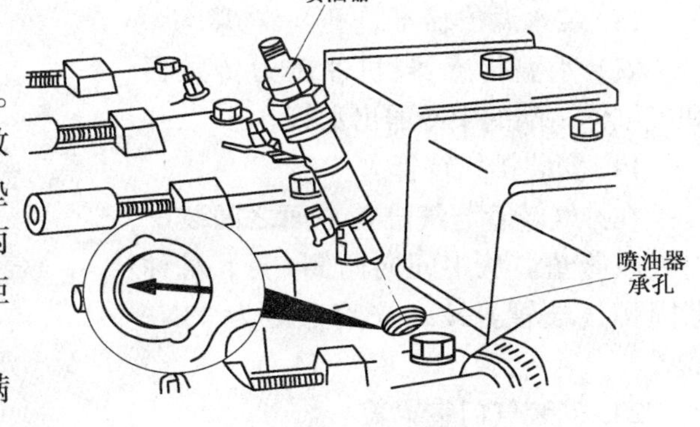

图 9-19　安装喷油器

机油滤清器等相关零件装配关系如图 9-20 所示。

14. 安装发动机前支架

发动机前支架左、右各有一个,支架固定螺栓最终拧紧力矩为 77 N·m。

15. 安装发动机进水管座

进水管座与气缸体之间有密封垫,在密封垫两面要涂密封胶,拧紧固定螺栓,拧紧力矩为 43N·m。

16. 安装发动机节温器等相关零件

出水管座与气缸体之间有节温器和前吊钩,密封垫的两面要涂密封胶。出水管座固定螺栓的拧紧力矩为 24N·m。安装发电机支架、冷却系小循环水管座。支架固定螺栓拧紧力矩为 24N·m。节温器等相关零件装配关系如图 9-21 所示。

17. 安装中冷器

在中冷器与气缸盖之间的装上两面涂有密封胶的密封垫,从中间向两侧,前后对称拧紧固定螺栓,拧紧力矩为 24N·m。中冷器等相关零件的装配关系如图 9-22 所示。安装发动机后吊钩,吊钩固定螺栓拧紧力矩为 77N·m。

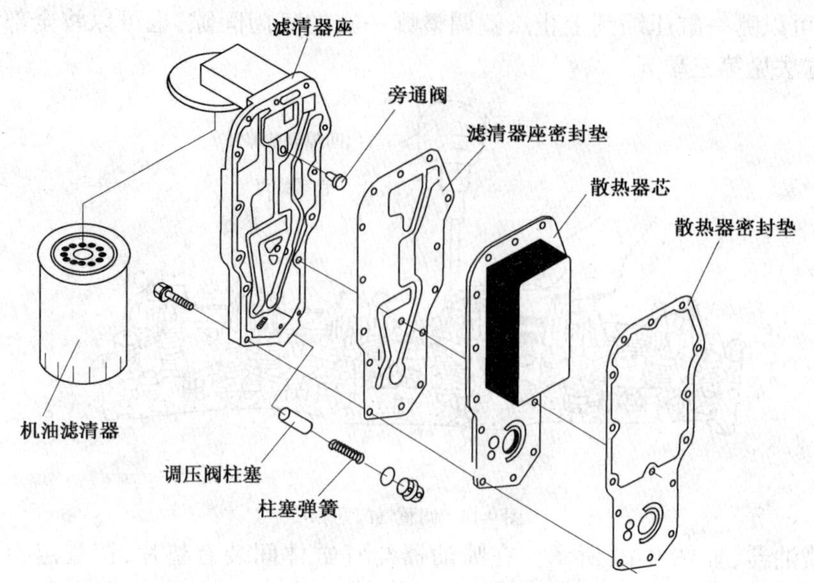

图 9-20　机油滤清器等相关零件装配关系

18. 装水温传感器

安装水温传感器、机油压力传感器和气缸体一端的中冷器出水管。

19. 安装排气歧管

在排气歧管与气缸盖平面之间装上排气歧管垫。从中间向两侧,上下对称紧固排气歧管。最终拧紧力矩为 43N·m。

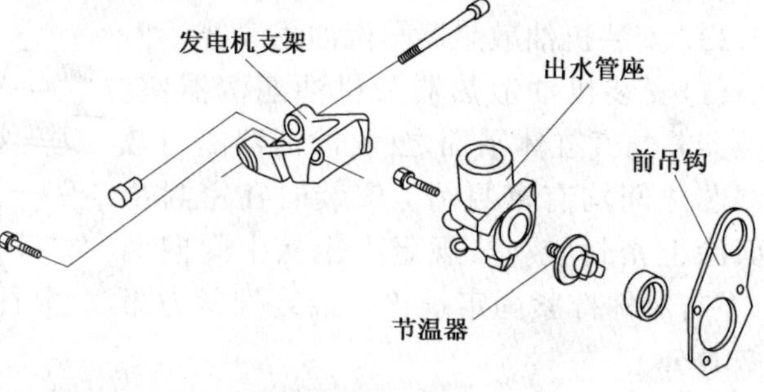

图 9-21　节温器等相关零件装配关系

20. 安装气门室罩盖

在罩盖与气缸盖之间放上橡胶垫,适度拧紧固定螺栓。安装发动机机油加油口盖。安装空气压缩机冷却水出水管。

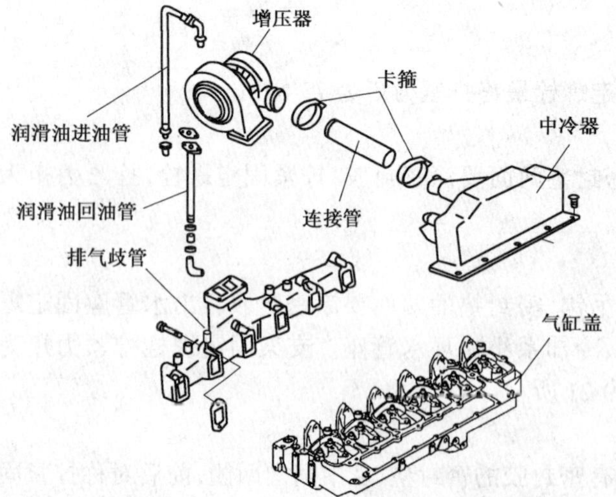

图 9-22　中冷器等相关零件的装配关系

21. 安装燃油输油泵

在输油泵与气缸平面之间装上两面涂有密封胶的密封垫。输油泵固定螺栓拧紧力矩为 24N·m。安装柴油滤清器座及滤清器。滤清器座固定螺栓拧紧力矩为 24N·m。滤清器接触到滤清器座时,再拧紧 270°。

22. 安装喷油泵至滤清器的进油管

安装油门支架。安装输油泵至滤清器的回油管。安装喷油器油管在滤清器上的一端。

23. 安装空气压缩机冷却水进水管

安装喷油泵至喷油器的高压油管,拧紧力矩为 25N·m。

24. 安装涡轮增压器及相关零件

(1)安装涡轮增压器,增压器固定螺栓拧紧力矩为 32 N·m。安装涡轮增压器润滑油进油管和回油管。

(2)安装中冷器进水管和出水管。

25. 安装发电机等附件

(1)安装发电机。

(2)安装曲轴皮带张紧轮及传动皮带。传动皮带的张紧度为用拇指全力压下皮带中点,最大挠度为 10~15mm。

(3)安装起动机。

26. 检查发动机装配的完整性

27. 完成启动的准备工作

加注润滑油、冷却液,连接空气滤清器,接通燃料箱,核校喷油正时,排出管路空气,接通电源。进行起动前的必要检查。

三、桑塔纳 2000GSiAJR 发动机的装配

1. 曲轴飞轮组的装配

曲轴飞轮组的装配关系如图 9-23 所示。

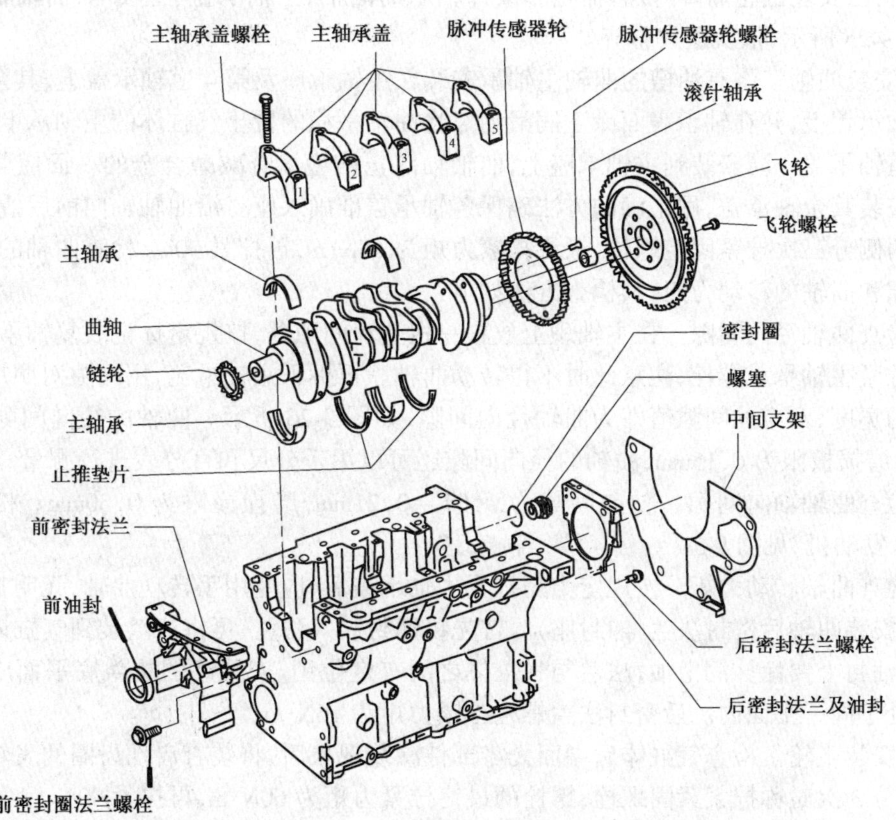

图 9-23 曲轴飞轮组的装配关系

(1)将机油泵的主传动链轮加热至 220℃,用专用工具从曲轴前端压入、要到位。将脉冲

传感器轮安装到曲轴上,螺栓拧紧力矩为 10N·m,再拧紧 90°。用专用工具将完好的曲轴后端滚针轴承压入承孔内,压入方法及压入深度如图 9-24 所示。

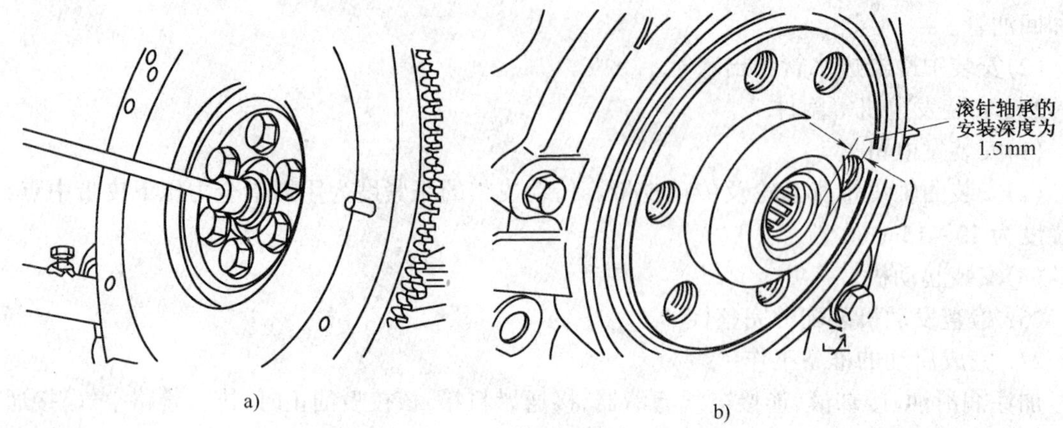

图 9-24　压入滚针轴承专用工具及压入深度

a)用专用工具压入滚针轴承;b)滚针轴承的压入深度

(2)将堵头正确压入气缸体。螺塞按规定力矩拧紧。

(3)将气缸体倒置在工作台上。

(4)将已安装链轮、脉冲传感器轮和滚针轴承的曲轴、主轴承盖、主轴承,曲轴轴向止推垫圈,如图 9-25 所示,依次摆放整齐。

(5)安装曲轴。将有油槽的曲轴主轴承安装在主轴承座及第 4 道轴承盖上,其余轴承安装在其他轴承盖上,并在轴承表面涂上润滑油。将曲轴平稳的置于气缸体的主轴承上,止推垫片与第三道轴承盖一同安装到主轴承座上,曲轴轴向止推垫片有减磨合金的一面应朝向曲轴止推面。安装其余轴承盖,用正确的方法确保各轴承盖准确入座。沿曲轴轴向前后撬动曲轴,从中间向两侧分三次拧紧固定螺栓,最终拧紧力矩为 65N·m,再拧紧 90°。检查曲轴的径向间隙、轴向间隙和曲轴的转动力矩,其检查方法如下:

①检查曲轴径向间隙。在主轴颈上放置一根塑料间隙条,按规定标记装复轴承盖,并按规定力矩拧紧主轴承盖螺栓,注意此时不得转动曲轴。再拆下主轴承盖,用间隙对照尺测量塑料间隙条的宽度,对应的间隙值即为曲轴径向间隙,如图 9-26 所示。曲轴的径向间隙为 0.01 ~ 0.04mm,磨损极限为 0.15mm,曲轴的径向间隙还可以用千分尺和百分表进行测量、选配。

②检查曲轴轴向间隙。轴向间隙为 0.07 ~ 0.21mm,磨损极限为 0.30mm。检查方法同 6BTA5.9 发动机,见图 9-3。

③检查曲轴转动力矩。按规定力矩拧紧主轴承盖后,应能用手转动曲轴,无明显阻力。

(6)安装曲轴后密封法兰(油封座)。首先将油封装入法兰,再将法兰装到气缸体后端。在安装时,油封上要涂抹润滑油,法兰与气缸体之间有定位销,安装好的法兰底平面应与气缸体底平面处于同一平面内。后密封法兰螺栓拧紧力矩为 16N·m。

(7)安装飞轮。检查气缸体后端面无零部件漏装现象后,将装有启动齿圈的飞轮安装在曲轴后端,分 3 次对称拧紧紧固螺栓,螺栓的最终拧紧力矩为 60N·m,再拧紧 90°。

2. 活塞连杆组的装配

(1)根据活塞上的标记,如图 9-27、9-28 所示,将它们按缸号依次分组摆放整齐。

(2)逐缸检查活塞配缸间隙,选配方法同 6BTA5.9 发动机。AJR 发动机的活塞与气缸的间隙在室温 15～25℃时为 0.025～0.045mm。

(3)将气缸体侧置在工作台上。

(4)将组装好的活塞连杆组按标记分组摆放整齐,装好经选配合格的连杆轴承,并注意对正油孔和定位凸榫。将待装活塞连杆组的连杆轴颈摇转至下止点位置,将未装活塞环的活塞连杆组装入相应的气缸,按标记安装连杆轴承盖,并按规定力矩分两次拧紧连杆螺栓,最终拧紧力矩为 30 N·m(此次不要再拧紧 90°)。同时需进行下列检查:

①检查连杆大头轴向间隙。将曲轴转动数圈用厚薄规片测量连杆大头端面与曲柄臂定位销之间的间隙,此间隙值为 0.10～0.35mm。

②检查活塞偏缸。其偏缸检查方法,偏缸原因和排除方法与 6BTA5.9 发动机相同。检查校正完毕依次拆下各缸活塞连杆组。

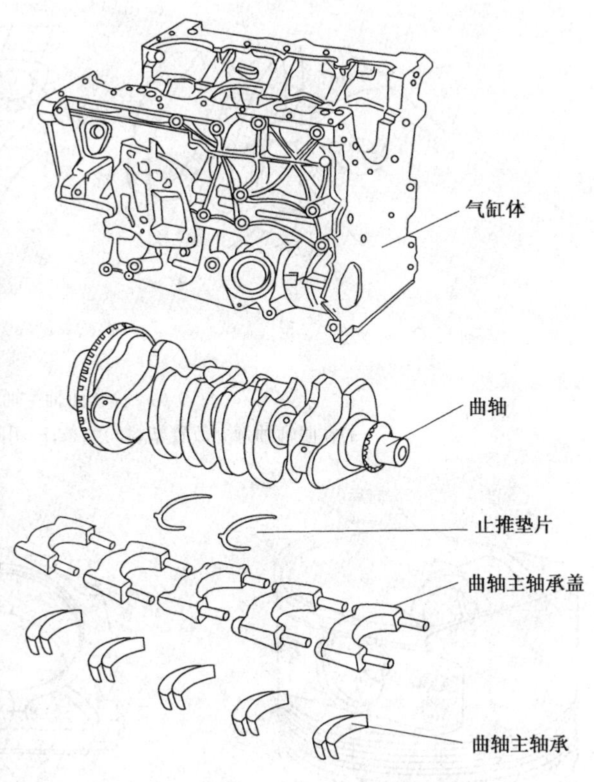

图 9-25 曲轴等相关零件

(5)安装活塞环并摆放开口位置。安装时应注意第一道压缩环为镀铬内倒角环,内倒角应朝上。第二道环为外倒角环,倒角应朝下。活塞环上的 TOP 标记应朝向活塞顶部。用汽油清洗干净活塞连杆组,确认各零件装配齐全,向活塞环开口处、连杆与活塞连接处加入润滑油,在连杆轴承和活塞裙部表面抹上润滑油,将活塞环转动数周。图 9-29 所示为摆放活塞环开口位置。

(6)将活塞连杆组装入气缸。根据活塞、连杆的向前标记和缸号,将活塞连杆装入相应气缸内,安装连杆轴承盖并按规定力矩拧紧连杆螺栓,最终拧紧力矩为 30N·m,再拧紧 90°。活塞连杆组装入气缸时,约束活塞环的方法同 6BTA5.9 发动机。

(7)AJR 发动机的连杆螺栓为预应力螺栓,大修中拆卸后应予以更换。

(8)将发动机倒置。

3. 安装机油泵和油底壳等相关零部件

安装机油泵。在安装机油泵前要先安装定位销钉。紧固已安装机油集滤器的机油泵。机油泵的固定螺栓拧紧力矩为 16 N·m,将传动链套在主、被动链轮上,固定被动链轮(机油泵链轮),固定链轮的螺栓拧紧力矩为 22 N·m。安装传动链张紧器。安装挡油板。安装带有曲轴前油封的油封法兰(油封座),油封法兰与气缸体有定位销钉定位,油封法兰的固定螺栓拧紧力矩为 15 N·m。摆放密封衬垫,安装油底壳。从中间向两侧分两次对称拧紧固定螺栓。

4. 配气机构和气缸盖的装配

(1)气门组的装配。用专用工具将气门油封压装于气门导管上,如图 9-30 所示。安装油封一定要到位,并防止油封变形或损坏。在气门杆部涂抹润滑油后,装配气门、气门弹簧、气门弹簧座,使用专用工具安装气门新锁片,其装配关系如图 9-31 所示。安装完毕要用木锤轻敲

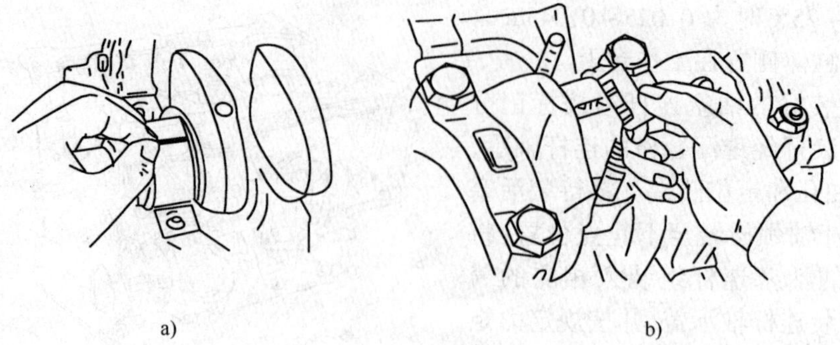

图 9-26　检查曲轴主轴承径向间隙

a)在曲轴轴颈上放置塑料间隙条；b)用间隙对照尺检查轴承的间隙

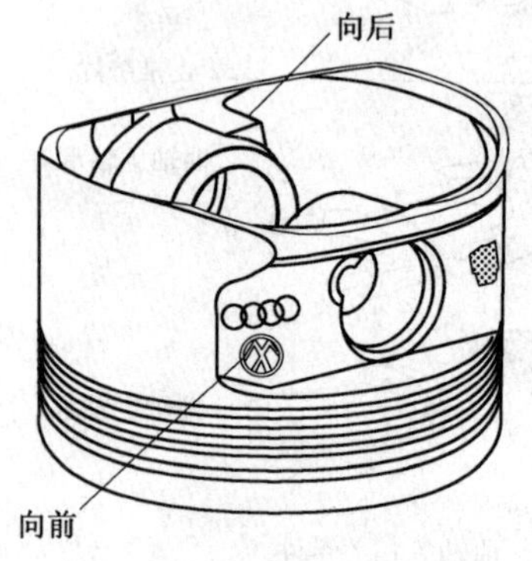

图 9-27　活塞上的方向标记

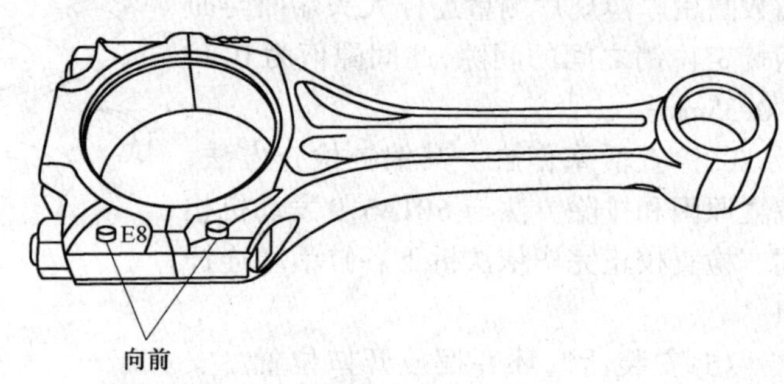

图 9-28　连杆上的方向标记

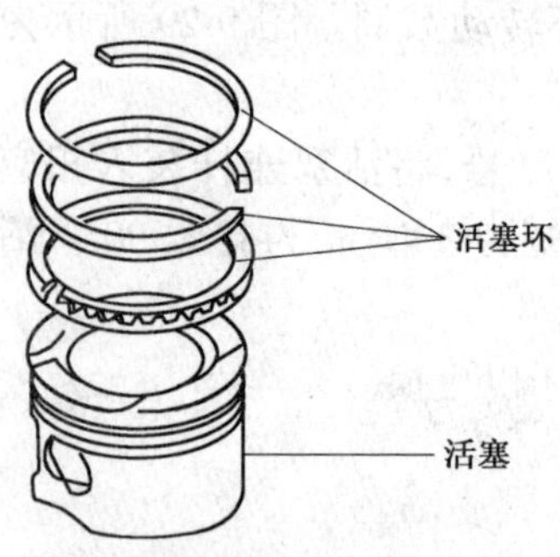

图 9-29　摆放活塞环开口位置

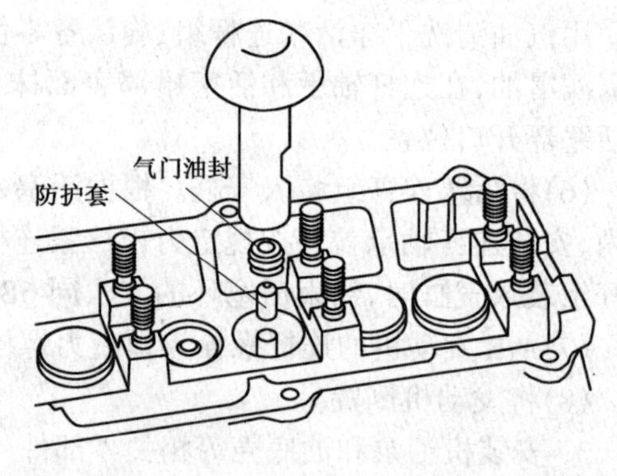

图 9-30　使用专用工具安装气门油封

数下，以确保锁片安装到位。

(2)检查凸轮轴轴向间隙。将凸轮轴装在凸轮轴轴承座上，装上一、五道轴承盖，其轴向间隙应不大于 0.15mm，取出凸轮轴。凸轮轴轴向间隙检查方法如图 9-32 所示。

(3)安装挺柱。按顺序把气门挺柱涂抹润滑油后放入承孔中。在装配前，应进行液压挺柱密闭性检查。

①将液压挺柱浸入润滑油中反复推压，排除内腔中的空气。

②将排净空气的液压挺柱放在试验台上进行检查，方法见第三单元挺柱检修部分。

③注意:重新安装气门挺柱的发动机在安装凸轮轴后30min内不得启动发动机,否则气门有可能与活塞顶部碰撞。

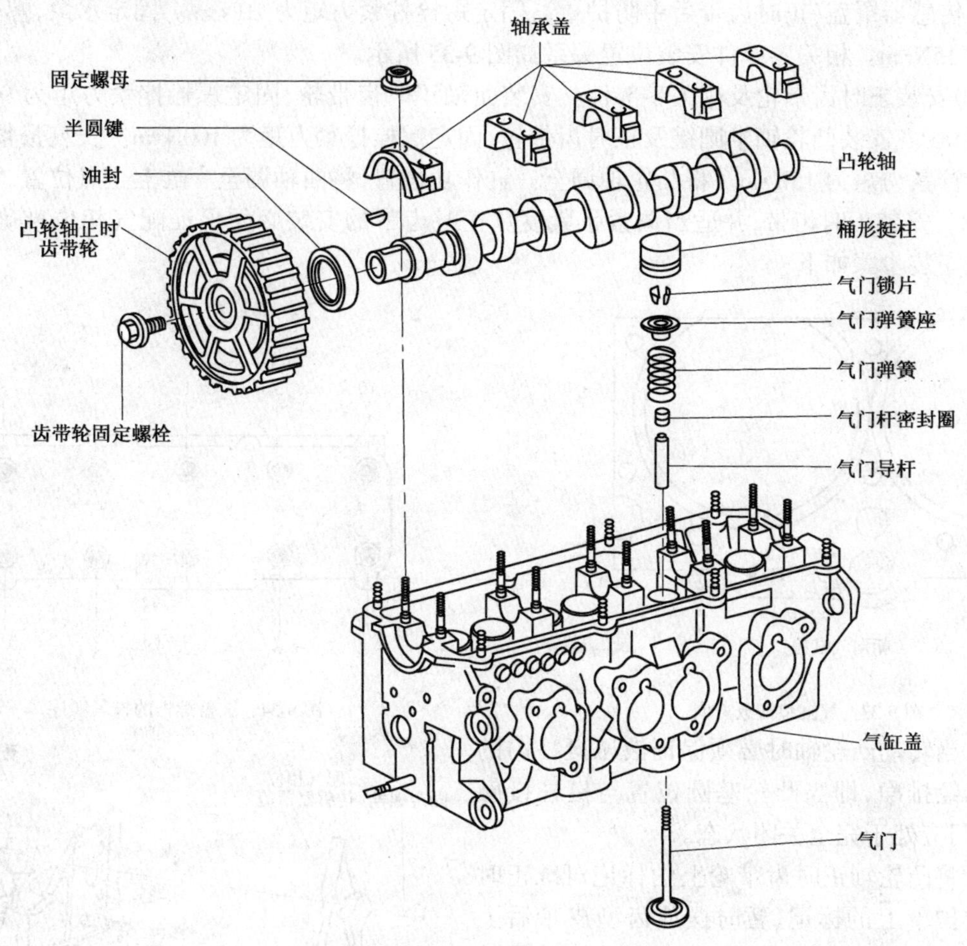

图9-31　配气机构与气缸盖的装配关系

(4)安装凸轮轴和油封。在凸轮轴承孔表面涂抹润滑油,将凸轮轴置于气缸盖上的承孔座中,使一缸凸轮朝上按轴承盖顺序和方向安装轴承盖,从中间向两侧对角交替分多次拧紧轴承盖。注意先拧紧凸轮顶起部位的轴承盖。最终拧紧力矩为20N·m。在凸轮轴油封的唇口涂抹润滑油,将油封用专用工具压入到油封承孔内。

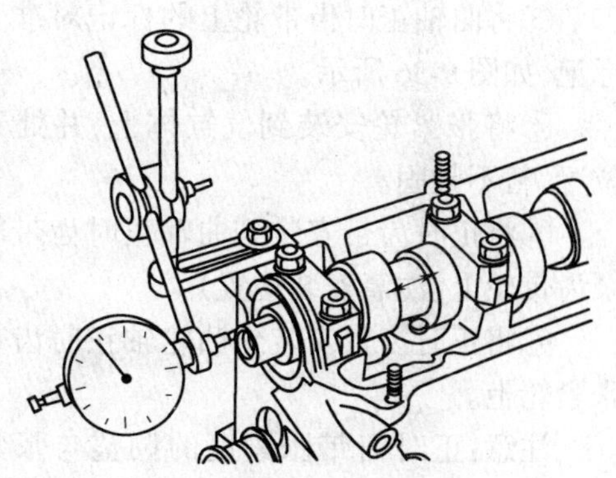

图9-32　检查凸轮轴轴向间隙

(5)将发动机正置于工作台上。

(6)安装气缸盖。将气缸垫放于气缸体上,有"OPENTOP"标记的一面朝向气缸盖,如图9-33所示。转动曲轴,使一、四缸活塞处于上止点位置,确保气缸体上的气缸盖螺栓盲孔内应无异物和油液,将气缸盖置于气缸体上,按图9-34的次序分三次拧紧气缸盖螺栓:第一次拧紧到20N·m,第二次拧紧到40N·m,第三次再拧紧180°。

5．安装水泵、正时齿轮及相关零部件

(1)将水泵一端放入气缸体。安装配气相位传感器,固定螺栓拧紧力矩为10N·m。安装配气相位传感器罩盖(正时齿带后中防护罩),固定螺栓拧紧力矩为20N·m。固定水泵,螺栓拧紧力矩为15N·m。相关零部件安装位置关系如图9-35所示。

(2)安装正时齿带轮及相关零部件。安装曲轴正时齿带轮,固定螺栓拧紧力矩为90N·m,再拧紧90°。安装凸轮轴半圆键及正时齿带轮,固定螺栓拧紧力矩为100N·m。安装张紧轮,固定螺栓拧紧力矩为15N·m。将凸轮轴调至一缸作功位置,将曲轴调至一缸上止点位置,如图9-36所示。安装正时齿带,并适当调紧张紧度。正时齿带的安装必须保证配气相位准确,正时齿带的安装步骤如下:

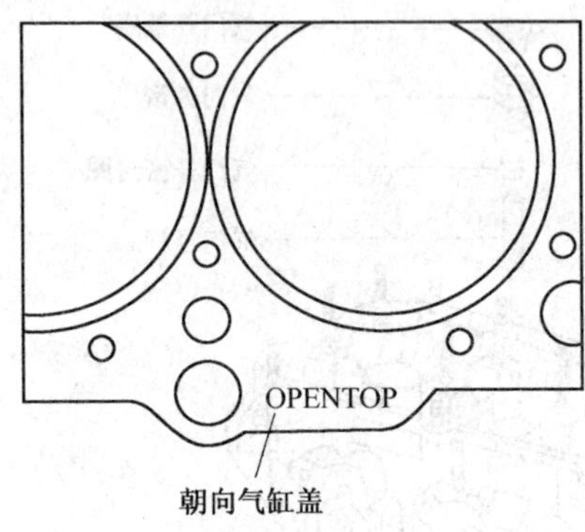

图9-33 气缸垫摆放方向

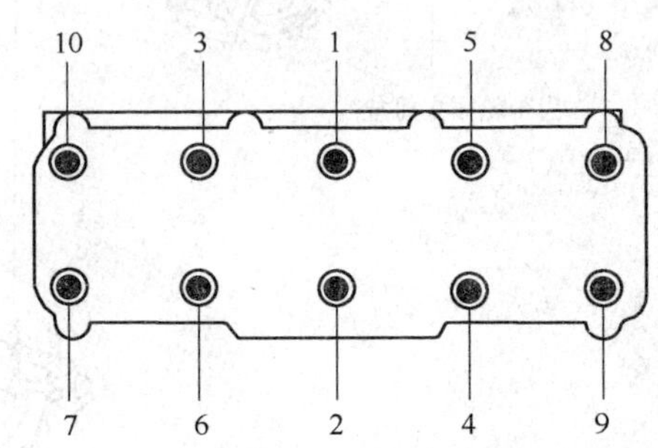

图9-34 缸盖螺栓的拧紧顺序

①当转动凸轮轴时必须保证液压挺柱内的空气已经排净,即当凸轮基圆位置与挺柱接触时,气门应处于完全关闭状态。

②将凸轮轴正时齿带轮上的标记对准正时齿带防护罩上的标记(暂时摆放齿型皮带后上防护罩,以供凸轮轴定位对应标记,完成定位后再取下),如图9-37所示。

③将曲轴正时齿带轮上的标记对准上止点标记,如图9-36所示。

④将张紧轮安装到气缸体上,并处于合适位置,暂不紧固。

⑤将正时齿带安装到曲轴正时齿带轮和水泵齿带轮上(注意安装位置)。

⑥将正时齿带安装到凸轮轴正时齿带轮和张紧轮上。

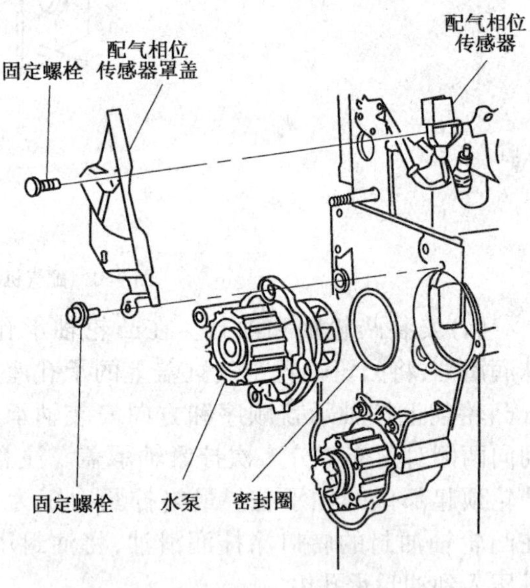

图9-35 水泵、正时齿轮及相关零件装配关系

注意:正时齿带张紧度的调整与张紧轮的固定应按以下方式进行,如图9-38中的箭头所示,定位块必须嵌入气缸盖上的缺口内。首先将张紧轮逆时针转动到可以使用专用工具,如图9-39所示。松开张紧轮直到指针1位于缺口2下方约10mm处,再旋紧张紧轮直到指针1和缺口2重叠,将张紧轮的锁紧螺母以15N·m力矩拧紧。张紧度的检查,用拇指用力压正时齿带,指针2应该移向一侧。放松正时齿带,张紧

轮应该回到初始位置(缺口 1 和指针 2 重叠)。

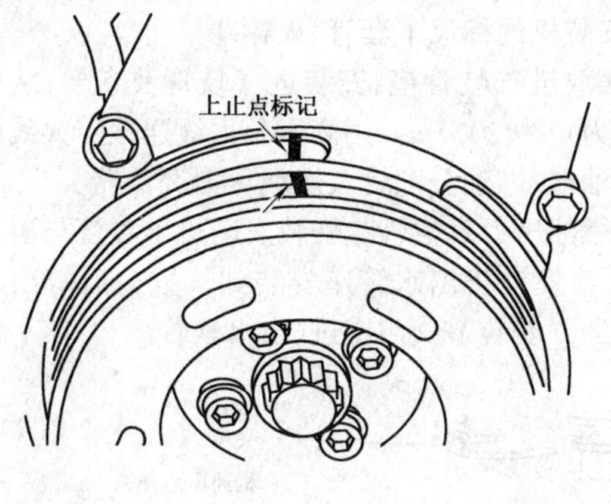

图 9-36　一缸上止点位置

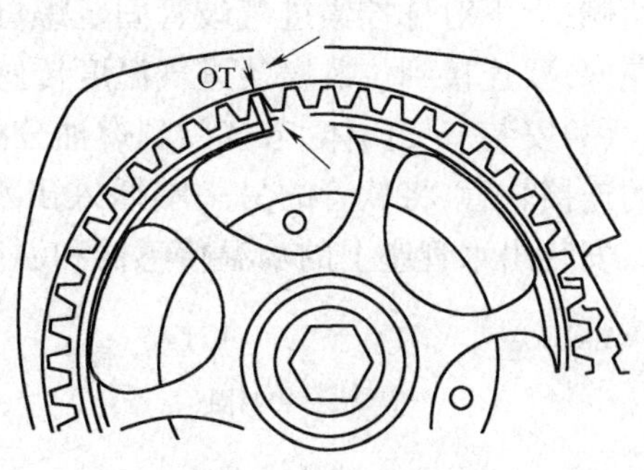

图 9-37　凸轮轴正时标记

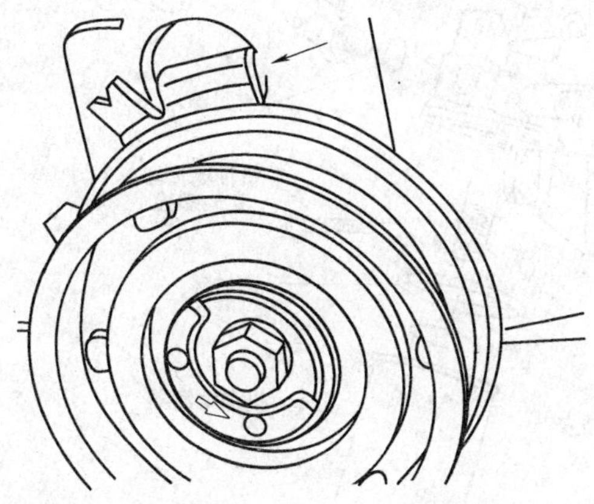

图 9-38　定位块嵌入气缸盖缺口内

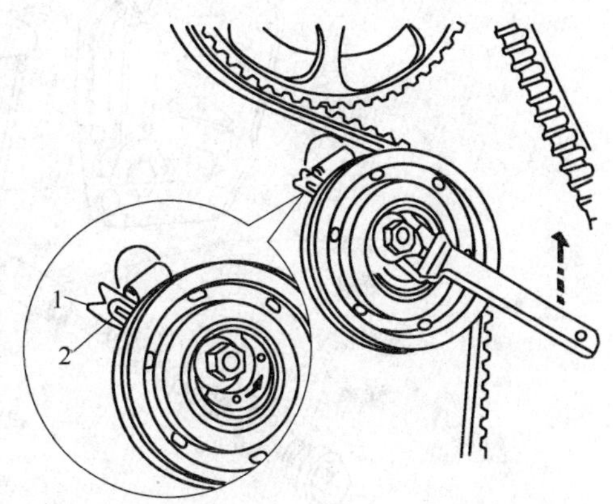

图 9-39　使用专用工具张紧正时齿带

6．安装气缸盖罩盖与正时齿带防护罩等相关零部件

(1)安装气缸盖机油反射罩、气缸盖罩盖衬床、气缸盖罩盖、紧固压条、正时齿带后上防护罩等相关零件。均匀、适度拧紧气缸盖罩盖紧固螺母。

(2)安装正时齿带下防护罩、中防护罩、上防护罩。安装曲轴皮带轮,紧固螺栓拧紧力矩为 40 N·m。

7．安装机油滤清器与节温器及发电机支架等相关零部件

(1)安装曲轴位置传感器。将已装有机油压力保持阀、泄压阀、机油压力开关、滤清器支架盖的机油滤清器支架装在气缸体上(在机油滤清器支架与气缸体之间装有衬垫)。机油压力开关的拧紧力矩分别为 15N·m、25N·m。机油滤清器支架固定螺栓的拧紧力矩为 16N·m,再拧紧 90°。安装机油滤清器,在滤清器与支架之间有 O 形密封圈。使用专用工具旋紧滤清器,力矩为 20N·m 或参照说明书的要求。滤清器与支架的装配关系如图 9-40 所示。

(2)安装节温器。节温器的感温部分应在气缸体内,安装节温器座(进水管座),拧紧螺栓。在节温器座与气缸体平面之间要装 O 形密封圈。

(3)安装发电机支架,固定螺栓拧紧力矩为 45N·m。

8. 安装发动机支架与进排气歧管等相关零部件

(1)安装发动机左、右支架,固定螺栓拧紧力矩为40N·m。安装发动机转速传感器、爆震传感器、发动机出水管和冷却系小循环外水管。安装机油标尺下套管、火花塞。

(2)将点火线圈组件安装到进气歧管上。摆放进气歧管垫,安装进气歧管及支架,从中间向两侧,上下对称拧紧进气歧管固定螺母,拧紧力矩为20N·m。用高压分火线连接点火线圈与火花塞,要连接到位。安装进气温度传感器、喷油器、燃油分配管及燃油压力调节器。

(3)安装节气门体、节气门到燃油分配管的燃油压力真空管。安装发动机出水管与出水管座的连接软管,将软管的另一端插入出水管座,将发动机出水管座安装到气缸盖后端出水口处。安装出水管座上的水温传感器和温度传感器。安装节气门座进、出水软管。

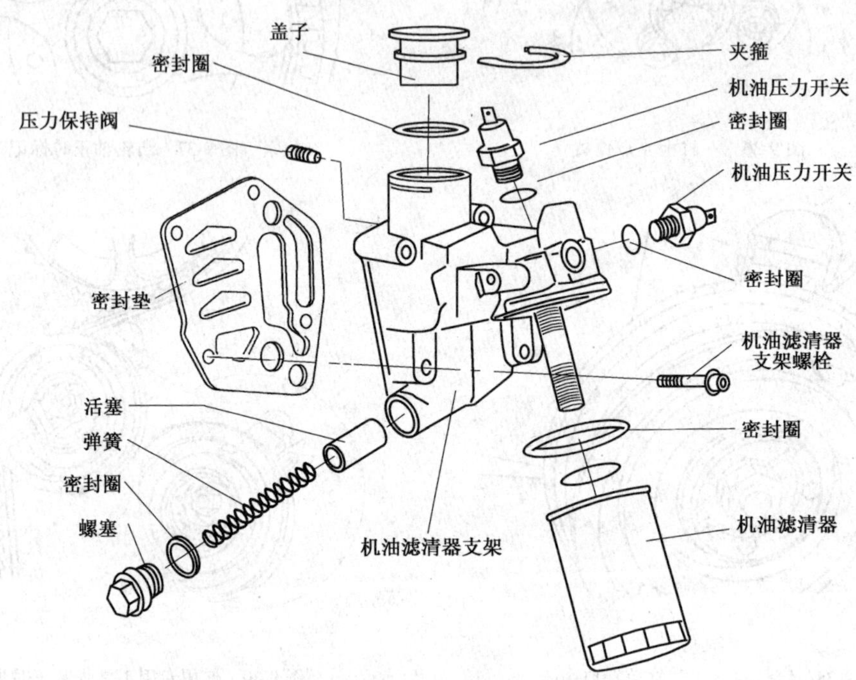

图9-40 滤清器支架与相关零件的装配关系

(4)摆放排气歧管垫,安装排气歧管,从中间向两侧、上下对称拧紧固定螺母。安装隔热板。安装飞轮壳,在飞轮壳与气缸体之间有气缸体飞轮壳中间支架,固定螺栓拧紧力矩为45N·m。安装起动机,固定螺栓拧紧力矩为65N·m。安装发动机到膨胀水壶的回水软管。

9. 安装发电机等相关附件

(1)安装曲轴传动皮带惰轮,首先将惰轮的皮带轮安装到惰轮上,再将惰轮安装到发电机支架上,固定螺栓拧紧力矩为45N·m。安装动力转向泵,固定螺栓的拧紧力矩为25N·m。

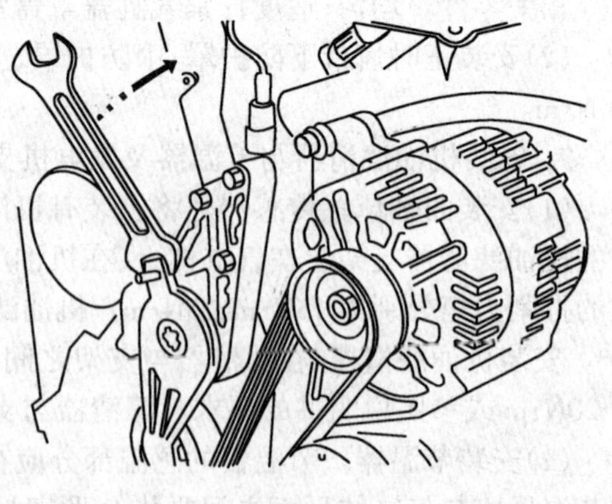

图9-41 发动机传动皮带的张紧

(2)安装发电机,下固定螺栓拧紧力矩为

45N·m,上固定螺栓拧紧力矩为25N·m。安装传动皮带张紧轮,固定螺栓拧紧力矩为25N·m。

(3)安装空调压缩机支架,固定螺栓拧紧力矩为35N·m。安装空调压缩机,固定螺栓拧到位,暂不紧固。安装空调压缩机调整臂,固定螺栓拧到位,暂不紧固。

(4)安装发电机传动皮带,先套上皮带(若使用旧皮带其传动方向应与原传动方向一致),如图9-41所示,沿箭头方向扳动传动皮带张紧轮并用销钉销住,将传动皮带装到位,扳住张紧轮,取下销钉,使张紧轮处于张紧状态。传动皮带应位置正确,张紧适度。安装空调压缩机传动皮带,将传动皮带装到位,调整空调压缩机与曲轴皮带盘的距离,使传动皮带张紧适度,拧紧空调压缩机固定螺栓,力矩为35 N·m,拧紧调整臂固定螺栓,力矩为35 N·m,拧紧调整臂调整螺栓,力矩为35N·m。最后复查传动皮带张紧度应适度。

10. 安装空气质量传感器,连接空气滤清器。安装氧传感器、排气管

11. 安装其他相关控制装置,连接控制单元

12. 检查发动机装配的完整性

13. 完成启动的准备工作

连接相关电器设备、相关器件,加注润滑油、冷却液,连接燃料箱,接通电源。进行起动前的必要检查。

课题二　发动机的磨合与试验

一、磨合的目的

发动机装配完毕,还需要进行必要的磨合及磨合后的维护,经检验合格,才能进行正常工作。磨合的目的是:

1. 增大摩擦副工作表面实际接触面积

新修理的发动机各摩擦副的零件多为新加工或换用的新件,摩擦副工作表面比较粗糙,实际接触面积小,如果直接投入使用,工作负荷将使实际接触面积上的压力增大,局部温度增高,易产生破坏性的粘着磨损。只有在摩擦副工作面经过有控制的磨合处理之后,摩擦副工作面的接触面积增大,才能防止非正常磨损的发生,保证发动机在额定载荷下的正常工作,延长发动机使用寿命。

2. 修正在加工、装配过程中的误差

零件在加工、装配过程中都存在误差,使零件不能很好地配合工作,通过有控制的磨合处理,予以修正。

3. 全面检验发动机修理质量

全面检验发动机修理后的质量,若发现故障应及时排除,以提高发动机工作的可靠性。

二、磨合试验规范及试验

磨合一般分为冷磨合和热磨合两个阶段,其中热磨合又可分为无负荷热磨合和有负荷热磨合两个阶段,合理选择发动机的磨合试验规范包括合理选择发动机的转速,工作负荷及各阶段的磨合时间。磨合时要根据不同的发动机选择与之相适应的磨合规范,以实现磨合时间短,磨合质量高的磨合效果。

1. 发动机的冷磨合

(1)冷磨合设备

冷磨合是在台架上以可变转速的外部动力带动发动机运转所进行的磨合。冷磨合时须拆除汽油机的火花塞或柴油机的喷油器,在专用设备上进行磨合。如图9-42所示的是一种冷磨合、热试与测功的联合装置。它包括发动机安装凸缘盘,测功设备(也称加载设备)和拖动装置(包括连接电动机的摩擦离合器和变速器等);还有润滑油供给装置,测油耗及发动机转速的辅助设备。

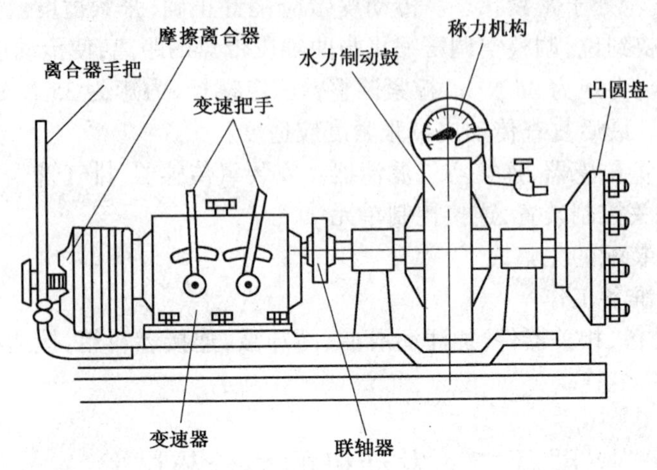

图9-42 发动机磨合、试验、测功联合装置

(2)发动机冷磨合规范

发动机冷磨合的起始转速一般为400~600r/min,然后以200~400r/min的级差逐级增加转速,冷磨合终了转速一般为1000~1200r/min。在冷磨合过程中,通常用20号机械油作为发动机的润滑油。

冷磨合的起始转速不宜过高或过低。若起始转速过高,将导致摩擦副温度过高,加剧磨损;若起始转速过低,将导致润滑油压力不足,同样增加了磨损量。冷磨合的起始转速确定之后,一般可按表9-3的磨合规范进行冷磨合。

发动机冷磨合规范 表9-3

发动机额定转速(r/min)	磨合转速(r/min)	时间(min)	总时间(h)
≤3200	500~600 600~800 800~1000 1000~1200	30~45 30~45 30~45 30~45	≥2
>3200	700 900 1100 1300	60 60 60 60	≤4

(3)发动机冷磨合注意事项

①冷却水一般不要循环(拆除水泵皮带,使水泵不转动),水温最好控制在70℃左右,若水温达到90℃时应及时使用风扇冷却。

②注意检查机油压力是否正常,发现异常现象,应立即停机检查,排除故障后继续磨合。

③观查各机件工作情况是否正常,若有漏水、漏油或摩擦副表面附近过热,各部有异常响

声等异常现象时,应及时查找原因,予以排除。

④冷磨合结束后,应将发动机部分分解。检查活塞、活塞环与气缸内壁、曲轴主轴承、连杆轴承与曲轴轴颈的磨合情况。然后排除发现的故障,并将拆检的机件清洗干净,按规定标准装合拆检的发动机,再加入发动机冬季用油,准备进行热磨合。

2. 发动机的热磨合

冷磨合后的发动机重新安装在图 9-42 所示的磨合台架上,起动发动机,利用发动机本身产生的动力进行热磨合。热磨合又可分为无负荷热磨合和有负荷热磨合两个阶段。

(1)发动机的无负荷热磨合

这一阶段的目的除进一步磨合外,还对发动机的油、电路进行必要的检查和调整,并及时排除故障。

①无负荷热磨合规范:按规定程序起动发动机,在空载情况下,以规定转速(600 ~ 1000r/min)运转 1h。

②无负荷热磨合注意事项:

(a)调整润滑、燃料、冷却系统和点火正时等,使其符合标准和达到最佳状态。

(b)检查发动机机油压力是否符合原厂规定见表 9-4。否则,应立即停机排除故障。

(c)检查发动机的水温,机油温度是否正常见表 9-4。否则,应立即停机排除故障。

(d)若发现异响,特别是当发动机运转阻力增大,应立即停机检查,及时排除故障。

(e)发动机各部位应无漏水、漏油、漏气和漏电现象。

发动机正常工作的水温、机油压力和机油温度 表 9-4

机　　型	EQ6100 - 1 发动机	康明斯 6BTA5.9 发动机	上海桑塔纳 JV 发动机	上海桑塔纳 AJR 发动机
冷却液正常温度(℃)	80 ~ 85	83 ~ 103	80 ~ 90	93 ~ 105
机油压力(kPa)	147 ~ 588	207 ~ 414	30 ~ 180	30 ~ 180
机油正常温度(℃)	75 ~ 85	80 ~ 95	75 ~ 85	85 ~ 95

(2)发动机的有负荷热磨合

发动机经过无负荷热磨合之后,还须进行有负荷热磨合,即用试验台的加载装置对发动机逐渐加载增速进行磨合。有负荷热磨合可分为一般磨合和完全磨合两种。一般磨合所需的时间较短,但经过一般磨合后的发动机只能进行个别点的测试(如最大功率点,最大转矩点和最低燃油消耗率点的转速测试);经完全磨合的发动机可以进行整个外特性曲线的测试。对于大修的发动机,要求进行一般磨合就可以了。磨合时间不少于 3h。

①有负荷热磨合规范见表 9-5。

大修发动机有负荷热磨合规范 表 9-5

起始转速(r/min)	800	每级磨合负荷(kW)/(PS)		3.68/5
起始负荷(kW)	(0.1 ~ 0.2)P_e	最高磨合负荷(kW)		0.8P_e
每级递增转速(r/min)	200	最高磨合转速(r/min)	一般载货汽车	0.6n_e
每级磨合时间(min)	30 ~ 45		轻型汽车	0.5n_e

注:n_e——额定转速(r/min);
　　P_e——额定功率(kW)。

②有负荷热磨合注意事项

(a)注意观察水温、油压和油温应符合原厂规定,见表 9-5。

(b)发动机在各种工况(负荷)下应运转平稳,无异响。发现故障应及时排除。

(c)及时调整点火提前角。

(3)发动机热磨合结束后的检查

发动机磨合结束后,还须拆检主要机件,若发现异常情况,应及时排除故障。必要时,应重新磨合发动机。

①检查气缸压力应符合原厂规定,见表9-6。

几种机型的气缸压力和压缩比 表9-6

机　　型	压　缩　比	气缸压力(kPa)
EQ6100-1发动机	6.75:1	≥833
康明斯6BTA5.9发动机	17.5:1	2412
上海桑塔纳JV发动机	8.5:1	1000~1300
上海桑塔纳AJR发动机	9.5:1	1000~1300

②检查气缸内壁和活塞裙部的磨合情况是否正常,有无拉缸、擦伤或偏磨现象。

③检查活塞环的磨损情况是否正常,环的外表与气缸的磨合面积应符合规定,环的开口间隙应不大于装配间隙的25%。

④检查曲轴主轴承和连杆轴承的磨合情况。

⑤检查曲轴箱内的清洁情况和各部螺栓螺母的锁止情况。

⑥按规定标准装合发动机,加入清洗油(90%柴油和10%车用机油)怠速运转5min,然后放出清洗油,同时加入合适的车用机油。

3. AJR发动机磨合规范(表9-7)

AJR发动机磨合规范 表9-7

磨合阶段		曲轴转速(r/min)	磨合时间(min)	磨合阶段		曲轴转速(r/min)	磨合时间(min)
冷磨合	1	400	45	热磨合	1	700~900	45
	2	600	45		2	1000~1200	45
	3	800	30		3	1400~1500	45

4. 发动机性能的测试

大修的发动机经过磨合运行之后,用加载的方法测量出反映发动机动力性和经济性的几项技术指标——发动机最大功率、最大转矩和最低燃油消耗率,以及它们的对应转速,用以鉴定发动机大修后的性能是否达到标准。

(1)准备工作

将发动机固定在试验台上,并确保固定牢靠;按使用说明书加注冷却液和润滑油;按规定调整火花塞电极间隙和分电器继电器触点间隙及点火正时;接入试验台机油散热系统;接入测量燃油消耗量的量油装置;选用规定燃料;起动发动机,预热至水温80℃。

(2)发动机试验的操作方法

起动发动机,逐步打开节气门至全开,同时调整测功机的负荷,使发动机在最低稳定转速下运转。这时测功机磅秤上指示的数值P达到最大值,此时试验台上所指示的转速,即为发动机最大转矩时对应的转速。发动机最大转矩可用下式计算:

$$M_e = 7.026P \quad (\mathrm{N \cdot m}) \tag{9-1}$$

式中：M_e——发动机额定转矩(N·m)；

P——测功机磅秤指示数值。

逐渐减少发动机负荷，使转速逐渐升高。当转速达到说明书规定的额定转速时，记下测功机磅秤所指示的数值 P。发动机的有效功率可用下式计算：

$$P_e = 0.736 \times 10^{-3} Pn \qquad (\text{kW}) \tag{9-2}$$

式中：P_e——发动机有效功率(kW)；

P——测功机磅秤指示数值；

n——发动机最大功率对应转速(r/min)。

在发动机(节气门全开)最低稳定转速和最大功率转速之间，选取包括最大转矩转速和最大功率转速在内的6～8个被测转速点，并测出上述转速点的耗油率，从而确定出最低耗油点的对应转速。发动机大修后的主要技术性能要求见表9-8。

发动机大修后的主要技术性能要求 表9-8

机型		EQ6100－1发动机	康明斯6BTA5.9发动机	上海桑塔纳JV发动机	上海桑塔纳AJR发动机
转速(r/min)		3000	2600	5200	5200
最大功率(kW)	原厂设计	99	140	62.7	74
	大修出厂	89.1	126	56.4	66.6
转速(r/min)		1200～1600	1600	3300	3800
最大转矩(N·m)	原厂设计	353	638	138	155
	大修出厂	318	574	124	139.5
最低燃油耗率(g/kW·h)		306	204	285	278.5

三、发动机竣工验收

大修后的发动机经装合、调整和试验后，进行发动机的验收。技术部门根据GB/T 15746.2—1995《汽车修理质量检查评定标准——发动机大修》验收发动机，签发合格证，并提供用户必要的技术资料，给予质量保证。

发动机竣工验收的具体内容见表9-9。

发动机大修质量评定标准(GB/T 15746.2—1995) 表9-9

序号	评定项目	评定技术要求	检查方法与手段	评定方法	备注
1	装备与装配	发动机装备齐全，装配符合GB3799—83中有关规定	检视	有一处以上缺陷则为不合格	
2	起动性能				
2.1*	冷车起动	在环境温度不低于－5℃时应起动顺利，允许连续起动不多于3次，每次起动不多于5s	检视	起动超过3次或多于5s均为不合格	
2.2	热车起动	在发动机正常工作温度下5s内能起动	检视	不符合要求为不合格	
3	真空度				
3.1	真空度数值	汽车发动机怠速时，进气歧管真空度应在57～70kPa范围内	用转速表、真空度计检查(大气压力以海平面为准)	不符合规定为不合格	

续上表

序号	评定项目	评定技术要求	检查方法与手段	评定方法	备注
3.2	真空度波动范围	发动机怠速时,进气歧管波动:六缸汽油机不超过 3kPa,四缸汽油机不超过 5kPa	用转速表、真空度计检查(大气压力以海平面为准)	不符合规定为不合格	
4	气缸压力				
4.1*	压力数值	气缸压力应符合原设计规定	用转速表、气缸压力表检查	不符合规定为不合格	
4.2	各缸压力差	气缸压力与各缸平均压力的差:汽油机不超过 8%,柴油机不超过 10%	用转速表、气缸压力表检查或用发动机分析仪测量	不符合规定为不合格	
5	发动机运转情况				
5.1	怠速	发动机怠速运转稳定,其转速符合原设计规定。转速波动不大于 50r/min	用转速表进行运转试验或发动机综合仪测量	不符合规定为不合格	
5.2	改变转速	发动机改变转速时应过渡圆滑	用发动机转速表检查	不符合规定为不合格	
5.3	加速或减速	发动机突然加速或减速时不得有突爆声,不得有断火、回火、放炮现象	检视	不符合规定为不合格	
6	异响	发动机在正常工况下运转时,不得有异常响声	检视或用发动机异响分析仪检查	不符合规定为不合格	
7*	功率	最大功率不得低于原设计标定值的 90%	用测功机(仪)按有关规定测量	不符合规定为不合格	
8*	转矩	发动机最大转矩不得低于原设计标定值的 90%	用测功机(仪)按有关规定测量	不符合规定为不合格	
9*	燃料消耗率	发动机最低燃料消耗率不得高于原设计要求	用油耗计、测功机按有关规定测量	不符合规定为不合格	
10*	排放	汽油机排放应符合 GB14761.5 的规定,柴油机排放应符合 GB14761.6 的规定**	按 GB/T3845、GB/T3846 规定测量***	不符合规定为不合格	
11	机油压力	发动机机油压力应符合原设计规定	用机油表进行运转试验	不符合规定为不合格	
12	水温、油温	发动机水温、油温应符合原设计规定	用水温、油温表进行试验	不符合规定为不合格	
13	润滑油	发动机润滑油规格、数量、质量应符合原设计规定	检视或用润滑油质分析仪检查	不符合规定为不合格	

续上表

序号	评定项目	评定技术要求	检查方法与手段	评定方法	备注
14*	四漏情况	发动机应无漏水、漏油、漏气、漏电现象	检视	不符合规定为不合格	
15	停机装置	柴油发动机停机装置应灵活有效	检视	不符合规定为不合格	
16	限速装置	发动机应按规定加装限速片或对限速装置作相应调整并加铅封	检视	不符合规定为不合格	
17	涂漆	发动机应按规定涂漆,漆层均匀,不得有漏涂现象	检视	有两处以上缺陷为不合格	

注:* 为关键项;

** GB 14761.5—93《汽油车怠速污染物排放标准》,GB 14761.6—93《柴油车自由加速烟度排放标准》;

*** GB/T 3845—83《汽油车排气污染物的测量怠速法》,GB/T 3846—83《柴油车自由加速烟度的测量滤纸烟度法》。

小结

发动机的装配是以气缸体为基础件,由内向外逐步完成。装配前,必须认真清洗、清点各零件,装配中必须认真、仔细、严格按照装配工艺进行装配。各基础件之间的相互位置尺寸必须保证。各部位配合间隙、螺栓螺母的拧紧力矩和拧紧顺序均应符合技术要求。重要的螺栓螺母应复查拧紧力矩。

发动机装合之后,还需要进行必要的磨合和磨合后的维护,经检验合格,才能进行正常的工作。

随着技术的进步,新材料的应用,加工精度的提高,发动机的磨合与试验时间正在缩短。但是,磨合工作仍是十分重要的,特别是最初 2 ~ 4h 的运行是否合理,在很大程度上影响发动机的耐用性。

单元十　发动机维护

单元要点

发动机经过一段时间的使用之后,技术状况将发生变化,发动机内部各总成和零部件必然会产生不同程度的磨损、松动和变形等,润滑系、冷却系、燃油系、点火系及进排气系统等工作性能也会下降,如果不及时维护,机件的磨损将急剧加大,发动机的动力性、经济性、排放污染性将变差,发动机不能可靠的进行工作,并对环境造成较大污染。

通过加强发动机的检测和维护,可以及时发现和清除事故隐患,保证发动机的性能,防止早期磨损,延长发动机使用寿命。

本单元介绍了发动机的日常维护作业;发动机一级维护的项目、作业内容和技术要求;发动机二级维护的作业过程;发动机二级维护检测、诊断及其附加作业项目的确定;发动机二级维护的基本维护项目、作业项目和技术要求;发动机二级维护竣工检验项目和技术要求;另外还分专题介绍了发动机的各项常规维护作业。

课题一　发动机维护级别与作业项目

一、日常维护

日常维护是各级维护的基础,是预防性的维护作业,由驾驶员负责执行。日常维护的主要内容是:坚持“三检”,即出车前、行车中、收车后检视车辆的安全机构及各部机件连接的紧固情况;保持“四清”,即保持机油、空气、燃油滤清器和蓄电池的清洁;防止“四漏”,即防止漏水、漏油、漏气和漏电。常用小型汽车发动机的日常维护作业项目见表 10-1。

日常维护基本作业项目　　表 10-1

序　号	作　业　内　容
1	检查、补充发动机机油
2	检查、补充发动机冷却液
3	检查、补充燃油
4	检查并清除散热器的污物,拧紧软管卡箍,及时更换老化的软管
5	检查、调整蓄电池液面高度或检查免维护蓄电池比重计显示情况
6	检查、调整发动机驱动皮带张紧度,检查其老化、断裂等损坏情况
7	起动发动机,检查发动机运转是否正常,听有无异响

二、一级维护

一级维护的周期一般按汽车生产厂家推荐或规定的行驶里程或使用时间进行。一级维护的间隔里程约为7500~15000km或6个月,以行驶里程或使用时间先达到为准。

一级维护由专业维修工负责实施,其作业中心内容在涵盖日常维护作业项目的同时,以清洁、润滑、紧固为主,并检查有关安全部件。发动机一级维护基本作业项目如表10-2所示。

发动机一级维护基本作业项目　　表10-2

序号	项　　目	作业内容	技术要求
1	点火系	检测、调整	工作正常
2	发动机空气滤清器 空压机空气滤清器 曲轴箱通风装置、空气滤清器 机油滤清器 燃油滤清器	清洁或更换	各滤芯应清洁无破损,上下衬垫无残缺,密封良好;滤清器应清洁,安装牢固
3	曲轴箱油面、化油器油面、冷却液液面高度	检查	符合规定
4	曲轴箱通风PCV阀、三元催化净化装置	外观检查	齐全,无破损
5	散热器、油底壳、发动机前后支架、水泵、空压机、进排气歧管、化油器、输油泵、喷油泵连接螺栓	检查、校紧	各连接部位螺栓、螺母应紧固,锁销、垫圈及胶垫应完好有效
6	空压机、发电机、空调压缩机皮带	检查皮带磨损、老化程度,调整皮带张紧度	符合规定

三、二级维护

汽车使用30000km或12个月后,应进行全面的检查和调整,以避免各种机械故障的发生,保证汽车的安全性、动力性和经济性能达到使用要求。二级维护是对汽车进行一次较为彻底的技术维护作业。作业内容除一级维护作业内容以外,以检查、调整为主,并拆检轮胎,进行轮胎换位。

为防止汽车的早期损坏,保障汽车的正常技术状况,在二级维护前,必须对汽车进行检测诊断和技术评定、了解和掌握汽车技术状况以及磨损情况。根据诊断结果确定附加作业或小修项目,结合二级维护一并进行。该级维护是由专业维修工负责完成。

在维护中,由于各种车辆结构不同,制造质量的差别,使用情况的差异,其维护项目和要求也不相同。因此,维护作业应参照制造厂的规定进行,以免造成不必要的浪费和机件的损坏。

1. 发动机二级维护前的检测诊断项目

发动机二级维护前应进行的检测诊断项目见表10-3。

发动机二级维护前应进行的检测诊断项目 表 10-3

序 号	测试种类	检 测 项 目
1	点火系参数	触点闭合角、分电器重叠角、点火电压、点火提前角
2	发动机动力性	无负荷功率、各缸功率平衡
3	起动系统参数	起动电流、起动电压
4	气缸密封情况	气缸压力、曲轴箱窜气、气缸漏气、真空度
5	配气相位	进、排气门开启、关闭角度
6	发动机异响	曲轴轴承、连杆轴承、活塞、活塞销、配气机构
7	气缸表面情况	气缸拉痕、活塞顶烧蚀、积炭、活塞偏磨
8	机油化验分析	斑痕污染指数、水分、闪点、酸值、运动粘度、含铁量
9	密封性检查	发动机机油、水密封，曲轴前后油封漏油，散热器、水泵水封、水套漏水，曲轴轴向间隙(窜动量)，异响

2. 发动机二级维护常用的检测设备及仪器

发动机二级维护常用的检测设备及仪器见表 10-4。

发动机二级维护常用的检测设备及仪器 表 10-4

序 号	检测设备名称	设 备 功 能
1	发动机综合测试仪	测量起动电流、起动电压、气缸压力、点火提前角、分电器重叠角、触点闭合角、点火电压、点火波形动态观测、无负荷功率、单缸功率平衡、转速、配气相位、异响
2	无负荷测功表	测量发动机无负荷功率及转速
3	汽车发动机电器性能测试仪	测量发动机转速、点火电压、点火性能、触点动态间隙、直流电压、蓄电池容量及电容器电容
4	汽车微型检测仪	发动机转速、各缸功率平衡，分电器触点闭合角及直流电压和电阻
5	汽车排放调整分析仪	测定发动机废气排放中的氧含量，间接分析 CO、HC 的浓度
6	曲轴箱窜气测量仪	测量发动机曲轴箱窜气量，判断气缸活塞组总的技术状况
7	润滑油质分析仪	测定各种污染物对润滑油介电常数的总效应
8	润滑油检测箱	测定润滑油的闪点、水分、粘度、酸值斑痕
9	润滑油含铁量分析箱	测定润滑油中的含铁量，间接反映气缸磨损状况
10	工业纤维内窥镜	观察气缸内有无异物及气缸壁、活塞顶部表面技术状况并可拍照
11	气缸漏气检测仪	诊断发动机气缸及进排气门的密封状况
12	汽车发动机检测专用真空表	测量进气真空度

注：凡具有与上述检测设备相同功能的其他型号的检测设备均可替代。

3. 发动机二级维护前的技术评定与附加作业项目的确定

发动机二级维护附加作业项目确定依据，详见表10-5。

发动机二级维护附加作业项目确定依据 表10-5

分 类	检测结果	相关故障	附加作业项目
设备检查	1. 发动机功率值低于额定值75% 2. 气缸压力低于规定值的80% 3. 气缸功率不平衡 4. 曲轴箱窜气量超标 窜气量： >40L/min(1000r/min) >70L/min(2000r/min) 5. 真空度测值低且稳定性差 6. 气缸漏气率高，气压降超过0.25MPa 7. 点火系：点火电压、点火提前角失准 8. 配气角度偏移超过标准2° 9. 机油消耗量明显增加(>0.3L/100km) 10. 机油压力低： 怠速：<0.2MPa 中速：<0.4MPa 11. 缸内窥查，活塞烧顶，气缸拉缸 12. 曲轴轴承异响波形存在 13. 活塞销异响波形存在 14. 敲缸异响波形存在 15. 气门异响波形存在	(1,2,3,5,6) 气门封闭不严	调整气门间隙，修复气门及气门座
		(2,3,4,5,6,9) 活塞环磨损，端隙或侧隙增大，活塞环折断	更换活塞、活塞环
		(2,3,4,5,6,9,14) 气缸磨损，活塞与气缸配合间隙大	检查、测量气缸，选配活塞，视情镗缸
		(2,3,4,5,6,9) 活塞环粘结抱死，环岸断裂	换环，换活塞，检查气缸
		(2,4,6,9,11,14) 活塞烧顶，严重拉缸	更换活塞(调整点火提前角)，检查气缸状况
		(12) 曲轴主轴承、连杆轴承配合间隙增大出现异响	拆检、调整轴承间隙、检查曲轴轴颈磨损、测量其圆度、圆柱度，视情磨削曲轴、选配轴承
		(1,2,3,8,15) 凸轮轴正时齿轮偏磨、凸轮磨损	拆检正时齿轮，凸轮轴，视情更换
		(1,3,7,14) 点火系故障	调整参数，视需要更换分电器、火花塞、高压线、点火线圈
		(13) 活塞与活塞销或连杆铜套的配合间隙增大出现异响	拆检活塞销与活塞和连杆铜套的间隙，视情更换
		(10) 机油压力低，曲轴轴承有异响	拆卸机油泵、压力调整装置进行检查，视情修理
		(15) 气门间隙过大，配气机构磨损超限	调整气门间隙，检查配气机构，视情修理
人工检查	配气机构异响	气门弹簧折断	更换气门弹簧
		凸轮轴轴承响	拆检凸轮轴及轴承
		正时齿轮磨损	更换正时齿轮
	曲轴轴向间隙大	曲轴止推片磨损	更换或加厚止推片
	曲轴油封漏油	油封失效	更换油封
	水泵异响	水泵轴轴承损坏或水泵轴折断	拆检水泵，更换轴承或水泵
	发动机过热	散热器水管阻塞，散热器通风不畅，节温器损坏	拆检、疏通散热器水管，改善通风，更换节温器

4. 二级维护的基本作业项目

二级维护由专业维修工负责执行。其作业中心内容在涵盖一级维护作业项目的同时，以检查、调整为主。发动机二级维护基本作业项目见表10-6。

发动机二级维护基本作业项目 表10-6

序号	维护项目	作业内容	技术要求
1	发动机润滑油，机油滤清器	(1)更换润滑油 (2)视情更换机油滤清器	(1)润滑油规格性能指标符合要求 (2)液面高度符合规定 (3)机油滤清器密封良好，无堵塞，完好有效
2	空气滤清器	清洁空气滤清器	空气滤清器有效，安装可靠 恒温进气装置真空软管安装可靠，进气转换阀工作灵敏、准确
3	(1)燃油箱及油管 (2)燃油滤清器 (3)燃油泵	(1)检查接头及密封情况 (2)清洁燃油滤清器，并视情更换 (3)检查燃油泵，必要时更换	(1)接头无破损、渗漏，紧固可靠 (2)燃油滤清器工作正常 (3)燃油泵工作正常，油压符合规定
4	燃油蒸发控制装置	检查、清洁，必要时更换	工作正常
5	曲轴箱通风装置	检查、清洁	清洁畅通，连接可靠，不漏气，各阀门无堵塞、卡滞现象，灵敏有效，符合规定
6	散热器、膨胀水箱、百叶窗、水泵、节温器、传动皮带	(1)检查密封情况、箱盖压力阀、液面高度、水泵 (2)检视皮带外观，调整皮带张紧度	(1)散热器及软管无变形、破损及渗漏；箱盖接合表面良好，胶垫不老化，箱盖压力阀开启压力符合要求；水泵不漏水，无异响；节温器工作性能符合规定 (2)皮带应无裂痕和过量磨损，表面无油污，皮带张紧度符合规定
7	(1)进、排气歧管、消声器、排气管 (2)气缸盖	(1)检查、紧固，视情补焊或更换 (2)规定次序和扭紧力矩校紧气缸盖	(1)裂纹、无漏气，消声器性能良好 (2)扭紧力矩符合规定
8	增压器、中冷器	检查、清洁	符合规定
9	发动机支架	检查、紧固	连接牢固，无变形和裂纹
10	化油器及联动机构	清洁、检查、紧固	清洁，联动机构运动灵活，连接牢固，无漏油、气现象，工作系统和附加装置工作正常
11	喷油器、喷油泵	检查喷油器和喷油泵的作用，必要时检测喷油压力和喷油状况，视情调整供油提前角	(1)喷油器雾化良好、无滴油、漏油现象，喷油压力符合规定 (2)供油提前角符合规定
12	分电器、高压线	清洁、检查	分电器无油污，调整触点间隙在规定范围内，无松旷、漏电现象，高压线性能符合规定

续上表

序 号	维护项目	作业内容	技术要求
13	火花塞	清洁、检查或更换火花塞，调整电极间隙	电极表面清洁，间隙符合规定
14	气门间隙	检查、调整	符合规定
15	电控燃油喷射系统供油管路	检查密封状况	密封良好，作用正常
16	三元催化转化器	检查三元催化转化器的作用，必要时更换	性能符合规定

5. 发动机二级维护作业竣工标准

(1)发动机的“三滤”(指空气、燃油和机油三种滤清器)清洁；

(2)起动容易，运转均匀，转速升高或降低灵敏，过渡顺畅，无异常响声；

(3)水温、机油压力符合要求、排烟正常；

(4)各传动皮带齐全、张紧适度、无异常磨损；

(5)蓄电池清洁良好，固定可靠；液面高度、电解液密度和负荷电压符合要求；

(6)发动机无漏油、漏水、漏气和漏电现象；

(7)发动机无负荷功率不小于额定值的80%。

四、走合期维护

1. 汽车在走合期的使用规定

为保证汽车的使用寿命，汽车在投入使用时都应进行走合期的磨合，经过走合期维护后，才可投入正常使用。新车、大修车以及装用大修发动机汽车的走合期规定为：

(1)走合期里程为1000～3000km；

(2)在走合期内，应减载限速行驶，避免全负荷和高转速。一般汽车按装载质量标准减载20%～25%，并禁止拖带挂车；半挂车按装载质量标准减载25%～50%；

(3)在走合期内，驾驶员必须严格执行操作规程，保持发动机正常工作温度。走合期内严禁拆除发动机限速装置；

(4)走合期内认真做好车辆日常维护工作，注意各总成在运行中的声响和温度变化，及时进行调整；

(5)走合期满后，应进行一次走合期维护，其作业项目参照制造厂的要求进行；

(6)进口汽车按制造厂的走合期规定进行。有些高级轿车按规定无走合期。

2. 发动机走合维护内容

汽车走合期结束后，应及时将汽车送到厂家指定的维修站做走合期维护。做这次维护的目的，一方面是对汽车进行全面的检查、紧固、调整和润滑作业，使汽车具有良好的行驶性能；另一方面也是生产厂家对汽车售后服务的信息反馈及身份认定。

发动机走合期满后维护的主要作业项目如下：

(1)更换发动机机油；

(2)更换机油滤清器；

(3)检查发动机的泄漏情况；

(4)检查、补充发动机冷却系中的冷却液量；

(5)检查、调整发动机传动皮带张紧度；

(6)检查校正点火正时；

(7)检查、调整发动机尾气排放；

(8)检查有无异响等异常情况。

3．走合期满后的注意事项

汽车虽然已经通过走合期，但汽车在走合期后开始的3000～4000km内，实质上是汽车由走合期到使用期的过渡阶段。因此，发动机仍不要超速运转，车速不宜过快，汽车严禁超载。

五、季节维护

我国幅员辽阔，温差变化较大，对汽车使用有一定的影响。因此，凡全年最低气温有0℃以下的地区，在入夏和入冬前需要进行换季维护。

换季维护一般是驾驶员负责完成的，其作业中心内容为更换符合季节温度要求的润滑油、冷却液，调整燃油供给系统和充电系统，检查冷却系统和暖风系统的工作情况。

1．更换润滑油

如果汽车使用的是单级油(只适用夏天或冬天)，在换季维护时，必须更换符合季节温度要求的润滑油；如果使用的是适应冬夏使用的多级润滑油，只需要根据换油间隔，更换润滑油即可。

建议汽车尽量使用多级润滑油，多级油具有适应范围大、节省费用等许多优点。

2．更换冷却液

将符合规定的冷却液，加注到发动机中。在加注冷却液之前，应对发动机冷却系进行清洗。为保证发动机有良好的冷却效果，建议汽车长年使用成品的长效冷却液。

3．清洁燃油系统

进入冬季前，应对燃油系统做一次彻底的清洁工作。彻底清洗所有滤网，清洗或更换燃油滤芯，消除可能发生故障的隐患。

4．维护蓄电池

进入冬季前的换季维护时，应对蓄电池进行清洁、补充蒸馏水。由于低温使蓄电池容量降低，如果蓄电池使用时间较长，应将蓄电池进行一次充电，并调整电解液的比重。使蓄电池保持良好的使用状态。

六、桑塔纳轿车发动机的维护

上海桑塔纳轿车是引进技术的国产化产品，其维护制度与中国汽车行业现行的维护制度不完全吻合，实行先进的低维护技术，强调定期维护。

桑塔纳型轿车的维护分为：7500km(或6个月)首次维护、检修维护和附加维护。其中检修维护分为7500km润滑维护和15000km(或1年)常规维护。

1．首次7500km维护

汽车行驶里程在7500～10000km时，或行驶里程不足7500km但行驶时间已达到6个月时，须到设在各地的上海大众特约维修站去进行维护。

该项维护主要内容如下：

(1)检查发动机有无渗漏机油、冷却液、汽油现象以及空调系统有无渗漏情况；

(2)检查发动机的点火正时是否正确,必要时调整；

(3)检查发动机运转时的 CO 含量,必要时调整；

(4)更换机油和机油滤清器；

(5)检查发动机冷却系统的冷却液液面高度及防冻能力,必要时更换并进行压力测试；

(6)检查蓄电池酸液是否符合要求,必要时添加蒸馏水。

2. 检修维护

润滑维护每行驶 7500km 进行一次;常规维护每行驶 15000km 进行一次。

(1)润滑维护

润滑维护主要内容如下:

①目测发动机有无机油、冷却液、汽油及空调系统等的渗漏现象；

②检查冷却系统的冷却液液面高度及防冻能力,必要时更换,并进行压力测试；

(2)常规维护

常规维护主要内容如下:

①目测发动机机油、冷却液及汽油等有无渗漏现象；

②检查冷却系统的冷却液液面高度及防冻能力,必要时更换,并进行压力测试；

③检查蓄电池酸液液面高度,必要时加注蒸馏水；

④检查静止状态的 V 形带及其张紧度,必要时张紧或更换；

⑤清洗空气滤清器的外壳,并更换滤芯；

⑥更换机油滤清器；

⑦检查排气装置有无损坏；

⑧检查点火提前角是否正确,必要时调整；

⑨检查怠速是否正常,必要时调整；

⑩检查并调整怠速时 CO 含量。

3. 附加维护

桑塔纳轿车每行驶 30000km,应进行以下项目的维护:

(1)检查凸轮轴传动带的状态及张紧度,必要时张紧；

(2)更换化油器式发动机汽油滤清器。

桑塔纳轿车每行驶 80000km,应进行以下项目的维护:

(1)更换汽油喷射式发动机汽油滤清器；

(2)更换氧传感器。

此外,轿车长期存放时,每 2～3 个月应运转一次发动机,时间 3～5min。

课题二　发动机日常维护

一、出车前的维护内容

1. 检查发动机各种液体有无泄漏情况

观察汽车停放位置的地面情况,如果发现车下有燃油、润滑油、水或其他液体时,应尽快找到原因,排除泄漏故障。

2 检查发动机机油的油量

先将机油尺擦净油迹后，插入机油尺导孔到限位后，再拔出查看。油位在上下刻线之间，即为合适，如图 10-1 所示。如果超出上面的刻线，应查出原因，视情处理；如果低于下刻线，应从加油口处添加，待 10min 后，再次检查油位。补充机油时，要注意品牌型号的一致性，应严格注意清洁并检查是否有渗漏现象。在检查油位的同时，应注意检查机油的污染程度。

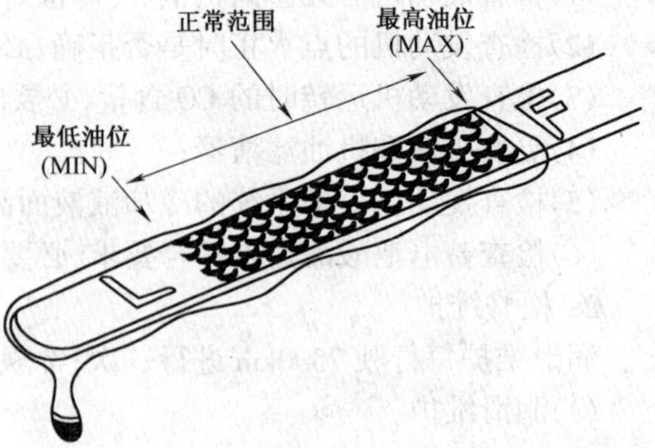

正常范围
最高油位 (MAX)
最低油位 (MIN)

图 10-1 机油尺标记的含义

3．检查冷却液的情况

检查冷却液时，膨胀水箱的冷却水量应在规定刻线（"MAX ~ MIN"或"FULL ~ LOW"）之间，如图 10-2 所示。检查水量时，应在冷车状态下进行，检查后应扣紧膨胀水箱盖。补充冷却液时，要使用同种冷却液或软水。在添加前要检查冷却系是否有渗漏现象。

4．检查散热器和软管

检查散热器应无渗漏现象，软管无老化、裂纹和管箍松动等损坏现象。同时，可用压缩空气从发动机舱内向外吹，清除散热器正面的污物，如图 10-3 所示。

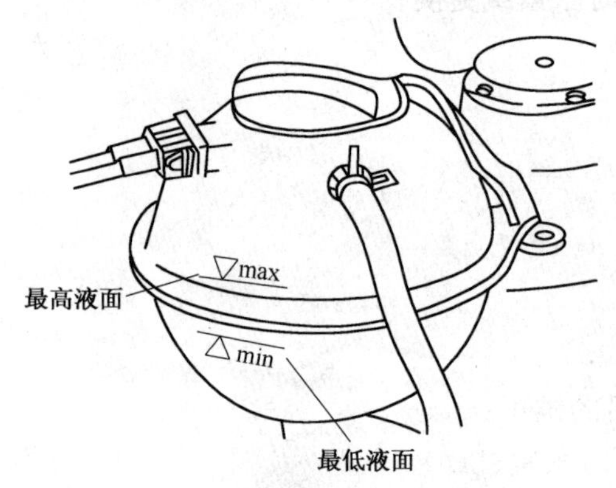

图 10-2 捷达轿车冷却液储液罐

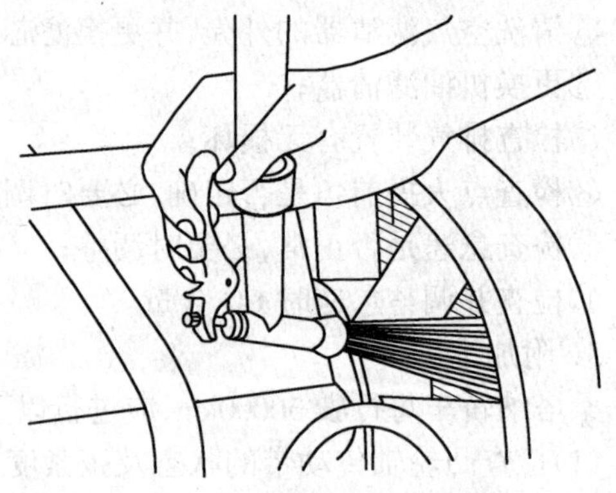

图 10-3 清除散热器正面的污物

5．检查车辆燃油箱的油量

打开点火开关钥匙，观察燃油表，了解油箱大致油量。也可打开油箱盖，观察或用清洁量尺测量。但要注意油箱的清洁，避免尘土脏物的落入。该项检查严禁用灯火照明，以防止火灾。

6．检查蓄电池

对于普通蓄电池，应检查其电解液面高度。如果蓄电池壳为半透明状，可在壳壁上观察，液面高度应在外壳的上下刻线之间，如图 10-4 所示。

如果蓄电池壳不透明，可拧开蓄电池盖检查，液面应高出极板 10 ~ 15mm。如果液面较低，应加注蒸馏水到规定高度处。在拧开蓄电池盖时，应注意清洁。

每隔 3 个月应清洁极桩头和电缆卡子，去除这些部位的氧化层，如图 10-5 所示。检查连接电缆，察看电缆接头处的电缆是否松脱，如有异常，应更换电缆。

免维护蓄电池的检视,如图 10-6 所示。免维护蓄电池在使用期间不需要补充蒸馏水。在这类蓄电池上一般都有一个带指示器的液体比重计,用以显示蓄电池的充电状态,不同生产厂家生产的免维护蓄电池,其比重计中心点显示的颜色有所区别,检查时应根据使用说明进行判断。

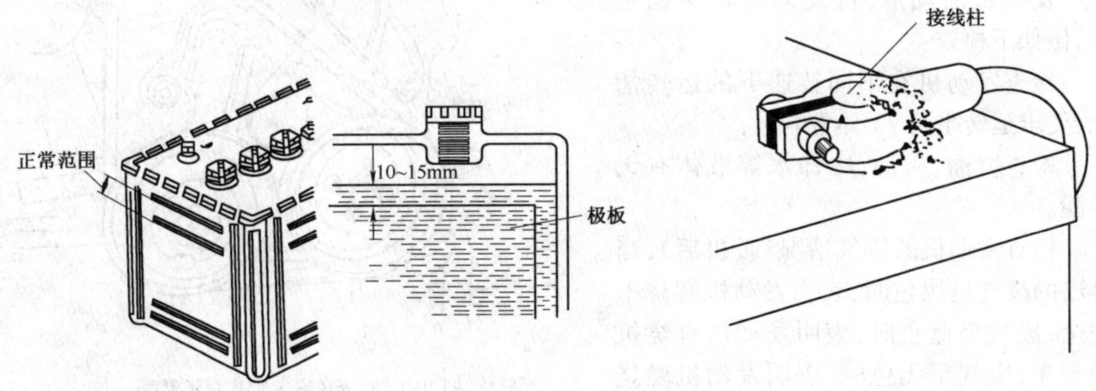

图 10-4　检查蓄电池液面高度　　图 10-5　检查蓄电池电缆

7. 检查调整发动机风扇皮带

检查皮带的张紧度,用拇指以 9 ~ 10kg 的力按压皮带中间部位时,挠度应为 10 ~ 15mm,如图 10-7 所示。如不符合要求,可调节发电机传动皮带张紧装置进行调整。

检查皮带有无损伤、剥落,如出现龟裂裂纹、磨损及剥落等,应及时更换皮带。

换用的新皮带,当其工作 30 ~ 60min 后,其张紧度应按上述方法再次检查调整,以延长其使用寿命。行驶 1000km 后,应再检查一次,以后皮带的变形将趋于稳定(重新使用的皮带不能改变方向)。

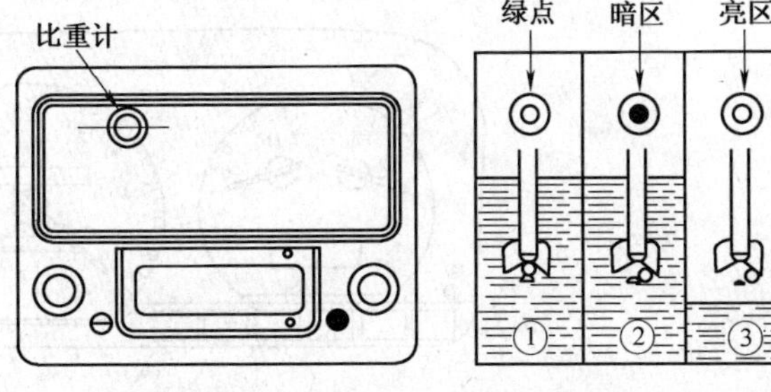

绿点 —— 蓄电池电量充足　暗区——蓄电池电量不足

亮区——蓄电池液面过低

图 10-6　免维护蓄电池电量显示

8. 检查排气系统

检视排气管消音器是否断裂,支承是否松动。如果排气声音有变化或出现异常或有异常气味,应及时查找故障部位,予以排除。

9. 发动机仪表盘显示情况检查

待以上的检查完毕后,将点火开关钥匙转到“ON”位置,查看仪表和指示灯,如图 10-8 所示。这时一般只有燃油表工作,机油压力警报灯、驻车制动指示灯、充电指示灯亮,如果还有其他指示灯亮,需要作相应的检查。当上述情况正常后,可以起动发动机。

在发动机预热升温过程中,要观察各仪表、指示灯的工作情况:在启动初期,驻车制动、机油压力警报灯应当亮(说明电气线路正常),但随着油压的升高,机油警报灯熄灭。此时驻车制动指示灯仍亮着,提醒驾驶员起步前松开驻车制动操纵杆。发动机运行一段时间后,水温表指示随发动机温度的增加而上升。

当发动机起动后充电指示灯熄灭,说明发电机已向蓄电池充电;如果该灯不熄灭或在行车时该灯突然亮起，说明充电系统出现故障，应立即检查排除。

在实施正确操作后，各报警灯均应处于熄灭状态，即为正常。

10．发动机启动后的检查

发动机启动后，待发动机转速稳定时，做如下检查：

检查发动机在不同转速下的运转情况，要求运转平稳、无异常响声；

检查燃油、机油、冷却水等液体有无渗漏。

检查发动机的排气情况（暖机后），当排出的废气呈黑色时，表明发动机燃烧不完全；废气呈蓝色时，表明发动机有烧机油现象；废气呈无色时，表明发动机燃烧正常。带有三元催化转化器的车辆，排气管有少量的水滴排出是正常现象，其他车型在冬季暖机时，也会有水分排出。

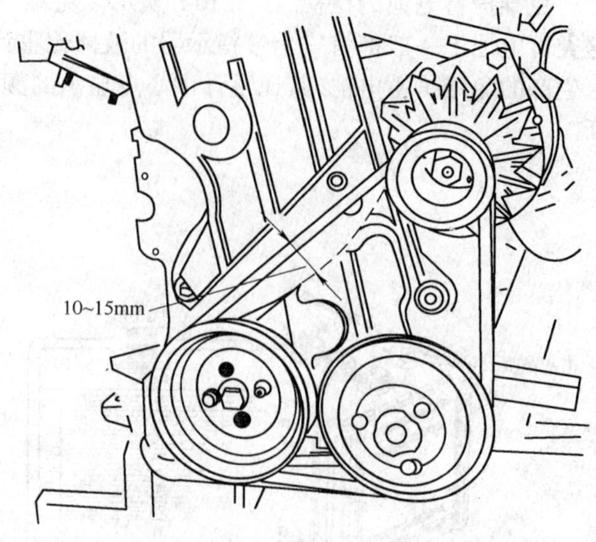

图 10-7　检查风扇 V 形皮带张紧度

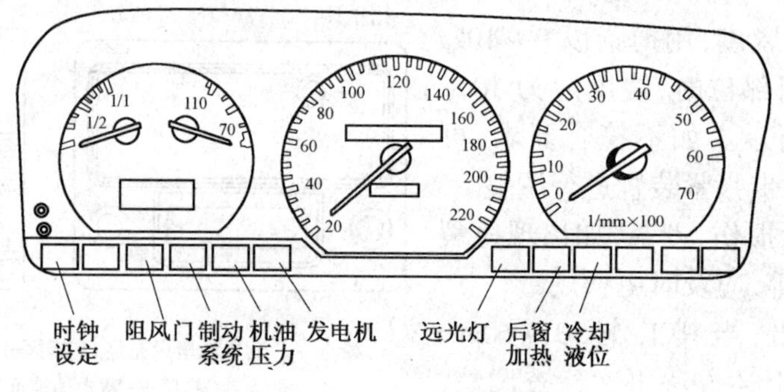

图 10-8　桑塔纳 2000 轿车仪表盘

二、行车中的检查

在行驶时，应密切注意各仪表的显示，注意发动机的工作状况。

(1)当发现警报灯亮时或机油表显示机油压力低于正常值时，应立即停车检查。

(2)当发动机水温始终低于正常温度（80℃ 以下）时，应及时查明原因，使发动机水温经常保持在正常工作温度。当温度过高（温度表指针在红色高温区域）时，应停车检查风扇皮带张紧度和冷却系统是否缺水或漏水，检查前应尽可能怠速运行数分钟，待温度下降后再检查。

(3)燃油表的指针如果异常下降，应立即停车检查油管或油箱是否破裂。

(4)在蓄电池和发电机正常情况下，当发动机转速处于中速时，不用灯光和喇叭，电流表不显示充电是正常现象。

(5)在行驶中出现异响及与车辆有关的异味等均应停车检查。

三、途中停车时的检查

途中停车时还要检查发动机有无漏油、漏水、漏气和漏电现象。如发现有渗漏现象时，应立即进行检查。缺少时，应及时补充和修理。

(1)检查机油量，应在停车 10min 以后进行；

(2)检查冷却水，打开水箱盖时应注意防止被热水喷出烫伤。发动机温度过高时，熄火前应怠速运转数分钟，以降低水温。

(3)检查发现冷却液不足时，应补充同规格的冷却液。条件不具备时，可临时用清洁的软水补充(但有条件时应立即重新调整冷却液的配合比)。

(4)在检查渗漏情况时，如果渗漏现象严重的，应及时排除；在故障不扩大，不会造成重大损坏的情况下，除了行驶时注意外，可在回场或宿营时补充和修复。

四、收车后的维护

(1)如果在停车前发动机曾在重负荷下工作，不要使发动机立即熄火，应以怠速运转一段时间后再熄火。

(2)检查、补充燃油、机油、冷却液。

(3)检查发动机的泄漏情况。检查各部有无损伤、漏油、漏水、漏气和漏电现象，及时调整和修理存在的问题。

(4)处理好发动机的防冻问题。在严寒季节未使用冷却液时，应完全放净冷却水(要保证确实全部放出，以防冻坏缸体)。

课题三　发动机常规维护

发动机是汽车各系统的动力源，保持发动机良好的技术状态是维护的重要目的之一。随着汽车技术的发展，发动机维护的内容越来越简单而且操作要求也越来越规范。发动机维护的主要内容是：对燃料、润滑油、冷却液和空气滤清器等方面的检查、补充和更换，以及气门间隙、怠速等项目的调整。

一、润滑系统的维护

1. 机油的检查

(1)检查机油的油量

应在起动发动机之前或停机 10min 后进行检查，检查之前应将车辆停放在平坦的场地上。将起动开关钥匙拧到关闭位置，把驻车制动杆放到制动位置，变速杆放到空档位置。

打开发动机舱盖，抽出机油尺，将机油尺用抹布擦净油迹后，插入机油尺导孔至限定位置，拔出查看。油位在上下刻线之间，即为合适。如果超出上刻线，应查出原因，视情处理；如果低于下刻线，可从加油口处添加，待 10min 后，再次检查油位。补充时应严格注意清洁并检查是否有渗漏现象。

(2)检查机油的质量

检查机油质量的常用方法有：油迹对比法、粘度比较试验和化验法等几种。

用油迹对比法检验机油：取两片洁净的白纸，在纸上分别滴下同种新机油和正在使用的机油各一滴，比较二者变化情况。如果在用的机油中间黑点里有较多的硬沥青质及炭粒等，表明机油滤清器的滤清作用不良，但并不说明机油已经变质；如果机油中间黑点较小且色较浅，周围的黄色润迹较大，油迹的界线不很明显而且是逐渐扩散的，说明机油中清净分散剂尚未耗尽，仍可继续使用；如果黑点较大，且油是黑褐色、均匀无颗粒，黑点与周围的黄色油迹线界线清晰，有明显的分界线，则说明其中清净分散剂已经失效，表明机油已变质，应及时更换，机油的更换还应按生产厂家的要求进行。

2. 机油的更换

更换机油时，在冷车状态下放出机油盘和滤清器内的旧机油。有些车型的机油盘放油螺塞为磁性螺塞，待机油放净后，应将放油塞上吸附的铁屑清除干净后再拧上。

如果有条件，更换机油时，最好使用真空换油设备，该装置可将旧机油吸出得比较干净。

3. 视需要清洗润滑油道

当放出的机油较脏时，应对润滑油道进行清洗。操作时，向发动机加入标准容量60%～80%的清洗油(稀机油或掺入20%柴油的机油)。起动发动机，怠速运转3～5min(切不可高速运转)。停车一段时间，最后放净滤清器和机油盘中的清洗油，加入清洁的新机油。有条件的可以再换一次新机油。

4. 机油滤清器的更换

现代汽车上广泛采用全流式机油滤清器，这种滤清器具有滤清效果好，机油流动阻力小和使用方便等优点。这种滤清器的更换作业也非常简单，可按以下步骤进行：

(1)更换滤清器的准备工作。

首先将车架高，使放机油容易些。将油盆放到发动机油底壳的放油螺塞处，卸下放油螺塞，放干净机油。

(2)拆装滤清器的滤芯

准备好同样的滤清器滤芯，先在滤芯的O形密封圈上涂抹一层机油，用滤清器扳手拆下滤清器滤芯，操作时注意不要让机油到处淌，以免弄脏发动机和操作环境。将新滤芯拧到规定的紧度，要防止因过度拧紧而损坏O形圈，造成漏油。

起动发动机，在怠速情况下，观察滤清器有无泄漏。如有泄漏，应拆检油封胶圈，排除漏油现象。

5. 检查机油压力及报警机构工作状况

二、检查各系统是否有渗漏

检查发动机的管路部分及各个安装结合面的密封情况，发现有渗漏现象应予以排除。在处理结合面渗漏情况时，应尽量使用液体密封(即密封胶密封)，以确保密封效果。检查各系统的软管，如果老化或破损应更换。

三、排气系统和三元催化转化器的维护

1. 检查排气系统泄漏情况

由于发动机废气高温氧化的作用，排气系统的管路、接口处(特别是消音器等)容易被腐蚀，接口垫易被冲坏。当排气系统出现泄漏时，发动机排气的噪声增加，废气排放容易超标。因此，在维护时应检查排气系统泄漏情况，发现泄漏应及时修理或更换泄漏的部件。

2. 检查三元催化转化器

为保证汽车尾气排放达标，有许多车型装有三元催化转化器，如图 10-9 所示。三元催化转化器正常的使用寿命可达 100000km 以上。在使用中如果能按要求操作，一般是不会发生异常的。检查三元催化转化器的简易方法如下：

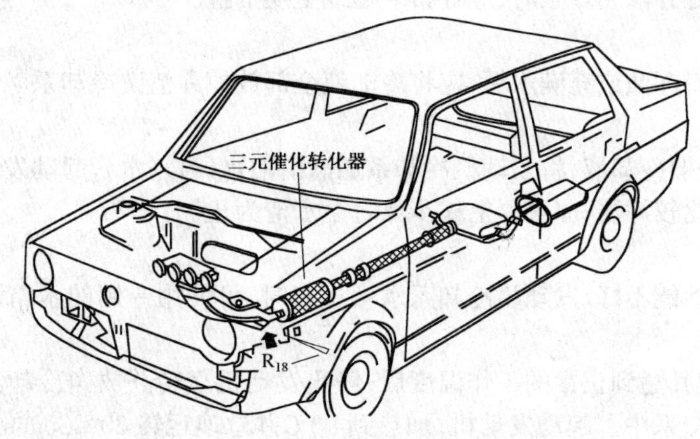

图 10-9　三元催化转化器安装位置

装有三元催化转化器的汽车在暖机时排气管口滴水，属正常现象。如果长时间滴水，则应检查发动机是否有故障。

3. 装有三元催化转化器汽车使用注意事项

(1)不能使用含铅汽油；

(2)不能在阻风门失效关闭的状态下运行；

(3)在车辆行驶中不能关闭点火开关；

(4)不能在不充电的情况下长时间运转；

(5)不能在发动机断缸的情况下长时间运转；

(6)避免出现多次不易起动发动机的现象发生；

(7)避免出现在起动发动机时加油过多“淹死”的现象。

四、冷却系统的维护

1. 清洁散热器外部

(1)清洁散热器外表

首先从外部察看散热器上、下水室及芯子，应不得有渗漏现象，散热器框架不得有断裂和脱焊现象，然后用水从发动机舱向外冲洗散热器芯，清除其表面的灰尘和散热器片内的堵塞物。散热器芯上如果仍嵌有杂物，可用细钢丝进行清理。如果水箱片有倒伏现象应予扶正，散热器如有扭斜、变形，应压校平整。

检查散热器的紧固情况，散热器应当紧固可靠，前后晃动应无松动现象。散热器与水泵风扇叶片间距离应保持适当。

(2)检查散热器盖状态

散热器盖与散热器加水口间的密封垫如有损坏应更换。在车辆使用中，如果发现发动机出水管被吸瘪，则说明散热器盖的空气阀损坏，应检修或更换散热器盖。

检查膨胀水箱的连接管是否有漏气或堵塞现象，发现有漏气或堵塞现象应予排除，以防膨胀水箱的冷却液回不到水箱内。

(3)检查管路老化情况

检查进、出软管有无老化、接头卡箍处有无渗漏等故障现象。发现软管老化时,应予更换。发现软管接头卡箍处有渗漏现象时,应拧紧卡箍或更换卡箍。

2. 清洗冷却系

如果冷却液变得浑浊或充满水垢,应将冷却液全部放掉并清洗冷却系。

(1)一般清洗

洗涤时,应放净旧冷却液,将发动机冷却系加满清洁水(自来水),起动发动机运转 5min 后放出。放出的水若比较浑浊,应重复上述步骤直至水清为止。

(2)彻底清洗

当发动机散热性能不好、发动机冷却系水垢过多时,可使用专用的水箱清洁剂进行清洗。操作步骤如下:

起动发动机,使其达到正常的工作温度后,停止发动机运转并放净冷却液,将混有清洗剂的清洗液加入到冷却系中。起动发动机,加热到 90℃并怠速运转 20 ~ 30min,然后使发动机停止转动,放出清洗液。用清洁的水冲洗冷却系 5min 后将发动机内注满清洁的水,再起动发动机使其运转 10min 后放出即可。如果排出的液体仍然较脏,应继续用清水反复清洗直到放出清水为止。

3. 检查节温器

从缸盖上拆下节温器壳,取出节温器,清洁节温器上的水垢等污物。检查节温器有无破损,如有破损应予更换。

将节温器放在烧杯内的水面下,如图 10-10 所示。用铁丝将节温器吊在烧杯内,使之离烧杯底部 20 ~ 30mm。

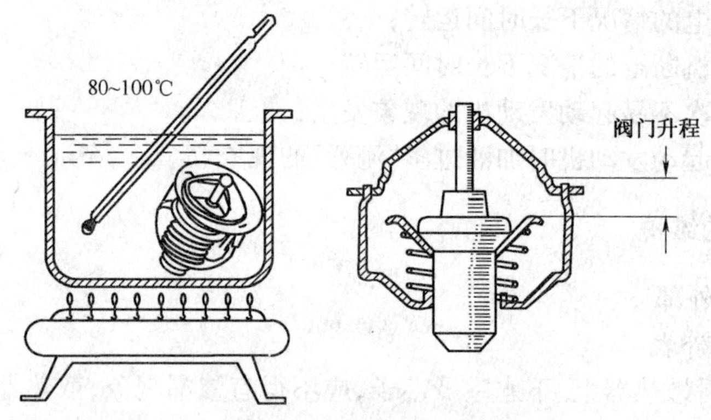

图 10-10 加热试验节温器性能

缓慢地加热烧杯到节温器开阀温度(见表 10-7),保持 5min 的开阀温度,检查节温器是否处于开阀状态。

节温器检查数据 表 10-7

车　　型	开阀温度	全开温度	阀门行程
桑塔纳	87℃	102 ± 3℃	7mm 以上
捷达	87 ± 2℃	102℃	7mm 以上
富康	89℃	101℃	

继续加热到节温器阀全开温度，保持5min，测定阀门行程。检查当水温降至关闭温度以下时，是否关闭。

检查上述各项时，出现任何一项不符合规定要求，应更换节温器。

4．检查电动风扇的工作情况

(1)测定电动风扇的起动温度

桑塔纳轿车：当散热器冷却液温度达到93～98℃时，电动风扇开始以低转速转动；当发动机负荷继续增加，冷却液温度上升至105℃时，电动风扇以较高的转速转动。

富康轿车：低档工作温度为91～96℃，高档工作温度为96～101℃；

捷达轿车：低档工作温度为92～97℃，高档工作温度为99～105℃。

(2)测定电动风扇的停转温度

当冷却液温度下降时，电动风扇将从高档降至低档转动直至停止转动。当冷却液温度降至一定温度时，低档风扇将停止转动，各车型低档风扇停转温度为：

桑塔纳轿车：88～93℃；富康轿车：92℃；捷达轿车：84℃

检查时，如果符合上述要求，电动风扇的工作情况正常。否则，应拆下修理或更换。

五、空气滤清器的维护

1．清洁空气滤清器滤芯

松开滤清器锁扣，卸下固定滤芯的螺母，取下护盖后拔出滤芯，用抹布擦净空气滤清器壳内外部。

检查滤芯的污染程度并进行清洁。当滤芯积尘为干燥的灰尘时，可用压力不高于500kPa的压缩空气，从滤芯内侧由内向外，上下均匀地沿斜角方向吹净滤芯内外表面的灰尘，如图10-11所示。如果没有压缩空气，可用起子柄轻轻敲打滤芯，扑打掉积尘。操作时，不得大力敲打或碰撞滤芯。在清洁时，如果发现滤芯损坏，应更换滤芯。正常使用的纸质滤芯应按规定间隔期更换。

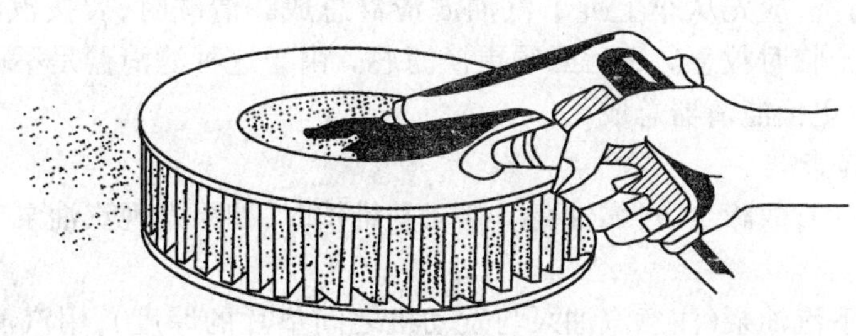

图10-11　用压缩空气吹去滤芯的灰尘

2．检查清洁后的空气滤芯

将照明灯点亮后放入滤芯里面从外部观察有无损伤、小孔或变薄的部分，检查橡胶垫圈有无损伤。如有异常，应更换滤芯和垫圈。

3．更换空气滤清器滤芯

根据各车型的规定，进行更换。部分车型空气滤清器维护规定见表10-8。更换滤芯时，应注意检查新滤芯有无损伤或缺件，发现损伤应予更换，缺件应予配齐。

干式空气滤清器维护参考间隔里程　　表10-8

车　　型	清扫间隔(km)	更换间隔(km)	车　　型	清扫间隔(km)	更换间隔(km)
桑塔纳	7500	30000	富康	7500	30000
捷达	7500	15000			

4．空气滤清器的安装

滤芯清洁完毕后，按与拆卸相反的顺序，将各部件安装好。必须可靠地装好滤芯，不宜用手或器具接触滤芯的纸质部分，尤其不能让油类污染滤芯。

六、燃料系统的维护

对使用电喷系统的发动机，由于电喷系统可靠性比较高，因此在对燃料系统维护时，如果没有异常，不要拆卸电喷系统部件，仅对各部滤芯的脏污程度和各部件的电缆插头固定情况进行检查即可，其他部件不需要检修。

在使用化油器燃料系统的发动机上，汽油泵和化油器虽然工作任务繁重，但其可靠性比较高，一般也不易出现故障。只是在长期使用后，二者的滤网、油道和部分连接部分可能会发生脏污现象。因此，可以结合维护工作，对二者进行一般性的清洁、检查。对化油器、汽油泵的维护基本要求是：保持清洁，避免无益的拆卸。

1．清除燃油系中滤网的沉淀物

松开汽油泵、化油器的进油管接头，取出滤网，倒出滤网中的污物，在汽油中清洗并吹净滤网后，装回原处，拧紧油管。起动发动机，观察汽油泵有无渗漏现象，如有渗漏现象应予以排除。

2．更换汽油滤清器

常见的小型汽油发动机车型普遍使用一次性整体式汽油滤清器。通常这种滤清器外壳是透明的，可以从外面看出滤芯的脏污程度。当滤芯脏污时，应更换滤清器。滤清器装复前应看清进出口位置，不得装反。

如果要进行清洗，应先从车上拆下汽油滤清器总成。清洗时，要按汽油流动方向逆向进行，这样做只能用于临时救急。事后必须更换滤芯。由于这种滤清器是不可拆式，若滤清器过脏，不易洗净，需要更换滤清器总成。

3．汽油泵的检查

汽油泵在工作中，故障少、可靠性高。在对其维护时，如果发现汽油泵工作不正常时，应检修汽油泵。

(1)从车上拆下汽油泵(注意汽油泵与发动机之间垫片的厚度)，用汽油清洗阀门，清除腔壁及膜片上的沉积物，检查膜片是否完好，检查膜片固定螺母是否松动。发现膜片老化、裂纹等损坏现象时，应予更换。泵膜弹簧如有锈蚀、弹力减弱，影响泵油压力时，也应更换。

(2)汽油泵装复时，泵体底座的小孔应保持清洁畅通，以便在使用中能及时发现泵膜裂纹、老化，防止因泵膜漏油，致使汽油流到曲轴箱内稀释润滑油。在汽油泵上下体装合时，应对称均匀地拧紧固定螺栓，并注意上体油管接头的方向。

(3)汽油泵装复后，可放在油盆内作手压试验，如果喷油有力且成圆柱形，则表明泵工作性能良好。装回发动机时，应垫好垫片，将凸轮轴上的偏心轮凸起部分转到与汽油泵摇臂背离的位置，并将摇臂微向上倾斜靠在偏心轮上。

4．化油器的检查与调整

化油器在使用中只要工作正常，平时无故障时，不宜经常拆卸清洗，只需将进油口滤网取下清洗即可。如果化油器出故障时，一般是油路或气路堵塞造成的，可在维护中进行拆检和清洁。

(1)不解体清洗化油器

取下空气滤清器，用抹布沾化油器清洗剂将化油器外表擦拭干净。然后起动发动机，使发动机中速运转。用化油器清洗剂向化油器腔室内喷洗，可将化油器腔室、喉管等处的油污清洗下去。

(2)拆检化油器

如果确定化油器有故障时，应拆检化油器。首先取下空气滤清器，从车上拆下化油器。取下化油器时，应将进气孔用干净的布盖好，以防灰尘和异物落入。然后分解化油器，用专用清洗剂清洗化油器零件。清洗时，各量孔和油、气道严禁用金属丝硬捅，以防捅大管道后，化油器工作性能改变，影响发动机正常工作。

进油针阀和机械加浓装置球阀应密封良好，否则应更换；浮子弹簧应作用良好，浮子如果破漏或凹陷，应更换；加速泵柱塞皮碗与泵筒应配合良好，不得有松旷和卡滞现象，如果皮碗有严重磨损、硬化收缩、缺边等情况，应更换新件；节气门轴与轴孔的配合如果有明显的松旷（大于 0.15mm），应更换。化油器上、中、下体接合处应密封良好，否则应予更换。

化油器重新装回发动机时，应检查阻风门开闭是否灵活，推回阻风门拉钮后，阻风门应全开；将加速踏板踩到底时，节气门应全开。否则应调整操纵机构。

(3)调整怠速和一氧化碳含量

装用化油器的发动机在出厂时，怠速已经精确调整好，如果发现化油器怠速不正常，应先进行不解体清洗，如果清洗无效后，再进行调整。调整前先查阅随车手册或相关资料，弄清楚怠速转速是多少，判明处于非正常状态后，再进行调整。

调整时，要求发动机供油系和点火系工作正常，进气管道密封良好，并在发动机温度达到正常工作温度时进行。化油器怠速调整步骤为：首先起动发动机，将阻风门全开，再将节气门限位螺钉慢慢旋出，使节气门开度减小，发动机转速降至最低稳定转速。调整怠速调整螺钉，使发动机转速尽可能提高一些。再将节气门限位螺钉慢慢旋出，使发动机转速重新降至规定的最低稳定转速（约 800～900r/min）。如此反复调整，可将节气门的开度调到最小。当节气门迅速开启时转速能迅速升高，节气门迅速关闭时发动机转速稳定回落不致熄火为好。如达不到上述要求，应继续调整节气门和怠速调整螺钉，使之达到要求。此时检测怠速和一氧化碳含量应符合规定值。

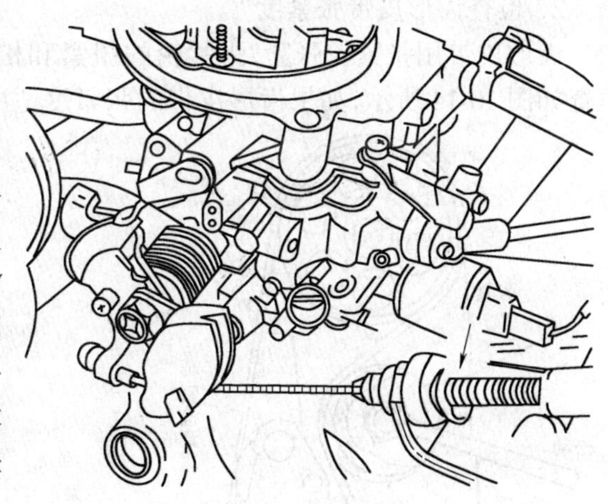

图 10-12　调整油门拉索

(4)检查调整油门连接机构

如图 10-12 所示。油门连接机构由于长时间的使用，会出现操纵不灵敏，油门开度不合适等现象。在维护化油器时，应首先润滑油门拉索和连接机件，消除卡滞的现象。最后，将油门拉索调整到合适的长度。

七、V形皮带的检查、调整

发动机散热风扇、发电机、空调系统等很多附件都需要由曲轴通过皮带来带动工作，因此，V形皮带对发动机是至关重要的，皮带状态不好，发动机将无法正常工作。

1．检查皮带状况和张紧度

检查皮带有无损伤、剥落，皮带在断裂之前，皮带表面会出现龟裂的裂纹、磨损以及剥落等前兆现象。因此，应仔细观察，如出现上述现象应及时更换皮带。

检查风扇皮带的张紧度，风扇皮带张紧应适度。

2．调整V形皮带张紧度

调整V形皮带张紧度时，稍微拧松发电机的固定螺栓后，将整个发电机向里或向外移位调整皮带的张紧度。调整后应可靠地拧紧固定螺栓，操作时注意避免皮带受油脂污染，否则会引起滑磨而缩短其使用寿命。

3．更换V形皮带

当皮带表面出现龟裂裂纹、磨损以及剥落等前兆现象，或出现滑磨声(除皮带因松弛出现的滑磨声外)时，表示皮带可能会发生断裂。此时应更换皮带。

更换皮带时，先松开发电机的固定螺钉，将发电机向缸体方向移动，使皮带松弛，然后将皮带取下来。安装皮带时，按与拆卸相反的顺序操作即可。

八、检查齿形皮带

1．检查齿形皮带损伤

齿形皮带被用于曲轴和凸轮轴之间的传动工作，检查中如果发现齿形皮带有硬化、龟裂、剥离、脱落、磨损和纤维松散等损坏现象，必须更换齿形皮带。

2．检查齿形皮带张紧度

齿形皮带用张紧轮张紧，张紧轮的扭紧和松动关系如图10-13所示。齿形皮带张紧度的检查如图10-14所示，如果齿形皮带的张紧度适中，在规定皮带张紧度检查位置处用食指和拇

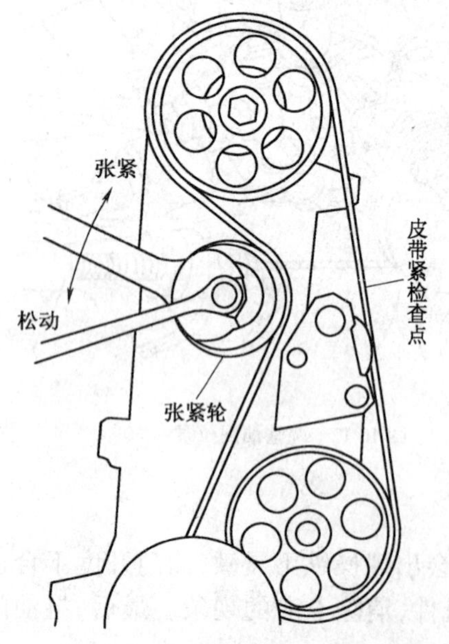

图10-13　齿形皮带张紧度检查、调整位置

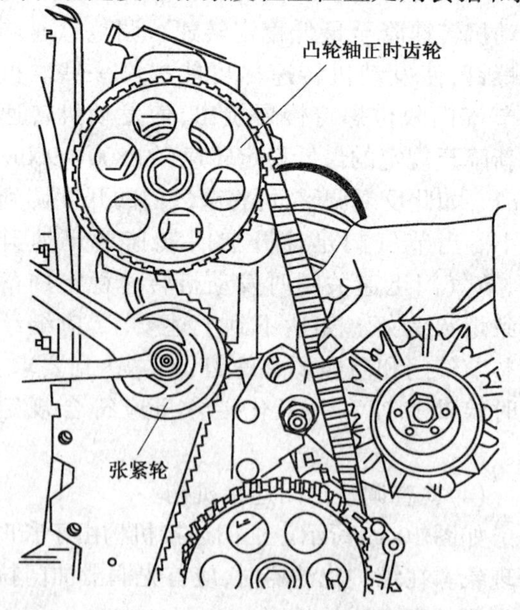

图10-14　检查齿形皮带张紧度

指可将齿形皮带翻转大约90°,如果不符合要求应进行调整。

3. 检查张紧轮状况

张紧轮如果出现异常的声音、运转不平稳以及摇晃时,说明张紧轮已损坏,必须更换。

九、检查清洁火花塞,视情更换火花塞

1. 拆卸火花塞

依次拆下火花塞上的高压分火线,在拆下高压分火线时,应做好各缸的记号,以免搞乱。在拆卸火花塞前,要清除火花塞座孔处的杂物和灰尘,然后用火花塞套筒逐一卸下各缸的火花塞,拆卸时要确保火花塞套筒套牢火花塞,否则,会损坏火花塞的绝缘磁体,引起漏电。卸下的火花塞应按顺序排好,并用布块堵住火花塞孔,确保火花塞拆卸后,不会有杂物掉进气缸里,同时也应防止因发动机转动而将堵布吸入气缸。

2. 检查火花塞

逐一检查火花塞电极,如果火花塞的电极呈现灰白色,而且没有积炭,则表明该火花塞工作正常;如果有电极严重烧蚀或存有积炭,甚至有污迹或其他异常现象,则表明该火花塞可能有故障。检查火花塞的绝缘体,如有油污应清洗干净,磁芯如有损坏、破裂,应予更换。

对火花塞进行就车检查,将火花塞放置在缸体上,如图10-15所示,使火花塞与缸体连通,用从点火线圈引出的高压总线触到火花塞的接线柱上,打开点火开关,让高压电通过火花塞。如果从火花塞间隙处放电,说明火花塞是好的;如果不从间隙处放电,说明火花塞的内部磁体的绝缘已被击穿,必须更换火花塞。

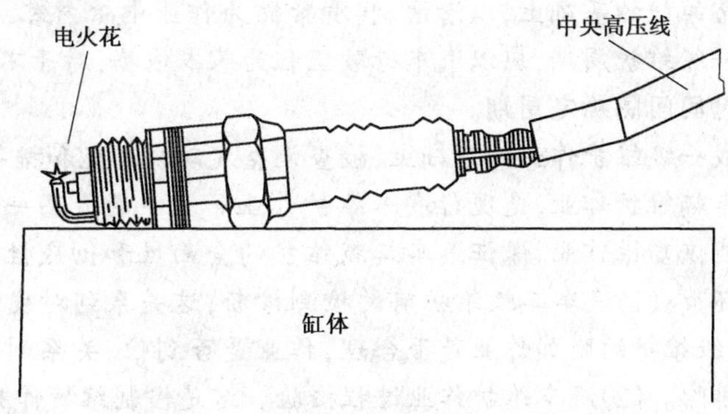

图10-15 就车检查火花塞

3. 检查、调整火花塞电极间隙

火花塞的间隙因车型的不同而异,可以从随车手册中查到。如果找不到适当的依据,火花塞的电极间隙一般可按0.7~0.9mm调整。间隙过小,火花塞容易烧蚀;间隙过大,火花塞放电会变弱,甚至断火。

可用火花塞量规来测量火花塞间隙,如图10-16所示。如果没有量规,可用折断的钢锯片来代替量规,进行测量,钢锯片一般为0.6~0.7mm。

当火花塞间隙过大时,可用起子柄轻轻敲打外电极来调整,但要注意不要使外电极过度弯曲而损坏;当间隙过小时,可用平口起子插入电极间,扳动起子把间隙调整到符合要求为止。

4. 更换火花塞

火花塞是汽车的消耗零件之一,普通火花塞使用寿命约为15000km,长效型使用寿命约为30000km。火花塞使用达到寿命终了时,电极的放电部分会烧蚀,因此,必须定期更换。否则将

造成发动机起动困难、油耗增加、功率下降。

5. 火花塞的安装

安装火花塞时,先用手抓住火花塞的尾部,对准火花塞孔,慢慢用手拧上几圈,然后再用火花塞套筒拧紧。如果用手拧入感觉有困难或费力,应把火花塞取下来再试,千万不要勉强拧入,以免损坏螺纹孔。为使火花塞安装顺利,可在火花塞螺纹上抹一点机油。

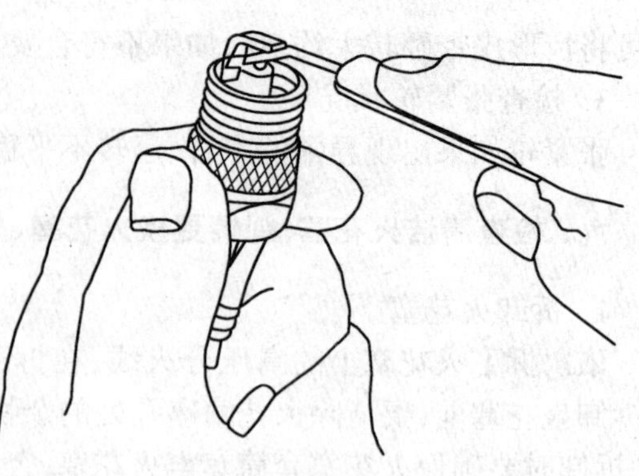

图 10-16 调整火花塞电极间隙

连接高压线时,要注意各缸线的顺序,不要插错。起动发动机,查看有没有严重的抖动或放炮声。如果有抖动或放炮声,说明各缸高压线排列错了,有乱缸故障,应重新排列高压线。

小结

发动机维护的主要内容是:对燃料、润滑油、冷却液和空气滤清器等的检查、补充和更换,以及气门间隙、怠速等项目的调整,相关部位的紧固。

发动机维护按维护级别分为:日常维护、一级维护、二级维护、走合维护和季节维护。

日常维护是以清洁、补给和紧固检视为作业中心内容,由驾驶员负责执行的维护作业。日常维护要求保证:工作介质(燃油、动力传动液、冷却液、制动液及蓄电池电解液等)充足,密封良好,水、电、油、气无泄漏,附件齐全无松动。发动机日常维护的周期为:出车前、行车中和收车后。

一级维护是在日常维护的基础上,以清洁、润滑紧固为作业中心内容,由维修企业负责执行的车辆维护作业。一级维护周期,应以汽车行驶里程为基本依据,对于不便于用行驶里程统计、考核的汽车,可用时间间隔确定周期。

二级维护是在完成一级维护作业的基础上,检查调整发动机工况和排气污染控制装置,由维修企业负责执行的车辆维护作业,是现行汽车维护作业等级中的最高一级。二级维护是以消除隐患为目的的性能恢复性作业,保证汽车二级维护的全面性和彻底性十分重要。二级维护中应重点抓好三个环节:(1)汽车二级维护前的检测诊断,这关系到对发动机的技术状况能否真正掌握,关系到二级维护的附加作业是否合理,作业是否到位,关系到潜在的事故隐患能否通过这次维护有效排除。(2)汽车维护作业过程检验。这是控制维护作业质量的重要环节。二级维护能否达到应有的目的,取决于二级维护的基本作业和附加作业项目是否到位,即是否严格按技术规范完成任务。(3)汽车维护竣工出厂检验。这是保证汽车维护质量的关键。汽车二级维护周期的确定方法,与一级维护周期的确定方法相同。

走合维护是新车或大修后的发动机走合期满后进行的一次全面的检查、紧固、调整和润滑作业,使发动机具有良好的性能;走合维护一般是由生产厂家免费提供服务,维护内容主要是清洁、润滑、紧固等。汽车走合期里程一般为 1500~3000km,部分进口汽车将首次维护里程定为 7500~10000km。

季节维护是对全年温差较大地区(冬季在 0℃以下),在入夏和入冬前对发动机进行的一次维护作业。其作业中心内容为更换符合季节温度要求的润滑油、冷却液,调整燃油供给系统和充电系统,检查冷却系统和暖风系统的工作情况。季节维护一般结合二级维护一起进行。